| 기계제조 현장실무 활용서

mechapia
NO.1 Mechapia Technical knowledge portal

현장 실무 기술자를 위한

기계설계
KS 규격 핸드북

테크노공학기술연구소 지음

메카피아

현장 실무 기술자를 위한

기계설계
KS 규격 핸드북

인 쇄	2023년 1월 25일 초판 1쇄 인쇄
발 행	2023년 1월 31일 초판 1쇄 발행
저 자	테크노공학기술연구소
발행인	노수황
발행처	도서출판 메카피아
출판등록	제2014-000036호
등록일자	2010년 02월 01일
주 소	서울특별시 영등포구 국회대로76길 18, 3층 3호
대표전화	1544-1605
팩 스	02-6008-9111
홈페이지	www.mechapia.com
이메일	mechapia@mechapia.com
ISBN	979-11-6248-165-3 13550
정 가	32,000원

※ 이 책은 저작권법에 의해 보호를 받는 저작물로 무단 전재나 복제를 금지하며,
　이 책 내용의 전부 또는 일부를 이용하려면 반드시 저작권자나 발행인의 서면동의를 받아야 합니다.
※ 파본 및 낙장은 구입하신 서점에서 교환하여 드립니다.

머리말

본서는 현장실무 활용서 시리즈로 각종 기계설계 분야의 실무를 함에 있어 꼭 필요한 내용들을 정리하여 수록한 실용 핸드북이다.

기계설계(machine design, 機械設計)란 어떤 목적을 가진 기계장치를 제작하는데 있어 필요한 여러가지 제반 조건들을 생각하고, 그것에 기초하여 실제 사용할 수 있는 기계를 제작하는데 기본이 되는 설계를 말한다.

생산현장의 여러 공정에 알맞은 기계를 설계하는 일은 상당한 기술지식과 더불어 여러가지 공학적 사고와 이해를 필요로 하며 컴퓨터를 응용한 설계와 KS규격에 의한 제도법을 준수하고 도면상에 부품 제작과 가공, 조립, 전기, 시운전 등에 필요한 모든 내용을 기입하여 완성될 수 있도록 해주는 제조업에서 가장 핵심이 되고 산업사회의 근간이 되는 기술이라고 할 수 있다.

특히 기계제도는 기술자들이 소통하는 현장 언어로 제도 통칙을 준수하고 그것에 알맞은 도면을 그려야 하는데 자기 의사대로 도면을 그리는 일은 우리가 정하여 준수하는 교통법규를 지키지 않는 것과 마찬가지라고 할 수 있다.

도면 작업이 수작업에서 컴퓨터를 이용한 CAD(2D & 3D)로 넘어 오면서 기본적인 제도의 개념을 상실하고 편리성에 치우치다보니 도면상에서 표현되어야 할 통일성과 간섭, 공간, 조립, 가공 등에 대한 개념이 사라져 현장 조립시에 도면에서 시작하여 도면으로 끝나지 않고 결국 CAD도면을 열어보고 체크해야 하는 상황까지도 발생하게 되는 경우도 있다.

도면을 보면 그걸 그린 기술자의 생각과 기술적 능력을 판단할 수 있으며, 설계란 일의 시작이고 일의 끝이라고도 말할 수 있는데 결국 도면에서 실수나 완벽함은 돈과 직접적인 연관이 있는 민감한 분야로 결코 쉽게 볼 수 있는 일이 아니라는 점을 명심해야 할 것이다.

단순히 도면만 잘 그린다고 현장에서 대우받는 것은 아니므로 설계라는 직업에 발을 들여놓은 기술자들은 항상 책을 많이 접하고 관련 분야에 대해서 끊임없이 공부하고 자기계발을 통하여 기업에서나 사회에서 대우받는 기술자로 성장해야 한다.

이 책은 설계뿐만 아니라 각종 계산 및 공식, 재료표, 제도, 견적 작업에 필요한 기술데이터를 손쉽게 찾아 실무에 적용할 수 있도록 정리한 편람으로 앞으로도 엔지니어들의 필수 지침서가 될 수 있도록 개정해 나갈 것을 약속드린다.

끝으로 본서가 나오기까지 애를 써주신 모든 출판 관계자들께 감사의 말씀을 전하며, 어려운 출판계 현실 속에서도 책을 출간할 수 있도록 배려를 해주신 출판사 측에 깊은 감사를 드린다.

2023년 1월 저자 올림

현장실무용 기계설계 핸드북

목차

Chapter 1 치수공차 및 끼워맞춤 · 15

- 1-1 치수공차 및 끼워맞춤 용어와 정의 ·· 16
- 1-2 상용하는 구멍기준식 헐거운 끼워맞춤 ·· 26
- 1-3 상용하는 구멍기준식 중간 끼워맞춤 ·· 29
- 1-4 상용하는 구멍기준식 억지 끼워맞춤 ·· 31
- 1-5 끼워맞춤 표시방법 ··· 33
- 1-6 IT기본공차의 값과 적용 ··· 35
- 1-7 구멍의 기초가 되는 치수 허용차 ·· 38
- 1-8 축의 기초가 되는 치수 허용차 ··· 42
- 1-9 상용하는 끼워맞춤 축의 치수허용차 KS B 0401 : 1988 (2008 확인) ········ 45
- 1-10 상용하는 끼워맞춤 구멍의 치수허용차 KS B 0401 : 1988 (2008 확인) ····· 49
- 1-11 상용하는 구멍기준식 끼워맞춤 적용 예 ······································ 52
- 1-12 기준 구멍에 대한 축의 끼워맞춤 조합(JIS) ································· 53
- 1-13 베어링용 축과 하우징의 끼워맞춤 공차 ······································ 54
- 1-14 축의 경우 기초가 되는 치수허용차의 수치 ································· 56
- 1-15 구멍의 경우 기초가 되는 치수허용차의 수치 ····························· 58
- 1-16 기준치수의 구분 ·· 60

Chapter 2 일반공차 및 보통허용차 · 99

- 2-1 일반공차 KS B ISO 2768-1:2002 ·· 100
- 2-2 주조품 치수 공차 및 절삭 여유 방식 KS B 0250 : 2000 ············ 103
- 2-3 주강품의 보통 공차 KS B 0418 : 2001 (2011 확인) ··················· 114
- 2-4 금속 프레스 가공품 보통 치수 공차 KS B 0413 : 2001 ·············· 116
- 2-5 중심 거리의 허용차 KS B 0420 : 1971 (2010 확인) ··················· 117

2-6 절삭 가공품의 둥글기 및 모떼기 KS B 0403 : 1990 (2010 확인) ········· 118
2-7 자유 단조품의 기계 가공 여유 JIS B 0418 : 1999 ················· 119

Chapter 3 키 및 스플라인 규격 데이터   125

3-1 키홈의 대조표 KS B 1311 : 2009 ································· 126
3-2 묻힘키의 종류 및 끼워맞춤 공차 ································· 129
3-3 평행키 KS B 1311 : 2009 ·· 132
3-4 경사키 KS B 1311 : 2009 ·· 137
3-5 반달키 ··· 141
3-6 접선키 [KS 미제정 DIN 268,271] ································ 144
3-7 양쪽 키와 키 플레이트 [실무 데이터] ··························· 145
3-8 고정 녹 [KS 미제정] ··· 147
3-9 키의 선정과 키홈을 갖는 축의 강도 설계 ························ 148
3-10 스플라인 ·· 150

Chapter 4 멈춤링 규격 데이터   155

4-1 축용 C형 멈춤링 (1) [KS B 1336 : 1980 (2010확인)] ············ 156
4-2 구멍용 C형 멈춤링 (1) [KS B 1336 : (2010 확인)] ············· 158
4-3 E형 멈춤링의 KS 규격 [KS B 1337 : 1985 (2010확인)] ········· 160
4-4 축용 C형 동심 멈춤링 [KS B 1338 : 1980 (2010 확인)] ········ 162
4-5 구멍용 C형 동심 멈춤링 [KS B 1338 : 1980 (2010확인)] ······· 163
4-6 스냅링과 스냅링 플라이어의 사용 ································ 164

Chapter 5 볼트 규격 데이터   167

5-1 6각 구멍붙이 볼트 KS B 1003 : 2000 (2011 확인) ·············· 168
5-2 볼트 구멍 및 자리파기 규격 [실무 데이터] ····················· 172
5-3 볼트 구멍 및 카운터 보어 지름 KS B ISO 273 : 2010 (변경 전 KS B 1007) ······ 174

5-4 6각 볼트(부품 등급 A) KS B 1002 : 2001 (2011 확인) ·············· 175
5-5 6각 볼트(부품 등급 B) KS B 1002 : 2001 (2011 확인) ·············· 176
5-6 6각 볼트(부품 등급 C) KS B 1002 : 2001 (2011 확인) ·············· 177
5-7 6각 볼트(상) KS B 1002 : 2001 (2011 확인) 부속서 ISO 4014~4018에
 따르지 않는 6각 볼트 ··· 178
5-8 6각 볼트(중) KS B 1002 : 2001 (2011 확인) 부속서 ISO 4014~4018에
 따르지 않는 6각 볼트 ··· 179
5-9 6각 볼트(흑) KS B 1002 : 2001 (2011 확인) 부속서 ISO 4014~4018에
 따르지 않는 6각 볼트 ··· 180
5-10 아이 볼트 KS B 1033 : 2007 (2012 확인) ···························· 181
5-11 4각 볼트 KS B 1004 : 2012 ·· 182
5-12 스터드 볼트 KS B 1037 : 2012 ·· 187
5-13 T홈용 4각 볼트 KS B 1038 : 2012 ··································· 189
5-14 6각 구멍붙이 숄더 볼트 KS B 1104 : 2005 (2010 확인) ········· 191
5-15 기초 볼트 KS B 1016 : 2010 ·· 194
5-16 나비 볼트 KS B 1005 : 2007 (2012 확인) ··························· 199

Chapter 6 너트 규격 데이터 205

6-1 6각 너트-스타일 1(부품 등급 A) KS B 1012 : 2001 (2011 확인) ·········· 206
6-2 6각 너트-스타일 1(부품 등급 B) ···································· 207
6-3 6각 너트-스타일 2(부품 등급 A) ···································· 208
6-4 6각 너트-스타일 2(부품 등급 B) ···································· 209
6-5 6각 너트(부품 등급 C) ··· 210
6-6 6각 저너트-양 모떼기(부품 등급 A) ······························· 211
6-7 6각 저너트-양 모떼기(부품 등급 B) ······························· 212
6-8 6각 저너트-모떼기 없는(부품 등급 B) ····························· 213
6-9 6각 너트(상) KS B 1012 : 2001 (2011 확인) ···················· 214
6-10 6각 너트(중) KS B 1012 : 2001 (2011 확인) ···················· 216
6-11 6각 너트(보통) KS B 1012 : 2001 (2011 확인) ················· 218
6-12 소형 6각 너트-상 ·· 220
6-13 소형 6각 너트-상 ·· 221
6-14 아이 너트 KS B 1034 : 2007 (2012 확인) ························ 222
6-15 나비 너트 1종 KS B 1014 : 2008 (2013 확인) ·················· 223
6-16 나비 너트 2종 KS B 1014 : 2008 (2013 확인) ·················· 224
6-17 나비 너트 3종 KS B 1014 : 2008 (2013 확인) ·················· 225

6-18 6나비 너트 4종 KS B 1014 : 2008 (2013 확인) ·············· 226
6-19 4각 너트 KS B 1013 : 2012 ·············· 227
6-20 홈붙이 6각 너트 KS B 1015 : 2012 ·············· 228

Chapter 7 나사 규격 데이터   231

7-1 나사의 종류 및 용도와 제도법 ·············· 232
7-2 미터 보통 나사 KS B 0201 : 1999 (2011 확인) ·············· 238
7-3 미터 가는 나사 KS B 0204 : 2001 (2011 확인) ·············· 240
7-4 유니파이 보통 나사 KS B 0203 : 1974 (2010 확인) ·············· 247
7-5 관용 평행 나사 (G) KS B 0221 : 2009 ·············· 248
7-6 관용 테이퍼 나사 (R) KS B 0222 : 2007 (2012 확인) ·············· 252
7-7 29도 사다리꼴 나사 KS B 0226 : 1992 (2012 확인) ·············· 255
7-8 미터 사다리꼴 나사 KS B 0229 : 1992 (2009 확인) ·············· 257
7-9 탭핑(Tapping)을 위한 드릴 가공 지름 [참고 자료] ·············· 264
7-10 수나사 부품의 불완전 나사부 길이 및 나사의 틈새 KS B 0245 : 1987 (2012 확인) ·············· 265
7-11 탭 깊이 및 드릴 깊이 ·············· 267
7-12 나사끝의 모양·치수 KS B 0231 : 1987 (2012 확인) ·············· 268
7-13 홈붙이 멈춤나사 KS B 1025 : 2007 (2012 확인) ·············· 270
7-14 6각 구멍붙이 멈춤나사 KS B 1028 : 1990 (2010 확인) ·············· 276

Chapter 8 핀 규격 데이터   283

8-1 평행 핀 KS B ISO 2338 : 2010 (MOD ISO 2338 : 1997) ·············· 284
8-2 분할 핀 KS B ISO 1234 : 2010 (MOD ISO 1234 : 1997) ·············· 285
8-3 분할 핀 KS B ISO 1234 : 2010 (MOD ISO 1234 : 1997) ·············· 286
8-4 스프링 핀 KS B 1339 : 2000 (2010 확인) ·············· 287
8-5 스프링식 곧은 핀-코일형, 중하중용 KS B ISO 8748 : 2008 (2013 확인) ·············· 288
8-6 스프링식 곧은 핀-코일형, 표준하중용 KS B ISO 8750 : 2008 (2013 확인) ·············· 289
8-7 스프링식 곧은 핀-홈, 저하중 KS B ISO 13337 : 2008 ·············· 290
8-8 맞춤핀 KS B ISO 8734 : 2010 ·············· 291
8-10 나사붙이 테이퍼 핀 KS B 1308 : 2000 (2010 확인) ·············· 292
8-11 암나사붙이 평행핀 KS B 1309 : 2000 (2010 확인) ·············· 294

Chapter 9 벨트와 풀리 규격 데이터 297

- 9-1 주철제 V 벨트 풀리 [KS B 1400 : 2001 (2011확인)] ········· 298
- 9-2 일반용 V 고무 벨트 [KS M 6535 : 2013 (2013확인)] ········· 301
- 9-3 가는 나비 V 풀리 KS B ISO 4183 : 2010 (폐지) ········· 311
- 9-4 평 벨트 풀리 KS B 1402 : 2008 (폐지) ········· 315
- 9-5 벨트 컨베이어용 풀리 KS B 6279 : 1998 (폐지) ········· 319

Chapter 10 롤러 체인과 스프로킷 규격 데이터 323

- 10-1 전동용 롤러 체인 KS B 1407 : 2003 ········· 324
- 10-2 롤러 체인용 스프로킷 치형 KS B 1408 : 2005 (2010 확인) ········· 336
- 10-3 체인 전동의 설계 ········· 381

Chapter 11 기어 제도 및 설계 데이터 383

- 11-1 기어의 제도 [KS B 0002] ········· 384
- 11-2 모듈(module) ········· 393
- 11-3 표준 스퍼기어의 기본 사항 ········· 394
- 11-4 기어의 속도 전달비 ········· 395
- 11-5 백래시(backlash) ········· 396
- 11-6 표준 스퍼 기어 설계 ········· 397
- 11-7 기어 설계 데이터 ········· 399

Chapter 12 베어링 규격 데이터 405

- 12-1 구름 베어링의 호칭 번호 KS B 2012 : 2000 (2010 확인) ········· 406
- 12-2 구름 베어링-레이디얼 내부 틈새 KS B ISO 5753 : 2008 (2013 확인) ········· 414

12-3 구름 베어링-플러머 블록 하우징 KS B ISO 113 : 2010 ·················· 418
12-4 구름 베어링의 부착 관계 치수 및 끼워맞춤 KS B 2051 : 1995 (2010 확인) ······ 425
12-5 베어링 원통 구멍의 끼워맞춤 ································· 436
12-6 어댑터 부착 레이디얼 베어링의 부착 관계 치수 (1) ················ 437
12-7 레이디얼 베어링(0급, 6X급, 6급)에 대하여 일반적으로 사용하는 축의 공차 범위
     등급 ··· 439
12-8 레이디얼 베어링(0급, 6X급, 6급)에 대하여 일반적으로 사용하는 하우징 구멍의
     공차 범위 등급 ·· 440
12-9 스러스트 베어링의 축 및 하우징 구멍의 공차 범위 등급 ············· 441
12-10 베어링의 끼워맞춤에 관한 수치 ······························ 442
12-11 깊은 홈 볼 베어링 KS B 2023 : 2000 (ISO 15 : 1998) (2011 확인) ······· 450
12-12 앵귤러 볼 베어링 KS B 2024 : 2001 (2011 확인) ··················· 459
12-13 자동 조심 볼 베어링 KS B 2025 : 1991 (2013 폐지) ················· 463

Chapter 13 롤러 베어링　467

13-1 원통 롤러 베어링 KS B 2026 : 2001 (2011 확인) ···················· 468
13-2 테이퍼 롤러 베어링 KS B 2027 : 2000 (ISO 355 : 1997) (2010 확인) ······· 483
13-3 자동 조심 롤러 베어링 KS B 2028 : 2001 (2011 확인) ················ 503
13-4 니들 롤러 베어링 KS B 2029 : 2001 (2011 확인) ···················· 506

Chapter 14 스러스트 롤러 베어링　513

14-1 자동 조심 스러스트 롤러 베어링 KS B 2042 : 2007 (2012 확인) ·········· 514
14-2 평면자리 스러스트 볼 베어링 KS B 2022 : 2000 (ISO 104 : 1994) (2010 확인) ······ 519

Chapter 15 치공구 요소 설계 데이터　525

15-1 지그용 부시 및 부속품 KS B 1030 : 2001 (2011 확인) ················ 526
15-2 지그 및 부착구용 와셔 KS B 1327 : 1992 (2011 확인) ··············· 535

15-3 드릴용 지그 부시 및 부속품-치수 KS B ISO 4247 : 2006 (2011 확인) ········ 538
15-4 지그 및 부착구용 위치 결정 핀 KS B 1319 : 2003 (2008 확인) ·········· 546

Chapter 16 오링 설계 데이터　　　　　　　　　　　　　　549

16-1 오링 부착 홈 부의 모양 및 치수 KS B 2799 : 1997 (2012 확인) ········· 550
16-2 오링 KS B 2805 : 2002 (2012 확인) ··· 565
16-3 오링 홈의 치수 ·· 574
16-4 특수 홈의 사용 방법 ··· 579

Chapter 17 오일실 규격 데이터　　　　　　　　　　　　　　583

Chapter 18 V패킹 규격 데이터　　　　　　　　　　　　　　589

18 V패킹 KS B 2806 : 1972 (2011 확인) ··· 590

Chapter 19 센터 구멍 규격 데이터　　　　　　　　　　　　　595

19 센터 구멍 KS B 0410 : 2005 ··· 596

Chapter 20 널링 규격 데이터　　　　　　　　　　　　　　603

20 널링 KS B 0901 : 1970 (2012 확인) ··· 604

Chapter 21 스프링 제도 607

21 스프링의 제도 KS B 0005 : 1971 (2011 확인) ········· 608

Chapter 22 핸드 휠 규격 데이터 623

22-1 핸드 휠 1호 – KS B 1331 : 2007 (2012 확인) ········· 624
22-2 핸드 휠 2 – 1호 KS B 1331 : 2007 ········· 626
22-3 핸드 휠 2 – 2호 KS B 1331 : 2007 ········· 627
22-4 핸드 휠 4호 KS B 1331 : 2007 ········· 628
22-5 핸드 휠 5호 KS B 1331 : 2007 ········· 629
22-6 핸드 휠 6호 KS B 1331 : 2007 ········· 630

Chapter 23 핸들과 손잡이 규격 데이터 631

23-1 핸들 1호 KS B 1332 : 2007 ········· 632
23-2 핸들 2호 KS B 1332 : 2007 ········· 633
23-3 핸들 3호 KS B 1332 : 2007 ········· 634
23-4 핸들 4호 KS B 1332 : 2007 ········· 635
23-5 손잡이 1호 – KS B 1334 : 1985 (2010 확인) ········· 636
23-6 손잡이 2호 – KS B 1334 : 1985 (2010 확인) ········· 637
23-7 손잡이 3호 – KS B 1334 : 1985 (2010 확인) ········· 638
23-8 손잡이 4호 – KS B 1334 : 1985 (2010 확인) ········· 639

Chapter 24 유공압 기호 641

24-1 유압 및 공기압 도면 기호 KS B 0054 : 1987 (2012 확인) ········· 642
24-2 진공 장치용 도시 기호 KS B 0082 : 1996 (2011 확인) ········· 669

Chapter 25 용접 기호   679

25-1 배관계의 식별 표시 KS A 0503 : 2008 ·········· 680
25-2 용접 기호 KS B 0052 : 2007 (IDT ISO 2553 : 1992) (2012 확인) ·········· 681

Chapter 26 열처리와 기계금속재료   703

26-1 열처리를 한 철 계통의 부품-표시와 지시 KS B ISO 15787 : 2008 ·········· 704
26-2 금속재료기호 ·········· 717
26-3 비철금속재료 ·········· 770
26-4 기계 구조용 탄소강 및 합금강 ·········· 787

Chapter 27 배관   795

27-1 나사식 가단 주철제 관이음쇠 (KS B 1531 : 2011) ·········· 796
27-2 나사식 배수관 이음쇠 KS B 1532 : 2002 (2012 확인) ·········· 812
27-3 유압용 25MPa 물림식 관 이음쇠 KS B 1535 : 2003 ·········· 813
27-4 관 플랜지용 스파이럴형 개스킷 KS B 1518 : 2007 (2012 확인) ·········· 817
27-5 관 플랜지의 개스킷 자리 치수 KS B 1519 : 2007 (2012 확인) ·········· 831
27-6 강제 용접식 관 플랜지 KS B 1503 : 2007 (2012 확인) ·········· 839
27-7 철강제 관 플랜지의 기본 치수 KS B 1511 : 2007 (2012 확인) ·········· 860
27-8 관 플랜지의 개스킷 자리 치수 KS B 1519 : 2007 (2012 확인) ·········· 874
27-9 유압용 21MPa 관 삽입 용접 플랜지 KS B 1521 : 2002 (2012 확인) ·········· 880
27-10 배관용 강관 ·········· 882
27-11 구조용 강관 ·········· 890

Chapter 28 축설계데이터   903

28-1 축의 지름 KS B 0406 : 1980 (2010 확인) ·········· 904

28-2 원동 및 종동 기계 - 축 높이 KS B ISO 496 : 2003(2008 확인) ·············· 905
28-3 원통 축끝 - KS B 0701 : 2007 (2012 확인) ·············· 908
28-4 1/10 원추축 끝 KS B 0408 : 1995 (2010 확인) ·············· 913
28-5 원뿔 테이퍼 KS B 0419 : 2000 (2010 확인) ·············· 918
28-6 모스 테이퍼 생크 및 소켓 KS B 3240 : 2012 (MOD ISO 296 : 1991) ·············· 926
28-7 공구의 생크 4각부 - KS B 3245 : 2002 (2012 확인) ·············· 929

Chapter 29 기계요소 제도법 및 계산식 931

29-1 문자 및 눈금 각인법 ·············· 932
29-2 구름베어링 와셔 설치홈 규격 ·············· 933
29-3 베벨기어 계산 및 요목표 ·············· 934
29-4 더브테일 홈 계산 및 규격 데이터 ·············· 935
29-5 롤러 체인 스프로킷 계산 및 요목표 ·············· 936
29-6 밀링머신 스핀들 규격표 ·············· 937
29-7 웜과 웜휠 계산 및 요목표 ·············· 938
29-8 스퍼기어 계산 및 요목표 ·············· 939
29-9 랙과 피니언 계산 및 요목표 ·············· 940
29-10 섹터기어 제도 및 계산식 ·············· 941
29-11 헬리컬 기어 계산 및 요목표 ·············· 942
29-12 헬리컬 래크와 피니언 계산 및 요목표 ·············· 943
29-13 주서(주기) ·············· 944

현 장 실 무 용　기 계 설 계　핸 드 북

치수공차 및 끼워맞춤

1-1 치수공차 및 끼워맞춤 용어와 정의

1. 적용 범위

이 표준은 기준 치수가 3,150mm 이하의 형체의 치수 공차 방식 및 끼워맞춤 방식에 대하여 규정한다.

【비 고】
① 이 표준의 치수공차 방식은 주로 원통 형체를 대상으로 하고 있지만, 원통 이외의 형체에도 적용한다.
② 이 표준의 끼워맞춤 방식은 보기를 들면 원통 형체 또는 평행 2평면의 형체 등의 단순한 기하 모양의 끼워맞춤에 대하여 적용한다.
③ 특정한 가공 방법에 대한 치수공차 방식에 대하여 정해진 표준이 있을 때는 그 표준을, 또한 기능상 특별한 정밀도가 요구되지 않을 때에는 보통 허용차를 적용할 수가 있다.

주▶
• 표준 : KS B 0426[강의 열간 형단조품 공차(해머 및 프레스 가공)]
• 보통 허용차 : KS B 0412(절삭가공 치수의 보통 허용차)

2. 용어와 정의

이 표준에서 쓰이는 중요한 용어의 뜻은 다음에 따른다.

① 형체 : 치수공차 방식, 끼워맞춤 방식의 대상이 되는 기계부품의 부분
② 내측 형체 : 대상물의 내측을 형성하는 형체
③ 외측 형체 : 대상물의 외측을 형성하는 형체
④ 구멍 : 주로 원통형의 내측 형체를 말하나, 원형 단면이 아닌 내측 형체도 포함한다.
⑤ 축 : 주로 원통형의 외측 형체를 말하나, 원형 단면이 아닌 외측 형체도 포함한다.
⑥ 치수 : 형체의 크기를 나타내는 양, 보기를 들면 구멍 및 축의 지름을 말하고, 일반적으로 mm를 단위로 하여 나타낸다.
⑦ 실치수 : 형체의 실측 치수
⑧ 허용한계 치수 : 형체의 실 치수가 그 사이에 들어가도록 정한 허용할 수 있는 대소 2개의 극한의 치수. 즉, 최대 허용치수 및 최소 허용치수
⑨ 최대 허용치수 : 형체의 허용되는 최대 치수
⑩ 최소 허용치수 : 형체의 허용되는 최소 치수
⑪ 기준 치수 : 위 치수 허용차 및 아래 치수 허용차를 적용하는데 따라 허용한계 치수가 주어지는 기준이 된다.

【비 고】
• 기준 치수는 정수 또는 소수이다.
• 보기 : 32, 15, 8.75, 0.5

⑫ 치수차 : 치수(실 치수, 허용 한계치수 등)와 대응하는 기준 치수와의 대수차
   즉, (치수)-(기준치수)
⑬ 치수 공차 방식 : 표준화된 치수 공차와 치수 허용차의 방식
⑭ 위 치수 허용차 : 최대 허용 치수와 대응하는 기준 치수와의 대수차
   즉, (최대허용치수)-(기준치수)

【비 고】
• 구멍의 위 치수 허용차는 기호 ES에 따라 축의 위 치수 허용차는 기호 es에 의해 나타낸다.

⑮ 아래 치수 허용차 : 최소 허용 치수와 대응하는 기준 치수와의 대수차
즉, (최소허용치수)-(기준치수)

【비 고】
• 구멍의 아래 치수 허용차는 기호 EI에 따라 축의 아래 치수 허용차는 기호 ei에 의해 나타낸다.

⑯ 치수 공차 : 최대 허용 치수와 최소 허용 치수와의 차
즉, 위 치수 허용차와 아래 치수 허용차와의 차

용어 \ 치수	30±0.02	+0.05 30+0.025	30 -0.02 -0.04
기준 치수	30	30	30
허용한계치수	0.04	0.075	0.02
최대허용치수	30.02	30.05	29.98
최소허용치수	29.98	30.025	29.96
위 치수 허용차	0.02	0.05	0.02
아래 치수 허용차	0.02	0.025	0.04

⑰ 기준선 : 허용 한계치수 또는 끼워맞춤을 도시할 때는 기준 치수를 나타내고, 치수허용차의 기준이 되는 직선
⑱ 기초가 되는 치수 허용차 : 기준선에 대한 공차역의 위치를 결정하는 치수 허용차
위 치수 허용차 및 아래 치수 허용차의 어느 쪽이고, 보통은 기준선에 가까운 쪽의 치수 허용차
⑲ 기본 공차 : 이 치수 공차 방식, 끼워맞춤 방식에 속하는 전체의 치수 공차

【비 고】
• 기본 공차는 기호 IT로 나타낸다.

⑳ 공차 등급 : 이 치수공차 방식, 끼워맞춤 방식으로 전체의 기준 치수에 대하여 동일 수준에 속하는 치수 공차의 일군

【비 고】
• 공차 등급은 보기를 들면 IT7과 같이, 기호 IT에 등급을 나타내는 숫자를 붙여서 나타낸다.

㉑ 공차역 : 치수 공차를 도시하였을 때, 치수 공차의 크기와 기준선에 대한 그 위치에 따라 결정하는 최대 허용 치수와 최소 허용 치수를 나타내는 2개의 직선 사이의 영역
㉒ 공차역 클래스 : 공차역의 위치와 공차 등급의 조합

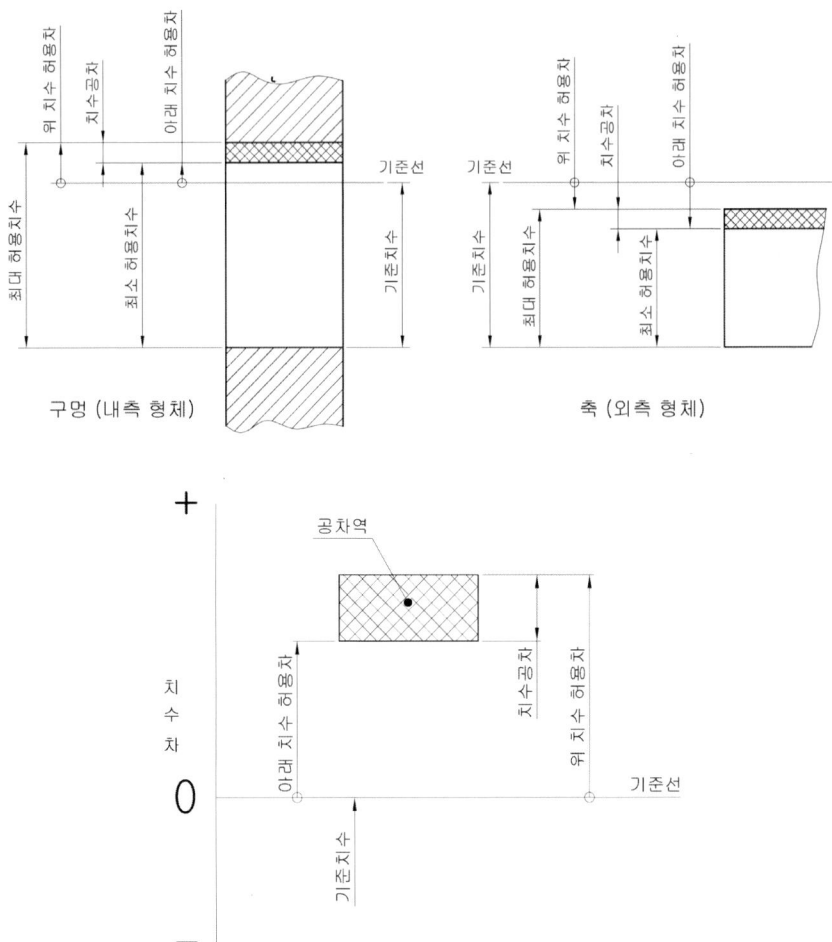

【비 고】
- 이 그림은 공차역, 치수 허용차, 기준선의 상호 관계만을 나타내기 위해 간단화한 것이다. 이와 같은 간단화된 그림에서는 기준선은 수평으로 하고 정(+)의 치수 허용차는 그 위쪽에 부(-)의 치수 허용차는 그 아래에 나타낸다.

㉓ 공차 단위 : 기본 공차의 산출에 사용하는 기준 치수의 함수로 나타낸 단위

【비 고】
- 공차 단위 i는 500mm 이하의 기준 치수에, 공차 단위 I는 500mm를 초과하는 기준 치수에 사용한다.

㉔ 최대 실체 치수 : 형체의 실체가 최대가 되는 쪽의 허용 한계치수
　즉, 내측 형체에 대해서는 최소 허용치수, 외측 형체에 대해서는 최대 허용치수
㉕ 최소 실체 치수 : 형체의 실체가 최소가 되는 쪽의 허용 한계치수
　즉, 내측 형체에 대해서는 최대 허용치수, 외측 형체에 대해서는 최소 허용치수

㉖ 끼워맞춤 : 구멍 및 축의 조립전의 치수의 차이에서 생기는 관계
㉗ 틈새 : 구멍의 치수가 축의 치수보다도 큰 때의 구멍과 축과의 치수의 차

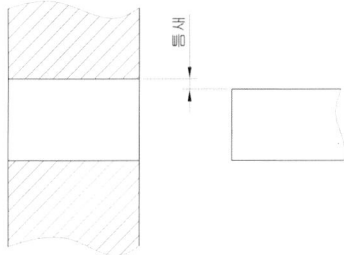

㉘ 최소 틈새 : 헐거운 끼워맞춤에서의 구멍의 최소 허용 치수와 축의 최대 허용 치수와의 차
㉙ 최대 틈새 : 헐거운 끼워맞춤 또는 중간 끼워맞춤에서 구멍의 최대 허용치수와 축의 최소 허용치수와의 차

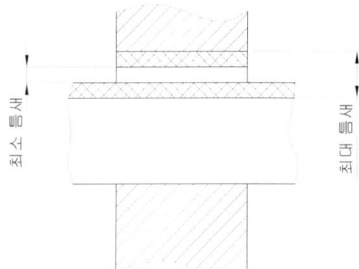

㉚ 죔새 : 구멍의 치수가 축의 치수보다도 작을 때의 조립전의 구멍과 축과의 치수의 차
㉛ 최소 죔새 : 억지 끼워맞춤에서 조립전의 구멍의 최대 허용치수와 축의 최소 허용치수와의 차
㉜ 최대 죔새 : 억지 끼워맞춤 또는 중간 끼워맞춤에서 조립전의 구멍의 최소 허용 치수와 축의 최대 허용치수와의 차

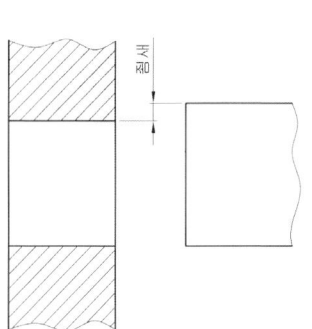
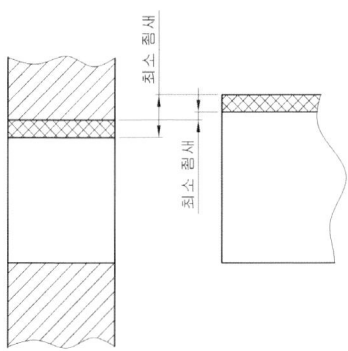

㉝ 헐거운 끼워맞춤 : 조립하였을 때, 항상 틈새가 생기는 끼워맞춤
즉, 도시된 경우에 구멍의 공차역이 완전히 축의 공차역의 위쪽에 있는 끼워맞춤

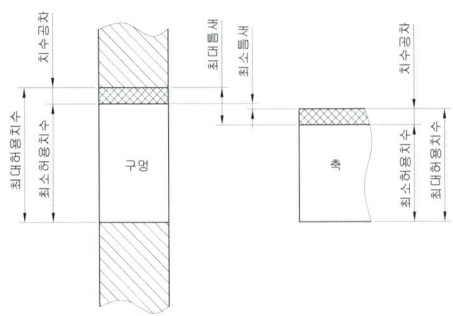

헐거운 끼워맞춤

- 구멍 ∅20 H7, 축 ∅20 g6의 끼워맞춤

용어 구분	구멍	축
기준치수	∅20	∅20
기호와 공차등급	H7	g6
허용한계치수	∅20 +0.021 0	∅20 -0.007 -0.020
최대허용치수	∅20.021	∅19.993
최소허용치수	∅20.000	∅19.980
치수공차	0.021	0.013
최소 틈새	0.007(구멍의 최소허용치수 20-축의 최대허용치수 19.993)	
최대 틈새	0.041(구멍의 최대허용치수 20.021-축의 최소허용치수 19.980)	
끼워맞춤 종류	헐거운 끼워맞춤	

㉞ 억지 끼워맞춤 : 조립하였을 때, 항상 죔새가 생기는 끼워맞춤
즉, 도시된 경우에 구멍의 공차역이 완전히 축의 공차역의 아래쪽에 있는 끼워맞춤

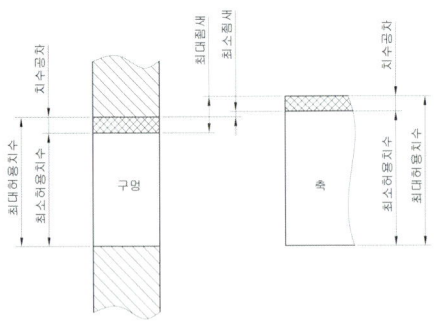

억지 끼워맞춤

■ 구멍 Ø45 H7, 축 Ø40 p6의 끼워맞춤

용어 구분	구멍	축
기준치수	Ø45	Ø45
기호와 공차등급	H7	p6
허용한계치수	Ø45 +0.025 0	Ø45 +0.035 +0.022
최대허용치수	Ø45.025	Ø45.035
최소허용치수	Ø45.000	Ø45.022
치수공차	0.025	0.013
최소 죔새	0.003(축의 최소허용치수 45.022 - 구멍의 최대허용치수 45.025)	
최대 죔새	0.035(축의 최대허용치수 45.035 - 구멍의 최소허용치수 45.000)	
끼워맞춤 종류	억지 끼워맞춤	

ⓢ 중간 끼워맞춤 : 조립하였을 때, 구멍 및 축의 실 치수에 따라 틈새 또는 죔새의 어느 것이나 되는 끼워맞춤. 즉, 도시된 경우에 구멍 및 축의 공차역이 완전히 또는 부분적으로 겹치는 끼워맞춤

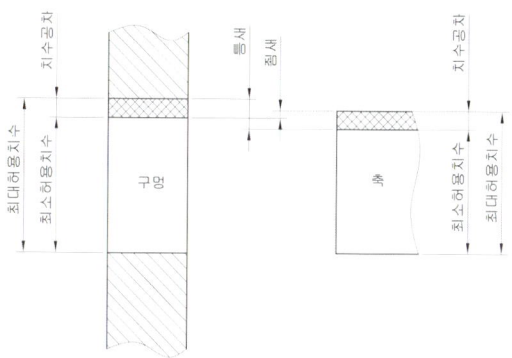

중간 끼워맞춤

■ 구멍 Ø40 H6, 축 Ø40 m6의 끼워맞춤

용어 구분	구멍	축
기준치수	Ø40	Ø40
기호와 공차등급	H6	m6
허용한계치수	Ø40 +0.016 0	Ø40 +0.025 +0.009
최대허용치수	Ø40.016	Ø40.025
최소허용치수	Ø40.000	Ø40.009
치수공차	0.016	0.016
최소 죔새	0.007(구멍의 최대허용치수 40.016-축의 최소허용치수 40.009)	
최대 죔새	0.025(축의 최대허용치수 45.025-구멍의 최소허용치수 40.000)	
끼워맞춤 종류	중간 끼워맞춤	

㊱ 끼워맞춤의 변동량 : 조립하는 구멍 및 축의 치수 공차의 대수합
㊲ 끼워맞춤 방식 : 어떤 치수공차 방식에 속하는 구멍 및 축에 따라 구성되는 끼워맞춤의 방식
㊳ 구멍 기준 끼워맞춤 : 여러 개의 공차역 클래스의 축과 1개의 공차역 클래스의 구멍을 조립하는데에 따라 필요한 틈새 또는 죔새를 주는 끼워맞춤 방식. 이 표준에서는 구멍의 최소 허용 치수가 기준 치수와 같다. 즉, 구멍의 아래 치수 허용차가 '0'인 끼워맞춤 방식

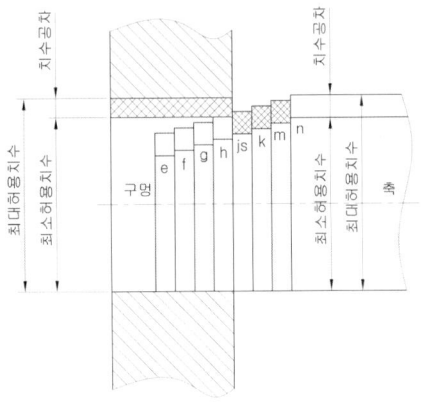

구멍 기준식

㊴ 축 기준 끼워맞춤 : 여러개의 공차역 클래스의 구멍과 1개의 공차역 클래스의 축을 조립하는데에 따라 필요한 틈새 또는 죔새를 주는 끼워맞춤 방식. 이 표준에서는 축의 최대 허용 치수가 기준 치수와 같다. 즉, 축의 위 치수 허용차가 '0'인 끼워맞춤 방식

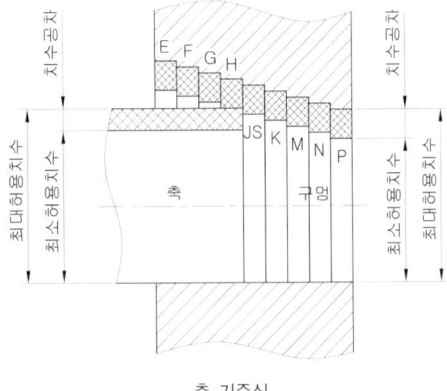

축 기준식

㊵ 기준 구멍 : 구멍 기준 끼워맞춤에서 기준으로 선택한 구멍
   이 표준에서는 아래 치수 허용차가 '0'인 구멍
㊶ 기준축 : 축 기준 끼워맞춤에서 기준으로 선택한 축
   이 표준에서는 위 치수 허용차가 '0'인 축

3. 공차 등급

공차 등급은 보기를 들면 IT7과 같이 기호 IT에 등급을 나타내는 숫자를 붙여서 나타낸다.

4. 공차역의 위치

구멍의 공차역의 위치는 A부터 ZC까지의 대문자 기호로 축의 공차역의 위치는 a부터 zc까지의 소문자 기호로 나타낸다. 다만, 혼동을 피하기 위해서 다음 문자는 사용하지 않는다.
(I, L, O, Q, W, i, l, o, q, w)

【비 고】
- 보기를 들면, 공차역의 위치 H의 구멍을 약하여 H 구멍, 공차역의 위치 h의 축을 약하여 h축 등으로 부른다.

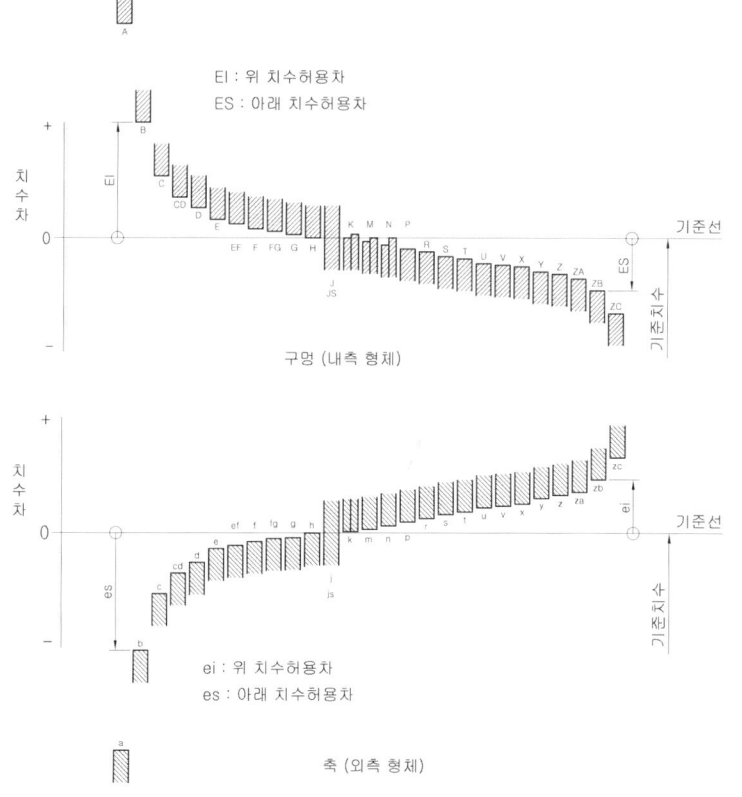

【비 고】
- 일반적으로 기초가 되는 치수 허용차는 기준선에 가까운 쪽의 허용 한계치수를 규정하고 있는 치수 허용차이다.

5. 공차역 클래스

공차역 클래스는 공차역의 위치의 기호에 공차 등급을 나타내는 숫자를 계속하여 표시한다.

> **보기**
> - 구멍의 경우 H7, 축의 경우 h7

6. 치수 허용차

① 위 치수 허용차 : 구멍의 위 치수 허용차는 기호 ES에 따라, 축의 위 치수 허용차는 기호 es에 따라 표시한다.

② 아래 치수 허용차 : 구멍의 아래 치수 허용차는 기호 EI에 따라, 축의 아래 치수 허용차는 기호 ei에 따라 표시한다.

7. 치수 허용한계의 표시

치수의 허용한계는 공차역 클래스의 기호(이하 치수공차 기호라 한다)또는 치수 허용차의 값을 기준 치수에 계속하여 표시한다.

> **보기**
> - 32H7   80js   100g6   100 $^{+0.012}_{-0.034}$

【비 고】
① 텔렉스 등의 한정된 문자수의 장치로 통신할 경우에는 구멍과 축을 구별하기 위해서 구멍에 대해서는 H 또는 h를 축에 대해서는 S 또는 s를 기준 치수의 앞에 붙인다.

> **보기**
> - 50H 5는 H50H5 또는 h50h5로 하고, 50h 6은 S50H6 또는 s50h6으로 한다.

【비 고】
② 치수의 허용 한계를 허용 한계치수에 따라 나타내는 수가 있다. 이 경우 최대허용치수를 위의 위치에 최소허용치수를 아래의 위치에 겹쳐서 표시한다.

> **보기**
> - 99.988
>   99.966

8. 끼워맞춤의 표시

끼워맞춤은 구멍 및 축의 공통 기준치수에 구멍의 치수공차 기호와 축의 치수공차 기호를 계속하여 표시한다.

> **보기**
> - 52H7/g6   52H7-g6 또는 $52\dfrac{H7}{g6}$

[비 고]
- 텔렉스 등의 한정된 문자수의 장치로 통신하는 경우에는 구멍과 축을 구별하기 위해 구멍과 축에 대하여 기준치수를 표시함과 동시에 구멍에 대해서는 H 또는 h를 축에 대해서는 S 또는 s를 붙인다.

9. 기준치수의 구분

기본 공차와 기초가 되는 치수 허용차는 각각의 기준치수에 대해 개별로 계산하는 것이 아니고 아래 표의 기준치수의 구분마다 그 구분을 구분하는 2개의 치수 D_1 및 D_2의 기하 평균 D로부터 계산한다.

$$D = \sqrt{D_1 \times D_2}$$

[비 고]
- 최초의 기준치수의 구분(3mm 이하)의 D는 1mm와 3mm의 기하평균, 즉 1.732mm로 한다.

■ 기준치수의 구분

500mm 이하의 기준치수								
일반 구분		상세한 구분①		일반 구분		상세한 구분②	
초과	이하	초과	이하	초과	이하	초과	이하
-	3	상세히 구분하지 않는다.		500	630	500 560	560 630
3	6	^	^	630	800	630 710	710 800
6	10	^	^	800	1000	800 900	900 1000
10	18	10 14	14 18	1000	1250	1000 1120	1120 1250
18	30	18 24	24 30	1250	1600	1250 1400	1400 1600
30	50	30 40	40 50	1600	2000	1600 1800	1800 2000
50	80	50 65	65 80	2000	2500	2000 2240	2240 2250
80	120	80 100	100 120	2500	3150	2500 2800	2800 3150
120	180	120 140 160	140 160 180	[주] ① 이들은 A~C 구멍 및 R~ZC 구멍 또는 a~c 축 및 r~zc 축의 치수 허용차에 사용한다. ② 이들은 R~U 구멍 및 r~u 축의 치수 허용차에 사용한다. (구멍 및 축의 기초가 되는 치수허용차의 수치 참조)			
180	250	180 200 225	200 225 250					
250	315	250 280	280 315					
315	400	315 355	355 400					
400	500	400 450	450 500					

1-2 | 상용하는 구멍기준식 헐거운 끼워맞춤

기준 구멍	축의 공차역 클래스(축의 종류와 등급)											
	헐거운 끼워맞춤				중간 끼워맞춤			억지 끼워맞춤				
H6			g5	h5	js5	k5	m5					
		f6	g6	h6	js6	k6	m6	n6[1]	p6[1]			
H7		f6	g6	h6	js6	k6	m6	n6	p6[1]	r6[1]	s6	t6	u6	x6
	e7	f7		h7	js7								

■ 헐거운 끼워맞춤의 적용 예

구멍과 축이 결합할 때 항상 틈새가 발생하는 구멍기준식 헐거운 끼워맞춤의 관계에 대해서 알아보도록 하자. 위의 표에서 헐거운 끼워맞춤이 되는 기준구멍인 H7을 기준으로 축의 공차역이 IT6급의 경우 g5, h5, f6, g6, h6가 해당되며 IT7급의 경우 f6, g6, h6, e7, f7, h7의 공차역이 있다. 헐거운 끼워맞춤은 틈새가 거의 없는 정밀한 운동이 요구되는 부분에 적용한다.

구멍의 표준 공차 등급인 H는 상용하는 IT등급인 5~10급(H5~H10)까지의 치수허용공차를 보면 아래치수허용차가 항상 '0'이며 IT등급과 적용 치수가 커질수록 위 치수 허용차가 (+)측으로 커지는 것을 알 수 있다.

• 구멍의 공차 영역 등급

단위 : $\mu m = 0.001mm$

치수구분(mm)		H					
초과	이하	H5	H6	H7	H8	H9	H10
-	3	+4 / 0	+6 / 0	+10 / 0	+14 / 0	+25 / 0	+40 / 0
3	6	+5 / 0	+8 / 0	+12 / 0	+18 / 0	+30 / 0	+48 / 0
6	10	+6 / 0	+9 / 0	+15 / 0	+22 / 0	+36 / 0	+58 / 0
10	14	+8 / 0	+11 / 0	+18 / 0	+27 / 0	+43 / 0	+70 / 0
14	18						
18	24	+9 / 0	+13 / 0	+21 / 0	+33 / 0	+52 / 0	+84 / 0
24	30						

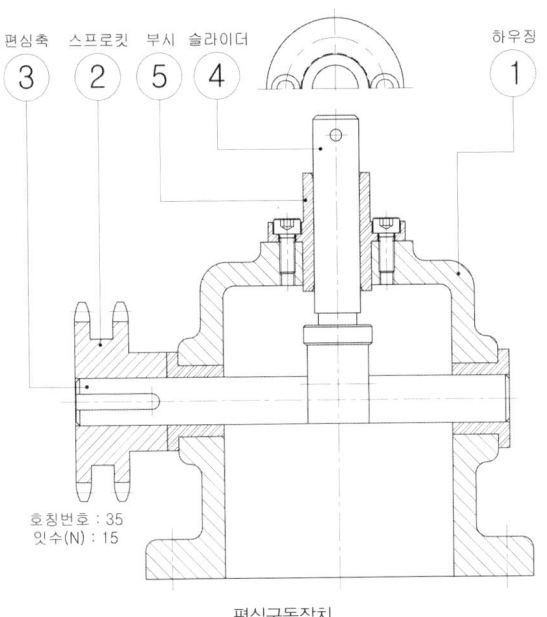

편심구동장치

위의 편심구동장치에서 헐거운 끼워맞춤이 필요한 부품을 찾아보면 품번 ④ 슬라이더와 ⑤ 부시는 ③ 편심축이 회전운동을 하게 되면 상하로 왕복 운동을 하는데 이런 곳에는 헐거운 끼워맞춤을 적용한다. 우선 헐거운 끼워맞춤 중 자주 사용되는 구멍 H7, 축 g6의 관계를 알아보도록 하자. 품번 ① 하우징에 부시가 고정되어 ④ 슬라이더의 정밀한 운동을 안내해주는데 ⑤ 부시의 안지름은 ∅12H7 (∅12.0∼∅12.018)로 기준치수 ∅12를 기준으로 아래치수 허용차는 '0'이며 위치수 허용차가 '+0.018'이다. 부시의 안지름에 헐겁게 끼워맞춤되어 움직이는 슬라이더의 경우 ∅12g6 (∅11.983∼∅11.994)로 치수 ∅12를 기준으로 위, 아래 치수허용차가 전부(−)측으로 되어있다. 결국 부시의 안지름이 최소허용치수인 ∅12.0으로 제작이 되고 축이 최대허용치수인 ∅11.994로 제작이 되었다고 하더라도 0.006의 틈새를 허용하고 있으므로 H7/g6과 같은 끼워맞춤 조합은 구멍과 축 사이에 항상 틈새를 허용하는 헐거운 끼워맞춤이 되는 것이다.

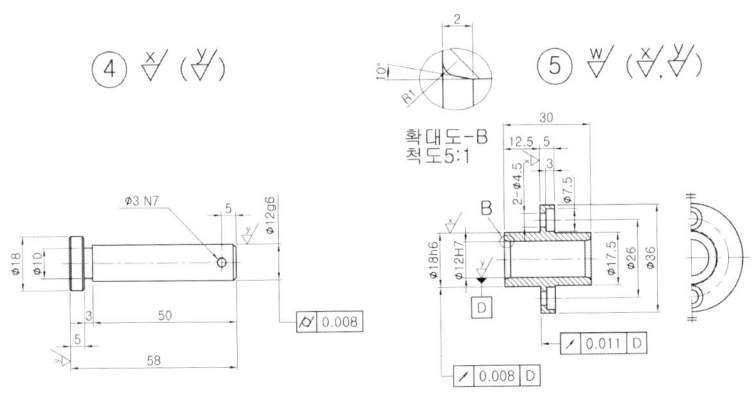

헐거운 끼워맞춤 적용 예

단위 : μm = 0.001mm

치수구분(mm)		g		
초과	이하	g4	g5	g6
-	3	-2 -5	-2 -6	-2 -8
3	6	-4 -8	-4 -9	-4 -12
6	10	-5 -9	-5 -11	-5 -14
10	14	-6 -11	-6 -14	-6 -17
14	18			
18	24	-7 -13	-7 -16	-7 -20
24	30			

보다 원활한 운동을 위하여 H7/g6보다 틈새를 더 주어 헐겁게 해도 되는 경우는 H7/e7의 공차를 적용할 수도 있으며 부품의 기능과 용도에 따라 H8/f7 등의 여러 가지 조합도 적용할 수 있다.

단위 : μm = 0.001mm

치수구분(mm)		e		
초과	이하	e7	e8	e9
-	3	-14 -24	-14 -28	-14 -29
3	6	-20 -32	-20 -38	-20 -50
6	10	-25 -40	-25 -47	-25 -61
10	14	-32 -50	-32 -59	-32 -75
14	18			
18	24	-40 -61	-40 -73	-40 -92
24	30			

[헐거운 끼워맞춤의 적용 예]

- H10/b9 : 오일 윤활을 하지 않고도 손으로 빼내거나 끼울 수 있는 부분
- H9/d8 : 쉽게 조립이 되며 큰 공차이지만 최소 공차는 확보하며, 회전 또는 서로 부딪히며 움직이는 부분
- H7/e6 : 약간 큰 틈새 사이에 유막을 형성하여 고속으로 운동하는 부분
- H7/f6 : 작은 틈새 사이에 유막을 형성하여 중고속으로 운동하는 부분
- H7/g6 : 상당히 작은 틈새 사이에 유막을 형성하여 중저속으로 운동하는 부분

1-3 상용하는 구멍기준식 중간 끼워맞춤

기준 구멍	축의 공차역 클래스(축의 종류와 등급)											
	헐거운 끼워맞춤				중간 끼워맞춤			억지 끼워맞춤				
H6			g5	h5	js5	k5	m5					
		f6	g6	h6	js6	k6	m6	n6[1)	p6[1)			
H7		f6	g6	h6	js6	k6	m6	n6	p6[1)	r6[1)	s6	t6	u6	x6
	e7	f7		h7	js7							

■ 중간 끼워맞춤의 적용 예

중간 끼워맞춤은 구멍과 축에 주어진 공차에 따라 틈새가 생길수도 있고, 죔새가 생길수도 있는 끼워맞춤으로 구멍과 축의 실제 치수의 크기에 따라서 억지 끼워맞춤이 될 수도 있고 헐거운 끼워맞춤이 될 수도 있는 끼워맞춤 조합으로 조립 및 분해시에 해머나 핸드 프레스를 사용할 수 있을 정도이며 부품을 손상시키지 않고 분해 및 조립이 가능하다.
중간 끼워맞춤은 지그의 맞춤핀(다웰핀), 베어링 안지름에 끼워지는 축, 부품과 부품의 위치를 맞추는 위치결정 핀, 리머 볼트 등의 끼워맞춤에 적용한다.

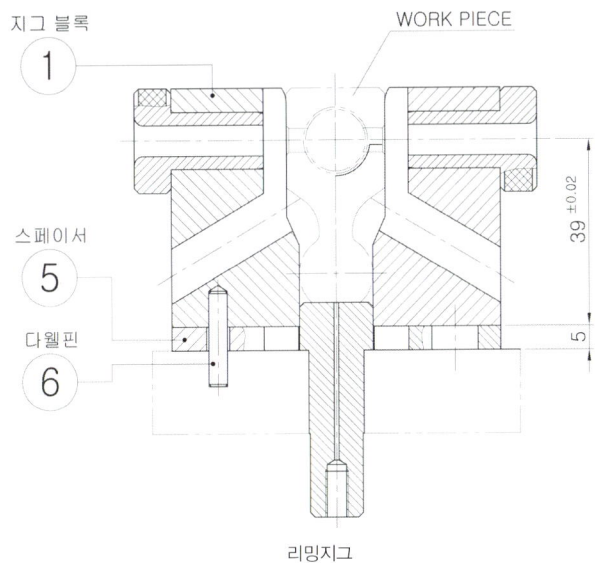

리밍지그

위의 리밍지그에서 품번 ② 지그블록과 하부 플레이트의 위치를 맞추는 기능을 하는 ⑥ 다웰핀의 사례를 보면 구멍은 Ø4H7, 다웰핀은 Ø4m6으로 되어 있다. 아래 치수 허용차와 위 치수 허용차 모두 +측의 공차로 주어진다. 구멍의 경우 치수 허용차가 4.0~4.012이고, 다웰핀의 경우 치수 허용차가 4.004~4.012인데 만약 구멍이 최소 허용치수인 4.0으로 제작이 되고 다웰핀이 최대 허용치수인 4.012로 제작되었다면 0.012만큼의 죔새가 발생할 것이며 반대로 구멍이 최대 허용치수인 4.012로 제작되고 다웰핀이 최소 허용치수인 4.004로 제작되었다면 0.008만큼의 틈새가 발생하게 될 것이다. 따라서 제작되는 실제 치수에 따라 끼워맞춤시에 틈새가 발생할 수도 있고, 죔새가 발생할 수도 있는 끼워맞춤 조합이 된다.

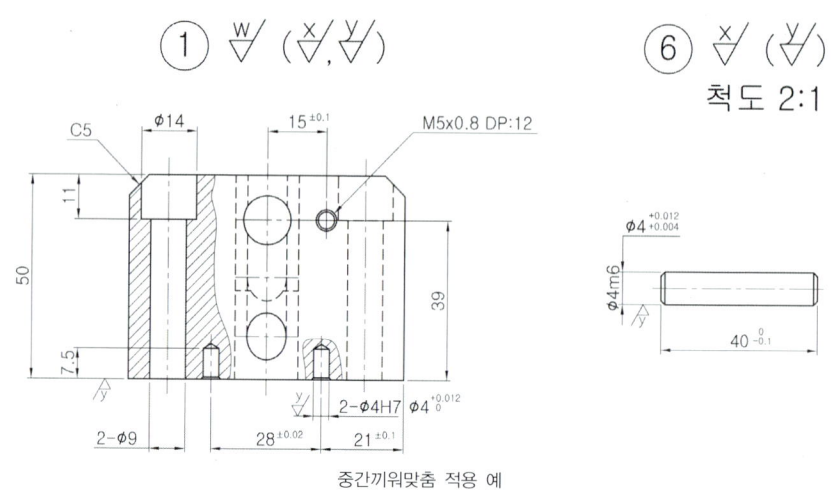

중간끼워맞춤 적용 예

단위 : μm = 0.001mm

치수구분(mm)		H					
초과	이하	H5	H6	H7	H8	H9	H10
-	3	+4 0	+6 0	+10 0	+14 0	+25 0	+40 0
3	6	+5 0	+8 0	+12 0	+18 0	+30 0	+48 0
6	10	+6 0	+9 0	+15 0	+22 0	+36 0	+58 0

단위 : μm = 0.001mm

치수구분(mm)		m		
초과	이하	m4	m5	m6
-	3	+5 +2	+6 +2	+8 +2
3	6	+8 +4	+9 +4	+12 +4
6	10	+10 +6	+12 +6	+15 +6

[중간 끼워맞춤의 적용 예]
H7/h6, H7/h7, H7/h9, H7/js6, H7/j6, H7/m6, H7/k6, H7/r6

1-4 | 상용하는 구멍기준식 억지 끼워맞춤

기준 구멍	축의 공차역 클래스(축의 종류와 등급)											
	헐거운 끼워맞춤				중간 끼워맞춤			억지 끼워맞춤				
H6			g5	h5	js5	k5	m5					
		f6	g6	h6	js6	k6	m6	n6[1]	p6[1]			
H7		f6	g6	h6	js6	k6	m6	n6	p6[1]	r6[1]	s6	t6	u6	x6
	e7	f7		h7	js7							

주▶ • 이러한 끼워맞춤은 치수 구분에 따라서 예외가 있을 수 있다.

■ 억지 끼워맞춤의 적용 예

구멍과 축 사이에 주어진 허용한계치수 범위 내에서 구멍이 최소, 축이 최대인 경우에도 죔새가 생기는 끼워맞춤으로 구멍의 최대 허용치수가 축의 최소 허용치수와 같거나 또는 크게 되는 끼워맞춤이다. 억지 끼워맞춤은 서로 단단하게 고정되어 분해하는 일이 없는 한 영구적인 조립이 되며, 부품을 손상시키지 않고 분해하는 것이 곤란하다. 조립 및 분해에 큰 힘이 필요하며 부품을 손상시키지 않고는 분해하기가 어렵다.

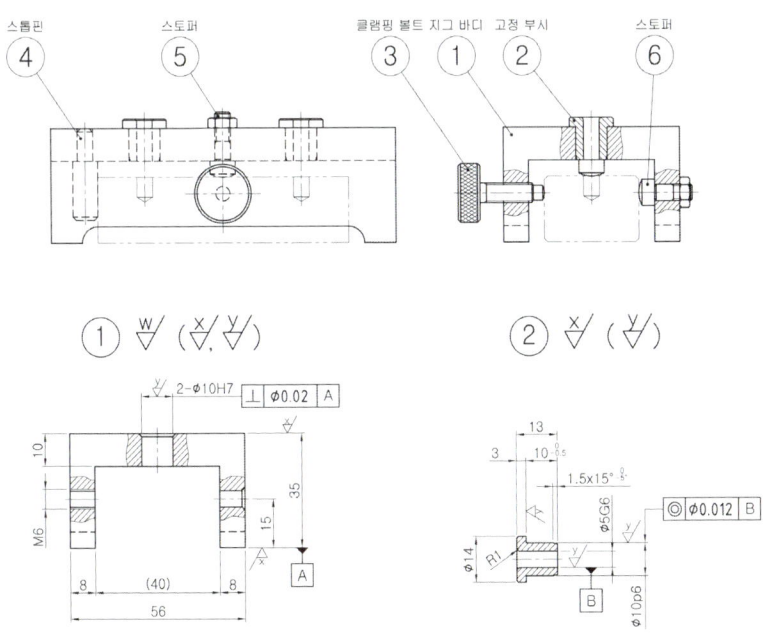

채널지그의 드릴 가이드 고정부시 끼워맞춤 적용 예

위의 채널지그에서 절삭공구인 드릴을 안내하는 품번 ② 고정 부시가 압입되는 ① 지그 바디와의 끼워맞춤 관계를 살펴보도록 하자. 고정 부시는 억지로 끼워맞추기 위해 외경이 연삭이 되어 있으며 지그 바디에 압입하여 고정하며 지그의 수명이 다 될 때까지 반영구적으로 사용하는 것이 일반적이다.

억지 끼워맞춤에서도 마찬가지로 구멍을 H7로 정하였고 압입하고자 하는 고정 부시는 p6로 선정하였다. 기준치수가 ⌀10인 구멍의 경우 H7의 공차역은 ⌀10.0~⌀10.015, 부시의 경우 p6의 공차역은 ⌀10.015~⌀10.024이다. 구멍의 최대 허용치수가 ⌀10.015로 축의 최소 허용치수인 ⌀10.015와 같은 것을 알 수 있고 구멍이 최소 허용치수인 ⌀10.0으로 제작이 되고 부시가 ⌀10.024로 제작되었다면 0.024만큼의 죔새가 발생하여 강제 압입을 해야만 끼워맞춤될 수 있을 것이다. 이처럼 축과 구멍은 정해진 공차 범위 내에서 제작이 되어 항상 죔새가 생기는 끼워맞춤 조합이 될 것이다. H7구멍을 기준으로 축이 p6 〈 r6 〈 s6 〈 t6 〈 u6 〈 x6가 선택 적용될 수 있는데 알파벳 순서가 뒤로 갈수록 압입에 더욱 큰 힘을 필요로 하는 억지끼워맞춤이 되는데 s6, t6, u6, x6 등의 조합은 수축 및 냉각 끼워맞춤 등을 하며 분해할 일이 없는 영구적인 조립이 된다.

■ 구멍의 치수허용차

단위 : ㎛ = 0.001mm

치수구분(mm)		H					
초과	이하	H5	H6	H7	H8	H9	H10
-	3	+4 0	+6 0	+10 0	+14 0	+25 0	+40 0
3	6	+5 0	+8 0	+12 0	+18 0	+30 0	+48 0
6	10	+6 0	+9 0	+15 0	+22 0	+36 0	+58 0
10	14	+8 0	+11 0	+18 0	+27 0	+43 0	+70 0
14	18						
18	24	+9 0	+13 0	+21 0	+33 0	+52 0	+84 0
24	30						

■ 축의 치수허용차

단위 : ㎛ = 0.001mm

n	p	r	s	t	u	x	치수구분(mm)	
n6	p6	r6	s6	t6	u6	x6	초과	이하
+10 +4	+12 +6	+16 +10	+20 +14	-	+24 +18	+26 +20	-	3
+16 +8	+20 +12	+23 +15	+27 +19	-	+31 +23	+36 +28	3	6
+19 +10	+24 +15	+28 +19	+32 +23	-	+37 +28	+43 +34	6	10
+23 +12	+29 +18	+34 +23	+39 +28	-	+44 +33	+51 +40	10	14
						+56 +45	14	18
+28 +15	+35 +22	+41 +28	+48 +35	-	+54 +41	+67 +54	18	24
				+54 +41	+61 +48	+77 +64	24	30

1-5 | 끼워맞춤 표시방법

구멍과 축이 서로 결합되어 있는 상태에서의 끼워맞춤 표시법은 구멍 기준 끼워맞춤이나 축 기준 끼워맞춤이나 모두 기준치수 다음에 구멍을 나타내는 기호와 IT공차 등급, 그 다음에 축을 나타내는 기호와 IT공차 등급을 나타낸다.

> **보기**
> - ∅25 H7g6 또는 ∅25 H7/g6 또는 ∅25 $\frac{H7}{g6}$

또한 축과 구멍이 결합되어 있는 상태에서 공차기호와 IT공차 등급으로 나타내지 않고 치수공차를 수치로 나타낼 필요가 있는 경우에는 치수선 위에 구멍의 치수공차를 기입하고 치수선 아래에 축의 치수공차를 아래와 같이 나타낸다.

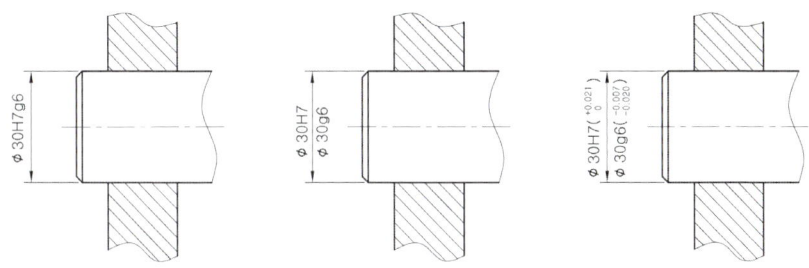

축과 구멍이 결합되어 있는 상태에서 치수 기입법

지금까지 끼워맞춤의 종류와 그 사용법에 대해서 알아보고 도면에 실제 적용하는 방법을 알아보았다. 이와 같이 끼워맞춤의 종류는 다양하지만 일반적으로 권장하고 있는 구멍과 축의 끼워맞춤 조합을 상용끼워맞춤으로 하여 사용하는 것이 좋다.

■ **상용 끼워맞춤의 이해**

① 구멍기준식 끼워맞춤에서는 H5~H10의 6종류의 구멍을 기준으로 해서 여러 가지 축을 조합할 수 있으며 축기준식 끼워맞춤에서도 h4~h9의 6종류의 축을 기준으로 해서 여러 가지 구멍을 조합할 수 있다.

② 예를 들어, 축이나 구멍의 종류가 25개, 정밀도 등급이 20등급이라고 가정한다면 6×25×20=3,000여 가지의 조합이 가능하다.

③ 이처럼 다양한 끼워맞춤 조합에서 KS에서는 일반적으로 권장할 수 있는 끼워맞춤의 조합을 상용하는 구멍 기준식, 축 기준식 끼워맞춤으로 정하고 있으며 가급적이면 이 상용끼워맞춤을 설계에 적용하는 것이 좋다.

■ IT 공차등급과 치수공차의 예

기준치수	구멍 기호와 등급	공차 (μ)	공차 (mm)	최대, 최소 치수허용차
⌀35	E7	+75 +50	+0.075 +0.050	25μ (0.025mm)
⌀35	F7	+50 +25	+0.050 +0.025	25μ (0.025mm)
⌀35	G7	+34 +9	+0.034 +0.009	25μ (0.025mm)
⌀35	H7	+25 0	+0.025 0	25μ (0.025mm)
⌀35	Js7	±12.5	±0.0125	25μ (0.025mm)
⌀35	K7	+7 -18	+0.007 -0.018	25μ (0.025mm)
⌀35	M7	0 -25	0 -0.025	25μ (0.025mm)
⌀35	N7	-8 -33	-0.008 -0.033	25μ (0.025mm)
⌀35	P7	-17 -42	-0.017 -0.042	25μ (0.025mm)
⌀35	T7	-45 -70	-0.045 -0.070	25μ (0.025mm)

1-6 | IT기본공차의 값과 적용

ISO 공차방식에 따른 기본공차로서 치수공차와 끼워맞춤에 있어서 정해진 모든 치수공차를 의미하는 것으로 IT기본공차 또는 IT라고 호칭하고, 국제 표준화 기구(ISO)공차 방식에 따라 분류하며, IT01 부터 IT18까지 20 등급으로 구분하여 KS B 0401에 규정하고 있다.

■ 3150mm까지의 기준 치수에 대한 공차 등급 IT의 수치[KS B ISO 286-1]

기준치수의 구분(mm)		IT 공차 등급									
초과	이하	IT01	IT0	IT1	IT2	IT3	IT4	IT5	IT6	IT7	IT8	IT9
					기본 공차의 수치(μm)						
-	3	0.3	0.5	0.8	1.2	2	3	4	6	10	14	25
3	6	0.4	0.6	1	1.5	2.5	4	5	8	12	18	30
6	10	0.4	0.6	1	1.5	2.5	4	6	9	15	22	36
10	18	0.5	0.8	1.2	2	3	5	8	11	18	27	43
18	30	0.6	1.0	1.5	2.5	4	6	9	13	21	33	52
30	50	0.6	1.0	1.5	2.5	4	7	11	16	25	39	62
50	80	0.8	1.2	2	3	5	8	13	19	30	46	74
80	120	1.0	1.5	2.5	4	6	10	15	22	35	54	87
120	180	1.2	2.0	3.5	5	8	12	18	25	40	63	100
180	250	2.0	3.0	4.5	7	10	14	20	29	46	72	115
250	315	2.5	4.0	6	8	12	16	23	32	52	81	130
315	400	3.0	5.0	7	9	13	18	25	36	57	89	140
400	500	4.0	6.0	8	10	15	20	27	40	63	97	155
500	630	-	-	9	11	16	22	30	44	70	110	175
630	800	-	-	10	13	18	25	35	50	80	125	200
800	1000	-	-	11	15	21	29	40	56	90	140	230
1000	1250	-	-	13	18	24	34	46	66	105	165	260
1250	1600	-	-	15	21	29	40	54	78	125	195	310
1600	2000	-	-	18	25	35	48	65	92	150	230	370
2000	2500	-	-	22	30	41	57	77	110	175	280	440
2500	3150	-	-	26	36	50	69	93	135	210	330	540

기준치수의 구분(mm)		IT 공차 등급								
		IT10	IT11	IT12	IT13	IT14	IT15	IT16	IT17	IT18
초과	이하	기본 공차의 수치(㎛)								
-	3	40	60	0.1	0.14	0.25	0.40	0.6	1.0	1.4
3	6	48	75	0.12	0.18	0.30	0.48	0.75	1.2	1.8
6	10	58	90	0.15	0.22	0.36	0.58	0.9	1.5	2.2
10	18	70	110	0.18	0.27	0.43	0.70	1.1	1.8	2.7
18	30	84	130	0.21	0.33	0.52	0.84	1.3	2.1	3.3
30	50	100	160	0.25	0.39	0.62	1.0	1.6	2.5	3.9
50	80	120	190	0.30	0.46	0.74	1.2	1.9	3.0	4.6
80	120	140	220	0.35	0.54	0.87	1.4	2.2	3.5	5.4
180	250	185	290	0.46	0.72	1.15	1.85	2.9	4.6	7.2
250	315	210	320	0.52	0.81	1.30	2.1	3.2	5.2	8.1
315	400	230	360	0.57	0.89	1.40	2.3	3.6	5.7	8.9
400	500	250	400	0.63	0.97	1.55	2.5	4.0	6.3	9.7
500	630	280	440	0.70	1.10	1.75	2.8	4.4	7	11
630	800	320	500	0.80	1.25	2	3.2	5.0	8	12.5
800	1000	360	560	0.90	1.40	2.3	3.6	5.6	9	14
1000	1250	420	660	1.05	1.65	2.6	4.2	6.6	10.5	16.5
1250	1600	500	780	1.25	1.95	3.1	5	7.8	12.5	19.5
1600	2000	600	920	1.5	2.30	3.7	6	9.2	15	23
2000	2500	700	1100	1.75	2.80	4.4	7	11	17.5	28
2500	3150	860	1350	2.10	3.30	5.4	8.6	13.5	21	33

① 공차 등급 IT14~IT18은 기준치수 1mm 이하의 기준 치수에 대하여 사용하지 않는다.
② 500mm를 초과하는 기준 치수에 대한 공차 등급 IT1~IT5의 공차값은 실험적으로 사용하기 위한 잠정적인 것이다.

【참 고】
- 공차 등급 IT(ISO tolerance)는 고정밀도를 적용하는 부분은 IT1~IT4, 일반적인 끼워맞춤 부분에는 IT5~IT10, 끼워맞춤되지 않는 부분에는 IT10~IT18 등급을 적용한다.

■ IT공차의 적용례

- IT 01~IT 4 : 주로 게이지(Gauge)류
- IT 5~IT 10 : 주로 끼워맞춤(Fitting)을 적용하는 부분
- IT 11~IT 16 : 끼워맞춤(Fitting)이 필요없는 부분

IT 등급	주요 적용 용도
IT 01	고급 정밀 표준 게이지(Gauge)류
IT 0	고급 정밀 표준 게이지(Gauge)류, 고급 단도기(End Standard)
IT 1	표준게이지, 단도기(End Standard)
IT 2	고급게이지, 플러그 게이지(Plug Gauge)
IT 3	양질의 게이지, 스냅 게이지(Snap Gauge)
IT 4	게이지, 일반 래핑(Lapping) 또는 슈퍼피니싱(Super Finishing) 가공
IT 5	볼베어링, 머신래핑, 정밀 보링, 정밀 연삭, 호닝가공
IT 6	연삭, 보링, 핸드리밍
IT 7	정밀 선삭, 브로칭, 호닝 및 연삭의 일반작업
IT 8	센터작업에 의한 선삭, 보링, 일반 기계 리밍, 터렛 및 자동선반 가공 제품
IT 9	터렛 및 자동선반에 의한 일반가공품, 보통 보링작업, 수직선반, 정밀 밀링작업
IT 10	일반 밀링 작업, 셰이빙, 슬로팅, 플레이너가공, 드릴링, 압연 및 압출 제품
IT 11	황삭 기계가공, 정밀인발, 파이프, 펀칭, 프레스, 구멍가공
IT 12	일반 Pipe 및 봉 프레스 제품
IT 13	Press 제품, 압연 제품
IT 14	금형, 다이캐스팅, 고무형 Press, 셀몰딩 주조품
IT 15	형단조, 셀몰딩 주조, 시멘트 주조
IT 16	일반 주물 및 불꽃(Gas) 절단품

■ IT 기본공차 등급과 가공방법과의 관계

가공법	4	5	6	7	8	9	10	11
래핑, 호닝	■	■						
원통 연삭		■	■	■				
평면 연삭		■	■	■	■			
다이아몬드 선삭		■	■	■				
다이아몬드 보링		■	■	■				
브로우칭		■	■	■	■			
분말 압착		■	■	■	■			
리밍			■	■	■	■	■	
선삭				■	■	■	■	■
분말 야금				■	■			
보링					■	■	■	■
밀링					■	■	■	■
플레이너, 셰이핑							■	■
드릴링							■	■
펀칭							■	■
다이캐스팅							■	■

1-7 | 구멍의 기초가 되는 치수 허용차

단위 : μm = 0.001mm

기준치수의 구분(mm)		전체의 공차 등급										
		기초가 되는 치수 허용차 = 아래 치수 허용차 EI										
		공차역의 위치										
초과	이하	A[1]	B[1]	C	CD	D	E	EF	F	FG	G	H	JS[2]
-	3	+270	+140	+60	+34	+20	+14	+10	+6	+4	+2	0	
3	6	+270	+140	+70	+46	+30	+20	+14	+10	+6	+4	0	
6	10	+280	+150	+80	+56	+40	+25	+18	+13	+8	+5	0	
10	14	+290	+150	+95		+50	+32		+16		+6	0	
14	18												
18	24	+300	+160	+110		+65	+40		+20		+7	0	
24	30												
30	40	+310	+170	+120		+80	+50		+25		+9	0	
40	50	+320	+180	+130									
50	65	+340	+190	+140		+100	+60		+30		+10	0	
65	80	+360	+200	+150									
80	100	+380	+220	+170		+120	+72		+36		+12	0	
100	120	+410	+240	+180									
120	140	+460	+260	+200		+145	+85		+43		+14	0	
140	160	+520	+280	+210									
160	180	+580	+310	+230									
180	200	+660	+340	+240		+170	+100		+50		+15	0	
200	225	+740	+380	+260									
225	250	+820	+420	+280									
250	280	+920	+480	+300		+190	+110		+56		+17	0	
280	315	+1050	+540	+330									
315	355	+1200	+600	+360		+210	+125		+62		+18	0	
355	400	+1350	+680	+400									
400	450	+1500	+760	+440		+230	+135		+68		+20	0	
450	500	+1650	+840	+480									
500	560					+260	+145		+76		+22	0	
560	630												
630	710					+290	+160		+80		+24	0	
710	800												
800	900					+320	+170		+86		+26	0	
900	1000												
1000	1120					+350	+195		+98		+28	0	
1120	1250												
1250	1400					+390	+220		+110		+30	0	
1400	1600												
1600	1800					+430	+240		+120		+32	0	
1800	2000												
2000	2240					+480	+260		+130		+34	0	
2240	2500												
2500	2800					+520	+290		+145		+38	0	
2800	3150												

치수 허용차 $= \pm \dfrac{IT_n}{2}$

단위 : μm = 0.001mm

				공차등급 8 이상							공차등급					
			기초가 되는 치수 허용차 = 위치수 허용차 ES								3	4	5	6	7	8
				공차역의 위치							⊿의 수치					
P	R	S	T	U	V	X	Y	Z	ZA	ZB	ZC					
-6	-10	-14		-18		-20		-26	-32	-40	-60	0	0	0	0	0	0
-12	-15	-19		-23		-28		-35	-42	-50	-80	1	1.5	1	3	4	6
-15	-19	-23		-28		-34		-42	-52	-67	-97	1	1.5	2	3	6	7
-18	-23	-28		-33		-40		-50	-64	-90	-130	1	2	3	3	7	9
					-39	-45		-60	-77	-108	-150						
-22	-28	-35		-41	-47	-54	-63	-73	-93	-136	-188	1.5	2	3	4	8	12
			-41	-48	-55	-64	-75	-88	-118	-160	-218						
-26	-34	-43	-48	-60	-68	-80	-94	-112	-148	-200	-274	1.5	3	4	5	9	14
			-54	-70	-81	-97	-114	-136	-180	-242	-325						
-32	-41	-53	-66	-87	-102	-122	-144	-172	-226	-300	-405	2	3	5	6	11	16
	-43	-59	-75	-102	-120	-146	-174	-210	-274	-360	-480						
-37	-51	-71	-91	-124	-146	-178	-214	-258	-335	-445	-585	2	4	5	7	13	19
	-54	-79	-104	-144	-172	-210	-254	-310	-400	-525	-690						
-43	-63	-92	-122	-170	-202	-248	-300	-365	-470	-620	-800	3	4	6	7	15	23
	-65	-100	-134	-190	-228	-280	-340	-415	-535	-700	-900						
	-68	-108	-146	-210	-252	-310	-380	-465	-600	-780	-1000						
-50	-77	-122	-166	-236	-284	-350	-425	-520	-670	-880	-1150	3	4	6	9	17	26
	-80	-130	-180	-258	-310	-385	-470	-575	-740	-960	-1250						
	-84	-140	-196	-284	-340	-425	-520	-640	-820	-1050	-1350						
-56	-94	-158	-218	-315	-385	-475	-580	-710	-920	-1200	-1550	4	4	7	9	20	29
	-98	-170	-240	-350	-425	-525	-650	-790	-1000	-1300	-1700						
-62	-108	-190	-268	-390	-475	-590	-730	-900	-1150	-1500	-1900	4	5	7	11	21	32
	-114	-208	-294	-435	-530	-660	-820	-1000	-1300	-1650	-2100						
-68	-126	-232	-330	-490	-595	-740	-920	-1100	-1450	-1880	-2400	5	5	7	13	23	34
	-132	-252	-360	-540	-660	-820	-1000	-1250	-1600	-2100	-2600						
-78	-150	-280	-400	-600													
	-155	-310	-450	-660													
-88	-175	-340	-500	-740													
	-185	-380	-560	-840													
-100	-210	-430	-620	-940													
	-220	-470	-680	-1050													
-120	-250	-520	-780	-1150													
	-260	-580	-840	-1300													

【참 고】
- 위 표에서 허용 공차값이 -100인 경우 -100mm가 아니라 -0.1mm가 된다. (-100μm=-0.1mm)

단위: μm = 0.001mm

공차등급 8 이상										공차등급				
기초가 되는 치수 허용차 = 위치수 허용차 ES										3	4	5	6	7	8
공차역의 위치										⊿의 수치				
P	R	S	T	U	V	X	Y	Z	ZA	ZB	ZC				
-140	-300	-640		-960	-1450										
	-330	-720		-1050	-1600										
-170	-370	-820		-1200	-1850										
	-400	-920		-1350	-2000										
-195	-440	-1000		-1500	-2300										
	-460	-1100		-1650	-2500										
-240	-550	-1250		-1900	-2900										
	-580	-1400		-2100	-3200										

기준치수의 구분(mm)		공차등급								
초과	이하	6	7	8	8 이하	9 이상	8 이하	9 이상	8 이하	9 이상	7 이하
		기초가 되는 치수 허용차 = 위치수 허용차 ES								
		공차역의 위치								
		J			K[4]		M[4]		N[4)5]		P~ZC
-	3	+2	+4	+6	0		-2	-2	-4	-4	
3	6	+5	+6	+10	-1+⊿	0	-4+⊿	-4	-8+⊿	0	
6	10	+5	+8	+12	-1+⊿		-6+⊿	-6	-10+⊿	0	
10 14	14 18	+6	+10	+15	-1+⊿		-7+⊿	-7	-12+⊿	0	
18 24	24 30	+8	+12	+20	-2+⊿		-8+⊿	-8	-15+⊿	0	
30 40	40 50	+10	+14	+24	-2+⊿		-9+⊿	-9	-17+⊿	0	
50 65	65 80	+13	+18	+28	-2+⊿		-11+⊿	-11	-20+⊿	0	
80 100	100 120	+16	+22	+34	-3+⊿		-13+⊿	-13	-23+⊿	0	
120 140 160	140 160 180	+18	+25	+41	-3+⊿		-15+⊿	-15	-27+⊿	0	
180 200 225	200 225 250	+22	+30	+47	-4+⊿		-17+⊿	-17	-31+⊿	0	
250 280	280 315	+25	+36	+55	-4+⊿		-20+⊿[3]	-20	-34+⊿	0	

오른쪽 난의 값에 ⊿의 값을 더한다.

기준치수의 구분(mm)		공차등급								
		6	7	8	8 이하	9 이상	8 이하	9 이상	8 이하	9 이상	7 이하
초과	이하	기초가 되는 치수 허용차 = 위치수 허용차 ES									
		공차역의 위치									
		J			K[4]		M[4]		N[4][5]		P~ZC
315	355	+29	+39	+60	-4+⊿		-21+⊿	-21	-37+⊿	0	
355	400										
400	450	+33	+43	+66	-5+⊿		-23+⊿	-23	-40+⊿	0	
450	500										
500	560						-26		-44		오른쪽 난의 값에 ⊿의 값을 더한다.
560	630										
630	710						-30		-50		
710	800										
800	900						-34		-56		
900	1000										
1000	1120						-40		-66		
1120	1250										
1250	1400						-48		-78		
1400	1600										
1600	1800						-58		-92		
1800	2000										
2000	2240						-68		-110		
2240	2500										
2500	2800						-76		-135		
2800	3150										

주
1) 기초가 되는 치수허용차 A 및 B는 기준 치수 1mm 이하의 기준 치수에는 사용하지 않는다.
2) 공차 등급이 JS7~JS11의 경우 IT의 번호 n이 홀수일 때는 바로 밑의 짝수로 끝맺음 하여도 좋다.
3) IT 8 이하의 공차 등급에 대응하는 K, M 및 N 그리고 IT 8 이하의 공차 등급에 대응하는 치수 허용차 P~ZC를 결정할 때는 우측란의서 ⊿의 수치를 가용한다.

보기
- 18~30mm 범위의 K7의 경우: ⊿ = 8μm 따라서 ES = -2+8=6μm
- 18~30mm 범위의 S6의 경우: ⊿ = 4μm 따라서 ES = -35+4=-31μm

4) 특수한 경우 : 250~315mm 범위의 공차역 등급 M6의 경우, ES는 -20+9=-11μm가 아니고 -9μm이다.
5) IT8을 초과하는 공차 등급에 대응하는 기초가 되는 치수 허용차 N을 1mm 이하의 기준 치수에 사용해서는 안된다.

1-8 | 축의 기초가 되는 치수 허용차

단위 : μm = 0.001mm

기준치수의 구분(mm)		전체의 공차 등급										
		기초가 되는 치수 허용차 = 위치수 허용차 es										
초과	이하	공차역의 위치										
		a[1]	b[1]	c	cd	d	e	ef	f	fg	g	h	js[2]
-	3	-270	-140	-60	-34	-20	-14	-10	-6	-4	-2	0	
3	6	-270	-140	-70	-46	-30	-20	-14	-10	-6	-4	0	
6	10	-280	-150	-80	-56	-40	-25	-18	-13	-8	-5	0	
10	14	-290	-150	-95		-50	-32		-16		-6	0	
14	18												
18	24	-300	-160	-110		-65	-40		-20		-7	0	치수허용차 = $\pm\dfrac{IT_n}{2}$
24	30												
30	40	-310	-170	-120		-80	-50		-25		-9	0	
40	50	-320	-180	-130									
50	65	-340	-190	-140		-100	-60		-30		-10	0	
65	80	-360	-200	-150									
80	100	-380	-220	-170		-120	-72		-36		-12	0	
100	120	-410	-240	-180									
120	140	-460	-260	-200		-145	-85		-43		-14	0	
140	160	-520	-280	-210									
160	180	-580	-310	-230									
180	200	-660	-340	-240		-170	-100		-50		-15	0	
200	225	-740	-380	-260									
225	250	-820	-420	-280									

단위 : μm = 0.001mm

기준치수의 구분(mm)		전체의 공차 등급										
		기초가 되는 치수 허용차 = 위치수 허용차 es										
초과	이하	공차역의 위치										
		a[1]	b[1]	c	cd	d	e	ef	f	fg	g	h	js[2]
250	280	-920	-480	-300		-190	-110		-56		-17	0	
280	315	-1050	-540	-330									
315	355	-1200	-600	-360		-210	-125		-62		-18	0	
355	400	-1350	-680	-400									
400	450	-1500	-760	-440		-230	-135		-68		-20	0	
450	500	-1650	-840	-480									
500	560					-260	-145		-76		-22	0	
560	630												
630	710					-290	-160		-80		-24	0	
710	800												
800	900					-320	-170		-86		-26	0	
900	1000												
1000	1120					-350	-195		-98		-28	0	
1120	1250												
1250	1400					-390	-220		-110		-30	0	
1400	1600												
1600	1800					-430	-240		-120		-32	0	
1800	2000												
2000	2240					-480	-260		-130		-34	0	
2240	2500												
2500	2800					-520	-290		-145		-38	0	
2800	3150												

공차등급					전체의 공차등급				
5, 6	7	8	4, 5 6, 7	3 이하 및 8 이상	\multicolumn{5}{l	}{기초가 되는 치수 허용차 = 아래치수는 허용차 ei}
\multicolumn{5}{	c	}{}	\multicolumn{5}{c	}{공차역의 위치}
j			k		m	n	p	r	s
-2	-4	-6	0	0	+2	+4	+6	+10	+14
-2	-4		+1	0	+4	+8	+12	+15	+19
-2	-5		+1	0	+6	+10	+15	+19	+23
-3	-6		+1	0	+7	+12	+18	+23	+28
-4	-8		+2	0	+8	+15	+22	+28	+35
-5	-10		+2	0	+9	+17	+26	+34	+43
-7	-12		+2	0	+11	+20	+32	+41	+53
								+43	+59
-9	-15		+3	0	+13	+23	+37	+51	+71
								+54	+79
-11	-18		+3	0	+15	+27	+43	+63	+92
								+65	+100
								+68	+108
-13	-21		+4	0	+17	+31	+50	+77	+122
								+80	+130
								+84	+140
-16	-26		+4	0	+20	+34	+56	+94	+158
								+98	+170
-18	-28		+4	0	+21	+37	+62	+108	+190
								+114	+208
-20	-32		+5	0	+23	+40	+68	+126	+232
								+132	+252
			0	0	+26	+44	+78	+150	+280
								+155	+310
			0	0	+30	+50	+88	+175	+340
								+185	+380
			0	0	+34	+56	+100	+210	+430
								+220	+470
			0	0	+40	+66	+120	+250	+520
								+260	+580
			0	0	+48	+78	+140	+300	+640
								+330	+720
			0	0	+58	+92	+170	+370	+820
								+400	+920
			0	0	+68	+110	+195	+440	+1000
								+460	+1100
			0	0	+76	+135	+240	+550	+1250
								+580	+1400

					전체의 공차등급								
				기초가 되는 치수 허용차 = 아래치수는 허용차 ei									
					공차역의 위치								
m	n	p	r	s	t	u	v	x	y	z	za	zb	zc
+2	+4	+6	+10	+14		+18		+20		+26	+32	+40	+60
+4	+8	+12	+15	+19		+23		+28		+35	+42	+50	+80
+6	+10	+15	+19	+23		+28		+34		+42	+52	+67	+97
+7	+12	+18	+23	+28		+33		+40		+50	+64	+90	+130
							+39	+45		+60	+77	+108	+150
+8	+15	+22	+28	+35		+41	+47	+54	+63	+73	+98	+136	+188
				+41		+48	+55	+64	+75	+88	+118	+160	+218
+9	+17	+26	+34	+43	+48	+60	+68	+80	+94	+112	+148	+200	+274
					+54	+70	+81	+97	+114	+136	+180	+242	+325
+11	+20	+32	+41	+53	+66	+87	+102	+122	+144	+172	+226	+300	+405
			+43	+59	+75	+102	+120	+146	+174	+210	+274	+360	+480
+13	+23	+37	+51	+71	+91	+124	+146	+178	+214	+258	+335	+445	+585
			+54	+79	+104	+144	+172	+210	+254	+310	+400	+525	+690
+15	+27	+43	+63	+92	+122	+170	+202	+248	+300	+365	+470	+620	+800
			+65	+100	+134	+190	+228	+280	+340	+415	+535	+700	+900
			+68	+108	+146	+210	+252	+310	+380	+465	+600	+780	+1000
+17	+31	+50	+77	+122	+166	+236	+284	+350	+425	+520	+670	+880	+1150
			+80	+130	+180	+258	+310	+385	+470	+575	+740	+960	+1250
			+84	+140	+196	+284	+340	+425	+520	+640	+820	+1050	+1350
+20	+34	+56	+94	+158	+218	+315	+385	+475	+580	+710	+920	+1200	+1550
			+98	+170	+240	+350	+425	+525	+650	+790	+1000	+1300	+1700
+21	+37	+62	+108	+190	+268	+390	+475	+590	+730	+900	+1150	+1500	+1900
			+114	+208	+294	+435	+530	+660	+820	+1000	+1300	+1650	+2100
+23	+40	+68	+126	+232	+330	+490	+595	+740	+920	+1100	+1450	+1850	+2400
			+132	+252	+360	+540	+660	+820	+1000	+1250	+1600	+2100	+2600
+26	+44	+78	+150	+280	+400	+500							
			+155	+310	+450	+660							
+30	+50	+88	+175	+340	+500	+740							
			+185	+380	+560	+840							
+34	+56	+100	+210	+430	+620	+940							
			+220	+470	+680	+1050							
+40	+66	+120	+250	+520	+780	+1150							
			+260	+580	+840	+1300							
+48	+78	+140	+300	+640	+960	+1450							
			+330	+720	+1050	+1600							
+58	+92	+170	+370	+820	+1200	+1850							
			+400	+920	+1350	+2000							
+68	+110	+195	+440	+1000	+1500	+2300							
			+460	+1100	+1650	+2500							
+76	+135	+240	+550	+1250	+1900	+2900							
			+580	+1400	+2100	+3200							

주▶ 1) 기초가 되는 치수 허용차 a 및 b를 1mm 미만의 기준 치수에 사용하지 않는다.
2) 공차 등급이 js7~js11인 경우 IT 번호 n이 홀수일 때에는 바로 밑의 짝수로 끝맺음 하여도 좋다. 따라서 그 결과 얻어지는 치수 허용차, 즉 ± ITn/2는 μm 단위의 정수로 표시할 수 있다.

1-9 | 상용하는 끼워맞춤 축의 치수허용차 KS B 0401 : 1988(2008 확인)

단위 : μm = 0.001mm

치수구분(mm)		b	c	d		e			f		
초과	이하	b9	c9	d8	d9	e7	e8	e9	f6	f7	f8
-	3	-140 -165	-60 -85	-20 -34	-20 -45	-14 -24	-14 -28	-14 -29	-6 -12	-6 -16	-6 -20
3	6	-140 -170	-70 -100	-30 -48	-30 -60	-20 -32	-20 -38	-20 -50	-10 -18	-10 -22	-10 -28
6	10	-150 -186	-80 -116	-40 -62	-40 -76	-25 -40	-25 -47	-25 -61	-13 -22	-13 -28	-13 -35
10	14	-150 -193	-95 -138	-50 -77	-50 -93	-32 -50	-32 -59	-32 -75	-16 -27	-16 -34	-16 -43
14	18										
18	24	-160 -212	-110 -162	-65 -98	-65 -117	-40 -61	-40 -73	-40 -92	-20 -33	-20 -41	-20 -53
24	30										
30	40	-170 -232	-120 -182	-80 -119	-80 -142	-50 -75	-50 -89	-50 -112	-25 -41	-25 -50	-25 -64
40	50	-180 -242	-130 -192								
50	65	-190 -264	-140 -214	-100 -146	-100 -174	-60 -90	-60 -106	-60 -134	-30 -49	-30 -60	-30 -76
65	80	-200 -274	-150 -224								
80	100	-220 -307	-170 -257	-120 -174	-120 -207	-72 -107	-72 -126	-72 -159	-36 -58	-36 -71	-36 -90
100	120	-240 -327	-180 -267								
120	140	-260 -360	-200 -300	-145 -208	-145 -245	-85 -125	-85 -148	-85 -185	-43 -68	-43 -83	-43 -106
140	160	-280 -380	-210 -310								
160	180	-310 -410	-230 -330								
180	200	-340 -455	-240 -355	-170 -242	-170 -285	-100 -146	-100 -172	-100 -215	-50 -79	-50 -96	-50 -122
200	225	-380 -495	-260 -375								
225	250	-420 -535	-280 -395								
250	280	-480 -610	-300 -430	-190 -271	-190 -320	-110 -162	-110 -191	-110 -240	-56 -88	-56 -108	-56 -137
280	315	-540 -670	-330 -460								
315	355	-600 -740	-360 -500	-210 -299	-210 -350	-125 -182	-125 -214	-125 -265	-62 -98	-62 -119	-62 -151
355	400	-680 -820	-400 -540								
400	450	-760 -915	-440 -595	-230 -327	-230 -385	-135 -198	-135 -232	-135 -290	-68 -108	-68 -131	-68 -165
450	500	-840 -995	-480 -635								

단위 : μm = 0.001mm

치수구분(mm)		g			h					
초과	이하	g4	g5	g6	h4	h5	h6	h7	h8	h9
-	3	-2 -5	-2 -6	-2 -8	0 -3	0 -4	0 -6	0 -10	0 -14	0 -25
3	6	-4 -8	-4 -9	-4 -12	0 -4	0 -5	0 -8	0 -12	0 -18	0 -30
6	10	-5 -9	-5 -11	-5 -14	0 -4	0 -6	0 -9	0 -15	0 -22	0 -36
10	14	-6 -11	-6 -14	-6 -17	0 -5	0 -8	0 -11	0 -18	0 -27	0 -43
14	18									
18	24	-7 -13	-7 -16	-7 -20	0 -6	0 -9	0 -13	0 -21	0 -33	0 -52
24	30									
30	40	-9 -16	-9 -20	-9 -25	0 -7	0 -11	0 -16	0 -25	0 -39	0 -62
40	50									
50	65	-10 -18	-10 -23	-10 -29	0 -8	0 -13	0 -19	0 -30	0 -46	0 -74
65	80									
80	100	-12 -22	-12 -27	-12 -34	0 -10	0 -15	0 -22	0 -35	0 -54	0 -87
100	120									
120	140	-14 -26	-14 -32	-14 -39	0 -12	0 -18	0 -25	0 -40	0 -63	0 -100
140	160									
160	180									
180	200	-15 -29	-15 -35	-15 -44	0 -14	0 -20	0 -29	0 -46	0 -72	0 -115
200	225									
225	250									
250	280	-17 -33	-17 -40	-17 -49	0 -16	0 -23	0 -32	0 -52	0 -81	0 -130
280	315									
315	355	-18 -36	-18 -43	-18 -54	0 -18	0 -25	0 -36	0 -57	0 -89	0 -140
355	400									
400	450	-20 -40	-20 -47	-20 -60	0 -20	0 -27	0 -40	0 -63	0 -97	0 -155
450	500									

단위 : μm = 0.001mm

치수구분(mm)		js				k			m		
초과	이하	js4	js5	js6	js7	k4	k5	k6	m4	m5	m6
-	3	±1.5	±2	±3	±5	+3 0	+4 0	+6 +0	+5 +2	+6 +2	+8 +2
3	6	±2	±2.5	±4	±6	+5 +1	+6 +1	+9 +1	+8 +4	+9 +4	+12 +4
6	10	±2	±3	±4.5	±7.5	+6 +1	+7 +1	+10 +1	+10 +6	+12 +6	+15 +6
10	14	±2.5	±4	±5.5	±9	+6 +1	+9 +1	+12 +1	+12 +7	+15 +7	+18 +7
14	18										
18	24	±3	±4.5	±6.5	±10.5	+8 +2	+11 +2	+15 +2	+14 +8	+17 +8	+21 +8
24	30										
30	40	±3.5	±5.5	±8	±12.5	+9 +2	+13 +2	+18 +2	+16 +9	+20 +9	+25 +9
40	50										
50	65	±4	±6.5	±9.5	±15	+10 +2	+15 +2	+21 +2	+19 +11	+24 +11	+30 +11
65	80										
80	100	±5	±7.5	±11	±17.5	+13 +3	+18 +3	+25 +3	+23 +13	+28 +13	+35 +13
100	120										
120	140	±6	±9	±12.5	±20	+15 +3	+21 +3	+28 +3	+27 +15	+33 +15	+40 +15
140	160										
160	180										
180	200	±7	±10	±14.5	±23	+18 +4	+24 +4	+33 +4	+31 +17	+37 +17	+46 +17
200	225										
225	250										
250	280	±8	±11.5	±16	±26	+20 +4	+27 +4	+36 +4	+36 +20	+43 +20	+52 +20
280	315										
315	355	±9	±12.5	±18	±28.5	+22 +4	+29 +4	+40 +4	+39 +21	+46 +21	+57 +21
355	400										
400	450	±10	±13.5	±20	±31.5	+25 +5	+32 +5	+45 +5	+43 +23	+50 +23	+63 +23
450	500										

단위 : μm = 0.001mm

치수구분(mm)		n	p	r	s	t	u	x
초과	이하	n6	p6	r6	s6	t6	u6	x6
-	3	+10 +4	+12 +6	+16 +10	+20 +14	-	+24 +18	+26 +20
3	6	+16 +8	+20 +12	+23 +15	+27 +19	-	+31 +23	+36 +28
6	10	+19 +10	+24 +15	+28 +19	+32 +23	-	+37 +28	+43 +34
10	14	+23 +12	+29 +18	+34 +23	+39 +28	-	+44 +33	+51 +40
14	18							+56 +45
18	24	+28 +15	+35 +22	+41 +28	+48 +35	-	+54 +41	+67 +54
24	30					+54 +41	+61 +48	+77 +64
30	40	+33 +17	+42 +26	+50 +34	+59 +43	+64 +48	+76 +60	-
40	50					+70 +54	+86 +70	-
50	65	+39 +20	+51 +32	+60 +41	+72 +53	+85 +66	+106 +87	-
65	80			+62 +43	+78 +59	+94 +75	+121 +102	-
80	100	+45 +23	+59 +37	+73 +51	+93 +71	+113 +91	+146 +124	-
100	120			+76 +54	+101 +79	+126 +104	+166 +144	-
120	140	+52 +27	+68 +43	+88 +63	+117 +92	+147 +122	-	-
140	160			+90 +65	+125 +100	+159 +134	-	-
160	180			+93 +68	+133 +108	+171 +146	-	-
180	200	+60 +31	+79 +50	+106 +77	+151 +122	-	-	-
200	225			+109 +80	+159 +130	-	-	-
225	250			+113 +84	+169 +140	-	-	-
250	280	+66 +34	+88 +56	+126 +94	-	-	-	-
280	315			+130 +98	-	-	-	-
315	355	+73 +37	+98 +62	+144 +108	-	-	-	-
355	400			+150 +114	-	-	-	-
400	450	+80 +40	+108 +68	+166 +126	-	-	-	-
450	500			+172 +132	-	-	-	-

[비 고]
- 표의 각 단에서 상한수치는 윗치수 허용공차, 하한쪽 수치는 아래치수 허용공차이다.

1-10 상용하는 끼워맞춤 구멍의 치수허용차 KS B 0401:1988(2008 확인)

단위 : μm = 0.001mm

치수구분(mm)		B	C		D			E		
초과	이하	B10	C9	C10	D8	D9	D10	E7	E8	E9
-	3	+180 +140	+85 +60	+100 +60	+34 +20	+45 +20	+60 +20	+24 +14	+28 +14	+39 +14
3	6	+188 +140	+100 +70	+118 +70	+48 +30	+60 +30	+78 +30	+32 +20	+38 +20	+50 +20
6	10	+208 +150	+116 +80	+138 +80	+62 +40	+76 +40	+98 +40	+40 +25	+47 +25	+61 +25
10	14	+220 +150	+138 +95	+165 +95	+77 +50	+93 +50	+120 +50	+50 +32	+59 +32	+75 +32
14	18									
18	24	+244 +160	+162 +110	+194 +110	+98 +65	+117 +65	+149 +65	+61 +40	+73 +40	+92 +40
24	30									
30	40	+270 +170	+182 +120	+220 +120	+119 +80	+142 +80	+180 +80	+75 +50	+89 +50	+112 +50
40	50	+280 +180	+192 +130	+230 +130						
50	65	+310 +190	+214 +140	+260 +140	+146 +100	+174 +100	+220 +100	+90 +60	+106 +60	+134 +60
65	80	+320 +200	+224 +150	+270 +150						
80	100	+360 +220	+257 +170	+310 +170	+174 +120	+207 +120	+260 +120	+107 +72	+126 +72	+156 +72
100	120	+380 +240	+267 +180	+320 +180						
120	140	+420 +260	+300 +200	+360 +200	+208 +145	+245 +145	+305 +145	+125 +85	+148 +85	+185 +85
140	160	+440 +280	+310 +210	+370 +210						
160	180	+470 +310	+330 +230	+390 +230						
180	200	+525 +340	+355 +240	+425 +240	+242 +170	+285 +170	+355 +170	+146 +100	+172 +100	+215 +100
200	225	+565 +380	+375 +260	+445 +260						
225	250	+605 +420	+395 +280	+465 +280						
250	280	+690 +480	+430 +300	+510 +300	+271 +190	+320 +190	+400 +190	+162 +110	+191 +110	+240 +110
280	315	+750 +540	+460 +330	+540 +330						
315	355	+830 +600	+500 +360	+590 +360	+299 +210	+350 +210	+440 +210	+182 +125	+214 +125	+265 +125
355	400	+910 +680	+540 +400	+630 +400						
400	450	+1010 +760	+595 +440	+690 +440	+327 +230	+385 +230	+480 +230	+198 +135	+232 +135	+290 +135
450	500	+1090 +840	+630 +480	+730 +480						

단위 : μm = 0.001mm

치수구분(mm)		F			G		H					
초과	이하	F6	F7	F8	G6	G7	H5	H6	H7	H8	H9	H10
-	3	+12 +6	+16 +6	+20 +6	+8 +2	+12 +2	+4 0	+6 0	+10 0	+14 0	+25 0	+40 0
3	6	+18 +10	+22 +10	+28 +10	+12 +4	+16 +4	+5 0	+8 0	+12 0	+18 0	+30 0	+48 0
6	10	+22 +13	+28 +13	+35 +13	+14 +5	+20 +5	+6 0	+9 0	+15 0	+22 0	+36 0	+58 0
10 14	14 18	+27 +16	+34 +16	+43 +16	+17 +6	+24 +6	+8 0	+11 0	+18 0	+27 0	+43 0	+70 0
18 24	24 30	+33 +20	+41 +20	+53 +20	+20 +7	+28 +7	+9 0	+13 0	+21 0	+33 0	+52 0	+84 0
30 40	40 50	+41 +25	+50 +25	+64 +25	+25 +9	+34 +9	+11 0	+16 0	+25 0	+39 0	+62 0	+100 0
50 65	65 80	+49 +30	+60 +30	+76 +30	+29 +10	+40 +10	+13 0	+19 0	+30 0	+46 0	+74 0	+120 0
80 100	100 120	+58 +36	+71 +36	+90 +36	+34 +12	+47 +12	+15 0	+22 0	+35 0	+54 0	+87 0	+140 0
120 140 160	140 160 180	+68 +43	+83 +43	+106 +43	+39 +14	+54 +14	+18 0	+25 0	+40 0	+63 0	+100 0	+160 0
180 200 225	200 225 250	+79 +50	+96 +50	+122 +50	+44 +15	+61 +15	+20 0	+29 0	+46 0	+72 0	+115 0	+185 0
250 280	280 315	+88 +56	+108 +56	+137 +56	+49 +17	+69 +17	+23 0	+32 0	+52 0	+81 0	+130 0	+210 0
315 355	355 400	+98 +62	+119 +62	+151 +62	+54 +18	+75 +18	+25 0	+36 0	+57 0	+89 0	+140 0	+230 0
400 450	450 500	+108 +68	+131 +68	+165 +68	+60 +20	+83 +20	+27 0	+40 0	+63 0	+97 0	+155 0	+250 0

단위 : μm = 0.001mm

치수구분(mm)		Js			K			M			N		P		R	S	T	U	X
초과	이하	Js5	Js6	Js7	K5	K6	K7	M5	M6	M7	N6	N7	P6	P7	R7	S7	T7	U7	X10
-	3	±2	±3	±5	0 -4	0 -6	0 -10	-2 -6	-2 -8	-2 -12	-4 -10	-4 -14	-6 -12	-6 -16	-10 -20	-14 -24	-	-18 -28	-20 -30
3	6	±2.5	±4	±6	0 -5	+2 -6	+3 -9	-3 -8	-1 -9	0 -12	-5 -13	-4 -16	-9 -17	-8 -20	-11 -23	-15 -27	-	-19 -31	-24 -36
6	10	±3	±4.5	±7.5	+1 -5	+2 -7	+5 -10	-4 -10	-3 -12	0 -15	-7 -16	-4 -19	-12 -21	-9 -24	-13 -28	-17 -32	-	-22 -37	-28 -43
10	14	±4	±5.5	±9	+2 -6	+2 -9	+6 -12	-4 -12	-4 -15	0 -18	-9 -20	-5 -23	-15 -26	-11 -29	-16 -34	-21 -39	-	-26 -44	-33 -51
14	18																		-38 -56
18	24	±4.5	±6.5	±10.5	+1 -8	+2 -11	+6 -15	-5 -14	-4 -17	0 -21	-11 -24	-7 -28	-18 -31	-14 -35	-20 -41	-27 -48	-	-33 -54	-46 -67
24	30																	-33 -54	-40 -61	-56 -77
30	40	±5.5	±8	±12.5	+2 -9	+3 -13	+7 -18	-5 -16	-4 -20	0 -25	-12 -28	-8 -33	-21 -37	-17 -42	-25 -50	-34 -59	-39 -64	-51 -76	-
40	50																	-45 -70	-61 -86	
50	65	±6.5	±9.5	±15	+3 -10	+4 -15	+9 -21	-6 -19	-5 -24	0 -30	-14 -33	-9 -39	-26 -45	-21 -51	-30 -60	-42 -72	-55 -85	-76 -106	-
65	80															-32 -62	-48 -78	-64 -94	-91 -121	
80	100	±7.5	±11	±17.5	+2 -13	+4 -18	+10 -25	-8 -23	-6 -28	0 -35	-16 -38	-10 -45	-30 -52	-24 -59	-38 -73	-58 -93	-78 -113	-111 -146	-
100	120															-41 -76	-66 -101	-91 -126	-131 -166	
120	140	±9	±12.5	±20	+3 -15	+4 -21	+12 -28	-9 -27	-8 -33	0 -40	-20 -45	-12 -52	-36 -61	-28 -68	-48 -88	-77 -117	-107 -147	-	-
140	160															-50 -90	-85 -125	-119 -159		
160	180															-53 -93	-93 -133	-131 -171		
180	200	±10	±14.5	±23	+2 -18	+5 -24	+13 -33	-11 -31	-8 -37	0 -46	-22 -51	-14 -60	-41 -70	-33 -79	-60 -106	-105 -151	-	-	-
200	225															-63 -109	-113 -159			
225	250															-67 -113	-123 -169			
250	280	±11.5	±16	±26	+3 -20	+5 -27	+16 -36	-13 -36	-9 -41	0 -52	-25 -57	-14 -66	-47 -79	-36 -88	-74 -126	-	-	-	-
280	315															-78 -130				
315	355	±12.5	±18	±28.5	+3 -22	+7 -29	+17 -40	-14 -39	-10 -46	0 -57	-26 -62	-16 -73	-51 -87	-41 -98	-87 -144	-	-	-	-
355	400															-93 -150				
400	450	±13.5	±20	±31.5	+2 -25	+8 -32	+18 -45	-16 -43	-10 -50	0 -63	-27 -67	-17 -80	-55 -95	-45 -108	-103 -166	-	-	-	-
450	500															-109 -172				

[비 고]
- 표의 각 단에서 상한수치는 윗치수 허용공차, 하한쪽 수치는 아래치수 허용공차이다.

1-11 | 상용하는 구멍기준식 끼워맞춤 적용 예

기준 구멍	축	적용 장소	기준 구멍	축	적용 장소
H6	m5	전동축(롤러 베어링)	H7	f6	베어링
	k5	전동축, 크랭크축상 밸브, 기어, 부시		e6	밸브, 베어링, 샤프트
	j5	전동축, 피스톤 핀, 스핀들, 측정기		j7	기어축, 리머, 볼트
	h5	사진기, 측정기, 공기 척		h7	기어축, 이동축, 피스톤, 키, 축이음, 커플링, 사진기
	p6	전동축(롤러 베어링)		(g)	베어링
	n6	미션, 크랭크, 전동축		f7	베어링, 밸브 시트, 사진기, 부시, 캠축
	m6	사진기		e7	베어링, 사진기, 실린더, 크랭크축
	k6	사진기		h7	일반 접합부
	j6	사진기		f7	기어축
H7	x6	실린더	H8	h8	유압부, 일반 접합부
	u6	샤프트, 실린더		f8	유압부, 피스톤부, 기어펌프축, 순환 펌프축
	t6	슬리브, 스핀들, 거버너축		e8	밸브, 프랭크축, 오일펌프 링
	s6	변속기		e9	웜, 슬리브, 피스톤 링
	r6	캠축, 플랜지·핀, 압입부		d9	고정핀, 사진기용 작은 축받침
	p6	노크핀, 체인, 실린더, 크랭크, 부시, 축	H9	h8	베어링, 조작축 받침
	n6	부시, 미션, 크랭크, 기어, 거버너축		e8	피스톤 링, 스프링 안내홈
	m6	부시, 기어, 커플링, 피스톤, 축		d9	웜, 슬리브
	j6	지그 공구, 전동축		d9	고정핀, 사진기용 작은 베어링
	h6	기어축, 이동축, 실린더, 캠	H10	h9	차륜 축
	g6	회전부, 스러스트, 칼라, 부시		c9	키 부분

주▶

- **구멍 기준식 끼워맞춤**

    구멍 기준식 끼워맞춤은 하나의 구멍을 기준으로 여기에 허용한계치수를 정하고 구멍에 결합되는 상대 축에 허용한계치수를 주어 헐거운 끼워맞춤, 중간 끼워맞춤, 억지 끼워맞춤 중에 제품에서 요구하는 기능과 용도에 맞도록 하나의 기준 구멍에 여러 가지 등급의 축을 끼워맞춤 하는 것을 말한다. 즉, 아래 치수 허용차가 '0'인 H기호 구멍을 기준 구멍으로 하고, 이에 용도에 맞는 적절한 축을 선정하여 요구되는 기능이나 필요로 하는 죔새나 틈새를 얻는 끼워맞춤 방식을 말한다.

- **축 기준식 끼워맞춤**

    구멍 기준식과 반대로 일정한 공차를 가진 기준 축을 정하고 여기에 결합하는 상대 구멍의 지름을 크거나 작게 하여 여러 가지 조합으로 적용하는 끼워맞춤 방식을 말한다. 한 개의 축에 여러 종류의 구멍을 가진 부품을 끼워맞춤하는 경우에 적용된다. 일반적으로 축 가공보다 구멍 가공이 어렵기 때문에 주로 구멍 기준식을 적용한다.

1-12 | 기준 구멍에 대한 축의 끼워맞춤 조합(JIS)

	끼워맞춤의 정의	기준 구멍에 대한 축의 끼워맞춤 조합						
		H6		H7	H8		H9	H10
1	강압입(强壓入)			x6~r6				
2	압입(壓入)		p6, n6	r6, p6				
3	타입(打入)	m5	m6	n6				
4	경타입(輕打入)	k5	k6	m6, k6				
5	압입(押入)	j5	j6	j6	j7			
6	활합(滑合)	h6	h6	h6	h7			
7	정유합(精遊合)	g6	g6	g6				
8	유합(遊合)	f6	f6	f6	f7			
9	경유합(輕遊合)			e6				
10	완유합(緩遊合)			e7				
11	활합(滑合)				h7	h8		
12	유합(遊合)				f7	f8		
13	경유합(輕遊合)					e8, e9		
14	완유합(緩遊合)				d9	d8	e8	
15	제1 완유합 第一緩遊合						d9	d9
16	제2 완유합 第二緩遊合						c9	c9
17	제3 완유합 第三緩遊合							b9

【비 고】 끼워맞춤 용어 해설

1. 강압입(强壓入) : 부품을 손상시키지 않고서는 분해가 곤란한 영구적인 조립으로 열간끼워맞춤, 냉각끼워맞춤, 유압프레스에 의해 강제 압입하는 억지끼워맞춤
2. 압입(壓入) : 조립과 분해에 큰 힘이 필요한 억지끼워맞춤
3. 타입(打入)
4. 경타입(輕打入) : 조립 및 분해시에 해머, 핸드 프레스 등을 이용하는 정도의 중간끼워맞춤
5. 압입(押入) : 간단하게 조립 및 분해가 가능한 정도의 중간끼워맞춤으로 운동하는 부분에는 적용하지 않는다.
6. 활합(滑合) : 손으로 움직이면 움직일 정도의 끼워맞춤으로 윤활제를 사용하여 움직이는 곳에 적용한다.
7. 정유합(精遊合) : 정밀 돌려맞춤으로 약간의 틈새가 있고 윤활제를 사용하여 저속도로 운동하는 곳에 적용한다.
8. 유합(遊合) : 돌려맞춤으로 적당한 틈새가 있고 윤활제를 사용하여 정밀한 운동을 하는 곳에 적용하는 헐거운 끼워맞춤이다.
9. 경유합(輕遊合) : 가벼운 돌려맞춤으로 약간의 틈새가 있는 일반적인 회전 또는 슬라이드 부분에 적용하는 헐거운 끼워맞춤이다.
10. 완유합(緩遊合) : 경유합(輕遊合)보다는 틈새가 큰 헐거운 끼워맞춤으로 윤활제를 사용하여 서로 운동하는 곳에 적용한다.
11. 활합(滑合) : 이 활합(滑合)은 6의 활합(滑合)과 다르며, IT8~9급의 공차로 윤활제를 사용하지 않아도 손으로 쉽게 움직일 수 있는 정도의 끼워맞춤 부분에 적용한다.
12. 유합(遊合) : 이것도 8의 유합(遊合)보다 느슨한 공차로 큰 틈새가 있거나 큰 틈새를 필요로 하는 운동 부분에 사용한다.
13. 경유합(輕遊合)
14. 완유합(緩遊合) : 역시 9. 경유합(輕遊合), 10. 완유합(緩遊合)보다 헐거운 공차로 상당히 큰 틈새가 있는 운동 부분에 사용한다.
15. 제1 완유합(第一緩遊合) : 큰 제작 공차가 있는 부분이지만 가능하면 조립을 쉽게 하기 위해 틈새를 크게 해도 되는 부분에 적용한다.
16. 제2 완유합(第二緩遊合) : 제1 완유합 보다 틈새가 커도 좋은 경우에 적용한다.
17. 제3 완유합(第三緩遊合) : 제1 완유합, 제2 완유합 보다 더 틈새는 커진다.

1-13 | 베어링용 축과 하우징의 끼워맞춤 공차

1. 레이디얼 베어링(KS/JIS 0급, 6급, 6X급)의 끼워맞춤 일반 기준

■ 축과의 끼워맞춤

베어링 형식	사용 조건		볼베어링	원통롤러베어링 니들롤러베어링 테이퍼롤러베어링	축의 공차역 클래스
			축지름		
원통구멍베어링	내륜회전하중 또는 방향부정하중	경하중 또는 변동하중	~18	-	h5
			18~100	~40	js6
			100~200	40~140	k6
			-	140~200	m6
		보통하중	~18	-	js5
			18~100	~40	k5
			100~140	40~100	m5
			140~200	100~140	m6
			200~280	140~200	n6
			-	200~400	p6
			-	-	r6
		중하중 또는 충격하중	-	50~140	n6
			-	140~200	p6
			-	200~	r6
	내륜정지하중	내륜이 축 위를 용이하게 움직일 필요가 있다.	모든 치수		g6
		내륜이 축 위를 용이하게 움직일 필요가 없다.	모든 치수		h6

【비 고】
1. 이 표는 강제 중실축에 적용한다.
2. 레이디얼베어링에 액시얼하중이 걸리는 경우 축의 공차역 클래스는 모든 치수에 대해서 js6으로 한다.
3. 경하중, 보통하중 및 중하중의 구분은 다음을 따른다.
   경 하 중 : $P_r \leq 0.06 C_r$
   보통하중 : $0.06 C_r < P_r \leq 0.12 C_r$
   중 하 중 : $P_r > 0.12 C_r$
   여기서 P_r : 베어링의 등가하중
         C_r : 베어링의 기본동정격하중

■ 하우징과의 끼워맞춤

하우징의 형식	사용조건		구멍의 공차역 클래스
일체 하우징 또는 분할 하우징	외륜정지하중	모든 하중조건	H7
		축을 통해 열전도가 있는 경우	G7
	방향부정하중	경하중 또는 보통하중	JS7
일체 하우징		보통하중 또는 중하중	K7
		큰 충격하중	M7
	외륜회전하중	축하중 또는 변동하중	M7
		보통하중 또는 중하중	N7
		중하중(얇은 하우징의 경우) 또는 큰 충격하중	P7

【비 고】
- 이 표는 강제 또는 주철제의 하우징에 적용한다.
- 경합금제 하우징에 대해서는 일반적으로 이 표의 끼워맞춤보다 단단한 끼워맞춤이 사용된다.

2. 스러스트 베어링의 끼워맞춤 일반기준

■ 축과의 끼워맞춤

사용조건	하중(mm)	축의 공차역 클래스
중심 액시얼 하중 (모든 스러스트 하중)	모든 치수	js6

■ 하우징과의 끼워맞춤

사용조건		구멍의 공차역 클래스	비고
중심 액시얼 하중 (모든 스러스트 하중)		-	외륜과 하우징과의 사이에 클리어런스를 고려한다.
	기타의 베어링에서 레이디얼 하중을 부하하는 경우	H8	스러스트 볼베어링에서 정밀도를 필요로 하는 경우

1-14 축의 경우 기초가 되는 치수허용차의 수치

단위 : μm

기준치수 mm		기초가 되는 치수허용차의 수치													
		위 치수허용차 es													
		전체 공차등급										IT5 및 IT6	IT7	IT8	IT4~IT7
초과	이하	a[1]	b[1]	c	cd	d	e	ef	f	fg	g	h	js[2]	j		
-	3[1]	-270	-140	-60	-34	-20	-14	-10	-6	-4	-2	0		-2	-4	-6	0
3	6	-270	-140	-70	-46	-30	-20	-14	-10	-6	-4	0		-2	-4		+1
6	10	-280	-150	-80	-56	-40	-25	-18	-13	-8	-5	0		-2	-5		+1
10	14	-290	-150	-95		-50	-32		-16		-6	0		-3	-6		+1
14	18																
18	24	-300	-160	-110		-65	-40		-20		-7	0		-4	-8		+2
24	30																
30	40	-310	-170	-120		-80	-50		-25		-9	0		-5	-10		+2
40	50	-320	-180	-130													
50	65	-340	-190	-140		-100	-60		-30		-10	0		-7	-12		+2
65	80	-360	-200	-150													
80	100	-380	-220	-170		-120	-72		-36		-12	0		-9	-15		+3
100	120	-410	-240	-180													
120	140	-460	-260	-200		-145	-85		-43		-14	0		-11	-18		+3
140	160	-520	-280	-210													
160	180	-580	-310	-230													
180	200	-660	-340	-240		-170	-100		-50		-15	0	치수허용차 ±ITn/2 · 여기서 n은 IT번호	-13	-21		+4
200	225	-740	-380	-260													
225	250	-820	-420	-280													
250	280	-920	-480	-300		-190	-110		-56		-17	0		-16	-26		+4
280	315	-1050	-540	-330													
315	355	-1200	-600	-360		-210	-125		-62		-18	0		-18	-28		+5
355	400	-1350	-680	-400													
400	450	-1500	-760	-440		-230	-135		-68		-20	0		-20	-32		0
450	500	-1650	-840	-480													
500	560					-260	-145		-76		-22	0					0
560	630																
630	710					-290	-160		-80		-24	0					0
710	800																
800	900					-320	-170		-86		-26	0					0
900	1000																
1000	1120					-350	-195		-98		-28	0					0
1120	1250																
1250	1400					-390	-220		-110		-30	0					0
1400	1600																
1600	1800					-430	-240		-120		-32	0					0
1800	2000																
2000	2240					-480	-260		-130		-34	0					0
2240	2500																
2500	2800					-520	-290		-145		-38	0					0
2800	3150																

단위 : μm

IT3 이하 및 IT7을 초과 하는 경우	기초가 되는 치수허용차의 수치 전체 공차등급											
k	m	n	p	r	s	t	u	v	x	y	z	za	zb	zc
0	+2	+ 4	+ 6	+ 10	+ 14		+ 18		+ 20		+ 26	+ 32	+ 40	+ 60
0	+4	+ 8	+ 12	+ 15	+ 19		+ 23		+ 28		+ 35	+ 42	+ 50	+ 80
0	+6	+ 10	+ 15	+ 19	+ 23		+ 28		+ 34		+ 42	+ 52	+ 67	+ 97
0	+7	+ 12	+ 18	+ 23	+ 28		+ 33		+ 40		+ 50	+ 64	+ 90	+ 130
								+ 39	+ 45		+ 60	+ 77	+ 108	+ 150
0	+8	+ 15	+ 22	+ 28	+ 35		+ 41	+ 47	+ 54	+ 63	+ 73	+ 98	+ 136	+ 188
						+41	+ 48	+ 55	+ 64	+ 75	+ 88	+ 118	+ 160	+ 218
0	+9	+ 17	+ 26	+ 34	+ 43	+48	+ 60	+ 68	+ 80	+ 94	+ 112	+ 148	+ 200	+ 274
						+54	+ 70	+ 81	+ 97	+ 114	+ 136	+ 180	+ 242	+ 325
0	+11	+ 20	+ 32	+ 41	+ 53	+66	+ 87	+102	+122	+ 144	+ 172	+ 226	+ 300	+ 405
				+ 43	+ 59	+75	+ 102	+120	+146	+ 174	+ 210	+ 274	+ 360	+ 480
0	+13	+ 23	+ 37	+ 51	+ 71	+91	+ 124	+146	+178	+ 214	+ 258	+ 335	+ 445	+ 585
				+ 54	+ 79	+104	+ 144	+172	+210	+ 254	+ 310	+ 400	+ 525	+ 690
0	+15	+ 27	+ 43	+ 63	+ 92	+122	+ 170	+202	+248	+ 300	+ 365	+ 470	+ 620	+ 800
				+ 65	+ 100	+134	+ 190	+228	+280	+ 340	+ 415	+ 535	+ 700	+ 900
				+ 68	+ 108	+146	+ 210	+252	+310	+ 380	+ 465	+ 600	+ 780	+1000
0	+17	+ 31	+ 50	+ 77	+ 122	+166	+ 236	+284	+350	+ 425	+ 520	+ 670	+ 880	+1150
				+ 80	+ 130	+180	+ 258	+310	+385	+ 470	+ 575	+ 740	+ 960	+1250
				+ 84	+ 140	+196	+ 284	+340	+425	+ 520	+ 640	+ 850	+1050	+1350
0	+20	+ 34	+ 56	+ 94	+ 158	+218	+ 315	+385	+475	+ 580	+ 710	+ 920	+1200	+1550
				+ 98	+ 170	+240	+ 350	+425	+525	+ 650	+ 790	+1000	+1300	+1700
0	+21	+ 37	+ 62	+108	+ 190	+268	+ 390	+475	+590	+ 730	+ 900	+1150	+1500	+1900
				+114	+ 208	+294	+ 435	+530	+660	+ 820	+1000	+1300	+1650	+2100
0	+23	+ 40	+ 68	+126	+ 232	+330	+ 490	+595	+740	+ 920	+1100	+1450	+1850	+2400
				+132	+ 252	+360	+ 540	+660	+820	+1000	+1250	+1600	+2100	+2600
0	+26	+ 44	+ 78	+150	+ 280	+400	+ 600							
				+155	+ 310	+450	+ 660							
0	+30	+ 50	+ 88	+175	+ 340	+500	+ 740							
				+185	+ 380	+560	+ 840							
0	+34	+ 56	+100	+210	+ 430	+620	+ 940							
				+220	+ 470	+680	+1050							
0	+40	+ 66	+120	+250	+ 520	+780	+1150							
				+260	+ 580	+840	+1300							
0	+48	+ 78	+140	+300	+ 640	+960	+1450							
				+330	+ 720	+1050	+1600							
0	+58	+ 92	+170	+370	+ 820	+1200	+1850							
				+400	+ 920	+1350	+2000							
0	+68	+110	+195	+440	+1000	+1500	+2300							
				+460	+1100	+1650	+2500							
0	+76	+135	+240	+550	+1250	+1900	+2900							
				+580	+1400	+2100	+3200							

1-15 구멍의 경우 기초가 되는 치수허용차의 수치

단위 : μm

기준치수 mm		기초가 되는 치수허용차의 수치																		
		아래 치수허용차 EI															IT6	IT7	IT8 이하	IT8을 초과 하는 경우	IT8 이하	IT8을 초과 하는 경우
		전체 공차등급																			
초과	이하	A1)	B1)	C	CD	D	E	EF	F	FG	G	H	JS2)	J			K3)		M3)4)	
-	31)5)	+270	+140	+60	+34	+20	+14	+10	+6	+4	+2	0		+5	+4	+6	0	0	-2	-2
3	6	+270	+140	+70	+46	+30	+20	+14	+10	+6	+4	0		+5	+6	+10	-1+Δ		-4+Δ	-4
6	10	+280	+150	+80	+56	+40	+25	+18	+13	+8	+5	0		+5	+8	+12	-1+Δ		-6+Δ	-6
10	14	+290	+150	+95		+50	+32		+16		+6	0		+6	+10	+15	-1+Δ		-7+Δ	-7
14	18																			
18	24	+300	+160	+110		+65	+40		+20		+7	0		+8	+12	+20	-2+Δ		-8+Δ	-8
24	30																			
30	40	+310	+170	+120		+80	+50		+25		+9	0		+10	+14	+24	-2+Δ		-9+Δ	-9
40	50	+320	+180	+130																
50	65	+340	+190	+140		+100	+60		+30		+10	0		+13	+18	+28	-2+Δ		-11+Δ	-11
65	80	+360	+200	+150																
80	100	+380	+220	+170		+120	+72		+36		+12	0		+16	+22	+34	-3+Δ		-13+Δ	-13
100	120	+410	+240	+180																
120	140	+460	+260	+200		+145	+85		+43		+14	0		+18	+26	+41	-3+Δ		-15+Δ	-15
140	160	+520	+280	+210																
160	180	+580	+310	+230																
180	200	+660	+340	+240		+170	+100		+50		+15	0		+22	+30	+47	-4+Δ		-17+Δ	-17
200	225	+740	+380	+260																
225	250	+820	+420	+280																
250	280	+920	+480	+300		+190	+110		+56		+17	0		+25	+36	+55	-4+Δ		-20+Δ	-20
280	315	+1050	+540	+330																
315	355	+1200	+600	+360		+210	+125		+62		+18	0		+29	+39	+60	-4+Δ		-21+Δ	-21
355	400	+1350	+680	+400																
400	450	+1500	+760	+440		+230	+135		+68		+20	0		+33	+43	+66	-5+Δ		-23+Δ	-23
450	500	+1650	+840	+480																
500	560					+260	+145		+76		+22	0					0		-26	
560	630																			
630	710					+290	+160		+80		+24	0					0		-30	
710	800																			
800	900					+320	+170		+86		+26	0					0		-34	
900	1000																			
1000	1120					+350	+195		+98		+28	0					0		-40	
1120	1250																			
1250	1400					+390	+220		+110		+30	0					0		-48	
1400	1600																			
1600	1800					+430	+240		+120		+32	0					0		-58	
1800	2000																			
2000	2240					+480	+260		+130		+34	0					0		-68	
2240	2500																			
2500	2800					+520	+290		+145		+38	0					0		-76	
2800	3150																			

단위 : μm

			기초가 되는 치수허용차의 수치											Δ의 수치				
			위 치수허용차 ES															
IT8 이하	IT8을 초과하는 경우	IT7 이하	IT7을 초과하는 공차등급											공차등급				
N[3](6)		P-ZC[3]	P	R	S	T	U	V	X	Y	Z	ZA	ZB	ZC	IT3	IT4	IT5	IT6	IT7	IT8
-4	-4		-6	-10	-14		-18		-20		-26	-32	-40	-60	0	0	0	0	0	0
	0		-12	-15	-19		-23		-28		-35	-42	-50	-80	1	1.5	1	3	4	6
	0		-15	-19	-23		-28		-34		-42	-52	-67	-97	1	1.5	2	3	6	7
	0		-18	-23	-28		-33		-40		-50	-64	-90	-130	1	2	3	3	7	9
								-39	-45		-60	-77	-108	-150						
	0		-22	-28	-35		-41	-47	-54	-63	-73	-98	-136	-188	1.5	2	3	4	8	12
						-41	-48	-55	-64	-75	-88	-118	-160	-218						
	0		-26	-34	-43	-48	-60	-68	-80	-94	-112	-148	-200	-274	1.5	3	4	5	9	14
						-54	-70	-81	-97	-114	-136	-180	-242	-325						
	0		-32	-41	-53	-66	-87	-102	-122	-144	-172	-226	-300	-405	2	3	5	6	11	16
				-43	-59	-75	-102	-120	-146	-174	-210	-274	-360	-480						
	0		-37	-51	-71	-91	-124	-146	-178	-214	-258	-335	-445	-585	2	4	5	7	13	19
				-54	-79	-104	-144	-172	-210	-254	-310	-400	-525	-690						
	0		-43	-63	-92	-122	-170	-202	-248	-300	-365	-470	-620	-800	3	4	6	7	15	23
				-65	-100	-134	-190	-228	-280	-340	-415	-535	-700	-900						
				-68	-108	-146	-210	-252	-310	-380	-465	-600	-780	-1000						
	0		-50	-77	-122	-166	-236	-284	-350	-425	-520	-670	-880	-1150	3	4	6	9	17	26
				-80	-130	-180	-258	-310	-385	-470	-575	-740	-960	-1250						
				-84	-140	-196	-284	-340	-425	-520	-640	-820	-1050	-1350						
	0		-56	-94	-158	-218	-315	-385	-475	-580	-710	-920	-1200	-1550	4	4	7	9	20	29
				-98	-170	-240	-350	-425	-525	-650	-790	-1000	-1300	-1700						
	0		-62	-108	-190	-268	-390	-475	-590	-730	-900	-1150	-1500	-1900	4	5	7	11	21	32
				-114	-208	-294	-435	-530	-590	-820	-1000	-1300	-1650	-2100						
	0		-68	-126	-232	-330	-490	-595	-740	-920	-1100	-1450	-1850	-2400	5	5	7	13	23	34
				-132	-252	-360	-540	-660	-820	-1000	-1250	-1600	-2100	-2600						
			-78	-150	-280	-400	-600													
				-155	-310	-450	-660													
			-88	-175	-340	-500	-740													
				-185	-380	-560	-840													
			-100	-210	-430	-620	-940													
				-220	-470	-680	-1050													
			-120	-250	-520	-780	-1150													
				-260	-580	-840	-1300													
			-140	-300	-640	-960	-1450													
				-330	-720	-1050	-1600													
			-170	-370	-820	-1200	-1850													
				-400	-920	-1350	-2000													
			-195	-440	-1000	-1500	-2300													
				-460	-1100	-1650	-2500													
			-240	-550	-1250	-1900	-2900													
				-580	-1400	-2100	-3200													

1-16 | 기준치수의 구분

단위 : mm

a) 500mm 이하의 기준치수

주요 구분		중간 구분	
을 초과	이하	을 초과	이하
-	3	하위 구분 없음	
3	6		
6	10		
10	18	10	14
		14	18
18	30	18	24
		24	30
30	50	30	40
		40	50
50	80	50	65
		65	80
80	120	80	100
		100	120
120	180	120	140
		140	160
		160	180
180	250	180	200
		200	225
		225	250
250	315	250	280
		280	315
315	400	315	355
		355	400
400	500	400	450
		450	500

b) 50mm를 초과, 3150mm 이하의 기준치수

	이하	분[2)]	이하
500	630	500	560
		560	630
630	800	630	710
		710	800
800	1000	800	900
		900	1000
1000	1250	1000	1120
		1120	1250
1250	1600	1250	1400
		1400	1600
1600	2000	1600	1800
		1800	2000
2000	2500	2000	2240
		2240	2500
2500	3150	2500	2800
		2800	3150

■ 공차등급 IT1~IT8에 적용하는 기본공차의 공식

기준치수 mm		공차등급													
		IT1[1)]	IT2[1)]	IT3[1)]	IT4[1)]	IT5	IT6	IT7	IT8	IT9	IT10	IT11	IT12	IT13	IT25	IT15	IT16	IT17	IT18
	이하	기본공차의 공식(단위 : μm)													
-	500	-	-	-	-	7i	10i	16i	25i	40i	64i	100i	160i	250i	400i	640i	1000i	1600i	2500i
500	3150	2I	2.7I	3.7I	5I	7I	10I	16I	25I	40I	64I	100I	160I	250I	400I	640I	1000I	1600I	2500I

■ 500mm 이하인 구멍의 기준치수에 대한 공차역 클래스의 개관 표시

2	3	4	5	6	7	8	9	10	11	12	13	14	15	16
				H1	JS1									
				H2	JS2									
		EF3 F3	FG3 G3	H3	JS3	K3	M3 N3	P3	R3	S3				
		EF4 F4	FG4 G4	H4	JS4	K4	M4 N4	P4	R4	S4				
	E5	EF5 F5	FG5 G5	H5	JS5	K5	M5 N5	P5	R5	S5	T5	U5	V5 X5	
CD6 D6 E6	EF6 F6	FG6 G6	H6	JS6	J6 K6	M6 N6	P6	R6	S6	T6	U6	V6 X6 Y6	Z6 ZA6		
CD7 D7 E7	EF7 F7	FG7 G7	H7	JS7	J7 K7	M7 N7	P7	R7	S7	T7	U7	V7 X7 Y7	Z7 ZA7 ZB7 ZC7		
B8 C8	CD8 D8 E8	EF8 F8	FG8 G8	H8	JS8	J8 K8	M8 N8	P8	R8	S8	T8	U8	V8 X8 Y8	Z8 ZA8 ZB8 ZC8	
A9 B9 C9	CD9 D9 E9	EF9 F9	FG9 G9	H9	JS9	K9	M9 N9	P9	R9	S9		U9	X9 Y9	Z9 ZA9 ZB9 ZC9	
A10 B10 C10	CD10 D10 E10	EF10 F10	FG10 G10	H10	JS10	K10	M10 N10	P10	R10	S10		U10	X10 Y10	Z10 ZA10 ZB10 ZC10	
A11 B11 C11	D11			H11	JS11		N11							Z11 ZA11 ZB11 ZC11	
A12 B12 C12	D12			H12	JS12										
A13 B13 C13	D13			H13	JS13										
				H14	JS14										
				H15	JS15										
				H16	JS16										
				H17	JS17										
				H18	JS18										

표

■ 500mm를 초과 3150mm 이하인 구멍의 기준치수에 대한 공차역 클래스의 개관 표시

3	4	5	6	7	8	9	10	11	12	13
			H1	JS1						
			H2	JS2						
			H3	JS3						
			H4	JS4						
			H5	JS5						
D6	E6	F6	G6	H6	JS6	K6	M6	N6	P6	R6	S6	T6	U6
D7	E7	F7	G7	H7	JS7	K7	M7	N7	P7	R7	S7	T7	U7
D8	E8	F8	G8	H8	JS8	K8	M8	N8	P8	R8	S8	T8	U8
D9	E9	F9		H9	JS9			N9	P9				
D10	E10			H10	JS10								
D11				H11	JS11								
D12				H12	JS12								
D13				H13	JS13								
				H14	JS14								
				H15	JS15								
				H16	JS16								
				H17	JS17								
				H18	JS18								

표

【비 고】
- 위 표의 수치 중 굵은 글씨의 공차역 클래스는 실험적으로 사용하기 위해 나타낸다.

■ 500mm 이하인 축의 기준치수에 대한 공차역 클래스의 개관 표시

17	18	19	20	21	22	23	24	25	26	27	28	29	30	31	32
					h1	js1									
					h2	js2									
					h3	js3	k3	m3	n3	p3	r3	s3			
					h4	js4	k4	m4	n4	p4	r4	s4			
		cd5	d5	e5	ef5	f5	fg5	g5	h5	js5	j5	k5	m5	n5	p5	r5	s5	t5	u5	v5	x5			
		cd6	d6	e6	ef6	f6	fg6	g6	h6	js6	j6	k6	m6	n6	p6	r6	s6	t6	u6	v6	x6	y6	z6	za6
		cd7	d7	e7	ef7	f7	fg7	g7	h7	js7	j7	k7	m7	n7	p7	r7	s7	t7	u7	v7	x7	y7	z7	za7	zb7	zc7
	c8	cd8	d8	e8	ef8	f8	fg8	g8	h8	js8	j8	k8	m8	n8	p8	r8	s8	t8	u8	v8	x8	y8	z8	za8	zb8	zc8
a9	b9	c9	cd9	d9	e9	ef9	f9	fg9	g9	h9	js9	k9	m9	n9	p9	r9	s9		x9	y9	z9	za9	zb9	zc9
a10	b10	c10	cd10	d10	e10	ef10	f10	fg10	g10	h10	js10	k10		p10	r10	s10		x10	y10	z10	za10	zb10	zc10
a11	b11	c11		d11						h11	js11	k11								z11	za11	zb11	zc11
a12	b12	c12		d12						h12	js12	k12											
a13	B13			d13						h13	js13	k13											
										h14	js14												
										h15	js15												
										h16	js16												
										h17	js17												
										h18	js18												

표

■ 500mm를 초과 3150mm 이하인 축의 기준치수에 대한 공차역 클래스의 개관 표시

				h1	js1								
				h2	js2								
				h3	js3								
				h4	js4								
				h5	js5								
	e6	f6	g6	h6	js6	k6	m6	n6	p6	r6	s6	t6	u6
d7	e7	f7	g7	h7	js7	k7	m7	n7	p7	r7	s7	t7	u7
d8	e8	f8	g8	h8	js8	k8			p8	r8	s8		u8
d9	e9	f9		h9	js9	k9							
d10	e10			h10	js10	k10							
d11				h11	js11	k11							
				h12	js12	k12							
				h13	js13	k13							
				h14	js14								
				h15	js15								
				h16	js16								
				h17	js17								
				h18	js18								
18	19	20	21	22	23	24	25		26	27	28		29

표

【비 고】
• 위 표의 수치 중 굵은 글씨의 공차역 클래스는 실험적으로 사용하기 위해 나타낸다.

■ 구멍 A, B 및 C에 대한 치수허용차

- 위 치수허용차 = ES
- 아래 치수허용차 = EI

단위 : μm

기준치수 (mm)		A[2)]				B[2)]					C				
초과	이하	9	10	11	12	13	8	9	10	11	12	13	8	9	10	11	12	13
-	3[3)]	+295 / +270	+310 / +270	+330 / +270	+370 / +270	+410 / +270	+154 / +140	+165 / +140	+180 / +140	+200 / +140	+240 / +140	+280 / +140	+ 74 / + 60	+ 85 / + 60	+100 / + 60	+120 / + 60	+160 / + 60	+200 / + 60
3	6	+300 / +270	+318 / +270	+345 / +270	+390 / +270	+450 / +270	+158 / +140	+170 / +140	+188 / +140	+215 / +140	+260 / +140	+320 / +140	+ 88 / + 70	+100 / + 70	+118 / + 70	+145 / + 70	+190 / + 70	+250 / + 70
6	10	+316 / +280	+338 / +280	+370 / +280	+430 / +280	+500 / +280	+172 / +150	+186 / +150	+208 / +150	+240 / +150	+300 / +150	+370 / +150	+102 / + 80	+116 / + 80	+138 / + 80	+170 / + 80	+230 / + 80	+300 / + 80
10	18	+333 / +290	+360 / +290	+400 / +290	+470 / +290	+560 / +290	+177 / +150	+193 / +150	+220 / +150	+260 / +150	+330 / +150	+420 / +150	+122 / + 95	+138 / + 95	+165 / + 95	+205 / + 95	+275 / + 95	+365 / + 95
18	30	+352 / +300	+384 / +300	+430 / +300	+510 / +300	+630 / +300	+193 / +160	+212 / +160	+244 / +160	+290 / +160	+370 / +160	+490 / +160	+143 / +110	+162 / +110	+194 / +110	+240 / +110	+320 / +110	+440 / +110
30	40	+372 / +310	+410 / +310	+470 / +310	+560 / +310	+700 / +310	+209 / +170	+232 / +170	+270 / +170	+330 / +170	+420 / +170	+560 / +170	+159 / +120	+182 / +120	+220 / +120	+280 / +120	+370 / +120	+510 / +120
40	50	+382 / +320	+420 / +320	+480 / +320	+570 / +320	+710 / +320	+219 / +180	+242 / +180	+280 / +180	+340 / +180	+430 / +180	+570 / +180	+169 / +130	+192 / +130	+230 / +130	+290 / +130	+380 / +130	+520 / +130
50	65	+414 / +340	+460 / +340	+530 / +340	+640 / +340	+800 / +340	+236 / +190	+264 / +190	+310 / +190	+380 / +190	+490 / +190	+650 / +190	+186 / +140	+214 / +140	+260 / +140	+330 / +140	+440 / +140	+600 / +140
65	80	+434 / +360	+480 / +360	+550 / +360	+660 / +360	+820 / +360	+246 / +200	+274 / +200	+320 / +200	+390 / +200	+500 / +200	+660 / +200	+196 / +150	+224 / +150	+270 / +150	+340 / +150	+450 / +150	+610 / +150
80	100	+467 / +380	+520 / +380	+600 / +380	+730 / +380	+920 / +380	+274 / +220	+307 / +220	+360 / +220	+440 / +220	+570 / +220	+760 / +220	+224 / +170	+257 / +170	+310 / +170	+390 / +170	+520 / +170	+710 / +170
100	120	+497 / +410	+550 / +410	+630 / +410	+760 / +410	+950 / +410	+294 / +240	+327 / +240	+380 / +240	+460 / +240	+590 / +240	+780 / +240	+234 / +180	+267 / +180	+320 / +180	+400 / +180	+530 / +180	+720 / +180
120	140	+560 / +460	+620 / +460	+710 / +460	+860 / +460	+1090 / +460	+323 / +260	+360 / +260	+420 / +260	+510 / +260	+660 / +260	+890 / +260	+263 / +200	+300 / +200	+360 / +200	+450 / +200	+600 / +200	+830 / +200
140	160	+620 / +520	+680 / +520	+770 / +520	+920 / +520	+1150 / +520	+343 / +280	+380 / +280	+440 / +280	+530 / +280	+680 / +280	+910 / +280	+273 / +210	+310 / +210	+370 / +210	+460 / +210	+610 / +210	+840 / +210
160	180	+680 / +580	+740 / +580	+830 / +580	+980 / +580	+1210 / +580	+373 / +310	+410 / +310	+470 / +310	+560 / +310	+710 / +310	+940 / +310	+293 / +230	+330 / +230	+390 / +230	+480 / +230	+630 / +230	+860 / +230
180	200	+775 / +660	+845 / +660	+950 / +660	+1120 / +660	+1380 / +660	+412 / +340	+455 / +340	+525 / +340	+630 / +340	+800 / +340	+1060 / +340	+312 / +240	+355 / +240	+425 / +240	+530 / +240	+700 / +240	+960 / +240
200	225	+855 / +740	+925 / +740	+1030 / +740	+1200 / +740	+1460 / +740	+452 / +380	+495 / +380	+565 / +380	+670 / +380	+840 / +380	+1100 / +380	+332 / +260	+375 / +260	+445 / +260	+550 / +260	+720 / +260	+980 / +260
225	250	+935 / +820	+1005 / +820	+1110 / +820	+1280 / +820	+1540 / +820	+492 / +420	+535 / +420	+605 / +420	+710 / +420	+880 / +420	+1140 / +420	+352 / +280	+395 / +280	+465 / +280	+570 / +280	+740 / +280	+1000 / +280
250	280	+1050 / +920	+1130 / +920	+1240 / +920	+1440 / +920	+1730 / +920	+561 / +480	+610 / +480	+690 / +480	+800 / +480	+1000 / +480	+1290 / +480	+381 / +300	+430 / +300	+510 / +300	+620 / +300	+820 / +300	+1110 / +300
280	315	+1180 / +1050	+1260 / +1050	+1370 / +1050	+1570 / +1050	+1860 / +1050	+621 / +540	+670 / +540	+750 / +540	+860 / +540	+1060 / +540	+1350 / +540	+411 / +330	+460 / +330	+540 / +330	+650 / +330	+850 / +330	+1140 / +330
315	355	+1340 / +1200	+1430 / +1200	+1560 / +1200	+1770 / +1200	+2090 / +1200	+689 / +600	+740 / +600	+830 / +600	+960 / +600	+1170 / +600	+1490 / +600	+449 / +360	+500 / +360	+590 / +360	+720 / +360	+930 / +360	+1250 / +360
355	400	+1490 / +1350	+1580 / +1350	+1710 / +1350	+1920 / +1350	+2240 / +1350	+769 / +680	+820 / +680	+910 / +680	+1040 / +680	+1250 / +680	+1570 / +680	+489 / +400	+540 / +400	+630 / +400	+760 / +400	+970 / +400	+1290 / +400
400	450	+1655 / +1500	+1750 / +1500	+1900 / +1500	+2130 / +1500	+2470 / +1500	+857 / +760	+915 / +760	+1010 / +760	+1160 / +760	+1390 / +760	+1730 / +760	+537 / +440	+595 / +440	+690 / +440	+840 / +440	+1070 / +440	+1410 / +440
450	500	+1805 / +1650	+1900 / +1650	+2050 / +1650	+2280 / +1650	+2620 / +1650	+937 / +840	+995 / +840	+1090 / +840	+1240 / +840	+1470 / +840	+1810 / +840	+577 / +480	+635 / +480	+730 / +480	+880 / +480	+1110 / +480	+1450 / +480

【비 고】
1) 기초가 되는 치수허용차 A, B 및 C는 500mm를 초과하는 기준치수에 대해서는 규정하지 않는다.
2) 기초가 되는 치수허용차 A 및 B는 1mm 이하인 기준치수에 기본공차를 사용하지 않는다.

■ 구멍 CD, D 및 E에 대한 치수허용차

- 위 치수허용차 = ES
- 아래 치수허용차 = EI

단위 : μm

기준치수 (mm)		CD[1]				D								E					
초과	이하	6	7	8	9	10	6	7	8	9	10	11	12	13	5	6	7	8	9	10
-	3	+40 / +34	+44 / +34	+48 / +34	+59 / +34	+74 / +34	+26 / +20	+30 / +20	+34 / +20	+45 / +20	+60 / +20	+80 / +20	+120 / +20	+160 / +20	+18 / +14	+20 / +14	+24 / +14	+28 / +14	+39 / +14	+54 / +14
3	6	+54 / +46	+58 / +46	+64 / +46	+76 / +46	+94 / +46	+38 / +30	+42 / +30	+48 / +30	+60 / +30	+78 / +30	+105 / +30	+150 / +30	+210 / +30	+25 / +20	+28 / +20	+32 / +20	+38 / +20	+50 / +20	+68 / +20
6	10	+65 / +56	+71 / +56	+78 / +56	+92 / +56	+114 / +56	+49 / +40	+55 / +40	+62 / +40	+76 / +40	+98 / +40	+130 / +40	+190 / +40	+260 / +40	+31 / +25	+34 / +25	+40 / +25	+47 / +25	+61 / +25	+83 / +25
10	18						+61 / +50	+68 / +50	+77 / +50	+93 / +50	+120 / +50	+160 / +50	+230 / +50	+320 / +50	+40 / +32	+43 / +32	+50 / +32	+59 / +32	+75 / +32	+102 / +32
18	30						+78 / +65	+86 / +65	+98 / +65	+117 / +65	+149 / +65	+195 / +65	+275 / +65	+395 / +65	+49 / +40	+53 / +40	+61 / +40	+73 / +40	+92 / +40	+124 / +40
30	50						+96 / +80	+105 / +80	+119 / +80	+142 / +80	+180 / +80	+240 / +80	+330 / +80	+470 / +80	+61 / +50	+66 / +50	+75 / +50	+89 / +50	+112 / +50	+150 / +50
50	80						+119 / +100	+130 / +100	+146 / +100	+174 / +100	+220 / +100	+290 / +100	+400 / +100	+560 / +100	+73 / +60	+79 / +60	+90 / +60	+106 / +60	+134 / +60	+180 / +60
50	120						+142 / +120	+155 / +120	+174 / +120	+207 / +120	+260 / +120	+340 / +120	+470 / +120	+660 / +120	+87 / +72	+94 / +72	+107 / +72	+126 / +72	+159 / +72	+212 / +72
120	180						+170 / +145	+185 / +145	+208 / +145	+245 / +145	+305 / +145	+395 / +145	+545 / +145	+775 / +145	+103 / +85	+110 / +85	+125 / +85	+148 / +85	+185 / +85	+245 / +85
180	250						+199 / +170	+216 / +170	+242 / +170	+285 / +170	+355 / +170	+460 / +170	+630 / +170	+890 / +170	+120 / +100	+129 / +100	+146 / +100	+172 / +100	+215 / +100	+285 / +100
250	315						+222 / +190	+242 / +190	+271 / +190	+320 / +190	+400 / +190	+510 / +190	+710 / +190	+1000 / +190	+133 / +110	+142 / +110	+162 / +110	+191 / +110	+240 / +110	+320 / +110
315	400						+246 / +210	+267 / +210	+299 / +210	+350 / +210	+440 / +210	+570 / +210	+780 / +210	+1100 / +210	+150 / +125	+161 / +125	+182 / +125	+214 / +125	+265 / +125	+355 / +125
400	500						+270 / +230	+293 / +230	+327 / +230	+385 / +230	+480 / +230	+630 / +230	+860 / +230	+1200 / +230	+162 / +135	+175 / +135	+198 / +135	+232 / +135	+290 / +135	+385 / +135
500	630						+304 / +260	+330 / +260	+370 / +260	+435 / +260	+540 / +260	+700 / +260	+960 / +260	+1360 / +260		+189 / +145	+215 / +145	+255 / +145	+320 / +145	+425 / +145
630	800						+340 / +290	+370 / +290	+415 / +290	+490 / +290	+610 / +290	+790 / +290	+1090 / +290	+1540 / +290		+210 / +160	+240 / +160	+285 / +160	+360 / +160	+480 / +160
800	1000						+376 / +320	+410 / +320	+460 / +320	+550 / +320	+680 / +320	+880 / +320	+1220 / +320	+1720 / +320		+226 / +170	+260 / +170	+310 / +170	+400 / +170	+530 / +170
1000	1250						+416 / +350	+455 / +350	+515 / +350	+610 / +350	+770 / +350	+1010 / +350	+1400 / +350	+2000 / +350		+261 / +195	+300 / +195	+360 / +195	+455 / +195	+615 / +195
1250	1600						+468 / +390	+515 / +390	+585 / +390	+700 / +390	+890 / +390	+1170 / +390	+1640 / +390	+2340 / +390		+298 / +220	+345 / +220	+415 / +220	+530 / +220	+720 / +220
1600	2000						+522 / +430	+580 / +430	+660 / +430	+800 / +430	+1030 / +430	+1350 / +430	+1930 / +430	+2730 / +430		+332 / +240	+390 / +240	+470 / +240	+610 / +240	+840 / +240
2000	2500						+590 / +480	+655 / +480	+760 / +480	+920 / +480	+1180 / +480	+1580 / +480	+2230 / +480	+3280 / +480		+370 / +260	+435 / +260	+540 / +260	+700 / +260	+960 / +260
2500	3150						+655 / +520	+730 / +520	+850 / +520	+1060 / +520	+1380 / +520	+1870 / +520	+2620 / +520	+3820 / +520		+425 / +290	+500 / +290	+620 / +290	+830 / +290	+1150 / +290

【비 고】
1) 치수허용차 CD는 주로 정밀기계 및 시계 제품에 사용한다. 다른 기준치수의 공차역 클래스가 필요한 경우에는 치수 허용차를 계산한다.

■ 구멍 EF 및 F에 대한 치수허용차

- 위 치수허용차 = ES
- 아래 치수허용차 = EI

단위 : μm

기준치수 (mm)		EF[1]							F					
초과	이하	3	4	5	6	7	8	9	10	3	4	5	6	7	8	9	10
-	3	+12 +10	+13 +10	+14 +10	+16 +10	+20 +10	+24 +10	+35 +10	+50 +10	+ 8 + 6	+ 9 + 6	+10 + 6	+ 12 + 6	+ 16 + 6	+ 20 + 6	+ 31 + 6	+ 46 + 6
3	6	+16.5 +14	+18 +14	+19 +14	+22 +14	+26 +14	+32 +14	+44 +14	+62 +14	+12.5 +10	+14 +10	+15 +10	+ 18 + 10	+ 22 + 10	+ 28 + 10	+ 40 + 10	+ 58 + 10
6	10	+20.5 +18	+22 +18	+24 +18	+27 +18	+33 +18	+40 +18	+54 +18	+76 +18	+15.5 +13	+17 +13	+19 +13	+ 22 + 13	+ 28 + 13	+ 35 + 13	+ 49 + 13	+ 71 + 13
10	18									+19 +16	+21 +16	+24 +16	+ 27 + 16	+ 34 + 16	+ 43 + 16	+ 59 + 16	+ 86 + 16
18	30									+24 +20	+26 +20	+29 +20	+ 33 + 20	+ 41 + 20	+ 53 + 20	+ 72 + 20	+104 + 20
30	50									+29 +25	+32 +25	+36 +25	+ 41 + 25	+ 50 + 25	+ 64 + 25	+ 87 + 25	+125 + 25
50	80											+43 +30	+ 49 + 30	+ 60 + 30	+ 76 + 30	+104 + 30	
80	120											+51 +36	+ 58 + 36	+ 71 + 36	+ 90 + 36	+123 + 36	
120	180											+61 +43	+ 68 + 43	+ 83 + 43	+106 + 43	+143 + 43	
180	250											+70 +50	+ 79 + 50	+ 96 + 50	+122 + 50	+165 + 50	
250	315											+79 +56	+ 88 + 56	+108 + 56	+137 + 56	+186 + 56	
315	400											+87 +62	+ 98 + 62	+119 + 62	+151 + 62	+202 + 62	
400	500											+95 +68	+108 + 68	+131 + 68	+165 + 68	+223 + 68	
500	630												+120 + 76	+146 + 76	+186 + 76	+251 + 76	
630	800												+130 + 80	+160 + 80	+205 + 80	+280 + 80	
800	1000												+142 + 86	+176 + 86	+226 + 86	+316 + 86	
1000	1250												+164 + 98	+203 + 98	+263 + 98	+358 + 98	
1250	1600												+188 +110	+235 +110	+305 +110	+420 +110	
1600	2000												+212 +120	+270 +120	+350 +120	+490 +120	
2000	2500												+240 +130	+305 +130	+410 +130	+570 +130	
2500	3150												+280 +145	+355 +145	+475 +145	+685 +145	

【비 고】
1) 중간의 기초가 되는 치수허용차 CD는 주로 정밀기계 및 시계 제품에 사용한다. 다른 기준치수의 공차역 클래스가 필요한 경우에는 치수 허용차를 계산한다.

■ 구멍 FG 및 G에 대한 치수허용차

- 위 치수허용차 = ES
- 아래 치수허용차 = EI

단위 : μm

기준치수 (mm)		FG[1]							G						
초과	이하	3	4	5	6	7	8	9	10	3	4	5	6	7	8	9	10
-	3	+ 6 + 4	+ 7 + 4	+ 8 + 4	+10 + 4	+14 + 4	+18 + 4	+29 + 4	+44 + 4	+ 4 + 2	+ 5 + 2	+ 6 + 2	+ 8 + 2	+ 12 + 2	+ 16 + 2	+27 + 2	+ 42 + 2
3	6	+ 8,5 + 6	+10 + 6	+11 + 6	+14 + 6	+18 + 6	+24 + 6	+36 + 6	+54 + 6	+ 6,5 + 4	+ 8 + 4	+ 9 + 4	+ 12 + 4	+ 16 + 4	+ 22 + 4	+34 + 4	+ 52 + 4
6	10	+10,5 + 8	+12 + 8	+14 + 8	+17 + 8	+23 + 8	+30 + 8	+44 + 8	+66 + 8	+ 7,5 + 5	+ 9 + 5	+11 + 5	+ 14 + 5	+ 20 + 5	+ 27 + 5	+41 + 5	+ 63 + 5
10	18										+ 9 + 6	+11 + 6	+14 + 6	+ 17 + 6	+ 24 + 6	+ 33 + 6	+49 + 6	+ 76 + 6
18	30										+11 + 7	+13 + 7	+16 + 7	+ 20 + 7	+ 28 + 7	+ 40 + 7	+59 + 7	+ 91 + 7
30	50										+13 + 9	+16 + 9	+20 + 9	+ 25 + 9	+ 34 + 9	+ 48 + 9	+71 + 9	+109 + 9
50	80												+23 +10	+ 29 + 10	+ 40 + 10	+ 56 + 10		
80	120												+27 +12	+ 34 + 12	+ 47 + 12	+ 66 + 12		
120	180												+32 +14	+ 39 + 14	+ 54 + 14	+ 77 + 14		
180	250												+35 +15	+ 44 + 15	+ 61 + 15	+ 87 + 15		
250	315												+40 +17	+ 49 + 17	+ 69 + 17	+ 98 + 17		
315	400												+43 +18	+ 54 + 18	+ 75 + 18	+107 + 18		
400	500												+47 +20	+ 60 + 20	+ 83 + 20	+117 + 20		
500	630													+ 66 + 22	+ 92 + 22	+132 + 22		
630	800													+ 74 + 24	+104 + 24	+149 + 24		
800	1000													+ 82 + 26	+116 + 26	+166 + 26		
1000	1250													+ 94 + 28	+133 + 28	+193 + 28		
1250	1600													+108 + 30	+155 + 30	+225 + 30		
1600	2000													+124 + 32	+182 + 32	+262 + 32		
2000	2500													+144 + 34	+209 + 34	+314 + 34		
2500	3150													+173 + 38	+248 + 38	+368 + 38		

【비 고】

1) 중간의 기초가 되는 치수허용차 CD는 주로 정밀기계 및 시계 제품에 사용한다. 다른 기준치수의 공차역 클래스가 필요한 경우에는 치수 허용차를 계산한다.

■ 구멍 FG 및 H에 대한 치수허용차

- 위 치수허용차 = ES
- 아래 치수허용차 = EI

기준치수 (mm)		1	2	3	4	5	6	7	8	9	10	11	12	13	14[1]	15[1]	16[1]	17[1]	18[1]
초과	이하				μm										mm				
-	3	+0.8 / 0	+1.2 / 0	+2 / 0	+3 / 0	+4 / 0	+6 / 0	+10 / 0	+14 / 0	+25 / 0	+40 / 0	+60 / 0	+0.1 / 0	+0.14 / 0	+0.25 / 0	+0.4 / 0	+0.6 / 0		
3	6	+1 / 0	+1.5 / 0	+2.5 / 0	+4 / 0	+5 / 0	+8 / 0	+12 / 0	+18 / 0	+30 / 0	+48 / 0	+75 / 0	+0.12 / 0	+0.18 / 0	+0.3 / 0	+0.48 / 0	+0.75 / 0	+1.2 / 0	+1.8 / 0
6	10	+1 / 0	+1.5 / 0	+2.5 / 0	+4 / 0	+6 / 0	+9 / 0	+15 / 0	+22 / 0	+36 / 0	+58 / 0	+90 / 0	+0.15 / 0	+0.22 / 0	+0.36 / 0	+0.58 / 0	+0.9 / 0	+1.5 / 0	+2.2 / 0
10	18	+1.2 / 0	+2 / 0	+3 / 0	+5 / 0	+8 / 0	+11 / 0	+18 / 0	+27 / 0	+43 / 0	+70 / 0	+110 / 0	+0.18 / 0	+0.27 / 0	+0.43 / 0	+0.7 / 0	+1.1 / 0	+1.8 / 0	+2.7 / 0
18	30	+1.5 / 0	+2.5 / 0	+4 / 0	+6 / 0	+9 / 0	+13 / 0	+21 / 0	+33 / 0	+52 / 0	+84 / 0	+130 / 0	+0.21 / 0	+0.33 / 0	+0.52 / 0	+0.84 / 0	+1.3 / 0	+2.1 / 0	+3.3 / 0
30	50	+1.5 / 0	+2.5 / 0	+4 / 0	+7 / 0	+11 / 0	+16 / 0	+25 / 0	+39 / 0	+62 / 0	+100 / 0	+160 / 0	+0.25 / 0	+0.39 / 0	+0.62 / 0	+1 / 0	+1.6 / 0	+2.5 / 0	+3.9 / 0
50	80	+2 / 0	+3 / 0	+5 / 0	+8 / 0	+13 / 0	+19 / 0	+30 / 0	+46 / 0	+74 / 0	+120 / 0	+190 / 0	+0.3 / 0	+0.46 / 0	+0.74 / 0	+1.2 / 0	+1.9 / 0	+3 / 0	+4.6 / 0
80	120	+2.5 / 0	+4 / 0	+6 / 0	+10 / 0	+15 / 0	+22 / 0	+35 / 0	+54 / 0	+87 / 0	+140 / 0	+220 / 0	+0.35 / 0	+0.54 / 0	+0.87 / 0	+1.4 / 0	+2.2 / 0	+3.5 / 0	+5.4 / 0
120	180	+3.5 / 0	+5 / 0	+8 / 0	+12 / 0	+18 / 0	+25 / 0	+40 / 0	+63 / 0	+100 / 0	+160 / 0	+250 / 0	+0.4 / 0	+0.63 / 0	+1 / 0	+1.6 / 0	+2.5 / 0	+4 / 0	+6.3 / 0
180	250	+4.5 / 0	+7 / 0	+10 / 0	+14 / 0	+20 / 0	+29 / 0	+46 / 0	+72 / 0	+115 / 0	+185 / 0	+290 / 0	+0.46 / 0	+0.72 / 0	+1.15 / 0	+1.85 / 0	+2.9 / 0	+4.6 / 0	+7.2 / 0
250	315	+6 / 0	+8 / 0	+12 / 0	+16 / 0	+23 / 0	+32 / 0	+52 / 0	+81 / 0	+130 / 0	+210 / 0	+320 / 0	+0.52 / 0	+0.81 / 0	+1.3 / 0	+2.1 / 0	+3.2 / 0	+5.2 / 0	+8.1 / 0
315	400	+7 / 0	+9 / 0	+13 / 0	+18 / 0	+25 / 0	+36 / 0	+57 / 0	+89 / 0	+140 / 0	+230 / 0	+360 / 0	+0.57 / 0	+0.89 / 0	+1.4 / 0	+2.3 / 0	+3.6 / 0	+5.7 / 0	+8.9 / 0
400	500	+8 / 0	+10 / 0	+15 / 0	+20 / 0	+27 / 0	+40 / 0	+63 / 0	+97 / 0	+155 / 0	+250 / 0	+400 / 0	+0.63 / 0	+0.97 / 0	+1.55 / 0	+2.5 / 0	+4 / 0	+6.3 / 0	+9.7 / 0
500	630	+9 / 0	+11 / 0	+16 / 0	+22 / 0	+32 / 0	+44 / 0	+70 / 0	+110 / 0	+175 / 0	+280 / 0	+440 / 0	+0.7 / 0	+1.1 / 0	+1.75 / 0	+2.8 / 0	+4.4 / 0	+7 / 0	+11 / 0
630	800	+10 / 0	+13 / 0	+18 / 0	+25 / 0	+36 / 0	+50 / 0	+80 / 0	+125 / 0	+200 / 0	+320 / 0	+500 / 0	+0.8 / 0	+1.25 / 0	+2 / 0	+3.2 / 0	+5 / 0	+8 / 0	+12.5 / 0
800	1000	+11 / 0	+15 / 0	+21 / 0	+28 / 0	+40 / 0	+56 / 0	+90 / 0	+140 / 0	+230 / 0	+360 / 0	+560 / 0	+0.9 / 0	+1.4 / 0	+2.3 / 0	+3.6 / 0	+5.6 / 0	+9 / 0	+14 / 0
1000	1250	+13 / 0	+18 / 0	+24 / 0	+33 / 0	+47 / 0	+66 / 0	+105 / 0	+165 / 0	+260 / 0	+420 / 0	+660 / 0	+1.05 / 0	+1.65 / 0	+2.6 / 0	+4.2 / 0	+6.6 / 0	+10.5 / 0	+16.5 / 0
1250	1600	+15 / 0	+21 / 0	+29 / 0	+39 / 0	+55 / 0	+78 / 0	+125 / 0	+195 / 0	+310 / 0	+500 / 0	+780 / 0	+1.25 / 0	+1.95 / 0	+3.1 / 0	+5 / 0	+7.8 / 0	+12.5 / 0	+19.5 / 0
1600	2000	+18 / 0	+25 / 0	+35 / 0	+46 / 0	+65 / 0	+92 / 0	+150 / 0	+230 / 0	+370 / 0	+600 / 0	+920 / 0	+1.5 / 0	+2.3 / 0	+3.7 / 0	+6 / 0	+9.2 / 0	+15 / 0	+23 / 0
2000	2500	+22 / 0	+30 / 0	+41 / 0	+55 / 0	+78 / 0	+110 / 0	+175 / 0	+280 / 0	+440 / 0	+700 / 0	+1100 / 0	+1.75 / 0	+2.8 / 0	+4.4 / 0	+7 / 0	+11 / 0	+17.5 / 0	+28 / 0
2500	3150	+26 / 0	+36 / 0	+50 / 0	+68 / 0	+96 / 0	+135 / 0	+210 / 0	+330 / 0	+540 / 0	+860 / 0	+1350 / 0	+2.1 / 0	+3.3 / 0	+5.4 / 0	+8.6 / 0	+13.5 / 0	+21 / 0	+33 / 0

【비 고】
1) 공차등급 IT14~IT18은 1mm 이하의 기준치수에 대해서 사용하지 않는다.
2) 기준치수 500mm를 초과하고, 3150mm 이하의 공차등급 IT1~IT5(포함)에 대해서 굵은 선 안의 수치는 실험적으로 사용하기 위해 나타낸다.

- **구멍 JS에 대한 치수허용차**
  - 위 치수허용차 = ES
  - 아래 치수허용차 = EI

기준치수 (mm)		1	2	3	4	5	6	7	8	9	10	11	12	13	14[2]	15[2]	16[2]	17	18
초과	이하				μm											mm			
-	3[1]	±0.4	±0.6	±1	±1.5	±2	±3	±5	±7	±12.5	±20	±30	±0.05	±0.07	±0.125	±0.2	±0.3		
3	6	±0.5	±0.75	±1.25	±2	±2.5	±4	±6	±9	±15	±24	±37.5	±0.06	±0.09	±0.15	±0.24	±0.375	±0.6	±0.9
6	10	±0.5	±0.75	±1.25	±2	±3	±4.5	±7.5	±11	±18	±29	±45	±0.075	±0.11	±0.18	±0.29	±0.45	±0.75	±1.1
10	18	±0.6	±1	±1.5	±2.5	±4	±5.5	±9	±13.5	±21.5	±35	±55	±0.09	±0.135	±0.215	±0.35	±0.55	±0.9	±1.35
18	30	±0.75	±1.25	±2	±3	±4.5	±6.5	±10.5	±16.5	±26	±42	±65	±0.105	±0.165	±0.26	±0.42	±0.65	±1.05	±1.65
30	50	±0.75	±1.25	±2	±3.5	±5.5	±8	±12.5	±19.5	±31	±50	±80	±0.125	±0.195	±0.31	±0.5	±0.8	±1.25	±1.95
50	80	±1	±1.5	±2.5	±4	±6.5	±9.5	±15	±23	±37	±60	±95	±0.15	±0.23	±0.37	±0.6	±0.95	±1.5	±2.3
80	120	±1.25	±2	±3	±5	±7.5	±11	±17.5	±27	±43.5	±70	±110	±0.175	±0.27	±0.435	±0.7	±1.1	±1.75	±2.7
120	180	±1.75	±2.5	±4	±6	±9	±12.5	±20	±31.5	±50	±80	±125	±0.2	±0.315	±0.5	±0.8	±1.25	±2	±3.15
180	250	±2.25	±3.5	±5	±7	±10	±14.5	±23	±36	±57.5	±92.5	±145	±0.23	±0.36	±0.575	±0.925	±1.45	±2.3	±3.6
250	315	±3	±4	±6	±8	±11.5	±16	±26	±40.5	±65	±105	±160	±0.26	±0.405	±0.65	±1.05	±1.6	±2.6	±4.05
315	400	±3.5	±4.5	±6.5	±9	±12.5	±18	±28.5	±44.5	±70	±115	±180	±0.285	±0.445	±0.7	±1.15	±1.8	±2.85	±4.45
400	500	±4	±5	±7.5	±10	±13.5	±20	±31.5	±48.5	±77.5	±125	±200	±0.315	±0.485	±0.775	±1.25	±2	±3.15	±4.85
500	630	±4.5	±5.5	±8	±11	±16	±22	±35	±55	±87.5	±140	±220	±0.35	±0.55	±0.875	±1.4	±2.2	±3.5	±5.5
630	800	±5	±6.5	±9	±12.5	±18	±25	±40	±62.5	±100	±160	±250	±0.4	±0.625	±1	±1.6	±2.5	±4	±6.25
800	1000	±5.5	±7.5	±10.5	±14	±20	±28	±45	±70	±115	±180	±280	±0.45	±0.7	±1.15	±1.8	±2.8	±4.5	±7
1000	1250	±6.5	±9	±12	±16.5	±23.5	±33	±52.5	±82.5	±130	±210	±330	±0.525	±0.825	±1.3	±2.1	±3.3	±5.25	±8.25
1250	1600	±7.5	±10.5	±14.5	±19.5	±27.5	±39	±62.5	±97.5	±155	±250	±390	±0.625	±0.975	±1.55	±2.5	±3.9	±6.25	±9.75
1600	2000	±9	±12.5	±17.5	±23	±32.5	±46	±75	±115	±185	±300	±460	±0.75	±1.15	±1.85	±3	±4.6	±7.5	±11.5
2000	2500	±11	±15	±20.5	±27.5	±39	±55	±87.5	±140	±220	±350	±550	±0.875	±1.4	±2.2	±3.5	±5.5	±8.75	±14
2500	3150	±13	±18	±25	±34	±48	±67.5	±105	±165	±270	±430	±675	±1.05	±1.65	±2.7	±4.3	±6.75	±10.5	±16.5

【비 고】

1) 같은 치수허용차의 수치의 반복을 피하기 위해서 표는 '±x'와 같이 수치를 기입한다.
   이것은 ES=+x 및 EI=-x, 예를 들면 $+0.23\mu m$ 처럼 선택한다.
   $$-0.23$$

2) 공차등급 IT14~IT16은 1mm 이하의 기준치수에 대해서 사용하지 않는다.

3) 기준치수 500mm를 초과, 3150mm 이하의 공차등급 IT1~IT5(포함)에 대해서 굵은 선 안의 수치는 실험적으로 사용하기 위해 나타낸다.

■ 구멍 J 및 K에 대한 치수허용차

- 위 치수허용차 = ES
- 아래 치수허용차 = TI

단위 : μm

기준치수 (mm)		J				K					
초과	이하	6	7	8	9[1]	3	4	5	6	7	8	9[2]	10[2]
-	3	+2 / -4	+4 / -6	+6 / -8		0 / -2	0 / -3	0 / -4	0 / -6	0 / -10	0 / -14	0 / -25	0 / -40
3	6	+5 / -3	±6[3]	+10 / -8		0 / -2.5	+0.5 / -3.5	0 / -5	+2 / -6	+3 / -9	+5 / -13		
6	10	+5 / -4	+8 / -7	+12 / -10		0 / -2.5	+0.5 / -3.5	+1 / -5	+2 / -7	+5 / -10	+6 / -16		
10	18	+6 / -5	+10 / -8	+15 / -12		0 / -3	+1 / -4	+2 / -6	+2 / -9	+6 / -12	+8 / -19		
18	30	+8 / -5	+12 / -9	+20 / -13		-0.5 / -4.5	0 / -6	+1 / -8	+2 / -11	+6 / -15	+10 / -23		
30	50	+10 / -6	+14 / -11	+24 / -15		-0.5 / -4.5	+1 / -6	+2 / -9	+3 / -13	+7 / -18	+12 / -27		
50	80	+13 / -6	+18 / -12	+28 / -18				+3 / -10	+4 / -15	+9 / -21	+14 / -32		
80	120	+16 / -6	+22 / -13	+34 / -20				+2 / -13	+4 / -18	+10 / -25	+16 / -38		
120	180	+18 / -7	+26 / -14	+41 / -22				+3 / -15	+4 / -21	+12 / -28	+20 / -43		
180	250	+22 / -7	+30 / -16	+47 / -25				+2 / -18	+5 / -24	+13 / -33	+22 / -50		
250	315	+25 / -7	+36 / -16	+55 / -26				+3 / -20	+5 / -27	+16 / -36	+25 / -56		
315	400	+29 / -7	+39 / -18	+60 / -29				+3 / -22	+7 / -29	+17 / -40	+28 / -61		
400	500	+33 / -7	+43 / -20	+66 / -31				+2 / -25	+8 / -32	+18 / -45	+29 / -68		
500	630								0 / -44	0 / -70	0 / -110		
630	800								0 / -50	0 / -80	0 / -125		
800	1000								0 / -56	0 / -90	0 / -140		
1000	1250								0 / -66	0 / -105	0 / -165		
1250	1600								0 / -78	0 / -125	0 / -195		
1600	2000								0 / -92	0 / -150	0 / -230		
2000	2500								0 / -110	0 / -175	0 / -280		
2500	3150								0 / -135	0 / -210	0 / -330		

【비 고】
1) 공차역 클래스 J9, J10 등은 기준선에 대해서 대칭이다. 이런 수치는 JS9, JS10등을 참조할 것.
2) IT8을 초과하는 공차등급에서 K에 대한 치수허용차는 3mm를 초과하는 기준치수는 규정하지 않는다.
3) JS7과 동일하다.

■ 구멍 M 및 N에 대한 치수허용차
- 위 치수허용차 = ES
- 아래 치수허용차 = EI

단위 : μm

기준치수 (mm)		M							N						
초과	이하	3	4	5	6	7	8	9	10	3	4	5	6	7	8	9	10	11
-	3[1]	-2 / -4	-2 / -5	-2 / -6	-2 / -8	-2 / -12	-2 / -16	-2 / -27	-2 / -42	-4 / -6	-4 / -7	-4 / -8	-4 / -10	-4 / -14	-4 / -18	-4 / -29	-4 / -44	-4 / -64
3	6	-3 / -5.5	-2.5 / -6.5	-3 / -8	-1 / -9	0 / -12	+2 / -16	-4 / -34	-4 / -52	-7 / -9.5	-6.5 / -10.5	-7 / -12	-5 / -13	-4 / -16	-2 / -20	0 / -30	0 / -48	0 / -75
6	10	-5 / -7.5	-4.5 / -8.5	-4 / -10	-3 / -12	0 / -15	+1 / -21	-6 / -42	-6 / -64	-9 / -11.5	-8.5 / -12.5	-8 / -14	-7 / -16	-4 / -19	-3 / -25	0 / -36	0 / -58	0 / -90
10	18	-6 / -9	-5 / -10	-4 / -12	-4 / -15	0 / -18	+2 / -25	-7 / -50	-7 / -77	-11 / -14	-10 / -15	-9 / -17	-9 / -20	-5 / -23	-3 / -30	0 / -43	0 / -70	0 / -110
18	30	-6.5 / -10.5	-6 / -12	-5 / -14	-4 / -17	0 / -21	+4 / -29	-8 / -60	-8 / -92	-13.5 / -17.5	-13 / -19	-12 / -21	-11 / -24	-7 / -28	-3 / -36	0 / -52	0 / -84	0 / -130
30	50	-7.5 / -11.5	-7 / -13	-5 / -16	-4 / -20	0 / -25	+5 / -34	-9 / -71	-9 / -109	-15.5 / -19.5	-15 / -21	-13 / -24	-12 / -28	-8 / -33	-3 / -42	0 / -62	0 / -100	0 / -160
50	80			-6 / -19	-5 / -24	0 / -30	+5 / -41					-15 / -28	-14 / -33	-9 / -39	-4 / -50	0 / -74	0 / -120	0 / -190
80	120			-8 / -23	-6 / -28	0 / -35	+6 / -48					-18 / -33	-16 / -38	-10 / -45	-4 / -58	0 / -87	0 / -140	0 / -220
120	180			-9 / -27	-8 / -33	0 / -40	+8 / -55					-21 / -39	-20 / -45	-12 / -52	-4 / -67	0 / -100	0 / -160	0 / -250
180	250			-11 / -31	-8 / -37	0 / -46	+9 / -63					-25 / -45	-22 / -51	-14 / -60	-5 / -77	0 / -115	0 / -185	0 / -290
250	315			-13 / -36	-9 / -41	0 / -52	+9 / -72					-27 / -50	-25 / -57	-14 / -66	-5 / -86	0 / -130	0 / -210	0 / -320
315	400			-14 / -39	-10 / -46	0 / -57	+11 / -78					-30 / -55	-26 / -62	-16 / -73	-5 / -94	0 / -140	0 / -230	0 / -360
400	500			-16 / -43	-10 / -50	0 / -63	+11 / -86					-33 / -60	-27 / -67	-17 / -80	-6 / -103	0 / -155	0 / -250	0 / -400
500	630				-26 / -70	-26 / -96	-26 / -136						-44 / -88	-44 / -114	-44 / -154	-44 / -219			
630	800				-30 / -80	-30 / -110	-30 / -155						-50 / -100	-50 / -130	-50 / -175	-50 / -250			
800	1000				-4 / -90	-34 / -124	-34 / -174						-6 / -112	-56 / -146	-56 / -196	-56 / -286			
1000	1250				-40 / -106	-40 / -145	-40 / -205						-66 / -132	-66 / -171	-66 / -231	-66 / -326			
1250	1600				-48 / -126	-48 / -173	-48 / -243						-78 / -156	-78 / -203	-78 / -273	-78 / -388			
1600	2000				-58 / -150	-58 / -208	-58 / -288						-92 / -184	-92 / -242	-92 / -322	-92 / -462			
2000	2500				-68 / -178	-68 / -243	-68 / -348						-110 / -220	-110 / -285	-110 / -390	-110 / -550			
2500	3150				-76 / -211	-76 / -286	-76 / -406						-135 / -270	-135 / -345	-135 / -465	-135 / -675			

【비 고】
1) 공차역 클래스 N9, N10 및 N11은 1mm 이하의 기준치수에 대해서 사용하지 않는다.

■ 구멍 P에 대한 치수허용차

- 위 치수허용차 = ES
- 아래 치수허용차 = EI

단위 : μm

기준치수 (mm)		P							
초과	이하	3	4	5	6	7	8	9	10
-	3	- 6	- 6	- 6	- 6	- 6	- 6	- 6	- 6
		- 8	- 9	-10	- 12	- 16	- 20	- 31	- 46
3	6	-11	-10.5	-11	- 9	- 8	- 12	- 12	- 12
		-13.5	-14.5	-16	- 17	- 20	- 30	- 42	- 60
6	10	-14	-13.5	-13	- 12	- 9	- 15	- 15	- 15
		-16.5	-17.5	-19	- 21	- 24	- 37	- 51	- 73
10	18	-17	-16	-15	- 15	- 11	- 18	- 18	- 18
		-20	-21	-23	- 26	- 29	- 45	- 61	- 88
18	30	-20.5	-20	-19	- 18	- 14	- 22	- 22	- 22
		-24.5	-26	-28	- 31	- 35	- 55	- 74	-106
30	50	-24.5	-23	-22	- 21	- 17	- 26	- 26	- 26
		-28.5	-30	-33	- 37	- 42	- 65	- 88	-126
50	80			-27	- 26	- 21	- 32	- 32	
				-40	- 45	- 51	- 78	-106	
80	120			-32	- 30	- 24	- 37	- 37	
				-47	- 52	- 59	- 91	-124	
120	180			-37	- 36	- 28	- 43	- 43	
				-55	- 61	- 68	-106	-143	
180	250			-44	- 41	- 33	- 50	- 50	
				-64	- 70	- 79	-122	-165	
250	315			-49	- 47	- 36	- 56	- 56	
				-72	- 79	- 88	-137	-186	
315	400			-55	- 51	- 41	- 62	- 62	
				-80	- 87	- 98	-151	-202	
400	500			-61	- 55	- 45	- 68	- 68	
				-88	- 95	-108	-165	-223	
500	630				- 78	- 78	- 78	- 78	
					-122	-148	-188	-253	
630	800				- 88	- 88	- 88	- 88	
					-138	-168	-213	-288	
800	1000				-100	-100	-100	-100	
					-156	-190	-240	-330	
1000	1250				-120	-120	-120	-120	
					-186	-225	-285	-380	
1250	1600				-140	-140	-140	-140	
					-218	-265	-335	-450	
1600	2000				-170	-170	-170	-170	
					-262	-320	-400	-540	
2000	2500				-195	-195	-195	-195	
					-305	-370	-475	-635	
2500	3150				-240	-240	-240	-240	
					-375	-450	-570	-780	

■ 구멍 R에 대한 치수허용차

- 위 치수허용차 = ES
- 아래 치수허용차 = EI

단위 : μm

기준치수 (mm)		R						
초과	이하	3	4	5	6	7	8	9	10
-	3	-10 / -12	-10 / -13	-10 / -14	-10 / -16	-10 / -20	-10 / -24	-10 / -35	-10 / -50
3	6	-14 / -16.5	-13.5 / -17.5	-14 / -19	-12 / -20	-11 / -23	-15 / -33	-15 / -45	-15 / -63
6	10	-18 / -20.5	-17.5 / -21.5	-17 / -23	-16 / -25	-13 / -28	-19 / -41	-19 / -55	-19 / -77
10	18	-22 / -25	-21 / -26	-20 / -28	-20 / -31	-16 / -34	-23 / -50	-23 / -66	-23 / -93
18	30	-26.5 / -30.5	-26 / -32	-25 / -34	-24 / -37	-20 / -41	-28 / -61	-28 / -80	-28 / -112
30	50	-32.5 / -36.5	-31 / -38	-30 / -41	-29 / -45	-25 / -50	-34 / -73	-34 / -96	-34 / -134
50	65			-36 / -49	-35 / -54	-30 / -60	-41 / -87		
65	80			-38 / -51	-37 / -56	-32 / -62	-43 / -89		
80	100			-46 / -61	-44 / -66	-38 / -73	-51 / -105		
100	120			-49 / -64	-47 / -69	-41 / -76	-54 / -108		
120	140			-57 / -75	-56 / -81	-48 / -88	-63 / -126		
140	160			-59 / -77	-58 / -83	-50 / -90	-65 / -128		
160	180			-62 / -80	-61 / -86	-53 / -93	-68 / -131		
180	200			-71 / -91	-68 / -97	-60 / -106	-77 / -149		
200	225			-74 / -94	-71 / -100	-63 / -109	-80 / -152		
225	250			-78 / -98	-75 / -104	-67 / -113	-84 / -156		
250	280			-87 / -110	-85 / -117	-74 / -126	-94 / -175		
280	315			-91 / -114	-89 / -121	-78 / -130	-98 / -179		
315	355			-101 / -126	-97 / -133	-87 / -144	-108 / -197		
355	400			-107 / -132	-103 / -139	-93 / -150	-114 / -203		
400	450			-119 / -146	-113 / -153	-103 / -166	-126 / -223		
450	500			-125 / -152	-119 / -159	-109 / -172	-132 / -229		

단위 : μm

기준치수 (mm)		R		
초과	이하	6	7	8
500	560	-150 / -194	-150 / -220	-150 / -260
560	630	-155 / -199	-155 / -225	-155 / -265
630	710	-175 / -225	-175 / -255	-175 / -300
710	800	-185 / -235	-185 / -265	-185 / -310
800	900	-210 / -266	-210 / -300	-210 / -350
900	1000	-220 / -276	-220 / -310	-220 / -360
1000	1120	-250 / -316	-250 / -355	-250 / -415
1120	1250	-260 / -326	-260 / -365	-260 / -425
1250	1400	-300 / -378	-300 / -425	-300 / -495
1400	1600	-330 / -408	-330 / -455	-330 / -525
1600	1800	-370 / -462	-370 / -520	-370 / -600
1800	2000	-400 / -492	-400 / -550	-400 / -630
2000	2240	-440 / -550	-440 / -615	-440 / -720
2240	2500	-460 / -570	-460 / -635	-460 / -740
2500	2800	-550 / -685	-550 / -760	-550 / -880
2800	3150	-580 / -715	-580 / -790	-580 / -910

■ 구멍 S에 대한 치수허용차

- 위 치수허용차 = ES
- 아래 치수허용차 = EI

단위 : μm

기준치수 (mm) 초과	이하	S 3	4	5	6	7	8	9	10
-	3	-14 / -16	-14 / -17	-14 / -18	-14 / -20	-14 / -24	-14 / -28	-14 / -39	-14 / -54
3	6	-18 / -20.5	-17.5 / -21.5	-18 / -23	-16 / -24	-15 / -27	-19 / -37	-19 / -49	-19 / -67
6	10	-22 / -24.5	-21.5 / -25.5	-21 / -27	-20 / -29	-17 / -32	-23 / -45	-23 / -59	-23 / -81
10	18	-27 / -30	-26 / -31	-25 / -33	-25 / -36	-21 / -39	-28 / -55	-28 / -71	-28 / -98
18	30	-33.5 / -37.5	-33 / -39	-32 / -41	-31 / -44	-27 / -48	-35 / -68	-35 / -87	-35 / -119
30	50	-41.5 / -45.5	-40 / -47	-39 / -50	-38 / -54	-34 / -59	-43 / -82	-43 / -105	-43 / -143
50	65			-48 / -61	-47 / -66	-42 / -72	-53 / -99	-53 / -127	
65	80			-54 / -67	-53 / -72	-48 / -78	-59 / -105	-59 / -133	
80	100			-66 / -81	-64 / -86	-58 / -93	-71 / -125	-71 / -158	
100	120			-74 / -89	-72 / -94	-66 / -101	-79 / -133	-79 / -166	
120	140			-86 / -104	-85 / -110	-77 / -117	-92 / -155	-92 / -192	
140	160			-94 / -112	-93 / -118	-85 / -125	-100 / -163	-100 / -200	
160	180			-102 / -120	-101 / -126	-93 / -133	-108 / -171	-108 / -208	
180	200			-116 / -136	-113 / -142	-105 / -151	-122 / -194	-122 / -237	
200	225			-124 / -144	-121 / -150	-113 / -159	-130 / -202	-130 / -245	
225	250			-134 / -154	-131 / -160	-123 / -169	-140 / -212	-140 / -255	
250	280			-151 / -174	-149 / -181	-138 / -190	-158 / -239	-158 / -288	
280	315			-163 / -186	-161 / -193	-150 / -202	-170 / -251	-170 / -300	
315	355			-183 / -208	-179 / -215	-169 / -226	-190 / -279	-190 / -330	
355	400			-201 / -226	-197 / -233	-187 / -244	-208 / -297	-208 / -348	
400	450			-225 / -252	-219 / -259	-209 / -272	-232 / -329	-232 / -387	
450	500			-245 / -272	-239 / -279	-229 / -292	-252 / -349	-252 / -407	

■ 구멍 S에 대한 치수허용차

- 위 치수허용차 = ES
- 아래 치수허용차 = EI

단위 : μm

기준치수 (mm)		S		
초과	이하	6	7	8
500	560	- 280 - 324	- 280 - 350	- 280 - 390
560	630	- 310 - 354	- 310 - 380	- 310 - 420
630	710	- 340 - 390	- 340 - 420	- 340 - 465
710	800	- 380 - 430	- 380 - 460	- 380 - 505
800	900	- 430 - 486	- 430 - 520	- 430 - 570
900	1000	- 470 - 526	- 470 - 560	- 470 - 610
1000	1120	- 520 - 586	- 520 - 625	- 520 - 685
1120	1250	- 580 - 646	- 580 - 685	- 580 - 745
1250	1400	- 640 - 718	- 640 - 765	- 640 - 835
1400	1600	- 720 - 798	- 720 - 845	- 720 - 915
1600	1800	- 820 - 912	- 820 - 970	- 820 -1050
1800	2000	- 920 -1012	- 920 -1070	- 920 -1150
2000	2240	-1000 -1110	-1000 -1175	-1000 -1280
2240	2500	-1100 -1210	-1100 -1275	-1100 -1380
2500	2800	-1250 -1385	-1250 -1460	-1250 -1580
2800	3150	-1400 -1535	-1400 -1610	-1400 -1730

■ 구멍 T 및 U에 대한 치수허용차

- 위 치수허용차 = ES
- 아래 치수허용차 = EI

단위 : μm

기준치수 (mm)		T[1]				U				
초과	이하	5	6	7	8	5	6	7	8	9	10
-	3					-18 -22	-18 -24	-18 -28	-18 -32	-18 -43	-18 -58
3	6					-22 -27	-20 -28	-19 -31	-23 -41	-23 -53	-23 -71
6	10					-26 -32	-25 -34	-22 -37	-28 -50	-28 -64	-28 -86
10	18					-30 -38	-30 -41	-26 -44	-33 -60	-33 -76	-33 -103
18	24					-38 -47	-37 -50	-33 -54	-41 -74	-41 -93	-41 -125
24	30	-38 -47	-37 -50	-33 -54	-41 -74	-45 -54	-44 -57	-40 -61	-48 -81	-48 -100	-48 -132
30	40	-44 -55	-43 -59	-39 -64	-48 -87	-56 -67	-55 -71	-51 -76	-60 -99	-60 -122	-60 -160
40	50	-50 -61	-49 -65	-45 -70	-54 -93	-66 -77	-65 -81	-61 -86	-70 -109	-70 -132	-70 -170
50	65	-60 -79	-55 -85	-66 -112		-81 -100	-76 -106	-87 -133	-87 -161	-87 -207	
65	80	-69 -88	-64 -94	-75 -121		-96 -115	-91 -121	-102 -148	-102 -176	-102 -222	
80	100	-84 -106	-78 -113	-91 -145		-117 -139	-111 -146	-124 -178	-124 -211	-124 -264	
100	120	-97 -119	-91 -126	-104 -158		-137 -159	-131 -166	-144 -198	-144 -231	-144 -284	
120	140	-115 -140	-107 -147	-122 -185		-163 -188	-155 -195	-170 -233	-170 -270	-170 -330	
140	160	-127 -152	-119 -159	-134 -197		-183 -208	-175 -215	-190 -253	-190 -290	-190 -350	
160	180	-139 -164	-131 -171	-146 -209		-203 -228	-195 -235	-210 -273	-210 -310	-210 -370	
180	200	-157 -186	-149 -195	-166 -238		-227 -256	-219 -265	-236 -308	-236 -351	-236 -421	
200	225	-171 -200	-163 -209	-180 -252		-249 -278	-241 -287	-258 -330	-258 -373	-258 -443	
225	250	-187 -216	-179 -225	-196 -268		-275 -304	-267 -313	-284 -356	-284 -399	-284 -469	
250	280	-209 -241	-198 -250	-218 -299		-306 -338	-295 -347	-315 -396	-315 -445	-315 -525	
280	315	-231 -263	-220 -272	-240 -321		-341 -373	-330<)-382	-350 -431	-350 -480	-350 -560	
315	355	-257 -293	-247 -304	-268 -357		-379 -415	-369 -426	-390 -479	-390 -530	-390 -620	
355	400	-283 -319	-273 -330	-294 -383		-424 -460	-414 -471	-435 -524	-435 -575	-435 -665	
400	450	-317 -357	-307 -370	-330 -427		-477 -517	-467 -530	-490 -587	-490 -645	-490 -740	
450	500	-347 -387	-337 -400	-360 -457		-527 -567	-517 -580	-540 -637	-540 -695	-540 -790	

■ 구멍 T 및 U에 대한 치수허용차(계속)

- 위 치수허용차 = ES
- 아래 치수허용차 = EI

단위 : μm

기준치수 (mm)		S			U		
초과	이하	6	7	8	6	7	8
500	560	- 400	- 400	- 400	- 600	- 600	- 600
		- 444	- 470	- 510	- 644	- 670	- 710
560	630	- 450	- 450	- 450	- 660	- 660	- 660
		- 494	- 520	- 560	- 704	- 730	- 770
630	710	- 500	- 500	- 500	- 740	- 740	- 740
		- 550	- 580	- 625	- 790	- 820	- 865
710	800	- 560	- 560	- 560	- 840	- 840	- 840
		- 610	- 640	- 685	- 890	- 920	- 965
800	900	- 620	- 620	- 620	- 940	- 940	- 940
		- 676	- 710	- 760	- 996	-1030	-1080
900	1000	- 680	- 680	- 680	-1050	-1050	-1050
		- 736	- 770	- 820	-1106	-1140	-1190
1000	1120	- 780	- 780	- 780	-1150	-1150	-1150
		- 846	- 885	- 945	-1216	-1255	-1315
1120	1250	- 840	- 840	- 840	-1300	-1300	-1300
		- 906	- 945	-1005	-1366	-1405	-1465
1250	1400	- 960	- 960	- 960	-1450	-1450	-1450
		-1038	-1085	-1155	-1528	-1575	-1645
1400	1600	-1050	-1050	-1050	-1600	-1600	-1600
		-1128	-1175	-1245	-1678	-1725	-1795
1600	1800	-1200	-1200	-1200	-1850	-1850	-1850
		-1292	-1350	-1430	-1942	-2000	-2080
1800	2000	-1350	-1350	-1350	-2000	-2000	-2000
		-1442	-1500	-1580	-2092	-2150	-2230
2000	2240	-1500	-1500	-1500	-2300	-2300	-2300
		-1610	-1675	-1780	-2410	-2475	-2580
2240	2500	-1650	-1650	-1650	-2500	-2500	-2500
		-1760	-1825	-1930	-2610	-2675	-2780
2500	2800	-1900	-1900	-1900	-2900	-2900	-2900
		-2035	-2110	-2230	-3035	-3110	-3230
2800	3150	-2100	-2100	-2100	-3200	-3200	-3200
		-2235	-2310	-2430	-3335	-3410	-3530

■ 구멍 V, X 및 Y에 대한 치수허용차

- 위 치수허용차 = ES
- 아래 치수허용차 = EI

단위 : μm

기준치수 (mm)		V[2]				X					Y[3]				
초과	이하	5	6	7	8	5	6	7	8	9	10	6	7	8	9	10
-	3					-20 -24	-20 -26	-20 -30	-20 -34	-20 -45	-20 -60					
3	6					-27 -32	-25 -33	-24 -36	-28 -46	-28 -58	-28 -76					
6	10					-32 -38	-31 -40	-28 -43	-34 -56	-34 -70	-34 -92					
10	14					-37 -45	-37 -48	-33 -51	-40 -67	-40 -83	-40 -110					
14	18	-36 -44	-36 -47	-32 -50	-39 -66	-42 -50	-42 -53	-38 -56	-45 -72	-45 -88	-45 -115					
18	24	-44 -53	-43 -56	-39 -60	-47 -80	-51 -60	-50 -63	-46 -67	-54 -87	-54 -106	-54 -138	-59 -72	-55 -76	-63 -96	-63 -115	-63 -147
24	30	-52 -61	-51 -64	-47 -68	-55 -88	-61 -70	-60 -73	-56 -77	-64 -97	-64 -116	-64 -148	-71 -84	-67 -88	-75 -108	-75 -127	-75 -159
30	40	-64 -75	-63 -79	-59 -84	-68 -107	-76 -87	-75 -91	-71 -96	-80 -119	-80 -142	-80 -180	-89 -105	-85 -110	-94 -133	-94 -156	-94 -194
40	50	-77 -88	-76 -92	-72 -97	-81 -120	-93 -104	-92 -108	-88 -113	-97 -136	-97 -159	-97 -197	-109 -125	-105 -130	-114 -153	-114 -176	-114 -214
50	65		-96 -115	-91 -121	-102 -148		-116 -135	-111 -141	-122 -168	-122 -196		-138 -157	-133 -163	-144 -190		
65	80		-114 -133	-109 -139	-120 -166		-140 -159	-135 -165	-146 -192	-146 -220		-168 -187	-163 -193	-174 -220		
80	100		-139 -161	-133 -168	-146 -200		-171 -193	-165 -200	-178 -232	-178 -265		-207 -229	-201 -236	-214 -268		
100	120		-165 -187	-159 -194	-172 -226		-203 -225	-197 -232	-210 -264	-210 -297		-247 -269	-241 -276	-254 -308		
120	140		-195 -220	-187 -227	-202 -265		-241 -266	-233 -273	-248 -311	-248 -348		-293 -318	-285 -325	-300 -363		
140	160		-221 -246	-213 -253	-228 -291		-273 -298	-265 -305	-280 -343	-280 -380		-333 -358	-325 -365	-340 -403		
160	180		-245 -270	-237 -277	-252 -315		-303 -328	-295 -335	-310 -373	-310 -410		-373 -398	-365 -405	-380 -443		
180	200		-275 -304	-267 -313	-284 -356		-341 -370	-333 -379	-350 -422	-350 -465		-416 -445	-408 -454	-425 -497		
200	225		-301 -330	-293 -339	-310 -382		-376 -405	-368 -414	-385 -457	-385 -500		-461 -490	-453 -499	-470 -542		
225	250		-331 -360	-323 -369	-340 -412		-416 -445	-408 -454	-425 -497	-425 -540		-511 -540	-503 -549	-520 -592		
250	280		-376 -408	-365 -417	-385 -466		-466 -498	-455 -507	-475 -556	-475 -605		-571 -603	-560 -612	-580 -661		
280	315		-416 -448	-405 -457	-425 -506		-516 -548	-505 -557	-525 -606	-525 -655		-641 -673	-630 -682	-650 -731		
315	355		-464 -500	-454 -511	-475 -564		-579 -615	-569 -626	-590 -679	-590 -730		-719 -755	-709 -766	-730 -819		
355	400		-519 -555	-509 -566	-530 -619		-649 -685	-639 -696	-660 -749	-660 -800		-809 -845	-799 -856	-820 -909		
400	450		-582 -622	-572 -635	-595 -692		-727 -767	-717 -780	-740 -837	-740 -895		-907 -947	-897 -960	-920 -1017		
450	500		-647 -687	-637 -700	-660 -757		-807 -847	-797 -860	-820 -917	-820 -975		-987 -1027	-977 -1040	-1000 -1097		

■ 구멍 Z 및 ZA에 대한 치수허용차

- 위 치수허용차 = ES
- 아래 치수허용차 = EI

단위 : μm

기준치수 (mm)		Z					ZA					
초과	이하	6	7	8	9	10	11	6	7	8	9	10	11
-	3	-26 / -32	- 26 / - 36	- 26 / - 40	- 26 / - 51	- 26 / - 66	- 26 / - 86	- 32 / - 38	- 32 / - 42	-32 / -46	-32 / -57	-32 / -72	-32 / -92
3	6	-32 / -40	- 31 / - 43	- 35 / - 53	- 35 / - 65	- 35 / - 83	- 35 / -110	- 39 / - 47	- 38 / - 50	-42 / -60	-42 / -72	-42 / -90	-42 / -117
6	10	-39 / -48	- 36 / - 51	- 42 / - 64	- 42 / - 78	- 42 / -100	- 42 / -132	- 49 / - 58	- 46 / - 61	-52 / -74	-52 / -88	-52 / -110	-52 / -142
10	14	-47 / -58	- 43 / - 61	- 50 / - 77	- 50 / - 93	- 50 / -120	- 50 / -160	- 61 / - 72	- 57 / - 75	-64 / -91	-64 / -107	-64 / -134	-64 / -174
14	18	-57 / -68	- 53 / - 71	- 60 / - 87	- 60 / -103	- 60 / -130	- 60 / -170	- 74 / - 85	- 70 / - 88	-77 / -104	-77 / -120	-77 / -147	-77 / -187
18	24	-69 / -82	- 65 / - 86	- 73 / -106	- 73 / -125	- 73 / -157	- 73 / -203	- 94 / -107	- 90 / -111	-98 / -131	-98 / -150	-98 / -182	-98 / -228
24	30	-84 / -97	- 80 / -101	- 88 / -121	- 88 / -140	- 88 / -172	- 88 / -218	-114 / -127	- 110 / -131	-118 / -151	-118 / -170	-118 / -202	-118 / -248
30	40	-107 / -123	- 103 / - 128	- 112 / - 151	- 112 / - 174	- 112 / -212	-112 / -272	-143 / -159	- 139 / -164	-148 / -187	-148 / -210	-148 / -248	-148 / -308
40	50	-131 / -147	- 127 / - 152	- 136 / - 175	- 136 / - 198	- 136 / -236	-136 / -296	-175 / -191	- 171 / -196	-180 / -219	-180 / -242	-180 / -280	-180 / -340
50	65		- 161 / - 191	- 172 / - 218	- 172 / - 246	- 172 / -292	-172 / -362		- 215 / -245	-226 / -272	-226 / -300	-226 / -346	-226 / -416
65	80		- 199 / - 229	- 210 / - 256	- 210 / - 284	- 210 / -330	-210 / -400		- 263 / -293	-274 / -320	-274 / -348	-274 / -394	-274 / -464
80	100		- 245 / - 280	- 258 / - 312	- 258 / - 345	- 258 / -398	-258 / -478		- 322 / -357	-335 / -389	-335 / -422	-335 / -475	-335 / -555
100	120		- 297 / - 332	- 310 / - 364	- 310 / - 397	- 310 / -450	-310 / -530		- 387 / -422	-400 / -454	-400 / -487	-400 / -540	-400 / -620
120	140		- 350 / - 390	- 365 / - 428	- 365 / - 465	- 365 / -525	-365 / -615		- 455 / -495	-470 / -533	-470 / -570	-470 / -630	-470 / -720
140	160		- 400 / - 440	- 415 / - 478	- 415 / - 515	- 415 / -575	-415 / -665		- 520 / -560	-535 / -598	-535 / -635	-535 / -695	-535 / -785
160	180		- 450 / - 490	- 465 / - 528	- 465 / - 565	- 465 / -625	-465 / -715		- 585 / -625	-600 / -663	-600 / -700	-600 / -760	-600 / -850
180	200		- 503 / - 549	- 520 / - 592	- 520 / - 635	- 520 / -705	-520 / -810		- 653 / -699	-670 / -742	-670 / -785	-670 / -855	-670 / -960
200	225		- 558 / - 604	- 575 / - 647	- 575 / - 690	- 575 / -760	-575 / -865		- 723 / -769	-740 / -812	-740 / -855	-740 / -925	-740 / -1030
225	250		- 623 / - 669	- 640 / - 712	- 640 / - 755	- 640 / -825	-640 / -930		- 803 / -849	-820 / -892	-820 / -935	-820 / -1005	-820 / -1110
250	280		- 690 / - 742	- 710 / - 791	- 710 / - 840	- 710 / -920	-710 / -1030		- 900 / -952	-920 / -1001	-920 / -1050	-920 / -1130	-920 / -1240
280	315		- 770 / - 822	- 790 / - 871	- 790 / - 920	- 790 / -1000	-790 / -1110		- 980 / -1032	-1000 / -1081	-1000 / -1130	-1000 / -1210	-1000 / -1320
315	355		- 879 / - 936	- 900 / - 989	- 900 / -1040	- 900 / -1130	-900 / -1260		-1129 / -1186	-1150 / -1239	-1150 / -1290	-1150 / -1380	-1150 / -1510
355	400		- 979 / -1036	- 1000 / -1089	- 1000 / -1140	- 1000 / -1230	-1000 / -1360		-1279 / -1336	-1300 / -1389	-1300 / -1440	-1300 / -1530	-1300 / -1660
400	450		-1077 / -1140	- 1100 / -1197	- 1100 / -1255	- 1100 / -1350	-1100 / -1500		-1427 / -1490	-1450 / -1547	-1450 / -1605	-1450 / -1700	-1450 / -1850
450	500		-1227 / -1290	- 1250 / -1347	- 1250 / -1405	- 1250 / -1500	-1250 / -1650		-1577 / -1640	-1600 / -1697	-1600 / -1755	-1600 / -1850	-1600 / -2000

■ 구멍 ZB 및 ZC에 대한 치수허용차

- 위 치수허용차 = ES
- 아래 치수허용차 = EI

단위 : μm

기준치수 (mm)		ZB					ZC				
초과	이하	7	8	9	10	11	7	8	9	10	11
-	3	-40 -50	-40 -54	-40 -65	-40 -80	-40 -100	-60 -70	-60 -74	-60 -85	-60 -100	-60 -120
3	6	-46 -58	-50 -68	-50 -80	-50 -98	-50 -125	-76 -88	-80 -98	-80 -110	-80 -128	-80 -155
6	10	-61 -76	-67 -89	-67 -103	-67 -125	-67 -157	-91 -106	-97 -119	-97 -133	-97 -155	-97 -187
10	14	-83 -101	-90 -117	-90 -133	-90 -160	-90 -200	-123 -141	-130 -157	-130 -173	-130 -200	-130 -240
14	18	-101 -119	-108 -135	-108 -151	-108 -178	-108 -218	-143 -161	-150 -177	-150 -193	-150 -220	-150 -260
18	24	-128 -149	-136 -169	-136 -188	-136 -220	-136 -266	-180 -201	-188 -221	-188 -240	-188 -272	-188 -318
24	30	-152 -173	-160 -193	-160 -212	-160 -244	-160 -290	-210 -231	-218 -251	-218 -270	-218 -302	-218 -348
30	40	-191 -216	-200 -239	-200 -262	-200 -300	-200 -360	-265 -290	-274 -313	-274 -336	-274 -374	-274 -434
40	50	-233 -258	-242 -281	-242 -304	-242 -342	-242 -402	-316 -341	-325 -364	-325 -387	-325 -425	-325 -485
50	65	-289 -319	-300 -346	-300 -374	-300 -420	-300 -490	-394 -424	-405 -451	-405 -479	-405 -525	-405 -595
65	80	-349 -379	-360 -406	-360 -434	-360 -480	-360 -550	-469 -499	-480 -526	-480 -554	-480 -600	-480 -670
80	100	-432 -467	-445 -499	-445 -532	-445 -585	-445 -665	-572 -607	-585 -639	-585 -672	-585 -725	-585 -805
100	120	-512 -547	-525 -579	-525 -612	-525 -665	-525 -745	-677 -712	-690 -744	-690 -777	-690 -830	-690 -910
120	140	-605 -645	-620 -683	-620 -720	-620 -780	-620 -870	-785 -825	-800 -863	-800 -900	-800 -960	-800 -1050
140	160	-685 -725	-700 -763	-700 -800	-700 -860	-700 -950	-885 -925	-900 -963	-900 -1000	-900 -1060	-900 -1150
160	180	-765 -805	-780 -843	-780 -880	-780 -940	-780 -1030	-985 -1025	-1000 -1063	-1000 -1100	-1000 -1160	-1000 -1250
180	200	-863 -909	-880 -952	-880 -995	-880 -1065	-880 -1170	-1133 -1179	-1150 -1222	-1150 -1265	-1150 -1335	-1150 -1440
200	225	-943 -989	-960 -1032	-960 -1075	-960 -1145	-960 -1250	-1233 -1279	-1250 -1322	-1250 -1365	-1250 -1435	-1250 -1540
225	250	-1033 -1079	-1050 -1122	-1050 -1165	-1050 -1235	-1050 -1340	-1333 -1379	-1350 -1422	-1350 -1465	-1350 -1535	-1350 -1640
250	280	-1180 -1232	-1200 -1281	-1200 -1330	-1200 -1410	-1200 -1520	-1530 -1582	-1550 -1631	-1550 -1680	-1550 -1760	-1550 -1870
280	315	-1280 -1332	-1300 -1381	-1300 -1430	-1300 -1510	-1300 -1620	-1680 -1732	-1700 -1781	-1700 -1830	-1700 -1910	-1700 -2020
315	355	-1479 -1536	-1500 -1589	-1500 -1640	-1500 -1730	-1500 -1860	-1879 -1936	-1900 -1989	-1900 -2040	-1900 -2130	-1900 -2260
355	400	-1629 -1686	-1650 -1739	-1650 -1790	-1650 -1880	-1650 -2010	-2079 -2136	-2100 -2189	-2100 -2240	-2100 -2330	-2100 -2460
400	450	-1827 -1890	-1850 -1947	-1850 -2005	-1850 -2100	-1850 -2250	-2377 -2440	-2400 -2497	-2400 -2555	-2400 -2650	-2400 -2800
450	500	-2077 -2140	-2100 -2197	-2100 -2255	-2100 -2350	-2100 -2500	-2577 -2640	-2600 -2697	-2600 -2755	-2600 -2850	-2600 -3000

【비 고】

1) 기초가 되는 치수허용차 ZB 및 ZC는 500mm를 초과하는 기준치수에 대해서는 규정하지 않는다.

■ 축 a, b 및 c에 대한 치수허용차

- 위 치수허용차 = es
- 아래 치수허용차 = ei

단위 : μm

기준치수 (mm)		a[2]					b[2]						c				
초과	이하	9	10	11	12	13	8	9	10	11	12	13	8	9	10	11	12
-	3	-270 -295	-270 -310	-270 -330	-270 -370	-270 -410	-140 -154	-140 -165	-140 -180	-140 -200	-140 -240	-140 -280	-60 -74	-60 -85	-60 -100	-60 -120	-60 -160
3	6	-270 -300	-270 -318	-270 -345	-270 -390	-270 -450	-140 -158	-140 -170	-140 -188	-140 -215	-140 -260	-140 -320	-70 -88	-70 -100	-70 -118	-70 -145	-70 -190
6	10	-280 -316	-280 -338	-280 -370	-280 -430	-280 -500	-150 -172	-150 -186	-150 -208	-150 -240	-150 -300	-150 -370	-80 -102	-80 -116	-80 -138	-80 -170	-80 -230
10	18	-290 -333	-290 -360	-290 -400	-290 -470	-290 -560	-150 -177	-150 -193	-150 -220	-150 -260	-150 -330	-150 -420	-95 -122	-95 -138	-95 -165	-95 -205	-95 -275
18	30	-300 -352	-300 -384	-300 -430	-300 -510	-300 -630	-160 -193	-160 -212	-160 -244	-160 -290	-160 -370	-160 -490	-110 -143	-110 -162	-110 -194	-110 -240	-110 -320
30	40	-310 -372	-310 -410	-310 -470	-310 -560	-310 -700	-170 -209	-170 -232	-170 -270	-170 -330	-170 -420	-170 -560	-120 -159	-120 -182	-120 -220	-120 -280	-120 -370
40	50	-320 -382	-320 -420	-320 -480	-320 -570	-320 -710	-180 -219	-180 -242	-180 -280	-180 -340	-180 -430	-180 -570	-130 -169	-130 -192	-130 -230	-130 -290	-130 -380
50	65	-340 -414	-340 -460	-340 -530	-340 -640	-340 -800	-190 -236	-190 -264	-190 -310	-190 -380	-190 -490	-190 -650	-140 -186	-140 -214	-140 -260	-140 -330	-140 -440
65	80	-360 -434	-360 -480	-360 -550	-360 -660	-360 -820	-200 -246	-200 -274	-200 -320	-200 -390	-200 -500	-200 -660	-150 -196	-150 -224	-150 -270	-150 -340	-150 -450
80	100	-380 -467	-380 -520	-380 -600	-380 -730	-380 -920	-220 -274	-220 -307	-220 -360	-220 -440	-220 -570	-220 -760	-170 -224	-170 -257	-170 -310	-170 -390	-170 -520
100	120	-410 -497	-410 -550	-410 -630	-410 -760	-410 -950	-240 -294	-240 -327	-240 -380	-240 -460	-240 -590	-240 -780	-180 -234	-180 -267	-180 -320	-180 -400	-180 -530
120	140	-460 -560	-460 -620	-460 -710	-460 -860	-460 -1090	-260 -323	-260 -360	-260 -420	-260 -510	-260 -660	-260 -890	-200 -263	-200 -300	-200 -360	-200 -450	-200 -600
140	160	-520 -620	-520 -680	-520 -770	-520 -920	-520 -1150	-280 -343	-280 -380	-280 -440	-280 -530	-280 -680	-280 -910	-210 -273	-210 -310	-210 -370	-210 -460	-210 -610
160	180	-580 -680	-580 -740	-580 -830	-580 -980	-580 -1210	-310 -373	-310 -410	-310 -470	-310 -560	-310 -710	-310 -940	-230 -293	-230 -330	-230 -390	-230 -480	-230 -630
180	200	-660 -775	-660 -845	-660 -950	-660 -1120	-660 -1380	-340 -412	-340 -455	-340 -525	-340 -630	-340 -800	-340 -1060	-240 -312	-240 -355	-240 -425	-240 -530	-240 -700
200	225	-740 -855	-740 -925	-740 -1030	-740 -1200	-740 -1460	-380 -452	-380 -495	-380 -565	-380 -670	-380 -840	-380 -1100	-260 -332	-260 -375	-260 -445	-260 -550	-260 -720
225	250	-820 -935	-820 -1005	-820 -1110	-820 -1280	-820 -1540	-420 -492	-420 -535	-420 -605	-420 -710	-420 -880	-420 -1140	-280 -352	-280 -395	-280 -465	-280 -570	-280 -740
250	280	-920 -1050	-920 -1130	-920 -1240	-920 -1440	-920 -1730	-480 -561	-480 -610	-480 -690	-480 -800	-480 -1000	-480 -1290	-300 -381	-300 -430	-300 -510	-300 -620	-300 -820
280	315	-1050 -1180	-1050 -1260	-1050 -1370	-1050 -1570	-1050 -1860	-540 -621	-540 -670	-540 -750	-540 -860	-540 -1060	-540 -1350	-330 -411	-330 -460	-330 -540	-330 -650	-330 -850
315	355	-1200 -1340	-1200 -1430	-1200 -1560	-1200 -1770	-1200 -2090	-600 -689	-600 -740	-600 -830	-600 -960	-600 -1170	-600 -1490	-360 -449	-360 -500	-360 -590	-360 -720	-360 -930
355	400	-1350 -1490	-1350 -1580	-1350 -1710	-1350 -1920	-1350 -2240	-680 -769	-680 -820	-680 -910	-680 -1040	-680 -1250	-680 -1570	-400 -489	-400 -540	-400 -630	-400 -760	-400 -970
400	450	-1500 -1655	-1500 -1750	-1500 -1900	-1500 -2130	-1500 -2470	-760 -857	-760 -915	-760 -1010	-760 -1160	-760 -1390	-760 -1730	-440 -537	-440 -595	-440 -690	-440 -840	-440 -1070
450	500	-1650 -1805	-1650 -1900	-1650 -2050	-1650 -2280	-1650 -2620	-840 -937	-840 -995	-840 -1090	-840 -1240	-840 -1470	-840 -1810	-480 -577	-480 -635	-480 -730	-480 -880	-480 -1110

【비 고】
1) 기초가 되는 치수허용차 a, b 및 c는 500mm를 초과하는 기준치수에 대해서는 규정하지 않는다.
2) 기초가 되는 치수허용차 a 및 b는 1mm 이하의 기준치수에 기본공차를 사용하지 않는다.

■ 축 cd 및 d에 대한 치수허용차

- 위 치수허용차 = es
- 아래 치수허용차 = ei

단위 : μm

기준치수 (mm)		cd[1]					d							
초과	이하	5	6	7	8	9	10	5	6	7	8	9	10	11	12	13
-	3	-34 -38	-34 -40	-34 -44	-34 -48	-34 -59	-34 -74	-20 -24	-20 -26	-20 -30	-20 -34	-20 -45	-20 -60	-20 -80	-20 -120	-20 -160
3	6	-46 -51	-46 -54	-46 -58	-46 -64	-46 -76	-46 -94	-30 -35	-30 -38	-30 -42	-30 -48	-30 -60	-30 -78	-30 -105	-30 -150	-30 -210
6	10	-56 -62	-56 -65	-56 -71	-56 -78	-56 -92	-56 -114	-40 -46	-40 -49	-40 -55	-40 -62	-40 -76	-40 -98	-40 -130	-40 -190	-40 -260
10	18							-50 -58	-50 -61	-50 -68	-50 -77	-50 -93	-50 -120	-50 -160	-50 -230	-50 -320
18	30							-65 -74	-65 -78	-65 -86	-65 -98	-65 -117	-65<.br>-149	-65 -195	-65 -275	-65 -395
30	50							-80 -91	-80 -96	-80 -105	-80 -119	-80 -142	-80 -180	-80 -240	-80 -330	-80 -470
50	80							-100 -113	-100 -119	-100 -130	-100 -146	-100 -174	-100 -220	-100 -290	-100 -400	-100 -560
80	120							-120 -135	-120 -142	-120 -155	-120 -174	-120 -207	-120 -260	-120 -340	-120 -470	-120 -660
120	180							-145 -163	-145 -170	-145 -185	-145 -208	-145 -245	-145 -305	-145 -395	-145 -545	-145 -775
180	250							-170 -190	-170 -199	-170 -216	-170 -242	-170 -285	-170 -355	-170 -460	-170 -630	-170 -890
250	315							-190 -213	-190 -222	-190 -242	-190 -271	-190 -320	-190 -400	-190 -510	-190 -710	-190 -1000
315	400							-210 -235	-210 -246	-210 -267	-210 -299	-210 -350	-210 -440	-210 -570	-210 -780	-210 -1100
400	500							-230 -257	-230 -270	-230 -293	-230 -327	-230 -385	-230 -480	-230 -630	-230 -860	-230 -1200
500	630								-260 -330	-260 -370	-260 -435	-260 -540	-260 -700			
630	800								-290 -370	-290 -415	-290 -490	-290 -610	-290 -790			
800	1000								-320 -410	-320 -460	-320 -550	-320 -680	-320 -880			
1000	1250								-350 -455	-350 -515	-350 -610	-350 -770	-350 -1010			
1250	1600								-390 -515	-390 -585	-390 -700	-390 -890	-390 -1170			
1600	2000								-430 -580	-430 -660	-430 -800	-430 -1030	-430 -1350			
2000	2500								-480 -655	-480 -760	-480 -920	-480 -1180	-480 -1580			
2500	3150								-520 -730	-520 -850	-520 -1060	-520 -1380	-520 -1870			

【비 고】
1) 중간의 기초가 되는 치수허용차 cd는 주로 정밀기계 및 시계부품에 사용한다. 다른 기준치수의 공차역 클래스가 필요한 경우에는 치수허 용차를 계산한다.

■ 축 e 및 ef에 대한 치수허용차

- 위 치수허용차 = es
- 아래 치수허용차 = ei

단위 : μm

기준치수 (mm)		e						ef						
초과	이하	5	6	7	8	9	10	3	4	5	6	7	8	9	10
-	3	-14	-14	-14	-14	-14	-14	-10	-10	-10	-10	-10	-10	-10	-10
		-18	-20	-24	-28	-39	-54	-12	-13	-14	-16	-20	-24	-35	-50
3	6	-20	-20	-20	-20	-20	-20	-14	-14	-14	-14	-14	-14	-14	-14
		-25	-28	-32	-38	-50	-68	-16.5	-18	-19	-22	-26	-32	-44	-62
6	10	-25	-25	-25	-25	-25	-25	-18	-18	-18	-18	-18	-18	-18	-18
		-31	-34	-40	-47	-61	-83	-20.5	-22	-24	-27	-33	-40	-54	-76
10	18	-32	-32	-32	-32	-32	-32								
		-40	-43	-50	-59	-75	-102								
18	30	-40	-40	-40	-40	-40	-40								
		-49	-53	-61	-73	-92	-124								
30	50	-50	-50	-50	-50	-50	-50								
		-61	-66	-75	-89	-112	-150								
50	80	-60	-60	-60	-60	-60	-60								
		-73	-79	-90	-106	-134	-180								
80	120	-72	-72	-72	-72	-72	-72								
		-87	-94	-107	-126	-159	-212								
120	180	-85	-85	-85	-85	-85	-85								
		-103	-110	-125	-148	-185	-245								
180	250	-100	-100	-100	-100	-100	-100								
		-120	-129	-146	-172	-215	-285								
250	315	-110	-110	-110	-110	-110	-110								
		-133	-142	-162	-191	-240	-320								
315	400	-125	-125	-125	-125	-125	-125								
		-150	-161	-182	-214	-265	-355								
400	500	-135	-135	-135	-135	-135	-135								
		-162	-175	-198	-232	-290	-385								
500	630		-145	-145	-145	-145	-145								
			-189	-215	-255	-320	-425								
630	800		-160	-160	-160	-160	-160								
			-210	-240	-285	-360	-480								
800	1000		-170	-170	-170	-170	-170								
			-226	-260	-310	-400	-530								
1000	1250		-195	-195	-195	-195	-195								
			-261	-300	-360	-455	-615								
1250	1600		-220	-220	-220	-220	-220								
			-298	-345	-415	-530	-720								
1600	2000		-240	-240	-240	-240	-240								
			-332	-390	-470	-610	-840								
2000	2500		-260	-260	-260	-260	-260								
			-370	-435	-540	-700	-960								
2500	3150		-290	-290	-290	-290	-290								
			-425	-500	-620	-830	-1150								

■ 축 f 및 fg에 대한 치수허용차

- 위 치수허용차 = es
- 아래 치수허용차 = ei

단위 : μm

기준치수 (mm)		f							fg[1]						
초과	이하	3	4	5	6	7	8	9	10	3	4	5	6	7	8	9	10
-	3	-6 -8	-6 -9	-6 -10	-6 -12	-6 -16	-6 -20	-6 -31	-6 -46	-4 -6	-4 -7	-4 -8	-4 -10	-4 -14	-4 -18	-4 -29	-4 -44
3	6	-10 -12.5	-10 -14	-10 -15	-10 -18	-10 -22	-10 -28	-10 -40	-10 -58	-6 -8.5	-6 -10	-6 -11	-6 -14	-6 -18	-6 -24	-6 -36	-6 -54
6	10	-13 -15.5	-13 -17	-13 -19	-13 -22	-13 -28	-13 -35	-13 -49	-13 -71	-8 -10.5	-8 -12	-8 -14	-8 -17	-8 -23	-8 -30	-8 -44	-8 -66
10	18	-16 -19	-16 -21	-16 -24	-16 -27	-16 -34	-16 -43	-16 -59	-16 -86								
18	30	-20 -24	-20 -25	-20 -29	-20 -33	-20 -41	-20 -53	-20 -72	-20 -104								
30	50	-25 -29	-25 -32	-25 -36	-25 -41	-25 -50	-25 -64	-25 -87	-25 -125								
50	80		-30 -38	-30 -43	-30 -49	-30 -60	-30 -76	-30 -104									
80	120		-36 -46	-36 -51	-36 -58	-36 -71	-36 -90	-36 -123									
120	180		-43 -55	-43 -61	-43 -68	-43 -83	-43 -106	-43 -143									
180	250		-50 -64	-50 -70	-50 -79	-50 -96	-50 -122	-50 -165									
250	315		-56 -72	-56 -79	-56 -88	-56 -108	-56 -137	-56 -185									
315	400		-62 -80	-62 -87	-62 -98	-62 -119	-62 -151	-62 -202									
400	500		-68 -88	-68 -95	-68 -108	-68 -131	-68 -165	-68 -223									
500	630				-76 -120	-76 -146	-76 -186	-76 -251									
630	800				-80 -130	-80 -160	-80 -205	-80 -280									
800	1000				-86 -142	-86 -176	-86 -226	-86 -316									
1000	1250				-98 -164	-98 -203	-98 -263	-98 -358									
1250	1600				-110 -188	-110 -235	-110 -305	-110 -420									
1600	2000				-120 -212	-120 -270	-120 -350	-120 -490									
2000	2500				-130 -240	-130 -305	-130 -410	-130 -570									
2500	3150				-145 -280	-145 -355	-145 -475	-145 -685									

■ 축 g에 대한 치수허용차

- 위 치수허용차 = es
- 아래 치수허용차 = ei

단위 : μm

기준치수 (mm)		g							
초과	이하	3	4	5	6	7	8	9	10
-	3	-2 -4	-2 -5	-2 -6	-2 -8	-2 -12	-2 -16	-2 -27	-2 -42
3	6	-4 -6.5	-4 -8	-4 -9	-4 -12	-4 -16	-4 -22	-4 -34	-4 -52
6	10	-5 -7.5	-5 -9	-5 -11	-5 -14	-5 -20	-5 -27	-5 -41	-5 -63
10	18	-6 -9	-6 -11	-6 -14	-6 -17	-6 -24	-6 -33	-6 -49	-6 -76
18	30	-7 -11	-7 -13	-7 -16	-7 -20	-7 -28	-7 -40	-7 -59	-7 -91
30	50	-9 -13	-9 -16	-9 -20	-9 -25	-9 -34	-9 -48	-9 -71	-9 -109
50	80		-10 -18	-10 -23	-10 -29	-10 -40	-10 -56		
80	120		-12 -22	-12 -27	-12 -34	-12 -47	-12 -66		
120	180		-14 -26	-14 -32	-14 -39	-14 -54	-14 -77		
180	250		-15 -29	-15 -35	-15 -44	-15 -61	-15 -87		
250	315		-17 -33	-17 -40	-17 -49	-17 -69	-17 -98		
315	400		-18 -36	-18 -43	-18 -54	-18 -75	-18 -107		
400	500		-20 -40	-20 -47	-20 -60	-20 -83	-20 -117		
500	630				-22 -66	-22 -92	-22 -132		
630	800				-24 -74	-24 -104	-24 -149		
800	1000				-26 -82	-26 -116	-26 -166		
1000	1250				-28 -94	-28 -133	-28 -193		
1250	1600				-30 -108	-30 -155	-30 -225		
1600	2000				-32 -124	-32 -182	-32 -262		
2000	2500				-34 -144	-34 -209	-34 -314		
2500	3150				-38 -173	-38 -248	-38 -368		

■ 축 h에 대한 치수허용차

- 위 치수허용차 = es
- 아래 치수허용차 = ei

기준치수 (mm)		h																
		1	2	3	4	5	6	7	8	9	10	11	12	13	14[1]	15[1]	16[1]	17	18
초과	이하	μm											mm						
-	3[1]	0	0	0	0	0	0	0	0	0	0	0	0	0	0	0	0		
		-0.8	-1.2	-2	-3	-4	-6	-10	-14	-25	-40	-60	-0.1	-0.14	-0.25	-0.4	-0.6		
3	6	0	0	0	0	0	0	0	0	0	0	0	0	0	0	0	0	0	0
		-1	-1.5	-2.5	-4	-5	-8	-12	-18	-30	-48	-75	-0.12	-0.18	-0.3	-0.48	-0.75	-1.2	-1.8
6	10	0	0	0	0	0	0	0	0	0	0	0	0	0	0	0	0	0	0
		-1	-1.5	-2.5	-4	-6	-9	-15	-22	-36	-58	-90	-0.15	-0.22	-0.36	-0.58	-0.9	-1.5	-2.2
10	18	0	0	0	0	0	0	0	0	0	0	0	0	0	0	0	0	0	0
		-1.2	-2	-3	-5	-8	-11	-18	-27	-43	-70	-110	-0.18	-0.27	-0.43	-0.7	-1.1	-1.8	-2.7
18	30	0	0	0	0	0	0	0	0	0	0	0	0	0	0	0	0	0	0
		-1.5	-2.5	-4	-6	-9	-13	-21	-33	-52	-84	-130	-0.21	-0.33	-0.52	-0.84	-1.3	-2.1	-3.3
30	50	0	0	0	0	0	0	0	0	0	0	0	0	0	0	0	0	0	0
		-1.5	-2.5	-4	-7	-11	-16	-25	-39	-62	-100	-160	-0.25	-0.39	-0.62	-1	-1.6	-2.5	-3.9
50	80	0	0	0	0	0	0	0	0	0	0	0	0	0	0	0	0	0	0
		-2	-3	-5	-8	-13	-19	-30	-46	-74	-120	-190	-0.3	-0.46	-0.74	-1.2	-1.9	-3	-4.6
80	120	0	0	0	0	0	0	0	0	0	0	0	0	0	0	0	0	0	0
		-2.5	-4	-6	-10	-15	-22	-35	-54	-87	-140	-220	-0.35	-0.54	-0.87	-1.4	-2.2	-3.5	-5.4
120	180	0	0	0	0	0	0	0	0	0	0	0	0	0	0	0	0	0	0
		-3.5	-5	-8	-12	-18	-25	-40	-63	-100	-160	-250	-0.4	-0.63	-1	-1.6	-2.5	-4	-6.3
180	250	0	0	0	0	0	0	0	0	0	0	0	0	0	0	0	0	0	0
		-4.5	-7	-10	-14	-20	-29	-46	-72	-115	-185	-290	-0.46	-0.72	-1.15	-1.85	-2.9	-4.6	-7.2
250	315	0	0	0	0	0	0	0	0	0	0	0	0	0	0	0	0	0	0
		-6	-8	-12	-16	-23	-32	-52	-81	-130	-210	-320	-0.52	-0.81	-1.3	-2.1	-3.2	-5.2	-8.1
315	400	0	0	0	0	0	0	0	0	0	0	0	0	0	0	0	0	0	0
		-7	-9	-13	-18	-25	-36	-57	-89	-140	-230	-360	-0.57	-0.89	-1.4	-2.3	-3.6	-5.7	-8.9
400	500	0	0	0	0	0	0	0	0	0	0	0	0	0	0	0	0	0	0
		-8	-10	-15	-20	-27	-40	-63	-97	-155	-250	-400	-0.63	-0.97	-1.55	-2.5	-4	-6.3	-9.7
500	630	0	0	0	0	0	0	0	0	0[2]	0	0	0	0	0	0	0	0	0
		-9	-11	-16	-22	-32	-44	-70	-110	-175	-280	-440	-0.7	-1.1	-1.75	-2.8	-4.4	-7	-11
630	800	0	0	0	0	0	0	0	0	0	0	0	0	0	0	0	0	0	0
		-10	-13	-18	-25	-36	-50	-80	-125	-200	-320	-500	-0.8	-1.25	-2	-3.2	-5	-8	-12.5
800	1000	0	0	0	0	0	0	0	0	0	0	0	0	0	0	0	0	0	0
		-11	-15	-21	-28	-40	-56	-90	-140	-230	-360	-560	-0.9	-1.4	-2.3	-3.6	-5.6	-9	-14
1000	1250	0	0	0	0	0	0	0	0	0	0	0	0	0	0	0	0	0	0
		-13	-18	-24	-33	-47	-66	-105	-165	-260	-420	-660	-1.05	-1.65	-2.6	-4.2	-6.6	-10.5	-16.5
1250	1600	0	0	0	0	0	0	0	0	0	0	0	0	0	0	0	0	0	0
		-15	-21	-29	-39	-55	-78	-125	-195	-310	-500	-780	-1.25	-1.95	-3.1	-5	-7.8	-12.5	-19.5
1600	2000	0	0	0	0	0	0	0	0	0	0	0	0	0	0	0	0	0	0
		-18	-25	-35	-46	-65	-92	-150	-230	-370	-600	-920	-1.5	-2.3	-3.7	-6	-9.2	-15	-23
2000	2500	0	0	0	0	0	0	0	0	0	0	0	0	0	0	0	0	0	0
		-22	-30	-41	-55	-78	-110	-175	-280	-440	-700	-1100	-1.75	-2.8	-4.4	-7	-11	-17.5	-28
2500	3150	0	0	0	0	0	0	0	0	0	0	0	0	0	0	0	0	0	0
		-26	-36	-50	-68	-96	-135	-210	-330	-540	-860	-1350	-2.1	-3.3	-5.4	-8.6	-13.5	-21	-33

【비 고】

1) 공차등급 IT14~IT16은 1mm 이하의 기준치수에 대해서는 사용하지 않는다.
2) 기준치수 500mm를 초과 3150mm 이하인 공차등급 IT1~IT5에 대해 굵은 선 안의 수치는 실험적으로 사용하기 위해 나타낸다.

■ 축 js에 대한 치수허용차

- 위 치수허용차 = es
- 아래 치수허용차 = ei

기준치수 (mm)		js															
		1	2	3	4	5	6	7	8	9	10	11	12	13	14[1]	15[1]	16[1]	17	18
초과	이하	μm											mm						
-	3[1]	±0.4	±0.6	±1	±1.5	±2	±3	±5	±7	±12.5	±20	±30	±0.05	±0.07	±0.125	±0.2	±0.3		
3	6	±0.5	±0.75	±1.25	±2	±2.5	±4	±6	±9	±15	±24	±37.5	±0.06	±0.09	±0.15	±0.24	±0.375	±0.6	±0.9
6	10	±0.5	±0.75	±1.25	±2	±3	±4.5	±7.5	±11	±18	±29	±45	±0.075	±0.11	±0.18	±0.29	±0.45	±0.75	±1.1
10	18	±0.6	±1	±1.5	±2.5	±4	±5.5	±9	±13.5	±21.5	±35	±55	±0.09	±0.135	±0.215	±0.35	±0.55	±0.9	±1.35
18	30	±0.75	±1.25	±2	±3	±4.5	±6.5	±10.5	±16.5	±26	±42	±65	±0.105	±0.165	±0.26	±0.42	±0.65	±1.05	±1.65
30	50	±0.75	±1.25	±2	±3.5	±5.5	±8	±12.5	±19.5	±31	±50	±80	±0.125	±0.195	±0.31	±0.5	±0.8	±1.25	±1.95
50	80	±1	±1.5	±2.5	±4	±6.5	±9.5	±15	±23	±37	±60	±95	±0.15	±0.23	±0.37	±0.6	±0.95	±1.5	±2.3
80	120	±1.25	±2	±3	±5	±7.5	±11	±17.5	±27	±43.5	±70	±110	±0.175	±0.27	±0.435	±0.7	±1.1	±1.75	±2.7
120	180	±1.75	±2.5	±4	±6	±9	±12.5	±20	±31.5	±50	±80	±125	±0.2	±0.315	±0.5	±0.8	±1.25	±2	±3.15
180	250	±2.25	±3.5	±5	±7	±10	±14.5	±23	±36	±57.5	±92.5	±145	±0.23	±0.36	±0.575	±0.925	±1.45	±2.3	±3.6
250	315	±3	±4	±6	±8	±11.5	±16	±26	±40.5	±65	±105	±160	±0.26	±0.405	±0.65	±1.05	±1.6	±2.6	±4.05
315	400	±3.5	±4.5	±6.5	±9	±12.5	±18	±28.5	±44.5	±70	±115	±180	±0.285	±0.445	±0.7	±1.15	±1.8	±2.85	±4.45
400	500	±4	±5	±7.5	±10	±13.5	±20	±31.5	±48.5	±77.5	±125	±200	±0.315	±0.485	±0.775	±1.25	±2	±3.15	±4.85
500	630	±4.5	±5.5	±8	±11	±16	±22	±35	±55	±87.5	±140	±220	±0.35	±0.55	±0.875	±1.4	±2.2	±3.5	±5.5
630	800	±5	±6.5	±9	±12.5	±18	±25	±40	±62.5	±100	±160	±250	±0.4	±0.625	±1	±1.6	±2.5	±4	±6.25
800	1000	±5.5	±7.5	±10.5	±14	±20	±28	±45	±70	±115	±180	±280	±0.45	±0.7	±1.15	±1.8	±2.8	±4.5	±7
1000	1250	±6.5	±9	±12	±16.5	±23.5	±33	±52.5	±82.5	±130	±210	±330	±0.525	±0.825	±1.3	±2.1	±3.3	±5.25	±8.25
1250	1600	±7.5	±10.5	±14.5	±19.5	±27.5	±39	±62.5	±97.5	±155	±250	±390	±0.625	±0.975	±1.55	±2.5	±3.9	±6.25	±9.75
1600	2000	±9	±12.5	±17.5	±23	±32.5	±46	±75	±115	±185	±300	±460	±0.75	±1.15	±1.85	±3	±4.6	±7.5	±11.5
2000	2500	±11	±15	±20.5	±27.5	±39	±55	±87.5	±140	±220	±350	±550	±0.875	±1.4	±2.2	±3.5	±5.5	±8.75	±14
2500	3150	±13	±18	±25	±34	±48	±67.5	±105	±165	±270	±430	±675	±1.05	±1.65	±2.7	±4.3	±6.75	±10.5	±16.5

[비 고]

1) 동일 치수허용차의 수치의 반복을 피하기 위해 표는 '±x'와 같이 수치를 기입하고 있다.
   이것은 es=+x 및 ei=-x, 예를 들면 $^{+0.23}_{-0.23}$과 같이 해석한다.

2) 표는 μm 또는 mm의 어느쪽에서 나타낸 ±IT/2에서 구한 정확한 수치이다. 공차역 클래스 js7~js11에 대해서는 0.5μm의 소수를 갖는 수치는 직접 정수로 두고 변환해서 규격 안에도 구해도 좋다. 예를 들면 ±19.5는 ±19로 구해서 좋다.

3) 공차등급 IT14~IT16은 1mm 이하의 기준치수에 대해서 사용하지 않는다.

4) 기준치수 500mm를 초과, 3150mm 이하의 공차등급 IT1~IT5에 대해서 굵은 선 안의 수치는 실험적으로 사용하기 위해 나타낸다.

■ 축 j 및 k에 대한 치수허용차

- 위 치수허용차 = es
- 아래 치수허용차 = ei

단위 : μm

기준치수 (mm)		j				k							
초과	이하	5[1]	6[1]	7[1]	8	3	4	5	6	7	8	9	10	11	12	13
-	3	±2	+4 / -2	+6 / -4	+8 / -6	+2 / 0	+3 / 0	+4 / 0	+6 / 0	+10 / 0	+14 / 0	+25 / 0	+40 / 0	+60 / 0	+100 / 0	+140 / 0
3	6	+3 / -2	+6 / -2	+8 / -4		+2.5 / 0	+5 / +1	+6 / +1	+9 / +1	+13 / +1	+18 / 0	+30 / 0	+48 / 0	+75 / 0	+120 / 0	+180 / 0
6	10	+4 / -2	+7 / -2	+10 / -5		+3 / 0	+5 / +1	+7 / +1	+10 / +1	+16 / +1	+22 / 0	+36 / 0	+58 / 0	+90 / 0	+150 / 0	+220 / 0
10	18	+5 / -3	+8 / -3	+12 / -6		+4 / 0	+6 / +1	+9 / +1	+12 / +1	+19 / +1	+27 / 0	+43 / 0	+70 / 0	+110 / 0	+180 / 0	+270 / 0
18	30	+5 / -4	+9 / -4	+13 / -8		+4 / 0	+8 / +2	+11 / +2	+15 / +2	+23 / +2	+33 / 0	+52 / 0	+84 / 0	+130 / 0	+210 / 0	+330 / 0
30	50	+6 / -5	+11 / -5	+15 / -10			+9 / +2	+13 / +2	+18 / +2	+27 / +2	+39 / 0	+62 / 0	+100 / 0	+160 / 0	+250 / 0	+390 / 0
50	80	+6 / -7	+12 / -7	+18 / -12			+10 / +2	+15 / +2	+21 / +2	+32 / +2	+46 / 0	+74 / 0	+120 / 0	+190 / 0	+300 / 0	+460 / 0
80	120	+6 / -9	+13 / -9	+20 / -15			+13 / +3	+18 / +3	+25 / +3	+38 / +3	+54 / 0	+87 / 0	+140 / 0	+220 / 0	+350 / 0	+540 / 0
120	180	+7 / -11	+14 / -11	+22 / -18			+15 / +3	+21 / +3	+28 / +3	+43 / +3	+63 / 0	+100 / 0	+160 / 0	+250 / 0	+400 / 0	+630 / 0
180	250	+7 / -13	+16 / -13	+25 / -21			+18 / +4	+24 / +4	+33 / +4	+50 / +4	+72 / 0	+115 / 0	+185 / 0	+290 / 0	+460 / 0	+720 / 0
250	315	+7 / -16	±16	+26			+20 / +4	+27 / +4	+36 / +4	+56 / +4	+81 / 0	+130 / 0	+210 / 0	+320 / 0	+520 / 0	+810 / 0
315	400	+7 / -18	±18	+29 / -28			+22 / +4	+29 / +4	+40 / +4	+61 / +4	+89 / 0	+140 / 0	+230 / 0	+360 / 0	+570 / 0	+890 / 0
400	500	+7 / -20	±20	+31 / -32			+25 / +5	+32 / +5	+45 / +5	+68 / +5	+97 / 0	+155 / 0	+250 / 0	+400 / 0	+630 / 0	+970 / 0
500	630								+44 / 0	+70 / 0	+110 / 0	+175 / 0	+280 / 0	+440 / 0	+700 / 0	+1100 / 0
630	800								+50 / 0	+80 / 0	+125 / 0	+200 / 0	+320 / 0	+500 / 0	+800 / 0	+1250 / 0
800	1000								+56 / 0	+90 / 0	+140 / 0	+230 / 0	+360 / 0	+560 / 0	+900 / 0	+1400 / 0
1000	1250								+66 / 0	+105 / 0	+165 / 0	+260 / 0	+420 / 0	+660 / 0	+1050 / 0	+1650 / 0
1250	1600								+78 / 0	+125 / 0	+195 / 0	+310 / 0	+500 / 0	+780 / 0	+1250 / 0	+1950 / 0
1600	2000								+92 / 0	+150 / 0	+230 / 0	+370 / 0	+600 / 0	+920 / 0	+1500 / 0	+2300 / 0
2000	2500								+110 / 0	+175 / 0	+280 / 0	+440 / 0	+700 / 0	+1100 / 0	+1750 / 0	+2800 / 0
2500	3150								+135 / 0	+210 / 0	+330 / 0	+540 / 0	+860 / 0	+1350 / 0	+2100 / 0	+3300 / 0

【비 고】

1) j5, j6 및 j7에 대한 치수 허용차는 '±x'로 표시하고 있는 경우에는 그 기준치수의 구분에 대해서 js5, 공차역 클래스 js6 또는 js7과 동일하다.

■ 축 m 및 n에 대한 치수허용차

- 위 치수허용차 = es
- 아래 치수허용차 = ei

단위 : μm

기준치수 (mm) 초과	이하	m 3	4	5	6	7	8	9	n 3	4	5	6	7	8	9
-	3	+4 +2	+5 +2	+6 +2	+8 +2	+12 +2	+16 +2	+27 +2	+6 +4	+7 +4	+8 +4	+10 +4	+14 +4	+18 +4	+29 +4
3	6	+6.5 +4	+8 +4	+9 +4	+12 +4	+16 +4	+22 +4	+34 +4	+10.5 +8	+12 +8	+13 +8	+16 +8	+20 +8	+26 +8	+38 +8
6	10	+8.5 +6	+10 +6	+12 +6	+15 +6	+21 +6	+28 +6	+42 +6	+12.5 +10	+14 +10	+16 +10	+19 +10	+25 +10	+32 +10	+46 +10
10	18	+10 +7	+12 +7	+15 +7	+18 +7	+25 +7	+34 +7	+50 +7	+15 +12	+17 +12	+20 +12	+23 +12	+30 +12	+39 +12	+55 +12
18	30	+12 +8	+14 +8	+17 +8	+21 +8	+29 +8	+41 +8	+60 +8	+19 +15	+21 +15	+24 +15	+28 +15	+36 +15	+48 +15	+67 +15
30	50	+13 +9	+16 +9	+20 +9	+25 +9	+34 +9	+48 +9	+71 +9	+21 +17	+24 +17	+28 +17	+33 +17	+42 +17	+56 +17	+79 +17
50	80		+19 +11	+24 +11	+30 +11	+41 +11				+28 +20	+33 +20	+39 +20	+50 +20		
80	120		+23 +13	+28 +13	+35 +13	+48 +13				+33 +23	+38 +23	+45 +23	+58 +23		
120	180		+27 +15	+33 +15	+40 +15	+55 +15				+39 +27	+45 +27	+52 +27	+67 +27		
180	250		+31 +17	+37 +17	+46 +17	+63 +17				+45 +31	+51 +31	+60 +31	+77 +31		
250	315		+36 +20	+43 +20	+52 +20	+72 +20				+50 +34	+57 +34	+66 +34	+86 +34		
315	400		+39 +21	+46 +21	+57 +21	+78 +21				+55 +37	+62 +37	+73 +37	+94 +37		
400	500		+43 +23	+50 +23	+63 +23	+86 +23				+60 +40	+67 +40	+80 +40	+103 +40		
500	630				+70 +26	+96 +26						+88 +44	+114 +44		
630	800				+80 +30	+110 +30						+100 +50	+130 +50		
800	1000				+90 +34	+124 +34						+112 +56	+146 +56		
1000	1250				+106 +40	+145 +40						+132 +66	+171 +66		
1250	1600				+126 +48	+173 +48						+156 +78	+203 +78		
1600	2000				+150 +58	+208 +58						+184 +92	+242 +92		
2000	2500				+178 +68	+243 +68						+220 +110	+285 +110		
2500	3150				+211 +76	+286 +76						+270 +135	+345 +135		

■ 축 p에 대한 치수허용차

- 위 치수허용차 = es
- 아래 치수허용차 = ei

단위 : μm

기준치수 (mm)		P							
초과	이하	3	4	5	6	7	8	9	10
-	3	+8 +6	+9 +6	+10 +6	+12 +6	+16 +6	+20 +6	+31 +6	+46 +6
3	6	+14.5 +12	+16 +12	+17 +12	+20 +12	+24 +12	+30 +12	+42 +12	+60 +12
6	10	+17.5 +15	+19 +15	+21 +15	+24 +15	+30 +15	+37 +15	+51 +15	+73 +15
10	18	+21 +18	+23 +18	+26 +18	+29 +18	+36 +18	+45 +18	+61 +18	+88 +18
18	30	+26 +22	+28 +22	+31 +22	+35 +22	+43 +22	+55 +22	+74 +22	+106 +22
30	50	+30 +26	+33 +26	+37 +26	+42 +26	+51 +26	+65 +26	+88 +26	+126 +26
50	80		+40 +32	+45 +32	+51 +32	+62 +32	+78 +32		
80	120		+47 +37	+52 +37	+59 +37	+72 +37	+91 +37		
120	180		+55 +43	+61 +43	+68 +43	+83 +43	+106 +43		
180	250		+64 +50	+70 +50	+79 +50	+96 +50	+122 +50		
250	315		+72 +56	+79 +56	+88 +56	+108 +56	+137 +56		
315	400		+80 +62	+87 +62	+98 +62	+119 +62	+151 +62		
400	500		+88 +68	+95 +68	+108 +68	+131 +68	+165 +68		
500	630				+122 +78	+148 +78	+188 +78		
630	800				+138 +88	+168 +88	+213 +88		
800	1000				+156 +100	+190 +100	+240 +100		
1000	1250				+186 +120	+225 +120	+285 +120		
1250	1600				+218 +140	+265 +140	+335 +140		
1600	2000				+262 +170	+320 +170	+400 +170		
2000	2500				+305 +195	+370 +195	+475 +195		
2500	3150				+375 +240	+450 +240	+570 +240		

■ 축 r에 대한 치수허용차

- 위 치수허용차 = es
- 아래 치수허용차 = ei

단위 : μm

기준치수 (mm)		r						
초과	이하	3	4	5	6	7	8	9	10
-	3	+12 +10	+13 +10	+14 +10	+16 +10	+20 +10	+24 +10	+35 +10	+50 +10
3	6	+17.5 +15	+19 +15	+20 +15	+23 +15	+27 +15	+33 +15	+45 +15	+63 +15
6	10	+21.5 +19	+23 +19	+25 +19	+28 +19	+34 +19	+41 +19	+55 +19	+77 +19
10	18	+26 +23	+28 +23	+31 +23	+34 +23	+41 +23	+50 +23	+66 +23	+93 +23
18	30	+32 +28	+34 +28	+37 +28	+41 +28	+49 +28	+61 +28	+80 +28	+112 +28
30	50	+38 +34	+41 +34	+45 +34	+50 +34	+59 +34	+73 +34	+96 +34	+134 +34
50	65		+49 +41	+54 +41	+60 +41	+71 +41	+87 +41		
65	80		+51 +43	+56 +43	+62 +43	+73 +43	+89 +43		
80	100		+61 +51	+66 +51	+73 +51	+86 +51	+105 +51		
100	120		+64 +54	+69 +54	+76 +54	+89 +54	+108 +54		
120	140		+75 +63	+81 +63	+88 +63	+103 +63	+126 +63		
140	160		+77 +65	+83 +65	+90 +65	+105 +65	+128 +65		
160	180		+80 +68	+86 +68	+93 +68	+108 +68	+131 +68		
180	200		+91 +77	+97 +77	+106 +77	+123 +77	+149 +77		
200	225		+94 +80	+100 +80	+109 +80	+126 +80	+152 +80		
225	250		+98 +84	+104 +84	+113 +84	+130 +84	+156 +84		
250	280		+110 +94	+117 +94	+126 +94	+146 +94	+175 +94		
280	315		+114 +98	+121 +98	+130 +98	+150 +98	+179 +98		
315	355		+126 +108	+133 +108	+144 +108	+165 +108	+197 +108		
355	400		+132 +114	+139 +114	+150 +114	+171 +114	+203 +114		
400	450		+146 +126	+153 +126	+166 +126	+189 +126	+223 +126		
450	500		+152 +132	+159 +132	+172 +132	+195 +132	+229 +132		

단위 : μm

기준치수 (mm)		r		
초과	이하	6	7	8
500	560	+194 +150	+220 +150	+260 +150
560	630	+199 +155	+225 +155	+265 +155
630	710	+225 +175	+255 +175	+300 +175
710	800	+235 +185	+265 +185	+310 +185
800	900	+266 +210	+300 +210	+350 +210
900	1000	+276 +220	+310 +220	+360 +220
1000	1120	+316 +250	+355 +250	+415 +250
1120	1250	+326 +260	+365 +260	+425 +260
1250	1400	+378 +300	+425 +300	+495 +300
1400	1600	+408 +330	+455 +330	+525 +330
1600	1800	+462 +370	+520 +370	+600 +370
1800	2000	+492 +400	+550 +400	+630 +400
2000	2240	+550 +440	+615 +440	+720 +440
2240	2500	+570 +460	+635 +460	+740 +460
2500	2800	+685 +550	+760 +550	+880 +550
2800	3150	+715 +580	+790 +580	+910 +580

■ 축 s에 대한 치수허용차

- 위 치수허용차 = es
- 아래 치수허용차 = ei

단위 : μm

기준치수 (mm)		s						
초과	이하	3	4	5	6	7	8	9	10
-	3	+16 +14	+17 +14	+18 +14	+20 +14	+24 +14	+28 +14	+39 +14	+54 +14
3	6	+21.5 +19	+23 +19	+24 +19	+27 +19	+31 +19	+37 +19	+49 +19	+67 +19
6	10	+25.5 +23	+27 +23	+29 +23	+32 +23	+38 +23	+45 +23	+59 +23	+81 +23
10	18	+31 +28	+33 +28	+36 +28	+39 +28	+46 +28	+55 +28	+71 +28	+98 +28
18	30	+39 +35	+41 +35	+44 +35	+48 +35	+56 +35	+68 +35	+87 +35	+119 +35
30	50	+47 +43	+50 +43	+54 +43	+59 +43	+68 +43	+82 +43	+105 +43	+143 +43
50	65		+61 +53	+66 +53	+72 +53	+83 +53	+99 +53	+127 +53	
65	80		+67 +59	+72 +59	+78 +59	+89 +59	+105 +59	+133 +59	
80	100		+81 +71	+86 +71	+93 +71	+106 +71	+125 +71	+158 +71	
100	120		+89 +79	+94 +79	+101 +79	+114 +79	+133 +79	+166 +79	
120	140		+104 +92	+110 +92	+117 +92	+132 +92	+155 +92	+192 +92	
140	160		+112 +100	+118 +100	+125 +100	+140 +100	+163 +100	+200 +100	
160	180		+120 +108	+126 +108	+133 +108	+148 +108	+171 +108	+208 +108	
180	200		+136 +122	+142 +122	+151 +122	+168 +122	+194 +122	+237 +122	
200	225		+144 +130	+150 +130	+159 +130	+176 +130	+202 +130	+245 +130	
225	250		+154 +140	+160 +140	+169 +140	+186 +140	+212 +140	+255 +140	
250	280		+174 +158	+181 +158	+190 +158	+210 +158	+239 +158	+288 +158	
280	315		+186 +170	+193 +170	+202 +170	+222 +170	+251 +170	+300 +170	
315	355		+208 +190	+215 +190	+226 +190	+247 +190	+279 +190	+330 +190	
355	400		+226 +208	+233 +208	+244 +208	+265 +208	+297 +208	+348 +208	
400	450		+252 +232	+259 +232	+272 +232	+295 +232	+329 +232	+387 +232	
450	500		+272 +252	+279 +252	+292 +252	+315 +252	+349 +252	+407 +252	

단위 : μm

기준치수 (mm)		s		
초과	이하	6	7	8
500	560	+324 +280	+350 +280	+390 +280
560	630	+354 +310	+380 +310	+420 +310
630	710	+390 +340	+420 +340	+465 +340
710	800	+430 +380	+460 +380	+505 +380
800	900	+486 +430	+520 +430	+570 +430
900	1000	+526 +470	+560 +470	+610 +470
1000	1120	+586 +520	+625 +520	+685 +520
1120	1250	+646 +580	+685 +580	+745 +580
1250	1400	+718 +640	+765 +640	+835 +640
1400	1600	+798 +720	+845 +720	+915 +720
1600	1800	+912 +820	+970 +820	+1050 +820
1800	2000	+1012 +920	+1070 +920	+1150 +920
2000	2240	+1110 +1000	+1175 +1000	+1280 +1000
2240	2500	+1210 +1100	+1275 +1100	+1380 +1100
2500	2800	+1385 +1250	+1460 +1250	+1580 +1250
2800	3150	+1535 +1400	+1610 +1400	+1730 +1400

■ 축 t 및 u에 대한 치수허용차

- 위 치수허용차 = es
- 아래 치수허용차 = ei

단위 : μm

기준치수 (mm)		t[1]				u				
초과	이하	5	6	7	8	5	6	7	8	9
-	3					+22 +18	+24 +18	+28 +18	+32 +18	+43 +18
3	6					+28 +23	+31 +23	+35 +23	+41 +23	+53 +23
6	10					+34 +28	+37 +28	+43 +28	+50 +28	+64 +28
10	18					+41 +33	+44 +33	+51 +33	+60 +33	+76 +33
18	24					+50 +41	+54 +41	+62 +41	+74 +41	+93 +41
24	30	+50 +41	+54 +41	+62 +41	+74 +41	+57 +48	+61 +48	+69 +48	+81 +48	+100 +48
30	40	+59 +48	+64 +48	+73 +48	+87 +48	+71 +60	+76 +60	+85 +60	+99 +60	+122 +60
40	50	+65 +54	+70 +54	+79 +54	+93 +54	+81 +70	+86 +70	+95 +70	+109 +70	+132 +70
50	65	+79 +66	+85 +66	+96 +66	+112 +66	+100 +87	+106 +87	+117 +87	+133 +87	+161 +87
65	80	+88 +75	+94<
+75	+105 +75	+121 +75	+115 +102	+121 +102	+132 +102	+148 +102	+176 +102
80	100	+106 +91	+113 +91	+126 +91	+145 +91	+139 +124	+146 +124	+159 +124	+178 +124	+211 +124
100	120	+119 +104	+126 +104	+139 +104	+158 +104	+159 +144	+166 +144	+179 +144	+198 +144	+231 +144
120	140	+140 +122	+147 +122	+162 +122	+185 +122	+188 +170	+195 +170	+210 +170	+233 +170	+270 +170
140	160	+152 +134	+159 +134	+174 +134	+197 +134	+208 +190	+215 +190	+230 +190	+253 +190	+290 +190
160	180	+164 +146	+171 +146	+186 +146	+209 +146	+228 +210	+235 +210	+250 +210	+273 +210	+310 +210
180	200	+186 +166	+195 +166	+212 +166	+238 +166	+256 +236	+265 +236	+282 +236	+308 +236	+351 +236
200	225	+200 +180	+209 +180	+226 +180	+252 +180	+278 +258	+287 +258	+304 +258	+330 +258	+373 +258
225	250	+216 +196	+225 +196	+242 +196	+268 +196	+304 +284	+313 +284	+330 +284	+356 +284	+399 +284
250	280	+241 +218	+250 +218	+270 +218	+299 +218	+338 +315	+347 +315	+367 +315	+396 +315	+445 +315
280	315	+263 +240	+272 +240	+292 +240	+321 +240	+373 +350	+382 +350	+402 +350	+431 +350	+480 +350
315	355	+293 +268	+304 +268	+325 +268	+357 +268	+415 +390	+426 +390	+447 +390	+479 +390	+530 +390
355	400	+319 +294	+330 +294	+351 +294	+383 +294	+460 +435	+471 +435	+492 +435	+524 +435	+575 +435
400	450	+357 +330	+370 +330	+393 +330	+427 +330	+517 +490	+530 +490	+553 +490	+587 +490	+645 +490
450	500	+387 +360	+400 +360	+423 +360	+457 +360	+567 +540	+580 +540	+603 +540	+637 +540	+695 +540

■ 축 t 및 u에 대한 치수허용차(계속)

- 위 치수허용차 = es
- 아래 치수허용차 = ei

단위 : μm

기준치수 (mm)		t		u		
초과	이하	6	7	6	7	8
500	560	+444 +400	+470 +400	+644 +600	+670 +600	+710 +600
560	630	+494 +450	+520 +450	+704 +660	+730 +660	+770 +660
630	710	+550 +500	+580 +500	+790 +740	+820 +740	+865 +740
710	800	+610 +560	+640 +560	+890 +840	+920 +840	+965 +840
800	900	+676 +620	+710 +620	+996 +940	+1030 +940	+1080 +940
900	1000	+736 +680	+770 +680	+1106 +1050	+1140 +1050	+1190 +1050
1000	1120	+846 +780	+885 +780	+1216 +1150	+1255 +1150	+1315 +1150
1120	1250	+906 +840	+945 +840	+1366 +1300	+1405 +1300	+1465 +1300
1250	1400	+1038 +960	+1085 +960	+1528 +1450	+1575 +1450	+1645 +1450
1400	1600	+1128 +1050	+1175 +1050	+1678 +1600	+1725 +1600	+1795 +1600
1600	1800	+1292 +1200	+1350 +1200	+1942 +1850	+2000 +1850	+2080 +1850
1800	2000	+1442 +1350	+1500 +1350	+2092 +2000	+2150 +2000	+2230 +2000
2000	2240	+1610 +1500	+1675 +1500	+2410 +2300	+2475 +2300	+2580 +2300
2240	2500	+1760 +1650	+1825 +1650	+2610 +2500	+2675 +2500	+2780 +2500
2500	2800	+2035 +1900	+2110 +1900	+3035 +2900	+3110 +2900	+3230 +2900
2800	3150	+2235 +2100	+2310 +2100	+3335 +3200	+3410 +3200	+3530 +3200

■ 축 v, x 및 y에 대한 치수허용차

- 위 치수허용차 = es
- 아래 치수허용차 = ei

단위 : μm

기준치수 (mm)		v[2]				x						y[3]			
초과	이하	5	6	7	8	5	6	7	8	9	10	6	7	8	9	10
-	3					+24 +20	+26 +20	+30 +20	+34 +20	+45 +20	+60 +20					
3	6					+33 +28	+36 +28	+40 +28	+46 +28	+58 +28	+76 +28					
6	10					+40 +34	+43 +34	+49 +34	+56 +34	+70 +34	+92 +34					
10	14					+48 +40	+51 +40	+58 +40	+67 +40	+83 +40	+110 +40					
14	18	+47 +39	+50 +39	+57 +39	+66 +39	+53 +45	+56 +45	+63 +45	+72 +45	+88 +45	+115 +45					
18	24	+56 +47	+60 +47	+68 +47	+80 +47	+63 +54	+67 +54	+75 +54	+87 +54	+106 +54	+138 +54	+76 +63	+84 +63	+96 +63	+115 +63	+147 +63
24	30	+64 +55	+68 +55	+76 +55	+88 +55	+73 +64	+77 +64	+85 +64	+97 +64	+116 +64	+148 +64	+88 +75	+96 +75	+108 +75	+127 +75	+159 +75
30	40	+79 +68	+84 +68	+93 +68	+107 +68	+91 +80	+96 +80	+105 +80	+119 +80	+142 +80	+180 +80	+110 +94	+119 +94	+133 +94	+156 +94	+194 +94
40	50	+92 +81	+97 +81	+106 +81	+120 +81	+108 +97	+113 +97	+122 +97	+136 +97	+159 +97	+197 +97	+130 +114	+139 +114	+153 +114	+176 +114	+214 +114
50	65	+115 +102	+121 +102	+132 +102	+148 +102	+135 +122	+141 +122	+152 +122	+168 +122	+196 +122	+242 +122	+163 +144	+174 +144	+190 +144		
65	80	+133 +120	+139 +120	+150 +120	+166 +120	+159 +146	+165 +146	+176 +146	+192 +146	+220 +146	+266 +146	+193 +174	+204 +174	+220 +174		
80	100	+161 +146	+168 +146	+181 +146	+200 +146	+193 +178	+200 +178	+213 +178	+232 +178	+265 +178	+318 +178	+236 +214	+249 +214	+268 +214		
100	120	+187 +172	+194 +172	+207 +172	+226 +172	+225 +210	+232 +210	+245 +210	+264 +210	+297 +210	+350 +210	+276 +254	+289 +254	+308 +254		
120	140	+220 +202	+227 +202	+242 +202	+265 +202	+266 +248	+273 +248	+288 +248	+311 +248	+348 +248	+408 +248	+325 +300	+340 +300	+363 +300		
140	160	+246 +228	+253 +228	+268 +228	+291 +228	+298 +280	+305 +280	+320 +280	+343 +280	+380 +280	+440 +280	+365 +340	+380 +340	+403 +340		
160	180	+270 +252	+277 +252	+292 +252	+315 +252	+328 +310	+335 +310	+350 +310	+373 +310	+410 +310	+470 +310	+405 +380	+420 +380	+443 +380		
180	200	+304 +284	+313 +284	+330 +284	+356 +284	+370 +350	+379 +350	+396 +350	+422 +350	+465 +350	+535 +350	+454 +425	+471 +425	+497 +425		
200	225	+330 +310	+339 +310	+356 +310	+382 +310	+405 +385	+414 +385	+431 +385	+457 +385	+500 +385	+570 +385	+499 +470	+516 +470	+542 +470		
225	250	+360 +340	+369 +340	+386 +340	+412 +340	+445 +425	+454 +425	+471 +425	+497 +425	+540 +425	+610 +425	+549 +520	+566 +520	+592 +520		
250	280	+408 +385	+417 +385	+437 +385	+466 +385	+498 +475	+507 +475	+527 +475	+556 +475	+605 +475	+685 +475	+612 +580	+632 +580	+661 +580		
280	315	+448 +425	+457 +425	+477 +425	+506 +425	+548 +525	+557 +525	+577 +525	+606 +525	+655 +525	+735 +525	+682 +650	+702 +650	+731 +650		
315	355	+500 +475	+511 +475	+532 +475	+564 +475	+615 +590	+626 +590	+647 +590	+679 +590	+730 +590	+820 +590	+766 +730	+787 +730	+819 +730		
355	400	+555 +530	+566 +530	+587 +530	+619 +530	+685 +660	+696 +660	+717 +660	+749 +660	+800 +660	+890 +660	+856 +820	+877 +820	+909 +820		
400	450	+622 +595	+635 +595	+658 +595	+692 +595	+767 +740	+780 +740	+803 +740	+837 +740	+895 +740	+990 +740	+960 +920	+983 +920	+1017 +920		
450	500	+687 +660	+700 +660	+723 +660	+757 +660	+847 +820	+860 +820	+883 +820	+917 +820	+975 +820	+1070 +820	+1040 +1000	+1063 +1000	+1097 +1000		

■ 축 z 및 c에 대한 치수허용차

- 위 치수허용차 = es
- 아래 치수허용차 = ei

단위 : μm

기준치수 (mm) 초과	이하	z 6	7	8	9	10	11	za 6	7	8	9	10	11
-	3	+32 / +26	+36 / +26	+40 / +26	+51 / +26	+66 / +26	+86 / +26	+38 / +32	+42 / +32	+46 / +32	+57 / +32	+72 / +32	+92 / +32
3	6	+43 / +35	+47 / +35	+53 / +35	+65 / +35	+83 / +35	+110 / +35	+50 / +42	+54 / +42	+60 / +42	+72 / +42	+90 / +42	+117 / +42
6	10	+51 / +42	+57 / +42	+64 / +42	+78 / +42	+100 / +42	+132 / +42	+61 / +52	+67 / +52	+74 / +52	+88 / +52	+110 / +52	+142 / +52
10	14	+61 / +50	+68 / +50	+77 / +50	+93 / +50	+120 / +50	+160 / +50	+75 / +64	+82 / +64	+91 / +64	+107 / +64	+134 / +64	+174 / +64
14	18	+71 / +60	+78 / +60	+87 / +60	+103 / +60	+130 / +60	+170 / +60	+88 / +77	+95 / +77	+104 / +77	+120 / +77	+147 / +77	+187 / +77
18	24	+86 / +73	+94 / +73	+106 / +73	+125 / +73	+157 / +73	+203 / +73	+111 / +98	+119 / +98	+131 / +98	+150 / +98	+182 / +98	+228 / +98
24	30	+101 / +88	+109 / +88	+121 / +88	+140 / +88	+172 / +88	+218 / +88	+131 / +118	+139 / +118	+151 / +118	+170 / +118	+202 / +118	+248 / +118
30	40	+128 / +112	+137 / +112	+151 / +112	+174 / +112	+212 / +112	+272 / +112	+164 / +148	+173 / +148	+187 / +148	+210 / +148	+248 / +148	+308 / +148
40	50	+152 / +136	+161 / +136	+175 / +136	+198 / +136	+236 / +136	+296 / +136	+196 / +180	+205 / +180	+219 / +180	+242 / +180	+280 / +180	+340 / +180
50	65	+191 / +172	+202 / +172	+218 / +172	+246 / +172	+292 / +172	+362 / +172	+245 / +226	+256 / +226	+272 / +226	+300 / +226	+346 / +226	+416 / +226
65	80	+229 / +210	+240 / +210	+256 / +210	+284 / +210	+330 / +210	+400 / +210	+293 / +274	+304 / +274	+320 / +274	+348 / +274	+394 / +274	+464 / +274
80	100	+280 / +258	+293 / +258	+312 / +258	+345 / +258	+398 / +258	+478 / +258	+357 / +335	+370 / +335	+389 / +335	+422 / +335	+475 / +335	+555 / +335
100	120	+332 / +310	+345 / +310	+364 / +310	+397 / +310	+450 / +310	+530 / +310	+422 / +400	+435 / +400	+454 / +400	+487 / +400	+540 / +400	+620 / +400
120	140	+390 / +365	+405 / +365	+428 / +365	+465 / +365	+525 / +365	+615 / +365	+495 / +470	+510 / +470	+533 / +470	+570 / +470	+630 / +470	+720 / +470
140	160	+440 / +415	+455 / +415	+478 / +415	+515 / +415	+575 / +415	+665 / +415	+560 / +535	+575 / +535	+598 / +535	+635 / +535	+695 / +535	+785 / +535
160	180	+490 / +465	+505 / +465	+528 / +465	+565 / +465	+625 / +465	+715 / +465	+625 / +600	+640 / +600	+663 / +600	+700 / +600	+760 / +600	+850 / +600
180	200	+549 / +520	+566 / +520	+592 / +520	+635 / +520	+705 / +520	+810 / +520	+699 / +670	+716 / +670	+742 / +670	+785 / +670	+855 / +670	+960 / +670
200	225	+604 / +575	+621 / +575	+647 / +575	+690 / +575	+760 / +575	+865 / +575	+769 / +740	+786 / +740	+812 / +740	+855 / +740	+925 / +740	+1030 / +740
225	250	+669 / +640	+686 / +640	+712 / +640	+755 / +640	+825 / +640	+930 / +640	+849 / +820	+866 / +820	+892 / +820	+935 / +820	+1005 / +820	+1110 / +820
250	280	+742 / +710	+762 / +710	+791 / +710	+840 / +710	+920 / +710	+1030 / +710	+952 / +920	+972 / +920	+1001 / +920	+1050 / +920	+1130 / +920	+1240 / +920
280	315	+822 / +790	+842 / +790	+871 / +790	+920 / +790	+1000 / +790	+1110 / +790	+1032 / +1000	+1052 / +1000	+1081 / +1000	+1130 / +1000	+1210 / +1000	+1320 / +1000
315	355	+936 / +900	+957 / +900	+989 / +900	+1040 / +900	+1130 / +900	+1260 / +900	+1186 / +1150	+1207 / +1150	+1239 / +1150	+1290 / +1150	+1380 / +1150	+1510 / +1150
355	400	+1036 / +1000	+1057 / +1000	+1089 / +1000	+1140 / +1000	+1230 / +1000	+1360 / +1000	+1336 / +1300	+1357 / +1300	+1389 / +1300	+1440 / +1300	+1530 / +1300	+1660 / +1300
400	450	+1140 / +1100	+1163 / +1100	+1197 / +1100	+1255 / +1100	+1350 / +1100	+1500 / +1100	+1490 / +1450	+1513 / +1450	+1547 / +1450	+1605 / +1450	+1700 / +1450	+1850 / +1450
450	500	+1290 / +1250	+1313 / +1250	+1347 / +1250	+1405 / +1250	+1500 / +1250	+1650 / +1250	+1640 / +1600	+1663 / +1600	+1697 / +1600	+1755 / +1600	+1850 / +1600	+2000 / +1600

【비 고】

1) 기초가 되는 치수허용차 Z 및 Za는 500mm를 초과하는 기준치수에 대해서는 규정하지 않는다.

■ 축 zb 및 zc에 대한 치수허용차
- 위 치수허용차 = es
- 아래 치수허용차 = ei

단위 : μm

기준치수 (mm)		zb					zc				
초과	이하	7	8	9	10	11	7	8	9	10	11
-	3	+50 / +40	+54 / +40	+65 / +40	+80 / +40	+100 / +40	+70 / +60	+74 / +60	+85 / +60	+100 / +60	+120 / +60
3	6	+62 / +50	+68 / +50	+80 / +50	+98 / +50	+125 / +50	+92 / +80	+98 / +80	+110 / +80	+128 / +80	+155 / +80
6	10	+82 / +67	+89 / +67	+103 / +67	+125 / +67	+157 / +67	+112 / +97	+119 / +97	+133 / +97	+155 / +97	+187 / +97
10	14	+108 / +90	+117 / +90	+133 / +90	+160 / +90	+200 / +90	+148 / +130	+157 / +130	+173 / +130	+200 / +130	+240 / +130
14	18	+126 / +108	+135 / +108	+151 / +108	+178 / +108	+218 / +108	+168 / +150	+177 / +150	+193 / +150	+220 / +150	+260 / +150
18	24	+157 / +136	+169 / +136	+188 / +136	+220 / +136	+266 / +136	+209 / +188	+221 / +188	+240 / +188	+272 / +188	+318 / +188
24	30	+181 / +160	+193 / +160	+212 / +160	+244 / +160	+290 / +160	+239 / +218	+251 / +218	+270 / +218	+302 / +218	+348 / +218
30	40	+225 / +200	+239 / +200	+262 / +200	+300 / +200	+360 / +200	+299 / +274	+313 / +274	+336 / +274	+374 / +274	+434 / +274
40	50	+267 / +242	+281 / +242	+304 / +242	+342 / +242	+402 / +242	+350 / +325	+364 / +325	+387 / +325	+425 / +325	+485 / +325
50	65	+330 / +300	+346 / +300	+374 / +300	+420 / +300	+490 / +300	+435 / +405	+451 / +405	+479 / +405	+525 / +405	+595 / +405
65	80	+390 / +360	+406 / +360	+434 / +360	+480 / +360	+550 / +360	+510 / +480	+526 / +480	+554 / +480	+600 / +480	+670 / +480
80	100	+480 / +445	+499 / +445	+535 / +445	+585 / +445	+665 / +445	+620 / +585	+639 / +585	+672 / +585	+725 / +585	+805 / +585
100	120	+560 / +525	+579 / +525	+612 / +525	+665 / +525	+745 / +525	+725 / +690	+744 / +690	+777 / +690	+830 / +690	+910 / +690
120	140	+660 / +620	+683 / +620	+720 / +620	+780 / +620	+870 / +620	+840 / +800	+863 / +800	+900 / +800	+960 / +800	+1050 / +800
140	160	+740 / +700	+763 / +700	+800 / +700	+860 / +700	+950 / +700	+940 / +900	+963 / +900	+1000 / +900	+1060 / +900	+1150 / +900
160	180	+820 / +780	+843 / +780	+880 / +780	+940 / +780	+1030 / +780	+1040 / +1000	+1063 / +1000	+1100 / +1000	+1160 / +1000	+1250 / +1000
180	200	+926 / +880	+952 / +880	+995 / +80	+1065 / +880	+1170 / +880	+1196 / +1150	+1222 / +1150	+1265 / +1150	+1335 / +1150	+1440 / +1150
200	225	+1006 / +960	+1032 / +960	+1075 / +960	+1145 / +960	+1250 / +960	+1296 / +1250	+1322 / +1250	+1365 / +1250	+1435 / +1250	+1540 / +1250
225	250	+1096 / +1050	+1122 / +1050	+1165 / +1050	+1235 / +1050	+1340 / +1050	+1396 / +1350	+1422 / +1350	+1465 / +1350	+1535 / +1350	+1640 / +1350
250	280	+1252 / +1200	+1281 / +1200	+1330 / +1200	+1410 / +1200	+1520 / +1200	+1602 / +1550	+1631 / +1550	+1680 / +1550	+1760 / +1550	+1870 / +1550
280	315	+1352 / +1300	+1381 / +1300	+1430 / +1300	+1510 / +1300	+1620 / +1300	+1752 / +1700	+1781 / +1700	+1830 / +1700	+1910 / +1700	+2020 / +1700
315	355	+1557 / +1500	+1589 / +1500	+1640 / +1500	+1730 / +1500	+1860 / +1500	+1957 / +1900	+1989 / +1900	+2040 / +1900	+2130 / +1900	+2260 / +1900
355	400	+1707 / +1650	+1739 / +1650	+1790 / +1650	+1880 / +1650	+2010 / +1650	+2157 / +2100	+2189 / +2100	+2240 / +2100	+2330 / +2100	+2460 / +2100
400	450	+1913 / +1850	+1947 / +1850	+2005 / +1850	+2100 / +1850	+2250 / +1850	+2463 / +2400	+2497 / +2400	+2555 / +2400	+2650 / +2400	+2800 / +2400
450	500	+2163 / +2100	+2197 / +2100	+2255 / +2100	+2350 / +2100	+2500 / +2100	+2663 / +2600	+2697 / +2600	+2755 / +2600	+2850 / +2600	+3000 / +2600

【비 고】
1) 기초가 되는 치수허용차 Zb 및 Zc는 500mm를 초과하는 기준치수에 대해서는 규정하지 않는다.

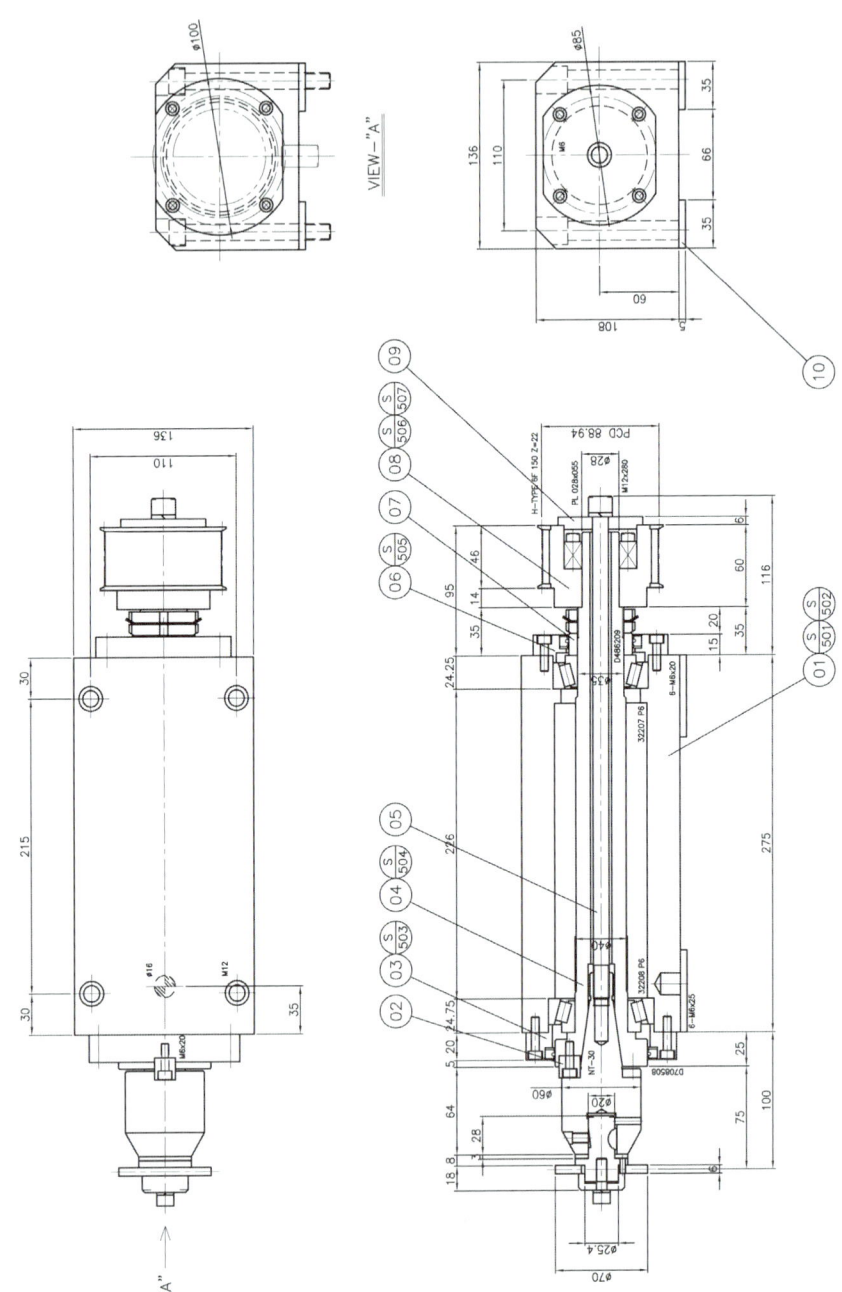

Chapter 2

일반공차 및 보통허용차

2-1 | 일반공차 KS B ISO 2768-1:2002

일반공차(보통공차)란 특별히 정밀도가 요구되지 않는 부분에 일일이 치수공차를 기입하지 않고 정해진 치수 범위내에서 일괄적으로 공차를 적용할 목적으로 규정된 것이다. 일반공차를 적용함으로써 설계자는 특별한 정밀도를 필요로 하지 않는 치수의 공차까지 고민하고 결정해야 하는 수고를 덜 수 있다. 또, 제도자는 모든 치수에 일일이 공차를 기입하지 않아도 되며 도면이 훨씬 간단하고 명료해진다. 뿐만 아니라 비슷한 기능을 가진 부분들의 공차 등급이 설계자에 관계없이 동일하게 적용되므로 제작자가 효율적인 부품을 생산할 수가 있다. 도면을 보면 대부분의 치수는 특별한 정밀도를 필요로 하지 않기 때문에 치수공차가 따로 규제되어 있지 않은 경우를 흔히 볼 수가 있을 것이다.

■ 적용범위

일반공차는 KS B ISO 2768-1:2002(2007확인)에 따르면 이 규격은 제도 표시를 단순화하기 위한 것으로 공차 표시가 없는 선형 및 치수에 대한 일반공차를 4개의 등급(f, m, c, v)으로 나누어 규정하고, 일반공차는 금속 파편이 제거된 제품 또는 박판 금속으로 형성된 제품에 대하여 적용한다고 규정되어 있다.

① 선형치수 : 예를 들면 외부 크기, 내부 크기, 눈금 크기, 지름, 반지름, 거리, 외부 반지름 및 파손된 가장자리의 모따기 높이
② 일반적으로 표시되지 않는 각도를 포함하는 각도. 예를 들면 ISO 2768-2에 따르지 않거나 또는 정다각형의 각도가 아니라면 직각(90°)
③ 부품을 가공하여 만든 선형 및 각도 치수(이 규격은 다음의 치수에는 적용하지 않는다)
    a) 일반 공차에 대하여 다른 규격으로 대신할 수 있는 선형 및 각도 치수
    b) 괄호 안에 표시된 보조 치수
    c) 직사각형 프레임에 표시된 이론적으로 정확한 치수

[주기 예]
  1. 일반공차 가) 가공부 : KS B ISO 2768-m
                나) 주강부 : KS B 0418 보통급
                다) 주조부 : KS B 0250 CT-11
• 일반공차의 도면 표시 및 공차등급 : KS B ISO 2768-m
  m은 아래 표에서 볼 수 있듯이 공차등급을 중간급으로 적용하라는 지시인 것을 알 수 있다.

■ 파손된 가장자리를 제외한 선형 치수에 대한 허용 편차

단위 : mm

공차 등급		보통 치수에 대한 허용편차							
호칭	설명	0.5에서 3 이하	3 초과 6 이하	6 초과 30 이하	30 초과 120 이하	120 초과 400 이하	400 초과 1000 이하	1000 초과 2000 이하	2000 초과 4000 이하
f	정밀	±0.05	±0.05	±0.1	±0.15	±0.2	±0.3	±0.5	-
m	중간	±0.1	±0.1	±0.2	±0.3	±0.5	±0.8	±1.2	±0.2
c	거침	±0.2	±0.3	±0.5	±0.8	±1.2	±2.0	±3.0	±4.0
v	매우 거침	-	±0.5	±1.0	±1.5	±2.5	±4.0	±6.0	±8.0

주 ▶ 0.5mm 미만의 공칭 크기에 대해서는 편차가 관련 공칭 크기에 근접하게 표시되어야 한다.

■ 파손된 가장자리에 대한 허용 편차(바깥 반지름 및 모따기 높이)

단위 : mm

공차 등급		보통 치수에 대한 허용 편차		
호칭	설명	0.5에서 6 이하	3 초과 6 이하	6 초과
f	정밀	±0.2	±0.5	±1
m	중간			
c	거침	±0.4	±1	±2
v	매우 거침			

위 표를 참고로 공차등급을 m(중간)급으로 선정했을 경우의 보통허용차가 적용된 상태의 치수표기를 예로 들어보겠습니다. 일반공차는 공차가 별도로 붙어 있지 않은 치수수치에 대해서 어느 지정된 범위안에서 +측으로 만들어지든 −측으로 만들어지든 관계없는 공차범위를 의미한다.

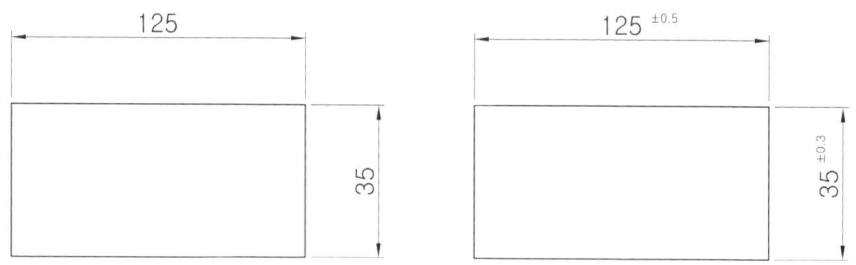

일반공차의 적용 해석

■ 각도

각도 단위에 규정된 일반 공차는 편차가 아니라 표면의 선 또는 선 요소의 일반적인 방향만을 나타낸다. 실제 표면으로부터 유도된 선의 방향은 이상적인 기하학적 형태의 접선의 방향이다. 접선과 실제 선 사이의 최대 거리는 최소 허용값이어야 하며, 각도 치수의 허용 편차는 다음 표를 따른다.

단위 : mm

공차 등급		각을 이루는 치수에 대한 허용 편차				
호칭	설명	10 이하	10 초과 50 이하	50 초과 120 이하	120 초과 400 이하	400 초과
f	정밀	±1°	±0° 30 '	±0° 20 '	±0° 10 '	±0° 5 '
m	중간					
c	거침	±1° 30 '	±1°	±0° 30 '	±0° 15 '	±0° 10 '
v	매우 거침	±3°	±2°	±1°	±0° 30 '	±0° 20 '

■ 선형 및 각도 치수의 일반 공차 이하의 개념

① 공차를 크게 하는 것은 경제적인 측면에서 이득이 없다. 예를 들면 35mm의 지름을 가진 형상은 '관습상의 공장 정밀도'를 가진 공장에서 높은 수준으로 제조될 수 있다. 위와 같이 특별한 공장에서는 ±1mm의 공차를 규정하는 것이 ±0.3mm의 일반 공차 수치가 충분히 충족되기 때문에 이익이 없다. 그러나 기능적인 이유로 인해 형상이 '일반 공차'보다 작은 공차를 요구하는 경우 이러한 형상은 크기 또는 각도를 규정한 치수 가까이에 작은 공차를 표시하는 것이 바람직하다. 이런 공차의 유형은 일반 공차의 적용 범위 외에 있다. 기능이 일반 공차와 동일하거나 일반 공차보다 큰 공차를 허용하는 경우 공차는 치수에 가까이 표시하는 것이 아니라 도면에 설명되는 것이 바람직하다. 이러한 공차의 유형은 일반공차의 개념을 사용하는 것이 가능하다. 기능이 일반 공차보다 큰 공차를 허용하는 '규정의 예외'가 있으며, 제조상의 경제성 문제이다. 이와 같이 특별한 경우에 큰 공차는 특정 형상의 치수에 가까이 표시되는 것이 바람직하다(예를 들면 조립체에 뚫린 블라인드 구멍의 깊이).

② 일반 공차 사용시 장점
  a) 도면을 읽는 것이 쉽고, 사용자에게 보다 효과적으로 의사를 전달하게 된다.
  b) 일반공차보다 크거나 동일한 공차를 허용하는 것을 알고 있기 때문에 설계자가 상세한 공차 계산을 할 필요가 없으며 시간을 절약할 수 있다.
  c) 도면은 형상이 이미 정상적인 수행 능력으로 생성될 수 있다는 것을 표시하며 검사 수준을 감소시켜 품질을 향상시킨다.
  d) 대부분의 경우 개별적으로 표시된 공차를 가지는 치수는 상대적으로 작은 공차를 요구하며, 이로 인해 생산시 주의를 하게 한다. 이것은 생산 계획을 세우는 데 유용하며 검사 요구 사항의 분석을 통하여 품질을 향상시킨다.
  e) 계약 전에 '관습상의 공장 정밀도'가 알려져 있기 때문에 구매 및 하청 기술자가 주문을 협의할 수 있다. 이러한 관점에서 도면이 완전하기 때문에 구매자와 공급자 사이의 논쟁을 피할 수 있다. 위의 장점들은 일반 공차가 초과되지 않을 것이라는 충분한 신뢰성이 있는 경우, 즉 특정 공장의 관습상 공장 정밀도가 도면상에 표시된 일반 공차와 동일하거나 일반 공차보다 양호한 경우에만 얻어진다.
  그러므로 공장은

   - 그의 관습상 공장 정밀도가 무엇인지를 계측 작업으로 알아내고
   - 관습상 공장 정밀도와 동일하거나 관습상 공장 정밀도보다 큰 일반 공차를 가지는 도면만을 인정하며
   - 관습상 공장 정밀도가 저하되지 않는다는 것을 샘플링 작업으로 조사한다.
   모든 불화도 및 오해로 한정되지 않는 '훌륭한 장인 정신'에 의지하는 것은 일반적인 기하학적 공차의 개념에서는 더 이상 불필요하다. 일반적인 기하학적 공차는 '훌륭한 장인 정신'의 요구 정밀도를 정의한다.

③ 기능이 허용하는 공차는 종종 일반 공차보다 크다. 이에 따라 일반공차가 작업편의 어떠한 형상에서 초과되는 경우 그 부분의 기능이 항상 손상되는 것은 아니다. 일반 공차를 초과하는 작업편은 기능이 손상되는 경우에만 거부하는 것이 바람직하다.

2-2 | 주조품 치수 공차 및 절삭 여유 방식 KS B 0250 : 2000

■ 적용 범위
이 규격은 주조품의 치수 공차 및 요구하는 절삭 여유 방식에 대하여 규정하고, 금속 및 합금을 여러 가지 방법으로 주조한 주조품의 치수에 적용한다.

■ 기준 치수
절삭 가공 전의 주조한 대로의 주조품(raw casting)의 치수이고, 필요한 최소 절삭 여유(machinging allowance)를 포함한 치수이다.

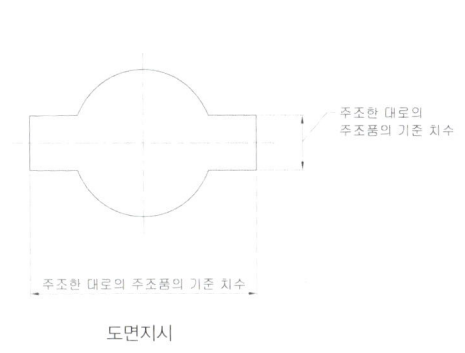

도면지시   치수 허용 한계

■ 주조품의 치수 공차

단위 : mm

주조한 대로의 주조품의 기준치수		전체 주조 공차															
		주조 공차 등급 CT															
초과	이하	1	2	3	4	5	6	7	8	9	10	11	12	13	14	15	16
-	10	0.09	0.13	0.18	0.26	0.36	0.52	0.74	1	1.5	2	2.8	4.2	-	-	-	-
10	16	0.1	0.14	0.2	0.28	0.38	0.54	0.78	1.1	1.6	2.2	3	4.4	-	-	-	-
16	25	0.11	0.15	0.22	0.3	0.42	0.58	0.82	1.2	1.7	2.4	3.2	4.6	6	8	10	12
25	40	0.12	0.17	0.24	0.32	0.46	0.64	0.9	1.3	1.8	2.6	3.6	5	7	9	11	14
40	63	0.13	0.18	0.26	0.36	0.5	0.7	1	1.4	2	2.8	4	5.6	8	10	12	16
63	100	0.14	0.2	0.28	0.4	0.56	0.78	1.1	1.6	2.2	3.2	4.4	6	9	11	14	18
100	160	0.15	0.22	0.3	0.44	0.62	0.88	1.2	1.8	2.5	3.6	5	7	10	12	16	20
160	250		0.24	0.34	0.5	0.7	1	1.4	2	2.8	4	5.6	8	11	14	18	22
250	400			0.4	0.56	0.78	1.1	1.6	2.2	3.2	4.4	6.2	9	12	16	20	25
400	630				0.64	0.9	1.2	1.8	2.6	3.6	5	7	10	14	18	22	28
630	1000					1	1.4	2	2.8	4	6	8	11	16	20	25	32
1000	1600						1.6	2.2	3.2	4.6	7	9	13	18	23	29	37
1600	2500							2.6	3.8	5.4	8	10	15	21	26	33	42
2500	4000								4.4	6.2	9	12	17	24	30	38	49
4000	6300									7	10	14	20	28	35	44	56
6300	10000										11	16	23	32	40	50	64

■ 도면상의 주석문 표기방법

> **보 기**
> • 일반 공차 KS B 0250-CT11
> • 일반 공차 KS B ISO 8062-CT11

■ 주철품 및 주강품의 여유 기울기 보통 허용값

단위 : mm

치수 구분 l		치수A (최대)
초과	이하	
-	16	1
16	40	1.5
40	100	2
100	160	2.5
160	250	3.5
250	400	4.5
400	630	6
630	1000	9

【비 고】
1. l은 위 그림에서 l_1, l_2를 의미한다.
2. A는 위 그림에서 A_1, A_2를 의미한다.

■ 알루미늄합금 주물의 여유 기울기 보통 허용값

단위 : 도

여유 기울기의 구분	밖	안
모래형·금형 주물	2	3

【비 고】
이 표의 숫자는 기울기부의 길이 400mm 이하에 적용한다.

■ 다이캐스팅의 여유 기울기 각도의 보통 허용값

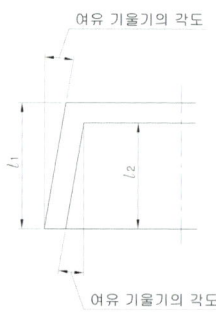

치수 구분 l(mm)		각도(°)	
초과	이하	알루미늄 합금	아연 합금
-	3	10	6
3	10	5	3
10	40	3	2
40	160	2	1.5
160	630	1.5	1

【비 고】
여유 기울기의 각도는 위 그림에 따른다.

3. 요구하는 절삭 여유(RMA)

특별히 지정한 경우를 제외하고 절삭 여유는 주조한 대로의 주조품의 최대 치수에 대하여 변화한다. 즉, 최종 절삭 가공 후 완성한 주조품의 최대 치수에 따른 적절한 치수 구분에서 선택한 1개의 절삭 여유만 절삭 가공되는 모든 표면에 적용된다.
형체의 최대 치수는 완성한 치수에서 요구하는 절삭 여유와 전체 주조 공차를 더한 값을 넘지 않아야 한다.

■ 요구하는 절삭 여유(RMA)

단위 : mm

최대 치수[1]		요구하는 절삭 여유									
초과	이하	절삭 여유의 등급									
		A[2]	B[2]	C	D	E	F	G	H	J	K
-	40	0.1	0.1	0.2	0.3	0.4	0.5	0.5	0.7	1	1.4
40	63	0.1	0.2	0.3	0.3	0.4	0.5	0.7	1	1.4	2
63	100	0.2	0.3	0.4	0.5	0.7	1	1.4	2	2.8	4
100	160	0.3	0.4	0.5	0.8	1.1	1.5	2.2	3	4	6
160	250	0.3	0.5	0.7	1	1.4	2	2.8	4	5.5	8
250	400	0.4	0.7	0.9	1.3	1.8	2.5	3.5	5	7	10
400	630	0.5	0.8	1.1	1.5	2.2	3	4	6	9	12
630	1000	0.6	0.9	1.2	1.8	2.5	3.5	5	7	10	14
1000	1600	0.7	1	1.4	2	2.8	4	5.5	8	11	16
1600	2500	0.8	1.1	1.6	2.2	3.2	4.5	6	9	13	18
2500	4000	0.9	1.3	1.8	2.5	3.5	5	7	10	14	20
4000	6300	1	1.4	2	2.8	4	5.5	8	11	16	22
6300	10000	1.1	1.5	2.2	3	4.5	6	9	12	17	24

주▶
[1] 절삭 가공 후의 주조품 최대 치수
[2] 등급 A 및 B는 특별한 경우에 한하여 적용한다. 예를 들면, 고정 표면 및 데이텀 표면 또는 데이텀 타깃에 관하여 대량 생산 방식으로 모형, 주조 방법 및 절삭 가공 방법을 포함하여 인수·인도 당사자 사이의 협의에 따른 경우

■ 공차 및 절삭 여유 표시 방법

보 기
- KS B 0250-CT12-RMA 6(H)
- KS B ISO 8062-CT12-RMA 6(H)

400mm 초과 630mm까지의 최대 치수 구분 주조품에 대하여 등급 H에서의 6mm의 절삭 여유(주조품에 대한 보통 공차에서 KS B 0250-CT12)를 지시하고 있다.

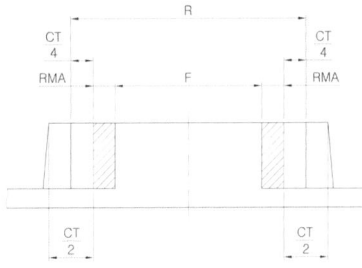

R : 주조한 대로의 주조품의 기준 치수
F : 완성 치수
RMA : 절삭 여유
$$R = F + 2RMA + \frac{CT}{2}$$

보스의 바깥쪽 절삭 가공

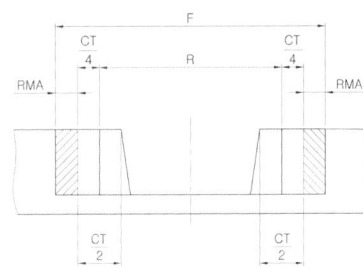

R : 주조한 대로의 주조품의 기준 치수
F : 완성 치수
RMA : 절삭 여유
$$R = F + 2RMA + \frac{CT}{2}$$

안쪽의 절삭 가공

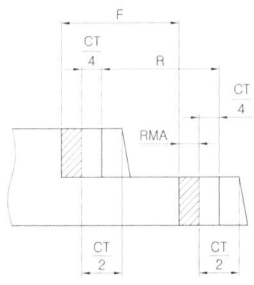

R : 주조한 대로의 주조품의 기준 치수
F : 완성 치수
RMA : 절삭 여유
$$\begin{aligned} R &= F \\ &= F - A + A - \frac{CT}{4} + \frac{CT}{4} \end{aligned}$$

단차 치수의 절삭 가공

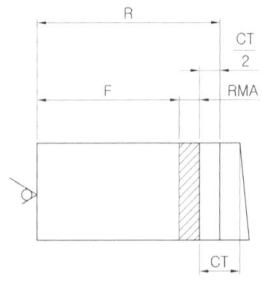

R : 주조한 대로의 주조품의 기준 치수
F : 완성 치수
RMA : 절삭 여유
$$R = F + RMA + \frac{CT}{2}$$

형체의 한 방향 쪽 절삭 가공

4. 주조품 공차(부속서 A: 참고)

■ 장기간 제조하는 주조한 대로의 주조품에 대한 공차 등급

주조 방법	공차 등급 CT								
	주강	회주철	가단 주철	구상 흑연 주철	구리 합금	아연 합금	경금속 합금	니켈 기합금	코발트 기합금
모래형 주조 수동 주입	11~14	11~14	11~14	11~14	10~13	10~13	9~12	11~14	11~14
모래형 주조 기계 주입 및 셸 몰드	8~12	8~12	8~12	8~12	8~10	8~10	7~9	8~12	8~12
금형 주조(중력법 및 저압법)	적절한 표를 확정하는 조사 연구를 하고 있다. 당분간 인수·인도 당사자 사이에 협의하는 것이 좋다.								
압력 다이캐스팅									
인베스트먼트 주조									

【비 고】
- 이 표에 나타내는 공차는 장기간에 제조하는 주조품으로 주조품의 치수 정밀도에 영향을 주는 생산 요인을 충분히 해결하고 있는 경우에 적용한다.

■ 단기간 또는 1회에 한하여 제조하는 주조한 대로의 주조품에 대한 공차 등급

주조 방법	주형 재료	공차 등급 CT							
		주강	회주철	가단 주철	구상흑연 주철	구리 합금	경금속 합금	니켈 기합금	코발트 기합금
모래형 주조 수동 주입	그대로	13~15	13~15	13~15	13~15	13~15	11~13	13~15	13~15
	자경성 주형	12~14	11~13	11~13	11~13	10~12	10~12	12~14	12~14

【비 고】
1. 이 표에 나타내는 공차는 단기간 또는 1회에 한하여 제조하는 모래형 주조품으로 주조품의 치수 정밀도를 주는 생산 요인을 충분히 해결하고 있는 경우에 보통 적용한다.
2. 이 표의 수치는 일반적으로 25mm를 넘는 기준 치수에 적용한다. 이것보다 작은 기준 치수에 대해서는 보통 다음과 같은 작은 공차로 한다.
    a) 기준 치수 10mm까지 : 3등급 작은 공차
    b) 기준 치수 10mm를 초과하고 16mm까지 : 2등급 작은 공차
    c) 기준 치수 16mm를 초과하고 25mm까지 : 1등급 작은 공차

5. 금형 주조품 · 다이캐스팅 · 알루미늄합금(참고)

■ 금형 주조품, 다이캐스팅품 및 알루미늄 합금 주물에 대하여 권장하는 주조품 공차

장기간 제조하는 주조한 대로의 주조품에 대한 공차 등급

주조 방법	공차 등급 CT								
	강철 (주강)	회주철	구상흑연 주철	가단 주철	구리 합금	아연 합금	경금속 합금	니켈 기합금	코발트 기합금
금형 주조 (저압 주조 포함)		7~9	7~9	7~9	7~9	7~9	6~8		
다이캐스팅					6~8	4~6	5~7		
인베스트먼트 주조	4~6	4~6	4~6		4~6		4~6	4~6	4~6

【비 고】
- 이 표에 나타내는 공차는 장기간에 제조하는 주조품으로 주조품의 치수 정밀도에 영향을 주는 생산 요인을 충분히 해결하고 있는 경우에 보통 적용한다.

■ 부속서 B(참고) 요구하는 절삭 여유의 등급(RMA), [KS B 0250, KS B ISO 8062]

주조한 대로의 주조품에 필요한 절삭 여유의 등급

주조 방법	공차 등급 CT								
	강철 (주강)	회주철	가단 주철	구상흑연 주철	구리 합금	아연 합금	경금속 합금	니켈 기합금	코발트 기합금
모래형 주조 수동 주입	G~K	F~H	F~H	F~H	F~H	F~H	F~H	G~K	G~K
모래형 주조 기계 주입 및 셀 몰드	F~H	E~G	E~G	E~G	E~G	E~G	E~G	F~H	F~H
금형 주조 (중력법 및 저압법)	-	D~F	D~F	D~F	D~F	D~F	D~F	-	-
압력 다이캐스팅	-	-	-	-	B~D	B~D	B~D	-	-
인벤스트먼트 주조	E	E	E	-	E	-	E	E	E

【비 고】
- 100mm 이하의 철제(주강, 회주철, 가단 주철, 구상 흑연 주철)및 경금속의 모래형 주조품 및 금형 주조품에 대하여 이 표의 절삭 여유 등급이 작은 경우에는 2~3등급 큰 절삭 여유 등급을 지정하는 것이 좋다.

6. 주철품의 보통 치수 공차(부속서 1)

1) 적용범위
모래형(정밀 주형 및 여기에 준한 것 제외)에 따른 회 주철품 및 구상 흑연 주철품의 길이 및 살두께의 주조한 대로의 치수의 보통 공차에 대하여 규정한다.

■ 길이의 허용차

단위 : mm

치수의 구분	회 주철품		구상 흑연 주철품	
	정밀급	보통급	정밀급	보통급
120 이하	±1	±1.5	±1.5	±2
120 초과 250 이하	±1.5	±2	±2	±2.5
250 초과 400 이하	±2	±3	±2.5	±3.5
400 초과 800 이하	±3	±4	±3	±5
800 초과 1600 이하	±4	±6	±4	±7
1600 초과 3150 이하	-	±10	-	±10

■ 살두께의 허용차

단위 : mm

치수의 구분	회 주철품		구상 흑연 주철품	
	정밀급	보통급	정밀급	보통급
10 이하	±1	±1.5	±1.2	±2
10 초과 18 이하	±1.5	±2	±1.5	±2.5
18 초과 30 이하	±2	±3	±2	±3
30 초과 50 이하	±2	±3.5	±2.5	±4

■ 도면상의 지시

1) 규격 번호 및 등급

> **보 기**
>
> • KS B 0250 부속서 1 보통급

2) 각 치수 구분에 대한 수치표

3) 개별 공차

> **보 기**
>
> • 주조품 공차 ±3

7. 알루미늄 합금 주물의 보통 치수 공차(부속서 3)

■ 적용 범위

이 부속서 3은 모래형(셸형 주물을 포함한다.) 및 금형(저압 주조를 포함한다.)에 따른 알루미늄합금 주물의 길이 및 살두께의 치수 보통 공차에 대하여 규정한다. 다만 로스트 왁스법 등의 정밀 주형에 따른 주물에는 적용하지 않는다.

■ 길이의 허용차

단위 : mm

종류	호칭 치수의 구분	50 이하		50 초과 120 이하		120 초과 250 이하		250 초과 400 이하		250 초과 800 이하		800 초과 1600 이하		1600 초과 3150 이하		(참고)해당 공차 등급	
		정밀급	보통급	정밀급	보통급	정밀급	보통급	정밀급	보통급	정밀급	보통급	정밀급	보통급	정밀급	보통급	정밀급	보통급
모래형 주물	틀 분할면을 포함하지 않은 부분	±0.5	±1.1	±0.7	±1.2	±0.9	±1.4	±1.1	±1.8	±1.6	±2.5	-	±4	-	±7	15	16
	틀 분할면을 포함하는 부분	±0.8	±1.5	±1.1	±1.8	±1.4	±2.2	±2.2	±2.8	±2.5	±4.0	-	-	-	-	16	17
금형 주물	틀 분할면을 포함하지 않은 부분	±0.3	±0.5	±0.45	±0.7	±0.55	±0.9	±0.9	±1.1	±1.0	±1.6	-	-	-	-	14	15
	틀 분할면을 포함하는 부분	±0.5	±0.6	±0.7	±0.8	±0.9	±1.0	±1.0	±1.2	±1.6	±1.8	-	-	-	-	15	15

■ 살두께의 허용차

단위 : mm

종류	호칭 치수의 구분	50 이하		50 초과 120 이하		120 초과 250 이하		250 초과 400 이하		250 초과 800 이하	
		정밀급	보통급	정밀급	보통급	정밀급	보통급	정밀급	보통급	정밀급	보통급
모래형 주물	120 이하	±0.6	±1.2	±0.7	±1.4	±0.8	±1.6	±0.9	±1.8	-	-
	120 초과 250 이하	±0.7	±1.3	±0.8	±1.5	±0.9	±1.7	±1.0	±1.9	±1.2	±2.3
	250 초과 400 이하	±0.8	±1.4	±0.9	±1.6	±1.0	±1.8	±1.1	±2.0	±1.3	±2.4
	400 초과 800 이하	±1.0	±1.6	±1.1	±1.8	±1.2	±2.0	±1.3	±2.2	±1.5	±2.6
금형 주물	120 이하	±0.3	±0.7	±0.4	±0.9	±0.5	±1.1	±0.6	±1.3	-	-
	120 초과 250 이하	±0.4	±0.8	±0.5	±1.0	±0.6	±1.2	±0.7	±1.4	±0.9	±1.8
	250 초과 400 이하	±0.5	±0.9	±0.6	±1.1	±0.7	±1.3	±0.8	±1.5	±1.0	±1.9

8. 다이캐스팅의 보통 치수 공차(부속서 4)

■ 적용 범위
이 부속서 4는 아연합금 다이캐스팅, 알루미늄합금 다이캐스팅 등의 주조한 대로의 치수의 보통 공차에 대하여 규정한다.

■ 등급 및 허용차
등급 및 허용차는 1등급으로 하고, 그 허용차는 아래 표에 따른다.

■ 치수의 허용차

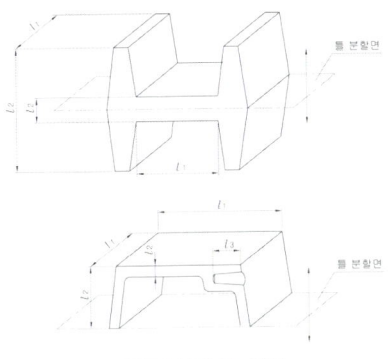

치수를 나타내는 기호

단위 : mm

치수의 구분	고정형 및 가동형으로 만드는 부분			가동 내부로 만드는 부분 l_3	
	틀 분할면과 평행 방향 l_1	틀 분할면과 직각 방향[1] l_2		가동 내부의 이동 방향과 직각인 주물 부분의 투영 면적 cm^2	
		틀 분할면과 직각 방향의 주물 투영 면적[2] cm^2			
		600 이하	600 초과 2400 이하	150 이하	150 초과 600 이하
30 이하	±0.25	±0.5	±0.6	±0.5	±0.6
30 초과 50 이하	±0.3	±0.5	±0.6	±0.5	±0.6
50 초과 80 이하	±0.35	±0.6	±0.6	±0.6	±0.6
80 초과 120 이하	±0.45	±0.7	±0.7	±0.7	±0.7
120 초과 180 이하	±0.5	±0.8	±0.8	±0.8	±0.8
180 초과 250 이하	±0.55	±0.9	±0.9	±0.9	±0.9
250 초과 315 이하	±0.6	±1	±1	±1	±1
315 초과 400 이하	±0.7	-	-	-	-
400 초과 500 이하	±0.8	-	-	-	-
500 초과 630 이하	±0.9	-	-	-	-
630 초과 800 이하	±1	-	-	-	-
800 초과 1000 이하	±1.1	-	-	-	-

주 ▶ (1) 틀 분할면이 길이에 영향을 주지 않는 치수 부분에는 l_1의 치수 공차를 적용한다. 이 경우의 l_1 등의 기호는 아래그림에 따른다.
(2) 주물의 투영 면적이란 주조한 대로의 주조품의 바깥 둘레 내 투영 면적을 나타낸다.

9. 금속판 셰어링 보통 공차 [KS B 0416 : 2001(2011확인)]

■ 적용 범위

이 규격은 갭 시어, 스퀘어 시어 등 곧은 날 절단기로 절단한 두께 12mm 이하의 금속판 절단 나비의 보통 치수 공차와 진직도 및 직각도의 보통 공차에 대하여 규정한다.

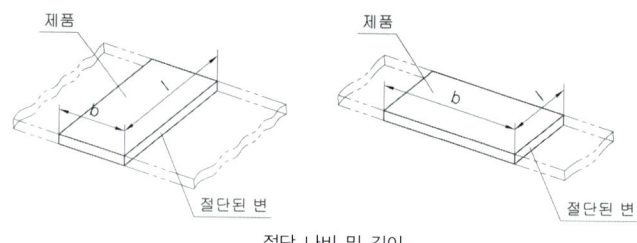

절단 나비 및 길이

【비 고】
1. **절단 나비** : 시어의 날로 절단된 변과 맞변의 거리(위 그림의 b)
2. **절단 길이** : 시어의 날로 절단된 변의 길이(위 그림의 l)

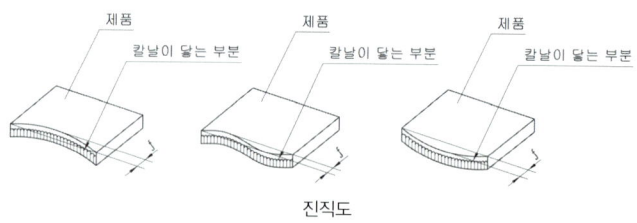

진직도

【비 고】
• **진직도** : 절단된 변의 칼날이 닿는 부분에 기하학적으로 정확한 직선에서 어긋남의 크기(위 그림의 f)

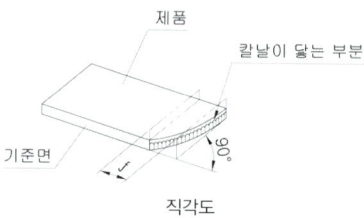

직각도

【비 고】
• **직각도** : 긴 변을 기준면으로 하고 이 기준면에 대하여 직각인 기하학적 평면에서 짧은 변의 칼날이 닿는 부분의 어긋남의 크기(위 그림의 f)

■ 절단 나비의 보통 공차

단위 : mm

기준 치수의 구분	t≤1.6		1.6 < t≤3		3 < t≤6		6 < t≤12	
	A급	B급	A급	B급	A급	B급	A급	B급
30 이하	±0.1	±0.3	-	-	-	-	-	-
30 초과 120 이하	±0.2	±0.5	±0.3	±0.5	±0.8	±1.2	-	±1.5
120 초과 400 이하	±0.3	±0.8	±0.4	±0.8	±1	±1.5	-	±2
400 초과 1000 이하	±0.5	±1	±0.5	±1.2	±1.5	±2	-	±2.5
1000 초과 2000 이하	±0.8	±1.5	±0.8	±2	±2	±3	-	±3
2000 초과 4000 이하	±1.2	±2	±1.2	±2.5	±3	±4	-	±4

■ 진직도의 보통 공차

단위 : mm

기준 치수의 구분	t≤1.6		1.6<t≤3		3<t≤6		6<t≤12	
	A급	B급	A급	B급	A급	B급	A급	B급
30 이하	0.1	0.2	-	-	-	-	-	-
30 초과 120 이하	0.2	0.3	0.2	0.3	0.5	0.8	-	1.5
120 초과 400 이하	0.3	0.5	0.3	0.5	0.8	1.5	-	2
400 초과 1000 이하	.05	0.8	0.5	1	1.5	2	-	3
1000 초과 2000 이하	0.8	1.2	0.8	1.5	2	3	-	4
2000 초과 4000 이하	1.2	2	1.2	2.5	3	5	-	6

■ 직각도의 보통 공차

단위 : mm

기준 치수의 구분	t≤3		3<t≤6		6<t≤12	
	A급	B급	A급	B급	A급	B급
30 이하	-	-	-	-	-	-
30 초과 120 이하	0.3	0.5	0.5	0.8	-	1.5
120 초과 400 이하	0.8	1.2	1	1.5	-	2
400 초과 1000 이하	1.5	3	2	3	-	3
1000 초과 2000 이하	3	6	4	6	-	6
2000 초과 4000 이하	6	10	6	10	-	10

• **도면상의 지시** : 도면 또는 관련 문서에는 이 규격의 규격 번호 및 등급을 지시한다.
 [보기 1] 절단 나비의 보통 치수 공차 KS B 0416-A
 [보기 2] 진직도 및 직각도의 보통 공차 KS B 0416-B

2-3 | 주강품의 보통 공차 KS B 0418 : 2001 (2011 확인)

■ 적용 범위

이 규격은 모래형에 의한 주강품의 길이 및 덧살에 대한 주조 치수의 보통 공차에 대하여 규정한다.

[비 고]
1. 보통 공차는 시방서, 도면 등에서 기능상 특별한 정밀도가 요구되지 않는 치수에 대하여, 공차를 일일이 기입하지 않고 일괄하여 지시하는 경우에 적용한다.
2. 보통 공차의 등급은 A급(정밀급), B급(중급), C급(보통급)의 3등급으로 한다.

■ 주강품의 길이 보통 허용차

단위 : mm

치수구분	등급	정밀급	중급	보통급
	120 이하	± 1.8	± 2.8	± 4.5
120 초과	315 이하	± 2.5	± 4	± 6
315 초과	630 이하	± 3.5	± 5.5	± 9
630 초과	1250 이하	± 5	± 8	± 12
1250 초과	2500 이하	± 9	± 14	± 22
2500 초과	5000 이하	-	± 20	± 35
5000 초과	10000 이하	-	-	± 63

[비 고]
- ISO 8062에서는 모래형 주조 수동 주입 방법에 대한 주강품 공차 등급을 CT11~14로, 모래형 주조 기계 주입 및 셀 모드 방식의 주강품 공차 등급을 CT 8~12로 규정하고 있다.

■ 주강품의 덧살 보통 공차

단위 : mm

치수구분	등급	정밀급	중급	보통급
	18 이하	± 1.4	± 2.2	± 3.5
18 초과	50 이하	± 2	± 3	± 5
50 초과	120 이하	-	± 4.5	± 7
120 초과	250 이하	-	± 5.5	± 9
250 초과	400 이하	-	± 7	± 11
400 초과	630 이하	-	± 9	± 14
630 초과	1000 이하	-	-	± 18

[비 고]
- 정밀급은 작은 것으로서 특별 정밀도를 필요로 하는 것에 한하여 적용한다.

■ 빠짐 기울기를 주기 위한 치수

빠짐 기울기에 대하여 도면 등의 지정이 없을 때는 주조상의 필요에 따라 아래표에 나타난 치수 A에 의하여 빠짐 기울기를 줄 수 있다.

단위 : mm

치수구분(L)		치수 A(최대)
초과	이하	
	18	1.4
18	50	2
50	120	2.8
120	250	3.5
250	400	4.5
400	630	5.5
630	1000	7

【비 고】
• L은 그림의 L_1, L_2를 뜻한다. A는 그림의 A_1, A_2를 뜻한다.

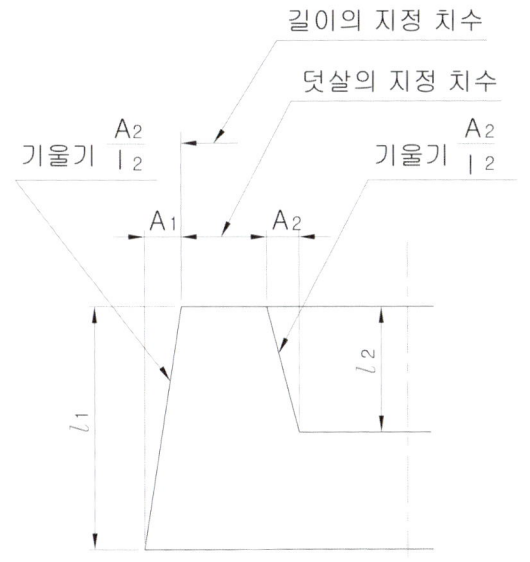

2-4 | 금속 프레스 가공품 보통 치수 공차 KS B 0413 : 2001

■ 적용범위

이 표준은 금속 프레스 가공품의 보통 치수 공차에 대하여 규정한다.

【비 고】
1. 여기서 말하는 금속 프레스 가공품이란 블랭킹, 벤딩, 드로잉에 의해 프레스 가공한 것을 말하며, 금속판의 시어링은 포함하지 않는다.
2. 금속판 시어링 보통 공차는 KS B 0416에 규정되어 있다.

■ 블랭킹 및 밴딩 및 드로잉의 보통 치수 공차

블랭킹의 및 밴딩 및 드로잉의 보통 치수 공차의 등급은 A급, B급, C급의 3등급으로 하고 각각의 치수 허용차는 아래와 같다.

■ 블랭킹의 보통 치수 허용차

단위 : mm

기준 치수의 구분		등 급		
		A급	B급	C급
	6 이하	± 0.05	± 0.1	± 0.3
6 초과	30 이하	± 0.1	± 0.2	± 0.5
30 초과	120 이하	± 0.15	± 0.3	± 0.8
120 초과	400 이하	± 0.2	± 0.5	± 1.2
400 초과	1000 이하	± 0.3	± 0.8	± 2
1000 초과	2000 이하	± 0.5	± 1.2	± 3

■ 밴딩 및 드로잉의 보통 치수 허용차

단위 : mm

기준 치수의 구분		등 급		
		A급	B급	C급
	6 이하	± 0.1	± 0.3	± 0.5
6 초과	30 이하	± 0.2	± 0.5	± 1
30 초과	120 이하	± 0.3	± 0.8	± 1.5
120 초과	400 이하	± 0.5	± 1.2	± 2.5
400 초과	1000 이하	± 0.8	± 2	± 4
1000 초과	2000 이하	± 1.2	± 3	± 6

【비 고】
• A급, B급 및 C급은 각각 KS B 0412의 공차 등급 f, m 및 c에 해당한다.

【참 고】
• 블랭킹 : 프레스 기계를 사용하여 금속판에서 소정의 모양으로 따내는 것
• 벤딩 : 프레스 기계를 사용하여 금속판을 소정의 모양으로 굽히는 것
• 드로잉 : 프레스 기계를 사용하여 금속판을 소정의 컵 모양으로 성형하는 것

2-5 | 중심 거리의 허용차 KS B 0420 : 1971 (2010 확인)

■ 적용범위

이 규격은 다음에 표시하는 중심거리의 허용차(이하 허용차라 한다)에 대하여 규정한다.

① 기계 부분에 뚫린 두 구멍의 중심거리
② 기계 부분에 있어서 두 축의 중심거리
③ 기계 부분에 가공된 두 홈의 중심거리
④ 기계 부분에 있어서 구멍과 축, 구멍과 홈 또는 축과 홈의 중심거리

【비 고】
• 여기서 구멍, 축 및 홈은 그 중심선에 서로 평행하고, 구멍과 축은 원형 단면이며, 테이퍼(Taper)가 없고, 홈은 양 측면이 평행한 조건이다.

■ 중심거리

구멍, 축 또는 홈의 중심선에 직각인 단면 내에서 중심부터 중심까지의 거리

■ 등급

허용차의 등급은 1급~4급까지 4등급으로 한다. 또 0등급을 참고로 아래 표에 표시한다.

■ 허용차

허용차의 수치는 아래 표를 따른다.

중심거리 허용차

단위 : μm

중심 거리 구분(mm)		등급				
초과	이하	0급 (참고)	1급	2급	3급	4급 (mm)
-	3	± 2	± 3	± 7	± 20	± 0.05
3	6	± 3	± 4	± 9	± 24	± 0.06
6	10	± 3	± 5	± 11	± 29	± 0.08
10	18	± 4	± 6	± 14	± 35	± 0.09
18	30	± 5	± 7	± 17	± 42	± 0.11
30	50	± 6	± 8	± 20	± 50	± 0.13
50	80	± 7	± 10	± 23	± 60	± 0.15
80	120	± 8	± 11	± 27	± 70	± 0.18
120	180	± 9	± 13	± 32	± 80	± 0.20
180	250	± 10	± 15	± 36	± 93	± 0.23
250	315	± 12	± 16	± 41	± 105	± 0.26
315	400	± 13	± 18	± 45	± 115	± 0.29
400	500	± 14	± 20	± 49	± 125	± 0.32
500	630	-	± 22	± 55	± 140	± 0.35
630	800	-	± 25	± 63	± 160	± 0.40
800	1000	-	± 28	± 70	± 180	± 0.45
1000	1250	-	± 33	± 83	± 210	± 0.53
1250	1600	-	± 39	± 98	± 250	± 0.63
1600	2000	-	± 46	± 120	± 300	± 0.75
2000	2500	-	± 55	± 140	± 350	± 0.88
2500	3150	-	± 68	± 170	± 430	± 1.05

2-6 | 절삭 가공품의 둥글기 및 모떼기 KS B 0403 : 1990(2010 확인)

1. 적용 범위

이 규격은 절삭 가공에 의하여 제작되는 기계 부품의 모서리 및 구석의 모떼기와 모서리 및 구석의 둥글기 값에 대하여 규정한다.
다만, 기능상의 고려가 필요한 곳에는 적용하지 않는다.

2. 모떼기 및 둥글기의 값

모떼기 및 둥글기의 값은 다음 표에 따른다.

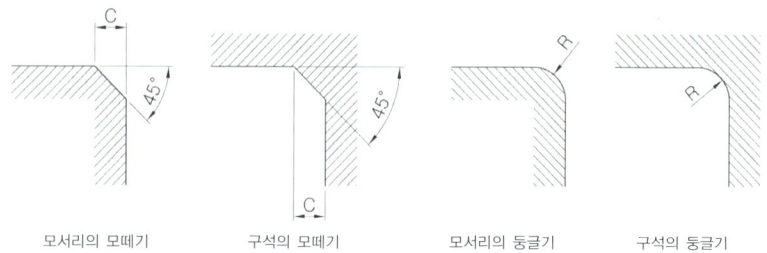

모서리의 모떼기 　　 구석의 모떼기 　　 모서리의 둥글기 　　 구석의 둥글기

■ 모떼기 및 둥글기의 값

모떼기 C 및 둥글기 R의 값		
0.1	1.0	10
-	1.2	12
-	1.6	16
0.2	2.0	20
-	2.5 (2.4)	25
0.3	3 (3.2)	32
0.4	4	40
0.5	5	50
0.6	6	-
0.8	8	-

【비 고】
- ( )의 수치는 절삭공구 팁(tip)을 사용하여 구석의 둥글기를 가공하는 경우에만 사용하여도 좋다.

2-7 자유 단조품의 기계 가공 여유 JIS B 0418 : 1999

■ 환봉의 기준여유

단위 : mm

D \ L	400 초과 630 이하		630 초과 1000 이하		1000 초과 1600 이하		1600 초과 2500 이하		2500 초과 4000 이하		4000 초과 6300 이하		6300 초과 10000 이하	
	Y_D	Y_L	Y_D	Y_L	Y_D	Y_L	Y_D	Y_L	Y_D	Y_L	Y_D	Y_L	Y_D	Y_L
63 초과 80 이하	11	21	12	22	13	23	16	25	19	29				
80 초과 100 이하	12	23	13	24	14	25	17	27	20	31	26	38		
100 초과 125 이하	13	25	14	26	16	27	18	29	21	33	27	38		
125 초과 160 이하	15	27	16	28	17	29	19	32	23	35	28	41	37	50
160 초과 200 이하	16	29	17	30	19	32	21	34	24	37	30	43	39	52
200 초과 250 이하	18	31	19	32	20	34	23	36	26	39	32	45	41	54
250 초과 315 이하	20	33	21	34	22	36	24	38	28	41	33	47	42	56
315 초과 400 이하	22	36	23	37	24	38	27	40	30	44	36	49	45	58
400 초과 500 이하	25	38	26	39	27	40	29	42	33	46	38	51	47	60
500 초과 630 이하	27	40	28	41	30	42	32	44	35	48	41	53		
630 초과 800 이하			31	43	33	44	35	47	38	50				

【비 고】
- Y_D : 직경 D의 기준여유를 표시한다. Y_L : 길이 L의 기준여유를 표시한다.

■ 각봉의 기준 여유

단위 : mm

D \ L	400 초과 630 이하		630 초과 1000 이하		1000 초과 1600 이하		1600 초과 2500 이하		2500 초과 4000 이하		4000 초과 6300 이하		6300 초과 10000 이하	
	Y_S	Y_L	Y_S	Y_L	Y_S	Y_L	Y_S	Y_L	Y_S	Y_L	Y_S	Y_L	Y_S	Y_L
63 초과 80 이하	11	25	13	26	15	27	18	29	22	33				
80 초과 100 이하	12	26	14	27	16	28	20	30	23	34	28	39		
100 초과 125 이하	13	27	15	28	18	30	21	32	25	35	30	41		
125 초과 160 이하	15	29	17	30	19	31	22	33	26	37	31	42	37	51
160 초과 200 이하	17	31	19	31	21	33	24	35	28	38	33	44	39	53
200 초과 250 이하	18	32	20	33	23	35	26	37	30	40	35	46	41	55
250 초과 315 이하	20	34	22	35	25	37	28	39	32	42	37	48	43	57
315 초과 400 이하	23	37	25	38	27	39	30	41	34	45	39	50	45	59
400 초과 500 이하	25	39	27	40	30	42	33	43	37	47	42	53		
500 초과 630 이하	28	42	30	43	33	45	36	46	40	50				
630 초과 800 이하			34	47	36	48	39	50						

■ 단붙이 축의 기준 여유

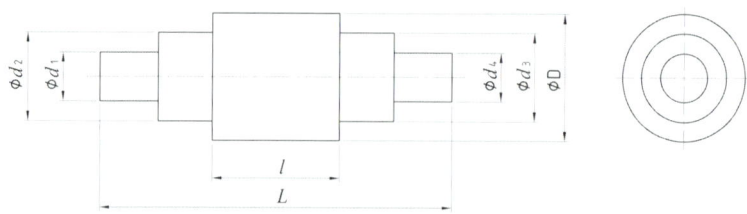

단위 : mm

D \ L	400 초과 630 이하		630 초과 1000 이하		1000 초과 1600 이하		1600 초과 2500 이하		2500 초과 4000 이하		4000 초과 6300 이하		6300 초과 10000 이하	
	Y_D	Y_L, Y_l	Y_D	Y_L, Y_l	Y_D	Y_L, Y_l	Y_D	Y_L, Y_l	Y_D	Y_L, Y_l	Y_D	Y_L, Y_l	Y_D	Y_L, Y_l
100 초과 125 이하	12	26	14	29	16	31	18	35	21	39	25	45		
125 초과 160 이하	14	28	15	30	17	33	19	36	22	40	26	46	31	53
160 초과 200 이하	15	29	17	32	19	34	21	38	24	42	28	48	32	55
200 초과 250 이하	17	31	18	33	20	36	23	39	25	44	29	49	34	56
250 초과 315 이하	19	33	20	35	22	38	24	41	27	46	31	51	36	58
315 초과 400 이하	21	35	22	37	24	40	27	43	29	48	33	53	38	60
400 초과 500 이하	23	37	25	40	27	42	29	46	32	50	36	56	40	63
500 초과 630 이하	26	40	27	42	29	45	32	48	34	53	38	58		
630 초과 800 이하			30	45	32	48	35	52	38	56				
800 초과 1000 이하					36	51	38	55						

■ 단붙이 축의 보정용 여유

단위 : mm

D-d[1]	40 초과 50 이하	50 초과 63 이하	63 초과 80 이하	80 초과 100 이하	100 초과 125 이하	125 초과 160 이하	160 초과 200 이하	200 초과 250 이하	250 초과 315 이하	315 초과 400 이하	400 초과 500 이하	500 초과 630 이하
보정용 여유비	2	2	3	4	5	6	7	9	11	14	18	22

주 ▶ [1] $d_0 = d_1, d_2, d_3, d_4, \ldots\ldots$

■ 한쪽 턱붙이 축의 기준 여유

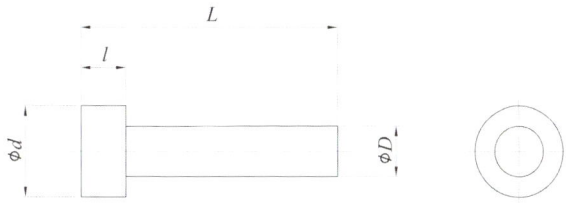

단위 : mm

D \ L	400 초과 630 이하 Y_D		630 초과 1000 이하 Y_L, Y_l		1000 초과 1600 이하 Y_D		1600 초과 2500 이하 Y_L, Y_l		2500 초과 4000 이하 Y_D		4000 초과 6300 이하 Y_L, Y_l		6300 초과 10000 이하 Y_D	Y_L, Y_l
40 50 이하	11		25		13		26		15		27		18	30
50 63 이하	12		26		14		27		16		28		18	31	22	34
63 80 이하	13		27		15		28		17		29		19	32	22	35
80 100 이하	14		28		16		29		18		31		20	33	23	36	27	42
100 125 이하	15		30		17		31		19		32		21	34	24	38	28	43
125 160 이하	16		31		18		32		20		33		22	36	25	39	29	45	35	54
160 200 이하	17		33		19		34		21		35		24	37	27	41	31	46	36	55
200 250 이하	19		35		20		36		22		37		25	39	28	43	32	48	37	57
250 315 이하	20		37		22		38		24		39		27	41	30	45	34	50	39	59
315 400 이하	22		39		24		40		26		41		28	44	32	47	36	53	41	62
400 500 이하	24		42		26		43		28		44		31	46	34	50	38	55	43	64

■ 한쪽 턱붙이 축의 턱지름의 보정용 여유

단위 : mm

| D | d-D | | | | | | | | | |
	40 초과 50 이하	50 초과 63 이하	63 초과 80 이하	80 초과 100 이하	100 초과 125 이하	125 초과 160 이하	160 초과 200 이하	200 초과 250 이하	250 초과 315 이하	315 초과 400 이하	400 초과 500 이하	500 초과 630 이하
40 초과 50 이하	5	6	7	9								
50 초과 63 이하	4	5	7	8	10							
63 초과 80 이하	4	5	6	8	10	12						
80 초과 100 이하	4	5	6	8	9	11	14					
100 초과 125 이하	4	5	6	7	9	11	14	17				
125 초과 160 이하		4	6	7	9	11	13	16	20			
160 초과 200 이하			5	7	8	10	13	16	19	24		
200 초과 250 이하				6	8	10	12	15	19	23	29	
250 초과 315 이하					8	9	12	15	18	23	28	35
315 초과 400 이하						9	11	14	18	22	28	34
400 초과 500 이하							11	14	17	21	27	33

■ 원판의 기준 여유

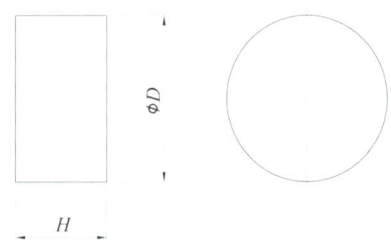

단위 : mm

D \ H	40 초과 50 이하		50 초과 63 이하		63 초과 80 이하		80 초과 100 이하		100 초과 125 이하		125 초과 160 이하		160 초과 200 이하		200 초과 250 이하		250 초과 315 이하		315 초과 400 이하		400 초과 500 이하		500 초과 630 이하	
	Y_D	Y_H	Y_D	Y_H	Y_D	Y_H	Y_D	Y_H	Y_D	Y_H	Y_D	Y_H	Y_D	Y_H	Y_D	Y_H	Y_D	Y_H	Y_D	Y_H	Y_D	Y_H	Y_D	Y_H
125 초과 160 이하			13	14	13	14	14	15	14	15	15	16												
1605 초과 200 이하	13	14	14	14	14	15	14	15	15	16	16	16	17	17										
2005 초과 250 이하	14	15	15	15	15	16	16	16	17	17	18	18	19	19										
2505 초과 315 이하	16	16	16	16	16	16	17	17	17	17	18	18	19	19	20	20	22	21						
3155 초과 400 이하	18	17	18	17	18	17	19	18	19	18	20	19	21	20	22	21	24	23	25	24				
4005 초과 500 이하	20	18	20	18	20	19	21	19	22	20	22	21	23	21	24	23	26	24	28	26	30	28		
5005 초과 630 이하	23	20	23	20	23	21	24	21	24	22	25	22	26	23	27	24	29	26	30	27	33	30	36	32
6305 초과 800 이하			26	22	27	23	27	23	28	24	29	25	30	25	31	26	32	26	34	30	36	32	39	35
8005 초과 1000 이하					31	26	32	26	32	27	33	27	34	28	35	29	37	31	38	32	41	35	44	37
10005 초과 1250 이하							37	29	38	30	38	31	39	32	41	33	42	34	44	36	46	38	48	41
12505 초과 1600 이하									45	34	46	35	47	36	48	37	49	39	51	40	53	43	56	45
16005 초과 2000 이하											55	41	56	42	57	43	58	44	60	46	62	48		

■ 링의 기준 여유

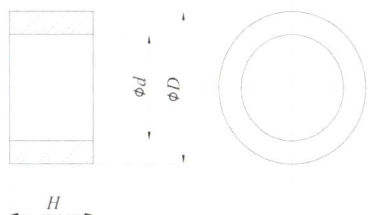

단위 : mm

D\H	40 초과 50 이하			50 초과 63 이하			63 초과 80 이하			80 초과 100 이하			100 초과 125 이하			125 초과 160 이하		
	Y_D	Y_d	Y_H	Y_D	Y_d	Y_H	Y_D	Y_d	Y_H	Y_D	Y_d	Y_H	Y_D	Y_d	Y_H	Y_D	Y_d	Y_H
125 초과 160 이하							12	16	10	12	16	11	13	17	11	13	17	12
160 초과 200 이하	13	16	10	13	16	10	15	17	11	14	17	11	14	18	12	14	18	13
200 초과 250 이하	13	17	11	14	17	11	14	17	12	14	18	12	14	18	13	15	19	14
250 초과 315 이하	14	18	12	15	18	12	15	18	13	15	19	14	15	19	14	16	20	15
315 초과 400 이하	16	19	14	16	19	14	16	20	14	17	20	15	17	20	16	17	21	16
400 초과 500 이하	18	21	16	18	21	16	18	21	16	18	22	17	19	22	18	19	23	19
500 초과 630 이하	20	23	18	20	23	18	20	23	19	21	24	19	21	24	20	21	25	21
630 초과 800 이하				23	26	21	23	26	22	23	27	22	24	27	23	24	27	24
800 초과 1000 이하							27	30	25	27	30	26	27	30	27	28	31	28
1000 초과 1250 이하										31	34	30	31	34	31	32	35	32
1250 초과 1600 이하													36	39	36	36	39	37
1600 초과 2000 이하																45	47	46

D\H	160 초과 200 이하			200 초과 250 이하			250 초과 315 이하			315 초과 400 이하			400 초과 500 이하			500 초과 630 이하			630 초과 800 이하		
	Y_D	Y_d	Y_H	Y_D	Y_d	Y_H	Y_D	Y_d	Y_H	Y_D	Y_d	Y_H	Y_D	Y_d	Y_H	Y_D	Y_d	Y_H	Y_D	Y_d	Y_H
125 초과 160 이하																					
160 초과 200 이하	15	18	14																		
200 초과 250 이하	15	19	15	16	20	17															
250 초과 315 이하	17	20	16	17	21	18	18	22	20												
315 초과 400 이하	18	22	18	19	23	19	19	24	21	21	25	24									
400 초과 500 이하	20	23	20	20	24	21	21	25	22	22	27	25	24	28	28						
500 초과 630 이하	22	25	22	23	26	23	23	27	25	25	29	28	26	30	31	28	32	34			
630 초과 800 이하	25	28	25	25	29	26	26	30	28	27	31	29	29	33	34	30	35	37	33	38	42
800 초과 1000 이하	28	31	29	29	32	30	30	33	32	31	35	34	32	36	37	34	38	41	36	41	46
1000 초과 1250 이하	33	36	33	33	36	35	34	37	37	35	39	39	37	40	42	38	42	46	41	45	50
1250 초과 1600 이하	37	40	38	37	41	39	39	42	41	40	43	44	41	45	47	43	47	50	45	49	55
1600 초과 2000 이하	45	48	47	47	50	50	48	51	52	49	53	55	51	55	59	53	57	64			

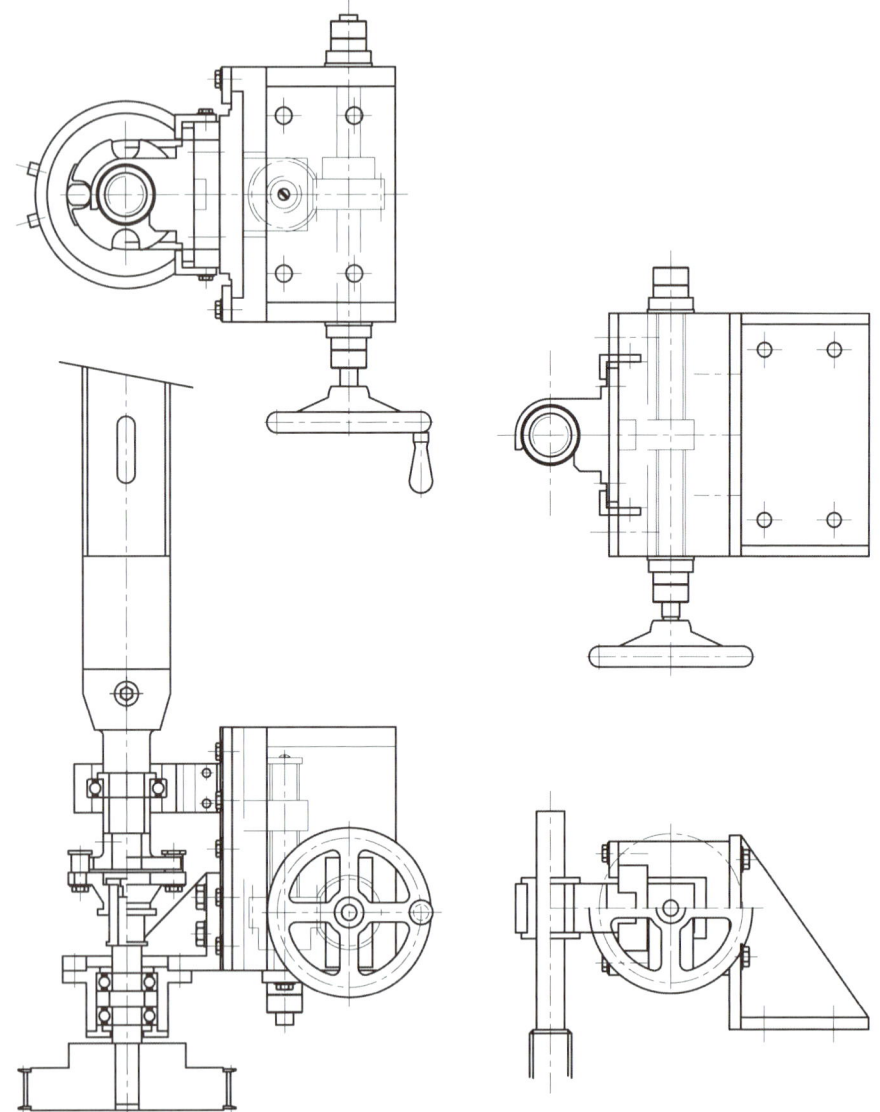

현장실무용 기계설계 핸드북

Chapter 3

키 및 스플라인 규격 데이터

3-1 | 키홈의 대조표 KS B 1311 : 2009

- ISO 도입 전 1984년(구)과 도입 후 1999년(신)과의 대조표
  - 평행키용의 키홈

단위 : mm

신			구				신			구		
호칭 치수	t_1	t_2	호칭 치수	t_1	t_2 묻힘	t_2 미끄럼	호칭 치수	t_1	t_2	호칭 치수	t_1	t_2 묻힘	t_2 미끄럼
2×2	1.2	1.0	-	-	-	-	28×16	10.0	6.4	28×18	9.0	9.0	10.0
3×3	1.8	1.4	-	-	-	-	32×18	11.0	7.4	32×20	10.0	10.0	11.0
4×4	2.5	1.8	4×4	2.5	1.5	2.0	(35×22)	11.0	11.4	35×22	11.0	11.0	12.0
5×5	3.0	2.3	5×5	3.0	2.0	2.5	36×20	12.0	8.4	-	-	-	-
6×6	3.5	2.8	6×6	3.5	-	3.0	(38×24)	12.0	12.4	38×24	12.0	12.0	13.0
(7×7)	4.0	3.3	7×7	4.0	3.0	3.5	40×22	13.0	9.4	-	-	-	-
8×7	4.0	3.3	8×7	4.0	-	3.5	(42×26)	13.0	13.4	42×26	13.0	13.0	14.0
10×8	5.0	3.3	10×8	4.5	3.5	4.0	45×25	15.0	10.4	45×28	14.0	14.0	15.0
12×8	5.0	3.3	12×8	4.5	3.5	4.0	50×28	17.0	11.4	50×31.5	16.0	15.5	16.5
14×9	5.5	3.8	-	-	-	-	56×32	20.0	12.4	56×35.5	18.0	17.5	18.5
(15×10)	5.0	5.3	15×10	5.0	5.0	5.5	63×32	20.0	12.4	63×40	20.0	20.0	21.0
16×10	6.0	4.3	-	-	-	-	70×36	22.0	14.4	-	-	-	-
18×11	7.0	4.4	18×12	6.0	6.0	6.5	-	-	-	71×45	22.5	22.5	23.5
20×12	7.5	4.9	20×13	7.0	6.0	6.5	80×40	25.0	15.4	80×50	25.0	25.0	26.0
22×14	9.0	5.4	-	-	-	-	90×45	28.0	17.4	90×56	28.0	28.0	29.0
(24×16)	8.0	8.4	24×16	8.0	8.0	-	100×50	31.0	19.5	100×63	31.5	31.5	32.5
25×14	9.0	5.4	-	-	-	-	-	-	-	112×71	35.5	35.5	36.5

- 경사키용의 키홈 치수

단위 : mm

신			구			신			구		
호칭 치수	t_1	t_2	호칭 치수	t_1	t_2	호칭 치수	t_1	t_2	호칭 치수	t_1	t_2
2×2	1.2	0.5	-	-	-	28×16	10.0	5.4	28×18	9.0	9.0
3×3	1.8	0.9	-	-	-	32×18	11.0	6.4	32×20	10.0	10.0
4×4	2.5	1.2	4×4	2.5	1.5	(35×22)	11.0	11.0	35×22	11.0	11.0
5×5	3.0	1.7	5×5	3.0	2.0	36×20	12.0	7.1	-	-	-
6×6	3.5	2.2	-	-	-	(38×24)	12.0	12.0	38×24	12.0	12.0
(7×7)	4.0	3.0	7×7	4.0	3.0	40×22	13.0	8.1	-	-	-
8×7	4.0	2.4	-	-	-	(42×26)	13.0	13.0	42×26	13.0	13.0
10×8	5.0	2.4	10×8	4.5	3.5	45×25	15.0	9.1	45×28	14.0	14.0
12×8	5.0	2.4	12×8	4.5	3.5	50×28	17.0	10.1	50×31.5	16.0	15.5
14×9	5.5	2.9	-	-	-	56×32	20.0	11.1	56×35.5	18.0	17.5
(15×10)	5.0	5.0	15×10	5.0	5.0	63×32	20.0	11.1	63×40	20.0	20.0
16×10	6.0	3.4	-	-	-	70×36	22.0	13.1	-	-	-
18×11	7.0	3.4	18×12	6.0	6.0	-	-	-	71×45	22.5	22.5
20×12	7.5	3.9	20×13	7.0	6.0	80×40	25.0	14.1	80×50	25.0	25.0
22×14	9.0	4.4	-	-	-	90×45	28.0	16.1	90×56	28.0	28.0
(24×16)	8.0	8.0	24×16	8.0	8.0	100×50	31.0	18.1	100×63	31.5	31.5
25×14	9.0	4.4	-	-	-	-	-	-	112×71	35.5	35.5

• 반달키용의 키홈 치수

단위 : mm

호칭 치수	신 t_1	신 t_2	호칭 치수	구 t_1	구 t_2	호칭 치수	신 t_1	신 t_2	호칭 치수	구 t_1	구 t_2
1×4	1.0	0.6	-	-	-	(6×32)	10.6	2.6	6×32	10.6	2.6
1.5×7	2.0	0.8	-	-	-	(7×22)	6.4	2.8	(7×22)	6.4	2.8
2×7	1.8	1.0	-	-	-	(7×25)	7.4	2.8	(7×25)	7.4	2.8
2×10	2.9	1.0	-	-	-	(7×28)	8.4	2.8	(7×28)	8.4	2.8
2.5×10	2.7	1.2	2.5×10	2.5	1.4	(7×32)	10.4	2.8	(7×32)	10.4	2.8
(3×10)	2.5	1.4	3×10	2.5	1.4	(7×38)	12.4	2.8	(7×38)	12.4	2.8
3×13	3.8	1.4	3×13	3.8	1.4	(7×45)	13.4	2.8	(7×45)	13.4	2.8
3×16	5.3	1.4	3×16	5.3	1.4	(8×25)	7.2	3.0	8×25	7.2	3
(4×13)	3.5	1.7	4×13	3.5	1.7	8×28	8.0	3.3	8×28	8.0	3
4×16	5.0	1.8	4×16	5	1.7	(8×32)	10.2	3.0	8×32	10.2	3
4×19	6.0	1.8	4×19	6	1.7	(8×38)	12.2	3.0	8×38	12.2	3
5×16	4.5	2.3	5×16	4.5	2.2	10×32	10.0	3.3	10×32	9.8	3.4
5×19	5.5	2.3	5×19	5.5	2.2	(10×45)	12.8	3.4	10×45	12.8	3.4
5×22	7.0	2.3	5×22	7	2.2	(10×55)	13.8	3.4	10×55	13.8	3.4
6×22	6.5	2.8	6×22	6.6	2.6	(10×65)	15.8	3.4	10×65	15.8	3.4
6×25	7.5	2.8	6×25	7.6	2.6	(12×65)	15.2	4.0	12×65	15.2	4
(6×28)	8.6	2.6	6×28	8.6	2.6	(12×80)	20.2	4.0	12×80	20.2	4

■ 평행키의 키 홈의 깊이 t_1, t_2의 치수 허용차

단위 : mm

신		구		
호칭 치수	t_1, t_2의 허용차	호칭 치수	t_1, t_2의 허용차	
			1종	2종
2×2~6×6	+0.1 0	4×4~32×20	+0.050 0	+0.100 0
(7×7)~32×18	+0.2 0	35×22~63×40	+0.075 0	+0.150 0
(35×22)~100×50	+0.3 0	71×45~12×71	+0.100 0	+0.200 0

주 ▶ 개정 전 경사키 및 미끄럼 키의 키 홈 깊이의 허용차는 2종과 같다.

■ 반달키의 키 홈의 깊이 t_1, t_2의 치수 허용차

단위 : mm

신				구	
호칭 치수	t_1의 허용차	호칭 치수	t_2의 허용차	호칭 치수	t_1, t_2의 허용차
1×4-2.5×1	+0.1 / 0	1×4-6×22	+0.1 / 0	2.5×10-12×80	+0.1 / 0
3×13-5×19	+0.2 / 0				
5×22-10×32	+0.3 / 0	6×25-10×32	+0.2 / 0		

그리고 경사키의 호칭 치수 2×2 및 3×3에 대해서는 키홈의 깊이 t_1 및 t_2의 허용차가 +0.1에서는 실치수에 의한 키의 이동량이 크고 준비할 키의 길이 l이 길어지므로 +0.05로 변경하고, 또한 2×2의 l은 길이가 부족해질 염려가 있으므로 6~20을 6~30으로 변경하였다.

■ 평행키의 너비 b와 키의 모떼기 c 및 키 홈 모서리의 둥글기 r

단위 : mm

신			구		
b	c 또는 r	r_1 또는 r_2	b	r 또는 c	r_1 또는 r_2
2~4	0.16~0.25	0.08~0.16	4~7	0.5	0.4
5~8	0.25~0.40	0.16~0.25	10~15	0.8	0.6
10~18	0.40~0.60	0.25~0.40			
20~32	0.60~0.80	0.40~0.60	18~28	1.2	1.0
35~50	1.00~1.20	0.70~1.00	32~56	2	1.6
56~70	1.60~2.00	1.20~1.60	63~112	3	2.5
80~100	2.50~3.00	2.00~2.50			

■ 반달키의 너비 b와 키의 모떼기 c 및 키 홈 모서리의 둥글기 r

단위 : mm

신			구		
b	c 또는 r	r_1 또는 r_2	b	r 또는 c	r_1 또는 r_2
1~3	0.16~0.25	0.08~0.16	2.5~5	0.5	0.4
4~6	0.25~0.40	0.16~0.25	6~8	0.6	0.5
8~10	0.40~0.50	0.25~0.40	10~12	0.8	0.6

신표준의 키홈의 모서리의 라운딩의 값은 구 표준의 그것들과 비교하여 약간 작으므로 응력 집중이 특히 문제가 되는 경우는 일단 검토해 보는 것이 좋다.
또한 구 표준에서 제작되고 있는 키홈에 신 표준의 키를 넣는 경우에 간섭을 일으키지 않도록 키의 모떼기를 수정하여야 한다.
그리고 키의 모떼기는 드로잉재를 그대로 사용하는 경우도 고려하여 둥글게 하여도 좋도록 하였다.

3-2 | 묻힘키의 종류 및 끼워맞춤 공차

일반 기계에 사용하는 강제의 묻힘키는 평행키, 경사키, 반달키 등으로 구분할 수 있으며, 평행키는 구 규격에서 **묻힘키** 또는 성크키라고도 호칭하였으며, 축과 허브의 키 홈은 각각 축방향으로 평행한 형태의 홈 가공을 한다. 평행키는 **보통형**(보통급), **조임형**(정밀급), **활동형**(미끄럼키)으로 구분하고 있으며, 키 홈으로 인해 축의 강도가 저하되는 단점이 있다.

키의 호칭치수(폭×높이, b×h)는 표준 규격으로 정해져 있고, 호칭치수에 따라서 길이(l)의 사용범위가 주어지며 적용하고자 하는 축 지름도 참고로 주어지므로 올바른 키 홈 치수와 조립되는 보스에 알맞은 키 홈 치수를 찾아 도면에 명시해주어야 한다. 키 홈의 가공 방법으로는, 축의 경우 수직밀링에서 밀링커터나 엔드밀로 절삭하고 보스 측 홈의 경우 브로우치나 슬로터 가공을 한다. 키의 재질은 보통 기계 구조용 탄소강(SM35C~SM45C) 등이 사용되며, 축 지름이 큰 경우는 탄소강 단강품(SF 540A)을 사용한다.

■ 키의 종류 및 기호

종 류	모 양	기 호	영 문
평행키(보통형, 조임형)	나사용 구멍 없음	P	Parallel key
평행키(활동형)	나사용 구멍 있음	PS	Parallel sliding key
경사키	머리 없음	T	Taper key
	머리 있음	TG	Taper key with Gib head
반달키	둥근 바닥	WA	Woodruff keys A type
	납작 바닥	WB	Woodruff keys B type

■ 키의 끝부

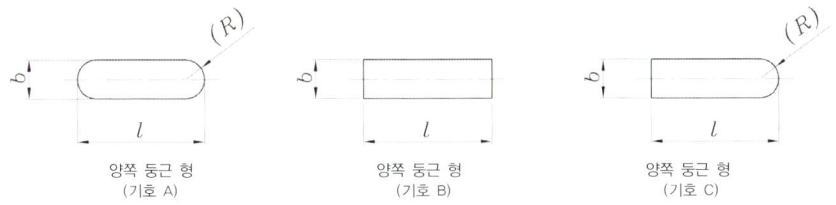

| 양쪽 둥근 형 (기호 A) | 양쪽 둥근 형 (기호 B) | 양쪽 둥근 형 (기호 C) |

■ 키에 의한 축·허브의 경우

형 식	설 명	적용하는 키
활동형	축과 허브가 상대적으로 축방향으로 미끄러지며 움직일 수 있는 결합	평행키
보통형	축에 고정된 키에 허브를 끼우는 결합[1]	평행키, 반달키
조임형	축에 고정된 키에 허브를 조이는 결합[1], 또는 조립된 축과 허브 사이에 키를 넣는 결합	평행키, 경사키, 반달키

주 ▶ [1] 선택 끼워맞춤이 필요하다.
허브(hub)란 풀리나 기어, 스프로킷 등의 회전체 보스(boss)부를 의미한다.

■ 개정 후 키 및 키홈의 끼워맞춤 공차(신 규격)

키의 종류		키		키홈의 너비	
		너비 b	높이 h	축 b_1	허브 b_2
평행키	활동형	h9	정사각형 단면 h9 직사각형 단면 h11	H9	D10
	보통형			N9	Js9
	조임형			P9	
경사키				D10	
반달키	보통형			N9	Js9
	조임형			P9	

■ 개정 전 키 및 키 홈의 끼워맞춤 공차(구 규격)

키의 종류	키의 너비	키의 높이	키홈의 너비	
	b	h	b_1	b_2
미끄럼키	h8	h10	N9	E9
평행키 2종	h8	h10	H9	E9
평행키 1종	p7	h9	H8	F7
경사키	h9	h10	D10	D10
반달키	h9	h11	N9	F9

■ 키와 키홈의 끼워맞춤(키의 너비 7~10의 경우)

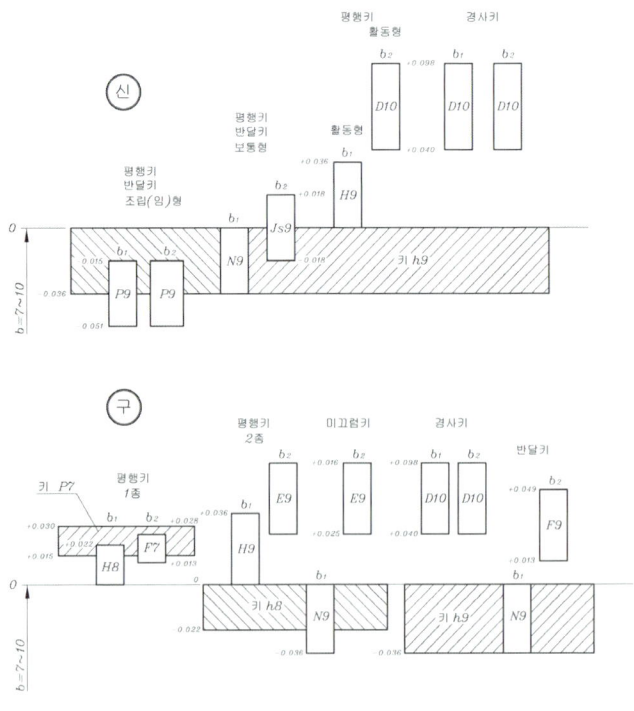

■ 고정 나사

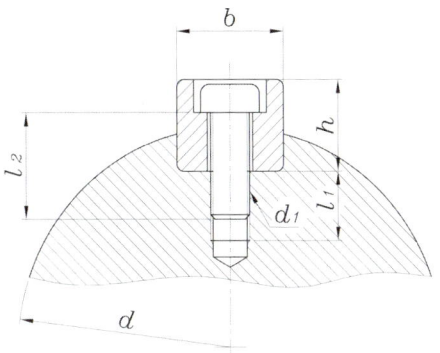

단위 : mm

나사의 호칭 d_1	신 b×h	l_1	l_2	구 b×h	l_1	l_2	나사의 호칭	신 b×h	l_1	l_2	구 b×h	l_1	l_2
M3	8×7 10×8	5 6	8 10	8×7 10×8	7 8	10 12	M10 M12	(35×22) 36×20	16 18	25 20	35×22 -	16 -	25 -
M4	12×8	7	10	12×8	10	12	M10	(38×24)	16	25	38×24	16	25
M5	14×9 (15×10) 16×10	8 10 8	12 14 12	- 15×10 -	- 10 -	- 14 -	M12 M10	40×22 (42×26)	20 18	25 28	- 42×26	- 18	- 28
M6	18×11 20×12 22×14	10 8 8	14 14 16	18×12 20×13 -	12 12 -	16 18 -	M12	45×25 50×28 56×32 63×32	18 20 20 20	25 30 35 35	45×28 50×31.5 56×35.5 63×40	18 18 20 20	28 32 36 40
M8	(24×16) 25×14	14 10	20 16	24×16 -	14 -	20 -	M16	70×36 80×40	22 22	35 40	71×45 80×50	20 20	40 45
M10	28×16 32×18	14 16	16 20	28×18 32×20	16 16	20 22	M20	90×45 100×50	25 25	45 50	90×56 100×63	25 25	56 63

■ 키의 길이

키의 길이도 ISO의 값을 그대로 채용하였지만 호칭에 괄호를 붙인 것의 길이 ISO에는 정하고 있지 않으므로 그 호칭의 전후를 고려하여 정하였다.

그리고 길이의 치수 허용차는 ISO에는 정하고 있지 않지만 KS에서는 원칙적으로 KS B 0401(치수공차 및 끼워맞춤)의 h12로 하였다.

[고정 나사]

고정 나사의 길이 t2와 나사 구멍의 깊이 l1은 표준의 참고값에서 삭제하였지만, 그 값을 신. 구 대조표로 하여 위의 표에 나타낸다.

3-3 | 평행키 KS B 1311 : 2009

■ 평행키의 모양 및 치수

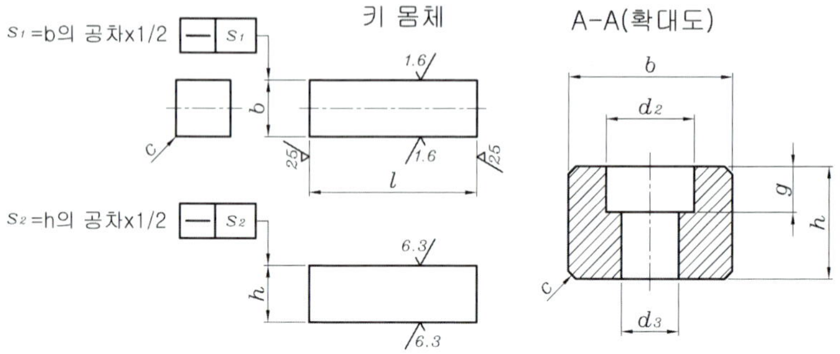

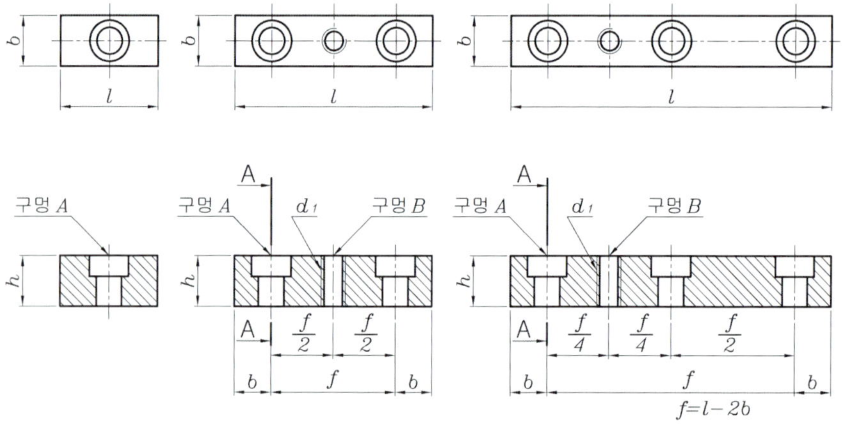

단위 : mm

키의 호칭치수 b×h	키 몸체				c	l	나사용 구멍			
	b		h				나사의 호칭 d_1	d_2	d_3	g
	기준 치수	허용차 (h9)	기준 치수	허용차						
2×2	2	0 -0.025	2	0 -0.025	0.16~0.25	6~20	-	-	-	-
3×3	3		3			6~36	-	-	-	-
4×4	4	0 -0.030	4	0 -0.030		8~45	-	-	-	-
5×5	5		5		h9	10~56	-	-	-	-
6×6	6		6		0.25~0.40	14~70	-	-	-	-
(7×7)	7	0 -0.036	7	0 -0.036		16~80	-	-	-	-
8×7	8		7			18~90	M3	6.0	3.4	2.3
10×8	10		8			22~110	M3	6.0	3.4	2.3
12×8	12		8	0 -0.090		28~140	M4	8.0	4.5	3.0
14×9	14	0 -0.043	9		0.40~0.60	36~160	M5	10.0	5.5	3.7
(15×10)	15		10			40~180	M5	10.0	5.5	3.7
16×10	16		10			45~180	M5	10.0	5.5	3.7
18×11	18		11			50~200	M6	11.5	6.6	4.3
20×12	20		12			56~220	M6	11.5	6.6	4.3
22×14	22		14	0 -0.110		63~250	M6	11.5	6.6	4.3
(24×16)	24	0 -0.052	16		0.60~0.80	70~280	M8	15.0	9.0	5.7
25×14	25		14			70~280	M8	15.0	9.0	5.7
28×16	28		16			80~320	M10	17.5	11.0	10.8
32×18	32		18		h11	90~360	M10	17.5	11.0	10.8
(35×22)	35		22			100~400	M10	17.5	11.0	10.8
36×20	36		20			-	M12	20.0	14.0	13.0
(38×24)	38	0 -0.062	24	0 -0.130		-	M10	17.5	11.0	10.8
40×22	40		22		1.00~1.20	-	M12	20.0	14.0	13.0
(42×26)	42		26			-	M10	17.5	11.0	10.8
45×25	45		25			-	M12	20.0	14.0	13.0
50×28	50		28			-	M12	20.0	14.0	13.0
56×32	56		32			-	M12	20.0	14.0	13.0
63×32	63	0 -0.074	32		1.60~2.00	-	M12	20.0	14.0	13.0
70×36	70		36	0 -0.160		-	M16	26.0	18.0	17.5
80×40	80		40			-	M16	26.0	18.0	17.5
90×45	90	0 -0.087	45		2.50~3.00	-	M20	32.0	22.0	21.5
100×50	100		50			-	M20	32.0	22.0	21.5

[비 고]
- 괄호를 붙인 호칭 치수의 것은 대응국제표준에는 규정되어 있지 않으므로 새로운 설계에는 사용하지 않는다.

[참 고]
- 위 표에 규정하는 키의 허용차보다 공차가 작은 키가 필요한 경우에는 키의 너비 b에 대한 허용차를 h7로 한다. 이 경우 높이 h의 허용차는 키의 호칭 치수 7×7 이하는 h7, 키의 호칭 치수 8×7 이상은 h11로 한다.

주▶
1. l은 표의 범위 내에서 다음 중에 고르는 것이 좋다. 그리고 l의 치수 허용차는 h12로 한다.
   6, 8, 10, 12, 14, 16, 18, 20, 22, 25, 28, 32, 36, 40, 45, 50, 56, 63, 70, 80, 90, 100, 110, 125, 140, 160, 180, 200, 220, 250, 280, 320, 360, 400
2. 45° 모떼기(c) 대신에 라운딩(r)을 주어도 좋다.

■ 평행키 용의 키홈의 모양 및 치수

• 키홈의 단면

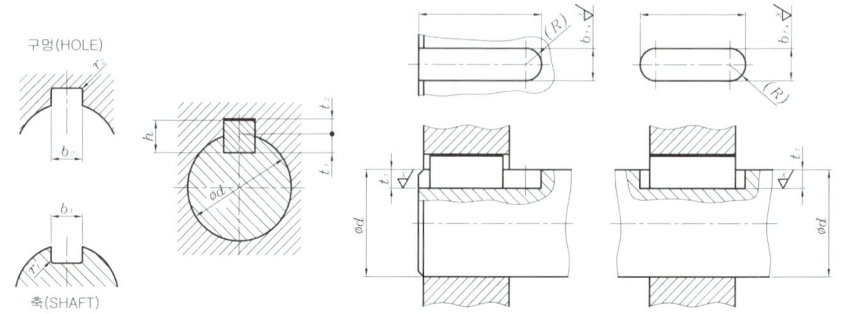

단위 : mm

참고 적용하는 축지름 d (초과~이하)	키의 호칭 치수 b×h	b_1, b_2 기준치수	키홈의 치수와 허용차							축 t_1 기준치수	구멍 t_2 기준치수	t_1, t_2 허용차
			활동형		보통형		조립형	r_1, r_2			
			b_1 축 허용차 (H9)	b_2 구멍 허용차 (D10)	b_1 축 허용차 (N9)	b_2 구멍 허용차 (Js9)	b_1, b_2 허용차 (P9)				
6~8	2×2	2	+0.025 0	+0.060 +0.020	-0.004 -0.029	±0.0125	-0.006 -0.031	0.08-0.16	1.2	1.0	+0.1 0
8~10	3×3	3							1.8	1.4	
10~12	4×4	4	+0.030 0	+0.078 +0.030	0 -0.030	±0.0150	-0.012 -0.042		2.5	1.8	
12~17	5×5	5							3.0	2.3	
17~22	6×6	6						0.16-0.25	3.5	2.8	
20~25	(7×7)	7	+0.036 0	+0.098 +0.040	0 -0.036	±0.0180	-0.015 -0.051		4.0	3.3	
22~30	8×7	8							4.0	3.3	
30~38	10×8	10							5.0	3.3	
38~44	12×8	12							5.0	3.3	
44~50	14×9	14	+0.043 0	+0.120 +0.050	0 -0.043	±0.0215	-0.018 -0.061	0.25-0.40	5.5	3.8	
50~55	(15×10)	15							5.0	5.3	
50~58	16×10	16							6.0	4.3	+0.2 0
58~65	18×11	18							7.0	4.4	
65~75	20×12	20							7.5	4.9	
75~85	22×14	22							9.0	5.4	
80~90	(24×16)	24	+0.052 0	+0.149 +0.065	0 -0.052	±0.0260	-0.022 -0.074	0.40-0.60	8.0	8.4	
85~95	25×14	25							9.0	5.4	
95~110	28×16	28							10.0	6.4	
110~130	32×18	32							11.0	7.4	
125~140	(35×22)	35							11.0	11.4	
130~150	36×20	36							12.0	8.4	
140~160	(38×24)	38	+0.062 0	+0.180 +0.080	0 -0.062	±0.0310	-0.026 -0.088	0.70-1.00	12.0	12.4	
150~170	40×22	40							13.0	9.4	
160~180	(42×26)	42							13.0	13.4	
170~200	45×25	45							15.0	10.4	
200~230	50×28	50							17.0	11.4	+0.3 0
230~260	56×32	56							20.0	12.4	
260~290	63×32	63	+0.074 0	+0.220 +0.100	0 -0.074	±0.0370	-0.032 -0.106	1.20-1.60	20.0	12.4	
290~330	70×36	70							22.0	14.4	
330~380	80×40	80							25.0	15.4	
380~440	90×45	90	+0.087 0	+0.260 +0.120	0 -0.087	±0.0435	-0.037 -0.124	1.20-2.50	28.0	17.4	
440~500	100×50	100							31.0	19.5	

[비 고]
• 괄호를 붙인 호칭 치수의 것은 대응국제표준에는 규정되어 있지 않으므로 새로운 설계에는 사용하지 않는다.

주▶ 1. 적용하는 축지름은 키의 강도에 대응하는 토크에서 구할 수 있는 것으로 일반적인 용도의 기준으로 나타낸다. 키의 크기가 전달하는 토크에 대하여 적절한 경우에는 적용하는 축지름보다 굵은 축을 사용하여도 좋다. 그 경우에는 키의 옆면이 축 및 허브에 균등하게 닿도록 t_1 및 t_2 를 수정하는 것이 좋다. 적용하는 축지름보다 가는 축에는 사용하지 않는 편이 좋다.

[평행키의 호칭 방법 예]

[비 고]
• KS B 1311 나사용 구멍없는 평행키 양쪽 둥근형 25× 14× 90 또는 KS B 1311 P-A 25× 14× 90

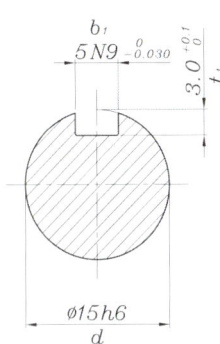 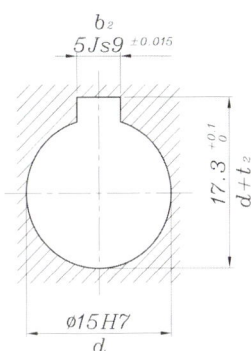

■ 평행키의 공차 적용 예

적용하는 축과 구멍의 지름		축과 구멍의 키홈 깊이 치수		축과 구멍의 키홈 폭 치수		비고
축 d	구멍 d	t_1 축	$d+t_2$ 구멍	b_1 축	b_2 구멍	축과 구멍의 끼워맞춤 공차 적용시 기능과 용도에 따라 다르게 적용될 수 있다.
20h6	20H7	3.5 $^{+0.1}_{0}$	20+2.8=22.8 $^{+0.1}_{0}$	6N9	6Js9	

■ 평행키가 적용된 축과 구멍의 치수기입 예

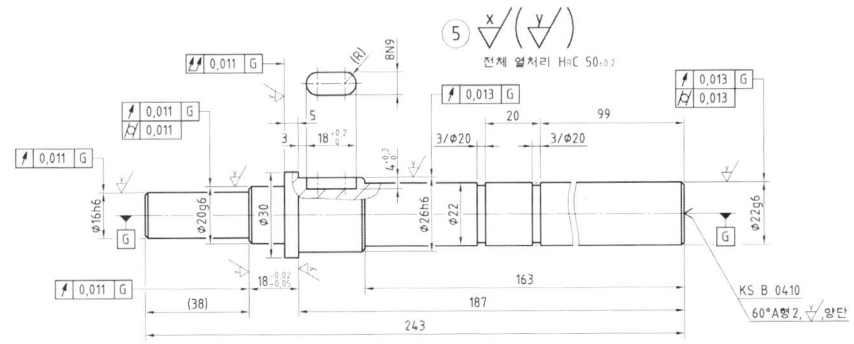

■ 기준 축 지름 ⌀20에 적용 된 평행키의 치수 기입 예

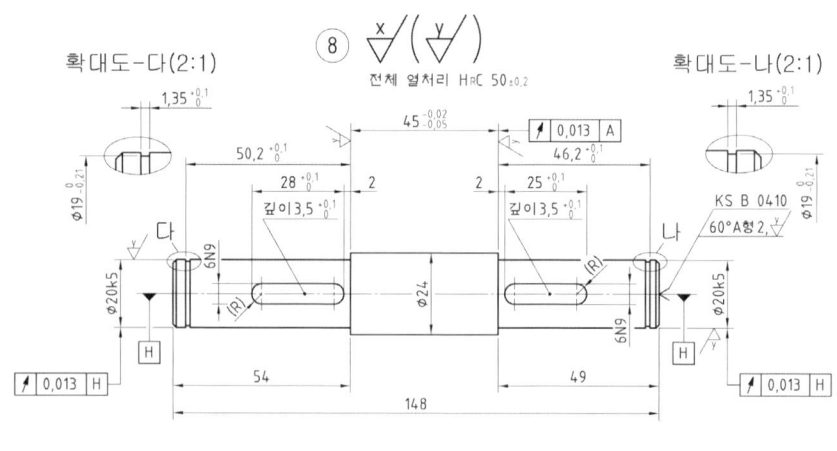

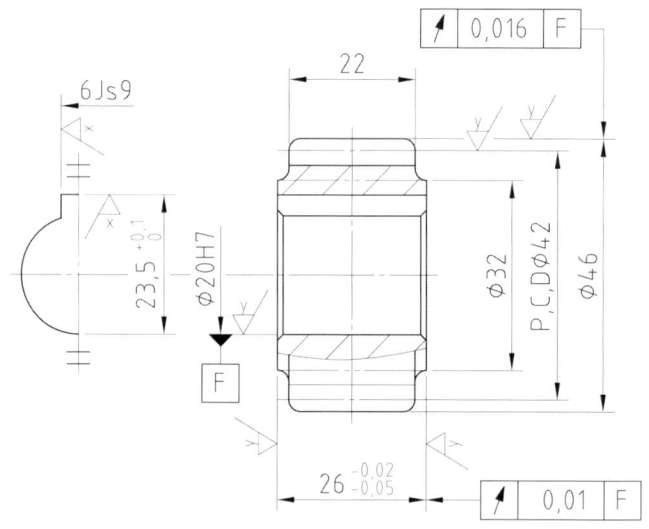

3-4 | 경사키 KS B 1311 : 2009

■ 경사키의 모양 및 치수

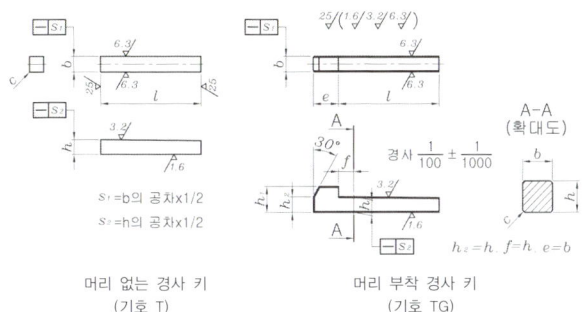

머리 없는 경사 키
(기호 T)

머리 부착 경사 키
(기호 TG)

단위 : mm

키의 호칭치수 b×h	키 몸체						
	b		h		h_1	c	l
	기준치수	허용차(h9)	기준치수	허용차			
2×2	2	0 -0.025	2	0 -0.025	-	0.16~0.25	6~30
3×3	3		3		-		6~36
4×4	4	0 -0.030	4	0 -0.030	7	0.25~0.40	8~45
5×5	5		5		8		10~56
6×6	6		6	h9	10		14~70
(7×7)	7	0 -0.036	7.2	0 -0.036	10		16~80
8×7	8		7		11		18~90
10×8	10		8	0 -0.090	12		22~110
12×8	12		8		12	h11	28~140
14×9	14		9		14		36~160
(15×10)	15	0 -0.043	10.2	0 -0.07	15	0.40~0.60	40~180
16×10	16		10	0 -0.09	16		45~180
18×11	18		11		18	h11	50~200
20×12	20		12	0 -0.110	20		56~220
22×14	22		14		22		63~250
(24×16)	24	0 -0.052	16.2	0 -0.070	24	0.60~0.80	70~280
25×14	25		14		22		70~280
28×16	28		16	0 -0.110	25	h11	80~320
32×18	32		18		28		90~360
(35×22)	35		22.3	0 -0.084	32	h10	100~400
36×20	36		20	0 -0.130	32	h11	-
(38×24)	38	0 -0.062	24.3	0 -0.084	36	1.00~1.20	-
40×22	40		22	0 -0.130	36	h11	-
(42×26)	42		26.3	0 -0.084	40	h10	-
45×25	45		25	0 -0.130	40	h11	-
50×28	50		28		45		-

■ 경사키의 모양 및 치수(계속)

단위 : mm

키의 호칭치수 b×h	키 몸체							c	l
	b		h						
	기준치수	허용차(h9)	기준치수	허용차		h		
56×32	56	0 -0.074	32	0 -0.160	h11	50	1.60~2.00	-
63×32	63		32			50		-
70×36	70		36			56		-
80×40	80		40			63		-
90×45	90	0 -0.087	45			70	2.50~3.00	-
100×50	100		50			80		-

[비 고]
• 괄호를 붙인 호칭 치수의 것은 대응국제표준에는 규정되어 있지 않으므로 새로운 설계에는 사용하지 않는다.

주)
1. l은 표의 범위 내에서 다음 중에 고르는 것이 좋다. 그리고 l의 치수 허용차는 h12로 한다.
   6, 8, 10, 12, 14, 16, 18, 20, 22, 25, 28, 32, 36, 40, 45, 50, 56, 63, 70, 80, 90, 100, 110, 125, 140, 160, 180, 200, 220, 250, 280, 320, 360, 400
2. 45° 모떼기(c) 대신에 라운딩(r)을 주어도 좋다.

■ 경사키의 키홈의 모양 및 치수

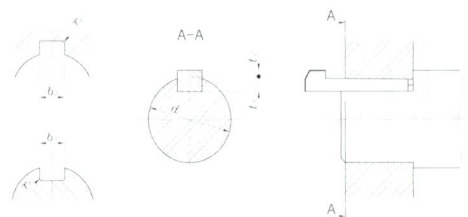

키홈의 단면

단위 : mm

참 고	키의 호칭 치수 b×h	키홈의 치수						t₁, t₂ 허용 오차
적용하는 축 지름 d (초과~이하)		b₁ (축) 및 b₂ (구멍)		r₁ 및 r₂	t₁의 기준 치수	t₂의 기준 치수		
		기준치수	허용차(D10)		축	구멍		
6~8	2×2	2	+0.060 +0.020	0.08~0.16	1.2	0.5	+0.05 0	
8~10	3×3	3			1.8	0.9		
10~12	4×4	4			2.5	1.2		
12~17	5×5	5	+0.078 +0.030		3.0	1.7	+0.1 0	
17~22	6×6	6		0.16~0.25	3.5	2.2		
20~25	(7×7)	7			4.0	3.0		
22~30	8×7	8	+0.098 +0.040		4.0	2.4	+0.2 0	
30~38	10×8	10		0.25~0.40	5.0	2.4		

■ 경사키의 키홈의 모양 및 치수(계속)

참 고		키홈의 치수					
적용하는 축 지름 d (초과~이하)	키의 호칭 치수 b×h	b₁ (축) 및 b₂ (구멍)		r₁ 및 r₂	t₁의 기준 치수	t₂의 기준 치수	t₁, t₂ 허용 오차
		기준치수	허용차(D10)		축	구멍	
38~44	12×8	12	+0.120 +0.050	0.25~0.40	5.0	2.4	+0.2 0
44~50	14×9	14			5.5	2.9	
50~55	(15×10)	15			5.0	5.0	+0.1 0
50~58	16×10	16			6.0	3.4	+0.2 0
58~65	18×11	18			7.0	3.4	
65~75	20×12	20			7.5	3.9	
75~85	22×14	22			9.0	4.4	
80~90	(24×16)	24	+0.149 +0.065	0.40~0.60	8.0	8.0	+0.1 0
85~95	25×14	25			9.0	4.4	+0.2 0
95~110	28×16	28			10.0	5.4	
110~130	32×18	32			11.0	6.4	
125~140	(35×22)	35			11.0	11.0	+0.15 0
130~150	36×20	36			12.0	7.1	+0.3 0
140~160	(38×24)	38	+0.180 +0.080	0.70~1.00	12.0	12.0	+0.15 0
150~170	40×22	40			13.0	8.1	+0.3 0
160~180	(42×26)	42			13.0	13.0	+0.15 0
170~200	45×25	45			15.0	9.1	+0.3 0
200~230	50×28	50			17.0	10.1	
230~260	56×32	56		1.20~1.60	20.0	11.1	
260~290	63×32	63	+0.220 +0.100		20.0	11.1	
290~330	70×36	70			22.0	13.1	
330~380	80×40	80		2.00~2.50	25.0	14.1	
380~440	90×45	90	+0.260 +0.120		28.0	16.1	
440~500	100×50	100			31.0	18.1	

[비 고]
- 괄호를 붙인 호칭 치수의 것은 대응국제표준에는 규정되어 있지 않으므로 새로운 설계에는 사용하지 않는다.

주▶ 1. 적용하는 축지름은 키의 강도에 대응하는 토크에서 구할 수 있는 것으로 일반 용도의 기준으로 나타낸다. 키의 크기가 전달하는 토크에 대하여 적절한 경우에는 적용하는 축지름보다 굵은 축을 사용하여도 좋다. 그 경우에는 키의 옆면이 축 및 허브에 균등하게 닿도록 t₁과 t₂를 수정하는 것이 좋다. 적용하는 축지름보다 가는 축에는 사용하지 않는 편이 좋다.

[경사키의 호칭 방법 예]

[비 고]
- KS B 1311 머리붙이 경사키 20×12×70 또는 KS B 1311 TG 20×12×70

■ 경사키의 공차 적용 예

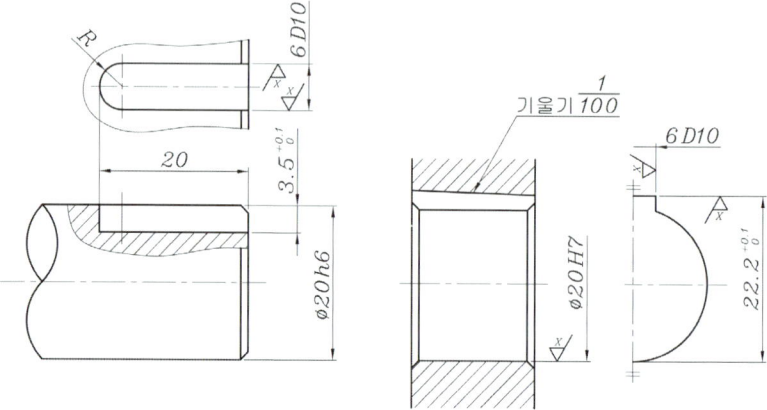

적용하는 축과 구멍의 지름		축과 구멍의 키홈 깊이 치수		축과 구멍의 키홈 폭 치수		비고
축 d	구멍 D	t_1 축	$d+t_2$ 구멍	b_1 축	b_2 구멍	
20h6	20H7	3.5 +0.1 0	20+2.2=22.2 +0.1 0	6D10	6D10	구멍 측 키홈의 기울기는 1/100으로 한다.

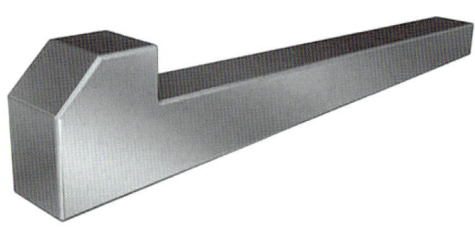

머리 붙이 경사 키

3-5 | 반달키

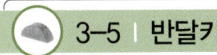
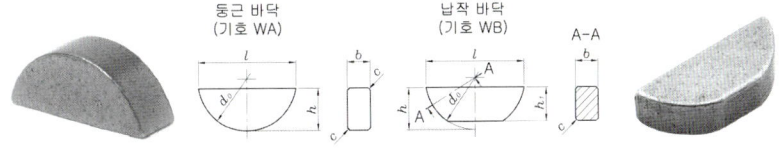

둥근 바닥 (기호 WA) 납작 바닥 (기호 WB) A-A

[비 고] • 표면거칠기는 양쪽면은 $1.6\mu mR_a$로 하고 기타는 $6.3\mu mR_a$로 한다.

■ 반달키의 모양 및 치수

키의 호칭치수 $b \times d_0$	키 몸체 b 기준치수	b 허용차(h9)	d_0 기준치수	d_0 허용차	h 기준치수	h 허용차(h11)	h_1 기준치수	h_1 허용차	c	참고 l (계산값)
1×4	1		4	0 -0.120	1.4	0 -0.060	1.1	±0.1	0.16~0.25	-
1.5×7	1.5		7		2.6		2.1			-
2×7	2		7		2.6		2.1			-
2×10			10	0 -0.150	3.7		3.0			-
2.5×10	2.5	0 -0.025	10		3.7	0 -0.075	3.0			9.6
(3×10)			10	0 -0.1	3.7		3.55			9.6
3×13	3		13		5.0		4.0			12.6
3×16			16	0 -0.180	6.5	0 -0.090	5.2			15.7
(4×13)			13	0 -0.1	5.0	0 -0.075	4.75			12.6
4×16	4		16	0 -0.180	6.5		5.2			15.7
4×19			19		7.5		6.0			18.5
5×16		0 -0.030	16		6.5	0 -0.090	5.2			15.7
5×19	5		19	0 -0.210	7.5		6.0			18.5
5×22			22		9.0		7.2			21.6
6×22			22		9.0		7.2			21.6
6×25	6		25		10.0		8.0		0.25~0.40	24.4
(6×28)			28		11.0		10.6			27.3
(6×32)			32	0 -0.2	13.0	0 -0.110	12.5			31.4
(7×22)			22	0 -0.1	9.0	0 -0.090	8.5	±0.2		21.6
(7×25)			25		10.0		9.5			24.4
(7×28)	7		28		11.0		10.6			27.3
(7×32)			32		13.0		12.5			31.4
(7×38)			38	0 -0.2	15.0	0 -0.110	14.0			37.1
(7×45)			45		16.0		15.0			43.0
(8×25)		0 -0.036	25		10.0	0 -0.090	9.5			24.4
8×28	8		28	0 -0.210	11.0		8.8		0.40~0.60	27.3
(8×32)			32	0 -0.2	13.0	0 -0.110	12.5		0.25~0.40	31.4
(8×38)			38		15.0		14.0			37.1
10×32			32	0 -0.250	13.0		10.4			31.4
(10×45)	10		45		16.0		15.0		0.40~0.60	43.0
(10×55)			55		17.0		16.0			50.8
(10×65)			65	0 -0.2	19.0	0 -0.130	18.0	±0.3		59.0
(12×65)	12	0 -0.043	65		19.0		18.0			59.0
(12×80)			80		24.0		22.4			73.3

[비 고] • 괄호를 붙인 호칭 치수의 것은 대응국제표준에는 규정되어 있지 않으므로 새로운 설계에는 사용하지 않는다.

[주] 1. 45° 모떼기(c) 대신에 라운딩(r)을 주어도 좋다.

■ 반달키용의 키홈의 모양 및 치수

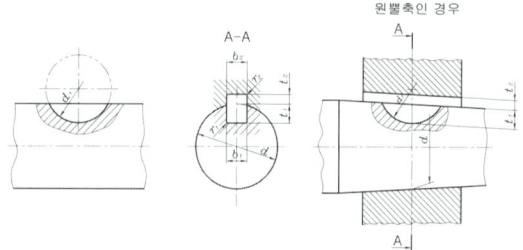

단위 : mm

키의 호칭 치수 b×d₀	b₁, b₂의 기준 치수	보통형 축 b₁ 허용차 (N9)	보통형 구멍 b₂ 허용차 (Js9)	조임형 b₁, b₂의 허용차 (P9)	t₁ (축) 기준 치수	t₁ (축) 허용차	t₂ (구멍) 기준 치수	t₂ (구멍) 허용차	키 홈 모서리 r₁ 및 r₂	d₁ 기준 치수	d₁ 허용차 (h9)	참고 (계열 3) 적용하는 축 지름 d (초과~이하)
1×4	1	-0.004 / -0.029	±0.012	-0.006 / -0.031	1.0	+0.1 / 0	0.6	+0.1 / 0	0.08~0.16	4	+0.2 / 0	-
2.5×10	1.5				2.0		0.8			7		-
2.5×10	2				1.8		1.0			7		-
2.5×10	2				2.9		1.0			10		-
2.5×10	2.5				2.7		1.2			10		7~12
(3×10)	3				2.5					10		8~14
3×13	3				3.8	+0.2 / 0	1.4			13		9~16
3×16	3				5.3					16		11~18
(4×13)	4				3.5	+0.1 / 0	1.7	+0.1 / 0		13		11~18
4×16	4				5.0					16		12~20
4×19	4				6.0	+0.2 / 0	1.8			19	+0.3 / 0	14~22
5×16	5	0 / -0.030	±0.015	-0.012 / -0.042	4.5					16	+0.2 / 0	14~22
5×19	5				5.5		2.3			19		15~24
5×22	5				7.0					22		17~26
6×22	6				6.5	+0.3 / 0		+0.2 / 0	0.16~0.25	22		19~28
6×25	6				7.5		2.8			25		20~30
(6×28)	6				8.6					28		22~32
(6×32)	6				10.6		2.6			32		24~34
(7×22)	7				6.4					22		20~29
(7×25)	7				7.4	+0.1 / 0		+0.1 / 0		25		22~32
(7×28)	7				8.4		2.8			28		24~34
(7×32)	7				10.4					32	+0.3 / 0	26~37
(7×38)	7				12.4					38		29~41
(7×45)	7				13.4					45		31~45
(8×25)	8				7.2		3.0			25		24~34
8×28	8	0 / -0.036	±0.018	-0.015 / -0.051	8.0	+0.3 / 0	3.3	+0.2 / 0	0.25~0.40	28		26~37
(8×32)	8				10.2		3.0	+0.1 / 0	0.16~0.25	32		28~40
(8×38)	8				12.2	+0.1 / 0				38		30~44
10×32	10				10.0	+0.3 / 0	3.3	+0.2 / 0		32		31~46
(10×45)	10				12.8					45		38~54
(10×55)	10				13.8	+0.1 / 0	3.4	+0.1 / 0	0.25~0.40	55		42~60
(10×65)	10									65		46~65
(12×65)	12	0 / -0.043	±0.022	-0.018 / -0.061	15.2					65	+0.5 / 0	50~73
(12×80)	12				20.4		4.0			80		58~82

[비고] • 키의 호칭치수에서 괄호를 붙인 것은 대응 국제규격에는 규정되어 있지 않은 것으로 새로운 설계에는 적용하지 않는다.

■ 반달키의 치수 적용

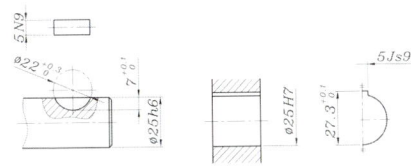

■ 반달키에 적용하는 축지름

단위 : mm

키의 호칭 치수	계열 1	계열 2	계열 3	전단 단면적(mm²)
1×4	3-4	3-4	-	-
1.5×7	4-5	4-6	-	-
2×7	5-6	6-8	-	-
2×10	6-7	8-10	-	-
2.5×10	7-8	10-12	7-12	21
(3×10)	-	-	8-14	26
3×13	8-10	12-15	9-16	35
3×16	10-12	15-18	11-18	45
(4×13)	-	-	11-18	46
4×16	12-14	18-20	12-20	57
4×19	14-16	20-22	14-22	70
5×16	16-18	22-25	14-22	72
5×19	18-20	25-28	15-24	86
5×22	20-22	28-32	17-26	102
6×22	22-25	32-36	19-28	121
6×25	25-28	36-40	20-30	141
(6×28)	-	-	22-32	155
(6×32)	-	-	24-34	180
(7×22)	-	-	20-29	139
(7×25)	-	-	22-32	159
(7×28)	-	-	24-34	179
(7×32)	-	-	26-37	209
(7×38)	-	-	29-41	249
(7×45)	-	-	31-45	288
(8×25)	-	-	24-34	181
8×28	28-32	40--	26-37	203
(8×32)	-	-	28-40	239
(8×38)	-	-	30-44	283
10×32	32-38	-	31-46	295
(10×45)	-	-	38-54	406
(10×55)	-	-	42-60	477
(10×65)	-	-	46-65	558
(12×65)	-	-	50-73	660
(12×80)	-	-	58-82	834

[비 고]
1. 괄호를 붙인 호칭 치수의 것은 대응국제표준에는 규정되어 있지 않으므로 새로운 설계에는 사용하지 않는다.
2. 계열 1 및 계열 2는 대응하는 국제표준에 포함된 축지름으로 다음에 따른다.
   계열 1 : 키에 의해 토크를 전달하는 결합에 적용한다.
   계열 2 : 키에 의해 위치결정을 하는 경우, 예를 들면 축과 허브가 '억지끼워맞춤'으로 끼워 맞추고, 키에 의해 토크를 전달하지 않는 경우에 적용한다.
3. **계열 3**은 표에 나타내는 전단 단면적에서의 키의 전단 강도에 대응한다. 이 전단 단면적은 키가 키홈에 완전히 묻혀 있을 때 전단을 받는 부분의 계산 값이다.

3-6 | 접선키 [KS 미제정 DIN 268,271]

접선키(tangential key)는 키 홈을 접선 방향으로 내어 서로 반대 방향의 기울기를 가진 2개의 키를 조합한 것으로 강력한 체결법의 하나이다. 기울기가 1/100인 2조의 키(1조에 2개의 키)를 축에 원주방향으로 만든 키 홈에 때려 박으면 그 단면은 직사각형이 되어 묻힘키보다 축의 강도를 덜 저하시키면서 보다 더 큰 회전력을 전달할 수 있으며, 회전방향의 변화에도 요동이 없고 회전 방향이 양쪽 방향인 경우에는 중심각이 120°가 되는 위치에 두 쌍을 설치한다.

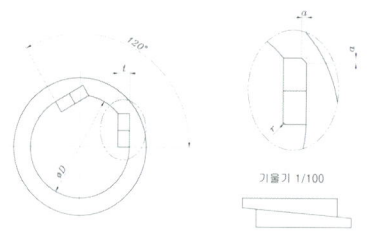

단위 ; mm

축지름	보통 하중용		변동 하중용		축 지름	보통 하중용		변동 하중용	
	t	b	t	b		t	b	t	b
60	7	19.3	-	-	420	30	108.2	42	126
70	7	21.0	-	-	440	30	110.9	44	132
80	8	24.0	-	-	460	30	113.6	46	138
90	8	25.6	-	-	480	34	123.1	48	144
100	9	28.6	10	30	500	34	125.9	50	150
110	9	30.1	11	33	520	34	128.5	52	156
120	10	33.2	12	36	540	38	138.1	54	162
130	10	34.6	13	39	560	38	140.8	56	168
140	11	37.7	14	42	580	38	143.5	58	174
150	11	39.1	15	45	600	42	153.1	60	180
160	12	42.1	16	48	620	42	155.8	62	186
170	12	43.5	17	51	640	42	158.5	64	192
180	12	44.9	18	54	660	46	168.1	66	198
190	14	49.6	19	57	680	46	170.8	68	204
200	14	51.0	20	60	700	46	173.4	70	210
210	14	52.4	21	63	720	50	183.0	72	216
220	16	57.1	22	66	740	50	185.7	74	222
230	16	58.5	23	69	760	50	188.4	76	228
240	16	59.9	24	72	780	54	198.0	78	234
250	16	64.6	25	75	800	54	200.7	80	240
260	18	66.0	26	78	820	54	203.4	82	246
270	18	67.4	27	81	840	58	213.0	84	252
280	20	72.1	28	84	860	58	215.7	86	258
290	20	73.5	29	87	880	58	218.4	88	264
300	20	74.8	30	90	900	62	227.9	90	270
320	22	81.0	32	96	920	62	230.6	92	276
340	22	83.6	34	102	940	62	233.2	94	282
360	26	93.2	36	108	960	66	242.9	96	288
380	26	95.9	38	114	980	66	245.6	98	294
400	26	98.6	40	120	1000	66	248.3	100	300

	축지름	60~150	160~240	250~340	360~460	480~680	700~1000
보통 하중용	홈의 구석 모양 r	1	1.5	2	2.5	3	4
	키의 모떼기 a	1.5	2	2.5	3	4	5
	축지름	100~220	230~300	380~460	480~580	600~860	880~1000
변동 하중용	홈의 구석 모양 r	2	3	4	5	6	8
	키의 모떼기 a	3	4	5	6	7	9

3-7 | 양쪽 키와 키 플레이트 [실무 데이터]

키플레이트(key plate)는 본체나 하우징 등에 축을 설치하고 나서 축의 회전 방지나 축이 구멍으로부터 빠져나가지 않도록 하기 위하여 축에 밀링커터로 일정 깊이로 홈 가공을 실시하고 그 홈에 직사각형 모양의 얇은 플레이트(plate)를 끼우고 본체나 하우징 등에 볼트로 조립하여 체결하는 축 관계 요소이다. 키플레이트의 재료는 일반적으로 열처리를 하지 않으며 KS D 3503 일반구조용 압연강재 2종 SS400 정도의 재질이면 적당하다.

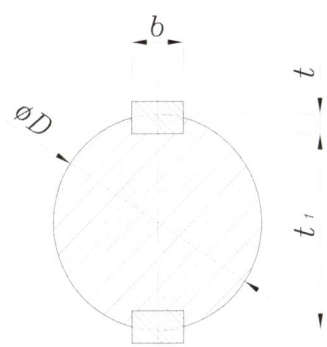

■ 1축에 2개의 키를 사용할 때의 키와 키홈 치수

단위 : mm

축 지름 D		키	키 홈	
		폭 b×높이 h	축 쪽 t	보스 쪽 t_1
15 이상	28 이하	5 × 3	1.8	D + 1.3
28 초과	38 이하	6 × 4	2.5	D + 1.7
38 초과	50 이하	8 × 5	3	D + 2.2
50 초과	65 이하	10 × 6	3.5	D + 2.7
60 초과	95 이하	12 × 8	4.5	D + 3.7
95 초과	125 이하	16 × 10	5	D + 5.2
125 초과	155 이하	20 × 12	6	D + 6.3
155 초과	185 이하	24 × 14	7	D + 7.3
185 초과	215 이하	28 × 16	8	D + 8.3
215 초과	250 이하	32 × 18	9	D + 9.3
250 초과	290 이하	36 × 20	10	D + 10.3
290 초과	340 이하	40 × 22	11	D + 11.3
340 초과	400 이하	45 × 25	13	D + 12.3

■ 키 플레이트 (KS 미지정)

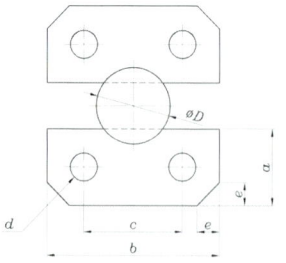 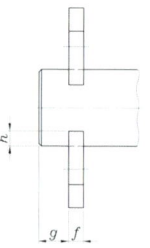

단위 : mm

축 지름 D	a	b	c	d	e	f	g	h	PLATE 수량	볼트 지름×수량
30~40	30	70	40	11	9	6	12	6	1	3/8×2
40~50	40	90	50	14	12	6	12	8	1	1/2×2
50~60	40	100	60	18	12	8	12	10	1	5/8×2
60~75	40	120	80	18	12	10	15	12	1	5/8×2
75~95	50	150	100	22	15	12	18	14	1	3/4×2
95~120	50	170	120	22	15	12	18	16	2	3/4×4
120~150	60	210	150	24	18	16	24	20	2	7/8×4
150~190	60	250	190	27	18	20	30	25	2	1×4

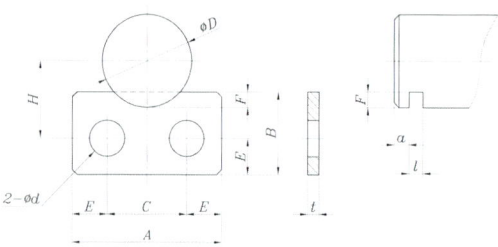

■ 키플레이트에 관한 참고 실무 규격

단위 : mm

호칭	적용하는 축지름 D	A	B	C	E	F	t	d	a	l	H
18	18 이하	30	16	16	7	3	2,3	7	3	2,8	6 + D/2
30	18 초과 30 이하	36	21	20	8	4	3,2	9	4	3,7	9 + D/2
50	30 초과 50 이하	41	23	25	8	6	4,5	9	5	5	9 + D/2
80	50 초과 80 이하	54	28	34	10	8	6	11	6	7	10 + D/2
100	80 초과 100 이하	69	35	45	12	10	10	14	10	11	13 + D/2

주▶
1. 재료는 일반구조용 압연강재 또는 열간 압연 박강판을 사용한다.
2. 볼트 취부 치수 H에 대하여 볼트의 허용하중 이상의 과도한 스러스트 및 레이디얼 하중이 걸리지 않는 곳에 사용한다.

3-8 | 고정 녹 [KS 미제정]

고정 녹(knock)은 축과 허브를 끼워맞춤한 후에 축과 허브에 구멍을 가공하여 축과 허브를 평행핀이나 테이퍼핀을 사용하여 고정시키는 경우에 사용한다. 사용법이 간단하다는 장점은 있지만, 비교적 힘이 적게 걸리는 부품의 고정이나 전달토크가 작은 곳의 고정용으로 사용한다. 핀을 때려 박는 위치에 따라서 축과 보스를 고정시키는 방법이 있는데 가공 축선 고정 녹, 축 직각 고정 녹으로 구분하며 설치방법이 아주 간단하기 때문에 키의 대용으로도 사용된다.

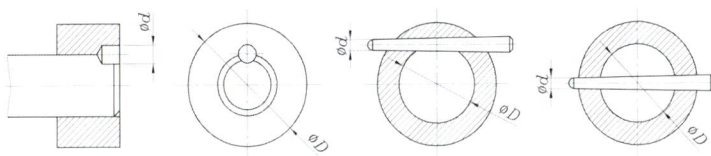

단위 ; mm

축 지름 D (초과~이하)	d	축 지름 D (초과~이하)	d	축 지름 D (초과~이하)	d
10~13	3	10~13	2.5	10~13	2.5
13~20	5	13~20	3	13~20	3
20~30	8	20~30	4	20~30	4
30~40	10	30~40	5	30~40	5
40~50	12	40~50	7	40~50	7
50~60	15	50~60	8	50~60	8
60~70	18	60~80	10	60~80	10
70~80	20	80~110	13	80~110	13
80~95	24	110~140	16	110~140	16
95~110	28	140~180	20	140~180	20
110~125	32	180 ~ 200	25	180 ~ 200	25
125~140	35				
140~160	40				
160~180	45				
180~200	50				

3-9 | 키의 선정과 키홈을 갖는 축의 강도 설계

키의 재료로는 일반적으로 인장강도 600 MPa 이상의 탄소강을 사용하므로 키의 허용 전단응력 τ_a는 30~40 MPa, 허용면압 p_a는 100~150 MPa가 선택된다. 단 구멍 측을 축방향으로 습동시키는 경우에는 키의 면압을 10 MPa 이하로 할 필요가 있다. 축직경을 d, 키의 너비 b, 키의 유효길이 l, 구멍 측의 키홈 깊이를 t_2 하면 전달하려는 최대 토크(torque)는 허용전단응력 τ_a 및 허용면압 p_a로부터 각각 다음과 같은 식이 주어진다.

$$T_\tau = \frac{\tau_a lbd}{2}, \quad T_p = \frac{\tau_a lt_2 d}{2}$$

이 중에서 작은 쪽이 전달하려는 최대 토크가 된다. 키홈을 설계한 축은 키홈 부분에 응력 집중 현상이 발생하기 때문에 키홈이 없는 축에 비해서 축의 강도가 저하된다. 따라서 키홈이 있는 축의 비틀림 응력 τ'와 그것과 같은 지름의 키홈이 없는 축의 비틀림 응력 τ의 비를 e 라고 하면, 그 비는 다음의 Moore의 실험식으로 주어진다.

$$e = \frac{\tau'}{\tau} = 1.0 - 0.2\frac{d}{b} - 1.1\frac{t}{d}$$ 여기서, b : 키의 너비, t : 키홈의 깊이, d : 축의 지름

또, 아래와 같이 키 홈이 있는 축에 대한 간이계산법도 있다.

① KS에 규격화 되어 있는 키의 치수를 윗 식에 대입하고 e 의 값을 구하면, 20mm 이상의 축 직경에서는 $e = 0.75 \sim 0.85$ 정도가 되므로 키홈이 있는 경우의 허용응력을 키홈이 없는 경우의 75%로 한다.
② 키 홈이 있는 축의 강도를 구할 때 아래 그림에 나타낸 것과 같이 키홈의 아랫면에 접하는 내접원을 가상의 축으로 생각하고 강도를 계산한다.

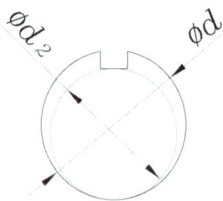

키홈이 있는 축의 가상 직경

예제

회전수 N=1300rpm, W=3.7kW인 전동 모터가 있다고 하자. 이 때 모터 축과 종동축을 평행키로 연결하려고 한다. 위의 간이계산법 ①을 이용해서 키의 형상과 축의 직경을 구하시오. 단, 축의 허용전단응력 $\tau_a = 30 MPa$로 하고, 키의 허용면압 $p_a = 150 MPa$, 허용전단응력 $\tau_k = 40 MPa$로 한다.

▶ 풀 이

먼저 모터의 토크를 구하면,

$$T = \frac{30\,W}{\pi\,N} = \frac{30 \times 3700}{\pi \times 1300} = 27.2 Nm$$

축의 허용전단응력을 0.75 τ_a로 해서 축 지름을 계산하면,

$$d = \sqrt[3]{\frac{16 \cdot T}{\pi \tau_a}} = \sqrt[3]{\frac{16 \times 27.2}{\pi \times 0.75 \times 3 \times 10^7}} = 0.0183\,m = 18.3\,mm$$

따라서 축 지름은 19mm가 구해진다.

다음으로 키의 측면에 작용하는 힘을 구하면,

$$P = \frac{T}{\left(\dfrac{d}{2}\right)} = \frac{27.2}{\left(\dfrac{0.019}{2}\right)} = 2860\,N$$

키의 길이 $l = d$로 하면 키홈의 깊이 $t = \dfrac{h}{2}$ 및 폭 b를 구하면,

키홈의 깊이 $t = \dfrac{P}{(l\,p_a)} = \dfrac{2860}{(0.019 \times 15 \times 10^7)} = 10 \times 10^{-3}\,m$

키홈의 너비 $b = \dfrac{P}{(l\,\tau_k)} = \dfrac{2860}{(0.019 \times 4 \times 10^7)} = 3.76 \times 10^{-3}\,m$

KS B 1311을 참고로 해서 $b \times h = 4 \times 4$의 키를 선정한다.

$$e = \frac{\tau'}{\tau} = 1.0 - 0.2\frac{d}{b} - 1.1\frac{t}{d}$$

윗 식을 이용하여 e 값을 계산하면 $e\,(d = 19\,mm) = 0.84$가 되며 간이계산법 ①은 Moore의 실험식 보다도 안전율을 크게 잡고 있지만 실제로는 거의 영향은 없다.

3-10 | 스플라인

1. 원통형 축의 각형 스플라인 호칭치수 [KS B 2006 : 2003(IDT ISO 14 : 1982)]

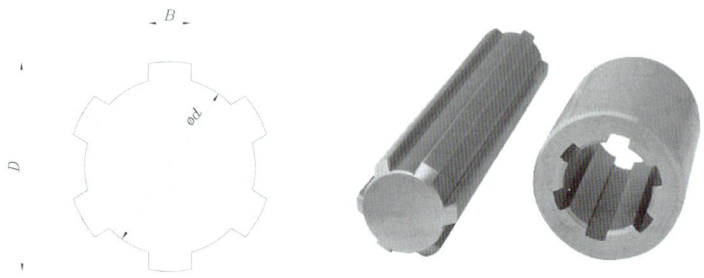

스플라인 축 및 구멍

단위 : mm

호칭지름 d	경 하중용				호칭지름 d	중간 하중용			
	호칭 N x d x D	홈의 수 N	큰지름 D	홈의 폭 B		호칭 N x d x D	홈의 수 N	큰지름 D	홈의 폭 B
11	-	-	-	-	11	6x11x14	6	14	3
13	-	-	-	-	13	6x13x16	6	16	3.5
16	-	-	-	-	16	6x16x20	6	20	4
18	-	-	-	-	18	6x18x22	6	22	5
21	-	-	-	-	21	6x21x25	6	25	5
23	6x23x26	6	26	6	23	6x23x28	6	28	6
26	6x26x30	6	30	6	26	6x26x32	6	32	6
28	6x28x32	6	32	7	28	6x28x34	6	34	7
32	8x32x36	8	36	6	32	8x32x38	8	38	6
36	8x36x40	8	40	7	36	8x36x42	8	42	7
42	8x42x46	8	46	8	42	8x42x48	8	48	8
46	8x46x50	8	50	9	46	8x46x54	8	54	9
52	8x52x58	8	58	10	52	8x52x60	8	60	10
56	8x56x62	8	62	10	56	8x56x65	8	65	10
62	8x62x68	8	68	12	62	8x62x72	8	72	12
72	10x72x78	10	78	12	72	10x72x82	10	82	12
82	10x82x88	10	88	12	82	10x82x92	10	92	12
92	10x92x98	10	98	14	92	10x92x102	10	102	14
102	10x102x108	10	108	16	102	10x102x112	10	112	16
112	10x112x120	10	120	18	112	10x112x125	10	125	18

■ 구멍 및 축의 공차

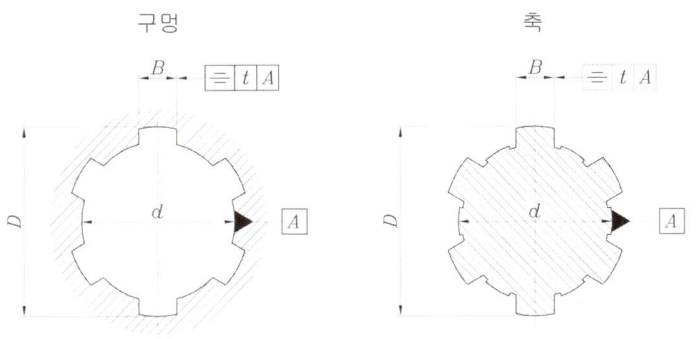

구멍 공차						축공차			고정형태
브로칭 후 열처리하지 않은 것			브로칭 후 열처리한 것						
B	D	d	B	D	d	B	D	d	
H9	H10	H7	H11	H10	H7	d10	a11	f7	미끄럼형
						f9	a11	g7	근접 미끄럼형
						h10	a11	h7	고정형

■ 대칭에서의 공차

단위 : mm

스플라인 나비 B	3	3, 5, 4, 5, 6	7, 8, 9, 10	12, 14, 16, 18
대칭에서 공차 t	0.010 (IT7)	0.012 (IT7)	0.015 (IT7)	0.018 (IT7)

■ 스플라인의 재질 및 열처리 [참고]

요구 재질과 열처리	소재의 열처리	소재 경도, HB	비 고
SM43C 담금질, 뜨임	담금질, 뜨임 (뜨임 온도 630~680℃)	170~200	강도가 그다지 필요없는 축
SM43C 고주파 열처리, 뜨임	담금질, 뜨임 (뜨임 온도 603~680℃)	170~200	고강도가 필요한 축
표면 경화재 침탄 열처리, 뜨임	불림	170~200	
일반 구조용 압연강재		180 이하	

주▶ 위 표 이외의 재질을 사용하는 경우의 열처리에 관해서는 별도로 제조사와 협의할 것.

2. 스플라인 및 세레이션의 표시방법 [KS B ISO 6413 : 변경전 KS B 0008]

① 스플라인 이음(spline joint)
원통 모양 축의 바깥둘레에 설치한 등간격의 이(齒)와 이것과 관련하는 원통 모양 구멍의 안둘레에 설치한 축과 같은 간격의 끼워 맞추는 홈이 동시에 물림으로써 토크를 전달하는 결합된 동축의 기계요소[KS B ISO 4156]

② 인벌류트 스플라인(involute spline)
잇면의 윤곽이 인벌류트 곡선의 이 또는 홈을 가진 스플라인 이음의 축 또는 구멍[KS B ISO 4156]

③ 각형 스플라인(straight-sided spline)
잇면의 윤곽이 평행 평면의 이 또는 홈을 가진 스플라인 이음의 축 또는 구멍

④ 세레이션(serration)
잇면의 윤곽이 일반적으로 60°인 압력각의 이 또는 홈을 가진 스플라인 이음의 축 또는 구멍

3. 그림 기호

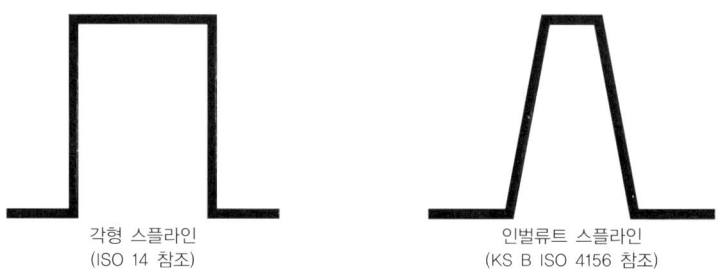

각형 스플라인
(ISO 14 참조)

인벌류트 스플라인
(KS B ISO 4156 참조)

4. 호칭 방법의 지시 방법

호칭 방법은 그 형체 부근에 반드시 스플라인 이음의 윤곽에서 인출선을 끌어내어서 지시하는 것이 좋다.

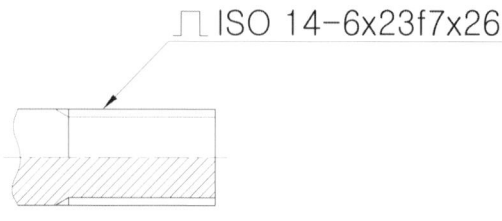

스플라인 이음이 위의 규정에 따르지 않는 경우 또는 그 요구사항을 수정한 경우에는 필요사항을 그 도면 안이나 다른 관련 문서에 표의 형식으로 표시함과 동시에 적용하는 윤곽에 인출선 및 도면기호를 사용하여 조합시켜야 한다.

5. 스플라인 이음의 완전한 도시

정확한 치수에서 모든 상세부를 나타내는 스플라인 이음의 완전한 도시는 보통은 기술 도면에는 필요하지 않으므로 피하는 것이 좋다. 만일 그와 같은 도시를 하여야 할 경우에는 ISO 128에 규정하는 도형의 표시 방법을 적용한다.

6. 각형 스플라인 및 인벌류트 스플라인의 간단한 도시

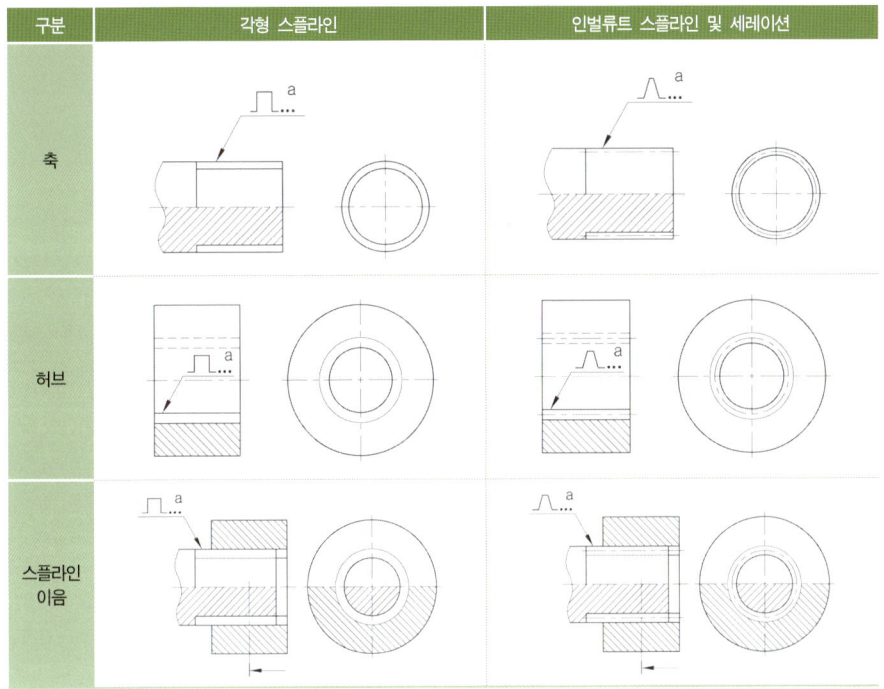

- 세부의 도시(축 및 허브)

  기본 원칙에 따라 스플라인 이음의 부분은 이를 가공하지 않은 중실 부분으로 도시하고, 여기에 가는 실선(ISO 128의 선의 종류 B 참조)으로 이 뿌리면을, 또는 가는 일점쇄선(ISO 128의 선의 종류 G 참조)으로 피치면을 도시한다.

7. 스플라인 축 및 구멍의 제도

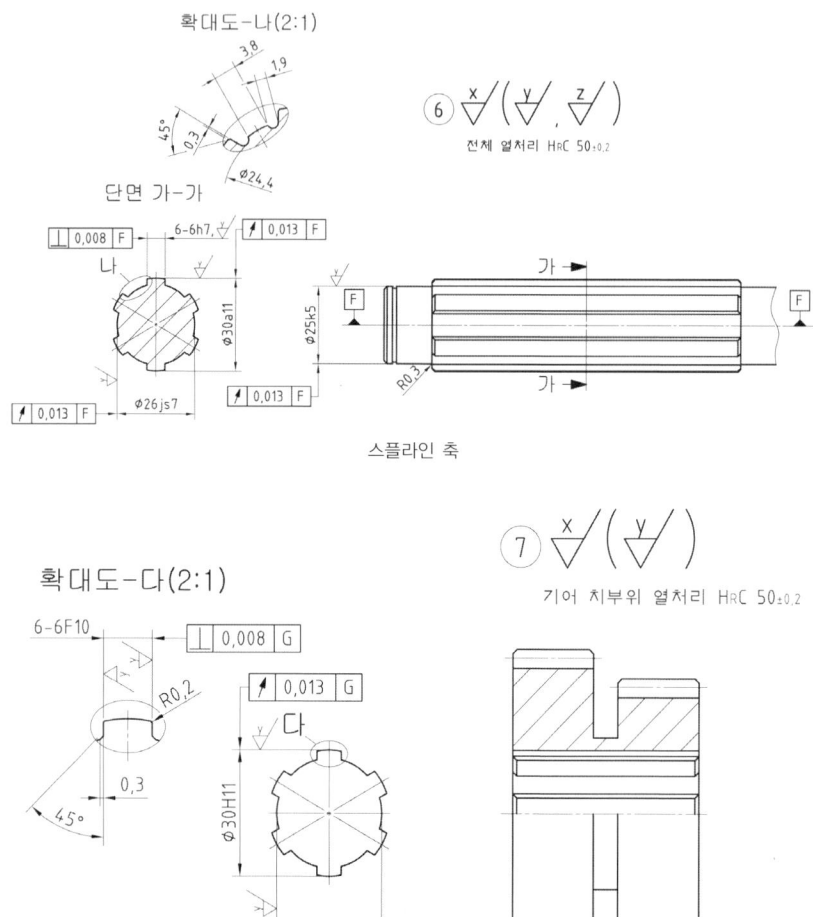

Chapter 4

멈춤링 규격 데이터

4-1 | 축용 C형 멈춤링 (1) [KS B 1336 : 1980 (2010확인)]

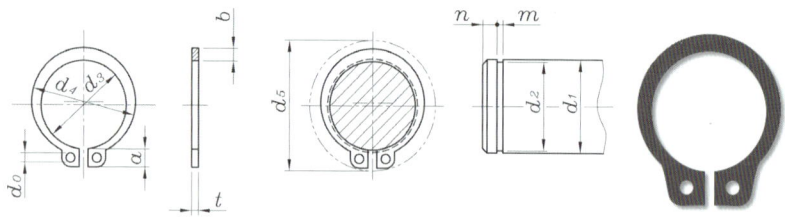

지름 d_0의 구멍위치는 멈춤링을 적용하는 축에 끼워졌을 때 홈에 가려지지 않도록 한다.
d_5는 축에 끼울 때의 바깥 둘레의 최대 지름

호칭			멈춤링						적용하는 축(참고)					
			d_3		t		b	a	d_5	d_1	d_2		m		n
1	2	3	기준치수	허용차	기준치수	허용차	약	약	최소		기준치수	허용차	기준치수	허용차	최소
10			9.3	±0.15			1.6	3	1.5	17	10	9.6	0 / -0.09			
	11		10.2				1.8	3.1		18	11	10.5				
12			11.1				1.8	3.2		19	12	11.5				
		13	12		1	±0.05	1.8	3.3		20	13	12.4		1.15		
14			12.9				2	3.4		22	14	13.4				
15			13.8	±0.18			2.1	3.5		23	15	14.3	0 / -0.11			
16			14.7				2.2	3.6	1.7	24	16	15.2				
17			15.7				2.2	3.7		25	17	16.2				
18			16.5				2.6	3.8		26	18	17				
	19		17.5				2.7	3.8		27	19	18				
20			18.5				2.7	3.9		28	20	19				1.5
		21	19.5		1.2		2.7	4		30	21	20				
22			20.5				2.7	4.1		31	22	21		1.35		
	24		22.2				3.1	4.2		33	24	22.9				
25			23.2	±0.2		±0.06	3.1	4.3	2	34	25	23.9	0 / -0.21		+0.14 / 0	
	26		24.2				3.1	4.4		35	26	24.9				
28			25.9				3.1	4.6		38	28	26.6				
		29	26.9				3.5	4.7		39	29	27.6				
30			27.9				3.5	4.8		40	30	28.6		1.75		
32			29.6		1.6		3.5	5		43	32	30.3				
		34	31.5				4	5.3		45	34	32.3				
35			32.2	±0.25			4	5.4		46	35	33				
	36		33.2				4	5.5		47	36	34				
	38		35.2				4.5	5.6		50	38	36				
40			37		1.8		4.5	5.8	2.5	53	40	38	0 / -0.25	1.95		
	42		38.5			±0.07	4.5	6.2		55	42	39.5				2
45			41.5				4.8	6.3		58	45	42.5				
	48		44.5	±0.4			4.8	6.5		62	48	45.5				
50			45.8		2		5	6.7		64	50	47		2.2		
		52	47.8				5	6.8		66	52	49				

■ 축용 C형 멈춤링 (2)

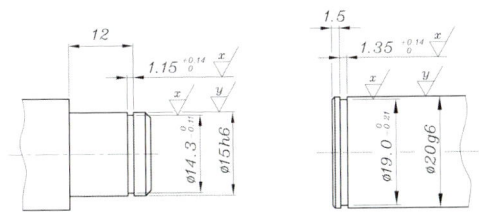

호 칭			멈춤링						적용하는 축(참고)					
			d_3		t		b	a	d_5	d_1	d_2		m		n
1	2	3	기준치수	허용차	기준치수	허용차	약	약	최소			기준치수	허용차	기준치수	허용차	최소
55			50.8				5	7		70	55	52				
	56		51.8				5	7		71	56	53				
		58	53.8		2	±0.07	5.5	7.1		73	58	55		2.2		2
60			55.8				5.5	7.2		75	60	57				
		62	57.8				5.5	7.2		77	62	59				
		63	58.8				5.5	7.3		78	63	60				
65			60.8				6.4	7.4	2.5	81	65	62	0 -0.3		+0.14 0	
		68	63.5	±0.45			6.4	7.8		84	68	65				
70			65.5				6.4	7.8		86	70	67				
		72	67.5		2.5	±0.08	7	7.9		88	72	69		2.7		2.5
75			70.5				7	7.9		92	75	72				
		78	73.5				7.4	8.1		95	78	75				
80			74.5				7.4	8.2		97	80	76.5				
		82	76.5				7.4	8.3		99	82	78.5				
85			79.5				8	8.4		103	85	81.5				
	88		82.5				8	8.6		106	88	84.5				
90			84.5		3		8	8.7		108	90	86.5	0 -0.35	3.2		3
95			89.5				8.6	9.1		114	95	91.5				
100			94.5			3	9	9.5		119	100	96.5				
	105		98	±0.55		±0.09	9.5	9.8		125	105	101			+0.18 0	
110			103				9.5	10		131	110	106				
		115	108		4		9.5	10.5		137	115	111	0 -0.54	4.2		4
120			113				10.3	10.9		143	120	116				
		125	118				10.3	11.3	3.5	148	125	121	0 -0.63			

주 ▶ (1) : 호칭은 1란의 것을 우선하며, 필요에 따라서 2란, 3란의 순으로 한다. 또한, 3란은 앞으로 폐지할 예정이다.
(2) : 두께 t=1.6mm는 당분간 1.5mm로 할 수 있다. 이때 m=1.65mm로 한다.

[비 고]
(1) 멈춤링 원환 부의 최소 나비는 판 두께 t보다 작지 않아야 한다.
(2) 적용하는 축의 치수는 권장하는 치수를 참고로 표시한 것이다.
(3) d_4치수(mm)는 $d_4=d_3+(1.4~1.5)b$로 하는 것이 바람직하다.

4-2 | 구멍용 C형 멈춤링 (1) [KS B 1336 : (2010 확인)]

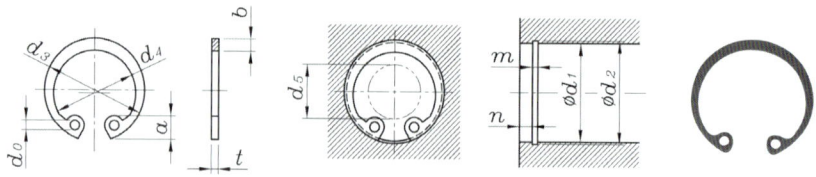

지름 d_0의 구멍위치는 멈춤링을 적용하는 축에 끼워졌을 때 홈에 가려지지 않도록 한다.
d_5는 구멍에 끼울 때의 안둘레의 최대 지름

호 칭			멈춤링							적용하는 구멍 (참고)					
			d_3		t		b	a	d_0	d_5	d_1	d_2		m		n
1	2	3	기준치수	허용차	기준치수	허용차	약	약	최소			기준치수	허용차	기준치수	허용차	최소
10			10.7	±0.18	1	±0.05	1.8	3.1	1.2	3	10	10.4	+0.11 / 0	1.15		1.5
11			11.8				1.8	3.2		4	11	11.4				
12			13				1.8	3.3	1.5	5	12	12.5				
	13		14.1				1.8	3.5		6	13	13.6				
14			15.1				2	3.6		7	14	14.6				
	15		16.2				2	3.6		8	15	15.7				
16			17.3				2	3.7	1.7	8	16	16.8				
	17		18.3				2	3.8		9	17	17.8				
18			19.5				2.5	4		10	18	19				
19			20.5				2.5	4		11	19	20				
20			21.5				2.5	4		12	20	21				
		21	22.5	±0.2			2.5	4.1		12	21	22	+0.21 / 0			
22			23.5				2.5	4.1		13	22	23				
	24		25.9				2.5	4.3	2	15	24	25.2		+0.14 / 0		
25			26.9				3	4.4		16	25	26.2				
	26		27.9		1.2		3	4.6		16	26	27.2				
28			30.1				3	4.6		18	28	29.4		1.35		
30			32.1				3	4.7		20	30	31.4				
32			34.4			±0.06	3.5	5.2		21	32	33.7				
		34	36.5	±0.25			3.5	5.2		23	34	35.7				
35			37.8				3.5	5.2		24	35	37				
	36		38.8		1.6		3.5	5.2		25	36	38		1.75		
37			39.8				3.5	5.2		26	37	39	+0.25 / 0			
	38		40.8				4	5.3	2.5	27	38	40				2
40			43.5				4	5.7		28	40	42.5				
42			45.5	±0.4			4	5.8		30	42	44.5		1.95		
45			48.5		1.8	±0.07	4.5	5.9		33	45	47.5				
47			50.5	±0.45			4.5	6.1		34	47	49.5		1.9		

■ 구멍용 C형 멈춤링 (2)

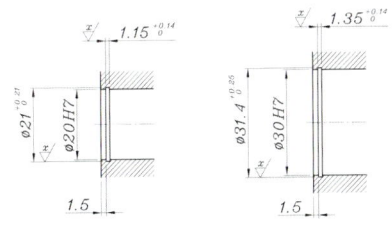

호 칭			멈춤링						적용하는 구멍(참고)						
			d_3		t		b	a	d_0	d_5	d_1	d_2		m		n
1	2	3	기준치수	허용차	기준치수	허용차	약	약	최소			기준치수	허용차	기준치수	허용차	최소
	48		51.5		1.8		4.5	6.2		35	48	50.5		1.9		
50			54.2				4.5	6.5		37	50	53				
52			56.2				5.1	6.5		39	52	55				
55			59.2				5.1	6.5		41	55	58				
	56		60.2		2	±0.07	5.1	6.6		42	56	59		2.2		2
		58	62.2				5.1	6.8		44	58	61				
60			64.2	±0.45			5.5	6.8		46	60	63	+0.3 0		+0.14 0	
62			66.2				5.5	6.9		48	62	65				
	63		67.2				5.5	6.9	2.5	49	63	66				
	65		69.2				5.5	7		50	65	68				
68			72.5				6	7.4		53	68	71				
	70		74.5				6	7.4		55	70	73				
72			76.5		2.5	±0.08	6.6	7.4		57	72	75		2.7		2.5
75			79.5				6.6	7.8		60	75	78				
		78	82.5				6.6	8		62	78	81				
80			85.5				7	8		64	80	83.5				
		82	87.5				7	8		66	82	85.5				
85			90.5				7	8		69	85	88.5				
		88	93.5				7.6	8.2		71	88	91.5	+0.35 0			
90			95.5				7.6	8.3		73	90	93.5				
		92	97.5		3		8	8.3		74	92	95.5		3.2		3
95			100.5	±0.55			8	8.5		77	95	98.5				
		98	103.5				8.3	8.7		80	98	101.5				
100			105.5				8.3	8.8	3	82	100	103.5				
		102	108			±0.09	8.9	9		83	102	106			+0.18 0	
	105		112				8.9	9.1		86	105	109				
		108	115				8.9	9.5		87	108	112	+0.54 0			
110			117		4		8.9	10.2		89	110	114		4.2		4
	112		119				8.9	10.2		90	112	116				
	115		122				9.5	10.2		94	115	119				
120			127	±0.65			9.5	10.7		98	120	124	+0.63 0			
125			132				10	10.7	3.5	103	125	129				

4-3 | E형 멈춤링의 KS 규격 [KS B 1337 : 1985 (2010확인)]

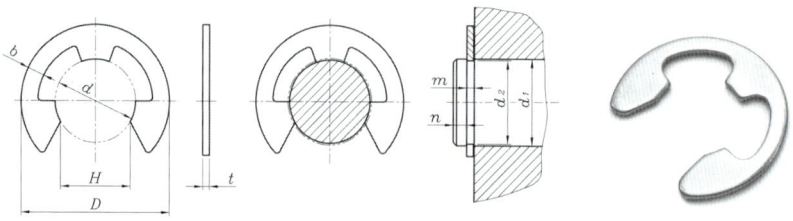

호칭지름	멈춤링											적용하는 축 (참고)					
	d		D		H		t		b	d_1의 구분		d_2		m		n	
	기본치수	허용차	기본치수	허용차	기본치수	허용차	기본치수	허용차	약	초과	이하	기본치수	허용차	기본치수	허용차	최소	
0.8	0.8	0 -0.08	2	±0.1	0.7	0 -0.25	0.2	±0.02	0.3	1	1.4	0.8	+0.05 0	0.3	+0.05 0	0.4
1.2	1.2		3		1		0.3	±0.025	0.4	1.4	2	1.2		0.4		0.6
1.5	1.5		4		1.3		0.4		0.6	2	2.5	1.5				0.8
2	2	0 -0.09	5		1.7		0.4	±0.03	0.7	2.5	3.2	2	+0.06 0	0.5		
2.5	2.5		6		2.1		0.4		0.8	3.2	4	2.5				1
3	3		7		2.6		0.6		0.9	4	5	3				
4	4		9	±0.2	3.5	0 -0.30	0.6		1.1	5	7	4	+0.075 0	0.7		
5	5	0 -0.12	11		4.3		0.6		1.2	6	8	5			+0.1 0	1.2
6	6		12		5.2		0.8	±0.04	1.4	7	9	6				
7	7		14		6.1		0.8		1.6	8	11	7		0.9		1.5
8	8	0 -0.15	16		6.9		0.8		1.8	9	12	8	+0.09 0			1.8
9	9		18		7.8	0 -0.35	0.8		2.0	10	14	9				
10	10		20		8.7		1.0		2.2	11	15	10				2
12	12		23		10.4		1.0	±0.05	2.4	13	18	12	+0.11 0	1.15		2.5
15	15	0 -0.18	29	±0.3	13.0	0 -0.45	1.6	±0.06	2.8	16	24	15			+0.14 0	3
19	19		37		16.5		1.6		4.0	20	31	19		1.75		3.5
24	24	0 -0.21	44		20.8	0 -0.50	2.0	±0.07	5.0	25	38	24	+0.13 0	2.2		4

주▶
(1) d의 측정에는 한계 플러그 게이지를 사용한다.
(2) D의 측정에는 KS B 5203의 버어니어 캘리퍼스를 사용한다.
(3) H의 측정에는 한계 플러그 게이지, 한계 납작 플러그 게이지 또는 KS B 5203의 버어니어 캘리퍼스를 사용한다.
(4) t의 측정에는 KS B 5203의 마이크로미터 또는 한계 스냅 게이지를 사용한다.
(5) 두께 t=1.6mm는 당분간 1.5mm로 할 수 있다. 이때 m=1.65mm로 한다.

[비 고] • 적용하는 축의 치수는 권장하는 치수를 참고로 표시한 것이다.

■ E형 멈춤링의 치수 적용 예

여러 가지 스냅링

4-4 | 축용 C형 동심 멈춤링 [KS B 1338 : 1980 (2010 확인)]

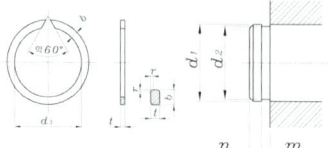
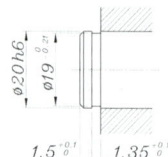

호칭			멈춤링						적용하는 축(참고)				
			d_3		t		b	r	d_1	d_2		m	n
1	2	3	기준치수	허용차	기준치수	허용차	기준치수	최대		기준치수	허용차	기준치수	허용차	최소
20			18.7						20	19				
22			20.7		1.2		2	0.3	22	21	0	1.35		
		22.4	21.1						22.4	21.5	−0.21			
25			23.4	0					25	23.9				
28			26.1	−0.5		±0.07		±0.1		28	26.6			
30			28.1						30	28.6			1.5	
		31.5	29.3		1.6		2.8	0.5	31.5	29.8		1.75		
32			29.8						32	30.3				
35			32.5						35	33				
		35.5	33						35.5	33.5	0			
40			37.4	0					40	38	−0.25		+0.14 0	
	42		38.9	−1.0	1.75		3.5		42	39.5		1.9		
45			41.9						45	42.5				
50			46.3						50	47				2
55			51.3						55	52				
	56		52.3		2	±0.08	4	±0.12		56	53		2.2	
60			56.3						60	57				
		63	59.3	0					63	60	0			
65			61.3	−1.2				0.7	65	62	−0.3			
70			66						70	67				
		71	67		2.5		5		71	68		2.7		2.5
75			71						75	72				
80			75.1						80	76.5				
85			80.1						85	81.5				
90			85.1		3		6		90	86.5	0	3.2		3
95			90.1						95	91.5	−0.35			
100			95.1						100	96.5				
105			98.8	0					105	101				
110			103.8	−1.4					110	106	0			
		112	105.8				8		112	108	−0.54			
120			113.8						120	116				
	125		118.7			±0.09		±0.15		125	121			+0.18 0	
130			123.7						130	126				
140			133.2		4				1.2	140	136		4.2		4
150			142.7						150	145	0			
160			151.7	0					160	155	−0.63			
170			161.2	−2.5			10		170	165				
180			171.2						180	175				
190			181.1						190	185	0			
200			191.1	0 −3.0					200	195	−0.72			

주 ▶ (1) 호칭은 1란의 것을 우선으로 하고, 필요에 따라서 2란, 3란(앞으로 폐지 예정)의 순으로 한다.
(2) 두께 t=1.6mm는 당분간 1.5mm로 할 수 있다. 이 경우 m=1.65

[비 고] (1) 적용하는 축의 치수는 권장하는 치수를 참고로 표시한 것이다.

4-5 구멍용 C형 동심 멈춤링 [KS B 1338 : 1980 (2010확인)]

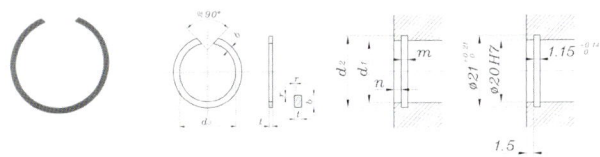

호 칭			멈춤링						적용하는 축(참고)					
			d_3		t		b		r	d_1	d_2		m		n
1	2	3	기준치수	허용차	기준치수	허용차	기준치수	허용차	최대		기준치수	허용차	기준치수	허용차	최소
20			21.3		1					20	21		1.15		
22			23.3							22	23				
		22.4	25.7	+0.5 0			2		0.3	24	25.2	+0.21 0			1.5
25			26.7							25	26.2				
		26	27.7		1.2	±0.07		±0.1		26	27.2		1.35		
28			29.9							28	29.4				
30			31.9							30	31.4				
	32		34.2							32	33.7				
35			37.5							35	37		1.75		
		35.5	39.5	+1.0 0	1.6		2.8		0.5	37	39				
40			43.1							40	42.5				
	42		45.1							42	44.5	+0.25 0	1.9	+0.14 0	
45			48.1		1.75		3.5			45	47.5				
	47		50.1							47	49.5				2
50			53.8							50	53				
52			55.8							52	55				
55			58.8		2	±0.08	4	±0.12		55	58		2.2		
	56		59.8	+1.2 0						56	59				
62			65.8						0.7	62	65				
	63		66.8							63	66	+0.3 0			
68			72.1							68	71				
72			76.1		2.5		5			72	75		2.7		2.5
75			79.1							75	78				
80			85							80	83.5				
85			90							85	88.5				
90			95		3		6			90	93.5	+0.35 0	3.2		3
95			100	+1.4 0						95	98.5				
100			105							100	103.5				
105			111.2							105	109				
110			116.2							110	114	+0.54 0			
		112	118.2				8			112	116				
115			121.2							115	119				
120			126.2							120	124				
125			131.5							125	129			+0.18 0	
130			136.5			±0.09		±0.15		130	134				
140			146.5	+2.5 0	4		9		1.2	140	144	+0.63 0	4.2		4
		145	151.5							145	149				
150			157.5							150	155				
160			167.7							160	165				
		165	173.2				10			165	170				
170			178.2							170	175				
180			188.2							180	185	+0.72 0			
190			198.2	+3.0 0						190	195				
200			208.2							200	205				

주 ▶
(1) 호칭은 1란의 것을 우선으로 하고, 필요에 따라서 2란, 3란(앞으로 폐지 예정)의 순으로 한다.
(2) 두께 t=1.6mm는 당분간 1.5mm로 할 수 있다. 이 경우 m=1.65mm로 한다.

4-6 | 스냅링과 스냅링 플라이어의 사용

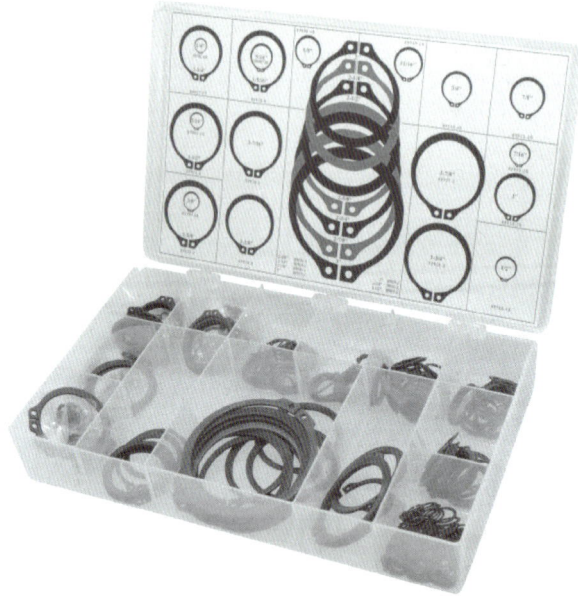

축용 스냅링 KIT

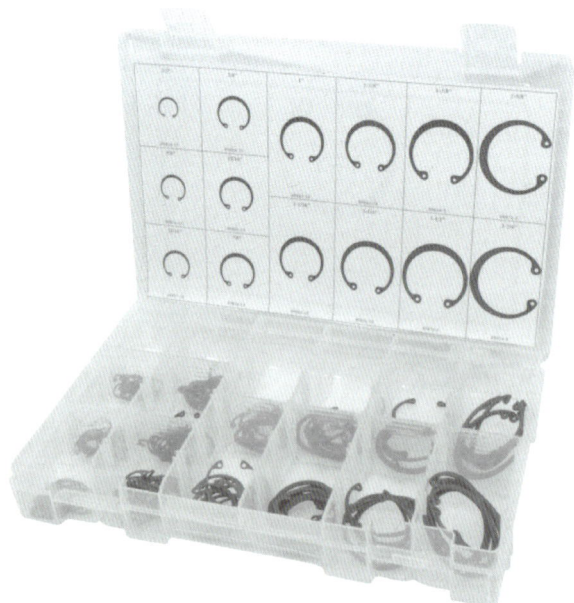

구멍용 스냅링 KIT

축 및 구멍용 스냅링 플라이어

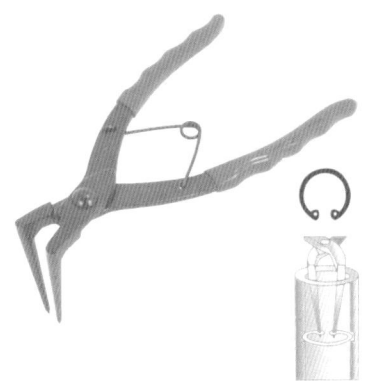 

깊은 구멍용 스냅링 플라이어 　　　　축용 스냅링의 설치

 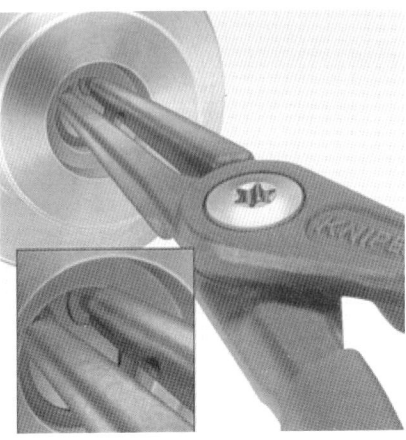

스냅링 & 플라이어 세트 　　　　구멍용 스냅링의 설치

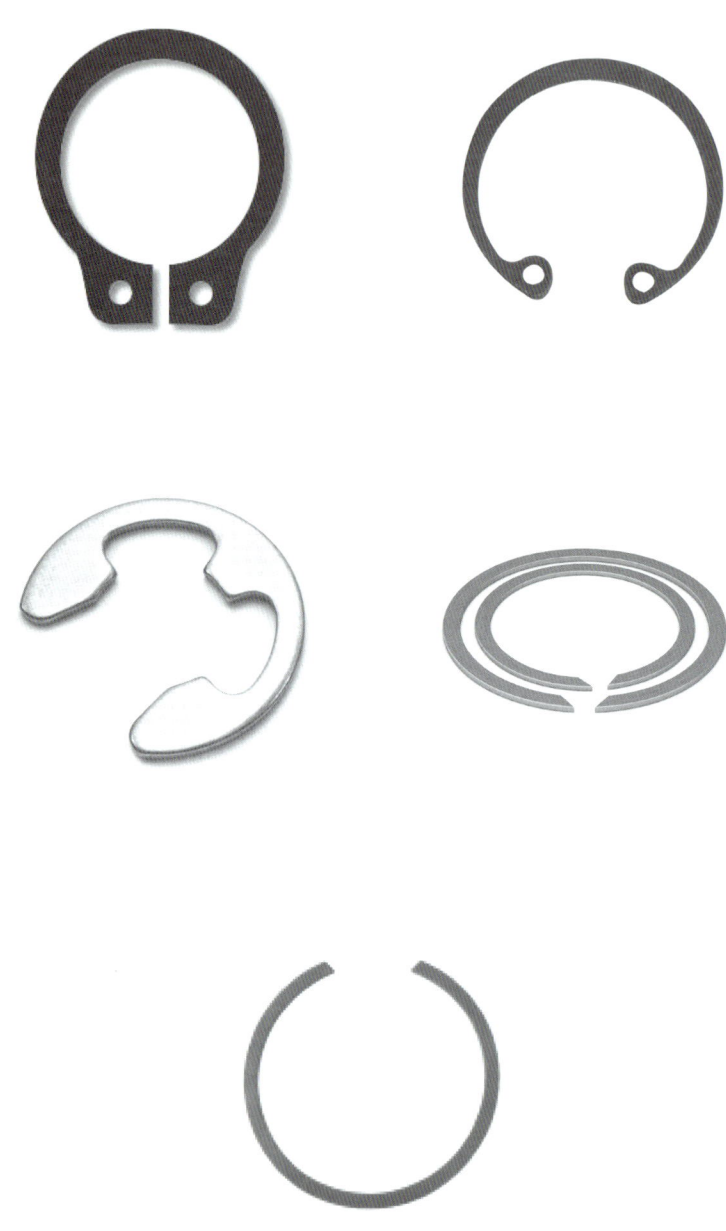

Chapter 5

볼트 규격 데이터

5-1 | 6각 구멍붙이 볼트 KS B 1003 : 2000 (2011 확인)

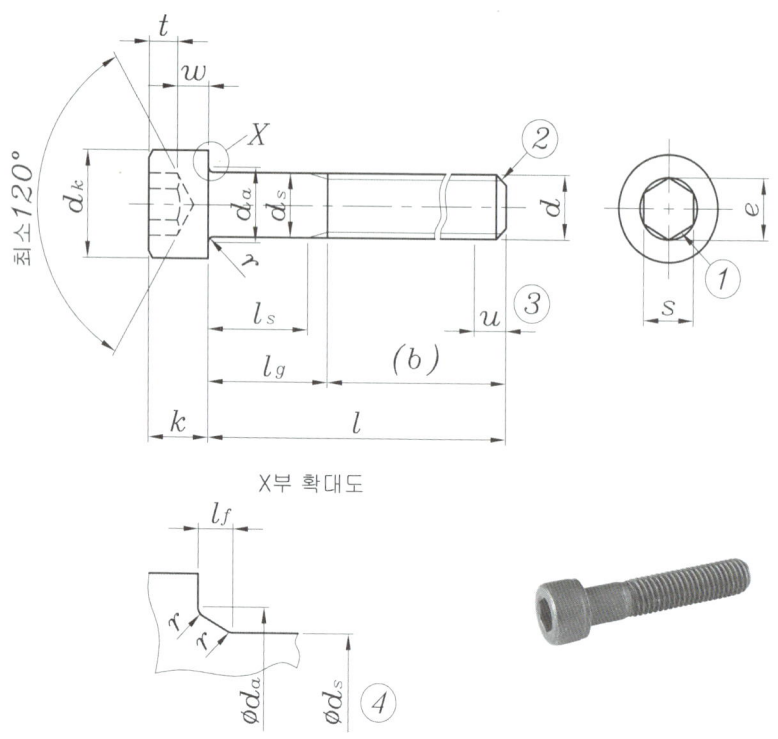

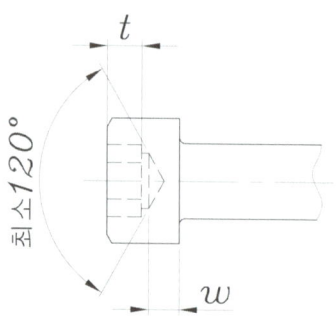

6각 구멍의 바닥은 다음의 모양으로 해도 좋다.

[비 고]
• 구멍파기의 경우, 드릴 가공 구멍의 최대 깊이는 6각 구멍의 깊이(t최소)보다 20% 이상 깊지 않아야 한다.

■ 머리부의 봉우리와 자리면의 모서리부

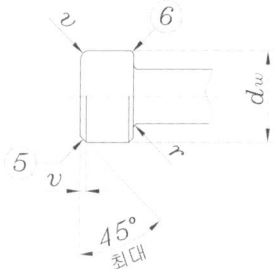

주 ▶
① 6각 구멍의 입구에는 약간 라운딩하거나 접시형으로 해도 좋다.
② 모떼기를 한다. 다만 M4 이하에 대해서는 적당히 한다.(KS B 0231 참조)
③ 불완전 나사부 u≦2P
④ d_a는 l_{smin}이 규정되어진 것에 적용한다.
⑤ 머리부의 봉우리 모서리는 제조자의 판단에 따라 라운딩하거나 모떼기 하여야 한다.
⑥ 머리부의 자리면의 모서리는 라운딩하거나 d_y로 모떼기 한다. 모든 경우에 거스러미가 없어야 한다.

단위 : mm

나사의 호칭 (d)		M1.6	M2	M2.5	M3	M4	M5	M6	M8
나사의 피치 (P)		0.35	0.4	0.45	0.5	0.7	0.8	1	1.25
b	참고	15	16	17	18	20	22	24	28
dk	최대	3.00	3.80	4.50	5.50	7.00	8.50	10.00	13.00
	최대	3.14	3.98	4.68	5.68	7.22	8.72	10.22	13.27
	최소	2.86	3.62	4.32	5.32	6.78	8.28	9.78	12.73
da	최대	2.0	2.6	3.1	3.6	4.7	5.7	6.8	9.2
ds	최대(기준치수)	1.6	2.0	2.5	3.0	4.0	5.0	6.0	8.0
	최소	1.46	1.86	2.36	2.86	3.82	4.82	5.82	7.78
e	최소	1.73	1.73	2.30	2.87	3.44	4.58	5.72	6.86
lf	최대	0.34	0.51	0.51	0.51	0.60	0.60	0.68	1.02
k	최대(기준치수)	1.6	2	2.5	3	4	5	6	8
	최소	1.46	1.86	2.36	2.86	3.82	4.82	5.70	7.64
r	최소	0.1	0.1	0.1	0.1	0.2	0.2	0.25	0.4
	호칭	1.5	1.5	2	2.5	3	4	5	6
	최소	1.52	1.52	2.02	2.52	3.02	4.02	5.02	6.02
s 최대	강도 구분 12.9	1,560	1,560	2,060	2,580	3,080	4,095	5,140	6,140
	기타 강도 구분	1,545	1,545	2,045	2,560	3,080	4,095	5,095	6,095
t	최소	0.7	1	1.1	1.3	2	2.5	3	4
v	최대	0.16	0.2	0.25	0.3	0.4	0.5	0.6	0.8
dw	최소	2.72	3.40	4.18	5.07	6.53	8.03	9.38	12.33
w	최소	0.55	0.55	0.85	1.15	1.4	1.9	2.3	3.3
l(상용적인 호칭 길이의 범위)		2.5~16	3~20	4~25	5~30	6~40	8~50	10~60	12~80

Chapter 5 볼트 규격 데이터 | 169

■ 6각 구멍붙이 볼트

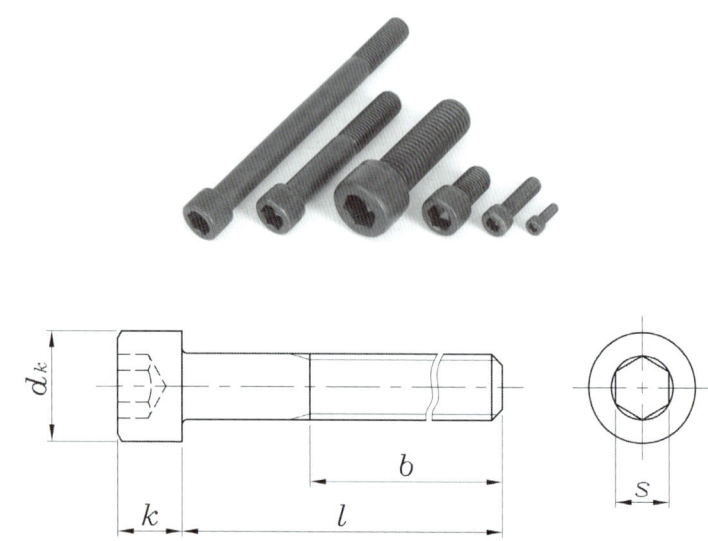

단위 : mm

	나사의 호칭 (d)	M10	M12	(M14)	M16	M20	M24	M30	M36
	나사의 피치 (P)	1.5	1.75	2	2	2.5	3	3.5	4
b	참고	32	36	40	44	52	60	72	84
dk	최대	16.00	18.00	21.00	24.00	30.00	36.00	45.00	54.00
	최대	16.27	18.27	21.33	24.33	30.33	36.39	45.39	54.46
	최소	15.73	17.73	20.67	23.67	29.67	35.61	44.61	53.54
da	최대	11.2	13.7	15.7	17.7	22.4	26.4	33.4	39.4
ds	최대	10.00	12.00	14.00	16.00	20.00	24.00	30.00	36.00
	최소	9.78	11.73	13.73	15.73	19.67	23.67	29.67	35.61
e	최소	9.15	11.43	13.72	16.00	19.44	21.73	25.15	30.85
f	최대	1.02	1.45	1.45	1.45	2.04	2.04	2.89	2.89
k	최대	10	12	14	16	20	24	30	36
	최소	9.64	11.57	13.57	15.57	19.48	23.48	29.48	35.38
r	최소	0.4	0.6	0.6	0.6	0.8	0.8	1	1
s	호칭	8	10	12	14	17	19	22	27
	최소	8.025	10.025	12.032	14.032	17.050	19.065	22.065	27.065
	최대 강도 구분 12.9	8.115	10.115	12.142	14.142	17.230	19.275	22.275	27.275
	최대 기타 강도 구분	8.175	10.175	12.212	14.212	17.230	19.275	22.275	27.275
t	최소	5	6	7	8	10	12	15.5	19
v	최대	1	1.2	1.4	1.6	2	2.4	3	3.6
dw	최소	15.33	17.23	20.17	23.17	28.87	34.81	43.61	52.54
w	최소	4	4.8	5.8	6.8	8.6	10.4	13.1	15.3
l (상용적인 호칭 길이의 범위)		16~100	20~120	25~140	25~160	30~200	40~200	45~200	55~200

■ 6각 구멍붙이 볼트 (계속)

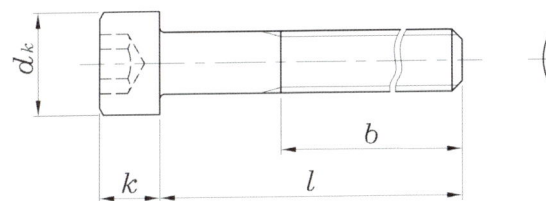
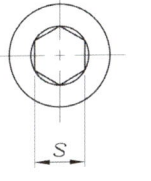

단위 : mm

나사의 호칭 (d)		M42	M48	M56	M64
나사의 피치 (P)		4.5	5	5.5	6
b	참고	96	108	124	140
dk	최고	63.00	72.00	84.00	96.00
	최대	63.46	72.46	84.54	96.54
	최소	62.54	71.54	83.46	95.46
da	최대	45.6	52.6	63	71
ds	최대	42.00	48.00	56.00	64.00
	최소	41.61	47.61	55.54	63.54
e	최소	36.57	41.13	46.83	52.53
f	최대	3.06	3.91	5.95	5.95
k	최대	42.00	48.00	56.00	64.00
	최소	41.38	47.38	55.26	63.26
r	최소	1.2	1.6	2	2
s	호칭	32	36	41	46
	최소	32.080	36.080	41.33	46.33
	최대	32.330	36.330	41.08	46.08
t	최소	24	28	34	38
v	최대	4.2	4.8	5.6	6.4
dw	최소	61.34	70.34	82.26	94.26
w	최소	16.3	17.5	19	22
l (상용적인 호칭 길이의 범위)		60~300	70~300	80~300	90~300

5-2 | 볼트 구멍 및 자리파기 규격 [실무 데이터]

■ 볼트 드릴 구멍 및 자리파기 치수

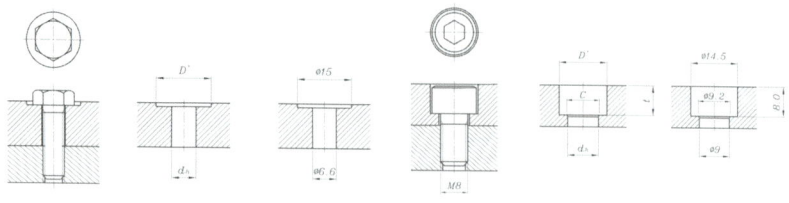

스폿페이싱   카운터보어

단위 : mm

나사의 호칭 d	볼트 구멍 지름 d_h	스폿페이싱 카운터보어 지름 D'	카운터보어 지름 D	카운터보어 깊이 t	카운터싱크 지름 C 60°	[참고] CLEARANCE 드릴 지름	
						NORMAL FIT	CLOSE FIT
M1.6	1.8	5	3.50	1.6	2.0	1.95	1.80
M2	2.4	7	4.40	2.0	2.6	2.40	2.20
M2.5	2.9	8	5.40	2.5	3.1	3.00	2.70
M3	3.4	9	6.50	3.0	3.6	3.70	3.40
M4	4.5	11	8.25	4.0	4.7	4.80	4.40
M5	5.5	13	9.75	5.0	5.7	5.80	5.40
M6	6.6	15	11.20	6.0	6.8	6.80	6.40
M8	9	20	14.50	8.0	9.2	8.80	8.40
M10	11	24	17.50	10.0	11.2	10.80	10.50
M12	14	28	19.50	12.0	14.2	13.00	12.50
M14	16	32	22.50	14.0	16.2	15.00	14.50
M16	18	35	25.50	16.0	18.2	17.00	16.50
M20	22	43	31.50	20.0	22.4	21.00	20.50
M24	26	50	37.50	24.0	26.4	25.00	24.50
M30	33	62	47.50	30.0	33.4	31.50	31.00
M36	39	72	56.50	36.0	39.4	37.50	37.00
M42	45	82	66.00	42.0	45.6	44.00	43.00
M48	52	93	75.00	48.0	52.6	50.00	49.00

[비 고]
1. 볼트 구멍 지름 d_h 및 카운터 보어 지름 D'는 KS B 1007의 2급의 규격에 따른 것이다.
2. 6각 구멍붙이 볼트(KS B 1003)의 치수 규격에 따른 것이다.
3. 스폿페이싱의 깊이 치수는 따로 규정하지 않고 주물면의 거친 흑피가 없어질 정도로 매끈하게 가공한다.

주▶
1. 카운터보어(Counterbore) : 주로 6각 홈붙이 볼트(6각 렌치 볼트)의 머리 부분을
2. 스폿페이싱(Spot facing)
3. 카운터싱크(Counter sink) : 접시머리 나사의 머리를

■ 6각 구멍붙이 볼트의 카운터 보어 및 볼트 구멍의 치수표(현장 실무 규격-1)

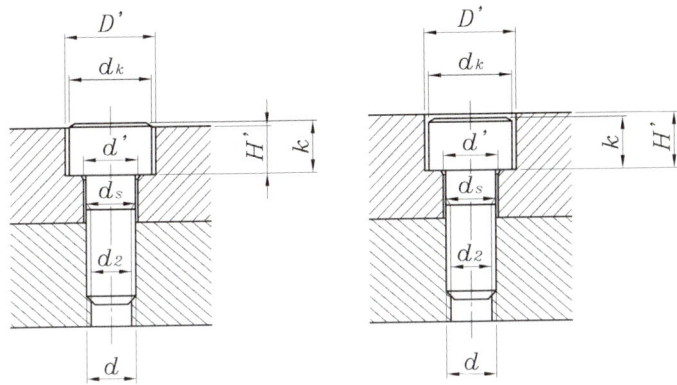

나사의 호칭 d	M3	M4	M5	M6	M8	M10	M12	M14	M16	M18	M20	M22	M24	M27	M30
d_s	3	4	5	6	8	10	12	14	16	18	20	22	24	27	30
d'	3.4	4.5	5.5	6.6	9	11	14	16	18	20	22	24	26	30	33
d_k	5.5	7	8.5	10	13	16	18	21	24	27	30	33	36	40	45
D'	6.5	8	9.5	11	14	17.5	20	23	26	29	32	35	39	43	48
k	3	4	5	6	8	10	12	14	16	18	20	22	24	27	30
H'	2.7	3.6	4.6	5.5	7.4	9.2	11	12.8	14.5	16.5	18.5	20.5	22.5	25	28
H''	3.3	4.4	5.4	6.5	8.6	10.8	13	15.2	17.5	19.5	21.5	23.5	25.5	29	32
d_2	2.6	3.4	4.3	5.1	6.9	8.6	10.4	12.2	14.2	15.7	17.7	19.7	21.2	24.2	26.7

육각렌치

5-3 | 볼트 구멍 및 카운터 보어 지름 KS B ISO 273 : 2010 (변경 전 KS B 1007)

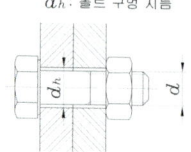
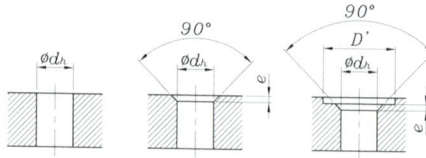

단위 : mm

나사의 호칭 지름	볼트 구멍 지름(dh)				모떼기 (e)	카운터 보어 지름 (D')	나사의 호칭 지름	볼트 구멍 지름(dh)				모떼기 (e)	카운트 보어 (D')
	1급	2급	3급	4급				1급	2급	3급	4급		
1	1.1	1.2	1.3	-	0.2	3	30	31	33	35	36	1.7	62
1.2	1.3	1.4	1.5	-	0.2	4	33	34	36	38	40	1.7	66
1.4	1.5	1.6	1.8	-	0.2	4	36	37	39	42	43	1.7	72
1.6	1.7	1.8	2	-	0.2	5	39	40	42	45	46	1.7	76
※ 1.7	1.8	2	2.1	-	0.2	5							
1.8	2.0	2.1	2.2	-	0.2	5	42	43	45	48	-	1.8	82
2	2.2	2.4	2.6	-	0.2	7	45	46	48	52	-	1.8	87
2.2	2.4	2.5	2.8	-	0.2	8	48	50	52	56	-	2.3	93
※ 2.3	2.5	2.6	2.9	-	0.2	8	52	54	56	62	-	2.3	100
2.5	2.7	2.9	3.1	-	0.2	8	56	58	62	66	-	3.5	110
※ 2.6	2.8	3	3.2	-	0.2	8	60	62	66	70	-	3.5	115
3	3.2	3.4	3.6	-	0.2	9	64	66	70	74	-	3.5	122
3.5	3.7	3.9	4.2	-	0.2	10	68	70	74	78	-	3.5	127
4	4.3	4.5	4.8	5.5	0.3	11	72	74	78	82	-	3.5	133
4.5	4.8	5	5.3	6	0.3	13	76	78	82	86	-	3.5	143
5	5.3	5.5	5.8	6.5	0.3	13	80	82	86	91	-	3.5	148
6	6.4	6.6	7	7.8	0.5	15	85	87	91	96	-	-	-
7	7.4	7.6	8	-	0.5	18	90	93	96	101	-	-	-
8	8.4	9	10	10	0.5	20	95	98	101	107	-	-	-
10	10.5	11	12	13	0.8	24	100	104	107	112	-	-	-
12	13	14	14.5	15	0.8	28	105	109	112	117	-	-	-
14	15	16	16.5	17	0.8	32	110	114	117	122	-	-	-
16	17	18	18.5	20	1.2	35	115	119	122	127	-	-	-
18	19	20	21	22	1.2	39	120	124	127	132	-	-	-
20	21	22	24	25	1.2	43	125	129	132	137	-	-	-
22	23	24	26	27	1.2	46	130	134	137	144	-	-	-
24	25	26	28	29	1.6	50	140	144	147	155	-	-	-
27	28	30	32	33	1.6	55	150	155	158	165	-	-	-

주▶
1. 볼트 구멍 지름 중 4급은 주로 주조 구멍에 적용한다.
2. 볼트 구멍 지름의 허용차는 1급 : H12, 2급 : H13, 3급 : H14이다.

[비 고]
1. ISO 273에서는 fine(1급 해당), medium(2급 해당) 및 coarse(3급 해당)의 3등급으로만 분류하고 있다. 따라서 이 표에서 규정하는 나사의 호칭 지름 및 볼트 구멍 지름 중 네모(□)를 한 부분은 ISO 273에서 규정되지 않은 것이다.
2. 나사의 구멍 지름에 ※표를 붙인 것은 ISO 261에 규정되지 않은 것이다.
3. 구멍의 모떼기는 필요에 따라 실시하고, 그 각도는 원칙적으로 90°로 한다.
4. 어느 나사의 호칭 지름에 대하여 이 표의 카운터 보어 지름보다 작은 것, 또는 큰 것을 필요로 하는 경우에는, 될 수 있는 한 이 표의 카운터 보어 지름 계열에서 수치를 선택하는 것이 좋다.
5. 카운터 보어면은 구멍의 중심선에 대하여 직각이 되도록 하고, 카운터 보어 깊이는 일반적으로 흑피가 없어질 정도로 한다.

5-4 | 6각 볼트 (부품 등급 A) KS B 1002 : 2001 (2011 확인)

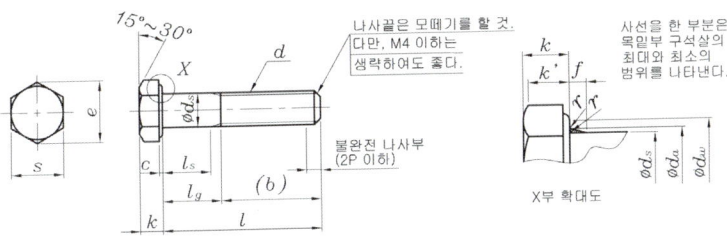

■ 호칭지름 6각 볼트(부품 등급 A)의 모양 및 치수

단위 : mm

나사의 호칭 d		M3	M4	M5	M6	M8	M10	M12	(M14)	M16	M20	M24
피치	P	0.5	0.7	0.8	1	1.25	1.5	1.75	2	2	2.5	3
b (참고)	(1)	12	14	16	18	22	26	30	34	38	46	54
	(2)	-	-	-	-	-	-	-	40	44	52	60
c	최소	0.15	0.15	0.15	0.15	0.15	0.15	0.15	0.15	0.2	0.2	0.2
	최대	0.4	0.4	0.5	0.5	0.6	0.6	0.6	0.6	0.8	0.8	0.8
da	최대	3.6	4.7	5.7	6.8	9.2	11.2	13.7	15.7	17.7	22.4	26.4
ds	최대(기준치수)	3	4	5	6	8	10	12	14	16	20	24
	최소	2.86	3.82	4.82	5.82	7.78	9.78	11.73	13.73	15.73	19.67	23.67
dw	최소	4.6	5.9	6.9	8.9	11.6	14.6	16.6	19.6	22.5	28.2	33.6
e	최소	6.07	7.66	8.79	11.05	14.38	17.77	20.03	23.35	26.75	33.63	39.98
f	최대	1	1.2	1.2	1.4	2	2	3	3	3	4	4
k	호칭(기준치수)	2	2.8	3.5	4	5.3	6.4	7.5	8.8	10	12.5	15
	최소	1.88	2.68	3.35	3.85	5.15	6.22	7.32	8.62	9.82	12.28	14.78
	최대	2.12	2.92	3.65	4.15	5.45	6.58	7.68	8.98	10.18	12.72	15.22
k'	최소	1.3	1.9	2.28	2.63	3.54	4.28	5.05	5.96	6.8	8.5	10.3
r	최소	0.1	0.2	0.2	0.25	0.4	0.4	0.6	0.6	0.6	0.8	0.8
s	최대(기준치수)	5.5	7	8	10	13	16	18	21	24	30	36
	최소	5.32	6.78	7.78	9.78	12.73	15.73	17.73	20.67	23.67	29.67	35.38
호칭길이(기준치수) l		20~30	25~40	25~50	30~60	35~80	40~100	45~120	50~140	55~150	65~150	80~150

[비 고]
1. 이 규격은 일반적으로 사용되는 강제, 스테인리스 강제 및 비철 금속제의 6각 볼트에 대하여 규정한다.
2. 나사의 호칭에 ( )를 붙인 것은 될 수 있는 한 사용하지 않는다.

5-5 | 6각 볼트(부품 등급 B) KS B 1002 : 2001 (2011 확인)

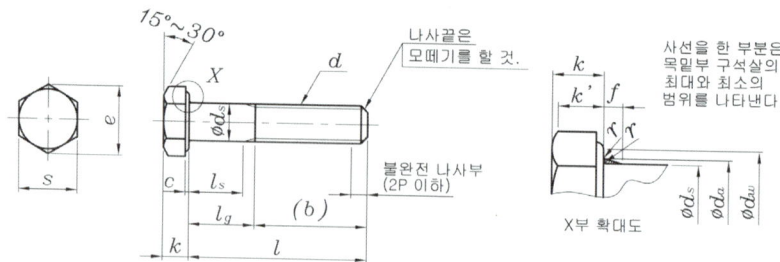

■ 호칭지름 6각 볼트(부품 등급 B)의 모양 및 치수

단위 : mm

나사의 호칭 d		M5	M6	M8	M10	M12	(M14)	M16	M20	M24	M30	M36
피치 P		0.8	1	1.25	1.5	1.75	2	2	2.5	3	3.5	4
b (참고)	(1)	16	18	22	26	30	34	38	46	54	66	78
	(2)	-	-	28	32	36	40	44	52	60	72	84
	(3)	-	-	-	-	-	-	57	65	73	85	97
c	최소	0.15	0.15	0.15	0.15	0.15	0.15	0.2	0.2	0.2	0.2	0.2
	최대	0.5	0.5	0.6	0.6	0.6	0.6	0.8	0.8	0.8	0.8	0.8
da	최대	5.7	6.8	9.2	11.2	13.7	15.7	17.7	22.4	26.4	33.4	39.4
ds	최대(기준치수)	5	6	8	10	12	14	16	20	24	30	36
	최소	4.82	5.82	7.78	9.78	11.73	13.73	15.73	19.67	23.67	29.67	35.61
dw	최소	6.7	8.7	11.4	14.4	16.4	19.2	22	27.7	33.2	42.7	51.1
e	최소	8.63	10.89	14.20	17.59	19.85	22.78	26.71	32.95	39.55	50.85	60.79
f	최대	1.2	1.4	2	2	3	3	4	4	6	6	6
k	호칭(기준치수)	3.5	4	5.3	6.4	7.5	8.8	10	12.5	15	18.7	22.5
	최소	3.26	3.76	5.06	6.11	7.21	8.51	9.71	12.15	14.65	18.28	22.08
	최대	3.74	4.24	5.54	6.69	7.79	9.09	10.29	12.85	15.35	19.12	22.92
k'	최소	2.28	2.63	3.54	4.28	5.05	5.96	6.8	8.5	10.3	12.8	15.5
r	최소	0.2	0.25	0.4	0.4	0.6	0.6	0.6	0.8	0.8	1	1
s	최대(기준치수)	8	10	13	16	18	21	24	30	36	46	55
	최소	7.64	9.64	12.57	15.57	17.57	20.16	23.16	29.16	35	45	53.8
호칭길이(기준치수) l		35-50	35-60	35-80	40-100	45-120	50-140	55-150	65-200	80-240	90-300	110-300

[비 고]
1. 이 규격은 일반적으로 사용되는 강제, 스테인리스 강제 및 비철 금속제의 6각 볼트에 대하여 규정한다.
2. 나사의 호칭에 ( )를 붙인 것은 될 수 있는 한 사용하지 않는다.

5-6 | 6각 볼트 (부품 등급 C) KS B 1002 : 2001 (2011 확인)

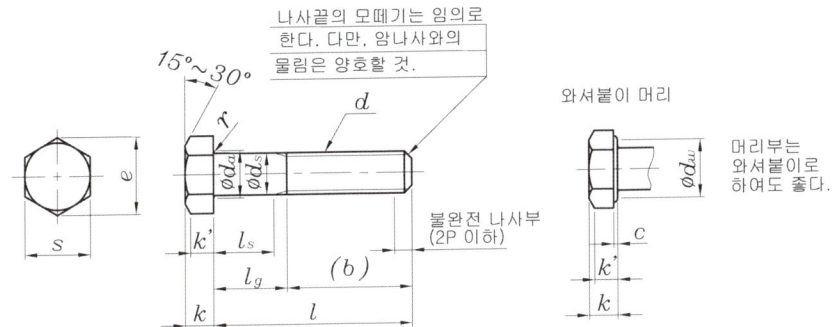

■ 호칭지름 6각 볼트(부품 등급 C)의 모양 및 치수

단위 : mm

나사의 호칭 d		M5	M6	M8	M10	M12	(M14)	M16	M20	M24	M30	M36
피치 P		0.8	1	1.25	1.5	1.75	2	2	2.5	3	3.5	4
b (참고)	(1)	16	18	22	26	30	34	38	46	54	66	78
	(2)	-	-	28	32	36	40	44	52	60	72	84
	(3)	-	-	-	-	-	-	57	65	73	85	97
c	최대	0.5	0.5	0.6	0.6	0.6	0.6	0.8	0.8	0.8	0.8	0.8
da	최대	6	7.2	10.2	12.2	14.7	16.7	18.7	24.4	28.4	35.4	42.4
ds	최대(기준치수)	5.48	6.48	8.58	10.58	12.7	14.7	16.7	20.84	24.84	30.84	37
	최소	4.52	5.52	7.42	9.42	11.3	13.3	15.3	19.16	23.16	29.16	35
dw	최소	6.7	8.7	11.4	14.4	16.4	19.2	22	27.7	33.2	42.7	51.1
e	최소	8.63	10.89	14.20	17.59	19.85	22.78	26.17	32.95	39.55	50.85	60.79
k	호칭(기준치수)	3.5	4	5.3	6.4	7.5	8.8	10	12.5	15	18.7	22.5
	최소	3.12	3.62	4.92	5.95	7.05	8.35	9.25	11.6	14.1	17.65	21.45
	최대	3.88	4.38	5.68	6.85	7.95	9.25	10.75	13.4	15.9	19.75	23.55
k'	최소	2.2	2.5	3.45	4.2	4.95	5.85	6.5	8.1	9.9	12.4	15.0
r	최소	0.2	0.25	0.4	0.4	0.6	0.6	0.6	0.8	0.8	1	1
s	최대(기준치수)	8	10	13	16	18	21	24	30	36	46	55
	최소	7.64	9.64	12.57	15.57	17.57	20.16	23.16	29.16	35	45	53.8
호칭길이(기준치수)		25~50	30~60	35~80	40~100	45~120	50~140	55~160	65~200	80~240	90~300	110~300

[비 고]
1. 이 규격은 일반적으로 사용되는 강제, 스테인리스 강제 및 비철 금속제의 6각 볼트에 대하여 규정한다.
2. 나사의 호칭에 ( )를 붙인 것은 될 수 있는 한 사용하지 않는다.

5-7 | 6각 볼트 (상) KS B 1002 : 2001 (2011 확인) 부속서 ISO 4014~4018에 따르지 않는 6각 볼트

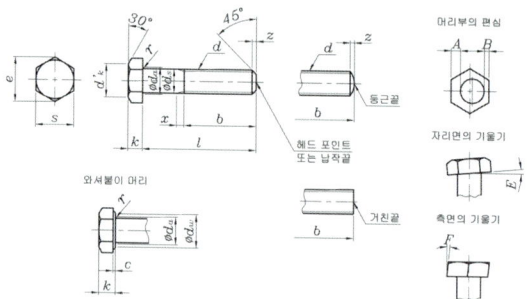

■ 6각 볼트(상)의 모양 및 치수

단위 : mm

나사의 호칭 d		ds		k		s		e	dk	r	da	z	A-B	길이
보통 나사	가는 나사	기준 치수	허용차	기준 치수	허용차	기준 치수	허용차	약	약	최소	최대	약	최대	
M3x0.5	-	3		2		5.5		6.4	5.3	0.1	3.6	0.6	0.2	5~32
(M3.5)	-	3.5		2.4	±0.1	6		6.9	3.8	0.1	4.1	0.6	0.2	5~32
M4X0.7	-	4		2.8		7		8.1	6.8	0.2	4.7	0.8	0.2	6~40
(M4.5)	-	4.5	0 / -0.1	3.2		8	0 / -0.2	9.2	7.8	0.2	5.2	0.8	0.3	6~40
M5X0.8	-	5		3.5		8		9.2	7.8	0.2	5.7	0.9	0.3	7~50
M6	-	6		4	±0.15	10		11.5	9.8	0.25	6.8	1	0.3	7~70
(M7)	-	7		5		11		12.7	10.7	0.25	7.8	1	0.3	11~100
M8	M8 X 1	8	0 / -0.15	5.5		13	0 / -0.25	15	12.6	0.4	9.2	1.2	0.4	11~100
M10	M10X1.25	10		7		17		19.6	16.5	0.4	11.2	1.5	0.5	14~100
M12	M12X1.25	12		8		19		21.9	18	0.6	14.2	2	0.7	18~140
(M14)	(M14X1.5)	14		9		22		25.4	21	0.6	16.2	2	0.7	20~160
M16	M16X1.5	16		10		24	0 / -0.35	27.7	23	0.6	18.2	2	0.8	22~140
(M18)	(M18X1.5)	18		12	±0.2	27		31.2	26	0.6	20.2	2.5	0.9	25~200
M20	M20X1.5	20	0 / -0.2	13		30		34.6	29	0.8	22.4	2.5	0.9	28~200
(M22)	(M22X1.5)	22		14		32		37	31	0.8	24.4	2.5	1.1	28~200
M24	M24X2	24		15		36		41.6	34	0.8	26.4	3	1.2	30~220
(M27)	(M27X2)	27		17		41	0 / -0.4	47.3	39	1	30.4	3	1.3	35~240
M30	M30X2	30		19		46		53.1	44	1	33.4	3.5	1.5	40~240
(M33)	(M33X2)	33		21		50		57.7	48	1	36.4	3.5	1.6	45~240
M36	M36X3	36		23		55		63.5	53	1	39.4	4	1.8	50~240
(M39)	(M39X3)	39	0 / -0.25	25	±0.25	60		69.3	57	1	42.4	4	2.0	50~240
M42	-	42		26		65	0 / -0.45	75	62	1.2	45.6	4.5	2.1	55~325
(M45)	-	45		28		70		80.8	67	1.2	48.6	4.5	2.3	55~325
M48	-	48		30		75		86.5	72	1.6	52.6	5	2.4	60~325
(M52)	-	52		33		80		92.4	77	1.6	56.6	5	2.6	130~400
M56	-	56		35		85		98.1	82	2	63	5.5	2.8	130~400
(M60)	-	60		38		90		104	87	2	67	5.5	3.0	130~400
M64	-	64	0 / -0.3	40	±0.3	95	0 / -0.55	110	92	2	71	6	3.0	130~400
(M68)	-	68		43		100		115	97	2	75	6	3.3	130~400
-	M72X6	72		45		105		121	102	2	79	6	3.3	130~400
-	(M76X6)	76		48		110		127	107	2	83	6	3.5	130~400
-	M80X6	80		50		115		133	112	2	87	6	3.5	130~400

[비 고]
1. 나사의 호칭에 ( )를 붙인 것은 될 수 있는 한 사용하지 않는다.
2. 이 규격은 ISO 4014~4018에 따르지 않는 일반적으로 사용하는 강제의 6각 볼트, 스테인레스 강제의 6각 볼트 및 비철 금속의 5각 볼트에 대하여 규정한다.
3. 전조 나사의 경우애는 M6 이하인 것은 특별히 지정이 없는 한 ds를 대략 나사의 유효 지름으로 한다. 또한, M6를 초과하는 것은 지정에 따라 ds를 대략 나사의 유효 지름으로 할 수 있다.
4. 특별히 큰 자리면을 필요로 하는 경우에는 한 계단 큰 s 및 e 치수를 사용하여도 좋다.

5-8 | 6각 볼트 (중) KS B 1002 : 2001 (2011 확인) 부속서 ISO 4014~4018에 따르지 않는 6각 볼트

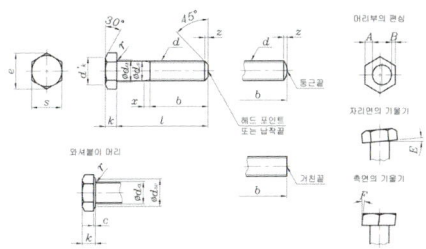

■ 6각 볼트(중)의 모양 및 치수

단위 : mm

나사의 호칭 d		ds		k		s		e 약	dk 약	r 최소	da 최대	z 약	A-B 최대	l / 길이
보통 나사	가는 나사	기준 치수	허용차	기준 치수	허용차	기준 치수	허용차	약	약	최소	최대	약	최대	
M6	-	6	0 -0.2	4	±0.25	10	0 -0.6	11.5	9.8	0.25	6.8	1	0.3	7~70
(M7)	-	7		5		11	0 -0.7	12.7	10.7	0.25	7.8	1	0.3	11~100
M8	M8X1	8		5.5		13		15	12.6	0.4	9.2	1.2	0.4	11~100
M10	M10X1.25	10		7		17		19.6	16.5	0.4	11.2	1.5	0.5	14~100
M12	M12X1.25	12		8	±0.3	19		21.9	18	0.6	14.2	2	0.7	18~140
(M14)	(M14X1.5)	14	0 -0.25	9		22		25.4	21	0.6	16.2	2	0.7	20~140
M16	M16X1.5	16		10		24	0 -0.8	27.7	23	0.6	18.2	2	0.8	22~140
(M18)	(M18X1.5)	18		12		27		31.2	26	0.6	20.2	2.5	0.9	25~200
M20	M20X1.5	20		13		30		34.6	29	0.8	22.4	2.5	0.9	28~200
(M22)	(M22X1.5)	22		14	±0.35	32		37	31	0.8	24.4	2.5	1.1	28~200
M24	M24X2	24	0 -0.35	15		36	0 -1.0	41.6	34	0.8	26.4	3	1.2	30~220
(M27)	(M27X2)	27		17		41		47.3	39	1	30.4	3	1.3	35~240
M30	M30X2	30		19		46		53.1	44	1	33.4	3.5	1.5	40~240
(M33)	(M33X2)	33		21		50		57.7	48	1	36.4	3.5	1.6	45~240
M36	M36X3	36		23		55		63.5	53	1	39.4	4	1.8	50~240
(M39)	(M39X3)	39		25	±0.4	60		69.3	57	1	42.4	4	2.0	50~240
M42	-	42	0 -0.4	26		65	0 -1.2	75	62	1.2	45.6	4.5	2.1	55~325
(M45)	-	45		28		70		80.8	67	1.2	48.6	4.5	2.3	55~325
M48	-	48		30		75		86.5	72	1.6	52.6	5	2.4	60~325
(M52)	-	52		33		80		92.4	77	1.6	56.6	5	2.6	130~400
M56	-	56		35		85		98.1	82	2	63	5.5	2.8	130~400
(M60)	-	60		38		90		104	87	2	67	5.5	3.0	130~400
M64	-	64		40		95	0 -1.4	110	92	2	71	6	3.0	130~400
(M68)	-	68	0 -0.45	43	±0.5	100		115	97	2	75	6	3.3	130~400
-	M72X6	72		45		105		121	102	2	79	6	3.3	130~400
-	(M76X6)	76		48		110		127	107	2	83	6	3.5	130~400
-	M80X6	80		50		115		133	112	2	87	6	3.5	130~400

[비 고]
1. 나사의 호칭에 ( )를 붙인 것은 될 수 있는 한 사용하지 않는다.
2. 이 규격은 ISO 4014~4018에 따르지 않는 일반적으로 사용하는 강제의 6각 볼트, 스테인레스 강제의 6각 볼트 및 비철 금속의 6각 볼트에 대하여 규정한다.
3. 전조 나사의 경우에는 M6 이하인 것은 특별히 지정이 없는 한 ds를 대략 나사의 유효 지름으로 한다.
   또한, M6을 초과하는 것은 지정에 따라 ds를 대략 나사의 유효 지름으로 할 수 있다.
4. 특별히 큰 자리면을 필요로 하는 경우에는 한 계단 큰 s 및 e 치수를 사용하여도 좋다.

5-9 | 6각 볼트 (흑) KS B 1002 : 2001 (2011 확인) 부속서 ISO 4014~4018에 따르지 않는 6각 볼트

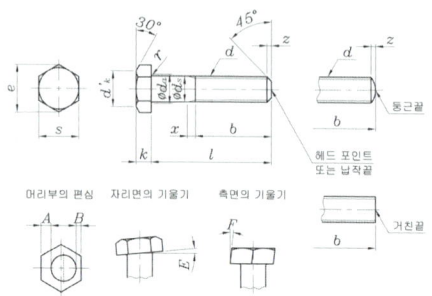

■ 6각 볼트(흑)의 모양 및 치수

단위 : mm

나사의 호칭 d		ds		k		s		e	dk	r	da	z	A-B	l
보통 나사	가는 나사	기준 치수	허용차	기준 치수	허용차	기준 치수	허용차	약	약	최소	최대	약		길이
M6	-	6	+0.3 -0.15	4	±0.4	10	0 -0.6	11.5	9.8	0.25	7.2	1	0.5	7~70
(M7)	-	7		5		11		12.7	10.7	0.25	8.2	1	0.5	11~100
M8	M8 X 1	8	+0.3 -0.2	5.5		13	0 -0.7	15	12.6	0.4	10.2	1.2	0.6	11~100
M10	M10X1.25	10		7		17		19.6	16.5	0.4	12.2	1.5	0.7	14~100
M12	M12X1.25	12		8	±0.8	19		21.9	18	0.6	15.2	2	1.0	18~140
(M14)	(M14X1.5)	14	+0.9 -0.2	9		22		25.4	21	0.6	17.2	2	1.1	20~140
M16	M16X1.5	16		10		24	0 -0.8	27.7	23	0.6	19.2	2	1.2	22~140
(M18)	(M18X1.5)	18		12		27		31.2	26	0.6	21.2	2.5	1.4	25~200
M20	M20X1.5	20		13		30		34.6	29	0.8	24.4	2.5	1.5	28~200
(M22)	(M22X1.5)	22		14	±0.9	32		37	31	0.8	26.4	2.5	1.6	28~200
M24	M24X2	24	+0.95 -0.35	15		36		41.6	34	0.8	28.4	3	1.8	30~220
(M27)	(M27X2)	27		17		41	0 -1.0	47.3	39	1	32.4	3	2.0	35~240
(M30)	M30X2	30		19		46		53.1	44	1	35.4	3.5	2.2	40~240
(M33)	(M33X2)	33		21		50		57.7	48	1	38.4	3.5	2.4	45~240
M36	M36X3	36		23		55		63.5	53	1	42.4	4	2.6	50~240
(M39)	(M39X3)	39	+1.2 -0.4	25	±1.0	60		69.3	57	1	45.4	4	2.8	50~240
M42	-	42		26		65	0 -1.2	75	62	1.2	48.6	4.5	3.1	55~325
(M45)	-	45		28		70		80.8	67	1.2	52.6	4.5	3.3	55~325
M48	-	48		30		75		86.5	72	1.6	56.6	5	3.6	60~325
M(52)	-	52	+1.2 -0.7	33	±1.5	80		92.4	77	1.6	62.6	5	3.8	130~400

[비 고]
1. 나사의 호칭에 ( )를 붙인 것은 될 수 있는 한 사용하지 않는다.
2. 이 규격은 ISO 4014~4018에 따르지 않는 일반적으로 사용하는 강제의 6각 볼트, 스테인레스 강제의 6각 볼트 및 비철 금속의 5각 볼트에 대하여 규정한다.
3. 전조 나사의 경우에는 M6 이하인 것은 특별히 지정이 없는 한 ds를 대략 나사의 유효 지름으로 한다. 또한, M6을 초과하는 것은 지정에 따라 ds를 대략 나사의 유효 지름으로 할 수 있다.
4. 특별히 큰 자리면을 필요로 하는 경우에는 한 계단 큰 s 및 e 치수를 사용하여도 좋다.

5-10 | 아이 볼트 KS B 1033 : 2007 (2012 확인)

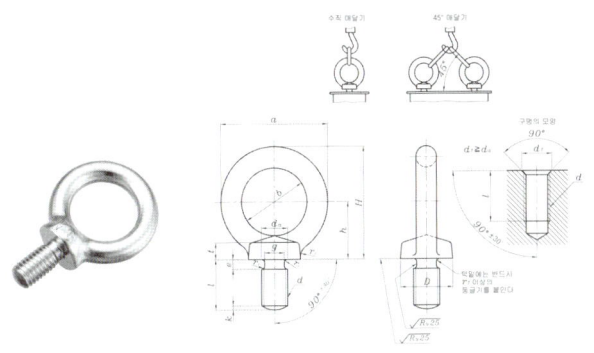

■ 아이 볼트의 모양 및 치수와 사용 하중

단위 : mm

나사의 호칭 (d)	a	b	c	D	t	h	H (참고)	l (길이)	e	g (최소)	r_1 (최소)	da (최대)	r_2 (약)	k (약)	사용 하중 수직 매달기 kgf(kN)	사용 하중 45도 매달기 (2개 당) kgf(kN)
M8	32.6	20	6.3	16	5	17	33.3	15	3	6	1	9.2	4	1.2	80 (0.785)	80 (0.785)
M10	41	25	8	20	7	21	41.5	18	4	7.7	1.2	11.2	4	1.5	150 (1.47)	150 (1.47)
M12	50	30	10	25	9	26	51	22	5	9.4	1.4	14.2	6	2	220 (2.16)	220 (2.16)
M16	60	35	12.5	30	11	30	60	27	5	13	1.6	18.2	6	3	450 (4.41)	450 (4.14)
M20	72	40	16	35	13	35	71	30	6	16.4	2	22.4	8	2.5	630 (6.18)	630 (6.18)
M24	90	50	20	45	18	45	90	38	8	19.6	3	26.4	12	3	950 (9.332)	950 (9.32)
M30	110	60	25	60	22	55	110	45	8	25	3	33.4	15	3.5	1500 (14.7)	1500 (14.7)
M36	133	70	31.5	70	26	65	131.5	55	10	30.3	3	39.4	18	4	2300 (22.6)	2300 (22.6)
M42	151	80	35.5	80	30	75	150.5	65	12	35.6	3.5	45.6	20	4.5	3400 (33.3)	3400 (33.3)
M48	170	90	40	90	35	90	170	75	12	41	4	52.6	22	5	4500 (44.1)	4500 (44.1)
M64	210	110	50	110	42	105	210	85	14	55.7	5	71	25	6	9000 (88.3)	9000 (88.3)
M80X6	266	140	63	130	50	130	263	105	14	71	5	87	35	6	15000 (147)	15000 (147)
(M90X6)	302	160	71	150	55	150	301	120	14	81	5	97	35	6	18000 (177)	18000 (177)
M100X6	340	180	80	170	60	165	355	130	14	91	5	108	40	6	20000 (196)	20000 (196)

[비 고]
1. 나사의 호칭에 ( )를 붙인 것은 되도록 사용하지 않는다.
2. 이 표의 l은 아이 볼트를 붙이는 암나사의 부분이 주철 또는 강으로 할 경우 적용하는 치수로 한다.
3. a, b, c, D, t 및 h의 허용차는 KS B 0426의 보통급, l 및 c의 허용차는 KS B ISO 2768-1의 거친급으로 한다.

주 ▶ 45° 매달기의 사용 하중은 볼트의 자리면이 상대와 밀착해서 2개의 볼트의 링 방향이 위 그림과 같이 동일한 평면 내에 있을 경우에 적용된다.

5-11 | 4각 볼트 KS B 1004 : 2012

■ 4각 볼트·상

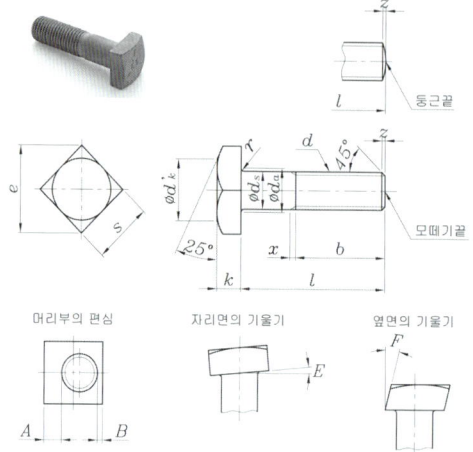

단위 : mm

나사의 호칭 (d)	피치 P	d_s 기본 치수	d_s 허용차	k 기본 치수	k 허용차	s 기본 치수	s 허용차	e 약	d_k' 약	r 최소	d_a 최대	z 약	A-B 최대	E 및 F 최대
M3	0.5	3		2	±0.1	5.5		7.8	5.3	0.1	3.6	0.6	0.2	
M4	0.7	4	0 -0.1	2.8		7	0 -0.2	9.9	6.8	0.2	4.7	0.8	0.2	
M5	0.8	5		3.5		8		11.3	7.8	0.2	5.7	0.9	0.3	
M6	1	6		4	±0.15	10		14.1	9.8	0.25	6.8	1	0.3	
M8	1.25	8	0 -0.15	5.5		13	0 -0.25	18.4	12.5	0.4	9.2	1.2	0.4	
M10	1.5	10		7		17		24	16.5	0.4	11.2	1.5	0.5	
M12	1.75	12		8		19		26.9	18	0.6	14.2	2	0.7	1°
(M14)	2	14		9		22		31.1	21	0.6	16.2	2	0.7	
M16	2	16	0 -0.2	10	±0.2	24	0 -0.35	33.9	23	0.6	18.2	2	0.8	
(M18)	2.5	18		12		27		38.2	26	0.6	20.2	2.5	0.8	
M20	2.5	20		13		30		42.4	29	0.8	22.4	2.5	0.9	
(M22)	2.5	22		14		32	0 -0.4	45.3	31	0.8	24.4	2.5	1.1	
M24	3	24		15		36		50.9	34	0.8	26.4	3	1.2	

[비 고]
1. 나사의 호칭에 ( )를 붙인 것은 되도록 사용하지 않는다.
2. 호칭길이(l), 나사부 길이(b) 및 불완전 나사부 길이(x)는 [표] 4각 볼트의 l과 b를 따른다.
3. 나사끝은 모떼기끝 또는 둥근끝으로 하고 필요한 경우에는 주문자가 지정한다. 다만 M6 이하인 것은 특별히 지정하지 않는 한 모떼기를 하지 않는다.
4. 전조나사인 경우는 M6 이하인 것은 특별히 지정하지 않는 한 d_s를 거의 나사의 유효지름으로 한다. 또, M6을 초과하는 것은 지정에 따라 d_s를 거의 나사의 유효지름으로 할 수 있다.

■ 4각 볼트·중

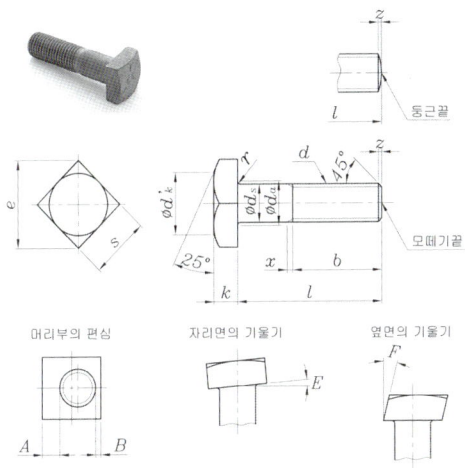

단위 : mm

나사의 호칭(d)	피치 P	d_s 기본치수	d_s 허용차	k 기본치수	k 허용차	s 기본치수	s 허용차	e 약	d_k 약	r 최소	d_a 최대	z 약	A-B 최대	E 최대	F 최대
M6	1	6	0 / -0.2	4	±0.25	10	0 / -0.6	14.1	9.8	0.25	6.8	1	0.3	1°	2°
M8	1.25	8		5.5		13		18.4	12.5	0.4	9.2	1.2	0.4		
M10	1.5	10		7		17	0 / -0.7	24	16.5	0.4	11.2	1.5	0.5		
M12	1.75	12		8	±0.3	19		26.9	18	0.6	14.2	2	0.7		
(M14)	2	14	0 / -0.25	9		22		31.1	21	0.6	16.2	2	0.7		
M16	2	16		10		24	0 / -0.8	33.9	23	0.6	18.2	2	0.8		
(M18)	2.5	18		12		27		38.2	26	0.6	20.2	2.5	0.9		
M20	2.5	20		13	±0.35	30		42.4	29	0.8	22.4	2.5	0.9		
(M22)	2.5	22	0 / -0.35	14		32	0 / -1	45.3	31	0.8	24.4	2.5	1.1		
M24	3	24		15		36		50.9	34	0.8	26.4	3	1.2		

[비 고]
1. 나사의 호칭에 ( )를 붙인 것은 되도록 사용하지 않는다.
2. 호칭길이(l), 나사부 길이(b) 및 불완전 나사부 길이 (x)는 [표] 4각 볼트의 l과 b를 따른다.
3. 나사끝은 모떼기끝 또는 둥근끝으로 하고 필요한 경우에는 주문자가 지정한다. 다만 M6 이하인 것은 특별히 지정하지 않는 한 모떼기를 하지 않는다.
4. 전조나사인 경우는 M6 이하인 것은 특별히 지정하지 않는 한 d_s를 거의 나사의 유효지름으로 한다. 또, M6을 초과하는 것은 지정에 따라 d_s를 거의 나사의 유효지름으로 할 수 있다.

■ 4각 볼트·보통

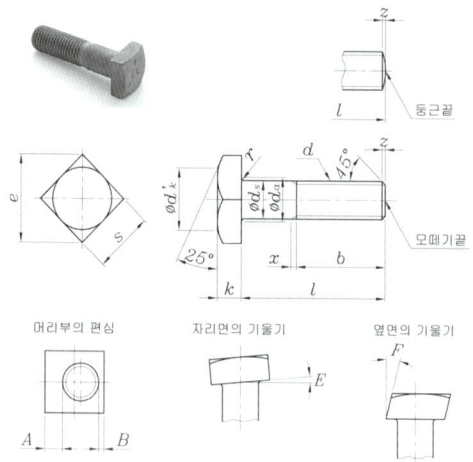

단위 : mm

나사의 호칭 (d)	피치 P	d_s 기본 치수	허용차	k 기본 치수	허용차	s 기본 치수	허용차	e 약	d_1' 약	r 최소	d_0 최대	z 약	A-B 최대	E 및 F 최대
M6	1	6	+0.60 / -0.15	4	±0.6	10	0 / -0.6	14.1	9.8	0.25	7.2	1	0.5	
M8	1.25	8	+0.7 / -0.2	5.5		13	0 / -0.7	18.4	12.5	0.4	10.2	1.2	0.6	
M10	1.5	10		7		17		24	16.5	0.4	12.2	1.5	0.7	
M12	1.75	12		8	±0.8	19		26.9	18	0.6	15.2	2	1	
(M14)	2	14	+0.9 / -0.2	9		22		31.1	21	0.6	17.2	2	1.1	2°
M16	2	16		10		24	0 / -0.8	33.9	23	0.6	19.2	2	1.2	
(M18)	2.5	18		12		27		38.2	26	0.6	21.2	2.5	1.4	
M20	2.5	20		13	±0.9	30		42.4	29	0.8	24.4	2.5	1.5	
(M22)	2.5	22	+0.95 / -0.25	14		32	0 / -1	45.3	31	0.8	26.4	2.5	1.6	
M24	3	24		15		36		50.9	34	0.8	28.4	3	1.8	

[비 고]
1. 나사의 호칭에 ( )를 붙인 것은 되도록 사용하지 않는다.
2. 호칭길이(l), 나사부 길이(b) 및 불완전 나사부 길이 (x)는 [표] 4각 볼트의 l과 b를 따른다.
3. 나사끝은 모떼기끝 또는 둥근끝으로 하고 필요한 경우에는 주문자가 지정한다. 다만 M6 이하인 것은 특별히 지정하지 않는 한 모떼기를 하지 않는다.

■ 대형 4각 볼트·보통

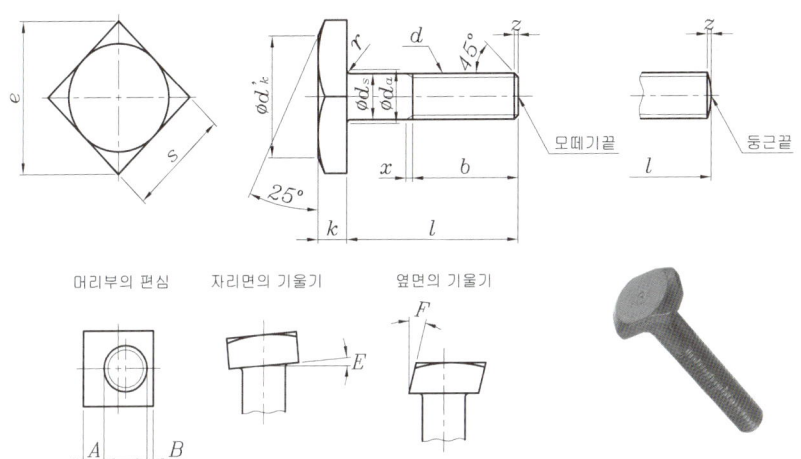

단위 : mm

나사의 호칭 (d)	d_s		k		s		e	d_k'	r	d_a	z	A-B	E 및 F
	기본 치수	허용차	기본치수	허용차	기본 치수	허용차	약	약	최소	최대	약	최대	최대
M10	10	+0.7 -0.2	7	±0.6	24	0 -0.8	33.9	23	0.4	12.2	1.5	0.7	2
M12	12	+0.9 -0.2	8	±0.8	30	0 -1	42.4	29	0.6	15.2	2	1	
M16	16		10		36		50.9	34	0.6	19.2	2	1.2	
M20	20	+0.95 -0.35	13	±0.9	41	0 -1.2	58	39	0.8	24.4	2.5	1.5	
(M22)	22		14		46		65.1	44	0.8	26.4	2.5	1.6	
M24	24		15		55		77.8	53	0.8	28.4	3	1.8	

[비 고]
1. 나사의 호칭에 ( )를 붙인 것은 되도록 사용하지 않는다.
2. 호칭길이(l), 나사부 길이(b) 및 불완전 나사부 길이 (x)는 [표] 4각 볼트의 l과 b를 따른다.
3. 나사끝은 모떼기끝 또는 둥근끝으로 하고 필요한 경우에는 주문자가 지정한다.

■ 4각 볼트의 호칭길이(*l*)과 나사부 길이(b)

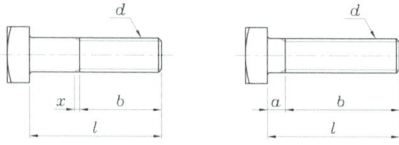

단위 : mm

나사의 호칭(d)	M3	M4	M5	M6	M8	M10	M12	(M14)	M16	(M18)	M20	(M22)	M24	호칭지름(d)
호칭길이(*l*)							나사부 길이(b)							호칭길이(*l*)
5														5
7														7
(7)														(7)
8														8
9														9
10														10
(11)														(11)
12														12
14														14
16														16
(18)														(18)
20														20
(22)	12													(22)
25														25
(28)		14												(28)
30			16											30
(32)														(32)
35				18										35
(38)														(38)
40														40
45														45
50					22									50
55						26								55
60														60
65														65
70														70
75														75
80														80
85							30							85
90								34						90
(95)									38					(95)
100										42				100
105											46			105
110												50		110
(115)													54	(115)
120														120
(125)														(125)
130							36	40	44					130
140														140
150														150
160														160
170										48	52	56	60	170
180														180
190														190
200														200

[비 고]
1. 굵은 선의 테두리 내는 각 나사의 호칭에 대하여 권장하는 호칭길이 (*l*)로서 테두리 내의 수치는 권장하는 나사부 길이 (b)를 표시하고 사선을 친 부분은 b+x≥*l* 로서 전나사로 한다. 또한, *l*치수에 (   )를 붙인 것은 되도록 사용하지 않는다.
2. 불완전 나사부 길이의 x는 약 2산, a는 약 3산으로 한다.

5-12 | 스터드 볼트 KS B 1037 : 2012

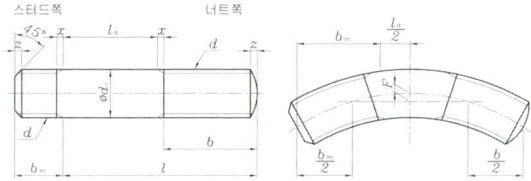

■ 스터드 볼트의 모양·치수

단위 : mm

호칭지름(d)			4	5	6	8	10	12	(14)	16	(18)	20
피치 p	보통나사		0.7	0.8	1	1.25	1.5	1.75	2	2	2.5	2.5
	가는나사		-	-	-	1.25	1.25	1.5	1.5	1.5	1.5	1.5
d_s	기준치수		4	5	6	8	10	12	14	16	18	20
	허용차		0 -0.12			0 -0.15			0 -0.18			0 -0.21
b	기준치수		10	12	14	18	20	22	25	28	30	32
	허용차		+1.3 0	+1.4 0	+1.5 0	+1.9 0	+2.2 0	+2.6 0	+3 0	+3 0	+3 0	+5 0
b_m	1종	기준치수	-	-	-	-	12	15	18	20	22	25
		허용차	-	-	-	-	+1.1 0			+1.3 0		
	2종	기준치수	6	7	8	11	15	18	21	24	27	30
		허용차	+0.75 0	+0.9 0			+1.1 0			+1.3 0		+1.6 0
	3종	기준치수	8	10	12	16	20	24	28	32	36	40
		허용차		+0.9 0		+1.1 0		+1.3 0			+1.6 0	
z(약)			0.8	0.8	1	1.2	1.5	2	2	2	2.5	2.5
l	12	±0.35	○*	○*	○*	○*						
	14		○	○*	○*	○*						
	16		○	○	○*	○*						
	18		○	○	○	○*						
	20		○	○	○	○*	○*					
	22		○	○	○	○	○*					
	25	±0.42	○	○	○	○	○	○*				
	28		○	○	○	○	○	○				
	30		○	○	○	○	○	○				
	32		○	○	○	○	○	○	○*	○*	○*	○*
	35		○	○	○	○	○	○	○	○*	○*	○*
	38	±0.5	○	○	○	○	○	○	○	○	○	○
	40		○	○	○	○	○	○	○	○	○	○
	45			○	○	○	○	○	○	○	○	○
	50				○	○	○	○	○	○	○	○
	55					○	○	○	○	○	○	○
	60						○	○	○	○	○	○
	65	±0.6					○	○	○	○	○	○
	70						○	○	○	○	○	○
	80						○	○	○	○	○	○
	90							○	○	○	○	○
	100	±0.7						○	○	○	○	○
	110										○	○
	120										○	○
	140	±0.8									○	○
	160										○	○

[비 고]
1. 호칭지름에 ( )를 붙인 것은 되도록 사용하지 않는다.
2. x는 불완전 나사부의 길이로서 원칙적으로 2P로 한다. 다만 P는 나사의 피치로 한다.
3. 각 호칭지름에 대하여 권장하는 호칭길이(l)는 굵은선의 테두리 내로 한다.
4. b는 너트쪽의 나사부의 길이이고, *표시를 붙인 l인 경우는 아래 표의 l_a의 값을 표준길이로 하는 원통부를 남기고 나사를 가공한다.

단위 : mm

호칭지름 (d)	4	5	6	8	10	12	14	16	18	20
l_a		1			2			3		

5. 스터드의 길이( )는 1종, 2종, 3종 중 어느 것을 주문자가 지정한다.
6. 스터드 쪽의 나사끝은 모떼기 끝, 너트 쪽은 둥근 끝으로 한다.
7. F는 볼트의 굽음이며 아래 표의 값을 초과해서는 안된다.

단위 : mm

l의 구분		호칭 지름									
		4	5	6	8	10	12	14	16	18	20
초과	이하				F의 허용차						
-	18	0.02	0.03	0.03	0.04	0.05	-	-	-	-	-
18	30	0.03	0.03	0.04	0.05	0.05	0.06	0.07	0.08	0.08	0.08
30	50	0.06	0.06	0.06	0.07	0.07	0.08	0.08	0.09	0.10	0.10
50	80	-	-	-	0.15	0.15	0.16	0.16	0.16	0.16	0.17
80	120	-	-	-	-	0.32	0.33	0.33	0.33	0.33	0.33
120	160	-	-	-	-	-	-	-	-	0.63	0.63

5-13 | T홈용 4각 볼트 KS B 1038 : 2012

■ T홈 및 볼트의 모양·치수

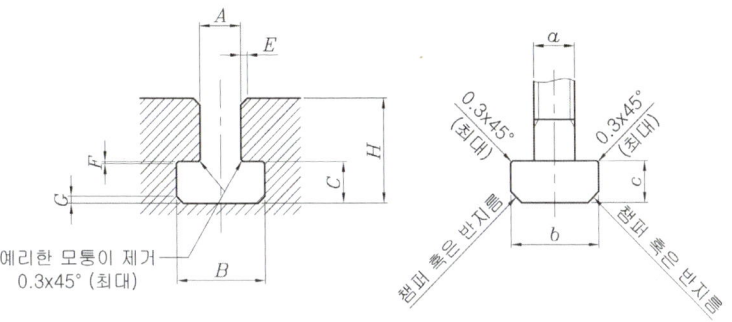

■ E, F 및 G : 45°-챔퍼 높이 혹은 반지름

단위 : mm

T홈 호칭치수 A	T 홈										볼트		
	B		C		H		E	F	G		나사 호칭 a	b	c
	최소	최대	최소	최대	최소	최대	최대	최대	최대				
5	10	11	3.5	4.5	8	10	1	0.6	1		M4	9	3
6	11	12.5	5	6	11	13	1	0.6	1		M5	10	4
8	14.5	16	7	8	15	18	1	0.6	1		M6	13	6
10	16	18	7	8	17	21	1	0.6	1		M8	15	6
12	19	21	8	9	20	25	1	0.6	1		M10	18	7
14	23	25	9	11	23	28	1.6	0.6	1.6		M12	22	8
18	30	32	12	14	30	36	1.6	1	1.6		M16	28	10
22	37	40	16	18	38	45	1.6	1	2.5		M20	34	14
28	46	50	20	22	48	56	1.6	1	2.5		M24	43	18
36	56	60	25	28	61	71	2.5	1	2.5		M30	53	23
42	68	72	32	35	74	85	2.5	1.6	4		M36	64	28
48	80	85	36	40	84	95	2.5	2	6		M42	75	32
54	90	95	40	44	94	106	2.5	2	6		M48	85	36

[비 고]
- 홈 : A에 대한 공차 : 고정 홈에 대해서는 H12, 기준 홈에 대해서는 H8
- 볼트 : a, b, c에 대한 공차 : 볼트와 너트에 대한 통상적인 공차

■ T홈용 4각 볼트와 *l*

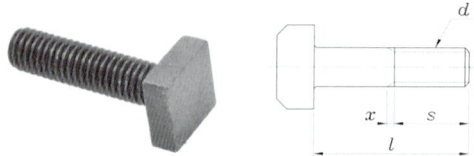

단위 : mm

T홈의 호칭차수	5	6	8	10	12	14	(16)	18	(20)	22	(24)	28	(32)	36	42	48	54
나사의 호칭 d	M4	M5	M6	M8	M10	M12	(M14)	(M16)	(M18)	M20	(M22)	M24	(M27)	M30	M36	M42	M48
길이 *l*							나사부 길이										
20	10	10															
25	15	15	15	15													
32	15	15	15	20	20	20	20										
40	18	18	18	25	25	25											
50	18	18	18	25	25	25	25	25	25								
65			20	25	30	30	30	30	30	30	30	30	30				
80				30	30	30	30	30	30	40	40	40					
100					40	40	40	40	40	40	50	50	60	60			
125						45	45	50	50	50	50	50	60	60	70	80	
160							60	60	60	60	60	70	70	70	70	80	90
200								80	80	80	80	80	80	80	80	80	100
250									100	100	100	100	100	100	100	100	100
320											125	125	125	125	125	125	125
400											160	160	160	160	160	160	160
500													200	200	200	200	200

단위 : mm

*l*의 구분	*l*의 허용차	
	M3~M24	M27~M48
50 이하	±0.5	±0.8
50 초과 120 이하	±0.7	±1.1
120 초과 250 이하	±0.9	±1.4
250 초과	±1.2	±1.8

단위 : mm

s의 구분	s의 허용차
30 이하	+3 / 0
30 초과 50 이하	+4 / 0
50 초과 80 이하	+5 / 0
80 초과 120 이하	+7 / 0
120 초과	+10 / 0

5-14 | 6각 구멍붙이 숄더 볼트 KS B 1104 : 2005 (2010 확인)

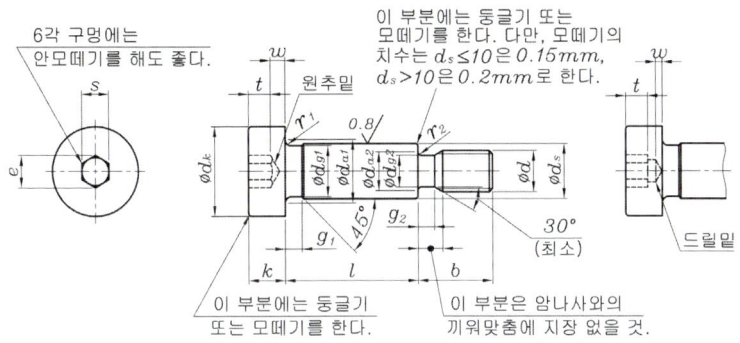

■ 6각 구멍붙이 숄더 볼트의 모양·치수

단위 : mm

원통부의 호칭지름		6.5	8	10	13	16	20	25
ds	최 대	6.487	7.987	9.987	12.984	15.984	19.980	24.980
	최 소	6.451	7.951	9.951	12.941	15.941	19.928	24.928
나사의 호칭(d)		M5	M6	M8	M10	M12	M16	M20
나사의 피치(P)		0.8	1	1.25	1.5	1.75	2	2.5
b	최 대	9.75	11.25	13.25	16.40	18.40	22.40	27.40
	최 소	9.25	10.75	12.75	15.60	17.60	21.60	26.60
dk	최대(기본치수)	10	13	16	18	24	30	36
	최대	10.22	13.27	16.27	18.27	24.33	30.33	36.39
	최소	9.78	12.73	15.73	17.23	23.67	29.67	35.61
dg1	최소	5.92	7.42	9.42	12.42	15.42	19.42	24.42
dg2	최대	3.86	4.56	6.25	7.91	9.57	13.23	16.57
	최소	3.68	4.40	6.03	7.69	9.35	12.96	16.30
ga1	최대	7.5	9.2	11.2	15.2	18.2	22.4	27.4
da2	최대	5	6	8	10	12	16	20
e	최소	3.44	4.58	5.72	6.86	9.15	11.43	13.72
k	최대(기본 치수)	4.5	5.5	7	9	11	14	16
	최소	4.32	5.32	6.78	8.78	10.73	13.73	15.73
g1	최대	2.5	2.5	2.5	2.5	2.5	2.5	3
g2	최대	2	2.5	3.1	3.7	4.4	5	3
r1	최소	0.25	0.4	0.6	0.6	0.6	0.8	0.8
r2	최소	0.5	0.53	0.64	0.77	0.87	1.14	1.38
s	호칭(기본 치수)	3	4	5	6	8	10	12
	최대	3.08	4.095	5.095	6.095	8.115	10.115	12.142
	최소	3.02	4.02	5.02	6.02	8.025	10.025	12.032
t	최소	2.4	3.3	4.2	4.9	6.6	8.8	10
w	최소	1	1.15	1.6	1.8	2	3.2	3.25

원통부의 호칭지름			6.5	8	10	13	16	20	25
호칭길이	l								
	최소	최대							
10	10	10.25							
12	12	12.25							
16	16	16.25							
20	20	20.25							
25	25	25.25							
30	30	30.25							
40	40	40.25							
50	50	50.25							
60	60	60.25							
70	70	70.25							
80	80	80.25							
90	90	90.25							
100	100	100.25							
120	120	120.25							

[비 고]
1. 6각 구멍의 모양은 원추밑, 드릴밑 어느 것이라도 좋다.
2. 머리 부분의 측면에는 바른줄 또는 빗줄 널링(KS B 0901 참조)을 붙인다. 이 경우 dk(최대)는 이 표에 표시한 ** 표시의 값으로 한다.
   또 널링이 없는 것을 필요로 할 경우는 주문자가 지정한다. 다만, 그 dk(최대)는 이 표의 * 표시에 따른다.
3. 원통부의 호칭지름에 대하여 권장하는 호칭길이(l)는 굵은 선의 테두리 안으로 한다. 또한, 이 표 이외의 l을 필요로 하는 경우는 주문자가 지정한다.
4. 원통부의 표면 거칠기는 KS B 0161에 규정하는 중심선 평균 거칠기(Ra)에 따르며 그 값은 0.8㎛ 이하로 한다.

■ 6각 구멍붙이 숄더 볼트의 기하공차

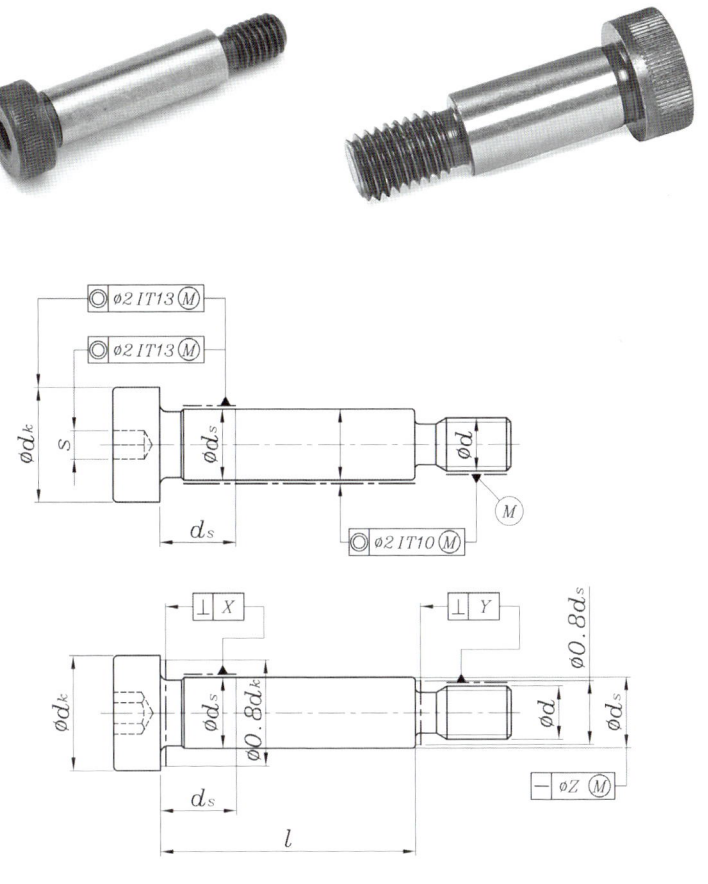

단위 : mm

		6.5	8	10	13	16	20	25
기 하 공 차	원통부에 대한 머리부의 동축도(2IT 13)	0.44		0.54		0.66		0.78
	원통부에 대한 6각 구멍의 동축도(2IT 13)		0.44		0.54		0.66	
	나사부에 대한 원통부의 동축도(2IT 10)	0.10		0.12		0.14		0.17
	원통부에 대한 머리부 자릿면의 직각도(X)	0.15	0.18	0.24	0.31	0.34	0.42	0.50
	나사부에 대한 원통면 끝면의 직각도(Y)		0.15			0.20		0.30
	원통부 진직도(Z)	$0.002l+0.05$				$0.0025l+0.05$		

5-15 | 기초 볼트 KS B 1016 : 2010

■ 기초볼트-L형

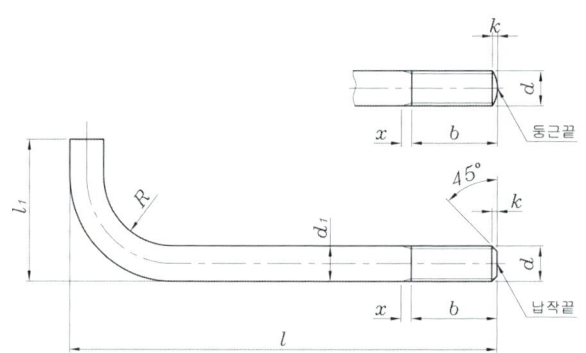

단위 : mm

나사의 호칭 d	d_1 기준치수	허용차	b 기준치수	허용차	l_1 (약)	R (약)	k (약)
M10	10	±0.4	25	+6.3 0	40	20	1.5
M12	12		32		50	25	2
M16	16	±0.5	40	+8 0	63	32	2
M20	20		50		80	40	2.5

[비 고]
1. 호칭 길이(l)는 [표 : 볼트의 길이]에 따른다.
2. x는 불완전 나사부의 길이로 약 2산으로 한다.
3. 나사 끝은 납작 끝 또는 둥근 끝에 모떼기를 하는 것으로 그 어느 것인가를 필요로 하는 경우에는 지정한다.
4. b는 나사부 길이로 이 표 이외의 b를 특별히 필요로 하는 경우에는 지정에 따른다.
5. 전조 나사의 경우에는 지정에 따라 d_1을 대략 나사의 유효지름으로 하고, 나사 끝의 모떼기는 생략할 수 있다.

■ 기초볼트-J형

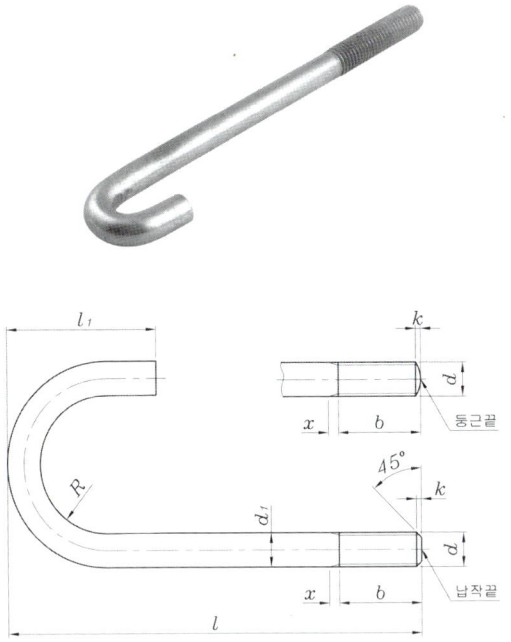

단위 : mm

나사의 호칭 d	d_1		b		l_1 (약)	R (약)	k (약)
	기준치수	허용차	기준치수	허용차			
M10	10	±0.4	25	+6.3 0	45	20	1.5
M12	12		32	+8 0	56	25	2
M16	16		40		71	32	2
M20	20	±0.5	50		90	40	2.5
M24	24		63		112	50	3
M30	30	±0.6	80	+10 0	140	63	3.5
M36	26	±0.7	90		160	71	4
M42	42	±0.8	112		200	90	4.5
M48	48	±0.9	125	+12.5 0	224	100	5

[비 고]
1. 호칭 길이(l)는 [표 : 볼트의 길이]에 따른다.
2. x는 불완전 나사부의 길이로 약 2산으로 한다.
3. 나사 끝은 납작 끝 또는 둥근 끝에 모떼기를 하는 것으로 그 어느 것인가를 필요로 하는 경우에는 지정한다.
4. b는 나사부 길이로 이 표 이외의 b를 특별히 필요로 하는 경우에는 지정에 따른다.
5. 전조 나사의 경우에는 지정에 따라 d_1을 대략 나사의 유효지름으로 하고, 나사 끝의 모떼기는 생략할 수 있다.

■ 기초볼트-LA형

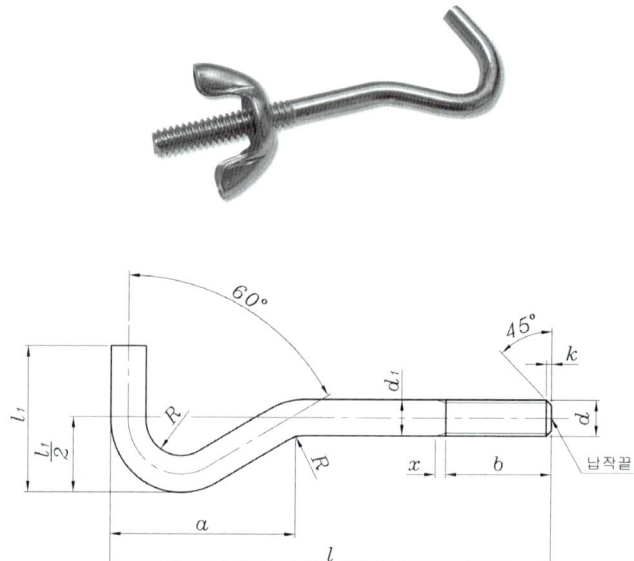

단위 : mm

나사의호칭 d	d_1 기준치수	d_1 허용차	b 기준치수	b 허용차	l_1 (약)	a (약)	R (약)	k (약)
M8	8	±0.4	20	+6.3 / 0	32	41	8	1.2
M10	10	±0.4	30	+6.3 / 0	40	51	10	1.5
M12	12	±0.4	35	+8 / 0	50	64	12	2
M16	16	±0.4	40	+8 / 0	63	81	16	2
M20	20	±0.5	50	+8 / 0	80	102	20	2.5
M24	24	±0.5	80	+10 / 0	100	127	24	3
M30	30	±0.6	90	+10 / 0	125	158	30	3.5
M36	26	±0.7	110	+10 / 0	140	181	36	4
M42	42	±0.8	125	+10 / 0	180	226	42	4.5
M48	48	±0.9	150	+12.5 / 0	200	252	48	5

[비 고]
1. 호칭 길이(*l*)는 [표 : 볼트의 길이]에 따른다.
2. x는 불완전 나사부의 길이로 약 2산으로 한다.
3. 나사 끝은 납작 끝 또는 둥근 끝에 모떼기를 하는 것으로 그 어느 것인가를 필요로 하는 경우에는 지정한다.
4. b는 나사부 길이로 이 표 이외의 b를 특별히 필요로 하는 경우에는 지정에 따른다.
5. 전조 나사의 경우에는 지정에 따라 d_1을 대략 나사의 유효지름으로 하고, 나사 끝의 모떼기는 생략할 수 있다.

■ 기초볼트-JA형

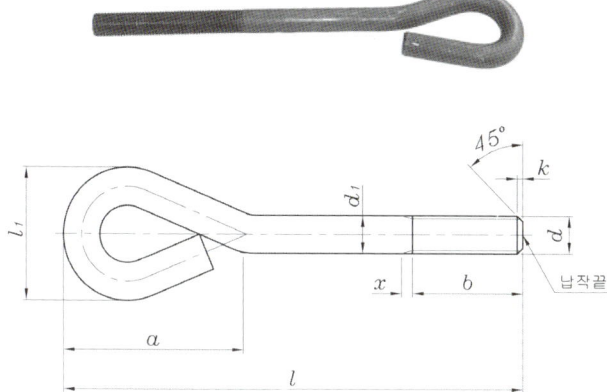

단위 : mm

나사의호칭 d	d₁		b		l_1 (약)	R (약)	k (약)
	기준치수	허용차	기준치수	허용차			
M10	10	±0.4	30	+6.3 0	35	50	1.5
M12	12		35	+8 0	40	65	2
M16	16		40		55	85	2
M20	20	±0.5	50		70	105	2.5
M24	24		80		80	125	3
M30	30	±0.6	90	+10 0	100	155	3.5
M36	36	±0.7	110		120	190	4
M42	42	±0.8	125		140	220	4.5
M48	48	±0.9	150	+12.5 0	160	250	5

[비 고]
1. 호칭 길이(l)는 [표 : 볼트의 길이]에 따른다.
2. x는 불완전 나사부의 길이로 약 2산으로 한다.
3. 나사 끝은 납작 끝 또는 둥근 끝에 모떼기를 하는 것으로 그 어느 것인가를 필요로 하는 경우에는 지정한다.
4. b는 나사부 길이로 이 표 이외의 b를 특별히 필요로 하는 경우에는 지정에 따른다.
5. 전조 나사의 경우에는 지정에 따라 d₁을 대략 나사의 유효지름으로 하고, 나사 끝의 모떼기는 생략할 수 있다.

■ 볼트의 길이

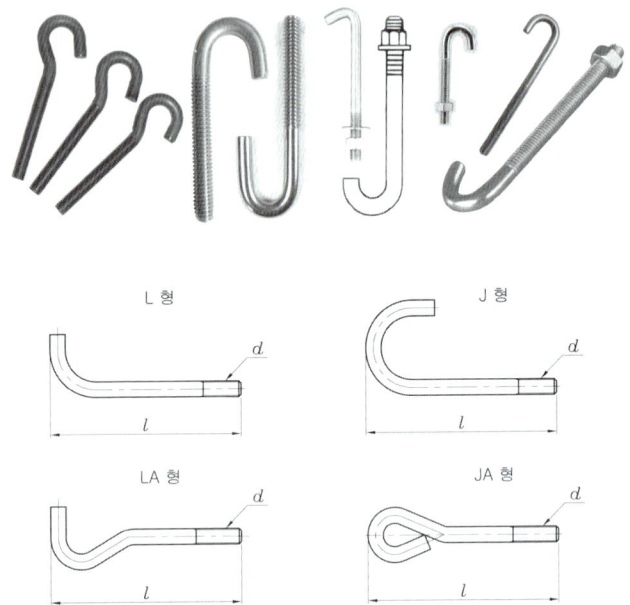

L 형

J 형

LA 형

JA 형

단위 : mm

길이 (l)	나사의 호칭										길이 (l)
	M8	M10	M12	M16	M20	M24	M30	M36	M42	M48	
125	○	○									125
160	○	○	○								160
200	○	○	○	○							200
250		○	○	○	○						250
315		○	○	○	○	○					315
400		○	○	○	○	○	○				400
500		○	○	○	○	○	○				500
630			○	○	○	○	○	○	○		630
800				○	○	○	○	○	○	○	800
1000					○	○	○	○	○	○	1000
1250					○	○	○	○	○	○	1250
1600							○	○	○	○	1600
2000									○	○	2000
2500									○	○	2500

[비 고]
1. 호칭 길이(l)의 허용차는 ±2%로 한다.
2. 볼트의 길이는 굵은 선의 테두리 내로 한다. 다만 이 표 이외의 길이를 특별히 필요로 하는 경우는 지정에 따르는 것으로 하고, 이 경우 그 허용차는 지정이 없는 한 ±2%로 한다.

5-16 | 나비 볼트 KS B 1005 : 2007 (2012 확인)

■ 볼트의 종류

종류	머리부의 모양		제조 방법
1종		날개 끝은 반원형으로 한다.	임의로 한다.
2종		날개 끝은 각형으로 한다.	
3종			판의 프레스 가공에 의한다.

■ 보증 토크

단위 : N·m

나사의 호칭 d	볼트의 종류		
	1종 및 2종		3종
	보증 토크의 구분		
	A	B	-
M2 M2.2 (M2.3)	0.20 0.29 0.29	0.15 0.20 0.20	- - -
M2.5 (M2.6) M3	0.39 0.39 0.69	0.29 0.29 0.49	- - -
M4 M5 M6	1.57 3.14 5.39	1.08 2.16 3.92	1.08 2.16 3.92
M8 M10 M12	12.7 25.5 45.1	8.83 17.7 31.4	8.83 17.7 -
(M14) M16 (M18)	71.6 113 157	50.0 78.5 108	- - -
M20 (M22) M24	216 294 382	147 206 265	- - -

[비 고]
- 1종 및 2종의 보증 토크 A는 원칙적으로 머리부의 재료가 탄소강, 가단 주철, 스테인리스강 등 인 것 외에, B는 주철, 황동, 아연 합금 등인 것에 적용한다.

■ 나비 볼트 1종

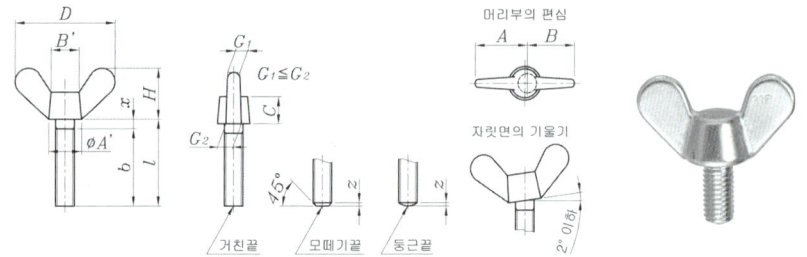

단위 : mm

나사의 호칭 지름(d)	A' 최소	B' 약	C 최소	D 기준치수	D 허용차	H 기준치수	H 허용차	G₁ 최대	G₂ 최대	Z 약	A-B 최대
M2	4	3	2	12	±1.5	6	±1.5	2.5	3	0.4	0.3
M2.2	4	3	2	12		6		2.5	3	0.4	
★(M2.3)											0.3
M2.5	5	4	3	16		8		2.5	3	0.45	
★(M2.6)	5	4	3	16		8		2.5	3	0.45	
M3X0.5										0.6	0.4
M4X0.7	7	6	4	20		10		3	4	0.8	
M5X0.8	8.5	7	5	25		12		3.5	4.5	0.9	0.5
M6	10.5	9	6	32		16		4	5	1	
M8	14	12	8	40		20		4.5	5.5	1.2	0.6
M10	18	15	10	50		25		5.5	6.5	1.5	0.7
M12	22	18	12	60	±2	30		7	8		1
(M14)	26	22	14	70		35		8	9	2	1.1
M16	26	22	14	70		35		8	9		1.2
(M18)	30	25	16	80		40	±2	8	10		1.4
M20	34	28	18	90		45		9	11	2.5	1.5
(M22)	38	32	20	100	±2.5	50		10	12		1.6
M24	43	36	22	112		56		11	13	3	1.8

[비 고]
1. 나사의 호칭에 ( )를 붙인 것은 되도록 사용하지 않는다.
2. 전조 나사인 경우는 나사의 호칭 M8 이하인 나사 끝은 거친 끝으로 하고, M10 이상은 모떼기 끝으로 한다.
   다만 절삭 나사의 경우는 모떼기 끝 또는 둥근 끝으로 한다.
3. 큰 날개부를 필요로 하는 경우는 1 단계 위의 머리부 치수를 사용할 수 있다.

나비 볼트 2종

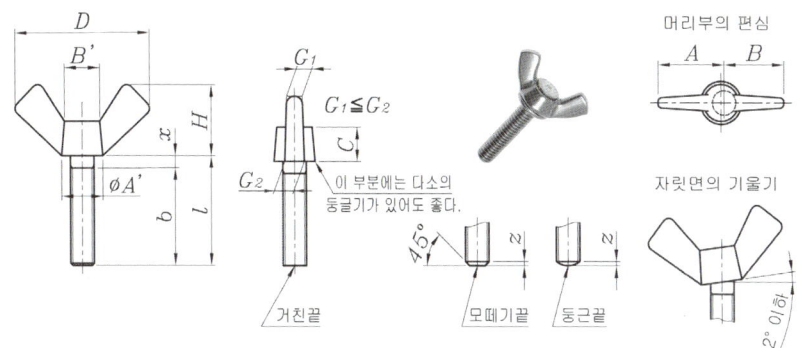

단위 : mm

나사의 호칭(d)	A' 최소	B' 약	C 최소	D 기준치수	D 허용차	H 기준치수	H 허용차	G_1 최대	G_2 최대	Z 약	A-B 최대
M3	6.5	4	3	17	±1.5	9	±1.5	3	4	0.6	0.4
M4	6.5	4	3	17	±1.5	9	±1.5	3	4	0.8	0.4
M5	8	6	4	21	±1.5	11	±1.5	3.5	4.5	0.9	0.5
M6	10	7	4.5	27	±1.5	13	±1.5	4	5	1	0.5
M8	13	10	6	31	±1.5	16	±1.5	4.5	5.5	1.2	0.6
M10	16	12	7.5	36	±1.5	18	±1.5	5.5	6.5	1.5	0.7
M12	20	16	9	48	±2	23	±2	7	8	2	1
(M14)	20	16	9	48	±2	23	±2	7	8	2	1.1
M16	27	22	12	68	±2	35	±2	8	9	2.5	1.2
(M18)	27	22	12	68	±2	35	±2	8	9	2.5	1.4
M20	27	22	12	68	±2	35	±2	8	9	2.5	1.5

[비 고]
1. 나사의 호칭에 ( )를 붙인 것은 되도록 사용하지 않는다.
2. 전조 나사인 경우는 나사의 호칭 M8 이하인 나사 끝은 거친 끝으로 하고, M10 이상은 모떼기 끝으로 한다.
   다만 절삭 나사의 경우는 모떼기 끝 또는 둥근 끝으로 한다.
3. 큰 날개부를 필요로 하는 경우는 1단계 위의 머리부 치수를 사용할 수 있다.

■ 나비 볼트 3종

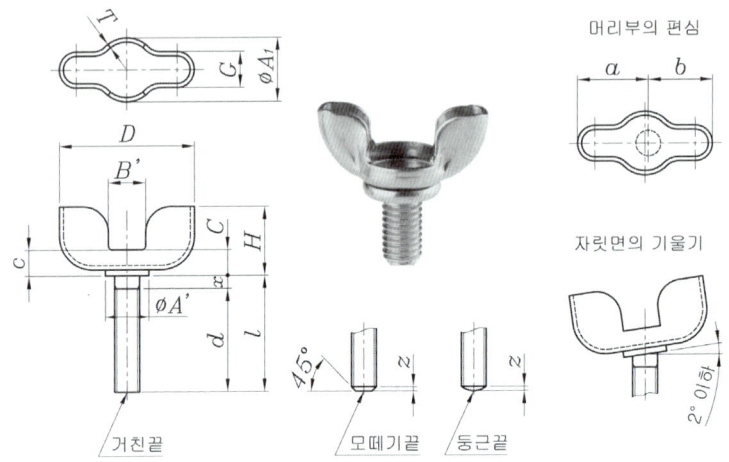

단위 : mm

나사의 호칭 지름(d)	A' 최소	A₁ 최대	B' 약	C 최소	Z 약	D 기준치수	D 허용차	H 최대	H 허용차	G 최대	T	A-B 최대
M4	7	12	7	2.5	0.8	21	±1	8.5	±1	5	0.8	0.4
M5	8.5	13	8	3	0.9	23	±1	10.5	±1.5	5.5	1	0.5
M6	10.5	15	9	3.5	1	27	±1	11.5	±1.5	6	1	0.5
M8	13	17	11	5	1.2	31	±1.5	15	±1.5	7	1.2	0.6
M10	16	20	13	6	1.5	36	±1.5	18	±1.5	8	1.2	0.7

[비 고]
1. 나사의 호칭에 ( )를 붙인 것은 되도록 사용하지 않는다.
2. 전조 나사인 경우는 나사의 호칭 M8 이하인 나사 끝은 거친 끝으로 하고, M10 이상은 모떼기 끝으로 한다. 다만 절삭 나사의 경우는 모떼기 끝 또는 둥근 끝으로 한다.
3. 큰 날개부를 필요로 하는 경우는 1 단계 위의 머리부 치수를 사용할 수 있다.

■ 나비 볼트의 l, b 및 x

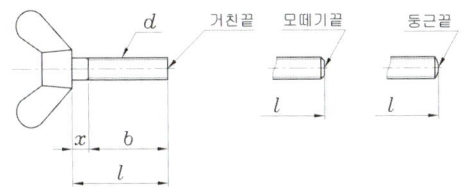

호칭지름 d	M2	M2.2 (M2.3)	M2.5 (M2.6)	M3	M4	M5	M6	M8	M10	M12	(M14)	M16	(M18)	M20	(M22)	M24
호칭길이 l						나사부 길이 b										
5																
6																
8																
10																
12																
14																
16	±1	±1	±1													
(18)				±1												
20				±1												
(22)																
25					±1	±1										
30							±1									
35								±1	±1							
40										±1	±1	±1				
45																±1
50																
55																
60					±1.4											
65						±1.4										
70							±1.4	±1.4								
80									±1.4	±1.4	±1.4	±1.4	±1.4	±1.4	±1.4	±1.4
90																
100																
110																
120																
130													±1.8	±1.8	±1.8	±1.8
140																
150																

[비 고]
1. 굵은 선의 틀 안은 각 나사의 호칭에 대하여 권장하는 호칭 길이(l)이고, 틀 안의 수치는 그 허용차를 나타낸다. 또한 ( )를 붙인 l은 되도록 사용하지 않는다.
2. b는 나사부의 길이이며, 지정이 없는 한 전나사로 하고, 이 경우에서의 불완전 나사부 길이(x)는 약 3산으로 한다.
3. 필요에 따라 이 표 이외의 l 및 b를 지정할 수 있다.

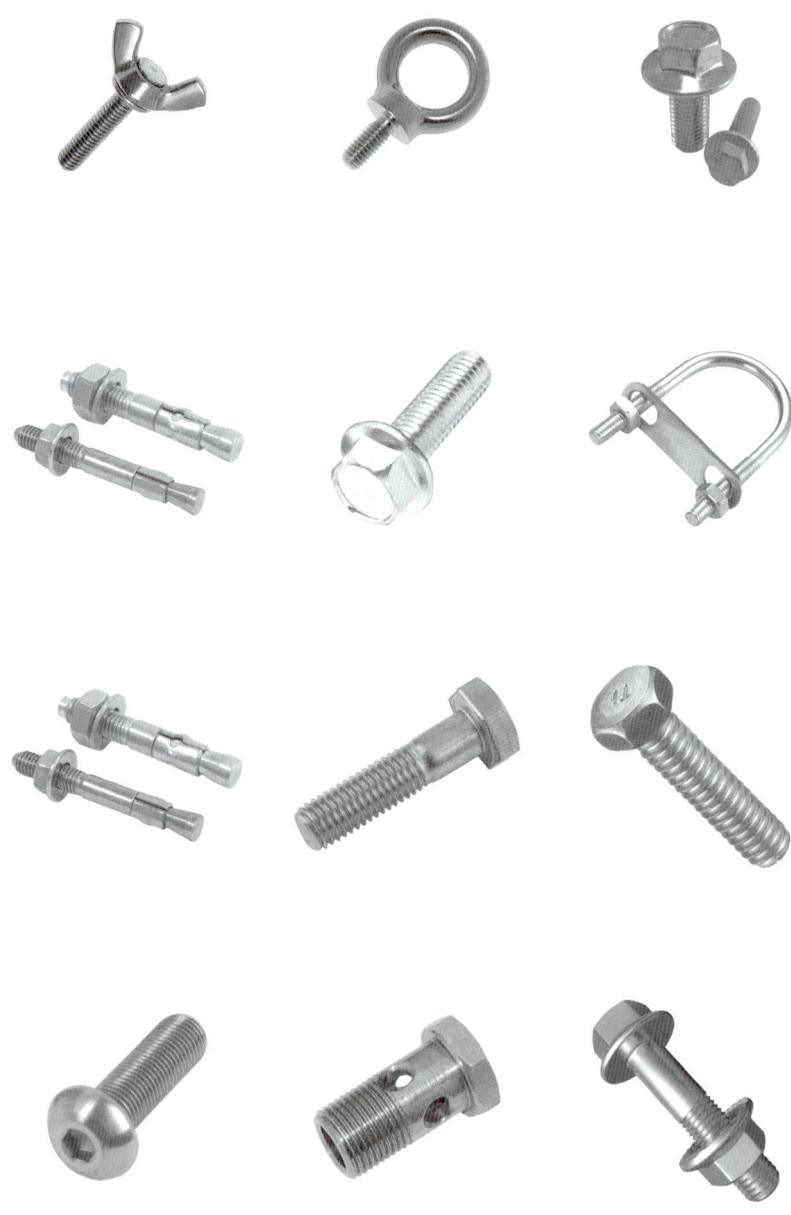

너트 규격 데이터

6-1 | 6각 너트-스타일 1(부품 등급 A) KS B 1012 : 2001(2011 확인)

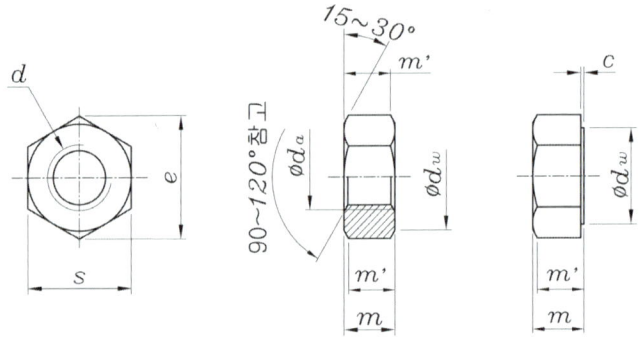

단위 : mm

나사의 호칭 d		M1.6	M2	M2.5	M3	(M3.5)	M4	M5	M6	M8	M10	M12	(M14)	M16
피치 P		0.35	0.4	0.45	0.5	0.6	0.7	0.8	1	1.25	1.5	1.75	2	2
c	최대	0.2	0.2	0.3	0.4	0.4	0.4	0.5	0.5	0.6	0.6	0.6	0.6	0.8
	최소	-	-	-	0.15	0.15	0.15	0.15	0.15	0.15	0.15	0.15	0.15	0.2
d_a	최소 (기준치수)	1.6	2	2.5	3	3.5	4	5	6	8	10	12	14	16
	최대	1.84	2.3	2.9	3.45	4	4.6	5.75	6.75	8.75	10.8	13	15.1	17.3
d_w	최소	2.4	3.1	4.1	4.6	5.1	5.9	6.9	8.9	11.6	14.6	16.6	19.6	22.5
e	최소	3.41	4.32	5.45	6.01	6.58	7.66	8.79	11.05	14.38	17.77	20.03	23.35	26.75
m	최대 (기준치수)	1.3	1.6	2	2.4	2.8	3.2	4.7	5.2	6.8	8.4	10.8	12.8	14.8
	최소	1.05	1.35	1.75	2.15	2.55	2.9	4.4	4.9	6.44	8.04	10.37	12.1	14.1
m'	최소	0.84	1.08	1.4	1.72	2.04	2.32	3.52	3.92	5.15	6.43	8.3	9.68	11.28
s	최대 (기준치수)	3.2	4	5	5.5	6	7	8	10	13	16	18	21	24
	최소	3.02	3.82	4.82	5.32	5.82	6.78	7.78	9.78	12.73	15.73	17.73	20.67	23.67

주▶ 나사의 호칭 M2.5 이하의 C(최소)는 생산자 임의로 한다.

[비 고]
1. 나사의 호칭에 ( )를 붙인 것은 될 수 있는 한 사용하지 않는다.
2. 너트의 모양은 지정이 없는 한 양 모떼기로 하고, 자리붙이는 주문자의 지정에 따른다.
   또한, 자리붙이 나사부의 모떼기는 '양 모떼기'에 준한다.
3. 이 표에서 규정하는 c, d_w, e, m, m' 및 s의 값은 KS B 0238의 부표 1의 부품 등급 A에 따르고 있다.
4. 나사의 호칭 M20 이상의 6각 너트-스타일 1의 모양 및 치수는 [표 : 6각 너트 및 스타일 1(부품 등급 B)]의 모양 및 치수에 따른다.

6-2 | 6각 너트-스타일 1(부품 등급 B)

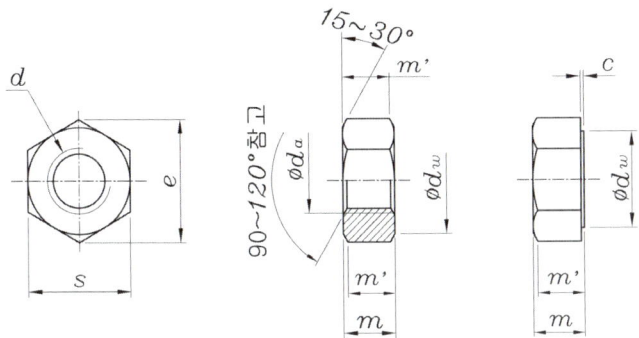

단위 : mm

나사의 호칭 d		M20	M24	M30	M36
피치 P		2.5	3	3.5	4
c	최대	0.8	0.8	0.8	0.8
	최소	0.2	0.2	0.2	0.2
d_a	최소(기준치수)	20	24	30	36
	최대	21.6	25.9	32.4	38.9
d_w	최소	27.7	33.2	42.7	51.1
e	최소	32.95	39.55	50.85	60.79
m	최대(기준치수)	18	21.5	25.6	31
	최소	16.9	20.2	24.3	29.4
m'	최소	13.52	16.16	19.44	23.52
s	최대(기준치수)	30	36	46	55
	최소	29.16	35	45	53.8

[비 고]
1. 너트의 모양은 지정이 없는 한 양 모떼기로 하고, 자리붙이는 주문자의 지정에 따른다.
   또한, 자리붙이 나사부의 모떼기는 '양 모떼기'에 준한다.
2. 이 표에서 규정하는 c, d_w, e, m, m' 및 s의 값은 KS B 0238의 부표 1의 부품 등급 B에 따르고 있다.
3. 나사의 호칭 M16 이하의 6각너트-스타일 1의 모양 및 치수는 [표 : 6각 너트 및 스타일 1(부품 등급 A)]의 모양 및 치수에 따른다.

6-3 | 6각 너트-스타일 2(부품 등급 A)

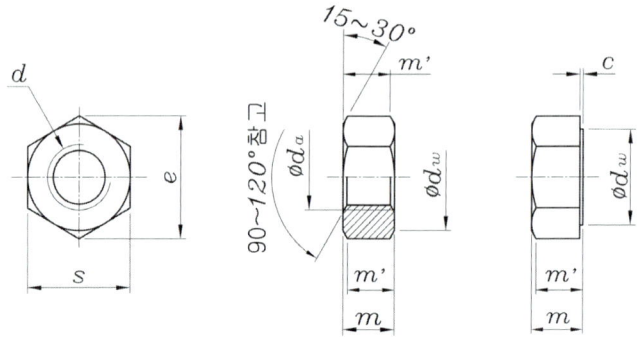

단위 : mm

나사의 호칭 d		M5	M6	M8	M10	M12	(M14)	M16
피치 P		0.8	1	1.25	1.5	1.75	2	2
c	최대	0.5	0.5	0.6	0.6	0.6	0.6	0.8
	최소	0.15	0.15	0.15	0.15	0.15	0.15	0.2
d_a	최소(기준치수)	5	6	8	10	12	14	16
	최대	5.75	6.75	8.75	10.8	13	15.1	17.3
d_w	최소	6.9	8.9	11.6	14.6	16.6	19.6	22.5
e	최소	8.79	11.05	14.38	17.77	20.03	23.35	26.75
m	최대(기준치수)	5.1	5.7	7.5	9.3	12	14.1	16.4
	최소	4.8	5.4	7.14	8.94	11.57	13.4	15.7
m'	최소	3.84	4.32	5.71	7.15	9.26	10.7	12.6
s	최대(기준치수)	8	10	13	16	18	21	24
	최소	7.78	9.78	12.73	15.73	17.73	20.67	23.67

[비 고]
1. 나사의 호칭에 ( )를 붙인 것은 될 수 있는 한 사용하지 않는다.
2. 너트의 모양은 지정이 없는 한 양 모떼기로 하고, 자리붙이는 주문자의 지정에 따른다.
 또한, 자리붙이 나사부의 모떼기는 '양 모떼기'에 준한다.
3. 이 표에서 규정하는 c, d_w, e, m, m' 및 s의 값은 KS B 0238의 부표 1의 부품 등급 A에 따르고 있다.
4. 나사의 호칭 M20 이상의 6각너트-스타일 1의 모양 및 치수는 [표 : 6각 너트 및 스타일 2(부품 등급 B)]의 모양 및 치수에 따른다.

6-4 | 6각 너트-스타일 2(부품 등급 B)

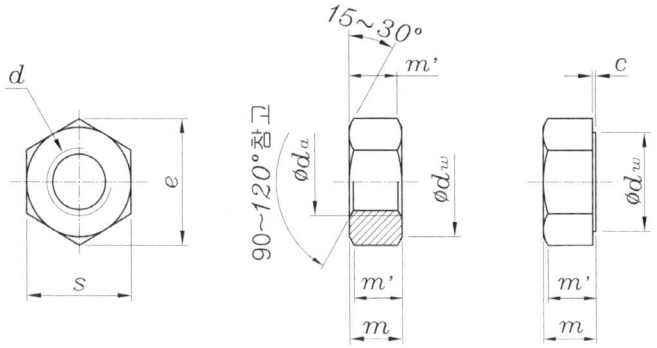

단위 : mm

나사의 호칭 d		M20	M24	M30	M36
피치 P		2.5	3	3.5	4
c	최대	0.8	0.8	0.8	0.8
	최소	0.2	0.2	0.2	0.2
d_a	최소(기준치수)	20	24	30	36
	최대	21.6	25.9	32.4	38.9
d_w	최소	27.7	33.2	42.7	51.1
e	최소	32.95	39.55	50.85	60.79
m	최대(기준치수)	20.3	23.9	28.6	34.7
	최소	19	22.6	27.3	33.1
m'	최소	15.2	18.1	21.8	26.5
s	최대(기준치수)	30	36	46	55
	최소	29.16	35	45	53.8

[비 고]
1. 너트의 모양은 지정이 없는 한 양 모떼기로 하고, 자리붙이는 주문자의 지정에 따른다.
   또한, 자리붙이 나사부의 모떼기는 '양 모떼기'에 준한다.
2. 이 표에서 규정하는 c, d_w, e, m, m' 및 s의 값은 KS B 0238의 부표 1의 부품 등급 B에 따르고 있다.
3. 나사의 호칭 M16 이하의 6각너트-스타일 1의 모양 및 치수는 [표 : 6각 너트 및 스타일 2(부품 등급 A)]의 모양 및 치수에 따른다.

6-5 | 6각 너트(부품 등급 C)

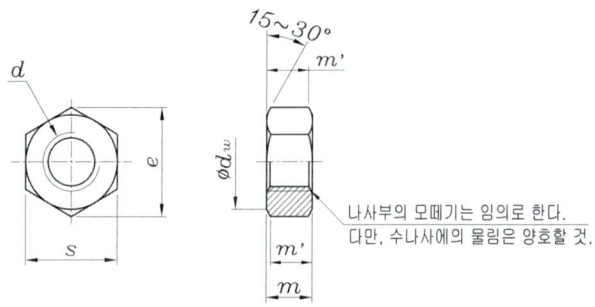

나사부의 모떼기는 임의로 한다.
다만, 수나사에의 물림은 양호할 것.

단위 : mm

나사의 호칭 d		M5	M6	M8	M10	M12	(M14)	M16	M20	M24	M30	M36
피치 P		0.8	1	1.25	1.5	1.75	2	2	2.5	3	3.5	4
d_w	최소	6.9	8.7	11.5	14.5	16.5	19.2	22	27.7	33.2	42.7	51.1
e	최소	8.63	10.89	14.20	17.59	19.85	22.78	26.17	32.95	39.55	50.85	60.79
m	최대 (기준치수)	5.6	6.1	7.9	9.5	12.2	13.9	15.9	19	22.3	26.4	31.5
	최소	4.4	4.9	6.4	8	10.4	12.1	14.1	16.9	20.2	24.3	29.4
m'	최소	3.5	3.9	5.1	6.4	8.3	9.7	11.3	13.3	16.2	19.5	23.5
s	최대 (기준치수)	8	10	13	16	18	21	24	30	36	46	55
	최소	7.64	9.64	12.57	15.57	17.57	20.16	23.16	29.16	35	45	53.8

[비 고]
1. 나사의 호칭에 ( )를 붙인 것은 될 수 있는 한 사용하지 않는다.
2. 이 표에서 규정하는 c, d_w, e, m, m' 및 s의 값은 KS B 0238의 부표 1의 부품 등급 B에 따르고 있다.

6-6 | 6각 저너트-양 모떼기(부품 등급 A)

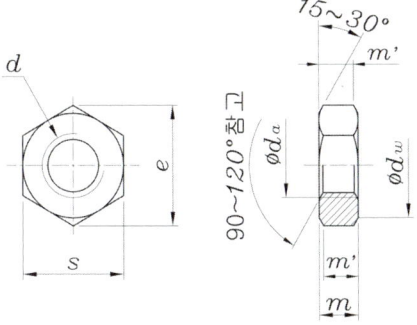

단위 : mm

나사의 호칭 d		M1.6	M2	M2.5	M3	(M3.5)	M4	M5	M6	M8	M10	M12	(M14)	M16
피치 P		0.35	0.4	0.45	0.5	0.6	0.7	0.8	1	1.25	1.5	1.75	2	2
d_a	최소(기준치수)	1.6	2	2.5	3	3.5	4	5	6	8	10	12	14	16
	최대	1.84	2.3	2.9	3.45	4	4.6	5.75	6.75	8.75	10.8	13	15.1	17.3
d_w	최소	2.4	3.1	4.1	4.6	5.1	5.9	6.9	8.9	11.6	14.6	16.6	19.6	22.5
e	최소	3.41	4.32	5.45	6.01	6.58	7.66	8.79	11.05	14.38	17.77	20.03	23.35	26.75
m	최대(기준치수)	1	1.2	1.6	1.8	2	2.2	2.7	3.2	4	5	6	7	8
	최소	0.75	0.95	1.35	1.55	1.75	1.95	2.45	2.9	3.7	4.7	5.7	6.42	7.42
m'	최소	0.6	0.76	1.08	1.24	1.4	1.56	1.96	2.32	2.96	3.76	4.56	5.14	5.94
s	최대(기준치수)	3.2	4	5	5.5	6	7	8	10	13	16	18	21	24
	최소	3.02	3.82	4.82	5.32	5.82	6.78	7.78	9.78	12.73	15.73	17.73	20.67	23.67

[비 고]
1. 나사의 호칭에 ( )를 붙인 것은 될 수 있는 한 사용하지 않는다.
2. 이 표에서 규정하는 c, d_w, e, m, m' 및 s의 값은 KS B 0238의 부표 1의 부품 등급 B에 따르고 있다.
3. 나사의 호칭 M20 이상의 6각 저너트-양 모떼기의 모양 및 치수는 [표 : 6각 저너트-양 모떼기(부품 등급 B)]의 모양 및 치수에 따른다.

6-7 | 6각 저너트-양 모떼기(부품 등급 B)

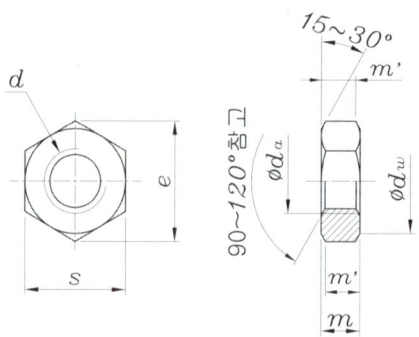

단위 : mm

나사의 호칭 d		M20	M24	M30	M36
피치 P		2.5	3	3.5	4
d_a	최소 (기준치수)	20	24	30	36
	최대	21.6	25.9	32.4	38.9
d_w	최소	27.7	33.2	42.7	51.1
e	최소	32.95	39.55	50.85	60.79
m	최대 (기준치수)	10	12	15	18
	최소	9.10	10.9	13.9	16.9
m'	최소	7.28	8.72	11.1	13.5
s	최대 (기준치수)	30	36	46	55
	최소	29.16	35	45	53.8

[비 고]
1. 이 표에서 규정하는 c, d_w, e, m, m' 및 s의 값은 KS B 0238의 부표 1의 부품 등급 B에 따르고 있다.
2. 나사의 호칭 M16 이하의 6각 저너트-양 모떼기의 모양 및 치수는 [표 : 6각 저너트-양 모떼기(부품 등급 A)]의 모양 및 치수에 따른다.

6-8 | 6각 저너트-모떼기 없는(부품 등급 B)

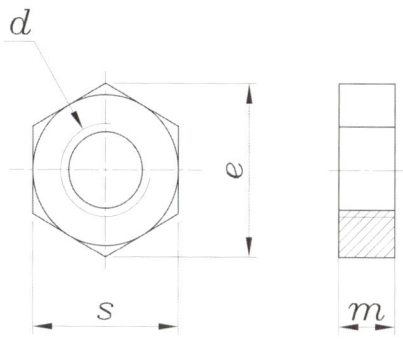

단위 : mm

나사의 호칭 d		M1.6	M2	M2.5	M3	(M3.5)	M4	M5	M6	M8	M10
피치 P		0.35	0.4	0.45	0.5	0.6	0.7	0.8	1	1.25	1.5
e	최소	3.28	4.18	5.31	5.87	6.44	7.50	8.63	10.89	14.20	17.59
m	최대 (기준치수)	1	1.2	1.6	1.8	2	2.2	2.7	3.2	4	5
	최소	0.6	0.8	1.2	1.4	1.6	1.8	2.3	2.72	3.52	4.52
s	최대 (기준치수)	3.2	4	5	5.5	6	7	8	10	13	16
	최소	2.9	3.7	4.7	5.2	5.7	6.64	7.64	9.64	12.57	15.57

[비 고]
1. 나사의 호칭에 ( )를 붙인 것은 될 수 있는 한 사용하지 않는다.
2. 이 표에서 규정하는 e, m, 및 s의 값은 KS B 0238의 부표 1의 부품 등급 B에 따르고 있다.

6-9 | 6각 너트(상) KS B 1012 : 2001 (2011 확인)

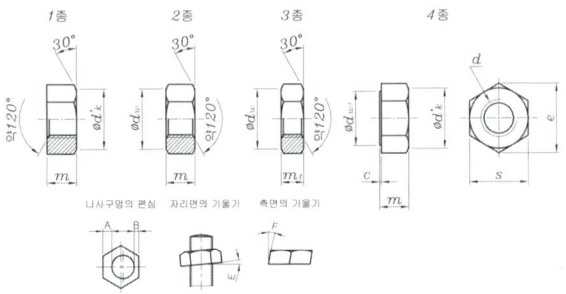

■ 6각 너트(상)의 모양 및 치수

나사의 호칭 d		m		m₁		s		e	d k 및 dw	dw	c	A-B	E 및 F
보통 나사	가는 나사	기준치수	허용차	기준치수	허용차	기준치수	허용차	약	약	최소	약	최대	최대
M2	-	1.6		1.2		4		4.6	3.8	-	-	0.2	
(M2.2)	-	1.8		1.4		4.5		5.2	4.3	-	-	0.2	
M2.3	-	1.8		1.4		4.5		5.2	4.3	-	-	0.2	
M2.5	-	2	-0.25	1.6		5		5.8	4.7	-	-	0.2	
M2.6	-	2		1.6	0	5		5.8	4.7	-	-	0.2	
M3	-	2.4		1.8	-0.25	5.5	0	6.4	5.3	-	-	0.2	
(M3.5)	-	2.8		2		6	-0.2	6.9	5.8	-	-	0.2	
M4	-	3.2		2.4		7		8.1	6.8	-	-	0.3	
(M4.5)	-	3.6		2.8		8		9.2	7.8	-	-	0.3	
M5	-	4	-0.30	3.2		8		9.2	7.8	7.2	0.4	0.3	
M6	-	5		3.6		10		11.5	9.8	9.0	0.4	0.3	
(M7)	-	5.5		4.2	0	11		12.7	10.8	10.0	0.4	0.4	
M8	M8x1	6.5		5	-0.30	13	-0.25	15.0	12.5	11.7	0.4	0.4	
M10	M10X1.25	8	-0.36	6		17		19.6	16.5	15.8	0.4	0.5	
M12	M12X1.25	10		7		19		21.9	18	17.6	0.6	0.5	
(M14)	(M14X1.5)	11		8		22		25.4	21	20.4	0.6	0.7	1°
M16	M16X1.5	13		10	-0.36	24		27.7	23	22.3	0.6	0.8	
(M18)	(M18X1.5)	15	-0.43	11		27	-0.35	31.2	26	25.6	0.6	0.8	
M20	M20X1.5	16		12		30		34.6	29	28.5	0.6	0.9	
(M22)	(M22X1.5)	18		13		32		37.0	31	30.4	0.6	0.9	
M24	M24X2	19		14		36		41.6	34	34.2	0.6	1.1	
(M27)	(M27X2)	22		16	-0.43	41	-0.4	47.3	39	-	-	1.3	
M30	M30X2	24	-0.52	18		46		53.1	44	-	-	1.5	
(M33)	(M33X2)	26		20		50		57.7	48	-	-	1.6	
M36	M36X3	29		21		55		63.5	53	-	-	1.8	
(M39)	(M39X3)	31		23	0	60		69.3	57	-	-	2	
M42	-	32		25	-0.52	65		75	62	-	-	2.1	
(M45)	-	36		27		70	-0.45	80.8	67	-	-	2.3	
M48	-	38	-0.62	29		75		86.5	72	-	-	2.4	
(M52)	-	42		31		80		92.4	77	-	-	2.6	
M56	-	45		34	-0.62	85		98.1	82	-	-	2.8	
(M60)	-	48		36		90	-0.55	104	87	-	-	2.9	

나사의 호칭 d		m		m_1		s		e	d k 및 dw	dw_1	c	A-B	E 및 F
보통 나사	가는 나사	기준 치수	허용차	기준 치수	허용차	기준 치수	허용차	약	약	최소	약	최대	최대
M64	-	51	0 -0.344	38	0 -0.62	95	0 -0.55	110	92	-	-	3	1°
(M68)	-	54		40		100		115	97	-	-	3.2	
-	M72X6	58		42		105		121	102	-	-	3.3	
-	(M76X6)	61		46		110		127	107	-	-	3.5	
-	M80X6	64		48		115		133	112	-	-	3.5	
-	(M85X6)	68		50		120		139	116	-	-	3.5	
-	M90X6	72		54		130		150	126	-	-	4	
-	M95X6	76		57		135		156	131	-	-	4	
-	M100X6	80		60		145		167	141	-	-	4.5	
-	(M105X6)	84		63		150	0 -0.65	173	146	-	-	4.5	
-	M110X6	88		65	0 -0.74	155		179	151	-	-	4.5	
-	(M115X6)	92		69		165		191	161	-	-	5	
-	M120X6	96	0 -0.87	72		170		196	166	-	-	5.5	
-	M125X6	100		76		180		208	176	-	-	5.5	
-	(M130X6)	104		78		185	0 -0.7	214	181	-	-	5.5	

[비 고]
1. 나사의 호칭에 ( )를 붙인 것은 될 수 있는 한 사용하지 않고, 또 *를 붙인 나사는 KS B 0201의 부속서에 따른 것으로서, 장래 폐지하도록 되어 있기 때문에 새로운 설계의 기기 등에는 사용하지 않는 것이 좋다.
2. M5 이하의 3종은 6각부 및 나사부의 모떼기는 하지 않는다. 다만, 6각부의 필요에 따라 15° 모떼기로 하여도 좋다.
3. 특별히 필요가 있는 경우에는, 지정에 의해 높이(m)를 수나사 바깥지름의 치수로 하는 것이 가능하다. 또한 이 경우에 m의 허용차는 다음에 따른다.

단위 : mm

m의 구분	3 이하	3 초과 6 이하	6 초과 10 이하	10 초과 18 이하	18 초과 30 이하	30 초과 50 이하	50 초과 80 이하	80 초과 120 이하	120 초과한 것
허용차	0 -0.25	0 -0.30	0 -0.36	0 -0.43	0 -0.52	0 -0.62	0 -0.74	0 -0.87	0 -1.05

4. 나사부의 모떼기는 그 지름이 나사골의 지름보다도 약간 큰 정도로 한다. 다만, 지정에 따라 이 모떼기를 생략할 수 있다. 또한, 1종 및 4종에 대하여는 윗면의 나사부에 약간의 모떼기를 실시하여도 좋다.
5. 멈춤 너트에는 통상 3종의 것을 사용한다.
6. 특별히 큰 자리면을 필요로 하는 경우에는 한 계단 큰 s 및 e 치수를 사용하여도 좋다.

[참 고]
• m 및 s의 치수는 ISO/R 272의 nominal series에 따르고 있다. 다만, M2.3, M2.6, M3.5 및 M4.5를 제외한다.

6-10 | 6각 너트(중) KS B 1012 : 2001 (2011 확인)

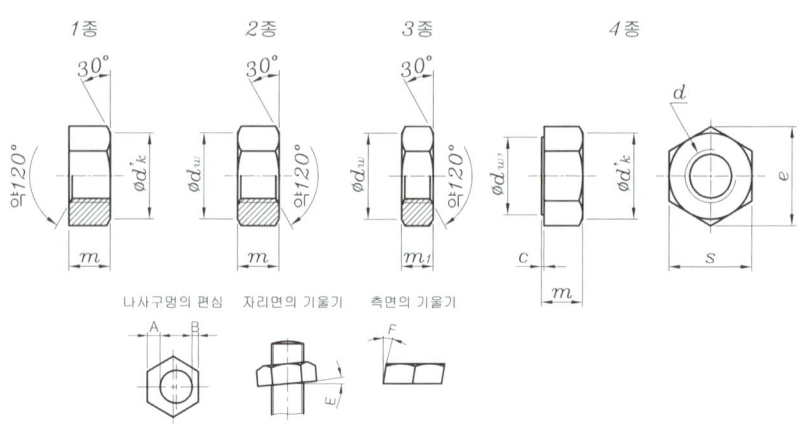

■ 6각 너트(중)의 모양 및 치수

나사의 호칭 d		m		m_1		s		e	d k 및 dw	dw	c	A-B	E	F
보통 나사	가는 나사	기준 치수	허용차	기준 치수	허용차	기준 치수	허용차	약	약	최소	약	최대	최대	최대
M6	-	5	0 -0.48	3.6	0 -0.48	10	0 -0.6	11.5	9.8	9.0	0.4	0.3	1˚	2˚
(M7)	-	5.5		4.2		11	0 -0.7	12.7	10.8	10.0	0.4	0.4		
M8	M8x1	6.5		5		13		15.0	12.5	11.7	0.4	0.4		
M10	M10X1.25	8	0 -0.58	6		17		19.6	16.5	15.8	0.4	0.5		
M12	M12X1.25	10		7	0 -0.58	19		21.9	18	17.6	0.6	0.5		
(M14)	(M14X1.5)	11		8		22	0 -0.8	25.4	21	20.4	0.6	0.7		
M16	M16X1.5	13		10		24		27.7	23	22.3	0.6	0.8		
(M18)	(M18X1.5)	15	0 -0.70	11		27		31.2	26	25.6	0.6	0.8		
M20	M20X1.5	16		12		30		34.6	29	28.5	0.6	0.9		
(M22)	(M22X1.5)	18		13	0 -0.70	32		37.0	31	30.4	0.6	0.9		
M24	M24X2	19		14		36		41.6	34	34.2	0.6	1.1		
(M27)	(M27X2)	22		16		41	0 -1.0	47.3	39	-	-	1.3		
M30	M30X2	24	0 -0.84	18		46		53.1	44	-	-	1.5		
(M33)	(M33X2)	26		20		50		57.7	48	-	-	1.6		
M36	M36X3	29		21		55		63.5	53	-	-	1.8		
(M39)	(M39X3)	31		23	0 -0.84	60		69.3	57	-	-	2		
M42	-	32		25		65	0 -1.2	75	62	-	-	2.1		
(M45)	-	36		27		70		80.8	67	-	-	2.3		
M48	-	38	0 -1.0	29		75		86.5	72	-	-	2.4		
(M52)	-	42		31		80		92.4	77	-	-	2.6		
M56	-	45		34	0 -0.1.0	85		98.1	82	-	-	2.8		
(M60)	-	48		36		90	-1.4	104	87	-	-	2.9		

나사의 호칭 d		m		m₁		s		e	d k 및 dw	dw₁	c	A-B	E	F
보통 나사	가는 나사	기준 치수	허용차	기준 치수	허용차	기준 치수	허용차	약	약	최소	약	최대	최대	최대
M64	-	51	0 -1.2	38	0 -0.1,0	95	0 -1.4	110	92	-	-	3	1°	2°
(M68)	-	54		40		100		115	97	-	-	3.2		
-	M72X6	58		42		105		121	102	-	-	3.3		
-	(M76X6)	61		46		110		127	107	-	-	3.5		
-	M80X6	64		48		115		133	112	-	-	3.5		
-	(M85X6)	68		50		120		139	116	-	-	3.5		
-	M90X6	72		54		130		150	126	-	-	4		
-	M95X6	76		57		135		156	131	-	-	4		
-	M100X6	80		60		145	0 -1.6	167	141	-	-	4.5		
-	(M105X6)	84		63	0 -1.2	150		173	146	-	-	4.5		
-	M110X6	88		65		155		179	151	-	-	4.5		
-	(M115X6)	92	0 -1.4	69		165		191	161	-	-	5		
-	(M120X6)	96		72		170		196	166	-	-	5.5		
-	M125X6	100		76		180		208	176	-	-	5.5		
-	(M130X6)	104		78		185	0 -1.8	214	181	-	-	5.5		

[비 고]
1. 나사의 호칭에 ( )를 붙인 것은 될 수 있는 한 사용하지 않는다.
2. 특히 필요가 있을 경우에는, 지정에 따라 높이(m)를 수나사 바깥지름의 치수에 맞출 수 있다. 또한 이 경우에 m의 허용차는 다음에 따른다.

단위 : mm

m의 구분	3 이하	6 초과 10 이하	10 초과 18 이하	18 초과 30 이하	30 초과 50 이하	50 초과 80 이하	80 초과 120 이하	120 초과한 것
허용차	0 -0.48	0 -0.58	0 -0.70	0 -0.84	0 -1.0	0 -1.2	0 -1.4	0 -1.6

3. 나사부의 모떼기는 그 지름이 나사골의 지름보다도 약간 큰 정도로 한다. 다만, 지정에 따라 이 모떼기를 생략할 수 있다. 또한, 1종 및 4종에 대하여는 윗면의 나사부에 약간의 모떼기를 실시하여도 좋다.
4. 멈춤 너트에는 통상 3종의 것을 사용한다.
5. 특별히 큰 자리면을 필요로 하는 경우에는 한 계단 큰 s 및 e 치수를 사용하여도 좋다.

[참고]
• m 및 s의 치수는 ISO/R 272의 nominal series에 따르고 있다.

6-11 | 6각 너트(보통) KS B 1012 : 2001 (2011 확인)

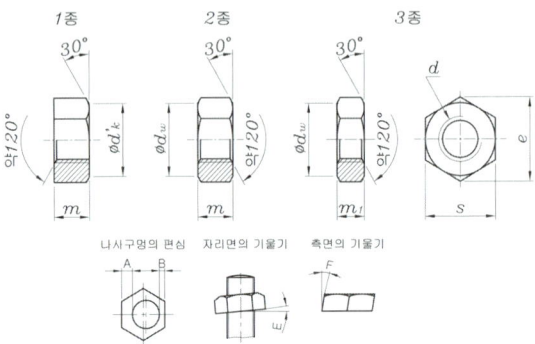

■ 6각 너트(보통)의 모양 및 치수

나사의 호칭 d		m		m_t		s		e	d'k 및 dw	A-B	E 및 F
보통 나사	가는 나사	기준치수	허용차	기준치수	허용차	기준치수	허용차	약	약	최대	최대
M6	-	5	±0.6	3.6	±0.6	10	0 -0.6	11.5	9.8	0.5	
(M7)	-	5.5		4.2		11		12.7	10.8	0.5	
M8	M8x1	6.5		5		13	0 -0.7	15.0	12.5	0.6	
M10	M10X1.25	8	±0.8	6		17		19.6	16.5	0.7	
M12	M12X1.25	10		7		19		21.9	18	0.8	
(M14)	(M14X1.5)	11		8	±0.8	22		25.4	21	1	
M16	M16X1.5	13		10		24	0 -0.8	27.7	23	1.1	
(M18)	(M18X1.5)	15	±0.9	11		27		31.2	26	1.2	
M20	M20X1.5	16		12		30		34.6	29	1.4	
(M22)	(M22X1.5)	18		13		32		37.0	31	1.5	
M24	M24X2	19		14	±0.9	36		41.6	34	1.6	2°
(M27)	(M27X2)	22		16		41	0 -1.0	47.3	39	2	
M30	M30X2	24	±1.0	18		46		53.1	44	2.2	
(M33)	(M33X2)	26		20		50		57.7	48	2.4	
M36	M36X3	29		21		55		63.5	53	2.6	
(M39)	(M39X3)	31		23	±1.0	60		69.3	57	2.8	
M42	-	32		25		65	0 -1.2	75	62	3.1	
(M45)	-	36		27		70		80.8	67	3.3	
M48	-	38		29		75		86.5	72	3.6	
(M52)	-	42	±1.2	31		80		92.4	77	3.8	
M56	-	45		34	±1.2	85	0 -1.4	98.1	82	4.1	
(M60)	-	48		36		90		104	87	4.3	
M64	-	51		38		95		110	92	4.6	

■ 6각 너트(보통)의 모양 및 치수

나사의 호칭 d		m		m₁		s		e	d'k 및 dw	A-B	E 및 F
보통 나사	가는 나사	기준 치수	허용차	기준 치수	허용차	기준 치수	허용차	약	약	최대	최대
(M68)	-	54	±1.5	40	±1.2	100	0 -1.4	115	97	4.8	2°
-	M72X6	58		42		105		121	102	5	
-	(M76X6)	61		46		110		127	107	5.3	
-	M80X6	64		48		115		133	112	5.5	
-	(M85X6)	68		50		120		139	116	5.8	
-	M90X6	72		54		130		150	126	6.2	
-	M95X6	76		57		135		156	131	6.5	
-	M100X6	80		60		145		167	141	6.8	
-	(M105X6)	84	±1.8	63	±1.5	150	0 -1.6	173	146	7.2	
-	M110X6	88		65		155		179	151	7.4	
-	(M115X6)	92		69		165		191	161	7.9	
-	(M120X6)	96		72		170		196	166	8.4	
-	M125X6	100		76		180		208	176	8.7	
-	(M130X6)	104		78		185	0 -1.8	214	181	8.9	

[비 고]
1. 나사의 호칭에 ( )를 붙인 것은 될 수 있는 한 사용하지 않는다.
2. 특히 필요가 있을 경우에는, 지정에 따라 높이(m)를 수나사 바깥지름의 치수에 맞출 수 있다. 또한 이 경우에 m의 허용차는 다음에 따른다.

단위 : mm

m의 구분	6 이하	6 초과 10 이하	10 초과 18 이하	18 초과 30 이하	30 초과 50 이하	50 초과 80 이하	80 초과 120 이하	120 초과한 것
허용차	±0.6	±0.8	±0.9	±1.0	±1.2	±1.5	±1.8	±2.0

3. 나사부의 모떼기는 그 지름이 나사골의 지름보다도 약간 큰 정도로 한다. 다만, 지정에 따라 이 모떼기를 생략할 수 있다. 또한, 1종 및 4종에 대하여는 윗면의 나사부에 약간의 모떼기를 실시하여도 좋다.
4. 멈춤 너트에는 통상 3종의 것을 사용한다.
5. 특별히 큰 자리면을 필요로 하는 경우에는 한 계단 큰 s 및 e 치수를 사용하여도 좋다.

[참고]
• m 및 s의 치수는 ISO/R 272의 nominal series에 따르고 있다.

6-12 | 소형 6각 너트-상

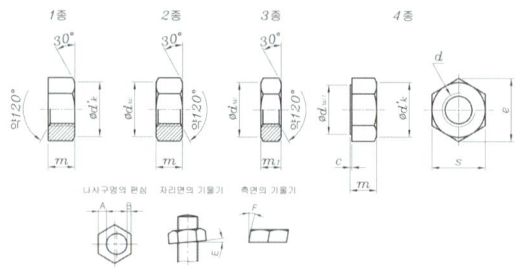

단위 : mm

나사의 호칭 d		m		m_1		s		e	d'k 및 dw	dw1	c	A-B	E 및 F
보통 나사	가는 나사	기준 치수	허용차	기준 치수	허용차	기준 치수	허용차	약	약	최소	약	최대	최대
M8	M8x1	6.5	0 -0.36	5	0 -0.3	12	0 -0.25	13.9	11.5	10.8	0.4	0.4	1°
M10	M10X1.25	8		6		14		16.2	13.5	12.6	0.4	0.4	
M12	M12X1.25	10		7		17		19.6	16.5	15.8	0.6	0.5	
(M14)	(M14X1.5)	11		8	0 -0.36	19		21.9	18	17.6	0.6	0.5	
M16	M16X1.5	13		10		22		25.4	21	20.4	0.6	0.7	
(M18)	(M18X1.5)	15	0 -0.43	11		24	0 -0.35	27.7	23	22.3	0.6	0.8	
M20	M20X1.5	16		12		27		31.2	26	25.6	0.6	0.8	
(M22)	(M22X1.5)	18		13		30		34.6	29	28.5	0.6	0.9	
M24	M24X2	19		14	0 -0.43	32		37.6	31	30.4	0.6	0.9	
(M27)	(M27X2)	22		16		36		41.6	34	-		1.1	
M30	M30X2	24	0 -0.52	18		41	0 -0.4	47.3	39	-		1.3	
(M33)	(M33X2)	26		20		46		53.1	44	-		1.5	
M36	M36X3	29		21	0 -0.52	50		57.7	48	-		1.6	
(M39)	(M39X3)	31	0 -0.62	23		55	0 -0.45	63.5	53	-		1.8	

[비 고]
1. 나사의 호칭에 ( )를 붙인 것은 될 수 있는 한 사용하지 않는다.
2. 특별히 필요가 있을 경우에는, 지정에 따라 높이(m)를 수나사 바깥지름의 치수에 맞출 수 있다. 또한 이 경우에 m의 허용차는 다음에 따른다.

단위 : mm

m의 구분	10 이하	10 초과 18 이하	18 초과 30 이하	30 초과한 것
허용차	0 -0.36	0 -0.43	0 -0.52	0 -0.62

3. 나사부의 모떼기는 그 지름이 나사골의 지름보다도 약간 큰 정도로 한다. 다만, 지정에 따라 이 모떼기를 생략할 수 있다. 또한, 1종 및 4종에 대하여는 윗면의 나사부에 약간의 모떼기를 실시하여도 좋다.
4. 멈춤 너트에는 통상 3종의 것을 사용한다.
5. 특별히 큰 자리면을 필요로 하는 경우에는 한 계단 큰 s 및 e 치수를 사용하여도 좋다.

[참고]
• m 및 s의 치수는 ISO/R 272의 nominal series에 따르고 있다.

6-13 | 소형 6각 너트-상

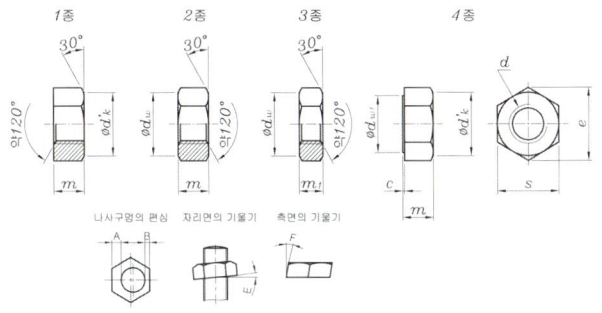

단위 : mm

나사의 호칭 d		m		m₁		s		e	d'k 및 dw	dw₁	c	A-B	E	F
보통 나사	가는 나사	기준 치수	허용차	기준 치수	허용차	기준 치수	허용차	약	약	최소	약	최대	최대	최대
M8	M8x1	6.5	0 -0.58	5	0 -0.48	12	0 -0.7	13.9	11.5	10.8	0.4	0.4	1	2
M10	M10X1.25	8		6		14		16.2	13.5	12.6	0.4	0.4		
M12	M12X1.25	10		7		17		19.6	16.5	15.8	0.6	0.5		
(M14)	(M14X1.5)	11	0 -0.70	8	0 -0.58	19		21.9	18	17.6	0.6	0.5		
M16	M16X1.5	13		10		22		25.4	21	20.4	0.6	0.7		
(M18)	(M18X1.5)	15		11		24	0 -0.8	27.7	23	22.3	0.6	0.8		
M20	M20X1.5	16		12		27		31.2	26	25.6	0.6	0.8		
(M22)	(M22X1.5)	18		13		30		34.6	29	28.5	0.6	0.9		
M24	M24X2	19		14	-0.70	32		37.6	31	30.4	0.6	0.9		
(M27)	(M27X2)	22		16		36		41.6	34	-		1.1		
M30	M30X2	24	0 -0.84	18		41	0 -1.0	47.3	39	-		1.3		
(M33)	(M33X2)	26		20		46		53.1	44	-		1.5		
M36	M36X3	29		21		50		57.7	48	-		1.6		
(M39)	(M39X3)	31	0 -1.0	23	0 -0.84	55	0 -1.2	63.5	53	-		1.8		

[비 고]
1. 나사의 호칭에 ( )를 붙인 것은 될 수 있는 한 사용하지 않는다.
2. 특별히 필요가 있을 경우에는, 지정에 따라 높이(m)를 수나사 바깥지름의 치수에 맞출 수 있다. 또한 이 경우에 m의 허용차는 다음에 따른다.

단위 : mm

m의 구분	10 이하	10 초과 18 이하	18 초과 30 이하	30 초과한 것
허용차	0 -0.58	0 -0.70	0 -0.84	0 -1.0

3. 나사부의 모떼기는 그 지름이 나사골의 지름보다도 약간 큰 정도로 한다. 다만, 지정에 따라 이 모떼기를 생략할 수 있다. 또한, 1종 및 4종에 대하여는 윗면의 나사부에 약간의 모떼기를 실시하여도 좋다.
4. 멈춤 너트에는 통상 3종의 것을 사용한다.
5. 특별히 큰 자리면을 필요로 하는 경우에는 한 계단 큰 s 및 e 치수를 사용하여도 좋다.

[참고]
· m 및 s의 치수는 ISO/R 272의 nominal series에 따르고 있다.

6-14 | 아이 너트 KS B 1034 : 2007 (2012 확인)

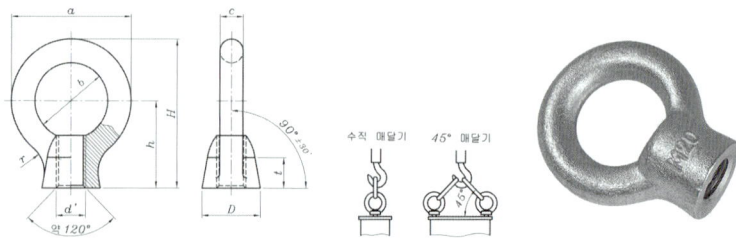

■ 아이 너트의 모양 및 치수와 사용 하중

단위 : mm

나사의 호칭 (d)	a	b	c	D	t	h	H (참고)	r (약)	d'	사용 하중 수직 매달기 kgf(kN)	사용 하중 45도 매달기 (2개에 대한) gf (kN)
M8	32.6	20	6.3	16	12	23	39.3	8	8.5	80 (0.785)	80 (0.785)
M10	41	25	8	20	15	28	48.5	10	10.6	150 (1.47)	150 (1.47)
M12	50	30	10	25	19	36	61	12	12.5	220 (2.16)	220 (2.16)
M16	60	35	12.5	30	23	42	72	14	17	450 (4.41)	450 (4.14)
M20	72	40	16	35	28	50	86	16	21.2	630 (6.18)	630 (6.18)
M24	90	50	20	45	38	66	111	25	25	950 (9.332)	950 (9.32)
M30	110	60	25	60	46	80	135	30	31.5	1500 (14.7)	1500 (14.7)
M36	133	70	31.5	70	55	95	161.5	35	37.5	2300 (22.6)	2300 (22.6)
M42	151	80	35.5	80	64	109	184.5	40	45	3400 (33.3)	3400 (33.3)
M48	170	90	40	90	73	123	208	45	50	4500 (44.1)	4500 (44.1)
M64	210	110	50	110	90	151	256	50	67	9000 (88.3)	9000 (88.3)
M80X6	266	140	63	130	108	184	317	65	85	15000 (147)	15000 (147)

[비 고]
1. a, b, c, D, t 및 h의 허용차는 KS B 0426의 보통급, d'의 허용차는 KS B ISO 2768-1의 거친급으로 한다.

주 ▶ 45° 매달기의 사용 하중은 너트의 자리면이 상대와 밀착하고 2개의 너트 링의 방향이 위의 그림과 같이 동일 평면 내에 있을 경우에 적용한다.

6-15 | 나비 너트 1종 KS B 1014 : 2008 (2013 확인)

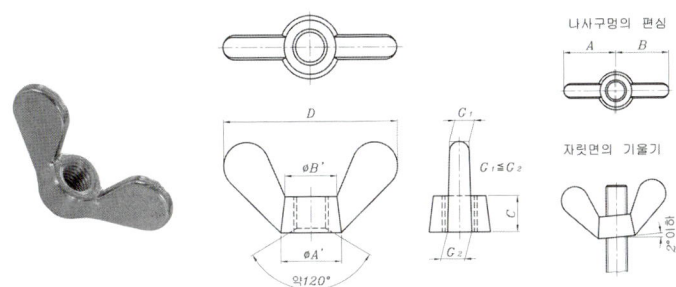

■ 나비 너트 1종의 모양 및 치수

단위 : mm

나사의 호칭 d	A' 최소	B' 약	C 최소	D 기준치수	D 허용차	H 기준치수	H 허용차	G₁ 최대	G₂ 최대	A-B 최대
M2	4	3	2	12	±1.5	6	±1.5	2.5	3	0.3
M2.2										
*(M2.3)										
M2.5	5	4	3	16		8		2.5	3	0.4
*(M2.6)										
M3										
M4	7	6	4	20		10		3	4	
M5	8.5	7	5	25		12		3.5	4.5	0.5
M6	10.5	9	6	32		16		4	5	
M8	14	12	8	40		20		4.5	5.5	0.6
M10	18	15	10	50		25		5.5	6.5	0.7
M12	22	18	12	60	±2	30		7	8	1
(M14)	26	22	14	70		35		8	9	1.1
M16										1.2
(M18)	30	25	16	80		40	±2	8	10	1.4
M20	34	28	18	90		45		9	11	1.5
(M22)	38	32	20	100	±2.5	50		10	12	1.6
M24	43	36	22	112		56		11	13	1.8

[비 고]
1. 나사의 호칭에 ( )를 붙인 것은 되도록 사용하지 않는다.
   또, * 표시를 붙인 나사는 KS B 0201의 부속서에 따른 것으로서, 장차 폐지하게 되어 있기 때문에 새로 설계하는 기기 등에는 사용하지 않는 것이 좋다.
2. 자릿면 쪽의 나사부 모떼기는 그 지름이 나사의 골지름보다 약간 큰 정도로 한다.
   다만, 이 모떼기는 주문자의 지정에 따라 생략할 수 있다.
3. 큰 날개부를 필요로 할 경우는 1단위의 치수(A', B', C, D, H, G₁, 및 G₂)를 사용할 수 있다.

6-16 | 나비 너트 2종 KS B 1014 : 2008 (2013 확인)

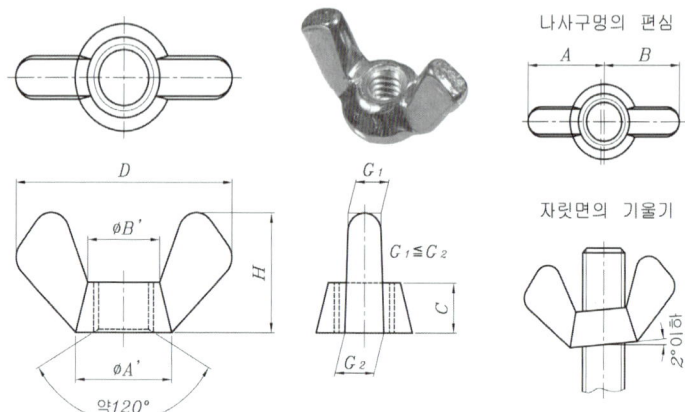

■ 나비 너트 2종의 모양 및 치수

단위 : mm

나사의 호칭 d	A' 최소	B' 약	C 최소	D 기준치수	D 허용차	H 기준치수	H 허용차	G₁ 최대	G₂ 최대	A-B 최대
M3	6.5	4	3	17	± 1.5	9	± 1.5	3	4	0.4
M4	6.5	4	3	17	± 1.5	9	± 1.5	3	4	0.4
M5	8	6	4	21	± 1.5	11	± 1.5	3.5	4.5	0.5
M6	10	7	4.5	27	± 1.5	13	± 1.5	4	5	0.5
M8	13	10	6	31	± 2	16	± 1.5	4.5	5.5	0.6
M10	16	12	7.5	36	± 2	18	± 1.5	5.5	6.5	0.7
M12	20	16	9	48	± 2	23	± 1.5	7	8	1
(M14)	20	16	9	48	± 2	23	± 1.5	7	8	1.1
M16	27	22	12	68	± 2	35	± 2	8	9	1.2
(M18)	27	22	12	68	± 2	35	± 2	8	9	1.4
M20	27	22	12	68	± 2	35	± 2	8	9	1.5

[비 고]
1. 나사의 호칭에 ( )를 붙인 것은 되도록 사용하지 않는다.
2. 자릿면 쪽의 나사부 모떼기는 그 지름이 나사의 골지름보다 약간 큰 정도로 한다.
　　다만, 이 모떼기는 주문자의 지정에 따라 생략할 수 있다.
3. 큰 날개부를 필요로 할 경우는 1단위의 치수(A', B', C, D, H, G₁, 및 G₂)를 사용할 수 있다.

6-17 | 나비 너트 3종 KS B 1014 : 2008 (2013 확인)

 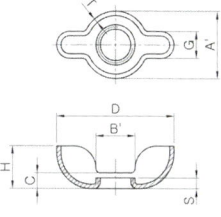 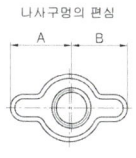 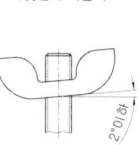

■ 나비 너트 3종의 모양 및 치수

단위 : mm

나사의 호칭 d	A'	B'	C	D		H		G	높은형				낮은형				A-B
									S		T		S		T		
	최대	약	최소	기준치수	허용차	기준치수	허용차	최대	기준치수	허용차	표준두께		기준치수	허용차	표준두께		최대
M3	10	5	2	16	±1	6.5	±1	4	3.5	±0.5	1		1.4	±0.3	0.8		0.4
M4	12	6	2.5	19	±1	8.5	±1	5	4	±0.5	1		1.6	±0.3	0.8		0.4
M5	13	7	3	22	±1	9	±1	5.5	4.5	±0.5	1		1.8	±0.3	0.8		0.5
M6	15	9	3.5	25	±1	9.5	±1	6	5	±0.8	1		2.4	±0.4	1.0		0.5
M8	17	10	5	28	±1	11	±1	7	6	±0.8	1.2		3.1	±0.5	1.2		0.6
M10	20	12	6	35	±1.5	12	±1	8	7	±0.8	1.2		3.8	±0.5	1.2		0.7

[비 고]
1. T는 KS D 3512에 따른 표준 두께를 나타낸다.
  또한, 두께(T)는 이 표의 값보다도 두꺼운 표준 두께를 사용하여도 좋다.

6-18 | 6나비 너트 4종 KS B 1014 : 2008 (2013 확인)

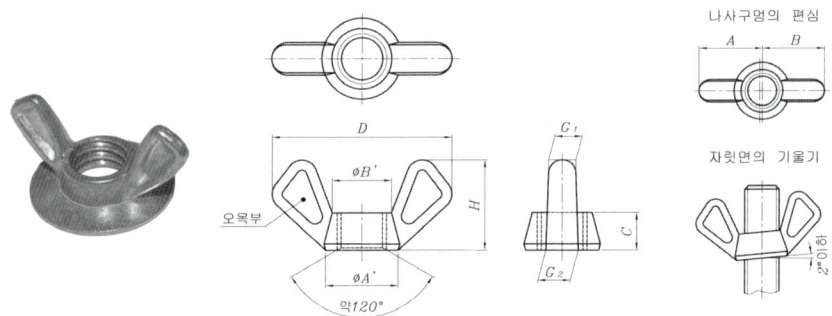

주 ▶
- 오목부의 깊이 및 모양은 임의로 한다.
- 또한 이 오목부는 붙이지 않아도 좋다.

■ 나비 너트 4종의 모양 및 치수

단위 : mm

나사의 호칭 d	A' 최대	B' 약	C 최소	D 기준치수	D 허용차	H 기준치수	H 허용차	G_1 최대	G_2 최대	A-B 최대
M3	5	4	2.4	16		8.5		2.5	3	0.4
M4	7	6	3.2	21		11		3	4	
M5	8.5	7	4	21	± 1.5	11	± 1.5	3.5	4.5	1.2
M6	10.5	9	5	23		14		4	5	
M8	13	10	6.5	30		16		4.5	5.5	0.6
M10	16	12	8	37	± 2.0	19		5.5	6.5	0.7

[비 고]
1. 자릿면 쪽의 나사부 모떼기는 그 지름이 나사의 골지름보다 약간 큰 정도로 한다.
   다만, 이 모떼기는 주문자의 지정에 따라 생략할 수 있다.
2. 큰 날개부를 필요로 할 경우는 1단위의 치수(A', B' C, D, H, G_1,G_2)를 사용할 수 있다.

6-19 | 4각 너트 KS B 1013 : 2012

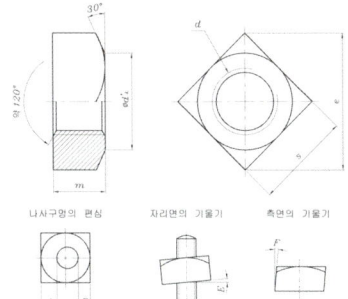

나사의 호칭 (d)	수나사의 바깥지름	m 기준치수	m 허용차 상	m 허용차 중	m 허용차 보통	s 기준치수	s 허용차 상	s 허용차 중	s 허용차 보통	e 약	d'k 약	A-B 최대 상,중	A-B 최대 보통	E 최대 상	E 최대 중	E 최대 보통	F 최대 상	F 최대 중	F 최대 보통
M3	3	2.4	0 -0.25	0 -0.4	-	5.5	0 -0.5			7.8	5.3	0.2	-		2°	-			
M4	4	3.2				7		0 -0.6		9.9	6.8								
M5	5	4	0 -0.3	0 -0.48		8	0 -0.2		0 -0.6	11.3	7.8								
M6	6	5			±0.6	10				14.1	9.8	0.3	0.5						
M8	8	6.5	0 -0.36	0 -0.58	±0.8	13	0 -0.25	0 -0.7		18.4	12.5	0.4	0.6	1°	1°	2°	1°		2°
M10	10	8				17				24.0	16.5		0.7						
M12	12	10				19				26.9	18	0.5	0.8						
(M14)	14	11				22				31.1	21		1.0						
M16	16	13	0 -0.43	0 -0.7	±0.9	24	0 -0.35	0 -0.8		33.9	23	0.8	1.1						
(M18)	18	15				27				38.2	26		1.2						
M20	20	16				30				42.4	29	0.9	1.4						
(M22)	22	18				32				45.3	31		1.5						
M24	24	19	0 -0.52	0 -0.84	±1	36	0 -0.4	0 -1		50.9	34	1.1	1.6						

[비 고]
1. 나사의 호칭에 ( )를 붙인 것은 되도록 사용하지 않는다.
2. 나사부의 구멍 모떼기는 그 지름이 암나사의 골지름보다 약간 큰 정도로 한다.
   다만, 주문자의 지정에 따라 나사의 등급 7H 및 3급의 너트는 이 구멍 모떼기를 생략하여도 좋다.
3. 나사의 호칭 M10 이하의 너트는 특별한 지정이 없는 한 4각부의 모떼기는 생략하여도 좋다.
4. 특별히 필요가 있는 경우에는, 지정에 따라 높이(m)를 수나사 바깥지름의 치수에 맞출 수 있다. 또한 이 경우에 m의 허용차는 다음에 따른다.

단위 : mm

m의 구분		3 이하	3 초과 6 이하	6 초과 10 이하	10 초과 18 이하	18 초과 30 이하
허용차	상	0 -0.25	0 -0.30	0 -0.36	0 -0.43	0 -0.52
	중	0 -0.40	0 -0.48	0 -0.58	0 -0.70	0 -0.84
	보통	-	±0.6	±0.8	±0.9	±1

6-20 | 홈붙이 6각 너트 KS B 1015 : 2012

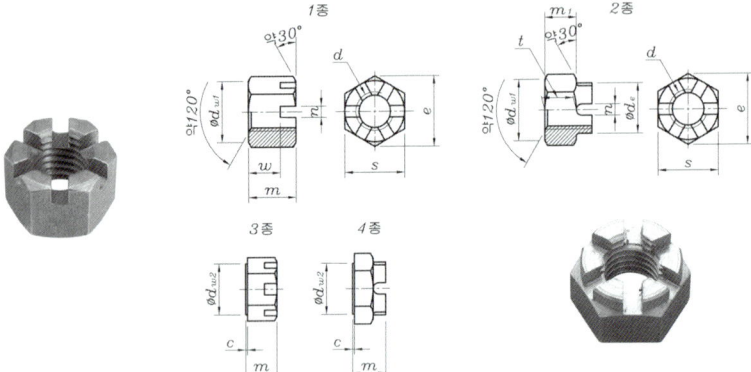

단위 : mm

나사의 호칭 d		높은 형			낮은 형			s	e 약	d_{w1} 약	d_e 약	n	d_{w2} 최소	c 약	홈의 수	(참고) 분할핀의 치수
보통 나사	가는 나사	형상 구분	m	w	m_1	형상 구분	m	w	m_1								
M4	-	-	5	3.2	-	-	-	-	-	7	8.1	6.8	-	1.2	-	6	1×12
(M4.5)	-	-	6	4	-	-	-	-	-	8	9.2	7.8	-	1.2		6	1×12
M5	-	-	6	4	-	-	-	-	-	8	9.2	7.8	-	1.4	7.2	6	1.2×12
M6	-	-	7.5	5	-	-	-	-	-	10	11.5	9.8	-	2	9.0	6	1.6×16
(M7)	-	-	8	5.5	-	-	-	-	-	11	12.7	10.8	-	2	10	0.4	6	1.6×16
M8	M8×1	-	9.5	6.5	-	-	-	-	-	13	15	12.5	-	2.5	11.7		6	2×18
M10	M10×1.25		12	8	-		8	4.5	-	17	19.6	16.5	-	2.8	15.8		6	2.5×25
M12	M12×1.25	1종 및 3종	15	10	10		10	6	-	19	21.9	18	17	3.5	17.6		6	3.2×25
(M14)	(M14×1.5)		16	11	11		11	7	7	22	25.4	21	19	3.5	20.4		6	3.2×28
M16	M16×1.5		19	13	13	1종 및 3종	13	8	8	24	27.7	23	22	4.5	22.3		6	4×32
(M18)	(M18×1.5)		21	15	15		13	8	8	27	31.2	26	25	4.5	25.6	0.6	6	4×36
M20	M20×1.5		22	16	16		13	8	8	30	34.6	29	28	4.5	28.5		6	4×40
(M22)	(M22×1.5)		26	18	18		13	8	8	32	37	31	30	5.5	30.4		6	5×40
M24	M24×2		27	19	19		14	9	9	36	41.6	34	34	5.5	34.2		6	5×45
(M27)	(M27×2)		30	22	22		16	10	10	41	47.3	39	38	5.5			6	5×50
M30	M30×2		33	24	24		18	11	11	46	53.1	44	42	7			6	6.3×56
(M33)	(M33×2)		35	26	26		20	13	13	50	57.7	48	46	7			6	6.3×63
M36	M36×3	2종 및 4종	38	29	29	2종 및 4종	21	14	14	55	63.5	53	50	7			6	6.3×71
(M39)	(M39×3)		40	31	31		23	15	15	60	69.3	57	55	7			6	6.3×71
M42	-		46	34	34		25	16	16	65	75	62	58	9			8	8×71
(M45)	-		48	36	36		27	18	18	70	80.8	67	62	9			8	8×80
M48	-		50	38	38		29	20	20	75	86.5	72	65	9			8	8×80
(M52)	-		54	42	42		31	21	21	80	92.4	77	70	9			8	8×90
M56	-		57	45	45		34	23	23	85	98.1	82	75	9			8	8×90
(M60)	-		63	48	48		36	23	23	90	104	87	80	11			8	10×100
M64	-		66	51	51		38	25	25	95	110	92	85	11			8	10×100
(M68)	-		69	54	54		40	27	27	100	115	97	90	11			8	10×112
-	M72×6		73	58	58		42	28	28	105	121	102	95	11			10	10×125
-	(M76×6)		76	61	61		46	32	32	110	127	107	100	11			10	10×125
-	M80×6		79	64	64		48	34	34	115	133	112	105	11			10	10×140
-	(M85×6)		88	68	68		50	34	34	120	139	116	110	14			10	13×140
-	M90×6		92	72	72		54	38	38	130	150	126	120	14			10	13×140
-	(M95×6)		96	76	76		57	41	41	135	156	131	125	14			10	13×160
-	M100×6		100	80	80		60	44	44	145	167	141	135	14			10	13×160

[비 고]
1. 나사의 호칭에 ( )를 붙인 것은 되도록 사용하지 않는다.
2. 자리면쪽의 나사부 모떼기 지름은 나사의 골지름보다도 약간 크게 한다.
3. 홈부의 나사는 주문자의 지정에 따라 제거할 수 있다.
4. 홈밑의 모양은 선저형 또는 둥근형으로 하고 선저형은 구석을 다소 둥글게 한다.
5. 홈의 수 및 홈의 위치는 지정에 따라 변경할 수 있다.

■ 소형 홈붙이 6각 너트

나사의 호칭 d		높은 형				낮은 형				s	e 약	d_{w1} 약	d_e 약	n	d_{w2} 최소	c 약	홈의 수	(참고) 분할핀의 치수
보통나사	가는나사	형상 구분	m	w	m.	형상 구분	m	w	m.									
M8	M8×1		-	9.5	6.5	-		-	8	4.5	-	12	13.9	11.5		2.5	10.8	0.4	6	2×18
M10	M10×1.25		-	12	8	-		-	8	4.5	-	14	16.2	13.5		2.8	12.6		6	2.5×20
M12	M12×1.25	1종 및 3종		15	10	10	1종 및 3종		10	6	-	17	19.6	16.5	16	3.5	15.8		6	3.2×25
(M14)	(M14×1.5)		2종 및 4종	16	11	11		2종 및 4종	11	7	7	19	21.9	18	17	3.5	17.6		6	3.2×25
M16	M16×1.5			19	13	13			13	8	8	22	25.4	21	19	4.5	20.4		6	4×28
(M18)	(M18×1.5)			21	15	15			13	8	8	24	27.7	23	22	4.5	22.3	0.6	6	4×32
M20	M20×1.5			22	16	16			13	8	8	27	31.2	26	25	4.5	25.6		6	4×36
(M22)	(M22×1.5)			26	18	18			13	8	8	30	34.6	29	28	5.5	28.5		6	5×40
M24	M24×2			27	19	19			14	9	9	32	37	31	30	5.5	30.4		6	5×45

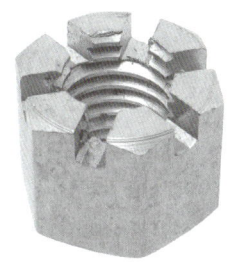
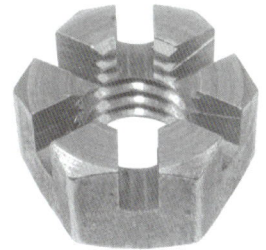

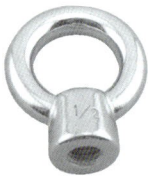

Chapter 7

나사 규격 데이터

7-1 | 나사의 종류 및 용도와 제도법

1. 나사의 표시 방법 KS B 0200 : 2009

[나사의 감김 방향] [나사산의 줄의 수] [나사의 호칭]-[나사의 등급]

① 나사의 호칭

나사의 호칭은 나사의 종류를 표시하는 기호, 나사의 지름을 표시하는 숫자 및 피치 또는 25.4mm에 대한 나사의 수 (이하 산의 수라 한다)를 사용하여, 다음과 같이 구성한다.

ⓐ 피치를 밀리미터로 표시하는 나사의 경우

[나사의 종류를 표시하는 기호] [나사의 호칭 지름을 표시하는 숫자]×[피치]

다만 미터 보통 나사 및 미니추어 나사와 같이 동일한 지름에 대하여 피치가 하나만 규정되어 있는 나사에서는 원칙으로 피치를 생략한다.

ⓑ 피치를 산의 수로 표시하는 나사(유니파이 나사를 제외)의 경우

[나사의 종류를 표시하는 기호] [나사의 지름을 표시하는 숫자] 산 [산의 수]

다만 관용 나사와 같이 동일한 지름에 대하여, 산의 수가 단 하나만 규정되어 있는 나사에서는 원칙으로 산의 수를 생략한다. 또한 혼동될 우려가 없을 때는 '산' 대신에 하이픈 '-'을 사용할 수 있다.

ⓒ 유니파이 나사의 경우

[나사의 지름을 표시하는 숫자 또는 번호]-[산의 수] [나사의 종류를 표시하는 기호]

② 나사산의 감김 방향

나사산의 감김 방향은 왼나사의 경우에는 '왼'의 글자로 표시하고, 오른 나사의 경우에는 표시하지 않는다. 또한 '왼' 대신에 'L'을 사용할 수 있다. 오른나사는 일반적으로 특기할 필요가 없다. 동일 부품에 오른나사와 왼나사가 있을 때는 각각 쌍방에 표시된다. 오른나사는 필요하면 나사의 호칭 방법에 RH를 추가하여 표시한다.

③ 나사산의 줄의 수

나사산의 줄의 수는 여러줄 나사의 경우에는 '2줄', '3줄'등과 같이 표시하고, 한 줄 나사의 경우에는 표시하지 않는다. 또한 '줄' 대신에 'N'을 사용할 수 있다.

④ 나사의 제도법

나사는 그 종류에 따라 생기는 나선의 형상을 도시하려면 복잡하고 작도하기도 쉽지 않은데 나사의 실형 표시는 절대적으로 필요한 경우에만 사용하고 KS B ISO 6410:2009 에 의거하여 나선은 직선으로 하여 약도법으로 제도하는 것을 원칙으로 하고 있다.

2. 나사 제도시 용도에 따른 선의 분류 및 제도법 KS B ISO 6410-1 : 2009

① 굵은 선(외형선) : 수나사 바깥지름, 암나사 안지름, 완전 나사부와 불완전 나사부 경계선
② 가는 실선 : 수나사 골지름, 암나사 골지름, 불완전 나사부

③ 나사의 끝면에서 본 그림에서는 나사의 골지름은 가는 실선으로 그려 원주의 3/4에 가까운 원의 일부로 표시하고 가능하면 오른쪽 상단 4분원을 열어두는 것이 좋다. 모떼기 원을 표시하는 굵은 선은 일반적으로 끝면에서 본 그림에서는 생략한다.

[비 고]
• 결원(欠圓)의 부분은 직교하는 중심선에 대하여는 다른 위치에 있어도 좋다.

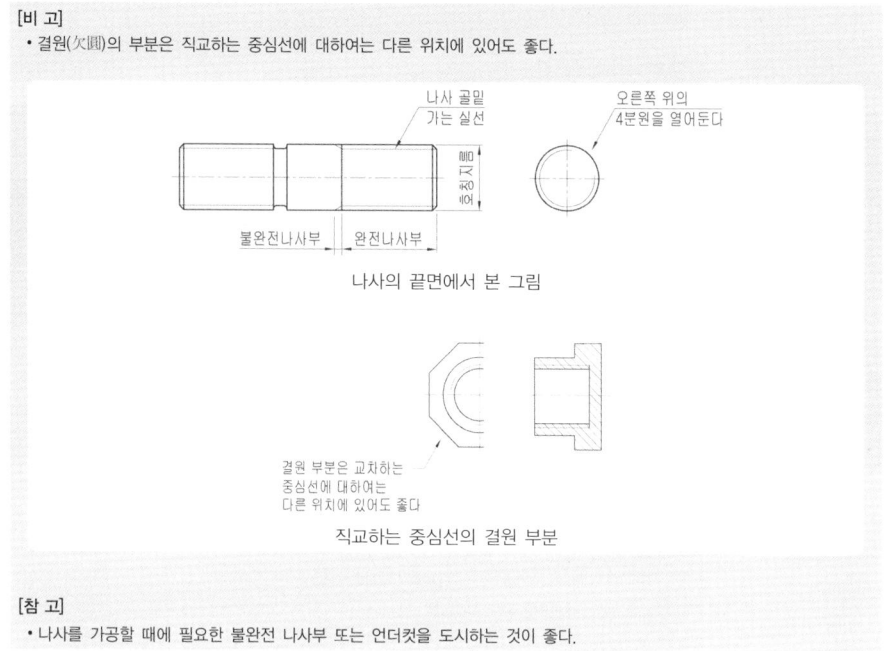

[참 고]
• 나사를 가공할 때에 필요한 불완전 나사부 또는 언더컷을 도시하는 것이 좋다.

④ 나사부품의 단면도에서 해칭은 암나사 안지름, 수나사 바깥지름까지 작도한다.

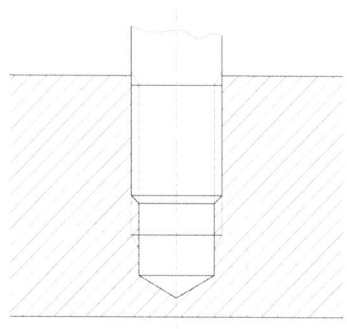

⑤ 암나사의 드릴구멍(멈춤구멍) 깊이는 나사 길이에 1.25배 정도로 작도한다. 일반적으로 나사 길이 치수는 표시하나 멈춤구멍 깊이는 보통 생략한다. 특별히 멈춤구멍 깊이를 표시할 필요가 있는 경우 간단한 표시를 사용해도 좋다.

3. 나사 제도와 치수 기입

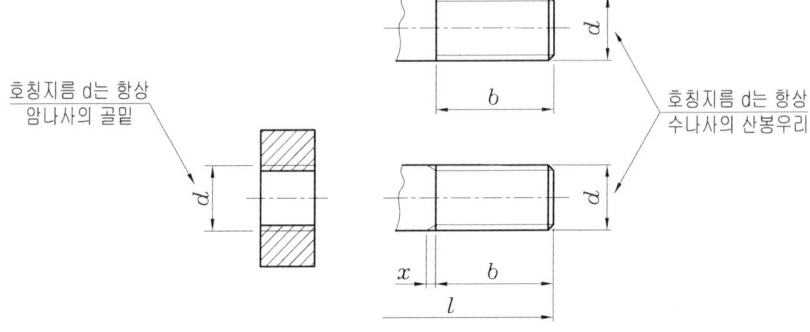

수나사 및 암나사의 호칭지름 d

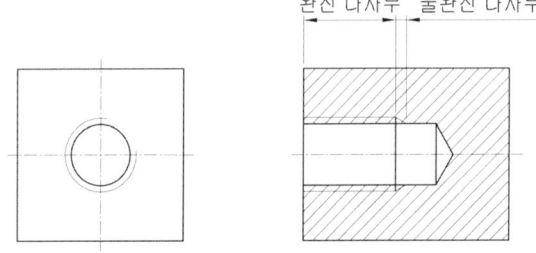

완전 나사부와 불완전 나사부

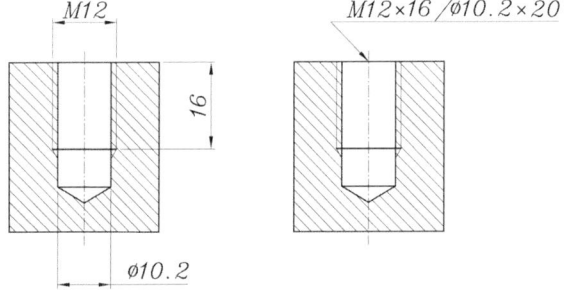

나사 길이 및 멈춤 구멍 깊이 치수 기입

4. 나사의 등급 표시 방법

구분	나사의 종류	암나사 및 수나사의 구별		나사의 등급을 표시하는 보기	관련 표준
ISO표준에 있는 등급	미터 나사	암나사	유효 지름과 안지름의 등급이 같은 경우	6H	KS B 0235 KS B 0211의 본문 KS B 0214의 본문
		수나사	유효 지름과 바깥지름의 등급이 같은 경우	6g	
			유효 지름과 바깥지름의 등급이 다른 경우	5g, 6g	
		암나사와 수나사를 조합한 것		6H/6g, 5H/5g 6g	
	미니추어 나사	암나사 수나사 암나사와 수나사를 조합한 것		3G6 5h3 3G6/5h3	KS B 0228
	미터 사다리꼴 나사	암나사 수나사 암나사와 수나사를 조합한 것		7H 7e 7H/7e	KS B 0237 KS B 0219
	관용 평행 나사	수나사		A	KS B 0221의 본문
ISO표준에 없는 등급	미터 나사	암나사 수나사	암나사와 수나사의 등급 표시가 같은 것	2급, 혼동될 우려가 없을 경우에는 '급'의 문자를 생략해도 좋다.	KS B 0211의 부속서 KS B 0214의 부속서
		암나사와 수나사를 조합한 것		3급/2급, 혼동될 우려가 없을 경우에는 3/2로 해도 좋다.	
	유니파이 나사	암나사 수나사		2B 2A	KS B 0213 KS B 0216
	관용 평행 나사	암나사 수나사		B A	KS B 0221의 부속소

5. 나사 제도와 치수 기입

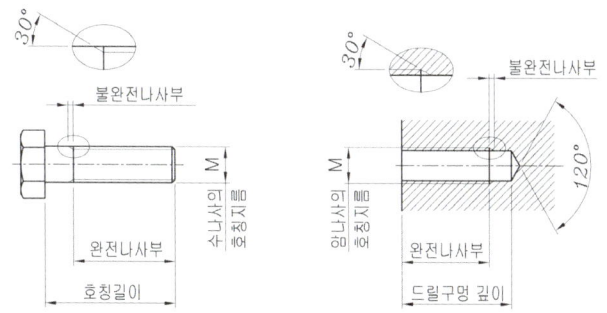

수나사 및 암나사의 제도

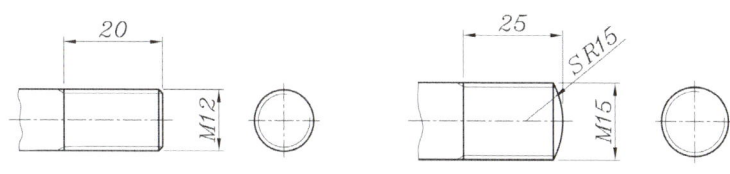

수나사의 치수 기입

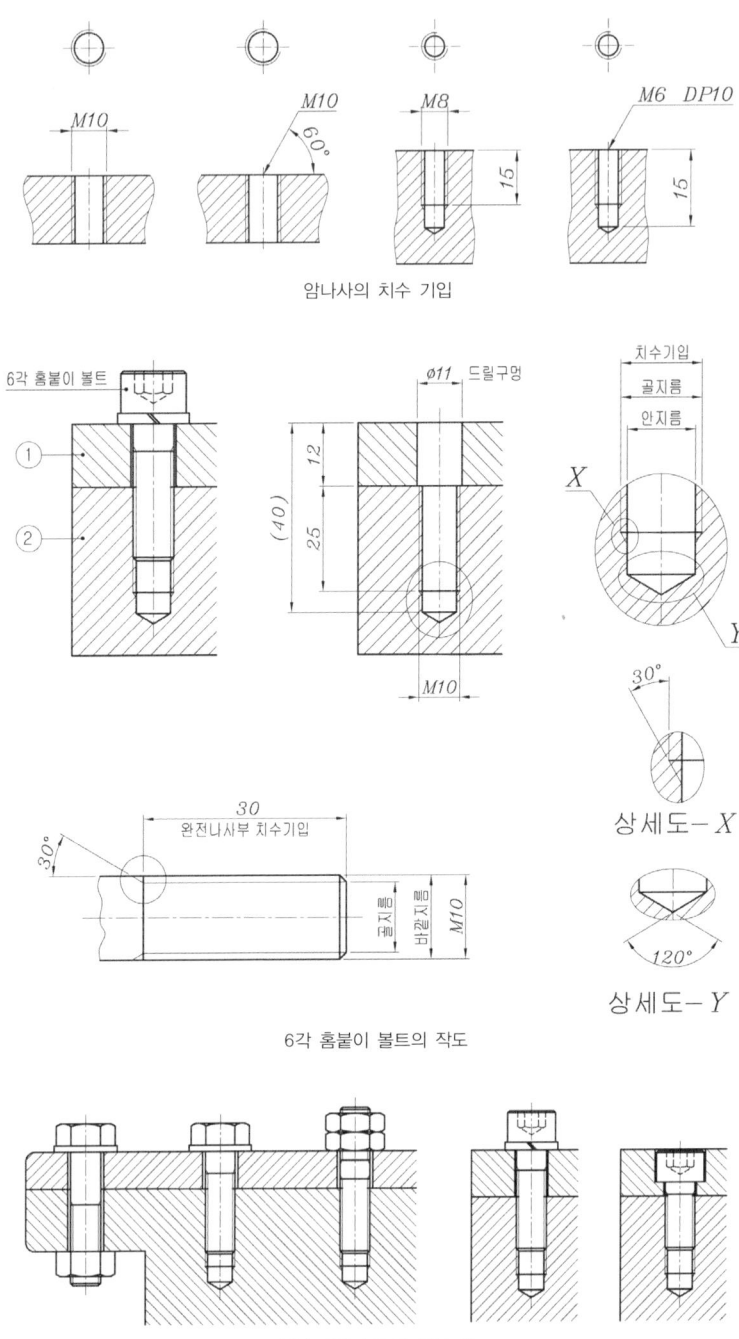

■ 나사의 종류를 표시하는 기호 및 나사의 호칭에 대한 표시 방법의 보기

구 분		나사의 종류	나사의 종류를 표시하는 기호	나사의 호칭에 대한 표시 방법의 보기	관련 표준
일반용	ISO 표준에 있는것	미터보통나사	M	M8	KS B 0201
		미터가는나사		M8x1	KS B 0204
		미니츄어나사	S	S0.5	KS B 0228
		유니파이 보통 나사	UNC	3/8-16UNC	KS B 0203
		유니파이 가는 나사	UNF	No.8-36UNF	KS B 0206
		미터사다리꼴나사	Tr	Tr10x2	KS B 0229의 본문
		관용테이퍼 나사 / 테이퍼 수나사	R	R3/4	KS B 0222의 본문
		테이퍼 암나사	Rc	Rc3/4	
		평행 암나사	Rp	Rp3/4	
	ISO 표준에 없는것	관용평행나사	G	G1/2	KS B 0221의 본문
		30도 사다리꼴나사	TM	TM18	
		29도 사다리꼴나사	TW	TW20	KS B 0206
		관용 테이퍼나사 / 테이퍼 나사	PT	PT7	KS B 0222의 본문
		평행 나사	PS	PS7	
		관용 평행나사	PF	PF7	KS B 0221
특수용		후강 전선관나사	CTG	CTG16	KS B 0223
		박강 전선관나사	CTC	CTC19	
		자전거나사 / 일반용	BC	BC3/4	KS B 0224
		스포크용		BC2.6	
		미싱나사	SM	SM1/4 산40	KS B 0225
		전구나사	E	E10	KS C 7702
		자동차용 타이어 밸브나사	TV	TV8	KS R 4006의 부속서
		자전거용 타이어 밸브나사	CTV	CTV8 산30	KS R 8004의 부속서

6. 관용나사

■ 관용나사의 종류

ⓐ 관용 테이퍼 나사 : 관, 관용 부품, 유체 기계 등의 접속에 있어 나사부의 내밀성을 주목적으로 한 나사
ⓑ 관용 평행 나사 : 관, 관용 부품, 유체 기계 등의 접속에 있어 기계적 결합을 주목적으로 한 나사

나사의 종류		ISO 규격	구 JIS 규격		KS 규격	
관용 테이퍼 나사	테이퍼 수나사	R	PT	JIS B 0203	R	KS B 0222
	테이퍼 암나사	Rc	PT		Rc	
	평행 암나사	Rp	PS		Rp	
관용 평행 나사	관용 평행 수나사	G (A 또는 B를 붙인다)	PF	JIS B 0202	G (A 또는 B를 붙인다)	KS B 0221
	관용 평행 암나사	G	PF		G	

7-2 | 미터 보통 나사 KS B 0201 : 1999 (2011 확인)

기준 치수의 산출에 사용하는 공식은 다음에 따른다.

$$H = 0.866025P \quad d_2 = d - 0.649519P$$
$$H_1 = 0.541266P \quad d_1 = d - 1.082532P$$
$$D = d \quad D_1 = d_1 \quad D_2 = d_2$$

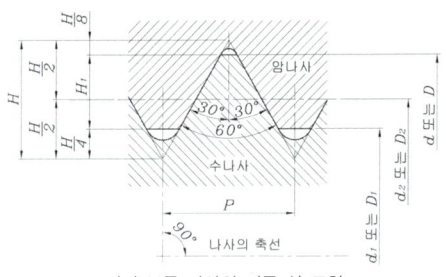

미터 보통 나사의 기준 산 모양

■ 미터 보통 나사의 기준 치수

단위 : mm

나사의 호칭			피치 P	접촉 높이 H_1	암나사		
					골 지름 D	유효 지름 D_2	안 지름 D_1
					수나사		
1란	2란	3란			바깥 지름 d	유효 지름 d_2	골 지름 d_1
M 1			0.25	0.135	1.000	0.838	0.729
	M 1.1		0.25	0.135	1.100	0.938	0.829
M 1.2			0.25	0.135	1.200	1.038	0.929
	M 1.4		0.3	0.162	1.400	1.205	1.075
M 1.6			0.35	0.189	1.600	1.373	1.221
	M 1.8		0.35	0.189	1.800	1.573	1.421
M 2			0.4	0.217	2.000	1.740	1.567
	M 2.2		0.45	0.244	2.200	1.908	1.713
M 2.5			0.45	0.244	2.500	2.208	2.013
M 3			0.5	0.271	3.000	2.675	2.459
	M 3.5		0.6	0.325	3.500	3.110	2.850
M 4			0.7	0.379	4.000	3.545	3.242
	M 4.5		0.75	0.406	4.500	4.013	3.688
M 5			0.8	0.433	5.000	4.480	4.134
M 6			1	0.541	6.000	5.350	4.917
		M 7	1	0.541	7.000	6.350	5.917
M 8			1.25	0.677	8.000	7.188	6.647
		M 9	1.25	0.677	9.000	8.188	7.647
M 10			1.5	0.812	10.000	9.026	8.376
		M 11	1.5	0.812	11.000	10.026	9.376
M 12			1.75	0.947	12.000	10.863	10.106
	M 14		2	1.083	14.000	12.701	11.835
M 16			2	1.083	16.000	14.701	13.835
	M 18		2.5	1.353	18.000	16.376	15.294

나사의 호칭			피치 P	접촉 높이 H_1	암나사		
					골 지름 D	유효 지름 D_2	안 지름 D_1
1란	2란	3란			수나사		
					바깥 지름 d	유효 지름 d_2	골 지름 d_1
M 20			2.5	1.353	20.000	18.376	17.294
	M 22		2.5	1.353	22.000	20.376	19.294
M 24			3	1.624	24.000	22.051	20.752
	M 27		3	1.624	27.000	25.051	23.752
M 30			3.5	1.894	30.000	27.727	26.211
	M 33		3.5	1.894	33.000	30.727	29.211
M 36			4	2.165	36.000	33.402	31.670
	M 39		4	2.165	39.000	36.402	34.670
M 42			4.5	2.436	42.000	39.077	37.129
	M 45		4.5	2.436	45.000	42.077	40.129
M 48			5	2.706	48.000	44.752	42.587
	M 52		5	2.706	52.000	48.752	46.587
M 56			5.5	2.977	56.000	52.428	50.046
	M 60		5.5	2.977	60.000	56.428	54.046
M 64			6	3.248	64.000	60.103	57.505
	M 68		6	3.248	68.000	64.103	61.505

주 ▶ • 1란을 우선적으로, 필요에 따라 2란, 3란의 순으로 선정한다.

[호칭 표시 방법]

- 미터 보통 나사는 KS B 0200의 표시 방법에 따른다. (표시보기): M6

- 부속서 M1.7, M2.3 및 M2.6의 나사
  - M1.7, M2.3 및 M2.6의 나사는 장래에 폐지되므로 새로운 설계의 기계 등에는 사용하지 않는 것이 좋다.
  - M1.7, M2.3 및 M2.6의 나사는 ISO 261에는 규정되어 있지 않다.

$H=0.866025P$ $d_2=d-0.649519P$
$H_1=0.541266P$ $d_1=d-1.082532P$
$D=d$ $D_1=d_1$ $D_2=d_2$

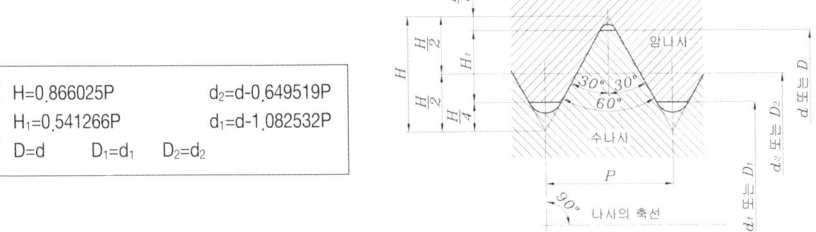

M1.7, M2.3 및 M2.6 나사의 기준 산 모양

단위 : mm

나사의 호칭	피치 P	접촉 높이 H_1	암나사		
			골 지름 D	유효 지름 D_2	안 지름 D_1
			수나사		
			바깥 지름 d	유효 지름 d_2	골 지름 d_1
M1.7	0.35	0.189	1.700	1.473	1.321
M2.3	0.4	0.217	2.300	2.040	1.867
M2.6	0.45	0.244	2.600	2.308	2.113

7-3 | 미터 가는 나사 KS B 0204 : 2001 (2011 확인)

■ 적용 범위

이 규격은 일반적으로 사용되는 미터 가는 나사의 지름과 피치의 조합, 작은 나사류, 볼 및 너트용 가는 나사의 선택 기준, 기본 산 모양, 공식 및 기본 치수에 대하여 규정한다.

■ 정의

이 규격에서 사용하는 작은 나사는 비교적 나사의 호칭 지름이 작은 나사를 말한다. 나사는 머리가 달린 수나사로서 너트 대신 주로 몸체 나사에 나사의 머리를 구동 위치로 하여 결합된다. 머리 모양에는 6각, 4각, 냄비, 접시, 둥근 접시, 트러스, 바인드, 평, 둥근 평 등이 있으며 일반적으로 홈붙이, +자 구멍붙이 등이 있다.

■ 가는 피치의 나사에 사용하는 최대인 호칭 지름

단위 : mm

피치	0.5	0.75	1	1.5	2	3
최대인 호칭지름	22	33	80	150	200	300

■ 작은 나사류, 볼트 및 너트용 가는 나사의 선택 기준

단위 : mm

호칭 지름		피치
1란	2란	
8		1
10		1.25
12		1.25
	14	1.5
16		1.5
	18	1.5
20		1.5
	22	1.5
24		2

단위 : mm

호칭 지름		피치
1란	2란	
30		2
	27	2
	33	2
36		3
	39	3

주▶ • 1란을 우선적으로 사용하고 필요에 따라 2란을 선택한다. 또한 1란 및 2란은 ISO 622의 선택 기준에 일치한다.

• 기본 치수의 산출에 사용하는 공식은 다음에 따른다.

$H = 0.866025P$ $d_2 = d - 0.649519P$
$H_1 = 0.541266P$ $d_1 = d - 1.082532P$
$D = d$ $D_2 = d_2$ $D_1 = d_1$

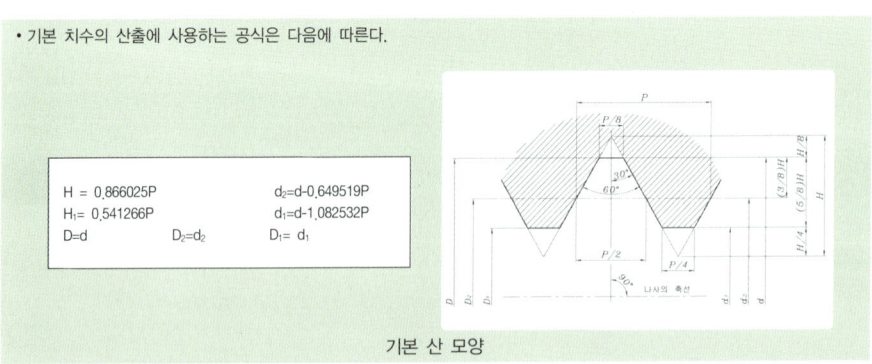

기본 산 모양

■ 미터 가는 나사의 기본 치수

단위 : mm

나사의 호칭	피 치 P	접촉 높이 H_1	암나사		
			골 지름 D	유효 지름 D_2	안 지름 D_1
			수나사		
			바깥 지름 d	유효 지름 d_2	골 지름 d_1
M 1 × 0.2	0.2	0.108	1.000	0.870	0.783
M 1.1 × 0.2	0.2	0.108	1.100	0.970	0.883
M 1.2 × 0.2	0.2	0.108	1.200	1.070	0.983
M 1.4 × 0.2	0.2	0.108	1.400	1.270	1.183
M 1.6 × 0.2	0.2	0.108	1.600	1.470	1.383
M 1.8 × 0.2	0.2	0.108	1.800	1.670	1.583
M 2 × 0.25	0.25	0.135	2.000	1.838	1.729
M 2.2 × 0.25	0.25	0.135	2.200	2.038	1.929
M 2.5 × 0.35	0.35	0.189	2.500	2.273	2.121
M 3 × 0.35	0.35	0.189	3.000	2.773	2.621
M 3.5 × 0.35	0.35	0.189	3.500	3.273	3.121
M 4 × 0.5	0.5	0.271	4.000	3.675	3.459
M 4.5 × 0.5	0.5	0.271	4.500	4.175	3.959
M 5 × 0.5	0.5	0.271	5.000	4.675	4.459
M 5.5 × 0.5	0.5	0.271	5.500	5.175	4.959
M 6 × 0.75	0.75	0.406	6.000	5.513	5.188
M 7 × 0.75	0.75	0.406	7.000	6.513	6.188
M 8 × 1	1	0.541	8.000	7.350	6.917
M 8 × 0.75	0.75	0.406	8.000	7.513	7.188
M 9 × 1	1	0.541	9.000	8.350	7.917
M 9 × 0.75	0.75	0.406	9.000	8.513	8.188
M 10 × 1.25	1.25	0.677	10.000	9.188	8.647
M 10 × 1	1	0.541	10.000	9.350	8.917
M 10 × 0.75	0.75	0.406	10.000	9.513	9.188
M 11 × 1	1	0.541	11.000	10.350	9.917
M 11 × 0.75	0.75	0.406	11.000	10.513	10.188
M 12 × 1.5	1.5	0.812	12.000	11.026	10.376
M 12 × 1.25	1.25	0.677	12.000	11.188	10.647
M 12 × 1	1	0.541	12.000	11.350	10.917
M 14 × 1.5	1.5	0.812	14.000	13.026	12.376
M 14 × 1.25	1.25	0.677	14.000	13.188	12.647
M 14 × 1	1	0.541	14.000	13.350	12.917
M 15 × 1.5	1.5	0.812	15.000	14.026	13.376
M 15 × 1	1	0.541	15.000	14.350	13.917
M 16 × 1.5	1.5	0.812	16.000	15.026	14.376
M 16 × 1	1	0.541	16.000	15.350	14.917
M 17 × 1.5	1.5	0.812	17.000	16.026	15.376
M 17 × 1	1	0.541	17.000	16.350	15.917
M 18 × 2	2	1.083	18.000	16.701	15.835
M 18 × 1.5	1.5	0.812	18.000	17.026	16.376
M 18 × 1	1	0.541	18.000	17.350	16.917
M 20 × 2	2	1.083	20.000	18.701	17.835
M 20 × 1.5	1.5	0.812	20.000	19.026	18.376
M 20 × 1	1	0.541	20.000	19.350	18.917
M 22 × 2	2	1.083	22.000	20.701	19.835
M 22 × 1.5	1.5	0.812	22.000	21.026	20.376
M 22 × 1	1	0.541	22.000	21.350	20.917
M 24 × 2	2	1.083	24.000	22.701	21.835
M 24 × 1.5	1.5	0.812	24.000	23.026	22.376
M 24 × 1	1	0.541	24.000	23.350	22.917

■ 미터 가는 나사의 기본 치수

단위 : mm

나사의 호칭	피 치 P	접촉 높이 H_1	암나사 골 지름 D	유효 지름 D_2	안 지름 D_1
			수나사 바깥 지름 d	유효 지름 d_2	골 지름 d_1
M 25 × 2	2	1.083	25.000	23.701	22.835
M 25 × 1.5	1.5	0.812	25.000	24.026	23.376
M 25 × 1	1	0.541	25.000	24.350	23.917
M 26 × 1.5	1.5	0.812	26.000	25.026	24.376
M 27 × 2	2	1.083	27.000	25.701	24.835
M 27 × 1.5	1.5	0.812	27.000	26.026	25.376
M 27 × 1	1	0.541	27.000	26.350	25.917
M 28 × 2	2	1.083	28.000	26.701	25.835
M 28 × 1.5	1.5	0.812	28.000	27.026	26.376
M 28 × 1	1	0.541	28.000	27.350	26.917
M 30 × 3	3	1.624	30.000	28.051	26.752
M 30 × 2	2	1.083	30.000	28.701	27.835
M 30 × 1.5	1.5	0.812	30.000	29.026	28.376
M 30 × 1	1	0.541	30.000	29.350	28.917
M 32 × 2	2	1.083	32.000	30.701	29.835
M 32 × 1.5	1.5	0.812	32.000	31.026	30.376
M 33 × 3	3	1.624	33.000	31.051	29.752
M 33 × 2	2	1.083	33.000	31.701	30.835
M 33 × 1.5	1.5	0.812	33.000	32.026	31.376
M 35 × 1.5	1.5	0.812	35.000	34.026	33.376
M 36 × 3	3	1.624	36.000	34.051	32.752
M 36 × 2	2	1.083	36.000	34.701	33.835
M 36 × 1.5	1.5	0.812	36.000	35.026	34.376
M 38 × 1.5	1.5	0.812	38.000	37.026	36.376
M 39 × 3	3	1.624	39.000	37.051	35.752
M 39 × 2	2	1.083	39.000	37.701	36.835
M 39 × 1.5	1.5	0.812	39.000	38.026	37.376
M 40 × 3	3	1.624	40.000	38.051	36.752
M 40 × 2	2	1.083	40.000	38.701	37.835
M 40 × 1.5	1.5	0.812	40.000	39.026	38.376
M 42 × 4	4	2.165	42.000	39.402	37.670
M 42 × 3	3	1.624	42.000	40.051	38.752
M 42 × 2	2	1.083	42.000	40.701	39.835
M 42 × 1.5	1.5	0.812	42.000	41.026	40.376
M 45 × 4	4	2.165	45.000	42.402	40.670
M 45 × 3	3	1.624	45.000	43.051	41.752
M 45 × 2	2	1.083	45.000	43.701	42.835
M 45 × 1.5	1.5	0.812	45.000	44.026	43.367
M 48 × 4	4	2.165	48.000	45.402	43.670
M 48 × 3	3	1.624	48.000	46.051	44.752
M 48 × 2	2	1.083	48.000	46.701	45.835
M 48 × 1.5	1.5	0.812	48.000	47.026	46.376
M 50 × 3	3	1.624	50.000	48.051	46.752
M 50 × 2	2	1.083	50.000	48.701	47.835
M 50 × 1.5	1.5	0.812	50.000	49.026	48.376
M 52 × 4	4	2.165	52.000	49.402	47.670
M 52 × 3	3	1.624	52.000	50.051	48.752
M 52 × 2	2	1.083	52.000	50.701	49.835
M 52 × 1.5	1.5	0.812	52.000	51.026	50.376
M 55 × 4	4	2.165	55.000	52.402	50.670
M 55 × 3	3	1.624	55.000	53.051	51.752
M 55 × 2	2	1.083	55.000	53.701	52.835
M 55 × 1.5	1.5	0.812	55.000	54.026	53.376
M 56 × 4	4	2.165	56.000	53.402	51.670
M 56 × 3	3	1.624	56.000	54.051	52.752
M 56 × 2	2	1.083	56.000	54.701	53.835
M 56 × 1.5	1.5	0.812	56.000	55.026	54.376

■ 미터 가는 나사의 기본 치수

단위 : mm

나사의 호칭	피 치 P	접촉 높이 H_1	암나사 골 지름 D	암나사 유효 지름 D_2	암나사 안 지름 D_1
			수나사 바깥 지름 d	수나사 유효 지름 d_2	수나사 골 지름 d_1
M 58 × 4	4	2.165	58.000	55.402	53.670
M 58 × 3	3	1.624	58.000	56.051	54.752
M 58 × 2	2	1.083	58.000	56.701	55.835
M 58 × 1.5	1.5	0.812	58.000	57.026	56.376
M 60 × 4	4	2.165	60.000	57.402	55.670
M 60 × 3	3	1.624	60.000	58.051	56.752
M 60 × 2	2	1.083	60.000	58.701	57.835
M 60 × 1.5	1.5	0.812	60.000	59.026	58.376
M 62 × 4	4	2.165	62.000	59.402	57.670
M 62 × 3	3	1.624	62.000	60.051	58.752
M 62 × 2	2	1.083	62.000	60.701	59.835
M 62 × 1.5	1.5	0.812	62.000	61.026	60.376
M 64 × 4	4	2.165	64.000	61.402	59.670
M 64 × 3	3	1.624	64.000	62.051	60.752
M 64 × 2	2	1.083	64.000	62.701	61.835
M 64 × 1.5	1.5	0.812	64.000	63.026	62.376
M 65 × 4	4	2.165	65.000	62.402	60.670
M 65 × 3	3	1.624	65.000	63.051	61.752
M 65 × 2	2	1.083	65.000	63.701	62.835
M 65 × 1.5	1.5	0.812	65.000	64.026	63.376
M 68 × 4	4	2.165	68.000	65.402	63.670
M 68 × 3	3	1.624	68.000	66.051	64.752
M 68 × 2	2	1.083	68.000	66.701	65.835
M 68 × 1.5	1.5	0.812	68.000	67.026	66.376
M 70 × 6	6	3.248	70.000	66.103	63.505
M 70 × 4	4	2.165	70.000	67.402	65.670
M 70 × 3	3	1.624	70.000	68.051	66.752
M 70 × 2	2	1.083	70.000	68.701	67.835
M 70 × 1.5	1.5	0.812	70.000	69.026	68.376
M 72 × 6	6	3.248	72.000	68.103	65.505
M 72 × 4	4	2.165	72.000	69.402	67.670
M 72 × 3	3	1.624	72.000	70.051	68.752
M 72 × 2	2	1.083	72.000	70.701	69.835
M 72 × 1.5	1.5	0.812	72.000	71.026	70.376
M 75 × 4	4	2.165	75.000	72.402	70.670
M 75 × 3	3	1.624	75.000	73.051	71.752
M 75 × 2	2	1.083	75.000	73.701	72.835
M 75 × 1.5	1.5	0.812	75.000	74.026	73.376
M 76 × 6	6	3.248	76.000	72.103	69.505
M 76 × 4	4	2.165	76.000	73.402	71.670
M 76 × 3	3	1.624	76.000	74.051	72.752
M 76 × 2	2	1.083	76.000	74.701	73.835
M 76 × 1.5	1.5	0.812	76.000	75.026	74.376
M 78 × 2	2	1.083	78.000	76.701	75.835
M 80 × 6	6	3.248	80.000	76.103	73.505
M 80 × 4	4	2.165	80.000	77.402	75.670
M 80 × 3	3	1.624	80.000	78.051	76.752
M 80 × 2	2	1.083	80.000	78.701	77.835
M 80 × 1.5	1.5	0.812	80.000	79.026	78.376
M 82 × 2	2	1.083	82.000	80.701	79.835
M 85 × 6	6	3.248	85.000	81.103	78.505
M 85 × 4	4	2.165	85.000	82.402	80.670
M 85 × 3	3	1.624	85.000	83.051	81.752
M 85 × 2	2	1.083	85.000	83.701	82.835
M 90 × 6	6	3.248	90.000	86.103	83.505
M 90 × 4	4	2.165	90.000	87.402	85.670
M 90 × 3	3	1.624	90.000	88.051	86.752
M 90 × 2	2	1.083	90.000	88.701	87.835

나사의 호칭	피 치 P	접촉 높이 H_1	암나사 골 지름 D	암나사 유효 지름 D_2	암나사 안 지름 D_1
			수나사 바깥 지름 d	수나사 유효 지름 d_2	수나사 골 지름 d_1
M 95 × 6	6	3.248	95.000	91.103	88.505
M 95 × 4	4	2.165	95.000	92.402	90.670
M 95 × 3	3	1.624	95.000	93.051	91.752
M 95 × 2	2	1.083	95.000	93.701	92.835
M 100 × 6	6	3.248	100.000	96.103	93.505
M 100 × 4	4	2.165	100.000	97.402	95.670
M 100 × 3	3	1.624	100.000	98.051	96.752
M 100 × 2	2	1.083	100.000	98.701	97.835
M 105 × 6	6	3.248	105.000	101.103	98.505
M 105 × 4	4	2.165	105.000	102.402	100.670
M 105 × 3	3	1.624	105.000	103.051	101.752
M 105 × 2	2	1.083	105.000	103.701	102.835
M 110 × 6	6	3.248	110.000	106.103	103.505
M 110 × 4	4	2.165	110.000	107.402	105.670
M 110 × 3	3	1.624	110.000	108.051	106.752
M 110 × 2	2	1.083	110.000	108.701	107.835
M 115 × 6	6	3.248	115.000	111.103	108.505
M 115 × 4	4	2.165	115.000	112.402	110.670
M 115 × 3	3	1.624	115.000	113.051	111.752
M 115 × 2	2	1.083	115.000	113.701	112.835
M 120 × 6	6	3.248	120.000	116.103	113.505
M 120 × 4	4	2.165	120.000	117.402	115.670
M 120 × 3	3	1.624	120.000	118.051	116.752
M 120 × 2	2	1.083	120.000	118.701	117.835
M 125 × 6	6	3.248	125.000	121.103	118.505
M 125 × 4	4	2.165	125.000	122.402	120.670
M 125 × 3	3	1.624	125.000	123.051	121.752
M 125 × 2	2	1.083	125.000	123.701	122.835
M 130 × 6	6	3.248	130.000	126.103	123.505
M 130 × 4	4	2.165	130.000	127.402	125.670
M 130 × 3	3	1.624	130.000	128.051	126.752
M 130 × 2	2	1.083	130.000	128.701	127.835
M 135 × 6	6	3.248	135.000	131.103	128.505
M 135 × 4	4	2.165	135.000	132.402	130.670
M 135 × 3	3	1.624	135.000	133.051	131.752
M 135 × 2	2	1.083	135.000	133.701	132.835
M 140 × 6	6	3.248	140.000	136.103	133.505
M 140 × 4	4	2.165	140.000	137.402	135.670
M 140 × 3	3	1.624	140.000	138.051	136.752
M 140 × 2	2	1.083	140.000	138.701	137.835
M 145 × 6	6	3.248	145.000	141.103	138.505
M 145 × 4	4	2.165	145.000	142.402	140.670
M 145 × 3	3	1.624	145.000	143.051	141.752
M 145 × 2	2	1.083	145.000	143.701	142.835
M 150 × 6	6	3.248	150.000	146.103	143.505
M 150 × 4	4	2.165	150.000	147.402	145.670
M 150 × 3	3	1.624	150.000	148.051	146.752
M 150 × 2	2	1.083	150.000	148.701	147.835
M 155 × 6	6	3.248	155.000	151.103	148.505
M 155 × 4	4	2.165	155.000	152.402	150.670
M 155 × 3	3	1.624	155.000	153.051	151.752
M 160 × 6	6	3.248	160.000	156.103	153.505
M 160 × 4	4	2.165	160.000	157.402	155.670
M 160 × 3	3	1.624	160.000	158.051	156.752
M 165 × 6	6	3.248	165.000	161.103	158.505
M 165 × 4	4	2.165	165.000	162.402	160.670
M 165 × 3	3	1.624	165.000	163.051	161.752
M 170 × 6	6	3.248	170.000	166.103	163.505
M 170 × 4	4	2.165	170.000	167.402	165.670
M 170 × 3	3	1.624	170.000	168.051	166.752

나사의 호칭	피 치 P	접촉 높이 H_1	암나사		
			골 지름 D	유효 지름 D_2	안 지름 D_1
			수나사		
			바깥 지름 d	유효 지름 d_2	골 지름 d_1
M 175 × 6	6	3.248	175.000	171.103	168.505
M 175 × 4	4	2.165	175.000	172.402	170.670
M 175 × 3	3	1.624	175.000	173.051	171.752
M 180 × 6	6	3.248	180.000	176.103	173.505
M 180 × 4	4	2.165	180.000	177.402	175.670
M 180 × 3	3	1.624	180.000	178.051	176.752
M 185 × 6	6	3.248	185.000	181.103	178.505
M 185 × 4	4	2.165	185.000	182.402	180.670
M 185 × 3	3	1.624	185.000	183.051	181.752
M 190 × 6	6	3.248	190.000	186.103	183.505
M 190 × 4	4	2.165	190.000	187.402	185.670
M 190 × 3	3	1.624	190.000	188.051	186.752
M 195 × 6	6	3.248	195.000	191.103	188.505
M 195 × 4	4	2.165	195.000	192.402	190.670
M 195 × 3	3	1.624	195.000	193.051	191.752
M 200 × 6	6	3.248	200.000	196.103	193.505
M 200 × 4	4	2.165	200.000	197.402	195.670
M 200 × 3	3	1.624	200.000	198.051	196.752
M 205 × 6	6	3.248	205.000	201.103	198.505
M 205 × 4	4	2.165	205.000	202.402	200.670
M 205 × 3	3	1.624	205.000	203.051	201.752
M 210 × 6	6	3.248	210.000	206.103	203.505
M 210 × 4	4	2.165	210.000	207.402	205.670
M 210 × 3	3	1.624	210.000	208.051	206.752
M 215 × 6	6	3.248	215.000	211.103	208.505
M 215 × 4	4	2.165	215.000	212.402	210.670
M 215 × 3	3	1.624	215.000	213.051	211.752
M 220 × 6	6	3.248	220.000	216.103	213.505
M 220 × 4	4	2.165	220.000	217.402	215.670
M 220 × 3	3	1.624	220.000	218.051	216.752
M 225 × 6	6	3.248	225.000	221.103	218.505
M 225 × 4	4	2.165	225.000	222.402	220.670
M 225 × 3	3	1.624	225.000	223.051	221.752
M 230 × 6	6	3.248	230.000	226.103	223.505
M 230 × 4	4	2.165	230.000	227.402	225.670
M 230 × 3	3	1.624	230.000	228.051	226.752
M 235 × 6	6	3.248	235.000	231.103	228.505
M 235 × 4	4	2.165	235.000	232.402	230.670
M 235 × 3	3	1.624	235.000	233.051	231.752
M 240 × 6	6	3.248	240.000	236.103	233.505
M 240 × 4	4	2.165	240.000	237.402	235.670
M 240 × 3	3	1.624	240.000	238.051	236.752
M 245 × 6	6	3.248	245.000	241.103	238.505
M 245 × 4	4	2.165	245.000	242.402	240.670
M 245 × 3	3	1.624	245.000	243.051	241.752
M 250 × 6	6	3.248	250.000	246.103	243.505
M 250 × 4	4	2.165	250.000	247.402	245.670
M 250 × 3	3	1.624	250.000	248.051	246.752
M 255 × 6	6	3.248	255.000	251.103	248.505
M 255 × 4	4	2.165	255.000	252.402	250.670
M 260 × 6	6	3.248	260.000	256.103	253.505
M 260 × 4	4	2.165	260.000	257.402	255.670
M 265 × 6	6	3.248	265.000	261.103	258.505
M 265 × 4	4	2.165	265.000	262.402	260.670

나사의 호칭	피치 P	접촉 높이 H_1	암나사			안 지름 D_1
			골 지름 D	유효 지름 D_2		
			수나사			
			바깥 지름 d	유효 지름 d_2	골 지름 d_1	
M 270 × 6	6	3.248	270.000	266.103	263.505	
M 270 × 4	4	2.165	270.000	267.402	265.670	
M 275 × 6	6	3.248	275.000	271.103	268.505	
M 275 × 4	4	2.165	275.000	272.402	270.670	
M 280 × 6	6	3.248	280.000	276.103	273.505	
M 280 × 4	4	2.165	280.000	277.402	275.670	
M 285 × 6	6	3.248	285.000	281.103	278.505	
M 285 × 4	4	2.165	285.000	282.402	280.670	
M 290 × 6	6	3.248	290.000	286.103	283.505	
M 290 × 4	4	2.165	290.000	287.402	285.670	
M 295 × 6	6	3.248	295.000	291.103	288.505	
M 295 × 4	4	2.165	295.000	292.402	290.670	
M 300 × 6	6	3.248	300.000	296.103	293.505	
M 300 × 4	4	2.165	300.000	297.402	295.670	

[비 고]
1. 나사의 표시 방법은 KS B 0200에 따른다. (예 : M6×0.75, M10×1.25)

SCREW PITCH GAUGE

MICROMETER

7-4 | 유니파이 보통 나사 KS B 0203 : 1974 (2010 확인)

■ 적용 범위

이 규격은 항공기, 그 밖의 특히 필요한 경우에 한하여 사용하는 유니파이 보통나사의 기본 산 모양, 공식 및 기준 치수에 대하여 규정한다.

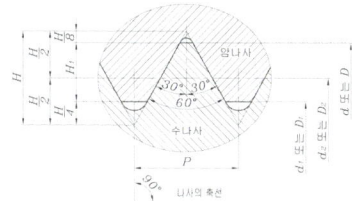

$P = \dfrac{25.4}{n}$ $H = \dfrac{0.866025}{n} \times 25.4$ $H_1 = \dfrac{0.541266}{n} \times 25.4$

$d = (d) \times 25.4$

$d_2 = (d - \dfrac{0.649519}{n}) \times 25.4$

$d_1 = (d - \dfrac{1.082532}{n}) \times 25.4$

$D = d$ $D_2 = d_2$ $D_1 = d_1$

여기서 n : 25.4mm에 대한 나사산의 수

유니파이 보통 나사의 기준 산 모양

■ 유니파이 보통 나사의 기본 치수

단위 : mm

나사의 호칭			나사산 수 25.4mm에 대한 n	피치 P (참고)	접촉 높이 H_1	암나사 골 지름 D	유효 지름 D_2	안 지름 D_1
						수나사		
1란	2란	(참고)				바깥 지름 d	유효 지름 d_2	골 지름 d_1
	No.1-64 UNC	0.0730-64UNC	64	0.3969	0.215	1.854	1.598	1.425
No.2-56 UNC		0.0860-56UNC	56	0.4536	0.246	2.184	1.890	1.694
	No.3-48 UNC	0.0990-48UNC	48	0.5292	0.286	2.515	2.172	1.941
No.4-40 UNC		0.1120-40UNC	40	0.6350	0.344	2.845	2.433	2.156
No.5-40 UNC		0.1250-40UNC	40	0.6350	0.344	3.175	2.764	2.487
No.6-32 UNC		0.1380-32UNC	32	0.7938	0.430	3.505	2.990	2.647
No.8-32 UNC		0.1640-32UNC	32	0.7938	0.430	4.166	3.650	3.307
10-24 UNC		0.1900-24UNC	24	1.0583	0.573	4.826	4.138	3.680
	No.12-24 UNC	0.2160-24UNC	24	1.0583	0.573	5.486	4.798	4.341
1/4 - 20 UNC		0.2500-20UNC	20	1.2700	0.687	6.350	5.524	4.976
5/16 - 18 UNC		0.3125-18UNC	18	1.4111	0.764	7.938	7.021	6.411
3/8 - 16 UNC		0.3750-16UNC	16	1.5875	0.859	9.525	8.494	7.805
7/16 - 14 UNC		0.4375-14UNC	14	1.8143	0.982	11.112	9.934	9.149
1/2 - 13 UNC		0.5000-13UNC	13	1.9538	1.058	12.700	11.430	10.584
9/16 - 12 UNC		0.5625-12UNC	12	2.1167	1.146	14.288	12.913	11.996
5/8 - 11 UNC		0.6250-11UNC	11	2.3091	1.250	15.875	14.376	13.376
3/4 - 10 UNC		0.7500-10UNC	10	2.5400	1.375	19.050	17.399	16.299
7/8 - 9 UNC		0.8750-9 UNC	9	2.8222	1.528	22.225	20.391	19.169
1 - 8 UNC		1.0000-8 UNC	8	3.1750	1.718	25.400	23.338	21.963
1 1/8 - 7 UNC		1.1250-7 UNC	7	3.6286	1.964	28.575	26.218	24.648
1 1/4 - 7 UNC		1.2500-7 UNC	7	3.6286	1.964	31.750	29.393	27.823
1 3/8 - 6 UNC		1.3750-6 UNC	6	4.2333	2.291	34.925	32.174	30.343
1 1/2 - 6 UNC		1.5000-6 UNC	6	4.2333	2.291	38.100	35.349	33.518
1 3/4 - 5 UNC		1.7500-5 UNC	5	5.0800	2.750	44.450	41.151	38.951
2 - 4 UNC		2.0000-4.5UNC	4 1/2	5.6444	3.055	50.800	47.135	44.689
2 1/4 - 4 UNC		2.2500-4.5UNC	4 1/2	5.6444	3.055	57.150	53.485	51.039
2 1/2 - 4 UNC		2.5000-4 UNC	4	6.3500	3.437	63.500	59.375	56.627
2 3/4 - 4 UNC		2.7500-4 UNC	4	6.3500	3.437	69.850	65.725	62.627
3 - 4 UNC		3.0000-4 UNC	4	6.3500	3.437	76.200	72.275	69.327
3 1/4 - 4 UNC		3.2500-4 UNC	4	6.3500	3.437	82.550	78.425	75.677
3 1/2 - 4 UNC		3.5000-4 UNC	4	6.3500	3.437	88.900	84.775	82.027
3 3/4 - 4 UNC		3.7500-4 UNC	4	6.3500	3.437	95.250	91.125	88.377
4 - 4 UNC		4.0000-4 UNC	4	6.3500	3.437	101.600	97.475	94.727

주▶ • 1란을 우선적으로 택하고 필요에 따라 2란을 택한다. 참고란은 나사의 호칭을 10진법으로 표시한 것이다.

7-5 | 관용 평행 나사 (G) KS B 0221 : 2009

■ 적용 범위

이 표준은 관용 평행 나사에 대하여 규정하는 것으로 관, 관용 부품, 유체기기 등의 접속에 있어서 기계적 결합을 주 목적으로 하는 나사에 적용한다.

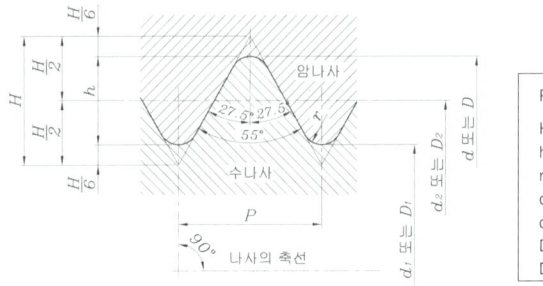
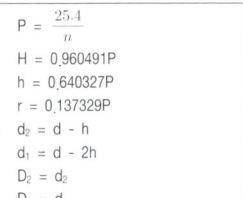

$P = \dfrac{25.4}{n}$
$H = 0.960491P$
$h = 0.640327P$
$r = 0.137329P$
$d_2 = d - h$
$d_1 = d - 2h$
$D_2 = d_2$
$D_1 = d_1$

관용 평행 나사의 기준산 모양

굵은 실선은 기준 산 모양을 표시한다.

■ 관용 평행 나사 기준치수

단위 : mm

나사의 호칭	나사 산수 (25.4mm) 에 대한 n	피 치 P (참고)	나사산의 높이 h	산의 봉우리 및 골의 둥글기 r	수나사 바깥 지름 d	수나사 유효 지름 d_2	수나사 골 지름 d_1
					암나사 골 지름 D	암나사 유효 지름 D_2	암나사 안 지름 D_1
G 1/16	28	0.9071	0.581	0.12	7.723	7.142	6.561
G 1/8	28	0.9071	0.581	0.12	9.728	9.147	8.566
G 1/4	19	1.3368	0.856	0.18	13.157	12.301	11.445
G 3/8	19	1.3368	0.856	0.18	16.662	15.806	14.950
G 1/2	14	1.8143	1.162	0.25	20.955	19.793	18.631
G 5/8	14	1.8143	1.162	0.25	22.911	21.749	20.587
G 3/4	14	1.8143	1.162	0.25	26.441	25.279	24.117
G 7/8	14	1.8143	1.162	0.25	30.201	29.039	27.877
G 1	11	2.3091	1.479	0.32	33.249	31.770	30.291
G 1 1/8	11	2.3091	1.479	0.32	37.897	36.418	34.939
G 1 1/4	11	2.3091	1.479	0.32	41.910	40.431	38.952
G 1 1/2	11	2.3091	1.479	0.32	47.803	46.324	44.845
G 1 3/4	11	2.3091	1.479	0.32	53.746	52.267	50.788
G 2	11	2.3091	1.479	0.32	59.614	58.135	56.656
G 2 1/4	11	2.3091	1.479	0.32	65.710	64.231	62.752
G 2 1/2	11	2.3091	1.479	0.32	75.184	73.705	72.226
G 2 3/4	11	2.3091	1.479	0.32	81.534	80.055	78.576
G 3	11	2.3091	1.479	0.32	87.884	86.405	84.926
G 3 1/2	11	2.3091	1.479	0.32	100.330	98.851	97.372
G 4	11	2.3091	1.479	0.32	113.030	111.551	110.072
G 4 1/2	11	2.3091	1.479	0.32	125.730	124.251	122.772
G 5	11	2.3091	1.479	0.32	138.430	136.951	135.472
G 5 1/2	11	2.3091	1.479	0.32	151.130	149.651	148.172
G 6	11	2.3091	1.479	0.32	163.830	162.351	160.872

[비 고]
- 표 중의 관용 평행나사를 표시하는 기호 G는 필요에 따라 생략하여도 좋다.

[종류와 등급]
- 관용 평행 나사의 종류는 관용 평행 수나사 및 관용 평행 암나사로 하고, 관용 평행 수나사의 등급은 유효 지름의 치수 허용차에 따라 A급과 B급으로 구분한다.

[표시 방법]
- 수나사의 경우 : G 1½A, G 1½B   암나사의 경우 : G 1½

1. 치수허용차

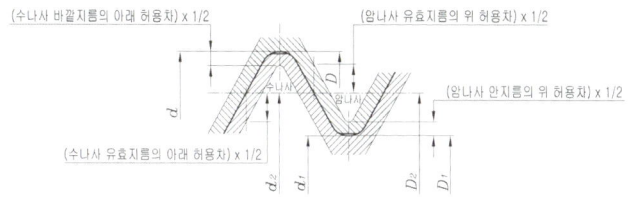

단위 : μm

나사의 호칭	나사산수 (25.4mm에 대한) n	수나사							암나사					
		바깥지름 d		유효 지름 d_2			골지름 d_1		골지름 D		유효 지름 D_2		안지름 D_1	
		위 허용차	아래 허용차 (-)	위 허용차	아래 허용차 (-)		위 허용차	아래 허용차	위 허용차	아래 허용차	아래 허용차	위 허용차 (+)	아래 허용차	위 허용차 (+)
					A급	B급								
G 1/16	28	0	214	0	107	214	0		0		0	107	0	282
G 1/8	28	0	214	0	107	214	0		0		0	107	0	282
G 1/4	19	0	250	0	125	250	0		0		0	125	0	445
G 3/8	19	0	250	0	125	250	0		0		0	125	0	445
G 1/2	14	0	284	0	142	284	0		0		0	142	0	541
G 5/8	14	0	284	0	142	284	0		0		0	142	0	541
G 3/4	14	0	284	0	142	284	0		0		0	142	0	541
G 7/8	14	0	284	0	142	284	0		0		0	142	0	541
G 1	11	0	360	0	180	360	0	규정하지 않는다	0	규정하지 않는다	0	180	0	640
G1 1/8	11	0	360	0	180	360	0		0		0	180	0	640
G1 1/4	11	0	360	0	180	360	0		0		0	180	0	640
G1 1/2	11	0	360	0	180	360	0		0		0	180	0	640
G1 3/4	11	0	360	0	180	360	0		0		0	180	0	640
G2	11	0	360	0	180	360	0		0		0	180	0	640
G2 1/4	11	0	434	0	217	434	0		0		0	217	0	640
G2 1/2	11	0	434	0	217	434	0		0		0	217	0	640
G2 3/4	11	0	434	0	217	434	0		0		0	217	0	640
G3	11	0	434	0	217	434	0		0		0	217	0	640
G3 1/2	11	0	434	0	217	434	0		0		0	217	0	640
G4	11	0	434	0	217	434	0		0		0	217	0	640
G4 1/2	11	0	434	0	217	434	0		0		0	217	0	640
G5	11	0	434	0	217	434	0		0		0	217	0	640
G5 1/2	11	0	434	0	217	434	0		0		0	217	0	640
G6	11	0	434	0	217	434	0		0		0	217	0	640

[비 고]
- 이 표에는 산의 반각의 허용차 및 피치의 허용차는 특히 장하지 않지만, 이것은 유효지름으로 환산하여 유효지름의 공차 중에 포함되어 있다.

2. ISO 228-1에 규정되어 있지 않은 관용 평행 나사

■ 적용 범위

이 부속서는 ISO 228-1에 규정되어 있지 않은 관용 평행 나사에 대하여 규정한 것으로 관, 관용 부품, 유체기기 등의 접속에 있어서 기계적 결합을 주 목적으로 하는 나사에 적용한다.

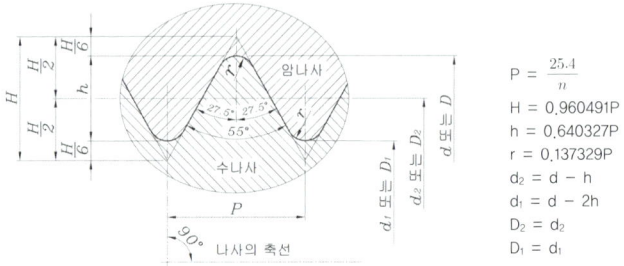

$P = \dfrac{25.4}{n}$
$H = 0.960491P$
$h = 0.640327P$
$r = 0.137329P$
$d_2 = d - h$
$d_1 = d - 2h$
$D_2 = d_2$
$D_1 = d_1$

관용 평행 나사의 기준산 모양

굵은 실선은 기준 산 모양을 표시한다.

나사의 호칭	나사 산수 (25.4mm)에 대한 n	피 치 P (참고)	나사산의 높이 h	산의 봉우리 및 골의 둥글기 r	수나사		
					바깥 지름 d	유효 지름 d_2	골 지름 d_1
					암나사		
					골 지름 D	유효 지름 D_2	안 지름 D_1
PF 1/8	28	0.9071	0.581	0.12	9.728	9.147	8.566
PF 1/4	19	1.3368	0.856	0.18	13.157	12.301	11.445
PF 3/8	19	1.3368	0.856	0.18	16.662	15.806	14.950
PF 1/2	14	1.8143	1.162	0.25	20.955	19.793	18.631
PF 5/8	14	1.8143	1.162	0.25	22.911	21.749	20.587
PF 3/4	14	1.8143	1.162	0.25	26.441	25.279	24.117
PF 7/8	14	1.8143	1.162	0.25	30.201	29.039	27.877
PF 1	11	2.3091	1.479	0.32	33.249	31.770	30.291
PF 1 1/8	11	2.3091	1.479	0.32	37.897	36.418	34.939
PF 1 1/4	11	2.3091	1.479	0.32	41.910	40.431	38.952
PF 1 1/2	11	2.3091	1.479	0.32	47.803	46.324	44.845
PF 1 3/4	11	2.3091	1.479	0.32	53.746	52.267	50.788
PF 2	11	2.3091	1.479	0.32	59.614	58.135	56.656
PF 2 1/4	11	2.3091	1.479	0.32	65.710	64.231	62.752
PF 2 1/2	11	2.3091	1.479	0.32	75.184	73.705	72.226
PF 2 3/4	11	2.3091	1.479	0.32	81.534	80.055	78.576
PF 3	11	2.3091	1.479	0.32	87.884	86.405	84.926
PF 3 1/2	11	2.3091	1.479	0.32	100.330	98.851	97.372
PF 4	11	2.3091	1.479	0.32	113.030	111.551	110.072
PF 4 1/2	11	2.3091	1.479	0.32	125.730	124.251	122.772
PF 5	11	2.3091	1.479	0.32	138.430	136.951	135.472
PF 5 1/2	11	2.3091	1.479	0.32	151.130	149.651	148.172
PF 6	11	2.3091	1.479	0.32	163.830	162.351	160.872
PF 7	11	2.3091	1.479	0.32	189.230	187.751	186.272
PF 8	11	2.3091	1.479	0.32	214.630	213.151	211.672
PF 9	11	2.3091	1.479	0.32	240.030	238.551	237.072
PF 10	11	2.3091	1.479	0.32	265.430	263.951	262.472
PF 12	11	2.3091	1.479	0.32	316.230	314.751	313.272

3. 치수허용차

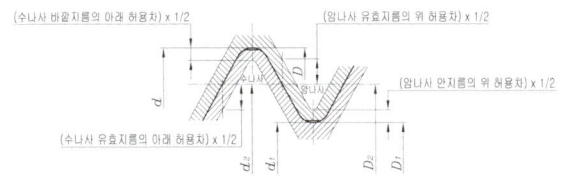

단위 : μm

나사의 호칭	나사산수 (25.4mm에 대한) n	수나사 바깥지름 d 위 허용차	수나사 바깥지름 d 아래 허용차 (-)	수나사 유효 지름 d_2 위 허용차	수나사 유효 지름 d_2 아래 허용차 (-) A급	수나사 유효 지름 d_2 아래 허용차 (-) B급	수나사 골지름 d_1 위 허용차	수나사 골지름 d_1 아래 허용차	암나사 골지름 D 위 허용차	암나사 골지름 D 아래 허용차	암나사 유효 지름 D_2 위 허용차 (+)	암나사 유효 지름 D_2 아래 허용차	암나사 안지름 D_1 위 허용차 (+)	암나사 안지름 D_1 아래 허용차
PF 1/8	28	0	214	0	107	214	0	규정하지 않는다	0	규정하지 않는다	107	0	282	
PF 1/4	19	0	250	0	125	250	0		0		125	0	445	
PF 3/8	19	0	250	0	125	250	0		0		125	0	445	
PF 1/2	14	0	284	0	142	284	0		0		142	0	541	
PF 5/8	14	0	284	0	142	284	0		0		142	0	541	
PF 3/4	14	0	284	0	142	284	0		0		142	0	541	
PF 7/8	14	0	284	0	142	284	0		0		142	0	541	
PF 1	11	0	360	0	180	360	0		0		180	0	640	
PF 1 1/8	11	0	360	0	180	360	0		0		180	0	640	
PF 1 1/4	11	0	360	0	180	360	0		0		180	0	640	
PF 1 1/2	11	0	360	0	180	360	0		0		180	0	640	
PF 1 3/4	11	0	360	0	180	360	0		0		180	0	640	
PF 2	11	0	360	0	180	360	0		0		180	0	640	
PF 2 1/4	11	0	434	0	217	434	0		0		217	0	640	
PF2 1/2	11	0	434	0	217	434	0		0		217	0	640	
PF2 3/4	11	0	434	0	217	434	0		0		217	0	640	
PF 3	11	0	434	0	217	434	0		0		217	0	640	
PF 3 1/2	11	0	434	0	217	434	0		0		217	0	640	
PF 4	11	0	434	0	217	434	0		0		217	0	640	
PF 4 1/2	11	0	434	0	217	434	0		0		217	0	640	
PF 5	11	0	434	0	217	434	0		0		217	0	640	
PF 5 1/2	11	0	434	0	217	434	0		0		217	0	640	
PF 6	11	0	434	0	217	434	0		0		217	0	640	
PF 7	11	0	636	0	318	636	0		0		318	0	640	
PF 8	11	0	636	0	318	636	0		0		318	0	640	
PF 9	11	0	636	0	318	636	0		0		318	0	640	
PF 10	11	0	636	0	318	636	0		0		318	0	640	
PF 12	11	0	794	0	397	794	0		0		397	0	800	

[비 고]
1. 이 표에는 산의 반각의 허용차 및 피치의 허용차는 특히 정하지 않지만, 이것은 유효지름으로 환산하여 유효지름의 공차 중에 포함되어 있다.
2. 규격의 몸통에 규정하는 나사를 포함하여 서로 다른 등급의 수나사와 암나사를 조합하여 사용할 수 있다.
3. 이 표의 바깥지름 d와 유효지름 d_2의 굵은 수치는 이 부속서의 규정 외 사항이지만 그 허용차는 몸통의 위 표에 규정하는 나사의 호칭 G 1/8~G 6의 수나사 및 암나사의 허용차와 같다. 그리고 나사의 호칭이 다르므로 ISO 표준과의 정합상 사용하지 않는 것이 좋다.

7-6 | 관용 테이퍼 나사 (R) KS B 0222 : 2007 (2012 확인)

■ 적용 범위

이 규격은 관용 테이퍼 나사에 대하여 규정한 것으로서 관, 관용 부품, 유체 기계 등의 접속에 있어 나사부의 내밀성을 주목적으로 한 나사에 대하여 적용한다. 다만, 나사의 호칭 PT3 1/2 및 PT7~PT12의 관용 테이퍼 나사 및 PS3 1/2 및 PS7~PS12의 관용 평행 암나사는 부속서 A에 따른다.

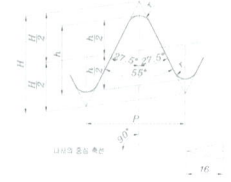

테이퍼 수나사 및 테이퍼 암나사에 대하여 적용하는 기본 산 모양
굵은 실선은 기본 산 모양을 나타낸다.

$P = \dfrac{25.4}{n}$
H = 0.960237P
h = 0.640327P
r = 0.137278P

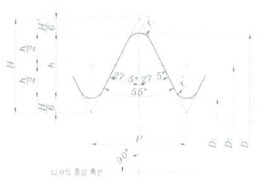

평행 암나사에 대하여 적용하는 기본 산 모양
굵은 실선은 기본 산 모양을 나타낸다.

$P = \dfrac{25.4}{n}$
H' = 0.960491P
h' = 0.640327P
r' = 0.137329P

• 관용 테이퍼 나사 기본 치수

단위 : mm

나사의 호칭	나사산수 (25.4mm에 대한) n	피치 P (참고)	산의 높이 h	둥글기 r 또는 r'	기본 지름 (수나사) 바깥지름 d	기본 지름 (수나사) 유효지름 d_2	기본 지름 (수나사) 골지름 d_1	기본 지름의 위치 (수나사) 관 끝부터 기본 길이 a	기본 지름의 위치 (수나사) 축선 방향의 허용차 ±b	기본 지름의 위치 (암나사) 관 끝부분 축선 방향의 허용차 ±c	평행 암나사의 D, D_2 및 D_1의 허용차 ±	유효 나사의 길이(최소) (수나사) 기본 지름의 위치부터 작은지름 쪽으로 f	유효 나사의 길이(최소) (암나사) 불완전 나사부가 있는 경우 테이퍼 암나사	유효 나사의 길이(최소) (암나사) 불완전 나사부가 있는 경우 평행암 암나사 참고 f	유효 나사의 길이(최소) (암나사) 불완전 나사부가 없는 경우 테이퍼 암나사, 평행암 암나사 관, 관이음 끝으로부터 f	배관용 탄소 강관의 치수 (참고) 바깥지름	배관용 탄소 강관의 치수 (참고) 두께
R 1/16	28	0.9071	0.581	0.12	7.723	7.142	6.561	3.97	0.91	1.13	0.071	2.5	6.2	7.4	4.4	-	-
R 1/8	28	0.9071	0.581	0.12	9.728	9.147	8.566	3.97	0.91	1.13	0.071	2.5	6.2	7.4	4.4	10.5	2.0
R 1/4	19	1.3368	0.856	0.18	13.157	12.301	11.445	6.01	1.34	1.67	0.104	3.7	9.4	11.0	6.7	13.8	2.3
R 3/8	19	1.3368	0.856	0.18	16.662	15.806	14.950	6.35	1.34	1.67	0.104	3.7	9.7	11.4	7.0	17.3	2.3
R 1/2	14	1.8143	1.162	0.25	20.955	19.793	18.631	8.16	1.81	2.27	0.142	5.0	12.7	15.0	9.1	21.7	2.8
R 3/4	14	1.8143	1.162	0.25	26.441	25.279	24.117	9.53	1.81	2.27	0.142	5.0	14.1	16.3	10.2	27.2	2.8
R 1	11	2.3091	1.479	0.32	33.249	31.770	30.291	10.39	2.31	2.89	0.181	6.4	16.2	19.1	11.6	34.0	3.2
R 1 1/4	11	2.3091	1.479	0.32	41.910	40.431	38.952	12.70	2.31	2.89	0.181	6.4	18.5	21.4	13.4	42.7	3.5
R 1 1/2	11	2.3091	1.479	0.32	47.803	46.324	44.845	12.70	2.31	2.89	0.181	6.4	18.5	21.4	13.4	48.6	3.5
R 2	11	2.3091	1.479	0.32	59.614	58.135	56.656	15.88	2.31	2.89	0.181	7.5	22.8	25.7	16.9	60.5	3.8
R 2 1/2	11	2.3091	1.479	0.32	75.184	73.705	72.226	17.46	3.46	3.46	0.216	9.2	26.7	30.1	18.6	76.3	4.2
R 3	11	2.3091	1.479	0.32	87.884	86.405	84.926	20.64	3.46	3.46	0.216	9.2	29.8	33.3	21.1	89.1	4.2
R 4	11	2.3091	1.479	0.32	113.030	111.551	110.072	25.40	3.46	3.46	0.216	10.4	35.8	39.3	25.9	114.3	4.5
R 5	11	2.3091	1.479	0.32	138.430	136.951	135.472	28.58	3.46	3.46	0.216	11.5	40.1	43.5	29.3	139.8	4.5
R 6	11	2.3091	1.479	0.32	163.830	162.351	160.872	28.58	3.46	3.46	0.216	11.5	40.1	43.5	29.3	165.2	5.0

주 ▶ • 호칭은 테이퍼 수나사에 대한 것으로서, 테이퍼 암나사 및 평행 암나사의 경우는 R의 기호를 Rc 또는 Rp로 한다.

[비 고]
(1) 관용 나사를 나타내는 기호(R, Rc 및 Rp)는 필요에 따라 생략하여도 좋다.
(2) 나사산은 중심 축선에 직각으로, 피치는 중심 축선에 따라 측정한다.
(3) 유효 나사부의 길이는 완전하게 나사산이 깎인 나사부의 길이이며, 최후의 몇 개의 산만은 그 봉우리에 관 또는 관 이음쇠의 면이 그대로 남아 있어도 좋다. 또, 관 또는 관 이음쇠의 끝이 모떼기가 되어 있을 경우에는 이 부분을 유효 나사부의 길이에 포함시킨다.
(4) a, f 또는 t가 이 표의 수치에 따르기 어려울 때는 별도로 정하는 부품의 규격에 따른다.
(5) 표시 방법 : ① 테이퍼 수나사의 경우 R 1 1/2, ② 테이퍼 암나사의 경우 Rc 1 1/2, ③ 평행 암나사의 경우 Rp 1 1/2, ④ 좌나사의 경우 R 1 1/2 LH

1. [부속서-A] KS B ISO 7-1에 규정되어 있지 않은 관용 테이퍼 나사

■ 적용 범위

이 부속서는 KS B ISO 7-1에 규정되어 있지 않은 관용 테이퍼 나사에 대하여 규정한 것으로서 관, 관용 부품, 유체 기계 등의 접속에 있어 나사부의 내밀성을 주목적으로 한 나사에 대하여 적용한다. 다만, 이 부속서의 나사는 규격을 재검토할 때마다 폐지 여부를 검토한다.

테이퍼 수나사 및 테이퍼 암나사에 대하여 적용하는 기본 산 모양 굵은 실선은 기본 산 모양을 나타낸다.

평행 암나사에 대하여 적용하는 기본 산 모양 굵은 실선은 기본 산 모양을 나타낸다.

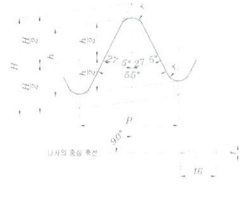

$P = \dfrac{25.4}{n}$
$H = 0.960237P$
$h = 0.640327P$
$r = 0.137278P$

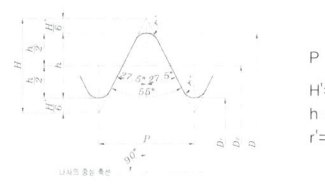

$P = \dfrac{25.4}{n}$
$H' = 0.960491P$
$h = 0.640327P$
$r' = 0.137329P$

• 관용 테이퍼 나사 기본 치수

단위 : mm

나사의 호칭	나사산 산수 (25.4mm에 대한) n	피치 P (참고)	산의 높이 h	둥글기 r 또는 r'	기본 지름			기본 지름의 위치			유효 나사의 길이(최소)				배관용 탄소 강관의 치수 (참고)	
					수나사			수나사	암나사		수나사	암나사				
					바깥 지름 d	유효 지름 d_2	골 지름 d_1	관 끝으로 부터	관 끝 부분	평행 암나사의 D, D_2 및 D_1의 허용차 ±	기본 지름의 위치부터 큰 지름 쪽으로 f	불완전 나사부 있는 경우	불완전 나사부가 없는 경우	테이퍼 암나사, 평행 암나사		
				암나사				기본 길이 a	축선 방향 허용차 ± b	축선 방향 허용차 ± c		테이퍼 암나사	평행암 나사			
					골 지름 D	유효 지름 D_2	안지름 D_1					기본 지름의 위치부터 작은지름 쪽으로 f	관, 관이음 쇠의 끝으로 부터 f 참고	기본지름 관, 관 이음쇠의 끝으로부터 t	바깥 지름	두께
PT ↓	28	0.9071	0.581	0.12	9.728	9.147	8.566	3.97	0.91	1.13	0.071	2.5	6.2	7.4	4.4	10.5	2.0
PT ↓	19	1.3368	0.856	0.18	13.157	12.301	11.445	6.01	1.34	1.67	0.104	3.7	9.4	11.0	6.7	13.8	2.3
PT ↓	19	1.3368	0.856	0.18	16.662	15.806	14.950	6.35	1.34	1.67	0.104	3.7	9.7	11.4	7.0	17.3	2.3
PT ↓	14	1.8143	1.162	0.25	20.955	19.793	18.631	8.16	1.81	2.27	0.142	5.0	12.7	15.0	9.1	21.7	2.8
PT ↓	14	1.8143	1.162	0.25	26.441	25.279	24.117	9.53	1.81	2.27	0.142	5.0	14.1	16.3	10.2	27.2	2.8
PT 1	11	2.3091	1.479	0.32	33.249	31.770	30.291	10.39	2.31	2.89	0.181	6.4	16.2	19.1	11.6	34.0	3.2

나사의 호칭	나사산 수 (25.4mm에 대한) n	피치 P (참고)	산의 높이 h	둥글기 r 또는 r'	기본 지름			기본 지름의 위치		유효 나사의 길이(최소)			배관용 탄소 강관의 치수 (참고)	
					수나사			수나사	암나사	수나사	암나사			
					바깥지름 d	유효지름 d_2	골지름 d_1	관 끝으로 부터	관 끝 부분	기본지름의 위치부터 큰 지름 쪽으로 f	불완전 나사부가 있는 경우	불완전 나사부가 없는 경우	바깥지름	두께
					암나사			평행 암나사의 D, D_2 및 D_1의 허용차 ±			테이퍼 암나사	테이퍼 암나사, 평행 암나사		
					골지름 D	유효지름 D_2	안지름 D_1	기본 길이 a	축선 방향의 허용차 ±b	축선 방향의 허용차 ±c		평행암 나사		
											기본지름의 위치부터 작은지름 쪽으로 t	관, 관이음 끝으로 부터 f 참고	기본지름, 관, 관이음의 끝으로 부터 t	
PT 1/8	11	2.3091	1.479	0.32	41.910	40.431	38.952	12.70	2.31	2.89	0.181	6.4	18.5	21.4	13.4	42.7	3.5
PT 1/4	11	2.3091	1.479	0.32	47.803	46.324	44.845	12.70	2.31	2.89	0.181	6.4	18.5	21.4	13.4	48.6	3.5
PT 2	11	2.3091	1.479	0.32	59.614	58.135	56.656	15.88	2.31	2.89	0.181	7.5	22.8	25.7	16.9	60.5	3.8
PT 2½	11	2.3091	1.479	0.32	75.184	73.705	72.226	17.46	3.46	3.46	0.216	9.2	26.7	30.1	18.6	76.3	4.2
PT 3	11	2.3091	1.479	0.32	87.884	86.405	84.926	20.64	3.46	3.46	0.216	9.2	29.8	33.3	21.1	89.1	4.2
PT 3½	11	2.3091	1.479	0.32	100.330	98.851	97.372	22.23	3.46	3.46	0.216	9.2	31.4	34.9	22.4	101.6	4.2
PT 4	11	2.3091	1.479	0.32	113.030	111.551	110.072	25.40	3.46	3.46	0.216	10.4	35.8	39.3	25.9	114.3	4.5
PT 5	11	2.3091	1.479	0.32	138.430	136.951	135.472	28.58	3.46	3.46	0.216	11.5	40.1	43.5	29.3	139.8	4.5
PT 6	11	2.3091	1.479	0.32	163.830	162.351	160.872	28.58	3.46	3.46	0.216	11.5	40.1	43.5	29.3	165.2	5.0
PT 7	11	2.3091	1.479	0.32	189.330	187.751	186.272	34.93	5.08	5.08	0.318	14.0	48.9	54.0	35.1	190.7	5.3
PT 8	11	2.3091	1.479	0.32	214.630	213.151	211.672	38.10	5.08	5.08	0.318	14.0	52.1	57.2	37.6	216.3	5.8
PT 9	11	2.3091	1.479	0.32	240.330	238.551	237.072	38.10	5.08	5.08	0.318	14.0	52.1	57.2	37.6	241.8	6.2
PT 10	11	2.3091	1.479	0.32	265.430	263.951	262.472	41.28	5.08	5.08	0.318	14.0	55.3	60.4	40.2	267.4	6.6
PT 12	11	2.3091	1.479	0.32	316.330	314.751	314.751	41.28	6.35	6.35	0.397	17.5	58.8	65.1	41.9	318.5	6.9

[비고]
1. 관용 테이퍼 나사를 나타내는 기호(PT 및 PS)는 필요에 따라 생략하여도 좋다.
2. 나사산은 중심 축선에 직각으로 하고 피치는 중심 축선을 따라 측정한다.
3. 유효 나사부의 길이란 완전하게 나사산이 깎인 나사부의 길이이며, 마지막 몇 개의 산만은 그 봉우리에 관 또는 관 이음쇠의 면이 그대로 남아 있어도 좋다.
4. a, f 또는 t가 이 표의 수치에 따르기 어려울 때는 따로 정하는 부품의 규격에 따른다.
5. 이 표의 음영의 부분은 이 부속서의 규정의 사항이지만, 그 내용은 본체 부표 1에 규정한 나사의 호칭 R 1/8~R 3 및 R 4~R 6에 대한 것과 동일하다. 그러나 호칭이 다르기 때문에 ISO 규격과의 일치성 때문에 사용하지 않는 것이 좋다.

주▶ • 나사의 호칭은 테이퍼 수나사 및 테이퍼 암나사에 대한 것이며, 테이퍼 수나사와 끼워 맞추는 평행 암나사의 경우는 PT의 기호를 PS로 한다.

7-7 | 29도 사다리꼴 나사 KS B 0226 : 1992 (2012 확인)

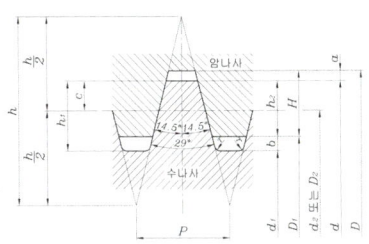

굵은 실선은 기본 산 모양을 표시한다.

$P = \dfrac{25.4}{n}$

다만, n은 산 수 (25.4mm에 당)

$h = 1.9335P$
$d_2 = d - 2c$
$c ≒ 0.25P$
$h_1 = 2c + a$
$h_2 = 2c + a - b$
$H = 2c + 2a - b$
$d_1 = d - 2h_1$
$D = d + 2a$
$D_2 = d_2$
$D_1 = d_1 + 2b$

■ 29도 사다리꼴 나사의 산수 계열

단위 : mm

호 칭	산 수 (25.4mm 당)	호 칭	산 수 (25.4mm 당)	호 칭	산 수 (25.4mm 당)	호 칭	산 수 (25.4mm 당)
TW 10	12	TW 34	4	TW 60	3	TW 90	2
TW 12	10	TW 36	4	TW 62	3	TW 92	2
TW 14	8	TW 38	3 ½	TW 65	2 ½	TW 95	2
TW 16	8	TW 40	3 ½	TW 68	2 ½	TW 98	2
TW 18	6	TW 42	3 ½	TW 70	2 ½	TW100	2
TW 20	6	TW 44	3 ½	TW 72	2 ½		
TW 22	5	TW 46	3	TW 75	2 ½		
TW 24	5	TW 48	3	TW 78	2 ½		
TW 26	5	TW 50	3	TW 80	2 ½		
TW 28	5	TW 52	3	TW 82	2 ½		
TW 30	4	TW 55	3	TW 85	2		
TW 32	4	TW 58	3	TW 88	2		

[용어의 뜻]
기준산형이란 나사산의 실제 모양을 정하기 위한 기초가 되는 나사산 1 피치분의 모양을 말하며, 도 기준치수란 기준산형을 가진 나사의 각 주요 치수를 각 호칭에 대하여 구한 수치를 말한다.

[비 고]
• 특별히 필요해서 이 표의 호칭과 산수의 관계 또는 이 표의 호칭 나사 지름을 사용할 수 없는 경우에는 이것을 변경하여도 지장이 없다.
다만, 산수는 이 표 중의 것에서 선택한다.

■ 29도 사다리꼴 나사의 나사산의 기준 치수

단위 : mm

산 수 (25.4mm 당) n	피 치 P	틈새		c	걸리는 높이 h_3	수나사의 나사산 높이 h_1	암나사의 나사산 높이 H	수나사 골 구석의 둥글기 r
		a	b					
12	2.1167	0.25	0.50	0.50	0.75	1.25	1.00	0.25
10	2.5400	0.25	0.50	0.60	0.95	1.45	1.20	0.25
8	3.1750	0.25	0.50	0.75	1.25	1.75	1.50	0.25
6	4.2333	0.25	0.50	1.00	1.75	2.25	2.00	0.25
5	5.0800	0.25	0.75	1.25	2.00	2.75	2.25	0.25
4	6.3500	0.25	0.75	1.50	2.50	3.25	2.75	0.25
3 ½	7.2571	0.25	0.75	1.75	3.00	3.75	3.25	0.25
3	8.4667	0.25	0.75	2.00	3.50	4.25	3.75	0.25
2 ½	10.1600	0.25	0.75	2.50	4.50	5.25	4.75	0.25
2	12.7000	0.25	0.75	3.00	5.50	6.25	5.75	0.25

29도 사다리꼴 나사 기준 치수

단위 : mm

호 칭	산 수 (25.4mm 당) n	피 치 P	수나사 바깥 지름 d	수나사 유효 지름 d_2	수나사 골 지름 d_1	암나사 골 지름 D	암나사 유효 지름 D_2	암나사 안 지름 D_1
TW 10	12	2.1167	10	9.0	7.5	10.5	9.0	8.5
TW 12	10	2.5400	12	10.8	9.1	12.5	10.8	10.1
TW 14	8	3.1750	14	12.5	10.5	14.5	12.5	11.5
TW 16	8	3.1750	16	14.5	12.5	16.5	14.5	13.5
TW 18	6	4.2333	18	16.0	13.5	18.5	16.0	14.5
TW 20	6	4.2333	20	18.0	15.5	20.5	18.0	16.5
TW 22	5	5.0800	22	19.5	16.5	22.5	19.5	18.0
TW 24	5	5.0800	24	21.5	18.5	24.5	21.5	20.0
TW 26	5	5.0800	26	23.5	20.5	26.5	23.5	22.0
TW 28	5	5.0800	28	25.5	22.5	28.5	25.5	24.0
TW 30	4	6.3500	30	27.0	23.5	30.5	27.0	25.0
TW 32	4	6.3500	32	29.0	25.5	32.5	29.0	27.0
TW 34	4	6.3500	34	31.0	27.5	34.5	31.0	29.0
TW 36	4	6.3500	36	33.0	29.5	36.5	33.0	31.0
TW 38	3 1/2	7.2571	38	34.5	30.5	38.5	34.5	32.0
TW 40	3 1/2	7.2571	40	36.5	32.5	40.5	36.5	34.0
TW 42	3 1/2	7.2571	42	38.5	34.5	42.5	38.5	36.0
TW 44	3 1/2	7.2571	44	40.5	36.5	44.5	40.5	38.0
TW 46	3	8.4667	46	42.0	37.5	46.5	42.0	39.0
TW 48	3	8.4667	48	44.0	39.5	48.5	44.0	41.0
TW 50	3	8.4667	50	46.0	41.5	50.5	46.0	43.0
TW 52	3	8.4667	52	48.0	43.5	52.5	48.0	45.0
TW 55	3	8.4667	55	51.0	46.5	55.5	51.0	48.0
TW 58	3	8.4667	58	54.0	49.5	58.5	54.0	51.0
TW 60	3	8.4667	60	56.0	51.5	60.5	56.0	53.0
TW 62	3	8.4667	62	58.0	53.5	62.5	58.0	55.0
TW 65	2 1/2	10.1600	65	60.0	54.5	65.5	60.0	56.0
TW 68	2 1/2	10.1600	68	63.0	57.5	68.5	63.0	59.0
TW 70	2 1/2	10.1600	70	65.0	59.5	70.5	65.0	61.0
TW 72	2 1/2	10.1600	72	67.0	61.5	72.5	67.0	63.0
TW 75	2 1/2	10.1600	75	70.0	64.5	75.5	70.0	66.0
TW 78	2 1/2	10.1600	78	73.0	67.5	78.5	73.0	69.0
TW 80	2 1/2	10.1600	80	75.0	69.5	80.5	75.0	71.0
TW 82	2 1/2	10.1600	82	77.0	71.5	82.5	77.0	73.0
TW 85	2	12.7000	85	79.0	72.5	85.5	79.0	74.0
TW 88	2	12.7000	88	82.0	75.5	88.5	82.0	77.0
TW 90	2	12.7000	90	84.0	77.5	90.5	84.0	79.0
TW 92	2	12.7000	92	86.0	79.5	92.5	86.0	81.0
TW 95	2	12.7000	95	89.0	82.5	95.5	89.0	84.0
TW 98	2	12.7000	98	92.0	85.5	98.5	92.0	87.0
TW 100	2	12.7000	100	94.0	87.5	100.5	94.0	89.0

7-8 | 미터 사다리꼴 나사 KS B 0229 : 1992 (2009 확인)

■ 미터 사다리꼴 나사 호칭 지름과 피치의 조합

단위 : mm

호칭 지름			피치																				
①란	②란	③란	44	40	36	32	28	24	22	20	18	16	14	12	10	9	8	7	6	5	4	3	2	1.5
8																								1.5
	9																						2	1.5
10																							2	1.5
	11																					3	2	
12																						3	2	
	14																					3	2	
16																					4		2	
	18																				4		2	
20																					4		2	
	22																8		5		3		
24																		8		5		3		
	26																	8		5		3		
28																		8		5		3		
	30														10				6			3		
32															10				6			3		
	34														10				6			3		
36															10				6			3		
	38														10			7				3		
40															10			7				3		
	42														10			7				3		
44														12				7				3		
	46														12			8					3		
48															12			8					3		
	50														12			8					3		
52															12			8					3		
	55												14				9						3		
60														14				9						3		
	65												16			10						4			
70														16			10						4			
	75												16			10						4			
80														16			10						4			
	85														18	12						4			
90															18	12						4			
	95														18	12						4			
100											20					12						4			
		105									20					12						4			
	110										20					12						4			
		115								22					14						6				
120										22					14						6				
		125								22					14						6				
	130										22					14						6				
		135													14						6				
140									24					14						6					
		145							24					14						6					
	150								24						16						6				
		155							24						16						6				
160							28							16						6					
		165						28							16						6					

■ 미터 사다리꼴 나사 호칭 지름과 피치의 조합

단위 : mm

호칭 지름 ①란	②란	③란	피치 44	40	36	32	28	24	22	20	18	16	14	12	10	9	8	7	6	5	4	3	2	1.5
170							28					16								6					
	175						28					16													
180							28				18						8								
		185				32					18						8								
	190					32					18						8								
		195				32					18						8								
200						32					18						8								
	210				36					20							8								
220					36					20							8								
	230				36					20							8								
240					36				22								8								
		250		40					22						12										
260				40					22						12										
		270		40				24							12										
280				40					24							12									
		290	44					24							12										
300			44					24							12										

주▶
1. ①란을 우선적으로 필요에 따라 2란, 3란의 순으로 선택한다. 3란의 나사는 새로운 설계의 기기 등에는 사용하지 않는다.
2. ② 음영으로 표시한 피치의 것을 우선적으로 한다.

[미터 사다리꼴 나사의 호칭 표시 방법]

① 한 줄 나사의 호칭 표시 방법
  한 줄 미터 사다리꼴 나사의 호칭은 나사의 종류를 표시하는 기호 Tr, 나사의 호칭지름 및 피치를 표시하는 숫자(mm 단위인 것)를 다음 보기와 같이 조합하여 표시한다.
  보기 : 호칭지름 40mm, 피치 7mm인 경우 Tr40x7

② 여러 줄 나사의 호칭 표시 방법
  여러 줄 미터 사다리꼴 나사의 호칭은 나사의 종류를 표시하는 기호 Tr, 나사의 호칭지름, 리드 및 피치를 표시하는 숫자(mm 단위인 것)를 다음 보기와 같이 조합하여 표시한다. 또한 이때의 피치는 그 숫자 앞에 P의 문자를 붙이고 리드 뒤에 ( )를 붙여 표시한다.
  보기 : 호칭지름 40mm, 리드 14mm, 피치 7mm인 경우 Tr40x14(P7)

③ 왼나사의 표시 방법
  왼 미터 사다리꼴 나사의 호칭은 호칭 뒤에 LH 기호를 붙여서 표시한다.
  보기 : Tr40x7H, Tr40x14(P7)LH

■ 미터 사다리꼴 나사 기준 치수

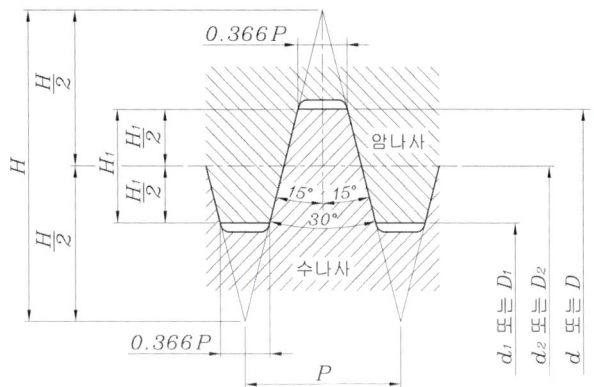

H=1.866P d_2=d−0.5P H_1=0.5P d_1=d−P
D=d D_2=d_2 D_1=d_1

단위 : mm

나사의 호칭	피 치 P	접촉 높이 H_1	암나사		
			골지름 D	유효 지름 D_2	안지름 D_1
			수나사		
			바깥 지름 d	유효 지름 d_2	골지름 d_1
Tr 8 × 1.5	1.5	0.75	8.000	7.250	6.500
Tr 9 × 2	2	1	9.000	8.000	7.000
Tr 9 × 1.5	1.5	0.75	9.000	8.250	7.500
Tr 10 × 2	2	1	10.000	9.000	8.000
Tr 10 × 1.5	1.5	0.75	10.000	9.250	8.500
Tr 11 × 3	3	1.5	11.000	9.500	8.000
Tr 11 × 2	2	1	11.000	10.000	9.000

■ 미터 사다리꼴 나사 기준 치수

단위 : mm

나사의 호칭	피 치 P	접촉 높이 H_1	암나사 골지름 D	유효 지름 D_2	안지름 D_1
			수나사		
			바깥 지름 d	유효 지름 d_2	골이지름 d_1
Tr 12 × 3					
Tr 12 × 2	2	1	12,000	11,000	10,000
Tr 14 × 3	3	1.5	14,000	12,500	11,000
Tr 14 × 2	2	1	14,000	13,000	12,000
Tr 16 × 4	4	2	16,000	14,000	12,000
Tr 16 × 2	2	1	16,000	15,000	14,000
Tr 18 × 4	4	2	18,000	16,000	14,000
Tr 18 × 2	2	1	18,000	17,000	16,000
Tr 20 × 4	4	2	20,000	18,000	16,000
Tr 20 × 2	2	1	20,000	19,000	18,000
Tr 22 × 8	8	4	22,000	18,000	14,000
Tr 22 × 5	5	2.5	22,000	19,500	17,000
Tr 22 × 3	3	1.5	22,000	20,500	19,000
Tr 24 × 8	8	4	24,000	20,000	16,000
Tr 24 × 5	5	2.5	24,000	21,500	19,000
Tr 24 × 3	3	1.5	24,000	22,500	21,000
Tr 26 × 8	8	4	26,000	22,000	18,000
Tr 26 × 5	5	2.5	26,000	23,500	21,000
Tr 26 × 3	3	1.5	26,000	24,500	23,000
Tr 28 × 8	8	4	28,000	24,000	20,000
Tr 28 × 5	5	2.5	28,000	25,500	23,000
Tr 28 × 3	3	1.5	28,000	26,500	25,000
Tr 30 ×10	10	5	30,000	25,000	20,000
Tr 30 × 6	6	3	30,000	27,000	24,000
Tr 30 × 3	3	1.5	30,000	28,500	27,000
Tr 32 ×10	10	5	32,000	27,000	22,000
Tr 32 × 6	6	3	32,000	29,000	26,000
Tr 32 × 3	3	1.5	32,000	30,500	29,000
Tr 34 ×10	10	5	34,000	29,000	24,000
Tr 34 × 6	6	3	34,000	31,000	28,000
Tr 34 × 3	3	1.5	34,000	32,500	31,000
Tr 36 ×10	10	5	36,000	31,000	26,000
Tr 36 × 6	6	3	36,000	33,000	30,000
Tr 36 × 3	3	1.5	36,000	34,500	33,000
Tr 38 ×10	10	5	38,000	33,000	28,000
Tr 38 × 7	7	3.5	38,000	34,500	31,000
Tr 38 × 3	3	1.5	38,000	36,500	35,000
Tr 40 ×10	10	3	40,000	35,000	30,000
Tr 40 × 7	7	3.5	40,000	36,500	33,000
Tr 40 × 3	3	1.5	40,000	38,500	37,000
Tr 42 ×10	10	5	42,000	37,000	32,000
Tr 42 × 7	7	3.5	42,000	38,500	35,000
Tr 42 × 3	3	1.5	42,000	40,500	39,000
Tr 44 ×12	12	6	44,000	38,000	32,000
Tr 44 × 7	7	3.5	44,000	40,500	37,000
Tr 44 × 3	3	1.5	44,000	42,500	41,000
Tr 46 ×12	12	6	46,000	40,000	34,000
Tr 46 × 8	8	4	46,000	42,000	38,000
Tr 46 × 3	3	1.5	46,000	44,500	43,000
Tr 48 ×12	12	6	48,000	42,000	36,000
Tr 48 × 8	8	4	48,000	44,000	40,000
Tr 48 × 3	3	1.5	48,000	46,500	45,000

■ 미터 사다리꼴 나사 기준 치수

단위 : mm

나사의 호칭	피 치 P	접촉 높이 H_1	암나사		
			골지름 D	유효 지름 D_2	안지름 D_1
			수나사		
			바깥 지름 d	유효 지름 d_2	골지름 d_1
Tr 50 × 12	12	6	50,000	44,000	38,000
Tr 50 × 8	8	4	50,000	46,000	42,000
Tr 50 × 3	3	1,5	50,000	48,500	47,000
Tr 52 × 12	12	6	52,000	46,000	40,000
Tr 52 × 8	8	4	52,000	48,000	44,000
Tr 52 × 3	3	1,5	52,000	50,500	49,000
Tr 55 × 14	14	7	55,000	48,000	41,000
Tr 55 × 9	9	4,5	55,000	50,500	46,000
Tr 55 × 3	3	1,5	55,000	53,500	52,000
Tr 60 × 14	14	7	60,000	53,000	46,000
Tr 60 × 9	9	4,5	60,000	55,500	51,000
Tr 60 × 3	3	1,5	60,000	58,500	57,000
Tr 65 × 16	16	8	65,000	57,000	49,000
Tr 65 × 10	10	5	65,000	60,000	55,000
Tr 65 × 4	4	2	65,000	63,000	61,000
Tr 70 × 16	16	8	70,000	62,000	54,000
Tr 70 × 10	10	5	70,000	65,000	60,000
Tr 70 × 4	4	2	70,000	68,000	66,000
Tr 75 × 16	16	8	75,000	67,000	59,000
Tr 75 × 10	10	5	75,000	70,000	65,000
Tr 75 × 4	4	2	75,000	73,000	71,000
Tr 80 × 16	16	8	80,000	72,000	64,000
Tr 80 × 10	10	5	80,000	75,000	70,000
Tr 80 × 4	4	2	80,000	78,000	76,000
Tr 85 × 18	18	9	85,000	76,000	67,000
Tr 85 × 12	12	6	85,000	79,000	73,000
Tr 85 × 4	4	2	85,000	83,000	81,000
Tr 90 × 18	18	9	90,000	81,000	72,000
Tr 90 × 12	12	6	90,000	84,000	78,000
Tr 90 × 4	4	2	90,000	88,000	86,000
Tr 95 × 18	18	9	95,000	86,000	77,000
Tr 95 × 12	12	6	95,000	89,000	83,000
Tr 95 × 4	4	2	95,000	93,000	91,000
Tr 100 × 20	20	10	100,000	90,000	80,000
Tr 100 × 12	12	6	100,000	94,000	88,000
Tr 100 × 4	4	2	100,000	98,000	96,000
Tr 105 × 20	20	10	105,000	95,000	85,000
Tr 105 × 12	12	6	105,000	99,000	93,000
Tr 105 × 4	4	2	105,000	103,000	101,000
Tr 110 × 20	20	10	110,000	100,000	90,000
Tr 110 × 12	12	6	110,000	104,000	98,000
Tr 110 × 4	4	2	110,000	108,000	106,000
Tr 115 × 22	22	11	115,000	104,000	93,000
Tr 115 × 14	14	7	115,000	108,000	101,000
Tr 115 × 6	6	3	115,000	112,000	109,000
Tr 120 × 22	22	11	120,000	109,000	98,000
Tr 120 × 14	14	7	120,000	113,000	106,000
Tr 120 × 6	6	3	120,000	117,000	114,000
Tr 125 × 22	22	11	125,000	114,000	103,000
Tr 125 × 14	14	7	125,000	118,000	111,000
Tr 125 × 6	6	3	125,000	122,000	119,000
Tr 130 × 22	22	11	130,000	119,000	108,000
Tr 130 × 14	14	7	130,000	123,000	116,000
Tr 130 × 6	6	3	130,000	127,000	124,000

■ 미터 사다리꼴 나사 기준 치수

단위 : mm

나사의 호칭	피 치 P	접촉 높이 H_1	암나사 골 지름 D	암나사 유효 지름 D_2	안 지름 D_1
			수나사 바깥 지름 d	수나사 유효 지름 d_2	수나사 골 지름 d_1
Tr 135 × 24	24	12	135.000	123.000	111.000
Tr 135 × 14	14	7	135.000	128.000	121.000
Tr 135 × 6	6	3	135.000	132.000	129.000
Tr 140 × 24	24	12	140.000	128.000	116.000
Tr 140 × 14	14	7	140.000	133.000	126.000
Tr 140 × 6	6	3	140.000	137.000	134.000
Tr 145 × 24	24	12	145.000	133.000	121.000
Tr 145 × 14	14	7	145.000	138.000	131.000
Tr 145 × 6	6	3	145.000	142.000	139.000
Tr 150 × 24	24	12	150.000	138.000	126.000
Tr 150 × 16	16	8	150.000	142.000	134.000
Tr 150 × 6	6	3	150.000	147.000	144.000
Tr 155 × 24	24	12	155.000	143.000	131.000
Tr 155 × 16	16	8	155.000	147.000	139.000
Tr 155 × 6	6	3	155.000	152.000	149.000
Tr 160 × 28	28	14	160.000	146.000	132.000
Tr 160 × 16	16	8	160.000	152.000	144.000
Tr 160 × 6	6	3	160.000	157.000	154.000
Tr 165 × 28	28	14	165.000	151.000	137.000
Tr 165 × 16	16	8	165.000	157.000	149.000
Tr 165 × 6	6	3	165.000	162.000	159.000
Tr 170 × 28	28	14	170.000	156.000	142.000
Tr 170 × 16	16	8	170.000	162.000	154.000
Tr 170 × 6	6	3	170.000	167.000	164.000
Tr 175 × 28	28	14	175.000	161.000	147.000
Tr 175 × 16	16	8	175.000	167.000	159.000
Tr 175 × 8	8	4	175.000	171.000	167.000
Tr 180 × 28	28	14	180.000	166.000	152.000
Tr 180 × 18	18	9	180.000	171.000	162.000
Tr 180 × 8	8	4	180.000	176.000	172.000
Tr 185 × 32	32	16	185.000	169.000	153.000
Tr 185 × 18	18	9	185.000	176.000	167.000
Tr 185 × 8	8	4	185.000	181.000	177.000
Tr 190 × 32	32	16	190.000	174.000	158.000
Tr 190 × 18	18	9	190.000	181.000	172.000
Tr 190 × 8	8	4	190.000	186.000	182.000
Tr 195 × 32	32	16	195.000	179.000	163.000
Tr 195 × 18	18	9	195.000	186.000	177.000
Tr 195 × 8	8	4	195.000	191.000	187.000
Tr 200 × 32	32	16	200.000	184.000	168.000
Tr 200 × 18	18	9	200.000	191.000	182.000
Tr 200 × 8	8	4	200.000	196.000	192.000
Tr 210 × 36	36	18	210.000	192.000	174.000
Tr 210 × 20	20	10	210.000	200.000	190.000
Tr 210 × 8	8	4	210.000	206.000	202.000
Tr 220 × 36	36	18	220.000	202.000	184.000
Tr 220 × 20	20	10	220.000	210.000	200.000
Tr 220 × 8	8	4	220.000	216.000	212.000
Tr 230 × 36	36	18	230.000	212.000	194.000
Tr 230 × 20	20	10	230.000	220.000	210.000
Tr 230 × 8	8	4	230.000	226.000	222.000
Tr 240 × 36	36	18	240.000	222.000	204.000
Tr 240 × 22	22	11	240.000	229.000	218.000
Tr 240 × 8	8	4	240.000	236.000	232.000

■ 미터 사다리꼴 나사 기준 치수

단위 : mm

나사의 호칭	피 치 P	접촉 높이 H_1	암나사		
			골지름 D	유효 지름 D_2	안지름 D_1
			수나사		
			바깥 지름 d	유효 지름 d_2	골지름 d_1
Tr 250 × 40	40	20	250,000	230,000	210,000
Tr 250 × 22	22	11	250,000	239,000	228,000
Tr 250 × 12	12	6	250,000	244,000	238,000
Tr 260 × 40	40	20	260,000	240,000	220,000
Tr 260 × 22	22	11	260,000	249,000	238,000
Tr 260 × 12	12	6	260,000	254,000	248,000
Tr 270 × 44	40	20	270,000	250,000	230,000
Tr 270 × 24	24	12	270,000	258,000	246,000
Tr 270 × 12	12	6	270,000	264,000	258,000
Tr 280 × 44	40	20	280,000	260,000	240,000
Tr 280 × 24	24	12	280,000	268,000	256,000
Tr 280 × 12	12	6	280,000	274,000	268,000
Tr 290 × 44	44	22	290,000	268,000	246,000
Tr 290 × 24	24	12	290,000	278,000	266,000
Tr 290 × 12	12	6	290,000	284,000	278,000
Tr 300 × 44	44	22	300,000	278,000	256,000
Tr 300 × 24	24	12	300,000	288,000	276,000
Tr 300 × 12	12	6	300,000	294,000	288,000

주 ▶ • 나사의 호칭 앞의 기호 Tr은 미터 사다리꼴 나사를 나타내는 기호이다.

[참 고]
LEAD SCREW(이송 나사)로서 대표적인 TM나사는 주로 회전운동을 직선운동으로 바꾸어 부품의 위치를 이동시키는 용도로 사용된다. 표준품으로 오른나사 축과 너트 뿐만 아니라 왼나사 축 및 너트, 좌우나사 축 및 너트로 쉽게 구입할 수 있으며 설계도 용이하다. TM SCREW는 보통 30도 사다리꼴 나사의 규격에 준하여 제작되고 있다.

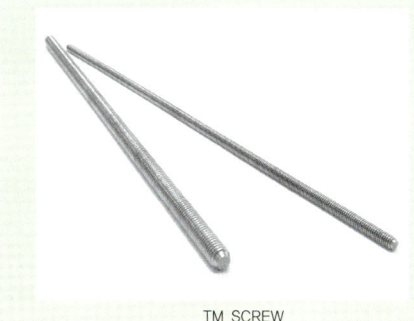

TM SCREW

TM NUT

7-9 | 탭핑(Tapping)을 위한 드릴 가공 지름 [참고 자료]

■ 미터 보통 나사(Metric coarse screw thread)

나사 호칭 Nominal	드릴 지름 Drill diameter	나사 호칭 Nominal	드릴 지름 Drill diameter	나사 호칭 Nominal	드릴 지름 Drill diameter	나사 호칭 Nominal	드릴 지름 Drill diameter
M1×0.25	0.75	M2.5×0.45	2.10	M9×1.25	7.80	M27×3	24.0
M1.1×0.25	0.85	M2.6×0.45	2.20	M10×1.5	8.50	M30×3.5	26.5
M1.2×0.25	0.95	M3×0.5	2.50	M11×1.5	9.50	M33×3.5	29.5
M1.4×0.3	1.10	M3.5×0.6	2.90	M12×1.75	10.3	M36×4	32.0
M1.6×0.35	1.25	M4×0.7	3.30	M14×2	12.0	M39×4	35.0
M1.7×0.35	1.35	M4.5×0.75	3.80	M16×2	14.0	M42×4.5	37.5
M1.8×0.35	1.45	M5×0.8	4.20	M18×2.5	15.5	M45×4.5	40.5
M2×0.4	1.60	M6×1.0	5.00	M20×2.5	17.5	M48×5	43.0
M2.2×0.4.5	1.75	M7×1.0	6.00	M22×2.5	19.5	-	-
M2.3×0.4	1.90	M8×1.25	6.80	M24×3	21.0	-	-

■ 미터 가는 나사(Metric fine screw thread)

나사 호칭 Nominal	드릴 지름 Drill diameter	나사 호칭 Nominal	드릴 지름 Drill diameter	나사 호칭 Nominal	드릴 지름 Drill diameter	나사 호칭 Nominal	드릴 지름 Drill diameter
M1×0.2	0.80	M11×0.75	10.3	M25×1.5	23.5	M39×1.5	37.5
M1.1×0.2	0.90	M12×1.5	10.5	M25×1.0	24.0	M40×3.0	37.0
M1.2×0.2	1.00	M12×1.25	10.8	M26×1.5	24.5	M40×2.0	38.0
M1.4×0.2	1.20	M12×1.0	11.0	M27×2.0	25.0	M40×1.5	38.5
M1.6×0.2	1.40	M14×1.5	12.5	M27×1.5	25.5	M42×4.0	38.0
M1.8×0.2	1.60	M14×1.0	13.0	M27×1.0	26.0	M42×3.0	39.0
M2×0.25	1.75	M15×1.5	13.5	M28×2.0	26.0	M42×2.0	40.0
M2.2×0.25	1.95	M15×1.0	14.0	M28×1.5	26.5	M42×1.5	40.5
M2.5×0.35	2.20	M16×1.5	14.5	M28×1.0	27.0	M45×4.0	41.0
M3×0.35	2.70	M16×1.0	15.0	M30×3.0	27.0	M45×3.0	42.0
M3.5×0.35	3.20	M17×1.5	15.5	M30×2.0	28.0	M45×2.0	43.0
M4×0.5	3.50	M17×1.0	16.0	M30×1.5	28.5	M45×1.5	43.5
M4.5×0.5	4.00	M18×2.0	16.0	M30×1.0	29.0	M48×4.0	44.0
M5×0.5	4.50	M18×1.5	16.5	M32×2.0	30.0	M48×3.0	45.0
M5.5×0.5	5.00	M18×1.0	17.0	M32×1.5	30.5	M48×2.0	46.0
M6×0.75	5.30	M20×2.0	18.0	M33×3.0	30.0	M48×1.5	46.5
M7×0.75	6.30	M20×1.5	18.5	M33×2.0	31.0	M50×3.0	47.0
M8×1.0	7.00	M20×1.0	19.0	M33×1.5	31.5	M50×2.0	48.0
M8×0.75	7.30	M22×2.0	20.0	M35×1.5	33.5	M50×1.5	48.5
M9×1.0	8.00	M22×1.5	20.5	M36×3.0	33.0	-	-
M9×0.75	8.30	M22×1.0	21.0	M36×2.0	34.0	-	-
M10×1.25	8.80	M24×2.0	22.0	M36×1.5	34.5	-	-
M10×1.0	9.00	M24×1.5	22.5	M38×1.5	36.5	-	-
M10×0.75	9.30	M24×1.0	23.0	M39×3.0	36.0	-	-
M11×1.0	10.0	M25×2.0	23.0	M39×2.0	37.0	-	-

주▶ • 이 표의 드릴 지름을 사용하여 가공할 때는 가공조건에 따라 그릴 구멍의 치수정밀도가 변화하므로 가공구멍을 측정해서 탭핑을 내기 위한 구멍으로 적당하지 않은 경우는 드릴 구멍을 변경할 필요가 있다.

7-10 | 수나사 부품의 불완전 나사부 길이 및 나사의 틈새 KS B 0245 : 1987(2012 확인)

■ 불완전 나사부의 길이

- 나사의 절단 끝부에 있어서 불완전 나사부 길이(x)

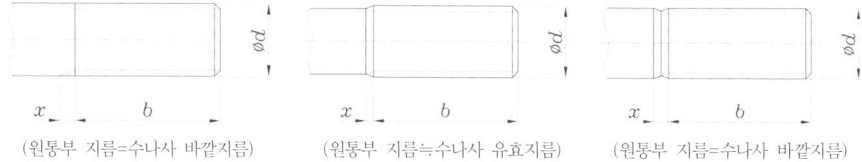

(원통부 지름=수나사 바깥지름)   (원통부 지름≒수나사 유효지름)   (원통부 지름=수나사 바깥지름)

[비 고]
- 그림 중의 b는 나사부 길이를 표시한다.

- 온나사에 있어서 불완전 나사부 길이(a)

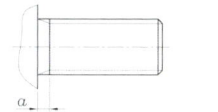 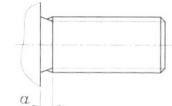

단위 : mm

나사의 피치 P	x (최대)		a (최대)			(참 고) 피치에 대응하는 미터나사의 호칭지름(d)	
	보통 것	짧은 것	보통 것	짧은 것	긴 것	보통나사의 경우	가는 나사의 경우
0.2	0.5	0.25	0.6	0.4	0.8	-	-
0.25	0.6	0.3	0.75	0.5	1	1, 1.2	-
0.3	0.75	0.4	0.9	0.6	1.2	1.4	-
0.35	0.9	0.45	1.05	0.7	1.4	1.6 , 1.8	-
0.4	1	0.5	1.2	0.8	1.6	2	-
0.45	1.1	0.6	1.35	0.9	1.8	2.2, 2.5	-
0.5	1.25	0.7	1.5	1	2	3	-
0.6	1.5	0.75	1.8	1.2	2.4	3.5	-
0.7	1.75	0.9	2.1	1.4	2.8	4	-
0.75	1.9	1	2.25	1.5	3	4.5	-
0.8	2	1	2.4	1.6	3.2	5	-
1	2.5	1.25	3	2	4	6, 7	8
1.25	3.2	1.6	4	2.5	5	8	10, 12
1.5	3.8	1.9	4.5	3	6	10	14, 16, 18, 20, 22
1.75	4.3	2.2	5.3	3.5	7	12	-
2	5	2.5	6	4	8	14, 16	24, 27, 30, 33
2.5	6.3	3.2	7.5	5	10	18, 20, 22	-
3	7.5	3.8	9	6	12	24, 27	36, 39
3.5	9	4.5	10.5	7	14	30, 33	-
4	10	5	12	8	16	36, 39	-
4.5	11	5.5	12.5	9	18	42, 45	-
5	12.5	6.3	15	10	20	48, 52	-
5.5	14	7	16.5	11	22	56, 60	-
6	15	7.5	18	12	24	64, 68	-

주 ▶

1. x(최대) 중 '보통 것'의 값은 2.5P, '짧은 것'의 값은 1.25P 로서 구한 값을 맺음한 것으로, 그 적용은 다음에 따른다.
   - 보통 것 : 원칙적으로 KS B 0238 (나사 부품의 공차 방식)의 부품 등급 A, B급 및 C에 속하는 수나사 부품에 적용한다.
   - 짧은 것 : 사용상의 기술적 이유에 따르고, 특히 짧은 x를 필요로 하는 수나사 부품에 적용한다.
2. a(최대) 중 '보통 것'의 값은 3P 로서 구한 값을 맺음한 것. '짧은 것'의 값은 2P, '긴 것'의 값은 4P로 구한 것으로 그 적용은 다음에 따른다.
   - 보통 것 : 원칙적으로 KS B 0238의 부품 등급 A에 속하는 수나사 부품에 적용한다.
   - 짧은 것 : 사용상의 기술적 이유에 따라 특히 짧은 a를 필요로 하는 수나사 부품에 적용한다.
   - 긴 것 : 원칙적으로 KS B 0238의 부품 등급 B 및 C에 속하는 수나사 부품에 적용한다.
3. 가는 나사의 호칭 지름은 KS B 0204(미터 가는 나사)의 표3에 규정하는 '작은 나사류, 볼트 및 너트용의 가는 나사의 선택 기준'에 따른 것이다.

■ 나사의 틈새

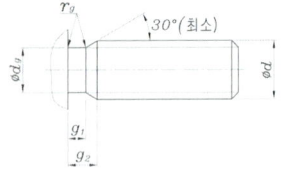

단위 : mm

나사의 피치 P	d_g		g_1	g_2	r_g
	기준 치수	허용차	최소	최대	약
0.25	d-0.4		0.4	0.75	0.12
0.3	d-0.5		0.5	0.9	0.16
0.35	d-0.6		0.6	1.05	0.16
0.4	d-0.7		0.6	1.2	0.2
0.45	d-0.7		0.7	1.35	0.2
0.5	d-0.8		0.8	1.5	0.2
0.6	d-1		0.9	1.8	0.4
0.7	d-1.1		1.1	2.1	0.4
0.75	d-1.2		1.2	2.25	0.4
0.8	d-1.3		1.3	2.4	0.4
1	d-1.6	주5 참조	1.6	3	0.6
1.25	d-2		2	3.75	0.6
1.5	d-2.3		2.5	4.5	0.8
1.75	d-2.6		3	5.25	1
2	d-3		3.4	6	1
2.5	d-3.6		4.4	7.5	1.2
3	d-4.4		5.2	9	1.6
3.5	d-5		6.2	10.5	1.6
4	d-5.7		7	12	2
4.5	d-6.4		8	13.5	2.5
5	d-7		9	15	2.5
5.5	d-7.7		11	16.5	3.2
6	d-8.3		11	18	3.2

주 ▶

4. d_g의 기준 치수는 나사 피치에 대응하는 나사의 호칭 지름(d)에서 이 난에 규정하는 수치를 뺀 것으로 한다. (보기 : P=0.25, d=1.2에 대한 d_g의 기준 치수는 d−0.4=1.2−0.4=0.8mm)
5. 나사의 호칭지름(d)이 3mm 이하인 것에는 KS B 0401(치수 공차 및 끼워맞춤)의 h12, d가 3mm를 초과하는 것에는 h13을 적용한다.
6. g_1(최소)의 값은 d_g부에서 d부로 이행하는 각도를 30°(최소)로 한 것이다.
7. g_2(최대)의 값은 3P로 한 것이다.

7-11 | 탭 깊이 및 드릴 깊이

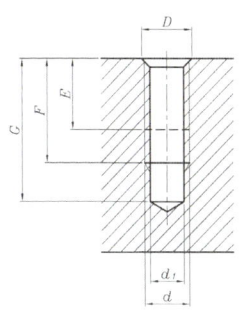
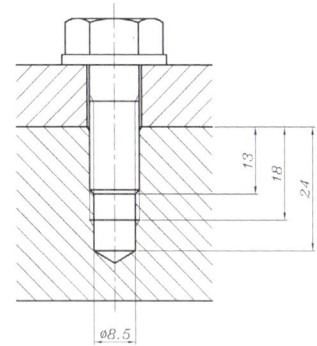

단위 : mm

나사 호칭	드릴 지름	모떼기 지름	강, 주강, 단강, 청동, 황동			주철, 동합금, 주물		
			체결 깊이	탭 깊이	드릴 깊이	체결 깊이	탭 깊이	드릴 깊이
d	d_1	D	E	F	G	E	F	G
M5×0.8	4.2	5.5	5	10	14	6	11	14
M6×1.0	5.0	6.5	6	11	15	8	13	16
M8×1.25	6.8	9.0	8	13	18	10	15	20
M10×1.5	8.5	11.0	13	18	24	15	20	25
M12×1.75	10.2	14.0	15	20	25	18	23	28
M16×2.0	14.0	18.0	20	25	32	24	29	35
M20×2.5	17.5	22.0	25	30	38	30	35	44
M24×3.0	21.0	26.0	28	30	40	32	38	46
M30×3.5	26.5	33.0	30	35	45	40	45	55
M36×4.0	32	39.0	36	42	55	48	52	65

7-12 | 나사끝의 모양 · 치수 KS B 0231 : 1987 (2012 확인)

거친끝	모데기끝	둥근끝	납작끝
반막대	막대끝	온뽀족끝	뽀족끝
오목끝	날끝		

$d_n = d - 1.6P$
$d_r = 0.5d \pm 0.5mm$
$l_k = 3P \pm 0.5mm$
$l_n = 5P \pm 0.5mm$

[비 고]
① $^{(1)}$ 45°의 각도는 수나사의 골지름보다 아래 경사부에만 적용한다.
② $^{(2)}$ 호칭길이(l)가 짧은 것에 대해서는 120±2°로 한다.
③ $^{(3)}$ 날끝의 모양 · 치수는 용도에 따라 바꾸어도 좋다.

단위 : mm

나사의 호칭지름 d	d_p 기준치수	d_p 허용차 (h14)	d_t 기준치수	d_t 허용차 (h16)	d_z 기준치수	d_z 허용차 (h14)	z_1 기준치수	z_1 허용차 (+IT14)	z_2 기준치수	z_2 허용차 (+IT14)	r_c 약
1 1.2 1.4	0.5 0.6 0.7	0 -0.25	0.1 0.12 0.14	④	- - 0.7	0 -0.25	- - 0.35	+0.25 0	- - 0.7	+0.25 0	1.4 1.7 2
1.6 1.8 2	0.8 0.9 1		0.16 0.18 0.2		0.8 0.9 1		0.4 0.45 0.5		0.8 0.9 1		2.2 2.5 2.8
2.2 2.5 3	1.2 1.5 2		0.22 0.25 0.3		1.1 1.2 1.4		0.55 0.63 0.75		1.1 1.25 1.5		3.1 3.5 4.2
3.5 4 5	2.2 2.5 3		0.35 0.4 0.45		1.7 2 2.2		0.88 1 1.12		1.75 2 2.25		4.9 5.6 6.3
5 6 7	3.5 4 5	0 -0.30	0.5 1.5 2	0 -0.60	2.5 3 4	0 -0.30	1.25 1.5 1.75		2.5 3 3.5		7 8.4 9.8
8 10 12	5.5 7 8.5	0 -0.36	2 2.5 3		5 6 7	0 -0.36	2 2.5 3		4 5 6	+0.30 0	11 14 17
14 16 18	10 12 13		4 4 5		8.5 10 11		3.5 4 4.5	+0.30 0	7 8 9	+0.36 0	20 22 25
20 22 24	15 17 18	0 -0.43	5 6 6	0 -0.75	13 15 16	0 -0.43	5 5.5 6		10 11 12		28 31 34
27 30 33	21 23 26	0 -0.52	8 8 10	0 -0.90	- - -	- - -	6.7 7.5 8.2	+0.36 0	13.5 15 16.5	+0.43 0	38 42 46
36 39 42	28 30 32		10 12 12		- - -	- - -	9 9.7 10.5		18 19.5 21		50 55 59
45 48 52	35 38 42	0 -0.62	14 14 16	0 -1.1	- - -	- - -	11.2 12 13	+0.43 0	22.5 24 26	+0.52 0	63 67 73

[비 고]
1. 그림 중의 l은 호칭길이, u는 불완전나사부 길이로서, u는 2피치 이하로 한다.
2. r_c는 $1.4d$로 하여 구한 값을 반올림한 것이다.
3. KS B 0201(미터보통나사)의 부속서에 규정한 나사의 호칭 M1.7, M2.3 및 M2.6에 대한 나사끝의 모양·치수는, 나사의 호칭지름 1.6mm, 2.2mm 및 2.5mm의 것에 준하는 것이 좋다.
4. d_t의 허용차 ④의 범위는 선단에 약간의 평면 또는 둥근 부분을 붙인다.

7-13 | 홈붙이 멈춤나사 KS B 1025 : 2007 (2012 확인)

■ 적용범위

이 규격은 일반적으로 사용하는 강제의 홈붙이 멈춤나사 및 스테인리스 강제의 홈붙이 멈춤나사에 대하여 규정한다.

1. 홈붙이 멈춤나사납작끝의 모양 및 치수

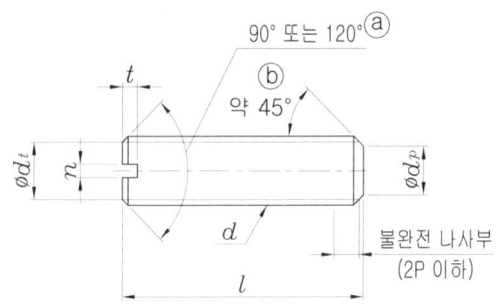

(a) l이 아래 표에 표시하는 계단 모양의 점선보다 짧은 것은 120°의 모떼기로 한다.
(b) 45°의 각도는 수나사의 골지름보다 아래의 경사부에 적용한다.

■ 홈붙이 멈춤나사 · 납작끝의 모양·치수

단위 : mm

나사의 호칭(d)		M1	M1.2	(M1.4)	M1.6	M1.7	M2	M2.3	M2.5	M2.6	M3	(M3.5)	M4	M5	M6	M8	M10	M12
피치 P		0.25	0.25	0.3	0.35	0.35	0.4	0.4	0.45	0.45	0.5	0.6	0.7	0.8	1	1.25	1.5	1.75
d_f	약							수나사의 골지름										
d_p	최소	0.25	0.35	0.45	0.55	0.55	0.75	0.95	1.25	1.25	1.75	1.95	2.25	3.2	3.7	5.2	6.64	8.14
	최대 (기준치수)	0.5	0.6	0.7	0.8	0.8	1	1.2	1.5	1.5	2	2.2	2.5	3.5	4	5.5	7	8.5
n	호칭[a]	0.2	0.2	0.25	0.25	0.25	0.25	0.4	0.4	0.4	0.5	0.5	0.6	0.8	1	1.2	1.6	2
	최소	0.26	0.26	0.31	0.31	0.31	0.31	0.46	0.46	0.46	0.56	0.56	0.66	0.86	1.06	1.26	1.66	2.06
	최대	0.4	0.4	0.45	0.45	0.45	0.45	0.6	0.6	0.6	0.7	0.7	0.8	1	1.2	1.51	1.91	2.31
t	최소	0.3	0.4	0.4	0.56	0.56	0.56	0.64	0.72	0.72	0.96	0.96	1.12	1.28	1.6	2	2.4	2.8
	최대	0.42	0.52	0.52	0.74	0.74	0.74	0.84	0.95	0.95	1.21	1.21	0.42	1.63	2	2.5	3	3.6

호칭길이 (기준치수)	$l^{(b)}$ 최소	최대
2	1.8	2.2
2.5	2.3	2.7
3	2.8	3.2
4	3.7	4.3
5	4.7	5.3
6	5.7	6.3
8	7.7	8.3
10	9.7	10.3
12	11.6	12.4
(14)	13.6	14.4
16	15.6	16.4
20	19.6	20.4
25	24.6	25.4
30	29.6	30.4
35	34.5	35.5
40	39.5	40.5
45	44.5	45.5
50	49.5	50.5
55	54.4	55.6
60	59.4	60.6

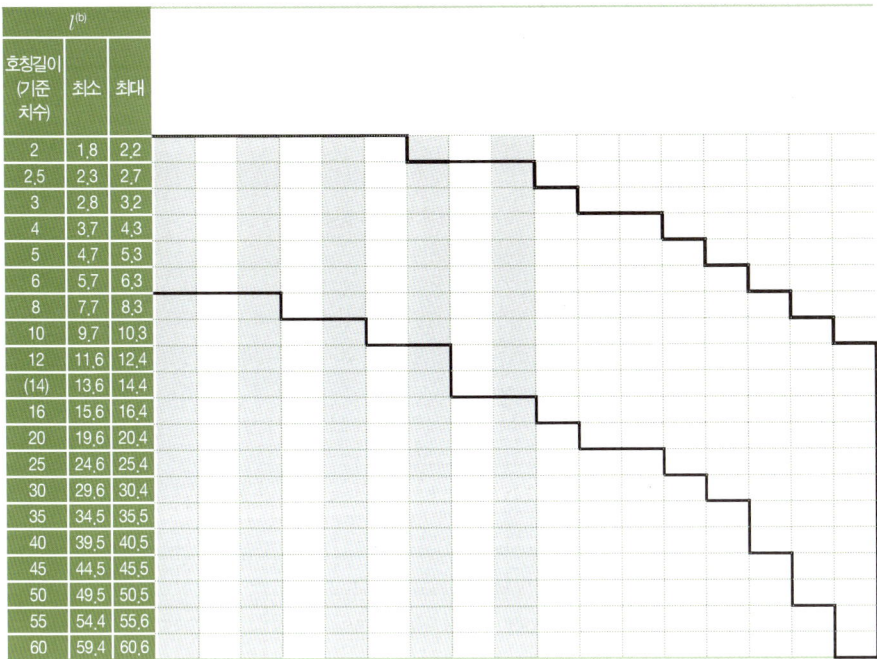

[비 고]
1. 나사의 호칭에 ( )를 붙인 것은 되도록 사용하지 않는다.
2. 나사의 호칭에 대하여 권장하는 호칭길이(l)는 굵은 선의 틀 내로 한다. 다만 l에 ( )를 붙인 것은 되도록 사용하지 않는다. 또한 이 표 이외의 l을 특별히 필요로 하는 경우는 주문자가 지정한다.
3. 나사끝의 모양·치수는 KS B 0231에 따르고 있다.

[참 고]
이 표에서 망점( )을 깔아놓은 것 이외의 모양 및 치수는 ISO 4766에 따르고 있다.

2. 홈붙이 멈춤나사·뾰족끝의 모양 및 치수

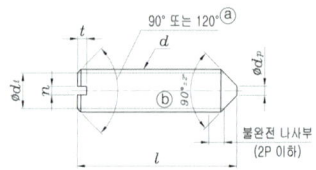

[a] l이 아래 표에 표시하는 계단 모양의 점선보다 짧은 것은 120°의 모떼기로 한다.
[b] 90°의 각도는 l이 아래 표에 표시하는 계단 모양의 점선보다 긴 멈춤 나사의 골지름보다 아래의 경사부에 적용하고, l이 그 점선보다 짧은 것에 대하여는 120°±2°의 각도를 적용한다.

단위 : mm

호칭길이 기준치수	l [b] 최소	l [b] 최대
2	1.8	2.2
2.5	2.3	2.7
3	2.8	3.2
4	3.7	4.3
5	4.7	5.3
6	5.7	6.3
8	7.7	8.3
10	9.7	10.3
12	11.6	12.4
(14)	13.6	14.4
16	15.6	16.4
20	19.6	20.4
25	24.6	25.4
30	29.6	30.4
35	34.5	35.5
40	39.5	40.5
45	44.5	45.5
50	49.5	50.5
55	54.4	55.6
60	59.4	60.6

[비 고]
1. 나사의 호칭에 ( )를 붙인 것은 되도록 사용하지 않는다.
2. 나사의 호칭에 대하여 권장하는 호칭길이(l)는 굵은 선의 틀 내로 한다. 다만 l에 ( )를 붙인 것은 되도록 사용하지 않는다. 또한 이 표 이외의 l을 특별히 필요로 하는 경우는 주문자가 지정한다.
3. 나사끝의 모양·치수는 KS B 0231에 따르고 있다.

[참 고]
- 이 표에서 망점( )을 깔아놓은 것 이외의 모양 및 치수는 ISO 4766에 따르고 있다.
  [a] n의 호칭은 그 최대·최소를 정할 때 기준치수로서 사용한다.
  [b] l의 최대·최소는 KS B 0238에 따르고 있는데, 소수점 이하 1자리까지 끝맺음하고 있다.

3. 홈붙이 멈춤 나사·막대끝의 모양 및 치수

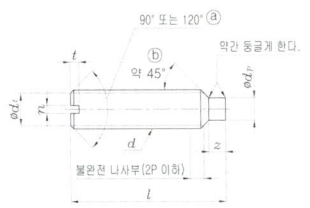

(a) l이 아래 표에 표시하는 계단 모양의 점선보다 짧은 것은 120°의 모떼기로 한다.
(b) 45°의 각도는 수나사의 골지름보다 아래의 경사부에 적용한다.

단위 : mm

나사의 호칭(d)		M1.6	M2	M2.5	M3	(M3.5)	M4	M5	M6	M8	M10	M12
피치 P		0.35	0.4	0.45	0.5	0.6	0.7	0.8	1	1.25	1.5	1.75
d_f	약					수나사의 골지름						
d_t	최소	0.55	0.75	1.25	1.75	1.95	2.25	3.2	3.7	5.2	6.64	8.14
	최대 (기준치수)	0.8	1	1.5	2	2.2	2.5	3.5	4	5.5	7	8.5
n	호칭	0.25	0.25	0.4	0.5	0.5	0.6	0.8	1	1.2	1.6	2
	최소	0.31	0.31	0.46	0.56	0.56	0.66	0.86	1.06	1.26	1.66	2.06
	최대	0.45	0.45	0.6	0.7	0.7	0.8	1	1.2	1.51	1.91	2.31
t	최소	0.56	0.56	0.72	0.96	0.96	1.12	1.28	1.6	2	2.4	2.8
	최대	0.74	0.74	0.95	1.21	1.21	0.42	1.63	2	2.5	3	3.6
z	최소 (기준치수)	0.8	1	1.25	1.5	1.75	2	2.5	3	4	5	6
	최대	1.05	1.25	1.5	1.75	2	2.25	2.75	3.25	4.3	5.3	6.3

호칭길이 $l^{(b)}$ (기준치수)	최소	최대
2	1.8	2.2
2.5	2.3	2.7
3	2.8	3.2
4	3.7	4.3
5	4.7	5.3
6	5.7	6.3
8	7.7	8.3
10	9.7	10.3
12	11.6	12.4
(14)	13.6	14.4
16	15.6	16.4
20	19.6	20.4
25	24.6	25.4
30	29.6	30.4
35	34.5	35.5
40	39.5	40.5
45	44.5	45.5
50	49.5	50.5
55	54.4	55.6
60	59.4	60.6

주 ▶
(a) n의 호칭은 그 최대·최소를 정할 때 기준치수로서 사용한다.
(b) l의 최대·최소는 KS B 0238에 따르고 있는데, 소수점 이하 1자리까지 끝맺음 한다.

[비 고]
1. 나사의 호칭에 ( )를 붙인 것은 되도록 사용하지 않는다.
2. 나사의 호칭에 대하여 권장하는 호칭길이(l)는 굵은 선의 틀 내로 한다. 다만 l에 ( )를 붙인 것은 되도록 사용하지 않는다. 또한 이 표 이외의 l을 특별히 필요로 하는 경우는 주문자가 지정한다.
3. 나사끝의 모양·치수는 KS B 0231에 따르고 있다.

4. 홈붙이 멈춤나사·오목끝

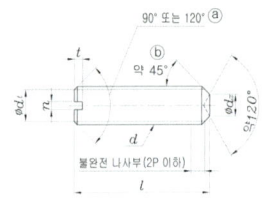

(a) l이 아래 표에 표시하는 계단 모양의 점선보다 짧은 것은 120°의 모떼기로 한다.
(b) 45°의 각도는 수나사의 골지름보다 아래의 경사부에 적용한다.

단위 : mm

나사의 호칭(d)		M1.6	M2	M2.5	M3	(M3.5)	M4	M5	M6	M8	M10	M12
피치 P		0.35	0.4	0.45	0.5	0.6	0.7	0.8	1	1.25	1.5	1.75
d_f	약	수나사의 골지름										
d_z	최소	0.55	0.75	0.95	1.15	1.45	1.75	2.25	2.75	4.7	5.7	6.64
	최대	0.8	1	1.2	1.4	1.7	2	2.5	3	5	6	7
n	호칭(a)	0.25	0.25	0.4	0.5	0.5	0.6	0.8	1	1.2	1.6	2
	최소	0.31	0.31	0.46	0.56	0.56	0.66	0.86	1.06	1.26	1.66	2.06
	최대	0.45	0.45	0.6	0.7	0.7	0.8	1	1.2	1.51	1.91	2.31
t	최소	0.56	0.56	0.72	0.96	0.96	1.12	1.28	1.6	2	2.4	2.8
	최대	0.74	0.74	0.95	1.21	1.21	0.42	1.63	2	2.5	3	3.6

호칭길이 l(b)	최소	최대
2	1.8	2.2
2.5	2.3	2.7
3	2.8	3.2
4	3.7	4.3
5	4.7	5.3
6	5.7	6.3
8	7.7	8.3
10	9.7	10.3
12	11.6	12.4
(14)	13.6	14.4
16	15.6	16.4
20	19.6	20.4
25	24.6	25.4
30	29.6	30.4
35	34.5	35.5
40	39.5	40.5
45	44.5	45.5
50	49.5	50.5
55	54.4	55.6
60	59.4	60.6

주▶
(a) n의 호칭은 그 최대·최소를 정할 때 기준치수로서 사용한다.
(b) l의 최대·최소는 KS B 0238에 따르고 있는데, 소수점 이하 1자리까지 끝맺음 한다.

[비 고]
1. 나사의 호칭에 ( )를 붙인 것은 될 수 있는 한 사용하지 않는다.
2. 나사의 호칭에 대하여 권장하는 호칭길이(l)는 굵은 선의 틀 내로 한다. 다만 l에 ( )를 붙인 것은 되도록 사용하지 않는다. 또한 이 표 이외의 l을 특별히 필요로 하는 경우는 주문자가 지정한다.
3. 나사끝의 모양·치수는 KS B 0231에 따르고 있다.

5. 홈붙이 멈춤나사·둥근끝의 모양 및 치수

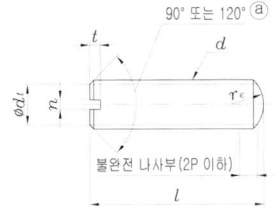

단위 : mm

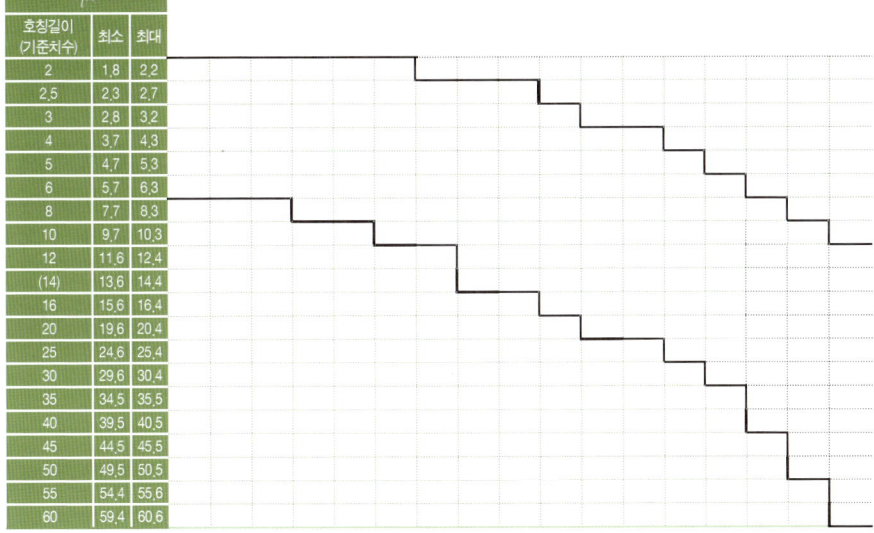

나사의 호칭(d)		M1	M1.2	(M1.4)	M1.6	M1.7	M2	M2.3	M2.5	M2.6	M3	(M3.5)	M4	M5	M6	M8	M10	M12
피치 P		0.25	0.25	0.3	0.35	0.35	0.4	0.4	0.45	0.45	0.5	0.6	0.7	0.8	1	1.25	1.5	1.75
d_f	약	수나사의 골지름																
r_e	약	1.4	1.7	2	2.2	2.2	2.8	3.1	3.5	3.5	4.2	4.9	5.6	7	8.4	11	14	17
n	호칭	0.2	0.2	0.25	0.25	0.25	0.25	0.4	0.4	0.4	0.5	0.5	0.6	0.8	1	1.2	1.6	2
	최소	0.26	0.26	0.31	0.31	0.31	0.31	0.46	0.46	0.46	0.56	0.56	0.66	0.86	1.06	1.26	1.66	2.06
	최대	0.4	0.4	0.45	0.45	0.45	0.45	0.6	0.6	0.6	0.7	0.7	0.8	1	1.51	1.91	2.31
t	최소	0.3	0.4	0.4	0.56	0.56	0.56	0.64	0.72	0.72	0.96	0.96	1.12	1.28	1.6	2	2.4	2.8
	최대	0.42	0.52	0.52	0.74	0.74	0.74	0.84	0.95	0.95	1.21	1.21	0.42	1.63	2	2.5	3	3.6

호칭길이(기준치수)	최소	최대
2	1.8	2.2
2.5	2.3	2.7
3	2.8	3.2
4	3.7	4.3
5	4.7	5.3
6	5.7	6.3
8	7.7	8.3
10	9.7	10.3
12	11.6	12.4
(14)	13.6	14.4
16	15.6	16.4
20	19.6	20.4
25	24.6	25.4
30	29.6	30.4
35	34.5	35.5
40	39.5	40.5
45	44.5	45.5
50	49.5	50.5
55	54.4	55.6
60	59.4	60.6

주 ▶
(a) n의 호칭은 그 최대·최소를 정할 때 기준치수로서 사용한다.
(b) l의 최대·최소는 KS B 0238에 따르고 있는데, 소수점 이하 1자리까지 끝맺음 한다.

[비 고]
1. 나사의 호칭에 ( )를 붙인 것은 될 수 있는 한 사용하지 않는다.
2. 나사의 호칭에 대하여 권장하는 호칭길이(l)는 굵은 선의 틀 내로 한다. 다만 l에 ( )를 붙인 것은 되도록 사용하지 않는다. 또한 이 표 이외의 l을 특별히 필요로 하는 경우는 주문자가 지정한다.
3. 나사끝의 모양·치수는 KS B 0231에 따르고 있다.

[참 고]
• ISO 규격에는 홈붙이 멈춤나사의 앞 끝에 상당하는 것은 없다.
(a) n의 호칭은 그 최대·최소를 정할 때 기준치수로서 사용한다.
(b) l의 최대·최소는 KS B 0238에 따르고 있는데, 소수점 이하 1자리까지 끝맺음 한다.

7-14 | 6각 구멍붙이 멈춤나사 KS B 1028 : 1990 (2010 확인)

1. 6각 구멍붙이 멈춤나사·납작끝의 모양 및 치수

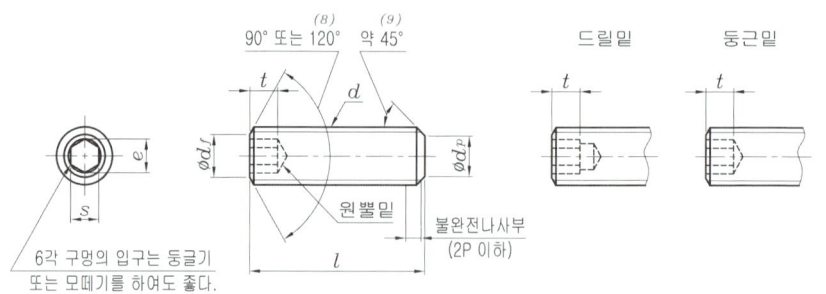

주 ▶ (8) l이 아래에 표시한 계단 모양의 점선보다 짧은 것은 120°의 모떼기를 한다.
(9) 45° 각도는 수나사의 골지름보다 아래의 경사부에 적용한다.

단위 : mm

나사의 호칭(d)			M1.6	M2	M2.5	M3	M4	M5	M6	M8	M10	M12	M16	M20	M24
피 치(P)			0.35	0.4	0.45	0.5	0.7	0.8	1.0	1.25	1.5	1.75	2.0	2.5	3.0
d_p	최대(기준치수)		0.8	1.0	1.5	2.0	2.5	3.5	4.0	5.5	7.0	8.5	12.0	15.0	18.0
	최 소		0.55	0.75	1.25	1.75	2.25	3.2	3.7	5.2	6.64	8.14	11.57	14.57	17.57
d_f	약		수나사의 골지름												
e	최 소[10]		0.803	1.003	1.427	1.73	2.30	2.87	3.44	4.58	5.72	6.86	9.15	11.43	13.72
s	호칭(기준치수)		0.7	0.9	1.3	1.5	2.0	2.5	3.0	4.0	5.0	6.0	8.0	10.0	12.0
	최 소		0.711	0.889	1.270	1.520	2.020	2.520	3.020	4.020	5.020	6.020	8.025	10.025	12.032
	최 대		0.724	0.902	1.295	1.545	2.045	2.560	3.080	4.098	5.098	6.098	8.115	10.115	12.142
t	최소[11]	1 란	0.7	0.8	1.2	1.2	1.5	2.0	2.0	3.0	4.0	4.8	6.4	8.0	10.0
		2 란	1.5	1.7	2.0	2.0	2.5	3.0	3.5	5.0	6.0	8.0	10.0	12.0	15.0
$l^{(12)}$															
호칭길이 (기준치수)	최 소	최 대													
2	1.8	2.2													
2.5	2.3	2.7													
3	2.8	3.2													
4	3.7	4.3													
5	4.7	5.3													
6	5.7	6.3													
8	7.7	8.3													
10	9.7	10.3													

12	11.6	12.4
16	15.6	16.4
20	19.6	20.4
25	24.6	25.4
30	29.6	30.4
35	34.5	35.5
40	39.5	40.5
45	44.5	45.5
50	49.5	50.5
55	54.4	55.6
60	59.4	60.6

주 ▶ (10) e(최소)=1.14×s(최소)이다. 다만, 나사의 호칭 M25 이하는 제외한다.
(11) t(최소) 1란의 값은 호칭길이(*l*)가 계단모양의 점선보다 짧은 것으로 하고, 2란의 값은 그 점선보다 긴 것에 적용한다.
(12) *l*의 최소, 최대는 KS B 0238에 따르나, 소수점 이하 1자리로 끝맺음한다.

[비 고]
1. 나사의 호칭에 대하여 추천하는 호칭길이(*l*)는 굵은선 둘레 안으로 한다. 또한 이 표 이외의 (*l*)을 특별히 필요로 하는 경우는 주문자가 지정한다.
2. 나사끝의 모양 치수는 KS B 0231(나사끝의 모양 및 치수)에 따른다.
3. 6각 구멍 밑의 모양은 원뿔밑, 드릴밑, 둥근밑의 어느 것도 좋다.

[참 고]
• 이 표의 모양 및 치수는 ISO 4026-1977에 따른다.

2. 6각 구멍붙이 멈춤나사 뾰족끝의 모양 및 치수

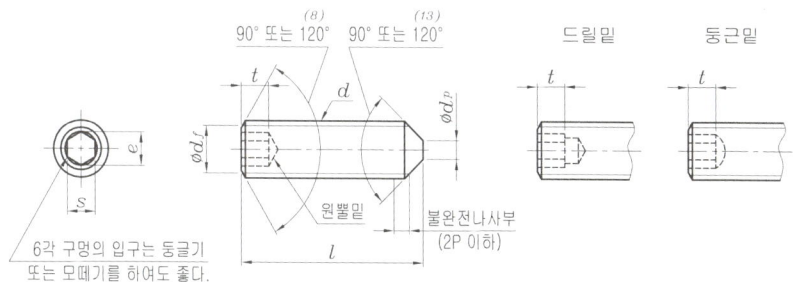

주 ▶ (13) 이 원뿔 각도는 수나사의 골지름보다 작은 지름의 끝부에 적용하고 *l*이 계단 모양의 점선보다 짧은 것은 120°, 점선보다 긴 것은 90°로 한다.

단위 : mm

나사의 호칭(d)		M1.6	M2	M2.5	M3	M4	M5	M6	M8	M10	M12	M16	M20	M24
피 치(P)		0.35	0.4	0.45	0.5	0.7	0.8	1.0	1.25	1.5	1.75	2.0	2.5	3.0
d_p	최대(기준치수)	0.16	0.2	0.25	0.3	0.4	0.5	1.5	2.0	2.5	3.0	4.0	5.0	6.0
d_t	약	수나사의 골지름												
e	최 소[10]	0.803	1.003	1.427	1.73	2.30	2.87	3.44	4.58	5.72	6.86	9.15	11.43	13.72
s	호칭(기준치수)	0.7	0.9	1.3	1.5	2.0	2.5	3.0	4.0	5.0	6.0	8.0	10.0	12.0
	최 소	0.711	0.889	1.270	1.520	2.020	2.520	3.020	4.020	5.020	6.020	8.025	10.025	12.032
	최 대	0.724	0.902	1.295	1.545	2.045	2.560	3.080	4.098	5.098	6.098	8.115	10.115	12.142
t	최소[11] 1 란	0.7	0.8	1.2	1.2	1.5	2.0	2.0	3.0	4.0	4.8	6.4	8.0	10.0
	2 란	1.5	1.7	2.0	2.0	2.5	3.0	3.5	5.0	6.0	8.0	10.0	12.0	15.0

$l^{(12)}$

호칭길이 (기준치수)	최 소	최 대
2	1.8	2.2
2.5	2.3	2.7
3	2.8	3.2
4	3.7	4.3
5	4.7	5.3
6	5.7	6.3
8	7.7	8.3
10	9.7	10.3
12	11.6	12.4
16	15.6	16.4
20	19.6	20.4
25	24.6	25.4
30	29.6	30.4
35	34.5	35.5
40	39.5	40.5
45	44.5	45.5
50	49.5	50.5
55	54.4	55.6
60	59.4	60.6

[비 고]
1. 나사의 호칭에 대하여 추천하는 호칭길이(l)는 굵은선 둘레 안으로 한다. 또한, 이 표 이외의 l을 특별히 필요로 하는 경우는 주문자가 지정한다.
2. 나사끝의 모양 치수는 KS B 0231에 따른다. 또 dt의 최소는 규정하지 않으나 끝단에는 평면부를 둔다. 나사의 호칭 M5 이하의 끝단은 약간 둥글게 하여도 좋다.
3. 6각 구멍 밑의 모양은 원뿔밑, 드릴밑, 둥근밑의 어느 것도 좋다.

[참 고]
• 이 표의 모양 및 치수는 M5 이하의 dt(최대)를 제외한 ISO 4026-1977에 따른다.

3. 6각 구멍붙이 멈춤나사·원통끝의 모양 및 치수

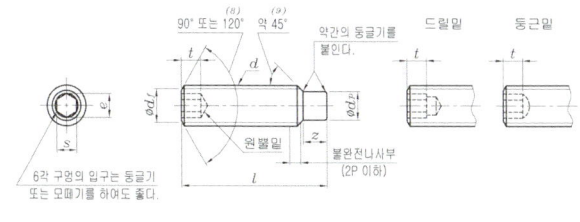

단위 : mm

나사의 호칭(d)			M1.6	M2	M2.5	M3	M4	M5	M6	M8	M10	M12	M16	M20	M24
피 치(P)			0.35	0.4	0.45	0.5	0.7	0.8	1.0	1.25	1.5	1.75	2.0	2.5	3.0
d_p	최대(기준치수)		0.8	1.0	1.5	2.0	2.5	3.5	4.0	5.5	7.0	8.5	12.0	15.0	18.0
	최 소		0.55	0.75	1.25	1.75	2.25	3.2	3.7	5.2	6.64	8.14	11.57	14.57	17.57
d_f	약		수나사의 골지름												
e	최소[1]		0.803	1.003	1.427	1.73	2.30	2.87	3.44	4.58	5.72	6.86	9.15	11.43	13.72
s	호칭(기준치수)		0.7	0.9	1.3	1.5	2.0	2.5	3.0	4.0	5.0	6.0	8.0	10.0	12.0
	최 소		0.711	0.889	1.270	1.520	2.020	2.520	3.020	4.020	5.020	6.020	8.025	10.025	12.032
	최 대		0.724	0.902	1.295	1.545	2.045	2.560	3.080	4.098	5.098	6.098	8.115	10.115	12.142
t	최소[2]	1란	0.7	0.8	1.2	1.2	1.5	2.0	2.0	3.0	4.0	4.8	6.4	8.0	10.0
		2란	1.5	1.7	2.0	2.0	2.5	3.0	3.5	5.0	6.0	8.0	10.0	12.0	15.0
z	짧은[3] 원통끝	최 소	0.4	0.5	0.63	0.75	1.0	1.25	1.5	2.0	2.5	3.0	4.0	5.0	6.0
		최 대	0.65	0.45	0.88	1.0	1.25	1.5	1.75	2.25	2.75	3.25	4.3	5.3	6.3
	긴[4] 원통끝	최 소	0.8	1.0	1.25	1.5	2.0	2.5	3.0	4.0	5.0	6.0	8.0	10.0	12.0
		최 대	1.05	1.25	1.5	1.75	2.25	2.75	3.25	4.3	5.3	6.3	8.36	10.36	12.43

호칭길이 l (기준치수)	최소	최대
2	1.8	2.2
2.5	2.3	2.7
3	2.8	3.2
4	3.7	4.3
5	4.7	5.3
6	5.7	6.3
8	7.7	8.3
10	9.7	10.3
12	11.6	12.4
16	15.6	16.4
20	19.6	20.4
25	24.6	25.4
30	29.6	30.4
35	34.5	35.5
40	39.5	40.5
45	44.5	45.5
50	49.5	50.5
55	54.4	55.6
60	59.4	60.6

> 주 ▶ [1] t(최소) 1란의 값과 z의 '짧은 막대끝'의 값은 호칭 길이(l)가 계단 모양의 점선보다 짧은 것에 t(최소) 2란의 값과 z의 '긴 막대끝'의 값은 그 점선보다 긴 것에 적용한다.

[비 고]
1. 나사의 호칭에 대하여 추천하는 호칭길이(l)는 굵은선 둘레 안으로 한다. 또한, 이 표 이외의 l을 특별히 필요로 하는 경우는 주문자가 지정한다.
2. 나사끝의 모양 치수는 KS B 0231에 따른다.
3. 6각 구멍 밑의 모양은 원뿔밑, 드릴밑, 둥근밑의 어느 것도 좋다.

[참 고]
• 이 표의 모양 및 치수는 ISO 4028-1977에 따른다.

4. 6각 구멍붙이 멈춤나사·오목끝의 모양 및 치수

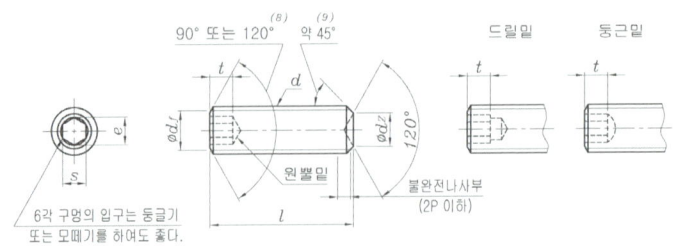

단위 : mm

나사의 호칭(d)			M1.6	M2	M2.5	M3	M4	M5	M6	M8	M10	M12	M16	M20	M24
피 치(P)			0.35	0.4	0.45	0.5	0.7	0.8	1.0	1.25	1.5	1.75	2.0	2.5	3.0
d_p	최대(기준치수)		0.8	1.0	1.2	1.4	2.0	2.5	3.0	5.0	6.0	8.0	10.0	14.0	16.0
	최 소		0.55	0.75	0.95	1.15	1.75	2.25	2.75	4.7	5.7	7.64	9.64	13.57	15.57
d_f	약		수나사의 골지름												
e	최 소[10]		0.803	1.003	1.427	1.73	2.30	2.87	3.44	4.58	5.72	6.86	9.15	11.43	13.72
s	호칭(기준치수)		0.7	0.9	1.3	1.5	2.0	2.5	3.0	4.0	5.0	6.0	8.0	10.0	12.0
	최 소		0.711	0.889	1.270	1.520	2.020	2.520	3.020	4.020	5.020	6.020	8.025	10.025	12.032
	최 대		0.724	0.902	1.295	1.545	2.045	2.560	3.080	4.098	5.098	6.098	8.115	10.115	12.142
t	최소[11]	1 란	0.7	0.8	1.2	1.2	1.5	2.0	2.0	3.0	4.0	4.8	6.4	8.0	10.0
		2 란	1.5	1.7	2.0	2.0	2.5	3.0	3.5	5.0	6.0	8.0	10.0	12.0	15.0

l [12]

호칭길이 (기준치수)	최 소	최 대
2	1.8	2.2
2.5	2.3	2.7
3	2.8	3.2
4	3.7	4.3
5	4.7	5.3
6	5.7	6.3
8	7.7	8.3
10	9.7	10.3
12	11.6	12.4
16	15.6	16.4
20	19.6	20.4
25	24.6	25.4
30	29.6	30.4
35	34.5	35.5
40	39.5	40.5
45	44.5	45.5
50	49.5	50.5
55	54.4	55.6
60	59.4	60.6

[비 고]
1. 나사의 호칭에 대하여 추천하는 호칭길이(*l*)는 굵은선 둘레 안으로 한다. 또한, 이 표 이외의 *l*을 특별히 필요로 하는 경우는 주문자가 지정한다.
2. 나사끝의 모양 및 치수는 KS B 0231에 따른다.
3. 6각 구멍 밑의 모양은 원뿔밑, 드릴밑, 둥근밑의 어느 것도 좋다.

[참 고]
• 이 표의 모양 및 치수는 ISO 4029-1977에 따른다.

5. 6각 구멍붙이 멈춤나사·둥근 끝의 모양 및 치수

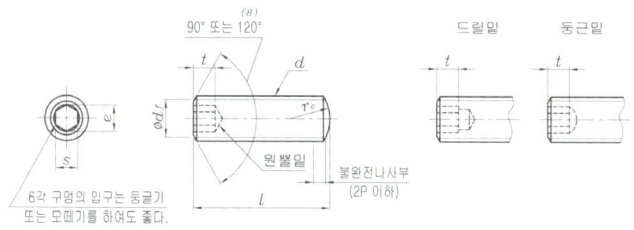

단위 : mm

나사의 호칭(d)			M3	M4	M5	M6	M8	M10	M12	M16	M20	M24
피 치(P)			0.5	0.7	0.8	1.0	1.25	1.5	1.75	2.0	2.5	3.0
r_e	약		4.2	5.6	7.0	8.4	11	14	17	22	28	34
d_p	약		수나사의 골지름									
e	최 소[10]		1.73	2.30	2.87	3.44	4.58	5.72	6.86	9.15	11.43	13.72
s	호칭(기준치수)		1.5	2.0	2.5	3.0	4.0	5.0	6.0	8.0	10.0	12.0
	최 소		1.520	2.020	2.520	3.020	4.020	5.020	6.020	8.025	10.025	12.032
	최 대		1.545	2.045	2.560	3.080	4.098	5.098	6.098	8.115	10.115	12.142
$t^{(11)}$	최소	1 란	1.2	1.5	2.0	2.0	3.0	4.0	4.8	6.4	8.0	10.0
		2 란	2.0	2.5	3.0	3.5	5.0	6.0	8.0	10.0	12.0	15.0
l												
호칭길이 (기준치수)	최 소	최 대										
2	1.8	2.2										
2.5	2.3	2.7										
3	2.8	3.2										
4	3.7	4.3										
5	4.7	5.3										
6	5.7	6.3										
8	7.7	8.3										
10	9.7	10.3										
12	11.6	12.4										
16	15.6	16.4										
20	19.6	20.4										
25	24.6	25.4										
30	29.6	30.4										
35	34.5	35.5										
40	39.5	40.5										
45	44.5	45.5										
50	49.5	50.5										
55	54.4	55.6										
60	59.4	60.6										

[비 고]
1. 나사의 호칭에 대하여 추천하는 호칭길이(*l*)는 굵은선 둘레 안으로 한다. 또한, 이 표 이외의 *l*을 특별히 필요로 하는 경우는 주문자가 지정한다.
2. 나사끝의 모양 치수는 KS B 0231에 따른다.
3. 6각 구멍 밑의 모양은 원뿔밑, 드릴밑, 둥근밑의 어느 것도 좋다.

[참 고]
• ISO 규격에는 6각 구멍붙이 멈춤나사의 둥근 끝에 상당하는 것이 없다.

핀 규격 데이터

8-1 | 평행 핀 KS B ISO 2338 : 2010 (MOD ISO 2338 : 1997)

■ 적용 범위

이 규격은 호칭 지름 d가 0.6~50mm 이하인 비경화강 및 오스테나이트계 스테인리스강 평행핀에 대하여 규정한다.

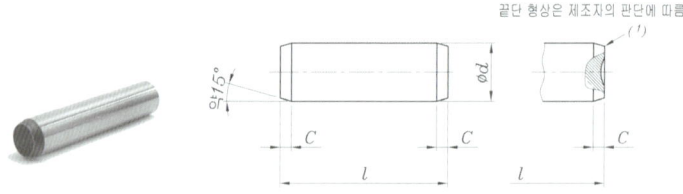

끝단 형상은 제조자의 판단에 따름

주▶ (1) 반지름 또는 딤플된 핀 끝단 허용

단위 : mm

호칭 지름 d m6/h8[1]		0.6	0.8	1	1.2	1.5	2	2.5	3	4	5	6	8	10	12	16	20	25	30	40	50
허용차	A종 (m6)				+0.008 +0.002					+0.012 +0.004		+0.015 +0.006		+0.018 +0.007			+0.021 +0.008			+0.025 +0.009	
	B종 (h8)				0 -0.014					0 -0.018		0 -0.022		0 -0.027			0 -0.033			0 -0.039	
c	약	0.12	0.16	0.2	0.25	0.3	0.35	0.4	0.5	0.63	0.8	1.2	1.6	2	2.5	3	4	5	6.3	8
상용 길이의 범위 l[2]		2/6	2/8	4/10	4/12	4/16	6/20	6/24	8/30	10/40	12/50	14/60	18/80	22/95	26/140	35/180	50/200	60/200	80/200	95/200

주▶ (1) 그 밖의 공차는 당사자 간의 협의에 따른다.
(2) 호칭 길이가 200mm를 초과하는 것은 20mm 간격으로 한다.

[핀의 요구 사항과 관련 국제 규격]

재료	강[Steel(St)]	오스테나이트계 스테인리스강
	경도 : HV 125~245	ISO 3506-1에 따르는 A1 경도 : HV 210~280
표면 처리	• 당사자간 협의에 따라 규정하지 않는 한 공급시 보호 윤활제를 바른다. • 흑색 산화물, 인산염 표면처리 또는 크로메이트 표면처리를 가지는 아연도금이다(ISO 9717 및 ISO 4042에 따름). • 그 밖의 피막 처리는 당사자간의 협의에 따른다. • 모든 공차는 표면처리 하기 전의 것에 적용한다.	• 자연적으로 다듬질 되어진다.
표면 거칠기	공차 분류 m6의 핀 : Ra ≤ 0.8 ㎛ 공차 분류 h8의 핀 : Ra ≤ 1.6 ㎛	
겉모양	핀은 불규칙성 또는 유해한 결함이 없어야 한다. 핀의 어떤 부분에도 거스러미가 나타나지 않아야 한다.	
허용차	허용 방법은 ISO 3269에 따른다.	

[제품의 호칭 방법]

1. 비경화강 평행 핀, 호칭 지름 6mm, 공차 m6, 호칭 길이 30mm일 경우의 표시
   • 평행 핀 또는 KS B 1320-6 m6x30-St
2. 오스테나이트계 스테인리스강 A1 등급인 경우의 표시
   • 평행 핀 또는 KS B 1320-6 m6x30-A1

8-2 | 분할 핀 KS B ISO 1234 : 2010 (MOD ISO 1234 : 1997)

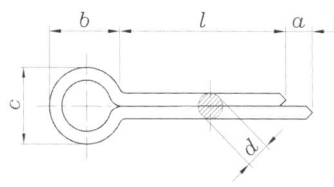
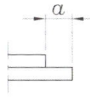

단위 : mm

호칭 지름			0.6	0.8	1	1.2	1.6	2	2.5	3.2	4	5	6.3	8	10	13	16	20
d		최대	0.5	0.7	0.9	1	1.4	1.8	2.3	2.9	3.7	4.6	5.9	7.5	9.5	12.4	15.4	19.3
		최소	0.4	0.6	0.8	0.9	1.3	1.7	2.1	2.7	3.5	4.4	5.7	7.3	9.3	12.1	15.1	19.0
a		최대	1.6	1.6	1.6	2.50	2.50	2.50	2.50	3.2	4	4	4	4	6.30	6.30	6.30	6.30
		최소	0.8	0.8	0.8	1.25	1.25	1.25	1.25	1.6	2	2	2	2	3.15	3.15	3.15	3.15
b		약	2	2.4	3	3	3.2	4	5	6.4	8	10	12.6	16	20	26	32	40
c		최대	1.0	1.4	1.8	2.0	2.8	3.6	4.6	5.8	7.4	9.2	11.8	15.0	19.0	24.8	30.8	38.5
		최소	0.9	1.2	1.6	1.7	2.4	3.2	4.0	5.1	6.5	8.0	10.3	13.1	16.6	21.7	27.0	33.8
상응 지름	볼트	초과	-	2.5	3.5	4.5	5.5	7	9	11	14	20	27	39	56	80	120	170
		이하	2.5	3.5	4.5	5.5	7	9	11	14	20	27	39	56	80	120	170	-
	클레비스 핀	초과	-	2	3	4	5	6	8	9	12	17	23	29	44	69	110	160
		이하	2	3	4	5	6	8	9	12	17	23	29	44	69	110	160	-
상용 길이의 범위 l			4/12	5/16	6/20	8/25	8/32	10/40	12/50	14/56	18/80	22/100	32/125	40/160	45/200	71/250	112/280	160/280

[비 고]
1. 호칭 크기 = 분할 핀 구멍의 지름에 대하여 다음과 같은 공차를 분류한다.
   H13 ≤ 1.2   H14 > 1.2
2. 철도 용품 또는 클레비스 핀 안의 분할 핀은 서로 가는 방향 힘을 받는다면 표에서 규정된 것보다 큰 다음 단계의 핀을 사용하는 것이 바람직하다.

[요구 사항과 관련 국제 규격]

재료	강 [steel(st)]
	구리-아연합금 [Copper-zinc alloy(CuZn)]
	구리 [Copper(Cu)]
	알루미늄합금 [Aluminium alloy(Al)]
	오스테나이트 스테인리스강 [Austenitic stainless(A)]
	그 밖의 다른 재료는 당사자간의 협의에 따른다.
굽힘	핀의 각각의 다리는 굽힘에서 파단이 없어야 하며, 한번은 뒤로 굽혀져 유지될 수 있어야 한다.
표면 처리	핀은 자연적으로 다듬질되어 보호 윤활제를 바르고 공급하거나 당사자 간의 협의에 따라 다른 표면 처리를 할 수 있다. 전기 도금의 경우 ISO 4042에 따르고, 인산염 표면 처리는 ISO 9717에 따른다.
겉모양	핀은 거스러미, 불규칙성, 유해한 결함이 없어야 한다. 핀 구멍은 가능한 한 원이어야 하며, 곧은 다리의 단면 또한 원이어야 한다.
검사	검사 방법은 ISO 3269에 따른다.

[제품의 호칭 방법]
- 강으로 제조한 분할 핀 호칭 지름 5mm, 호칭 길이 50mm의 경우 다음과 같이 호칭한다.
  분할 핀 KS B 1321-5x20-St

8-3 | 분할 핀 KS B ISO 1234 : 2010 (MOD ISO 1234 : 1997)

■ 적용 범위
이 규격은 일반적으로 사용하는 테이퍼 1/50의 강제 스플릿 테이퍼핀 및 스테인리스 강제 스플릿 테이퍼핀에 대하여 규정한다.

■ 핀의 경도

구 분	경 도	
	비커스 경도	로크웰 경도
강 핀	HV 125~245	HRB 70~HRC 21
스테인리스 핀	HV 208~280	HRB 93~HRC 27

■ 핀의 재료

구 분	재 료
강 핀	KS D 3567의 SUM 22~SUM 24
	KS D 3561의 SGD 41-D 또는
	KS D 3752의 SM 43C~SM 45C
스테인리스 핀	KS D 3706의 STS 303

■ 스플릿 테이퍼 핀의 모양 및 치수

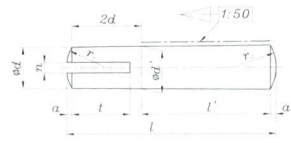

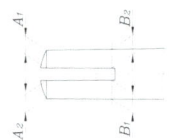

- $r_1 \risingdotseq r_2 \risingdotseq \dfrac{a}{2} + d + \dfrac{(0.02l)^2}{8a}$

- 갈라진 부분 맨 끝의 두께 치우침 = A_1-A_2
- 갈라진 부분 바닥의 두께 치우침 = B_1-B_2

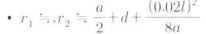

갈라짐 부분의 두께 치우침

주▶ 1:50은 기준 원뿔의 테이퍼 비가 1/50 임을 나타내고, 굵은 1점 쇄선은 원뿔공차의 적용 범위를, l'는 그 길이를 나타낸다.

단위 : mm

	호칭 지름	2	2.5	3	4	5	6	8	10	12	16	20
d	호칭 원뿔지름	2	2.5	3	4	5	6	8	10	13	16	20
d'	기준치수[1]	2.08	2.6	3.12	4.16	5.2	6.24	8.32	10.40	13.52	16.64	20.80
	허용차[2] (h10)	0 -0.040	0 -0.040	0 -0.048	0 -0.048	0 -0.048	0 -0.058	0 -0.058	0 -0.070	0 -0.070	0 -0.070	0 -0.084
n	최 소	0.4	0.4	0.4	0.6	0.6	0.8	0.8	1.0	1.0	1.0	1.6
t	최 소	3	3.5	4.5	6	7.5	9	12	15	20	24	30
	최 대	4	5	6	8	10	12	16	20	26	32	40
A_1-A_2 B_1-B_2	최 대	0.2	0.2	0.2	0.3	0.3	0.4	0.4	0.5	0.5	0.5	0.8
	상용 길이의 범위 l	10~28	10~35	10~35	12~45	14~55	18~60	22~90	22~120	26~160	32~180	40~200	45~200

주▶ [1] d 기준 치수는 $d + \dfrac{d}{25}$ 로 구한 것이다.
[2] d의 허용차는 호칭 원뿔 지름(d)에 KS B 0401의 h10을 준 것에 따르고 있다.

8-4 | 스프링 핀 KS B 1339 : 2000 (2010 확인)

■ 적용 범위

이 규격은 호칭 지름 1~50mm의 강 및 오스테나이트계 또는 마텐자이트계 스테인리스강으로 제조된 스프링 핀에 대하여 규정한다.

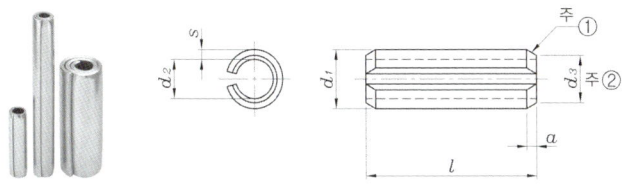

주 ▶ ① 호칭 지름 d_1 ≥ 10mm인 스프링 핀에 대하여 한쪽 모떼기 모양은 공급자 임의로 한다.
② d_3 < d_1, nom

[비 고]
• 호칭 지름은 다른 것과 결합하든지 ISO 13337의 경하중용 핀과 조합되는 것과 같은 방법으로 선택한다.

단위 : mm

호 칭		1	1.5	2	2.5	3	3.5	4	4.5	5	6	8	10	12	13
d_1 가공전	최대	1.3	1.8	2.4	2.9	3.5	4.0	4.6	5.1	5.6	6.7	8.8	10.8	12.8	13.8
	최소	1.2	1.7	2.3	2.8	3.3	3.8	4.4	4.9	5.4	6.4	8.5	10.5	12.5	13.5
d_2 가공 전 [1]		0.8	1.1	1.5	1.8	2.1	2.3	2.8	2.9	3.4	4	5.5	6.5	7.5	8.5
a	최대	0.35	0.45	0.55	0.6	0.7	0.8	0.85	1.0	1.1	1.4	2.0	2.4	2.4	2.4
	최소	0.15	0.25	0.35	0.4	0.5	0.6	0.65	0.8	0.9	1.2	1.6	2.0	2.0	2.0
s		0.2	0.3	0.4	0.5	0.6	0.75	0.8	1	1	1.2	1.5	2.0	2.5	2.5
이중전단강도 [2] kN		0.7	1.58	2.82	4.38	6.32	9.06	11.24	15.36	17.54	26.04	42.76	70.16	104.1	115.1
상용 길이의 범위 $l^{(3)}$		4~20	4~20	4~30	4~30	4~40	4~40	4~50	5~50	5~80	8~100	8~12	8~160	10~180	10~180

단위 : mm

호 칭		14	16	18	20	21	25	28	30	32	35	38	40	45	50
d_1 가공전	최대	14.8	16.8	18.9	20.9	21.9	25.9	28.9	30.9	32.9	35.9	38.9	40.9	45.9	50.9
	최소	14.5	16.5	18.5	20.5	21.5	25.5	28.5	30.5	32.5	35.5	38.5	40.5	45.5	50.5
d_2 가공 전 [1]		8.5	10.5	11.5	12.5	13.5	15.5	17.5	18.5	20.5	21.5	23.5	25.5	28.5	31.5
a0	최대	2.4	2.4	2.4	3.4	3.4	3.4	3.4	3.6	3.6	4.6	4.6	4.6	4.6	4.6
	최소	2.0	2.0	2.0	3.0	3.0	3.0	3.0	3.0	3.0	4.0	4.0	4.0	4.0	4.0
s		3	3	3.5	4	4	4	5.5	6	6	7	7.5	7.5	8.5	9.5
이중전단강도 [2] kN		144.7	171	222.5	280.6	298.2	438.5	542.5	631.4	684	859	1003	1068	1360	1685
상용 길이의 범위 $l^{(3)}$		10~200	10~200	10~200	14~200	14~200	14~200	14~200	20~200	20~200	20~200	20~200	20~200	20~200	20~200

8-5 | 스프링식 곧은 핀-코일형, 중하중용 KS B ISO 8748 : 2008 (2013 확인)

■ 적용 범위

이 표준은 호칭지름(d_1)이 1.5mm~20mm의 강 또는 오스테나이트계 또는 마텐자이트계 스테인리스 강으로 제조된 코일형 중하중용 스프링 핀에 대하여 규정한다.

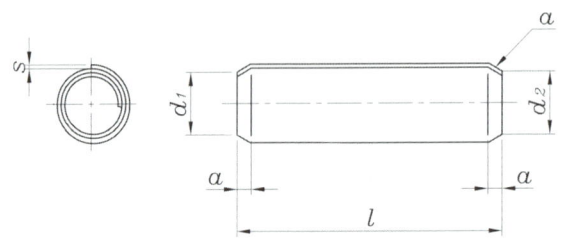

단위 : mm

호 칭		1.5	2	2.5	3	3.5	4	5	6	8	10	12	14	16	20
d_1 조립 전	최대	1.71	2.21	2.73	3.25	3.79	4.30	5.35	6.40	8.55	10.65	12.75	14.85	16.9	21.0
	최소	1.61	2.11	2.62	3.12	3.64	4.15	5.15	6.18	8.25	10.30	12.35	14.40	16.4	20.4
d_2 조립 전	최대	1.4	1.9	2.4	2.9	3.4	3.9	4.85	5.85	7.8	9.70	11.7	13.6	15.6	19.6
a		0.5	0.7	0.7	0.9	1	1.1	1.3	1.5	2	2.5	3	3.5	4	4.5
s		0.17	0.22	0.28	0.33	0.39	0.45	0.56	0.67	0.9	1.1	1.3	1.6	1.8	2.2
최소 전단력, 양면, kN	(1)	1.9	3.5	5.5	7.6	10	13.5	20	30	53	84	120	165	210	340
	(2)	1.45	2.5	3.8	5.7	7.6	10	15.5	23	41	64	91	-	-	-
상용 길이의 범위 $l^{(3)}$		4~26	4~40	5~45	6~50	6~50	8~60	10~60	12~75	16~120	20~120	24~160	28~200	35~200	45~200

 (1) 강과 마텐사이트계 내식강 제품에 적용한다.
(2) 오스테나이트계 스테인레스강 제품에 적용한다.

[제품의 호칭 방법]
보기 1 호칭지름 d_1=6mm, 호칭길이 l=30mm, 강제(St) 코일형 경하중용 스프링식 핀
　　　　스프링핀 KS B ISO 8748-6x30-St
보기 2 호칭지름 d_1=6mm, 호칭길이 l=30mm, 오스테나이트계 스테인레스강제(A) 코일형 경하중용 스프링식 핀
　　　　스프링핀 KS B ISO 8748-6x30-A

8-6 | 스프링식 곧은 핀-코일형, 표준하중용 KS B ISO 8750 : 2008 (2013 확인)

■ 적용 범위

이 표준은 호칭지름(d_1)이 0.8mm~20mm의 강 또는 오스테나이트계 또는 마텐자이트계 스테인리스 강으로 제조된 코일형 표준하중용 스프링 핀에 대하여 규정한다.

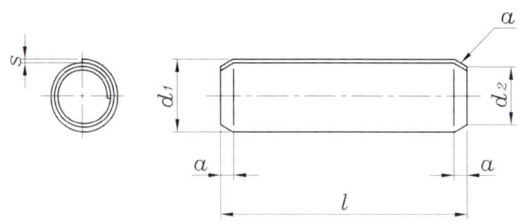

호 칭			0.8	1	1.2	1.5	2	2.5	3	3.5	4	5	6	8	10	12	14	16	20
d_1	조립 전	최대	0.91	1.15	1.35	1.73	2.25	2.78	3.30	3.84	4.4	5.50	6.50	8.63	10.80	12.85	14.95	17.00	21.1
		최소	0.85	1.05	1.25	1.62	2.13	2.65	3.15	3.67	4.2	5.25	6.25	8.30	10.35	12.40	14.45	16.45	20.4
d_2	조립 전	최대	0.75	0.95	1.15	1.4	1.9	2.4	2.9	3.4	3.9	4.85	5.85	7.8	9.75	11.7	13.6	15.6	19.6
a			0.3	0.3	0.4	0.5	0.7	0.7	0.9	1	1.1	1.3	1.5	2	2.5	3	3.5	4	4.5
s			0.07	0.08	0.1	0.13	0.17	0.21	0.25	0.29	0.33	0.42	0.5	0.67	0.84	1	1.2	1.3	1.7
최소 전단력, 양면, kN	(1)		0.4	0.6	0.9	1.45	2.5	3.9	5.5	7.5	9.6	15	22	39	62	89	120	155	250
	(2)		0.3	0.45	0.65	1.05	1.9	2.9	4.2	5.7	7.6	11.5	16.8	30	48	67	-	-	-
상용 길이의 범위 l(3)			4~16	4~16	4~16	4~24	4~40	5~45	6~50	6~50	8~60	10~60	12~75	16~120	20~120	24~160	28~200	32~200	45~200

 (1) 강과 마텐사이트계 내식강 제품에 적용한다.
(2) 오스테나이트계 스테인레스강 제품에 적용한다.
(3) 호칭길이가 200mm를 초과하면 20mm씩 증가한다.

8-7 | 스프링식 곧은 핀-홈, 저하중 KS B ISO 13337 : 2008

■ 적용 범위

이 표준은 호칭지름(d_1)이 2mm~50mm의 저하중의 강, 오스테나이트계 또는 마텐자이트계 스테인리스강으로 제조된 홈이 있는 스프링식 곧은 핀의 특성에 대하여 규정한다.

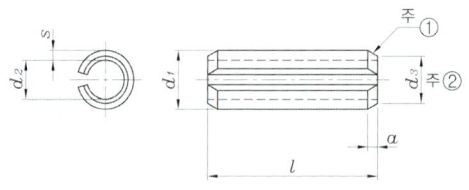

주▶ ① 호칭 지름 $d_1 ≥$ 10mm인 호칭지름을 가진 스프링 핀의 경우 단일 모떼기 모양은 공급자 임의로 한다.
② $d_3 < d_1$, nom

호 칭			2	2.5	3	3.5	4	4.5	5	6	8	10	12	13
d_1	가공 전	최대	2.4	2.9	3.5	4.0	4.6	5.1	5.6	6.7	8.8	10.8	12.8	13.8
		최소	2.3	2.8	3.3	3.8	4.4	4.9	5.4	6.4	8.5	10.5	12.5	13.5
d_2 가공 전 (1)			1.9	2.3	2.7	3.1	3.4	3.9	4.4	4.9	7	8.5	10.5	11
a		최대	0.4	0.45	0.45	0.5	0.7	0.7	0.7	0.9	1.8	2.4	2.4	2.4
		최소	0.2	0.25	0.25	0.3	0.5	0.5	0.5	0.7	1.5	2.0	2.0	2.0
s			0.2	0.25	0.3	0.35	0.5	0.5	0.5	0.75	0.75	1	1	1.2
이중전단강도 (2) kN			1.5	2.4	3.5	4.6	8	8.8	10.4	18	24	40	48	66
상용 길이의 범위 l			4~30	4~30	4~40	4~40	4~50	6~50	6~80	10~100	10~120	10~160	10~180	10~180

호 칭			14	16	18	20	21	25	28	30	35	40	45	50
d_1	가공 전	최대	14.8	16.8	18.9	20.9	21.9	25.9	28.9	30.9	35.9	40.9	45.9	50.9
		최소	14.5	16.5	18.5	20.5	21.5	25.5	28.5	30.5	35.5	40.5	45.5	50.5
d_2 가공 전 (1)			11.5	13.5	15	16.5	17.5	21.5	23.5	25.5	28.5	32.5	37.5	40.5
a		최대	2.4	2.4	2.4	2.4	2.4	3.4	3.4	3.4	3.6	4.6	4.6	4.6
		최소	2.0	2.0	2.0	2.0	2.0	3.0	3.0	3.0	3.0	4.0	4.0	4.0
s			1.5	1.5	1.7	2	2	2	2.5	2.5	3.5	4	4	5
이중전단강도 (2) kN			84	98	126	158	168	202	280	302	490	634	720	1000
상용 길이의 범위 l			9~200	9~200	9~200	9~200	14~200	14~200	14~200	14~200	20~200	20~200	20~200	20~200

주▶ (1) 참고용
(2) 강 및 마르텐사이트계 내식강에만 적용됨. 오스테나이트계 스테인레스 핀에는 이중 전단응력값이 지정되지 않는다.

8-8 맞춤핀 KS B ISO 8734 : 2010

■ 적용 범위

이 표준은 호칭지름(d_1)이 1mm~20mm의 경화 또는 표면 경화강과 마텐자이트계 스테인리스 강으로 제조된 평행핀(맞춤)에 대하여 규정한다.

■ 맞춤핀의 모양 및 치수

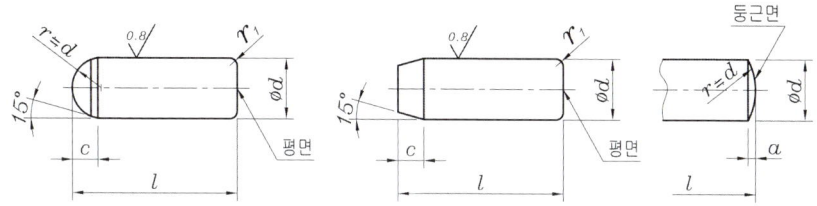

단위 : mm

호칭 지름		1	1.5	2	2.5	3	4	5	6	8	10	12	16	20
d	기준 치수	1	1.5	2	2.5	3	4	5	6	8	10	12	16	20
	허용차 (m6)			+0.008 +0.002				+0.012 +0.004			+0.015 +0.006	+0.018 +0.007		+0.021 +0.008
a	약	0.12	0.2	0.25	0.3	0.4	0.5	0.63	0.8	1	1.2	1.6	2	2.5
c	약	0.5	0.6	0.8	1	1.2	1.4	1.7	2.1	2.6	3	3.8	4.6	6
r_1	최소	-	0.2	0.2	0.3	0.3	0.4	0.4	0.4	0.5	0.6	0.6	0.8	0.8
	최대	-	0.6	0.6	0.7	0.8	0.9	1	1.1	1.3	1.4	1.6	1.8	2
상용하는 호칭길이 l		3~10	4~16	5~20	6~24	8~30	10~40	12~50	14~60	18~80	22~100	26~100	40~100	50~100

주 ▶ • m6에 대한 수치는 KS B 0401에 따른다.

[비 고] 핀의 종류
1. A종 : 퀜칭 템퍼링을 한 것.(ISO 8734의 type A에 따른 것)
2. B종 : 탄소 처리 퀜칭 템퍼링을 한 것.(ISO 8734의 type B에 따른 것)
3. 경도 A종 : HV 550~650
   B종 : 표면에 대하여 HV 600~700, 경화층 깊이 0.25~0.40mm에서 HV 550 이상
   스테인리스강 : ISO 3506-1에 의한 C1, HV 460~560으로 경화 후 뜨임 처리한다.

[제품의 호칭방법]
1. 호칭 지름 6mm, 호칭 길이 30mm, A종 경화강 맞춤핀
   • 보기 : 맞춤핀 KS B 1310-6×30-A-St
2. 호칭 지름 6mm, 호칭 길이 30mm, 등급 C1의 마텐자이트 스테인리스강 맞춤핀
   • 보기 : 맞춤핀 KS B 1310-6×30-C1

8-9 | 나사붙이 테이퍼 핀 KS B 1308 : 2000 (2010 확인)

■ **적용 범위**

이 규격은 호칭지름 6~50mm의 암나사붙이 비경화 테이퍼 핀의 특징 및 호칭지름 5~50mm의 수나사붙이 비경화 테이퍼 핀에 대하여 규정한다.

■ **암나사붙이 테이퍼 핀(A종 및 B종)의 모양 및 치수**

A종 : $R_a = 0.8 \mu m$

B종 : $R_a = 3.2 \mu m$

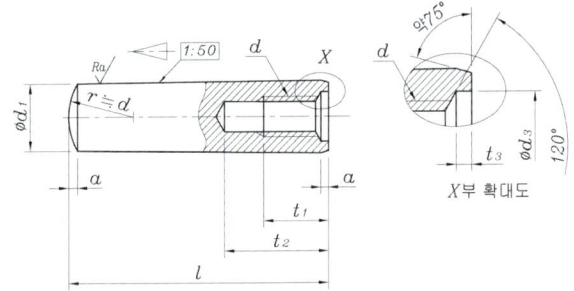

단위 : mm

호칭 지름		6	8	10	12	16	20	25	30	40	50
나사의 호칭(d)		M4	M5	M6	M8	M10	M12	M16	M20	M20	M24
나사의 피치(P)		0.7	0.8	1	1.25	1.5	1.75	2	2.5	2.5	3
d_1	기준치수	6	8	10	12	16	20	25	30	40	50
	허용차 (h10)	0 -0.048	0 -0.058		0 -0.070		0 -0.084			0 -0.100	
a	약	0.8	1	1.2	1.6	2	2.5	3	4	5	6.3
d_3	약	4.3	5.3	6.4	8.4	10.5	13	17	21	21	25
t_1	최소	6	8	10	12	16	18	24	30	30	36
t_2	최소	10	12	16	20	25	28	35	40	40	50
t_3	최대	1	1.2	1.2	1.2	1.5	1.5	2	2	2.5	2.5
상용하는 호칭길이 l		16-60	18-80	22-100	26-120	32-160	40-200	50-200	60-200	80-200	100-200

주▶
1. 그림상의 1:50은 기준 원뿔의 테이퍼 비가 1/50인 것을 표시한다.
2. 기준치수(d_1)의 h10에 대한 수치는 KS B 0401에 따른다.

[제품의 호칭방법]
- 호칭 지름 d_1=6mm, 호칭 길이 l=30mm, A형, 암나사붙이 비경화강 테이퍼 핀의 호칭
- 테이퍼 핀 KS B 1308-A-6×30-St

■ 수나사붙이 테이퍼 핀(A종 및 B종)의 모양 및 치수

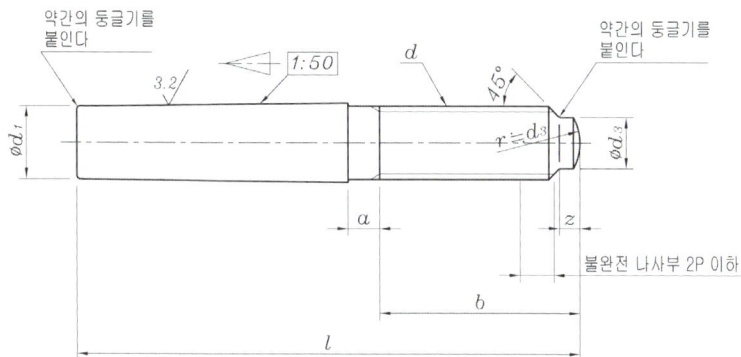

단위 : mm

호칭 지름		5	6	8	10	12	16	20	25	30	40	50
나사의 호칭 (d)		M5	M4	M5	M6	M8	M10	M12	M16	M20	M20	M24
나사의 피치 (P)		0.8	0.7	0.8	1	1.25	1.5	1.75	2	2.5	2.5	3
d_1	기준 치수	5	6	8	10	12	16	20	25	30	40	50
	허용차 (h10)	0 -0.048		0 -0.058		0 -0.070			0 -0.084		0 -0.100	
a	최대	2.4	3	4	4.5	5.3	6	6	7.5	9	10.5	12
b	최대	15.6	20	24.5	27	30.5	39	39	45	52	65	78
	최소	14	18	22	24	27	35	35	40	46	58	70
d_3	최대	3.5	4	5.5	7	8.5	12	12	15	18	23	28
	최소	3.25	3.7	5.2	6.6	8.1	11.5	11.5	14.5	17.5	22.5	27.5
z	최대	1.5	1.75	2.25	2.75	3.25	4.3	4.3	5.3	6.3	7.5	9.4
	최소	1.25	1.5	2	2.5	3	4	4	5	6	7	9
상용하는 호칭길이 l		40~50	45~60	55~75	65~100	85~120	100~160	120~190	140~250	160~280	190~360	220~400

주▶ 1. 그림 상의 1:50은 기준 원뿔의 테이퍼 비가 1/50인 것을 표시한다.
2. 기준치수(d_1)의 h10에 대한 수치는 KS B 0401에 따른다.

[제품의 호칭방법]
- 호칭 지름 d_1=6mm, 호칭 길이 l=50mm, 수나사붙이 비경화강 테이퍼 핀의 호칭
- 테이퍼 핀 KS B 1308-6×50-St

8-10 | 암나사붙이 평행핀 KS B 1309 : 2000 (2010 확인)

■ 적용 범위

이 규격은 호칭지름 6~50mm의 비경화강 및 오스테나이트계 스테인리스강 암나사붙이 평행핀 및 호칭지름 6~50mm의 경화강 또는 표면 경화강되 마텐자이트계 스테인리스강 암나사붙이 평행핀에 대하여 규정한다.

■ 핀의 종류

종 류		열처리	경도 HV	비고
1종		열처리를 하지 않은 것	125~245	ISO 8733에 따른 것
2종	A형	퀜칭 템퍼링	550~650	ISO 8735의 A type
	B형	탄소처리 퀜칭 템퍼링	600~700	ISO 8735의 B type
3종		-	-	ISO 3506-1의 C1

■ 암나사붙이 평행핀의 모양 및 치수

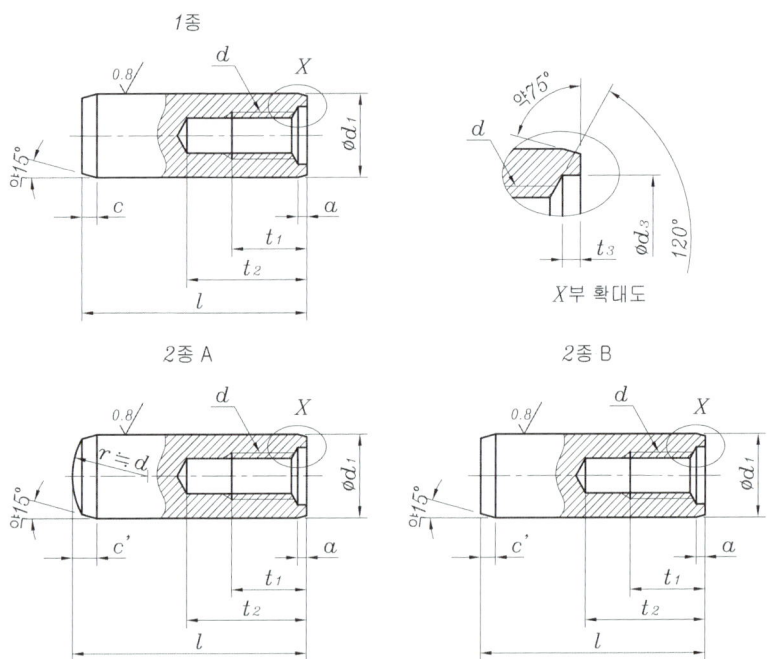

호칭 지름		6	8	10	12	16	20	25	30	40	50
나사의 호칭 (d)		M4	M5	M6	M8	M10	M12	M16	M20	M20	M24
나사의 피치 (P)		0.7	0.8	1	1.25	1.5	1.75	2	2.5	2.5	3
d_1	기준치수	6	8	10	12	16	20	25	30	40	50
	허용차 (m6)	+0.012 +0.004	+0.015 +0.006	+0.015 +0.006	+0.018 +0.007	+0.018 +0.007	+0.021 +0.008	+0.021 +0.008	+0.025 +0.009	+0.025 +0.009	+0.025 +0.009
a	약	0.8	1	1.2	1.6	2	2.5	3	4	5	6.3
c	약	1.2	1.6	2	2.5	3	3.5	4	5	6.3	8
c'	약	2.1	2.6	3	3.8	6	6	6	7	8	10
d_3	약	4.3	5.3	6.4	6.4	10.5	10.5	17	21	21	25
t_1	최소	6	8	10	12	18	18	24	30	30	36
t_2	약	10	12	16	20	28	28	35	40	40	50
t_3	최대	1	1.2	1.2	1.2	1.5	1.5	2	2	2.5	2.5
상용하는 호칭길이 l		16~60	18~80	22~100	26~120	32~180	40~200	50~200	65~200	80~200	100~200

주 ▶ • 호칭 지름 d_1의 m6에 대한 수치는 KS B 0401에 따른다.

[제품의 호칭방법]
 a) 호칭 지름 6mm, 호칭 길이 30mm인 비경화강 암나사붙이 평행핀
   [보기] 평행핀 KS B 1309--6×30-St
 b) 호칭 지름 6mm, 호칭 길이 30mm인 A1 등급의 비경화 오스테나이트 스테인리스강 암나사붙이 평행핀
   [보기] 평행핀 KS B 1309--6×30-A1
 c) 호칭 지름 6mm, 호칭 길이 30mm, A형 경화강 암나사붙이 평행핀
   [보기] 평행핀 KS B 1309--6×30-A-St
 d) 호칭 지름 6mm, 호칭 길이 30mm, C1 등급의 마텐자이트계 스테인리스강 암나사붙이 평행핀
   [보기] 평행핀 KS B 1309--6×30-C1

현장실무용 기계설계 핸드북

Chapter
9

벨트와 풀리 규격 데이터

9-1 | 주철제 V 벨트 풀리 [KS B 1400 : 2001 (2011확인)]

■ **적용범위**

이 규격은 KS M 6535에 규정하는 V벨트를 사용하는 주철제 V벨트 풀리에 대하여 규정한다. 다만 KS M 6535(일반용 V 고무 벨트)에 규정하는 M형, D형 및 E형의 V벨트를 사용하는 것에 대하여는 홈 부분의 모양 및 치수만을 규정한다.

■ **V 벨트 풀리의 종류 및 홈의 수 [KS B 1400 : 2001]**

V 벨트의 종류	홈의 수					
	1	2	3	4	5	6
A	A1	A2	A3	-	-	-
B	B1	B2	B3	B4	B5	-
C	-	-	C3	C4	C5	C6

■ **V 벨트 풀리 홈 부분의 모양 및 치수 [KS B 1400 : 2001 (2011확인)]**

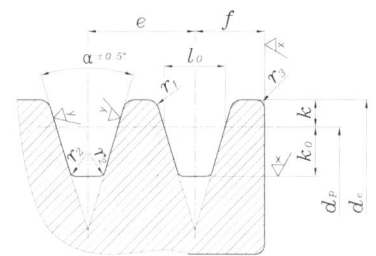

d_p = 피치원 지름 (홈의 나비가 l_0인 곳의 지름)

■ **V 벨트 풀리 홈 부분의 모양 및 치수**

단위 : mm

V벨트 형별	호칭지름 (d_p)	$\alpha°$ (±0.5°)	l_0	k	k_0	e	f	r_1	r_2	r_3	홈수	종류	(참 고) V 벨트의 두께
M	50 이상 71 이하 71 초과 90 이하 90 초과하는 것	34 36 38	8.0	2.7	6.3	-	9.5 ±1	0.2~0.5	0.5~1.0	1~2	1	-	5.5
A	71 이상 100 이하 100 초과 125 이하 125 초과하는 것	34 36 38	9.2	4.5	8.0	15.0 ±0.4	10.0 ±1	0.2~0.5	0.5~1.0	1~2	1~3	A_1~A_3	9
B	125 이상 160 이하 160 초과 200 이하 200 초과하는 것	34 36 38	12.5	5.5	9.5	19.0 ±0.4	12.5 ±1	0.2~0.5	0.5~1.0	1~2	1~5	B_1~B_5	11
C	200 이상 250 이하 250 초과 315 이하 315 초과하는 것	34 36 38	16.9	7.0	12.0	25.5 ±0.5	17.0 ±1	0.2~0.5	1.0~1.7	2~3	3~6	C_3~C_6	14
D	355 이상 450 이하 450 초과하는 것	36 38	24.6	9.5	15.5	37.0 ±0.5	24.0	0.2~0.5	1.6~2.0	3~4	-	-	19
E	500 이상 630 이하 630 초과하는 것	36 38	28.7	12.7	19.4	44.5 ±0.5	29.0	0.2~0.5	1.6~2.0	4~5	-	-	25.5

> - 각 표 중의 호칭 지름이란 피치원 d_p의 기준 치수이며, 회전비 등의 계산에도 이를 사용한다.
> - d_p는 홈의 나비가 l_0인 곳의 지름이다.

[비 고]
1. M형은 원칙적으로 한 줄만 걸친다.
2. V벨트 풀리에 사용하는 재료는 KS D 4301의 3종(GC 200) 또는 이와 동등 이상의 품질인 것으로 한다.
3. k의 허용차는 바깥지름 d_e를 기준으로 하여, 홈의 나비가 l_0가 되는 d_p의 위치의 허용차를 나타낸다.

■ V-벨트 풀리 바깥지름 de의 허용차

단위 : mm

호칭지름	바깥지름 d_e의 허용차
75 이상 118 이하	±0.6
125 이상 300 이하	±0.8
315 이상 630 이하	±1.2
710 이상 900 이하	±1.6

■ 홈부 각 부분의 치수 허용차

단위 : mm

V벨트의 형별	e의 허용차(°)	k의 허용차	e의 허용차	f의 허용차
M	±0.5	-	±0.4	±1
A	±0.5	+0.2 / 0	±0.4	±1
B	±0.5	+0.2 / 0	±0.4	±1
C	±0.5	+0.3 / 0	±0.5	+2 / -1
D	±0.5	+0.4 / 0	±0.5	+2 / -1
E	±0.5	+0.5 / 0	±0.5	+3 / -1

> - k의 허용치는 바깥지름 de를 기준으로 하여 홈의 나비가 l_0가 되는 d_p의 위치의 허용차를 나타낸다.

■ V-벨트 풀리의 바깥둘레 흔들림 및 림 측면 흔들림의 허용값

단위 : mm

호칭지름	바깥둘레 흔들림의 허용값	림 측면 흔들림의 허용값
75 이상 118 이하	0.3	0.3
125 이상 300 이하	0.4	0.4
315 이상 630 이하	0.6	0.6
710 이상 900 이하	0.8	0.8

■ 표준 V-풀리의 주요 치수 예 [JIS B 1854-2002]

단위 : mm

종류	호칭경	d 최대	d_e	d_b 최소	w	l	1형 s_1	2형 s_1	3형 s_2	4형 s_0	5형 s_2	5형 s_2	h 최소	적용하는 축지름 (참고) 최대	적용하는 축지름 (참고) 최소
A_1	75	12.0	84	45	20	25	-	15	10	-	-	-	17.0	25.0	14.0
	80	12.0	89	45		25	-	15	10	-	-	-	17.0	25.0	14.0
	85	12.0	94	45		25	-	15	10	-	-	-	17.0	25.0	14.0
	90	12.0	99	45		25	-	15	10	-	-	-	17.0	25.0	14.0
	95	12.0	104	45		25	-	15	10	-	-	-	17.0	25.0	14.0
	100	14.0	109	50		28	-	15	7	-	-	-	17.0	28.0	16.0
B_2	200	26.0	211	80	44	44	-	15	15	0	-	-	20.0	45.0	28.0
	224	26.0	235	80		44	-	15	15	0	-	-	20.0	45.0	28.0
	250	26.0	261	80		44	-	15	15	0	-	-	20.0	45.0	28.0
	280	26.0	291	80		44	-	15	15	0	-	-	20.0	45.0	28.0
C_4	300	48.0	314	125	110.5	90	-	-	-	-	10.25		26.0	71.0	50.0
	315	48.0	329	125		90	-	-	-	-	10.25		26.0	71.0	50.0
	355	48.0	369	125		90	-	-	-	-	10.25		26.0	71.0	50.0
	400	48.0	414	125		90	-	-	-	-	10.25		26.0	71.0	50.0

■ V-벨트 풀리 제도 예

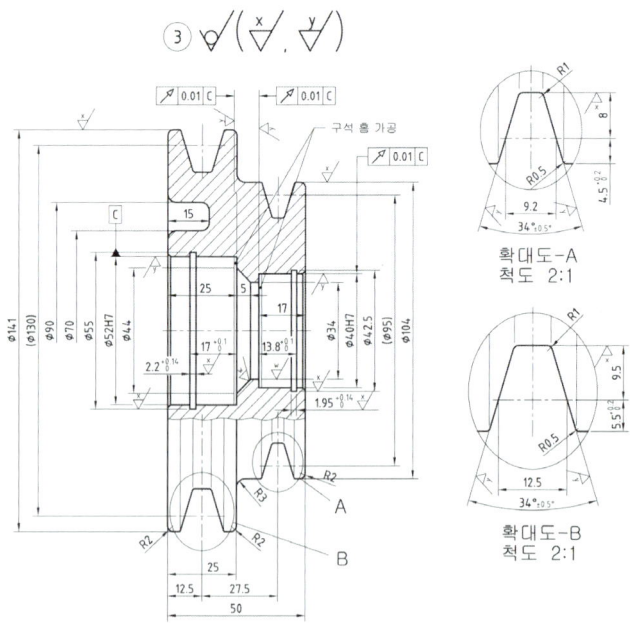

9-2 | 일반용 V 고무 벨트 [KS M 6535 : 2013 (2013확인)]

■ 적용범위

이 규격은 일반 동력 전달의 이음매가 없는 링 모양 V벨트에 대하여 규정한다. 다만, 차량용 V벨트, 재봉틀용 고무 V벨트 및 세폭 V벨트는 제외한다.

① V벨트의 종류 및 단면 모양과 기준 치수

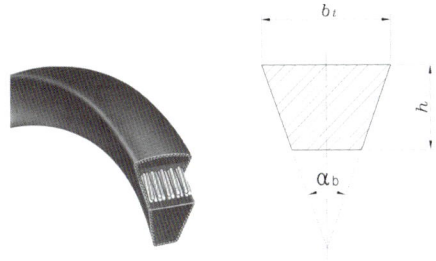

단위 : mm

종류	b_t	h	α_b (°)
M	10.0	5.5	40
A	12.5	9.0	
B	16.5	11.0	
C	22.0	14.0	
D	31.5	19.0	
E	38.0	24.0	

② V벨트의 길이 및 허용차

단위 : mm

호칭 번호	길 이						허용차
	M	A	B	C	D	E	
20	508	-	-	-	-	-	+8
21	533	-	-	-	-	-	-16
22	559	-	-	-	-	-	
23	584	-	-	-	-	-	
24	610	610	-	-	-	-	+9
25	635	635	635	-	-	-	-18
26	660	660	660	-	-	-	
27	686	686	686	-	-	-	
28	711	711	711	-	-	-	
29	737	737	737	-	-	-	
30	762	762	762	-	-	-	+10
31	787	787	787	-	-	-	-20
32	813	813	813	-	-	-	
33	838	838	838	-	-	-	
34	864	864	864	-	-	-	
35	889	889	889	-	-	-	

단위 : mm

호칭 번호	길 이						허용차
	M	A	B	C	D	E	
36	914	914	914	-	-	-	
37	940	940	940	-	-	-	
38	965	965	965	-	-	-	
39	991	991	991	-	-	-	
40	1016	1016	1016	-	-	-	+11
41	1041	1041	1041	-	-	-	-22
42	1067	1067	1067	-	-	-	
43	1092	1092	1092	-	-	-	
44	1118	1118	1118	-	-	-	
45	1143	1143	1143	1143	-	-	
46	1168	1168	1168	-	-	-	
47	1194	1194	1194	-	-	-	
48	1219	1219	1219	1219	-	-	
49	1245	1245	1245	-	-	-	
50	1270	1270	1270	1270	-	-	
51	-	1295	1295	-	-	-	
52	-	1321	1321	1321	-	-	
53	-	1346	1346	-	-	-	
54	-	1372	1372	1372	-	-	+12
55	-	1397	1397	1397	-	-	-24
56	-	1422	1422	-	-	-	
57	-	1448	1448	-	-	-	
58	-	1473	1473	1473	-	-	
59	-	1499	1499	-	-	-	
60	-	1524	1524	1524	-	-	
61	-	1549	1549	-	-	-	
62	-	1575	1575	1575	-	-	
63	-	1600	1600	-	-	-	
64	-	1626	1626	-	-	-	
65	-	1651	1651	1651	-	-	
66	-	1676	1676	-	-	-	
67	-	1702	1702	-	-	-	+12
68	-	1727	1727	1727	-	-	-24
69	-	1753	1753	-	-	-	
70	-	1778	1778	1778	-	-	
71	-	1803	1803	-	-	-	
72	-	1829	1829	1829	-	-	
73	-	1854	1854	-	-	-	
74	-	1880	1880	-	-	-	
75	-	1905	1905	1905	-	-	
76	-	1930	1930	-	-	-	
77	-	1956	1956	-	-	-	
78	-	1981	1981	1981	-	-	
79	-	2007	2007	-	-	-	
80	-	2032	2032	2032	-	-	
81	-	2057	2057	-	-	-	
82	-	2083	2083	2083	-	-	
83	-	2108	2108	-	-	-	+13
84	-	2134	2134	-	-	-	-26
85	-	2159	2159	2159	-	-	
86	-	2184	2184	-	-	-	
87	-	2210	2210	-	-	-	
88	-	2235	2235	2235	-	-	
89	-	2261	2261	-	-	-	
90	-	2286	2286	2286	-	-	
91	-	2311	2311	-	-	-	
92	-	2337	2337	2337	-	-	
93	-	2362	2362	-	-	-	
94	-	2388	2388	-	-	-	

단위 : mm

| 호칭 번호 | 길 이 ||||| 허용차 |
	M	A	B	C	D	E	
95	-	2413	2413	2413	-	-	+14 -28
96	-	2438	2438	-	-	-	
97	-	2464	2464	-	-	-	
98	-	2489	2489	2489	-	-	
99	-	2515	2515	-	-	-	
100	-	2540	2540	2540	2540	-	
102	-	2591	2591	2591	-	-	
105	-	2667	2667	2667	2667	-	
108	-	2743	2743	2743	-	-	
110	-	2794	2794	2794	2794	-	+15 -30
112	-	2845	2845	2845	-	-	
115	-	2921	2921	2921	2921	-	
118	-	2997	2997	2997	-	-	
120	-	3048	3048	3048	3048	-	+12 -24
122	-	3099	3099	3099	-	-	
125	-	3175	3175	3175	3175	-	
128	-	3251	3251	3251	-	-	+18 -36
130	-	3302	3302	3302	3302	-	
132	-	-	3353	3353	-	-	
135	-	3429	3429	3429	3429	-	
138	-	-	3505	3505	-	-	
150	-	3810	3810	3810	3810	-	+19 -38
155	-	3937	3937	3937	3937	-	
160	-	4064	4064	4064	4064	-	+20 -40
165	-	4191	4191	4191	4191	-	
170	-	4318	4318	4318	4318	-	+22 -45
180	-	4572	4572	4572	4572	4572	
190	-	-	4826	4826	4826	-	
200	-	-	5080	5080	5080	-	+25 -50
210	-	-	5334	5334	5334	5334	
220	-	-	-	5588	5588	-	
230	-	-	-	5842	5842	-	
240	-	-	-	6096	6096	6096	+27 -55
250	-	-	-	6350	6350	-	
260	-	-	-	6604	6604	-	
270	-	-	-	6858	6858	6858	+30 -60
280	-	-	-	-	7112	-	
300	-	-	-	-	7620	7620	+35 -70
310	-	-	-	-	7874	-	
330	-	-	-	-	8382	8382	
360	-	-	-	-	9144	9144	+40 -80
390	-	-	-	-	-	9906	
420	-	-	-	-	-	10668	

[비 고] 제품의 호칭 방법
• 일반용 V벨트 A80 또는 A2032
• 명칭 : 일반용 V벨트, 종류 : A, 호칭번호 : 80 또는 A2032 : 벨트의 길이

■ V-벨트의 종류에 따른 호칭 번호의 범위

M : 호칭번호 20~50
A : 호칭번호 20~180 단 132, 138, 142, 148은 제외한다.
B : 호칭번호 25~210 단 142, 148은 제외한다.
C : 호칭번호 45~270까지 끝이 0, 2, 5, 8인 것 및 54
D : 호칭번호 100~360까지 끝이 0, 5인 것
E : 호칭번호 180, 210, 240, 270, 300, 330, 360, 390, 420인 것

③ V벨트를 사용하는 기계의 보기 및 부하 보정 계수 K_o

V벨트를 사용하는 기계의 보기	원동기					
	최대 출력이 정격의 300% 이하인 것			최대 출력이 정격의 300%를 넘는 것		
	교류 모터(표준 모터, 동기 모터) 직류 모터(분권) 2실린더 이상의 엔진			특수 모터(고토크) 직류 모터(직권) 단일 실린더 엔진, 라인 샤프트 또는 클러치에 의한 운전		
	운전 시간			운전 시간		
	단속 사용 1일, 3~5시간 사용	보통 사용 1일, 8~10시간 사용	연속 사용 1일, 16~24시간 사용	단속 사용 1일, 3~5시간 사용	보통 사용 1일, 8~10시간 사용	연속 사용 1일, 16~24시간 사용
혼합기(유체) 송풍기(7.5kW 이하) 원심 펌프, 원심 압축기 경하중용 컨베이어	1.0	1.1	1.2	1.1	1.2	1.3
벨트 컨베이어(모래, 곡물) 분연기 송풍기(7.5kW를 초과하는 것) 발전기 라인 샤프트 대형 세탁기 공작 기계 펀치, 프레스, 전단기 인쇄 기계 회전 펌프 회전, 진동체	1.1	1.2	1.3	1.2	1.3	1.4
버킷 엘리베이터 여자기 왕복 압축기 컨베이어(버킷, 스크루) 해머 밀 제지용 밀, 비터 피스톤 펌프 루트 블로어 분쇄기 목공 기계 섬유 기계	1.2	1.3	1.4	1.4	1.5	1.6
클러셔 밀(볼, 로드) 호이스트 고무 가공기(롤, 캘린더, 압출기)	1.3	1.4	1.5	1.5	1.6	1.8

[비 고] 제품의 호칭 방법
• 시동 및 정지의 횟수가 많은 경우, 보수 점검을 쉽게 할 수 없는 경우, 분진 등이 많고 마모를 일으키기 쉬운 경우, 열이 있는 곳에서 사용하는 경우 및 유류, 물 등이 묻는 경우에는 위 표의 값에 0.2를 더한다.

④ V-벨트의 인장강도 및 신율

시험 항목		종류					
		M	A	B	C	D	E
인장시험	1개당 인장강도 kN	1.2 이상	2.4 이상	3.5 이상	5.9 이상	10.8 이상	14.7 이상
	신율(%)	7 이하	7 이하	7 이하	8 이하	8 이하	8 이하

⑤ V-벨트 전동 기계장치의 서비스 팩터

기계의 종류	k_1	기계의 종류	k_1
교반기	1.0~1.2	공작기계	1.0~1.4
컴프레셔	1.2~1.4	제지기계	1.2~1.6
컨베이어	1.0~1.6	인쇄기계	1.2
분쇄기	1.4~1.6	펌프	1.2~2.0
제분기	1.4~1.6	세탁기	1.2
발전기	1.2	섬유기계	1.2~1.8

주▶ • 시동정지의 빈도, 운전시간, 주변온도, 취급 정도에 따라서 k_1의 범위에서 조금 큰 값을 취한다.

⑥ 전달동력 L[kW]과 속도, V-벨트의 종류

V-벨트의 속도 [m/s]		<5	5~10	10~15	15~20	20~25
V-벨트의 종류	A	~2	1~4	1.5~5	2~6	3~7.5
	B	1~5	2~10	3~15	3.5~17	4.5~20
	C	6~12	10~20	15~30	18~36	22~45
	D		20~40	30~60	35~70	40~85
	E		30~65	45~90	60~120	

⑦ V-벨트의 전달동력

■ V-벨트의 장력

V-벨트 전동에 의한 장력(張力)은 평벨트의 경우와 동일하게 구하지만 V-벨트가 V-풀리의 홈 속에 쐐기 형태로 딸착하여 전동하므로 마찰계수 μ 대신에 μ'를 고려한다.

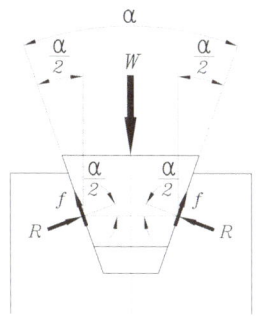

W : V-벨트를 누르는 힘
R : V-풀리 홈의 측압
f : V-벨트와 풀리간의 마찰력
μ : 마찰계수
α : 홈의 각도

[관계식]

$$W = 2\left(R\sin\frac{\alpha}{2} + \mu R\cos\frac{\alpha}{2}\right), \quad R = \frac{W}{2\left(\sin\frac{\alpha}{2} + \mu\cos\frac{\alpha}{2}\right)}$$

마찰력 $f = 2\mu R = \dfrac{\mu W}{\sin\frac{\alpha}{2} + \mu\cos\frac{\alpha}{2}}$

$$\mu' = \frac{\mu}{\sin\frac{\alpha}{2} + \mu\cos\frac{\alpha}{2}}, \quad f = \mu' R$$

μ 대신에 μ'를 대입하면 유효장력 F_e를 구할 수 있다.

$$F_e = F_t - F_s = \left(F_t - \frac{w}{g}v^2\right)\frac{e^{\mu'\theta} - 1}{e^{\mu'\theta}} = \left(F_s - \frac{w}{g}v^2\right)(e^{\mu'\theta} - 1)$$

■ V-벨트의 전달동력 계산식

$$P = \frac{F_e \cdot v}{1000}$$

v : 벨트의 속도 [m/s]
F_e : 벨트의 유효장력 [N]
P : 전달동력 [kW]

■ V-벨트 1매당 전달동력

단위 : kW

V-벨트의 종류	V-벨트 속도 [m/s]			
	5	10	15	20
M	0.35	0.7	1	1.2
A	0.7	1.3	1.8	2
B	1	2	3	3.5
C	2	3.5	5	6
D	3.5	7	10	12
E	6	11	15	17

⑧ V-풀리의 적용 최소 지름

종류	M	A	B	C	D	E
최소 지름 [mm]	50	75	125	200	355	500

⑨ V-풀리의 종류

V-벨트의 종류	홈의 수					
	1	2	3	4	5	6
A	A1	A2	A3	-	-	-
B	B1	B2	B3	B4	B5	-
C	-	-	C3	C4	C5	C6

⑩ V-풀리의 호칭 지름

단위 : mm

V-벨트의 종류	홈의 수					
	1	2	3	4	5	6
A	75~560	75~630	75~710	-	-	-
B	125~710	125~710	125~900	125~900	125~900	-
C	-	-	200~900	200~900	200~900	200~900

호칭 지름	75	80	85	90	95	100	106	112	118	125	132	140
	150	160	180	200	224	250	250	280	300	355	400	450
	500	560	630	710	800	900						

⑪ V-벨트의 길이 선정

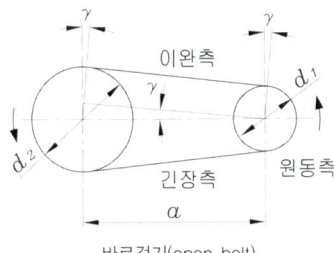

바로걸기(open belt)

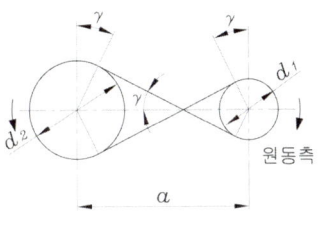

엇걸기(cross belt)

- 오픈 벨트

$$L = \frac{1}{2}\pi(d_2 + d_1)\gamma(d_2 - d_1) + 2a\cos\gamma$$

γ가 작다면

$$L = 2a + \frac{1}{2}\pi(d_2 + d_1) + \frac{(d_2 - d_1)^2}{4a}$$

- 크로스 벨트

$$L = \frac{1}{2}\pi(d_2 + d_1) + \gamma(d_2 + d_1) + 2a\cos\gamma$$

γ가 작다면

$$L = 2a + \frac{1}{2}\pi(d_2 + d_1) + \frac{(d_2 + d_1)^2}{4a}$$

⑫ 벨트와 풀리 사이의 마찰계수 값

재 질	마찰계수 μ
가죽 벨트와 주철제 벨트차	0.2~0.3
가죽 벨트와 목제 벨트차	0.4
고무 벨트와 주철제 벨트차	0.2~0.25

⑬ 감아걸기각 θ와 마찰계수μ에 대한 $\dfrac{e^{\mu\theta}-1}{e^{\mu\theta}}$의 값

$\theta(°)$	$\mu=0.1$	$\mu=0.2$	$\mu=0.3$	$\mu=0.4$	$\mu=0.5$
90	0.145	0.270	0.376	0.467	0.544
100	0.160	0.295	0.408	0.502	0.582
110	0.175	0.319	0.438	0.536	0.617
120	0.189	0.342	0.467	0.567	0.649
130	0.203	0.365	0.494	0.596	0.678
140	0.217	0.386	0.520	0.624	0.705
150	0.230	0.408	0.544	0.649	0.730
160	0.244	0.428	0.567	0.673	0.752
170	0.257	0.448	0.589	0.695	0.773
180	0.270	0.467	0.610	0.715	0.792

예 제

직경 300mm인 작은 풀리의 구동축이 1480rpm으로 15kW를 속도전달비3으로 전달하고 있다. 감아걸기각 170°, 마찰계수는 0.3으로 하고 다음의 값을 구하라.

(a) 벨트의 속도
(b) 큰 풀리의 지름
(c) $\dfrac{e^{\mu\theta}-1}{e^{\mu\theta}}$의 값
(d) 긴장측의 장력(張力)

$d_1 = 300$ [mm], $n_1 = 1480$ [rpm], $i = 3$, $\mu = 0.3$, $P = 15$ [kW]=15000 [W]

▶ 풀 이

(a) 벨트의 속도

$$v = \frac{\pi \cdot d_1 \cdot n_1}{1000 \times 60} = \frac{\pi \times 300 \times 1480}{1000 \times 60} = 23.2 \text{ [m/s]}$$

(b) 큰 풀리의 지름

$$i = \frac{n_1}{n_2} = \frac{d_2}{d_1} \qquad 3 = \frac{d_2}{300}$$

따라서 $d_2 = 300 \times 3 = 900$ [mm]

(c) $\dfrac{e^{\mu\theta}-1}{e^{\mu\theta}}$의 값

앞의 표에서 $\mu = 0.3$, $\theta = 170°$의 값은 0.589

(d) 긴장측의 장력(張力)

전달동력 : $P = F_e \cdot v = F_t \cdot v \dfrac{e^{\mu\theta}-1}{e^{\mu\theta}}$ [W]

$$F_t = \frac{P}{v} \cdot \frac{e^{\mu\theta}}{e^{\mu\theta}-1} = \frac{15000}{23.2 \times 0.589} = 1098[N] = 1.10[kN]$$

$$T = \frac{30\,W}{\pi N} = \frac{30 \times 3700}{\pi \times 1300} = 27.2\,Nm$$

⑭ 중심거리

작은 V-풀리와 큰 V-풀리의 호칭지름을 d_1[mm], d_2[mm]라고 했을 때 선정한 V-벨트의 길이 L [mm]에 대응하는 중심거리 a[mm]는 다음 식으로 나타낸다.

$$a = \frac{B + \sqrt{B^2 - 2(d_2 - d_1)^2}}{4}$$

$$B = L - \frac{\pi}{2}(d_2 + d_1)$$

⑮ V-벨트의 매수

V-벨트 1매당 전달동력 P [kW]와 V-벨트의 길이 보정계수 K_L, 접촉각 보정계수 K_θ로부터 V-벨트 1매당의 보정 전달동력 P_c [kW]를 다음 공식에 의해 구한다.

$$P_c = P \times K_L \times K_\theta$$

여러 매를 거는 V-벨트의 매수 Z는 설계동력 P_d [kW]와 V-벨트 1매당 보정 전달동력 P_c [kW]로부터 다음 식에 의해 구한다.(소숫점 이하 반올림)

$$Z = \frac{P_d}{P_c}$$

■ 길이 보정계수 K_L

호칭번호	종 류						
	M	A	B	C	D	E
20~25	0.92	0.80	0.78			
26~30	0.94	0.81	0.79			
31~34	0.96	0.84	0.80			
35~37	0.98	0.87	0.81			
38~41	1.00	0.88	0.83			
42~45	1.02	0.90	0.85	0.78		
46~50	1.04	0.92	0.87	0.79		
51~54		0.94	0.89	0.80		
55~59		0.96	0.90	0.81		
60~67		0.98	0.92	0.82		
68~74		1.00	0.95	0.85		
75~79		1.02	0.97	0.87		
80~84		1.04	0.98	0.89		
85~89		1.05	0.99	0.90		
90~95		1.06	1.00	0.91		
96~104		1.08	1.02	0.92	0.83	
105~111		1.10	1.04	0.94	0.84	
112~119		1.11	1.05	0.95	0.85	
120~127		1.13	1.07	0.97	0.86	
128~144		1.14	1.08	0.98	0.87	
145~154		1.15	1.11	1.00	0.90	
155~169		1.16	1.13	1.02	0.92	
170~179		1.17	1.15	1.04	0.93	
180~194		1.18	1.16	1.05	0.94	0.91
195~209			1.18	1.07	0.96	0.92

■ 접촉각 보정계수 K_θ

$\dfrac{d_2 - d_1}{a}$	작은 풀리에서의 접촉각 θ [°]	접촉각 보정계수 K_θ
0.00	180	1.00
0.10	174	0.99
0.20	169	0.98
0.30	163	0.96
0.40	157	0.94
0.50	151	0.93
0.60	145	0.91
0.70	139	0.89
0.80	133	0.87
0.90	127	0.85
1.00	120	0.82
1.10	113	0.79
1.20	106	0.77
1.30	99	0.74
1.40	91	0.70
1.50	83	0.66

예 제

1.5kW, 1500rpm의 전동기로 어떤 기계의 주축(spindle)에 300rpm의 회전을 전달하고 싶다. 축의 중심거리를 500mm로 하여 V-벨트의 길이를 선정하시오.

▶ 풀 이

$P = 1.5$ [kW], $n_1 = 1500$ [rpm], $n_2 = 300$ [rpm], $a = 500$ [mm]

전달동력 $P = 1.5$ [kW], 전동기의 회전 석도 $n_1 = 1500$ [rpm]이므로 [표 : ② V벨트의 길이 및 허용차]에서 V-벨트는 A형을 선택한다.

다음으로 [표 : V-벨트 1매당 전달동력]에 따라 A형에서 1.5 [kW]에 해당하는 V-벨트의 속도는 $v = 10 \sim 15$ [m/s]이다. 이제 10 [m/s]로서 전동기 측의 풀리의 호칭지름을 결정한다.

$v = \dfrac{\pi d_1 n_1}{1000 \times 60}$ 을 d_1 에 대해 구하면, $d_1 = \dfrac{1000 \times 60}{\pi n_1}$

$n_1 = 1500$ [rpm]이므로 $d_1 = \dfrac{1000 \times 60}{\pi \times 1500} = 127.3$ [mm]

[표 : ⑩ V-풀리의 호칭 지름]에 의해 127.3mm에 가까운 A형의 홈이 1매의 호칭지름 125mm를 선택한다.

또, 종동차의 풀리의 호칭지름 d_2 는 $d_2 = d_1 \dfrac{n_1}{n_2} = 125 \times \dfrac{1500}{300} = 625$ [mm]

V-벨트의 길이는, a=500 [mm]

$$L = 2a + \dfrac{1}{2}\pi(d_2 + d_1) + \dfrac{(d_2 - d_1)^2}{4a}$$
$$= 2 \times 500 + \dfrac{1}{2}\pi(625 + 125) + \dfrac{(625 - 125)^2}{4 \times 500}$$
$$= 1000 + 1177.5 + 125 = 2302.5 \text{ [mm]}$$

[표 : ② V벨트의 길이 및 허용차]에 따라 V-벨트의 길이는 호칭번호 91 (2311mm)를 선택한다.

9-3 | 가는 나비 V 풀리 KS B ISO 4183 : 2010(폐지)

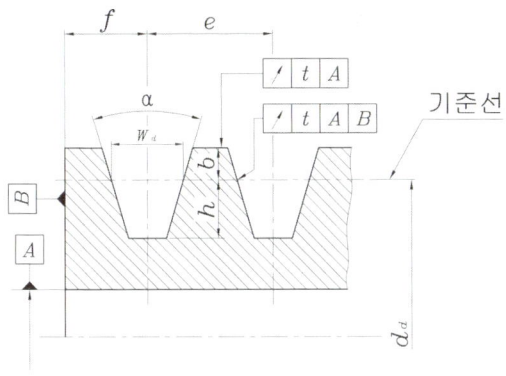

■ 풀리 홈의 모양 및 치수

단위 : mm

풀리 홈의 표준 V-벨트	단면 형상 가는 나비 V-벨트	기준 나비 W_d	b 최소	h 최소	e^a	공차 e^b	편차의 합 e^c	f^d 최소
Y		5.3	1.6	4.7	8	±0.3	±0.6	6
Z	SPZ	8.5	2	7 9	12	±0.3	±0.6	7
A	SPA	11	2.75	8.7 11	15	±0.3	±0.6	9
B	SPB	14	3.5	10.8 14	19	±0.4	±0.8	11.5
C	SPC	19	4.8	14.3 19	25.5	±0.5	±1	16
D		27	8.1	19.9	37	±0.6	±1.2	23
E		32	9.6	23.4	44.5	±0.7	±1.4	28

- a 치수 e에 대하여 특별한 경우 더 높은 값을 사용하여도 좋다.(보기 : pressed-sheet pullleys). e의 치수가 이 표준에 확실하게 포함되지 않을 때에는 표준화된 풀리 사용을 권한다.
- b 공차는 연속적인 홈의 두 축 사이의 거리에 적용된다.
- c 하나의 풀리에서 모든 홈에 대하여 호칭값 e로부터 발생되는 모든 편차의 합은 표의 값 이내이어야 한다.
- d t값의 변화는 풀리가 정렬된 상태에서 고려되어야 한다.

■ 축과 링의 흔들림 공차 t값 규정

d_d 호칭 ±0.8% mm	t mm	풀리 홈의 단면 형상에 따른 기준 지름 선정						
		Y	Z SPZ	A SPA	B SPB	C SPC	D	E
20	0.2	+						
22.4		+						
25		+						
28		+						
31.5		+						
35.5		+						
40		+						
45		+						
50		+	+					
53								
56		+	+					
60								
63		+	*					
67								
71		+	*					
75				+				
80		+	*	+				
85				+				
90		+	*	*				
95				*				
100		+						
106	0.3			*				
112		+	*	*				
118				*				
125		+	*	*	+			
132			*	*	+			
140			*	*	*			
150			*	*	*			
160			*	*	*			
170	0.4				*			
180			*	*	*			
190								
200			*	*	*	+		
212						+		
224			*	*	*	*		
236						*		
250			*	*	*	*		

■ 축과 링의 흔들림 공차 t값 규정(계속)

d_d 호칭 ±0.8% mm	t mm	풀리 홈의 단면 형상에 따른 기준 지름 선정						
		Y	Z SPZ	A SPA	B SPB	C SPC	D	E
265	0.5					*		
280			*	*	*	*		
300						*		
315			*	*	*	*		
335	0.6					*		
355			*	*	*	*	+	
375							+	
400			*	*	*	*	+	
425							+	
450				*	*	*	+	
475							+	
500			*	*	*	*	+	+
530	0.8							+
560				*	*	*	+	+
600					*	*	+	+
630				*	*	*	+	+
670								+
710				*	*	*	+	+
750					*	*	+	
800				*	*	*	+	+
850					*	*		
900						*		
950							+	+
1000					*		+	+
1060	1						+	
1120					*	*	+	+
1180								
1250						*	+	+
1350						*	+	+
1400							+	+
1500							+	+
1600						*	+	+
1700	1.2							
1800							+	+
1900								+
2000						*	+	+
2120								
2240							+	
2360								
2500								+

[비 고]
1. +가 표시된 것은 표준용에 사용하는 것이 바람직하다.
2. *가 표시된 것은 표준용 및 가는 나비용에 사용하는 것이 바람직하다.
3. 아무런 표시가 없는 것은 사용하지 않는 것이 바람직하다.

■ 두 풀리 홈의 기준 지름 사이의 차

풀리 홈 단면 형상	최대 허용차 mm
Y	0.3
Z, A, B, SPZ, SPA, SPB	0.4
C, D, E, SPC	0.6

■ 주어진 기준 지름에 관계되는 풀리 홈의 각

단위 : mm

홈의 단면		d_d, mm, $\alpha =$			
표준 V-벨트	가는 나비 V-벨트	38°	36°	34°	32°
Y		-	>60	-	≤60
Z	SPZ	>80	-	≤80	-
A	SPA	>118	-	≤118	-
B	SPB	>190	-	≤190	-
C	SPC	>315	-	≤315	-
D		>475	≤475	-	-
E		>600	≤600	-	-

■ 홈붙이 풀리의 최소 기준 지름

V-벨트용 홈의 단면 형상	d_d 최소 mm
Y	20
Z	50
A	75
B	125
C	200
D	355
E	500
SPZ	63
SPA	90
SPB	140
SPC	224

9-4 | 평 벨트 풀리 KS B 1402 : 2008 (폐지)

1. 평 벨트 풀리의 종류

아래 그림과 같이 구조에 따라 일체형과 분할형으로 하고, 바깥둘레면의 모양에 따라 C와 F로 구분한다.

2. 호칭 방법

명칭·종류·호칭 지름×호칭나비 및 재료로 표시한다.
[보기]
  1. 평 벨트 풀리 일체형 : C·125×25·주철
  2. 평 벨트 풀리 분할형 : F·125×25·주강

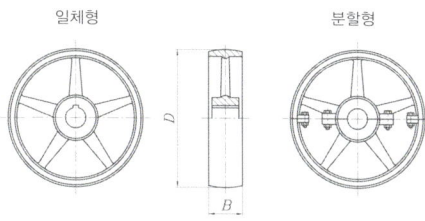

바깥둘레면의 모양

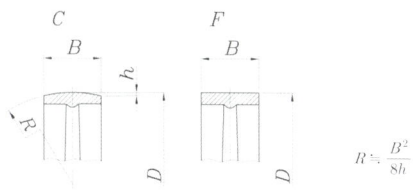

$$R ≒ \frac{B^2}{8h}$$

3. 평 벨트 풀리의 호칭 나비 및 허용차

단위 : mm

호칭 나비 (B)	허용차	호칭 나비 (B)	허용차
20 25 32 40 50 63 71	± 1	160 180 200 224 250 280	± 2
80 90 100 112 125 140	± 1.5	315 355 400 450 500 560 630	± 3

4. 평 벨트 풀리의 호칭 지름 및 허용차

단위 : mm

호칭 지름 (D)	허용차	호칭 지름 (D)	허용차	호칭 지름 (D)	허용차
40	± 0.5	160	± 2.0	560	± 5.0
45	± 0.6	180		630	
50		200		710	
56	± 0.8	224	± 2.5	800	± 6.3
63		250		900	
71	± 1.0			1000	
80		280	± 3.2	1120	± 8.0
90	± 1.2	315		1250	
100		355		1400	
112		400	± 4.0	1600	± 10.0
125	± 1.6	450		1800	
140		500		2000	

5. 크라운

평 벨트 풀리의 호칭 지름(40~355mm까지)

호칭지름 (D)	크라운 (h)	호칭지름 (D)	크라운 (h)
40~112	0.3	200, 224	0.6
125, 140	0.4	250, 280	0.8
160, 180	0.5	315, 355	1.0

6. 평 벨트 풀리의 호칭 지름(400mm 이상)

호칭나비 (B) 호칭지름 (D)	125 이하	140 160	180 200	224 250	280 315	355	400 이상
				크라운 (h)			
400	1	1.2	1.2	1.2	1.2	1.2	1.2
450	1	1.2	1.2	1.2	1.2	1.2	1.2
500	1	1.5	1.5	1.5	1.5	1.5	1.5
560	1	1.5	1.5	1.5	1.5	1.5	1.5
630	1	1.5	2	2	2	2	2
710	1	1.5	2	2	2	2	2
800	1	1.5	2	2.5	2.5	2.5	2.5
900	1	1.5	2	2.5	2.5	2.5	2.5
1000	1	1.5	2	2.5	3	3	3
1120	1.2	1.5	2	2.5	3	3	3.5
1250	1.2	1.5	2	2.5	3	3.5	4
1400	1.5	2	2.5	3	3.5	4	4
1600	1.5	2	2.5	3	3.5	4	5
1800	2	2.5	3	3.5	40	5	5
2000	2	2.5	3	3.5	4	5	6

주 ▶ • 크라운 h는 수직축에 쓰이는 평 벨트 풀리의 경우 위 표보다 크게 하는 것이 좋다.

7. 평 벨트 풀리의 제도

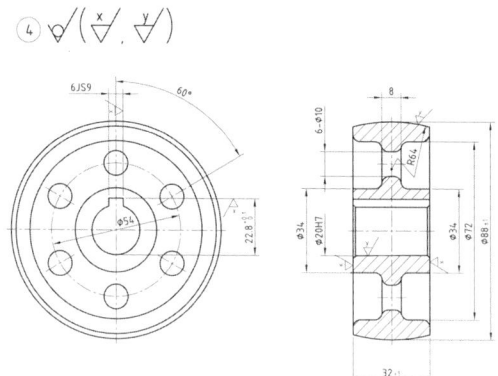

8. 평 벨트 전동

① 평 풀리

평 풀리의 재료는 일반적으로 주철제, 고속용에는 경합금이 사용되고 있다. 허용 원주 속도는 주철제 20m/s, 경합금제 30m/s로 한다.

② 속도 전달비

$$속도전달비\ i = \frac{종동\ 풀리\ 직경\ d_2}{원동\ 풀리\ 직경\ d_1}$$

회전속도를 n_1, n_2로 하면 $i = \frac{n_1}{n_2} = \frac{d_2}{d_1}$

③ 벨트 길이

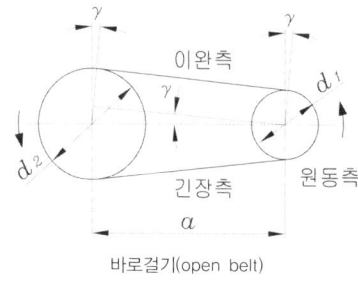

바로걸기(open belt)

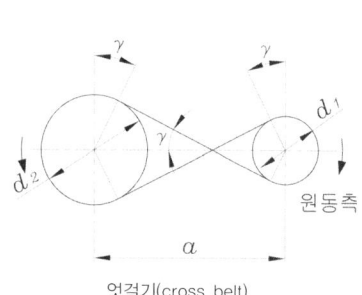

엇걸기(cross belt)

- 오픈 벨트

$$L = \frac{1}{2}\pi(d_2 + d_1)\gamma(d_2 - d_1) + 2a\cos\gamma$$

γ가 작다면

$$L = 2a + \frac{1}{2}\pi(d_2 + d_1) + \frac{(d_2 - d_1)^2}{4a}$$

- 크로스 벨트

$$L = \frac{1}{2}\pi(d_2+d_1) + \gamma(d_2+d_1) + 2a\cos\gamma$$

γ가 작다면

$$L = 2a + \frac{1}{2}\pi(d_2+d_1) + \frac{(d_2+d_1)^2}{4a}$$

예제

직경 $d_2 = 810$ mm, $d_1 = 230$mm인 2개의 평풀리에서 중심거리가 1800mm인 경우 바로걸기(open belt)와 엇걸기(cross belt)에 대한 벨트의 길이를 구하시오.

▶풀이

$a = 1800$ [mm], $d_2 = 810$ [mm], $d_1 = 230$ [mm]

- 오픈 벨트의 경우 벨트 길이

$$L = 2a + \frac{1}{2}\pi(d_2+d_1) + \frac{(d_2-d_1)^2}{4a}$$
$$= 2 \times 1800 + \frac{1}{2}\pi(810+230) + \frac{(810-230)^2}{4 \times 1800}$$
$$= 3600 + 1632.8 + 46.7 = 5279.5 \ [\text{mm}]$$

- 크로스 벨트의 경우 벨트 길이

$$L = 2a + \frac{1}{2}\pi(d_2+d_1) + \frac{(d_2+d_1)^2}{4a}$$
$$= 2 \times 1800 + \frac{1}{2}\pi(810+230) + \frac{(810+230)^2}{4 \times 1800}$$
$$= 3600 + 1632.8 + 150.2 = 5383 \ [\text{mm}]$$

9-5 | 벨트 컨베이어용 풀리 KS B 6279 : 1998 (폐지)

■ 풀리의 등급

벨트의 종류	감김 각도	등 급	
		A	B
범포 강도 15kN/cm 이상 및 스틸 코드	120° 이상	모든 속도	-
	60° 이상 120° 미만	속도 4.17m/s 이상	속도 4.17m/s 미만
	60° 미만	-	모든 속도
범포 강도 15kN/cm 미만	120° 이상	속도 4.17m/s 이상	속도 4.17m/s 미만
	60° 이상 120° 미만	-	모든 속도
	60° 미만	-	모든 속도

■ 풀리의 구조

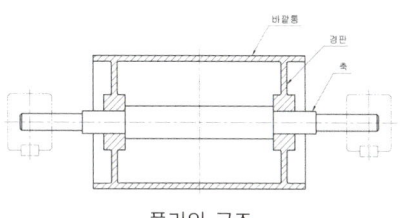

풀리의 구조

■ 풀리 바깥 지름

단위 : mm

200, 250, 315, 400, 500, 600, 630, 700, 800, 900, 1000, 1100, 1200, 1250, 1400, 1600

■ 풀리 바깥 지름의 허용차

단위 : mm

풀리 바깥 지름	허용차
315 이하	±3.0
315 초과 700 이하	±4.0
700 초과 1600 이하	±5.0

[비 고]
• 래깅 풀리에 대한 허용차는 위 표의 값에 각각 1mm를 가산한다.

■ 풀리 나비 및 그 허용차

벨트 나비	풀리 나비	허용차	벨트 나비	풀리 나비	허용차	벨트 나비	풀리 나비	허용차
400	500		1200	1400		2200	2450	
500	600		1400	1600		2400	2650	
650	750	±2.0	1600	1800	±2.0	2600	2900	±3.0
800	950		1800	2000				
1000	1150		2000	2200				

■ 베어링 중심간 거리 및 풀리 중심의 어긋남

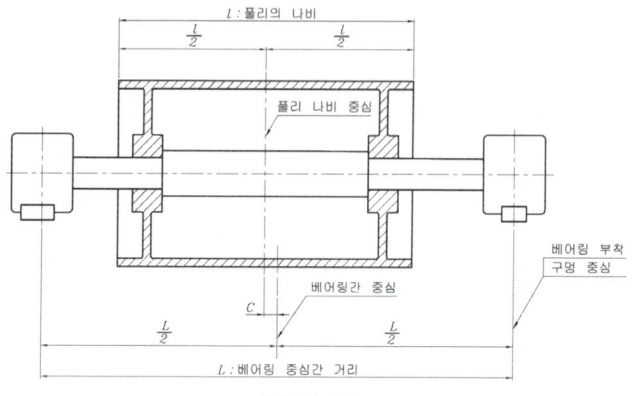

풀리의 치수

■ 베어링 중심간 거리 및 그 허용차

단위 :mm

베어링 지름	종별	벨트 나비						
		400~650	800, 1000	1200~1600	1800, 2000	2200, 2400	2600	
40 초과 100 이하	구동 풀리	500	550	600	700	750	800	
	종동 풀리	400	450	500	600	650	700	
100 초과 140 이하	구동 풀리	550	600	650	750	800	850	
	종동 풀리	450	500	550	650	700	750	
140 초과 220 이하	구동 풀리	650	700	750	850	900	950	
	종동 풀리	550	600	650	750	800	850	
220 초과 300 이하	구동 풀리	750	800	850	950	1000	1050	
	종동 풀리	650	700	750	850	900	950	
		±2.0	±2.0	±2.0	±3.0	±3.0	±4.0	

주▶ • 슈트 부착 종동 풀리의 경우는 구동 풀리를 적용한다.

■ 풀리 중심의 어긋남 C의 허용차

단위 : mm

벨트 나비	허용차	벨트 나비	허용차	벨트 나비	허용차
450 500 650	2.0	1200 1400 1600	3.0	2200 2400	4.0
				2600	5.0
800 1000	2.5	1800 2000	3.5	-	-

■ 풀리 바깥지름 흔들림의 허용값

단위 : mm

풀리 바깥 지름	허용값
500 이하	1.0
500 초과 800 이하	1.5
800 초과	2.0

■ 풀리 바깥지름 차의 허용값

단위 : mm

종류	풀리 바깥지름	벨트 나비			
		400~650	800, 1000	1200~2000	2200~2600
래깅없는 풀리	500 이하	1.0	1.5	2.0	2.5
	500 초과	1.5	2.0	2.5	3.0
래깅 풀리	500 이하	1.5	2.0	2.5	3.0
	500 초과	2.0	2.5	3.0	3.5

[참고 치수]

■ 풀리 나비 및 그 허용차

단위 : mm

벨트 나비	풀리 나비	허용차
450	550	
600	700	
750	900	±2.0
900	1050	
1050	1200	

■ 베어링 중심간 거리 및 그 허용차

단위 : mm

베어링 지름	종류별	벨트 나비			
		450, 600		750, 900, 1050	
40 초과 100 이하	구동 풀리	500		550	
	종동 풀리	400		450	
100 초과 140 이하	구동 풀리	550		600	
	종동 풀리	450	±2.0	500	±2.0
140 초과 220 이하	구동 풀리	650		700	
	종동 풀리	550		600	
220 초과 300 이하	구동 풀리	750		800	
	종동 풀리	650		700	

■ 풀리 중심의 어긋남 C의 허용차

단위 : mm

벨트 나비	허용차
450, 600	2.0
750, 900, 1050	2.5

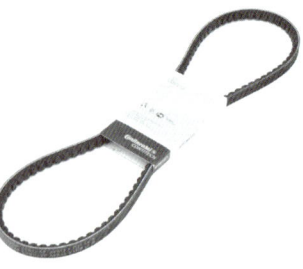

Chapter 10

롤러 체인과
스프로킷 규격 데이터

10-1 | 전동용 롤러 체인 KS B 1407 : 2003

1. 롤러 체인의 호칭 번호

피치 (기준값) mm	호칭 번호			체인의 형식
	A계 롤러 체인		B계 롤러 체인	
	1종	2종		
6.35	25	04C	-	부시 체인
9.525	35	06C	-	(롤러가 없는 것)
8	-	-	05B	
9.525	-	-	06B	
12.7	-	-	081	
12.7	-	-	083	
12.7	-	-	084	
12.7	41	085	-	
12.7	40	08A	08B	
15.875	50	10A	10B	
19.05	60	12A	12B	
25.4	80	16A	16B	
31.75	100	20A	20B	
38.1	120	24A	24B	롤러 체인
44.45	140	28A	28B	
50.8	160	32A	32B	
57.15	180	36A	-	
63.5	200	40A	40B	
76.2	240	48A	48B	
88.9	-	-	56B	
101.6	-	-	64B	
114.3	-	-	72B	

주▶ A계 롤러 체인의 2종 및 B계 롤러 체인은 ISO 606 및 ISO 1395의 호칭 번호와 일치한다. 또한 ISO 1395는 부시 체인 2품종만 있다.

[비 고]
1. A계 1종에 있어서 끝자리 수가 0인 것은 롤러가 있는 것, 5인 것은 롤러가 없는 것, 1인 것은 경량형이다.
2. A계 1종의 호칭 번호는 해당 번호의 기준 피치값을 3.175로 나눈 값에 10배수로 하여 나타낸 것이다.

[보기]
50은 15.875÷3.175=5

2. 체인의 형식

형 식	내 용
롤러 체인	롤러가 있는 체인 나타낸다.
부시 체인	롤러가 없는 체인 나타낸다.

3. 링크의 형식

구 분	형 식	기 호	내 용
롤러 링크	롤러형	RL	롤러가 있는 것
	부시형	BL	롤러가 없는 것
핀 링크	리벳형	RP	핀의 양끝을 때려 머리를 만드는 형식
	분할핀형	CP	핀의 한끝을 분할핀 또는 그 밖의 방법으로 고정한 형식의 것
이음 링크	클립형	CL	이음판을 스프링 클립으로 고정시킨 형식의 것으로서 일반적으로 피치가 19.05mm 이하의 것에 사용한다.
	분할핀형	CP	이음판을 분할핀으로 고정시킨 형식의 것으로서 일반적으로 피치가 25.4mm 이하의 것에 사용한다.
오프셋 링크	1피치형	1 POL	홀수 링크용으로서 일반적으로 오프셋 링크(cranked link) 1개를 사용한다.
	2피치형	2 POL	홀수 링크용으로서 1개의 오프셋 롤러 링크와 1개의 롤러 링크를 리벳형 핀으로 연결한 것

[비 고]
1피치형 오프셋 링크의 기호는 필요에 따라 'OL'로 해도

4. 인장강도

단위 : kN

A계 롤러 체인							B계 롤러 체인			
1종				2종						
호칭번호	1열	2열	3열	호칭번호	1열	2열	3열	호칭번호	1열	2열	3열
25	3.6	7.2	10.8	04C	3.5	7	10.5	-	-	-	-
35	8.7	17.4	26.1	06C	7.9	15.8	23.7	-	-	-	-
-	-	-	-	-	-	-	-	05B	4.4	7.8	11.1
-	-	-	-	-	-	-	-	06B	8.9	16.9	24.9
-	-	-	-	-	-	-	-	081	8	-	-
-	-	-	-	-	-	-	-	083	11.6	-	-
-	-	-	-	-	-	-	-	084	15.6	-	-
41	7.4	-	-	085	6.7	-	-	-	-	-	-
40	15.2	30.4	45.6	08A	13.8	27.6	41.4	08B	17.8	31.1	44.5
50	24	48	72	10A	21.8	43.6	65.4	10B	22.2	44.5	66.7
60	34.2	68.4	102.6	12A	31.1	62.3	93.4	12B	28.9	57.8	86.7
80	61.2	122.4	183.6	16A	55.6	111.2	166.8	16B	60	106	160
100	95.4	190.8	286.2	20A	86.7	173.5	260.2	20B	95	170	250
120	137.1	274.2	411.3	24A	124.6	249.1	373.7	24B	160	280	425
140	185.9	371.8	557.7	28A	169	338.1	507.1	28B	200	360	530
160	244.6	489.2	733.8	32A	222.4	444.8	667.2	32B	250	450	670
180	308.2	616.4	924.6	36A	280.2	560.5	840.7	-	-	-	-
200	381.7	763.4	1145.1	40A	347	693.9	1040.9	40B	355	630	950
240	550.4	1100.8	1651.2	48A	500.4	1000.8	1501.3	48B	560	1000	1500
-	-	-	-	-	-	-	-	56B	850	1600	2240
-	-	-	-	-	-	-	-	64B	1120	2000	3000
-	-	-	-	-	-	-	-	72B	1400	2500	3750

[비 고]
1. A계 롤러 체인에 있어서 2종의 호칭 번호 04C 및 06C의 인장 강도는 ISO 1395와 일치한다.
2. 비고 1 이외의 A계 롤러 체인 2종 및 B계 롤러 체인의 인장 강도는 ISO 606과 일치한다.

5. 길이의 허용차

구 분	길이의 허용차 %
부속 장치가 없는 것	+0.15 0
부속 장치가 붙은 것	+0.25 -0.05

주 ▶ • ISO 606 및 ISO 1395에서는 길이 허용차를 +0.15%로 규정하고 있다.

6. 롤러 체인의 구조 및 스프로킷(RS60 롤러 체인의 예)

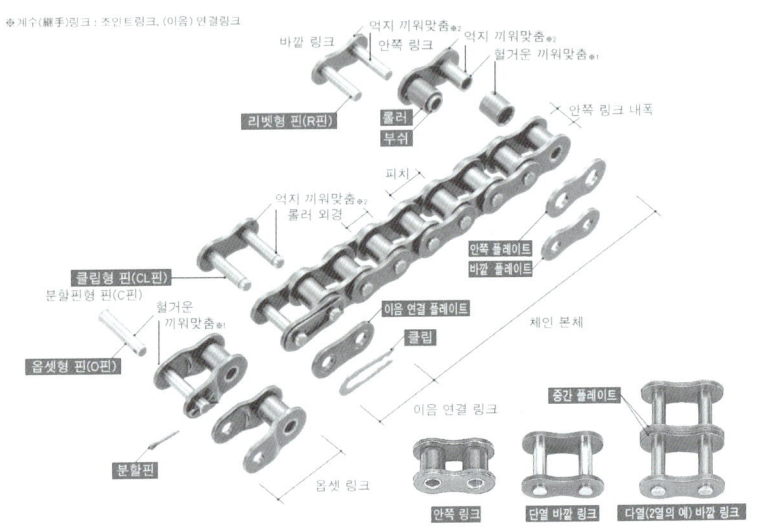

TSUBAKI 카다로그 발췌

평판형 스프로킷

한쪽 허브형 2줄 스프로킷

7. A계 롤러 체인의 치수

단위 : mm

호칭번호		피치 p	롤러 바깥 지름 d_1	롤러 링크 안나비 b_1	롤러 링크 바깥나비 b_2	핀 링크 안나비 b_3	핀 바깥 지름 d_2	부시 안지름 d_3	핀 길이		
1종	2종								1줄 b_4	2줄 b_5	3줄 b_6
		기준값	최대	최소	최대	최소	최대	최소	최대	최대	최대
25	04C	6.35	3.3	3.1	4.8	4.86	2.31	2.33	9.1	15.5	21.8
35	06C	9.525	5.08	4.68	7.47	7.52	3.59	3.61	13.2	23.4	33.5
41	085	12.7	7.77	6.25	9.07	9.12	3.58	3.63	14	-	-
40	08A	12.7	7.92	7.85	11.18	11.23	3.98	4	17.8	32.3	46.7
50	10A	15.875	10.16	9.4	13.84	13.89	5.09	5.12	21.8	39.3	57.9
60	12A	19.05	11.91	12.57	17.75	17.81	5.96	5.98	26.9	49.8	72.6
80	16A	25.4	15.88	15.75	22.61	22.66	7.94	7.96	33.5	62.7	91.9
100	20A	31.75	19.05	18.9	27.46	27.51	9.54	9.56	41.1	77	113
120	24A	38.1	22.23	25.22	35.46	35.51	11.11	11.14	50.8	96.3	141.7
140	28A	44.45	25.4	25.22	37.19	37.24	12.71	12.74	54.9	103.6	152.4
160	32A	50.8	28.58	31.55	45.21	45.26	14.29	14.31	65.5	124.2	182.9
180	36A	57.15	35.71	35.48	50.85	50.98	17.46	17.49	73.9	140	206
200	40A	63.5	39.68	37.85	54.89	54.94	19.85	19.87	80.3	151.9	223.5
240	48A	76.2	47.63	47.35	67.82	67.87	23.81	23.84	95.5	183.4	271.3

호칭번호		핀길이 b_c	체인 통로 깊이 h_1	롤러 링크판 높이 h_2	핀 링크판 높이 h_3	오프셋 링크			체결을 위한 추가 나비 b_t	횡단 핀 P_t (다줄의 경우)	판의 두께 b_0
1종	2종					l_1	l_2	C			
		최대	최소	최대	최대	최소	최대	-	최대	기준값	참고
25	04C	7.1	6.27	6.02	5.21	2.64	3.06	0.08	2.5	6.4	0.75
35	06C	9.9	9.30	9.05	7.80	3.96	4.60	0.08	3.3	10.1	1.25
41	085	9	10.17	9.91	9.91	5.28	6.1	0.08	2	-	1.25
40	08A	12.8	12.33	12.07	10.41	5.28	6.1	0.08	3.9	14.4	1.5
50	10A	15	15.35	15.09	13.04	6.6	7.62	0.1	4.1	18.1	2
60	12A	18.1	18.34	18.08	15.62	7.9	9.14	0.1	4.6	22.8	2.4
80	16A	22.2	24.39	24.13	20.83	10.54	12.19	0.13	5.4	29.3	3.2
100	20A	26.7	30.48	30.18	26.04	13.16	15.24	0.15	6.1	35.8	4
120	24A	32	36.55	36.2	31.24	15.8	18.26	0.18	6.6	45.4	4.8
140	28A	34.9	42.67	42.24	36.45	18.42	21.31	0.2	7.4	48.9	5.6
160	32A	40.7	48.74	48.26	41.66	21.03	24.33	0.2	7.9	58.5	6.4
180	36A	46.1	54.86	54.31	46.86	23.65	27.36	0.2	9.1	65.8	7.1
200	40A	50.4	60.93	60.33	52.07	26.24	30.35	0.2	10.2	71.6	8
240	48A	58.3	73.13	72.39	62.48	31.4	36.4	0.2	10.5	87.8	9.5

[비 고]
- 위 표에서 b_c 및 b_0는 ISO 606 및 ISO 1395에 없는 치수이다.

주▶
1. **오프셋 링크**가 부담되는 체인에 대해서는 사용을 권고하지 않는다.
2. **체결을 위한 추가 나비**의 실제 치수는 사용된 형식에 따르지만 주어진 치수를 초과하지 않는 것이 바람직하고, 제조자로부터 구매자가 얻을 수 있는 세부 사항을 따르는 것이 좋다.
3. 호칭 번호 41 및 085는 1줄에 한한다.
4. 롤러 바깥지름의 기준값 중 3.3과 5.08의 경우 d_1은 부시 바깥지름을 나타낸다.

8. B계 롤러 체인의 치수

단위 : mm

호칭 번호	피치 p	롤러 바깥 지름 d_1	롤러 링크 안나비 b_1	롤러 링크 바깥나비 b_2	핀 링크 안나비 b_3	핀 바깥 지름 d_2	부시 안지름 d_3	핀 길이 b_4	핀 길이 b_5	핀 길이 b_6
	기준값	최대	최소	최대	최소	최대	최소	최대	최대	최대
05B	8	5	3	4.77	4.9	2.31	2.36	8.6	14.3	19.9
06B	9.525	6.35	5.72	8.53	8.66	3.28	3.33	13.5	23.8	34
081	12.7	7.75	3.3	5.8	5.93	3.66	3.68	10.2	-	-
083	12.7	7.75	4.88	7.9	8.03	4.09	4.14	12.9	-	-
084	12.7	7.75	4.88	8.8	8.93	4.09	4.14	14.8	-	-
08B	12.7	8.51	7.75	11.3	11.43	4.45	4.5	17	31	44.9
10B	15.875	10.16	9.65	13.28	13.41	5.08	5.13	19.6	36.2	52.8
12B	19.05	12.07	11.68	15.62	15.75	5.72	5.77	22.7	42.2	61.7
16B	25.4	15.88	17.02	25.45	25.58	8.28	8.33	36.1	68	99.9
20B	31.75	19.05	19.56	29.01	29.14	10.19	10.24	43.2	79.7	116.1
24B	38.1	25.4	25.4	37.92	38.05	14.63	14.68	53.4	101.8	150.2
28B	44.45	27.94	30.99	46.58	46.71	15.9	15.95	65.1	124.7	184.3
32B	50.8	29.21	30.99	45.57	45.7	17.81	17.86	67.4	126	184.5
40B	63.5	39.37	38.1	55.75	55.88	22.89	22.94	82.6	154.9	227.2
48B	76.2	48.26	45.72	70.56	70.69	29.24	29.29	99.1	190.4	281.6
56B	88.9	53.98	53.34	81.33	81.46	34.32	34.37	114.6	221.2	-
64B	101.6	63.5	60.96	92.02	92.15	39.4	39.45	130.9	250.8	-
72B	114.3	72.39	68.58	103.81	103.94	44.48	44.53	147.4	283.7	-

호칭 번호	핀길이 b_c	체인 통로 깊이 h_1	롤러 링크판 높이 h_2	핀 링크판 높이 h_3	오프셋 링크 l_1	오프셋 링크 l_2	오프셋 링크 C	체결을 위한 추가 나비 b_7	횡단 핀 P_t (다줄의 경우)	판의 두께 b_0 핀 링크판	판의 두께 b_0 롤러 링크판
	최대	최소	최대	최대	최소	최대	-	최대	기준값	참고	참고
05B	7.4	7.37	7.11	7.11	3.71	3.71	0.08	3.1	5.64	0.75	0.75
06B	10.1	8.52	8.26	8.26	4.32	4.32	0.08	3.31	10.24	1	1.3
081	6.6	10.17	9.91	9.91	5.36	5.36	0.08	1.51	-	1	1
083	8	10.56	10.3	10.3	5.36	5.36	0.08	1.51	-	1.3	1.3
084	8.9	11.41	11.15	11.15	5.77	5.77	0.08	1.51	-	1.5	1.9
08B	12.4	12.07	11.81	11.81	5.66	6.12	0.08	3.91	13.92	1.5	1.5
10B	13.9	14.99	14.73	14.73	7.11	7.62	0.1	4.11	16.59	1.5	1.5
12B	16	16.39	16.13	16.13	8.33	8.33	0.1	4.61	19.46	1.7	1.8
16B	23.5	21.34	21.08	21.08	11.15	11.15	0.13	5.41	31.88	3.2	4
20B	27.7	26.68	26.42	26.42	13.89	13.89	0.15	6.11	36.45	3.5	4.5
24B	33.3	33.73	33.4	33.4	17.55	17.55	0.18	6.61	48.36	5.2	6
28B	40	37.46	37.08	37.08	19.51	19.51	0.2	7.41	59.56	6.3	7.5
32B	41.6	42.72	42.29	42.29	22.2	22.2	0.2	7.9	58.55	6.3	7
40B	51.5	53.49	52.96	52.96	27.76	27.76	0.2	10.2	72.29	8	8.5
48B	60.1	64.52	63.88	63.88	33.45	33.45	0.2	10.5	91.21	10	12.1
56B	69	78.64	77.85	77.85	40.61	40.61	0.2	11.7	106.6	12.3	13.6
64B	78.5	91.08	90.17	90.17	47.07	47.07	0.2	13	119.89	13.6	15.2
72B	88	104.67	103.63	103.63	53.37	53.37	0.2	14.3	136.27	15.7	17.4

[비 고]
- 위 표에서 b_c 및 h_0는 ISO 606에 없는 치수이다.

주 ▶
1. 오프셋 링크가 부담되는 체인에 대해서는 사용을 권고하지 않는다.
2. 체결을 위한 추가 나비의 실제 치수는 사용된 형식에 따르지만 주어진 치수를 초과하지 않는 것이 바람직하고, 제조자로부터 구매자가 얻을 수 있는 세부 사항을 따르는 것이 좋다.
3. 호칭 번호 081, 083 및 084는 1줄에 한한다.
4. 핀 길이 중 다줄 롤러 체인의 핀 길이는 $b_4 + p_t \times$(체인의 줄 수−1)로 산출한다.

9. 어태치먼트의 모양 및 치수

① 어태치먼트의 종류

구 분	종 류	기 호	장착 구멍 수	적용한 롤러 체인
I 형	평판 어태치먼트	SA 1 SK1	1	A계 롤러 체인에 한하여 적용한다.
	밴드 어태치먼트	A1 K1		
	연장 핀 어태치먼트	D1	-	
II 형	밴드 어태치먼트	K1	1	A계 및 B계 롤러 체인에 한하여 적용한다.
		K2	2	

[비 고]
1. 어태치먼트 I 형은 ISO 1395(호칭 번호 06C)에서 규정된 것이다.
2. 어태치먼트 II 형은 ISO 606에서 규정된 것이다.

② A계 롤러 체인 I 형 어태치먼트의 모양 및 치수

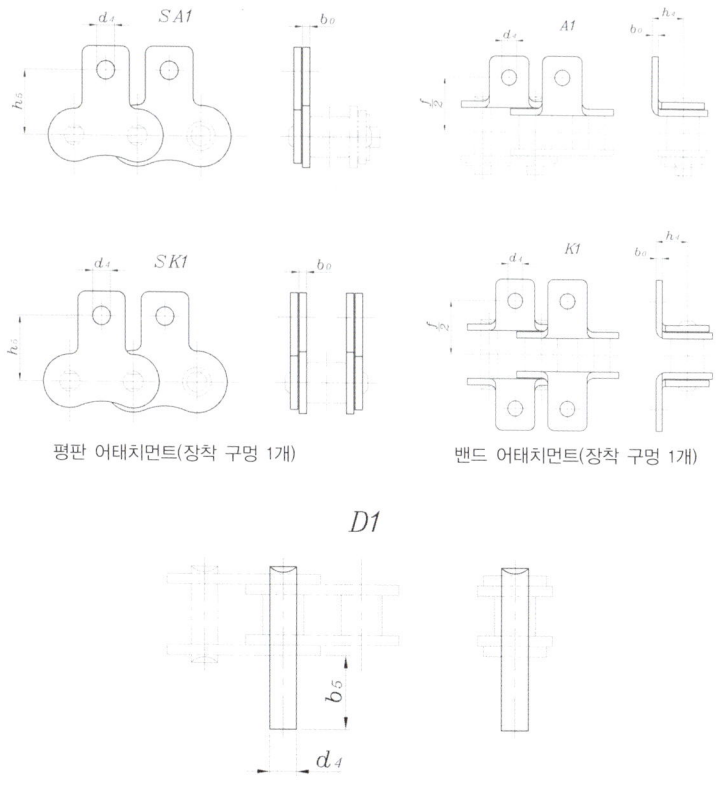

평판 어태치먼트(장착 구멍 1개) 밴드 어태치먼트(장착 구멍 1개)

연장 핀 어태치먼트

단위 : mm

호칭 번호		장착구멍 지름 (최소)	장착부 높이	장착 구멍까지 높이	중심 거리	핀 바깥지름 (최소)	돌출 길이	핀의 두께
1종	2종	d_4	h_4	h_5	f	d_2	b_5	b_9
25	04C	2.6	7.9	14.3	14.3	2.31	6	0.75
35	06C	2.59	9.53	19	19	3.58	9.5	1.25
40	08A	3.3	12.7	25.4	25.4	3.98	9.5	1.5
50	10A	5.1	15.9	31.75	31.75	5.09	11.9	2
60	12A	5.1	18.3	38.1	38.1	5.96	14.3	2.4
80	16A	6.6	24.6	50.8	50.8	7.94	19	3.2
100	20A	8.2	31.8	63.5	63.5	9.54	23.8	4
120	24A	9.8	36.6	76.2	76.2	11.11	28.6	4.8
140	28A	11.4	44.4	88.9	88.9	12.71	33.3	5.6
160	32A	13.1	50.8	101.6	101.6	14.29	38.1	6.4
200	40A	16.3	63.5	127	127	19.85	47.6	8

[비 고]
- ISO 606에서는 h_4, d_4 및 f에 대해서만 규정하고 있다.

주 ▶
1. 호칭 번호 1종 25에 대해서 ISO 1395에서는 규정하고 있지 않다.
2. 호칭 번호 1종 200에 대해서 ISO 606에서는 규정하고 있지 않다.

③ A계 및 B계 롤러 체인의 II형 어태치먼트 치수

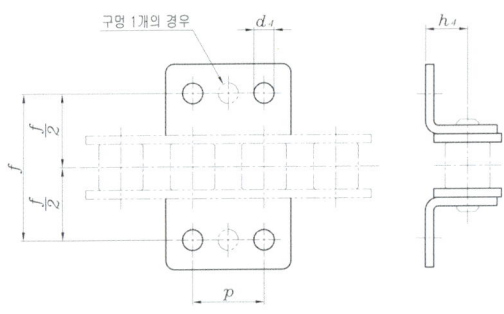

핀 링크판 어태치먼트

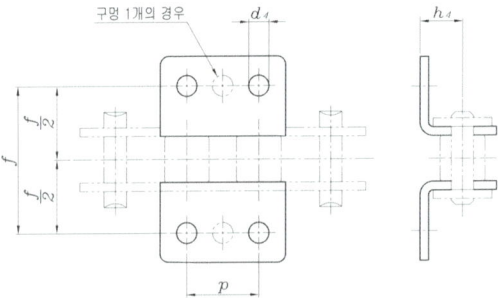

롤러 링크판 어태치먼트

단위 : mm

| 호칭 번호 | | | 장착 구멍 피치 | 장착 구멍 지름(최소) | 장착부 높이 | 중심거리 |
| A계 | | B계 | | | | |
1종	2종		p	d_4	h_4	f
40	08A	-	12.7	3.3	7.92	25.4
-	-	08B	12.7	4.3	8.89	25.4
50	10A	-	15.875	5.1	10.31	31.75
-	-	10B	15.875	5.3	10.31	31.75
60	12A	-	19.05	5.1	11.91	38.1
-	-	12B	19.05	6.4	13.46	38.1
80	16A	-	25.4	6.6	15.88	50.8
-	-	16B	25.4	6.4	15.88	50.8
100	20A	-	31.75	8.2	19.84	63.5
-	-	20B	31.75	8.4	19.84	63.5
120	24A	-	38.1	9.8	23.01	76.2
-	-	24B	38.1	10.5	26.67	76.2
140	28A	-	44.45	11.4	28.58	88.9
-	-	28B	44.45	13.1	28.58	88.9
160	32A	-	50.8	13.1	31.75	101.6
-	-	32B	50.8	13.1	31.75	101.6

[비 고]
• B계 롤러 체인에는 호칭 번호 1종, 2종을 구분하지 않는다.

10. 스프로킷의 모양 및 치수

① 스프로킷의 종류

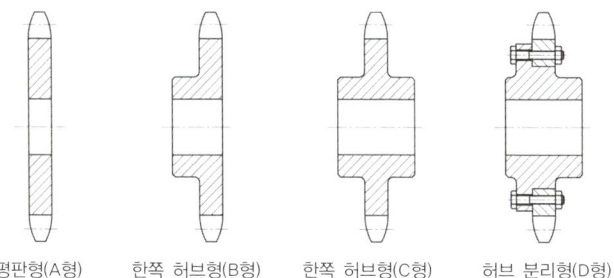

평판형(A형)　　한쪽 허브형(B형)　　한쪽 허브형(C형)　　허브 분리형(D형)

② 치형의 모양 및 치수

스프로킷의 기본 치형은 S치형, U치형 및 ISO 치형으로 하여 피치원 지름, 이끝원 지름, 이뿌리원 지름, 이뿌리 거리, 최대 허브 지름 및 최대 이골 지름(2줄 이상의 경우)의 기준 치수는 다음 계산식에 따른다.

③ 스프로킷의 기본 치수 계산식

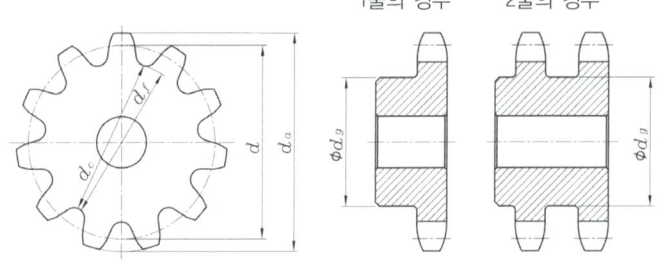

단위 : mm

항목	S치형, U치형 기본 치수 계산식	ISO 치형 기본 치수 계산식
피치원 지름(d)	$d = \dfrac{p}{\sin\dfrac{180°}{z}}$	
이끝원 지름(d_a)	$d_a = p\left(0.6 + \cot\dfrac{180°}{z}\right)$	최대 $d_a = d + 1.25p - d_1$ 최소 $d_a = d + p\left(1 - \dfrac{1.6}{z}\right) - d_1$
이뿌리원 지름(d_f)	$d_f = d - d_1$	
이뿌리 거리(d_c)	짝수 이 $d_c = d_f$ 홀수 이 $d_c = d\cos\dfrac{90°}{z} - d_1$ $= p\dfrac{1}{2\sin\dfrac{180°}{2z}} - d_1$	
최대 허브 지름 및 최대 이골 지름(d_g)	$d_g = p\cot\left(\dfrac{180°}{z} - 1\right) - 0.76$	$d_g = p\cot\dfrac{180°}{z} - 1.04h_2 - 0.76$

p : 롤러 체인의 피치, z : 잇수 d_1 : 롤러 체인의 롤러 바깥지름, h_2 : 롤러 체인의 링크판 높이

④ 단위 피치($p = 1mm$)의 피치원 지름

잇수 z	단위 피치의 피치원 지름 d(mm)	잇수 z	단위 피치의 피치원 지름 d(mm)	잇수 z	단위 피치의 피치원 지름 d(mm)	잇수 z	단위 피치의 피치원 지름 d(mm)
9	2.9238	45	14.3356	81	25.7896	117	37.2467
10	3.2361	46	14.6536	82	26.1078	118	37.5650
11	3.5495	47	14.9717	83	26.4261	119	37.8833
12	3.8637	48	15.2898	84	26.7443	120	38.2016
13	4.1786	49	15.6079	85	27.0625	121	38.5198
14	4.4940	50	15.9260	86	27.3807	122	38.8381
15	4.8097	51	16.2441	87	27.6990	123	39.1564
16	5.1258	52	16.5622	88	28.0172	124	39.4746
17	5.4422	53	16.8803	89	28.3335	125	39.7929
18	5.7588	54	17.1984	90	28.6537	126	40.1112
19	6.0755	55	17.5166	91	28.9720	127	40.4295
20	6.3925	56	17.8347	92	29.2902	128	40.4748
21	6.7095	57	18.1529	93	29.6085	129	41.0660
22	7.0267	58	18.4710	94	29.9267	130	41.3843
23	7.3439	59	18.7892	95	30.2449	131	41.7026
24	7.6613	60	19.1073	96	30.5632	132	42.0209

잇수 z	단위 피치의 피치원 지름 d(mm)	잇수 z	단위 피치의 피치원 지름 d(mm)	잇수 z	단위 피치의 피치원 지름 d(mm)	잇수 z	단위 피치의 피치원 지름 d(mm)
25	7.7987	61	19.4255	97	30.8815	133	42.3391
26	8.2962	62	19.7437	98	31.1997	134	42.6574
27	8.6138	63	20.0618	99	31.5180	135	42.9757
28	8.9314	64	20.3800	100	31.8362	136	43.2940
29	9.2491	65	20.6982	101	32.1545	137	43.6123
30	9.5668	66	21.0164	102	32.4727	138	43.9306
31	9.8845	67	21.3346	103	32.7910	139	44.2488
32	10.2023	68	21.6528	104	33.1093	140	44.5671
33	10.5201	69	21.9710	105	33.4275	141	44.8854
34	10.8380	70	22.2892	106	33.7458	142	45.2037
35	11.1558	71	22.6074	107	34.0641	143	45.5220
36	11.4737	72	22.9256	108	34.3823	144	45.8403
37	11.7916	73	23.2438	109	34.7006	145	46.1585
38	12.1096	74	23.5620	110	35.0188	146	46.4768
39	12.4275	75	23.8802	111	35.3371	147	46.7951
40	12.7455	76	24.1984	112	35.6554	148	47.1134
41	13.0635	77	24.5167	113	35.9737	149	47.4317
42	13.3815	78	24.8349	114	36.2919	150	47.7500
43	13.6995	79	25.1531	115	36.6102		
44	14.0175	80	25.4713	116	36.9285		

⑤ ISO 치형의 치형도

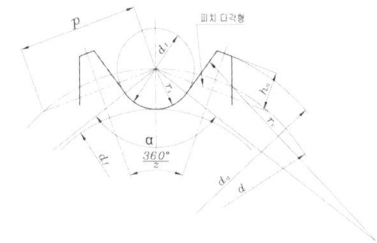

d : 피치원 지름
d_a : 이끝원 지름
d_f : 이뿌리원 지름
z : 잇수
p : 체인 피치(활줄 피치)
d_1 : 체인의 롤러 바깥지름 최대값

단위 : mm

항 목	계산식
이골의 모양	**최소 모양** 이높이 원호의 반지름 최대값 $r_e = 0.12d_1(z+2)$ 이뿌리 원호의 반지름 최소값 $r_i = 0.505d_1$ 이뿌리 원호의 협각 최대값(도) $\alpha = 140° - \dfrac{90°}{z}$ **최소 모양** 이높이 원호의 반지름 최소값 $r_e = 0.008d_1(z^2+180)$ 이뿌리 원호의 반지름 최대값 $r_i = 0.505d_1 + 0.069\sqrt[3]{d_1}$ 이뿌리 원호의 협각 최소값(도) $\alpha = 120° - \dfrac{90°}{z}$
피치 다각형 모양에서의 이의 높이	최대값 $h_a = 0.625p - 0.5d_1 + \dfrac{0.8}{z}p$ 최소값 $h_a = 0.5(p - d_1)$

⑥ 횡치형의 계산식

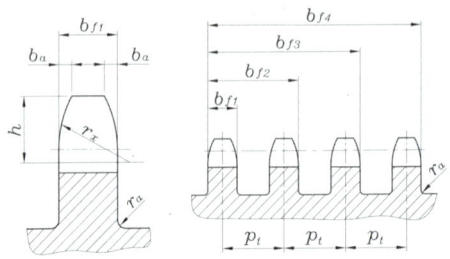

단위 : mm

항 목		계산식	
이 나비 b_{f1} (최대)	피치 12.7mm 이하의 경우	1줄 2줄, 3줄 4줄 이상	$b_{f1} = 0.93 b_1$ $b_{f1} = 0.91 b_1$ $b_{f1} = 0.89 b_1$ (참고)
	피치 12.7mm 초과의 경우	1줄 2줄, 3줄 4줄 이상	$b_{f1} = 0.95 b_1$ $b_{f1} = 0.93 b_1$ $b_{f1} = 0.91 b_1$ (참고)
전 이나비 b_{fn}	$b_{f1}, b_{f2}, b_{f3} \cdots p_t(n-1) + b_{f1}$		
모떼기 나비 b_a (약)	롤러 체인의 호칭 번호 081, 083, 084, 085 및 41의 경우 $b_a = 0.06 p$ 기타 체인의 경우 $b_a = 0.13 p$		
모떼기 깊이 h (참고)	$h = 0.5 p$		
모떼기 반지름 r_x (최소)	$r_x = p$		
둥글기 r_a (최대)	$r_a = 0.04 p$		

여기에서 p : 롤러 체인의 피치
　　　　n : 롤러 체인의 줄의 수
　　　　p_t : 다줄 롤러 체인의 횡단 피치
　　　　b_1 : 롤러 체인의 롤러 링크 안나비의 최소값

주〕 1. 일반적으로 모떼기 반지름은 위의 식에서 나타낸 최소값을 사용하지만 그 값 이상 무한대(원호는 직선이 된다)로 해도 좋다.
　　 2. 둥글기(최대)는 허브 지름 및 골지름의 최대값을 사용한 때의 값이다.

⑦ 각 부의 치수 허용차 및 허용값

■ 이나비, 전 이나비의 치수 허용차

단위 : mm

이나비 및 전 이나비	3 이하	3 초과 6 이하	6 초과 10 이하	10 초과 18 이하	18 초과 30 이하	30 초과 50 이하	50 초과 80 이하	80 초과 120 이하	120 초과 180 이하
치수 허용차 (h14)	0 -0.25	0 -0.3	0 -0.36	0 -0.43	0 -0.52	0 -0.62	0 -0.74	0 -0.87	0 -1

■ 이뿌리원 지름 및 이뿌리 거리의 치수 허용차

단위 : mm

이뿌리원 지름 또는 이뿌리 거리	127 이하	127 초과 250 이하	250 초과 315 이하	315 초과 400 이하	400 초과 500 이하	500 초과 630 이하	630 초과 800 이하	800 초과 1000 이하
치수 허용차	0 -0.25	0 -0.3	0 -0.32	0 -0.36	0 -0.4	0 -0.44	0 -0.5	0 -0.56

이뿌리원 지름 또는 이뿌리 거리	1000 초과 1250 이하	1250 초과 1600 이하	1600 초과 2000 이하	2000 초과 2500 이하	2500 초과 3150 이하
치수 허용차	0 -0.66	0 -0.78	0 -0.92	0 -1.1	0 -1.35

[비 고]
• 이뿌리원 지름 또는 이뿌리 거리의 치수가 250을 초과하는 것의 허용차는 h11이다.
  축 구멍 지름의 허용차는 H8로 한다.

⑧ 이뿌리 흔들림, 가로 흔들림의 허용값

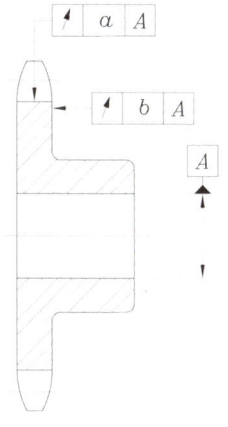

단위 : mm

이뿌리원 지름 d_f	90 이하	90 초과 190 이하	190 초과 850 이하	850 초과 1180 이하	1180 초과하는 것
이뿌리 흔들림 a	0.15	$0.0008 d_f + 0.08$		0.76	
가로 흔들림 b	0.25		$0.0009 d_f + 0.08$		1.14

10-2 | 롤러 체인용 스프로킷 치형 KS B 1408 : 2005 (2010 확인)

1. 스프로킷의 기준 치수

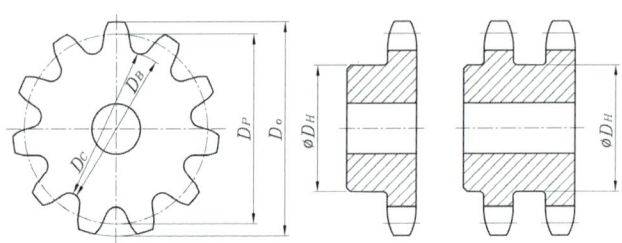

단위 : mm

항 목	계산식
피치원 지름(D_p)	$D_P = \dfrac{p}{\sin\dfrac{180°}{N}}$
바깥 지름(D_O)	$D_O = p\left(0.6 + \cot\dfrac{180°}{N}\right)$
이뿌리원 지름(D_B)	$D_B = D_p - d_1$
이뿌리 거리(D_C)	짝수 이 $D_C = D_B$ 홀수 이 $D_C = D_p \cos\dfrac{90°}{N} - d_1$ $\quad\quad\quad = p\dfrac{1}{2\sin\dfrac{180°}{2N}} - d_1$
최대 보스 지름 및 최대 홈 지름 (D_H)	$D_H = p\cot\left(\dfrac{180°}{N} - 1\right) - 0.76$

여기에서 p : 롤러 체인의 피치, N : 잇수 d_1 : 롤러 체인의 롤러 바깥지름

2. 가로 치형

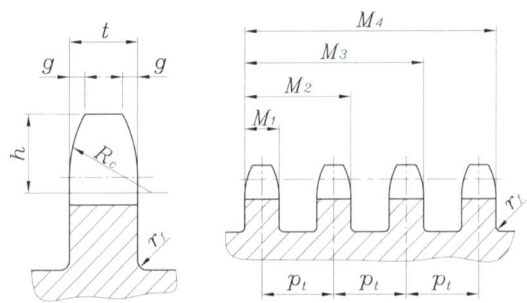

단위 : mm

호칭번호	가로치형 (횡치형)				이나비 t(최대)				이폭 전체 이폭 t · M		가로 피치 p_t	적용 롤러 체인(참고)		
	모떼기 폭 g (약)	모떼기 깊이 h (약)	모떼기 반지름 R_c (최소)	둥글기 r_f (최대)	홑줄	2줄, 3줄	4줄 이상	허용차				원주 피치 P	롤러 바깥 지름 d_1 (최대)	안쪽 링크 안쪽 나비 b_1 (최소)
25	0.8	3.2	6.8	0.3	2.8	2.7	2.4	0 -0.20			6.4	6.35	3.30	3.10
35	1.2	4.8	10.1	0.4	4.3	4.1	3.8				10.1	9.525	5.08	4.68
41	1.6	6.4	13.5	0.5	5.8	-	-				-	12.70	7.77	6.25
40	1.6	6.4	13.5	0.5	7.2	7.0	6.5	0 -0.25			14.4	12.70	7.95	7.85
50	2.0	7.9	16.9	0.6	8.7	8.4	7.9				18.1	15.875	10.16	9.40
60	2.4	9.5	20.3	0.8	11.7	11.3	10.6	0 -0.30			22.8	19.05	11.91	12.57
80	3.2	12.7	27.0	1.0	14.6	14.1	13.3				29.3	25.40	15.88	15.75
100	4.0	15.9	33.8	1.3	17.6	17.0	16.1	0 -0.35			35.8	31.75	19.05	18.90
120	4.8	19.0	40.5	1.5	23.5	22.7	21.5	0 -0.40			45.4	38.10	22.23	25.22
140	5.6	22.2	47.3	1.8	23.5	22.7	21.5	0 -0.40			48.9	44.45	25.40	25.22
160	6.4	25.4	54.0	2.0	29.4	28.4	27.0	0 -0.45			58.5	50.80	28.58	31.55
200	7.9	31.8	67.5	2.5	35.3	34.1	32.5	0 -0.55			71.6	63.50	39.68	37.85
240	9.5	38.1	81.0	3.0	44.1	42.7	40.7	0 -0.65			87.8	76.20	47.63	47.35

[비 고]
• 가로 치형이란, 톱니를 스프로킷의 축을 포함하는 평면으로 절단했을 때의 단면 모양을 말한다.

주 ▶
1. Rc는 일반적으로는 표에 표시한 최소값을 사용하지만, 이 값 이상 무한대(이 때 원호는 직선이 된다)가 되어도 좋다.
2. rf(최대)는 보스 지름 및 홈지름의 최대값 DH를 사용했을 때의 값이다.
3. 롤러 바깥지름 d1에서 3.30, 5.08의 경우 d1은 부시 바깥지름을 표시한다.
4. 41은 홑줄만으로 한다.

총 이나비
M2, M3, M4, ……, Mn=p_t(n−1)+t
n=줄수

④ 단위 피치($p = 1mm$)의 롤러 체인용 스프로킷의 피치원 지름
이뿌리 거리 계수 $\left(= \dfrac{1}{2\sin\left(\dfrac{180°}{2N}\right)} \right)$ 및 $\cot\dfrac{180°}{N}$ 수의 표

잇수 N	단위 피치의 피치원 지름 D_p(mm)	이뿌리 거리 계수	$\cot\dfrac{180°}{N}$
11	3.5495	3.5133	3.406
12	3.8637	-	3.732
13	4.1786	4.1481	4.057
14	4.4940	-	4.381
15	4.8097	4.7834	4.705
16	5.1258	-	5.027
17	5.4422	5.4190	5.350
18	5.7588	-	5.671
19	6.0755	6.0548	5.993
20	6.3925	-	6.314
21	6.7095	6.6907	6.635
22	7.0267	-	6.955
23	7.3439	7.3268	7.276
24	7.6613	-	7.596
25	7.7987	7.9630	7.916
26	8.2962	-	8.236
27	8.6138	8.5992	8.556
28	8.9314	-	8.875
29	9.2491	9.2355	9.195
30	9.5668	-	9.514
31	9.8845	9.8718	9.834
32	10.2023	-	10.153
33	10.5201	10.5082	10.472
34	10.8380	-	10.792
35	11.1558	11.1446	11.111
36	11.4737	-	11.430
37	11.7916	11.7810	11.749
38	12.1096	-	12.068
39	12.4275	12.4174	12.387
40	12.7455	-	12.706
41	13.0635	13.0539	13.025
42	13.3815	-	13.344
43	13.6995	13.6904	13.663
44	14.0175	-	13.982
45	14.3356	14.3269	14.301
46	14.6536	-	14.619
47	14.9717	14.9634	14.938
48	15.2898	-	15.257
49	15.6079	15.5999	15.576
50	15.9260	-	15.895
51	16.2441	16.2364	16.213
52	16.5622	-	16.532
53	16.8803	16.8729	16.851
54	17.1984	-	17.169
55	17.5166	17.5094	17.488
56	17.8347	-	17.807
57	18.1529	18.1460	18.125
58	18.4710	-	18.444
59	18.7892	18.7825	18.763
60	19.1073	-	19.081
61	19.4255	19.4190	19.400
62	19.7437	-	19.718
63	20.0618	20.0556	20.037
64	20.3800	-	20.355

잇수 N	단위 피치의 피치원 지름	이뿌리 거리 계수	$\cot\dfrac{180°}{z}$
65	20.6982	20.6922	20.674
66	21.0164	-	20.993
67	21.3346	21.3287	21.311
68	21.6528	-	21.630
69	21.9710	21.9653	21.948
70	22.2892	-	22.267
71	22.6074	22.6018	22.585
72	22.9256	-	22.904
73	23.2438	23.2384	23.222
74	23.5620	-	23.541
75	23.8802	23.8750	23.859
76	24.1984	-	24.178
77	24.5167	24.5116	24.496
78	24.8349	-	24.815
79	25.1531	25.1481	25.133
80	25.4713	-	25.452
81	25.7896	25.7847	25.770
82	26.1078	-	26.089
83	26.4261	26.4213	26.407
84	26.7443	-	26.726
85	27.0625	27.0580	27.044
86	27.3807	-	27.362
87	27.6990	27.6945	27.681
88	28.0172	-	27.999
89	28.3335	28.3311	28.318
90	28.6537	-	28.636
91	28.9720	28.9676	28.955
92	29.2902	-	29.273
93	29.6085	29.6042	29.592
94	29.9267	-	29.910
95	30.2449	30.2408	30.228
96	30.5632	-	30.547
97	30.8815	30.8774	30.865
98	31.1997	-	31.184
99	31.5180	31.5140	31.502
100	31.8362	-	31.821
101	32.1545	32.1506	32.139
102	32.4727	-	32.457
103	32.7910	32.7872	32.776
104	33.1093	-	33.094
105	33.4275	33.4238	33.413
106	33.7458	-	33.731
107	34.0641	34.0604	34.049
108	34.3823	-	34.368
109	34.7006	34.6970	34.686
110	35.0188	-	35.005
111	35.3371	35.3336	35.323
112	35.6554	-	35.641
113	35.9737	35.9702	35.960
114	36.2919	-	36.278
115	36.6102	36.6068	36.597
116	36.9285	-	36.915
117	37.2467	37.2434	37.233
118	37.5650	-	37.552
119	37.8833	37.8800	37.870
120	38.2016	-	38.188

예 ▶ 40 체인(P=12.70) 잇수(z)=20인 경우 피치원 직경(d)은 6.3925×12.70(피치)≒81.184750≒81.18mm

3. 롤러 체인용 스프로킷의 제도(호칭번호 25)

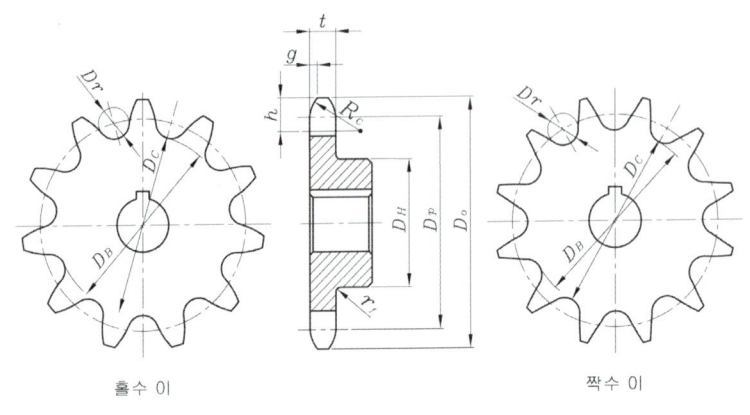

홀수 이   짝수 이

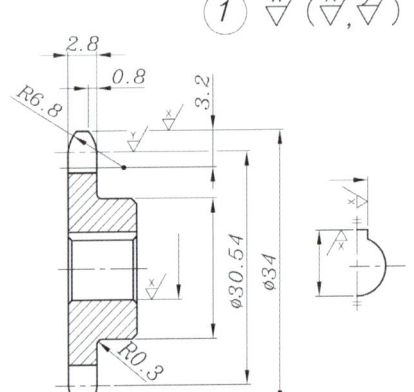

체인과 스프로킷 요목표

종류	구분	품번 ①
롤러 체인	호칭	25
	원주 피치	6.35
	롤러 외경	⌀3.30
스프로킷	잇수	15
	피치원 지름	⌀30.54
	이뿌리원 지름	⌀27.24
	이뿌리 거리	⌀27.07

단위 : mm

호칭 번호	가로치형(횡치형)							가로 피치 p_t	적용 롤러 체인(참고)		
	모떼기 나비 g (약)	모떼기 깊이 h (약)	모떼기 반지름 R_c (최소)	둥글기 r_f (최대)	이 나비 t (최대)				원주 피치 P	롤러 바깥 지름 d_1 (최대)	안쪽 링크 안쪽 나비 b_1 (최소)
					홑줄	2줄 3줄	4줄 이상	허용차			
25	0.8	3.2	6.8	0.3	2.8	2.7	2.4	0 -0.20	6.4	6.35	3.30	3.10
35	1.2	4.8	10.1	0.4	4.3	4.1	3.8		10.1	9.525	5.08	4.68
41	1.6	6.4	13.5	0.5	5.8	-	-		-	12.70	7.77	6.25

■ 롤러 체인용 스프로킷의 기준 치수(호칭번호 25)

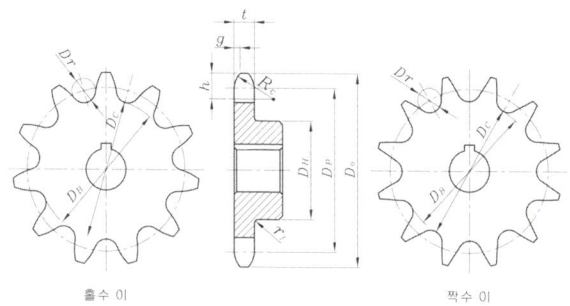

홀수 이 　　　　　　　　　짝수 이

단위 : mm

잇수	피치원지름	바깥지름	이뿌리원지름	이뿌리거리	최대보스지름	잇수	피치원지름	바깥지름	이뿌리원지름	이뿌리거리	최대보스지름
N	D_P	D_O	D_B	D_C	D_H	N	D_P	D_O	D_B	D_C	D_H
11	22.54	25	19.24	19.01	15	41	82.95	87	79.65	79.59	76
12	24.53	28	21.23	21.23	7	42	84.97	89	81.67	81.67	78
13	26.53	30	23.23	23.04	19	43	86.99	91	83.69	83.63	80
14	28.54	32	25.24	25.24	21	44	89.01	93	85.71	85.71	82
15	30.54	34	27.24	27.07	23	45	91.03	95	87.73	87.68	84
16	32.55	36	29.25	29.25	25	46	93.05	97	89.75	89.75	86
17	34.56	38	31.26	31.11	27	47	95.07	99	91.77	91.72	88
18	36.57	40	33.27	33.27	29	48	97.09	101	93.79	93.79	90
19	38.58	42	35.28	35.15	31	49	99.11	103	95.81	95.76	92
20	40.59	44	37.29	37.29	33	50	101.13	105	97.83	97.83	94
21	42.61	46	39.31	39.19	35	51	103.15	107	99.85	99.80	96
22	44.62	48	41.32	41.32	37	52	105.17	109	101.87	101.87	98
23	46.63	50	43.33	43.23	39	53	107.19	111	103.89	103.84	100
24	48.65	52	45.35	45.35	41	54	109.21	113	105.91	105.91	102
25	50.66	54	47.36	47.27	43	55	111.23	115	107.93	107.88	104
26	52.68	56	49.38	49.38	45	56	113.25	117	109.95	109.95	106
27	54.70	58	51.40	51.30	47	57	115.27	119	111.97	111.93	108
28	56.71	60	53.41	53.41	49	58	117.29	121	113.99	113.99	110
29	58.73	62	55.43	55.35	51	59	119.31	123	116.01	115.97	112
30	60.75	64	57.45	57.45	53	60	121.33	125	118.03	118.03	114
31	62.77	66	59.47	59.39	55	61	123.35	127	120.05	120.01	116
32	64.78	68	61.48	61.48	57	62	125.37	129	122.07	122.07	118
33	66.80	70	63.50	63.43	59	63	127.39	131	124.09	124.05	120
34	68.82	72	65.52	65.52	61	64	129.41	133	126.11	126.11	122
35	70.84	74	67.54	67.47	63	65	131.43	135	128.10	128.10	124
36	72.86	76	69.56	69.56	65	66	133.45	137	130.15	130.15	126
37	74.88	78	71.58	71.51	67	67	135.47	139	132.17	132.14	128
38	76.90	80	73.60	73.60	70	68	137.50	141	134.20	134.20	130
39	78.91	82	75.61	75.55	72	69	139.52	143	136.22	136.18	132
40	80.93	84	77.63	77.63	74	70	141.54	145	138.24	138.24	134

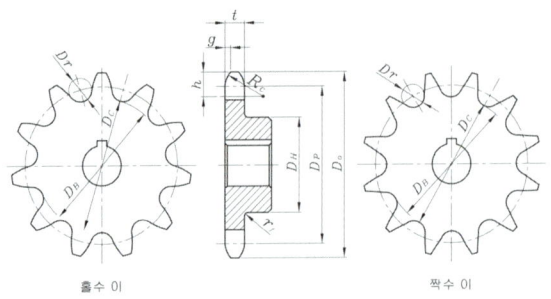

홀수 이 / 짝수 이

단위 : mm

잇수	피치원 지름	바깥지름	이뿌리원 지름	이뿌리 거리	최대보스 지름
N	D_P	D_O	D_B	D_C	D_H
71	143.56	147	140.26	140.22	136
72	145.58	149	142.28	142.28	138
73	147.60	151	144.30	144.26	140
74	149.62	153	146.32	146.32	142
75	151.64	155	148.34	148.31	144
76	153.66	157	150.36	150.36	146
77	155.68	159	152.38	152.35	148
78	157.70	161	154.40	154.40	150
79	159.72	163	156.42	156.39	152
80	161.74	165	158.44	158.44	155
81	163.76	167	160.44	160.43	157
82	165.78	169	162.48	162.48	159
83	167.81	171	164.51	164.48	161
84	169.83	174	166.53	166.53	163
85	171.85	176	168.55	168.52	165
86	173.87	178	170.57	170.57	167
87	175.89	180	172.59	172.56	169
88	177.91	182	174.61	174.61	171
89	179.93	184	176.63	176.60	173
90	181.95	186	178.65	178.65	175
91	183.97	188	180.67	180.64	177
92	185.99	190	182.69	182.69	179
93	188.01	192	184.71	184.69	181
94	190.03	194	186.73	186.73	183
95	192.06	196	188.76	188.73	185
96	194.08	198	190.78	190.78	187
97	196.10	200	192.80	192.77	189
98	198.12	202	194.82	194.82	191
99	200.14	204	196.84	196.81	193
100	202.16	206	198.86	198.86	195

단위 : mm

잇수	피치원 지름	바깥지름	이뿌리원 지름	이뿌리 거리	최대보스 지름
N	D_P	D_O	D_B	D_C	D_H
101	204.18	208	200.88	200.86	197
102	206.20	210	202.90	202.90	199
103	208.22	212	204.92	204.90	201
104	210.24	214	206.94	206.94	203
105	212.26	216	208.96	208.94	205
106	214.29	218	210.99	210.99	207
107	216.31	220	213.01	212.98	209
108	218.33	222	215.03	215.03	211
109	220.35	224	217.05	217.03	213
110	222.37	226	219.07	219.07	215
111	224.39	228	221.09	221.07	217
112	226.41	230	223.11	223.11	219
113	228.43	232	225.13	225.11	221
114	230.45	234	227.15	227.15	223
115	232.47	236	229.17	229.15	225
116	234.50	238	231.20	231.20	227
117	236.52	240	233.22	233.20	229
118	238.54	242	235.24	235.24	231
119	240.56	244	237.26	237.24	233
120	242.58	246	239.28	239.28	235

4. 롤러 체인용 스프로킷의 제도(호칭번호 35)

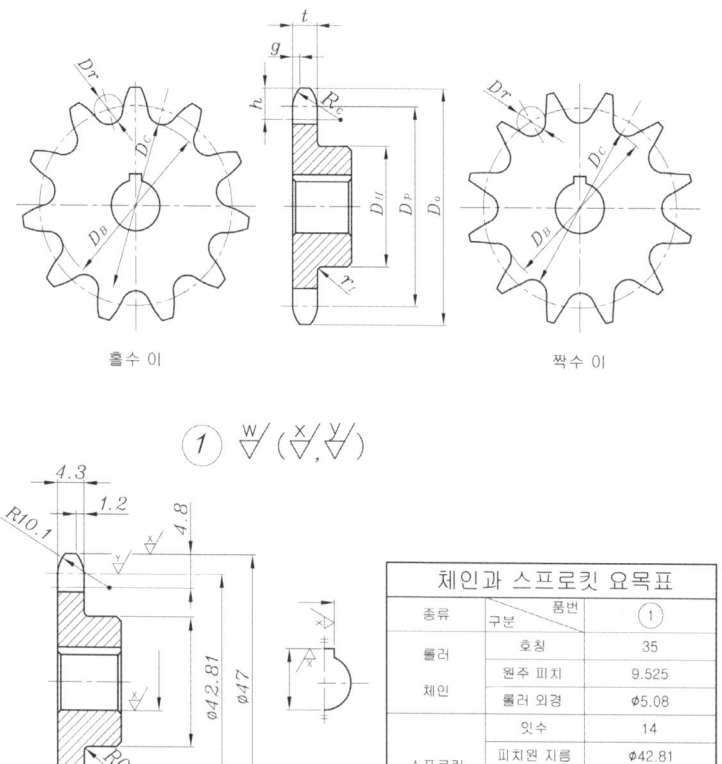

홀수 이   짝수 이

체인과 스프로킷 요목표

종류	구분	품번 ①
롤러 체인	호칭	35
	원주 피치	9.525
	롤러 외경	⌀5.08
스프로킷	잇수	14
	피치원 지름	⌀42.81
	이뿌리원 지름	⌀37.73
	이뿌리 거리	⌀37.73

단위 : mm

호칭번호	모떼기 나비 g (약)	모떼기 깊이 h (약)	모떼기 반지름 R_c (최소)	둥글기 r_f (최대)	이 나비 t (최대)			허용차	가로 피치 p_t	적용 롤러 체인(참고)		
					홑줄	2줄, 3줄	4줄 이상			원주 피치 P	롤러 바깥 지름 d_1 (최대)	안쪽 링크 안쪽 나비 b_1 (최소)
25	0.8	3.2	6.8	0.3	2.8	2.7	2.4	0 −0.20	6.4	6.35	3.30	3.10
35	1.2	4.8	10.1	0.4	4.3	4.1	3.8		10.1	9.525	5.08	4.68
41	1.6	6.4	13.5	0.5	5.8	-	-	-	-	12.70	7.77	6.25

■ 롤러 체인용 스프로킷의 기준 치수(호칭번호 35)

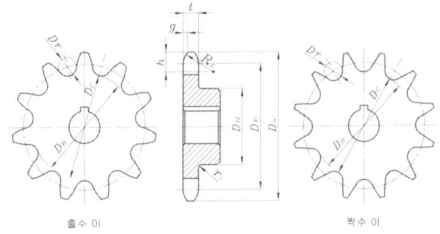

홀수 이 / 짝수 이

단위 : mm

잇수 N	피치원 지름 D_P	바깥 지름 D_O	이뿌리원 지름 D_B	이뿌리 거리 D_C	최대보스 지름 D_H	잇수 N	피치원 지름 D_P	바깥 지름 D_O	이뿌리원 지름 D_B	이뿌리 거리 D_C	최대보스 지름 D_H
11	33.81	38	28.73	28.38	22	41	124.43	130	119.35	119.26	114
12	36.80	41	31.72	31.72	25	42	127.46	133	122.38	122.38	117
13	39.80	44	34.72	34.43	28	43	130.49	136	125.41	125.32	120
14	42.81	47	37.73	37.73	31	44	133.52	139	128.44	128.44	123
15	45.81	51	40.73	40.48	35	45	136.55	142	131.47	131.38	126
16	48.82	54	43.74	43.74	38	46	139.58	145	134.50	134.50	129
17	51.84	57	46.76	46.54	41	47	142.61	148	137.53	137.45	132
18	54.85	60	49.77	49.77	44	48	145.64	151	140.56	140.56	135
19	57.87	63	52.79	52.59	47	49	148.67	154	143.59	143.51	138
20	60.89	66	55.81	55.81	50	50	151.70	157	146.62	146.62	141
21	63.91	69	58.83	58.65	53	51	154.73	160	149.65	149.57	144
22	66.93	72	61.85	61.85	56	52	157.75	163	152.67	152.67	147
23	69.95	75	64.87	64.71	59	53	160.78	166	155.70	155.63	150
24	72.97	78	67.89	67.89	62	54	163.81	169	158.73	158.73	153
25	76.00	81	70.92	70.77	65	55	166.85	172	161.77	161.70	156
26	79.02	84	73.94	73.94	68	56	169.88	175	164.80	164.80	159
27	82.05	87	76.97	76.83	71	57	172.91	178	167.83	167.76	162
28	85.07	90	79.99	79.99	74	58	175.94	181	170.86	170.86	165
29	88.10	93	83.02	82.89	77	59	178.97	184	173.89	173.82	168
30	91.12	96	86.04	86.04	80	60	182.00	187	176.92	176.92	171
31	94.15	99	89.07	88.95	83	61	185.03	190	179.95	179.89	174
32	97.18	102	92.10	92.10	86	62	188.06	194	182.98	182.98	178
33	100.20	105	95.12	95.01	89	63	191.09	197	186.01	185.95	181
34	103.23	109	98.15	98.15	93	64	194.12	200	189.04	189.04	184
35	106.26	112	101.18	101.07	96	65	197.15	203	192.07	192.01	187
36	109.29	115	104.21	104.21	99	66	200.18	206	195.10	195.10	190
37	112.31	118	107.23	107.13	102	67	203.21	209	198.13	198.08	193
38	115.34	121	110.26	110.26	105	68	206.24	212	201.16	201.16	196
39	118.37	124	113.29	113.20	108	69	209.27	215	204.19	204.14	199
40	121.40	127	116.32	116.32	111	70	212.30	218	207.22	207.22	202

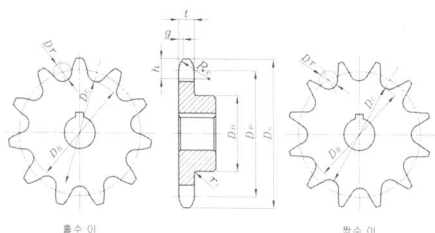

홀수이 / 짝수이

단위 : mm

잇수	피치원지름	바깥지름	이뿌리원지름	이뿌리거리	최대보스지름
N	D_P	D_O	D_B	D_C	D_H
71	215.34	221	210.26	210.20	205
72	218.37	224	213.29	213.29	208
73	221.40	227	216.32	216.27	211
74	224.43	230	219.35	219.35	214
75	227.46	233	222.38	222.33	217
76	230.49	236	225.41	225.41	220
77	233.52	239	228.44	228.39	223
78	236.55	242	231.47	231.47	226
79	239.58	245	234.50	234.46	229
80	242.61	248	237.53	237.53	232
81	245.65	251	240.57	240.52	235
82	248.68	254	243.60	243.60	238
83	251.71	257	246.63	246.58	241
84	254.74	260	249.66	249.66	244
85	257.77	263	252.69	252.65	247
86	260.80	266	255.72	255.72	250
87	263.83	269	258.75	258.71	253
88	266.86	272	261.78	261.78	256
89	269.90	275	264.82	264.77	259
90	272.93	278	267.85	267.85	262
91	275.96	282	270.88	270.84	266
92	278.99	285	273.91	273.91	269
93	282.02	288	276.94	276.90	272
94	285.05	291	279.97	279.97	275
95	288.08	294	283.00	282.96	278
96	291.11	297	286.03	286.03	281
97	294.15	300	289.07	289.03	284
98	297.18	303	292.10	292.10	287
99	300.21	306	295.13	295.09	290
100	303.24	309	298.16	298.16	293

단위 : mm

잇수	피치원지름	바깥지름	이뿌리원지름	이뿌리거리	최대보스지름
N	D_P	D_O	D_B	D_C	D_H
101	306.27	312	301.19	301.15	296
102	309.30	315	304.22	304.22	299
103	312.33	318	307.25	307.22	302
104	315.37	321	310.29	310.29	305
105	318.40	324	313.32	313.28	308
106	321.43	327	316.35	316.35	311
107	324.46	330	319.38	319.35	314
108	327.49	333	322.41	322.41	317
109	330.52	336	325.44	325.41	320
110	333.55	339	328.47	328.47	323
111	336.59	342	331.51	331.47	326
112	339.62	345	334.54	334.54	329
113	342.65	348	337.57	337.54	332
114	345.68	351	340.60	340.60	335
115	348.71	354	343.63	343.60	338
116	351.74	357	346.66	346.66	341
117	354.77	360	349.69	349.66	344
118	357.81	363	352.73	352.73	347
119	360.84	366	355.76	355.73	350
120	363.87	369	358.79	358.79	353

5. 롤러 체인용 스프로킷의 제도 (호칭번호 41)

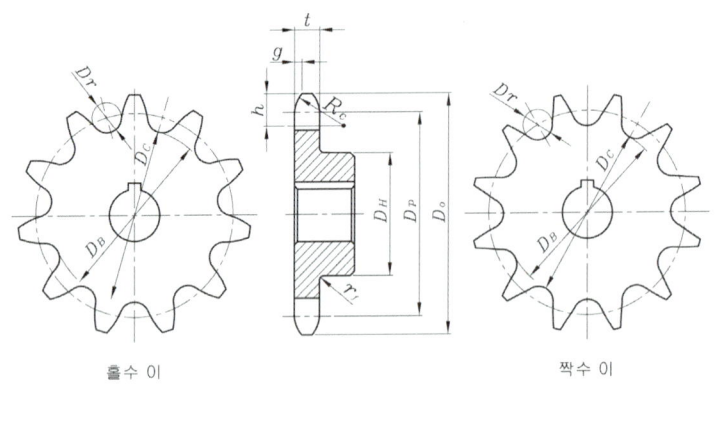

홀수 이   짝수 이

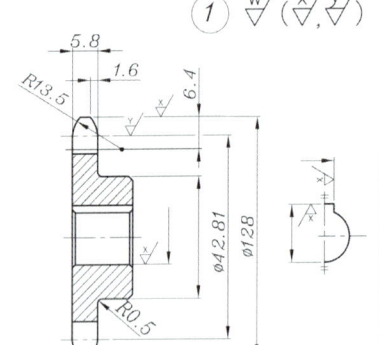

체인과 스프로킷 요목표

종류	구분	품번 ①
롤러 체인	호칭	41
	원주 피치	12.70
	롤러 외경	Ø7.77
스프로킷	잇수	30
	피치원 지름	Ø121.50
	이뿌리원 지름	Ø113.73
	이뿌리 거리	Ø113.73

단위 : mm

호칭번호	가로치형 (횡치형)				이 나비 t (최대)				가로피치 p_t	적용 롤러 체인(참고)		
	모떼기 나비 g (약)	모떼기 깊이 h (약)	모떼기 반지름 R_C (최소)	둥글기 r_f (최대)	홑줄	2줄, 3줄	4줄 이상	허용차		원주 피치 P	롤러 바깥 지름 d_1 (최대)	안쪽 링크 안쪽 나비 b_1 (최소)
25	0.8	3.2	6.8	0.3	2.8	2.7	2.4	0 -0.20	6.4	6.35	3.30	3.10
35	1.2	4.8	10.1	0.4	4.3	4.1	3.8		10.1	9.525	5.08	4.68
41	1.6	6.4	13.5	0.5	5.8	-	-		-	12.70	7.77	6.25

■ 롤러 체인용 스프로킷의 기준 치수(호칭번호 41)

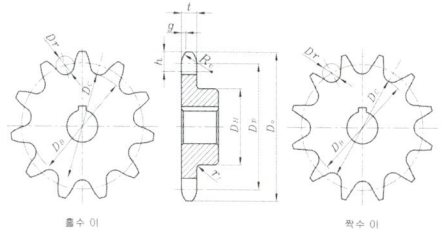

단위 : mm

잇수	피치원지름	바깥지름	이뿌리원지름	이뿌리거리	최대보스지름	잇수	피치원지름	바깥지름	이뿌리원지름	이뿌리거리	최대보스지름
N	D_P	D_O	D_B	D_C	D_H	N	D_P	D_O	D_B	D_C	D_H
11	45.08	51	37.31	36.85	30	41	165.91	173	158.14	158.01	152
12	49.07	55	41.30	41.30	34	42	169.95	177	162.18	162.18	156
13	53.07	59	45.30	44.91	38	43	173.98	181	166.21	166.10	160
14	57.07	63	49.30	49.30	42	44	178.02	185	170.25	170.25	164
15	61.08	67	53.31	52.98	46	45	182.06	189	174.29	174.18	168
16	65.10	71	57.33	57.33	50	46	186.10	193	178.33	178.33	172
17	69.12	76	61.35	61.05	54	47	190.14	197	182.37	182.27	176
18	73.14	80	65.37	65.37	59	48	194.18	201	186.41	186.41	180
19	77.16	84	69.39	69.13	63	49	198.22	205	190.45	190.35	184
20	81.18	88	73.41	73.41	67	50	202.26	209	194.49	194.49	188
21	85.21	92	77.44	77.20	71	51	206.30	214	198.53	198.43	192
22	89.24	96	81.47	81.47	75	52	210.34	218	202.57	202.57	196
23	93.27	100	85.50	85.28	79	53	214.38	222	206.61	206.52	201
24	97.30	104	89.53	89.53	83	54	218.42	226	210.65	210.65	205
25	101.33	108	93.56	93.36	87	55	222.46	230	214.69	214.60	209
26	105.36	112	97.59	97.59	91	56	226.50	234	218.73	218.73	213
27	109.40	116	101.63	101.44	95	57	230.54	238	222.77	222.68	217
28	113.43	120	105.66	105.66	99	58	234.58	242	226.81	226.81	221
29	117.46	124	109.69	109.52	103	59	238.62	246	230.85	230.77	225
30	121.50	128	113.73	113.73	107	60	242.66	250	234.89	234.89	229
31	125.53	133	117.76	117.60	111	61	246.70	254	238.93	238.85	233
32	129.57	137	121.80	121.80	115	62	250.74	258	242.97	242.97	237
33	133.61	141	125.84	125.68	120	63	254.78	262	247.01	246.94	241
34	137.64	145	129.87	129.87	124	64	258.83	266	251.06	251.06	245
35	141.68	149	133.91	133.77	128	65	262.87	270	255.10	255.02	249
36	145.72	153	137.95	137.95	132	66	266.91	274	259.14	259.14	253
37	149.75	157	141.98	141.85	136	67	270.95	278	263.18	263.10	257
38	153.79	161	146.02	146.02	140	68	274.99	282	267.22	267.22	261
39	157.83	165	150.06	149.93	144	69	279.03	286	271.26	271.19	265
40	161.87	169	154.10	154.10	148	70	283.07	290	275.30	275.30	269

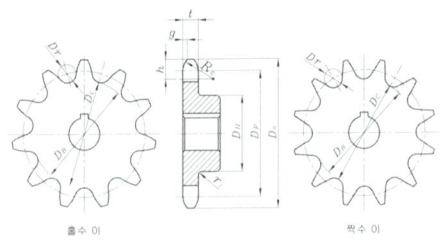

홀수 이   짝수 이

단위 : mm

잇수	피치원지름	바깥지름	이뿌리원지름	이뿌리거리	최대보스지름
N	D_P	D_O	D_B	D_C	D_H
71	287.11	294	279.34	279.27	273
72	291.16	299	283.39	283.39	277
73	295.20	303	287.43	287.36	281
74	299.24	307	291.47	291.47	286
75	303.28	311	295.51	295.44	290
76	307.32	315	299.55	299.55	294
77	311.36	319	303.59	303.53	298
78	315.40	323	307.63	307.63	302
79	319.44	327	311.67	311.61	306
80	323.49	331	315.72	315.72	310
81	327.53	335	319.76	319.70	314
82	331.57	339	323.80	323.80	318
83	335.61	343	327.84	327.78	322
84	339.65	347	331.88	331.88	326
85	343.69	351	335.92	335.87	330
86	347.73	355	339.96	339.96	334
87	351.78	359	344.01	343.95	338
88	355.82	363	348.05	348.05	342
89	359.86	367	352.09	352.03	346
90	363.90	371	356.13	356.13	350
91	367.94	375	360.17	360.12	354
92	371.99	379	364.22	364.22	358
93	376.03	383	368.26	368.20	362
94	380.07	387	372.30	372.30	366
95	384.11	392	376.34	376.29	370
96	388.15	396	380.38	380.38	374
97	392.20	400	384.43	384.37	379
98	396.24	404	388.47	388.47	383
99	400.28	408	392.51	392.46	387
100	404.32	412	396.55	396.55	391

단위 : mm

잇수	피치원지름	바깥지름	이뿌리원지름	이뿌리거리	최대보스지름
N	D_P	D_O	D_B	D_C	D_H
101	408.36	416	400.59	400.54	395
102	412.40	420	404.63	404.63	399
103	416.45	424	408.68	408.63	403
104	420.49	428	412.72	412.72	407
105	424.53	432	416.76	416.71	411
106	428.57	436	420.80	420.80	415
107	432.61	440	424.84	424.80	419
108	436.66	444	428.89	428.89	423
109	440.70	448	432.93	432.88	427
110	444.74	452	436.97	436.97	431
111	448.78	456	441.01	440.97	435
112	452.82	460	445.05	445.05	439
113	456.87	464	449.10	449.05	443
114	460.91	468	453.14	453.14	447
115	464.95	472	457.18	457.14	451
116	468.99	476	461.22	461.22	455
117	473.03	480	465.26	465.22	459
118	477.08	485	469.31	469.31	463
119	481.12	489	473.35	473.31	467
120	485.16	493	477.39	477.39	472

6. 롤러 체인용 스프로킷의 제도 (호칭번호 40)

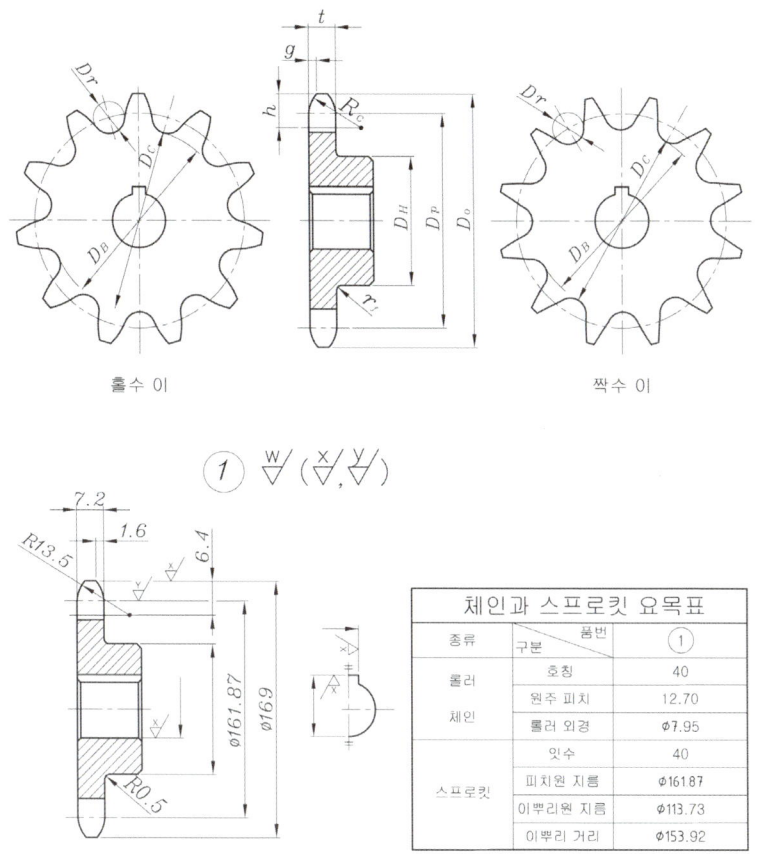

홀수 이   짝수 이

체인과 스프로킷 요목표

종류	구분	품번 ①
롤러 체인	호칭	40
	원주 피치	12.70
	롤러 외경	⌀7.95
스프로킷	잇수	40
	피치원 지름	⌀161.87
	이뿌리원 지름	⌀113.73
	이뿌리 거리	⌀153.92

단위 : mm

호칭번호	가로치형(횡치형)				이 나비 t (최대)				가로피치 p_t	적용 롤러 체인(참고)		
	모떼기 나비 g (약)	모떼기 깊이 h (약)	모떼기 반지름 R_c (최소)	둥글기 r_f (최대)	홑줄	2줄, 3줄	4줄 이상	허용차		원주피치 P	롤러 바깥지름 d_1 (최대)	안쪽 링크 안쪽 나비 b_1 (최소)
40	1.6	6.4	13.5	0.5	7.2	7.0	6.5	0	14.4	12.70	7.95	7.85
50	2.0	7.9	16.9	0.6	8.7	8.4	7.9	-0.25	18.1	15.875	10.16	9.40

■ 롤러 체인용 스프로킷의 기준 치수(호칭번호 40)

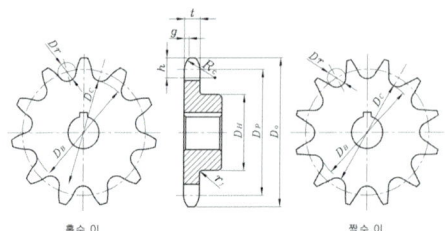

홀수 이   짝수 이

단위 : mm

잇수	피치원 지름	바깥 지름	이뿌리원 지름	이뿌리 거리	최대보스 지름	잇수	피치원 지름	바깥 지름	이뿌리원 지름	이뿌리 거리	최대보스 지름
N	D_P	D_O	D_B	D_C	D_H	N	D_P	D_O	D_B	D_C	D_H
11	45.08	51	37.14	36.68	30	41	165.91	173	157.96	157.83	152
12	49.07	55	41.13	41.13	34	42	169.95	177	162.00	162.00	156
13	53.07	59	45.13	44.74	38	43	173.98	181	166.03	165.92	160
14	57.07	63	49.13	49.13	42	44	178.02	185	170.07	170.07	164
15	61.08	67	53.14	52.81	46	45	182.06	189	174.11	174.00	168
16	65.10	71	57.16	57.16	50	46	186.10	193	178.15	178.15	172
17	69.12	76	61.18	60.88	54	47	190.14	197	182.19	182.09	176
18	73.14	80	65.20	65.20	59	48	194.18	201	186.23	186.23	180
19	77.16	84	69.22	68.96	63	49	198.22	205	190.27	190.17	184
20	81.18	88	73.24	73.24	67	50	202.26	209	194.31	194.31	188
21	85.21	92	77.27	77.03	71	51	206.30	214	198.35	198.25	192
22	89.24	96	81.30	81.30	75	52	210.34	218	202.39	202.39	196
23	93.27	100	85.11	85.11	79	53	214.38	222	206.43	206.34	201
24	97.30	104	89.36	89.36	83	54	218.42	226	210.47	210.47	205
25	101.33	108	93.19	93.19	87	55	222.46	230	214.51	214.42	209
26	105.36	112	97.42	97.42	91	56	226.50	234	218.55	218.55	213
27	109.40	116	101.27	101.27	95	57	230.54	238	222.59	222.50	217
28	113.43	120	105.49	105.49	99	58	234.58	242	226.63	226.63	221
29	117.46	124	109.35	109.35	103	59	238.62	246	230.67	230.59	225
30	121.50	128	113.56	113.56	107	60	242.66	250	234.71	234.71	229
31	125.53	133	117.58	117.42	111	61	246.70	254	238.75	238.67	233
32	129.57	137	121.62	121.62	115	62	250.74	258	242.79	242.79	237
33	133.61	141	125.66	125.50	120	63	254.78	262	246.83	246.76	241
34	137.64	145	129.69	129.69	124	64	258.83	266	250.88	250.88	245
35	141.68	149	133.73	133.59	128	65	262.87	270	254.92	254.84	249
36	145.72	153	137.77	137.77	132	66	266.91	274	258.96	258.96	253
37	149.75	157	141.80	141.67	136	67	270.95	278	263.00	262.92	257
38	153.79	161	145.84	145.84	140	68	274.99	282	267.04	267.04	261
39	157.83	165	149.88	149.75	144	69	279.03	286	271.08	271.01	265
40	161.87	169	153.92	153.92	148	70	283.07	290	275.12	275.12	269

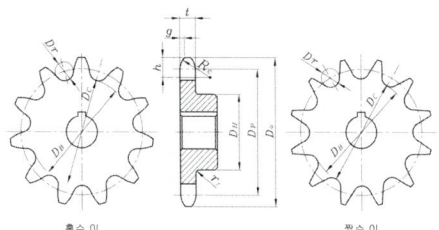

홀수 이 / 짝수 이

단위 : mm

잇수	피치원 지름	바깥 지름	이뿌리원 지름	이뿌리 거리	최대보스 지름
N	D_P	D_O	D_B	D_C	D_H
71	287.11	294	279.16	279.09	273
72	291.16	299	283.21	283.21	277
73	295.20	303	287.25	287.18	281
74	299.24	307	291.29	291.29	286
75	303.28	311	295.33	295.26	290
76	307.32	315	299.37	299.37	294
77	311.36	319	303.41	303.35	298
78	315.40	323	307.45	307.45	302
79	319.44	327	311.49	311.43	306
80	323.49	331	315.54	315.54	310
81	327.53	335	319.58	319.52	314
82	331.57	339	323.62	323.62	318
83	335.61	343	327.66	327.60	322
84	339.65	347	331.70	331.70	326
85	343.69	351	335.74	335.74	330
86	347.73	355	339.78	339.78	334
87	351.78	359	343.83	343.77	338
88	355.82	363	347.87	347.87	342
89	359.86	367	351.91	351.85	346
90	363.90	371	355.95	355.95	350
91	367.94	375	359.99	359.94	354
92	371.99	379	364.04	364.04	358
93	376.03	383	368.08	368.02	362
94	380.07	387	372.12	372.12	366
95	384.11	392	376.16	376.11	370
96	388.15	396	380.20	380.20	374
97	392.20	400	384.25	381.19	379
98	396.24	404	388.29	388.29	383
99	400.28	408	392.33	392.28	387
100	404.32	412	396.37	396.37	391
101	408.36	416	400.41	400.36	395
102	412.40	420	404.45	404.45	399
103	416.45	424	408.50	408.45	403
104	420.49	428	412.54	412.54	407
105	424.53	432	416.58	416.53	411
106	428.57	436	420.62	420.62	415
107	432.61	440	424.66	424.62	419
108	436.66	444	428.71	428.71	423
109	440.70	448	432.75	432.70	427
110	444.74	452	436.79	436.79	431
111	448.78	456	440.83	440.79	435
112	452.82	460	444.87	444.87	439
113	456.87	464	448.92	448.87	443
114	460.91	468	452.96	452.96	447
115	464.95	472	457.00	456.96	451
116	468.99	476	461.04	461.04	455
117	473.03	480	465.08	465.04	459
118	477.08	485	469.13	469.13	463
119	481.12	489	473.17	473.13	467
120	485.16	493	477.21	477.21	472

7. 롤러 체인용 스프로킷의 제도(호칭번호 50)

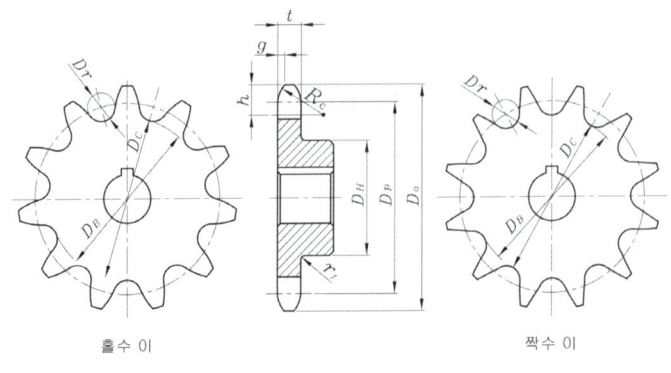

홀수 이   짝수 이

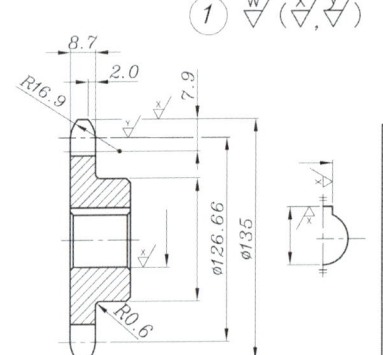

체인과 스프로킷 요목표		
종류	구분 / 품번	①
롤러 체인	호칭	50
	원주 피치	15.875
	롤러 외경	⌀10.16
스프로킷	잇수	25
	피치원 지름	⌀126.66
	이뿌리원 지름	⌀116.50
	이뿌리 거리	⌀116.25

단위 : mm

호칭번호	가로치형(횡치형)							가로피치 p_t	적용 롤러 체인(참고)		
	모떼기 나비 g (약)	모떼기 깊이 h (약)	모떼기 반지름 R_c (최소)	둥글기 r_f (최대)	이 나비 t (최대)				원주 피치 P	롤러 바깥지름 d_1 (최대)	안쪽 링크 안쪽 나비 b_1 (최소)
					홑줄	2줄, 3줄	4줄 이상	허용차			
40	1.6	6.4	13.5	0.5	7.2	7.0	6.5	0	14.4	12.70	7.95	7.85
50	2.0	7.9	16.9	0.6	8.7	8.4	7.9	-0.25	18.1	15.875	10.16	9.40

■ 롤러 체인용 스프로킷의 기준 치수(호칭번호 50)

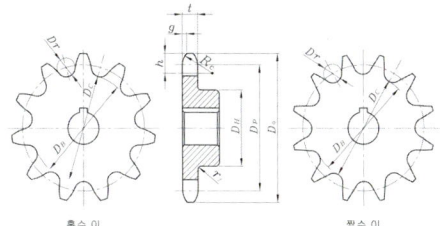

홀수 이   짝수 이

단위 : mm

잇수	피치원지름	바깥지름	이뿌리원지름	이뿌리거리	최대보스지름	잇수	피치원지름	바깥지름	이뿌리원지름	이뿌리거리	최대보스지름
N	D_P	D_O	D_B	D_C	D_H	N	D_P	D_O	D_B	D_C	D_H
11	56.35	64	46.19	45.61	37	41	207.38	216	197.22	197.07	190
12	61.34	69	51.18	51.18	43	42	212.43	221	202.27	202.27	195
13	66.34	74	56.18	55.69	48	43	217.48	226	207.32	207.18	200
14	71.34	79	61.18	61.18	53	44	222.53	231	212.37	212.37	205
15	76.35	84	66.19	65.78	58	45	227.58	237	217.42	217.28	210
16	81.37	89	71.21	71.21	63	46	232.63	242	222.47	222.47	215
17	86.39	94	76.23	75.87	68	47	237.68	247	227.52	227.38	221
18	91.42	100	81.26	81.26	73	48	242.73	252	232.57	232.57	226
19	96.45	105	86.29	85.96	79	49	247.78	257	237.62	237.49	231
20	101.48	110	91.32	91.32	84	50	252.83	262	242.67	242.67	236
21	106.51	115	96.35	96.05	89	51	257.88	267	247.72	247.59	241
22	111.55	120	101.39	101.39	94	52	262.92	272	252.76	252.76	246
23	116.58	125	106.42	106.15	99	53	267.97	277	257.81	257.70	251
24	121.62	130	111.46	111.46	104	54	273.02	282	262.86	262.86	256
25	126.66	135	116.50	116.25	109	55	278.08	287	267.92	267.80	261
26	131.70	140	121.54	121.54	114	56	283.13	292	272.97	272.97	266
27	136.74	145	126.58	126.35	119	57	288.18	297	278.02	277.91	271
28	141.79	150	131.63	131.63	124	58	293.23	302	283.07	283.07	276
29	146.83	155	136.67	136.45	129	59	298.28	307	288.12	288.01	281
30	151.87	161	141.71	141.71	134	60	303.33	312	293.17	293.17	286
31	156.92	166	146.76	146.55	139	61	308.38	318	298.22	298.12	291
32	161.96	171	151.80	151.80	145	62	313.43	323	303.27	303.27	296
33	167.01	176	156.85	156.66	150	63	318.48	328	308.22	308.22	301
34	172.05	181	161.89	161.89	155	64	323.53	333	313.37	313.37	307
35	177.10	186	166.94	166.76	160	65	328.58	338	318.42	318.33	312
36	182.14	191	171.98	171.98	165	66	333.64	343	323.48	323.48	317
37	187.19	196	177.03	176.86	170	67	338.69	348	328.53	328.43	322
38	192.24	201	182.08	182.08	175	68	343.74	353	333.58	333.58	327
39	197.29	206	187.13	186.97	180	69	348.79	358	338.63	338.54	332
40	202.33	211	192.17	192.17	185	70	353.84	363	343.68	343.68	337

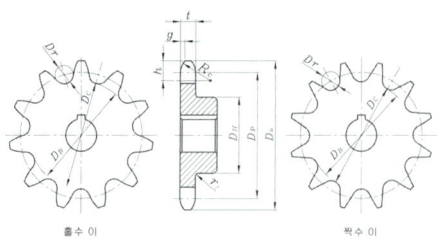

홀수 이   짝수 이

단위 : mm

잇수	피치원지름	바깥지름	이뿌리원지름	이뿌리거리	최대보스지름
N	D_P	D_O	D_B	D_C	D_H
71	358.89	368	348.73	348.64	342
72	363.94	373	353.78	353.78	347
73	369.00	378	358.84	358.75	352
74	374.05	383	363.89	363.89	357
75	379.10	388	368.94	368.86	362
76	384.15	393	373.99	373.99	367
77	389.20	398	379.04	378.96	372
78	394.25	403	384.09	384.09	377
79	399.31	409	389.15	389.07	382
80	404.36	414	394.20	394.20	387
81	409.41	419	399.25	399.17	392
82	414.46	424	404.30	404.30	398
83	419.51	429	409.35	409.28	403
84	424.57	434	414.41	414.41	408
85	429.62	439	419.46	419.39	413
86	434.67	444	424.51	424.51	418
87	439.72	449	429.56	429.49	423
88	444.77	454	434.61	434.61	428
89	449.83	459	439.67	439.59	433
90	454.88	464	444.72	444.72	438
91	459.93	469	449.77	449.70	443
92	464.98	474	454.82	454.82	448
93	470.03	479	459.87	459.81	453
94	475.09	484	464.93	464.93	458
95	480.14	489	469.98	469.91	463
96	485.19	494	475.03	475.03	468
97	490.24	500	480.08	480.02	473
98	495.30	505	485.14	485.14	478
99	500.35	510	490.19	490.12	483
100	505.40	515	495.24	495.24	489

단위 : mm

잇수	피치원지름	바깥지름	이뿌리원지름	이뿌리거리	최대보스지름
N	D_P	D_O	D_B	D_C	D_H
101	510.45	520	500.29	500.23	494
102	515.50	525	505.34	505.34	499
103	520.56	530	510.40	510.34	504
104	525.61	535	515.45	515.45	509
105	530.66	540	520.50	520.44	514
106	535.71	545	525.55	525.55	519
107	540.77	550	530.61	530.55	524
108	545.82	555	535.66	535.66	529
109	550.87	560	540.71	540.65	534
110	555.92	565	545.76	545.76	539
111	560.98	570	550.82	550.76	544
112	566.03	575	555.87	555.87	549
113	571.08	580	560.92	560.87	554
114	576.13	585	565.97	565.97	559
115	581.19	591	571.03	570.97	564
116	586.24	596	576.08	576.08	569
117	591.29	601	581.13	581.08	574
118	596.34	606	586.18	586.18	580
119	601.40	611	591.24	591.18	585
120	606.45	616	596.29	596.29	590

8. 롤러 체인용 스프로킷의 제도 (호칭번호 60)

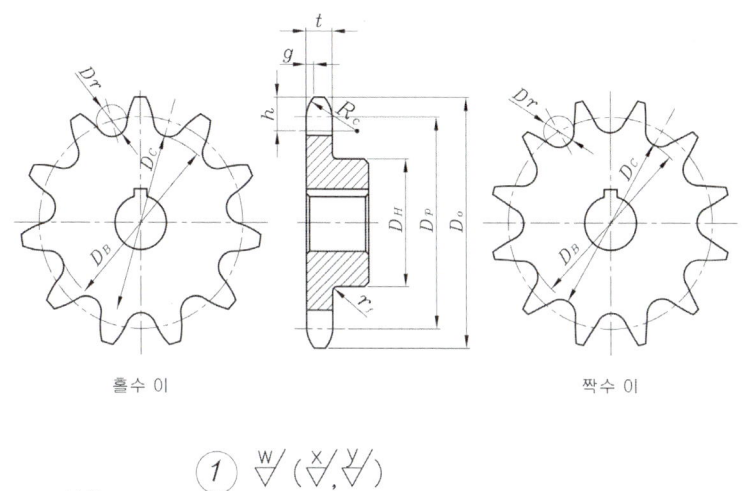

홀수 이   짝수 이

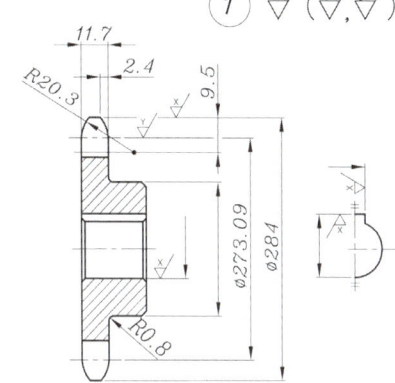

체인과 스프로킷 요목표

종류	구분	품번 ①
롤러 체인	호칭	60
	원주 피치	19.05
	롤러 외경	⌀11.91
스프로킷	잇수	45
	피치원 지름	⌀273.09
	이뿌리원 지름	⌀261.18
	이뿌리 거리	⌀261.02

단위 : mm

호칭 번호	가로치형(횡치형)							가로 피치 p_t	적용 롤러 체인(참고)		
	모떼기 폭 g (약)	모떼기 깊이 h (약)	모떼기 반지름 R_c (최소)	둥글기 r_f (최대)	이나비 t(최대)		이폭 전체 이폭 t·M		원주 피치 P	롤러 바깥지름 d_1 (최대)	안쪽 링크 안쪽 나비 b_1 (최소)
					홑줄	2줄 3줄	4줄 이상	허용차				
60	2.4	9.5	20.3	0.8	11.7	11.3	10.6	0	22.8	19.05	11.91	12.57
80	3.2	12.7	27.0	1.0	14.6	14.1	13.3	-0.30	29.3	25.40	15.88	15.75

■ 롤러 체인용 스프로킷의 기준 치수(호칭번호 60)

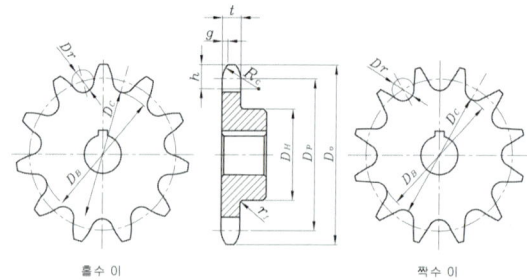

홀수 이   짝수 이

단위 : mm

잇수	피치원 지름	바깥 지름	이뿌리원 지름	이뿌리 거리	최대보스 지름	잇수	피치원 지름	바깥지름	이뿌리원 지름	이뿌리 거리	최대보스 지름
N	D_P	D_O	D_B	D_C	D_H	N	D_P	D_O	D_B	D_C	D_H
11	67.62	76	55.71	55.02	45	41	248.86	260	236.95	236.77	228
12	73.60	83	61.69	61.69	51	42	254.92	266	243.01	243.01	234
13	79.60	89	67.69	67.11	57	43	260.98	272	249.07	248.89	240
14	85.61	95	73.70	73.70	56	44	267.03	278	255.12	255.12	247
15	91.62	101	79.21	79.21	70	45	273.09	284	261.18	261.02	253
16	97.65	107	85.74	85.74	76	46	279.15	290	267.24	267.24	259
17	103.67	113	91.76	91.32	82	47	285.21	296	273.30	273.14	265
18	109.71	119	97.80	97.80	88	48	291.27	302	279.36	279.36	271
19	115.74	126	103.83	103.43	94	49	297.33	308	285.42	285.27	277
20	121.78	132	109.87	109.87	100	50	303.39	314	291.48	291.48	283
21	127.82	138	115.91	115.55	107	51	309.45	320	297.54	297.39	289
22	133.86	144	121.95	121.95	113	52	315.51	326	303.60	303.60	295
23	139.90	150	127.99	127.67	119	53	321.57	332	309.66	309.52	301
24	145.95	156	134.04	134.04	125	54	327.63	338	315.72	315.72	307
25	151.99	162	140.08	139.79	131	55	333.69	345	321.78	321.64	313
26	158.04	168	146.13	146.13	137	56	339.75	351	327.84	327.84	319
27	164.09	174	152.18	151.90	143	57	345.81	357	333.90	333.77	325
28	170.14	180	158.23	158.23	149	58	351.87	363	339.96	339.96	332
29	176.20	187	164.29	164.29	155	59	357.93	369	346.02	345.90	338
30	182.25	193	170.34	170.37	161	60	363.99	375	352.08	352.08	344
31	188.30	199	176.39	176.15	168	61	370.06	381	358.15	358.02	350
32	194.35	205	182.44	182.44	174	62	376.12	387	364.21	364.21	356
33	200.41	211	188.50	188.27	180	63	382.18	393	370.27	370.15	362
34	206.46	217	194.55	194.55	186	64	388.24	399	376.33	376.33	368
35	212.52	223	200.61	200.39	192	65	394.30	405	382.39	382.28	374
36	218.57	229	206.66	206.66	198	66	400.36	411	388.45	388.45	380
37	224.63	235	212.72	212.52	204	67	406.42	417	394.51	394.40	386
38	230.69	241	218.78	218.78	210	68	412.49	423	400.58	400.58	392
39	236.74	247	224.83	224.64	216	69	418.55	430	406.64	406.53	398
40	242.80	253	230.89	230.89	222	70	424.61	436	412.70	412.70	404

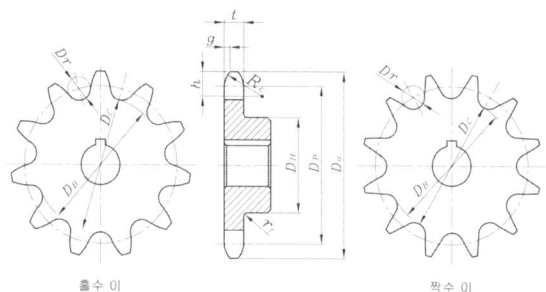

홀수 이   짝수 이

단위 : mm

잇수	피치원 지름	바깥지름	이뿌리원 지름	이뿌리 거리	최대보스 지름	잇수	피치원 지름	바깥지름	이뿌리원 지름	이뿌리 거리	최대보스 지름
N	D_P	D_O	D_B	D_C	D_H	N	D_P	D_O	D_B	D_C	D_H
71	430.67	442	418.76	418.65	410	101	612.54	624	600.63	600.56	592
72	436.73	448	424.82	424.82	417	102	618.60	630	606.69	606.69	598
73	442.79	454	430.88	430.78	423	103	624.67	636	612.76	612.69	605
74	448.86	460	436.95	436.95	429	104	630.73	642	618.82	618.82	611
75	454.92	466	443.01	442.91	435	105	636.79	648	624.88	624.81	617
76	460.98	472	449.07	449.07	441	106	642.86	654	630.95	630.95	623
77	467.04	478	455.13	455.04	447	107	648.92	660	637.01	636.94	629
78	473.10	484	461.19	461.19	453	108	654.98	666	643.07	643.07	635
79	479.17	490	467.26	467.16	459	109	661.05	672	649.14	649.07	641
80	485.23	496	473.32	473.32	465	110	667.11	678	655.20	655.20	647
81	491.29	502	479.38	479.29	471	111	673.17	684	661.26	661.20	653
82	497.35	508	485.44	485.44	477	112	679.24	690	667.33	667.33	659
83	503.42	514	491.51	491.42	483	113	685.30	696	673.39	673.32	665
84	509.48	521	497.57	497.57	489	114	691.36	703	679.45	679.45	671
85	515.54	527	503.63	503.54	495	115	697.42	709	685.51	685.45	677
86	521.60	533	509.69	509.69	501	116	703.49	715	691.58	691.58	683
87	527.67	539	515.76	515.67	508	117	709.55	721	697.64	697.58	689
88	533.73	545	521.82	521.82	514	118	715.61	727	703.70	703.70	696
89	539.79	551	527.88	527.80	520	119	721.68	733	709.77	709.70	702
90	545.85	557	533.94	533.94	526	120	727.74	739	715.83	715.83	708
91	551.92	563	540.01	539.92	532						
92	557.98	569	546.07	546.07	538						
93	564.04	575	552.13	552.05	544						
94	570.10	581	558.19	558.19	550						
95	576.17	587	564.26	564.18	556						
96	582.23	593	570.32	570.32	562						
97	588.29	599	576.38	576.30	568						
98	594.35	605	582.44	582.44	574						
99	600.42	612	588.51	588.43	580						
100	606.48	618	594.57	594.57	586						

Chapter 10 롤러 체인과 스프로킷 규격 데이터 | 357

9. 롤러 체인용 스프로킷의 제도(호칭번호 80)

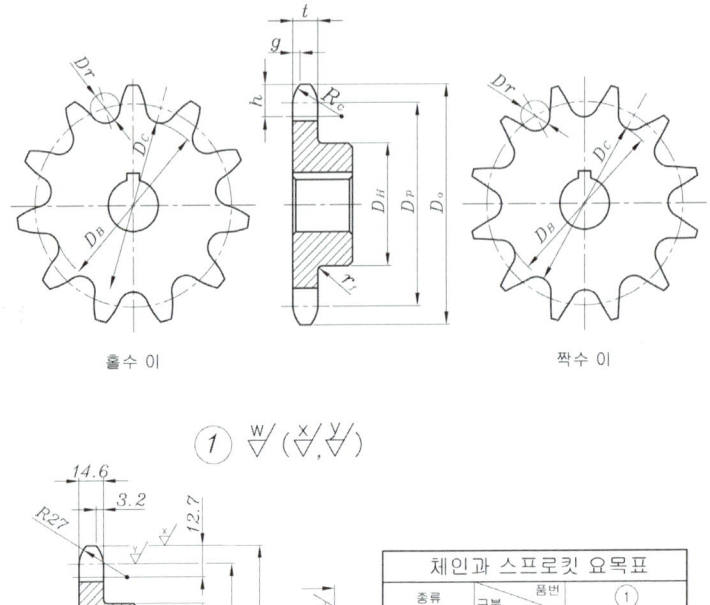

홀수 이   짝수 이

체인과 스프로킷 요목표

종류	구분	품번 ①
롤러 체인	호칭	80
	원주 피치	25.40
	롤러 외경	⌀15.88
스프로킷	잇수	50
	피치원 지름	⌀404.52
	이뿌리원 지름	⌀388.64
	이뿌리 거리	⌀388.64

단위 : mm

호칭 번호	가로치형(횡치형)				이나비 t(최대)			이폭 전체 이폭 t·M			가로 피치 p_t	적용 롤러 체인(참고)		
	모떼기 폭 g (약)	모떼기 깊이 h (약)	모떼기 반지름 R_c (최소)	둥글기 r_f (최대)	홑줄	2줄, 3줄	4줄 이상			허용차		원주 피치 P	롤러 바깥지름 d_1 (최대)	안쪽 링크 안쪽 나비 b_1 (최소)
60	2.4	9.5	20.3	0.8	11.7	11.3	10.6			0	22.8	19.05	11.91	12.57
80	3.2	12.7	27.0	1.0	14.4	14.1	13.3			-0.30	29.3	25.40	15.88	15.75

■ 롤러 체인용 스프로킷의 기준 치수(호칭번호 80)

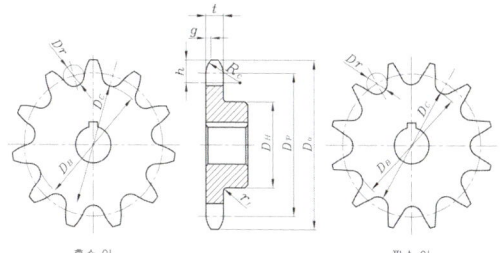

홀수 이   짝수 이

단위 : mm

잇수	피치원 지름	바깥 지름	이뿌리원 지름	이뿌리 거리	최대보스 지름	잇수	피치원 지름	바깥 지름	이뿌리원 지름	이뿌리 거리	최대보스 지름
N	D_P	D_O	D_B	D_C	D_H	N	D_P	D_O	D_B	D_C	D_H
11	90.16	102	74.28	73.36	60	41	331.81	346	315.43	315.69	305
12	98.14	110	82.26	82.26	69	42	339.89	354	324.01	324.01	313
13	106.14	118	90.26	89.48	77	43	347.97	362	332.09	331.86	321
14	114.15	127	98.27	98.27	85	44	356.04	370	340.16	340.16	329
15	122.17	135	106.29	105.62	93	45	364.12	378	348.24	348.02	337
16	130.20	143	114.32	114.32	102	46	372.20	387	356.32	356.32	345
17	138.23	151	122.35	121.76	110	47	380.28	395	364.40	364.19	353
18	146.27	159	130.39	130.39	118	48	388.36	403	372.48	372.48	361
19	154.32	167	138.44	137.91	126	49	396.44	411	380.56	380.36	369
20	162.37	176	146.49	146.49	134	50	404.52	419	388.64	388.64	378
21	170.42	184	154.54	154.06	142	51	412.60	427	396.72	396.52	386
22	178.48	192	162.60	162.60	150	52	420.68	435	404.80	404.80	394
23	186.54	200	170.66	170.22	159	53	428.76	443	412.88	412.69	402
24	194.60	208	178.72	178.72	167	54	436.84	451	420.96	420.96	410
25	202.66	216	186.78	186.38	175	55	444.92	459	429.04	428.86	418
26	210.72	224	194.84	194.84	183	56	453.00	468	437.12	437.12	426
27	218.79	233	202.91	202.54	191	57	461.08	476	445.20	445.03	434
28	226.86	241	210.98	210.98	199	58	469.16	484	453.28	453.28	442
29	234.93	249	219.05	218.70	207	59	477.25	492	461.37	461.20	450
30	243.00	257	227.12	227.12	215	60	485.33	500	469.45	469.45	458
31	251.07	265	235.19	234.86	224	61	493.41	508	477.53	477.36	467
32	259.14	273	243.26	243.26	232	62	501.49	516	485.61	485.61	475
33	267.21	281	251.33	251.03	240	63	509.57	524	493.69	493.53	483
34	275.29	289	259.41	259.41	248	64	517.65	532	501.77	501.77	491
35	283.36	297	267.48	267.19	256	65	525.73	540	509.85	509.70	499
36	291.43	306	275.55	275.55	264	66	533.82	548	517.94	517.94	507
37	299.51	314	283.63	283.36	272	67	541.90	557	526.02	525.87	515
38	307.58	322	291.70	291.70	280	68	549.98	565	534.10	534.10	523
39	315.66	330	299.78	299.52	288	69	558.06	573	542.18	542.04	531
40	323.74	338	307.86	307.86	297	70	566.15	581	550.27	550.27	539

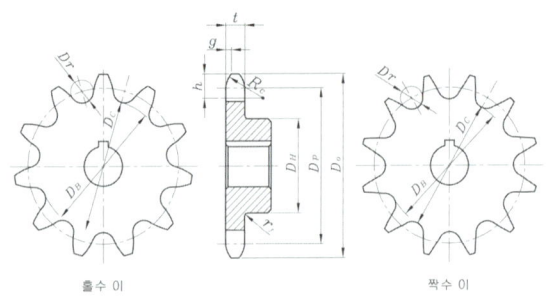

홀수 이 / 짝수 이

단위 : mm

잇수 N	피치원 지름 D_P	바깥 지름 D_O	이뿌리원 지름 D_B	이뿌리 거리 D_C	최대보스 지름 D_H
71	574.23	589	558.35	558.21	547
72	582.31	597	566.43	566.43	556
73	590.39	605	574.51	574.88	564
74	598.47	613	582.59	582.59	572
75	606.56	621	590.68	590.54	580
76	614.64	629	598.76	598.76	588
77	622.72	637	606.84	606.71	596
78	630.81	646	614.93	614.93	604
79	638.89	654	623.01	622.88	612
80	646.97	662	631.09	631.09	620
81	655.06	670	639.18	639.05	628
82	663.14	678	647.26	647.26	637
83	671.22	686	655.34	655.22	645
84	679.31	694	663.43	663.43	653
85	687.39	702	671.51	671.39	661
86	695.47	710	679.59	679.59	669
87	703.55	718	687.67	687.56	677
88	711.64	726	695.76	695.76	685
89	717.72	735	703.84	703.73	693
90	727.80	743	711.92	711.92	701
91	735.89	751	720.01	719.90	709
92	743.97	759	728.09	728.09	717
93	752.06	767	736.18	736.07	725
94	760.14	775	744.26	744.26	734
95	768.22	783	752.34	752.24	742
96	776.31	791	760.43	760.43	750
97	784.39	799	768.51	768.41	758
98	792.47	807	776.59	776.59	766
99	800.56	815	784.68	784.58	774
100	808.64	823	792.76	792.76	782

단위 : mm

잇수 N	피치원 지름 D_P	바깥 지름 D_O	이뿌리원 지름 D_B	이뿌리 거리 D_C	최대보스 지름 D_H
101	816.72	832	800.84	800.75	790
102	824.81	840	808.93	808.93	798
103	832.89	848	817.01	816.91	806
104	840.98	856	825.10	825.10	814
105	849.06	864	833.18	833.08	823
106	857.14	872	841.26	841.26	831
107	865.23	880	849.35	849.25	839
108	873.31	888	857.43	857.43	847
109	881.40	896	865.52	865.42	855
110	889.48	904	873.60	873.60	863
111	897.56	912	881.68	881.59	871
112	905.65	921	889.77	889.77	879
113	913.73	929	897.85	897.76	887
114	921.81	937	905.93	905.93	895
115	929.90	945	914.02	913.93	903
116	937.98	953	922.10	922.10	911
117	946.07	961	930.19	930.10	920
118	954.15	969	938.27	938.27	928
119	962.24	977	946.36	946.27	936
120	970.32	985	954.44	954.44	944

10. 롤러 체인용 스프로킷의 제도(호칭번호 100)

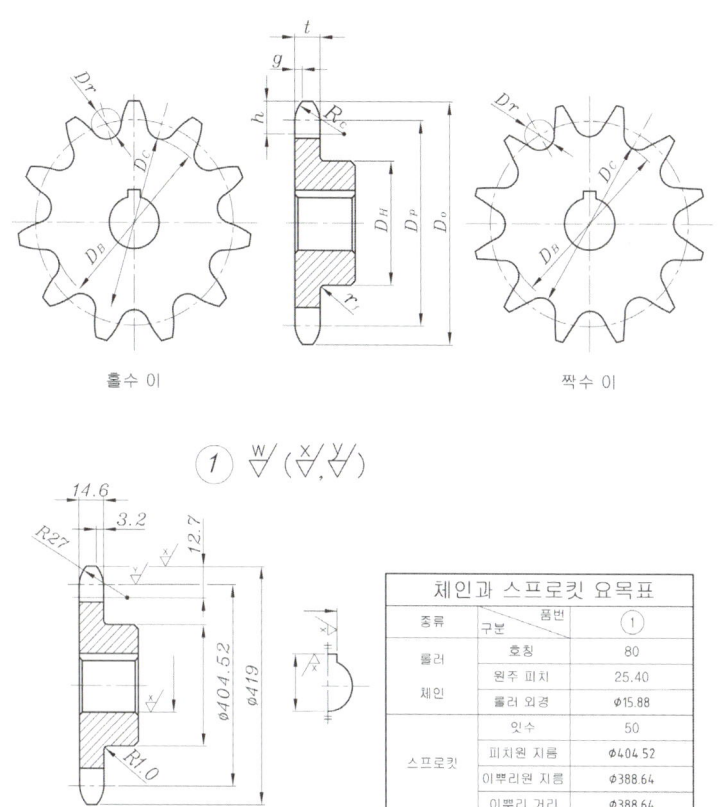

호칭 번호	가로치형(횡치형)								가로 피치 p_t	적용 롤러 체인(참고)		
	모떼기 폭 g (약)	모떼기 깊이 h (약)	모떼기 반지름 R_c (최소)	둥글기 r_f (최대)	이나비 t(최대)					원주 피치 P	롤러 바깥 지름 d_1 (최대)	안쪽 링크 안쪽 나비 b_1 (최소)
					홑줄	2줄, 3줄	4줄 이상	허용차				
100	4.0	15.9	33.8	1.3	17.6	17.0	16.1	0 -0.35	35.8	31.75	19.05	18.90
120	4.8	19.0	40.5	1.5	23.5	22.7	21.5	0 -0.40	45.4	38.10	22.23	25.22

이폭 전체 이폭 t·M 열은 2줄/3줄, 4줄이상, 허용차로 구성됨.

단위 : mm

■ 롤러 체인용 스프로킷의 기준 치수(호칭번호 100)

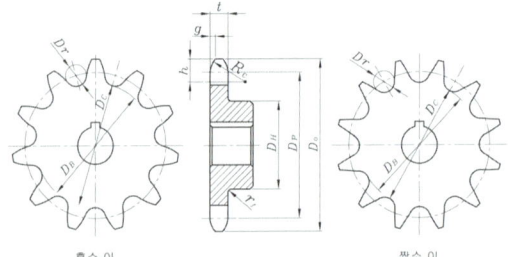

단위 : mm

잇수 N	피치원 직경 D_P	표준 외경 D_O	치저원 직경 D_B	치저 거리 D_C	최대보스 직경 D_H
11	112.70	127	93.65	92.50	76
12	122.67	138	103.62	103.62	86
13	132.67	148	113.62	112.65	96
14	142.68	158	123.63	123.63	107
15	152.71	168	133.66	13282	117
16	162.74	179	143.69	143.69	127
17	172.79	189	153.74	153.00	137
18	192.84	199	163.79	163.79	148
19	192.90	209	173.85	173.19	158
20	202.96	220	183.91	183.91	168
21	213.03	230	193.98	193.38	178
22	223.10	240	204.05	204.05	188
23	233.17	250	214.12	213.58	19
24	243.25	260	224.20	224.20	209
25	253.32	270	234.27	233.78	219
26	263.40	281	244.35	244.35	229
27	273.49	291	254.44	253.97	239
28	283.57	301	264.52	264.52	249
29	293.66	311	274.61	274.18	259
30	303.75	321	284.70	184.70	270
31	313.83	331	294.78	294.38	280
32	323.92	341	304.87	304.87	290
33	334.01	352	314.96	314.59	300
34	344.11	362	325.06	325.06	310
35	354.20	372	335.15	334.79	320
36	364.29	382	345.24	345.24	330
37	374.38	392	355.33	355.00	341
38	384.48	402	365.43	365.43	351
39	394.57	412	375.52	375.20	361
40	404.67	422	385.62	385.62	371
41	414.77	433	395.72	395.41	381
42	424.86	443	405.81	405.81	391
43	434.96	453	415.91	415.62	401
44	445.06	463	426.01	426.01	411
45	455.16	473	436.11	435.83	422
46	465.25	483	446.20	446.20	432
47	475.35	493	456.30	456.04	442
48	485.45	503	466.40	466.40	452
49	495.55	514	476.50	476.25	462
50	505.65	524	486.60	486.60	472
51	515.75	534	496.70	496.46	482
52	525.85	544	506.80	506.80	492
53	535.95	554	516.90	516.66	503
54	546.05	564	527.00	527.00	513
55	556.15	574	537.10	536.87	523
56	566.25	584	547.20	547.20	533
57	576.35	595	557.30	557.09	543
58	586.45	605	567.40	567.40	553
59	596.56	615	577.51	577.29	563
60	606.66	625	587.61	587.61	573
61	616.76	635	597.71	597.50	583
62	626.86	645	607.81	607.81	594
63	636.96	655	617.91	617.72	604
64	647.06	665	628.01	628.01	614
65	657.17	675	638.12	637.93	624
66	667.27	686	648.22	648.22	634
67	677.37	696	658.32	658.14	644
68	687.48	706	668.43	668.43	654
69	697.58	716	678.53	678.35	664
70	707.68	726	688.63	688.63	674

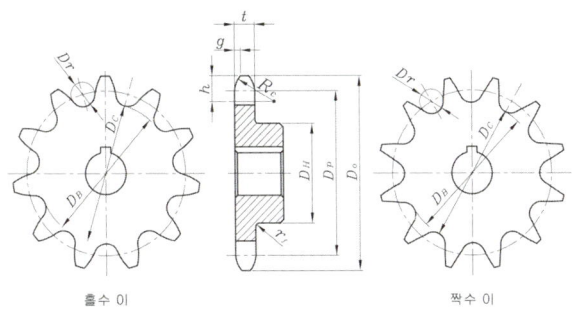

홀수 이   짝수 이

단위 : mm

잇수 N	피치원 지름 D_P	바깥 지름 D_O	이뿌리원 지름 D_B	이뿌리 거리 D_C	최대보스 지름 D_H	잇수 N	피치원 지름 D_P	바깥 지름 D_O	이뿌리원 지름 D_B	이뿌리 거리 D_C	최대보스 지름 D_H
71	7170.78	736	698.73	698.56	685	101	1020.91	1039	1001.86	1001.73	988
72	727.89	746	708.84	708.84	695	102	1031.01	1050	1011.96	1011.96	998
73	737.99	756	718.94	718.77	705	103	1041.11	1060	1022.06	1021.94	1008
74	748.09	766	729.04	729.04	715	104	1051.22	1070	1032.17	1032.17	1018
75	758.20	777	739.15	738.98	725	105	1061.32	1080	1042.27	1042.16	1028
76	768.30	787	749.25	749.25	735	106	1071.43	1090	1052.38	1052.38	1038
77	778.41	797	759.36	759.36	745	107	1081.54	1100	1062.49	1062.37	1049
78	788.51	807	769.46	769.46	755	108	1091.64	1110	1072.59	1072.59	1059
79	798.61	817	779.56	779.56	765	109	1101.74	1120	1082.69	1082.58	1069
80	808.71	827	789.66	789.66	776	110	1111.85	1130	1092.80	1092.80	1079
81	818.82	837	799.77	799.77	786	111	1121.95	1141	1102.90	1102.79	1089
82	828.92	847	809.87	809.87	796	112	1132.06	1151	1113.01	1113.01	1099
83	839.03	857	819.98	819.98	806	113	1142.16	1161	1123.11	1123.00	1109
84	849.13	868	830.08	830.08	816	114	1152.27	1171	1133.22	1133.22	1119
85	859.23	878	840.18	840.18	826	115	1162.37	1181	1143.32	1143.22	1129
86	869.34	888	850.29	850.29	836	116	1172.48	1191	1153.43	1153.43	1140
87	879.44	898	860.39	860.39	846	117	1182.58	1201	1163.53	1163.43	1150
88	889.55	908	870.50	870.50	856	118	1192.69	1211	1173.64	1173.64	1160
89	899.65	918	880.60	880.60	867	119	1202.79	1221	1183.74	1183.64	1170
90	909.75	928	890.70	890.70	877	120	1212.90	1232	1193.75	1193.85	1180
91	919.86	938	900.81	900.81	887						
92	929.96	948	910.91	910.91	897						
93	940.07	959	921.02	921.02	907						
94	950.17	969	931.12	931.12	917						
95	960.28	979	941.23	941.23	927						
96	970.38	989	951.33	951.33	937						
97	980.49	999	961.44	961.44	947						
98	990.59	1009	971.54	971.54	958						
99	1000.70	1019	981.65	981.65	968						
100	1010.80	1029	991.75	991.75	978						

11. 롤러 체인용 스프로킷의 제도(호칭번호 120)

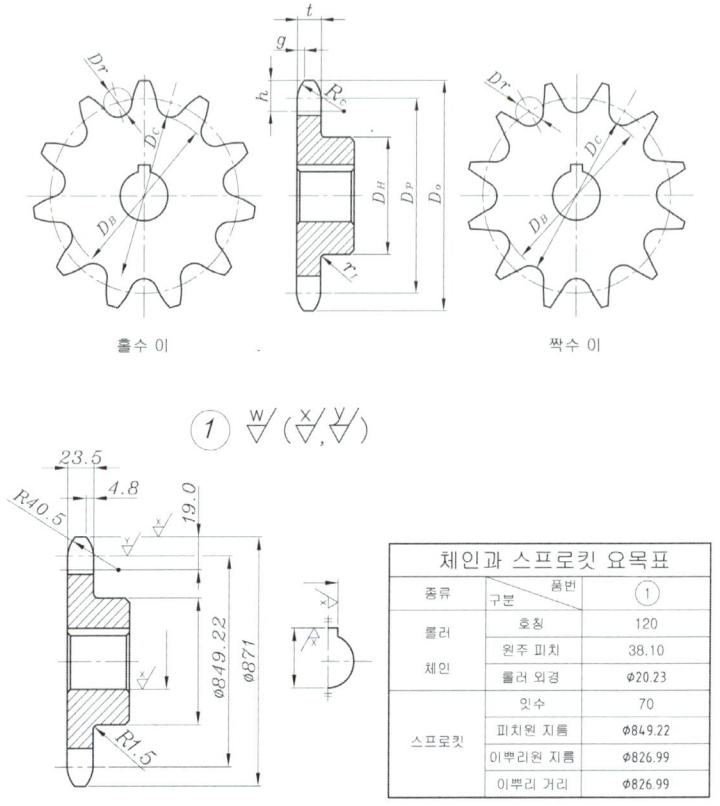

호칭번호	가로치형(횡치형)							가로피치 p_t	적용 롤러 체인(참고)		
	모떼기 폭 g (약)	모떼기 깊이 h (약)	모떼기 반지름 R_c (최소)	둥글기 r_f (최대)	이나비 t(최대)				원주피치 P	롤러 바깥지름 d_1 (최대)	안쪽 링크 안쪽 나비 b_1 (최소)
					홑줄	2줄, 3줄	4줄 이상	허용차			
100	4.0	15.9	33.8	1.3	17.6	17.0	16.1	0 / -0.35	35.8	31.75	19.05	18.90
120	4.8	19.0	40.5	1.5	23.5	22.7	21.5	0 / -0.40	45.4	38.10	22.23	25.22

단위 : mm

체인과 스프로킷 요목표

종류	구분	품번 ①
롤러 체인	호칭	120
	원주 피치	38.10
	롤러 외경	⌀20.23
스프로킷	잇수	70
	피치원 지름	⌀849.22
	이뿌리원 지름	⌀826.99
	이뿌리 거리	⌀826.99

■ 롤러 체인용 스프로킷의 기준 치수(호칭번호 120)

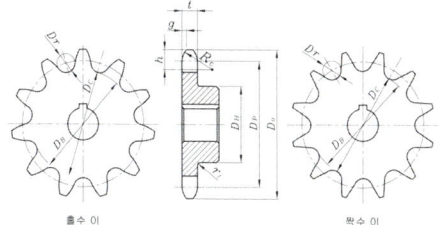

홀수 이   짝수 이

단위 : mm

잇수	피치원 지름	바깥 지름	이뿌리원 지름	이뿌리 거리	최대보스 지름	잇수	피치원 지름	바깥 지름	이뿌리원 지름	이뿌리 거리	최대보스 지름
N	D_P	D_O	D_B	D_C	D_H	N	D_P	D_O	D_B	D_C	D_H
11	135.24	153	113.01	111.63	91	41	497.72	519	475.49	475.12	457
12	147.21	165	124.98	124.98	103	42	509.84	531	487.61	487.61	470
13	159.20	177	136.97	135.81	116	43	521.95	543	499.72	499.37	482
14	171.22	190	148.99	148.99	128	44	534.07	556	511.84	511.84	494
15	183.25	202	161.02	160.02	140	45	546.19	568	523.96	523.62	506
16	195.29	214	173.06	173.06	153	46	558.30	580	536.07	536.07	518
17	207.35	227	185.12	184.23	165	47	570.42	592	548.19	547.88	530
18	219.41	239	197.18	197.18	177	48	582.54	604	560.31	560.31	542
19	231.48	251	209.25	208.46	189	49	594.66	616	572.43	572.13	555
20	243.55	263	221.32	221.32	202	50	606.78	628	584.55	584.55	567
21	255.63	276	233.40	232.69	214	51	618.90	641	596.67	596.38	579
22	267.72	288	245.49	245.49	226	52	631.02	653	608.79	608.79	591
23	279.80	300	257.57	256.92	238	53	643.14	665	620.91	620.63	603
24	291.90	312	269.67	269.67	251	54	655.26	677	633.03	633.03	615
25	303.99	324	281.76	281.16	263	55	667.38	689	645.15	644.88	627
26	316.09	337	293.86	293.86	275	56	679.50	701	657.27	657.27	640
27	328.19	349	305.96	305.40	287	57	691.63	713	669.40	669.13	652
28	340.29	361	318.06	318.06	299	58	703.75	726	681.52	681.52	664
29	352.39	373	330.16	329.64	311	59	715.87	738	693.64	693.38	676
30	364.50	385	342.27	342.27	324	60	727.99	750	705.76	705.76	688
31	376.60	398	354.37	353.89	336	61	740.11	762	717.88	717.63	700
32	388.71	410	366.48	366.48	348	62	752.23	774	730.00	730.00	712
33	400.82	422	378.59	378.13	360	63	764.35	786	742.12	741.89	725
34	412.93	434	390.70	390.70	372	64	776.48	798	754.25	754.25	737
35	425.04	446	402.81	402.38	384	65	788.60	811	766.37	766.14	749
36	437.15	458	414.92	414.92	397	66	800.72	823	778.49	778.49	761
37	449.26	470	427.03	426.63	409	67	812.85	835	790.62	790.39	773
38	461.38	483	439.15	439.15	421	68	824.97	847	802.74	802.74	785
39	473.49	495	451.26	450.87	433	69	837.10	859	814.87	814.65	797
40	485.60	507	463.37	463.37	445	70	849.22	871	826.99	826.99	810

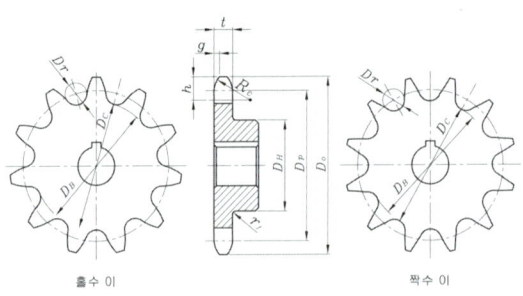

홀수 이   짝수 이

단위 : mm

잇수	피치원지름	바깥지름	이뿌리원지름	이뿌리거리	최대보스지름	잇수	피치원지름	바깥지름	이뿌리원지름	이뿌리거리	최대보스지름
N	D_P	D_O	D_B	D_C	D_H	N	D_P	D_O	D_B	D_C	D_H
71	861.34	883	839.11	838.90	822	101	1225.09	1247	1202.86	1202.71	1186
72	873.47	896	851.24	851.24	834	102	1237.21	1259	1214.98	1214.98	1198
73	885.59	908	863.36	863.15	846	103	1249.34	1272	1227.11	1226.96	1210
74	897.71	920	875.48	875.48	858	104	1261.46	1284	1239.23	1239.23	1222
75	909.84	932	887.61	887.41	870	105	1273.59	1296	1251.36	1251.22	1234
76	921.96	944	899.73	899.73	882	106	1285.71	1308	1263.48	1263.48	1246
77	934.09	956	911.86	911.66	894	107	1297.84	1320	1275.61	1275.47	1258
78	946.21	968	923.98	923.98	907	108	1309.97	1332	1287.74	1287.74	1271
79	958.33	980	936.10	935.91	919	109	1322.09	1344	1299.86	1299.73	1283
80	970.46	993	948.23	948.23	931	110	1334.22	1357	1311.99	1311.99	1295
81	982.58	1005	960.35	960.17	943	111	1346.34	1369	1324.11	1323.98	1307
82	994.71	1017	972.48	972.48	955	112	1358.47	1381	1336.24	1336.24	1319
83	1006.83	1029	984.60	984.42	967	113	1370.60	1393	1348.37	1348.23	1331
84	1018.96	1041	996.73	996.73	979	114	1382.72	1405	1360.49	1360.49	1343
85	1031.08	1053	1008.85	1008.68	992	115	1394.85	1417	1372.62	1372.49	1355
86	1043.20	1065	1020.97	1020.97	1004	116	1406.98	1429	1384.75	1384.75	1368
87	1055.33	1078	1033.10	1032.93	1016	117	1419.10	1441	1396.87	1396.74	1380
88	1067.46	1090	1045.23	1045.23	1028	118	1431.23	1454	1409.00	1409.00	1392
89	1079.58	1102	1057.35	1057.18	1040	119	1443.35	1466	1421.12	1421.00	1404
90	1091.71	1114	1069.48	1069.48	1052	120	1455.48	1478	1433.25	1433.25	1416
91	1103.83	1126	1081.60	1081.44	1064						
92	1115.96	1138	1093.73	1093.73	1076						
93	1128.08	1150	1105.85	1105.69	1089						
94	1140.21	1162	1117.98	1117.98	1101						
95	1152.33	1175	1130.10	1129.94	1113						
96	1164.46	1187	1142.23	1142.23	1125						
97	1176.59	1199	1154.36	1154.20	1137						
98	1188.71	1211	1166.48	1166.48	1149						
99	1200.84	1223	1178.61	1178.45	1161						
100	1212.96	1235	1190.73	1190.73	1174						

12. 롤러 체인용 스프로킷의 제도 (호칭번호 140)

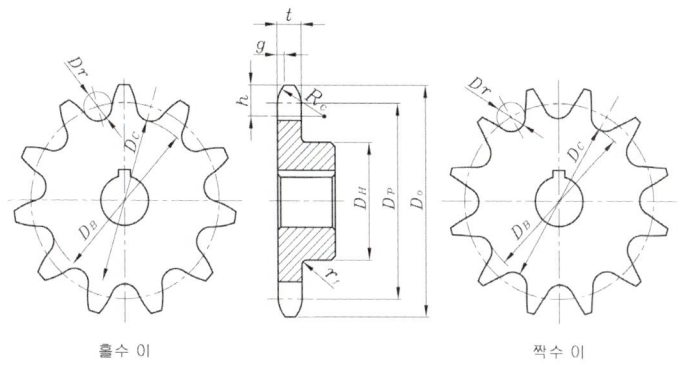

홀수 이   짝수 이

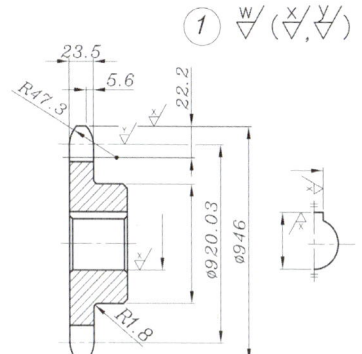

체인과 스프로킷 요목표

종류	구분	품번 ①
롤러 체인	호칭	140
	원주 피치	44.45
	롤러 외경	∅25.40
스프로킷	잇수	65
	피치원 지름	∅920.03
	이뿌리원 지름	∅894.63
	이뿌리 거리	∅894.37

단위 : mm

호칭 번호	가로치형(횡치형)							가로 피치 p_t	적용 롤러 체인(참고)		
	모떼기 폭 g (약)	모떼기 깊이 h (약)	모떼기 반지름 R_c (최소)	둥글기 r_f (최대)	이나비 t(최대)			이폭 전체 이폭 t·M				원주 피치 P	롤러 바깥지름 d_1 (최대)	안쪽 링크 안쪽 나비 b_1 (최소)
					홀줄	2줄, 3줄	4줄 이상	허용차				
120	4.8	19.0	40.5	1.5	23.5	22.7	21.5	0 -0.40	45.4	38.10	22.23	25.22
140	5.6	22.2	47.3	1.8	23.5	22.7	21.5	0 -0.40	48.9	44.45	25.40	25.22

■ 롤러 체인용 스프로킷의 기준 치수 (호칭번호 140)

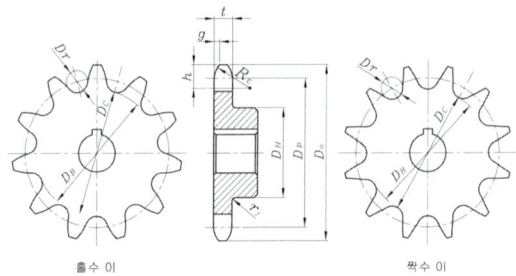

홀수 이   짝수 이

단위 : mm

잇수 N	피치원 지름 D_P	바깥 지름 D_O	이뿌리원 지름 D_B	이뿌리 거리 D_C	최대보스 지름 D_H	잇수 N	피치원 지름 D_P	바깥 지름 D_O	이뿌리원 지름 D_B	이뿌리 거리 D_C	최대보스 지름 D_H
11	157.78	178	132.38	130.77	106	41	580.67	606	555.27	554.85	534
12	171.14	193	146.34	146.34	121	42	594.81	620	569.41	569.41	548
13	185.74	207	460.34	158.98	135	43	608.94	634	583.54	583.14	562
14	199.76	221	174.36	174.36	150	44	623.08	648	597.68	597.68	576
15	213.79	236	188.39	187.22	164	45	637.22	662	611.82	611.43	590
16	227.84	250	202.44	202.44	178	46	651.35	676	625.95	625.95	605
17	241.91	264	216.51	215.47	193	47	665.49	691	640.09	639.72	619
18	255.98	279	230.58	230.58	207	48	679.63	705	654.23	654.23	633
19	270.06	293	244.66	243.74	221	49	693.77	719	668.37	668.02	647
20	284.15	307	258.75	258.75	235	50	707.91	733	682.51	682.51	661
21	298.24	322	272.84	272.00	250	51	722.05	747	696.65	696.31	675
22	312.34	336	286.94	286.94	264	52	736.19	762	710.79	710.79	690
23	326.44	350	301.04	300.28	278	53	750.33	776	724.93	724.60	704
24	340.54	364	315.14	315.14	292	54	764.47	790	739.07	739.07	718
25	354.65	379	329.25	328.56	307	55	778.61	804	753.21	752.89	732
26	368.77	393	343.37	343.37	321	56	792.75	818	767.35	767.35	746
27	382.88	407	357.48	356.83	335	57	806.90	832	781.50	781.19	760
28	397.00	421	371.60	371.60	349	58	821.04	847	795.64	795.64	775
29	411.12	435	385.72	385.12	364	59	835.18	861	809.78	809.48	789
30	425.24	450	399.84	399.84	378	60	849.32	875	823.92	823.92	803
31	439.37	464	413.97	413.40	392	61	863.46	889	838.06	837.77	817
32	453.49	478	428.09	428.09	406	62	877.61	903	852.21	852.21	831
33	467.62	492	442.22	441.69	420	63	891.75	917	866.35	866.07	845
34	481.75	506	456.35	456.35	434	64	905.89	931	880.49	880.49	860
35	495.88	521	470.48	469.98	449	65	920.03	946	894.63	894.37	874
36	510.01	535	484.61	484.61	463	66	934.18	960	908.78	908.78	888
37	524.14	549	498.74	498.27	477	67	948.32	974	922.92	922.66	902
38	538.27	563	512.87	512.87	491	68	962.47	988	937.07	937.07	916
39	552.40	577	527.00	526.55	505	69	976.61	1002	951.21	950.96	930
40	566.54	591	541.14	541.14	520	70	990.75	1016	965.35	965.35	945

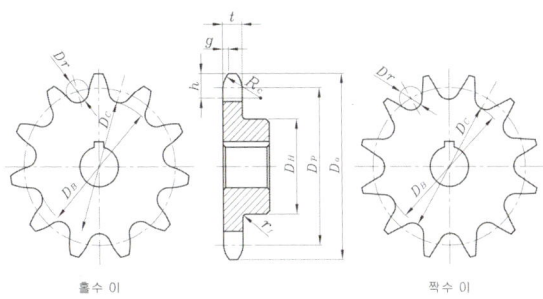

홀수 이 / 짝수 이

단위 : mm

잇수	피치원 지름	바깥 지름	이뿌리원 지름	이뿌리 거리	최대보스 지름	잇수	피치원 지름	바깥 지름	이뿌리원 지름	이뿌리 거리	최대보스 지름
N	D_P	D_O	D_B	D_C	D_H	N	D_P	D_O	D_B	D_C	D_H
71	1004.90	1031	979.50	979.25	959	101	1429.27	1455	1403.87	1403.69	1383
72	1019.04	1045	993.64	993.64	973	102	1443.41	1469	1418.01	1418.01	1398
73	1033.19	1059	1007.79	1007.55	987	103	1457.56	1484	1432.16	1431.99	1412
74	1047.33	1073	1021.93	1021.93	1001	104	1471.71	1498	1446.31	1446.31	1426
75	1061.47	1087	1036.07	1035.84	1015	105	1485.85	1512	1460.45	1460.29	1440
76	1075.62	1101	1050.22	1050.22	1030	106	1500.00	1526	1474.60	1474.60	1454
77	1089.77	1116	1064.37	1064.14	1044	107	1514.15	1540	1488.75	1488.58	1468
78	1103.91	1130	1078.51	1078.51	1058	108	1528.29	1554	1502.89	1502.89	1482
79	1118.06	1144	1092.66	1092.43	1072	109	1542.44	1568	1517.04	1516.88	1497
80	1132.20	1158	1106.80	1106.80	1086	110	1556.59	1583	1531.19	1531.19	1511
81	1146.35	1172	1120.95	1120.73	1100	111	1570.73	1597	1545.33	1545.18	1525
82	1160.49	1186	1135.09	1135.09	1114	112	1584.88	1611	1559.48	1559.48	1539
83	1174.64	1200	1149.24	1149.03	1129	113	1599.03	1625	1573.63	1573.48	1553
84	1188.78	1215	1163.38	1163.38	1143	114	1613.17	1639	1587.77	1587.77	1567
85	1202.93	1229	1177.53	1177.33	1157	115	1627.32	1653	1601.92	1601.77	1582
86	1217.07	1243	1191.67	1191.67	1171	116	1641.47	1668	1616.07	1616.07	1596
87	1231.22	1257	1205.82	1205.62	1185	117	1655.62	1682	1630.22	1630.07	1610
88	1245.36	1271	1219.96	1219.96	1199	118	1669.76	1696	1644.36	1644.36	1624
89	1259.51	1285	1234.11	1233.91	1214	119	1683.91	1710	1658.51	1658.37	1638
90	1273.66	1300	1248.26	1248.26	1228	120	1698.06	1724	1672.66	1672.66	1652
91	1287.81	1314	1262.41	1262.21	1242						
92	1301.95	1328	1276.55	1276.55	1256						
93	1316.10	1342	1290.70	1290.51	1270						
94	1330.24	1356	1304.84	1304.84	1284						
95	1344.39	1370	1318.99	1318.80	1298						
96	1358.53	1384	1333.13	1333.13	1313						
97	1372.68	1399	1347.28	1347.10	1327						
98	1386.83	1413	1361.43	1361.43	1341						
99	1400.98	1427	1375.58	1375.40	1355						
100	1415.12	1441	1389.72	1389.72	1369						

13. 롤러 체인용 스프로킷의 제도 (호칭번호 160)

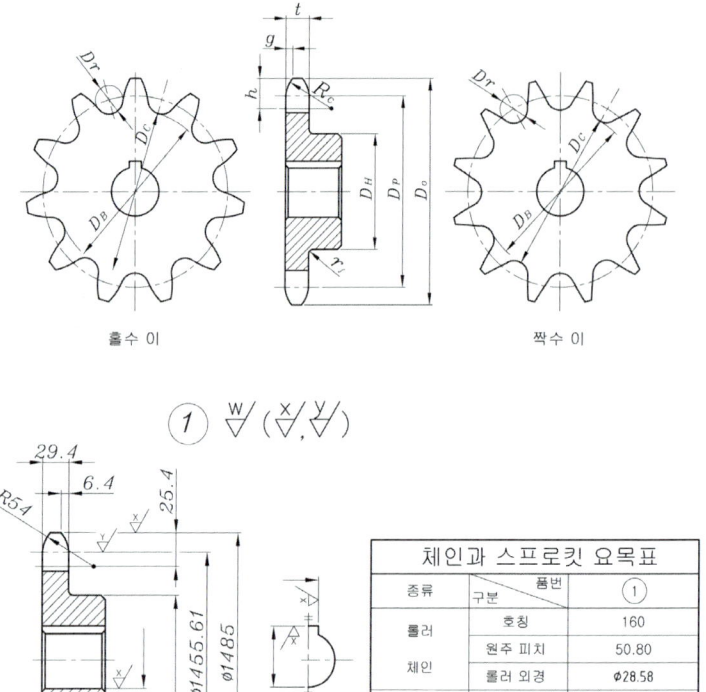

홀수 이   짝수 이

체인과 스프로킷 요목표

종류	구분	품번 ①
롤러 체인	호칭	160
	원주 피치	50.80
	롤러 외경	⌀28.58
스프로킷	잇수	90
	피치원 지름	⌀1455.61
	이뿌리원 지름	⌀1427.03
	이뿌리 거리	⌀1427.03

호칭 번호	가로치형(횡치형)				이나비 t(최대)			이폭 전체 이폭 t·M			가로 피치 p_t	적용 롤러 체인(참고)		
	모떼기 폭 g (약)	모떼기 깊이 h (약)	모떼기 반지름 R_c (최소)	둥글기 r_f (최소)	홑줄	2줄 3줄	4줄 이상			허용차		원주 피치 P	롤러 바깥지름 d_1 (최대)	안쪽 링크 안쪽 나비 b_1 (최소)
160	6.4	25.4	54.0	2.0	29.4	28.4	27.0			0 −0.45	58.5	50.80	28.58	31.55

■ 롤러 체인용 스프로킷의 기준 치수 (호칭번호 160)

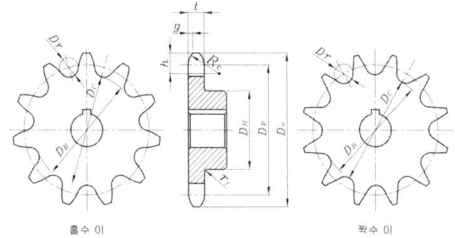

단위 : mm

잇수	피치원 지름	바깥 지름	이뿌리원 지름	이뿌리 거리	최대보스 지름	잇수	피치원 지름	바깥 지름	이뿌리원 지름	이뿌리 거리	최대보스 지름
N	D_P	D_O	D_B	D_C	D_H	N	D_P	D_O	D_B	D_C	D_H
11	180.31	204	151.73	149.90	121	41	663.63	692	635.05	634.56	610
12	196.28	220	167.70	167.70	138	42	679.78	708	651.20	651.20	626
13	212.27	237	183.69	182.14	155	43	695.93	725	667.35	666.89	643
14	228.30	253	199.72	199.72	171	44	712.09	741	683.51	683.51	659
15	244.33	269	215.75	214.42	187	45	728.25	757	699.67	699.23	675
16	260.39	286	231.81	231.81	204	46	744.40	773	715.82	715.82	691
17	276.46	302	247.88	246.71	220	47	760.56	789	731.93	731.56	707
18	292.55	319	263.97	263.97	237	48	776.72	806	748.14	748.14	723
19	308.64	335	280.06	279.00	253	49	792.88	822	764.30	763.89	740
20	324.74	351	296.16	296.16	269	50	809.04	838	780.46	780.46	756
21	340.84	368	312.26	311.31	285	51	825.20	854	796.62	796.23	772
22	356.76	384	328.38	328.38	302	52	841.36	870	812.78	812.78	788
23	373.07	400	344.49	343.62	318	53	857.52	887	828.94	828.56	804
24	389.19	416	360.61	360.61	334	54	873.68	903	845.10	845.10	821
25	405.32	433	376.74	375.94	351	55	889.84	919	861.26	860.90	837
26	421.45	449	392.87	392.87	367	56	906.00	935	877.42	877.42	853
27	437.58	465	409.00	408.26	383	57	922.17	951	893.59	893.24	869
28	453.72	481	425.14	425.14	399	58	938.33	967	909.75	909.75	885
29	469.85	498	441.27	440.58	416	59	954.49	984	925.91	925.57	902
30	485.99	514	457.41	457.41	432	60	970.65	1000	942.07	942.07	918
31	502.13	530	473.55	472.91	448	61	986.82	1016	958.241	957.91	934
32	518.28	546	489.70	489.70	464	62	1002.98	1032	974.40	974.40	950
33	534.42	562	505.84	505.24	480	63	1019.14	1048	990.56	990.24	966
34	550.57	579	521.99	521.99	497	64	1035.30	1065	1006.72	1006.72	982
35	566.71	595	538.13	537.57	513	65	1051.47	1081	1022.89	1022.58	999
36	582.86	611	554.28	554.28	529	66	1067.63	1097	1039.05	1039.05	1015
37	599.01	627	570.43	569.89	545	67	1083.80	1113	1055.22	1054.92	1031
38	615.17	644	586.59	586.59	561	68	1099.96	1129	1071.38	1071.38	1047
39	631.32	660	602.74	602.22	578	69	1116.13	1145	1087.55	1087.26	1063
40	647.47	676	618.89	618.89	594	70	1132.29	1162	1103.71	1103.71	1080

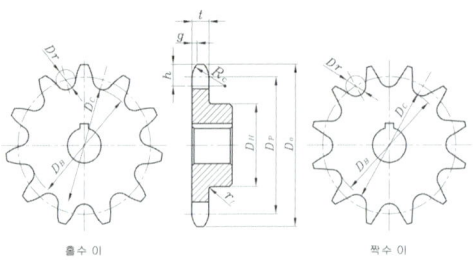

홀수 이 | 짝수 이

단위 : mm

잇수	피치원 지름	바깥 지름	이뿌리원 지름	이뿌리 거리	최대보스 지름	잇수	피치원 지름	바깥 지름	이뿌리원 지름	이뿌리 거리	최대보스 지름
N	D_P	D_O	D_B	D_C	D_H	N	D_P	D_O	D_B	D_C	D_H
71	1148.46	1178	1119.88	1119.59	1096	101	1633.45	1663	1604.87	1604.67	1581
72	1164.62	1194	1136.04	1136.04	1112	102	1649.61	1679	1621.03	1621.03	1597
73	1180.79	1210	1152.21	1151.93	1128	103	1665.78	1696	1637.20	1637.01	1613
74	1196.95	1226	1168.37	1168.37	1144	104	1681.95	1712	1653.37	1653.37	1630
75	1213.11	1243	1184.53	1184.27	1160	105	1698.12	1728	1669.54	1669.35	1646
76	1229.28	1259	1200.70	1200.70	1177	106	1714.29	1744	1685.71	1685.71	1662
77	1245.45	1275	1216.87	1216.61	1193	107	1730.46	1760	1701.88	1701.69	1678
78	1261.61	1291	1233.03	1233.03	1209	108	1746.62	1776	1718.04	1718.04	1694
79	1277.78	1307	1249.20	1248.94	1225	109	1762.79	1793	1734.21	1734.03	1710
80	1293.94	1323	1265.36	1265.36	1241	110	1778.96	1809	1750.38	1750.38	1727
81	1310.11	1340	1281.53	1281.28	1258	111	1795.12	1825	1766.54	1766.37	1743
82	1326.28	1356	1297.70	1297.70	1274	112	1811.29	1841	1782.71	1782.71	1759
83	1342.45	1372	1313.87	1313.62	1290	113	1827.46	1857	1798.88	1798.71	1775
84	1358.61	1388	1330.03	1330.03	1306	114	1843.63	1873	1815.05	1815.05	1791
85	1374.78	1404	1346.20	1345.97	1322	115	1859.80	1890	1831.22	1831.05	1808
86	1390.94	1420	1362.36	1362.36	1338	116	1875.97	1906	1847.39	1847.39	1824
87	1407.11	1437	1378.53	1378.30	1355	117	1892.13	1922	1863.55	1863.38	1840
88	1423.27	1453	1394.69	1394.69	1371	118	1908.30	1938	1879.72	1879.72	1856
89	1439.44	1469	1410.86	1410.63	1387	119	1924.47	1954	1895.89	1895.72	1872
90	1455.61	1485	1427.03	1427.03	1403	120	1940.64	1970	1912.06	1912.06	1888
91	1471.78	1501	1443.20	1442.97	1419						
92	1487.94	1518	1459.36	1459.36	1436						
93	1504.11	1534	1475.53	1475.31	1452						
94	1520.28	1550	1491.70	1491.70	1468						
95	1536.44	1566	1507.86	1507.65	1484						
96	1552.61	1582	1524.03	1524.03	1500						
97	1568.78	1598	1540.20	1539.99	1516						
98	1584.94	1615	1556.36	1556.36	1533						
99	1601.11	1631	1572.53	1572.33	1549						
100	1617.28	1647	1588.70	1588.70	1565						

14. 롤러 체인용 스프로킷의 제도 (호칭번호 200)

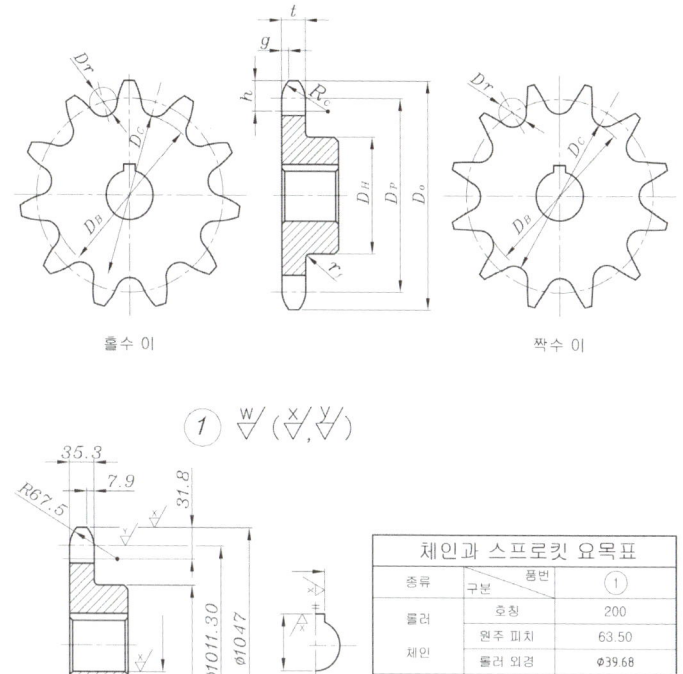

홀수 이   짝수 이

체인과 스프로킷 요목표		
종류	구분	품번 ①
롤러 체인	호칭	200
	원주 피치	63.50
	롤러 외경	⌀39.68
스프로킷	잇수	50
	피치원 지름	⌀1011.30
	이뿌리원 지름	⌀971.62
	이뿌리 거리	⌀971.62

단위 : mm

호칭 번호	가로치형(횡치형)							가로 피치 p_t	적용 롤러 체인(참고)		
	모떼기 폭 g (약)	모떼기 깊이 h (약)	모떼기 반지름 R_c (최소)	둥글기 r_f (최대)	이나비 t(최대)			이폭 전체 이폭 t · M			원주 피치 P	롤러 바깥지름 d_1 (최대)	안쪽 링크 안쪽 나비 b_1 (최소)
					홑줄	2줄, 3줄	4줄 이상	허용차					
200	7.9	31.8	67.5	2.5	35.3	34.1	32.5	0 −0.55	71.6	63.50	39.68	37.85
240	9.5	38.1	81.0	3.0	44.1	42.7	40.7	0 −0.65	87.8	76.20	47.63	47.35

■ 롤러 체인용 스프로킷의 기준 치수(호칭번호 200)

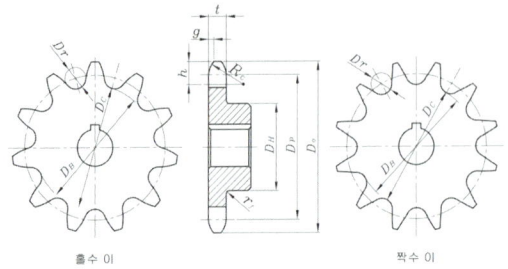

홀수 이   짝수 이

단위 : mm

잇수	피치원 지름	바깥 지름	이뿌리원 지름	이뿌리 거리	최대보스 지름	잇수	피치원 지름	바깥 지름	이뿌리원 지름	이뿌리 거리	최대보스 지름
N	D_P	D_O	D_B	D_C	D_H	N	D_P	D_O	D_B	D_C	D_H
11	225.39	24	185.70	183.40	152	41	829.53	865	789.85	789.24	763
12	245.34	275	205.65	205.65	173	42	849.73	885	810.05	810.05	783
13	265.34	296	225.65	223.71	193	43	869.92	906	830.24	829.66	803
14	285.37	316	245.68	245.68	214	44	890.11	926	850.43	850.43	824
15	305.42	337	265.73	264.06	235	45	910.31	946	870.63	870.08	844
16	325.49	357	285.80	285.80	255	46	930.50	1966	890.82	890.82	864
17	345.58	378	305.89	304.42	275	47	950.70	1987	911.02	910.50	884
18	365.68	398	325.99	325.99	296	48	970.90	1007	931.22	931.22	905
19	385.79	419	346.10	244.79	316	49	991.10	1027	951.42	950.91	925
20	405.92	439	366.23	366.23	337	50	1011.30	1047	971.62	971.62	945
21	426.05	459	386.36	385.17	355	51	1031.50	1068	991.82	991.33	965
22	446.20	480	406.51	406.51	377	52	1051.70	1088	1012.02	1012.02	986
23	466.34	500	426.65	425.56	398	53	1071.90	1108	1032.22	1031.75	1006
24	486.49	520	446.80	446.80	418	54	1092.10	1128	1052.42	1052.42	1026
25	506.65	541	466.96	465.96	438	55	1112.30	1149	1072.62	1072.17	1046
26	526.81	561	487.12	487.12	459	56	1132.50	1169	1092.82	1092.82	1066
27	546.98	581	507.29	506.36	479	57	1152.71	1189	1113.03	1112.59	1087
28	567.14	602	527.45	527.45	499	58	1172.91	1209	1133.23	1133.23	1107
29	587.32	622	547.63	546.76	520	59	1193.11	1230	1153.43	1153.01	1127
30	607.49	642	567.80	567.80	540	60	1213.31	1250	1173.63	1173.63	1147
31	627.67	663	587.98	587.17	560	61	1233.52	1270	1193.88	1193.43	1168
32	647.85	683	608.16	608.16	580	62	1253.72	1290	1214.04	1214.04	1188
33	668.03	703	628.34	627.58	601	63	1273.92	1310	1234.24	1233.85	1208
34	688.21	723	648.52	648.52	621	64	1294.13	1331	1254.45	1254.45	1228
35	708.39	744	668.70	667.99	641	65	1314.34	1351	1274.66	1274.32	1249
36	728.58	764	688.89	688.89	662	66	1334.54	1371	1294.86	1294.86	1269
37	748.77	784	709.08	708.40	682	67	1354.75	1391	1315.07	1314.69	1289
38	768.96	804	729.27	729.27	702	68	1374.95	1412	1335.27	1335.27	1309
39	789.15	825	749.46	748.81	722	69	1395.16	1432	1355.48	1355.12	1329
40	809.34	845	769.65	769.65	743	70	1415.36	1452	1375.68	1375.68	1350

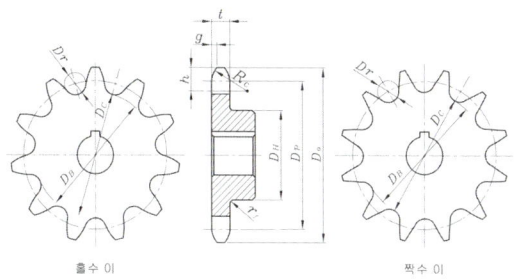

홀수 이   짝수 이

단위 : mm

잇수	피치원 지름	바깥 지름	이뿌리원 지름	이뿌리 거리	최대보스 지름	잇수	피치원 지름	바깥 지름	이뿌리원 지름	이뿌리 거리	최대보스 지름
N	D_P	D_O	D_B	D_C	D_H	N	D_P	D_O	D_B	D_C	D_H
71	1435.57	1472	1395.89	1395.53	1370	101	2041.81	2079	2002.13	2001.88	1977
72	1455.78	1493	1416.10	1416.10	1390	102	2062.02	2099	2022.34	2022.34	1997
73	1475.98	1513	1436.30	1435.96	1410	103	2082.23	2119	2042.55	2042.31	2017
74	1496.19	1533	1456.51	1456.51	1431	104	2102.44	2140	2062.76	2062.76	2037
75	1516.39	1553	1476.71	1476.38	1451	105	2122.65	2160	2082.97	2082.73	2057
76	1536.60	1573	1496.92	1496.92	1471	106	2142.86	2180	2103.18	2103.18	2078
77	1556.81	1594	1517.13	1516.81	1491	107	2163.07	2200	2123.39	2123.16	2098
78	1577.02	1614	1537.34	1537.34	1511	108	2183.28	2220	2143.60	2143.60	2118
79	1597.22	1634	1557.54	1557.22	1532	109	2203.49	2241	2163.81	2163.58	2138
80	1617.43	1654	1577.75	1577.75	1552	110	2223.69	2261	2184.01	2184.01	2159
81	1637.64	1674	1597.96	1597.65	1572	111	2243.91	2281	2204.23	2204.00	2179
82	1657.85	1695	1618.17	1618.17	1592	112	2264.12	2301	2224.44	2224.44	2199
83	1678.06	1715	1638.38	1638.07	1613	113	2284.33	2322	2244.65	2244.43	2219
84	1698.26	1735	1658.58	1658.58	1633	114	2304.54	2342	2264.86	2264.86	2239
85	1718.47	1755	1678.79	1678.50	1653	115	2324.75	2362	2285.07	2284.85	2260
86	1738.67	1776	1698.99	1698.99	1673	116	2344.96	2382	2305.28	2305.28	2280
87	1758.89	1796	1719.21	1718.92	1693	117	2365.17	2402	2325.49	2325.28	2300
88	1779.09	1816	1739.41	1739.41	1714	118	2385.38	2423	2345.70	2345.70	2320
89	1799.30	1836	1759.62	1759.34	1734	119	2405.59	2443	2365.91	2365.70	2340
90	1819.51	1856	1779.83	1779.83	1754	120	2425.80	2463	2386.12	2386.12	2361
91	1839.72	1877	1800.04	1799.76	1774						
92	1859.93	1897	1820.25	1820.25	1795						
93	1880.14	1917	1840.46	1840.19	1815						
94	1900.35	1937	1860.67	1860.67	1835						
95	1920.55	1958	1880.87	1880.61	1855						
96	1940.76	1978	1901.08	1901.08	1875						
97	1960.98	1998	1921.30	1921.03	1896						
98	1981.18	2018	1941.50	1941.50	1916						
99	2001.39	2038	1961.71	1961.46	1936						
100	2021.60	2059	1981.92	1981.92	1956						

15. 롤러 체인용 스프로킷의 제도 (호칭번호 240)

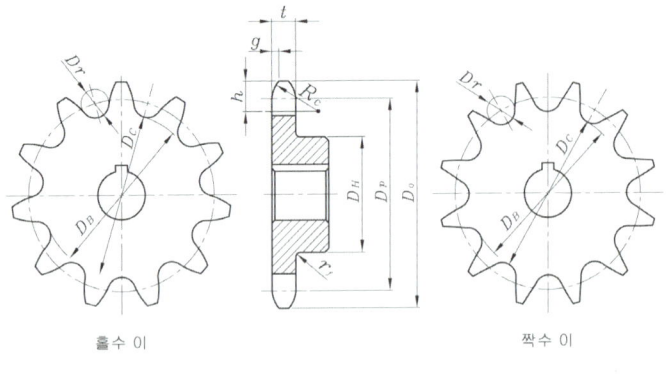

홀수 이   짝수 이

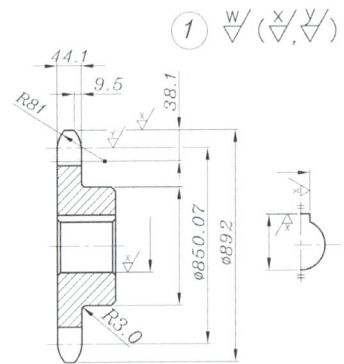

체인과 스프로킷 요목표

종류	구분	품번 ①
롤러 체인	호칭	240
	원주 피치	76.20
	롤러 외경	⌀47.63
스프로킷	잇수	35
	피치원 지름	⌀850.07
	이뿌리원 지름	⌀802.44
	이뿌리 거리	⌀801.59

단위 : mm

호칭번호	가로치형(횡치형)				이나비 t(최대)			이폭 전체 이폭 t·M		가로 피치 p_t	적용 롤러 체인(참고)		
	모떼기 폭 g (약)	모떼기 깊이 h (약)	모떼기 반지름 R_c (최소)	둥글기 r_f (최소)	홑줄	2줄, 3줄	4줄 이상	허용차			원주 피치 P	롤러 바깥지름 d_1 (최대)	안쪽 링크 안쪽 나비 b_1 (최소)
200	7.9	31.8	67.5	2.5	35.3	34.1	32.5	0 / -0.55		71.6	63.50	39.68	37.85
240	9.5	38.1	81.0	3.0	44.1	42.7	40.7	0 / -0.65		87.8	76.20	47.63	47.35

■ 롤러 체인용 스프로킷의 기준 치수(호칭번호 240)

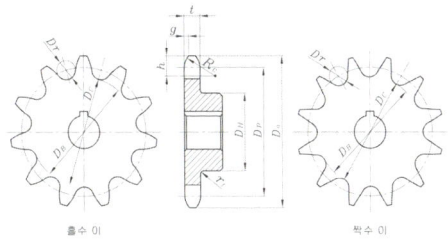

홀수 이   짝수 이

단위 : mm

잇수	피치원 지름	바깥 지름	이뿌리원 지름	이뿌리 거리	최대보스 지름	잇수	피치원 지름	바깥 지름	이뿌리원 지름	이뿌리 거리	최대보스 지름
N	D_P	D_O	D_B	D_C	D_H	N	D_P	D_O	D_B	D_C	D_H
11	270.47	305	222.84	220.08	183	41	995.44	1038	947.81	947.08	916
12	294.41	330	246.78	246.78	207	42	1019.67	1063	972.04	972.04	940
13	318.41	355	270.78	268.46	232	43	1043.90	1087	996.27	995.58	964
14	342.44	380	294.81	294.81	257	44	1068.13	1111	1020.50	1020.50	988
15	366.50	404	318.87	316.87	282	45	1092.37	1135	1044.74	1044.08	1013
16	390.59	429	342.96	342.96	306	46	1116.60	1160	1068.97	1068.97	1037
17	414.70	453	367.07	365.30	331	47	1140.84	1184	1093.21	1092.58	1061
18	438.82	478	391.19	391.19	355	48	1165.08	1208	1117.45	1117.45	1086
19	462.95	502	415.32	413.75	380	49	1189.32	1233	1141.69	1141.08	1110
20	487.11	527	439.48	439.48	404	50	1213.56	1257	1165.93	1165.93	1134
21	511.26	551	463.63	462.20	429	51	1237.80	1281	1190.17	1189.58	1158
22	535.43	576	487.80	487.80	453	52	1262.04	1305	1214.41	1214.41	1183
23	559.61	600	511.98	510.67	477	53	1286.28	1330	1238.65	1238.08	1207
24	583.79	625	536.16	536.16	502	54	1310.52	1354	1262.89	1262.89	1231
25	607.98	649	560.35	559.15	526	55	1334.76	1378	1287.13	1286.59	1256
26	632.17	673	584.54	584.54	551	56	1359.00	1403	1311.37	1311.37	1280
27	656.37	698	608.74	607.63	575	57	1383.25	1427	1335.10	1335.10	1304
28	680.57	722	632.94	632.94	599	58	1407.49	1451	1359.86	1359.86	1328
29	704.78	746	657.15	656.12	624	59	1431.74	1475	1384.11	1383.60	1353
30	728.99	771	681.36	681.36	648	60	1455.98	1500	1403.26	1408.35	1377
31	753.20	795	705.57	704.60	672	61	1480.22	1524	1432.59	1432.10	1401
32	777.42	819	729.79	729.79	697	62	1504.47	1548	1456.84	1456.84	1426
33	801.63	844	754.00	753.09	721	63	1528.71	1573	1481.08	1480.61	1450
34	825.86	868	778.23	778.23	745	64	1552.96	1597	1505.33	1505.33	1474
35	850.07	892	802.44	801.59	770	65	1577.20	1621	1529.57	1529.12	1498
36	874.30	917	826.67	826.67	794	66	1601.45	1645	1553.82	1553.82	1523
37	898.52	941	850.89	850.08	818	67	1625.70	1670	1578.07	1577.62	1542
38	922.75	965	875.12	875.12	843	68	1649.94	1694	1602.31	1602.31	1571
39	946.98	990	899.35	898.58	867	69	1674.19	1718	1626.56	1626.13	1595
40	971.21	1014	923.58	923.58	891	70	1698.44	1742	1650.81	1650.81	1620

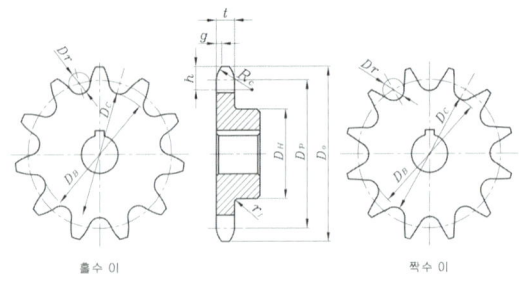

홀수 이 / 짝수 이

단위 : mm

잇수 N	피치원 지름 D_P	바깥 지름 D_O	이뿌리원 지름 D_B	이뿌리 거리 D_C	최대보스 지름 D_H	잇수 N	피치원 지름 D_P	바깥 지름 D_O	이뿌리원 지름 D_B	이뿌리 거리 D_C	최대보스 지름 D_H
71	1722.68	1767	1675.05	1674.63	1644	101	2450.17	2495	2402.54	2402.25	2372
72	1746.93	1791	1699.29	1699.30	1668	102	2474.42	2519	2426.79	2426.79	2396
73	1771.18	1815	1723.55	1723.14	1693	103	2498.67	2543	2451.04	2450.75	2421
74	1795.42	1840	1747.79	1747.79	1717	104	2522.93	2567	2475.30	2475.30	2445
75	1819.67	1864	1772.04	1771.65	1741	105	2547.18	2592	2499.55	2499.26	2469
76	1843.92	1888	1796.29	1796.29	1765	106	2571.43	2616	2523.80	2523.80	2493
77	1868.17	1912	1820.54	1820.15	1790	107	2595.68	2640	2548.05	2547.77	2518
78	1892.42	1937	1844.79	1844.79	1814	108	2619.93	2665	2572.30	2572.30	2542
79	1916.67	1961	1869.04	1869.04	1838	109	2644.19	2689	2596.56	2596.28	2566
80	1940.91	1985	1893.28	1893.28	1862	110	2668.43	2713	2620.80	2620.80	2590
81	1965.17	2009	1917.54	1917.54	1887	111	2692.69	2737	2645.06	2644.79	2615
82	1989.41	2034	1941.78	1941.78	1911	112	2716.94	2762	2669.31	2669.31	2639
83	2103.67	2058	1966.04	1966.04	1935	113	2741.20	2786	2693.57	2693.30	2663
84	2037.92	2082	1990.29	1990.29	1960	114	2765.44	2810	2717.81	2717.81	2687
85	2062.16	2106	2014.53	2014.53	1984	115	2789.70	2834	2742.07	2741.81	2712
86	2086.41	2131	2038.78	2038.78	2008	116	2813.95	2859	2766.32	2766.32	2736
87	2110.66	2155	2063.03	2063.03	2032	117	2838.20	2883	2790.57	2790.32	2760
88	2134.91	2179	2087.28	2087.28	2057	118	2862.45	2907	2814.82	2814.82	2785
89	2159.17	2204	2111.54	2111.54	2081	119	2886.71	2931	2839.08	2838.83	2809
90	2183.41	2228	2135.78	2135.78	2105	120	2910.96	2956	2863.33	2863.33	2833
91	2207.67	2252	2160.04	2160.04	2129						
92	2231.91	2276	2184.28	2184.28	2154						
93	2256.17	2301	2208.54	2208.54	2178						
94	2280.41	2325	2232.78	2232.78	2202						
95	2304.66	2349	2257.03	2257.03	2226						
96	2328.92	2373	2281.29	2281.29	2251						
97	2353.17	2398	2305.54	2305.54	2275						
98	2377.42	2422	2329.79	2329.79	2299						
99	2401.67	2446	2354.04	2354.04	2323						
100	2425.92	2470	2378.29	2378.29	2348						

16. 스프로킷 각 부의 치수 허용차 및 허용값

스프로킷 각 부의 치수 허용차 및 허용값의 참고값을 다음에 나타낸다. 여기서 나타내는 참고값은 기계 가공된 보통의 전동용 스프로킷에 적용하는 것으로서 특별한 용도의 것에 대해서는 당사자 간의 협의에 따라 적당히 정한다.

① 이나비(t) 및 총 이나비(M_2, M_3, M_4.......M_n)의 치수 허용차

단위 : mm

호칭번호	25	35	41	40	50	60	80	100	120	140	160	200	240
치수 허용차	0 / -0.20			0 / -0.25		0 / -0.30		0 / -0.35		0 / -0.45		0 / -0.55	0 / -0.65

② 짝수 톱니인 경우 이뿌리원 지름(D_B) 및 홀수 톱니인 경우 이뿌리 거리(D_C)의 치수 허용차

단위 : mm

호칭번호	25	35	41	40	50	60	80	100	120	140	160	200	240
11~15	0 / -0.10	0 / -0.10	0 / -0.12	0 / -0.12	0 / -0.12	0 / -0.12	0 / -0.15	0 / -0.15	0 / -0.20	0 / -0.20	0 / -0.25	0 / -0.25	0 / -0.30
16~24	0 / -0.10	0 / -0.12	0 / -0.12	0 / -0.12	0 / -0.12	0 / -0.15	0 / -0.15	0 / -0.20	0 / -0.25	0 / -0.30	0 / -0.30	0 / -0.35	0 / -0.40
25~35	0 / -0.12	0 / -0.12	0 / -0.12	0 / -0.15	0 / -0.15	0 / -0.20	0 / -0.20	0 / -0.25	0 / -0.30	0 / -0.30	0 / -0.35	0 / -0.40	0 / -0.45
36~48	0 / -0.12	0 / -0.15	0 / -0.15	0 / -0.15	0 / -0.15	0 / -0.20	0 / -0.25	0 / -0.25	0 / -0.30	0 / -0.35	0 / -0.40	0 / -0.45	0 / -0.55
49~63	0 / -0.12	0 / -0.15	0 / -0.15	0 / -0.20	0 / -0.20	0 / -0.25	0 / -0.30	0 / -0.30	0 / -0.35	0 / -0.40	0 / -0.45	0 / -0.50	0 / -0.60
64~80	0 / -0.12	0 / -0.15	0 / -0.15	0 / -0.20	0 / -0.25	0 / -0.30	0 / -0.35	0 / -0.40	0 / -0.40	0 / -0.45	0 / -0.50	0 / -0.60	0 / -0.70
81~99	0 / -0.15	0 / -0.15	0 / -0.20	0 / -0.20	0 / -0.25	0 / -0.30	0 / -0.35	0 / -0.40	0 / -0.50	0 / -0.50	0 / -0.55	0 / -0.65	0 / -0.75
100~210	0 / -0.15	0 / -0.15	0 / -0.20	0 / -0.25	0 / -0.25	0 / -0.35	0 / -0.40	0 / -0.45	0 / -0.50	0 / -0.50	0 / -0.60	0 / -0.70	0 / -0.85

③ 축 구멍의 중심에 대한 이뿌리의 흔들림 및 옆 흔들림의 허용값

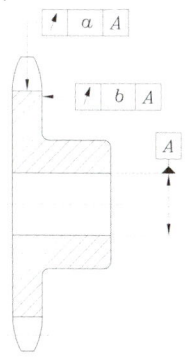

이뿌리원 지름 DB	이뿌리의 흔들림 a	옆 흔들림 b
100 이하	0.15	0.25
100 초과 150 이하	0.20	
150 초과 250 이하	0.25	
250 초과 650 이하	0.001 DB	0.001 DB
650 초과 1000 이하	0.65	
1000을 초과하는 것		1.00

④ 제품의 호칭 방법
   [보기] 1. 1줄인 경우
          호칭 번호 40, 잇수 30매, S치형인 경우 : 스프로킷 40, N30S
   [보기] 2. 2줄인 경우
          호칭 번호 60-2, 잇수 20매, U치형인 경우 : 스프로킷 60-2, N20U

17. 스프로킷의 제도법

① 스프로킷 부품도에는 그림 및 표를 병기한다.
② 표에는 원칙적으로 이의 특성을 나타내는 사항을 기입한다.
③ 그림에는 주로 스프로킷 소재를 제작하는 데 필요한 치수를 기입한다. 이의 절삭에 필요한 치수는 기호 등을 사용하여 표에 따른다.

항 목	기 호
피치원 지름	D_P
바깥지름	D_O
이뿌리원 지름	D_B
이뿌리 거리	D_C

④ 바깥지름은 굵은 실선, 피치원은 가는 일점 쇄선, 이뿌리원은 가는 실선 또는 가는 파선으로 나타낸다. 다만, 이뿌리원은 기입을 생략해도 좋다. 또한 축과 직각인 방향에서 본 그림을 단면으로 도시할 때는 이뿌리의 선은 굵은 실선으로 기입한다.
⑤ 이 제도법은 스프로킷 특유의 표준적인 사항에 대하여 표시하는 것으로 아래 그림을 참조한다. 또한 스프로킷 도면에 포함되는 일반적 사항에 대해서는 KS A 0005(제도 통칙) 및 KS B 0001(기계제도)에 따른다.

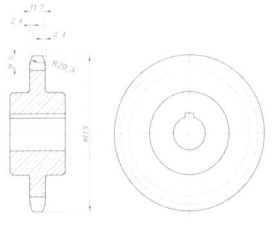

스프로킷 60, N17S

단위 : mm

롤러 체인	피 치	19.05
	롤러 바깥지름	11.91
스프로킷	D_P	103.67
	D_O	113
	D_B	91.76
	D_C	91.32

[참 고] 기계 톱니 절삭

10-3 | 체인 전동의 설계

1. 체인의 속도와 전달동력

- 체인의 속도 $v = \dfrac{zpn}{1000 \times 60}$ [m/s]

    n : 피동측 스프로킷의 회전수 [rpm]
    z : 피동측 스프로킷의 잇수
    p : 체인의 피치 [mm]

- 전달동력 $P = T_t \cdot v$ [kW]

    T_t : 긴장측의 허용장력 [kN]

체인의 허용장력은 다음 표에서 파단하중의 1/7~1/10으로 한다.

■ 롤러 체인의 주요 치수와 파단하중 [JIS B 1801-1997]

단위 : mm

호칭번호	피치 p	롤러 외경 d_1	내측 링크 내폭 b_1	횡피치 (다줄인 경우) p_t	파단하중[3] (최소) kN
25	6.35	3.30[1]	3.10	6.4	3.5
35	9.525	5.08[1]	4.68	10.1	7.9
41[2]	12.70	7.77	6.25	-	6.7
40	12.70	7.95	7.85	14.4	13.8
50	15.875	10.16	9.40	18.1	21.8
60	19.05	11.91	12.57	22.8	31.1
80	25.40	15.88	15.75	29.3	55.6
100	31.75	19.05	18.90	35.8	86.7
120	38.10	22.23	25.22	45.4	124.6
140	44.45	25.40	25.22	48.9	169.0
160	50.80	28.58	31.55	58.5	222.4
200	63.50	39.68	37.85	71.6	347.0
240	76.20	47.63	47.35	87.8	500.4

 [1] 이 경우의 d_1은 부시 외경을 표시한다.
주▶ [2] 호칭번호 41은 경량형으로 1열만으로 한다.
[3] 파단하중은 1열의 경우이다.

2. 스프로킷의 선정 순서

① 구동 스프로킷에 필요한 잇수 z_1을 선택한다.
② 피동 스프로킷의 잇수 z_2는 속도전달비 i를 5~7로 하여 구한다.

$i = \dfrac{n_1}{n_2} = \dfrac{z_2}{z_1}$

단, n_1, n_2 : 구동측 회전수 및 피동측 회전수
스프로킷의 잇수는 최저 17에서 최고 114까지 사이에서 선정한다. 가능한 한 홀수로 한다.

그리고, 스프로킷의 중심거리는 체인 피치의 30~50배, 4m 이하로 하여 구동 스프로킷의 감아걸기 각도는 120° 이상으로 한다.

3. 체인의 길이

롤러 체인의 길이의 계산은 다음과 같이 한다.
스프로킷의 잇수를 z_1, z_2, $(z_1 < z_2)$, 중심거리를 a, 체인의 피치를 p로 하면 체인의 링크 수 X_p는 다음 식으로 계산된다.

$$X_p = \frac{2a}{p} + \frac{z_1 + z_2}{2} + \frac{\{(z_2 - z_1)/2\pi\}^2 \cdot p}{a}$$

단, 계산 결과 X_p의 값은 소숫점 이하는 반올림하여 정수값으로 선정한다.

▶ **예 제**

400 rpm으로 회전하는 잇수 20개인 작은 스프로킷에 체인 형식 40번을 사용하는 경우, 전달동력을 구하시오. 단, 허용장력은 파단하중의 1/10로 한다.

▶ **풀 이**

호칭번호 40의 체인 피치 $p = 12.7$ mm이다.

체인 속도 $v = \dfrac{zpn}{1000 \times 60} = \dfrac{20 \times 12.7 \times 400}{1000 \times 60} = 1.69$ [m/s]

체인의 파단 하중은 위 표에서 13.8kN이므로 허용장력 T는 이 값의 1/10로 하면 T=1.38kN이 되고, 전달동력 $P = T \cdot v = 1.38 \times 1.69 = 2.33$ [kW]

따라서 전달 동력은 2.33kW가 된다.

기어 제도 및 설계 데이터

11-1 | 기어의 제도 [KS B 0002]

기어는 2개 또는 그 이상의 축 사이에 회전 또는 동력을 전달하는 요소로 한 축으로 부터 다른 축으로 동력을 전달하는 데 사용되는 대표적인 동력전달용 기계요소이다. 또한 기어는 동력을 주고받는 두 축사이의 거리가 가까운 경우에 사용되며, 동력전달이 확실하고 속도비를 일정하게 유지할 수 있는 장점이 있어 전동 장치, 변속 장치 등에 널리 이용된다. 맞물려 회전하는 한 쌍의 기어에서 잇수가 많은 쪽을 기어, 잇수가 적은 쪽을 피니언(pinion)이라 한다. 기어의 정밀도에 관한 등급 규정은 기존 KS B 1405는 폐지(2005-0293)되었으며 KS B ISO 1328-1에서 스퍼어기어 및 헬리컬기어의 등급에 관하여 규정하고 있으며 기어의 등급은 정밀도에 따라서 9등급으로 한다. (0급, 1급, 2급, 3급, 4급, 5급, 6급, 7급, 8급)

1. 기어의 종류

① 두 축이 평행한 기어
  - 스퍼 기어(spur gear) : 잇줄이 축에 평행한 직선의 원통형 기어로 평기어라고도 하며 제작하기 쉬우므로 일반적인 기구나 기계장치에 가장 널리 사용되지만 소음이 발생되는 단점이 있다.

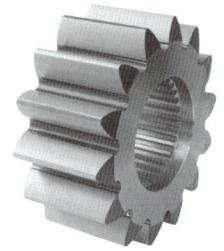
내경 스플라인 스퍼기어

허브형 스퍼기어

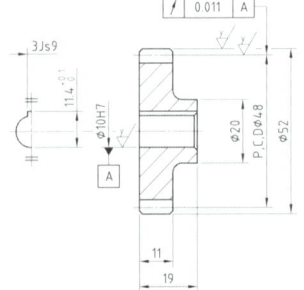

스퍼기어 요목표		
기어 치형		표준
공 구	모듈	2
	치형	보통이
	압력각	20°
전체이높이		4.5
피치원지름		⌀48
잇수		24
다듬질 방법		호브절삭
정밀도		KS B ISO 1328-1, 4급

스퍼기어의 제도와 요목표

■ 스퍼 기어 주요 계산 공식

스퍼 기어 제원		스퍼 기어 주요 계산 공식
1. 모듈(m) : 2 2. 잇수(z) : 24 3. 피치원 지름 : 48 4. 재질 : SM45C, SCM415 　대형기어의 경우 주강품 　SC420, SC450	피치원 지름 (P.C.D)	P.C.D = m×z 　　　 = 2×24 = 48
	이끝원 지름 (D)	외접 기어 외경 : D=PCD+(2m)=48+(2×2)=52 내접 기어 : D=PCD-(2m)=48-(2×2)=44
	전체 이 높이 (h)	h=2.25×m=2.25×2=4.5

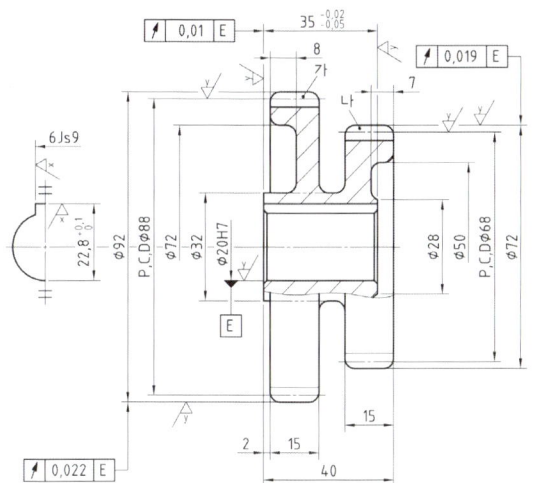

이중 스퍼기어의 제도와 요목표

- 래크 기어(rack gear) : 스퍼기어와 맞물리는 래크는 직선 형태의 기어로 피치원통 반지름이 무한대 ∞인 기어의 일부분이다. 래크와 맞물리는 기어 짝을 피니언(pinion)이라 한다. 래크는 직선 왕복 운동을 하고 피니언은 회전 운동을 한다.

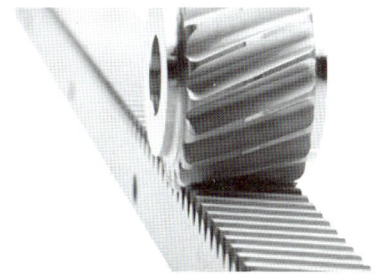

래크와 피니언

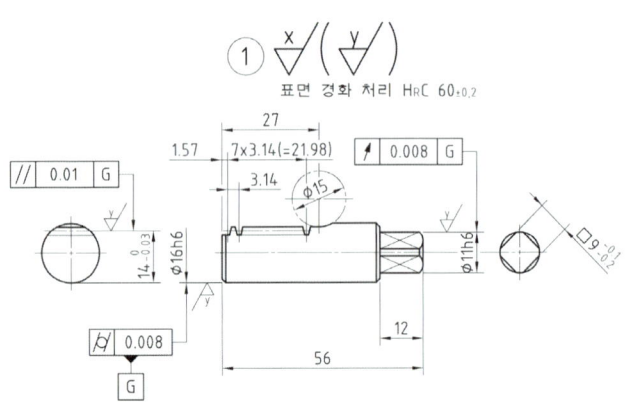

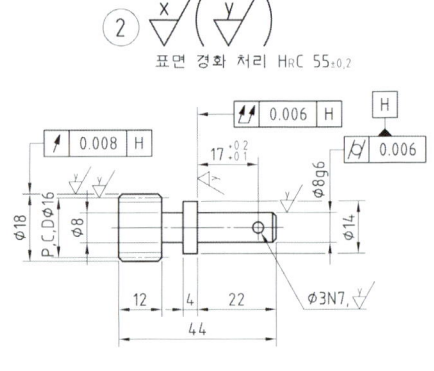

래크와 피니언의 제도와 요목표

■ 피니언 기어 주요 계산 공식

래크와 피니언 제원	피니언 기어 주요 계산 공식	

1. 모듈(m) : 1
2. 래크 잇수(z_1) : 7
  피니언 기어 잇수(z_2) : 16
3. 피치원 지름 : 16
4. 재질 : SM45C, SCM415
  SCM435 등
	피니언 기어 피치원 지름 (P.C.D)	$P.C.D = m \times z = 1 \times 16 = 16$

	이끝원 지름 (D)	피니언 기어 외경 $D = PCD + (2m) = 16 + (2 \times 1) = 18$
	전체 이 높이 (h)	$h = 2.25 \times m = 2.25 \times 1 = 2.25$

- 내접 기어(internal gear) : 원형의 링(ring) 안쪽에 이가 있는 원통형 기어로 공간을 적게 차지하고 원활하게 작동하며 높은 속도비를 얻을 수 있다. 일반적으로 감속기나 유성기어 장치(planetary gear system), 기어 커플링 등에 사용된다.

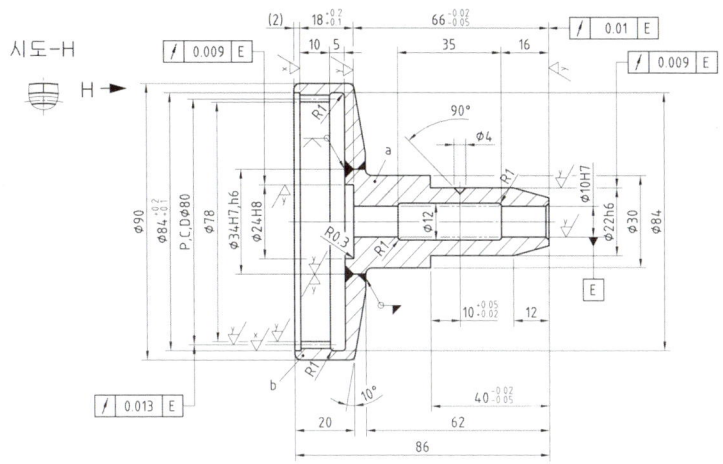

구분	품번	⑥-b
기어치형		표준
공구	치형	보통이
	모듈	1
	압력각	20°
잇수		80
피치원지름		φ80
전체이높이		2.25
다듬질방법		호브절삭
정밀도		KS B ISO 1328-1, 4급

내접 기어의 제도와 요목표

내접 기어 제원	내접 기어 주요 계산 공식	
1. 모듈(m) : 1 2. 잇수(z) : 80 3. 피치원 지름 : 80 4. 재질 : SM45C, SCM415 대형기어의 경우 주강품 SC420, SC450	피치원 지름 (P.C.D)	P.C.D = m × z = 1 × 80 = 80
	이끝원 지름 (D)	내접 기어 외경 D=PCD-(2m)=80-(2×1)=78
	전체 이 높이 (h)	h=2.25 × m=2.25 × 1=2.25

- 헬리컬 기어(helical gear): 축에 대하여 비틀린 이(나선)를 가진 원통형 기어로 스퍼 기어에 비해서 더 큰 하중에 견딜 수 있으며 소음도 적어서 정숙한 운전이 가능하여 자동차 변속기 등에 널리 사용된다. 다만, 이의 비틀림 때문에 축방향의 추력(thrust)이 발생하는 것이 단점이다. 그러나 이중 헬리컬 기어(double helical gear)나 헤링본 기어(herringbone gear)는 왼쪽 비틀림(LH) 이와 오른쪽 비틀림(RH) 이를 둘 다 가지고 있기 때문에 추력을 방지할 수 있다.

헬리컬 기어   더블 헬리컬 기어

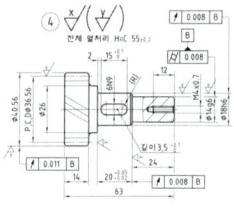

헬리컬 기어의 제도와 요목표

헬리컬 기어 제원	표준 헬리컬 기어 주요 계산 공식			
	항목	기호	소기어 ④	대기어 ⑤
	치직각 모듈	m_n	$m_n = m_t \cos\beta = \dfrac{d\cos\beta}{z}$	

1. 치직각 모듈 : 2
2. 잇수(z) : 18, 68
3. 피치원 지름 : 36.56, 138.1
4. 비틀림각 : 10°
5. 재질 : SM45C, SCM415
   대형기어의 경우 주강품
   SC420, SC450
	피치원 지름	d	$d_1 = \dfrac{z_1 m_n}{\cos\beta}$
			$= \dfrac{18 \times 2}{\cos 10°} = 36.56$
				$d_2 = \dfrac{z_2 m_n}{\cos\beta}$
				$= \dfrac{68 \times 2}{\cos 10°} = 138.10$

	비틀림각	β	$\beta = \tan^{-1}\left(\dfrac{\pi d}{p_z}\right) = \cos^{-1}\left(\dfrac{zm_n}{d}\right)$	
	리드	p_z	$p_z = \dfrac{\pi d}{\tan\beta} = \dfrac{\pi z m_n}{\sin\beta}$ $= \dfrac{\pi \times 36.56}{\tan 10°} = 651.38$	$p_z = \dfrac{\pi d}{\tan\beta} = \dfrac{\pi z m_n}{\sin\beta}$ $= \dfrac{\pi \times 138.1}{\tan 10°} = 2460.50$
	이끝 높이	h_a	$h_a = m_n = 2$	
	이뿌리 높이	h_f	$h_f = 1.25 m_n = 1.25 \times 2 = 2.5$	
	전체 이 높이	h	$h = h_a + h_f = 2.25 m_n = 4.5$	
	중심거리	a	$a = \dfrac{(d_1 + d_2)}{2} = \dfrac{(z_1 + z_2) m_n}{2 \cos\beta} = \dfrac{(36.56 + 138.1)}{2 \cos 10°} = 88.68$	

- 헬리컬 랙(helical rack) : 헬리컬기어와 맞물리는 비틀림을 가진 직선 치형의 기어로 헬리컬 기어의 피치원통 반지름이 무한대 ∞로 된 기어이다.

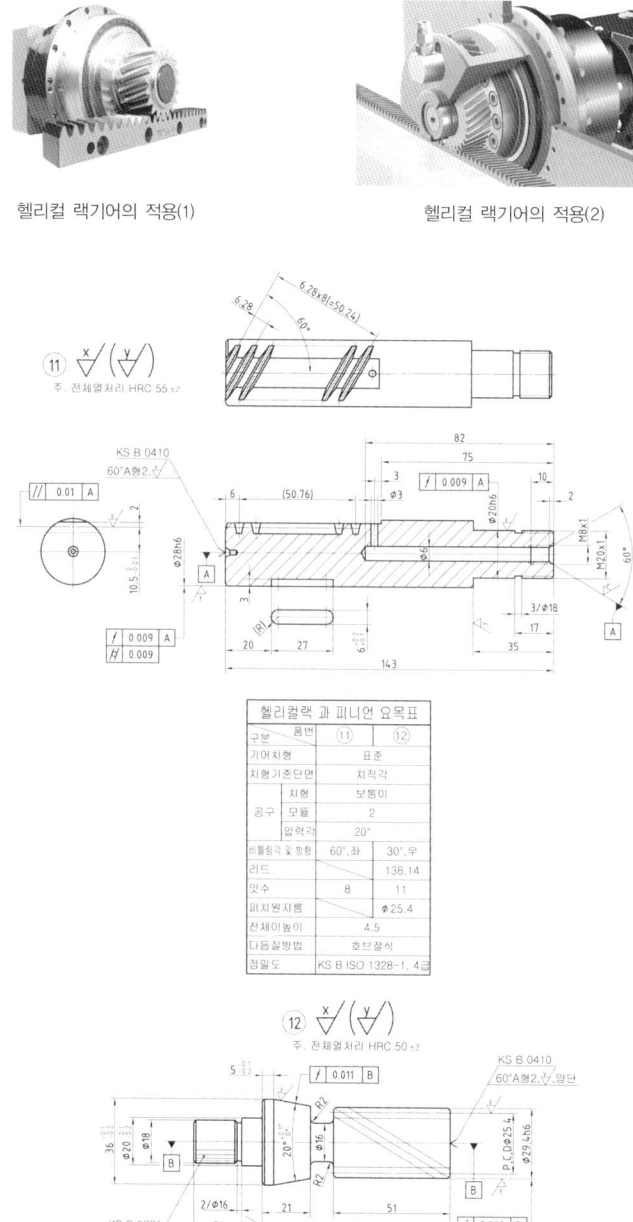

헬리컬 랙기어의 적용(1)

헬리컬 랙기어의 적용(2)

헬리컬 랙과 피니언의 제도와 요목표

② 두 축이 교차하는 기어
- 직선 베벨기어(straight bevel gear) : 잇줄이 직선인 베벨기어로 피치 원뿔(pitch cone)의 모선과 같은 방향으로 경사진 원뿔형 이를 가진 기어이다. 주로 두 축이 90°로 교차하는 곳에 사용되며 동력전달용 베벨기어로 가장 널리 사용된다.

직선 베벨기어

스파이럴 베벨기어

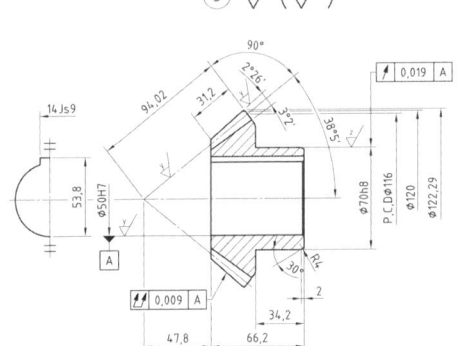

직선베벨기어 요목표		
구분 \ 품번	⑤	⑥
기어 치형	글리슨 식	
모듈	4	
압력각	20°	
잇수	29	37
축각	90°	
피치원지름	φ116	φ148
원추거리	94.02	
피치원추각	38° 5'	51° 55'
다듬질방법	연 삭	
정밀도	KS B 1412, 4급	

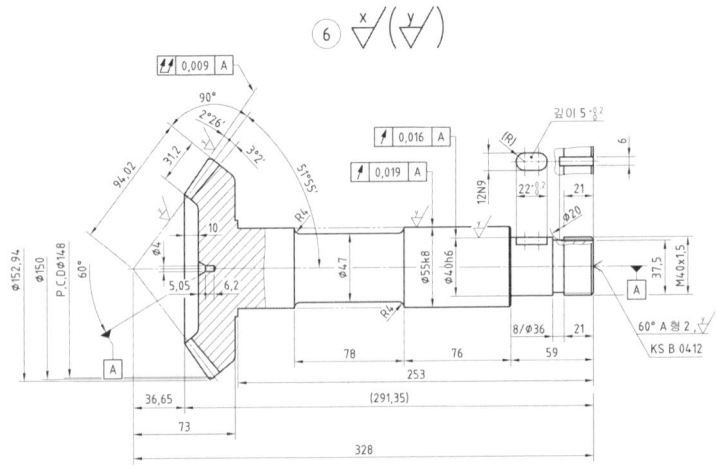

직선 베벨기어의 제도와 요목표

용어	기호	직선 베벨기어 주요 계산 공식	
		소기어 ⑤	대기어 ⑥
피치원 직경	d	$d_1 = z_1 m$	$d_2 = z_2 m$
피치원추각	δ	$\delta_1 = \tan^{-1}\dfrac{z_1}{z_2}$	$\delta_2 = 90° - \delta_1$
원추거리	R_e	$R_e = \dfrac{d_2}{2\sin\delta_2}$	
이끝각	θ_a	$\theta_a = \tan^{-1}\dfrac{h_a}{R_e}$	
이뿌리각	θ_f	$\theta_f = \tan^{-1}\dfrac{h_f}{R_e}$	
이끝원추각	δ_a	$\delta_{a1} = \delta_1 + \theta_a$	$\delta_{a2} = \delta_2 + \theta_a$
이뿌리원추각	δ_f	$\delta_{f1} = \delta_1 - \theta_f$	$\delta_{f2} = \delta_2 - \theta_f$
이끝원직경 (바깥단)	d_a	$d_{a1} = d_1 + 2h_a\cos\delta_1$	$d_{a2} = d_2 + 2h_a\cos\delta_2$
배원추각	δ_b	$\delta_{b1} = 90° - \delta_1$	$\delta_{b2} = 90° - \delta_2$
이끝원추와 배원추와의 각	θ_1	$\theta_1 = 90° - \theta_a$	
원추 정점에서 바깥단까지	R	$R_1 = \dfrac{d_2}{2} - h_a\sin\delta_1$	$R_2 = \dfrac{d_1}{2} - h_a\sin\delta_2$
이끝 사이의 축방향거리	X_b	$X_{b1} = \dfrac{b\cos\delta_{a1}}{\cos\theta_{a1}}$	$X_{b2} = \dfrac{b\cos\delta_{a2}}{\cos\theta_{a2}}$
축각	Σ	$\Sigma = \delta_1 + \delta_2 = 90°$	
이폭	b	$b = \dfrac{d}{6\sin\delta}$ 또는 $b \leq \dfrac{R_e}{3}$	

③ 두 축이 어긋난 기어

- 웜과 웜휠(worm & worm wheel) : 웜은 수나사와 비슷하다. 웜과 짝을 이루는 웜휠은 헬리컬 기어와 비슷하지만 웜의 축 방향에서 보면 웜을 감싸듯이 맞물린다는 점이 다르다. 웜과 웜휠의 두드러진 특징은 매우 큰 속도비를 얻을 수 있다는 것이다. 그러나 미끄럼 때문에 전동 효율은 매우 낮은 편이다.

웜감속기

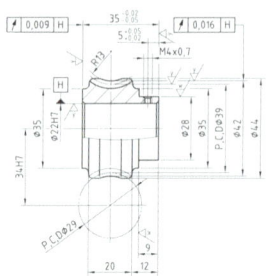
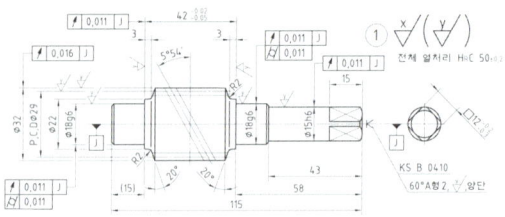

웜과 웜휠의 제도와 요목표

용어	기호	표준 웜기어 주요 계산 공식	
		웜	웜휠
중심거리	a	$a = \dfrac{d_1 + d_2}{2}$	
축방향피치	p_x	$p_x = \dfrac{p_z}{z_1} = \dfrac{p_n}{\cos \gamma} = \pi m_t$	-
정면피치	p_t	-	$p_t = \dfrac{\pi d_2}{z} = \dfrac{p_n}{\cos \gamma}$
치직각피치		$p_n = \pi m_n = p_x \cos \gamma$	
리드		$p_z = z_1 p_x = z_1 \pi m_t$	-
진행각		$\gamma = \tan^{-1}\left(\dfrac{p_z}{\pi d_1}\right)$	
피치원 직경	d	$d_1 = \dfrac{p_z}{\pi \tan \gamma}$	$d_2 = \dfrac{z_2 m_n}{\cos \gamma}$
이끝원직경	d_a	$d_{a1} = d_1 + 2h_a$	$d_{a2} = d_t + 2r_t\left(1 - \cos \dfrac{\theta}{2}\right)$
이뿌리원직경	d_f	$d_{f1} = d_1 - 2h_f$	$d_{f2} = d_2 - 2h_f$
목의 둥근 반지름	r_t	-	$r_t = \dfrac{d_1}{2} - h_a = a - \dfrac{d_t}{2}$
목의 직경	d_t	-	$d_t = d + 2h_a$
축평면압력각	α_a	$\alpha_a = \tan^{-1}\left(\dfrac{\tan \alpha_n}{\cos \gamma}\right)$	
치직각압력각	α_n	$\alpha_n = \tan^{-1}(\tan \alpha_a \cos \gamma)$ 또는 $20°$	
정면모듈	m_t	$m_t = \dfrac{p_x}{\pi} = \dfrac{m_n}{\cos \gamma}$	
치직각모듈	m_n	$m_n = m_t \cos \gamma = \dfrac{p_x \cos \gamma}{\pi}$	
잇수	z	$z_1 = \dfrac{p_z}{p_x}$	$z_2 = \dfrac{d_2 \cos \gamma}{m_n} = \dfrac{\pi d_2}{p_t}$

11-2 | 모듈(module)

- 잇수 : z, 피치원 지름 : d [mm], 피치 : p

$$p = \frac{피치원주}{잇수} = \frac{\pi d}{z} \text{ [mm]}$$

- 모듈 $m = \dfrac{d}{z} = \dfrac{p}{\pi}$ [mm]

■ 모듈의 표준값

제1 계열	제2 계열	제1 계열	제2 계열	제1 계열	제2 계열
0.1		1.25		10	
	0.15	1.5			11
0.2			1.75	12	
	0.25	2			14
0.3			2.25	16	
	0.35	2.5			18
0.4			2.75	20	
	0.45	3			22
0.5			3.5	25	
	0.55	4			28
0.6			4.5	32	
	0.7	5			36
	0.75		5.5	40	
0.8		6			45
	0.9		7	50	
1		8			
	1.125	9			

[비 고]
제1계열을 우선적으로 선택하고, 필요에 따라서 제2계열에서 선택한다.

[참 고]
- 모듈은 기어 이의 크기를 나타내며 모듈이 작으면 이의 크기가 작고 모듈이 크면 이의 크기도 커진다. 모듈의 단위는 mm이며 보통 표준화된 값이 사용된다. 개념상 모듈의 역수인 다이어메트럴 피치(Diametral pitch)는 주로 인치 시스템을 사용하고 있는 미국 등에서 채택하고 있으며 25.4를 다이어메트럴 피치값으로 나누면 모듈값으로 환산할 수 있다.

11-3 | 표준 스퍼기어의 기본 사항

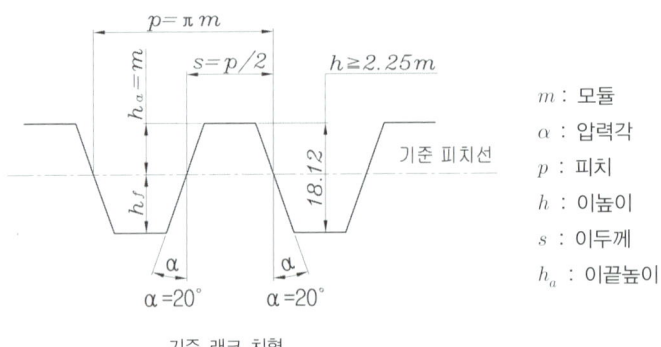

m : 모듈
α : 압력각
p : 피치
h : 이높이
s : 이두께
h_a : 이끝높이

기준 래크 치형

표준 스퍼기어의 경우 이뿌리 높이 h_f는 1.25m, 또는 그 이상으로 하므로 각각 다음의 관계식이 성립한다.

용 어	공 식
이끝높이(addendum)	$h_a = m$
이뿌리높이(dedendum)	$h_f \geq 1.25m$
이높이(tooth depth)	$h = h_a + h_f \geq m + 1.25m \geq 2.25m$
이끝원 지름(tip diameter)	$d_a = d + 2h_a = zm + 2m = (z+2)m$
이뿌리 틈새(bottom clearance)	$c = h_f - h_a \geq 1.25m - m \geq 0.25m$
이두께(tooth thickness)	$s = \dfrac{p}{2} = \dfrac{\pi m}{2}$
이뿌리원 지름(root diameter)	$d_f = d - 2h_f \leq zm - 2.5m \leq (z-2.5)m$

예 제

이끝원 지름(d_a)이 50 mm, 잇수(z)가 25개인 표준 스퍼기어의 모듈(m)을 구하시오.

▶ 풀 이

- $m = \dfrac{d_a}{z+2} = \dfrac{54}{25+2} = 2$ mm

11-4 | 기어의 속도 전달비

기어의 원동축 측을 구동기어, 종동축 측을 피동기어라고 하고 회전속도를 각각 n_1, n_2 [rpm], 잇수를 z_1, z_2, 피치원 지름을 d_1, d_2 [mm] 라 한다. 아래 그림에서 피치점 P에 의한 2개의 기어의 주속도는 동일하므로 w_1, w_2를 각각의 각속도라고 하면 다음 식이 성립된다.

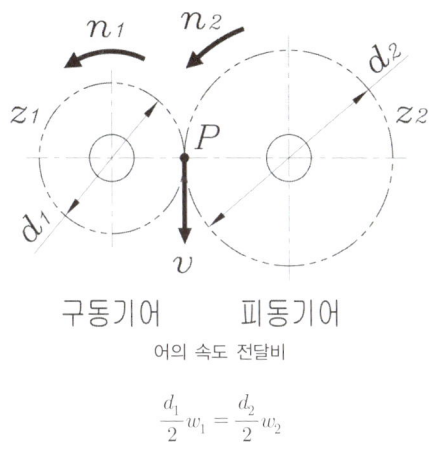

기어의 속도 전달비

$$\frac{d_1}{2}w_1 = \frac{d_2}{2}w_2$$

$$\text{속도전달비 } i = \frac{\text{구동기어의 각속도}}{\text{피동기어의 각속도}} = \frac{w_1}{w_2} = \frac{d_2}{d_1} = \frac{n_1}{n_2} = \frac{z_2}{z_1}$$

큰 기어의 잇수를 작은 기어의 잇수로 나눈 값을 잇수비라 한다.

■ 주속도 v [m/s]

$$v = \frac{\pi d_1 n_1}{1000 \times 60} = \frac{\pi d_2 n_2}{1000 \times 60}$$

또 한쌍의 스퍼 기어의 중심거리(축간거리) a는 다음 식으로 나타낸다.

$$a = \frac{d_1 + d_2}{2} = \frac{m(z_1 + z_2)}{2}$$

기어전동장치에서 기어의 중심거리 a의 정밀도가 매우 중요한대 중심거리가 크면 치면의 간극이 커지고, 소음이나 진동의 원인이 되어 이끝의 마모가 빨리 진행된다. 반대로 중심거리가 너무 작아지면 맞붙일 수가 없게 되고 무리하게 맞붙이면 여분의 동력이 필요하게 된다. 그래서 다음에 나타내는 백래시가 필요하게 되는 것이다.

11-5 | 백래시(backlash)

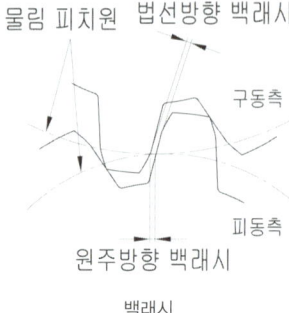

백래시

백래시는 기어의 회전을 원활하게 하기 위해서 치형과 치형 사이에 약간의 틈새가 생기도록 한 간극이다. 백래시가 너무 적으면 윤활이 불충분하게 되기 쉬워서 치면끼리의 마찰이 커지며 반대로 백래시가 너무 크면 기어의 맞물림이 나빠져서 기어의 파손의 원인이 된다. 위 그림에 나타낸 것과 같이 물림 피치원상의 호의 길이로 표시한 원주방향의 백래시와 반물림측 치면의 최단거리로 표시한 법선방향의 백래시가 있다. 표준 스퍼 기어의 경우에는 기어의 이 두께를 약간 얇게 가공하는 것으로 백래시가 발생할 수 있도록 하고 있다. 또, 중심거리를 약간 크게 하는 것으로 백래시를 줄 수 있다. 모듈 3의 스퍼 기어에서는 기어의 정밀도에도 좋지만 0.2~0.4mm 정도의 백래시를 주고 있다.

예제

모듈 3mm, 구동측의 잇수 50개와 피동측의 잇수 75개의 기어가 서로 맞물려 있다고 가정하고 속도 전달비를 구하시오. 또한, 중심거리는 얼마인지 구하시오.

▶ 풀이

- 속도전달비 $i = \dfrac{\text{구동기어의 각속도}}{\text{피동기어의 각속도}} = \dfrac{z_2}{z_1} = \dfrac{75}{50} = 1.5$

- 중심 거리 $a = \dfrac{m(z_1 + z_2)}{2} = \dfrac{3(50+75)}{2} = 187.5\ [\text{mm}]$

11-6 | 표준 스퍼 기어 설계

1. 스퍼 기어의 설계 순서

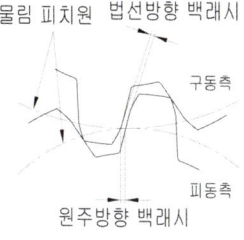

강 또는 합성수지   s ≧ 2.2m
주철   s ≧ 2.8m
m : 모듈 [mm]

작은 지름의 기어의 키홈과 치저 사이의 두께

- 전달동력, 회전속도, 속도전달비가 주어져 있을 때의 설계 순서
  (a) 구동축 및 피동축의 직경을 결정한다.
  (b) 모듈과 잇수를 가정한다.
  (c) 치폭을 이의 굽힘강도와 치면강도로부터 구한다.
  (d) 선정 결과가 적당한지 검토하고 부적절한 부분이 있으면 (b)로 돌아가서 모듈과 잇수를 수정한다.
  (e) 기어 각부의 치수를 결정한다.

2. 계산예

다음의 사양에 따라 동력전달용 스퍼기어를 설계해 보도록 하자.

[사 양]
동력 2.2kW, 회전속도 1500rpm인 구동축의 회전을 1/2로 감속하는 표준 스퍼기어를 굽힘강도로부터 설계하시오. 여기서 기어의 재료는 SM35C(HBW200)로 하고, 작은 기어의 피치원 직경은 약 50mm로 한다. 또, 축의 직경은 비틀림강도로부터 결정한다.

① 축의 직경

작은 기어의 축의 직경을 d_{01}, 큰 기어의 축의 직경을 d_{02}, 구동축의 허용전단응력을 $\tau_a = 20 MPa$, d_{01} 의 회전속도를 n_1 이라 한다.

$$d_{01} = 365 \sqrt[3]{\frac{P}{\tau_a n_1}} = 365 \sqrt[3]{\frac{2.2}{20 \times 1500}} = 15.3 \ [\text{mm}]$$

큰 기어의 회전속도 n_2 는 속도전달비 $i = 2$ 에서

$$n_2 = \frac{n_1}{i} = \frac{1500}{2} = 750 \ [\text{rpm}]$$

따라서,
$$d_{02} = 365\sqrt[3]{\frac{P}{\tau_a n_2}} = 365\sqrt[3]{\frac{2.2}{20 \times 750}} = 19.2 \; [\text{mm}]$$

키홈을 고려하여 축지름을 다음과 같이 결정한다.
$$d_{01} = 18 \; [\text{mm}], \; d_{02} = 22 \; [\text{mm}]$$

② 모듈과 잇수의 가정

우선 모듈을 2.0mm로 가정한다. 작은 기어의 피치원 직경이 약 50mm로 주어져 있으므로
$$z_1 = \frac{50}{2} = 25, \; \text{속도전달비} \; i = 2 = \frac{z_2}{z_1} \; \text{이므로}, \; z_2 = 50$$

③ 이의 굽힘강도에 의한 치폭의 검토

주속도(周速度) $v = \dfrac{\pi m z_1}{1000} \cdot \dfrac{n_1}{60} = \dfrac{\pi \times 2 \times 25}{1000} \times \dfrac{1500}{60} = 3.925 \; [\text{m/s}]$

피치원 상의 접선방향에 작용하는 힘 $f = \dfrac{1000P}{v} = \dfrac{1000 \times 2.2}{3.925} = 560.5 \; [\text{N}]$

치형계수 $\quad Y = 2.64$ (2개의 기어에 대한 Y 값 중 큰 쪽을 택한다)

사용계수 $\quad K_A = 1.0$

동하중계수 $\quad K_v = 1.4$ (4급 기어)

허용응력 $\quad \sigma_{Flim} = 196 \; [\text{MPa}]$

압력각 $\quad \alpha = 20 \; [°]$

$$b \geq \frac{FYK_AK_v}{m\sigma_{Flim}} = \frac{560.5 \times 2.64 \times 1.0 \times 1.4}{2.0 \times 196} = 5.28 \; [\text{mm}]$$

$$K = \frac{b}{m} = 6 \sim 10$$

따라서, $K = 6$으로 하면 $b = 12$ mm가 되고 $b \geq 5.28$을 충분히 만족하게 된다. 일반적으로 작은 기어의 치폭 b_1은 큰 기어의 치폭 b_2 보다 어느 정도 크게 하지만 계산 결과에서 2배의 값을 사용하는 것으로 좋다.

따라서 $b_1 = b_2 = 12$mm로 한다.

④ 각 부의 치수

피치원 직경 $d_1 = mz_1 = 2 \times 25 = 50 \; [\text{mm}]$

$\qquad\qquad d_2 = mz_2 = 2 \times 50 = 100 \; [\text{mm}]$

이끝원 직경 $d_{a1} = m(z_1 + 2) = 2 \times (2 + 25) = 54 \; [\text{mm}]$

$\qquad\qquad d_{a2} = m(z_2 + 2) = 2 \times (50 + 2) = 104 \; [\text{mm}]$

■ 키의 치수

축경	키 (폭×높이)	t_1	t_2
18	6×6	3.5	2.8
22	6×6	3.5	2.8

키의 치수는 축경과의 관계에서 위와 같이 된다.

중심거리 $a = \dfrac{d_1 + d_2}{2} = \dfrac{50 + 100}{2} = 75 \; [\text{mm}]$

또한, 키 홈과 치저 사이의 두께는 작은 기어라고 한다고 하면
$$s = \frac{\text{작은 기어의 치저원 직경} - \text{축경}}{2} - t_2 = \frac{45 - 18}{2} - 2 = 19.7 \; [\text{mm}]$$

$s \geq 2.2 \times 2 = 4.4 \; [\text{mm}]$ 이므로 강도상의 문제는 없는 것을 알 수 있다.

11-7 | 기어 설계 데이터

① 치형 계수(압력각 $\alpha = 20°$ 표준 기어)

잇수 z	치형계수 Y_F	잇수 z	치형계수 Y_F
12	3.47	28	2.57
13	3.33	30	2.53
14	3.22	34	2.47
15	3.12	38	2.42
16	3.03	43	2.37
17	2.96	50	2.33
18	2.90	60	2.28
19	2.85	75	2.23
20	2.80	100	2.18
21	2.76	150	2.13
22	2.73	300	2.10
24	2.67	래크	2.06
26	2.62	-	-

② 기어의 사용 계수 K_A (JGMA 6101-01)

구동 기계		피동 기계의 운전 특성			
운전 특성	구동기계의 예	균일 부하 U	중간 정도의 충격 M	심한 충격 MH	심한 충격 H
균일하중 U	전동기 증기 터빈 가스 터빈 (발생하는 기동 토크가)	1.00	1.25	1.50	1.75
가벼운 충격 UM	증기 터빈 가스 터빈 유압 모터 및 전동기 (발생하는 기동 토크가)	1.10	1.35	1.60	1.85
중간 정도의 충격 M	다기통 내연기관	1.25	1.50	1.75	2.0
심한 충격 H	단기통 내연기관	1.50	1.70	2.0	$\geqq 2.25$

③ 동하중 계수 K_v

기어 정밀도 등급		기준 피치원 상의 주속도(周速度) v [m/s]						
치형 비수정	수정	1 이하	1 초과 3 이하	3 초과 5 이하	5 초과 8 이하	8 초과 12 이하	12 초과 18 이하	18 초과 25 이하
-	1	-	-	1.0	1.0	1.1	1.2	1.3
1	2	-	1.0	1.05	1.1	1.2	1.3	1.5
2	3	1.0	1.1	1.15	1.2	1.3	1.5	-
3	4	1.0	1.2	1.3	1.4	1.5	-	-
4	-	1.0	1.3	1.4	1.5	-	-	-

④ 치폭 계수 K의 값 $\left(K=\dfrac{b}{m}\right)$

치폭의 종류	보통이(경하중용)~넓은이(중하중용)
$K=\dfrac{b}{m}$	6~10

⑤ 기어의 정면 하중 분포계수 $K_{F\alpha'}$, $K_{H\alpha'}$ (JGMA 6102-01, -02)

기어의 종류와 열처리 구분	$K_{F\alpha'}$	$K_{H\alpha'}$
스퍼 기어 (표면 경화)	$\dfrac{1}{Y_\epsilon}$ 와 1.2의 큰 쪽	$\dfrac{1}{Z_\epsilon^2}$ 와 1.2의 큰 쪽
헬리컬 기어 (표면 경화)	$\dfrac{\epsilon}{\cos^2\beta_b}$ 와 1.4의 큰 쪽	$\dfrac{\epsilon}{\cos^2\beta_b}$ 와 1.4의 큰 쪽
스퍼 기어 (표면 경화하지 않음)	$\dfrac{1}{Y_\epsilon}$ 와 1.2의 큰 쪽	$\dfrac{1}{Z_\epsilon^2}$ 와 1.2의 큰 쪽
헬리컬 기어 (표면 경화하지 않음)	$\dfrac{\epsilon}{\cos^2\beta_b}$ 와 1.4의 큰 쪽	$\dfrac{\epsilon}{\cos^2\beta_b}$ 와 1.4의 큰 쪽

⑥ 표면경화하지 않은 기어의 $\sigma_{F\lim}$와 $\sigma_{H\lim}$ (JGMA 6101, 6102)

재료		경도		인장강도 하한값 [MPa]	굽힘강도 $\sigma_{F\lim}$ [MPa]	치면강도 $\sigma_{H\lim}$ [MPa]
		H_B	H_V			
주강	SC 37~SC 49 SCC 3 B	- - -	- - -	363 481 618	71.2 97.5 122	335 365 435
탄소강 불림(노멀라이징) 뜨임(템퍼링)	S 25C~S 58C	120 170 220 250	126 178 231 263	412 570 735 832	135 180 206 221	405 465 530 565
탄소강 담금질(칭)	S 35C~S 58C	160 200 250 270 290	167 210 263 285 306	536 670 832 905 968	178 216 245 255 260	500 560 630 655 685
합금강 불림(노멀라이징) 뜨임(템퍼링)	SCM 435 SCM 440 SNCM 439 SNC 836	230 270 320 340 350	242 285 337 359 370	769 905 1060 1129 1170	255 293 340 359 369	700 760 840 870 885

⑦ 치면강도

- 접촉응력 σ_H [MPa]

  기어의 재질이 강 또는 주철의 경우

  $$\sigma_H = \sqrt{0.35 \times \dfrac{F_n}{b} \cdot \dfrac{1000\,E_1 E_2}{E_1 + E_2}\left(\dfrac{1}{r_1} + \dfrac{1}{r_2}\right)}$$

  F_n : 이 끝에 작용하는 치면수직하중 [N]
  E_1, E_2 : 작은 기어 및 큰 기어의 종탄성계수 [GPa]
  r_1, r_2 : 접촉점에 의한 작은 기어 및 큰 기어의 치면의 곡률반경 [mm]

앞 식에 대해서 사용계수 K_A나 동하중계수 K_v를 고려하면 피치원상에서 접선방향으로 작용하는 힘을 F [N]로 하면 다음과 같이 된다.

$$\sigma_H = \sqrt{\frac{F}{bd_1} \cdot \frac{u+1}{u}} Z_H Z_M \sqrt{K_A} \sqrt{K_v} \leq \sigma_{H\lim}$$

$d_1 =$ 작은 기어의 물림 피치원 지름 $(= mz_1)$

$Z_H = $영역계수 $\left\{ = \dfrac{2}{\sqrt{\sin 2\alpha}} (\alpha: \text{압력각}), \alpha = 20°\text{일 때} Z_H = 2.49 \right\}$

u : 잇수비 $\left(= \dfrac{z_2}{z_1}, z_1 \leq z_2 \right)$

• 재료 정수 계수 Z_M

기어			상대 기어			재료 정수 계수 Z_M $[\sqrt{MPa}]$
재료	기호	종탄성계수 E [MPa]	재료	기호	종탄성계수 E [MPa]	
구조용 강	※	2.06×10^5	구조용 강	※	2.06×10^5	189.8
			주강	SC	2.02×10^5	188.9
			구상흑연주철	FCD	1.73×10^5	181.4
			회주철	FC	1.18×10^5	162.0
주강	SC	2.02×10^5	주강	SC	2.02×10^5	188.0
			구상흑연주철	FCD	1.73×10^5	180.5
			회주철	FC	1.18×10^5	161.5
구상흑연주철	FCD	1.73×10^5	구상흑연주철	FCD	1.73×10^5	173.9
			회주철	FC	1.18×10^5	156.6
회주철	FC	1.18×10^5	회주철	FC	1.18×10^5	143.7

주 ▶ 프아송의 비는 모두 0.3으로 한다.
※강은 탄소강 (S~C), 합금강 (SMn, SNCM, SCM), 질화강 (SACM) 및 스테인리스강 (SUS)로 한다.

Z_M : 재료 정수 계수 $\left(= \sqrt{0.35 \times \dfrac{E_1 + E_2}{E_1 + E_2}} \right)$

K_A : 사용계수 K_v : 동하중계수

$\sigma_{H\lim}$: 허용 헤르츠 응력 [MPa] (다음 표 참조)

접선방향에 작용하는 힘 F [N]

$$F = \left(\frac{\sigma_{H\lim}}{Z_H Z_M} \right)^2 \frac{u}{u+1} \cdot \frac{bmz_1}{K_A K_v}$$

⑧ 표면경화하지 않은 재료

재료			경도		인장강도 하한값 [MPa]	기어 재료의 허용굽힘응력 σ_{Flim} [MPa]	허용 헤르츠 응력 σ_{Hlim} [MPa]
			HBW	HV			
주강 기어		SC 360			363	102	333
		SC 410			412	118	343
		SC 450			451	129	353
		SC 480			480	139	363
		SCC 3A			539	155	382
		SCC 3B			588	169	392
탄소강 불림 (노멀라이징) 기어	S25C		120	126	382	135	407
			130	136	412	145	417
			140	147	441	155	431
			150	157	470	165	441
			160	167	500	172	456
			170	178	539	180	466
	S35C		180	189	568	186	481
			190	200	598	191	490
			200	210	627	196	505
	S43C		210	221	666	201	515
			220	231	696	206	530
		S48C	230	242	725	211	539
			240	252	755	216	554
		S53C S58C	250	263	794	221	564

⑨ 고주파 퀜칭 기어의 σ_{Flim}와 σ_{Hlim}(JGMA 6101, 6102)

재료		고주파 퀜칭 전의 열처리 조건	굽힘강도			치면강도	
			H_B	H_V	σ_{Flim} [MPa]	치면경도 H_V	σ_{Hlim} [MPa]
탄소강	S 43C S 48C	불림(노멀라이징)	160	167	206	420	750
			180	189	206	500	855
			220	231	211	580	930
			240	252	216	600 이상	940
		담금질(칭) 뜨임(템퍼링)	200	210	226	500	940
			220	231	235	580	1030
			240	252	245	660	1070
			250	263	245	680 이상	1075
합금강	SCM 435 SCM 440 SNCM 439 SNC 836	불림(노멀라이징) 뜨임(템퍼링)	240	252	275	500	1070
			260	273	294	540	1130
			280	295	314	600	1190
			300	316	333	660	1230
			320	337	358	680 이상	1240

주▶ 굽힘강도에서 $\sigma_{F\lim}$의 값은 치면경도가 H_V 550 이상으로 치저까지 완전히 담금질이 된 경우의 값이다. 치면경도가 낮은 경우, $\sigma_{F\lim}$의 값은 위 표 : [표면경화하지 않는 기어의 $\sigma_{F\lim}$와 $\sigma_{H\lim}$(JGMA 6101, 6102)]의 상당품의 값을 사용한다. 담금질 깊이의 부족, 불균일 등의 결함이 있는 경우에는 상기의 값보다 저하하므로 주의를 필요로 한다.

⑩ 침탄 담금질 기어의 $\sigma_{F\lim}$와 $\sigma_{H\lim}$(JGMA 6101, 6102)

재료		굽힘강도			치면강도		
		심부 경도		$\sigma_{F\lim}$ [MPa]	유효침탄 깊이	치면경도 H_V	$\sigma_{H\lim}$ [MPa]
		H_B	H_V				
탄소강	S 15C S 15CK	140 160 170 180 190	147 167 178 189 200	178 206 216 226 235	비교적 얕은 경우	580 620 680 740 800	1130 1160 1180 1160 1110
합금강	SCM 415H SCM 420H SNCM 420H SNC 415H SNC 815H	230 260 300 340 370	242 273 316 359 391	353 402 451 490 510	비교적 얕은 경우	580 620 680 740 800	1280 1340 1350 1330 1270
					비교적 깊은 경우	580 620 660 720 800	1530 1610 1630 1580 1430

주▶
1. 굽힘강도에서 침탄층이 극단적으로 얕은 예외적인 경우에 대해서는 표면경화하지 않은 퀀칭, 뜨임 기어의 $\sigma_{F\lim}$을 사용한다.
2. 치면강도 중 유효침탄깊이는 깊이가 얕은 경우는 $0.1m$(모듈) 정도, 깊이가 깊은 경우는 $0.15m$(모듈) 이상이다.

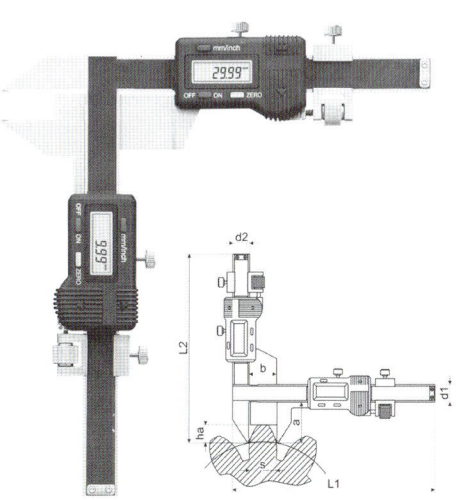

Digital Gear Tooth Calipers

 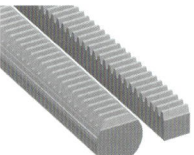

Chapter 12

베어링 규격 데이터

12-1 | 구름 베어링의 호칭 번호 KS B 2012 : 2000 (2010 확인)

1. 호칭 번호의 구성

호칭 번호는 기본 번호 및 보조 기호로 이루어지며, 기본 번호의 구성은 다음과 같다. 보조 기호는 인수·인도 당사자 간의 협의에 따라 기본 번호의 전후에 붙일 수 있다.

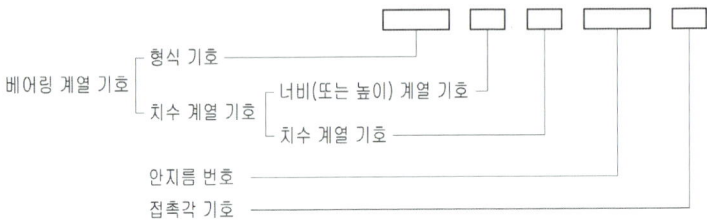

2. 기본 번호

① 베어링의 계열 기호

베어링 계열 기호는 형식 기호 및 치수 계열 기호로 이루어지며, 일반적으로 사용하는 베어링 기호는 아래 표들과 같다.

② 형식 기호

베어링의 형식을 나타내는 기호로 한 자리의 아라비아 숫자 또는 한 글자 이상의 라틴 문자로 이루어진다. 또한 치수 계열이 22 및 23의 자동 조심 볼 베어링에서는 형식 기호가 관례적으로 생략되고 있다.

③ 치수 계열 기호

치수 계열 기호는 너비 계열 기호 및 지름 계열 기호의 두 자리의 아라비아 숫자로 이루어진다. 또한, 너비 계열 0 또는 1의 깊은 홈 볼 베어링, 앵귤러 볼 베어링 및 원통 롤러 베어링에서는 너비 계열 기호가 관례적으로 생략되는 경우가 있다.

[비 고]
테이퍼 롤러 베어링의 치수 계열 22C, 23C 또는 03D의 라틴 문자 C 또는 D는 호칭 번호의 구성상 접촉각 기호로 취급한다.

④ 안지름 번호

안지름 번호는 베어링의 계열 기호와 같다. 다만, 복식 평면 자리형 스러스트 볼 베어링의 안지름 번호는 같은 지름 계열에서 같은 호칭 바깥지름을 가진 단식 평면 자리형 스러스트 볼 베어링의 안지름 번호와 동일하게 한다.

■ 안지름 번호

호칭 베어링 안지름 mm	안지름 번 호	호칭 베어링 안지름 mm	안지름 번 호	호칭 베어링 안지름 mm	안지름 번 호	호칭 베어링 안지름 mm	안지름 번 호	호칭 베어링 안지름 mm	안지름 번 호
0.6	/0.6	25	05	105	21	360	72	950	/950
1	1	28	/28	110	22	380	76	1000	/1000
1.5	/1.5	30	06	120	24	400	80	1060	/1060
2	2	32	/32	130	26	420	84	1120	/1120
2.5	/2.5	35	07	140	28	440	88	1180	/1180
3	3	40	08	150	30	460	92	1250	/1250
4	4	45	09	160	32	480	96	1320	/1320
5	5	50	10	170	34	500	/500	1400	/1400
6	6	55	11	180	36	530	/530	1500	/1500
7	7	60	12	190	38	560	/560	1600	/1600
8	8	65	13	200	40	600	/600	1700	/1700
9	9	70	14	220	44	630	/630	1800	/1800
10	00	75	15	240	48	670	/670	1900	/1900
12	01	80	16	260	52	710	/710	2000	/2000
15	02	85	17	280	56	750	/750	2120	/2120
17	03	90	18	300	60	800	/800	2240	/2240
20	04	95	19	320	64	850	/850	2360	/2360
22	/22	100	20	340	68	900	/900	2500	/2500

주▶ 안지름 번호 중 /0.6, /1.5, /2.5는 다른 기호를 사용할 수 있다.

⑤ 접촉각 기호

베어링의 형식	호칭 접촉각	접촉각 기호
단열 앵귤러 볼 베어링	10° 초과 22° 이하	C
	22° 초과 32° 이하	A(생략 가능)
	32° 초과 45° 이하	B
테이퍼 롤러 베어링	17° 초과 24° 이하	C
	24° 초과 32° 이하	D

⑥ 보조 기호

내부 치수		실·실드		궤도륜 모양		베어링의 조합		레이디얼 내부 틈새		정밀도 등급	
내 용	보조 기호	내용 또는 구분	보조 기호	내용 또는 구분	보조 기호	내용 또는 구분	보조 기호	내용 또는 구분	보조 기호	내용 또는 구분	보조 기호
주요치수 및 서브유닛의 치수가 ISO 355와 일치하는 것	J3	양쪽 실 붙이	UU	내륜 원통 구멍	없음	뒷면 조합	DB	C2 틈새	C2	0 급	없음
				플랜지붙이	F			CN 틈새	CN	6X급	P6X
		한쪽 실 붙이	U	내륜 테이퍼 구멍 (기준 테이퍼비 1/12)	K	정면 조합	DF	C3 틈새	C3	6 급	P6
		양쪽 실드 붙이	ZZ	내륜 테이퍼 구멍 (기준 테이퍼비 1/30)	K30			C4 틈새	C4	5 급	P5
		한쪽 실드 붙이	Z	링 홈 붙이	N	병렬 조합	DT	C5	C5	4 급	P4
				멈춤 링 붙이	NR					2 급	P2

주▶ 1. 레이디얼 내부 틈새는 KS B 2102 참조
2. 정밀도 등급은 KS B 2014 참조

3. 베어링의 계열 기호

깊은 홈 볼 베어링
(Deep groove Ball Bearing)

깊은 홈 볼 베어링
(Deep groove Ball Bearing)

앵귤러 콘택트 볼 베어링
(Angular contact Ball Bearing)

더블 앵귤러 콘택트 볼 베어링
(Doubble Angular Contact Ball Bearing)

자동조심 볼 베어링
(Self-aligning Ball Bearing)

자동조심 볼 베어링
(Self-aligning Ball Bearing)

■ 베어링의 계열 기호(볼 베어링)

베어링의 형식		단면도	형식 기호	치수 계열 기호	베어링 계열 기호
깊은 홈 볼 베어링	단열 홈 없음 비분리형		6	17 18 19 10 02 03 04	67 68 69 60 62 63 64
앵귤러 볼 베어링	단열 비분리형		7	19 10 02 03 04	79 70 72 73 74
자동 조심 볼 베어링	복렬 비분리형 외륜 궤도 구면		1	02 03 22 23	12 13 22 23

4. 베어링의 계열 기호(롤러 베어링)

테이퍼 롤러 베어링(Taper Roller Bearing)-단열

테이퍼 롤러 베어링(Taper Roller Bearing)-단열

베어링의 형식		단면도	형식 기호	치수 계열 기호	베어링 계열 기호
원통 롤러 베어링	단열 외륜 양쪽 턱붙이 내륜 턱 없음		NU	10 02 22 03 23 04	NU 10 NU 2 NU 22 NU 3 NU 23 NU 4
	단열 외륜 양쪽 턱붙이 내륜 한쪽 턱붙이		NJ	02 22 03 23 04	NJ 2 NJ 22 NJ 3 NJ 23 NJ 4

베어링의 형식	단면도	형식 기호	치수 계열 기호	베어링 계열 기호
원통 롤러 베어링	단열 외륜 양쪽 턱붙이 내륜 한쪽 턱붙이 내륜 이완 리브붙이		NUP	02 22 03 23 04	NUP 2 NUP 22 NUP 3 NUP 23 NUP 4
	단열 외륜 양쪽 턱붙이 내륜 한쪽 턱붙이 L형 이완 리브붙이		NH	02 22 03 23 04	NH 2 NH 22 NH 3 NH 23 NH 4
	단열 외륜 턱없음 내륜 양쪽 턱붙이		N	10 02 22 03 23 04	N10 N2 N22 N3 N23 N4

5. 베어링의 계열 기호(롤러 베어링 & 스러스트 베어링)

더블 로우 테이퍼 롤러 베어링
(Double Row Taper Roller Bearings)

니들 롤러 베어링
(Niddle Roller Bearings)

니들 롤러 베어링
(Niddle Roller Bearings)

자동조심 롤러 베어링
(Self-aligning Roller Bearings)

베어링의 형식		단면도	형식 기호	치수 계열 기호	베어링 계열 기호
원통 롤러 베어링	단열 외륜 한쪽 턱붙이 내륜 양쪽 턱붙이		NF	10 02 22 03 23 04	NF 10 NF 2 NF 22 NF 3 NF 23 NF 4
	복열 외륜 양쪽 턱붙이 내륜 턱 없음		NNU	49	NNU49
	복열 외륜 턱 없음 내륜 양쪽 턱붙이		NN	30	NN 30
솔리드형 니들 롤러 베어링	내륜 붙이 외륜 양쪽 턱붙이		NA	48 49 59 69	NA 48 NA 49 NA 59 NA 69
	내륜 없음 외륜 양쪽 턱붙이		RNA	-	RNA 48[2] RNA 49[2] RNA 59[2] RNA 69[2]
테이퍼 롤러 베어링	단열 분리형		3	29 20 30 31 02 22 22C 32 03 03D 13 23 23C	329 320 330 331 302 322 322C 332 303 303D 313 323 323C
자동 조심 롤러 베어링	복렬 비분리형 외륜 궤도 구면		2	39 30 40 41 31 22 32 03 23	239 230 240 241 231 222 232 213(³) 223

주 ▶ [2] 베어링 계열 NA48, NA49, NA59 및 NA69의 베어링에서 내륜을 뺀 서브 유닛의 계열기호이다.
[3] 치수 계열에서는 203이 되나 관례적으로 213으로 되어 있다.

6. 베어링의 계열 기호 (스러스트 베어링)

단식 스러스트 볼 베어링
(One row Thrust Ball Bearing)

복식 스러스트 볼 베어링
(Two row Thrust Ball Bearing)

스러스트 자동조심 롤러 베어링
(Thrust Self-aligning Roller Bearing)

베어링의 형식		단면도	형식 기호	치수 계열 기호	베어링 계열 기호
단식 스러스트 볼 베어링	평면 자리형 분리형		5	11 12 13 14	511 512 513 514
복식 스러스트 볼 베어링	평면 자리형 분리형		5	22 23 24	522 523 524
스러스트 자동조심 롤러 베어링	평면 자리형 단식 분리형 하우징 궤도 반궤도 구면		2	92 93 94	292 293 294

보기	호칭 번호	기호 설명				
①	6204	62			04	
		베어링 계열 기호 (너비 계열 0 지름 계열 2의 깊은 홈 볼 베어링)			안지름 번호 (호칭 베어링 안지름 20mm)	

보기	호칭 번호	기호 설명				
		F	68	4	C2	P6
②	F684C2P6	궤도륜 모양 기호 (플랜지붙이)	베어링 계열 기호 (너비 계열 1 지름 계열 8의 깊은 홈 볼 베어링)	안지름 번호 (호칭 베어링 안지름 4mm)	레이디얼 내부 틈새 기호 (C2 틈새)	정밀도 등급 기호 (6급)

보기	호칭 번호	기호 설명		
		62	03	ZZ
③	6203ZZ	베어링 계열 기호 (너비 계열 0 지름 계열 2의 깊은 홈 볼 베어링)	안지름 번호 (호칭 베어링 안지름 17mm)	실드 기호 (양쪽 실드붙이)

보기	호칭 번호	기호 설명		
		63	06	NR
④	6306NR	베어링 계열 기호 (너비 계열 0 지름 계열 3의 깊은 홈 볼 베어링)	안지름 번호 (호칭 베어링 안지름 30mm)	궤도륜 모양 기호 (멈춤 링붙이)

보기	호칭 번호	기호 설명				
		72	10	C	DT	P5
⑤	7210CDTP5	베어링 계열 기호 (너비 계열 기호 0 지름 계열 2의 앵귤러 볼 베어링)	안지름 번호 (호칭 베어링 안지름 50mm)	접촉각 기호 (호칭 접촉 10° 초과 22° 이하)	조합 기호 (병렬 조합)	정밀도 등급 기호 (5급)

보기	호칭 번호	기호 설명			
		NU3	18	C3	P6
⑥	NU318C3P6	베어링 계열 기호 (너비 계열 기호 0 지름 계열 3의 원통 롤러 베어링)	안지름 번호 (호칭 베어링 안지름 90mm)	레이디얼 내부 틈새 기호 (C3 틈새)	정밀도 등급 기호 (6급)

보기	호칭 번호	기호 설명			
		320	07	J3	P6X
⑦	32007J3P6X	베어링 계열 기호 (너비 계열 기호 2 지름 계열 0의 테이퍼 롤러 베어링)	안지름 번호 (호칭 베어링 안지름 35mm)	주요 치수 및 서브유닛의 치수가 ISO 355의 표준과 일치함을 나타내는 기호	정밀도 등급 기호 (6X급)

보기	호칭 번호	기호 설명			
		232	/500	K	C4
⑧	232/500KC4	베어링 계열 기호 (너비 계열 3 지름 계열 2의 자동 조심 롤러 베어링)	안지름 번호 (호칭 베어링 안지름 500mm)	궤도륜 모양 기호 (기준 테이퍼 1/12의 테이퍼 구멍)	레이디얼 내부 틈새 기호 (C4 틈새)

보기	호칭 번호	기호 설명	
		512	15
⑨	51215	베어링 계열 기호 (높이 계열 1 지름 계열 2의 단식 평면 자리 스러스트 볼 베어링)	안지름 번호 (호칭 베어링 안지름 75mm)

12-2 | 구름 베어링-레이디얼 내부 틈새 KS B ISO 5753 : 2008 (2013 확인)

1. 레이디얼 접촉 홈 볼 베어링

■ 원통형 보어를 가진 레이디얼 접촉 홈 볼 베어링의 틈새값

단위 : μm

보어 지름 d(mm)		그룹 2		그룹 N		그룹 3		그룹 4		그룹 5	
초과	이하	최소값	최대값	최소값	최대값	최소값	최대값	최소값	최대값	최소값	최대값
2.5	6	0	7	2	13	8	23	-	-	-	-
6	10	0	7	2	13	8	23	14	29	20	37
10	18	0	9	3	18	11	25	18	33	25	45
18	24	0	10	5	20	13	28	20	36	28	48
24	30	1	11	5	20	13	28	23	41	30	53
30	40	1	11	6	20	15	33	28	46	40	64
40	50	1	11	6	23	18	36	30	51	45	73
50	65	1	15	8	28	23	43	38	61	55	90
65	80	1	15	10	30	25	51	46	71	65	105
80	100	1	18	12	36	30	58	53	84	75	120
100	120	2	20	15	41	36	66	61	97	90	140
120	140	2	23	18	48	41	81	71	114	105	160
140	160	2	23	18	53	46	91	81	130	120	180
160	180	2	25	20	61	53	102	91	147	135	200
180	200	2	30	25	71	63	117	107	163	150	230
200	225	2	35	25	85	75	140	125	195	175	265
225	250	2	40	30	95	85	160	145	225	205	300
250	280	2	45	35	105	90	170	155	245	225	340
280	315	2	55	40	115	100	190	175	270	245	370
315	355	3	60	45	125	110	210	195	300	275	410
355	400	3	70	55	145	130	240	225	340	315	460
400	450	3	80	60	170	150	270	250	380	350	510
450	500	3	90	70	190	170	300	280	420	390	570
500	560	10	100	80	210	190	330	310	470	440	630
560	630	10	110	90	230	210	360	340	520	490	690
630	710	20	130	110	260	240	400	380	570	540	760
710	800	20	140	120	290	270	450	430	630	600	840
800	900	20	160	140	320	300	500	480	700	670	940
900	1000	20	170	150	350	330	550	530	770	740	1040
1000	1120	20	180	160	380	360	600	580	850	820	1150
1120	1250	20	190	170	410	390	650	630	920	890	1260

2. 복렬 자동 조심형 볼 베어링

① 원통형 보어를 가진 복렬 자동 조심형 볼 베어링의 틈새값

단위 : μm

| 보어 지름 d(mm) || 그룹 2 || 그룹 N || 그룹 3 || 그룹 4 || 그룹 5 ||
초과	이하	최소값	최대값	최소값	최대값	최소값	최대값	최소값	최대값	최소값	최대값
2.5	6	1	8	5	15	10	20	15	25	21	33
6	10	2	9	6	17	12	25	19	33	27	42
10	14	2	10	6	19	13	26	21	35	30	48
14	18	3	12	8	21	15	28	23	37	32	50
18	24	4	14	10	23	17	30	25	39	34	52
24	30	5	16	11	24	19	35	29	46	40	58
30	40	6	18	13	29	23	40	34	53	46	66
40	50	6	19	14	31	25	44	37	57	50	71
50	65	7	21	16	36	30	50	45	69	62	88
65	80	8	24	18	40	35	60	54	83	76	108
80	100	9	27	22	48	42	70	64	96	89	124
100	120	10	31	25	56	50	83	75	114	105	145
120	140	10	38	30	68	60	100	90	135	125	175
140	160	15	44	35	80	70	120	110	161	150	210

② 테이퍼진 보어를 가진 복렬 자동 조심형 볼 베어링의 틈새값

단위 : μm

| 보어 지름 d(mm) || 그룹 2 || 그룹 N || 그룹 3 || 그룹 4 || 그룹 5 ||
초과	이하	최소값	최대값	최소값	최대값	최소값	최대값	최소값	최대값	최소값	최대값
18	24	7	17	13	26	20	33	28	42	37	55
24	30	9	20	15	28	23	39	33	50	44	62
30	40	12	24	19	35	29	46	40	59	52	72
40	50	14	27	22	39	33	52	45	65	58	79
50	65	18	32	27	47	41	61	56	80	73	99
65	80	23	39	35	57	50	75	69	98	91	123
80	100	29	47	42	68	62	90	84	116	109	144
100	120	35	56	50	81	75	108	100	139	130	170
120	140	40	68	60	98	90	130	120	165	155	205
140	160	45	74	65	110	100	150	140	191	180	240

3. 원통형 롤러 베어링

■ 원통형 보어를 가진 원통형 롤러 베어링의 틈새값

단위 : μm

| 보어 지름 d(mm) || 그룹 2 || 그룹 N || 그룹 3 || 그룹 4 || 그룹 5 ||
초과	이하	최소값	최대값	최소값	최대값	최소값	최대값	최소값	최대값	최소값	최대값
-	10	0	25	20	45	35	60	50	75	-	-
10	24	0	25	20	45	35	60	50	75	65	90
24	30	0	25	20	45	35	60	50	75	70	95
30	40	5	30	25	50	45	70	60	85	80	105
40	50	5	35	30	60	50	80	70	100	95	125
50	65	10	40	40	70	60	90	80	110	110	140
65	80	10	45	40	75	65	100	145	190	130	165
80	100	15	50	50	85	75	110	165	215	155	190
100	120	15	55	60	90	85	125	170	220	180	220
120	140	15	60	60	105	110	145	195	250	200	245
140	160	20	70	70	120	115	165	220	280	225	275
160	180	25	75	75	125	120	175	235	300	250	300

보어 지름 d(mm)		그룹 2		그룹 N		그룹 3		그룹 4		그룹 5	
초과	이하	최소값	최대값	최소값	최대값	최소값	최대값	최소값	최대값	최소값	최대값
180	200	35	90	90	145	140	195	195	250	275	330
200	225	45	105	105	165	160	220	220	280	305	365
225	250	45	110	110	175	170	235	235	300	330	395
250	280	55	125	125	195	190	260	260	330	370	440
280	315	55	130	130	205	200	275	275	350	410	485
315	355	65	145	145	225	225	305	305	385	455	535
355	400	100	190	190	280	280	370	370	460	510	600
400	450	110	210	210	310	310	410	410	510	565	665
450	500	110	220	220	330	330	440	440	550	625	735

4. 니들 롤러 베어링

완제품 니들 롤러 베어링에 대해서는 ISO 6979에 주어진 드로잉한 컵 베어링 및 중하중 시리즈를 제외하고는 [표 : 원통형 보어를 가진 원통형 롤러 베어링의 틈새값]에 제공된 것과 동일한 레이디얼 내부 틈새가 적용된다.

중하중 시리즈의 완제품 베어링(ISO 6979 참조) 및 분리된 물품으로 공급되는 내륜을 포함하는 니들 롤러 베어링에 대한 레이디얼 틈새는 내륜 궤도 및 니들 롤러 보충물의 보어 지름에 의해 제공된다.

이 지름에 대한 공차는 내륜을 가진 니들 롤러 베어링 및 내륜을 가지지 않는 니들 롤러 베어링을 포함하는 표준에서 제공된다.

5. 복렬 자동 조심형 롤러 베어링

① 원통형 보어를 가진 복렬 자동 조심형 롤러 베어링의 틈새값

단위 : μm

보어 지름d(mm)		그룹 2		그룹 N		그룹 3		그룹 4		그룹 5	
초과	이하	최소값	최대값	최소값	최대값	최소값	최대값	최소값	최대값	최소값	최대값
14	18	10	20	20	35	35	45	45	60	60	75
18	24	10	20	20	35	35	45	45	60	60	75
24	30	10	25	20	40	40	55	55	75	75	95
30	40	15	30	30	45	45	60	60	80	80	100
40	50	20	35	35	55	55	75	75	100	100	125
50	65	20	40	40	65	65	90	90	120	120	150
65	80	30	50	50	80	80	110	110	145	145	180
80	100	35	60	60	100	100	135	135	180	180	225
100	120	40	75	75	120	120	160	160	210	210	260
120	140	50	95	95	145	145	190	190	240	240	300
140	160	60	110	110	170	170	220	220	280	280	350
160	180	65	120	120	180	180	240	240	310	310	390
180	200	70	130	130	200	200	260	260	340	340	430
200	225	80	140	140	220	220	290	290	380	380	470
225	250	90	150	150	240	240	320	320	420	420	520
250	280	100	170	170	260	260	350	350	460	460	570
280	315	110	190	190	280	280	370	370	500	500	630
315	355	120	200	200	310	310	410	410	550	550	690
355	400	130	220	220	340	340	450	450	600	600	750
400	450	140	240	240	370	370	500	500	660	660	820
450	500	140	260	260	410	410	550	550	720	720	900
500	560	150	280	280	440	440	600	600	780	780	1000
560	630	170	310	310	480	480	650	650	850	850	1100
630	710	190	350	350	530	530	700	700	920	920	1190
710	800	210	390	390	580	580	770	770	1010	1010	1300
800	900	230	430	430	650	650	860	860	1120	1120	1440
900	1000	260	480	480	710	710	930	930	1220	1220	1570

② 테이퍼진 보어를 가진 복렬 자동 조심형 롤러 베어링의 틈새값

단위 : μm

보어 지름 d(mm)		그룹 2		그룹 N		그룹 3		그룹 4		그룹 5	
초과	이하	최소값	최대값	최소값	최대값	최소값	최대값	최소값	최대값	최소값	최대값
18	24	15	25	25	35	35	45	45	60	60	75
24	30	20	30	30	40	40	55	55	75	75	95
30	40	25	35	35	50	50	65	65	85	85	105
40	50	30	45	45	60	60	80	80	100	100	130
50	65	40	55	55	75	75	95	95	120	120	160
65	80	50	70	70	95	95	120	120	150	150	200
80	100	55	80	80	110	110	140	140	180	180	230
100	120	65	100	100	135	135	170	170	220	220	280
120	140	80	120	120	160	160	200	200	260	260	330
140	160	90	130	130	180	180	230	230	300	300	380
160	180	100	140	140	200	200	260	260	340	340	430
180	200	110	160	160	220	220	290	290	370	370	470
200	225	120	180	180	250	250	320	320	410	410	520
225	250	140	200	200	270	270	350	350	450	450	570
250	280	150	220	220	300	300	390	390	490	490	620
280	315	170	240	240	330	330	430	430	540	540	680
315	355	190	270	270	360	360	470	470	590	590	740
355	400	210	300	300	400	400	520	520	650	650	820
400	450	230	330	330	440	440	570	570	720	720	910
450	500	260	370	370	490	490	630	630	790	790	1000
500	560	290	410	410	540	540	680	680	870	870	1100
560	630	320	460	460	600	600	760	760	980	980	1230
630	710	350	510	510	670	670	850	850	1090	1090	1360
710	800	390	570	570	750	750	960	960	1220	1220	1500
800	900	440	640	640	840	840	1070	1070	1370	1370	1690
900	1000	490	710	710	930	930	1190	1190	1520	1520	1860

12-3 | 구름 베어링-플러머 블록 하우징 KS B ISO 113 : 2010

1. 두 개 볼트 플러머 블록 하우징 : 본체에 두 개의 캡 볼트와 두 개의 볼트 구멍을 갖는 하우징

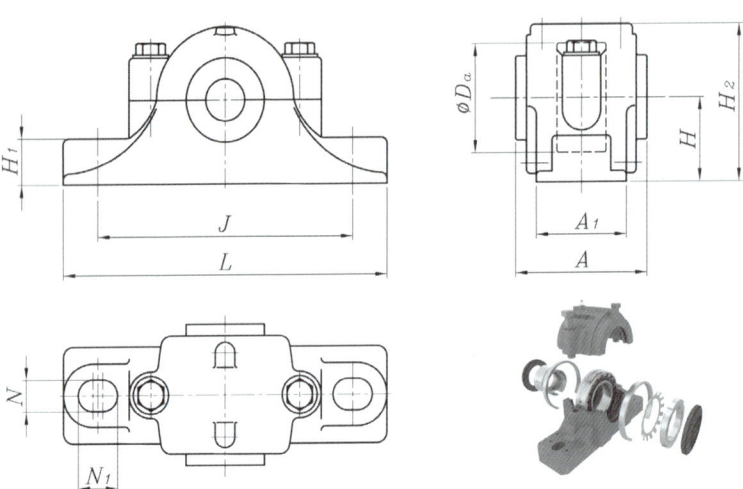

기 호	설 명
A	너비
A_1	바닥 너비
D_a	베어링 자리 안지름
H	설치면에서 베어링 자리 안지름 중심선까지의 거리(중심높이)
H_1	높이
H_2	설치면에서 하우징 외측 최상단부까지의 거리
J	볼트 구멍 사이의 중심거리(길이)
J_1	볼트 구멍 사이의 중심거리(너비)
L	바닥 길이
N	볼트 구멍 너비
N_1	볼트 구멍 길이

■ 두 개 볼트 플러머 블록 하우징의 주요 치수

단위 : mm

D_a	H	J	N	N_1 최소	A 최대	L 최대	A_1	H_1 최대	H_2 최대
52	40	130	15	15	72	170	46	22	75
62	50	150	15	15	82	190	52	22	90
72	50	150	15	15	85	190	52	22	95
80	60	170	15	15	92	210	60	25	110
85	60	170	15	15	92	210	60	25	112
90	60	170	15	15	100	210	60	25	115
100	70	210	18	18	105	270	70	28	130
110	70	210	18	18	115	270	70	30	135
120	80	230	18	18	120	290	80	30	150
125	80	230	18	18	120	290	80	30	155
130	80	230	18	18	125	290	80	30	155
140	95	260	22	22	135	330	90	32	175
150	95	260	22	22	140	330	90	32	185
160	100	290	22	22	145	360	100	35	195
170	112	290	22	22	150	360	100	35	210
180	112	320	26	26	165	400	110	40	223
190	112	320	26	26	165	405	110	40	230
200	125	350	26	26	177	420	120	45	250
210	140	350	26	26	177	425	120	45	270
215	140	350	26	26	187	420	120	45	270
225	150	380	28	28	187	465	130	50	290
230	150	380	28	28	192	450	130	50	290
240	150	390	28	28	195	475	130	50	300
250	150	420	35	35	207	510	150	50	305
260	160	450	35	35	210	545	160	60	320
270	160	450	35	35	224	540	160	60	325
280	170	470	35	35	225	565	160	60	340
290	170	470	35	35	237	560	160	60	345
300	180	520	35	35	237	630	170	70	365
310	180	515	35	35	240	620	170	60	365
320	190	560	35	35	245	680	180	70	385
340	200	580	42	42	260	710	190	70	405
360	210	610	42	42	270	725	200	75	425
400	240	680	48	48	290	825	220	80	480
420	250	720	48	48	300	865	230	80	505

2. 네 개 볼트 플러머 블록 하우징 : 본체에 네 개의 캡 볼트와 네 개의 볼트 구멍을 갖는 하우징

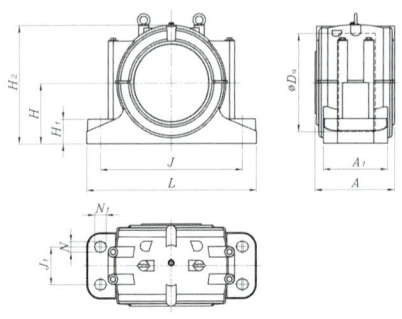

기 호	설 명
A	너비
A_1	바닥 너비
D_a	베어링 자리 안지름
H	설치면에서 베어링 자리 안지름 중심선까지의 거리(중심높이)
H_1	높이
H_2	설치면에서 하우징 외측 최상단부까지의 거리
J	볼트 구멍 사이의 중심거리(길이)
J_1	볼트 구멍 사이의 중심거리(너비)
L	바닥 길이
N	볼트 구멍 너비
N_1	볼트 구멍 길이

■ 네 개 볼트 플러머 블록 하우징의 주요 치수

단위 : mm

D_a	H	J	J_1	N	N_1 최소	A 최대	L 최대	A_1	H_1 최대	H_2 최대
280	170	470	120	32	42	250	560	220	50	340
290	170	470	120	32	42	250	560	220	50	345
300	180	520	140	32	52	270	630	250	55	365
310	180	510	140	32	52	270	620	250	60	400
320	190	560	140	35	55	310	680	270	55	385
340	200	570	160	35	55	290	700	280	65	400
360	210	610	170	35	55	300	740	290	65	420
370	225	640	180	40	60	320	780	310	70	450
400	240	680	190	40	60	340	820	320	70	515
420	250	710	200	42	62	350	860	340	85	500
440	260	740	200	42	62	360	880	350	85	515
460	280	770	210	42	62	360	920	350	85	550
480	280	790	210	42	62	380	940	360	85	560
500	300	830	230	50	70	390	990	380	100	590
520	310	860	230	50	67	400	1020	370	100	615
540	325	890	250	50	70	430	1060	400	100	640

3. 베어링 안지름 (D_a)의 허용차

단위 : mm

D_a		ΔD_{as}	
초과	이하	상한	하한
50	80	+0.046	0
80	120	+0.054	0
120	180	+0.063	0
180	250	+0.072	0
250	315	+0.081	0
315	400	+0.089	0
400	500	+0.097	0
500	630	+0.110	0

4. 실제 중심높이 (H)의 허용차

단위 : mm

H		ΔH_s	
초과	이하	상한	하한
30	50	0	-0.39
50	80	0	-0.46
80	120	0	-0.54
120	180	0	-0.63
180	250	0	-0.72
250	315	0	-0.81
315	400	0	-0.89

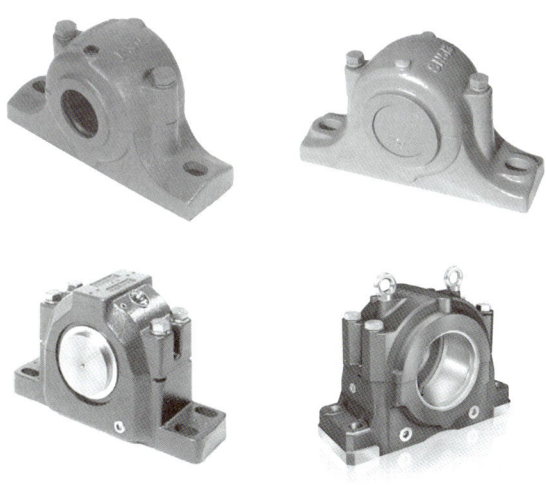

5. 플러머 블록의 종류와 특징 (참조)

	형 식	축지름 범위 mm	플러머 블록 계열	적용 베어링 계열
이분형	SN형(표준형) SN5 SN6 S6 SN30 SN31 윤활제 : 그리스 시일 : 고무시일 [특징] ① SN5, SN6, S6은 JIS, ISO, DIN에 규정되어 있는 가장 일반적인 형식이며, 국제적으로도 널리 사용되고 있다. ② SN30, SN31은 중형(中形)이며 축지름이 큰 경우에 적용할 수 있다. ③ 테이퍼 구멍 베어링(어댑터 부착)을 사용한다.	20~140	SN5	12K : H2 22K : H3 222K : H3 222K : H31 232K : H23
			SN6 S6	13K : H3 23K : H23 213K : H3 223K : H23
		110~170	SN30	230K : H30
		100~170	SN31	231K : H31
	SN형(대구경형) SN2 SN3 S3 윤활제 : 그리스 시일 : 고무시일 [특징] ① SN5, SN6의 구경(口徑)만을 크게 한 형식이다. ② 원통 구멍 베어링을 칼라와 함께 사용한다. ③ DIN 규격으로 국제성이 있는 시리즈이다.	25~160	SN2	12 22 222 232
			SN3 S3	13 23 213 223
	SNZ형(이구경형) SNZ2 SNZ3 SZ3 SN2C SN3C 윤활제 : 그리스 시일 : 고무시일 [특징] ① SN2, SN3의 한쪽 구경(口徑)만을 작게 한 형식이다. ② 원통 구멍 베어링을 너트 및 와셔를 사용하여 장착시킨다.	25~160	SNZ2 SN2C	12 22 222 232
			SNZ3 SZ3 SN3C	13 23 213 223
	SN형(표준형의 평저형) SN5⋯F SN6⋯F S6⋯F 윤활제 : 그리스 시일 : 고무시일 [특징] ① 플러머 블록의 강도를 높이기 위해 바닥을 평탄하게 한 것이다. ② SN5, SN6, S6형과 바닥 부분의 형상을 제외하고 치수는 동일하다. ③ 테이퍼 구멍 베어링(어댑터 부착)을 사용한다. ④ 장착 볼트용 구멍이 없다.	20~140	SN5F	12K : H2 22K : H3 222K : H3 222K : H31 232K : H23
			SN6F S6F	13K : H3 23K : H23 213K : H3 223K : H23

형식		축지름 범위 mm	플러머 블록 계열	적용 베어링 계열
이분형	SN형(이구경형) SNZ의 평저형 SNZ2⋯F, SNZ3⋯F SZ3⋯F SN2C⋯F, SN3C⋯F 윤활제 : 그리스 시일 : 고무시일 [특징] ① 플러머 블록의 강도를 높이기 위해 바닥을 평탄하게 한 것이다. ② 바닥의 형상을 제외하고 동 계열과 치수는 동일하다. ③ 원통 구멍 베어링을 너트 및 와셔를 사용하여 장착시킨다.	25~160	SNZ2⋯F SN2C⋯F	12
				22
				222
				232
			SNZ3⋯F SZ3⋯F SN3C⋯F S3C⋯F	13
				23
				213
				223
	SD형(표준형) SD5(G) SD6(G) SD30(G) SD31(G) SD33(G) SD34(G) 윤활제 : 그리스 또는 오일 시일 : 이중 고무시일 [특징] ① 중하중에 사용되며 대형의 중심을 자동으로 조정하는 자동조심 롤러 베어링이 사용된다. ② 형식에는 자유축용과 고정축용(G)이 있다. ③ 테이퍼 구멍 베어링(어댑터 부착)을 사용한다. ④ 장착 볼트용 구멍 4개	150~300	SD5(G)	222K : H31
		150~260	SD6(G)	223K : H23
		150~450	SD30(G)	230K : H30
		150~400	SD31(G)	231K : H31
		180~360	SD33(G)	230K : H30
		180~320	SD34(G)	231K : H31
	SD형(대구경형) SD2⋯D(G) SD3⋯D(G) 윤활제 : 그리스 또는 오일 시일 : 이중 고무시일 [특징] ① 중하중에 사용되며, 대형의 자동조심 롤러 베어링이 적용된다. ② SD5, SD6형의 구경만을 크게 한 형식이다. ③ 원통 구멍 베어링을 칼라와 함께 사용한다.	170~320	SD2⋯D SD2⋯DG	222
		170~280	SD3⋯D SD3⋯DG	223
	SD형(이구경형) SD2⋯(G) SD3⋯(G) SD35⋯(G) SD36⋯(G) 윤활제 : 그리스 또는 오일 시일 : 이중 고무시일 [특징] ① 중하중에 사용되며, 대형의 자동조심 롤러 베어링이 적용된다. ② SD2(G), SD3(G)형의 한쪽 구경을 작게 한 형식이다. ③ 원통 구멍 베어링을 너트 및 와셔를 사용하여 장착시킨다.	170~320	SD2 SD2⋯G	222
		170~280	SD3 SD3⋯G	223
		200~380	SD35 SD35⋯G	230
		200~340	SD36 SD36⋯G	231
	SD형(라비린스 시일형) SD31⋯TS(G) SD32⋯TS(G) 윤활제 : 그리스 또는 오일 시일 : 라비린스 시일 [특징] ① 중하중에 사용되며, 대형의 자동조심 롤러 베어링이 적용된다. ② 라비린스 시일의 밀봉 장치를 적용하여 고속 회전에 적합하다. ③ 하우징 내에 오일이 고이는 곳을 만들어 오일 윤활, 그리스 윤활의 어느 쪽이나 사용된다.	150~410	SD31TS(G)	231K : H31
		150~380	SD32TS(G)	232K : H23 232K : H32

형식		축지름 범위 mm	플러머 블록 계열	적용 베어링 계열
이분형	SAF형(라비린스 시일형) SAF5…D SAF6…D	40~200	SAF5D	222K : H31
	윤활제 : 그리스 또는 기름 시일 : 삼중 시일(트리플 시일) [특징] ① SN5, SN6형과 주요 부위 치수가 거의 같다. ② 라비린스 시일의 밀봉장치를 적용하여 고속회전에 알맞다.	40~170	SAF6D	223K : H23
	SBG형(복합 시일형) SBG5 윤활제 : 그리스 또는 오일 시일 : 고무 시일과 라비린스 시일이 복합된 시일로 밀봉 성능이 좋은 형식이다.	55~180	SBG5	222K : H31
일체형	SV형(표준형) SV5 SV6 SV30 윤활제 : 그리스 시일 : 고무시일 [특징] ① 플러머블록 본체는 일체형인데 이분형보다 정밀도가 높다. ② 테이퍼 구멍 베어링에 적용된다. ③ SV30, SV35형은 중형(中形)으로 축지름이 큰 경우에 적용된다.	20~300	SV5	12K : H2
				22K : H3
				222K : H3
				222K : H31
				232K : H23
		20~260	SV6	13K : H3
				23K : H23
				213K : H3
				223K : H23
		100~360	SV30	230K : H30
	SV형(이구경형) SV2 SV3 SV35 윤활제 : 그리스 시일 : 고무시일 [특징] ① SV5, SV6형의 한쪽 구경을 크게한 형식이다. ② 원통 구멍 베어링을 너트 및 와셔를 사용하여 장착시킨다.	25~320	SV2	12
				22
				222
				232
		25~280	SV3	13
				23
				213
				223
		100~360	SV35	230
	VA형(장착폭 협소형) VA5 윤활제 : 그리스 시일 : 오일 시일 [특징] ① 테이퍼 구멍 베어링에 적용한다. ② 장착 볼트 구멍이 밑 바닥 부분에 있다.	50~100	VA5	222K : H31

12-4 | 구름 베어링의 부착 관계 치수 및 끼워맞춤 KS B 2051 : 1995 (2010 확인)

1. 적용 범위

이 규격은 구름베어링의 부착 관계 치수 및 베어링 끼워맞춤의 일반적인 기준에 대하여 규정한다. 베어링의 부착관계 치수란 축 및 하우징의 베어링 자리 및 그 인접 부분에서 베어링의 부착에 관계되는 치수를 말한다.

2. 용어의 정의

① 내륜 회전하중 : 베어링의 내륜에 대하여 하중의 작용선이 상대적으로 회전하고 있는 하중
② 내륜 정지하중 : 베어링의 내륜에 대하여 하중의 작용선이 상대적으로 회전하고 있지 않은 하중
③ 외륜 정지하중 : 베어링의 외륜에 대하여 하중의 작용선이 상대적으로 회전하고 있지 않은 하중
④ 외륜 회전하중 : 베어링의 외륜에 대하여 하중의 작용선이 상대적으로 회전하고 있는 하중
⑤ 방향 부정하중 : 하중의 방향을 확정할 수 없는 하중

[비 고]
하중의 방향이 양 궤도륜에 대하여 상대적으로 회전 또는 요동하고 있다고 생각되어지는 하중

⑥ 중심 축하중 : 하중의 작용선이 베어링 중심축과 일치하고 있는 하중
⑦ 합성하중 : 레이디얼 하중과 축 하중이 합성되어 베어링에 작동하는 하중

3. 양 기호

기 호	설 명
d	호칭 베어링 안지름
D	호칭 베어링 바깥지름
E_w	롤러 외접 원지름의 호칭 치수
F_w	롤러 내접 원지름의 호칭 치수
$r_s \min$	베어링의 최소 허용 모떼기 치수
$r_{as} \max$	축 및 하우징 모서리 둥근 부분의 최대 허용 반지름
h	축 및 하우징 어깨의 높이
d_a	축의 어깨 지름
d_b, d_c, d_d	내륜 누르개 등의 바깥지름 또는 축의 지름
D_a	하우징 어깨의 지름
D_b	외륜 누르개 등의 반지름 또는 하우징 어깨의 지름
s_a	원뿔 롤러 베어링 유지기에 대한 외륜 뒷면 쪽의 언더컷
s_b	원뿔 롤러 베어링 유지기에 대한 외륜 정면 쪽의 언더컷

4. 부착 관계의 치수

① 축 및 하우징 모서리 둥근 부분의 반지름

레이디얼 베어링 또는 스러스트 베어링을 부착하는 축 및 하우징 모서리 둥근 부분의 최대 허용 반지름($r_{as\,max}$)은 베어링의 최소 허용 모떼기 치수($r_{s\,min}$)에 대응하여 아래 표와 같다. 레이디얼 베어링을 부착하는 축 어깨의 지름(d_a)은 그 베어링의 호칭 베어링 안지름(d)에 어깨의 높이(h)의 2배를 더한 값을 최소값으로 한다. 어깨의 높이는 베어링 내륜의 최소 허용 모떼가 치수($r_{s\,min}$)에 대응한 아래 표와 같다. 또한 하우징 어깨의 지름(D_a)은 그 베어링의 호칭 베어링 바깥지름(D)에서 어깨 높이의 2배를 뺀 값을 최대값으로 한다. 어깨의 높이는 베어링 외륜의 최소 허용 모떼기 치수($r_{s\,min}$)에 대응한 아래 표와 같다.

[비 고]
축 및 하우징 어깨의 지름은 각각 어깨의 모떼기 부분을 제외한 지름을 말한다.

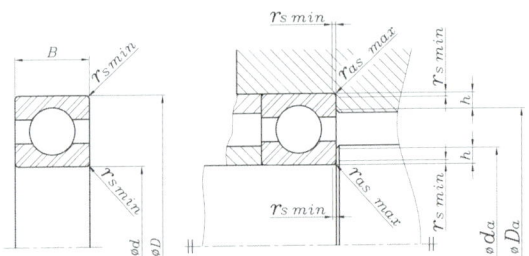

■ 축 및 하우징 모서리 둥근 부분의 반지름 및 레이디얼 베어링에 대한 축 및 하우징 어깨의 높이

호칭 치수		축과 하우징의 부착 관계의 치수	
$r_{s\,min}$	$r_{as\,max}$	일반적인 경우[3]	특별한 경우[4]
		어깨 높이 h(최소)	
0.1	0.1	0.4	
0.15	0.15	0.6	
0.2	0.2	0.8	
0.3	0.3	1.25	1
0.6	0.6	2.25	2
1	1	2.75	2.5
1.1	1	3.5	3.25
1.5	1.5	4.25	4
2	2	5	4.5
2.1	2	6	5.5
2.5	2	6	5.5
3	2.5	7	6.5
4	3	9	8
5	4	11	10
6	5	14	12
7.5	6	18	16
9.5	8	22	20

주 [3] 큰 축 하중이 걸릴 때에는 이 값보다 큰 어깨높이가 필요하다.
[4] 축 하중이 작을 경우에 사용한다. 이러한 값은 원뿔 롤러 베어링, 앵귤러 볼 베어링 및 자동 조심 롤러베어링에는 적당하지 않다.

② 평면자리 스러스트 볼 베어링에 대한 축 및 하우징의 어깨의 지름

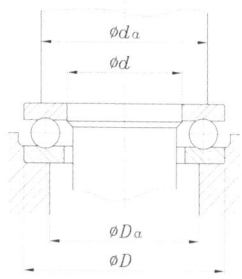

단위 : mm

d	베어링 계열										
	511			512			513			514	
	D	d_a (최소)	D_a (최대)	D	d_a (최소)	D_a (최대)	D	d_a (최소)	D_a (최대)	D	d_a (최소)	D_a (최대)
10	24	18	16	26	20	16	-	-	-	-	-	-
12	26	20	18	28	22	18	-	-	-	-	-	-
15	28	23	20	32	25	22	-	-	-	-	-	-
17	30	25	22	35	28	24	-	-	-	-	-	-
20	35	29	26	40	32	28	-	-	-	-	-	-
25	42	35	32	47	38	34	52	41	36	60	46	39
30	47	40	37	52	43	39	60	48	42	70	54	46
35	52	45	42	62	51	46	68	55	48	80	62	53
40	60	52	48	68	57	51	78	63	55	90	70	60
45	65	57	53	73	62	56	85	69	61	100	78	67
50	70	62	58	78	67	61	95	77	68	110	86	74
55	78	69	64	90	76	69	105	85	75	120	94	81
60	85	75	70	95	81	74	110	90	80	130	102	88
65	90	80	75	100	86	79	115	95	85	140	110	95
70	95	85	80	105	91	84	125	103	92	150	118	102
75	100	90	85	110	96	89	135	111	99	160	125	110
80	105	95	90	115	101	94	140	116	104	170	133	117
85	110	100	95	125	109	101	150	124	111	180	141	124
90	120	108	102	135	117	108	155	129	116	190	149	131
100	135	121	114	150	130	120	170	142	128	210	165	145
110	145	131	124	160	140	130	190	158	142	230	181	159
120	155	141	134	170	150	140	210	173	157	250	196	174
130	170	154	146	190	166	154	225	186	169	270	212	188
140	180	164	156	200	176	164	240	199	181	280	222	198
150	190	174	166	215	189	176	250	209	191	300	238	212
160	200	184	176	225	199	186	270	225	205	-	-	-
170	215	197	188	240	212	198	280	235	215	-	-	-
180	225	207	198	250	222	208	300	251	229	-	-	-
190	240	220	210	270	238	222	320	266	244	-	-	-
200	250	230	220	280	248	232	340	282	258	-	-	-
220	270	250	240	300	268	252	-	-	-	-	-	-
240	300	276	264	340	299	281	-	-	-	-	-	-
260	320	296	284	360	319	301	-	-	-	-	-	-
280	350	322	308	380	339	321	-	-	-	-	-	-
300	380	348	332	420	371	349	-	-	-	-	-	-
320	400	368	352	440	391	369	-	-	-	-	-	-
340	420	388	372	460	411	389	-	-	-	-	-	-
360	440	408	392	500	442	418	-	-	-	-	-	-

③ 스러스트 자동 조심 롤러 베어링에 대한 축 및 하우징의 어깨의 지름

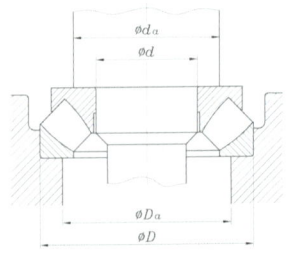

d	베어링 계열								
	292			293			294		
	D	d_a [5] (최소)	D_a (최대)	D	d_a [5] (최소)	D_a (최대)	D	d_a [5] (최소)	D_a (최대)
60	-	-	-	-	-	-	130	90	108
65	-	-	-	-	-	-	140	100	115
70	-	-	-	-	-	-	150	105	125
75	-	-	-	-	-	-	160	115	132
80	-	-	-	-	-	-	170	120	140
85	-	-	-	150	115	135	180	130	150
90	-	-	-	155	120	140	190	135	157
100	-	-	-	170	130	150	210	150	175
110	-	-	-	190	145	165	230	165	190
120	-	-	-	210	160	180	250	180	205
130	-	-	-	225	170	195	270	195	225
140	-	-	-	240	185	205	280	205	235
150	-	-	-	250	195	215	300	220	250
160	-	-	-	270	210	235	320	230	265
170	-	-	-	280	220	245	340	245	285
180	-	-	-	300	235	260	360	260	300
190	-	-	-	320	250	275	380	275	320
200	280	235	255	340	265	295	400	290	335
220	300	260	275	360	285	315	420	310	355
240	340	285	305	380	300	330	440	330	375
260	360	305	325	420	330	365	480	360	405
280	380	325	345	440	350	390	520	390	440
300	420	355	380	480	380	420	540	410	460
320	440	375	400	500	400	440	580	435	495
340	460	395	420	540	430	470	620	465	530
360	500	420	455	560	450	495	640	485	550
380	520	440	475	600	480	525	670	510	575
400	540	460	490	620	500	550	710	540	610
420	580	490	525	650	525	575	730	560	630
440	600	510	545	680	550	600	780	595	670
460	620	530	570	710	575	630	800	615	690
480	650	555	595	730	595	650	850	645	730
500	670	575	615	750	615	670	870	670	750

주 ▶ [5] 중하중이 걸리는 경우에는 내륜 턱을 충분히 지지하는 da의 값을 잡는다.

④ 원통 롤러 베어링의 부착 관계 치수 (1)

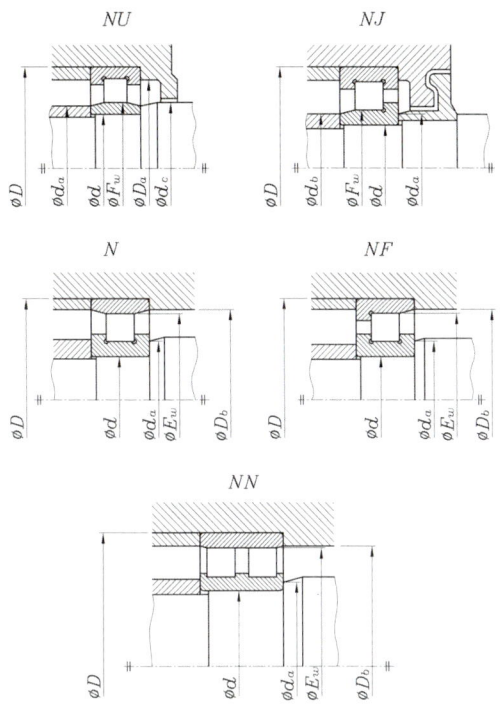

d	베어링 계열											
	NU10, NN30						NU2, NU22, NJ2, NJ22, N2, NF2					
	NU				NN			NU, NJ		NU	NJ	N, NF
	D	F_w	d_b (최대)	d_c (최소)	E_w	D_b (최소)	D	F_w	d_b (최대)	d_c (최소)	d_d (최소)	E_w	D_b (최소)
20	-	-	-	-	-	-	47	27	26	29	32	40	42
25	47	30.5	30	32	41.3	-	52	32	31	34	37	45	47
30	55	36.5	35	38	48.5	49	62	38.5	37	40	44	53.5	56
35	62	42	41	44	55	56	72	43.8	43	46	50	61.8	64
40	68	47	46	49	61	62	80	50	49	52	56	70	72
45	75	52.5	52	54	67.5	69	85	55	54	57	61	75	77
50	80	57.5	57	59	72.5	74	90	60.4	58	62	67	80.4	83
55	90	64.5	63	66	81	82	100	66.5	65	68	73	88.5	91
60	95	69.5	68	71	86.1	87	110	73.5	71	75	80	97.5	100
65	100	74.5	73	76	91	92	120	79.6	77	81	87	105.6	108
70	110	80	78	82	100	101	125	84.5	82	86	92	110.5	114
75	115	85	83	87	105	106	130	88.5	87	90	96	116.5	120
80	125	91.5	90	94	113	114	140	95.3	94	97	104	125.3	128
85	130	96.5	95	99	118	119	150	101.8	99	104	110	133.8	137
90	140	103	101	106	127	129	160	107	105	109	116	143	146
95	145	108	106	111	132	134	170	113.5	111	116	123	151.5	155

④ 원통 롤러 베어링의 부착 관계 치수 (1) (계속)

d	베어링 계열											
	NU10, NN30						NU2, NU22, NJ2, NJ22, N2, NF2					
	NU				NN			NU, NJ		NU	NJ	N, NF	
	D	F_w	d_b (최대)	d_c (최소)	E_w	D_b (최소)	D	F_w	d_b (최대)	d_c (최소)	d_d (최소)	E_w	D_b (최소)
100	150	113	111	116	137	139	180	120	117	122	130	160	164
105	160	119.5	118	122	146	148	190	126.8	124	129	137	168.8	173
110	170	125	124	128	155	157	200	132.5	130	135	144	178.5	182
120	180	135	134	138	165	167	215	143.5	141	146	156	191.5	196
130	200	148	146	151	182	183	230	156	151	158	168	204	208
140	210	158	156	161	192	194	250	169	166	171	182	221	225
150	225	169.5	167	173	206	208	270	182	179	184	196	238	242
160	240	180	178	184	219	221	290	195	192	197	210	255	261
170	260	193	190	197	236	238	310	208	204	211	223	272	278
180	280	205	203	209	255	257	320	218	214	221	233	282	288
190	290	215	213	219	265	267	340	231	227	234	247	299	305
200	310	229	226	233	282	285	360	244	240	247	261	316	323
220	340	250	248	254	310	313	400	270	266	273	289	350	357
240	360	270	268	275	330	333	440	295	293	298	316	385	392
260	400	296	292	300	364	367	480	320	318	323	343	420	428

■ 원통 롤러 베어링의 부착 관계 치수 (2)

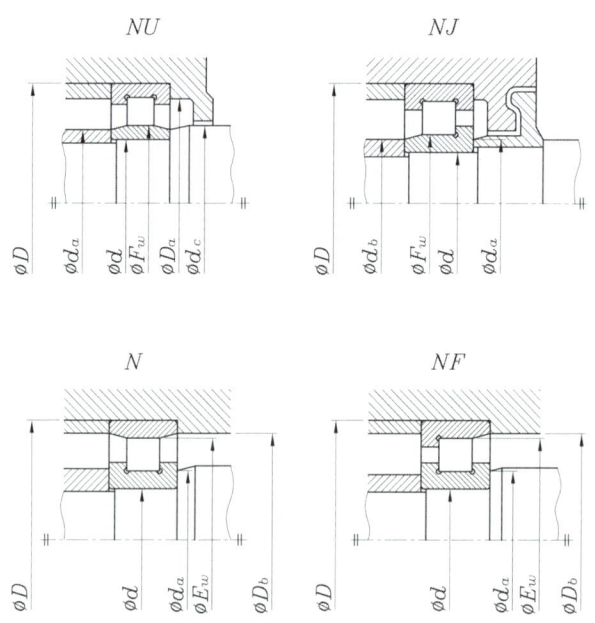

■ 원통 롤러 베어링의 부착 관계 치수 (2) (계속)

d	베어링 계열										
	NU3, NU23, NJ3, NJ23, N3, NF3						NU4, NJ4				
		NU, NJ			N, NF			NU, NJ			
	D	F_w	d_b (최대)	d_c (최소)	d_d (최소)	E_w	D_b (최소)	D	F_w	d_b (최대)	d_c (최소)	d_d (최소)
20	52	28.5	27	30	33	44.5	47	-	-	-	-	-
25	62	35	33	37	40	53	55	-	-	-	-	-
30	72	42	40	44	48	62	64	90	45	44	47	52
35	80	46.2	45	48	53	68.2	71	100	53	52	55	61
40	90	53.5	51	55	60	77.5	80	110	58	57	60	67
45	100	58.5	57	60	66	86.5	89	120	64.5	63	66	74
50	110	65	63	67	73	95	98	130	70.8	69	73	81
55	120	70.5	69	72	80	104.5	107	140	77.2	76	79	87
60	130	77	75	79	86	113	116	150	83	82	85	94
65	140	83.5	81	85	93	121.5	125	160	89.3	88	91	100
70	150	90	87	92	100	130	134	180	100	99	102	112
75	160	95.5	93	97	106	139.5	143	190	104.5	103	107	118
80	170	103	99	105	114	147	151	200	110	109	112	124
85	180	108	106	110	119	156	160	210	113	111	115	128
90	190	115	111	117	127	165	169	225	123.5	122	125	139
95	200	121.5	119	124	134	173.5	178	240	133.5	132	136	149
100	215	129.5	125	132	143	185.5	190	250	139	137	141	156
105	225	135	132	137	149	195	199	260	144.5	143	147	162
110	240	143	140	145	158	207	211	280	155	153	157	173
120	260	154	151	156	171	226	230	310	170	168	172	190
130	280	167	164	169	184	243	247	340	185	183	187	208
140	300	180	176	182	198	260	266	360	198	195	200	222
150	320	193	190	195	213	277	283	380	213	210	216	237
160	340	208	200	211	228	292	298	-	-	-	-	-
170	360	220	216	223	241	310	316	-	-	-	-	-
180	380	232	227	235	255	328	335	-	-	-	-	-
190	400	245	240	248	268	345	352	-	-	-	-	-
200	420	260	254	263	283	360	367	-	-	-	-	-

⑤ 솔리드형 바늘 모양 롤러 베어링의 부착 관계 치수

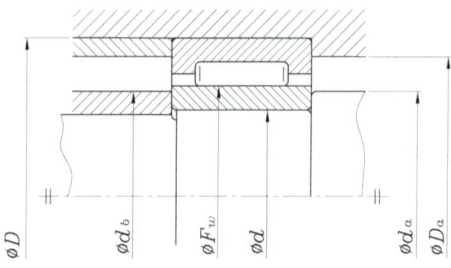

d	베어링 계열						
	NA48			NA 49			
	D	F_w	d_b (최대)	D	F_w	d_b (최대)
---	---	---	---	---	---	---
15	-	-	-	28	20	19
17	-	-	-	30	22	21
20	-	-	-	37	25	24
22	-	-	-	39	28	27
25	-	-	-	42	30	29
28	-	-	-	45	32	31
30	-	-	-	47	35	34
32	-	-	-	52	40	39
35	-	-	-	55	42	41
40	-	-	-	62	48	47
45	-	-	-	68	52	51
50	-	-	-	72	58	57
55	-	-	-	80	63	61
60	-	-	-	85	68	66
65	-	-	-	90	72	70
70	-	-	-	100	80	78
75	-	-	-	105	85	83
80	-	-	-	110	90	88
85	-	-	-	120	100	98
90	-	-	-	125	105	103
95	-	-	-	130	110	108
100	-	-	-	140	115	113
110	140	120	118	150	125	123
120	150	130	128	165	135	133
130	165	145	143	180	150	148
140	175	155	153	190	160	158
150	190	165	163	-	-	-
160	200	175	173	-	-	-
170	215	185	183	-	-	-
180	225	195	193	-	-	-
190	240	210	203	-	-	-
200	250	220	218	-	-	-

⑥ 원뿔 롤러 베어링의 부착 관계 치수 (1)

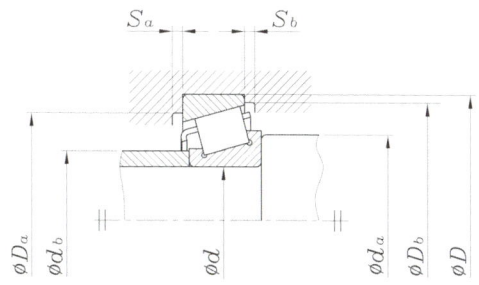

d	D	베어링 계열 302					베어링 계열 322				
		d_b (최대)	D_a (최소)	D_b (최소)	S_a (최소)	S_b (최소)	d_b (최대)	D_a (최소)	D_b (최소)	S_a (최소)	S_b (최소)
17	40	23	34	37	2	2	-	-	-	-	-
20	47	26	40	44	2	3	-	-	-	-	-
25	52	31	44	48	2	3	-	-	-	-	-
30	62	37	53	57	2	3	37	52	58	2	4
35	72	44	62	67	3	3	43	61	67	3	5
40	80	49	69	75	3	3.5	48	68	75	3	5.5
45	85	54	74	80	3	4.5	53	73	81	3	5.5
50	90	58	79	85	3	4.5	58	78	85	3	5.5
55	100	64	88	94	4	4.5	63	87	95	4	5.5
60	110	70	96	103	4	4.5	69	95	104	4	5.5
65	120	77	106	113	4	4.5	75	104	115	4	5.5
70	125	81	110	118	4	5	80	108	119	4	6
75	130	85	115	124	4	5	85	114	125	4	6
80	140	91	124	132	4	6	90	122	134	4	7
85	150	97	132	141	5	6.5	96	130	142	5	8.5
90	160	103	140	150	5	6.5	102	138	152	5	8.5
95	170	110	149	159	5	7.5	108	145	161	5	8.5
100	180	116	157	168	5	8	114	154	171	5	10
105	190	122	165	178	6	9	119	161	180	6	10
110	200	129	174	188	6	9	126	170	190	6	10
120	215	140	187	203	6	9.5	136	181	204	6[6]	11.5
130	230	152	203	218	7	9.5	-	-	-	-	-
140	250	163	219	237	7[6]	9.5	-	-	-	-	-
150	270	175	234	255	7[6]	11	-	-	-	-	-

주 ▶ [6] 이것보다 큰 값을 최소값으로 할 수 있다.

■ 원뿔 롤러 베어링의 부착 관계 치수 (2)

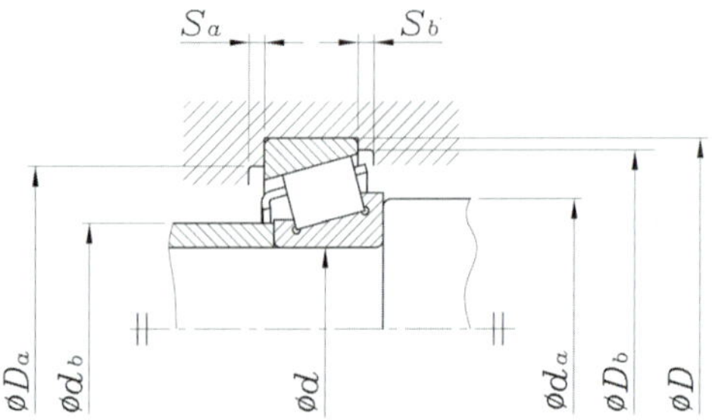

d	D	베어링 계열														
		303					303D					323				
		d_b (최대)	D_a (최소)	D_b (최소)	S_a (최소)	S_b (최소)	d_b (최대)	D_a (최소)	D_b (최소)	S_a (최소)	S_b (최소)	d_b (최대)	D_a (최소)	D_b (최소)	S_a (최소)	S_b (최소)
15	42	22	36	38	2	3	-	-	-	-	-	-	-	-	-	-
17	47	24	40	42	3	3	-	-	-	-	-	-	-	-	-	-
20	52	28	44	47	3	3	-	-	-	-	-	27	43	47	3	4
25	62	34	54	57	3	3	33	47	58.5	3	5	32	52	57	3	5
30	72	40	62	66	3	4.5	39	55	68	3	6.5	38	59	66	3	5.5
35	80	45	70	74	3	4.5	44	62	76.5	3	7.5	43	66	74	3	7.5
40	90	52	77	82	3	5	50	71	86.5	3	8	50	73	82	3	8
45	100	59	86	93	3	5	56	79	96	3	9	56	82	93	3	8
50	110	65	95	102	3	6	62	87	105	3	10	62	90	102	3	9
55	120	71	104	111	4	6.5	68	94	113	4	10.5	68	99	111	4	10.5
60	130	77	112	120	4	7.5	73	103	124	4	11.5	74	107	120	4	11.5
65	140	83	122	130	4	8	79	111	133	4	13	80	117	130	4	12
70	150	89	130	140	4	8	84	118	142	4	13	86	125	140	4	12
75	160	95	139	149	4	9	-	-	-	-	-	91	133	149	4	13
80	170	102	148	159	4	9.5	-	-	-	-	-	98	142	159	4	13.5
85	180	107	156	167	5	10.5	-	-	-	-	-	102	150	167	5	14.5
90	190	113	165	177	5	10.5	-	-	-	-	-	108	157	177	5	14.5
95	200	118	172	186	5[6]	11.5	-	-	-	-	-	113	166	186	5	16.5
100	215	127	184	200	5[6]	12.5	-	-	-	-	-	121	177	200	5[6]	17.5
105	225	132	193	209	6[6]	12.5	-	-	-	-	-	128	185	209	6[6]	18.5
110	240	141	206	222	6[6]	12.5	-	-	-	-	-	135	198	222	6[6]	19.5
120	260	152	221	239	6[6]	13.5	-	-	-	-	-	145	213	239	6[6]	21.5

주 ▸ [6] 이것보다 큰 값을 최소값으로 할 수 있다.

5. 끼워맞춤

- 레이디얼 베어링
  ① 내륜 회전 하중을 받는 베어링의 내륜과 축의 끼워맞춤은 억지 끼움 또는 중간 끼움 맞춤으로 하고, 상대적으로 하중이 클수록 죔새를 크게 한다.
  ② 방향 부정 하중을 받는 베어링의 내륜과 축의 끼워맞춤은 억지 끼움 또는 중간 끼움으로 한다.
  ③ 내륜 정지 하중을 받는 베어링의 내륜과 축의 끼워맞춤은 틈새 끼움 또는 중간 끼움으로 한다.
  ④ 외륜 정지 하중을 받는 베어링의 외륜과 하우징 구멍의 끼워맞춤은 틈새 끼움 또는 중간 끼움으로 한다.
  ⑤ 방향 부정 하중을 받는 베어링의 외륜과 하우징 구멍의 끼워맞춤은 중간 끼움 또는 억지 끼움으로 한다.
  ⑥ 외륜 회전 하중을 받는 베어링의 외륜과 하우징 구멍의 끼워맞춤은 억지 끼움 또는 중간 끼움으로 하고 상대적으로 하중이 클수록 죔새를 크게 한다.

- 스러스트 베어링
  ① 중심 축 하중만을 받는 스러스트 베어링의 내륜과 축의 끼워맞춤은 중간 끼움으로 한다.
  ② 합성 하중을 받는 스러스트 자동 조심 롤러 베어링의 매륜과 축의 끼워맞춤은 위의 ①, ②, ③과 같은 기준을 따른다.
  ③ 중심 축 하중만을 받는 스러스트 베어링의 외륜과 하우징 구멍 사이에는 틈새를 여유있게 설치한다.
  ④ 합성 하중을 받는 스러스트 베어링의 외륜과 하우징 구멍 사이에는 틈새를 여유있게 설치한다.
  ⑤ 합성 하중을 받는 스러스트 자동 조심 롤러 베어링의 외륜과 하우징 구멍의 끼워맞춤은 위의 ④, ⑤, ⑥과 같은 기준을 따른다.

【참 고】
- 구베어링 끼워맞춤 공차 선정 순서

(1) 조립도에 적용된 베어링의 규격을 확인하고 규격이 지시되어 있지 않은 경우
   자로 직접 측정하여 안지름, 바깥지름, 폭의 치수를 보고 규격에서 찾아 축지름과 적용 하중을 선택한다.

(2) 축이 회전하는 경우 내륜회전하중, 축은 고정이고 하우징이 회전하는 경우
   외륜회전을 선택하여 해당하는 공차를 선정한다.

(3) 레이디얼 베어링(0급, 6X급, 6급)에 대하여 일반적으로 사용하는
   축과 하우징 구멍의 공차 범위 등급에서 해당하는 것을 선택한다.

12-5 | 베어링 원통 구멍의 끼워맞춤

① 레이디얼 베어링의 내륜에 대한 끼워맞춤

베어링의 등급	내륜 회전 하중 또는 방향 부정 하중							내륜 정지 하중		
	축의 공차 범위 등급									
0급 6X급 6급	r6	p6	n6	m6 m5	k6 k5	js6 js5	h6 h5	g6 g5		f6
5급	-	-	-	m5	k4	js4	h4	h5	-	-
끼워맞춤	억지 끼움			중간 끼움				틈새 끼움		

② 레이디얼 베어링의 외륜에 대한 끼워맞춤

베어링의 등급	외륜정지하중				방향부정하중 또는 외륜회전 하중			
	구멍의 공차 범위 등급							
0급 6X급 6급	G7 H6	H7 H6	JS7 JS6	-	JS7 JS6	K7 K6	M7 M6	N7 N6	P7
5급	-	H5	JS5	K5	-	K5	M5		
끼워맞춤	틈새 끼움				중간 끼움			억지 끼움

③ 스러스트 베어링의 내륜에 대한 끼워맞춤

베어링의 등급	중심 축 하중 (스러스트 베어링 전반)		합성하중 (스러스트 자동조심 롤러 베어링인 경우)					
			내륜회전하중 또는 방향부정하중				내륜정지하중
	축의 공차 범위 등급						
0급,6급	js6	h6	n6	m6	k6	js6
끼워맞춤	중간 끼움		억지 끼움			중간 끼움

④ 스러스트 베어링의 외륜에 대한 끼워맞춤

베어링의 등급	중심 축 하중 (스러스트 베어링 전반)		합성하중 (스러스트 자동조심 롤러 베어링인 경우)					
			외륜정지하중 또는 방향부정하중		외륜회전하중			
	구멍의 공차 범위 등급							
0급,6급	-	H8	G7	H7	JS7	K7	M7
끼워맞춤	틈새 끼움				중간 끼움		

12-6 | 어댑터 부착 레이디얼 베어링의 부착 관계 치수 (1)

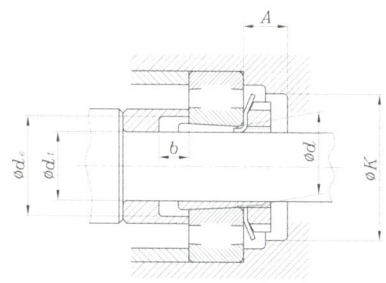

d_1	d	A (최소)	K (최소)	어댑터 계열						
				H2			H3				H23		
				d_a (최소)	베어링 치수계열 02 b (최소)		d_a (최소)	베어링 치수계열 ||| d_a (최소)	베어링 치수계열	
								22	03			32	23
								b (최소)				b (최소)	
17	20	-	-	23	5		24	5	8		24	-	5
20	25	15	45	28	5		29	5	6		29	-	5
25	30	15	50	33	5		34	5	6		35	-	5
30	35	17	58	38	5		39	5	7		40	-	5
35	40	17	65	44	5		44	5	7		45	-	5
40	45	17	72	49	5		49	8	5		50	-	5
45	50	19	76	53	5		54	10	5		56	-	5
50	55	19	85	60	6		60	11	6		61	18	6
55	60	20	90	64	5		65	9	5		66	18	5
60	65	21	96	70	5		70	8	5		72	20	5
65	75	23	110	80	5		80	12	5		82	20	5
70	80	25	120	85	5		86	12	5		87	20	5
75	85	27	128	90	6		91	12	6		94	-	6
80	90	28	139	95	6		96	10	6		99	18	6
85	95	29	145	101	7		102	9	7		105	18	7
90	100	30	150	106	7		107	8	7		110	19	7
100	110	32	170	116	7		117	6	9		121	17	7
110	120	33	180	-	-		-	-	-		131	17	7
115	130	34	190	-	-		-	-	-		142	21	8
125	140	36	205	-	-		-	-	-		152	22	8
135	150	37	220	-	-		-	-	-		163	20	8
140	160	39	230	-	-		-	-	-		174	18	8
150	170	40	250	-	-		-	-	-		185	18	8
160	180	41	260	-	-		-	-	-		195	22	8
170	190	43	270	-	-		-	-	-		206	21	9
180	200	46	280	-	-		-	-	-		216	20	10
200	220	-	-	-	-		-	-	-		236	11	10
220	240	-	-	-	-		-	-	-		257	6	11
240	260	-	-	-	-		-	-	-		278	2	11
260	280	-	-	-	-		-	-	-		299	11	12

■ 어댑터 부착 레이디얼 베어링의 부착 관계 치수 (2)

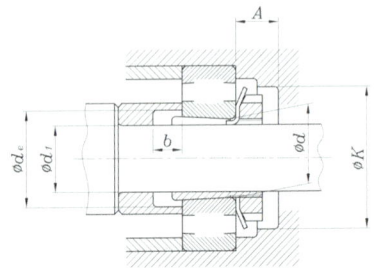

d_1	d	A (최소)	K (최소)	어댑터 계열									
				H 30				H 31				H 32	
				d_a (최소)	베어링 치수계열			d_a (최소)	베어링 치수계열			d_a (최소)	베어링 치수계열
					30	02	03		31	22	03		32
					b (최소)				b (최소)				b (최소)
100	110	32	170	-	-	-	-	117	7	-	-	-	-
110	120	33	180	127	7	13	-	128	7	11	14	-	-
115	130	34	190	137	8	20	-	138	8	8	14	-	-
125	140	36	205	147	8	19	-	149	8	8	14	-	-
135	150	37	220	158	8	19	-	160	8	15	23	-	-
140	160	39	230	168	8	20	-	170	8	14	26	-	-
150	170	40	250	179	8	23	-	180	8	10	24	-	-
160	180	41	260	189	8	30	-	191	8	18	29	-	-
170	190	43	270	199	9	30	-	202	9	21	35	-	-
180	200	46	280	210	10	34	-	212	10	24	42	-	-
200	220	-	-	231	12	37	14	233	10	22	-	-	-
220	240	-	-	251	11	31	8	254	11	19	-	-	-
240	260	-	-	272	13	37	15	276	11	25	-	-	-
260	280	-	-	292	12	38	10	296	12	28	-	-	-
280	300	-	-	313	12	45	-	317	12	32	-	321	12
300	320	-	-	334	13	42	-	339	13	39	-	343	13
320	340	-	-	355	14	-	-	360	14	-	-	364	14
340	360	-	-	375	14	-	-	380	14	-	-	385	14
360	380	-	-	396	15	-	-	401	15	-	-	405	15
380	400	-	-	417	15	-	-	421	15	-	-	427	15
400	420	-	-	437	16	-	-	443	16	-	-	448	16
410	440	-	-	458	17	-	-	464	17	-	-	469	17
430	460	-	-	478	17	-	-	485	17	-	-	491	17
450	480	-	-	499	18	-	-	505	18	-	-	512	18
470	500	-	-	519	18	-	-	527	18	-	-	534	18

12-7 | 레이디얼 베어링(0급, 6X급, 6급)에 대하여 일반적으로 사용하는 축의 공차 범위 등급

운전상태 및 끼워맞춤 조건		볼베어링		원통롤러베어링 테이퍼롤러베어링		자동조심 롤러베어링		축의 공차등급	비고
		축 지름(mm)							
		초과	이하	초과	이하	초과	이하		
원통구멍 베어링(0급, 6X급, 6급)									
내륜회전하중 또는 방향부정하중	경하중⁽¹⁾ 또는 변동하중	- 18 100 -	18 100 200 -	- - 40 140	- - 140 200	- - - -	- - - -	h5 js6 k6 m6	정밀도를 필요로 하는 경우 js6, k6, m6 대신에 js5, k5, m5를 사용한다.
	보통하중⁽¹⁾	- 18 100 140 200 -	18 100 140 200 280 -	- - 40 100 140 200	- - 100 140 200 400	- - 40 65 100 140 280	- - 65 100 140 280 500	js5 k5 m5 m6 n6 p6 r6	단열 앵귤러 볼 베어링 및 원뿔롤러 베어링인 경우 끼워맞춤으로 인한 내부 틈새의 변화를 고려할 필요가 없으므로 k5, m5 대신에 k6, m6를 사용할 수 있다.
	중하중⁽¹⁾ 또는 충격하중	- - -	- - -	50 140 200	140 200 -	50 100 140	140 140 200	n6 p6 r6	보통 틈새의 베어링보다 큰 내부 틈새의 베어링이 필요하다.
내륜정지하중	내륜이 축 위를 쉽게 움직일 필요가 있다.	전체 축 지름						g6	정밀도를 필요로 하는 경우 g5를 사용한다. 큰 베어링에서는 쉽게 움직일 수 있도록 f6를 사용해도 된다.
	내륜이 축 위를 쉽게 움직일 필요가 없다.	전체 축 지름						h6	정밀도를 필요로 하는 경우 h5를 사용한다.
중심축하중		전체 축 지름						js6	-
테이퍼 구멍 베어링(0급) (어댑터 부착 또는 분리 슬리브 부착)									
전체하중		전체 축 지름						h9/IT5	전도축(伝導軸) 등에서는 h10/IT7⁽²⁾로 해도 좋다.

[비 고]
이 표는 강제 중실축에 적용한다.

주 ▶
⁽¹⁾ 경하중, 보통하중 및 중하중은 동등가 레이디얼 하중을 사용하는 베어링의 기본 동 레이디얼 정격 하중의 각각 6% 이하, 6%를 초과, 12% 이하 및 12%를 초과하는 하중을 말한다.
⁽²⁾ IT5급 및 IT7급은 축의 진원도 공차, 원통도 공차 등의 값을 나타낸다.

12-8 | 레이디얼 베어링(0급, 6X급, 6급)에 대하여 일반적으로 사용하는 하우징 구멍의 공차 범위 등급

조건				하우징 구멍의 공차범위 등급	비 고
하우징 (Housing)	하중의 종류		외륜의 축 방향의 이동[3]		
일체 하우징 또는 2분할 하우징	외륜정지 하중	모든 종류의 하중	쉽게 이동할 수 있다.	H7	대형베어링 또는 외륜과 하우징의 온도차가 큰 경우 G7을 사용해도 된다.
		경하중[1] 또는 보통하중[1]		H8	-
		축과 내륜이 고온으로 된다.		G7	대형베어링 또는 외륜과 하우징의 온도차가 큰 경우 F7을 사용해도 된다.
		경하중 또는 보통하중에서 정밀 회전을 요한다.	원칙적으로 이동할 수 없다.	K6	주로 롤러베어링에 적용된다.
			이동할 수 있다.	JS6	주로 볼베어링에 적용된다.
일체 하우징	방향부정 하중	조용한 운전을 요한다.	쉽게 이동할 수 있다.	H6	-
		경하중 또는 보통하중	통상 이동할 수 있다.	JS7	정밀을 요하는 경우 JS7, K7 대신에 JS6, K6을 사용한다.
		보통하중 또는 중하중[1]	이동할 수 없다.	K7	
		큰 충격하중	이동할 수 없다.	M7	-
	외륜회전 하중	경하중 또는 변동하중	이동할 수 없다.	M7	-
		보통하중 또는 중하중	이동할 수 없다.	N7	주로 볼베어링에 적용된다.
		얇은 하우징에서 중하중 또는 큰 충격하중	이동할 수 없다.	P7	주로 롤러베어링에 적용된다.

[비 고]
1. 위 표는 주철제 하우징 또는 강제 하우징에 적용한다.
2. 베어링에 중심 축 하중만 걸리는 경우 외륜에 레이디얼 방향의 틈새를 주는 공차범위 등급을 선정한다.

주 ▶ [1] 경하중, 보통하중 및 중하중은 동등가 레이디얼 하중을 사용하는 베어링의 기본 동 레이디얼 정격 하중의 각각 6% 이하, 6%를 초과, 12% 이하 및 12%를 초과하는 하중을 말한다.
[2] 분리되지 않는 베어링에 대하여 외륜이 축 방향으로 이동할 수 있는지 없는지의 구별을 나타낸다.

12-9 | 스러스트 베어링의 축 및 하우징 구멍의 공차 범위 등급

1. 스러스트 베어링(0급, 6급)에 대하여 일반적으로 사용하는 축의 공차 범위 등급

조 건		축 지름(mm)		축의 공차 범위 등급	비 고
		초과	이하		
중심 축 하중 (스러스트 베어링 전반)		전체 축 지름		js6	h6도 사용할 수 있다.
합성하중 (스러스트 자동조심 롤러베어링)	내륜정지하중	전체 축 지름		js6	-
	내륜회전하중 또는 방향부정하중	- 200 400	200 400 -	k6 m6 n6	k6, m6, n6 대신에 각각 js6, k6, m6도 사용할 수 있다.

2. 스러스트 베어링(0급, 6급)에 대하여 일반적으로 사용하는 하우징 구멍의 공차 범위 등급

조 건		하우징 구멍의 공차범위 등급	비 고
중심 축 하중 (스러스트 베어링 전반)		-	외륜에 레이디얼 방향의 틈새를 주도록 적절한 공차범위 등급을 선정한다.
		H8	스러스트 볼 베어링에서 정밀을 요하는 경우
합성하중 (스러스트 자동조심 롤러베어링)	외륜정지하중	H7	-
	방향부정하중 또는 외륜회전하중	K7	보통 사용 조건인 경우
		M7	비교적 레이디얼 하중이 큰 경우

[비 고]
1. 위 표는 주철제 하우징 또는 강제 하우징에 적용한다.

- 레이디얼하중과 액시얼하중
  레이디얼 하중이라는 것은 베어링의 중심축에 대해서 직각(수직)으로 작용하는 하중을 말하고 액시얼하중이라는 것은 베어링의 중심축에 대해서 평행하게 작용하는 하중을 말한다.
  덧붙여 말하면 스러스트하중과 액시얼하중은 동일한 것이다.

12-10 | 베어링의 끼워맞춤에 관한 수치

■ 레이디얼 베어링(원뿔 롤러 베어링 제외)(0급)의 내륜과 축의 끼워맞춤에 관한 수치

단위 : μm

호칭베어링 안지름 및 축 의호칭지름 (mm)		베어링의 평면내평균 안지름의 허용차		축의 공차 범위 등급축의 공차 범위 등급											
				f6		g5		g6		h5		h6		js5		js6	
				틈새		틈새		틈새		틈새		틈새		틈새		틈새	
초과	이하	상	하	최대	최소	최대	최소	최대	최소	최대	최소	최대	최소	최대	최소	최대	최소
3	6	0	-8	18	2	9	4	12	4	5	8	8	8	-	-	-	-
6	10	0	-8	22	5	11	3	14	3	6	8	9	8	3	11	4.5	12.5
10	18	0	-8	27	8	14	2	17	2	8	8	11	8	4	12	5.5	13.5
18	30	0	-10	33	10	16	3	20	3	9	10	13	10	4.5	14.5	6.5	16.5
30	50	0	-12	41	13	20	3	25	3	11	12	16	12	5.5	17.5	8	20
50	80	0	-15	49	15	23	5	29	5	13	15	19	15	6.5	21.5	9.5	24.5
80	120	0	-20	58	16	27	8	34	8	15	20	22	20	7.5	27.5	11	31
120	140	0	-25	68	18	32	11	39	11	18	25	25	25	9	34	12.5	37.5
140	160	0	-25	68	18	32	11	39	11	18	25	25	25	9	34	12.5	37.5
160	180	0	-25	68	18	32	11	39	11	18	25	25	25	9	34	12.5	37.5
180	200	0	-30	79	20	35	15	44	15	20	30	29	30	10	40	14.5	44.5
200	225	0	-30	79	20	35	15	44	15	20	30	29	30	10	40	14.5	44.5
225	250	0	-30	79	20	35	15	44	15	20	30	29	30	10	40	14.5	44.5
250	280	0	-35	88	21	40	18	49	18	23	35	32	35	11.5	46.5	16	51
280	315	0	-35	88	21	40	18	49	18	23	35	32	35	11.5	46.5	16	51
315	355	0	-40	98	22	43	22	54	22	25	40	36	40	12.5	52.5	18	58
355	400	0	-40	98	22	43	22	54	22	25	40	36	40	12.5	52.5	18	58
400	450	0	-45	108	23	47	25	60	25	27	45	40	45	13.5	58.5	20	65
450	500	0	-45	108	23	47	25	60	25	27	45	40	45	13.5	58.5	20	65

단위 : μm

호칭베어링 안지름 및 축 의호칭지름 (mm)		베어링의 평면내평균 안지름의 허용차		축의 공차 범위 등급										
				k5		k6		m5		m6		n6		p6		r6	
				죔새		죔새		죔새		죔새		죔새		죔새		죔새	
초과	이하	상	하	최대	최소	최대	최소	최대	최소	최대	최소	최대	최소	최대	최소	최대	최소
3	6	0	-8	-	-	-	-	-	-	-	-	-	-	-	-	-	-
6	10	0	-8	-	-	-	-	-	-	-	-	-	-	-	-	-	-
10	18	0	-8	-	-	-	-	-	-	-	-	-	-	-	-	-	-
18	30	0	-10	2	21	2	25	-	-	-	-	-	-	-	-	-	-
30	50	0	-12	2	25	2	30	9	32	9	37	-	-	-	-	-	-
50	80	0	-15	2	30	2	36	11	39	11	45	20	54	-	-	-	-
80	120	0	-20	3	38	3	45	13	48	13	55	23	65	37	79	-	-
120	140	0	-25	3	46	3	53	15	58	15	65	27	77	43	93	63	113
140	160	0	-25	3	46	3	53	15	58	15	65	27	77	43	93	65	115
160	180	0	-25	3	46	3	53	15	58	15	65	27	77	43	93	68	118
180	200	0	-30	4	54	4	63	17	67	17	76	31	90	50	109	77	136
200	225	0	-30	4	54	4	63	17	67	17	76	31	90	50	109	80	139
225	250	0	-30	4	54	4	63	17	67	17	76	31	90	50	109	84	143
250	280	0	-35	4	62	4	71	20	78	20	87	34	101	56	123	94	161
280	315	0	-35	4	62	4	71	20	78	20	87	34	101	56	123	98	165
315	355	0	-40	4	69	4	80	21	86	21	97	37	113	62	138	108	184
355	400	0	-40	4	69	4	80	21	86	21	97	37	113	62	138	114	190
400	450	0	-45	5	77	5	90	23	95	23	108	40	125	68	153	126	211
450	500	0	-45	5	77	5	90	23	95	23	108	40	125	68	153	132	217

■ 레이디얼 베어링(원뿔 롤러 베어링 제외)(0급)의 외륜과 하우징 구멍의 끼워맞춤에 관한 수치

단위 : μm

호칭베어링 바깥지름 및 구멍의 호칭 지름(mm)		베어링의 평면내평균 바깥지름의 허용차		G7 틈새		H6 틈새		H7 틈새		JS6		JS7		K6	
										틈새	죔새	틈새	죔새	틈새	죔새
초과	이하	상	하	최대	최소	최대	최소	최대	최소	최대	최대	최대	최대	최대	최대
6	10	0	-8	28	5	17	0	23	0	12.5	4.5	15	7	10	7
10	18	0	-8	32	6	19	0	26	0	13.5	5.5	17	9	10	9
18	30	0	-9	37	7	22	0	30	0	15.5	6.5	19	10	11	11
30	50	0	-11	45	9	27	0	36	0	19	8	23	12	14	13
50	80	0	-13	53	10	32	0	43	0	22.5	9.5	28	15	17	15
80	120	0	-15	62	12	37	0	50	0	26	11	32	17	19	18
120	150	0	-18	72	14	43	0	58	0	30.5	12.5	38	20	22	21
150	180	0	-25	79	14	50	0	65	0	37.5	12.5	45	20	29	21
180	250	0	-30	91	15	59	0	76	0	44.5	14.5	53	23	35	24
250	315	0	-35	104	17	67	0	87	0	51	16	61	26	40	27
315	400	0	-40	115	18	76	0	97	0	58	18	68	28	47	29
400	500	0	-45	128	20	85	0	108	0	65	20	76	31	53	32
500	630	0	-50	142	22	94	0	120	0	72	22	85	35	50	44
630	800	0	-75	179	24	125	0	155	0	100	25	115	40	75	50
800	1000	0	-100	216	26	156	0	190	0	128	28	145	45	100	56

단위 : μm

호칭베어링 바깥지름 및 구멍의 호칭 지름(mm)		베어링의 평면내평균 바깥지름의 허용차		K7		M6		M7		N6		N7		P7	
				틈새	죔새	틈새	죔새	틈새	죔새	틈새	죔새	틈새	죔새	틈새	죔새
초과	이하	상	하	최대	최대	최대	최대	최대	최대	최대	최대	최대	최대	최소	최대
6	10	0	-8	13	10	5	12	8	15	1	16	4	19	1	24
10	18	0	-8	14	12	4	15	8	18	1[4]	20	3	23	3	29
18	30	0	-9	15	15	5	17	9	21	2[4]	24	2	28	5	35
30	50	0	-11	18	18	7	20	11	25	1[4]	28	3	33	6	42
50	80	0	-13	22	21	8	24	13	30	1[4]	33	4	39	8	51
80	120	0	-15	25	25	9	28	15	35	1[4]	38	5	45	9	59
120	150	0	-18	30	28	10	33	18	40	2[4]	45	6	52	10	68
150	180	0	-25	37	28	17	33	25	40	5	45	13	52	3	68
180	250	0	-30	43	33	22	37	30	46	8	51	16	60	3	79
250	315	0	-35	51	36	26	41	35	52	10	57	21	66	1	88
315	400	0	-40	57	40	30	46	40	57	14	62	24	73	1	98
400	500	0	-45	63	45	35	50	45	63	18	67	28	80	0	108
500	630	0	-50	50	70	24	70	24	96	6	88	6	114	28	148
630	800	0	-75	75	80	45	80	45	110	25	100	25	130	13	168
800	1000	0	-100	100	90	66	90	66	124	44	112	44	146	0	190

■ 레이디얼 베어링(원뿔 롤러 베어링 제외)(6급)의 내륜과 축의 끼워맞춤에 관한 수치

단위 : μm

호칭베어링 안지름 및 축 의호칭지름 (mm)		베어링의 평면내평균 안지름의 허용차		축의 공차 범위 등급											
				f6		g5		g6		h5		h6		js5		js6	
				틈새		틈새	죔새	틈새	죔새	틈새	죔새	틈새	죔새	틈새	죔새	틈새	죔새
초과	이하	상	하	최대	최소	최대	최소	최대	최소	최대	최소	최대	최소	최대	최소	최대	최소
3	6	0	-7	18	3	9	3	12	3	5	7	8	7	-	-	-	-
6	10	0	-7	22	5	11	2	14	2	6	7	9	7	3	10	4.5	11.5
10	18	0	-7	27	7	14	1	17	1	8	7	11	7	4	11	5.5	12.5
18	30	0	-8	33	12	16	1	20	1	9	8	13	8	4.5	12.5	6.5	14.5
30	50	0	-10	41	16	20	1	25	1	11	10	16	10	5.5	15.5	8	18
50	80	0	-12	49	18	23	2	29	2	13	12	19	12	6.5	18.5	9.5	21.5
80	120	0	-15	58	21	27	3	34	3	15	15	22	15	7.5	22.5	11	26
120	140	0	-18	68	25	32	4	39	4	18	18	25	18	9	27	12.5	30.5
140	160	0	-18	68	25	32	4	39	4	18	18	25	18	9	27	12.5	30.5
160	180	0	-18	68	25	32	4	39	4	18	18	25	18	9	27	12.5	30.5
180	200	0	-22	79	28	35	7	44	7	20	22	29	22	10	32	14.5	36.5
200	225	0	-22	79	28	35	7	44	7	20	22	29	22	10	32	14.5	36.5
225	250	0	-22	79	28	35	7	44	7	20	22	29	22	10	32	14.5	36.5
250	280	0	-25	88	31	40	8	49	8	23	25	32	25	11.5	36.5	16	41
280	315	0	-25	88	31	40	8	49	8	23	25	32	25	11.5	36.5	16	41

단위 : μm

호칭베어링 안지름 및 축 의호칭지름 (mm)		베어링의 평면내평균 안지름의 허용차		축의 공차 범위 등급											
				k5		k6		m5		m6		n6		p6		r6	
				죔새		죔새		죔새		죔새		죔새		죔새		죔새	
초과	이하	상	하	최대	최소	최대	최소	최대	최소	최대	최소	최대	최소	최대	최소	최대	최소
3	6	0	-7	-	-	-	-	-	-	-	-	-	-	-	-	-	-
6	10	0	-7	-	-	-	-	-	-	-	-	-	-	-	-	-	-
10	18	0	-7	-	-	-	-	-	-	-	-	-	-	-	-	-	-
18	30	0	-8	2	19	2	23	-	-	-	-	-	-	-	-	-	-
30	50	0	-10	2	23	2	28	9	30	9	35	-	-	-	-	-	-
50	80	0	-12	2	27	2	33	11	36	11	42	20	51	-	-	-	-
80	120	0	-15	3	33	3	40	13	43	13	50	23	60	37	74	-	-
120	140	0	-18	3	39	3	46	15	51	15	58	27	70	43	86	63	106
140	160	0	-18	3	39	3	46	15	51	15	58	27	70	43	86	65	108
160	180	0	-18	3	39	3	46	15	51	15	58	27	70	43	86	68	111
180	200	0	-22	4	46	4	55	17	59	17	68	31	82	50	101	77	128
200	225	0	-22	4	46	4	55	17	59	17	68	31	82	50	101	80	131
225	250	0	-22	4	46	4	55	17	59	17	68	31	82	50	101	84	135
250	280	0	-25	4	52	4	61	20	68	20	77	34	91	56	113	94	151
280	315	0	-25	4	52	4	61	20	68	20	77	34	91	56	113	98	155

■ 레이디얼 베어링(원뿔 롤러 베어링 제외)(6급)의 외륜과 하우징 구멍의 끼워맞춤에 관한 수치

단위 : μm

호칭베어링 바깥지름 및 구멍의 호칭 지름(mm)		베어링의 평면내평균 바깥지름의 허용차		구멍의 공차 범위 등급										
				G7		H6		H7		JS6		JS7		K6
				틈새		틈새		틈새		틈새	죔새	틈새	죔새	틈새	죔새
초과	이하	상	하	최대	최소	최대	최소	최대	최소	최대	최대	최대	최대	최대	최대
6	10	0	-7	27	5	16	0	22	0	11.5	4.5	14	7	9	7
10	18	0	-7	31	6	18	0	25	0	12.5	5.5	16	9	9	9
18	30	0	-8	36	7	21	0	29	0	14.5	6.5	18	10	10	11
30	50	0	-9	43	9	25	0	34	0	17	8	21	12	12	13
50	80	0	-11	51	10	30	0	41	0	20.5	9.5	26	15	15	15
80	120	0	-13	60	12	35	0	48	0	24	11	30	17	17	18
120	150	0	-15	69	14	40	0	55	0	27.5	12.5	35	20	19	21
150	180	0	-18	72	14	43	0	58	0	30.5	12.5	38	20	22	21
180	250	0	-20	81	15	49	0	66	0	34.5	14.5	43	23	25	24
250	315	0	-25	94	17	57	0	77	0	41	16	51	26	30	27
315	400	0	-28	103	18	64	0	85	0	46	18	56	28	35	29
400	500	0	-33	116	20	73	0	96	0	53	20	64	31	41	32
500	630	0	-38	130	22	82	0	108	0	60	22	73	35	38	44

단위 : μm

호칭베어링 바깥지름 및 구멍의 호칭 지름(mm)		베어링의 평면내평균 바깥지름의 허용차		구멍의 공차 범위 등급										
				K7		M6		M7		N6		N7		P7
				틈새	죔새	틈새	죔새	틈새	죔새	틈새	죔새	틈새	죔새	틈새	죔새
초과	이하	상	하	최대	최대	최대	최대	최대	최대	최소	최대	최소	최대	최소	최대
6	10	0	-7	12	10	4	12	7	15	0	16	3	19	2	24
10	18	0	-7	13	12	3	15	7	18	2	20	2	23	4	29
18	30	0	-8	14	15	4	17	8	21	3	24	1	28	6	35
30	50	0	-9	16	18	5	20	9	25	3	28	1	33	8	42
50	80	0	-11	20	21	6	24	11	30	4	33	2	39	10	51
80	120	0	-13	23	25	7	28	13	35	3	38	3	45	11	59
120	150	0	-15	27	28	7	33	15	40	5	45	3	52	13	68
150	180	0	-18	30	28	10	33	18	40	2	45	6	52	10	68
180	250	0	-20	33	33	12	37	20	46	2	51	6	60	13	79
250	315	0	-25	41	36	16	41	25	52	0	57	11	66	11	88
315	400	0	-28	45	40	18	46	28	57	2[5]	62	12	73	13	98
400	500	0	-33	51	45	23	50	33	63	6[4]	67	16	80	12	108
500	630	0	-38	38	70	12	70	12	96	6[4]	88	6[4]	114	40	148

주 ▶ [4] 죔새의 최소치가 된다.
[5] 틈새 값이 된다.

■ 레이디얼 베어링(원뿔 롤러 베어링 제외)(5급)의 내륜과 축의 끼워맞춤에 관한 수치

단위 : μm

호칭베어링 안지름 및 축의 호칭 지름(mm)		베어링의 평면내 평균 안지름의 허용차		축의 공차 범위 등급								
				h4		h5		js4		k4		m5
				틈새	죔새	틈새	죔새	틈새	죔새	죔새		죔새
초과	이하	상	하	최대	최대	최대	최대	최대	최대	최소	최대	최소	최대
3	6	0	-5	4	5	5	5	-	-	-	-	-	-
6	10	0	-5	4	5	6	5	2	7	-	-	-	-
10	18	0	-5	5	5	8	5	2,5	7,5	-	-	-	-
18	30	0	-6	6	6	9	6	3	9	2	14	-	-
30	50	0	-8	7	8	11	8	3,5	11,5	2	17	9	28
50	80	0	-9	8	9	13	9	4	13	2	19	11	33
80	120	0	-10	10	10	15	10	5	15	3	23	13	38
120	180	0	-13	12	13	18	13	6	19	3	28	15	46
180	250	0	-15	14	15	20	15	7	22	4	33	17	52

■ 레이디얼 베어링(원뿔 롤러 베어링 제외)(5급)의 외륜과 하우징 구멍의 끼워맞춤에 관한 수치

단위 : μm

호칭베어링 바깥지름 및 구멍 의 호칭 지름(mm)		베어링의 평면내 평균 바깥지름의 허용차		구멍의 공차 범위 등급							
				H5		JS5		K5		M5	
				틈새		틈새	죔새	틈새	죔새	틈새	죔새
초과	이하	상	하	최대	최소	최대	최대	최대	최대	최대	최대
6	10	0	-5	11	0	8	3	6	5	1	10
10	18	0	-5	13	0	9	4	7	6	1	12
18	30	0	-6	15	0	10,5	4,5	7	8	1	14
30	50	0	-7	18	0	12,5	5,5	9	9	2	16
50	80	0	-9	22	0	15,5	6,5	12	10	3	19
80	120	0	-10	25	0	17,5	7,5	12	13	2	23
120	150	0	-11	29	0	20	9	14	15	2	27
150	180	0	-13	31	0	22	9	16	15	4	27
180	250	0	-15	35	0	25	10	17	18	4	31
250	315	0	-18	41	0	29,5	11,5	21	20	5	36
315	400	0	-20	45	0	32,5	12,5	23	22	6	39
400	500	0	-23	50	0	36,5	13,5	25	25	7	43

■ 원뿔 롤러 베어링(0급, 6X급)의 내륜과 축의 끼워맞춤에 관한 수치

단위 : μm

호칭베어링 안지름 및 축의호칭 지름(mm)		베어링의 평면내평균 바깥지름의 허용차		축의 공차 범위 등급													
				f6		g5		g6		h5		h6		js5		js6	
				틈새		틈새	죔새	틈새	죔새	틈새	죔새	틈새	죔새	틈새	죔새	틈새	죔새
초과	이하	상	하	최대	최소	최대		최대		최대		최대		최대		최대	
10	18	0	-12	27	4	14	6	17	6	8	12	11	12	4	16	5.5	17.5
18	30	0	-12	33	8	16	5	20	5	9	12	13	12	4.5	16.5	6.5	18.5
30	50	0	-12	41	13	20	3	25	3	11	12	16	12	5.5	17.5	8	20
50	80	0	-15	49	15	23	5	29	5	13	15	19	15	6.5	21.5	9.5	24.5
80	120	0	-20	58	16	27	8	34	8	15	20	22	20	7.5	27.5	11	31
120	140	0	-25	68	18	32	11	39	11	18	25	25	25	9	34	12.5	37.5
140	160	0	-25	68	18	32	11	39	11	18	25	25	25	9	34	12.5	37.5
160	180	0	-25	68	18	32	11	39	11	18	25	25	25	9	34	12.5	37.5
180	200	0	-30	79	20	35	15	44	15	20	30	29	30	10	40	14.5	44.5
200	225	0	-30	79	20	35	15	44	15	20	30	29	30	10	40	14.5	44.5
225	250	0	-30	79	20	35	15	44	15	20	30	29	30	10	40	14.5	44.5
250	280	0	-35	88	21	40	18	49	18	23	35	32	35	11.5	46.5	16	51
280	315	0	-35	88	21	40	18	49	18	23	35	32	35	11.5	46.5	16	51
315	355	0	-40	98	22	43	22	54	22	25	40	36	40	12.5	52.5	18	58
355	400	0	-40	98	22	43	22	54	22	25	40	36	40	12.5	52.5	18	58

단위 : μm

호칭베어링 안지름 및 축의호칭 지름(mm)		베어링의 평면내평균 바깥지름의 허용차		축의 공차 범위 등급											
				k5		k6		m5		m6		n6		p6		r6	
				죔새		죔새		죔새		죔새		죔새		죔새		죔새	
초과	이하	상	하	최대	최소	최대	최소	최대	최소	최대	최소	최대	최소	최대	최소	최대	최소
10	18	0	-12	-	-	-	-	-	-	-	-	-	-	-	-	-	-
18	30	0	-12	2	23	2	27	-	-	-	-	-	-	-	-	-	-
30	50	0	-12	2	25	2	30	9	32	9	37	-	-	-	-	-	-
50	80	0	-15	2	30	2	36	11	39	11	45	20	54	-	-	-	-
80	120	0	-20	3	38	3	45	13	48	13	55	23	65	37	79	-	-
120	140	0	-25	3	46	3	53	15	58	15	65	27	77	43	93	63	113
140	160	0	-25	3	46	3	53	15	58	15	65	27	77	43	93	65	115
160	180	0	-25	3	46	3	53	15	58	15	65	27	77	43	93	68	118
180	200	0	-30	4	54	4	63	17	67	17	76	31	90	50	109	77	136
200	225	0	-30	4	54	4	63	17	67	17	76	31	90	50	109	80	139
225	250	0	-30	4	54	4	63	17	67	17	76	31	90	50	109	84	143
250	280	0	-35	4	62	4	71	20	78	20	87	34	101	56	123	94	161
280	315	0	-35	4	62	4	71	20	78	20	87	34	101	56	123	98	165
315	355	0	-40	4	69	4	80	21	86	21	97	37	113	62	138	108	184
355	400	0	-40	4	69	4	80	21	86	21	97	37	113	62	138	114	190

■ 원뿔 롤러 베어링(0급, 6X급)의 외륜과 하우징 구멍의 끼워맞춤에 관한 수치

단위 : μm

호칭베어링 바깥지름 및 구멍의 호칭 지름(mm)		베어링의 평면내평균 바깥지름의 허용차		구멍의 공차 범위 등급									
				G7		H6		H7		JS6		JS7		K6
				틈새		틈새		틈새		틈새	죔새	틈새	죔새	틈새	죔새
초과	이하	상	하	최대	최소	최대	최소	최대	최소	최대	최대	최대	최대	최대
30	50	0	-14	48	9	30	0	39	0	22	8	26	12	17	13
50	80	0	-16	56	10	35	0	46	0	25.5	9.5	31	15	20	15
80	120	0	-18	65	12	40	0	53	0	29	11	35	17	22	18
120	150	0	-20	74	14	45	0	60	0	32.5	12.5	40	20	24	21
150	180	0	-25	79	14	50	0	65	0	37.5	12.5	45	20	29	21
180	250	0	-30	91	15	59	0	76	0	44.5	14.5	53	23	35	24
250	315	0	-35	104	17	67	0	87	0	51	16	61	26	40	27
315	400	0	-40	115	18	76	0	97	0	58	18	68	28	47	29
400	500	0	-45	128	20	85	0	108	0	65	20	76	31	53	32
500	630	0	-50	142	22	94	0	120	0	72	22	85	35	50	44

단위 : μm

호칭베어링 바깥지름 및 구멍의 호칭 지름(mm)		베어링의 평면내평균 바깥지름의 허용차		구멍의 공차 범위 등급											
				K7		M6		M7		N6		N7		P7	
				틈새	죔새	틈새	죔새	틈새	죔새	틈새	죔새	틈새	죔새	틈새	죔새
초과	이하	상	하	최대		최대		최대		최소	최대	최소	최대	최소	최대
30	50	0	-14	21	18	10	20	14	25	2	28	6	33	3	42
50	80	0	-16	25	21	11	24	16	30	2	33	7	39	5	51
80	120	0	-18	28	25	12	28	18	35	2	38	8	45	6	59
120	150	0	-20	32	28	12	33	20	40	0	45	9	52	8	68
150	180	0	-25	37	28	17	33	25	40	5	45	13	52	3	68
180	250	0	-30	43	33	22	37	30	46	8	51	16	60	3	79
250	315	0	-35	51	36	26	41	35	52	10	57	21	66	1	88
315	400	0	-40	57	40	30	46	40	57	14	62	24	73	1	98
400	500	0	-45	63	45	35	50	45	63	18	67	28	80	0	108
500	630	0	-50	50	70	24	70	24	96	6	88	6	114	28	148

■ 원뿔 롤러 베어링(5급)의 내륜과 축의 끼워맞춤에 관한 수치

단위 : μm

호칭베어링 안지름 및 축의 호칭 지름(mm)		베어링의 평면내 평균 안지름의 허용차		축의 공차 범위 등급									
				h4		h5		js4		k4		m5	
				틈새	죔새	틈새	죔새	틈새	죔새	틈새	죔새	틈새	죔새
초과	이하	상	하	최대		최대		최소		최소		최소	최대
10	18	0	-7	5	7	8	7	2.5	9.5	1	13	-	-
18	30	0	-8	6	8	9	8	3	11	2	16	8	25
30	50	0	-10	7	10	11	10	3.5	13.5	2	19	9	30
50	80	0	-12	8	12	13	12	4	16	2	22	11	36
80	120	0	-15	10	15	15	15	5	20	3	28	13	43
120	180	0	-18	12	18	18	18	6	24	3	33	17	51
180	250	0	-22	14	22	20	22	7	29	4	40	17	59

■ 원뿔 롤러 베어링(5급)의 외륜과 하우징 구멍의 끼워맞춤에 관한 수치

단위 : μm

호칭베어링 바깥지름 및 구멍의 호칭지름(mm)		베어링의 평면내 평균 바깥지름의 허용차		구멍의 공차 범위 등급							
				H5		JS5		K5		K6	
				틈새		틈새	죔새	틈새	죔새	틈새	죔새
초과	이하	상	하	최대	최소	최대		최대		최대	
18	30	0	-8	17	0	12.5	4.5	9	8	10	11
30	50	0	-9	20	0	14.5	5.5	11	9	12	13
50	80	0	-11	24	0	17.5	6.5	14	10	15	15
80	120	0	-13	28	0	20.5	7.5	15	13	17	18
120	150	0	-15	33	0	24	9	18	15	19	21
150	180	0	-18	36	0	27	9	21	15	22	21
180	250	0	-20	40	0	30	10	22	18	25	24
250	315	0	-25	48	0	36.5	11.5	28	20	30	27
315	400	0	-28	53	0	40.5	12.5	31	22	35	29

■ 스러스트 베어링(0급, 6급)의 내륜과 축의 끼워맞춤에 관한 수치

단위 : μm

호칭베어링 안지름 및 축의 호칭 지름(mm)		베어링의 평면내 평균 안지름의 허용차		축의 공차 범위 등급									
				h6		js6		k6		m6		n6	
				틈새	죔새	틈새	죔새	틈새	죔새	틈새	죔새	틈새	죔새
초과	이하	상	하	최대		최대		최소	최대	최소	최대	최소	최대
6	10	0	-8	9	8	4.5	12.5	1	18	-	-	-	-
10	18	0	-8	11	8	5.5	13.5	1	20	-	-	-	-
18	30	0	-10	13	10	6.5	16.5	2	25	-	-	-	-
30	50	0	-12	16	12	8	20	2	30	-	-	-	-
50	80	0	-15	19	15	9.5	24.5	2	36	-	-	-	-
80	120	0	-20	22	20	11	31	3	45	-	-	-	-
120	180	0	-25	25	25	12.5	37.5	3	53	-	-	-	-
180	250	0	-30	29	30	14.5	44.5	4	63	17	76	-	-
250	315	0	-35	32	35	16	51	4	71	20	87	-	-
315	400	0	-40	36	40	18	58	4	80	21	97	-	-
400	500	0	-45	40	45	20	65	5	90	-	-	40	125

■ 스러스트 베어링(0급, 6급)의 외륜과 하우징 구멍의 끼워맞춤에 관한 수치

단위 : μm

호칭 베어링 바깥지름 및 구멍의 호칭 지름(mm)		베어링의 평면내 평균 바깥지름의 허용차		구멍의 공차 범위 등급									
				G7		H8		H7		JS7		K7		M7
				틈새		틈새		틈새		틈새	죔새	틈새	죔새	틈새	죔새
초과	이하	상	하	최대	최소	최대	최소	최대	최소	최대		최대		최대
18	30	0	-13	54	20	43	0	34	0	23	10	19	15	21
30	50	0	-16	66	25	55	0	41	0	28	12	23	18	25
50	80	0	-19	79	30	65	0	49	0	34	15	28	21	30
80	120	0	-22	93	36	76	0	57	0	39	17	32	25	35
120	180	0	-25	108	43	88	0	65	0	45	20	37	28	40
180	250	0	-30	126	50	102	0	76	0	53	23	43	33	46
250	315	0	-35	143	56	116	0	87	0	61	26	51	36	52
315	400	0	-40	159	62	129	0	97	0	68	28	57	40	57
400	500	0	-45	176	68	142	0	108	0	76	31	63	45	63
500	630	0	-50	196	76	160	0	120	0	85	35	50	70	24	96
630	800	0	-75	235	80	200	0	155	0	115	40	75	80	45	110
800	1000	0	-100	276	86	240	0	190	0	145	45	100	90	66	124

12-11 | 깊은 홈 볼 베어링 KS B 2023 : 2000 (ISO 15 : 1998) (2011 확인)

1. 깊은 홈 볼 베어링 [60 계열]

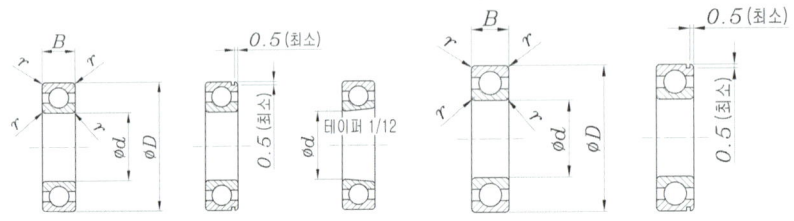

단위 : mm

호칭 번호							치 수			
개방형	한쪽 실붙이 (U)	양쪽 실붙이 (UU)	한쪽 실드붙이 (Z)	양쪽 실드붙이 (ZZ)	개방형 스냅링 홈붙이(N)	안지름 d	바깥 지름 D	베어링 너비 B	최소 허용 모떼기 치수 $r_s$min
601,5	-	-	-	-	-	1,5	6	2,5	0,15
602	-	-	-	-	-	2	7	2,8	0,15
60/2,5	-	-	-	-	-	2,5	8	2,8	0,15
603	-	-	-	-	-	3	9	3	0,15
604	-	-	604 Z	604 ZZ	-	4	12	4	0,2
605	-	-	605 Z	605 ZZ	-	5	14	5	0,2
606	-	-	606 Z	606 ZZ	-	6	17	6	0,3
607	607 U	607 UU	607 Z	607 ZZ	-	7	19	6	0,3
608	608 U	608 UU	608 Z	608 ZZ	-	8	22	7	0,3
609	609 U	609 UU	609 Z	609 ZZ	-	9	24	7	0,3
6000	6000 U	6000 UU	6000 Z	6000 ZZ	-	10	26	8	0,3
6001	6001 U	6001 UU	6001 Z	6001 ZZ	-	12	28	8	0,3
6002	6002 U	6002 UU	6002 Z	6002 ZZ	6002 N	15	32	9	0,3
6003	6003 U	6003 UU	6003 Z	6003 ZZ	6003 N	17	35	10	0,3
6004	6004 U	6004 UU	6004 Z	6004 ZZ	6004 N	20	42	12	0,6
6005	6005 U	6005 UU	6005 Z	6005 ZZ	6005 N	25	47	12	0,6
6006	6006 U	6006 UU	6006 Z	6006 ZZ	6006 N	30	55	13	1
6007	6007 U	6007 UU	6007 Z	6007 ZZ	6007 N	35	62	14	1
6008	6008 U	6008 UU	6008 Z	6008 ZZ	6008 N	40	68	15	1
6009	6009 U	6009 UU	6009 Z	6009 ZZ	6009 N	45	75	16	1
6010	6010 U	6010 UU	6010 Z	6010 ZZ	6010 N	50	80	16	1
6011	6011 U	6011 UU	6011 Z	6011 ZZ	6011 N	55	90	18	1,1
6012	6012 U	6012 UU	6012 Z	6012 ZZ	6012 N	60	95	18	1,1
6013	6013 U	6013 UU	6013 Z	6013 ZZ	6013 N	65	100	18	1,1
6014	6014 U	6014 UU	6014 Z	6014 ZZ	6014 N	70	110	20	1,1
6015	6015 U	6015 UU	6015 Z	6015 ZZ	6015 N	75	115	20	1,1
6016	6016 U	6016 UU	6016 Z	6016 ZZ	6016 N	80	125	22	1,1
6017	6017 U	6017 UU	6017 Z	6017 ZZ	6017 N	85	130	22	1,1
6018	6018 U	6018 UU	6018 Z	6018 ZZ	6018 N	90	140	24	1,5
6019	6019 U	6019 UU	6019 Z	6019 ZZ	6019 N	95	145	24	1,5
6020	6020 U	6020 UU	6020 Z	6020 ZZ	6020 N	100	150	24	1,5
6021	6021 U	6021 UU	6021 Z	6021 ZZ	6021 N	105	160	26	2
6022	6022 U	6022 UU	6022 Z	6022 ZZ	6022 N	110	170	28	2
6024	6024 U	6024 UU	6024 Z	6024 ZZ	6024 N	120	180	28	2

[비 고]
베어링의 치수 계열 : 10, 지름 계열 : 0

■ 깊은 홈 볼 베어링 [60 계열]

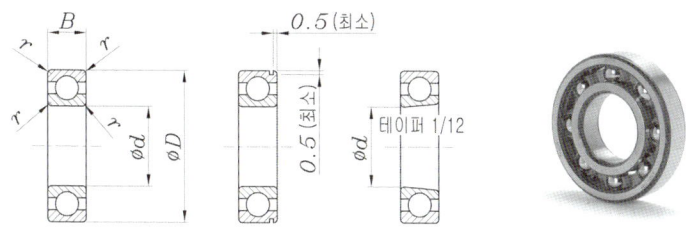

단위 : mm

호칭 번호						치 수			
개방형	한쪽 실붙이 (U)	양쪽 실붙이 (UU)	한쪽 실드붙이 (Z)	양쪽 실드붙이 (ZZ)	개방형 스냅링 홈 붙이(N)	안지름 d	바깥 지름 D	베어링 너비 B	최소 허용 모떼기 치수 $r_s min$
6026	-	-	-	-	6026 N	130	200	33	2
6028	-	-	-	-	-	140	210	33	2
6030	-	-	-	-	-	150	225	35	2.1
6032	-	-	-	-	-	160	240	38	2.1
6034	-	-	-	-	-	170	260	42	2.1
6036	-	-	-	-	-	180	280	46	2.1
6038	-	-	-	-	-	190	290	46	2.1
6040	-	-	-	-	-	200	310	51	2.1
6044	-	-	-	-	-	220	340	56	3
6048	-	-	-	-	-	240	360	56	3
6052	-	-	-	-	-	260	400	65	4
6056	-	-	-	-	-	280	420	65	4
6060	-	-	-	-	-	300	460	74	4
6064	-	-	-	-	-	320	480	74	4
6068	-	-	-	-	-	340	520	82	5
6072	-	-	-	-	-	360	540	82	5
6076	-	-	-	-	-	380	560	82	5
6080	-	-	-	-	-	400	600	90	5
6084	-	-	-	-	-	420	620	90	5
6088	-	-	-	-	-	440	650	94	6
6092	-	-	-	-	-	460	680	100	6
6096	-	-	-	-	-	480	700	100	6
60/500	-	-	-	-	-	500	720	100	6

[비 고]
(1) 스냅링 붙이 베어링의 호칭 번호는 스냅링 홈 붙이 베어링의 호칭 번호 N 뒤에 R을 붙인다.
(2) 베어링의 치수 계열 : 10, 지름 계열 : 0

주▶ (1) rsmin은 내륜 및 외륜의 최소 허용 모떼기 치수이다.
(2) 외륜의 스냅링 홈 축의 최소 허용 모떼기 치수는 D=35mm 이하에 대하여는 0.3mm로 한다.

2. 깊은 홈 볼 베어링 [62 계열]

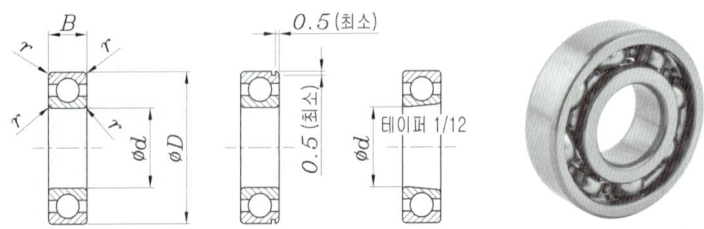

단위 : mm

호칭 번호						치 수			
	원통 구멍				테이퍼 구멍	원통 구멍	안지름 d	바깥 지름 D	베어링 너비 B	최소 허용 모떼기 치수 $r_s$min
개방형	한쪽 실 (U)	양쪽 실 (UU)	한쪽 실드 (Z)	양쪽실드 (ZZ)	개방형	개방형 스냅링 홈 붙이(N)				
623	-	-	623 Z	623 ZZ	-	-	3	10	4	0,15
624	-	-	624 Z	624 ZZ	-	-	4	13	5	0,2
625	-	-	625 Z	625 ZZ	-	-	5	16	5	0,3
626	-	-	626 Z	626 ZZ	-	-	6	19	6	0,3
627	627 U	627 UU	627 Z	627 ZZ	-	-	7	22	7	0,3
628	628 U	628 UU	628 Z	628 ZZ	-	-	8	24	8	0,3
629	629 U	629 UU	629 Z	629 ZZ	-	-	9	26	8	0,3
6200	6200 U	6200 UU	6200 Z	6200 ZZ	-	6200 N	10	30	9	0,6
6201	6201 U	6201 UU	6201 Z	620 1 ZZ	-	6201 N	12	32	10	0,6
6202	6202 U	6202 UU	6202 Z	6202 ZZ	-	6202 N	15	35	11	0,6
6203	6203 U	6203 UU	6203 Z	6203 ZZ	-	6203 N	17	40	12	0,6
6204	6204 U	6204 UU	6204 Z	6204 ZZ	-	6204 N	20	47	14	1

■ 깊은 홈 볼 베어링 [62 계열]

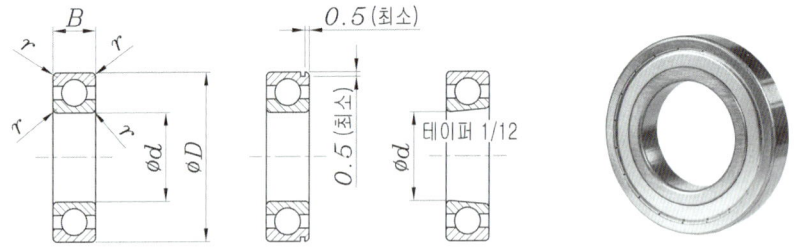

단위 : mm

호칭 번호							치수			
	원통 구멍				테이퍼 구멍	원통 구멍	안지름 d	바깥지름 D	베어링 너비 B	최소 허용 모떼기 치수 $r_s$min
개방형	한쪽 실붙이 (U)	양쪽 실붙이 (UU)	한쪽 실드붙이 (Z)	양쪽 실드붙이 (ZZ)	개방형	개방형 스냅링 홈 붙이(N)				
62/22	62/22 U	62/22 UU	62/22 Z	62/22 ZZ	-	62/22 N	22	50	14	1
6205	6205 U	6205 UU	6205 Z	6205 ZZ	-	6205 N	25	52	15	1
62/28	62/28 U	62/28 UU	62/28 Z	62/28 ZZ	-	62/28 N	28	58	16	1
6206	6206 U	6206 UU	6206 Z	6206 ZZ	-	6206 N	30	62	16	1
62/32	62/32 U	62/32 UU	62/32 Z	62/32 ZZ	-	62/32 N	32	65	17	1
6207	6207 U	6207 UU	6207 Z	6207 ZZ	-	6207 N	35	72	17	1,1
6208	6208 U	6208 UU	6208 Z	6208 ZZ	-	6208 N	40	80	18	1,1
6209	6209 U	6209 UU	6209 Z	6209 ZZ	-	6209 N	45	85	19	1,1
6210	6210 U	6210 UU	6210 Z	6210 ZZ	-	6210 N	50	90	20	1,1
6211	6211 U	6211 UU	6211 Z	6211 ZZ	6211 K	6211 N	55	100	21	1,5
6212	6212 U	6212 UU	6212 Z	6212 ZZ	6212 K	6212 N	60	110	22	1,5
6213	6213 U	6213 UU	6213 Z	6213 ZZ	6213 K	6213 N	65	120	23	1,5
6214	6214 U	6214 UU	6214 Z	6214 ZZ	6214 K	6214 N	70	125	24	1,5
6215	6215 U	6215 UU	6215 Z	6215 ZZ	6215 K	6215 N	75	130	25	1,5
6216	6216 U	6216 UU	6216 Z	6216 ZZ	6216 K	6216 N	80	140	26	2
6217	6217 U	6217 UU	6217 Z	6217 ZZ	6217 K	6217 N	85	150	28	2
6218	6218 U	6218 UU	6218 Z	6218 ZZ	6218 K	6218 N	90	160	30	2
6219	6219 U	6219 UU	6219 Z	6219 ZZ	6219 K	6219 N	95	170	32	2,1
6220	6220 U	6220 UU	6220 Z	6220 ZZ	6220 K	6220 N	100	180	34	2,1
6221	-	-	-	-	6221 K	6221 N	105	190	36	2,1
6222	-	-	-	-	6222 K	6222 N	110	200	38	2,1
6224	-	-	-	-	6224 K	-	120	215	40	2,1
6226	-	-	-	-	6226 K	-	130	230	40	3
6228	-	-	-	-	6228 K	-	140	250	42	3
6230	-	-	-	-	6230 K	-	150	270	45	3
6232	-	-	-	-	6232 K	-	160	290	48	3
6234	-	-	-	-	6234 K	-	170	310	52	4
6236	-	-	-	-	6236 K	-	180	320	52	4
6238	-	-	-	-	6238 K	-	190	340	55	4
6240	-	-	-	-	6240 K	-	200	360	58	4
6244	-	-	-	-	-	-	220	400	65	4
6248	-	-	-	-	-	-	240	440	72	4
6252	-	-	-	-	-	-	260	480	80	5
6256	-	-	-	-	-	-	280	500	80	5
6260	-	-	-	-	-	-	300	540	85	5
6264	-	-	-	-	-	-	320	580	92	5

[비 고]
(1) 스냅링 붙이 베어링의 호칭 번호는 스냅링 홈 붙이 베어링의 호칭 번호 N뒤에 R을 붙인다.
(2) 베어링의 치수 계열 : 02

주▶ $r_s$min은 내륜 및 외륜의 최소 허용 모떼기 치수이다

3. 깊은 홈 볼 베어링 [63 계열]

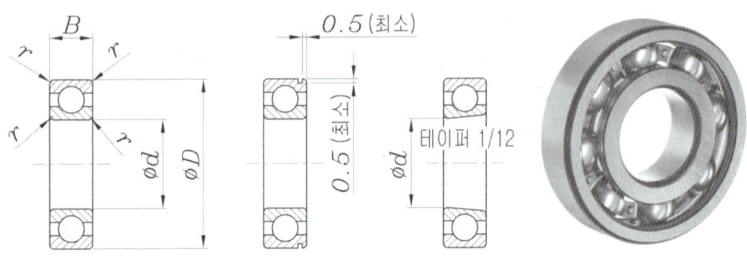

단위 : mm

호칭 번호						치 수			
	원통 구멍				테이퍼 구멍	원통 구멍	안지름 d	바깥지름 D	베어링 너비 B	최소 허용 모떼기 치수 $r_s$min
개방형	한쪽 실붙이 (U)	양쪽 실붙이 (UU)	한쪽 실드붙이 (Z)	양쪽 실드붙이 (ZZ)	개방형	개방형 스냅링 홈 붙이(N)				
633	-	-	-	-	-	-	3	13	5	0.2
634	-	-	634 Z	634 ZZ	-	-	4	16	5	0.3
635	-	-	635 Z	635 ZZ	-	-	5	19	6	0.3
636	-	-	636 Z	636 ZZ	-	-	6	22	7	0.3
637	-	-	637 Z	637 ZZ	-	-	7	26	9	0.3
638	-	-	638 Z	638 ZZ	-	-	8	28	9	0.3
639	-	-	639 Z	639 ZZ	-	-	9	30	10	0.6
6300	6300 U	6300 UU	6300 Z	6300 ZZ	-	6300 N	10	35	11	0.6
6301	6301 U	6301 UU	6301 Z	6301 ZZ	-	6301 N	12	37	12	1
6302	6302 U	6302 UU	6302 Z	6302 ZZ	-	6302 N	15	42	13	1
6303	6303 U	6303 UU	6303 Z	6303 ZZ	-	6303 N	17	47	14	1
6304	6304 U	6304 UU	6304 Z	6304 ZZ	-	6304 N	20	52	15	1.1
63/22	63/22 U	63/22 UU	63/22 Z	63/22 ZZ	-	63/22 N	22	56	16	1.1
6305	6305 U	6305 UU	6305 Z	6305 ZZ	-	6305 N	25	62	17	1.1
63/28	63/28 U	63/28 UU	63/28 Z	63/28 ZZ	-	63/28 N	28	68	18	1.1
6306	6306 U	6306 UU	6306 Z	6306 ZZ	-	6306 N	30	72	19	1.1
63/32	63/32 U	63/32 UU	63/32 Z	63/32 ZZ	-	63/32 N	32	75	20	1.1
6307	6307 U	6307 UU	6307 Z	6307 ZZ	-	6307 N	35	80	21	1.5
6308	6308 U	6308 UU	6308 Z	6308 ZZ	-	6308 N	40	90	23	1.5
6309	6309 U	6309 UU	6309 Z	6309 ZZ	-	6309 N	45	100	25	1.5
6310	6310 U	6310 UU	6310 Z	6310 ZZ	-	6310 N	50	110	27	2
6311	6311 U	6311 UU	6311 Z	6311 ZZ	6311 K	6311 N	55	120	29	2
6312	6312 U	6312 UU	6312 Z	6312 ZZ	6312 K	6312 N	60	130	31	2.1
6313	6313 U	6313 UU	6313 Z	6313 ZZ	6313 K	6313 N	65	140	33	2.1
6314	6314 U	6314 UU	6314 Z	6314 ZZ	6314 K	6314 N	70	150	35	2.1
6315	6315 U	6315 UU	6315 Z	6315 ZZ	6315 K	6315 N	75	160	37	2.1
6316	6316 U	6316 UU	6316 Z	6316 ZZ	6316 K	6316 N	80	170	39	2.1

[비 고]

베어링의 치수 계열 : 03, 지름 계열 : 3

4. 깊은 홈 볼 베어링 (64 계열)

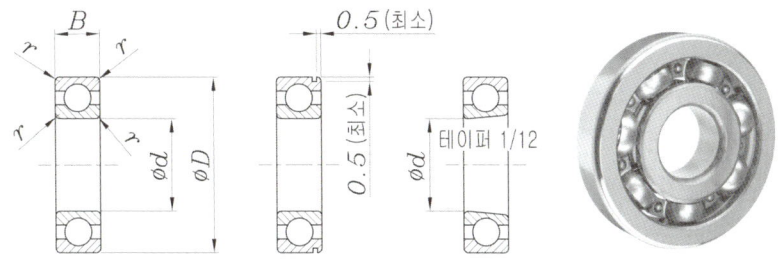

단위 : mm

호칭 번호	치 수				호칭 번호	치 수			최소 허용 모떼기 치수 $r_s$min
	안지름 d	바깥지름 D	폭 B	$r_s$min		안지름 d	바깥지름 D	베어링 너비 B	
648	8	30	10	0.6	6412	60	150	35	2.1
649	9	32	11	0.6	6413	65	160	37	2.1
6400	10	37	12	0.6	6414	70	180	42	3
6401	12	42	13	1					
6402	15	52	15	1.1	6415	75	190	45	3
6403	17	62	17	1.1	6416	80	200	48	3
6404	20	72	19	1.1	6417	85	210	52	4
6405	25	80	21	1.5					
6406	30	90	23	1.5	6418	90	225	54	4
6407	35	100	25	1.5	6419	95	240	55	4
6408	40	110	27	2	6420	100	250	58	4
6409	45	120	29	2	6422	110	280	65	4
6410	50	130	31	2.1	6424	120	310	72	5
6411	55	140	33	2.1	6426	130	340	78	5

[비 고]

베어링의 치수 계열 : 04, 지름 계열 : 4

5. 깊은 홈 볼 베어링(67 계열)

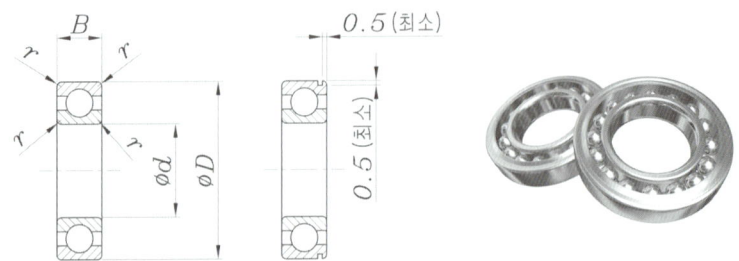

단위 : mm

호칭 번호	안지름 d	바깥지름 D	폭 B	$r_s$min	호칭 번호	안지름 d	바깥지름 D	베어링 너비 B	최소 허용 모떼기 치수 $r_s$min
67/0.6	0.6	2	0.8	0.05	6715	75	90	7	0.3
671	1	2.5	1	0.05	6716	80	95	7	0.3
67/1.5	1.5	3	1	0.05	6717	85	105	10	0.6
672	2	4	1.2	0.05	6718	90	110	10	0.6
67/2.5	2.5	5	1.5	0.08	6719	95	115	10	0.6
673	3	6	2	0.08	6720	100	120	10	0.6
674	4	7	2	0.08	6721	105	125	10	0.6
675	5	8	2	0.08	6722	110	135	13	1
676	6	10	2.5	0.1	6724	120	145	13	1
677	7	11	2.5	0.1	6726	130	160	16	1
678	8	12	2.5	0.1	6728	140	170	16	1
679	9	14	3	0.1	6730	150	180	16	1
6700	10	15	3	0.1	6732	160	190	16	1
6701	12	18	4	0.2	6734	170	200	16	1
6702	15	21	4	0.2	6736	180	215	16	1.1
6703	17	23	4	0.2					
6704	20	27	4	0.2	6738	190	230	20	1.1
67/22	22	30	4	0.2	6740	200	240	20	1.1
6705	25	32	4	0.2					
67/28	28	35	4	0.2					
6706	30	37	4	0.2					
67/32	32	40	4	0.2	[주]				
6707	35	44	5	0.3	$r_s$min은 내륜 및 외륜의 최소 허용 모떼기 치수				
6708	40	50	6	0.3					
6709	45	55	6	0.3	[비고]				
6710	50	62	6	0.3	베어링 치수 계열 : 17				
6711	55	68	7	0.3	지름 계열 : 7				
6712	60	75	7	0.3					
6713	65	80	7	0.3	[보조기호]				
6714	70	85	7	0.3	양쪽 실붙이 : UU, 한쪽 실붙이 : U, 양쪽 실드붙이 : ZZ				

6. 깊은 홈 볼 베어링(68 계열)

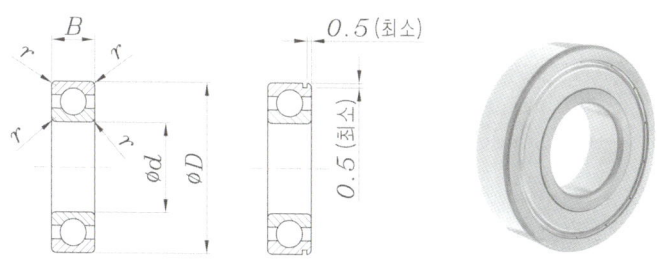

단위 : mm

호칭 번호	안지름 d	바깥지름 D	폭 B	$r_s$min	호칭 번호	안지름 d	바깥지름 D	베어링 너비 B	최소 허용 모떼기 치수 $r_s$min
68/0.6	0.6	2.5	1	0.05					
681	1	3	1	0.05	6817	85	110	13	1
68/1.5	1.5	4	1.2	0.05	6818	90	115	13	1
682	2	5	1.5	0.08	6819	95	120	13	1
68/2.5	2.5	6	1.8	0.08					
683	3	7	2	0.1	6820	100	125	13	1
684	4	9	2.5	0.1	6821	105	130	13	1
685	5	11	3	0.15	6822	110	140	16	1
686	6	13	3.5	0.15	6824	120	150	16	1
687	7	14	3.5	0.15	6826	130	165	18	1.1
688	8	16	4	0.2	6828	140	175	18	1.1
689	9	17	4	0.2	6830	150	190	20	1.1
6800	10	19	5	0.3	6832	160	200	20	1.1
6801	12	21	5	0.3	6834	170	215	22	1.1
6802	15	24	5	0.3	6836	180	225	22	1.1
6803	17	26	5	0.3	6838	190	240	24	1.5
6804	20	32	7	0.3	6840	200	250	24	1.5
6805	25	37	7	0.3	6844	220	270	24	1.5
6806	30	42	7	0.3	6848	240	300	28	2
6807	35	47	7	0.3	6852	260	320	28	2
6808	40	52	7	0.3	6856	280	350	33	2
6809	45	58	7	0.3	6860	300	380	38	2.1
6810	50	65	7	0.3	6864	320	400	38	2.1
6811	55	72	9	0.3					
6812	60	78	10	0.3					
6813	65	85	10	0.6					
6814	70	90	10	0.6					
6815	75	95	10	0.6					
6816	80	100	10	0.6					

[주] $r_s$min은 내륜 및 외륜의 최소 허용 모떼기 치수
[비고] 베어링 치수 계열 : 18
　　　 지름 계열 : 8
[보조기호] 양쪽 실붙이 : UU, 한쪽 실붙이 : U, 양쪽 실드붙이 : ZZ

7. 깊은 홈 볼 베어링(69 계열)

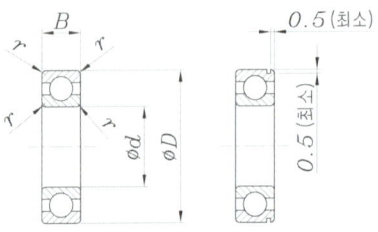

단위 : mm

호칭 번호						치 수			
개방형	한쪽 실 (U)	양쪽 실 (UU)	한쪽 실드 (Z)	양쪽 실드 (ZZ)	개방형 스냅링 홈붙이 (N)	안지름 d	바깥지름 D	베어링 너비 B	최소 허용 모떼기 치수 $r_s$min
693	-	-	-	-	-	3	8	3	0.15
694	-	-	694 Z	694 ZZ	-	4	11	4	0.15
695	-	-	695 Z	695 ZZ	-	5	13	4	0.2
696	-	-	696 Z	696 ZZ	-	6	15	5	0.2
697	697 U	697 UU	697 Z	697 ZZ	-	7	17	5	0.3
698	698 U	698 UU	698 Z	698 ZZ	-	8	19	6	0.3
699	699 U	699 UU	699 Z	699 ZZ	-	9	20	6	0.3
6900	6900 U	6900 UU	6900 Z	6900 ZZ	6900 N	10	22	6	0.3
6901	6901 U	6901 UU	6901 Z	6901 ZZ	6901 N	12	24	6	0.3
6902	6902 U	6902 UU	6902 Z	6902 ZZ	6902 N	15	28	7	0.3
6903	6903 U	6903 UU	6903 Z	6903 ZZ	6903 N	17	30	7	0.3
6904	6904 U	6904 UU	6904 Z	6904 ZZ	6904 N	20	37	9	0.3
6905	6905 U	6905 UU	6905 Z	6905 ZZ	6905 N	25	42	9	0.3
6906	6906 U	6906 UU	6906 Z	6906 ZZ	6906 N	30	47	9	0.3
6907	6907 U	6907 UU	6907 Z	6907 ZZ	6907 N	35	55	10	0.6
6908	6908 U	6908 UU	6908 Z	6908 ZZ	6908 N	40	62	12	0.6
6909	6909 U	6909 UU	6909 Z	6909 ZZ	6909 N	45	68	12	0.6
6910	6910 U	6910 UU	6910 Z	6910 ZZ	6910 N	50	72	12	0.6
6911	6911 U	6911 UU	6911 Z	6911 ZZ	6911 N	55	80	13	1
6912	6912 U	6912 UU	6912 Z	6912 ZZ	6912 N	60	85	13	1
6913	6913 U	6913 UU	6913 Z	6913 ZZ	6913 N	65	90	13	1
6914	6914 U	6914 UU	6914 Z	6914 ZZ	6914 N	70	100	16	1
6915	6915 U	6915 UU	6915 Z	6915 ZZ	6915 N	75	105	16	1
6916	6916 U	6916 UU	6916 Z	6916 ZZ	6916 N	80	110	16	1
6917	6917 U	6917 UU	6917 Z	6917 ZZ	6917 N	85	120	18	1.1
6918	6918 U	6918 UU	6918 Z	6918 ZZ	6918 N	90	125	18	1.1
6919	6919 U	6919 UU	6919 Z	6919 ZZ	6919 N	95	130	18	1.1
6920	6920 U	6920 UU	6920 Z	6920 ZZ	6920 N	100	140	20	1.1
6921	6921 U	6921 UU	6921 Z	6921 ZZ	6921 N	105	145	20	1.1
6922	6922 U	6922 UU	6922 Z	6922 ZZ	6922 N	110	150	20	1.1
6924	6924 U	6924 UU	6924 Z	6924 ZZ	6924 N	120	165	22	1.1
6926	6926 U	6926 UU	6926 Z	6926 ZZ	6926 N	130	180	24	1.5
6928	-	-	-	-	6928 N	140	190	24	1.5
6930	-	-	-	-	-	150	210	28	2
6932	-	-	-	-	-	160	220	28	2
6934	-	-	-	-	-	170	230	28	2
6936	-	-	-	-	-	180	250	33	2
6938	-	-	-	-	-	190	260	33	2
6940	-	-	-	-	-	200	280	38	2.1
6944	-	-	-	-	-	220	300	38	2.1
6948	-	-	-	-	-	240	320	38	2.1
6952	-	-	-	-	-	260	360	46	2.1
6956	-	-	-	-	-	280	380	46	2.1
6960	-	-	-	-	-	300	420	56	3
6964	-	-	-	-	-	320	440	56	3

[비 고]

베어링의 치수 계열 :19, 지름 계열 : 9

12-12 | 앵귤러 볼 베어링 KS B 2024 : 2001 (2011 확인)

1. 베어링 계열 70 베어링의 호칭 번호 및 치수

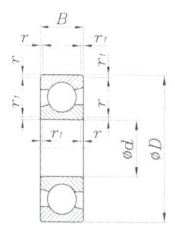
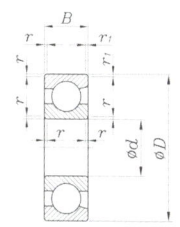

단위 : mm

호칭 번호[1]			치 수			참 고	
			안지름 d	바깥지름 D	베어링 너비 B	$r_s$min[2]	r_{1s}min[2]
7000A	7000B	7000C	10	26	8	0.3	0.15
7001A	7001B	7001C	12	28	8	0.3	0.15
7002A	7002B	7002C	15	32	9	0.3	0.15
7003A	7003B	7003C	17	35	10	0.3	0.15
7004A	7004B	7004C	20	42	12	0.6	0.3
7005A	7005B	7005C	25	47	12	0.6	0.3
7006A	7006B	7006C	30	55	13	1	0.6
7007A	7007B	7007C	35	62	14	1	0.6
7008A	7008B	7008C	40	68	15	1	0.6
7009A	7009B	7009C	45	75	16	1	0.6
7010A	7010B	7010C	50	80	16	1	0.6
7011A	7011B	7011C	55	90	18	1.1	0.6
7012A	7012B	7012C	60	95	18	1.1	0.6
7013A	7013B	7013C	65	100	18	1.1	0.6
7014A	7014B	7014C	70	110	20	1.1	0.6
7015A	7015B	7015C	75	115	20	1.1	0.6
7016A	7016B	7016C	80	125	22	1.1	0.6
7017A	7017B	7017C	80	130	22	1.1	0.6
7018A	7018B	7018C	90	140	24	1.5	1
7019A	7019B	7019C	95	145	24	1.5	1
7020A	7020B	7020C	100	150	24	1.5	1
7021A	7021B	7021C	105	160	26	2	1
7022A	7022B	7022C	110	170	28	2	1
7024A	7024B	7024C	120	180	28	2	1
7026A	7026B	7026C	130	200	33	2	1
7028A	7028B	7028C	140	210	33	2	1
7030A	7030B	7030C	150	225	35	2.1	1.1
7032A	7032B	7032C	160	240	38	2.1	1.1
7034A	7034B	7034C	170	260	42	2.1	1.1
7036A	7036B	7036C	180	280	46	2.1	1.1
7038A	7038B	7038C	190	290	46	2.1	1.1
7040A	7040B	7040C	200	310	51	2.1	1.1

[형 식]

단일, 비분리형	호칭 접촉각	10°를 초과하고 20° 이하 [기호 C]
		20°를 초과하고 32° 이하 [기호 A]
		32°를 초과하고 45° 이하 [기호 B]

주 ▶ [1] 접촉각 기호 A는 생략할 수 있다.
[2] $r_s$min과 r_{1s}min은 내륜 및 외륜의 최소 허용 모떼기 치수이다.
[3] 베어링 치수 계열 : 01

2. 베어링 계열 72 베어링의 호칭 번호 및 치수

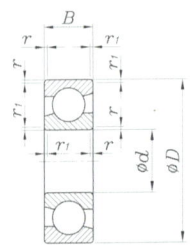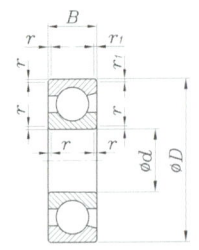

단위 : mm

호칭 번호			치 수				참 고
			안지름 d	바깥지름 D	베어링 너비 B	$r_s min^{(2)}$	$r_{1s} min^{(2)}$
7200A	7200B	7200C	10	30	9	0.6	0.3
7201A	7201B	7201C	12	32	10	0.6	0.3
7202A	7202B	7202C	15	35	11	0.6	0.3
7203A	7203B	7203C	17	40	12	0.6	0.3
7204A	7204B	7204C	20	47	14	1	0.6
7205A	7205B	7205C	25	52	15	1	0.6
7206A	7206B	7206C	30	62	16	1	0.6
7207A	7207B	7207C	35	72	17	1.1	0.6
7208A	7208B	7208C	40	80	18	1.1	0.6
7209A	7209B	7209C	45	85	19	1.1	0.6
7210A	7210B	7210C	50	90	20	1.1	0.6
7211A	7211B	7211C	55	100	21	1.5	1
7212A	7212B	7212C	60	110	22	1.5	1
7213A	7213B	7213C	65	120	23	1.5	1
7214A	7214B	7214C	70	125	24	1.5	1
7215A	7215B	7215C	75	130	25	1.5	1
7216A	7216B	7216C	80	140	26	2	1
7217A	7217B	7217C	85	150	28	2	1
7218A	7218B	7218C	90	160	30	2	1
7219A	7219B	7219C	95	170	32	2.1	1.1
7220A	7220B	7220C	100	180	34	2.1	1.1
7221A	7221B	7221C	105	190	36	2.1	1.1
7222A	7222B	7222C	110	200	38	2.1	1.1
7224A	7224B	7224C	120	215	40	2.1	1.1
7226A	7226B	7226C	130	230	40	3	1.1
7228A	7228B	7228C	140	250	42	3	1.1
7230A	7230B	7230C	150	270	45	3	1.1
7232A	7232B	7232C	160	290	48	3	1.1
7234A	7234B	7234C	170	310	52	4	1.5
7236A	7236B	7236C	180	320	52	4	1.5
7238A	7238B	7238C	190	340	55	4	1.5
7240A	7240B	7240C	200	360	58	4	1.5

[비 고]
베어링 치수 계열 : 02

[1] 접촉 각 기호 A는 생략할 수 있다.
[2] $r_s min$과 $r_{1s} min$은 내륜 및 외륜의 허용 모떼기 치수이다.

3. 베어링 계열 73 베어링의 호칭 번호 및 치수

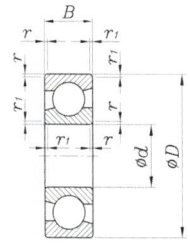
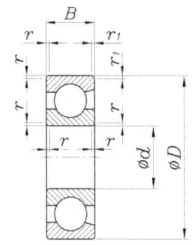

단위 : mm

호칭 번호			치 수			$r_s min(°)$	참 고
			안지름 d	바깥지름 D	베어링 너비 B		$r_{1s} min(°)$
7300A	7300B	7300C	10	35	11	0.6	0.3
7301A	7301B	7301C	12	37	12	1	0.6
7302A	7302B	7302C	15	42	13	1	0.6
7303A	7303B	7303C	17	47	14	1	0.6
7304A	7304B	7304C	20	52	15	1.1	0.6
7305A	7305B	7305C	25	65	17	1.1	0.6
7306A	7306B	7306C	30	72	19	1.1	0.6
7307A	7307B	7307C	35	80	21	1.5	1
7308A	7308B	7308C	40	90	23	1.5	1
7309A	7309B	7309C	45	100	25	1.5	1
7310A	7310B	7310C	50	110	27	2	1
7311A	7311B	7311C	55	120	29	2	1
7312A	7312B	7312C	60	130	31	2.1	1.1
7313A	7313B	7313C	65	140	33	2.1	1.1
7314A	7314B	7314C	70	150	35	2.1	1.1
7315A	7315B	7315C	75	160	37	2.1	1.1
7316A	7316B	7316C	80	170	39	2.1	1.1
7317A	7317B	7317C	85	180	41	3	1.1
7318A	7318B	7318C	90	190	43	3	1.1
7319A	7319B	7319C	95	200	45	3	1.1
7320A	7320B	7320C	100	215	47	3	1.1
7321A	7321B	7321C	105	225	49	3	1.1
7322A	7322B	7322C	110	240	50	3	1.1
7324A	7324B	7324C	120	260	55	3	1.1
7326A	7326B	7326C	130	280	58	4	1.5
7328A	7328B	7328C	140	300	62	4	1.5
7330A	7330B	7330C	150	320	65	4	1.5
7332A	7332B	7332C	160	340	68	4	1.5
7334A	7334B	7334C	170	360	72	4	1.5
7336A	7336B	7336C	180	380	75	4	1.5
7338A	7338B	7338C	190	400	78	5	2
7340A	7340B	7340C	200	420	80	5	2

[비 고]
베어링 치수 계열 : 03

주 ▶ (1) 접촉 각 기호 A는 생략할 수 있다.
(2) $r_s min$과 $r_{1s} min$은 내륜 및 외륜의 허용 모떼기 치수이다.

4. 베어링 계열 74 베어링의 호칭 번호 및 치수

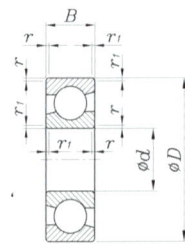 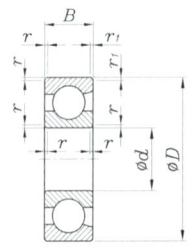 

단위 : mm

호칭 번호	치 수				참 고
	안지름 d	바깥지름 D	베어링 너비 B	$r_s min^{(2)}$	$r_{1s} min^{(2)}$
7404A	20	72	19	1.1	0.6
7405A	25	80	21	1.5	1
7406A	30	90	23	1.5	1
7407A	35	100	25	1.5	1
7408A	40	110	27	2	1
7409A	45	120	29	2	1
7410A	50	130	31	2.1	1.1
7411A	55	140	33	2.1	1.1
7412A	60	150	35	2.1	1.1
7413A	65	160	37	2.1	1.1
7414A	70	180	42	3	1.1
7415A	75	190	45	3	1.1
7416A	80	200	48	3	1.1
7417A	85	210	52	4	1.5
7418A	90	225	54	4	1.5
7419A	95	240	55	4	1.5
7420A	100	250	58	4	1.5
7421A	105	260	60	4	1.5
7422A	110	280	65	4	1.5
7424A	120	310	72	5	2
7426A	130	340	78	5	2
7428A	140	360	82	5	2
7430A	150	380	85	5	2

[비 고]
베어링 치수 계열 : 04

 (1) 접촉각 기호 A는 생략할 수 있다.
(2) $r_s min$과 $r_{1s} min$은 내륜 및 외륜의 최소 허용 모떼기 치수이다.

12-13 | 자동 조심 볼 베어링 KS B 2025 : 1991 (2013 폐지)

1. 베어링 계열 12, 22 인 베어링의 호칭 번호 및 치수

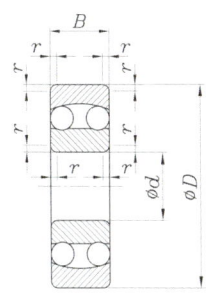
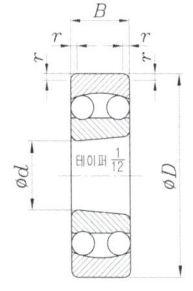

단위 : mm

베어링 계열 12						베어링 계열 22					
호칭 번호		치 수				호칭 번호		치 수			
원통구멍	테이퍼구멍	안지름 d	바깥지름 D	폭 B	$r_s$min	원통구멍	테이퍼구멍	안지름 d	바깥지름 D	폭 B	$r_s$min
1200	-	10	30	9	0.6	2200	-	10	30	14	0.6
1201	-	12	32	10	0.6	2201	-	12	32	14	0.6
1202	-	15	35	11	0.6	2202	-	15	35	14	0.6
1203	-	17	40	12	0.6	2203	-	17	40	16	0.6
1204	1204K	20	47	14	1	2204	2204K	20	47	18	1
1205	1205K	25	52	15	1	2205	2205K	25	52	18	1
1206	1206K	30	62	16	1	2206	2206K	30	62	20	1
1207	1207K	35	72	17	1.1	2207	2207K	35	72	23	1.1
1208	1208K	40	80	18	1.1	2208	2208K	40	80	23	1.1
1209	1209K	45	85	19	1.1	2209	2209K	45	85	23	1.1
1210	1210K	50	90	20	1.1	2210	2210K	50	90	23	1.1
1211	1211K	55	100	21	1.5	2211	2211K	55	100	25	1.5
1212	1212K	60	110	22	1.5	2212	2212K	60	110	28	1.5
1213	1213K	65	120	23	1.5	2213	2213K	65	120	31	1.5
1214	-	70	125	24	1.5	2214	-	70	125	31	1.5
1215	1215K	75	130	25	1.5	2215	2215K	75	130	31	1.5
1216	1216K	80	140	26	2	2216	2216K	80	140	33	2
1217	1217K	85	150	28	2	2217	2217K	85	150	36	2
1218	1218K	90	160	30	2	2218	2218K	90	160	40	2
1219	1219K	95	170	32	2.1	2219	2219K	95	170	43	2.1
1220	1220K	100	180	34	2.1	2220	2220K	100	180	46	2.1
1221	-	105	190	36	2.1	2221	-	105	190	50	2.1
1222	1222K	110	200	38	2.1	2222	2222K	110	200	53	2.1

[비 고]
베어링 계열 12 및 22 인 베어링의 치수 계열은 각각 02 및 22이다.

주▶ $r_s$min은 내륜 및 외륜의 최소 허용 모떼기 치수이다.

2. 베어링 계열 13, 23 인 베어링의 호칭 번호 및 치수

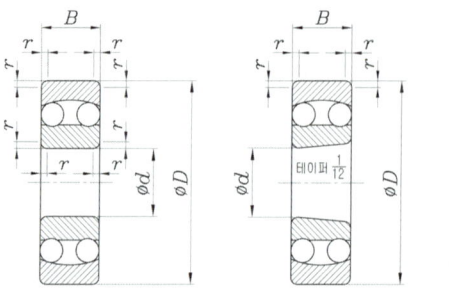

단위 : mm

베어링 계열 13						베어링 계열 23					
호칭 번호		치 수				호칭 번호		치 수			
원통구멍	테이퍼구멍	안지름 d	바깥지름 D	폭 B	$r_s$min	원통구멍	테이퍼구멍	안지름 d	바깥지름 D	폭 B	$r_s$min
1300	-	10	35	11	0.6	2300	-	10	35	17	0.6
1301	-	12	37	12	1	2301	-	12	37	17	1
1302	-	15	42	13	1	2302	-	15	42	17	1
1303	-	17	47	14	1	2303	-	17	47	19	1
1304	1304K	20	52	15	1.1	2304	2304K	20	52	21	1.1
1305	1305K	25	62	17	1.1	2305	2305K	25	62	24	1.1
1306	1306K	30	72	19	1.1	2306	2306K	30	72	27	1.1
1307	1307K	35	80	21	1.5	2307	2307K	35	80	31	1.5
1308	1308K	40	90	23	1.5	2308	2308K	40	90	33	1.5
1309	1309K	45	100	25	1.5	2309	2309K	45	100	36	1.5
1310	1310K	50	110	27	2	2310	2310K	50	110	40	2
1311	1311K	55	120	29	2	2311	2311K	55	120	43	2
1312	1312K	60	130	31	2.1	2312	2312K	60	130	46	2.1
1313	1313K	65	140	33	2.1	2313	2313K	65	140	48	2.1
1314	-	70	150	35	2.1	2314	-	70	150	51	2.1
1315	1315K	75	160	37	2.1	2315	2315K	75	160	55	2.1
1316	1316K	80	170	39	2.1	2316	2316K	80	170	58	2.1
1317	1317K	85	180	41	3	2317	2317K	85	180	60	3
1318	1318K	90	190	43	3	2318	2318K	90	190	64	3
1319	1319K	95	200	45	3	2319	2319K	95	200	67	3
1320	1320K	100	215	47	3	2320	2320K	100	215	73	3
1321	-	105	225	49	3	2321	-	105	225	77	3
1322	1322K	110	240	50	3	2322	2322K	110	240	80	3

[비 고]
1. 호칭번호 1318, 1319, 1320, 1321, 1322, 1318K, 1319K, 1320K 및 1322 K의 베어링에서는 강구가 베어링의 측면보다 돌출된 것이 있다.
2. 베어링 계열 13 및 23 인 베어링의 치수 계열은 각각 03 및 23이다.

주 ▶ $r_s$min은 내륜 및 외륜의 최소 허용 모떼기 치수이다.

3. 부속서(참고) 종래의 모떼기 치수

단위 : mm

베어링 계열 12, 22				모떼기 치수 r	베어링 계열 13, 23				모떼기 치수 r
호칭 번호					호칭 번호				
원통구멍	테이퍼 구멍	원통구멍	테이퍼 구멍		원통구멍	테이퍼 구멍	원통구멍	테이퍼 구멍	
1200	-	2200	-	1	1300	-	2300	-	1
1201	-	2201	-	1	1301	-	2301	-	1,5
1202	-	2202	-	1	1302	-	2302	-	1,5
1203	-	2203	-	1	1303	-	2303	-	1,5
1204	1204K	2204	2204K	1,5	1304	1304K	2304	2304K	2
1205	1205K	2205	2205K	1,5	1305	1305K	2305	2305K	2
1206	1206K	2206	2206K	1,5	1306	1306K	2306	2306K	2
1207	1207K	2207	2207K	2	1307	1307K	2307	2307K	2,5
1208	1208K	2208	2208K	2	1308	1308K	2308	2308K	2,5
1209	1209K	2209	2209K	2	1309	1309K	2309	2309K	2,5
1210	1210K	2210	2210K	2	1310	1310K	2310	2310K	3
1211	1211K	2211	2211K	2,5	1311	1311K	2311	2311K	3
1212	1212K	2212	2212K	2,5	1312	1312K	2312	2312K	3,5
1213	1213K	2213	2213K	2,5	1313	1313K	2313	2313K	3,5
1214	-	2214	-	2,5	1314	-	2314	-	3,5
1215	1215K	2215	2215K	2,5	1315	1315K	2315	2315K	3,5
1216	1216K	2216	2216K	3	1316	1316K	2316	2316K	3,5
1217	1217K	2217	2217K	3	1317	1317K	2317	2317K	4
1218	1218K	2218	2218K	3	1318	1318K	2318	2318K	4
1219	1219K	2219	2219K	3,5	1319	1319K	2319	2319K	4
1220	1220K	2220	2220K	3,5	1320	1320K	2320	2320K	4
1221	-	2221	-	3,5	1321	-	2321	-	4
1222	1222K	2222	2222K	3,5	1322	1322K	2322	2322K	4

■ 부속서(참고) 모떼기 치수의 허용치

단위 : mm

모떼기 치수	r의 허용치		참 고
	최소	최대	축 또는 하우징 모서리의 둥글기 반지름 r_{as} (최대)
1	0,6	1,5	0,6
1,5	1	2	1
2	1,5	2,5	1
2,5	2	3	1,5
3	2,5	3,5	2
3,5	2,5	4	2
4	3	4,5	2,5

[비 고]
r의 최대 허용치는 궤도륜 측면에 대하여만 규정한다. 안지름면 및 바깥지름면 r의 최대 허용치는 궤도륜 측면에서 2r의 값까지 크게 취해도 좋다.

Chapter 13

롤러 베어링

13-1 | 원통 롤러 베어링 KS B 2026 : 2001 (2011 확인)

■ 규정 사항

규정 항목	규정 내용 또는 적용 규격				
형식	분리형	단열	내륜 턱 없음	외륜 양쪽 턱붙이	기호 NU
			내륜 한쪽 턱붙이		기호 NJ
			내륜 한쪽 턱붙이, 칼라 있음		기호 NUP
			내륜 양쪽 턱붙이	외륜 턱 없음	기호 N
				외륜 한쪽 턱붙이	기호 NF
		복렬	내륜 턱붙이	외륜 턱 없음	기호 NN
등급	0급, 6급, 5급, 4급, 2급				
호칭 번호 및 치수	베어링 계열	NU 10			
		NU 2, NJ 2, NUP 2, N 2, NF 2			
		NU 22, NJ 22, NUP 22			
		NU 3, NJ 3, NUP 3, N 3, NF 3			
		NU 23, NJ 23, NUP 23			
		NU 4, NJ 4, NUP 4, N 4, NF 4			
		NN 30			
정밀도	주요 치수 및 회전 정밀도			KS B 2014의 4.1	
	호환성 베어링의 롤러 내접원 지름 F_{IF} 및 롤러 외접원 지름 E_H의 허용차				
내부 틈새	KS B 2102의 3.3				
궤도륜의 경도	KS B 2016의 3.7				
궤도륜의 재료	KS D 3525				
롤러	KS B 2002				
스냅링	KS B 2047				
측정 방법	KS B 2015				
검사	KS B 2016의 3.10				
표시	KS B 2017				
포장	KS B 2018				
L형 칼라	부속서 1				
종래의 모떼기 치수의 적용	부속서 2				

주 ▶ • 기호 NJ는 L형 칼라와 조합했을 때의 형식 기호는 NH로 한다.

1. 베어링 계열 NU10 베어링의 호칭 번호 및 치수

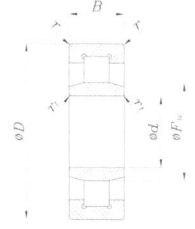

단위 : mm

호칭 번호	치 수					(참 고)
	안지름 d	바깥지름 D	베어링 너비 B	rsmin(^{1})	Fw	r_{1s}min(^{2})
NU 1005	25	47	12	0.6	30.5	0.3
NU 1006	30	55	13	1	36.5	0.6
NU 1007	35	62	14	1	42	0.6
NU 1008	40	68	15	1	47	0.6
NU 1009	45	75	16	1	52.5	0.6
NU 1010	50	80	16	1	57.5	0.6
NU 1011	55	90	18	1.1	64.5	1
NU 1012	60	95	18	1.1	69.5	1
NU 1013	65	100	18	1.1	74.5	1
NU 1014	70	110	20	1.1	80	1
NU 1015	75	115	20	1.1	85	1
NU 1016	80	125	22	1.1	91.5	1
NU 1017	85	130	22	1.1	96.5	1
NU 1018	90	140	24	1.5	103	1.1
NU 1019	95	145	24	1.5	108	1.1
NU 1020	100	150	24	1.5	113	1.1
NU 1021	105	160	26	2	119.5	1.1
NU 1022	110	170	28	2	125	1.1
NU 1024	120	180	28	2	135	1.1
NU 1026	130	200	33	2	148	1.1
NU 1028	140	210	33	2	158	1.1
NU 1030	150	225	35	2.1	169.5	1.5
NU 1032	160	240	38	2.1	180	1.5
NU 1034	170	260	42	2.1	193	2.1
NU 1036	180	280	46	2.1	205	2.1
NU 1038	190	290	46	2.1	215	2.1
NU 1040	200	310	51	2.1	229	2.1
NU 1044	220	340	56	3	250	3
NU 1048	240	360	56	3	270	3
NU 1052	260	400	65	4	296	4
NU 1056	280	420	65	4	316	4
NU 1060	300	460	74	4	340	4
NU 1064	320	480	74	4	360	4
NU 1068	340	520	82	5	385	5
NU 1072	360	540	82	5	405	5
NU 1076	380	560	82	5	425	5
NU 1080	400	600	90	5	450	5
NU 1084	420	620	90	5	470	5
NU 1088	440	650	94	6	493	6
NU 1092	460	680	100	6	516	6
NU 1096	480	700	100	6	536	6
NU 10/500	500	720	100	6	556	6

주 ▶ (1) $r_s$min은 외륜의 최소 허용 모떼기 치수이다.
(2) r_{1s}min은 내륜의 최소 허용 모떼기 치수이다.

【비 고】• 베어링의 치수 계열 : 10

2. 베어링 계열 NU2, NJ2, NUP2, N2, NF2 베어링의 호칭 번호 및 치수

원통 구멍

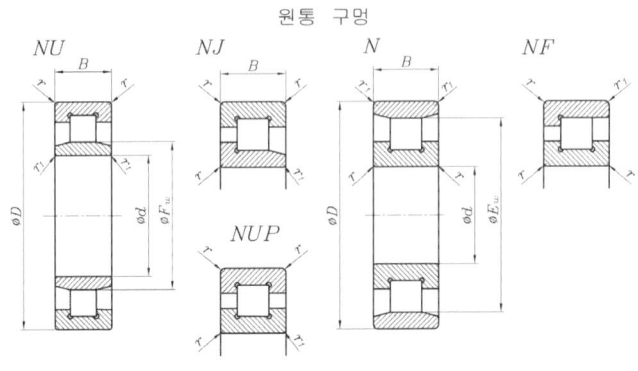

테이퍼 구멍

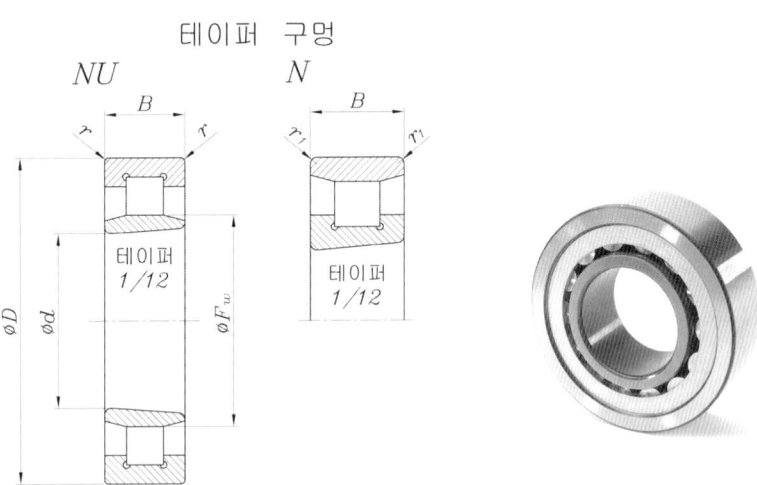

단위 : mm

호칭 번호						치 수					
원통 구멍			테이퍼 구멍			안지름 d	바깥 지름 D	베어링 너비 B	$r_s$min	Fw	Ew
											(참 고) r_{1s}min
-	-	-	N203	-	-	17	40	12	0.6	-	33.9	0.3
NU204	NJ204	NUP204	N204	NF204	NU204K	-	20	47	14	1	27	40	0.6
NU205	NJ205	NUP205	N205	NF205	NU205K	-	25	52	15	1	32	45	0.6
NU206	NJ206	NUP206	N206	NF206	NU206K	N206K	30	62	16	1	38.5	53.5	0.6
NU207	NJ207	NUP207	N207	NF207	NU207K	N207K	35	72	17	1.1	43.8	61.8	0.6
NU208	NJ208	NUP208	N208	NF208	NU208K	N208K	40	80	18	1.1	50	70	1.1
NU209	NJ209	NUP209	N209	NF209	NU209K	N209K	45	85	19	1.1	55	75	1.1
NU210	NJ210	NUP210	N210	NF210	NU210K	N210K	50	90	20	1.1	60.4	80.4	1.1
NU211	NJ211	NUP211	N211	NF211	NU211K	N211K	55	100	21	1.5	66.5	88.5	1.1
NU212	NJ212	NUP212	N212	NF212	NU212K	N212K	60	110	22	1.5	73.8	97.5	1.5
NU213	NJ213	NUP213	N213	NF213	NU213K	N213K	65	120	23	1.5	79.6	105.6	1.5
NU214	NJ214	NUP214	N214	NF214	NU214K	N214K	70	125	24	1.5	84.5	110.5	1.5
NU215	NJ215	NUP215	N215	NF215	NU215K	N215K	75	130	25	1.5	88.5	116.5	1.5
NU216	NJ216	NUP216	N216	NF216	NU216K	N216K	80	140	26	2	95.3	125.3	2
NU217	NJ217	NUP217	N217	NF217	NU217K	N217K	85	150	28	2	101.8	133.8	2
NU218	NJ218	NUP218	N218	NF218	NU218K	N218K	90	160	30	2	107	143	2
NU219	NJ219	NUP219	N219	NF219	NU219K	N219K	95	170	32	2.1	113.5	151.5	2.1
NU220	NJ220	NUP220	N220	NF220	NU220K	N220K	100	180	34	2.1	120	160	2.1
NU221	NJ221	NUP221	N221	NF221	NU221K	N221K	105	190	36	2.1	126.8	168.8	2.1
NU222	NJ222	NUP222	N222	NF222	NU222K	N222K	110	200	38	2.1	132.5	178.5	2.1
NU224	NJ224	NUP224	N224	NF224	NU224K	N224K	120	215	40	2.1	143.5	191.5	2.1
NU226	NJ226	NUP226	N226	NF226	NU226K	N226K	130	230	40	3	156	204	3
NU228	NJ228	NUP228	N228	NF228	NU228K	N228K	140	250	42	3	169	221	3
NU230	NJ230	NUP230	N230	NF230	NU230K	N230K	150	270	45	3	182	238	3
NU232	NJ232	NUP232	N232	NF232	NU232K	N232K	160	290	48	3	195	255	3
NU234	NJ234	NUP234	N234	NF234	NU234K	N234K	170	310	52	4	208	272	4
NU236	NJ236	NUP236	N236	NF236	NU236K	N236K	180	320	52	4	218	282	4
NU238	NJ238	NUP238	N238	NF238	NU238K	N238K	190	340	55	4	231	299	4
NU240	NJ240	NUP240	N240	NF240	NU240K	N240K	200	360	58	4	244	316	4
NU244	NJ244	NUP244	N244	NF244	NU244K	N244K	220	400	65	4	270	350	4
NU248	NJ248	NUP248	N248	NF248	NU248K	N248K	240	440	72	4	295	385	4
NU252	NJ252	NUP252	N252	NF252	NU252K	N252K	260	480	80	5	320	420	5
NU256	NJ256	NUP256	N256	NF256	NU256K	N256K	280	500	80	5	340	440	5
NU260	NJ260	NUP260	N260	NF260	NU260K	N260K	300	540	85	5	364	476	5
NU264	NJ264	NUP264	N264	NF264	NU264K	N264K	320	580	92	5	390	510	5

주 ▶ $r_s$min과 r_{1s}min은 내륜 및 외륜의 최소 허용 모떼기 치수이다.

【비 고】• 베어링 치수계열 : 02

3. 베어링 계열 NU22, NJ22, NUP22 베어링의 호칭 번호 및 치수

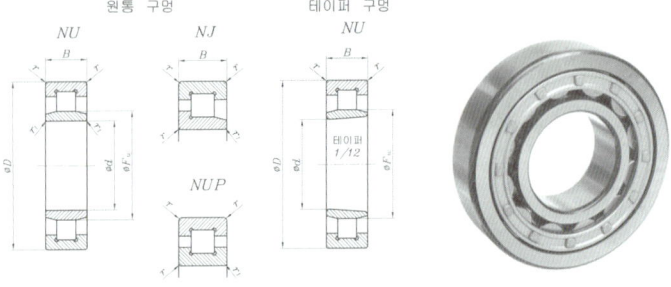

단위 : mm

호칭 번호				치 수				(참 고)
원통 구멍			테이퍼 구멍	안지름 d	바깥 지름 D	베어링 너비 B	rsmin	Fw	r1smin
NU 2204	NJ 2204	NUP 2204	-	20	47	18	1	27	0.6
NU 2205	NJ 2205	NUP 2205	NU 2205K	25	52	18	1	32	0.6
NU 2206	NJ 2206	NUP 2206	NU 2206K	30	62	20	1	38.5	0.6
NU 2207	NJ 2207	NUP 2207	NU 2207K	35	72	23	1.1	43.8	0.6
NU 2208	NJ 2208	NUP 2208	NU 2208K	40	80	23	1.1	50	1.1
NU 2209	NJ 2209	NUP 2209	NU 2209K	45	85	23	1.1	55	1.1
NU 2210	NJ 2210	NUP 2210	NU 2210K	50	90	23	1.1	60.4	1.1
NU 2211	NJ 2211	NUP 2211	NU 2211K	55	100	25	1.5	66.5	1.1
NU 2212	NJ 2212	NUP 2212	NU 2212K	60	110	28	1.5	73.5	1.5
NU 2213	NJ 2213	NUP 2213	NU 2213K	65	120	31	1.5	79.6	1.5
NU 2214	NJ 2214	NUP 2214	NU 2214K	70	125	31	1.5	84.5	1.5
NU 2215	NJ 2215	NUP 2215	NU 2215K	75	130	31	1.5	88.5	1.5
NU 2216	NJ 2216	NUP 2216	NU 2216K	80	140	33	2	95.3	2
NU 2217	NJ 2217	NUP 2217	NU 2217K	85	150	36	2	101.8	2
NU 2218	NJ 2218	NUP 2218	NU 2218K	90	160	40	2	107	2
NU 2219	NJ 2219	NUP 2219	NU 2219K	95	170	43	2.1	113.5	2.1
NU 2220	NJ 2220	NUP 2220	NU 2220K	100	180	46	2.1	120	2.1
NU 2222	NJ 2222	NUP 2222	NU 2222K	110	200	53	2.1	132.5	2.1
NU 2224	NJ 2224	NUP 2224	NU 2224K	120	215	58	2.1	143.5	2.1
NU 2226	NJ 2226	NUP 2226	NU 2226K	130	230	64	3	156	3
NU 2228	NJ 2228	NUP 2228	NU 2228K	140	250	68	3	169	3
NU 2230	NJ 2230	NUP 2230	NU 2230K	150	270	73	3	182	3
NU 2232	NJ 2232	NUP 2232	NU 2232K	160	290	80	3	195	3
NU 2234	NJ 2234	NUP 2234	NU 2234K	170	310	86	4	208	4
NU 2236	NJ 2236	NUP 2236	NU 2236K	180	320	86	4	218	4
NU 2238	NJ 2238	NUP 2238	NU 2238K	190	340	92	4	231	4
NU 2240	NJ 2240	NUP 2240	NU 2240K	200	360	98	4	244	4
NU 2244	NJ 2244	NUP 2244	NU 2244K	220	400	108	4	270	4
NU 2248	NJ 2248	NUP 2248	NU 2248K	240	440	120	4	295	4
NU 2252	NJ 2252	NUP 2252	NU 2252K	260	480	130	5	320	5
NU 2256	NJ 2256	NUP 2256	NU 2256K	280	500	130	5	340	5
NU 2260	NJ 2260	NUP 2260	NU 2260K	300	540	140	5	364	5
NU 2264	NJ 2264	NUP 2264	NU 2264K	320	580	150	5	390	5

주 ▶ $r_s min$과 $r_{1s} min$은 내륜 및 외륜의 최소 허용 모떼기 치수이다.

【비 고】• 베어링 치수계열 : 22

4. 베어링 계열 NU3, NJ3, NUP3, N3, NF3 베어링의 호칭 번호 및 치수

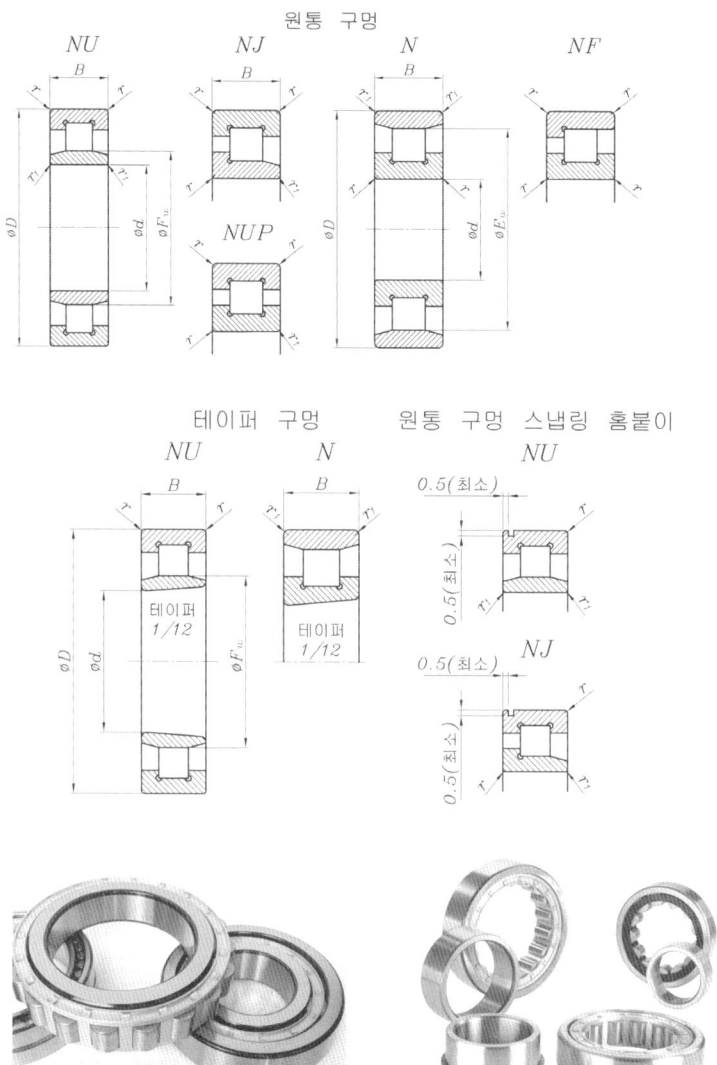

단위 : mm

호칭 번호							치 수					(참고)
원통 구멍				테이퍼 구멍	스냅링 홈 붙이		안지름 d	바깥 지름 D	베어링 너비 B	$r_s$min	Fw	Ew
												r_{1s}min
NU304	NJ304	NUP304	N304	NF304	NU304K	-	NU304N	NJ304N	20	52	15	1.1	28.5	44.5	0.6
NU305	NJ305	NUP305	N305	NF305	NU305K	-	NU305N	NJ305N	25	62	17	1.1	35	53	1.1
NU306	NJ306	NUP306	N306	NF306	NU306K	N306K	NU306N	NJ306N	30	72	19	1.1	42	62	1.1
NU307	NJ307	NUP307	N307	NF307	NU307K	N307K	NU307N	NJ307N	35	80	21	1.5	46.2	68.2	1.1
NU308	NJ308	NUP308	N308	NF308	NU308K	N308K	NU308N	NJ308N	40	90	23	1.5	53.5	77.5	1.5
NU309	NJ309	NUP309	N309	NF309	NU309K	N309K	NU309N	NJ309N	45	100	25	1.5	58.5	86.5	1.5
NU310	NJ310	NUP310	N310	NF310	NU310K	N310K	NU310N	NJ310N	50	110	27	2	65	95	2
NU311	NJ311	NUP311	N311	NF311	NU311K	N311K	NU311N	NJ311N	55	120	29	2	70.5	104.5	2
NU312	NJ312	NUP312	N312	NF312	NU312K	N312K	NU312N	NJ312N	60	130	31	2.1	77	113	2.1
NU313	NJ313	NUP313	N313	NF313	NU313K	N313K	NU313N	NJ313N	65	140	33	2.1	83.5	121.5	2.1
NU314	NJ314	NUP314	N314	NF314	NU314K	N314K	NU314N	NJ314N	70	150	35	2.1	90	130	2.1
NU315	NJ315	NUP315	N315	NF315	NU315K	N315K	NU315N	NJ315N	75	160	37	2.1	95.5	139.5	2.1
NU316	NJ316	NUP316	N316	NF316	NU316K	N316K	NU316N	NJ316N	80	170	39	2.1	103	147	2.1
NU317	NJ317	NUP317	N317	NF317	NU317K	N317K	NU317N	NJ317N	85	180	41	3	108	156	3
NU318	NJ318	NUP318	N318	NF318	NU318K	N318K	NU318N	NJ318N	90	190	43	3	115	165	3
NU319	NJ319	NUP319	N319	NF319	NU319K	N319K	NU319N	NJ319N	95	200	45	3	121.5	173.5	3
NU320	NJ320	NUP320	N320	NF320	NU320K	N320K	-	-	100	215	47	3	129.5	185.5	3
NU321	NJ321	NUP321	N321	NF321	NU321K	N321K	-	-	105	225	49	3	135	195	3
NU322	NJ322	NUP322	N322	NF322	NU322K	N322K	-	-	110	240	50	3	143	207	3
NU324	NJ324	NUP324	N324	NF324	NU324K	N324K	-	-	120	260	55	3	154	226	3
NU326	NJ326	NUP326	N326	NF326	NU326K	N326K	-	-	130	280	58	4	167	243	4
NU328	NJ328	NUP328	N328	NF328	NU328K	N328K	-	-	140	300	62	4	180	260	4
NU330	NJ330	NUP330	N330	NF330	NU330K	N330K	-	-	150	320	65	4	193	277	4
NU332	NJ332	NUP332	N332	NF332	NU332K	N332K	-	-	160	340	68	4	208	292	4
NU334	NJ334	NUP334	N334	NF334	NU334K	N334K	-	-	170	360	72	4	220	310	4
NU336	NJ336	NUP336	N336	NF336	NU336K	N336K	-	-	180	380	75	4	232	328	4
NU338	NJ338	NUP338	N338	NF338	NU338K	N338K	-	-	190	400	78	5	245	345	5
NU340	NJ340	NUP340	N340	NF340	NU340K	N340K	-	-	200	420	80	5	260	260	5
NU344	NJ344	NUP344	N344	NF344	NU344K	N344K	-	-	220	460	88	5	284	396	5
NU348	NJ348	NUP348	N348	NF348	NU348K	N348K	-	-	240	500	95	5	310	430	5
NU352	NJ352	NUP352	N352	NF352	NU352K	N352K	-	-	260	540	102	6	336	464	6
NU356	NJ356	NUP356	N356	NF356	NU356K	N356K	-	-	280	580	108	6	362	498	6

주 ▶ $r_s$min과 r_{1s}min은 내륜 및 외륜의 최소 허용 모떼기 치수이다.

【비 고】
1. 스냅링붙이 베어링의 호칭 번호는 스냅링붙이 베어링 호칭 번호의 N 뒤에 R을 붙인다.
2. 스냅링 홈의 치수는 KS B 2013에 따른다.
3. 치수 계열 : 03

5. 베어링 계열 NU23, NJ23, NUP23 베어링의 호칭 번호 및 치수

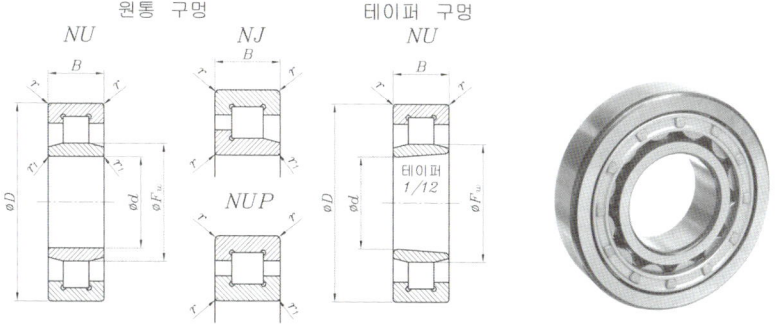

단위 : mm

호칭 번호				치 수				(참 고)
원통 구멍			테이퍼 구멍	안지름 d	바깥지름 D	베어링너비 B	$r_s$min	F_w	r_{1s}min
NU 2305	NJ 2305	NUP 2305	NU 2305 K	25	62	24	1.1	35	1.1
NU 2306	NJ 2306	NUP 2306	NU 2306 K	30	72	27	1.1	42	1.1
NU 2307	NJ 2307	NUP 2307	NU 2307 K	35	80	31	1.5	46.2	1.1
NU 2308	NJ 2308	NUP 2308	NU 2308 K	40	90	33	1.5	53.5	1.5
NU 2309	NJ 2309	NUP 2309	NU 2309 K	45	100	36	1.5	58.5	1.5
NU 2310	NJ 2310	NUP 2310	NU 2310 K	50	110	40	2	65	2
NU 2311	NJ 2311	NUP 2311	NU 2311 K	55	120	43	2	70.5	2
NU 2312	NJ 2312	NUP 2312	NU 2312 K	60	130	46	2.1	77	2.1
NU 2313	NJ 2313	NUP 2313	NU 2313 K	65	140	48	2.1	83.5	2.1
NU 2314	NJ 2314	NUP 2314	NU 2314 K	70	150	51	2.1	90	2.1
NU 2315	NJ 2315	NUP 2315	NU 2315 K	75	160	55	2.1	95.5	2.1
NU 2316	NJ 2316	NUP 2316	NU 2316 K	80	170	58	2.1	103	2.1
NU 2317	NJ 2317	NUP 2317	NU 2317 K	85	180	60	3	108	3
NU 2318	NJ 2318	NUP 2318	NU 2318 K	90	190	64	3	115	3
NU 2319	NJ 2319	NUP 2319	NU 2319 K	95	200	67	3	121.5	3
NU 2320	NJ 2320	NUP 2320	NU 2320 K	100	215	73	3	129.5	3
NU 2322	NJ 2322	NUP 2322	NU 2322 K	110	240	80	3	143	3
NU 2324	NJ 2324	NUP 2324	NU 2324 K	120	260	86	3	154	3
NU 2326	NJ 2326	NUP 2326	NU 2326 K	130	280	93	4	167	4
NU 2328	NJ 2328	NUP 2328	NU 2328 K	140	300	102	4	180	4
NU 2330	NJ 2330	NUP 2330	NU 2330 K	150	320	108	4	193	4
NU 2332	NJ 2332	NUP 2332	NU 2332 K	160	340	114	4	208	4
NU 2334	NJ 2334	NUP 2334	NU 2334 K	170	360	120	4	220	4
NU 2336	NJ 2336	NUP 2336	NU 2336 K	180	380	126	4	232	4
NU 2338	NJ 2338	NUP 2338	NU 2338 K	190	400	132	5	245	5
NU 2340	NJ 2340	NUP 2340	NU 2340 K	200	420	138	5	260	5
NU 2344	NJ 2344	NUP 2344	NU 2344 K	220	460	145	5	284	5
NU 2348	NJ 2348	NUP 2348	NU 2348 K	240	500	155	5	310	5
NU 2352	NJ 2352	NUP 2352	NU 2352 K	260	540	165	6	336	6
NU 2356	NJ 2356	NUP 2356	NU 2356 K	280	580	175	6	362	6

주 ▶ (1) r_{1s}min은 내륜의 최소 허용 모떼기 치수이다.
(2) $r_s$min은 내륜 및 외륜의 최소 허용 모떼기 치수이다.

【비 고】 베어링 치수 계열 : 23

6. 베어링 계열 NU4, NJ4, NUP4, N4, NF4 베어링의 호칭 번호 및 치수

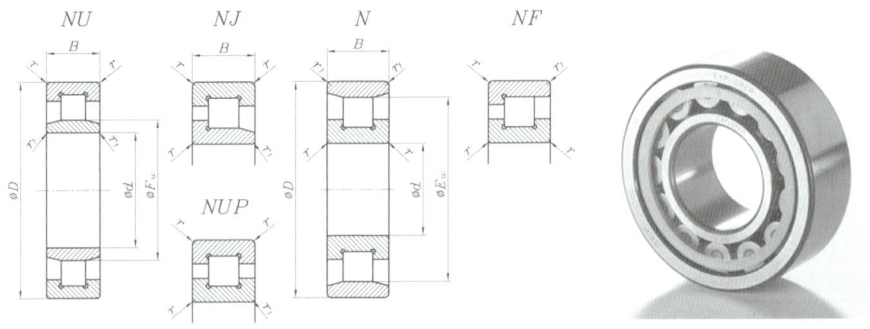

단위 : mm

호칭 번호					치 수					(참 고)
					안지름 d	바깥지름 D	베어링 너비 B	$r_s$min	Fw	Ew	r_{1s}min
NU 406	NJ 406	NUP 406	N 406	NF 406	30	90	23	1.5	45	73	1.5
NU 407	NJ 407	NUP 407	N 407	NF 407	35	100	25	1.5	53	83	1.5
NU 408	NJ 408	NUP 408	N 408	NF 408	40	110	27	2	58	92	2
NU 409	NJ 409	NUP 409	N 409	NF 409	45	120	29	2	64.5	100.5	2
NU 410	NJ 410	NUP 410	N 410	NF 410	50	130	31	2.1	70.8	110.8	2.1
NU 411	NJ 411	NUP 411	N 411	NF 411	55	140	33	2.1	77.2	117.2	2.1
NU 412	NJ 412	NUP 412	N 412	NF 412	60	150	35	2.1	83	127	2.1
NU 413	NJ 413	NUP 413	N 413	NF 413	65	160	37	2.1	89.3	135.3	2.1
NU 414	NJ 414	NUP 414	N 414	NF 414	70	180	42	3	100	152	3
NU 415	NJ 415	NUP 415	N 415	NF 415	75	190	45	3	104.5	160.5	3
NU 416	NJ 416	NUP 416	N 416	NF 416	80	200	48	3	110	170	3
NU 417	NJ 417	NUP 417	N 417	NF 417	85	210	52	4	113	177	4
NU 418	NJ 418	NUP 418	N 418	NF 418	90	225	54	4	123.8	191.5	4
NU 419	NJ 419	NUP 419	N 419	NF 419	95	240	55	4	133.8	201.5	4
NU 420	NJ 420	NUP 420	N 420	NF 420	100	250	58	4	139	211	4
NU 421	NJ 421	NUP 421	N 421	NF 421	105	260	60	4	144.5	220.5	4
NU 422	NJ 422	NUP 422	N 422	NF 422	110	280	65	4	155	235	4
NU 424	NJ 424	NUP 424	N 424	NF 424	120	310	72	5	170	260	5
NU 426	NJ 426	NUP 426	N 426	NF 426	130	340	78	5	185	285	5
NU 428	NJ 428	NUP 428	N 428	NF 428	140	360	82	5	198	302	5
NU 430	NJ 430	NUP 430	N 430	NF 430	150	380	85	5	213	317	5
NU 432	NJ 432	NUP 432	N 432	NF 432	160	400	88	5	226	334	5
NU 434	NJ 434	NUP 434	N 434	NF 434	170	420	92	5	239	351	5
NU 436	NJ 436	NUP 436	N 436	NF 436	180	440	95	5	250	370	6
NU 438	NJ 438	NUP 438	N 438	NF 438	190	460	98	6	265	385	6
NU 440	NJ 440	NUP 440	N 440	NF 440	200	480	102	6	276	404	6
NU 444	NJ 444	NUP 444	N 444	NF 444	220	540	115	6	305	455	6
NU 448	NJ 448	NUP 448	N 448	NF 448	240	580	122	6	330	490	6

주 ▶ $r_s$min과 r_{1s}min은 내륜 및 외륜의 최소 허용 모떼기 치수이다.

【비 고】 베어링의 치수 계열은 04이다.

7. 베어링 계열 NN30 베어링의 호칭 번호 및 치수

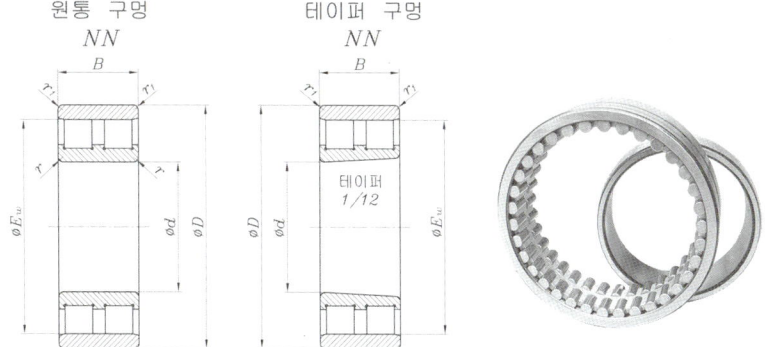

단위: mm

호칭 번호		치 수					(참 고)
원통 구멍	테이퍼 구멍	안지름 d	바깥지름 D	폭 B	$r_s$min	Ew	r_{1s}min
NN 3005	NN 3005 K	25	47	16	0.6	41.3	0.6
NN 3006	NN 3006 K	30	55	19	1	48.5	1
NN 3007	NN 3007 K	35	62	20	1	55	1
NN 3008	NN 3008 K	40	68	21	1	61	1
NN 3009	NN 3009 K	45	75	23	1	67.5	1
NN 3010	NN 3010 K	50	80	23	1	72.5	1
NN 3011	NN 3011 K	55	90	26	1.1	81	1.1
NN 3012	NN 3012 K	60	95	26	1.1	86.1	1.1
NN 3013	NN 3013 K	65	100	26	1.1	91	1.1
NN 3014	NN 3014 K	70	110	30	1.1	100	1.1
NN 3015	NN 3015 K	75	115	30	1.1	105	1.1
NN 3016	NN 3016 K	80	125	34	1.1	113	1.1
NN 3017	NN 3017 K	85	130	34	1.1	118	1.1
NN 3018	NN 3018 K	90	140	37	1.5	127	1.5
NN 3019	NN 3019 K	95	145	37	1.5	132	1.5
NN 3020	NN 3020 K	100	150	37	1.5	137	1.5
NN 3021	NN 3021 K	105	160	41	2	146	2
NN 3022	NN 3022 K	110	170	45	2	155	2
NN 3024	NN 3024 K	120	180	46	2	165	2
NN 3026	NN 3026 K	130	200	52	2	182	2
NN 3028	NN 3028 K	140	210	53	2	192	2
NN 3030	NN 3030 K	150	225	56	2.1	206	2.1
NN 3032	NN 3032 K	160	240	60	2.1	219	2.1
NN 3034	NN 3034 K	170	260	67	2.1	236	2.1
NN 3036	NN 3036 K	180	280	74	2.1	255	2.1
NN 3038	NN 3038 K	190	290	75	2.1	265	2.1
NN 3040	NN 3040 K	200	310	82	2.1	282	2.1
NN 3044	NN 3044 K	220	340	90	3	310	3
NN 3048	NN 3048 K	240	360	92	3	330	3
NN 3052	NN 3052 K	260	400	104	4	364	4
NN 3056	NN 3056 K	280	420	106	4	384	4
NN 3060	NN 3060 K	300	460	118	4	418	4
NN 3064	NN 3064 K	320	480	121	4	438	4

[주] (1) r_{1s}min은 외륜의 최소 허용 모떼기 치수이다.
(2) $r_s$min은 내륜 및 외륜의 최소 허용 모떼기 치수이다.

【비 고】 베어링 치수 계열 : 30

8. 호환성 베어링의 롤러 내접원 지름 F_W 및 롤러 외접원 지름 E_W의 허용차

단위 : μm

호칭 베어링 안지름 d (mm)		ΔF_W		ΔE_W	
초과	이하	위	아래	위	아래
17	20	+10	0	0	−10
20	50	+15	0	0	−15
50	120	+20	0	0	−20
120	200	+25	0	0	−25
200	250	+30	0	0	−30
250	315	+35	0	0	−35
315	400	+40	0	0	−40
400	500	+45	0	−	−

주 ▶ 호칭 베어링 안지름 중 17mm는 이 치수 구분에 포함된다.

【비 고】 호환성 베어링이란 1군의 동일 호칭 번호 베어링이고, 롤러붙이 내륜에 외륜을, 또 롤러붙이 외륜에 내륜을 임의로 조합하여도 베어링으로서 기능을 손상받지 않는 것을 말한다.

9. 부속서(규정) L형 칼라

■ 규정 사항

규정 사항		규정 내용		
호칭 번호 및 치수		L형 칼라의 계열	HJ2	
			HJ22	
			HJ3	
			HJ23	
			HJ4	
경도		HRC 57~64		
참고	베어링과의 조합	L형 칼라의 계열	L형 칼라와 조합되는 베어링의 베어링 계열	베어링에 조합되었을 때의 베어링 계열
		HJ2	NJ2	NH2
		HJ22	NJ22	NH22
		HJ3	NJ3	NH3
		HJ23	NJ23	NH23
		HJ4	NJ4	NH4

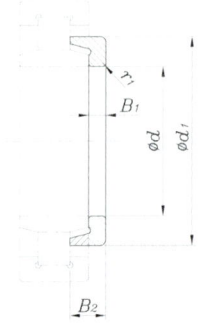 

양	기호	뜻
	B_1	칼라 내륜의 옆면으로부터 돌출된 나비
	B_2	칼라의 전체 나비
	d	칼라의 안지름
	d_1	칼라의 바깥지름
	r_1	모떼기 치수

① 계열 HJ 2의 L형 칼라의 호칭 번호 및 치수

단위 : mm

호칭 번호	치수			참 고	
	칼라 안지름 d	칼라 바깥지름 d_1(최대)	칼라 내륜의 옆면으로부터 돌출된 나비 B_1	칼라 전체 나비 B_2	r_{1s}min
HJ 204	20	30	3	6.75	0.6
HJ 205	25	35	3	7.25	0.6
HJ 206	30	43	4	8.25	0.6
HJ 207	35	49	4	8	0.6
HJ 208	40	55	5	9	1.1
HJ 209	45	60	5	9.5	1.1
HJ 210	50	65	5	10	1.1
HJ 211	55	72	6	11	1.1
HJ 212	60	79	6	11	1.5
HJ 213	65	87	6	11	1.5
HJ 214	70	91	7	12.5	1.5
HJ 215	75	96	7	12.5	1.5
HJ 216	80	105	8	13.5	2
HJ 217	85	110	8	14	2
HJ 218	90	116	9	15	2
HJ 219	95	123	9	15.5	2.1
HJ 220	100	130	10	17	2.1
HJ 221	105	136	10	17.5	2.1
HJ 222	110	144	11	18.5	2.1
HJ 224	120	155	11	19	2.1
HJ 226	130	170	11	19	3
HJ 228	140	182	11	19	3
HJ 230	150	195	12	20.5	3
HJ 232	160	208	12	21	3
HJ 234	170	225	12	22	4
HJ 236	180	236	12	22	4
HJ 238	190	246	13	23.5	4
HJ 240	200	260	14	25	4
HJ 244	220	287	15	27.5	4
HJ 248	240	316	16	29.5	4
HJ 252	260	343	18	33	5

주 ▶ r_{1s}min은 최소 허용 모떼기 치수이다.

② 계열 HJ 22의 L형 칼라의 호칭 번호 및 치수

단위 : mm

호칭 번호	치 수			참 고	
	칼라 안지름 d	칼라 바깥지름 d_1(최대)	칼라 내륜의 옆면으로 부터 돌출된 나비 B_1	칼라 전체 나비 B_2	r_{1s}min
HJ 2205	25	35	3	7.5	0.6
HJ 2206	30	43	4	8.5	0.6
HJ 2207	35	49	4	8.5	0.6
HJ 2208	40	55	5	9.5	1.1
HJ 2209[1]	45	60	5	9.5	1.1
HJ 2210	50	65	5	9.5	1.1
HJ 2211[1]	55	72	6	11	1.1
HJ 2212[1]	60	79	6	11	1.5
HJ 2213	65	87	6	11.5	1.5
HJ 2214[1]	70	91	7	12.5	1.5
HJ 2215[1]	75	96	7	12.5	1.5
HJ 2216[1]	80	105	8	13.5	2
HJ 2217[1]	85	110	8	14	2
HJ 2218	90	116	9	16	2
HJ 2219	95	123	9	16.5	2.1
HJ 2220	100	130	10	18	2.1
HJ 2222	110	144	11	20.5	2.1
HJ 2224	120	155	11	22	2.1
HJ 2226	130	170	11	25	3
HJ 2228	140	182	11	25	3
HJ 2230	150	195	12	26.5	3

주▶ r_{1s}min은 최소 허용 모떼기 치수이다.
L형 칼라의 계열 HJ 2의 호칭 번호를 대용해도 좋다.

③ 계열 HJ 3의 L형 칼라의 호칭 번호 및 치수

단위 : mm

호칭 번호	치 수			참 고	
	칼라 안지름 d	칼라 바깥지름 d_1(최대)	칼라 내륜의 옆면으로 부터 돌출된 나비 B_1	칼라 전체 나비 B_2	r_{1s}min
HJ 304	20	35	4	7.5	0.6
HJ 305	25	41	4	8	1.1
HJ 306	30	49	5	9.5	1.1
HJ 307	35	55	6	11	1.1
HJ 308	40	61	7	12.5	1.5
HJ 309	45	69	7	12.5	1.5
HJ 310	50	74	8	14	2
HJ 311	55	82	9	15	2
HJ 312	60	91	9	15.5	2.1
HJ 313	65	96	10	17	2.1
HJ 314	70	107	10	17.5	2.1
HJ 315	75	110	11	18.5	2.1
HJ 316	80	121	11	19.5	2.1
HJ 317	85	127	12	20.5	3
HJ 318	90	133	12	21	3

호칭 번호					
HJ 319	95	145	13	22.5	3
HJ 320	100	147	13	22.5	3
HJ 321	105	154	13	22.5	3
HJ 322	110	163	14	23	3
HJ 324	120	175	14	23.5	3
HJ 326	130	185	14	24	4
HJ 328	140	204	15	26	4
HJ 330	150	214	15	26.5	4
HJ 332	160	227	15	28	4
HJ 334	170	246	16	29.5	4
HJ 336	180	256	17	30.5	4
HJ 338	190	268	18	32	5
HJ 340	200	283	18	33	5
HJ 344	220	311	20	36	5
HJ 348	240	337	22	39.5	5
HJ 352	260	365	24	43	6

주▶ r_{15}min은 최소 허용 모떼기 치수이다.

④ 계열 HJ 23의 L형 칼라의 호칭 번호 및 치수

단위 : mm

호칭 번호	치 수			참 고	
	칼라 안지름 d	칼라 바깥지름 d_1(최대)	칼라 내륜의 옆면으로 부터 돌출된 나비 B_1	칼라 전체 나비 B_2	r_{15}min
HJ 2305	25	41	4	9	1.1
HJ 2306	30	49	5	11.5	1.1
HJ 2307	35	55	6	14	1.1
HJ 2308	40	61	7	14.5	1.5
HJ 2309	45	69	7	15	1.5
HJ 2310	50	74	8	17	2
HJ 2311	55	82	9	18.5	2
HJ 2312	60	91	9	19	2.1
HJ 2313	65	96	10	20	2.1
HJ 2314	70	107	10	20.5	2.1
HJ 2315	75	110	11	21.5	2.1
HJ 2316	80	121	11	23	2.1
HJ 2317	85	127	12	24	3
HJ 2318	90	133	12	26	3
HJ 2319	95	141	13	26.5	3
HJ 2320	100	147	13	27.5	3
HJ 2322	110	163	14	28	3
HJ 2324	120	175	14	28	3
HJ 2326	130	185	14	29.5	4
HJ 2328	140	204	15	33.5	4
HJ 2330	150	214	15	34	4
HJ 2332	160	227	15	37	4
HJ 2334	170	246	16	38.5	4
HJ 2336	180	256	17	40	4

⑤ 계열 HJ 4의 L형 칼라의 호칭 번호 및 치수

단위 : mm

호칭 번호	치수			(참 고)	
	칼라 안지름 d	칼라 바깥지름 d_1(최대)	칼라 내륜의 옆면으로 부터 돌출된 나비 B_1	칼라 전체 나비 B_2	r_{1s}min
HJ 406	30	56	7	11.5	1.5
HJ 407	35	62	8	13	1.5
HJ 408	40	71	8	13	2
HJ 409	45	78	8	13.5	2
HJ 410	50	86	9	14.5	2.1
HJ 411	55	92	10	16.5	2.1
HJ 412	60	100	10	16.5	2.1
HJ 413	65	106	11	18	2.1
HJ 414	70	115	12	20	3
HJ 415	75	122	13	21.5	3
HJ 416	80	129	13	22	3
HJ 417	85	136	14	24	4
HJ 418	90	144	14	24	4
HJ 419	95	158	15	25.5	4
HJ 420	100	167	16	27	4
HJ 421	105	170	16	27	4
HJ 422	110	176	17	29.5	4
HJ 424	120	190	17	30.5	5
HJ 426	130	208	18	32	5
HJ 428	140	226	18	33	5
HJ 430	150	236	20	36.5	5
HJ 432	160	249	20	37	5
HJ 434	170	269	20	38	5
HJ 436	180	281	23	40.5	6
HJ 438	190	294	23	42	6
HJ 440	200	305	24	43	6
HJ 444	220	340	26	46	6
HJ 448	240	370	28	49	6

주 ▶ r_{1s}min은 최소 허용 모떼기 치수이다.

13-2 | 테이퍼 롤러 베어링 KS B 2027 : 2000 (ISO 355:1997) (2010 확인)

1. 적용 범위

이 규격은 단열(single-row) 미터 테이퍼 롤러 베어링의 베어링 및 부분 조립품의 주요 치수에 대하여 규정한다. 또한 각각의 베어링에 대한 계열 호칭을 규정하며 계열 호칭 방법은 베어링과 부분 조립품의 주요 치수 규격에 포함되지 않는 베어링에 대해서는 적용하지 않는다. 정면 모떼기 r_5에 대해서는 이 규격에서 치수가 주어지지 아니하지만, 정면 모서리는 날카롭지 않아야 한다.

2. 기호

기 호	의 미
d	베어링 호칭 안지름
D	베어링 호칭 바깥지름
T	호칭 베어링 나비
B	호칭 내륜 나비
C	호칭 컵(외륜) 나비
E	호칭 외륜의 작은 안지름
α	호칭 베어링 접촉각
r_1	내륜의 배면 모떼기 높이
$r_{1s\,min}$	최소 실측 r_1
r_2	내륜 배면 모떼기 높이
$r_{2s\,min}$	최소 실측 r_2
r_3	외륜 배면 모떼기 높이
$r_{3s\,min}$	최소 실측 r_3
r_4	외륜 배면 모떼기 나비
$r_{4s\,min}$	최소 실측 r_4
r_5	내륜과 외륜 정면 모떼기 높이와 나비

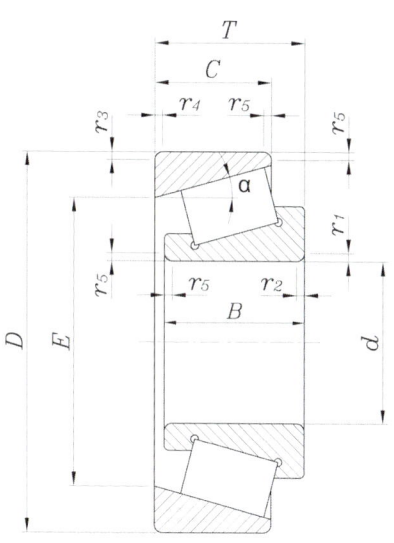

3. 계열 호칭 방법

주어진 치수를 가지는 각 베어링은 치수 계열에서 설명되며, 치수 계열은 2AC와 같이 3개의 기호 조합에 의해 표시된다.

첫 번째 기호는 접촉각 범위를 나타내는 각도 계열의 숫자 문자이다. 두 번째 기호는 안지름에 관계되는 바깥지름의 수치적 범위를 나타내는 지름 계열의 알파벳 문자이다. 세 번째 기호는 단면 높이에 관계되는 나비의 수치적 범위를 나타내는 나비 계열의 알파벳 문자이다. 규격화 되어 있는 베어링의 호칭 방법은 다음 표와 같이 각도 범위와 수치를 가지고 정해진다. 어떤 경우에는 같은 안지름을 가지는 두 개의 베어링에 대해 같은 호칭이 사용되는 것을 피하기 위해 예외가 있을 수도 있다.

■ 계열 호칭 방법

각도 계열 호칭	α	
	초과	이하
1	장래 사용을 위해 비워 둔다.	
2	10°	13° 52′
3	13° 52′	15° 59′
4	15° 59′	18° 55′
5	18° 55′	23°
6	23°	27°
7	27°	30°

지름 계열 호칭	$\dfrac{D}{d^{0.77}}$	
	초과	이하
A	장래 사용을 위해 비워 둔다.	
B	3.40	3.80
C	3.80	4.40
D	4.40	4.70
E	4.70	5.00
F	5.00	5.60
G	5.60	7.00

나비 계열 호칭	$\dfrac{T}{(D-d)^{0.95}}$	
	초과	이하
A	장래 사용을 위해 비워 둔다.	
B	0.50	0.68
C	0.68	0.80
D	0.80	0.88
E	0.88	1.00

4. 테이퍼 롤러 베어링 [접촉각 계열 2]

단위 : mm

접촉각 계열 2 치수									
d	D	T	B	$r_{1s\,min}$ / $r_{2s\,min}$	C	$r_{3s\,min}$ / $r_{4s\,min}$	α	E	치수계열
15	42	14.25	13	1	11	1	10° 45′ 29″	33.272	2FB
17	40	13.25	12	1	11	1	12° 57′ 10″	31.408	2DB
17	40	17.25	16	1	14	1	11° 45′	31.170	2DD
17	47	15.25	14	1	12	1	10° 45′ 29″	37.420	2FB
17	47	20.25	19	1	16	1	10° 45′ 29″	36.090	2FD
20	37	12	12	0.3	9	0.3	12°	29.621	2BD
20	45	17	17.5	1	13.5	1	12°	35.815	2DC
20	47	15.25	14	1	12	1	12° 57′ 10″	37.304	2DB
20	47	19.25	18	1	15	1	12° 28′	35.810	2DD
20	50	22	22	2	18.5	1.5	12° 30′	38.063	2ED
20	52	16.25	15	1.5	13	1.5	11° 18′ 36″	41.318	2FB
20	52	22.25	21	1.5	18	1.5	11° 18′ 36″	39.518	2FD
22	40	12	12	0.3	9	0.3	12°	32.665	2BC
22	47	17	17.5	1	13.5	1	12° 35′	37.542	2CC
22	52	22	22	2	18.5	1.5	12° 14′	40.548	2ED
25	42	12	12	0.3	9	0.3	12°	34.608	2BD
25	47	17	17	0.6	14	0.6	10° 55′	38.278	2CE
25	50	17	17.5	1.5	13.5	1	13° 30′	40.205	2CC
25	52	19.25	18	1	16	1	13° 30′	41.331	2CD
25	52	22	22	1	18	1	13° 10′	40.441	2DE
25	58	26	26	2	21	1.5	12° 30′	44.805	2EE
25	62	18.25	17	1.5	15	1.5	11° 18′ 36″	50.637	2FB
25	62	25.25	24	1.5	20	1.5	11° 18′ 36″	48.637	2FD
28	45	12	12	0.3	9	0.3	12°	37.639	2BD
28	55	19	19.5	1.5	15.5	1.5	12° 10′	44.888	2CD
28	58	24	24	1	19	1	12° 45′	45.846	2DE
28	65	27	27	2	22	2	12° 45′	50.330	2ED
30	47	12	12	0.3	9	0.3	12°	39.617	2BD
30	55	20	20	1	16	1	11°	45.283	2CE
30	58	19	19.5	1.5	15.5	1.5	12° 50′	47.309	2CD
30	62	25	25	1	19.5	1	12° 50′	49.524	2DE
30	68	29	29	2	24	2	12° 28′	52.696	2EE
30	72	20.75	19	1.5	16	1.5	11° 51′ 35″	58.287	2FB
30	72	28.75	27	1.5	23	1.5	11° 51′ 35″	55.767	2FD
32	52	14	15	0.6	10	0.6	12°	44.261	2BD
32	62	21	21	1.5	17	1.5	12° 30′	50.554	2CD
32	65	26	26	1	20.5	1	13°	51.791	2DE
32	72	29	29	2	24	2	12° 41′ 30″	56.151	2ED
35	55	14	14	0.6	11.5	0.6	11°	47.220	2BD
35	62	21	21	1	17	1	11° 30′	51.320	2CE
35	68	23	23	2	18.5	2	12° 35′	55.400	2DD
35	72	28	28	1.5	22	1.5	13° 15′	57.186	2DE
35	78	33	32.5	2.5	27	2	12° 12′	61.925	2EE
35	80	22.75	21	2	18	1.5	11° 51′ 35″	65.769	2FB
35	80	32.75	31	2	25	1.5	11° 51′ 35″	62.829	2FE

■ 테이퍼 롤러 베어링 [접촉각 계열 2]

단위 : mm

접촉각 계열 2 치수

d	D	T	B	$r_{1s\,min}$ / $r_{2s\,min}$	C	$r_{3s\,min}$ / $r_{4s\,min}$	α	E	치수계열
40	62	15	15	0.6	12	0.6	10° 55′	53.388	2BC
40	68	22	22	1	18	1	10° 40′	57.290	2BE
40	75	24	24	2	19.5	2	12° 07′	62.155	2CD
40	75	26	26	1.5	20.5	1.5	13° 20′	61.169	2CE
40	80	32	32	1.5	25	1.5	13° 25′	63.405	2DE
40	85	33	32.5	2.5	28	2	12° 55′	66.612	2EE
40	90	25.25	23	2	20	1.5	12° 57′ 10″	72.703	2FB
40	90	35.25	33	2	27	1.5	12° 57′ 10″	69.253	2FD
45	68	15	15	0.6	12	0.6	12°	58.852	2BC
45	75	24	24	1	19	1	11° 05′	63.116	2CE
45	80	24	24	2	19.5	2	13°	66.615	2CD
45	95	36	35	2.5	30	2.5	12° 09′	75.712	2ED
45	100	27.25	25	2	22	1.5	12° 57′ 10″	81.780	2FB
45	100	38.25	36	2	30	1.5	12° 57′ 10″	78.330	2FD
50	72	15	15	0.6	12	0.6	12° 50′	62.748	2BC
50	80	24	24	1	19	1	11° 55′	67.775	2CE
50	85	24	24	2	19.5	2	13° 52′	70.969	2CD
50	100	36	35	2.5	30	2.5	12° 51′	79.996	2ED
50	110	29.25	27	2.5	23	2	12° 57′ 10″	90.633	2FB
50	110	42.25	40	2.5	33	2	12° 57′ 10″	86.263	2FD
55	80	17	17	1	14	1	11° 39′	69.503	2BC
55	85	18	18.5	2	14	2	12° 49′	73.856	2CC
55	90	27	27	1.5	21	1.5	11° 45′	76.656	2CE
55	95	27	27	2	21.5	2	12° 43′ 30″	80.106	2CD
55	110	39	39	2.5	32	2.5	13°	88.446	2ED
55	120	31.5	29	2.5	25	2	12° 57′ 10″	99.146	2FB
55	120	45.5	43	2.5	35	2	12° 57′ 10″	94.316	2FD
60	85	17	17	1	14	1	12° 27′	74.815	2BC
60	90	18	18.5	2	14	2	13° 38′ 30″	78.249	2CC
60	95	27	27	1.5	21	1.5	12° 20′	80.422	2CE
60	100	27	27	2	21.5	2	13° 27′	84.587	2CD
60	115	40	39	2.5	33	2.5	12° 30′	93.460	2EE
60	130	33.5	31	3	26	2.5	12° 57′ 10″	107.769	2FB
60	130	48.5	46	3	37	2.5	12° 57′ 10″	102.939	2FD
65	90	17	17	1	14	1	13° 15′	78.849	2BC
65	100	22	22	2	17.5	2	12° 10′ 30″	87.433	2CC
65	100	27	27	1.5	21	1.5	13° 05′	85.257	2CE
65	110	31	31	2	25	2	12° 27′	93.090	2DD
65	125	43	42	2.5	35	2.5	12°	102.378	2FD
65	140	36	33	3	28	2.5	12° 57′ 10″	116.846	2GB
65	140	51	48	3	39	2.5	12° 57′ 10″	111.786	2GD
70	100	20	20	1	16	1	11° 53′	88.590	2BC
70	105	22	22	2	17.5	2	12° 49′ 30″	92.004	2CC
70	110	31	31	1.5	25.5	1.5	10° 45′	95.021	2CE
70	120	34	33	2	27	2	12° 22′	101.343	2DD
70	130	43	42	3	35	2.5	12° 31′ 30″	106.766	2ED
70	150	38	35	3	30	2.5	12° 57′ 10″	125.244	2GB
70	150	54	51	3	42	2.5	12° 57′ 10″	119.724	2GD

■ 테이퍼 롤러 베어링 [접촉각 계열 2]

단위 : mm

접촉각 계열 2 치수									
d	D	T	B	$r_{1s\,min}$ / $r_{2s\,min}$	C	$r_{3s\,min}$ / $r_{4s\,min}$	α	E	치수계열
75	105	20	20	1	16	1	12° 31′	93.223	2BC
75	115	25	25	2	20	2	12°	100.814	2CC
75	115	31	31	1.5	25.5	1.5	11° 15′	99.400	2CE
75	125	34	34	2.5	27	2	12° 55′	105.786	2DD
75	135	43	43	3	35	2.5	13° 03′	111.153	2ED
75	160	40	40	3	31	2.5	12° 57′ 10″	134.097	2GB
75	160	58	58	3	45	2.5	12° 57′ 10″	127.887	2GD
80	110	20	20	1	16	1	13° 10′	97.974	2BC
80	120	25	25	2	20	2	12° 33′ 30″	105.003	2CC
80	125	36	36	1.5	29.5	1.5	10° 30′	107.750	2CE
80	130	34	33	2.5	27	2	13° 30′	110.475	2DD
80	145	46	45	3	38	2.5	12° 02′	120.366	2ED
80	170	42.5	39	3	33	2.5	12° 57′ 10″	143.174	2GB
80	170	61.5	58	3	48	2.5	12° 57′ 10″	136.504	2GD
85	120	23	23	1.5	18	1.5	12° 18′	106.599	2BC
85	125	25	25	2.5	20	2	13° 7′ 30″	109.650	2CC
85	130	36	36	1.5	29.5	1.5	11°	112.838	2CE
85	135	34	33	2.5	28	2	12° 30′	115.904	2DD
85	150	46	46	3	38	3	12° 02′	124.965	2ED
85	180	44.5	41	4	34	3	12° 57′ 10″	150.433	2GB
85	180	63.5	60	4	49	3	12° 57′ 10″	144.223	2GD
90	125	23	23	1.5	18	1.5	12° 51′	111.282	2BC
90	135	28	27.5	2.5	23	2	12° 01′ 30″	119.139	2CC
90	140	34	33	2.5	28	2.5	12° 02′ 30″	121.860	2CD
90	140	39	39	2	32.5	1.5	10° 10′	122.363	2CE
90	155	46	46	3	38	3	12° 17′	130.206	2ED
90	190	46.5	43	4	36	3	12° 57′ 10″	159.061	2GB
90	190	67.5	64	4	53	3	12° 57′ 10″	151.701	2GD
95	130	23	23	1.5	18	1.5	13° 25′	116.082	2BC
95	140	28	27.5	2.5	23	2.5	12° 30′	123.797	2CC
95	145	34	33	2.5	28	2.5	12° 30′	126.419	2CD
95	145	39	39	2	32.5	1.5	10° 30′	126.346	2CE
95	160	46	46	3	38	3	12° 43′	134.711	2ED
95	200	49.5	45	4	38	3	12° 57′ 10″	165.861	2GB
95	200	71.5	67	4	55	3	12° 57′ 10″	160.318	2GD
100	140	25	25	1.5	20	1.5	12° 23′	125.717	2CC
100	145	28	27.5	2.5	23	2.5	12° 58′ 30″	128.448	2DC
100	150	34	33	2.5	28	2.5	12° 57′ 30″	130.992	2CD
100	150	39	39	2	32.5	1.5	10° 50′	130.323	2CE
100	165	47	46	3	39	3	12°	140.251	2EE
100	215	51.5	47	4	39	3	12° 57′ 10″	178.578	2GB
100	215	77.5	73	4	60	3	12° 57′ 10″	171.650	2GD
105	145	25	25	1.5	20	1.5	12° 51′	130.359	2CC
105	155	33	31.5	2.5	27	2.5	12° 17′ 30″	137.045	2CD
105	160	38	37	3	31	2.5	12° 17′ 30″	139.734	2DD
105	160	43	43	2.5	34	2	10° 40′	139.304	2DE
105	170	47	46	3	39	3	12° 18′ 30″	145.104	2EE
105	225	53.5	49	4	41	3	12° 57′ 10″	186.752	2GB
105	225	81.5	77	4	63	3	12° 57′ 10″	179.359	2GD

■ 테이퍼 롤러 베어링 [접촉각 계열 2]

단위 : mm

접촉각 계열 2 치수

d	D	T	B	$r_{1s\,min}$ / $r_{2s\,min}$	C	$r_{3s\,min}$ / $r_{4s\,min}$	α	E	치수계열
110	150	25	25	1.5	20	1.5	13° 20′	135.182	2CC
110	160	33	31.5	2.5	27	2.5	12° 42′ 30″	141.607	2CD
110	165	38	37	3	31	2.5	12° 42′ 30″	144.376	2DD
110	170	47	47	2.5	37	2	10° 50′	146.265	2DE
110	175	47	46	4	39	3	12° 41′ 30″	149.543	2EE
110	240	54.5	50	4	42	3	12° 57′ 10″	199.925	2GB
110	240	84.5	80	4	65	3	12° 57′ 10″	192.071	2GD
120	165	29	29	1.5	23	1.5	13° 05′	148.464	2CC
120	175	36	35	2.5	29	2.5	12° 08′	155.479	2CD
120	180	41	40	3	33	2.5	12° 08′ 30″	158.233	2DD
120	180	48	48	2.5	38	2	11° 30′	154.777	2DE
120	190	50	49	4	41	3	12° 09′ 30″	163.635	2EE
120	260	59.5	55	4	46	3	12° 57′ 10″	214.892	2GB
120	260	90.5	86	4	69	3	12° 57′ 10″	207.039	2GD
130	180	32	32	2	25	1.5	12° 45′	161.652	2CC
130	185	36	35	3	29	2.5	12° 52′	164.714	2DC
130	190	41	40	3	33	2.5	12° 51′ 30″	167.414	2DD
130	200	50	49	4	41	3	12° 50′ 30″	172.653	2DE
130	200	55	55	2.5	43	2	12° 50′	172.017	2EE
130	280	63.75	58	5	49	4	12° 57′ 10″	232.028	2GB
140	190	32	32	2	25	1.5	13° 30′	171.032	2CC
140	200	39	38	3	31	2.5	12°	179.234	2DC
140	205	44	43	3	36	2.5	12°	181.645	2DD
140	210	56	56	2.5	44	2	13° 30′	180.353	2DE
140	215	53	52	4	44	3	12°	187.051	2EE
140	300	67.75	62	5	53	4	12° 57′ 10″	247.910	2GB
150	210	38	38	2.5	30	2	12° 20′	187.926	2DC
150	215	44	43	3	36	3	12° 37′	190.810	2DD
150	225	53	52	4	44	4	12° 35′ 30″	196.097	2ED
150	225	59	59	3	46	2.5	13° 40′	194.260	2EE
150	320	72	65	5	55	4	12° 57′ 10″	265.955	2GB
160	220	38	38	2.5	30	2	13°	197.962	2DC
160	225	44	43	3	36	3	13° 14′ 30″	200.146	2DD
160	235	53	52	4	44	4	13° 11′ 30″	205.257	2ED
160	340	75	68	5	58	4	12° 57′ 10″	282.751	2GB
170	235	44	43	3	36	3	12° 13′ 30″	211.345	2DD
170	245	53	52	5	44	4	12° 14′	216.610	2ED
170	360	80	72	5	62	4	12° 57′ 10″	299.991	2GB
180	240	39	38	3	31	3	12° 47′	218.311	2DC
180	245	44	43	3	36	3	12° 46′ 30″	220.684	2DD
180	255	53	52	5	44	4	12° 46′	225.875	2ED
190	255	41	40	3	33	3	12° 15′	232.395	2DC
190	260	47	46	4	38	3	12° 15′	234.615	2DD
190	270	56	55	5	46	4	12° 15′ 30″	240.017	2ED
200	265	41	40	3	33	3	12° 45′	241.710	2DC
200	270	47	46	4	38	3	12° 45′	244.043	2DD
200	280	56	55	5	46	4	12° 44′ 30″	249.300	2ED
220	285	41	40	4	33	3	12°	262.657	2DC
220	290	47	46	4	38	3	12°	265.261	2DD
220	300	56	55	5	46	4	12° 04′ 30″	270.389	2ED
240	305	41	40	4	33	3	12° 53′	281.653	2DC
240	310	47	46	4	38	3	12° 52′	284.085	2DD
240	320	57	56	6	46	4	12° 55′ 30″	289.075	2EE
260	325	41	40	4	33	4	13° 46′	300.661	2DC
260	330	47	46	4	38	4	13° 44′ 30″	303.004	2DD
260	340	57	56	6	46	4	12° 07′ 30″	310.322	2DE
280	360	57	56	6	46	5	12° 52′ 30″	329.164	2DE

5. 테이퍼 롤러 베어링 [접촉각 계열 3]

단위 : mm

접촉각 계열 2 치수								
d	D	T	B	$r_{1s\,min}$ / $r_{2s\,min}$	C	$r_{3s\,min}$ / $r_{4s\,min}$	α	E	치수계열
20	42	15	15	0.6	12	0.6	14°	32.781	3CC
22	44	15	15	0.6	11.5	0.6	14° 50′	34.708	3CC
25	52	16.25	15	1	13	1	14° 02′ 10″	41.135	3CC
30	62	17.25	16	1	14	1	14° 02′ 10″	49.990	3DB
30	62	21.25	20	1	17	1	14° 02′ 10″	48.982	3DC
32	65	18.25	17	1	15	1	14°	52.500	3DB
35	72	18.25	17	1.5	15	1.5	14° 02′ 10″	58.844	3DB
35	72	24.25	23	1.5	19	1.5	14° 02′ 10″	57.087	3DC
40	68	19	19	1	14.5	1	14° 10′	56.897	3CD
40	80	19.75	18	1.5	16	1.5	14° 02′ 10″	65.730	3DB
40	80	24.75	23	1.5	19	1.5	14° 02′ 10″	64.715	3DC
45	75	20	20	1	15.5	1	14° 40′	63.248	3CC
45	80	26	26	1.5	20.5	1.5	14° 20′	65.700	3CE
45	85	20.75	19	1.5	16	1.5	15° 06′ 34″	70.440	3DB
45	85	24.75	23	1.5	19	1.5	15° 06′ 34″	69.610	3DC
45	85	32	32	1.5	25	1.5	14° 25′	68.075	3DE
50	80	20	20	1	15.5	1	15° 45′	67.841	3CC
50	85	26	26	1.5	20	1.5	15° 20′	70.214	3CE
50	90	21.75	20	1.5	17	1.5	15° 38′ 32″	75.078	3DB
50	90	24.75	23	1.5	19	1.5	15° 38′ 32″	74.226	3DC
50	90	32	32	1.5	24.5	1.5	15° 25	72.727	3DE
55	90	23	23	1.5	17.5	1.5	15° 10′	76.505	3CC
55	95	30	30	1.5	23	1.5	14°	78.893	3CE
55	100	22.75	21	2	18	1.5	15° 06′ 34″	84.197	3DB
55	100	26.75	25	2	21	1.5	15° 06′ 34″	82.837	3DC
55	100	35	35	2	27	1.5	14° 55′	81.240	3DE
60	100	30	30	1.5	23	1.5	14° 50′	83.522	3CE
60	110	23.75	22	2	19	1.5	15° 06′ 34″	91.876	3EB
60	110	29.75	28	2	24	1.5	15° 06′ 34″	90.236	3EC
60	110	38	38	2	29	1.5	15° 05′	89.032	3EE
65	110	34	34	1.5	26.5	1.5	14° 30′	91.653	3DE
65	120	24.75	23	2	20	1.5	15° 06′ 34″	101.934	3EB
65	120	32.75	31	2	27	1.5	15° 06′ 34″	99.484	3EC
65	120	41	41	2	32	1.5	14° 35′	97.863	3EE
65	135	52	51	5	43	3	15° 55′ 30″	102.611	3FE
70	120	37	37	2	29	1.5	14° 10′	99.733	3DE
70	125	26.25	24	2	21	1.5	15° 38′ 32″	105.748	3EB
70	125	33.25	31	2	27	1.5	15° 38′ 32″	103.765	3EC
70	125	41	41	2	32	1.5	15° 15′	102.275	3EE
75	125	37	37	2	29	1.5	14° 50′	104.358	3DE
75	130	41	41	2	31	1.5	15° 55′	106.675	3EE
75	145	52	51	5	43	3	15° 57′	112.507	3FE

■ 테이퍼 롤러 베어링 [접촉각 계열 3]

단위 : mm

접촉각 계열 2 치수								
d	D	T	B	$r_{1s\,min}$ $r_{2s\,min}$	C	$r_{3s\,min}$ $r_{4s\,min}$	α	E	치수계열
80	125	29	29	1.5	22	1.5	15° 45′	107,334	3CC
80	130	37	37	2	29	1.5	15° 30′	108,970	3DE
80	140	28.25	26	2.5	22	2	15° 38′ 32″	119,169	3EB
80	140	35.25	33	2.5	28	2	15° 38′ 32″	117,466	3EC
80	140	46	46	2.5	35	2	15° 50′	114,582	3EE
85	140	41	41	2.5	32	2	15° 10′	117,097	3DE
85	150	30.5	28	2.5	24	2	15° 38′ 32″	126,685	3EB
85	150	38.5	36	2.5	30	2	15° 38′ 32″	124,970	3EC
85	150	49	49	2.5	37	2	15° 35′	122,894	3EE
85	160	55	54	5	45	3	15° 43′	126,101	3FE
90	140	32	32	2	24	1.5	15° 45′	119,948	3CC
90	150	45	45	2.5	35	2	14° 50′	125,283	3DE
90	160	32.5	30	2.5	26	2	15° 38′ 32″	134,901	3FB
90	160	42.5	40	2.5	34	2	15° 38′ 32″	132,615	3FC
90	160	55	55	2.5	42	2	15° 40′	129,820	3FE
95	160	49	49	2.5	38	2	14° 35′	133,240	3EE
95	170	34.5	32	3	27	2.5	15° 38′ 32″	143,385	3FB
95	170	45.5	43	3	37	2.5	15° 38′ 32″	140,259	3FC
95	170	58	58	3	44	2.5	15° 15′	138,642	3FE
100	165	52	52	2.5	40	2	15° 10′	137,129	3EE
100	180	37	34	3	29	2.5	15° 38′ 32″	151,310	3FB
100	180	49	46	3	39	2.5	15° 38′ 32″	148,184	3FC
100	180	63	63	3	48	2.5	15°	145,949	3FE
105	175	56	56	2.5	44	2	15° 05′	144,427	3EE
105	190	39	36	3	30	2.5	15° 38′ 32″	159,795	3FB
105	190	53	50	3	43	2.5	15° 38′ 32″	155,269	3FC
105	190	68	68	3	52	2.5	15°	153,622	3FE
110	180	56	56	2.5	43	2	15° 35′	149,127	3EE
110	190	58	57	6	47	3	15° 48′	154,133	3FB
110	200	41	38	3	32	2.5	15° 38′ 32″	168,548	3FC
110	200	56	53	3	46	2.5	15° 38′ 32″	164,022	3FE
120	200	62	62	2.5	48	2	14° 50′	166,144	3FE
130	210	58	57	6	47	4	15° 50′ 30″	174,091	3EE
150	235	61	59	6	50	4	15° 53′	196,798	3EE
170	230	38	38	2.5	30	2	14° 20′	206,564	3DC
170	255	61	59	6	50	4	15° 55′	216,949	3EE
180	280	64	64	3	48	2.5	15° 45′	239,898	3FD
190	280	64	62	6	52	4	15° 58′ 30″	239,995	3EE
200	280	51	51	3	39	2.5	14° 45′	249,698	3EC
200	360	104	98	5	82	4	15° 10′	294,880	3GD
220	300	51	51	3	39	2.5	15° 50′	267,685	3EC
260	360	63.5	63.5	3	48	2.5	15° 10′	320,783	3EC
300	420	76	76	4	57	3	14° 45′	374,706	3FD
320	440	76	76	4	57	3	15° 30′	393,406	3FD

6. 테이퍼 롤러 베어링 [접촉각 계열 4]

단위 : mm

				접촉각 계열 2 치수					
d	D	T	B	$r_{1s\,min}$ $r_{2s\,min}$	C	$r_{3s\,min}$ $r_{4s\,min}$	α	E	치수계열
20	45	14	14	1	10	1	16° 40′	35.679	4DB
22	47	14	14	1	10	1	17° 30′	37.443	4CB
25	47	15	15	0.6	11.5	0.6	16°	37.393	4CC
25	50	14	14	1	10	1	18° 45′	40.025	4CB
28	52	16	16	1	12	1	16°	41.991	4CC
28	55	15	14.5	1	11	1	17° 30′	44.597	4CB
30	55	17	17	1	13	1	16°	44.438	4CC
30	60	17	16.5	1	12.5	1	17° 30′	48.465	4CB
32	58	17	17	1	13	1	16° 50′	46.708	4CC
32	65	18	17.5	1	13.5	1	17° 30′	52.418	4DB
35	62	18	18	1	14	1	16° 50′	50.510	4CC
35	70	19	18	1	14	1	16° 49′ 30″	57.138	4DB
40	75	19	18	1	14	1	18° 10′ 30″	61.526	4CB
45	85	21	20	2	15.5	2	16° 55′ 30″	70.252	4DB
50	90	21	20	2	15.5	2	18° 04′ 30″	74.870	4DB
50	105	41	40	4	34	2.5	16° 41′	78.494	4FE
55	95	21	20	2	15.5	2	16° 33′	80.790	4CB
55	115	44	42	5	37	2.5	16° 15′	86.683	4FE
60	95	23	23	1.5	17.5	1.5	16°	80.634	4CC
60	100	21	20	2	15.5	2	17° 30′	85.256	4CB
60	125	48	46	5	40	2.5	16° 15′	94.207	4FE
65	100	23	23	1.5	17.5	1.5	17°	85.567	4CC
65	105	21	20	2	15.5	2	18° 27′	89.709	4CB
70	110	21	20	2	15.5	2	17° 05′	95.533	4CB
70	110	25	25	1.5	19	1.5	16° 10′	93.633	4CC
70	140	52	51	5	43	3	16° 34′ 30″	106.644	4FE
75	115	21	20	2	15.5	2	17° 55′	100.019	4CB
75	115	25	25	1.5	19	1.5	17°	98.358	4CC
75	130	27.25	25	2	22	1.5	16° 10′ 20″	110.408	4DB
75	130	33.25	31	2	27	1.5	16° 10′ 20″	108.932	4DC
80	125	24	22.5	2	17.5	2	16° 46′	108.745	4CB
80	150	52	51	5	43	3	16° 33′	116.580	4FE
85	130	24	22.5	2	17.5	2	17° 30′	113.315	4CB
85	130	29	29	1.5	22	1.5	16° 25′	111.788	4CC
90	135	24	22.5	2	17.5	2	18° 14′	117.895	4CB
90	165	55	54	5	45	3	16° 15′	130.224	4FE
95	140	24	22.5	2	17.5	2	16° 51′	123.776	4CB
95	145	32	32	2	24	1.5	16° 25′	124.927	4DC
95	170	55	54	5	45	3	16° 47′	134.331	4FE
100	145	24	22.5	3	17.5	3	17° 30′	128.389	4CB
100	150	32	32	2	24	1.5	17°	129.269	4DC
100	175	55	54	6	45	3	16°	140.655	4FE
105	150	24	22.5	3	17.5	3	18° 09′	132.982	4CB
105	160	35	35	2.5	26	2	16° 30′	137.685	4DC
105	180	55	54	6	45	3	16° 30′	144.884	4EE

■ 테이퍼 롤러 베어링 [접촉각 계열 4]

단위 : mm

				접촉각 계열 2 치수				
d	D	T	B	$r_{1s\,min}$ $r_{2s\,min}$	C	$r_{3s\,min}$ $r_{4s\,min}$	α	치수계열
110	160	27	25.5	3	19.5	3	16° 24′	4CB
110	170	38	38	2.5	29	2	16°	4DC
120	170	27	25	3	19.5	3	17° 30′	4CB
120	180	38	38	2.5	29	2	17°	4DC
120	200	58	57	6	47	3	16° 42′	4FE
120	215	43.5	40	3	34	2.5	16° 10′ 20″	4FB
120	215	61.5	58	3	50	2.5	16° 10′ 20″	4FD
130	185	29	27	3	21	3	17° 30′	4CB
130	200	45	45	2.5	34	2	16° 10′	4EC
130	230	43.75	40	4	34	3	16° 10′ 20″	4FB
130	230	67.75	64	4	54	3	16° 10′ 20″	4FD
140	195	29	27	3	21	3	18° 32′	4CB
140	210	45	45	2.5	34	2	17°	4DC
140	220	58	57	6	47	4	16° 39′ 30″	4EE
140	250	45.75	42	4	36	3	16° 10′ 20″	4FB
140	250	71.75	68	4	58	3	16° 10′ 20″	4FD
150	210	32	30	3	23	3	17° 04′	4DB
150	225	48	48	3	36	2.5	17°	4EC
150	270	49	45	4	38	3	16° 10′ 20″	4GB
150	270	77	73	4	60	3	16° 10′ 20″	4GD
160	220	32	30	3	23	3	17° 57′ 30″	4DB
160	240	51	51	3	38	2.5	17°	4EC
160	245	61	59	6	50	4	16° 37′	4EE
160	290	52	48	4	40	3	16° 10′ 20″	4GB
160	290	84	80	4	67	3	16° 10′ 20″	4GD
170	230	32	30	3	23	3	17° 06′	4DB
170	260	57	57	3	43	2.5	16° 30′	4EC
170	310	57	52	5	43	4	16° 10′ 20″	4GB
170	310	91	86	5	71	4	16° 10′ 20″	4GD
180	240	32	30	3	23	3	17° 54′	4DB
180	250	45	45	2.5	34	2	17° 45′	4DC
180	265	61	59	6	50	4	16° 35′	4FD
180	320	57	52	5	43	4	16° 41′ 57″	4GB
180	320	91	86	5	71	4	16° 41′ 57″	4GD
190	260	37	34	3	27	3	16° 46′	4DB
190	260	45	45	2.5	34	2	17° 39′	4DC
190	290	64	64	3	48	2.5	16° 25′	4FD
190	340	60	55	5	46	4	16° 10′ 20″	4GB
190	340	97	92	5	75	4	16° 10′ 20″	4GD
200	270	37	34	3	27	3	17° 30′	4DB
200	290	64	62	6	52	4	16° 34′	4EE
200	310	70	70	3	53	2.5	16°	4FD
200	360	64	58	5	48	4	16° 10′ 20″	4GB
220	290	37	34	3	27	3	18° 54′	4CB
220	340	76	76	4	57	3	16°	4FD

■ 테이퍼 롤러 베어링 [접촉각 계열 4]

단위 : mm

접촉각 계열 2 치수

d	D	T	B	$r_{1s\,min}$ $r_{2s\,min}$	C	$r_{3s\,min}$ $r_{4s\,min}$	α	E	치수계열
240	320	42	39	3	30	3	16° 56′	291.676	4EB
240	320	51	51	3	39	2.5	17°	286.952	4EC
240	360	76	76	4	57	3	17°	310.356	4FD
260	340	42	39	3	30	3	18° 04′	310.497	4DB
260	400	87	87	5	65	4	16° 10′	344.432	4FC
280	370	48	44	3	34	3	17° 30′	337.067	4DB
280	380	63.5	63.5	3	48	2.5	16° 05′	339.778	4EC
280	420	87	87	5	65	4	17°	361.811	4GB
									4GD
300	400	52	49	3	37	3	17°	364.238	4EB
300	460	100	100	5	74	4	16° 10′	395.676	4GD
320	420	53	49	3	38	3	17° 55′	382.798	4EB
320	480	100	100	5	74	4	17°	415.640	4GD
340	460	76	76	4	57	3	16° 15′	412.043	4FD
360	480	76	76	4	57	3	17°	430.612	4FD

7. 테이퍼 롤러 베어링 [접촉각 계열 5]

단위 : mm

				접촉각 계열 2 치수				
d	D	T	B	$r_{1s\,min}$ / $r_{2s\,min}$	C	$r_{3s\,min}$ / $r_{4s\,min}$	α	E	치수계열

d	D	T	B	$r_{1s\,min}$ / $r_{2s\,min}$	C	$r_{3s\,min}$ / $r_{4s\,min}$	α	E	치수계열
20	47	19.25	18	1	15	1	19°	33.708	5DD
25	52	19.25	18	1	15	1	21° 15′	37.555	5CD
28	58	20.25	19	1	16	1	20° 34′	42.436	5DD
30	62	21.25	20	1	17	1	20° 34′	46.389	5DC
30	72	28.75	27	1.5	23	1.5	20°	50.518	5FD
32	65	22	21.5	1	17	1	20°	48.523	5DC
32	75	29.75	28	1.5	23	1.5	20°	53.594	5FD
35	72	24.25	23	1.5	19	1.5	21° 10′	53.052	5DC
35	80	32.75	31	2	25	1.5	20°	57.011	5FE
40	80	24.75	23	1.5	19	1.5	20°	61.438	5DC
40	80	27	26.5	4	21.5	2	20° 43′ 30″	58.963	5DD
40	90	35.25	33	2	27	1.5	20°	63.708	5FD
45	85	24.75	23	1.5	19	1.5	21° 35′	66.138	5DC
45	90	32	31	4	26	2	20°	66.466	5ED
45	100	38.25	36	2	30	1.5	20°	71.639	5FD
50	90	24.75	23	1.5	18	1.5	21° 20′	72.169	5DC
50	100	36	34.5	4	29	2	19° 27′ 30″	74.391	5ED
50	110	42.25	40	2.5	33	2	20°	78.582	5FD
55	100	30	28.5	4	24	2.5	20°	77.839	5DD
55	105	36	34.5	4	29	2.5	20° 32′ 30″	78.283	5ED
55	120	45.5	43	2.5	35	2	20°	86.300	5FD
60	110	34	32	4	27	2.5	19° 30′	85.698	5DD
60	115	39	38	4	31	2.5	19° 32′	87.309	5ED
60	130	48.5	46	3	37	2.5	20°	94.200	5FD
65	115	34	32	4	27	2.5	20° 30′	89.829	5DD
65	120	39	38	4	31	2.5	20° 28′	91.214	5ED
65	140	51	48	3	39	2.5	20°	102.319	5GD
70	125	37	34.5	4	30	2.5	19° 34′	98.100	5DD
70	130	42	40	4	34	2.5	19° 11′	100.186	5ED
70	150	54	51	3	42	2.5	20°	110.219	5GD
75	130	37	34.5	4	30	2.5	21° 26′	102.199	5DD
75	135	42	40	5	34	2.5	20°	104.210	5ED
75	160	58	58	3	45	2.5	20°	117.465	5GD
80	135	37	34.5	4	30	2.5	19° 36′	108.128	5DD
80	140	42	40	5	34	3	20° 49′	108.199	5ED
80	170	61.5	60	4	48	2.5	20°	125.001	5GD
85	140	37	34.5	4	30	3	20° 24′	112.385	5DD
85	145	42	40	5	34	3	19° 16′	115.106	5ED
85	180	63.5	60	4	49	3	20°	132.736	5GD
90	145	37	34.5	4	30	3	19° 16′	118.567	5DD
90	150	42	40	5	34	3	20°	119.254	5ED
95	150	37	34.5	4	30	3	20°	122.832	5DD
95	155	42	40	5	34	3	20° 44′	123.374	5ED
100	155	37	34.5	5	30	3	20° 44′	127.221	5DD
100	160	42	40	5	34	3	19° 20′	130.033	5ED
105	160	37	34.5	5	30	3	19° 40′	133.284	5DD

8. 테이퍼 롤러 베어링 [접촉각 계열 7]

단위 : mm

접촉각 계열 2 치수								
d	D	T	B	$r_{1s\,min}$ / $r_{2s\,min}$	C	$r_{3s\,min}$ / $r_{4s\,min}$	α	E	치수계열
25	62	18.25	17	1.5	13	1.5	28° 48′ 39″	44.130	7FB
30	72	20.75	19	1.5	14	1.5	28° 48′ 39″	51.771	7FB
35	80	22.75	21	2	15	1.5	28° 48′ 39″	58.861	7FB
40	90	25.25	23	2	17	1.5	28° 48′ 39″	66.984	7FB
45	95	29	26.5	2.5	20	2.5	30°	67.061	7FC
45	100	27.25	25	2	18	1.5	28° 48′ 39″	75.107	7FB
50	105	32	29	3	22	3	30°	74.245	7FC
50	110	29.25	27	2.5	19	2	28° 48′ 39″	82.747	7FB
55	115	34	31	3	23.5	3	28° 39′	81.787	7FC
55	120	31.5	29	2.5	21	2	28° 48′ 39″	89.563	7FB
60	125	37	33.5	3	26	3	30°	89.849	7FC
60	130	33.5	31	3	22	2.5	28° 48′ 39″	98.236	7FB
65	130	37	33.5	3	26	3	30°	93.445	7FC
65	140	36	33	3	23	2.5	28° 48′ 39″	106.359	7GB
70	140	39	35.5	3	27	3	30°	101.717	7FC
70	150	38	35	3	25	2.5	28° 48′ 39″	113.449	7GB
75	150	42	38	3	29	3	30°	108.847	7FC
75	160	40	37	3	26	2.5	28° 48′ 39″	122.122	7GB
80	160	45	41	3	31	3	30°	115.930	7FC
80	170	42.5	39	3	27	2.5	28° 48′ 39″	129.213	7GB
85	170	48	45	4	33	4	28° 04′ 30″	125.628	7FC
85	180	44.5	41	4	28	3	28° 48′ 39″	137.403	7GB
90	175	48	45	4	33	4	29° 02′ 30″	129.385	7FC
90	190	46.5	43	4	30	3	28° 48′ 39″	145.527	7GB
95	180	49	45	4	33	4	30°	133.033	7FC
95	200	49.5	45	4	32	3	28° 48′ 39″	151.584	7GB
100	190	52	47	4	35	4	30°	140.384	7FC
100	215	56.5	51	4	35	3	28° 48′ 39″	162.739	7GB
105	200	54	49	4	37	4	30°	147.838	7FC
105	225	58	53	4	36	3	28° 48′ 39″	170.724	7GB
110	210	57	51	4	39	4	28° 25′	157.271	7FC
110	240	63	57	4	38	3	28° 48′ 39″	182.014	7GB
120	220	57	51	4	39	4	30°	164.848	7FC
120	260	68	62	4	42	3	28° 48′ 39″	197.022	7GB
130	230	57	51	5	39	5	30°	175.117	7FC
130	280	72	66	5	44	4	28° 48′ 39″	211.753	7GB
140	240	57	52	5	39	5	28° 37′	187.175	7FC
140	300	77	70	5	47	4	28° 48′ 39″	227.999	7GB
150	250	57	52	5	39	5	30°	195.041	7FC
150	320	82	75	5	50	4	28° 48′ 39″	244.244	7GB

9. 베어링 계열 320, 접촉각 계열 3의 테이퍼 롤러 베어링의 호칭 번호 및 치수

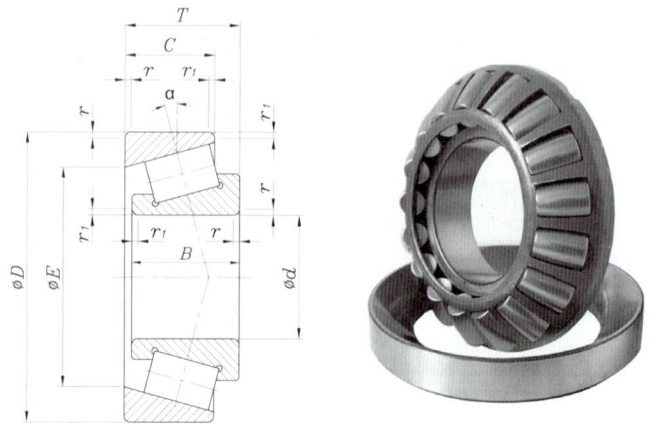

단위 : mm

호칭 번호	치 수						(참 고)		
					내륜	외륜			
	d	D	T	B	C	$r_{s\,min}$		E	α	$r_{1s\,min}$	치수계열
32004 K	20	42	15	15	12	0.6	0.6	32.781	14°	0.15	3 CC
320/22 K	22	44	15	15	11.5	0.6	0.6	34.708	14° 50′	0.15	3 CC
32005 K	25	47	15	15	11.5	0.6	0.6	37.393	16°	0.15	4 CC
320/28 K	28	52	16	16	12	1	1	41.991	16°	0.3	4 CC
32006 K	30	55	17	17	13	1	1	44.438	16°	0.3	4 CC
320/32 K	32	58	17	17	13	1	1	46.708	16° 50′	0.3	4 CC
32007 K	35	62	18	18	14	1	1	50.510	16° 50′	0.3	4 CC
32008 K	40	68	19	19	14.5	1	1	56.897	14° 10′	0.3	3 CD
32009 K	45	75	20	20	15.5	1	1	63.248	14° 40′	0.3	3 CC
32010 K	50	80	20	20	15.5	1	1	67.841	15° 45′	0.3	3 CC
32011 K	55	90	23	23	17.5	1.5	1.5	76.505	15° 10′	0.6	3 CC
32012 K	60	95	23	23	17.5	1.5	1.5	80.634	16°	0.6	4 CC
32013 K	65	100	23	23	17.5	1.5	1.5	85.567	17°	0.6	4 CC
32014 K	70	110	25	25	19	1.5	1.5	93.633	16° 10′	0.6	4 CC
32015 K	75	115	25	25	19	1.5	1.5	98.358	17°	0.6	4 CC
32016 K	80	125	29	29	22	1.5	1.5	107.334	15° 45′	0.6	3 CC
32017 K	85	130	29	29	22	1.5	1.5	111.788	16° 25′	0.6	4 CC
32018 K	90	140	32	32	24	2	1.5	119.948	15° 45′	0.6	3 CC
32019 K	95	145	32	32	24	2	1.5	124.927	16° 25′	0.6	4 CC
32020 K	100	150	32	32	24	2	1.5	129.269	17°	0.6	4 CC
32021 K	105	160	35	35	26	2.5	2	137.685	16° 30′	0.6	4 DC
32022 K	110	170	38	38	29	2.5	2	146.290	16°	0.6	4 DC
32024 K	120	180	38	38	29	2.5	2	155.239	17°	0.6	4 DC
32026 K	130	200	45	45	34	2.5	2	172.043	16° 10′	0.6	4 EC
32028 K	140	210	45	45	34	2.5	2	180.720	17°	0.6	4 EC
32030 K	150	225	48	48	36	3	2.5	193.674	17°	1	4 EC
32032 K	160	240	51	51	38	3	2.5	207.209	17°	1	4 EC
32034 K	170	260	57	57	43	3	2.5	223.031	16° 30′	1	4 EC
32036 K	180	280	64	64	48	3	2.5	239.898	15° 45′	1	3 FD
32038 K	190	290	64	64	48	3	2.5	249.653	16° 25′	1	4 FD
32040 K	200	310	70	70	53	3	2.5	266.039	16°	1	4 FD
32044 K	220	340	76	76	57	4	3	292.464	16°	1	4 FD
32048 K	240	360	76	76	57	4	3	310.356	17°	1	4 FD

32052 K	260	400	87	87	65	5	4	344,432	16° 10′	1.5	4 FC
32056 K	280	420	87	87	65	5	4	361,811	17°	1.5	4 FC
32060 K	300	460	100	100	74	5	4	395,676	16° 10′	1.5	4 GD
32064 K	320	480	100	100	74	5	4	415,640	17°	1.5	4 GD

주 ▶ (1) $r_s$min은 내륜 및 외륜의 최소 허용 모떼기 치수이다.
(2) 치수 계열은 KS B 2013의 부표 2-1∼2-5의 치수 계열 1란의 것(ISO 355의 치수계열)이다.

【비 고】 베어링의 치수 계열은 KS B 2013의 부표 2-1∼2-5의 치수 계열 2란에 표시하는 20이다.

10. 베어링 계열 302, 접촉각 계열 2의 테이퍼 롤러 베어링의 호칭 번호 및 치수

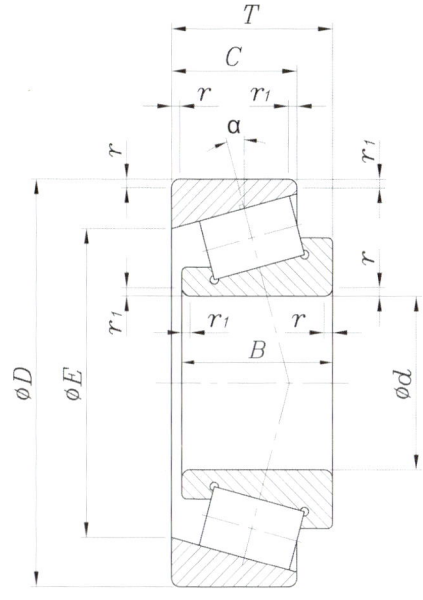

단위 : mm

호칭 번호	치 수									(참 고)	
	d	D	T	B	C	내륜	외륜	E	α	$r_{s\,min}$	치수계열
						$r_s$min					
30203 K	17	40	13.25	12	11	1	1	31.408	12° 57′ 10″	0.3	2 DB
30204 K	20	47	15.25	14	12	1	1	37.304	12° 57′ 10″	0.3	2 DB
30205 K	25	52	16.25	15	13	1	1	41.135	14° 02′ 10″	0.3	3 CC
30206 K	30	62	17.25	16	14	1	1	49.990	14° 02′ 10″	0.3	3 DB
302/32 K	32	65	18.25	17	15	1	1	52.500	14°	0.3	3 DB
30207 K	35	72	18.25	17	15	1.5	1.5	58.844	14° 02′ 10″	0.6	3 DB
30208 K	40	80	19.75	18	16	1.5	1.5	65.730	14° 02′ 10″	0.6	3 DB
30209 K	45	85	20.75	19	16	1.5	1.5	70.440	15° 06′ 34″	0.6	3 DB
30210 K	50	90	21.75	20	17	1.5	1.5	75.078	15° 38′ 32″	0.6	3 DB
30211 K	55	100	22.75	21	18	2	1.5	84.197	15° 06′ 34″	0.6	3 DB
30212 K	60	110	23.75	22	19	2	1.5	91.876	15° 06′ 34″	0.6	3 EB
30213 K	65	120	24.75	23	20	2	1.5	101.934	15° 06′ 34″	0.6	3 EB

호칭번호		d	D	T	B	C	r min	r₁ min	E	α			r	r₁	참고
30214 K		70	125	26.25	24	21	2	1.5	105.748	15°	38′	32″	0.6		3 EB
30215 K		75	130	27.25	25	22	2	1.5	110.408	16°	10′	20″	0.6		4 DB
30216 K		80	140	28.25	26	22	2.5	2	119.169	15°	38′	32″	0.6		3 EB
30217 K		85	150	30.5	28	24	2.5	2	126.685	15°	38′	32″	0.6		3 EB
30218 K		90	160	32.5	30	26	2.5	2	134.901	15°	38′	32″	0.6		3 FB
30219 K		95	170	34.5	32	27	3	2.5	143.385	15°	38′	32″	1		3 FB
30220 K		100	180	37	34	29	3	2.5	151.310	15°	38′	32″	1		3 FB
30221 K		105	190	39	36	30	3	2.5	159.795	15°	38′	32″	1		3 FB
30222 K		110	200	41	38	32	3	2.5	168.548	15°	38′	32″	1		3 FB
30224 K		120	215	43.5	40	34	3	2.5	181.257	16°	10′	20″	1		4 FB
30226 K		130	230	43.75	40	34	4	3	196.420	16°	10′	20″	1		4 FB
30228 K		140	250	45.75	42	36	4	3	212.270	16°	10′	20″	1		4 FB
30230 K		150	270	49	45	38	4	3	227.408	16°	10′	20″	1		4 GB
30232 K		160	290	52	48	40	4	3	244.958	16°	10′	20″	1		4 GB
30234 K		170	310	57	52	43	5	4	262.483	16°	10′	20″	1.5		4 GB
30236 K		180	320	57	52	43	5	4	270.928	16°	41′	57″	1.5		4 GB
30238 K		190	340	60	55	46	5	4	291.083	16°	10′	20″	1.5		4 GB
30240 K		200	360	64	58	48	5	4	307.196	16°	10′	20″	1.5		4 GB

주 ▶ (1) r₅min, r₁₅min은 내륜 및 외륜의 최소 허용 모떼기 치수이다.
(2) 참고란의 치수 계열은 KS B 2013의 부표 2-1~2-5의 치수계열 1란의 것(ISO 355의 치수계열)이다.

【비 고】 베어링의 치수 계열은 KS B 2013의 부표 2-1~2-5의 치수 계열 2란에 표시하는 02이다.

11. 베어링 계열 322, 접촉각 계열 2의 테이퍼 롤러 베어링의 호칭 번호 및 치수

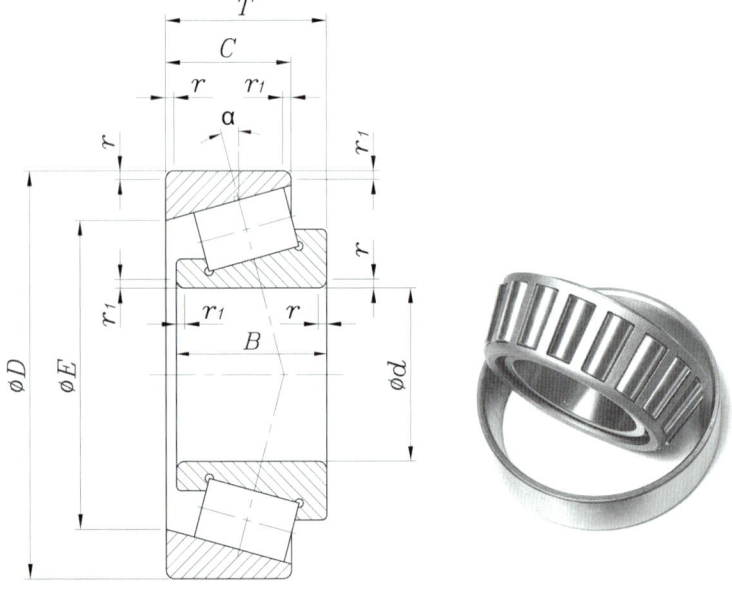

단위 : mm

호칭번호	치수									(참고)	
	d	D	T	B	C	내륜 $r_{s\,min}$	외륜 $r_{s\,min}$	E	α	$r_{1s\,min}$	치수계열
32203 K	17	40	17.25	16	14	1	1	31.170	11° 45′	0.3	2 DD
32204 K	20	47	19.25	18	15	1	1	35.810	12° 28′	0.3	2 DD
32205 K	25	52	19.25	18	16	1	1	41.331	13° 30′	0.3	2 CD
32206 K	30	62	21.25	20	17	1	1	48.982	14° 02′ 10″	0.3	3 DC
32207 K	35	72	24.25	23	19	1.5	1.5	57.087	14° 02′ 10″	0.6	3 DC
32208 K	40	80	25.75	23	19	1.5	1.5	64.715	14° 02′ 10″	0.6	3 DC
32209 K	45	85	24.75	23	19	1.5	1.5	69.610	15° 06′ 34″	0.6	3 DC
32210 K	50	90	24.75	23	19	1.5	1.5	74.226	15° 38′ 32″	0.6	3 DC
32211 K	55	100	26.75	25	21	2	1.5	82.837	15° 06′ 34″	0.6	3 DC
32212 K	60	110	29.75	28	24	2	1.5	90.236	15° 06′ 34″	0.6	3 EC
32213 K	65	120	32.75	31	27	2	1.5	99.484	15 06 34	0.6	3 EC
32214 K	70	125	33.25	31	27	2	1.5	103.763	15 38 32	0.6	3 EC
32215 K	75	130	33.25	31	27	2	1.5	108.932	16° 10′ 20″	0.6	4 DC
32216 K	80	140	35.25	33	28	2.5	2	117.466	15° 38′ 32″	0.6	3 EC
32217 K	85	150	38.5	36	30	2.5	2	124.970	15° 38′ 32″	0.6	3 EC
32218 K	90	160	42.5	40	34	2.5	2	132.615	15° 38′ 32″	0.6	3 FC
32219 K	95	170	45.5	43	37	3	2.5	140.259	15° 38′ 32″	1	3 FC
32220 K	100	180	49	46	39	3	2.5	148.184	15° 38′ 32″	1	3 FC
32221 K	105	190	53	50	43	3	2.5	155.269	15° 38′ 32″	1	3 FC
32222 K	110	200	56	53	46	3	2.5	164.022	15° 38′ 32″	1	3 FC
32224 K	120	215	61.5	58	50	3	2.5	174.825	16° 10′ 20″	1	4 FD
32226 K	130	230	67.75	64	54	4	3	187.088	16° 10′ 20″	1	4 FD
32228 K	140	250	71.75	68	58	4	3	204.046	16° 10′ 20″	1	4 FD
32230 K	150	270	77	73	60	4	3	219.157	16° 10′ 20″	1	4 GD
32232 K	160	290	84	80	67	4	3	234.942	16° 10′ 20″	1	4 GD
32234 K	170	310	91	86	71	5	4	251.873	16° 10′ 20″	1.5	4 GD
32236 K	180	320	91	86	71	5	4	259.938	16° 41′ 57″	1.5	4 GD
32238 K	190	340	97	92	75	5	4	279.024	16° 10′ 20″	1.5	4 GD
32240 K	200	360	104	98	82	5	4	294.880	15° 10′	1.5	3 GD

주 ▶ (1) $r_s$min, r_{1s}min은 내륜 및 외륜의 최소 허용 모떼기 치수이다.
(2) KS B 2013의 부표 2-1~2-5의 치수계열 1란의 것(ISO 355의 치수계열)이다.

【비 고】 베어링의 치수 계열은 KS B 2013의 부표 2-1~2-5의 치수 계열 2란에 표시하는 22이다.

12. 베어링 계열 303, 접촉각 계열 2의 테이퍼 롤러 베어링의 호칭 번호 및 치수

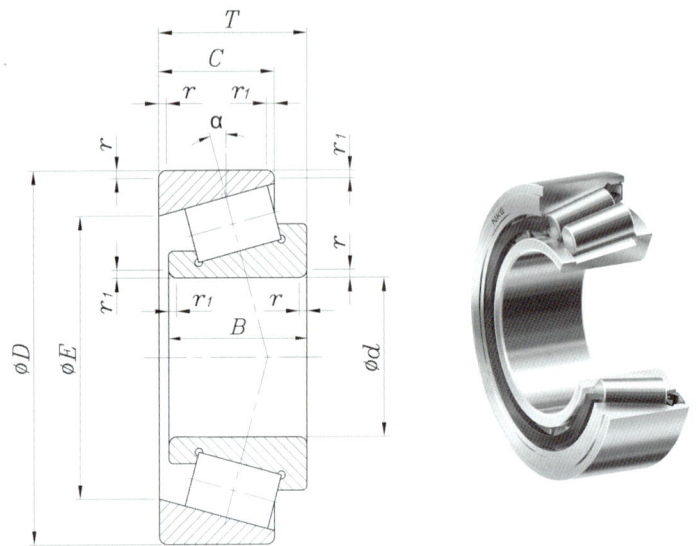

단위 : mm

호칭 번호	치 수								(참 고)	
	d	D	T	B	C	내륜 $r_{s min}$	외륜 $r_{s min}$	E	α	$r_{1s min}$	치수계열
30302 K	15	42	14.25	13	11	1	1	33.272	10° 45′ 29″	0.3	2 FB
30303 K	17	47	15.25	14	12	1	1	37.420	10° 45′ 29″	0.3	2 FB
30304 K	20	52	16.25	15	13	1.5	1.5	41.318	11° 18′ 36″	0.6	2 FB
30305 K	25	62	18.25	17	15	1.5	1.5	50.637	11° 18′ 36″	0.6	2 FB
30306 K	30	72	20.75	19	16	1.5	1.5	58.287	11° 51′ 35″	0.6	2 FB
30307 K	35	80	22.75	21	18	2	1.5	65.769	11° 51′ 36″	0.6	2 FB
30308 K	40	90	25.25	23	20	2	1.5	72.703	12° 57′ 10″	0.6	2 FB
30309 K	45	100	27.25	25	22	2	1.5	81.780	12° 57′ 10″	0.6	2 FB
30310 K	50	110	29.25	27	23	2.5	2	90.633	12° 57′ 10″	0.6	2 FB
30311 K	55	120	31.5	29	25	2.5	2	99.146	12° 57′ 10″	0.6	2 FB
30312 K	60	130	33.5	31	26	3	2.5	107.769	12° 57′ 10″	1	2 FB
30313 K	65	140	36	33	28	3	2.5	116.846	12° 57′ 10″	1	2 GB
30314 K	70	150	38	35	30	3	2.5	125.244	12° 57′ 10″	1	2 GB
30315 K	75	160	40	37	31	3	2.5	134.097	12° 57′ 10″	1	2 GB
30316 K	80	170	42.5	39	33	3	2.5	143.174	12° 57′ 10″	1	2 GB
30317 K	85	180	44.5	41	34	4	3	150.433	12° 57′ 10″	1	2 GB
30318 K	90	190	46.5	43	36	4	3	159.061	12° 57′ 10″	1	2 GB
30319 K	95	200	49.5	45	38	4	3	165.861	12° 57′ 10″	1	2 GB
30320 K	100	215	51.5	47	39	4	3	178.578	12° 57′ 10″	1	2 GB
30321 K	105	225	53.5	49	41	4	3	186.752	12° 57′ 10″	1	2 GB
30322 K	110	240	54.5	50	42	4	3	199.925	12° 57′ 10″	1	2 GB
30324 K	120	260	59.5	55	46	4	3	214.892	12° 57′ 10″	1	2GB
30326 K	130	280	63.75	58	49	5	4	232.028	12° 57′ 10″	1.5	2GB
30328 K	140	300	67.75	62	53	5	4	247.910	12° 57′ 10″	1.5	2GB
30330 K	150	320	72	65	55	5	4	265.955	12° 57′ 10″	1.5	2GB
30332 K	160	340	75	68	58	5	4	282.751	12° 57′ 10″	1.5	2GB
30334 K	170	360	80	72	62	5	4	299.991	12° 57′ 10″	1.5	2GB

13. 베어링 계열 303 D, 접촉각 계열 2의 테이퍼 롤러 베어링의 호칭 번호 및 치수

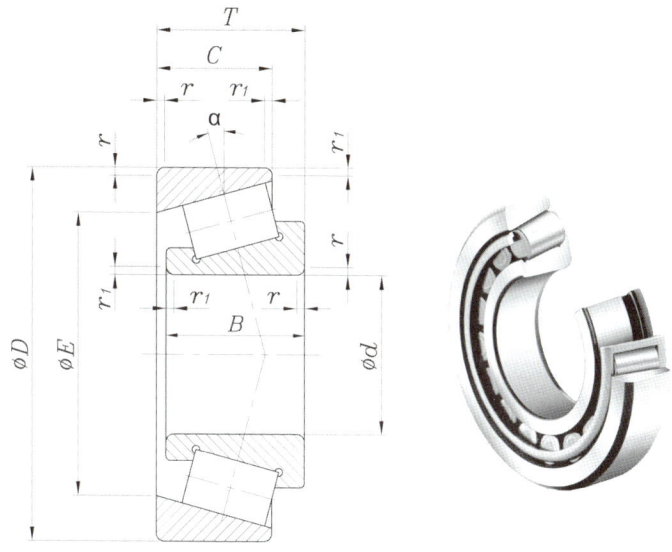

단위 : mm

호칭 번호	치 수									(참 고)	
	d	D	T	B	C	내륜	외륜	E	α	$r_{1s\min}$	치수계열
						$r_{s\min}$					
30305D K	25	62	18.25	17	13	1.5	1.5	44.130	28° 48′ 39″	0.6	7 FB
30306D K	30	72	20.75	19	14	1.5	1.5	51.771	28° 48′ 39″	0.6	7 FB
30307D K	35	80	22.75	21	15	2	1.5	58.861	28° 48′ 39″	0.6	7 FB
30308D K	40	90	25.25	23	17	2	1.5	66.984	28° 48′ 39″	0.6	7 FB
30309D K	45	100	27.25	25	18	2	1.5	75.107	28° 48′ 39″	0.6	7 FB
30310D K	50	110	29.25	27	19	2.5	2	82.747	28° 48′ 39″	0.6	7 FB
30311D K	55	120	31.5	29	21	2.5	2.5	89.563	28° 48′ 39″	0.6	7 FB
30312D K	60	130	33.5	31	22	3	2.5	98.236	28° 48′ 39″	1	7 FB
30313D K	65	140	36	33	23	3	2.5	106.359	28° 48′ 39″	1	7 GB
30314D K	70	150	38	35	25	3	2.5	113.449	28° 48′ 39″	1	7 GB
30315D K	75	160	40	37	26	3	2.5	122.122	28° 48′ 39″	1	7 GB
30316D K	80	170	42.5	39	27	3	2.5	129.213	28° 48′ 39″	1	7 GB
30317D K	85	180	44.5	41	28	4	3	137.403	28° 48′ 39″	1	7 GB
30318D K	90	190	46.5	43	30	4	3	145.527	28° 48′ 39″	1	7 GB
30319D K	95	200	49.5	45	32	4	3	151.584	28° 48′ 39″	1	7 GB

[주] (1) $r_s\min$, $r_{1s}\min$은 내륜 및 외륜의 최소 허용 모떼기 치수이다.
(2) KS B 2013의 부표 2-1~2-5의 치수계열 1란의 것(ISO 355의 치수계열)이다.

【비 고】 베어링의 치수 계열은 KS B 2013의 부표 2-1~2-5의 치수 계열 2란에 표시하는 03이다.

14. 베어링 계열 323, 접촉각 계열 2의 테이퍼 롤러 베어링의 호칭 번호 및 치수

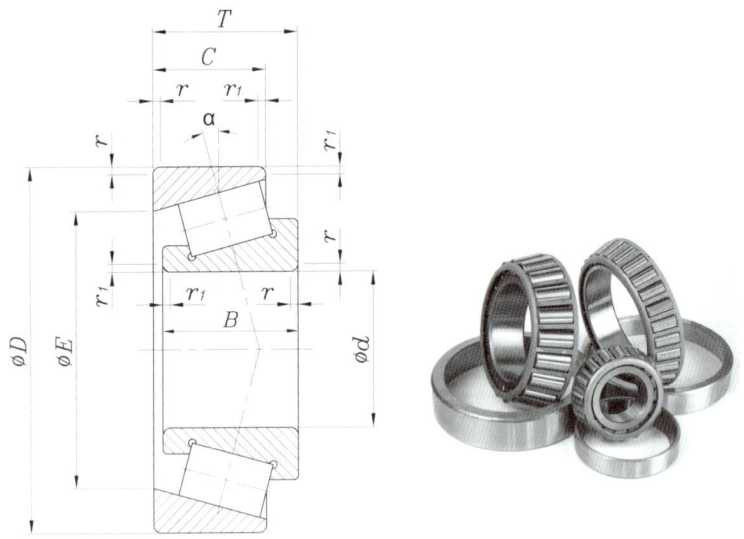

단위 : mm

호칭 번호	치 수								(참 고)	
	d	D	T	B	C	내륜 $r_{s min}$	외륜	E	α	$r_{1s min}$	치수계열

호칭 번호	d	D	T	B	C	내륜 $r_{s min}$	외륜	E	α	$r_{1s min}$	치수계열
32303 K	17	47	20.25	19	16	1	1	36.090	10° 45′ 29″	0.3	2
32304 K	20	52	22.25	21	18	1.5	1.5	39.518	11° 18′ 36″	0.6	2
32305 K	25	62	25.25	24	20	1.5	1.5	48.637	11° 18′ 36″	0.6	2
32306 K	30	72	28.75	27	23	1.5	1.5	55.767	11° 51′ 35″	0.6	2 FD
32307 K	35	80	32.75	31	25	2	1.5	62.829	11° 51′ 35″	0.6	2 FE
32308 K	40	90	35.25	33	27	2	1.5	69.253	12° 57′ 10″	0.6	2 FD
32309 K	45	100	38.25	36	30	2	1.5	78.330	12° 57′ 10″	0.6	2 FD
32310 K	50	110	42.25	40	33	2.5	2	86.263	12° 57′ 10″	0.6	2 FD
32311 K	55	120	45.5	43	35	2.5	2	94.316	12° 57′ 10″	0.6	2 FD
32312 K	60	130	48.5	46	37	3	2.5	102.939	12° 57′ 10″	1	2 FD
32313 K	65	140	51	48	39	3	2.5	111.789	12° 57′ 10″	1	2 GD
32314 K	70	150	54	51	42	3	2.5	119.724	12° 57′ 10″	1	2 GD
32315 K	75	160	58	55	45	3	2.5	127.887	12° 57′ 10″	1	2 GD
32316 K	80	170	61.5	58	48	3	2.5	136.504	12° 57′ 10″	1	2 GD
32317 K	85	180	63.5	60	49	4	3	144.223	12° 57′ 10″	1	2 GD
32318 K	90	190	67.5	64	53	4	3	151.701	12° 57′ 10″	1	2 GD
32319 K	95	200	71.5	67	55	4	3	160.318	12° 57′ 10″	1	2 GD
32320 K	100	215	77.5	73	60	4	3	171.650	12° 57′ 10″	1	2 GD
32321 K	105	225	81.5	77	63	4	3	179.359	12° 57′ 10″	1	2 GD
32322 K	110	240	74.5	80	65	4	3	192.071	12° 57′ 10″	1	2 GD
32324 K	120	260	90.5	86	69	4	3	207.635	12° 57′ 10″	1	2 GD

주 ▶ (1) $r_s$min, r_{1s}min은 내륜 및 외륜의 최소 허용 모떼기 치수이다.
(2) KS B 2013의 부표 2-1~2-5의 치수계열 1란의 것(ISO 355의 치수계열)이다.

【비 고】 베어링의 치수 계열은 KS B 2013의 부표 2-1~2-5의 치수 계열 2란에 표시하는 23이다.

13-3 | 자동 조심 롤러 베어링 KS B 2028 : 2001 (2011 확인)

1. 베어링 계열 230, 231 베어링의 호칭 번호 및 치수

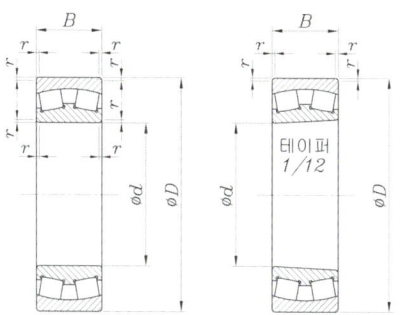

단위 : mm

베어링 계열 230						베어링 계열 231					
호칭 번호		치 수				호칭 번호		치 수			
원통 구멍	테이퍼 구멍	d	D	B	$r_{s\min}$	원통 구멍	테이퍼 구멍	d	D	B	$r_{s\min}$
23022	-	110	170	45	2	23122	23122 K	110	180	56	2
23024	23024 K	120	180	46	2	23124	23124 K	120	200	62	2
23026	23026 K	130	200	52	2	23126	23126 K	130	210	64	2
23028	23028 K	140	210	53	2	23128	23128 K	140	225	68	2.1
23030	23030 K	150	225	56	2.1	23130	23130 K	150	250	80	2.1
23032	23032 K	160	240	60	2.1	23132	23132 K	160	270	86	2.1
23034	23034 K	170	260	67	2.1	23134	23134 K	170	280	83	2.1
23036	23036 K	180	280	74	2.1	23136	23136 K	180	300	96	3
23038	23038 K	190	290	75	2.1	23138	23138 K	190	320	104	3
23040	23040 K	200	310	82	2.1	23140	23140 K	200	340	112	3
23044	23044 K	220	340	90	3	23144	23144 K	220	370	120	4
23048	23048 K	240	360	92	3	23148	23148 K	240	400	128	4
23052	23052 K	260	400	104	4	23152	23152 K	260	440	144	4
23056	23056 K	280	420	106	4	23156	23156 K	280	460	146	5
23060	23060 K	300	460	118	4	23160	23160 K	300	500	160	5
23064	23064 K	320	480	121	4	23164	23164 K	320	540	176	5
23068	23068 K	340	520	133	5	23168	23168 K	340	580	190	5
23072	23072 K	360	540	134	5	23172	23172 K	360	600	192	5
23076	23076 K	380	560	135	5	23176	23176 K	380	620	194	5
23080	23080 K	400	600	148	5	23180	23180 K	400	650	200	6
23084	23084 K	420	620	150	5	23184	23184 K	420	700	224	6
23088	23088 K	440	650	157	6	23188	23188 K	440	720	226	6
23092	23092 K	460	680	163	6	23192	23192 K	460	760	240	7.5
23096	23096 K	480	700	165	6	23196	23196 K	480	790	248	7.5
230/500	230/500 K	500	720	167	6	231/500	231/500 K	500	830	264	7.5

주 ▶ $r_s$min, $r_1s$min은 내륜 및 외륜의 최소 허용 모떼기 치수이다.

【비 고】
1. 베어링 계열 230 및 231 베어링의 치수 계열은 각각 30 및 31이다.
2. 내륜에 턱이 없는 구조 등이 있다.

2. 베어링 계열 222, 232 베어링의 호칭 번호 및 치수

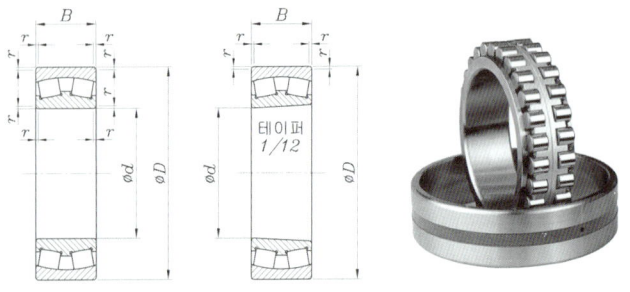

단위 : mm

베어링 계열 230						베어링 계열 231					
호칭 번호		치 수				호칭 번호		치 수			
원통 구멍	테이퍼 구멍	d	D	B	$r_{s\min}$	원통 구멍	테이퍼 구멍	d	D	B	$r_{s\min}$
22205	22205 K	25	52	18	1	-	-	-	-	-	-
22206	22206 K	30	62	20	1	-	-	-	-	-	-
22207	22207 K	35	72	23	1.1	-	-	-	-	-	-
22208	22208 K	40	80	23	1.1	-	-	-	-	-	-
22209	22209 K	45	85	23	1.1	-	-	-	-	-	-
22210	22210 K	50	90	23	1.1	-	-	-	-	-	-
22211	22211 K	55	100	25	1.5	-	-	-	-	-	-
22212	22212 K	60	110	28	1.5	-	-	-	-	-	-
22213	22213 K	65	120	31	1.5	-	-	-	-	-	-
22214	22214 K	70	125	31	1.5	-	-	-	-	-	-
22215	22215 K	75	130	31	1.5	-	-	-	-	-	-
22216	22216 K	80	140	33	2	-	-	-	-	-	-
22217	22217 K	85	150	36	2	-	-	-	-	-	-
22218	22218 K	90	160	40	2	23218	23218 K	90	160	52.4	2
22219	22219 K	95	170	43	2.1	-	-	-	-	-	-
22220	22220 K	100	180	46	2.1	23220	23220 K	100	180	60.3	2.1
22222	22222 K	110	200	53	2.1	23222	23222 K	110	200	69.8	2.1
22224	22224 K	120	215	58	2.1	23224	23224 K	120	215	76	2.1
22226	22226 K	130	230	64	3	23226	23226 K	130	230	80	3
22228	22228 K	140	250	68	3	23228	23228 K	140	250	88	3
22230	22230 K	150	270	73	3	23230	23230 K	150	270	96	3
22232	22232 K	160	290	80	3	23232	23232 K	160	290	104	3
22234	22234 K	170	310	86	4	23234	23234 K	170	310	110	4
22236	22236 K	180	320	86	4	23236	23236 K	180	320	112	4
22238	22238 K	190	340	92	4	23238	23238 K	190	340	120	4
22240	22240 K	200	360	98	4	23240	23240 K	200	360	128	4
22244	22244 K	220	400	108	4	23244	23244 K	220	400	144	4
22248	22248 K	240	440	120	4	23248	23248 K	240	440	160	4
22252	22252 K	260	480	130	5	23252	23252 K	260	480	174	5
22256	22256 K	280	500	130	5	23256	23256 K	280	500	176	5
22260	22260 K	300	540	140	5	23260	23260 K	300	540	192	5
22264	22264 K	320	580	150	5	23264	23264 K	320	580	208	5
-	-	-	-	-	-	23268	23268 K	340	620	224	6
-	-	-	-	-	-	23272	23272 K	360	650	232	6
-	-	-	-	-	-	23276	23276 K	380	680	240	6
-	-	-	-	-	-	23280	23280 K	400	720	256	6

주 ▶ $r_s\min$, $r_{1s}\min$은 내륜 및 외륜의 최소 허용 모떼기 치수이다.

【비 고】 베어링 계열 222 및 232 베어링의 치수계열은 각각 22, 32이며, 내륜에 턱이 없는 구조 등이 있다.

3. 베어링 계열 213, 223 베어링의 호칭 번호 및 치수

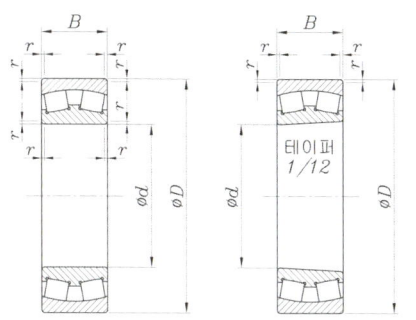
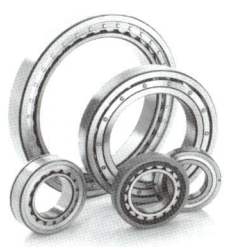

단위 : mm

베어링 계열 213						베어링 계열 223					
호칭 번호		치 수				호칭 번호		치 수			
원통 구멍	테이퍼 구멍	d	D	B	$r_{s min}$	원통 구멍	테이퍼 구멍	d	D	B	$r_{s min}$
21304	21304 K	20	52	15	1.1	-	-	-	-	-	-
21305	21305 K	25	62	17	1.1	-	-	-	-	-	-
21306	21306 K	30	72	19	1.1	-	-	-	-	-	-
21307	21307 K	35	80	21	1.5	-	-	-	-	-	-
21308	21308 K	40	90	23	1.5	22308	22308 K	40	90	33	1.5
21309	21309 K	45	100	25	1.5	22309	22309 K	45	100	36	1.5
21310	21310 K	50	110	27	2	22310	22310 K	50	110	40	2
21311	21311 K	55	120	29	2	22311	22311 K	55	120	43	2
21312	21312 K	60	130	31	2.1	22312	22312 K	60	130	46	2.1
21313	21313 K	65	140	33	2.1	22313	22313 K	65	140	48	2.1
21314	21314 K	70	150	35	2.1	22314	22314 K	70	150	51	2.1
21315	21315 K	75	160	37	2.1	22315	22315 K	75	160	55	2.1
21316	21316 K	80	170	39	2.1	22316	22316 K	80	170	58	2.1
21317	21317 K	85	180	41	3	22317	22317 K	85	180	60	3
21318	21318 K	90	190	43	3	22318	22318 K	90	190	64	3
21319	21319 K	95	200	45	3	22319	22319 K	95	200	67	3
21320	21320 K	100	215	47	3	22320	22320 K	100	215	73	3
21322	21322 K	110	240	50	3	22322	22322 K	110	240	80	3
-	-	-	-	-	-	22324	22324 K	120	260	86	3
-	-	-	-	-	-	22326	22326 K	130	280	93	4
-	-	-	-	-	-	22328	22328 K	140	300	102	4
-	-	-	-	-	-	22330	22330 K	150	320	108	4
-	-	-	-	-	-	22332	22332 K	160	340	114	4
-	-	-	-	-	-	22334	22334 K	170	360	120	4
-	-	-	-	-	-	22336	22336 K	180	380	126	4
-	-	-	-	-	-	22338	22338 K	190	400	132	5
-	-	-	-	-	-	22340	22340 K	200	420	138	5
-	-	-	-	-	-	22344	22344 K	220	460	145	5
-	-	-	-	-	-	22348	22348 K	240	500	155	5
-	-	-	-	-	-	22352	22352 K	260	540	165	6
-	-	-	-	-	-	22356	22356 K	280	580	175	6

주 ▶ $r_s$min, r_{1s}min은 내륜 및 외륜의 최소 허용 모떼기 치수이다.

【비 고】
1. 베어링 계열 213 및 223 베어링의 치수 계열은 각각 03 및 23이다.
2. 내륜에 턱이 없는 구조 등이 있다.

13-4 | 니들 롤러 베어링 KS B 2029 : 2001 (2011 확인)

1. 양 기호

① 솔리드형 니들 롤러 베어링

기 호	의 미
d	호칭 안지름
D	호칭 바깥지름
B	호칭 내륜 폭
C	호칭 외륜 폭
r	내륜 및 외륜의 모떼기 치수
r_{smin}	내륜 및 외륜의 최소 허용 모떼기 치수
F_W	니들 롤러의 호칭 내접원 지름
F_{WSmin}	니들 롤러의 내접원 지름의 최소값
ΔF_{WSmin}	니들 롤러의 내접원 지름의 최소값의 허용차

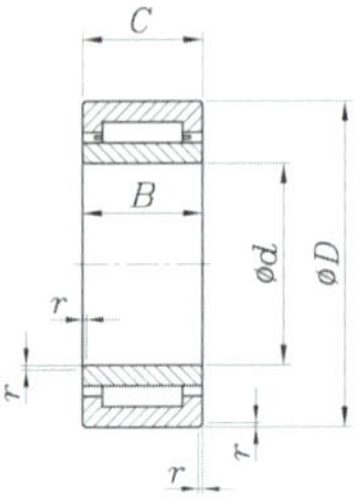

내륜붙이 베어링(NA) 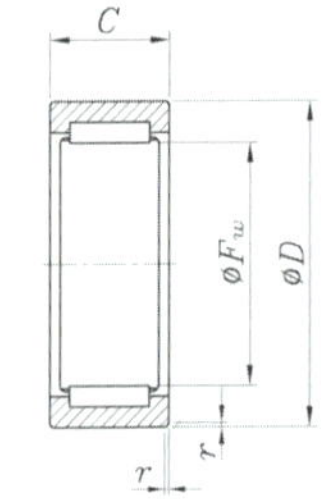   내륜 없는 베어링(RNA)

② 내륜이 없는 쉘형 니들 롤러 베어링

기 호	의 미
D	호칭 바깥지름
C	호칭 외륜 폭
F_W	니들 롤러의 호칭 내접원 지름
F_{WS}	니들 롤러의 실제 내접원 지름
ΔF_{WS}	니들 롤러의 내접원 지름의 최소값의 허용차
r	외륜의 모떼기 치수
r_{smin}	외륜의 최소 허용 모떼기 치수
C_1	프로파일 앤드 드론 컵(drawn cup)의 벽 두께
C_2	플랫 앤드 드론 컵의 벽 두께

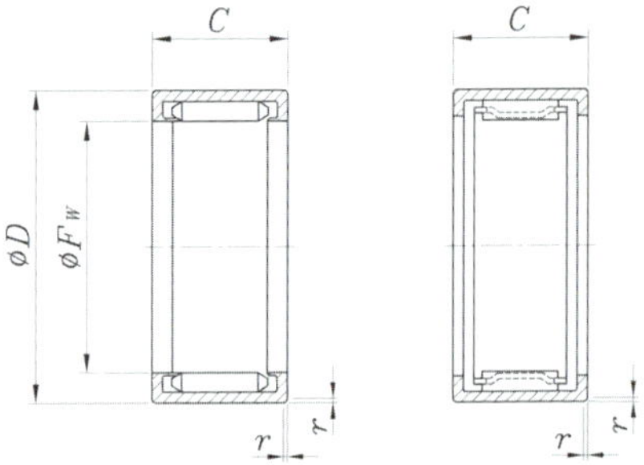

양끝이 열린 베어링

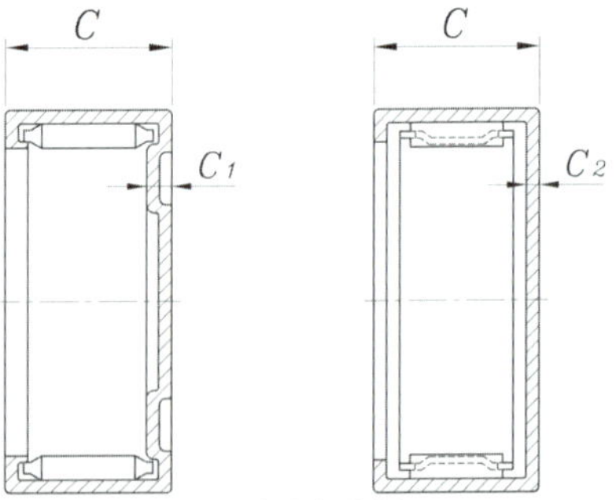

양끝이 닫힌 베어링

2. 베어링 계열 NA48, RNA48의 베어링의 호칭 번호 및 치수

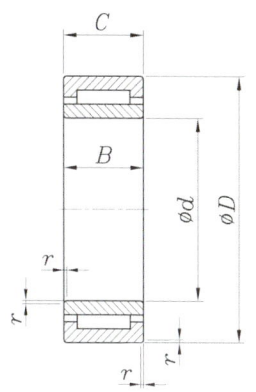 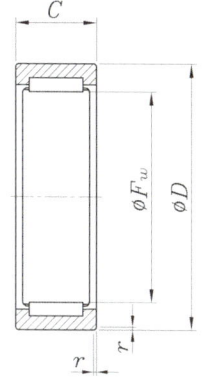 

단위 : mm

호칭 번호	내륜붙이 베어링 NA 48XX 치 수					호칭 번호	매륜이 없는 베어링 RNA 48XX 치 수			
	d	D	B 및 C	$r_{s min}$	F_W		F_W	D	C	$r_{s min}$
NA 4822	110	140	30	1	120	RNA 4822	120	140	30	1
NA 4824	120	150	30	1	130	RNA 4824	130	150	30	1
NA 4826	130	165	35	1.1	145	RNA 4826	145	165	35	1.1
NA 4828	140	175	35	1.1	155	RNA 4828	155	175	35	1.1
NA 4830	150	190	40	1.1	165	RNA 4830	165	190	40	1.1
NA 4832	160	200	40	1.1	175	RNA 4832	175	200	40	1.1
NA 4834	170	215	45	1.1	185	RNA 4834	185	215	45	1.1
NA 4836	180	225	45	1.1	195	RNA 4836	195	225	45	1.1
NA 4838	190	240	50	1.5	210	RNA 4838	210	240	50	1.5
NA 4840	200	250	50	1.5	220	RNA 4840	220	250	50	1.5
NA 4844	220	270	50	1.5	240	RNA 4844	240	270	50	1.5
NA 4848	240	300	60	2	265	RNA 4848	265	300	60	2
NA 4852	260	320	60	2	285	RNA 4852	285	320	60	2
NA 4856	280	350	69	2	305	RNA 4856	305	350	69	2
NA 4860	300	380	80	2.1	330	RNA 4860	330	380	80	2.1
NA 4864	320	400	80	2.1	350	RNA 4864	350	400	80	2.1
NA 4868	340	420	80	2.1	370	RNA 4868	370	420	80	2.1
NA 4872	360	440	80	2.1	390	RNA 4872	390	440	80	2.1

주▶ $r_s min$은 모서리 치수 r의 최소 허용 치수이다.

【비 고】 케이지가 없는 베어링의 경우에는 호칭 번호 앞에 기호 V를 붙인다.

3. 베어링 계열 NA49, RNA49의 베어링의 호칭 번호 및 치수

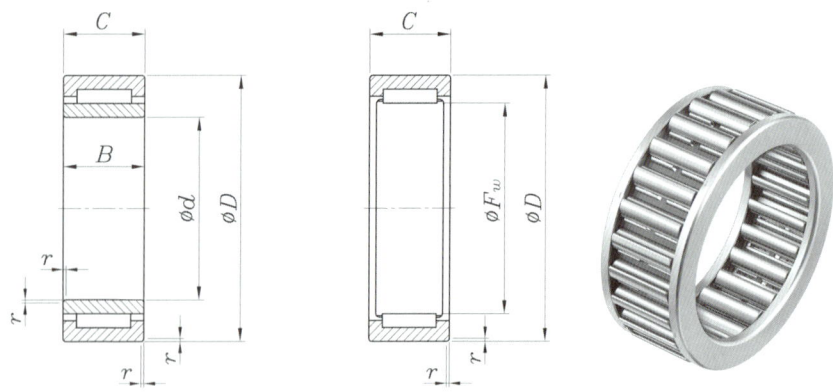

단위 : mm

내륜붙이 베어링 NA 49						내륜 없는 베어링 RNA 49				
호칭 번호	치 수					호칭 번호	치 수			
	d	D	B 및 C	r_{smin}	F_W		F_W	D	C	r_{smin}
-	-	-	-	-	-	RNA 493	5	11	10	0.15
-	-	-	-	-	-	RNA 494	6	12	10	0.15
NA 495	5	13	10	0.15	7	RNA 495	7	13	10	0.15
NA 496	6	15	10	0.15	8	RNA 496	8	15	10	0.15
NA 497	7	17	10	0.15	9	RNA 497	9	17	10	0.15
NA 498	8	19	11	0.2	10	RNA 498	10	19	11	0.2
NA 499	9	20	11	0.3	12	RNA 499	12	20	11	0.2
NA 4900	10	22	13	0.3	14	RNA 4900	14	22	13	0.3
NA 4901	12	24	13	0.3	16	RNA 4901	16	24	13	0.3
-	-	-	-	-	-	RNA 49/14	18	26	13	0.3
NA 4902	15	28	13	0.3	20	RNA 4902	20	28	13	0.3
NA 4903	17	30	13	0.3	22	RNA 4903	22	30	13	0.3
NA 4904	20	37	17	0.3	25	RNA 4904	25	37	17	0.3
NA 49/22	22	39	17	0.3	28	RNA 49/22	28	39	17	0.3
NA 4905	25	42	17	0.3	30	RNA 4905	30	42	17	0.3
NA 49/28	28	45	17	0.3	32	RNA 49/28	32	45	17	0.3
NA 4906	30	47	17	0.3	35	RNA 4906	35	47	17	0.3
NA 49/32	32	52	20	0.6	40	RNA 49/32	40	52	20	0.6
NA 4907	35	55	20	0.6	42	RNA 4907	42	55	20	0.6
-	-	-	-	-	-	RNA 49/38	45	58	20	0.6
NA 4908	40	62	22	0.6	48	RNA 4908	48	62	22	0.6
-	-	-	-	-	-	RNA 49/42	50	65	22	0.6
NA 4909	45	68	22	0.6	52	RNA 4909	52	68	22	0.6
-	-	-	-	-	-	RNA 49/48	55	70	22	0.6
NA 4910	50	72	22	0.6	58	RNA 4910	58	72	22	0.6
-	-	-	-	-	-	RNA 49/52	60	75	22	0.6
NA 4911	55	80	25	1	63	RNA 4911	63	80	25	1
-	-	-	-	-	-	RNA 49/58	65	82	25	1
NA 4912	60	85	25	1	68	RNA 4912	68	85	25	1
-	-	-	-	-	-	RNA 49/62	70	88	25	1
NA 4913	65	90	25	1	72	RNA 4913	72	90	25	1
-	-	-	-	-	-	RNA 49/68	75	95	30	1
NA 4914	70	100	30	1	80	RNA 4914	80	100	30	1

NA 4915	75	105	30	1	85	RNA 4915	85	105	30	1
NA 4916	80	110	30	1	90	RNA 4916	90	110	30	1
-	-	-	-	-	-	RNA 49/82	95	115	30	1
NA 4917	85	120	35	1.1	100	RNA 4917	100	120	35	1.1
NA 4918	90	125	35	1.1	105	RNA 4918	105	125	35	1.1
NA 4919	95	130	35	1.1	110	RNA 4919	110	130	35	1.1
NA 4920	100	140	40	1.1	115	RNA 4920	115	140	40	1.1
NA 4922	110	150	40	1.1	125	RNA 4922	125	150	40	1.1
NA 4924	120	165	45	1.1	135	RNA 4924	135	165	45	1.1
NA 4926	130	180	50	1.5	150	RNA 4926	150	180	50	1.5
NA 4928	140	190	50	1.5	160	RNA 4928	160	190	50	1.5

【비 고】 케이지가 없는 베어링의 경우에는 호칭 번호 앞에 기호 V를 붙인다.

4. 지름 계열 1D의 치수

단위 : mm

F_W	D	지름 계열								C_1 (max)	C_2 (max)	$r_{s\,min}$
		21D	31D	41D	51D	61D	71D	81D	91D			
		C										
4	8	7	8	9	-	-	-	-	-	1.9	1	0.3
5	9	7	8	9	-	-	-	-	-	1.9	1	0.4
6	10	7	8	9	10	-	-	-	-	1.9	1	0.4
7	11	7	8	9	10	12	-	-	-	1.9	1	0.4
8	12	7	8	9	10	12	-	-	-	1.9	1	0.4
9	13	7	8	9	10	12	14	-	-	1.9	1	0.4
10	14	7	8	9	10	12	14	-	-	1.9	1	0.4
12	16	7	8	9	10	12	14	-	-	1.9	1	0.4
14	20	10	12	14	16	18	20	-	-	2.8	1.3	0.4
15	21	10	12	14	16	18	20	-	-	2.8	1.3	0.4
16	22	10	12	14	16	18	20	-	-	2.8	1.3	0.4
17	23	10	12	14	16	18	20	-	-	2.8	1.3	0.4
18	24	10	12	14	16	18	20	-	-	2.8	1.3	0.4
20	26	10	12	14	16	18	20	-	-	2.8	1.3	0.4
22	28	10	12	14	16	18	20	-	-	2.8	1.3	0.4
25	32	12	14	16	18	20	24	28	32	2.8	1.3	0.8
28	35	12	14	16	18	20	24	28	32	2.8	1.3	0.8
30	37	12	14	16	18	20	24	28	32	2.8	1.3	0.8
32	39	12	14	16	18	20	24	28	32	2.8	1.3	0.8
35	42	12	14	16	18	20	24	28	32	2.8	1.3	0.8
38	45	12	14	16	18	20	24	28	32	2.8	1.3	0.8
40	47	12	14	16	18	20	24	28	32	2.8	1.3	0.8
42	49	12	14	16	18	20	24	28	32	2.8	1.3	0.8
45	52	12	14	16	18	20	24	28	32	2.8	1.3	0.8
50	58	14	16	18	20	24	28	32	36	2.8	1.6	0.8
55	63	14	16	18	20	24	28	32	36	2.8	1.6	0.8
60	68	14	16	18	20	24	28	32	36	2.8	1.6	0.8
65	73	14	16	18	20	24	28	32	36	2.8	1.6	0.8
70	78	14	16	18	20	24	28	32	36	2.8	1.6	0.8

【주】 (1) C_1, C_2의 최소값은 규정하지 않는다.
(2) 최대 허용 모떼기 $r_{s\,min}$ 치수는 규정하지 않는다.

【비 고】 숫자 밑에 밑줄 친 값은 권장하는 치수이다.

5. 지름 계열 2D의 치수

단위 : mm

F_W	D	지름 계열							C_1	C_2	r_{smin}
		22D	32D	42D	52D	62D	72D	82D			
		C									
8	14	10	12	14	-	-	-	-	2.8	1.3	0.4
9	15	10	12	14	16	-	-	-	2.8	1.3	0.4
10	16	10	12	14	16	-	-	-	2.8	1.3	0.4
12	18	10	12	14	16	18	-	-	2.8	1.3	0.4
14	22	12	14	16	18	20	24	-	2.8	1.3	0.4
15	23	12	14	16	18	20	24	-	2.8	1.3	0.4
16	24	12	14	16	18	20	24	-	2.8	1.3	0.8
17	25	12	14	16	18	20	24	-	3.4	1.6	0.8
18	26	12	14	16	18	20	24	-	3.4	1.6	0.8
20	28	12	14	16	18	20	24	-	3.4	1.6	0.8
22	30	12	14	16	18	20	24	-	3.4	1.6	0.8
25	35	14	16	18	20	24	28	32	3.4	1.6	0.8
28	38	14	16	18	20	24	28	32	3.4	1.6	0.8
30	40	14	16	18	20	24	28	32	3.4	1.6	0.8
32	42	14	16	18	20	24	28	32	3.4	1.6	0.8
35	45	14	16	18	20	24	28	32	3.4	1.6	0.8
38	48	14	16	18	20	24	28	32	3.4	1.6	0.8
40	50	14	16	18	20	24	28	32	3.4	1.6	0.8
42	52	14	16	18	20	24	28	32	3.4	1.6	0.8
45	55	14	16	18	20	24	28	32	3.4	1.6	0.8

주 ▶ (1) C_1, C_2의 최소값은 규정하지 않는다.
(2) 최대 허용 모떼기 r_{smin} 치수는 규정하지 않는다.

6. 내륜이 없는 베어링(솔리드형)의 내접원 지름의 최소값의 허용차

단위 : μm

롤러 내접원 지름 F_W의 호칭 치수 (mm)		ΔF_{HSmin}	
초 과	이 하	위	아 래
3	6	+18	+10
6	10	+22	+13
10	18	+27	+16
18	30	+33	+20
30	50	+41	+25
50	80	+49	+30
80	120	+58	+36
120	180	+68	+43
180	250	+79	+50
250	315	+88	+56
315	400	+98	+62

【비 고】 이 표는 베어링 바깥지름면의 진원도가 F_{Wmin}에 대한 공차에 비교해서 작게 유지되는 경우에 유효하다.

7. 지름 계열 1D의 내접원 지름의 최대값의 허용차

단위 : μm

F_W (mm)	D (mm)	게이지 링의 지름 (mm)	ΔF_{HS} 위	ΔF_{HS} 아래
4	8	7.984	+28	+10
5	9	8.984	+28	+10
6	10	9.984	+28	+10
7	11	10.98	+31	+13
8	12	11.98	+31	+13
9	13	12.98	+31	+13
10	14	13.98	+31	+13
12	16	15.98	+34	+16
14	20	19.976	+34	+16
15	21	20.976	+34	+16
16	22	21.976	+34	+16
17	23	22.976	+34	+16
18	24	23.976	+34	+16
20	26	25.976	+41	+20
22	28	27.976	+41	+20
25	32	31.972	+41	+20
28	35	34.972	+41	+20
30	37	36.972	+41	+20
32	39	38.972	+50	+25
35	42	41.972	+50	+25
38	45	44.972	+50	+25
40	47	46.972	+50	+25
42	49	48.972	+50	+25
45	52	51.967	+50	+25
50	58	57.967	+50	+25
55	63	62.967	+60	+30
60	68	67.967	+60	+30
65	73	72.967	+60	+30
70	78	77.967	+60	+30

8. 지름 계열 2D의 내접원 지름의 최대값의 허용차

단위 : μm

F_W (mm)	D (mm)	게이지 링의 지름 (mm)	ΔF_{HS} 위	ΔF_{HS} 아래
8	14	13.98	+31	+13
9	15	14.98	+31	+13
10	16	15.98	+31	+13
12	18	17.98	+34	+16
14	22	21.976	+34	+16
15	23	22.976	+34	+16
16	24	23.976	+34	+16
17	25	24.976	+34	+16
18	26	25.976	+34	+16
20	28	27.976	+41	+20
22	30	29.976	+41	+20
25	35	34.972	+41	+20
28	38	37.972	+41	+20
30	40	39.972	+41	+20
32	42	41.972	+41	+20
35	45	44.972	+50	+25
			+50	+25
38	48	47.972	+50	+25
40	50	49.972	+50	+25
42	52	51.967	+50	+25
45	55	54.967	+50	+25

9. 내륜붙이 베어링의 반지름 방향 내부 틈새

베어링의 호칭 안지름 d(mm)		틈새의 종류와 값								
		C2 틈새		보통 틈새		C3 틈새		C4 틈새		C5 틈새	
초과	이하	최소	최대	최소	최대	최소	최대	최소	최대	최소	최대
-	10	0	30	10	40	25	55	35	65	-	-
10	18	0	30	10	40	25	55	35	65	55	85
18	24	0	30	10	40	25	55	35	65	55	85
24	30	0	30	10	45	30	65	40	70	60	90
30	40	0	35	15	50	35	70	45	80	70	105
40	50	5	40	20	55	40	75	55	90	85	120
50	65	5	45	20	65	45	90	65	105	100	140
65	80	5	55	25	75	55	105	75	125	115	160
80	100	10	60	30	80	65	115	90	140	145	195
100	120	10	65	35	90	80	135	105	160	165	220
120	140	10	75	40	105	90	155	115	180	185	250
140	160	15	80	50	115	100	165	130	195	210	275
160	180	20	85	60	125	110	175	150	215	235	300
180	200	25	95	65	135	125	195	165	235	260	330
200	225	30	105	75	150	140	215	180	255	290	365
225	250	40	115	90	165	155	230	205	280	320	395
250	280	45	125	100	180	175	255	230	310	355	435
280	315	50	135	110	195	195	280	255	340	400	485
315	355	55	145	125	215	215	305	280	370	440	530
355	400	65	160	140	235	245	340	320	415	500	595

Chapter 14

스러스트 롤러 베어링

14-1 ㅣ 자동 조심 스러스트 롤러 베어링 KS B 2042 : 2007 (2012 확인)

1. 기호

기 호	설 명	그 림
d	축 궤도반의 호칭 안지름	
d_1	축 궤도반의 바깥지름	
D	하우징 궤도반의 호칭 바깥지름	
D_1	하우징 궤도반의 안지름	
T	베어링 호칭 높이	
A	구면 궤도의 곡률 중심 높이	
B_1	축 궤도반의 끼워넣기 너비	
C	하우징 궤도반의 높이	
r	축 궤도반 및 하우징 궤도반의 모떼기 치수	
r_{smin}	축 궤도반 및 하우징 궤도반의 최소 허용 실측 모떼기 치수	

[스러스트 베어링의 종류]
스러스트 베어링은 스러스트(엑시일) 하중을 지지하며 다양한 적용 분야에서 충격 하중에 대한 높은 저항력을 발휘한다.

(1) 볼 스러스트 베어링
 볼 스러스트 베어링은 고속 운전 부분, 특히 하중이 일반적으로 가벼운 곳에 사용한다.

(2) 구형 롤러 스러스트 베어링
 구형 롤러 스러스트 베어링은 중하중이 작용하는 곳과 하우징 정렬을 하거나 유지하는 곳에는 어려움이 있으며 축이 편심이 있는 곳에 적용하면 이상적이다.

(3) 원통형 롤러 스러스트 베어링
 원통형 롤러 스러스트 베어링은 중간 속도의 중하중 조건에서 적용한다.

(4) 테이퍼 스러스트 베어링
 테이퍼 스러스트 베어링에는 원뿔형 단면을 가진 롤러가 포함되어 있으며, 이 베어링은 정확한 구름 운동을 보장하여 베어링 수명과 하중 용량을 극대화한다.

(5) 니들 스러스트 베어링
 니들 롤러 및 케이지 스러스트 어셈블리는 2개의 상대 회전 물체 간에 마찰을 크게 줄이면서 스러스트 하중을 전달하도록 설계되어 있으며 자동차, 농업 및 건설 장비에 이상적이다.

2. 자동 조심 스러스트 롤러 베어링 (계열 294)

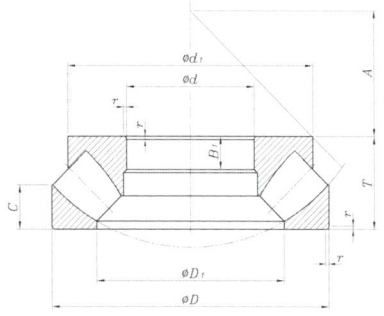

단위 : mm

호칭 번호	베어링 계열 294				치수 계열 94				
					치 수				
							(참 고)		
	d	D	T	r_{min}	d_1	D_1	B_1	C	A
294 12	60	130	42	1.5	123	89	15	20	38
294 13	65	140	45	2	133	96	16	21	42
294 14	70	150	48	2	142	103	17	23	44
294 15	75	160	51	2	152	109	18	24	47
294 16	80	170	54	2.1	162	117	19	26	50
294 17	85	180	58	2.1	170	125	21	28	54
294 18	90	190	60	2.1	180	132	22	29	56
294 20	100	210	67	3	200	146	24	32	62
294 22	110	230	73	3	220	162	26	35	69
294 24	120	250	78	4	236	174	29	37	74
294 26	130	270	85	4	255	189	31	41	81
294 28	140	280	85	4	268	199	31	41	86
294 30	150	300	90	4	285	214	32	44	92
294 32	160	320	95	5	306	229	34	45	99
294 34	170	340	103	5	324	243	37	50	104
294 36	180	360	109	5	342	255	39	52	110
294 38	190	380	115	5	360	271	41	55	117
294 40	200	400	122	5	380	286	43	59	122
294 44	220	420	122	6	400	308	43	58	132
294 48	240	440	122	6	420	326	43	59	142
294 52	260	480	132	6	460	357	48	64	154
294 56	280	520	145	6	495	387	52	68	166
294 60	300	540	145	6	515	402	52	70	175
294 64	320	580	155	7.5	555	435	55	75	191
294 68	340	620	170	7.5	590	462	61	82	201
294 72	360	640	170	7.5	610	480	61	82	210
294 76	380	670	175	7.5	640	504	63	85	230
294 80	400	710	185	7.5	680	534	67	89	236
294 84	420	730	185	7.5	700	556	67	89	244
294 88	440	780	206	9.5	745	588	74	100	260
294 92	460	800	206	9.5	765	608	74	100	272
294 96	480	850	224	9.5	810	638	81	108	280
294/500	500	870	224	9.5	830	661	81	107	290

3. 자동 조심 스러스트 롤러 베어링 (계열 292)

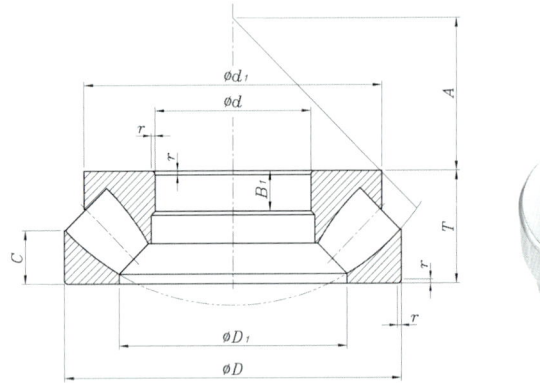

단위: mm

호칭 번호	베어링 계열 292				치수 계열 92				
	치 수				(참 고)				
	d	D	T	r_{min}	d_1	D_1	B_1	C	A
292 40	200	280	48	2	271	236	15	24	108
292 44	220	300	48	2	292	254	15	24	117
292 48	240	340	60	2.1	330	283	19	30	130
292 52	260	360	60	2.1	350	302	19	30	139
292 56	280	380	60	2.1	370	323	19	30	150
292 60	300	420	73	3	405	353	21	38	162
292 64	320	440	73	3	430	372	21	38	172
292 68	340	460	73	3	445	395	21	37	183
292 72	360	500	85	4	485	423	25	44	194
292 76	380	520	85	4	505	441	27	42	202
292 80	400	540	85	4	526	460	27	42	212
292 84	420	580	95	5	564	489	30	46	225
292 88	440	600	95	5	585	508	30	49	235
292 92	460	620	95	5	605	530	30	46	245
292 96	480	650	103	5	635	556	33	55	259
292/500	500	670	103	5	654	574	33	55	268

4. 자동 조심 스러스트 롤러 베어링 (계열 293)

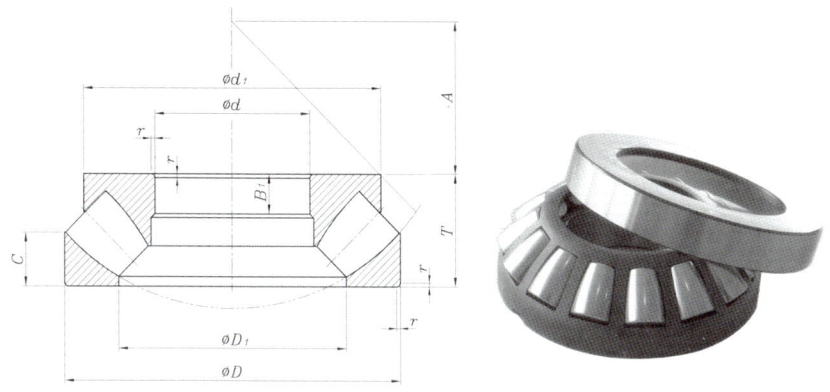

단위 : mm

호칭 번호	베어링 계열 293				치수 계열 93				
	치 수				(참 고)				
	d	D	T	r_{min}	d_1	D_1	B_1	C	A
293 17	85	150	39	2.5	143.5	114	13	19	50
293 18	90	155	39	2.5	148.5	117	13	19	52
293 20	100	170	42	2.5	163	129	14	20.8	58
293 22	110	190	48	3	182	143	16	23	64
293 24	120	210	54	3.5	200	159	18	26	70
293 26	130	225	58	3.5	215	171	19	28	76
293 28	140	240	60	3.5	230	183	20	29	82
293 30	150	250	60	3.5	240	194	20	29	87
293 32	160	270	67	4	260	208	23	32	92
293 34	170	280	67	4	270	216	23	32	96
293 36	180	300	73	4	290	232	25	35	103
293 38	190	320	78	5	308	246	27	38	110
293 40	200	340	85	5	325	261	29	41	116
293 44	220	360	85	5	345	280	29	41	125
293 48	240	380	85	5	365	300	29	41	135
293 52	260	420	95	5	405	329	32	45	148
293 56	280	440	95	5	423	348	32	46	158
293 60	300	480	109	5	460	379	37	50	168
293 64	320	500	109	5	482	399	37	53	180
293 68	340	540	122	5	520	428	41	59	192
293 72	360	560	122	5	540	448	41	59	202
293 76	380	600	132	6	580	477	44	63	216
293 80	400	620	132	6	596	494	44	64	225
293 84	420	650	140	6	626	520	48	68	235
293 88	440	680	145	6	655	548	49	70	245
293 92	460	710	150	6	685	567	51	72	257
293 96	480	730	150	6	705	590	51	72	270
293/500	500	750	150	6	725	611	51	74	280

5. 자동 조심 스러스트 롤러 베어링 (계열 294)

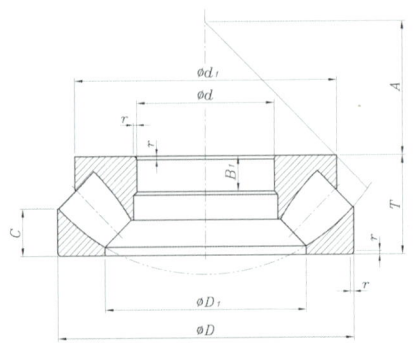

단위 : mm

호칭 번호	베어링 계열 294				치수 계열 94				
	치 수				(참 고)				
	d	D	H	r min	D_1	d_1	h_1	h_2	A
294 12	60	130	42	1.5	123	89	15	20	38
294 13	65	140	45	2	133	96	16	21	42
294 14	70	150	48	2	142	103	17	23	44
294 15	75	160	51	2	152	109	18	24	47
294 16	80	170	54	2.1	162	117	19	26	50
294 17	85	180	58	2.1	170	125	21	28	54
294 18	90	190	60	2.1	180	132	22	29	56
294 20	100	210	67	3	200	146	24	32	62
294 22	110	230	73	3	220	162	26	35	69
294 24	120	250	78	4	236	174	29	37	74
294 26	130	270	85	4	255	189	31	41	81
294 28	140	280	85	4	268	199	31	41	86
294 30	150	300	90	4	285	214	32	44	92
294 32	160	320	95	5	306	229	34	45	99
294 34	170	340	103	5	324	243	37	50	104
294 36	180	360	109	5	342	255	39	52	110
294 38	190	380	115	5	360	271	41	55	117
294 40	200	400	122	5	380	286	43	59	122
294 44	220	420	122	6	400	308	43	58	132
294 48	240	440	122	6	420	326	43	59	142
294 52	260	480	132	6	460	357	48	64	154
294 56	280	520	145	6	495	387	52	68	166
294 60	300	540	145	6	515	402	52	70	175
294 64	320	580	155	7.5	555	435	55	75	191
294 68	340	620	170	7.5	590	462	61	82	201
294 72	360	640	170	7.5	610	480	61	82	210
294 76	380	670	175	7.5	640	504	63	85	230
294 80	400	710	185	7.5	680	534	67	89	236
294 84	420	730	185	7.5	700	556	67	89	244
294 88	440	780	206	9.5	745	588	74	100	260
294 92	460	800	206	9.5	765	608	74	100	272
294 96	480	850	224	9.5	810	638	81	108	280
294/500	500	870	224	9.5	830	661	81	107	290

14-2 | 평면자리 스러스트 볼 베어링 KS B 2022 : 2000 (ISO 104:1994) (2010 확인)

1. 양 기호

기 호	의 미	그 림
B	중앙 내륜의 호칭 높이	
d	단식 베어링 내륜의 안지름	
d_1	단식 베어링 내륜의 바깥지름	
$d_{1s\,max}$	내륜의 최대 허용 바깥지름	
d_2	복식 베어링 중앙 내륜의 안지름	
d_3	중앙 내륜의 바깥지름	
$d_{3s\,max}$	중앙 내륜의 최대 허용 바깥지름	
D	외륜의 바깥지름	
D_1	외륜의 안지름	
$D_{1s\,min}$	외륜의 최소 허용 안지름	
r_s	내륜(단식 베어링)과 외륜의 배면 모떼기 치수	
$r_{s\,min}$	r_{1s}의 최소 허용 모떼기 치수	
r_{1s}	중앙 내륜의 모떼기 치수	
$r_{1s\,min}$	r_s의 최소 허용 모떼기 치수	
T	단식 베어링의 베어링 높이	
T_1	복식 베어링의 베어링 높이	

2. 평면자리 스러스트 볼 베어링 (단식 계열 511, 512)

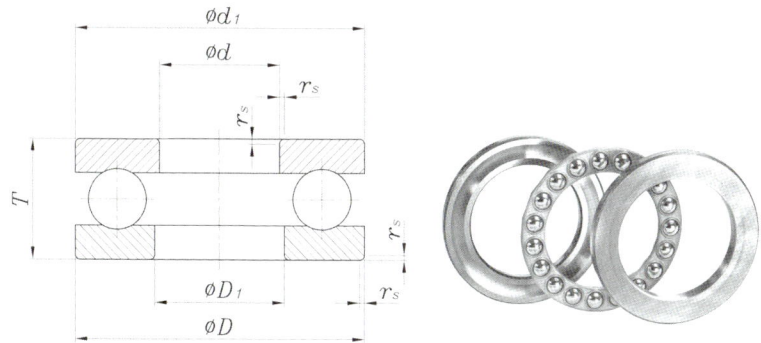

단위 : mm

베어링 계열 511		치수 계열 11			베어링 계열 512		치수 계열 12		
호칭번호	d	$D_{1s\,min}$	$d_{1s\,max}$	T	$r_{s\,min}$	호칭번호	d	$D_{1s\,min}$	$d_{1s\,max}$	T	$r_{s\,min}$

호칭번호	d	$D_{1s\,min}$	$d_{1s\,max}$	T	$r_{s\,min}$	호칭번호	d	$D_{1s\,min}$	$d_{1s\,max}$	T	$r_{s\,min}$
511 00	10	11	24	9	0.3	512 00	10	12	26	11	0.6
511 01	12	13	26	9	0.3	512 01	12	14	28	11	0.6
511 02	15	16	28	9	0.3	512 02	15	17	32	12	0.6
511 03	17	18	30	9	0.3	512 03	17	19	35	12	0.6
511 04	20	21	35	10	0.3	512 04	20	22	40	14	0.6
511 05	25	26	42	11	0.6	512 05	25	27	47	15	0.6
511 06	30	32	47	11	0.6	512 06	30	32	52	16	0.6
511 07	35	37	52	12	0.6	512 07	35	37	62	18	1
511 08	40	42	60	13	0.6	512 08	40	42	68	19	1
511 09	45	47	65	14	0.6	512 09	45	47	73	20	1
511 10	50	52	70	14	0.6	512 10	50	52	78	22	1
511 11	55	57	78	16	0.6	512 11	55	57	90	25	1
511 12	60	62	85	17	1	512 12	60	62	95	26	1
511 13	65	67	90	18	1	512 13	65	67	100	27	1
511 14	70	72	95	18	1	512 14	70	72	105	27	1
511 15	75	77	100	19	1	512 15	75	77	110	27	1
511 16	80	82	105	19	1	512 16	80	82	115	28	1
511 17	85	87	110	19	1	512 17	85	88	125	31	1
511 18	90	92	120	22	1	512 18	90	93	135	35	1.1
511 20	100	102	135	25	1	512 20	100	103	150	38	1.1
511 22	110	112	145	25	1	512 22	110	113	160	38	1.1
511 24	120	122	155	25	1	512 24	120	123	170	39	1.1
511 26	130	132	170	30	1	512 26	130	133	190	45	1.5
511 28	140	142	180	31	1	512 28	140	143	200	46	1.5
511 30	150	152	190	31	1	512 30	150	153	215	50	1.5
511 32	160	162	200	31	1	512 32	160	163	225	51	1.5
511 34	170	172	215	34	1.1	512 34	170	173	240	55	1.5
511 36	180	183	225	34	1.1	512 36	180	183	250	56	1.5
511 38	190	193	240	37	1.1	512 38	190	194	270	62	2
511 40	200	203	250	37	1.1	512 40	200	204	280	62	2
511 44	220	223	270	37	1.1	512 44	220	224	300	63	2
511 48	240	243	300	45	1.5	512 48	240	244	340	78	2.1
511 52	260	263	320	45	1.5	512 52	260	264	360	79	2.1
511 56	280	283	350	53	1.5	512 56	280	284	380	80	2.1
511 60	300	304	380	62	2	512 60	300	304	420	95	3
511 64	320	324	400	63	2	512 64	320	325	440	95	3
511 68	340	344	420	64	2	512 68	340	345	460	96	3
511 72	360	364	440	65	2	512 72	360	365	500	110	4

3. 평면자리 스러스트 볼 베어링 (단식 계열 513, 514)

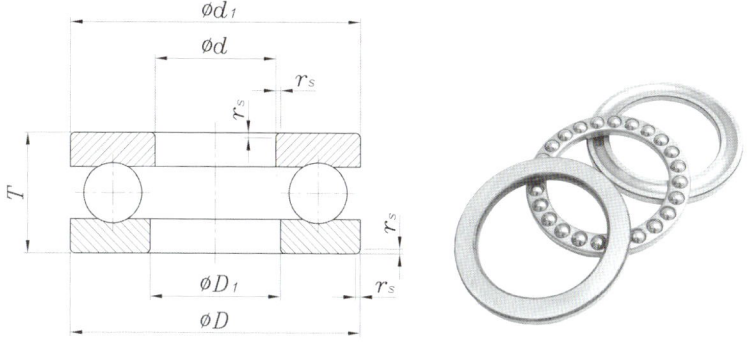

단위 : mm

베어링 계열 513	치수 계열 13				베어링 계열 514	치수 계열 14			
호칭 번호	d	$D_{1s\,min}$	$d_{1s\,max}$	T	$r_{s\,min}$	호칭 번호	d	$D_{1s\,min}$	$d_{1s\,max}$	T	$r_{s\,min}$

호칭번호	d	$D_{1s\,min}$	$d_{1s\,max}$	T	$r_{s\,min}$	호칭번호	d	$D_{1s\,min}$	$d_{1s\,max}$	T	$r_{s\,min}$
513 05	25	27	52	18	1	514 05	25	27	60	24	1
513 06	30	32	60	21	1	514 06	30	32	70	28	1
513 07	35	37	68	24	1	514 07	35	37	80	32	1.1
513 08	40	42	78	26	1	514 08	40	42	90	36	1.1
513 09	45	47	85	28	1	514 09	45	47	100	39	1.1
513 10	50	52	95	31	1.1	514 10	50	52	110	43	1.5
513 11	55	57	105	35	1.1	514 11	55	57	120	48	1.5
513 12	60	62	110	35	1.1	514 12	60	62	130	51	1.5
513 13	65	67	115	36	1.1	514 13	65	68	140	56	2
513 14	70	72	125	40	1.1	514 14	70	73	150	60	2
513 15	75	77	135	44	1.5	514 15	75	78	160	65	2
513 16	80	82	140	44	1.5	514 16	80	83	170	68	2.1
513 17	85	88	150	49	1.5	514 17	85	88	180	72	2.1
513 18	90	93	155	50	1.5	514 18	90	93	190	77	2.1
513 20	100	103	170	55	1.5	514 20	100	103	210	85	3
513 22	110	113	190	63	2	514 22	110	113	230	95	3
513 24	120	123	210	70	2.1	514 24	120	123	250	102	4
513 26	130	134	225	75	2.1	514 26	130	134	270	110	4
513 28	140	144	240	80	2.1	514 28	140	144	280	112	4
513 30	150	154	250	80	2.1	514 30	150	154	300	120	4
513 32	160	164	270	87	3	514 32	160	164	320	130	5
513 34	170	174	280	87	3	514 34	170	174	340	135	5
513 36	180	184	300	95	3	514 36	180	184	360	140	5
513 38	190	195	320	105	4	514 38	190	195	380	150	5
513 40	200	205	340	110	4	514 40	200	205	400	155	5
-	-	-	-	-	-	514 44	220	225	420	160	6
-	-	-	-	-	-	514 48	240	245	440	160	6
-	-	-	-	-	-	514 52	260	265	480	175	6
-	-	-	-	-	-	514 56	280	285	520	190	6
-	-	-	-	-	-	514 60	300	305	540	190	6
-	-	-	-	-	-	514 64	320	325	580	205	7.5
-	-	-	-	-	-	514 68	340	345	620	220	7.5
-	-	-	-	-	-	514 72	360	365	640	220	7.5

4. 평면자리 스러스트 볼 베어링 (복식 계열 522)

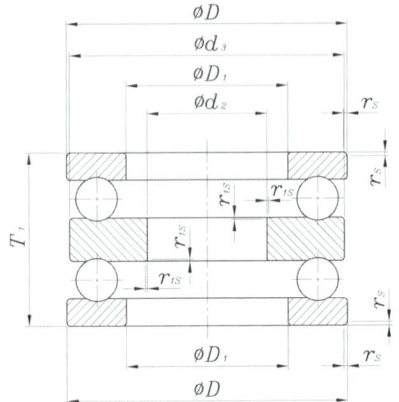

단위 : mm

호칭 번호	베어링 계열 522							치수 계열 22	
	치 수								
	d	d_2	D	$D_{1s\,min}$	$d_{3s\,max}$	T_1	B	외륜 $r_{s\,min}$	내륜 $r_{1s\,min}$
522 02	15	10	32	17	32	22	5	0.6	0.3
522 04	20	15	40	22	40	26	6	0.6	0.3
522 05	25	20	47	27	47	28	7	0.6	0.3
522 06	30	25	52	32	52	29	7	0.6	0.3
522 07	35	30	62	37	62	34	8	1	0.3
522 08	40	30	68	42	68	36	9	1	0.6
522 09	45	35	73	47	73	37	9	1	0.6
522 10	50	40	78	52	78	39	9	1	0.6
522 11	55	45	90	57	90	45	10	1	0.6
522 12	60	50	95	62	95	46	10	1	0.6
522 13	65	55	100	67	100	47	10	1	0.6
522 14	70	55	105	72	105	47	10	1	1
522 15	75	60	110	77	110	47	10	1	1
522 16	80	65	115	82	115	48	10	1	1
522 17	85	70	125	88	125	55	12	1	1
522 18	90	75	135	93	135	62	14	1.1	1
522 20	100	85	150	103	150	67	15	1.1	1
522 22	110	95	160	113	160	67	15	1.1	1
522 24	120	100	170	123	170	68	15	1.1	1.1
522 26	130	110	190	133	189.5	80	18	1.5	1.1
522 28	140	120	200	143	199.5	81	18	1.5	1.1
522 30	150	130	215	153	214.5	89	20	1.5	1.1
522 32	160	140	225	163	224.5	90	20	1.5	1.1
522 34	170	150	240	173	239.5	97	21	1.5	1.1
522 36	180	150	250	183	249	98	21	1.5	2
522 38	190	160	270	194	269	109	24	2	2
522 40	200	170	280	204	279	109	24	2	2
522 44	220	190	300	224	299	110	24	2	2

주▶ d는 단식 베어링 지름 계열 2에 관계되는 내륜의 안지름이다.

5. 평면자리 스러스트 볼 베어링 (복식 계열 523)

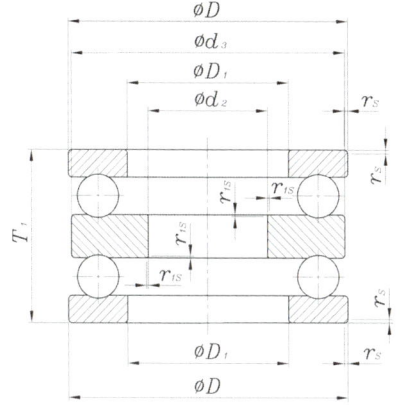

단위 : mm

호칭 번호	베어링 계열 523					지름 계열 3 치수 계열 23			
	치 수								
	d	d_2	D	$D_{1s\,min}$	$d_{3s\,max}$	T_1	B	외륜 $r_{s\,min}$	내륜 $r_{1s\,min}$
523 05	25	20	52	27	52	34	8	1	0.3
523 06	30	25	60	32	60	38	9	1	0.3
523 07	35	30	68	37	68	44	10	1	0.3
523 08	40	30	78	42	78	49	12	1	0.6
523 09	45	35	85	47	85	52	12	1	0.6
523 10	50	40	95	52	95	58	14	1.1	0.6
523 11	55	45	105	57	105	64	15	1.1	0.6
523 12	60	50	110	62	110	64	15	1.1	0.6
523 13	65	55	115	67	115	65	15	1.1	0.6
523 14	70	55	125	72	125	72	16	1.1	1
523 15	75	60	135	77	135	79	18	1.5	1
523 16	80	65	140	82	140	79	18	1.5	1
523 17	85	70	150	88	150	87	19	1.5	1
523 18	90	75	155	93	155	88	19	1.5	1
523 20	100	85	170	103	170	97	21	1.5	1
523 22	110	95	190	113	189.5	110	24	2	1
523 24	120	100	210	123	209.5	123	27	2.1	1.1
523 26	130	110	225	134	224	130	30	2.1	1.1
523 28	140	120	240	144	239	140	31	2.1	1.1
523 30	150	130	250	154	249	140	31	2.1	1.1
523 32	160	140	270	164	269	153	33	3	1.1
523 34	170	150	280	174	279	153	33	3	1.1
523 36	180	150	300	184	299	165	37	3	2
523 38	190	160	320	195	319	183	40	4	2
523 40	200	170	340	205	339	192	42	4	2

주 ▶ d는 단식 베어링 지름 계열 3에 관계되는 내륜의 안지름이다.

6. 평면자리 스러스트 볼 베어링 (복식 계열 524)

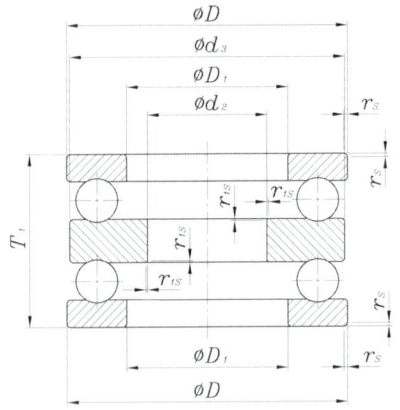

단위 : mm

호칭 번호	베어링 계열 524			지름 계열 4 치수 계열 24				외륜	내륜
	치 수								
	d	d_2	D	$D_{1s\,min}$	$d_{3s\,max}$	T_1	B	$r_{s\,min}$	$r_{1s\,min}$
524 05	25	15	60	27	60	45	11	1	0.6
524 06	30	20	70	32	70	52	12	1	0.6
524 07	35	25	80	37	80	59	14	1.1	0.6
524 08	40	30	90	42	90	65	15	1.1	0.6
524 09	45	35	100	47	100	72	17	1.1	0.6
524 10	50	40	110	52	110	78	18	1.5	0.6
524 11	55	45	120	57	120	87	20	1.5	0.6
524 12	60	50	130	62	130	93	21	1.5	0.6
524 13	65	50	140	68	140	101	23	2	1
524 14	70	55	150	73	150	107	24	2	1
524 15	75	60	160	78	160	115	26	2	1
524 16	80	65	170	83	170	120	27	2.1	1
524 17	85	65	180	88	179.5	128	29	2.1	1.1
524 18	90	70	190	93	189.5	135	30	2.1	1.1
524 20	100	80	210	103	209.5	150	33	3	1.1
524 22	110	90	230	113	229	166	37	3	1.1
524 24	120	95	250	123	249	177	40	4	1.5
524 26	130	100	270	134	269	192	42	4	2
524 28	140	110	280	144	279	196	44	4	2
524 30	150	120	300	154	299	209	46	4	2
524 32	160	130	320	164	319	226	50	5	2
524 34	170	135	340	174	339	236	50	5	2.1
524 36	180	140	360	184	359	245	52	5	3

주 ▶ d는 단식 베어링 지름 계열 4에 관계되는 내륜의 안지름이다.

Chapter 15

치공구 요소 설계 데이터

15-1 지그용 부시 및 부속품 KS B 1030 : 2001 (2011 확인)

1. 적용 범위 및 용어의 정의

■ 적용범위

이 규격은 주로 드릴 및 리머의 안내로서 사용하는 고정 부시 및 삽입 부시, 그들을 안내하는 고정 라이너와 그 부속품(멈춤쇠 및 멈춤 나사)에 대하여 규정한다.

■ 용어의 정의

① 고정 부시 : 이들은 특성에 따라 프레스 축과 라이너로, 모양에 따라 칼라가 있는 경우와 칼라가 없는 경우로 분류하기도 한다.
  고정 라이너 : 이 축은 지그에서 적합한 구멍으로 직접 누르고, 예상치 못한 축 부품의 교체가 이루어지지 못하는 곳이나 축과 라이너들의 사용 연장을 막기 위해, 인접한 구멍들 사이의 공간에서 드릴이나 송곳을 유도하기 위해 사용된다.
  라이너 : 삽입 부시를 적용시키는 지그 플레이트에서 영구적으로 사용되는 부시
② 삽입 부시 : 이 축은 라이너에서 삽입 목적으로 쓰이고 드릴이나 송곳을 유도하는데 사용된다. 삽입 부시에는 두 가지 타입이 있다. 회전형은 몇몇 다른 작용과 기구들에서 요구되는 공통된 같은 유도(안내)에서 교체를 신속하게 하기 위하여 고안된 것이고, 고정형은 지그 장치에서 한층 더 오래 사용하기 위해 많이 마모될 때까지 사용하는 것이다.

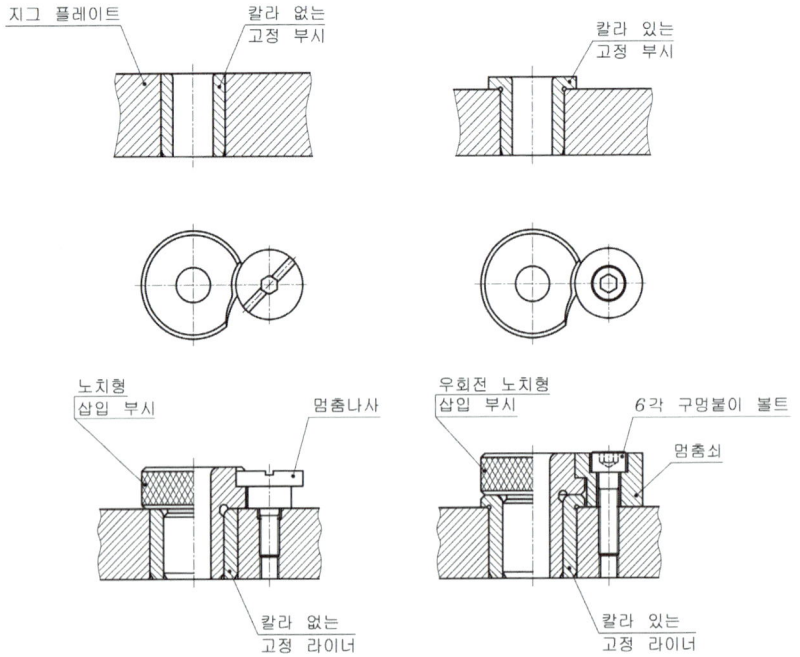

2. 부시 및 부속품의 종류 및 기호

부시의 종류			용 도	기 호	제품 명칭
부시	고정 부시	칼라 없음	드릴용	BUFAD	지그용 (칼라 없음) 드릴용 고정 부시
			리머용	BUFAR	지그용 (칼라 없음) 리머용 고정 부시
		칼라 있음	드릴용	BUFBD	지그용 칼라있는 드릴용 고정 부시
			리머용	BUFBR	지그용 칼라있는 리머용 고정 부시
	삽입 부시	둥근형	드릴용	BUSCD	지그용 둥근형 드릴용 꽂음 부시
			리머용	BUSCR	지그용 둥근형 리머용 꽂음 부시
		우회전용 노치형	드릴용	BUSDD	지그용 우회전용 노치 드릴용 꽂음 부시
			리머용	BUSDR	지그용 우회전용 노치 리머용 꽂음 부시
		좌회전용 노치형	드릴용	BUSED	지그용 좌회전용 노치 드릴용 꽂음 부시
			리머용	BUSER	지그용 좌회전용 노치 리머용 꽂음 부시
		노치형	드릴용	BUSFD	지그용 노치형 드릴용 꽂음 부시
			리머용	BUSFR	지그용 노치형 리머용 꽂음 부시
	고정 라이너	칼라 없음	부시용	LIFA	지그용 (칼라없음) 고정 라이너
		칼라 있음		LIFB	지그용 (칼라있음) 고정 라이너
부속품	멈춤 쇠		부시용	BUST	지그 부시용 멈춤 쇠
	멈춤 나사			BULS	지그 부시용 멈춤 나사

【비 고】
1. 표 중에 제품에 ( )를 붙인 글자는 생략하여도 좋다.
2. 약호로서 드릴용은 D, 리머용은 R, 라이너용은 L로 한다.

3. 고정 라이너의 모양 및 치수

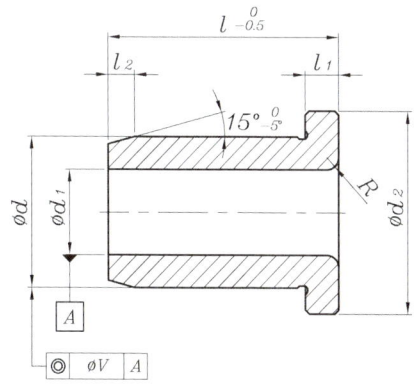 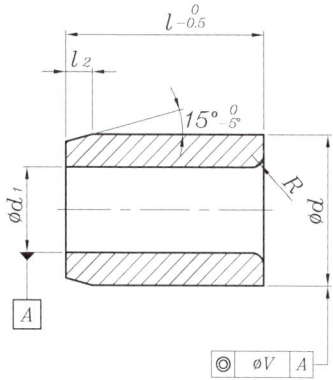

단위 : mm

d_1		d		d_2		$l_{-0.5}^{0}$	l_1	l_2	R
기준치수	허용차 (F7)	기준치수	동심도 ($\emptyset$V)	허용차 (p6)	기준치수	허용차 (h13)			
8	+0.028 +0.013	12	0.012	+0.029 +0.018	16	0 - 0.270	10 12 16	3	2
10		15			19				
12	+0.034 +0.016	18			22	0 - 0.330	12 16 20 25	4	
15		22		+0.035 +0.022	26		16 20 (25) 28 36		
18		26			30				
22	+0.041 +0.020	30	0.020	+0.042 +0.026	35	0 - 0.390	20 25 (30) 36 45	5	3
26		35			40				
30		42			47		25 (30) 36 45 56		
35	+0.050 +0.025	48		+0.051 +0.032	53	0 - 0.460	30 35 45 56	1.5	
42		55			60				
48		62			67				
55		70			75				
62	+0.060 +0.030	78	0.025	+0.059 +0.032	83	0 - 0.540	33 45 56 67	6	4
70		85			90				
78		95			100		40 56 67 78		
85		105			110				
95	+0.071 +0.036	115		+0.068 +0.043	120	0 - 0.630	45 50 67 89		
105		125			130				

【비 고】
1. d, d_1 및 d_2의 허용차는 KS B 0401의 규정에 따른다.
2. l_1, l_2 및 R의 허용차는 KS B 0412에서 규정하는 보통급으로 한다.
3. 표 중의 l 치수에서 ( )를 붙인 것은 되도록 사용하지 않는다.

4. 고정 부시의 모양 및 치수

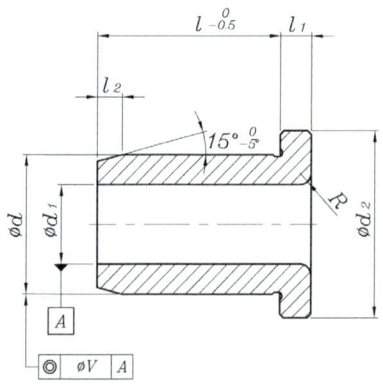 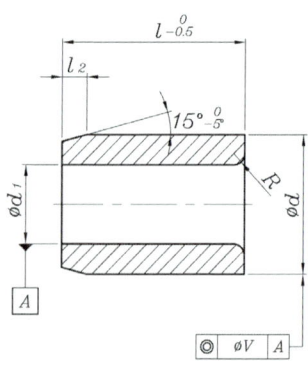

단위 : mm

d_1		d		d_2		공차 $\left(l_{-0.5}^{\ 0}\right)$	l_1	l_2	R
드릴용(G6) 리머용(F7)	기준 치수	동심도 (⌀V)	허용차 (p6)	기준 치수	허용차 (h13)				
1 이하	3	0.012	+ 0.012 + 0.006	7	0 - 0.220	6, 8	2	1.5	0.5
1 초과 1.5 이하	4		+ 0.020 + 0.012	8					
1.5 초과 2 이하	5			9		6, 8, 10, 12			0.8
2 초과 3 이하	7		+ 0.024 + 0.015	11	0 - 0.270	8, 10, 12, 16	2.5		
3 초과 4 이하	8			12					1.0
4 초과 6 이하	10			14		10, 12, 16, 20	3		
6 초과 8 이하	12		+ 0.029 + 0.018	16					
8 초과 10 이하	15			19		12, 16, 20, 25			2.0
10 초과 12 이하	18			22	0 - 0.330				
12 초과 15 이하	22		+ 0.035 + 0.022	26		16, 20, (25), 28, 36	4		
15 초과 18 이하	26			30					
18 초과 22 이하	30	0.020	+ 0.042 + 0.026	35	0 - 0.390	20, 25, (30), 36, 45	5		3.0
22 초과 26 이하	35			40					
26 초과 30 이하	42			47		25, (30), 36, 45, 56			
30 초과 35 이하	48			53					
35 초과 42 이하	55		+ 0.051 + 0.032	60	0 - 0.460	30, 35, 45, 56			
42 초과 48 이하	62			67					
48 초과 55 이하	70			75					
55 초과 63 이하	78			83		35, 45, 56, 67	6		4.0
63 초과 70 이하	85			90					
70 초과 78 이하	95	0.025	+ 0.059 + 0.037	100	0 - 0.540	40, 56, 67, 78			
78 초과 85 이하	105			110					
85 초과 95 이하	115			120		45, 56, 67, 89			
95 초과 105 이하	125			130	0 - 0.630				

【비 고】
1. d, d_1 및 d_2의 허용차는 KS B 0401의 규정에 따른다.
2. l_1, l_2 및 R의 허용차는 KS B 0412에서 규정하는 보통급으로 한다.
3. 표 중의 l 치수에서 ( )를 붙인 것은 되도록 사용하지 않는다.
4. 드릴용 구멍지름 d_1의 허용차는 KS B 0401에 규정하는 G6으로 하고, 리머용 구멍지름 d_1의 허용차는 KS B 0401에 규정하는 F7로 한다.

5. 둥근형 삽입(꽂음) 부시의 모양 및 치수

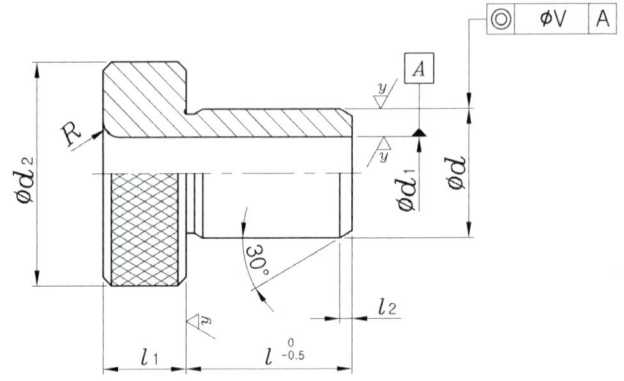

단위 : mm

d_1 드릴용(G6) 리머용(F7)	기준 치수	동심도 (∅V)	허용차 (p6)	d_2 기준 치수	허용차 (h13)	$l\;^{0}_{-0.5}$	l_1	l_2	R
4 이하	12		+0.012 +0.006	16	0 -0.270	10 12 16	8		
4 초과 6 이하	15			19		12 16 20 25			2
6 초과 8 이하	18	0.012	+0.015 +0.007	22	0 -0.330	16 20 (25) 28 36	10		
8 초과 10 이하	22			26					
10 초과 12 이하	26			30					
12 초과 15 이하	30		+0.017 +0.008	35	0 -0.390	20 25 (30) 36 45	12		3
15 초과 18 이하	35			40					
18 초과 22 이하	42			47		25 (30) 36 45 56			
22 초과 26 이하	48		+0.020 +0.009	53	0 -0.460	30 35 45 56		1.5	
26 초과 30 이하	55			60					
30 초과 35 이하	62	0.020		67					
35 초과 42 이하	70			75					
42 초과 48 이하	78		+0.024 +0.011	83		35 45 56 67	16		4
48 초과 55 이하	85			90					
55 초과 63 이하	95			100	0 -0.540	40 56 67 78			
63 초과 70 이하	105			110					
70 초과 78 이하	115	0.025	+0.028 +0.013	120		45 56 67 89			
78 초과 85 이하	125			130	0 -0.630				

[비 고]
1. d, d_1 및 d_2의 허용차는 KS B 0401의 규정에 따른다.
2. l_1, l_2 및 R의 허용차는 KS B 0412에서 규정하는 보통급으로 한다.
3. 표 중의 l 치수에서 ( )를 붙인 것은 되도록 사용하지 않는다.
4. 드릴용 구멍지름 d_1의 허용차는 KS B 0401에 규정하는 G6으로 하고, 리머용 구멍지름 d_1의 허용차는 KS B 0401에 규정하는 F7로 한다.

6. 노치형 삽입 부시의 모양 및 치수

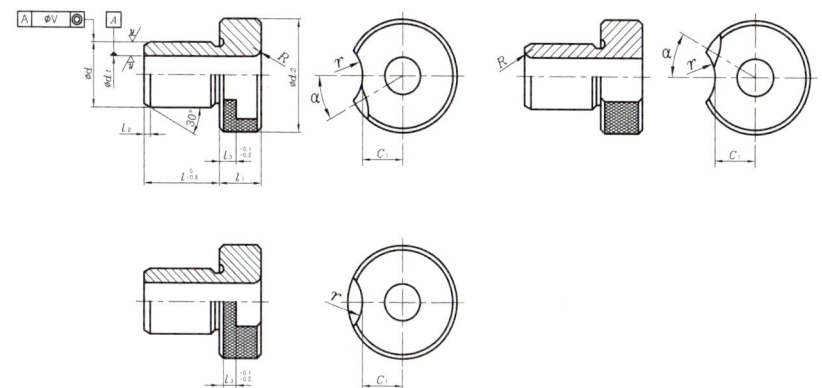

단위 : mm

d_1 드릴용(G6) 리머용(F7)	d 기준치수	d 동심도(⌀V)	d 허용차(m6)	d_2 기준치수	d_2 허용차(h13)	$l_{-0.5}^{0}$	l_1	l_2	R	l_3 기준치수	l_3 허용차	l_1	r	a (도)
4 이하	8		+0.012 +0.006	15	0 -0.270	10, 12, 16	8	1	3			4.5	7	65
4 초과 6 이하	10			18								6		
6 초과 8 이하	12		+0.015 +0.007	22	0 -0.330	12, 16, 20, 25	10		4			7.5	8.5	60
8 초과 10 이하	15	0.012		26		16, 20, (25), 28, 36						9.5		50
10 초과 12 이하	18			30				2				11.5		
12 초과 15 이하	22		+0.017 +0.008	34	0 -0.390	20, 25, (30), 36, 45						13		35
15 초과 18 이하	26			39								15.5		
18 초과 22 이하	30			46		25, (30), 36, 45, 56	12		5.5			19	10.5	
22 초과 26 이하	35		+0.020 +0.009	52				3			-0.1 -0.2	22		30
26 초과 30 이하	42			59	0 -0.460			1.5				25.5		
30 초과 35 이하	48	0.020		66		30, 35, 45, 56						28.5		
35 초과 42 이하	55			74								32.5		
42 초과 48 이하	62		+0.024 +0.011	82		35, 45, 56, 67						36.5		25
48 초과 55 이하	70			90								40.5		
55 초과 63 이하	78			100	0 -0.540	40, 56, 67, 78	16		4	7		45.5	12.5	
63 초과 70 이하	85			110								50.5		
70 초과 78 이하	95	0.025	+0.028 +0.013	120		45, 50, 67, 89						55.5		20
78 초과 85 이하	105			130	0 -0.630							60.5		

【비 고】
1. d, d_1 및 d_2의 허용차는 KS B 0401의 규정에 따른다.
2. l_1, l_2 및 R의 허용차는 KS B 0412에서 규정하는 보통급으로 한다.
3. 표 중의 l 치수에서 ( )를 붙인 것은 되도록 사용하지 않는다.
4. 드릴용 구멍지름 d_1의 허용차는 KS B 0401에 규정하는 G6으로 하고, 리머용 구멍지름 d_1의 허용차는 KS B 0401에 규정하는 F7로 한다.

7. 멈춤쇠의 모양 및 치수

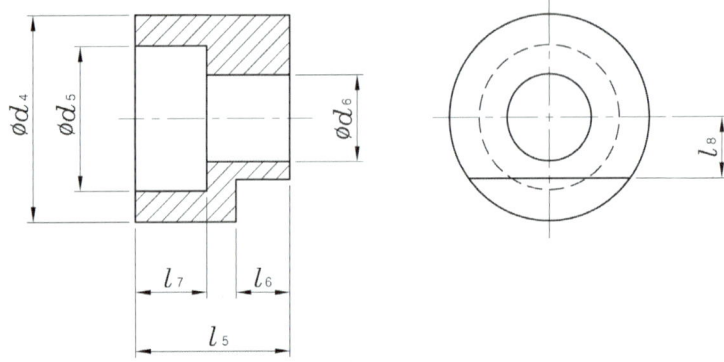

단위 : mm

삽입부시의 구멍 지름 d_1	l_5 칼라 없는 고정 라이너 사용시	l_5 칼라 있는 고정 라이너 사용시	l_6 칼라 없는 고정 라이너 사용시	l_6 칼라 있는 고정 라이너 사용시	허용차	l_7	d_4	d_5	d_6	l_8	6각 구멍붙이 볼트의 호칭
6 이하	8	11	3.5	6.5	+0.25 +0.15	2.5	12	8.5	5.2	3.3	M5
6 초과 12 이하	9	13	4	8		5.5	13	8.5	5.2	3.3	
12 초과 22 이하	12	17	5.5	10.5		3.5	16	10.5	6.3	4	M6
22 초과 30 이하	12	18	6	12		3.5	19	13.5	8.3	4.7	M8
30 초과 42 이하	15	21	7	13		5	20	13.5	8.3	5	
42 초과 85 이하	15	21	7	13		5	24	16.5	10.3	7.5	M10

【비 고】
1. d_4, d_5, d_6, l_5, l_6 및 l_8의 허용차는 KS B 0412에서 규정하는 보통급으로 적용한다.
2. 멈춤쇠의 경도는 HRC 40(HV 392) 이상으로 한다.

8. 멈춤 나사의 모양 및 치수

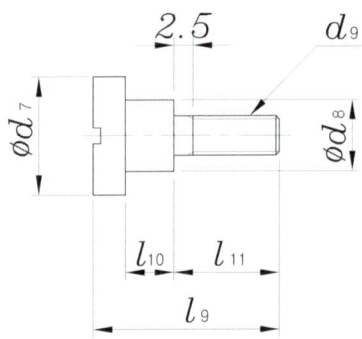

단위 : mm

삽입부시의 구멍 지름 d_1	l_9 칼라 없는 고정 라이너 사용시	l_9 칼라 있는 고정 라이너 사용시	l_{10} 칼라 없는 고정 라이너 사용시	l_{10} 칼라 있는 고정 라이너 사용시	허용차	l_{11}	d_7	d_8	d_9
6 이하	15.5	18.5	3.5	6.5	+0.25 +0.15	9	12	6	M5
6 초과 12 이하	16	20	4	8			13	6.5	
12 초과 22 이하	21.5	26.5	5.5	10.5		12	16	8	M6
22 초과 30 이하	25	31	6	12		14	19	9	M8
30 초과 42 이하	26	32	7	13			20	10	
42 초과 85 이하	31.5	37.5				18	24	15	M10

【비 고】
1. d_7, d_8, d_9, l_9, l_{10} 및 l_{11} 의 허용차는 KS B 0412에 규정하는 보통급으로 하고, 그 외의 치수 허용차는 거친급으로 한다.
2. 나사 d_9의 치수는 KS B 0201의 규정에 따르고, 그 정밀도는 KS B 0211에서 규정하는 6g로 한다.
3. 멈춤 나사의 경도는 HRC 30~38(HV 302~373) 이상으로 한다.

9. 고정핀의 모양 및 치수

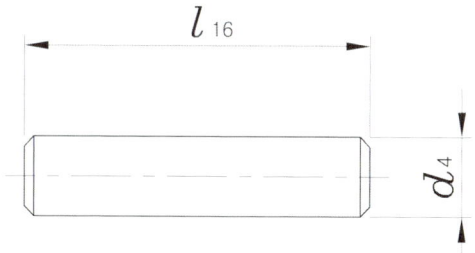

단위 : mm

핀이 사용된 부시 내부 지름	d_4 (m6)	l_{16}
0 초과 6 이하	2.5	16
6 초과 12 이하	3	20
12 초과 22 이하	5	25
22 초과 30 이하	6	30
30 초과 42 이하	6	35
42 초과 78 이하	8	35
78 초과 85 이하	8	40

【참 고】
삽입 부시를 고정할 경우의 부시와 멈춤쇠 또는 멈춤 나사의 중심 거리 및 부착 나사의 가공치수를 참고표에 나타낸다.

[참고표]

삽입 부시를 고정할 경우의 부시와 멈춤쇠 또는 멈춤나사의 중심거리 및 부착 나사의 가공 치수

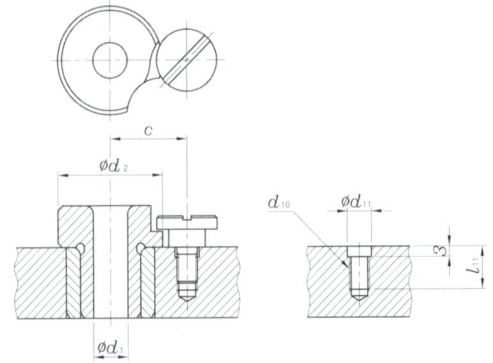

단위 : mm

삽입부시의 구멍 지름 d_1	d_2	d_{10}	c 기준 치수	허용차	d_{11}	l_{11}
4 이하	15	M5	11.5	± 0.2	5.2	11
4 초과 6 이하	18		13			
6 초과 8 이하	22		16			
8 초과 10 이하	26		18			
10 초과 12 이하	30		20			
12 초과 15 이하	34	M6	23.5		6.2	14
15 초과 18 이하	39		26			
18 초과 22 이하	46		29.5			
22 초과 26 이하	52	M8	32.5		8.2	16
26 초과 30 이하	59		36			
30 초과 35 이하	66		41			
35 초과 42 이하	74		45			
42 초과 48 이하	82	M10	49		10.2	20
48 초과 55 이하	90		53			
55 초과 63 이하	100		58			
63 초과 70 이하	110		63			
70 초과 78 이하	120		68			
78 초과 85 이하	130		73			

10. 부시 및 부속품의 재료

종 류		재 료
부시		KS D 3711의 SCM 415 KS D 3751의 SK 3 KS D 3753의 SKS 3, SKS 21 KS D 3525의 SUJ2
부속품	멈춤쇠 멈춤나사	KS D 3752의 SM 45C KS D 3711의 SCM 435

15-2 | 지그 및 부착구용 와셔 KS B 1327 :1992 (2011 확인)

1. 분할 와셔의 모양 및 치수

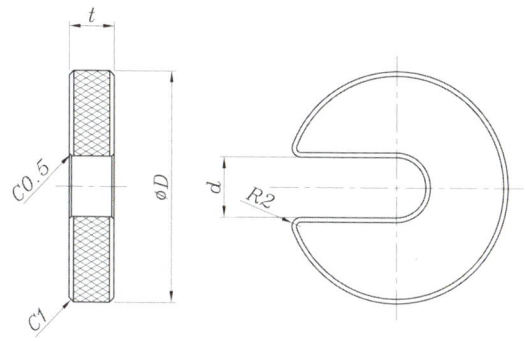

단위 : mm

호칭	d	두께 t	바깥지름 D									
6	6.4	6	20	25	-	-	-	-	-	-	-	-
8	8.4	6	-	25	-	-	-	-	-	-	-	-
		8	-	-	30	35	40	45	-	-	-	-
10	10.5	8	-	-	30	35	40	45	-	-	-	-
		10	-	-	-	-	-	-	50	60	70	-
12	13	8	-	-	-	35	40	45	-	-	-	-
		10	-	-	-	-	-	-	50	60	70	80
16	17	10	-	-	-	-	-	-	50	60	70	80
		12	-	-	-	-	-	-	-	-	90	100
20	21	10	-	-	-	-	-	-	70	80	-	-
		12	-	-	-	-	-	-	-	-	90	100
24	25	10	-	-	-	-	-	-	70	80	-	-
		12	-	-	-	-	-	-	-	-	90	100
27	28	10	-	-	-	-	-	-	70	80	-	-
		12	-	-	-	-	-	-	-	-	90	100

주▶ 바깥지름 D의 치수는 널링 가공 전의 것으로 한다.

【비 고】
1. 널링은 생략할 수 있다.
2. d의 허용차는 KS B 0412(절삭 가공 치수의 보통 허용차)에 규정하는 보통급으로 하고, 그 밖의 치수 허용차는 KS B 0412의 거친급으로 한다.
3. 표 중의 호칭에 ( )를 붙인 것은 되도록 사용하지 않는다.

2. 열쇠형 와셔의 모양 및 치수

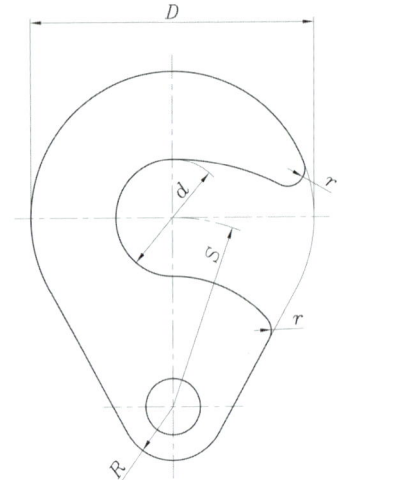
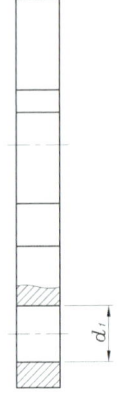

단위 : mm

호 칭	d	d_1	D	r	R	S	t
6	6.6	8.5	20	2	8	18	6
8	9	8.5	26	2	8	21	6
10	11	8.5	32	2	8	24	6
12	13.5	10.5	40	3	10	27	8
16	18	10.5	50	3	10	33	8
20	22	10.5	60	3	10	38	8
24	26	12.5	65	4	12	42	10
(27)	29	12.5	70	4	12	45	10

【비 고】
1. 양면 바깥 가장자리는 약 0.5mm의 모떼기를 한다.
2. d, d_1 및 S의 허용차는 KS B 0412에 규정하는 보통급으로 하고, 그 밖의 치수 허용차는 KS B 0412의 거친급으로 한다.
3. 표 중의 호칭에 ( )를 붙인 것은 되도록 사용하지 않는다.

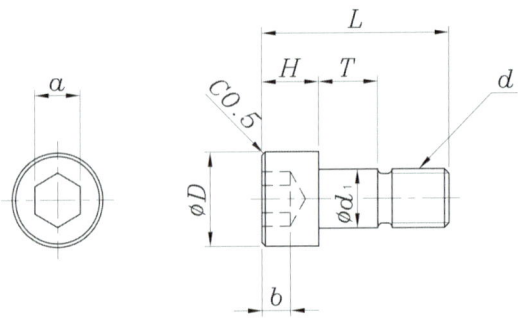

열쇠형 와셔에 사용하는 볼트 참고표

호칭	d	d_1	D	H	a 기준치수	a 허용차	b	T	L
6	M 6	8	11	6	5	+0.105 +0.030	3	6.5	21
8	M 8	10	14	6	6		4	8.5	26
10	M 10	12	16	5	8		5	10.5	33

【비 고】
1. d_1, D, T 및 L의 허용차는 KS B 0412에 규정하는 보통급으로 하고, 그 밖의 치수 허용차는 KS B 0412의 거친급으로 한다.
2. 나사는 KS B 0201(미터 보통 나사)에 따르고, 그 정밀도는 KS B 0211(미터 보통 나사의 허용 한계 치수 및 공차)의 2급으로 한다.
3. 이 볼트에 사용하는 스패너는 KS B 3013(6각봉 스패너)에 따른다.

3. 구면와셔의 모양 및 치수

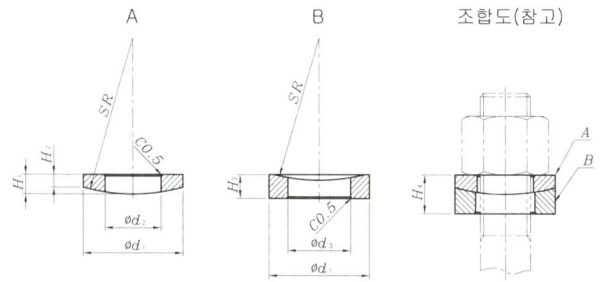

단위 : mm

조임볼트의 호칭	와셔의 호칭	d_1	d_2	d_3	H_1	H_2	H_3	SR	참고 H_4
M6	6	13	6.6	7.2	2.3	1.4	2.8	15	4.2
M8	8	17	9	9.6	3.1	1.9	3.7	20	5.6
M10	10	23	11	12	4.1	2.1	4.9	25	7
M12	12	25	14	15	4.5	2.8	5.6	30	8.4
M14	(14)	29	16	17	5.3	3.3	6.5	35	9.8
M16	16	32	18	20	6	3.9	7.3	40	11.2
M18	(18)	36	20	22	6.8	4.4	8.2	45	12.6
M20	20	40	22	24	7.6	4.9	9.1	50	14
M22	(22)	43	24	27	8.4	5.5	9.9	55	15.4
M24	24	48	26	29	9.3	5.9	10.9	60	16.8
M27	(27)	54	30	33	10.4	6.6	12.2	68	18.9

주▶ A의 SR치수 쪽을 B의 SR치수보다 작게 다듬질한다.

【비 고】
1. d_2, d_3의 허용차는 KS B 0412의 보통급으로 하고, 그 밖의 치수 허용차는 거친급으로 한다.
2. 이 와셔를 사용하면 최대 2° 이내의 기울기에 대응할 수 있다.
3. 와셔의 호칭에 ( )를 붙인 것은 되도록 사용하지 않는다.
4. 와셔의 경도는 HRC 25~30(HV 267~302)으로 한다.
5. 와셔의 재료는 KS D 3752(기계 구조용 탄소 강재)의 SM 45C 또는 이와 동등 이상의 성능을 가진 것으로 한다.

15-3 | 드릴용 지그 부시 및 부속품-치수 KS B ISO 4247 : 2006 (2011 확인)

1. 적용 범위

이 규격은 트위스트 드릴의 가이드용 지그에 설치되는 부시와 재생부시와 같이 사용하는 부속품의 치수에 대하여 규정한다. 이 규격은 다음과 같은 내용을 취급한다.
- 헤드가 있거나 또는 없는 압착 고정 부시
- 치수가 압착 고정 범위로부터 취해진 헤드가 있거나 또는 없는 라이너
- 재생 부시, 고정형과 회전형
- 재생 부시의 고정 방법
- 부속품(멈춤쇠, 잠금 나사 및 고정 핀)

2. 공차

① 압착 고정 부시와 라이너 공차
 - 구멍 지름 : F7
 - 본체 지름 : n6
 - 헤드 지름 : h13

② 재생 부시 공차
 - 구멍 지름 : F7
 - 본체 지름 : m6
 - 헤드 지름 : h13

③ 고정 핀 공차
 필요에 따라 고정 핀은 공차 m6로 제공될 수 있다.
 이러한 형태의 핀이 사용될 때 부시 제조자는 부시의 헤드 내에 공차 H7로 [표 : 헤드의 세부사항]의 치수에 따라 위치시킨 구멍을 마련한다.

④ 지그 플레이트 공차
 압착 고정 부시와 라이너는 공차 H7을 가진 구멍 내에 위치할 수 있다.

3. 압착 고정 부시와 라이너

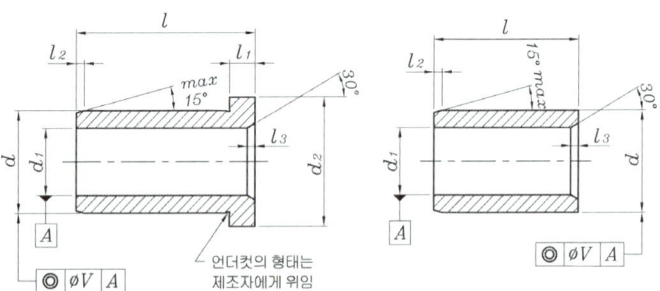

압착 고정 부시 또는 라이너(헤드 있음)   압착 고정 부시 또는 라이너(헤드 없음)

■ 라이너 치수

단위 : mm

구멍 지름 d_1 (F7)	본체 지름 d (n6)	헤드 지름 d_2 (h13)	헤드 두께 l_1	길이 짧은	길이 긴	길이 아주 긴	바깥지름의 리드 l_2 최 대	입구 모따기[1] l_3 최 대	동심도 (F.I.M) V
8	12	15	3	10	16	-	1.25	1.5	0.02
10	15	18	3	12	20	25	1.5	2	0.02
12	18	22	4	12	20	25	1.5	2	0.02
15	22	26	4	16	28	36	1.5	2	0.02
18	26	30	4	16	28	36	1.5	2	0.02
22	30	34	5	20	36	45	2.5	3	0.02
26	35	39	5	20	36	45	2.5	3	0.02
30	42	46	5	25	45	56	2.5	3	0.02
35	48	52	5	25	45	56	2.5	3	0.02
42	55	59	6	30	56	67	3.0	3.5	0.04
48	62	66	6	30	56	67	3.0	3.5	0.04
55	70	74	6	30	56	67	3.0	3.5	0.04
62	78	82	6	35	67	78	3.0	3.5	0.04
70	85	90	6	35	67	78	3.0	3.5	0.04
78	95	100	6	40	78	105	3.0	4	0.04
85	105	110	6	40	78	105	3.0	4	0.04
95	115	120	6	45	89	112	3.0	4	0.04
105	125	130	6	45	89	112	3.0	4	0.04

주 ▶ [1] 대안으로 반지름이 사용될 수도 있다.

■ 압착 고정 부시 치수

단위 : mm

구멍 지름 d_1 (F7) 초과	구멍 지름 d_1 (F7) 이하	본체 지름 d (n6)	헤드 지름 d_2 (h13)	헤드 두께 l_1	길이 l 짧은	길이 l 긴	길이 l 아주 긴	바깥지름의 리드 l_2 최 대	입구 모따기[1] l_3 최 대	동심도 (F.I.M) V
-	1	3	6	2	6	9	-	1	1	0.01
1	1.8	4	7	2	6	9	-	1	1	0.01
1.8	2.6	5	8	2.5	8	12	16	1	1	0.01
2.6	3.3	6	9	2.5	8	12	16	1	1	0.01
3.3	4	7	10	2.5	8	12	16	1	1	0.01
4	5	8	11	2.5	8	12	16	1	1	0.01
5	6	10	13	3	10	16	20	1.25	1.5	0.02
6	8	12	15	3	10	16	20	1.25	1.5	0.02

8	10	15	18	4	12	20	25	1.5	2
10	12	18	22						
12	15	22	26		16	28	36		
15	18	26	30						
18	22	30	34	5	20	36	45	2.5	3
22	26	35	39						
26	30	42	46		25	45	56		
30	35	48	52						
35	42	55	59	6	30	56	67	3.5	0.04
42	48	62	66						
48	55	70	74		35	67	78	3	
55	63	78	82						
62	70	85	90		40	78	105	4	
70	78	95	100						
78	85	105	110		45	89	112		
85	95	115	120						
95	105	125	130						

주 ▶ (1) 대안으로 반지름이 사용될 수도 있다.

4. 재생 부시

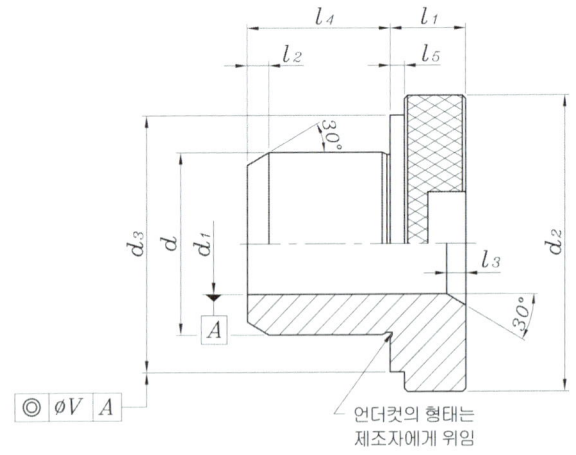

언더컷의 형태는 제조자에게 위임

■ 재생 부시의 일반 치수

단위 : mm

구멍 지름 d_1 (F7)		본체 지름 d (m6)	헤드의 세부 사항				길이 l			바깥지름의 리드 l_2 최대	입구 모따기[1] l_3 최대	동심도 (F.I.M) V
초과	이하		지름 d_2 (h13)	두께 l_1	와셔 세부		짧은	긴	아주 긴			
					지름 d_3 0 −0.25	두께 l_5 0 −0.25						
0	4	8	15	8	12	1	10	16	-	1.25	1.0	0.02
4	6	10	18		15		12	20	25	1.5	1.5	
6	8	12	22		18							
8	10	15	26	10	22		16	28	36		2	
10	12	18	30		26							
12	15	22	34	12	30		20	36	45	2.5		
15	18	26	39		35							
18	22	30	46		42		25	45	56		3	
22	26	35	52		46	1.5						
26	30	42	59		53		30	56	67			
30	35	48	66		60							
35	42	55	74		68							0.04
42	48	62	82	16	76	2	35	67	78	3.0	3.5	
48	55	70	90		84							
55	62	78	100		94		40	78	105			
62	70	85	110		104						4	
70	78	95	120		114		45	89	112			
78	85	105	130		124							

주▶ [1] 대안으로 반지름이 사용될 수도 있다.

■ 헤드의 세부 사항

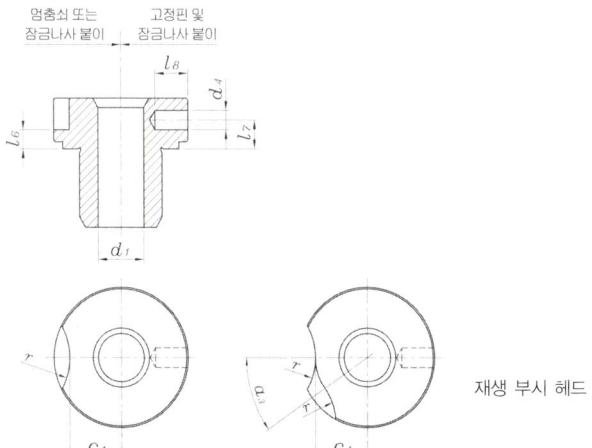

재생 부시 헤드

단위 : mm

구멍 지름 d_1		멈춤쇠 또는 잠금 나사 붙이				고정 핀 붙이		
초과	이하	l_6	c_1 최대	반지름 r	a_3 (도)	l_7	d_4 H7	l_8
0	4	3	4.5	7.0	65	4.25	2.5	4
4	6	3	6	7.0	65			
6	8	4	7.5	8.5	60	6	3	5
8	10	4	9.5	8.5	50			
10	12	4	11.5	8.5	50			6
12	15	5.5	13	8.5	35	7	5	7
15	18	5.5	15.5	10.5	35			8
18	22	5.5	19	10.5	30			
22	26	5.5	22	10.5	30	6.5	6	9
26	30	5.5	25.5	10.5	30			10
30	35	7	28.5	10.5	30	9		12
35	42	7	32.5	12.5	25			
42	48	7	36.5	12.5	25	8	8	14
48	55	7	40.5	12.5	25			
55	62	7	45.5	12.5	25			
62	70	7	50.5	12.5	20			
70	78	7	55.5	12.5	20			16
78	85	7	60.5	12.5	20			

주 ▶ (1) 대안으로 반지름이 사용될 수도 있다.

■ 재생 부시 고정 방법

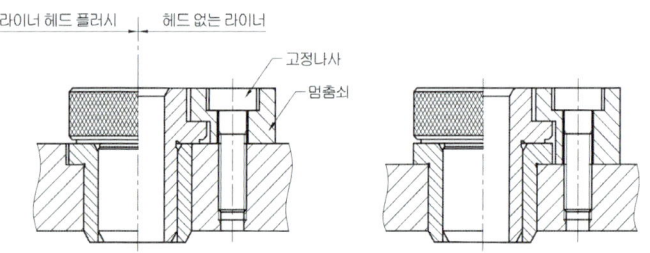

고정 멈춤쇠를 사용하는 재생 부시

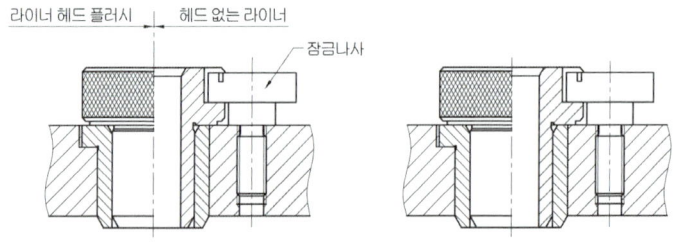

잠금 나사를 사용하는 재생 부시

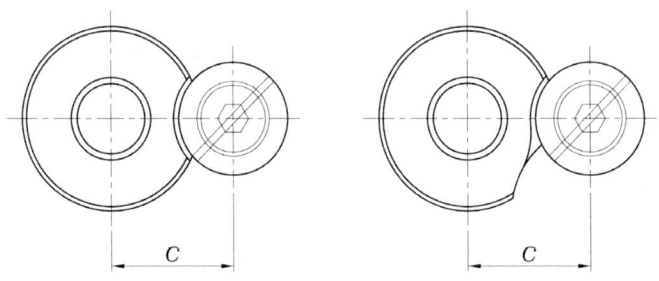

재생 부시-멈춤쇠 또는 잠금 나사를 사용한 고정형 및 회전형

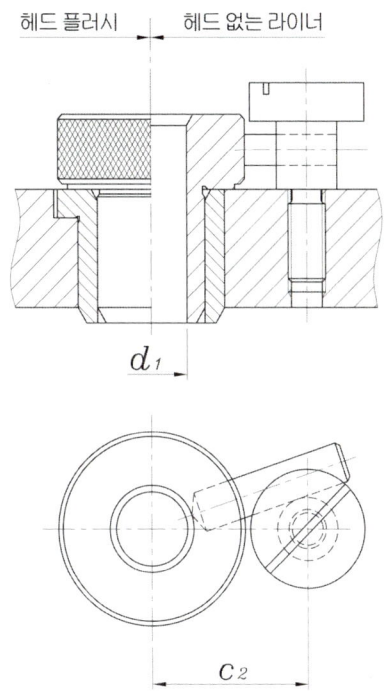

재생 부시-고정 핀과 잠금 나사를 가진 회전형

■ 설치 치수

단위 : mm

d_1 (F7)	초과	-	4	6	8	10	12	15	18	22	26	30	35	42	48	55	62	70
	이하	4	6	8	10	12	15	18	22	26	30	35	42	48	55	62	70	78	85
c_2		15	17	20	22	24	28	31	35	37	41	47	51	55	59	63	68	74	79
c_{min}		11.5	13	16	18	20	23.5	26	29.5	32.5	36	41	45	49	53	58	63	68	73

5. 부속품-멈춤쇠

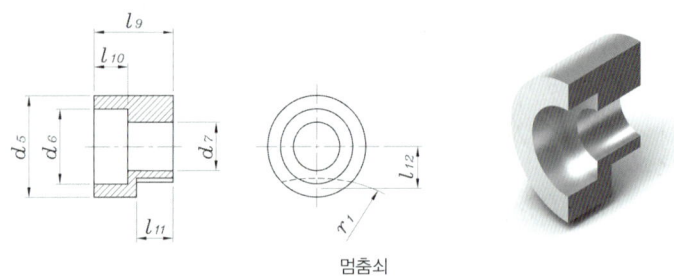

멈춤쇠

멈춤쇠 치수

단위 : mm

멈춤쇠가 사용된 부시 안지름	l_9		l_{11}		l_{10}	d_5	d_6	d_7	r_1	l_{12}	고정나사 치수
	접시머리 라이너	프라우드 머리 라이너	접시머리 라이너	프라우드 머리 라이너							
0~6	8	11	3	6	4	13	10	5.1	9.5	3.7	M5
6~12	10	14	4	8	5	16	12	6.1	15	4.7	M6
12~30	12	17	5.5	10.5	5	20	15	8.1	30	6.2	M8
30~85	16	22	7	13	7	24	18	10.1	80	7.5	M10

6. 부속품-잠금 나사

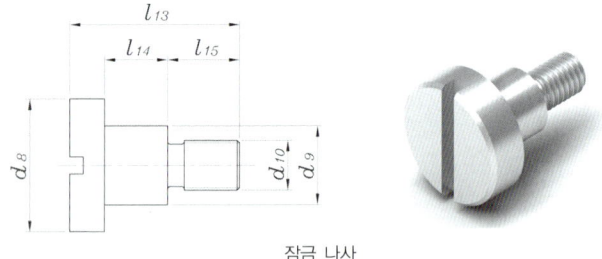

잠금 나사

잠금 나사 치수

단위 : mm

나사가 사용된 부시 안지름	l_{13}		l_{14}		l_{15}	d_8 최대	d_9	나사 치수 d_{10}
	접시머리 라이너	프라우드 머리 라이너	접시머리 라이너	프라우드 머리 라이너				
0~6	15	18	3	6	9	13	7.5	M5
6~12	18	22	4	8	10	16	9.5	M6
12~30	22	27	5.5	10.5	11.5	20	12	M8
30~85	32	38	7	13	18.5	24	15	M10

7. 부속품-고정 핀

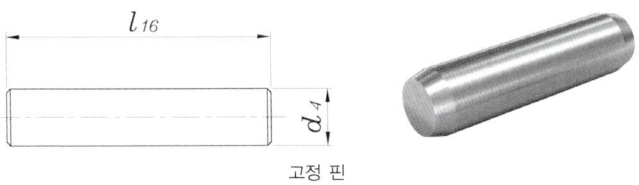

고정 핀

고정 핀 치수

단위 : mm

핀이 사용된 부시 안지름	d_4 (m6)	l_{16}
0~6	2.5	16
6~12	3	20
12~22	5	25
22~30	6	30
30~42	6	35
42~78	8	35
78~85	8	40

15-4 | 지그 및 부착구용 위치 결정 핀 KS B 1319 : 2003 (2008 확인)

1. 둥근형 및 마름모형 핀의 모양 및 치수

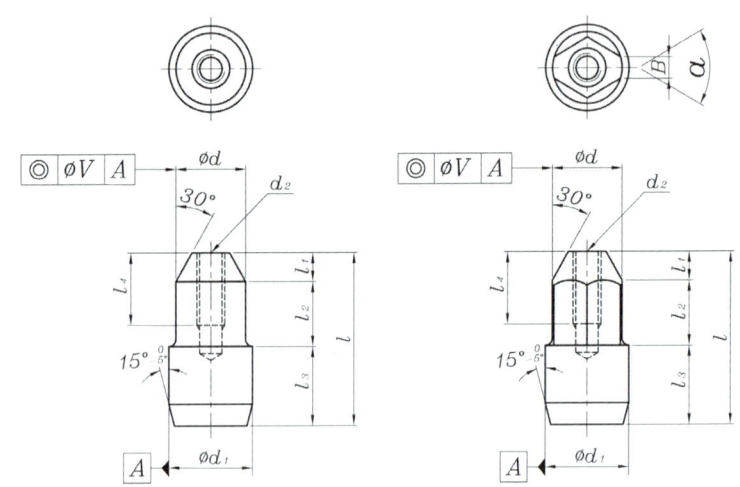

단위 : mm

치수구분	d			d_1		l	l_1	l_2	l_3	d_2	l_4	B (약)	a° (약)
	동심도 ⌀V	허용차 g6		기준치수	허용차 p6								
3 이상 4 이하	0.005	− 0.004 − 0.012	4		+ 0.020 + 0.012	11 13	2	4	5 7	−	−	1.2	50
4 초과 5 이하			5			13 16		5	6 9			1.5	
5 초과 6 이하			6			16 20	3	6	7 11			1.8	
6 초과 8 이하	0.008	− 0.005 − 0.014	8		+ 0.024 + 0.015	20 25		8	9 14			2.2	60
8 초과 10 이하			10			24 30		10	11 17	M4	10	3	
10 초과 12 이하		− 0.006 − 0.017	12		+ 0.029 + 0.018	27 34	4		13 20			3.5	
12 초과 14 이하			14			30 38		11	15 23	M6	12	4	
14 초과 16 이하			16			33 42		12	17 26			5	
16 초과 18 이하	0.010		18			36 46	5		19 29			5.5	

18 초과 20 이하	−0.007 −0.020	20	+0.035 +0.022	39		22		6
				47		30		
20 초과 22 이하		22		41	14	22	M8	7
				49		30	16	
22 초과 25 이하		25		41		22		8
				49		30		
25 초과 28 이하		28		41		22		9
				49		30		
28 초과 30 이하		30		41		22		
				49		30		

【비 고】
1. d의 허용차는 KS B 0401에 규정하는 g6 또는 상대 부품에 맞추어서 그 때마다 정하기로 하고, d₁의 허용차는 KS B 0401에 규정하는 p6으로 한다.
2. 나사는 KS B 0201에 따르고, 그 정밀도는 KS B 0211의 2급으로 한다.
3. 핀의 재료는 KS D 3708의 SNC 415, KS D 3707의 SCr 420, KS D 3751의 STC 5 또는 사용상 이것과 동등 이상인 것으로 한다.
4. 핀의 경도는 HRC 55(HV 595) 이상으로 한다.

2. 칼라붙은 둥근형 및 칼라붙은 마름모형핀의 모양 및 치수

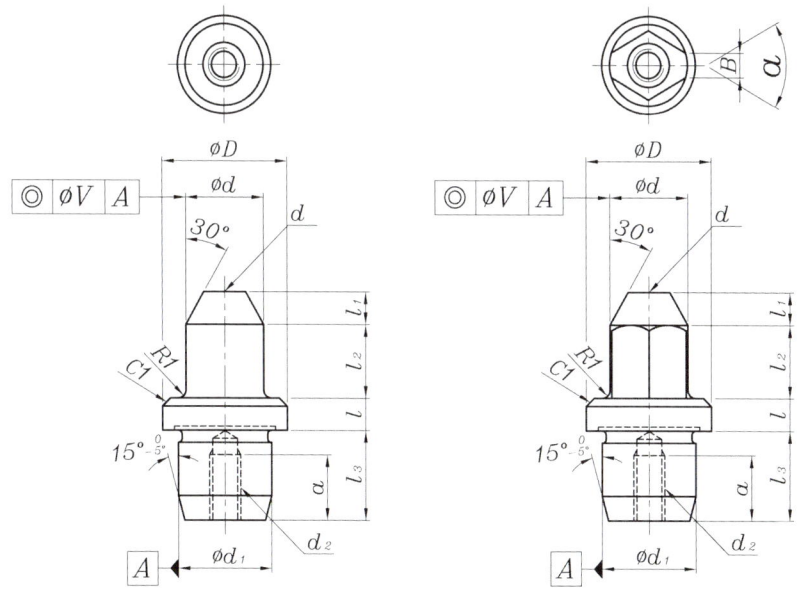

단위 : mm

치수 구분	d 동심도 ⌀V	d 허용차 g6	d_1 기준치수	d_1 허용차 h6	D	l_1	l_2	l_3	l_4	d_2	a	B (약)	$α$ (약°)	l							
4 이상 6 이하	0.005	−0.004 −0.012	12	0 −0.011	16	3	8	12	10	M6	8	2	50	3	4	8	10	14	18	−	−
6 초과 10 이하	0.008	−0.005 −0.014			18	4	12.5		14			3									
10 초과 12 이하		−0.006 −0.017			20		14		15			4	60	−	4	8	10	14	18	22.4	
12 초과 16 이하			16		25		14	16	17	M8	10	4.5		−	−	8	10	14	18	22.4	28
16 초과 18 이하	0.010											6									
18 초과 20 이하		−0.007 −0.020																			
20 초과 25 이하			20	0 −0.013	30	5			18			7.5									
25 초과 30 이하					35.5		16	20	20	M10	12	9									

【비 고】

1. d의 허용차는 KS B 0401에 규정하는 g6 또는 상대 부품에 맞추어서 그 때마다 정하기로 하고, d_1의 허용차는 KS B 0401에 규정하는 h6으로 한다.
2. 나사는 KS B 0201에 따르고, 그 정밀도는 KS B 0211의 2급으로 한다.
3. 핀의 재료는 KS D 3708의 SNC 415, KS D 3707의 SCr 420, KS D 3751의 STC 5 또는 사용상 이것과 동등 이상인 것으로 한다.
4. 핀의 경도는 HRC 55(HV 595) 이상으로 한다.

현장실무용 기계설계 핸드북

Chapter 16

오링 설계 데이터

16-1 | 오링 부착 홈 부의 모양 및 치수 KS B 2799 : 1997 (2012 확인)

1. 적용 범위

이 표준은 KS B 2805에 규정하는 O링 중 사용 압력 25.0MPa(255kgf/mm^2) 이하인 것에 부착하는 홈 부의 모양 및 치수에 대하여 규정한다. 다만 진공 플랜지용 및 저마찰 홈부에는 적용하지 않는다.

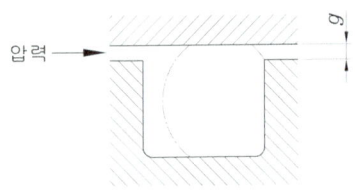

■ 백업링을 사용하지 않는 경우의 틈새(2g)의 최대값

단위 : mm

오링의 경도 (스프링의 경도 Hs)	틈 새 (2g)				
	사용 압력(MPa) [kgf/cm^2]				
	4.0 [4.1] 이하	4.0 [4.1] 초과 6.3 [64] 이하	6.3 [64] 초과 10.0 [102] 이하	10.0 [102] 초과 15.0 [163] 이하	16.0 [163] 초과 25.0 [255] 이하
70	0.35	0.30	0.15	0.07	0.03
90	0.65	0.60	0.50	0.30	0.17

주▶ 스프링 경도는 KS M 6518의 6.2.2의 A형에 따른다.

【비 고】 사용 상태에서 틈새(2g)가 위 표의 값 이하인 경우는 백업 링을 사용하지 않아도 되지만 위 표의 값을 초과하는 경우에는 백업링 병용한다.

2. 오링이 접촉하는 홈부의 표면 거칠기

단위 : mm

기기의 부분	용 도	압력이 걸리는 방법		표면 거칠기	
				Ra	Rmax (참고)
홈의 측면 및 바닥면	고정용	맥동 없음	평면	3.2	12.5
			원통면	1.6	6.3
		맥동 있음		1.6	6.3
	운동용	백업 링을 사용하는 경우		1.6	6.3
		백업 링을 사용하지 않는 경우		0.8	3.2
O링의 실부의 접촉면	고정용	맥동 없음		1.6	6.3
		맥동 있음		0.8	3.2
	운동용	-		0.4	1.6
O링의 장착용 모떼기부	-	-		3.2	12.5

3. 운동용 및 고정용(원통면)의 홈부의 모양 및 치수 P계열 KS B 2799 : 1997 (2002 확인)

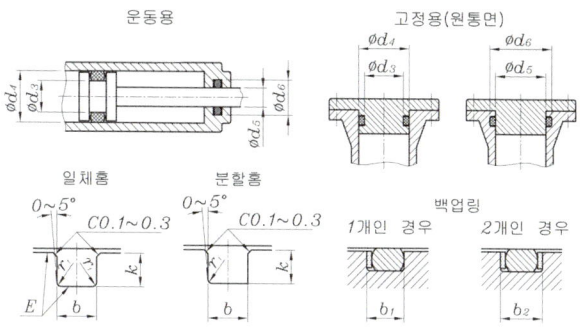

> 주▶ E는 K의 최대값과 최소값의 차를 의미하며, 동축도의 2배가 된다.

단위 : mm

O링의 호칭 번호	홈 부의 치수								참고						
	참고		d_3, d_6의 허용차에 상당하는 끼워맞춤 6기호	d_4 , d_5의 +0.25/0 허용차에 상당하는 끼워맞춤 6기호	b			E 최대	백업 링의 두께			O링의 실치수		압착 압축량	
	d_3, d_5	d_4, d_6의 허용차에 상당하는 끼워맞춤 기호			b	b_1	b_2	R 최대		폴리테트라플루오로에틸렌 수지				mm	%
					백업링없음	백업링 1개	백업링 2개			스파이럴	바이어스 컷	엔드리스	굵기	안지름	최대	최소	최대	최소
P3	3			6	H10									2.8	±0.14			
P4	4			7										3.8				
P5	5	0 -0.05	h9 e9 f8	8	+0.05 0									4.8	±0.15			
P6	6			9	H9	2.5	3.9	5.4	0.4	0.05	0.7 ±0.05	1.25 ±0.1	1.25 ±0.1	1.9 ±0.07	5.8		0.47	0.28	23.8	15.3
P7	7			10											6.8	±0.16			
P8	8		e8	11											7.8				
P9	9			12											8.8				
P10	10			13											9.8	±0.17			
P10A	10			14											9.8				
P11	11			15											10.8	±0.18			
P11.2	11.2			15.2											11.0				
P12	12			16											11.8				
P12.5	12.5		e8	16.5											12.3	±0.19			
P14	14	0 -0.06	h9 f8	18	+0.06 0	H9	3.2	4.4	6.0	0.4	0.05	0.7 ±0.05	1.25 ±0.1	1.25 ±0.1	2.4 ±0.07	13.8		0.47	0.27	19.0	11.6
P15	15			19											14.8	±0.20			
P16	16			20											15.8				
P18	18			22											17.8	±0.21			
P20	20			24											19.8	±0.22			
P21	21		e7	25											20.8	±0.23			
P22	22			26											21.8	±0.24			

【비 고】
1. KS B 2805의 P3~P400은 운동용, 고정용에 사용하지만 G25~G300은 고정용에만 사용하고 운동용에는 사용하지 않는다. 다만 P3~P400 이라도 4종 C와 같은 기계적 강도가 작은 재료는 운동요에 사용하지 않는 것이 바람직하다.
2. 참고에 나타내는 치수 공차는 KS B 0401에 따른다.
3. P20~P22의 e7 $\left(\begin{smallmatrix}-0.040\\-0.061\end{smallmatrix}\right)$은 d 및 d5의 허용차 $\left(\begin{smallmatrix}0\\-0.06\end{smallmatrix}\right)$를 초과하지만 e7을 사용하여도 좋다.

3. 운동용 및 고정용(원통면)의 홈부의 모양 및 치수 P계열 (계속)

단위 : mm

O링의 호칭번호	홈 부의 치수 d_3, d_5	[참고] d_3, d_5의 허용차에 상당하는 끼워맞춤 기호	d_4, d_6	d_4, d_6의 허용차에 상당하는 끼워맞춤 기호	b (백업링없음)	+0.25 0 b_1 (백업링1개)	b_2 (백업링2개)	R 최대	E 최대	백업 링의 두께 폴리테트라플루오로에틸렌 수지 스파이럴	바이어스 컷	엔드리스	O링의 실치수 굵기	안지름	압착 압축량 mm 최대	최소	% 최대	최소
P22A	22		28											21.7				
P22.4	22.4		28.4											22.1	±0.24			
P24	24		30											23.7				
P25	25		31											24.7	±0.25			
P25.5	25.5		31.5											25.2				
P26	26	e8	32											25.7	±0.26			
P28	28		34											27.7	±0.28			
P29	29		35											28.7				
P29.5	29.5		35.5											29.2	±0.29			
P30	30		36											29.7				
P31	31		37											30.7	±0.30			
P31.5	31.5		37.5											31.2	±0.31			
P32	32		38											31.7				
P34	34	0 -0.08	40	h9 f8	+0.08 0	H9	4.7	6.0	7.8	0.7	0.08	0.7 ±0.05	1.25 ±0.1	1.25 ±0.1	3.5 ±0.10	33.7	±0.33	0.60	0.32	16.7	9.4
P35	35		41											34.7				
P35.5	35.5		41.5											35.2	±0.34			
P36	36		42											35.7				
P38	38		44											37.7				
P39	39		45											38.7	±0.37			
P40	40	e7	46											39.7				
P41	41		47											40.7	±0.38			
P42	42		48											41.7	±0.39			
P44	44		50											43.7				
P45	45		51											44.7	±0.41			
P46	46		52											45.7	±0.42			
P48	48		54											47.7	±0.44			
P49	49		55											48.7				
P50	50		56											49.7	±0.45			
P48A	48		58	e8										47.6	±0.44			
P50A	50		60											49.6	±0.45			
P52	52		62											51.6	±0.47			
P53	53		63											52.6	±0.48			
P55	55		65											54.6	±0.49			
P56	56		66											55.6	±0.50			
P58	58		68											57.6	±0.52			
P60	60	0 -0.10	70	h9 f8	+0.10 0	H9	7.5	9.0	11.5	0.8	0.10	0.9 ±0.06	1.9 ±0.13	1.9 ±0.13	5.7 ±0.15	59.6	±0.53	0.85	0.45	14.5	8.1
P62	62		72											61.6	±0.55			
P63	63		73	e7										62.6	±0.56			
P65	65		75											64.6	±0.57			
P67	67		77											66.6	±0.59			
P70	70		80											69.6	±0.61			
P71	71		81											70.6	±0.62			
P75	75		85											74.6	±0.65			
P80	80		90											79.6	±0.69			

호칭	내경			홈부 치수									상당 O링			
P85	85				95								84.6	±0.73		
P90	90				100								89.6	±0.77		
P95	95				105								94.6	±0.81		
P100	100				110								99.6	±0.84		
P102	102				112								101.6	±0.85		
P105	105		f8	e6	115								104.6	±0.87		
P110	110				120								109.6	±0.91		
P112	112	0			122								111.6	±0.92		
P115	115	-0.10	h9		125	+0.10 0	H9	7.5	9.0	11.5	0.8	0.10	0.9 ±0.06	1.9 ±0.13	1.9 ±0.13	5.7 ±0.15	114.6	±0.94	0.85	0.45	14.5	8.1
P120	120				130								119.6	±0.98		
P125	125				135								124.6	±1.01		
P130	130				140								129.6	±1.05		
P132	132				142								131.6	±1.06		
P135	135		f7	-	145								134.6	±1.09		
P140	140				150								139.6	±1.12		
P145	145				155								144.6	±1.16		
P150	150				160								149.6	±1.19		
P150A	150				165								149.5	±1.19		
P155	155				170								154.5	±1.23		
P160	160				175		H9						159.5	±1.26		
P165	165		h9		180								164.5	±1.30		
P170	170				185								169.5	±1.33		
P175	175				190								174.5	±1.37		
P180	180				195								179.5	±1.40		
P185	185				200								184.5	±1.44		
P190	190				205								189.5	±1.48		
P195	195				210								194.5	±1.51		
P200	200				215								199.5	±1.55		
P205	205		f7		220								204.5	±1.58		
P209	209				224								208.5	±1.61		
P210	210	0 -0.10		-	225	+0.10 0		11	13	17.0	0.8	0.12	1.4 ±0.08	2.75 ±0.15	2.75 ±0.15	8.4 ±0.15	209.5	±1.62	1.05	0.65	12.3	7.9
P215	215				230								214.5	±1.65		
P220	220				235		H8						219.5	±1.68		
P225	225				240								224.5	±1.71		
P230	230		h8		245								229.5	±1.75		
P235	235				250								234.5	±1.78		
P240	240				255								239.5	±1.81		
P245	245				260								244.5	±1.84		
P250	250				265								249.5	±1.88		
P255	255				270								254.5	±1.91		
P260	260				275								259.5	±1.94		
P265	265		f6		280								264.5	±1.97		
P270	270				285								269.5	±2.01		
P275	275				290								274.5	±2.04		
P280	280				295								279.5	±2.07		
P285	285				300								284.5	±2.10		
P290	290				305								289.5	±2.14		
P295	295				310								294.5	±2.17		
P300	300				315								299.5	±2.20		
P315	315				330								314.5	±2.30		
P320	320	0 -0.10	h8	f6	335	+0.10 0	H8	11	13	17.0	0.8	0.12	1.4 ±0.08	2.75 ±0.15	2.75 ±0.15	8.4 ±0.15	319.5	±2.33	1.05	0.65	12.3	7.9
P335	335				350								334.5	±2.42		
P340	340				355								339.5	±2.45		
P355	355				370								354.5	±2.54		
P360	360				375								359.5	±2.57		
P375	375				390								374.5	±2.67		
P385	385				400								384.5	±2.73		
P400	400				415								399.5	±2.82		

4. 운동용 및 고정용(원통면)의 홈부의 모양 및 치수 G계열

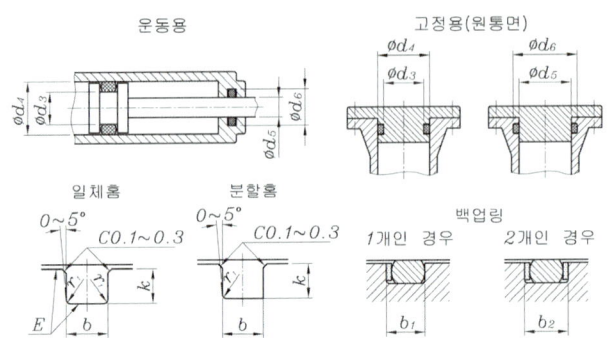

단위 : mm

O링의 호칭번호	홈 부의 치수 [참고] d_3, d_5의 허용차에 상당하는 끼워맞춤 기호	홈 부의 치수 d_3, d_5의 허용차에 상당하는 끼워맞춤 기호	홈 부의 치수 d_4, d_6	G+0.25 0 b 백업링없음	b₁ 백업링 1개	b₂ 백업링 2개	R 최대	E 최대	참고 백업 링의 두께 폴리테트라플루오에틸렌 수지 스파이럴	바이어스 컷	엔드리스	참고 O링의 실치수 굵기	안지름	압착 압축량 mm 최대	최소	% 최대	최소
G25	25	e9	30										24.4	±0.25			
G30	30		35										29.4	±0.29			
G35	35		40	H10									34.4	±0.33			
G40	40		45										39.4	±0.37			
G45	45	e8	50										44.4	±0.41			
G50	50		55										49.4	±0.45			
G55	55		60										54.4	±0.49			
G60	60		65										59.4	±0.53			
G65	65		70										64.4	±0.57			
G70	70	e7	75										69.4	±0.61			
G75	75		80										74.4	±0.65			
G80	80	f8	85	+0.10 0									79.4	±0.69			
G85	85	0 -0,10 h9	90		4.1	5.6	7.3	0.7	0.08	0.7 ±0.05	1.25 ±0.1	1.25 ±0.1	3.1 ±0.10	84.4	±0.73	0.70	0.40	21,85	13,3
G90	90		95										89.4	±0.77			
G95	95		100	H9									94.4	±0.81			
G100	100	e6	105										99.4	±0.85			
G105	105		110										104.4	±0.87			
G110	110		115										109.4	±0.91			
G115	115		120										114.4	±0.94			
G120	120		125										119.4	±0.98			
G125	125		130										124.4	±1.01			
G130	130		135										129.4	±1.05			
G135	135	f7	140										134.4	±1.08			
G140	140		145										139.4	±1.12			
G145	145		150										144.4	±1.16			
G150	150		160										149.3	±1.19			
G155	155		165										154.3	±1.23			
G160	160	0 -0,10 h9	170	+0.10 0 H9	7.5	9.0	11.5	0.8	0.10	0.9 ±0.06	1.9 ±0.13	1.9 ±0.13	5.7 ±0.15	159.3	±1.26	0.85	0.45	14,5	8,1
G165	165		175										164.3	±1.30			
G170	170		180										169.3	±1.33			

G175	175		185							174.3	±1.37		
G180	180	h9	190							179.3	±1.40		
G185	185		195							184.3	±1.44		
G190	190		200							189.3	±1.47		
G195	195		205							194.3	±1.51		
G200	200	f7	210							199.3	±1.55		
G210	210		220							209.3	±1.61		
G220	220	0 -0.10	230	+0.10 0	H8	7.5	9.0	11.5	0.8	0.10	0.9 ±0.06	1.9 ±0.13	1.9 ±0.13	5.7 ±0.15	219.3	±1.68	0.85	0.45	14.5	8.1
G230	230	h8	240							229.3	±1.73		
G240	240		250							239.3	±1.81		
G250	250		260							249.3	±1.88		
G260	260		270							259.3	±1.94		
G270	270		280							269.3	±2.01		
G280	280	f6	290							279.3	±2.07		
G290	290		300							289.3	±2.14		
G300	300		310							299.3	±2.20		

주 ▶ 허용차는 KS B 2805에서 1~3종의 허용차로서, 4종 C의 경우는 위의 허용차의 1.5배, 4종 D의 경우에는 의의 허용차의 1.2배이다.

【비 고】 • KS B 2805의 P3~P400은 운동용, 고정용에 사용하지만 G 25~G300은 고정용에만 사용하고, 운동용에는 사용하지 않는다. 단, P3~P400이라도 4종 C와 같은 기계적 강도가 작은 재료는 운동용에는 사용하지 않는 것이 바람직하다.

5. 고정용(평면)의 홈 부의 모양 및 치수

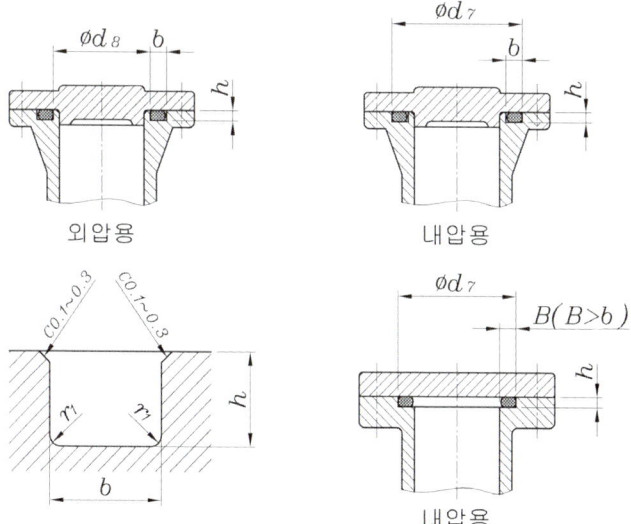

주 ▶ 고정용(평면)에서 내압이 걸리는 경우에는 O링의 바깥 둘레가 홈의 외벽에 밀착하도록 설계하고, 외압이 걸리는 경우에는 반대로 O링의 안 둘레가 홈의 내벽에 밀착하도록 설계한다.

P계열 고정용(평면)의 홈 부의 모양 및 치수

단위 : mm

O링의 호칭 번호	홈 부의 치수					참 고		압축 압축량			
	외압용	내압용	b +0.25 0	h ±0.05	r_1 (최대)	O링의 실치수		mm		%	
	d_8	d_7				d_8	d_7	최대	최소	최대	최소
P 3	3	6.2					2.8 ± 0.14				
P 4	4	7.2					3.8 ± 0.14				
P 5	5	8.2					4.8 ± 0.15				
P 6	6	9.2	2.5	1.4	0.4	1.9 ± 0.08	5.8 ± 0.15	0.63	0.37	31.8	20.3
P 7	7	10.2					6.8 ± 0.16				
P 8	8	11.2					7.8 ± 0.16				
P 9	9	12.2					8.8 ± 0.17				
P 10	10	13.2					9.8 ± 0.17				
P 10A	10	14					9.8 ± 0.17				
P 11	11	15					10.8 ± 0.18				
P 11.2	11.2	15.2					11.0 ± 0.18				
P 12	12	16					11.8 ± 0.19				
P 12.5	12.5	16.5					12.3 ± 0.19				
P 14	14	18	3.2	1.8	0.4	2.4 ± 0.09	13.8 ± 0.19	0.74	0.46	29.7	19.9
P 15	15	19					14.8 ± 0.20				
P 16	16	20					15.8 ± 0.20				
P 18	18	22					17.8 ± 0.21				
P 20	20	24					19.8 ± 0.22				
P 21	21	25					20.8 ± 0.23				
P 22	22	26					21.8 ± 0.24				
P 22A	22	28					21.7 ± 0.24				
P 22.4	22.4	28.4					22.1 ± 0.24				
P 24	24	30					23.7 ± 0.24				
P 25	25	31					24.7 ± 0.25				
P 25.5	25.5	31.5					25.2 ± 0.25				
P 26	26	32					25.7 ± 0.26				
P 28	28	34					27.7 ± 0.28				
P 29	29	35					28.7 ± 0.29				
P 29.5	29.5	35.5					29.2 ± 0.29				
P 30	30	36					29.7 ± 0.29				
P 31	31	37					30.7 ± 0.30				
P 31.5	31.5	37.5					31.2 ± 0.31				
P 32	32	38					31.7 ± 0.31				
P 34	34	40	4.7	2.7	0.8	3.5 ± 0.10	33.7 ± 0.33	0.95	0.65	26.4	19.1
P 35	35	41					34.7 ± 0.34				
P 35.5	35.5	41.5					35.2 ± 0.34				
P 36	36	42					35.7 ± 0.34				
P 38	38	44					37.7 ± 0.37				
P 39	39	45					38.7 ± 0.37				
P 40	40	46					39.7 ± 0.37				
P 41	41	47					40.7 ± 0.38				
P 42	42	48					41.7 ± 0.39				
P 44	44	50					43.7 ± 0.41				
P 45	45	51					44.7 ± 0.41				
P 46	46	52					45.7 ± 0.42				
P 48	48	54					47.7 ± 0.44				
P 49	49	55					48.7 ± 0.45				
P 50	50	56					49.7 ± 0.45				

P 48A	48	58				47.6	± 0.44			
P 50A	50	60				49.6	± 0.45			
P 52	52	62				51.6	± 0.47			
P 53	53	63				52.6	± 0.48			
P 55	55	65				54.6	± 0.49			
P 56	56	66				55.6	± 0.50			
P 58	58	68				57.6	± 0.52			
P 60	60	70				59.6	± 0.53			
P 62	62	72				61.6	± 0.55			
P 63	63	73				62.6	± 0.56			
P 65	65	75				64.6	± 0.57			
P 67	67	77				66.6	± 0.59			
P 70	70	80				69.6	± 0.61			
P 71	71	81				70.6	± 0.62			
P 75	75	85				74.6	± 0.65			
P 80	80	90				79.6	± 0.69			
P 85	85	95	7.5	4.6	0.8	5.7± 0.13	84.6	± 0.73	1.28	0.92	22.0	16.5
P 90	90	100				89.6	± 0.77			
P 95	95	105				94.6	± 0.81			
P 100	100	110				99.6	± 0.84			
P 102	102	112				101.6	± 0.85			
P 105	105	115				104.6	± 0.87			
P 110	110	120				109.6	± 0.91			
P 112	112	122				111.6	± 0.92			
P 115	115	125				114.6	± 0.94			
P 120	120	130				119.6	± 0.98			
P 125	125	135				124.6	± 1.01			
P 130	130	140				129.6	± 1.05			
P 132	132	142				131.6	± 1.06			
P 135	135	145				134.6	± 1.09			
P 140	140	150				139.6	± 1.12			
P 145	145	155				144.6	± 1.16			
P 150	150	160				149.6	± 1.19			
P 150A	150	165				149.5	± 1.19			
P 155	155	170				154.5	± 1.23			
P 160	160	175				159.5	± 1.26			
P 165	165	180				164.5	± 1.30			
P 170	170	185				169.5	± 1.33			
P 175	175	190				174.5	± 1.37			
P 180	180	195				179.5	± 1.40			
P 185	185	200				184.5	± 1.44			
P 190	190	205				189.5	± 1.48			
P 195	195	210				194.5	± 1.51			
P 200	200	215				199.5	± 1.55			
P 205	205	220				204.5	± 1.58			
P 209	209	224				208.5	± 1.61			
P 210	210	225	11.0	6.9	1.2	8.4± 0.15	209.5	± 1.62	1.7	1.3	19.9	15.8
P 215	215	230				214.5	± 1.65			
P 220	220	235				219.5	± 1.68			
P 225	225	240				224.5	± 1.71			
P 230	230	245				229.5	± 1.75			
P 235	235	250				234.5	± 1.78			
P 240	240	255				239.5	± 1.81			
P 245	245	260				244.5	± 1.84			
P 250	250	265				249.5	± 1.88			
P 255	255	270				254.5	± 1.91			
P 260	260	275				259.5	± 1.94			
P 265	265	280				264.5	± 1.97			
P 270	270	285				269.5	± 2.01			
P 275	275	290				274.5	± 2.04			
P 280	280	295				279.5	± 2.07			

호칭											
P 285	285	300				284.5	± 2.10				
P 290	290	305				289.5	± 2.14				
P 295	295	310				294.5	± 2.17				
P 300	300	315				299.5	± 2.20				
P 315	315	330				314.5	± 2.30				
P 320	320	335	11.0	6.9	1.2	319.5	± 2.33	1.7	1.3	19.9	15.8
P 335	335	350				8.4 ± 0.15	334.5	± 2.42			
P 340	340	355				339.5	± 2.45				
P 355	355	370				354.5	± 2.54				
P 360	360	375				359.5	± 2.57				
P 375	375	390				374.5	± 2.67				
P 385	385	400				384.5	± 2.73				
P 400	400	415				399.5	± 2.82				

G계열 고정용(평면)의 홈 부의 모양 및 치수 (계속)

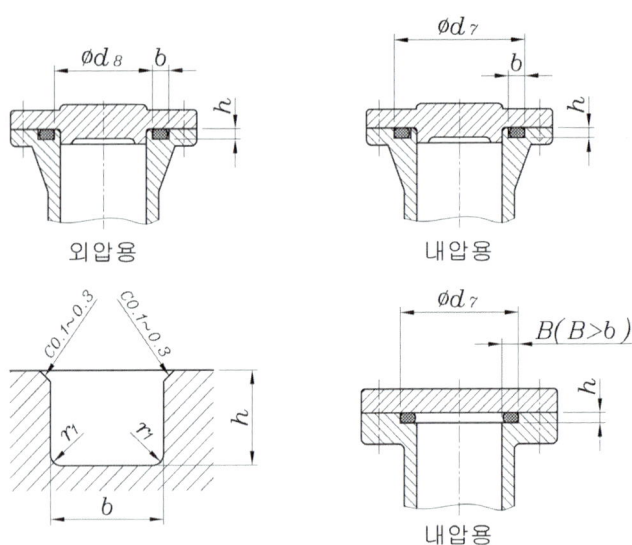

단위 : mm

O링의 호칭 번호	홈 부의 치수					참 고				
	외압용	내압용	b +0.25 0	h ±0.05	r_1 (최대)	O링의 치수		압축 압축량		
								mm		%
	d_8	d_7				굵 기	안지름	최대	최소	최대	최소
G 25	25	30					24.4	± 0.25			
G 30	30	35					29.4	± 0.29			
G 35	35	40					34.4	± 0.33			
G 40	40	45					39.4	± 0.37			
G 45	45	50	4.1	2.4	0.7	3.1 ± 0.10	44.4	± 0.41	0.85	0.55	26.6	18.3
G 50	50	55					49.4	± 0.45			
G 55	55	60					54.4	± 0.49			
G 60	60	65					59.4	± 0.53			
G 65	65	70					64.4	± 0.57			
G 70	70	75					69.4	± 0.61			
G 75	75	80					74.4	± 0.65			

종류 번호										
G 80	80	85				79.4	± 0.69			
G 85	85	90				84.4	± 0.73			
G 90	90	95				89.4	± 0.77			
G 95	95	100				94.4	± 0.81			
G 100	100	105				99.4	± 0.85			
G 105	105	110				104.4	± 0.87			
G 110	110	115				109.4	± 0.91			
G 115	115	120				114.4	± 0.94			
G 120	120	125				119.4	± 0.98			
G 125	125	130				124.4	± 1.01			
G 130	130	135				129.4	± 1.05			
G 135	135	140				134.4	± 1.08			
G 140	140	145				139.4	± 1.12			
G 145	145	150				144.4	± 1.16			
G 150	150	160				149.3	± 1.19			
G 155	155	165				154.3	± 1.23			
G 160	160	170				159.3	± 1.26			
G 165	165	175				164.3	± 1.30			
G 170	170	180				169.3	± 1.33			
G 175	175	185				174.3	± 1.37			
G 180	180	190				179.3	± 1.40			
G 185	185	195				184.3	± 1.44			
G 190	190	200				189.3	± 1.47			
G 195	195	205			5.7		194.3	± 1.51			
G 200	200	210	7.5	4.6	0.8	± 0.15	199.3	± 1.55	1.28	0.92	22.0	16.5
G 210	210	220				209.3	± 1.61			
G 220	220	230				219.3	± 1.68			
G 230	230	240				229.3	± 1.73			
G 240	240	250				239.3	± 1.81			
G 250	250	260				249.3	± 1.88			
G 260	260	270				259.3	± 1.94			
G 270	270	280				269.3	± 2.01			
G 280	280	290				279.3	± 2.07			
G 290	290	300				289.3	± 2.14			
G 300	300	310				299.3	± 2.20			

주 ▶ 허용차는 KS B 2805에서의 1~3종의 허용차로서, 4종 C의 경우는 위 허용차의 1.5배, 4종 D의 경우에는 위 허용차의 1.2배이다.

【비 고】• d_8 및 d_7은 기준 치수를 나타내며, 허용차에 대해서는 특별히 규정하지 않는다.

[참고-1] 오링의 부착에 관한 주의 사항

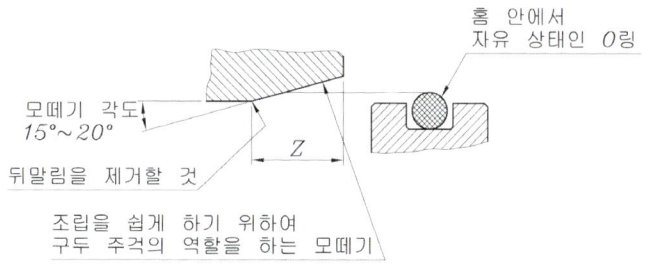

- 홈 안에서 자유 상태인 O링
- 모떼기 각도 15°~20°
- 뒤말림을 제거할 것
- 조립을 쉽게 하기 위하여 구두 주걱의 역할을 하는 모떼기

단위 : mm

O링의 호칭번호	O링의 굵기	Z(최소)
P 3~P 10	1.9±0.08	1.2
P 10A~P 22	2.4±0.09	1.4
P 22A~P 50	3.5±0.10	1.8
P 48A~P 150	5.7±0.13	3.0
P 150A~P 400	8.4±0.15	4.3
G 25~G 145	3.1±0.10	1.7
G 150~G 300	5.7±0.13	3.0
A 0018 G~A 0170 G	1.80±0.08	1.1
B 0140 G~B 0387 G	2.65±0.09	1.5
C 0180 G~C 2000 G	3.55±0.10	1.8
D 0400 G~D 4000 G	5.30±0.13	2.7
E 1090 G~E 6700 G	7.00±0.15	3.6

주▶ 기기를 조립할 때, O링이 홈이 생기지 않도록 위 표에 따라 끝부나 구멍에 모떼기를 한다.

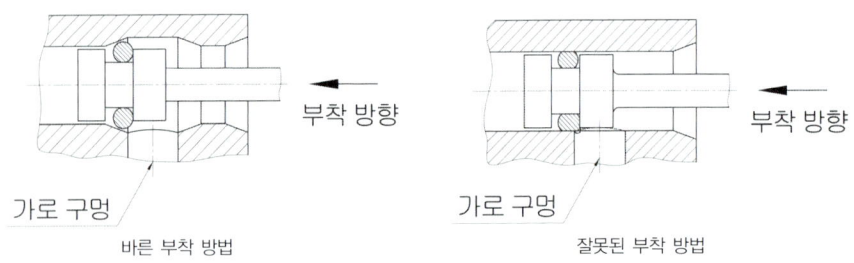

바른 부착 방법   잘못된 부착 방법

[참고-2] 유공압용 오링 홈의 설계 기준 및 기본 계산

1. 기호의 정의

기 호	정 의	기 호	정 의
d_1	O링 안지름	b	O링 홈 나비
d_2	O링 굵기	b_1	백업링 1개인 경우의 O링 홈 나비
d_3	O링 홈 - 피스톤용 홈 바닥 지름	b_2	백업링 2개인 경우의 O링 홈 나비
d_4	실린더 안지름	h	평면(플랜지)용 홈 깊이
d_5	로드 지름	t	운동용 및 고정(원통면)용 홈 깊이
d_6	O링 홈 - 로드용 홈 바닥 지름	z	O링 장착용 모떼기부의 길이
d_7	평면(플랜지-내압)용 홈 지름	r_1	홈 바닥의 R
d_8	평면(플랜지-외압)용 홈 지름	r_2	홈 모서리부의 모떼기
d_9	피스톤 바깥 지름	$2g$	지름 틈새
d_{10}	로드부 구멍 지름		

2. 오링 및 백업링의 사용법

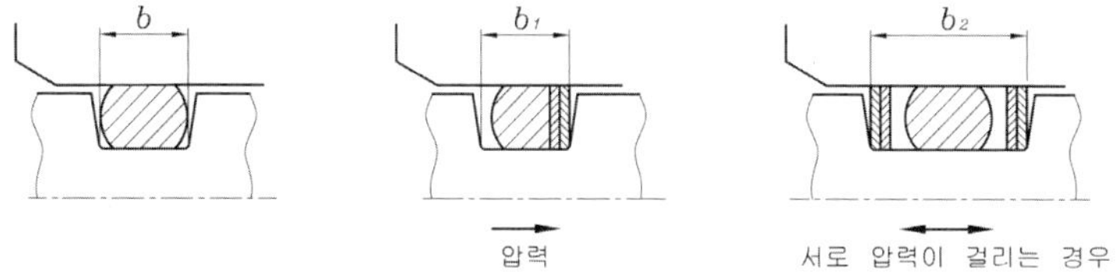

압력
피스톤 실

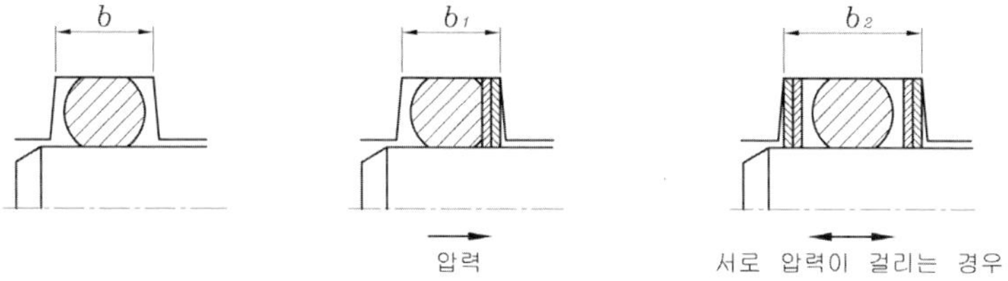

서로 압력이 걸리는 경우

압력
로드 실

서로 압력이 걸리는 경우

압력

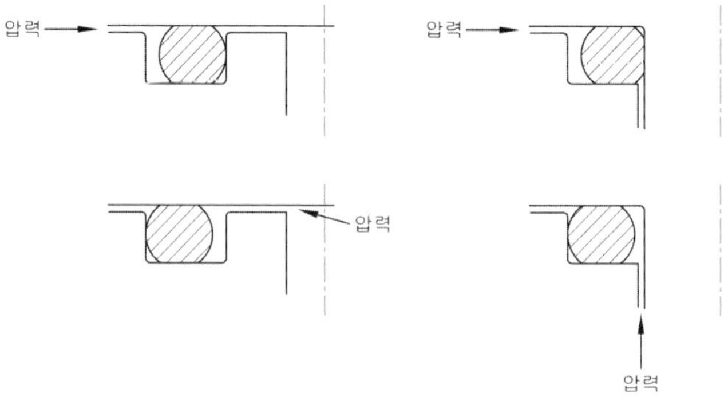

평면 실

3. 피스톤용 홈

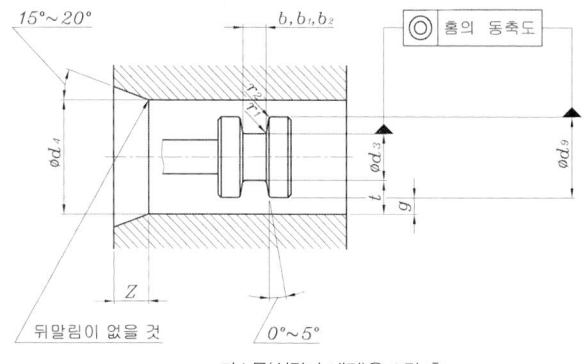

피스톤(실린더 내면)용 오링 홈

4. 로드용 홈

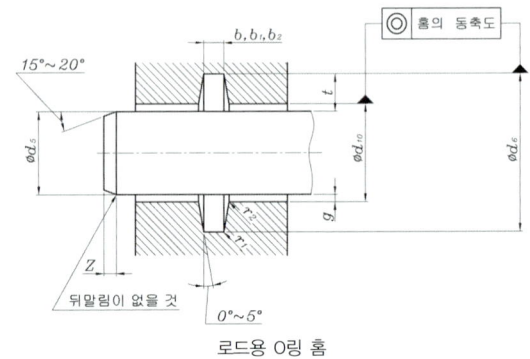

로드용 O링 홈

5. 평면(플랜지)용 홈

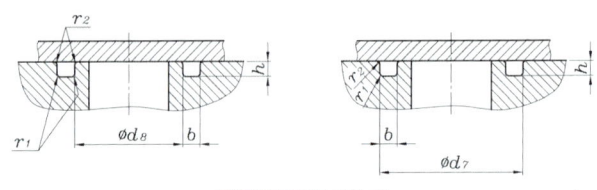

평면(플랜지)용 O링 홈

6. 표면거칠기 Ra 및 Rmax(홈과 O링 실부의 접촉면)

기기 부분	용 도	압력이 걸리는 방법	표면 거칠기	
			Ra	Rmax
홈의 측면 및 바닥면	고정용	맥동 없음	3.2	12.5
			(1.5)※	(6.3)※
		맥동 있음	1.6	6.3
	운동용	-	1.6	6.3
			(0.8)※	(3.2)※
O링의 실부의 접촉면	고정용	맥동 없음	1.6	6.3
			(0.8)※	(3.2)※
	운동용	맥동 있음	0.8	3.2
		-	0.4	1.6
O링의 장착용 모떼기부			3.2	12.5

7. 표면거칠기 Ra 및 Rmax(홈과 O링 실부의 접촉면)

단위 : mm

d_2	r_1 (홈 바닥)	r_2 (홈 모서리부)
1.80	0.2~0.4	0.1~0.3
2.65	0.2~0.4	0.1~0.3
3.55	0.4~0.8	0.1~0.3
5.30	0.4~0.8	0.1~0.3
7.00	0.8~1.2	0.1~0.3

8. O링 장착용 모떼기부의 길이

단위 : mm

d_2	1.80	2.65	3.55	5.30	7.00
Z 최소	1.1	1.5	1.8	2.7	3.5

9. 홈의 동축도의 치수 허용차

기계 가공된 홈의 지름 d_{10}, d_6, d_9와 d_3 사이의 동축도는 50mm, 지름까지는 0.025 이하, 50mm를 초과한 경우는 0.050 이하로 한다.

10. 홈의 각 지름의 치수 허용차

단위 : mm

홈의 각부의 치수		d_2				
		1.80	2.65	3.55	5.30	7.00
실린더 안지름	d_4	+0.06 0	+0.07 0	+0.08 0	+0.09 0	+0.11 0
피스톤용 홈바닥 지름	d_3	0 -0.04	0 -0.05	0 -0.06	0 -0.07	0 -0.09
합계 허용차	d_4+d_3	0.10	0.12	0.14	0.16	0.20
피스톤 바깥 지름	d_9			f7		
로드 지름	d_5	-0.01 -0.05	-0.02 -0.07	-0.03 -0.09	-0.03 -0.10	-0.04 -0.13
로드용 홈 바닥 지름	d_6	+0.06 0	+0.07 0	+0.08 0	+0.09 0	+0.11 0
합계 허용차	d_5+d_6	0.10	0.12	0.14	0.16	0.20
로드부 구멍 지름	d_{10}			H8		
평면(플랜지 내업)용 홈 지름	d_7			H11		
	d_8 ※			h11		

d_3, d_4, d_5, d_6의 허용차는 특수한 용도인 경우는 바꿔도 되지만 d_3+d_4 또는 d_5+d_6의 합계의 허용차를 초과하여서는 안 된다.

> 주 ▶ ※ 평면(플랜지 외압)용 홈지름.

11. 고정용(원통면) 및 운동용의 홈 치수

■ 홈 나비

단위 : mm

용 도		d_2														
		1.80			2.65			3.55			5.30			7.00		
		b	b_1	b_2	b	b_1	b_2	b	b_1	b_2	b	b_1	b_2	b	b_1	b_2
고정용 (원통면)		2.4	3.8	5.2	3.6	5.0	6.4	4.8	6.2	7.6	7.1	9.0	10.9	9.5	12.3	15.1
운동용	유압용															
	공기압용	2.2			3.4			4.6			6.9			9.3		

> 주 ▶ ※ 홈 나비의 허용차 $+0.25 \atop 0$

12. 홈깊이 t

■ 피스톤 홈(실린더 안지름)

단위 : mm

용도		d_2				
		1.80	2.65	3.55	5.30	7.00
고정용(원통면)		1.38	2.07	2.74	4.19	5.67
운동용	유압용	1.42	2.16	2.96	4.48	5.95
	공기압용	1.46	2.23	3.03	4.65	6.20

■ 로드용 홈

단위 : mm

용도		d_2				
		1.80	2.65	3.55	5.30	7.00
고정용(원통면)		1.42	2.15	2.85	4.36	5.89
운동용	유압용	1.47	2.24	3.07	4.66	6.16
	공기압용	1.57	2.37	3.24	4.86	6.43

주 ▶ ※ 평면(플랜지)용 홈 치수 $+0.25 \atop 0$

단위 : mm

d_2	1.80	2.65	3.55	5.30	7.00
b	2.6	3.8	5.0	7.3	9.7

■ 홈 깊이 t

단위 : mm

d_2	1.80	2.65	3.55	5.30	7.00
h	1.28	1.97	2.75	4.24	5.72

13. O링의 치수 범위

	호칭 번호		용 도					
			피스톤용			로드용		
d_2	시리즈 G의 d_1	시리즈 A의 d_1	고정용 (원통면)	운동용 공기압	운동용 유압	고정용 (원통면)	운동용 공기압	운동용 유압
A	0037~0045 0048 0050~0132 0140~0170	0018~0100 0106~1250	GA GA	G G	GA	G G GA GA	G G G	G G G
B	0140~0224 0236~0387	0045~0200 0212~2500	GA GA	G	GA	GA GA	G	G
C	0180~0412 0425~2000	0140~0387 0400~3550	GA GA	G	GA	GA GA	G	G
D	0400~1150 1180~4000	0375~1150 1180~2000	GA GA	G	GA	GA GA	G	G
E	1090~2500 2580~6700	1090~4000	GA G	G	GA	GA G	G	G

【비 고】 • G는 G 시리즈, A는 A 시리즈에 적용

■ 운동용 및 고정용(원통면) 홈 부의 표면거칠기

기기의 부분	운동용	고정용 (원통면)	기기의 부분		운동용	고정용 (원통면)
실린더 내면, 또는 피스톤 로드 외면 등	1.6S	6.3S	홈의 측면	백업링을 사용 않는 경우	3.2S	6.3S
홈의 밑면	3.2S	6.3S		백업링을 사용할 경우	6.3S	6.3S

■ 고정면(평면)의 표면거칠기

기기의 부분	압력 변화 큰 경우	압력 변화 작은 경우	기기의 부분	압력 변화 큰 경우	압력 변화 작은 경우
플랜지 면 등의 접촉면	6.3S	12.5S	홈의 밑면	6.3S	12.5S
홈의 측면	6.3S	12.5S	(주) 압력변화가 큰 경우는 압력변동이 크고 빈도가 심할 때를 말한다.		

16-2 | O링 KS B 2805 : 2002 (2012 확인)

1. O링의 종류

종류		기호	비고	참고
재료별	1종 A	1A	내 광물유용으로 스프링 경도 HS 70인 것	니트릴 고무 상당
	1종 B	1B	내 광물유용으로 스프링 경도 HS 90인 것	니트릴 고무 상당
	2종	2	내 가솔린용	니트릴 고무 상당
	3종	3	내 동식물유용	스티렌부타디엔 고무 또는 에틸렌프로필렌 고무 상당
	4종 C	4C	내열용	실리콘 고무 상당
	4종 D	4D	내열용	불소 고무 상당
용도별	운동용(패킷)	P	-	-
	고정용(가스킷)	G	-	-
	진공 플랜지용	V	-	-
ISO 일반 공업용		1A	내광물유용에서 스프링 경도 HS 70인 것으로서 재료별 종류는 1종 A를 적용하고 모양 및 치수는 ISO 3601-1에 따른다.	니트릴 고무 상당

2. 제품의 물리적 성질

시험 항목	재료의 종류					
	1종 A	1종 B	2종	3종	4종 C	4종 D
인장강도 최소	7.8	11.7	7.8	7.8	3.4	7.8
연신율(%) 최소	200	80	160	120	50	160
인장 응력 MPa (100% 연신율일 때) 최소	2.7	-	2.7	2.7	-	1.9

3. 운동용 오링(P)의 모양 및 치수

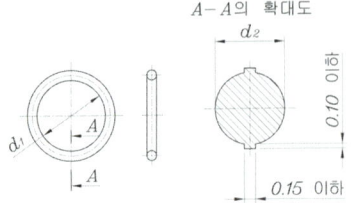

단위 : mm

호칭번호	굵기 d₂ 기준치수	허용차	안 지름 d₁ 기준치수	허용차	홈부의 치수(참고) 축 지름	구멍 지름	호칭번호	굵기 d₂ 기준치수	허용차	안 지름 d₁ 기준치수	허용차	홈부의 치수(참고) 축 지름	구멍 지름
P 3	1.9	±0.08	2.8	±0.14	3	6	P 71	5.7	±0.13	70.6	±0.62	71	81
P 4			3.8	±0.14	4	7	P 75			74.6	±0.65	75	85
P 5			4.8	±0.15	5	8	P 80			79.6	±0.69	80	90
P 6			5.8	±0.15	6	9	P 85			84.6	±0.73	85	95
P 7			6.8	±0.16	7	10	P 90			89.6	±0.77	90	100
P 8			7.8	±0.16	8	11	P 95			94.6	±0.81	95	105
P 9			8.8	±0.17	9	12	P 100			99.6	±0.84	100	110
P 10			9.8	±0.17	10	13	P 102			101.6	±0.85	102	112
P 10A	2.4	±0.09	9.8	±0.17	10	14	P 105			104.6	±0.87	105	115
P 11			10.8	±0.18	11	15	P 110			109.6	±0.91	110	120
P 11.2			11.0	±0.18	11.2	15.2	P 112			111.6	±0.92	112	122
P 12			11.8	±0.19	12	16	P 115			114.6	±0.94	115	125
P 12.5			12.3	±0.19	12.5	16.5	P 120			119.6	±0.98	120	130
P 14			13.8	±0.19	14	18	P 125			124.6	±1.01	125	135
P 15			14.8	±0.20	15	19	P 130			129.6	±1.05	130	140
P 16			15.8	±0.20	16	20	P 132			131.6	±1.06	132	142
P 18			17.8	±0.21	18	22	P 135			134.6	±1.09	135	145
P 20			19.8	±0.22	20	24	P 140			139.6	±1.12	140	150
P 21			20.8	±0.23	21	25	P 145			144.6	±1.16	145	155
P 22			21.8	±0.24	22	26	P 150			149.6	±1.19	150	160
P 22A	3.5	±0.10	21.7	±0.24	22	28	P 150A	8.4	±0.15	149.5	±1.19	150	165
P 22.4			22.1	±0.24	22.4	28.4	P 155			154.5	±1.23	155	170
P 24			23.7	±0.24	24	30	P 160			159.5	±1.26	160	175
P 25			24.7	±0.25	25	31	P 165			164.5	±1.30	165	180
P 25.5			25.2	±0.25	25.5	31.5	P 170			169.5	±1.33	170	185
P 26			25.7	±0.26	26	32	P 175			174.5	±1.37	175	190
P 28			27.7	±0.28	28	34	P 180			179.5	±1.40	180	195
P 29			28.7	±0.29	29	35	P 185			184.5	±1.44	185	200
P 29.5			29.2	±0.29	29.5	35.5	P 190			189.5	±1.48	190	205
P 30			29.7	±0.29	30	36	P 195			194.5	±1.51	195	210
P 31			30.7	±0.30	31	37	P 200			199.5	±1.55	200	215
P 31.5			31.2	±0.31	31.5	37.5	P 205			204.5	±1.58	205	220
P 32			31.7	±0.31	32	38	P 209			208.5	±1.61	209	224
P 34			33.7	±0.33	34	40	P 210			209.5	±1.62	210	225
P 35			34.7	±0.34	35	41	P 215			214.5	±1.65	215	230
P 35.5			35.2	±0.34	35.5	41.5	P 220			219.5	±1.68	220	235
P 36			35.7	±0.34	36	42	P 225			224.5	±1.71	225	240
P 38			37.7	±0.37	38	44	P 230			229.5	±1.75	230	245
P 39			38.7	±0.37	39	45	P 235			234.5	±1.78	235	250
P 40			39.7	±0.37	40	46	P 240			239.5	±1.81	240	255
P 41			40.7	±0.38	41	47	P 245			244.5	±1.84	245	260
P 42			41.7	±0.39	42	48	P 250			249.5	±1.88	250	265
P 44			43.7	±0.41	44	50	P 255			254.5	±1.91	255	270
P 45			44.7	±0.41	45	51	P 260			259.5	±1.94	260	275
P 46			45.7	±0.42	46	52	P 265			264.5	±1.97	265	280
P 48			47.7	±0.44	48	54	P 270			269.5	±2.01	270	285
P 49			48.7	±0.45	49	55	P 275			274.5	±2.04	275	290

호칭번호	굵기 d_2 기준치수	허용차	안지름 d_1 기준치수	허용차	홈부의 치수 (참고) 축지름	구멍지름	호칭번호	굵기 d_2 기준치수	허용차	안지름 d_1 기준치수	허용차	홈부의 치수 (참고) 축지름	구멍지름
P 50			49.7	± 0.45	50	56	P 280			279.5	± 2.07	280	295
P 48A			47.6	± 0.44	48	58	P 285			284.5	± 2.10	285	300
P 50A			49.6	± 0.45	50	60	P 290			289.5	± 2.14	290	305
P 52			51.6	± 0.47	52	62	P 295			294.5	± 2.17	295	310
P 53			52.6	± 0.48	53	63	P 300			299.5	± 2.20	300	315
P 55			54.6	± 0.49	55	65	P 315			314.5	± 2.30	315	330
P 56			55.6	± 0.50	56	66	P 320			319.5	± 2.33	320	335
P 58	5.7	±0.13	57.6	± 0.52	58	68	P 335			334.5	± 2.42	335	350
P 60			59.6	± 0.53	60	70	P 340			339.5	± 2.45	340	355
P 62			61.6	± 0.55	62	72	P 355			354.5	± 2.54	355	370
P 63			62.6	± 0.56	63	73	P 360			359.5	± 2.57	360	375
P 65			64.6	± 0.57	65	75	P 375			374.5	± 2.67	375	390
P 67			66.6	± 0.59	67	77	P 385			384.5	± 2.73	385	400
P 70			69.6	± 0.61	70	80	P 400			399.5	± 2.82	400	415

【비 고】• 4종의 d_1의 허용차는 4C에 대해서는 상기 허용차의 1.5배, 4D에 대하여는 상기 허용차의 1.2배로 한다.

4. 고정용 오링 (G)의 모양 및 치수

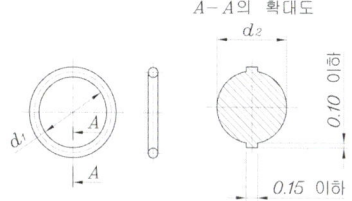

단위 : mm

호칭번호	굵기 d_2 기준치수	허용차	안지름 d_1 기준치수	허용차	홈부의 치수 (참고) 축지름	구멍지름	호칭번호	굵기 d_2 기준치수	허용차	안지름 d_1 기준치수	허용차	홈부의 치수 (참고) 축지름	구멍지름
G 25			24.4	± 0.25	25	30							
G 30			29.4	± 0.29	30	35							
G 35			34.4	± 0.33	35	40	G 150			149.3	± 1.19	150	160
G 40			39.4	± 0.37	40	45	G 155			154.3	± 1.23	155	165
G 45			44.4	± 0.41	45	50	G 160			159.3	± 1.26	160	170
G 50			49.4	± 0.45	50	55	G 165			164.3	± 1.30	165	175
G 55			54.4	± 0.49	55	60	G 170			169.3	± 1.33	170	180
G 60			59.4	± 0.53	60	65	G 175			174.3	± 1.37	175	185
G 65			64.4	± 0.57	65	70	G 180			179.3	± 1.40	180	190
G 70			69.4	± 0.61	70	75							
G 75			74.4	± 0.65	75	80	G 185			184.3	± 1.44	185	195
G 80			79.4	± 0.69	80	85	G 190			189.3	± 1.47	190	200
G 85	3.1	± 0.10	84.4	± 0.73	85	90	G 195	5.7	± 0.15	194.3	± 1.51	195	205
G 90			89.4	± 0.77	90	95	G 200			199.3	± 1.55	200	210
G 95			94.4	± 0.81	95	100	G 210			209.3	± 1.61	210	220
G 100			99.4	± 0.85	100	105	G 220			219.3	± 1.68	220	230
G 105			104.4	± 0.87	105	110	G 230			229.3	± 1.73	230	240
G 110			109.4	± 0.91	110	115	G 240			239.3	± 1.81	240	250
G 115			114.4	± 0.94	115	120	G 250			249.3	± 1.88	250	260
G 120			119.4	± 0.98	120	125	G 260			259.3	± 1.94	260	270
G 125			124.4	± 1.01	125	130	G 270			269.3	± 2.01	270	280
G 130			129.4	± 1.05	130	135	G 280			279.3	± 2.07	280	290
G 135			134.4	± 1.08	135	140	G 290			289.3	± 2.14	290	300
G 140			139.4	± 1.12	140	145	G 300			299.3	± 2.20	300	310
G 145			144.4	± 1.16	145	150							

【비 고】• 4종의 d_1의 허용차는 4C에 대해서는 상기 허용차의 1.5배, 4D에 대하여는 상기 허용차의 1.2배로 한다.

5. 진공 플랜지용 오링의 모양 및 치수 (V)

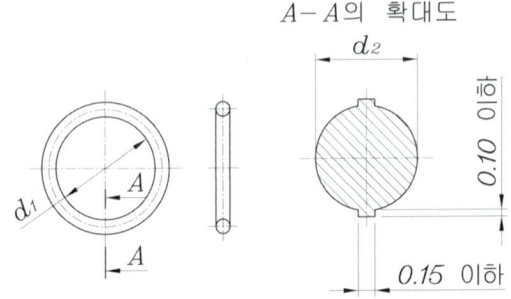

단위 : mm

호칭 번호	굵기 d_2		안지름 d_1	
	기준 치수	허용차	기준 치수	허용차
V15			14.5	± 0.20
V24			23.5	± 0.24
V34			33.5	± 0.33
V40			39.5	± 0.37
V55	4	± 0.10	54.5	± 0.49
V70			69.0	± 0.61
V85			84.0	± 0.72
V100			99.0	± 0.83
V120			119.0	± 0.97
V150			148.5	± 1.18
V175			173.0	± 1.36
V225			222.5	± 1.70
V275			272.0	± 2.02
V325	6	± 0.15	321.5	± 2.34
V380			376.0	± 2.68
V430			425.5	± 2.99
V480			475.0	± 3.30
V530			524.5	± 3.60
V585			579.0	± 3.92
V640			633.5	± 4.24
V690			683.0	± 4.54
V740	10	± 0.30	732.5	± 4.83
V790			782.0	± 5.12
V845			836.5	± 5.44
V950			940.5	± 6.06
V1055			1044.0	± 6.67

【비 고】• 4종의 d_1 의 허용차는 4C에 대해서는 상기 허용차의 1.5배, 4D에 대하여는 상기 허용차의 1.2배로 한다.

6. ISO 일반 공업용 오링의 모양 및 치수

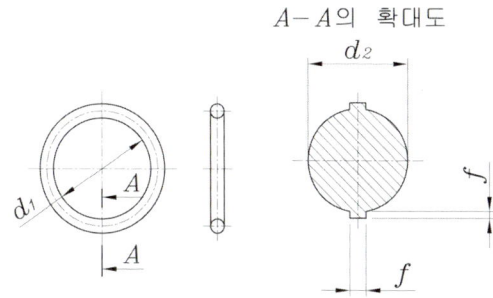

굵기 d_2의 기준치수와 허용차		1.80 ± 0.08	2.65 ± 0.09	3.55 ± 0.10	5.30 ± 0.13	7.00 ± 0.15
기호		A	B	C	D	E
f		0.1 이하	0.12 이하	0.14 이하	0.16 이하	0.18 이하
안지름 d_1		호칭 번호				
기준치수	허용차					
1.80	± 0.13	A0018G				
2.00	± 0.13	A0020G				
2.24	± 0.13	A0022G				
2.50	± 0.13	A0025G				
2.80	± 0.14	A0028G				
3.15	± 0.14	A0031G				
3.55	± 0.14	A0035G				
3.75	± 0.14	A0037G				
4.00	± 0.14	A0040G				
4.50	± 0.14	A0045G				
4.87	± 0.15	A0048G				
5.00	± 0.15	A0050G				
5.15	± 0.15	A0051G				
5.30	± 0.15	A0053G				
5.60	± 0.15	A0056G				
6.00	± 0.15	A0060G				
6.30	± 0.15	A0063G				
6.70	± 0.16	A0067G				
6.90	± 0.16	A0069G				
7.10	± 0.16	A0071G				
7.50	± 0.16	A0075G				
8.00	± 0.16	A0080G				
8.50	± 0.16	A0085G				
8.75	± 0.17	A0087G				
9.00	± 0.17	A0090G				
9.50	± 0.17	A0095G				
10.0	± 0.17	A0100G				
10.6	± 0.18	A0106G				

11.2	± 0.18	A0112G			
11.8	± 0.19	A0118G			
12.5	± 0.19	A0125G			
13.2	± 0.19	A0132G			
14.0	± 0.19	A0140G	B0140G		
15.0	± 0.20	A0150G	B0150G		
16.0	± 0.20	A0160G	B0160G		
17.0	± 0.21	A0170G	B0170G		
18.0	± 0.21		B0180G	C0180G	
19.0	± 0.22		B0190G	C0190G	
20.0	± 0.22		B0200G	C0200G	
21.2	± 0.23		B0212G	C0212G	
22.4	± 0.24		B0224G	C0224G	
23.6	± 0.24		B0236G	C0236G	

【비 고】• 호칭번호 끝의 G는 일반 공업용을 의미한다.

ISO 일반 공업용 오링의 모양 및 치수 (계속)

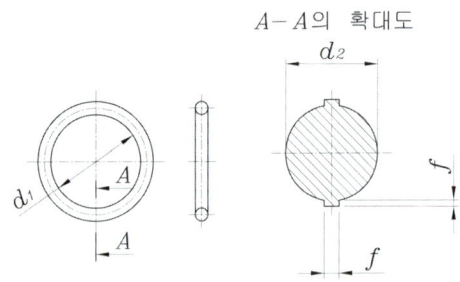

$A-A$의 확대도

굵기 d_2의 기준치수와 허용차		1.80 ± 0.08	2.65 ± 0.09	3.55 ± 0.10	5.30 ± 0.13	7.00 ± 0.15
기호		A	B	C	D	E
f		0.1 이하	0.12 이하	0.14 이하	0.16 이하	0.18 이하
안지름 d_1		호칭 번호				
기준치수	허용차					
25.0	± 0.25		B0250G	C0250G		
25.8	± 0.26		B0258G	C0258G		
26.5	± 0.26		B0265G	C0265G		
28.0	± 0.28		B0280G	C0280G		
30.0	± 0.29		B0300G	C0300G		
31.5	± 0.31		B0315G	C0315G		
32.5	± 0.32		B0325G	C0325G		
33.5	± 0.32		B0335G	C0335G		
34.5	± 0.33		B0345G	C0345G		
35.5	± 0.34		B0355G	C0355G		
36.5	± 0.35		B0365G	C0365G		

37.5	± 0.36		B0375G	C0375G	
38.7	± 0.37		B0387G	C0387G	
40.0	± 0.38			C0400G	D0400G
41.2	± 0.39			C0412G	D0412G
42.5	± 0.40			C0425G	D0425G
43.7	± 0.41			C0437G	D0437G
45.0	± 0.42			C0450G	D0450G
46.2	± 0.43			C0462G	D0462G
47.5	± 0.44			C0475G	D0475G
48.7	± 0.45			C0487G	D0487G
50.0	± 0.46			C0500G	D0500G
51.5	± 0.47			C0515G	D0515G
53.0	± 0.48			C0530G	D0530G
54.5	± 0.50			C0545G	D0545G
56.0	± 0.51			C0560G	D0560G
58.0	± 0.52			C0580G	D0580G
60.0	± 0.54			C0600G	D0600G
61.5	± 0.55			C0615G	D0615G
63.0	± 0.56			C0630G	D0630G
65.0	± 0.58			C0650G	D0650G
67.0	± 0.59			C0670G	D0670G
69.0	± 0.61			C0690G	D0690G
71.0	± 0.63			C0710G	D0710G
73.0	± 0.64			C0730G	D0730G
75.0	± 0.66			C0750G	D0750G
77.5	± 0.67			C0775G	D0775G
80.0	± 0.69			C0800G	D0800G
82.5	± 0.71			C0825G	D0825G
85.0	± 0.73			C0850G	D0850G
87.5	± 0.75			C0875G	D0875G
90.0	± 0.77			C0900G	D0900G

【비 고】• 호칭번호 끝의 G는 일반 공업용을 의미한다.

ISO 일반 공업용 오링의 모양 및 치수 (계속)

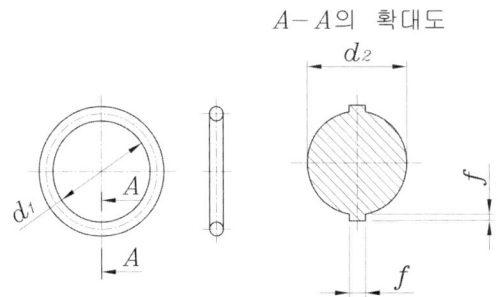

굵기 d_2의 기준치수와 허용차		1.80 ± 0.08	2.65 ± 0.09	3.55 ± 0.10	5.30 ± 0.13	7.00 ± 0.15
기호		A	B	C	D	E
f		0.1 이하	0.12 이하	0.14 이하	0.16 이하	0.18 이하
안지름 d_1		호칭 번호				
기준치수	허용차					
92.5	± 0.79			C0925G	D0925G	
95.0	± 0.81			C0950G	D0950G	
97.5	± 0.83			C0975G	D0975G	
100	± 0.84			C1000G	D1000G	
103	± 0.87			C1030G	D1030G	
106	± 0.89			C1060G	D1060G	
109	± 0.91			C1090G	D1090G	E1090G
112	± 0.93			C1120G	D1120G	E1120G
115	± 0.95			C1150G	D1150G	E1150G
118	± 0.97			C1180G	D1180G	E1180G
122	± 1.00			C1220G	D1220G	E1220G
125	± 1.03			C1250G	D1250G	E1250G
128	± 1.05			C1280G	D1280G	E1280G
132	± 1.08			C1320G	D1320G	E1320G
136	± 1.10			C1360G	D1360G	E1360G
140	± 1.13			C1400G	D1400G	E1400G
145	± 1.17			C1450G	D1450G	E1450G
150	± 1.20			C1500G	D1500G	E1500G
155	± 1.24			C1550G	D1550G	E1550G
160	± 1.27			C1600G	D1600G	E1600G
165	± 1.31			C1650G	D1650G	E1650G
170	± 1.34			C1700G	D1700G	E1700G
175	± 1.38			C1750G	D1750G	E1750G
180	± 1.41			C1800G	D1800G	E1800G
185	± 1.44			C1850G	D1850G	E1850G
190	± 1.48			C1900G	D1900G	E1900G
195	± 1.51			C1950G	D1950G	E1950G
200	± 1.55			C2000G	D2000G	E2000G
206	± 1.59				D2060G	E2060G
212	± 1.63				D2120G	E2120G
218	± 1.67				D2180G	E2180G
224	± 1.71				D2240G	E2240G
230	± 1.75				D2300G	E2300G
236	± 1.79				D2360G	E2360G
243	± 1.83				D2430G	E2430G
250	± 1.88				D2500G	E2500G
258	± 1.93				D2580G	E2580G
265	± 1.98				D2650G	E2650G
272	± 2.02				D2720G	E2720G
280	± 2.08				D2800G	E2800G
290	± 2.14				D2900G	E2900G
300	± 2.21				D3000G	E3000G

【비 고】• 호칭번호 끝의 G는 일반 공업용을 의미한다.

ISO 일반 공업용 오링의 모양 및 치수 (계속)

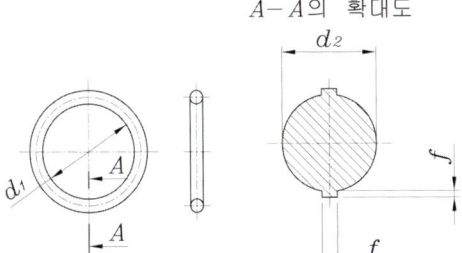

A-A의 확대도

굵기 d₂의 기준치수와 허용차		1.80 ± 0.08	2.65 ± 0.09	3.55 ± 0.10	5.30 ± 0.13	7.00 ± 0.15
기호		A	B	C	D	E
f		0.1 이하	0.12 이하	0.14 이하	0.16 이하	0.18 이하
안지름 d_1		호칭 번호				
기준치수	허용차					
307	± 2.25				D3070G	E3070G
315	± 2.30				D3150G	E3150G
325	± 2.37				D3250G	E3250G
335	± 2.43				D3350G	E3350G
345	± 2.49				D3450G	E3450G
355	± 2.56				D3550G	E3550G
365	± 2.62				D3650G	E3650G
375	± 2.68				D3750G	E3750G
387	± 2.76				D3870G	E3870G
400	± 2.84				D4000G	E4000G
412	± 2.91					E4120G
425	± 2.99					E4250G
437	± 3.07					E4370G
450	± 3.15					E4500G
462	± 3.22					E4620G
475	± 3.30					E4750G
487	± 3.37					E4870G
500	± 3.45					E5000G
515	± 3.54					E5150G
530	± 3.63					E5300G
545	± 3.72					E5450G
560	± 3.81					E5600G
580	± 3.93					E5800G
600	± 4.05					E6000G
615	± 4.13					E6150G
630	± 4.22					E6300G
650	± 4.34					E6500G
670	± 4.46					E6700G

【비 고】• 호칭번호 끝의 G는 일반 공업용을 의미한다.

16-3 | O링 홈의 치수

1. 플랜지 개스킷으로서의 사용 방법

일반적으로는 아래 그림에 도사한 것과 같은 사용 방법을 적용한다. 이 경우 유체의 압력이 O링의 안쪽에 가해지는 경우는 홈의 외경을 O링의 호칭 외경과 같게 하고, 외압이 가해지는 경우는 홈의 내경을 O링의 호칭 내경과 같게 한다. 홈의 깊이 및 너비는 KS B 2799에 규정되어 있지만 참고로 아래 표에 인치 사이즈 O링을 개스킷에 사용하는 경우의 홈의 치수를 나타냈다.

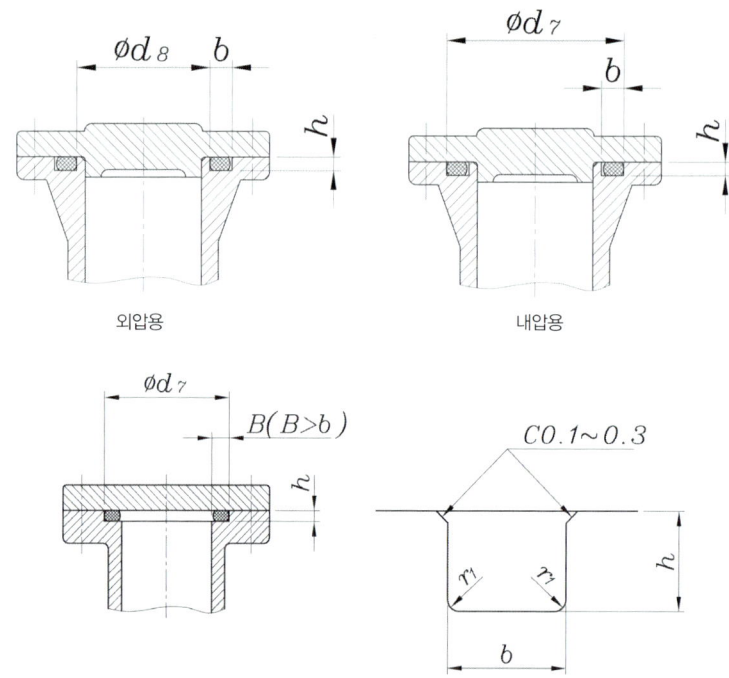

외압용   내압용

내압용 (O링이 내측에 들어가지 않는 경우)

① mm 사이즈 O링을 개스킷에 사용하는 경우의 홈의 치수 (KS B 2799/JIS B 2406)

단위 : mm

O링의 크기	홈의 깊이		홈의 너비		반지름 r_1
	h	허용차	b	허용차	
1.9 ±0.08	1.4		2.5		0.4
2.4 ±0.09	1.8		3.2		0.4
3.1 ±0.10	2.4	±0.05	4.5	+0.25 0	0.7
3.5 ±0.10	2.7		4.7		0.8
5.7 ±0.13	4.6		7.5		0.8
8.4 ±0.15	6.9		11.0		1.2

② in 사이즈 O링을 개스킷에 사용하는 경우의 홈의 치수

단위 : mm

O링의 크기	홈의 깊이		홈의 너비		반지름
	h	허용차	b	허용차	r_1
1.78 ±0.07	1.27		2.39		0.4
2.62 ±0.07	2.06		3.58		0.6
3.53 ±0.10	2.82	±0.05	4.78	+0.25 0	0.7
5.33 ±0.12	4.32		7.14		0.7
6.98 ±0.15	5.74		9.53		0.7

③ 일반 공업용(ISO) O링을 개스킷에 사용하는 경우의 홈의 치수 (참고)

단위 : mm

O링의 크기	홈의 깊이		홈의 너비		반지름
	h	허용차	b	허용차	r_1
1.80 ±0.08	1.28		2.6		0.2~0.4
2.65 ±0.09	1.97		3.8		0.2~0.4
3.55 ±0.10	2.75	±0.05	5.0	+0.25 0	0.4~0.8
5.30 ±0.13	4.24		7.3		0.4~0.8
7.00 ±0.15	5.72		9.7		0.8~1.2

④ O링의 설치 홈부의 형상

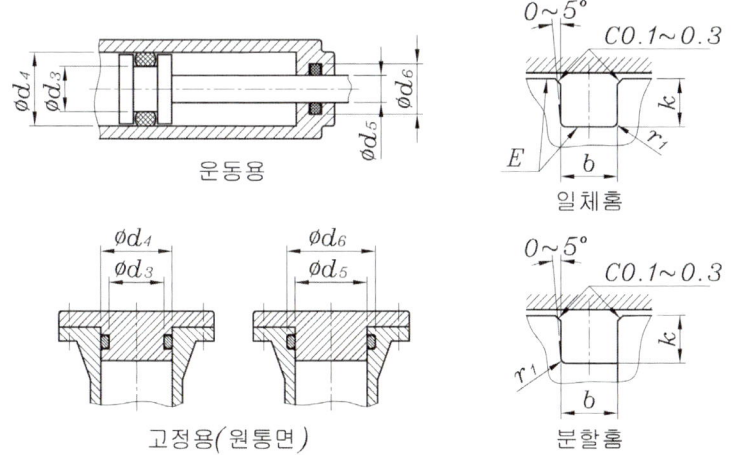

KS B 2799 O링 설치 홈부의 형상

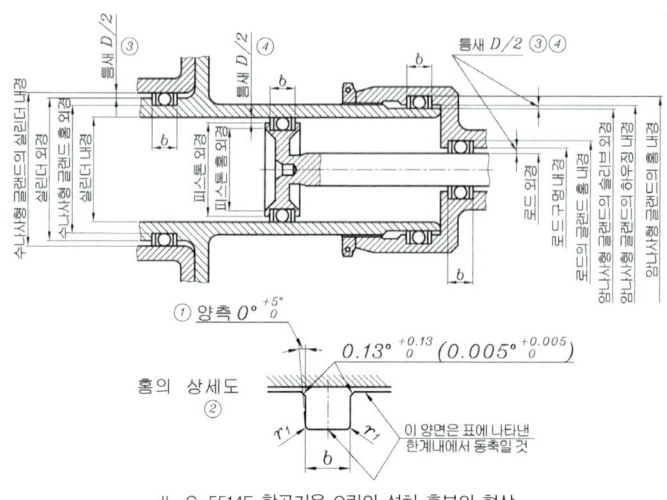

IL-G-5514F 항공기용 O링의 설치 홈부의 형상

주 ▶
(1) 홈의 각도는 0°일 때 비교적 양호한 효과를 얻을 수 있다.
(2) 홈과 근접하는 지지면과의 사이의 최대 흔들림. 홈의 상세도를 참조할 것.
(3) 고정용 O링 SEAL을 사용하는 경우는 JIS W 2006 3.5.4를 참조할 것.
(4) 직경의 틈새는 실린더 내경에 꼭 맞는 부품 재료와의 전체 치수 차이이다.

■ mm 사이즈 O링을 운동용 및 고정용 원통면에 사용하는 경우의 홈의 치수

작동압력 25MPa {255kgf/cm²}
단위 : mm

O링의 크기	홈의 깊이		홈의 너비		반지름
	h	허용차	b	허용차	r_1
1.9 ±0.08	1.5		2.5		0.4
2.4 ±0.09	2.0		3.2		0.4
3.1 ±0.10	2.5	0	4.1	+0.25	0.7
3.5 ±0.10	3.0	-0.05	4.7	0	0.8
5.7 ±0.13	5.0		7.5		0.8
8.4 ±0.15	7.5		11.0		1.2

■ in 사이즈(AS568) O링을 운동용 및 고정용 원통면에 사용하는 경우의 홈의 치수

(MIL-G5514-F) 작동압력 10.3MPa {105kgf/cm²} 이하
단위 : mm

O링의 크기	홈의 깊이		홈의 너비		반지름
	h	허용차	b	허용차	r_1
1.78 ±0.07	1.425	+0.03 0	2.39		0.4
2.62 ±0.07	2.265	+0.05 0	3.58		0.4
3.53 ±0.10	3.085	+0.05 0	4.78	+0.25 0	0.6
5.33 ±0.12	4.725	+0.05 0	7.14		0.7
6.98 ±0.15	6.060	+0.08 0	9.52		0.7

■ mm 사이즈 O링을 고정용 및 원통면에 사용하는 경우의 홈의 치수 (MAKER 추천)

단위 : mm

O링의 크기	홈의 깊이 h	허용차	홈의 너비 b	허용차	반지름 r_1
1.9 ±0.08	1.43	0 -0.05	2.65	+0.13 0	0.4
2.4 ±0.09	1.88		3.11		0.4
3.1 ±0.10	2.54		3.76		0.8
3.5 ±0.10	2.91		4.16		0.8
5.7 ±0.13	4.88		6.51		0.8
8.4 ±0.15	7.11		9.70		1.0

■ in 사이즈 O링을 고정용 및 원통면에 사용하는 경우의 홈의 치수 (MAKER 추천)

단위 : mm

O링의 크기	홈의 깊이 h	허용차	홈의 너비 b	허용차	반지름 r_1
1.78 ±0.07	1.32	0 -0.05	2.54	+0.13 0	0.4
2.62 ±0.07	2.11		3.18		0.4
3.53 ±0.10	2.92		4.32		0.8
5.33 ±0.12	4.57		6.10		0.8
6.98 ±0.15	5.94		8.00		1.0

■ 일반 공업용(ISO) O링을 운동용으로 사용하는 경우의 홈의 치수 (참고)

단위 : mm

O링의 크기	홈의 깊이 h	허용차	홈의 너비 b	허용차	반지름 r_1
1.80 ±0.08	1.42/1.47 (1.46/1.57)	0 -0.05	2.4 (2.2)	+0.25 0	0.2~0.4
2.65 ±0.09	2.16/2.24 (2.23/2.37)		3.6 (3.4)		0.2~0.4
3.55 ±0.10	2.96/3.07 (3.03/3.24)		4.8 (4.6)		0.4~0.8
5.30 ±0.13	4.48/4.66 (4.65/4.86)		7.1 (6.9)		0.4~0.8
7.00 ±0.15	5.95/6.16 (6.20/6.43)		9.5 (9.3)		0.8~1.2

주 ▶ 홈의 깊이 및 홈의 너비 중의 수치는 상단은 유압용, 하단 ( )안 수치는 공기압용을 나타낸다.
홈 깊이 h의 수치는 좌측은 피스톤용, 우측은 로드용을 나타낸다.

■ 일반 공업용(ISO) O링을 고정용 원통면에 사용하는 경우의 홈의 치수 (참고)

단위 : mm

O링의 크기	홈의 깊이		홈의 너비		반지름 r_1
	h	허용차	b	허용차	
1.80 ±0.08	1.38 (1.42)	0 −0.05	2.4	+0.25 0	0.2~0.4
2.65 ±0.09	2.07 (2.15)		3.6		0.2~0.4
3.55 ±0.10	2.74 (2.85)		4.8		0.4~0.8
5.30 ±0.13	4.19 (4.36)		7.1		0.4~0.8
7.00 ±0.15	5.67 (5.89)		9.5		0.8~1.2

주 ▶ 홈 깊이 h 상단은 피스톤용 홈, 하단 ( )안은 로드용 홈 치수를 나타낸다.

■ O링이 회전운동하지 않는 운동용 홈의 치수 (mm 사이즈용)

단위 : mm

O링의 크기	홈의 깊이		홈의 너비		반지름 r_1
	h	허용차	b	허용차	
1.9 ±0.08	1.57	0 −0.05	2.33	+0.13 0	0.4
2.4 ±0.09	2.07		2.69		0.4
3.5 ±0.10	3.11		3.79		0.8
5.7 ±0.13	5.09		6.14		0.8
8.4 ±0.15	7.31		9.28		1.0

■ O링이 회전운동하지 않는 운동용 홈의 치수 (in 사이즈용)

단위 : mm

O링의 크기	홈의 깊이		홈의 너비		반지름 r_1
	h	허용차	b	허용차	
1.78 ±0.07	1.45	0 −0.05	2.29	+0.13 0	0.4
2.62 ±0.07	2.29		2.92		0.4
3.53 ±0.10	3.12		3.94		0.8
5.33 ±0.12	4.78		5.84		0.8
6.98 ±0.15	6.10		7.75		1.0

16-4 | 특수 홈의 사용 방법

1. 진공 플랜지용 홈의 치수

진공 장치용 플랜지에 대해서 O링의 홈 치수는 KS B 2805 / JIS B 2290에 규정되어 있다.

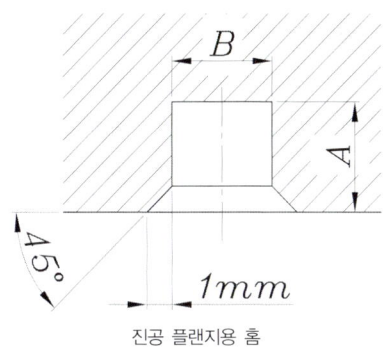

진공 플랜지용 홈

■ 진공 플랜지용 홈의 치수

단위 : mm

O링의 크기	홈의 깊이 A	허용차	홈의 너비 B	허용차
4 ±0.1	3	±0.1	5	+0.1 0
6 ±0.15	4.5		8	
10 ±0.3	7		12	

■ 더브테일(dovetail) 홈의 치수

주된 용도로서 밸브 및 압력솥 등의 고정 실에 사용되며 O링을 장착한 경우 O링이 탈착하는 것을 방지할 목적으로 사용된다. 고기능 고무 제품인 VALQUA ARMOR, ARCURY 및 FLUORITZ를 사용하는 경우에는 추천 홈 치수(고정실용)로 한다. ※1 동적 실(SEAL) 용도에는 적용하지 말 것

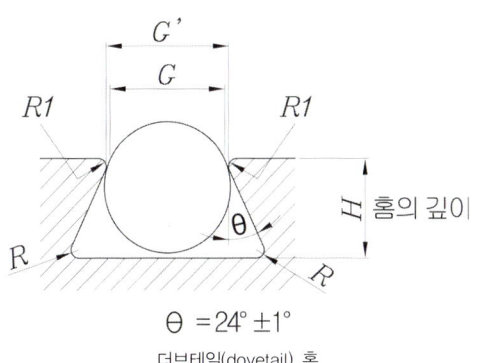

더브테일(dovetail) 홈

■ 가압용

단위 : mm

규격	O링 호칭 번호	크기	G ±0.05 모떼기 전	G' 모떼기 후	H	허용차	R₁	R Max
JIS B 2401	P3~P10	1.9 ±0.08	1.55	1.71	1.4	0 -0.05	0.15	0.40
	P10A~P22	2.4 ±0.09	2.00	2.22	1.8		0.20	0.40
	P22A~P50	3.5 ±0.10	2.95	3.17	2.8		0.20	0.80
	P48A~P150	5.7 ±0.13	4.75	5.18	4.7		0.40	0.80
	P150A~P400	8.4 ±0.15	7.10	7.64	7.0		0.50	1.60
	G25~G145	3.1 ±0.10	2.60	2.82	2.4		0.20	0.80
	G150~G300	5.7 ±0.13	4.75	5.18	4.7		0.40	0.80
AS568	004~050	1.78 ±0.07	1.47	1.61	1.30		0.13	0.40
	102~178	2.62 ±0.07	2.16	2.43	2.01		0.25	0.40
	201~284	3.53 ±0.10	2.95	3.22	2.79		0.25	0.79
	309~395	5.33 ±0.12	4.45	4.86	4.34		0.38	0.79
	425~475	6.98 ±0.15	5.94	6.35	5.77		0.38	1.59

■ 진공용

단위 : mm

규격	O링 호칭 번호	크기	G ±0.05 모떼기 전	G' 모떼기 후	H	허용차	R₁	R Max
JIS B 2401	P22A~P50	3.5 ±0.10	3.05	3.27	2.5	0 -0.05	0.20	0.80
	P48A~P150	5.7 ±0.13	4.95	5.38	4.2		0.40	0.80
	P150A~P400	8.4 ±0.15	7.35	7.89	6.3		0.50	1.60
	V15~V175	4 ±0.10	3.45	3.77	2.9		0.30	0.80
	V225~V430	6 ±0.15	5.25	5.68	4.4		0.40	0.80
	V480~V1055	10 ±0.30	8.70	9.24	7.6		0.50	1.60
AS568A	201~284	3.53 ±0.10	3.07	3.34	2.51		0.25	0.79
	309~395	5.33 ±0.12	4.62	5.03	3.91		0.38	0.79
	425~475	6.98 ±0.15	6.12	6.53	5.21		0.38	1.59

■ 진공 고정 실(SEAL)용 추천 홈 (VALQUA ARMOR, ARCURY 및 FLUORITZ 등의 고기능 고무 제품) 사용 용도영역 : 0~200℃

단위 : mm

규격	O링 호칭 번호	크기	G ±0.05 모떼기 전	G' 모떼기 후	H	허용차	R₁	R Max
JIS B 2401	P22A~P50	3.5 ±0.10	2.98	3.30	2.8	0 -0.05	0.30	0.80
	P48A~P150	5.7 ±0.13	4.95	5.38	4.6		0.40	0.80
	P150A~P400	8.4 ±0.15	7.35	7.89	6.7		0.50	1.60
	V15~V175	4 ±0.10	3.45	3.77	3.2		0.30	0.80
	V225~V430	6 ±0.15	5.25	5.68	4.8		0.40	0.80
	V480~V1055	10 ±0.30	8.76	9.24	8		0.50	1.60
AS568A	102~178	2.62 ±0.07	2.28	2.50	2.05		0.20	0.50
	201~284	3.53 ±0.10	3.03	3.35	2.8		0.30	0.50
	309~395	5.33 ±0.12	4.59	5.00	4.3		0.38	0.79
	425~475	6.98 ±0.15	6.17	6.58	5.64		0.38	1.59

주▶ 단, FLUORITZ-HR에 대해서는 사용온도가 0~300℃이기 때문에 FLUORITZ-HR를 200℃ 이상의 온도영역에서 사용하는 경우에는 제조사에 별도로 상담을 할 것.

2. 삼각 홈 치수

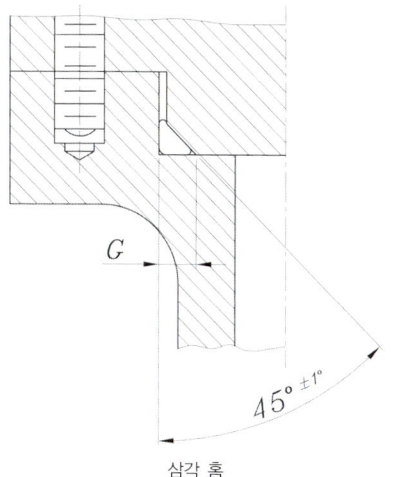

삼각 홈

단위 : mm

O 링의 규격 및 호칭 번호	O 링의 크기 d_2 실제 치수	G	허용차
JIS B 2401	P3~P10 / 1.90 ±0.08	2.45	+0.10 / 0
	P10A~P22 / 2.40 ±0.09	3.15	+0.15 / 0
	P22A~P50 / 3.50 ±0.10	4.55	+0.20 / 0
	P48A~P150 / 5.70 ±0.13	7.40	+0.30 / 0
	P150A~P400 / 8.40 ±0.15	10.95	+0.40 / 0
	G25~G145 / 3.10 ±0.10	4.05	+0.15 / 0
	G150~G300 / 5.70 ±0.13	7.40	+0.30 / 0
AS568	004~050 / 1.78 ±0.07	2.31	+0.07 / 0
	102~178 / 2.62 ±0.07	3.40	+0.12 / 0
	201~284 / 3.53 ±0.10	4.60	+0.17 / 0
	309~395 / 5.33 ±0.12	6.96	+0.25 / 0
	425~475 / 6.98 ±0.15	9.09	+0.38 / 0

3. X링

X링은 대부분 각형으에 가까운 X자 형상으로 비틀림을 일으키지 않고, 게다가 축에 대해서 실(SEAL)면이 균등하게 실링할 수 있도록 제작되어 회전용으로서 유효한 링 패킹이다.

■ 종류와 용도

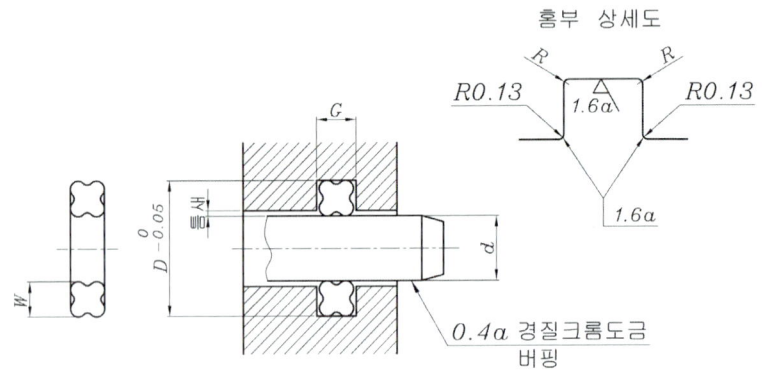

VALQUA No.	재료	사용 한계
641	니트릴 고무 고무 경도 쇼어 A=80	압력 3.9 MPa {40kgf/cm^2} 이하 속도 3m/s 이하 온도 80℃ 이하
4641	불소 고무 고무 경도 쇼어 A=80	압력 3.9 MPa {40kgf/cm^2} 이하 속도 3m/s 이하 온도 150℃ 이하

주▶ 위 표의 수치는 일반적인 조건하에서의 압력, 속도의 각각의 한계 참고값이다.

■ X링의 홈 치수

축 지름	패킹		홈의 치수					직경의 틈새
d	호칭번호	W	D	허용차	G	허용차	R	
7 ~ 10	R7 ~ R10	2.1	d+3.7	0 -0.05	2.6	+0.13 0	0.4	0.18 이하
11 ~ 22	R11 ~ R22	2.7	d+4.9		3.2			
24 ~ 50	R24 ~ R50	4.3	d+7.9		5.1		0.8	0.22 이하
55 ~ 100	R55 ~ R100	5.7	d+10.5		6.5			0.25 이하

현 장 실 무 용　기 계 설 계　핸 드 북

Chapter 17

오일실 규격 데이터

1. 적용 범위

이 규격은 지름 7mm에서 500mm까지의 회전축 주위에서 기름 또는 그리스 등의 누설을 방지하기 위한 오일실에 대하여 규정한다.

2. 오일실의 종류 및 기호

오일실의 종류	기 호	비 고	참고 그림
스프링 들이 바깥 둘레 고무	S	스프링을 사용한 단일 립과 금속 링으로 구성되어 있고, 바깥 둘레 면이 고무로 씌워진 형식의 것.	
스프링 들이 바깥 둘레 금속	SM	스프링을 사용한 단일 립과 금속 링으로 구성되어 있고, 바깥 둘레 면이 금속 링으로 구성되어 있는 형식의 것.	
스프링 들이 조립	SA	스프링을 사용한 단일 립과 금속 링으로 구성되어 있고, 바깥 둘레 면이 금속 링으로 구성되어 있는 조립 형식의 것.	
스프링 없는 바깥 둘레 고무	G	스프링을 사용하지 않은 단일 립과 금속 링으로 구성되어 있고, 바깥 둘레 면이 고무로 씌워진 형식의 것.	
스프링 없는 바깥 둘레 금속	GM	스프링을 사용하지 않은 단일 립과 금속 링으로 구성되어 있고, 바깥 둘레 면이 금속 링으로 구성되어 있는 형식의 것.	
스프링 없는 조립	GA	스프링을 사용하지 않은 단일 립과 금속 링으로 구성되어 있고, 바깥 둘레 면이 금속 링으로 구성되어 있는 조립 형식의 것.	
스프링 들이 바깥 둘레 고무 먼지 막이 붙이	D	스프링을 사용한 단일 립과 금속 링 및 스프링을 사용하지 않은 먼지막이로 되어있고, 바깥 둘레 면이 고무로 씌워진 형식의 것.	
스프링 들이 바깥 둘레 금속 먼지 막이 붙이	DM	스프링을 사용한 단일 립과 금속 링 및 스프링을 사용하지 않은 먼지막이로 되어있고, 바깥 둘레 면이 금속 링으로 구성되어 있는 형식의 것.	
스프링 들이 조립 먼지 막이 붙이	DA	스프링을 사용한 단일 립과 금속 링 및 스프링을 사용하지 않은 먼지막이로 되어 있고, 바깥 둘레 면이 금속 링으로 구성되어 있는 조립 형식의 것.	

【비 고】 1. 참고 그림 보기는 각 종류의 한 보기를 표시한 것이다.
2. 종류 이외는 각 단체 도면을 참조한다.

【참 고】 오일실은 실용 신안의 특허와 관련이 있다.

3. 치수 진원도

단위 : mm

바깥지름	진원도	바깥지름	진원도
50 이하	0.25	120 초과 180 이하	0.65
50 초과 80 이하	0.35	180 초과 300 이하	0.8
80 초과 120 이하	0.5	300 초과 500 이하	1.0

4. 호칭 번호 보기

SM	종류 기호 스프링들이 바깥 둘레 금속	SM	종류 기호 스프링들이 바깥 둘레 금속
40	호칭 안지름 40mm	11	나비 11mm
62	바깥지름 62mm	A	고무 재료

5. 바깥지름 및 나비의 허용차

바깥지름 및 나비의 허용차는 아래 표에 따른다. 다만, 바깥지름에 대응하는 하우징 구멍 지름의 허용차는 원칙적으로 KS B 0401의 H8로 한다.

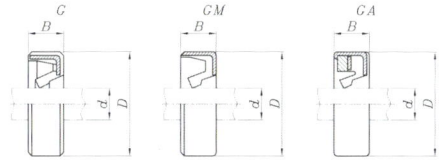

단위 : mm

호칭 안지름 d	바깥 지름 D 하우징 구멍 허용차 (H8)	나비 B	호칭 안지름 d	바깥 지름 D 하우징 구멍 허용차 (H8)	나비 B
7	18	7	20	32	8
	20			35	
8	18	7	22	35	8
	22			38	
9	20	7	24	38	8
	22			40	
10	20	7	25	38	8
	25			40	
11	22	7	※26	38	8
	25			42	
12	22	7	28	40	8
	25			45	
※13	25	7	30	42	8
	28			45	
14	25	7	32	52	11
	28		35	55	11

15	25	7	38	58	11
	30		40	62	11
16	28	7	42	65	12
	30		45	68	12
17	30	8	48	70	12
	32		50	72	12
18	30	8	※52	75	12
	35		55	78	12

【비 고】 1. GA는 되도록 사용하지 않는다.
2. ( )안의 것은 되도록 사용하지 않는다.
3. ※을 붙인 것은 KS B 0406에 없는 것을 표시한다.

바깥지름 및 나비의 허용차 (계속)

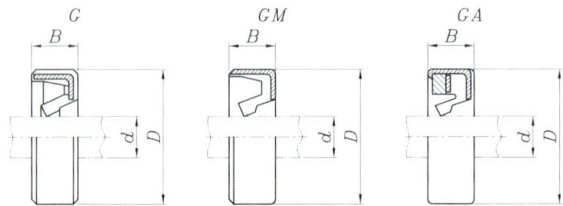

단위 : mm

호칭 안지름 d	바깥 지름 D	나 비 B	호칭 안지름 d	바깥 지름 D	나 비 B
56	78	12	180	210	15
※58	80	12	190	220	15
60	82	12	200	230	15
※62	85	12	※210	240	15
63	85	12	220	250	15
65	90	13	(224)	(250)	(15)
※68	95	13	※230	260	15
70	95	13	240	270	15
(71)	(95)	(13)	250	280	15
75	100	13	260	300	20
80	105	13	※270	310	20
85	110	13	280	320	20
90	115	13	※290	330	20
95	120	13	300	340	20
100	125	13	(315)	(360)	(20)
105	135	14	320	360	20
110	140	14	340	380	20
(112)	(140)	(14)	(355)	(400)	(20)
※115	145	14	360	400	20
120	150	14	380	420	20

125	155	14	400	440	20
130	160	14	420	470	25
※135	165	14	440	490	25
140	170	14	(450)	(510)	(25)
※145	175	14	460	510	25
150	180	14	480	530	25
160	190	14	500	550	25
170	200	15			

【비 고】 1. GA는 되도록 사용하지 않는다.
　　　　 2. ( )안의 것은 되도록 사용하지 않는다.
　　　　 3. ※을 붙인 것은 KS B 0406에 없는 것을 표시한다.

6. 바깥지름 및 나비의 허용차

① 바깥 둘레 고무(기호 S, D, G)의 바깥 지름의 허용차

단위 : mm

바깥 지름 D	허용차	바깥 지름 D	허용차
30 이하	+0.30 +0.10	180 초과 300 이하	+0.45 +0.15
30 초과 120 이하	+0.35 +0.10	300 초과 550 이하	+0.55 +0.20
120 초과 180 이하	+0.40 +0.15		

② 바깥 둘레 금속(기호 SM, DM, GM, SA, DA, GA)의 바깥 지름의 허용차

단위 : mm

바깥 지름 D	허용차	바깥 지름 D	허용차
30 이하	+0.09 +0.04	120 초과 180 이하	+0.21 +0.10
30 초과 50 이하	+0.11 +0.05	180 초과 300 이하	+0.25 +0.12
50 초과 80 이하	+0.14 +0.06	300 초과 550 이하	+0.30 +0.14
80 초과 120 이하	+0.17 +0.08		

③ 나비(기호 S, D, G, SM, DM, GM, SA, DA, GA)의 허용차

단위 : mm

나비 B	허용차
6 이하	± 0.2
6 초과 10 이하	± 0.3
10 초과 14 이하	± 0.4
14 초과 18 이하	± 0.5
18 초과 25 이하	± 0.6

7. 오일실 설치부 관계 참고 치수

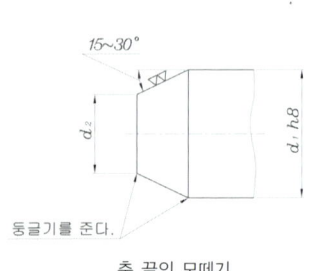

축 끝의 모떼기

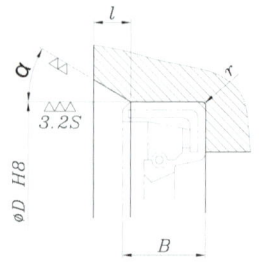

하우징 구멍의 모떼기 및 구석의 둥글기

모떼기	$\alpha = 15° \sim 30°$ $l = 0.1B \sim 0.15B$
구석의 둥글기	$r \geq 0.5mm$

단위 : mm

d_1	d_2 (최대)	d_1	d_2 (최대)	d_1	d_2 (최대)
7	5.7	55	51.3	170	163
8	6.6	56	52.3	180	173
9	7.5	※ 58	54.2	190	183
10	8.4	60	56.1	200	193
11	9.3	※ 62	58.1	※210	203
12	10.2	63	59.1	220	213
※ 13	11.2	65	61	(224)	(21.7)
14	12.1	※ 68	63.9	*230	223
15	13.1	70	65.8	240	233
16	14	(71)	(66.8)	250	243
17	14.9	75	70.7	260	249
18	15.8	80	75.5	270	259
20	17.7	85	80.4	※280	268
22	19.6	90	85.3	290	279
24	21.5	95	90.1	300	289
25	22.5	100	95	(315)	(304)
※ 26	23.4	105	99.9	320	309
28	25.3	110	104.7	340	329
30	27.3	(112)	(106.7)	(355)	(344)
32	29.2	※115	109.6	360	349
35	32	120	114.5	380	369
38	34.9	125	119.4	400	389
40	36.8	130	124.3	420	409
42	38.7	※135	129.2	440	429
45	41.6	140	133	(450)	(439)
48	44.5	※145	138	460	449
50	46.4	150	143	480	469
※ 52	48.3	160	153	500	489

【비 고】 ※을 붙인 것은 KS B 0406에 없는 것이고, ( )안의 것은 되도록 사용하지 않는다.

Chapter 18

V패킹 규격 데이터

18 | V패킹 KS B 2806 : 1972 (2011 확인)

1. V패킹의 종류 및 종류를 표시하는 기호

종 류	종류를 표시하는 기호	비 고
고무 V 패킹	H	재료에 고무를 사용한 것
직물들이 고무 V 패킹	F	재료에 고무 및 직물을 사용한 것

2. V패킹의 모양 및 치수

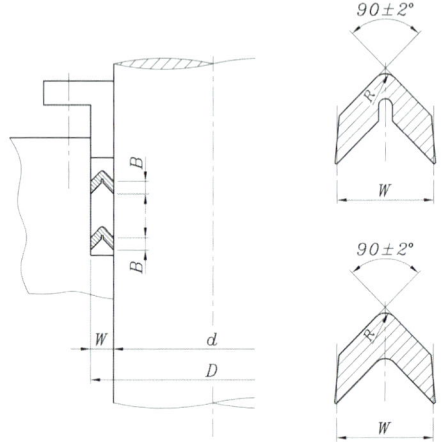

단위 : mm

호칭 번호	호칭 치수			높이 B				R 최소
	안지름 d	바깥 지름 D	나비(폭) W	고무 V 패킹		직물들이 고무 V 패킹		
				기준치수	허용차	기준치수	허용차	
H 6.3 또는 F 6.3	6.3	16.3	5	2.5	± 0.3	3	+0.5 -0.2	0.5
H 7.1 또는 F 7.1	7.1	17.1						
H 8 또는 F 8	8	18						
H 9 또는 F 9	9	19						
H 10 또는 F 10	10	20						
H 11.2 또는 F 11.2	11.2	21.2						
H 12.5 또는 F 12.5	12.5	22.5						
H 14 또는 F 14	14	24						
H 16 또는 F 16	16	26						
H 15 또는 F 15	15	28	6.5	3	± 0.3	3	+0.5 -0.2	0.75
H 18 또는 F 18	18	31						
H 18.5 또는 F 18.5	18.5	31.5						
H 20 또는 F 20	20	33						
H 22.4 또는 F 22.4								

H 25 또는 F 25	22.4	35.4					
	25	38					
H 27 또는 F 27	27	40					
H 28 또는 F 28	28	41					
H 31.5 또는 F 31.5	31.5	44.5					
H 32 또는 F 32	32	45					
H 34 또는 F 34	34	50					
H 35.5 또는 F 35.5	35.5	51.5					
H 40 또는 F 40	40	56					
H 45 또는 F 45	45	61					
H 47 또는 F 47	47	63	8	3.5	± 0.3	4	+0.5 / -0.2	1
H 50 또는 F 50	50	66					
H 53 또는 F 53	53	69					
H 55 또는 F 55	55	71					
H 56 또는 F 56	56	72					
H 60 또는 F 60	60	76					
H 63 또는 F 63	63	79					
H 64 또는 F 64	64	80					
H 67 또는 F 67	67	87					
H 70 또는 F 70	70	90					
H 71 또는 F 71	71	91					
H 75 또는 F 75	75	95					
H 80 또는 F 80	80	100					
H 85 또는 F 85	85	105					
H 90 또는 F 90	90	110					
H 92 또는 F 92	92	112	10	4	± 0.3	5	+0.5 / -0.2	2
H 95 또는 F 95	95	115					
H 100 또는 F 100	100	120					
H 105 또는 F 105	105	125					
H 106 또는 F 106	106	126					
H 112 또는 F 112	112	132					
H 118 또는 F 118	118	138					
H 120 또는 F 120	120	140					
H 125 또는 F 125	125	150					
H 132 또는 F 132	132	157					
H 135 또는 F 135	135	160					
H 140 또는 F 140	140	165					
H 145 또는 F 145	145	170					
H 150 또는 F 150	150	175					
H 155 또는 F 155	155	180					
H 160 또는 F 160	160	185					
H 165 또는 F 165	165	190	12.5	5	± 0.3	6	+0.5 / -0.2	2
H 170 또는 F 170	170	195					
H 175 또는 F 175	175	200					
H 180 또는 F 180	180	205					
H 190 또는 F 190	190	215					
H 199 또는 F 199	199	224					
H 200 또는 F 200	200	225					
H 212 또는 F 212	212	237					
H 224 또는 F 224	224	249					

H 225 또는 F 225	225	250					
H 236 또는 F 236	236	261					
H 250 또는 F 250	250	275					
H 265 또는 F 265	265	297					
H 280 또는 F 280	280	312	6	± 0.4			
H 300 또는 F 300	300	332					
H 315 또는 F 315	315	347					
H 335 또는 F 335	335	367	16		7	+0.8 -0.3	3
H 355 또는 F 355	355	387					
H 375 또는 F 375	375	407					
H 400 또는 F 400	400	432					
H 425 또는 F 425	425	457					
H 450 또는 F 450	450	482					
H 475 또는 F 475	475	507					
H 500 또는 F 500	500	532					
H 530 또는 F 530	530	570					
H 560 또는 F 560	560	600					
H 600 또는 F 600	600	640	20		8	+1.2 -0.4	4
H 630 또는 F 630	630	670					
참고 H 670 또는 F 670	670	710					
H 710 또는 F 710	710	750					
H 750 또는 F 750	750	790					
H 800 또는 F 800	800	840					
H 850 또는 F 850	850	890	20		8	+1.2 -0.4	4
H 900 또는 F 900	900	940					
H 950 또는 F 950	950	990					
H1000 또는 F1000	1000	1040					

주 ▶ B는 V패킹을 부착하였을 경우의 1개당 높이를 표시한다. 호칭 번호에서 H계열의 것은 고무 V패킹의 값을 취하고, F계열의 것은 직물들이 고무 V패킹의 값을 취한다.

【비 고】
1. 그림은 주요 부분의 모양 및 치수를 표시하기 위한 대표적인 그림으로서, 홈이 있는 모양의 V패킹과 홈이 없는 모양의 V패킹을 표시한 것이다.
2. V패킹을 부착하는 상대축의 바깥 지름 호칭 치수는 V패킹의 호칭 안지름에, 상대 구멍의 안지름 호칭 치수는 V패킹의 호칭 바깥 지름에 맞추어, 그 축 및 구멍의 치수 허용차는 축일 경우는 h8~h9정도, 구멍일 경우에는 H9~H10 정도이며, 그 표면 거칠기는 3-S 정도가 일반적으로 사용된다.

3. V 패킹의 종류와 기호

(1) 고무 V 패킹 ☞ 표시 기호는 H이며, 고무를 사용한 것.
(2) 직물들이 고무 V 패킹 ☞ 표시 기호는 F이며, 고무 및 직물을 사용한 것.

4. V 패킹의 제품 호칭 방법

☞ [규격 번호 또는 명칭]-[호칭 번호]로 표시

[보 기] ☞ (1) KS B 2806   F 63
         ☞ (2) V 패킹   H 31.5
              (규격 번호 또는 규격 명칭)   (호칭 번호)

5. 어댑터 및 글랜드의 주요 치수와 V패킹의 조합 부착 높이

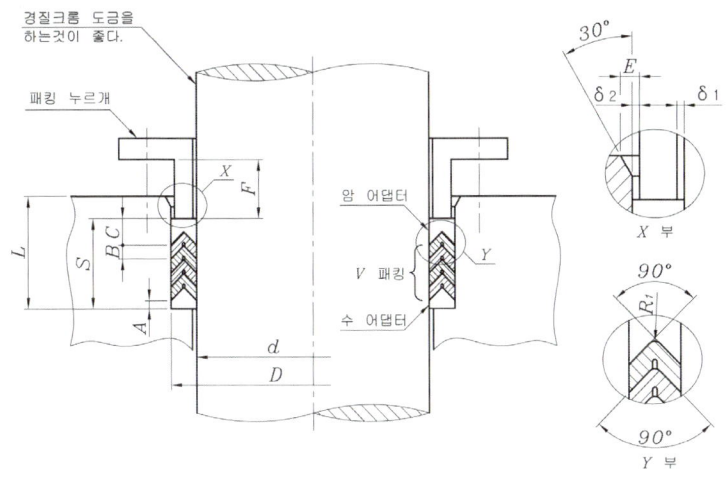

어댑터 및 글랜드의 주요 치수

단위 : mm

호칭 번호의 구분	W	R 최소	R_1 최소	R_2 최대	A	B 고무·V패킹	직물들이 고무 V패킹	C	L	F	E	δ_1 최대	ㅋδ_2 최대
H 6.3 ~ H 16 또는 F 6.3 ~ F 16	5	0.5	0.5	0.5	3	2.5 ± 0.3	3	5	S+5	10	0.3	0.12	0.06
H 15 ~ H 32 또는 F 15 ~ F 32	6.5	0.75	0.75	0.75	3	3 ± 0.3	3	6.5	S+6	12	0.4	0.14	0.07
H 34 ~ H 64 또는 F 34 ~ F 64	8	1	1	1	3	3.5 ± 0.3	4	+0.5 -0.2	8	S+8	16	0.5	0.16	0.08
H 67 ~ H 120 또는 F 67 ~ F 120	10	2	2	2	3	4 ± 0.3	5		10	S+10	20	0.6	0.18	0.09
H 125 ~ H 250 또는 F 125 ~ F 250	12.5	2	2	2	3	5 ± 0.3	6		12.5	S+12	25	0.8	0.20	0.10
H 265 ~ H 500 또는 F 265 ~ F 500	16	3	3	3	3	6 ± 0.4	6	+0.8 -0.3	16	S+16	32	1.0	0.22	0.11
H 530 ~ H 1000 또는 F 530 ~ F 1000	20	4	4	4	3	-	8	+1.2 -0.4	20	S+20	40	1.3	0.25	0.12

【비 고】 암 어댑터의 안지름 및 바깥지름과 상대 축 및 상대 구멍과의 틈새는 V패킹의 재질 및 어댑터의 재질에 따라 다르다.

V 패킹의 조합 부착 높이(S)

단위 : mm

호칭 번호의 구분	W	S					
		V패킹 3개인 경우		V패킹 4개인 경우		V패킹 5개인 경우	
		고무 V패킹	직물들이 고무 V패킹	고무 V패킹	직물들이 고무 V패킹	고무 V패킹	직물들이 고무 V패킹
H 6.3 ~ H 16 또는 F 6.3 ~ F 16	5	15.5 ± 0.7	17	18 ± 0.8	20	20.5 ± 0.8	23
H 15 ~ H 32 또는 F 15 ~ F 32	6.5	18.5 ± 0.7	18.5	21.5 ± 0.8	21.5	24.5 ± 0.8	24.5
H 34 ~ H 64 또는 F 34 ~ F 64	8	21.5 ± 0.7	23	+1.1 -0.5	25 ± 0.8	27	+1.2 -0.5	28.5 ± 0.8	31	+1.3 -0.5
H 67 ~ H 120 또는 F 67 ~ F 120	10	25 ± 0.7	28	29 ± 0.8	33	33 ± 0.8	38
H 125 ~ H 250 또는 F 125 ~ F 250	12.5	30.5 ± 0.7	33.5	35.5 ± 0.8	39.5	40.5 ± 0.8	45.5
H 265 ~ H 500 또는 F 265 ~ F 500	16	37 ± 0.9	40	+1.8 -0.7	43 ± 1.0	47	+2.0 -0.8	49 ± 1.1	54	+2.1 -0.8
H 530 ~ H 1000 또는 F 530 ~ F 1000	20	-	47	+2.7 -0.9	-	55	+3.0 -1.0	-	63	+3.2 -1.1

【비 고】

1. S의 기준 치수는 다음 식에 의하여 계산하였다.

$$S = A + C + nB$$

여기에서 n : 글랜드당 V패킹의 사용 개수

2. S의 허용차는 +측 및 -측의 각각에 대하여 다음 근사식에 의하여 계산하였다.

$$\sqrt{2 + n \times \Delta}$$

여기에서 Δ : B의 + 또는 -의 허용차이며, A 및 C의 허용차는 B의 허용차와 동일한 것으로 간주하였다. 암 어댑터의 안지름 및 바깥지름과 상대 축 및 상대 구멍과의 틈새는 V패킹의 재질 및 어댑터의 재질에 따라 다르다.

Chapter 19

센터 구멍 규격 데이터

19 | 센터 구멍 KS B 0410 : 2005

1. 센터 구멍의 종류

종 류	센터 각도	형식	비 고
제 1 종	60°	A형, B형, C형, R형	A형 : 모떼기부가 없다.
제 2 종	75°	A형, B형, C형	B, C형 : 모떼기부가 있다.
제 3 종	90°	A형, B형, C형	R형 : 곡선 부분에 곡률 반지름 r이 표시된다.

주 ▶ 제2종 75° 센터 구멍은 되도록 사용하지 않는다.

【비 고】• KS B ISO 866은 제1종 A형, KS B ISO 2540은 제1종 B형, KS B ISO 2541은 제1종 R형에 대해 규정하고 있다.

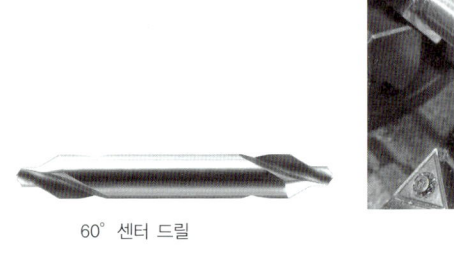

60° 센터 드릴

센터 드릴 가공

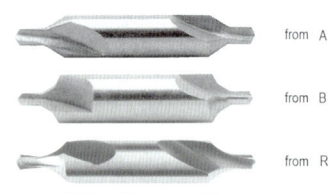

센터 드릴 A, B, R형

라이브 센터 (live center)

데드 센터(dead center)

선반 가공

2. 제1종 (60° 센터 구멍)

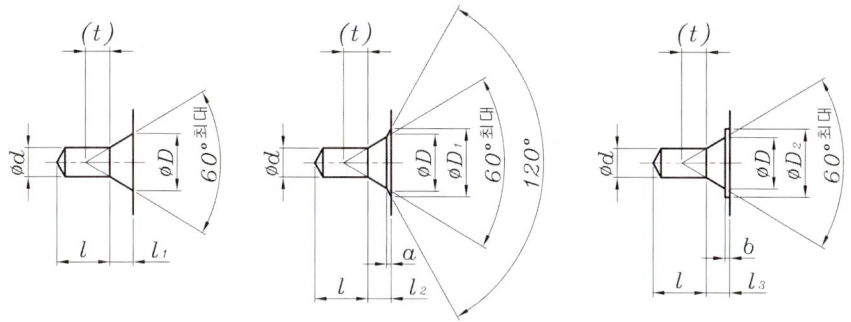

단위 : mm

호칭지름 d	D	D_1	D_2 (최소)	l (최대)	b (약)	참 고			
						l_1	l_2	l_3	t	a
(0.5)	1.06	1.6	1.6	1	0.2	0.48	0.64	0.68	0.5	0.16
(0.63)	1.32	2	2	1.2	0.3	0.6	0.8	0.9	0.6	0.2
(0.8)	1.7	2.5	2.5	1.5	0.3	0.78	1.01	1.08	0.7	0.23
1	2.12	3.15	3.15	1.9	0.4	0.97	1.27	1.37	0.9	0.3
(1.25)	2.65	4	4	2.2	0.6	1.21	1.6	1.81	1.1	0.39
1.6	3.35	5	5	2.8	0.6	1.52	1.99	2.12	1.4	0.47
2	4.25	6.3	6.3	3.3	0.8	1.95	2.54	2.75	1.8	0.59
2.5	5.3	8	8	4.1	0.9	2.42	3.2	3.32	2.2	0.78
3.15	6.7	10	10	4.9	1	3.07	4.03	4.07	2.8	0.96
4	8.5	12.5	12.5	6.2	1.3	3.9	5.05	5.2	3.5	1.15
(5)	10.6	16	16	7.5	1.6	4.85	6.41	6.45	4.4	1.56
6.3	13.2	18	18	9.2	1.8	5.98	7.36	7.78	5.5	1.38
(8)	17	22.4	22.4	11.5	2	7.79	9.35	9.79	7	1.56
10	21.2	28	28	14.2	2.2	9.7	11.66	11.9	8.7	1.96

주▶ l은 t보다 작은 값이 되면 안 된다.

【비 고】• ( )를 붙인 호칭의 것은 되도록 사용하지 않는다.
• KS B ISO 866에서는 A형, ISO 2540에서는 B형에 대하여 규정하고 있다.

■ R형 (60° 센터 구멍)

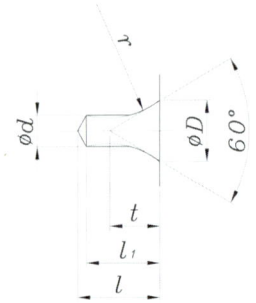

단위 : mm

호칭지름 d	D	r		l (최대)	참 고			
		최대	최소		l_1		t	
					r이 최대일 때	r이 최소일 때	r이 최대일 때	r이 최소일 때
1	2.12	3.15	2.5	2.6	2.14	2.27	1.9	1.8
(1.25)	2.65	4	3.15	3.1	2.67	2.73	2.3	2.2
1.6	3.35	5	4	4	3.37	3.45	2.9	2.8
2	4.25	6.3	5	5	4.24	4.34	3.7	3.5
2.5	5.3	8	6.3	6.2	5.33	5.46	4.6	4.4
3.15	6.7	10	8	7.9	6.77	6.92	5.8	5.6
4	8.5	12.5	10	9.9	8.49	8.68	7.3	7
(5)	10.6	16	12.5	12.3	10.52	10.78	9.1	8.8
6.3	13.2	20	16	15.6	13.39	13.73	11.3	11
(8)	17	25	20	19.7	16.98	17.35	14.5	14
10	21.2	31.5	25	24.6	21.18	21.66	18.2	17.5

주 ▶ l은 l_1보다 작은 값이 되면 안 된다.

【비 고】• ( )를 붙인 호칭의 것은 되도록 사용하지 않는다.

3. 제2종 (75° 센터 구멍 A형, B형, C형)

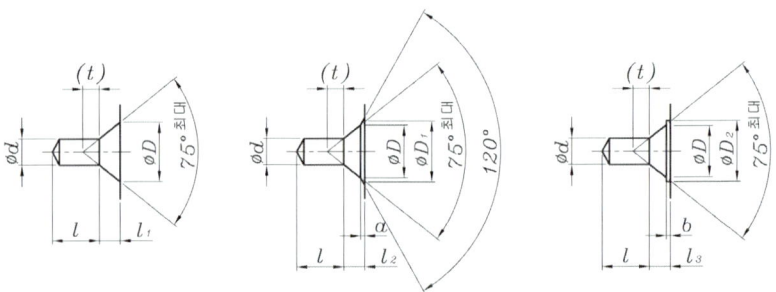

단위 : mm

호칭지름 d	D	D₁	D₂ (최소)	l (최대)	b (약)	참고			
						l_1	l_2	l_3	t	a
1	2.5	4	4	1.2	0.4	0.98	1.41	1.38	0.7	0.43
1.6	4	6.3	6.3	2	0.6	1.56	2.23	2.16	1.1	0.67
2	5	8	8	2.5	0.8	1.95	2.82	2.75	1.4	0.87
2.5	6.3	10	10	3.2	0.9	2.48	3.54	3.38	1.7	1.06
3.15	8	12.5	12.5	4	1	3.16	4.46	4.16	2.1	1.3
4	10	14	14	5	1.2	3.91	5.06	5.11	2.7	1.15
6.3	16	22.4	22.4	8	1.8	6.32	8.17	8.12	4.2	1.85
10	25	33.5	35.5	12.5	2.2	9.77	12.23	11.97	6.6	2.46
12.5	31.5	40	45	16	2.5	12.38	14.83	14.88	8.2	2.45

[주] *l*은 t보다 작은 값이 되면 안 된다.

【비 고】 • ISO에서는 제2종에 대하여 규정하지 않고 있다.

4. 제3종 (90도 센터 구멍 A형, B형, C형)

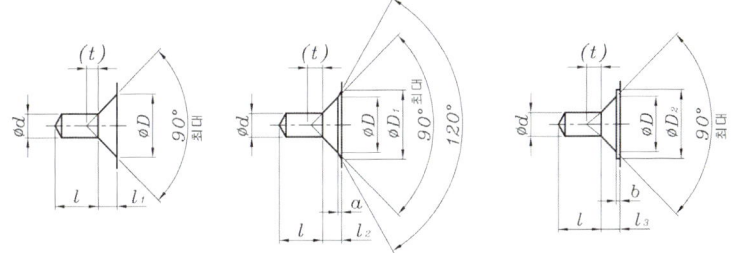

단위 : mm

호칭지름 d	D	D₁	D₂ (최소)	l(2) (최대)	b (약)	참고			
						l_1	l_2	l_2	t	a
1	2.8	4	5	1.1	0.4	0.9	1.25	1.3	0.5	0.35
(1.25)	3.55	5	6.3	1.4	0.5	1.15	1.57	1.65	0.7	0.42
1.6	4.5	6.3	8	1.8	0.6	1.45	1.97	2.05	0.8	0.52
2	5.6	8	10	2.2	0.8	1.8	2.49	2.6	1	0.69
2.5	7.1	10	12.5	2.8	1	2.3	3.14	3.3	1.3	0.84
3.15	9	12.5	16	3.6	1.2	2.92	3.94	4.12	1.6	1.02
4	11.2	16	18	4.5	1.4	3.6	4.99	5	2	1.39
(5)	14	20	22.4	5.6	1.6	4.5	6.23	6.1	2.5	1.73
6.3	18	22.4	25	7.1	1.8	5.85	7.12	7.65	3.2	1.27
8	22.4	28	31.5	9	2	7.2	8.82	9.2	4	1.62
10	28	35.5	40	11..2	2.2	9	11.17	11.2	5	2.17
12.5	31.5	42.5	45	14	2.5	9.5	12.68	12	6.3	3.18

[주] (2) *l*은 t보다 작은 값이 되면 안 된다.

【비 고】 • ( )를 붙인 호칭의 것은 되도록 사용하지 않는다.

5. 센터 구멍의 간략 도시 방법 - KS A ISO 6411-1 : 2002 (2012확인)

① 적용 범위

이 규격은 센터 구멍의 간략 도시 방법 및 그 호칭 방법에 대해서 규정한다. 센터 구멍의 간략 표시 방법은 정확한 형태 및 치수를 특히 나타낼 필요가 없는 경우, 표준화된 센터 구멍의 호칭 방법만으로써 도면 정보로서 충분히 전달하는 경우에 사용한다.

② 센터 구멍의 기호 및 호칭 방법의 간략 도시 방법

센터 구멍의 필요 여부	그림 기호	도시 방법
필요한 경우	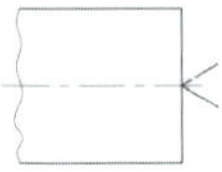	 ISO 6411-B2.5/8
필요하나 기본적 요구가 아닌 경우	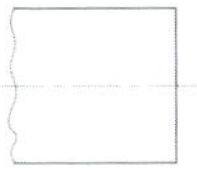	 ISO 6411-B2.5/8
필요하지 않는 경우	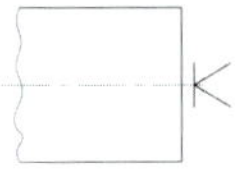	 ISO 6411-B2.5/8

③ 센터 구멍의 호칭 방법

센터 구멍의 호칭 방법은 센터 구멍을 가공하는 드릴을 기준으로 하고, 센터 구멍 드릴에 대해서 한국산업표준에 의해 지시하는 것도 좋다.

a) 이 표준의 표준 번호
b) 센터 구멍의 종류 기호(R 또는 B)
c) 기준 구멍의 지름(d)
d) 카운터싱크 구멍 지름(D)

두 개의 치수를 사선으로 구분한다.

주 ▶ 센터 구멍의 기계 가공은 드릴 지름 $d=2.5$와 $d_1=10$으로서 KS B ISO 2540을 사용한다.

【보 기】 • 센터 구멍 B형은 $d=2.5mm$, $D_3=8mm$인 경우의 호칭 표시 방법은 KS A ISO 6411-B2.5/8

④ 호칭 방법 설명

센터 구멍을 지시하기 위해서 이용하는 각각의 호칭 방법, 그 호칭 방법에 의해서 지시는 치수 및 사용되는 센터 구멍의 드릴 지름에 근거하여 치수 관계를 다음 표에 나타낸다.

센터 구멍의 필요 여부	도시 방법(예)	표시의 보기
R 반지름 (KS B ISO 2541)	KSA 6411-R3.15/6.7	
A 모떼기가 없는 경우 (KS B ISO 866)	KSA 6411-A4/8.5	
B 모떼기가 있는 경우 (KS B ISO 2540)	KSA 6411-B2.5/8	

주 ▶ (★) 치수 t에 대해서는 부속서 A를 참조한다.
(★★) 치수 l은 센터 구멍 드릴의 길이에 근거하지만 t보다 짧으면 안 된다.
부속서 A의 R형, A형 및 B형의 센터 구멍 치수

⑤ 센터 구멍의 R형, A형 및 B형의 치수(부속서 A)

추천되는 센터 구멍의 치수

d 호칭	종 류				
	R형 ISO 2541에 따름 D_1	A형 ISO 866에 따름		B형 ISO 2540에 따름	
		D_2	t	D_3	t
(0.5)	-	1.06	0.5	-	-
(0.63)	-	1.32	0.6	-	-
(0.8)	-	1.70	0.7	-	-
1.0	2.12	2.12	0.9	3.15	0.9
(1.25)	2.65	2.65	1.1	4	1.1
1.6	3.35	3.35	1.4	5	1.4
2.0	4.25	4.25	1.8	6.3	1.8
2.5	5.3	5.30	2.2	8	2.2
3.15	6.7	6.70	2.8	10	2.8
4.0	8.5	8.50	3.5	12.5	3.5
(5.0)	10.6	10.60	4.4	16	4.4
6.3	13.2	13.20	5.5	18	5.5
(8.0)	17.0	17.00	7.0	22.4	7.0
10.0	21.2	21.20	8.7	28	8.7

【비 고】• 괄호를 붙여서 나타낸 치수의 것은 가능한 한 사용하지 않는다.

⑥ 기호의 형태 및 치수

크기

단위 : mm

투상도의 외형선의 굵기 (b)	0.5	0.7	1	1.4	2	2.8
숫자 및 로마자의 대문자 높이 (h)	3.5	5	7	10	14	20
기호의 선 두께 (d')	0.35	0.5	0.7	1	1.4	2
문자선의 두께 (d)	아래 그림 참조					
높이 (H₁)	5	7	10	14	20	28

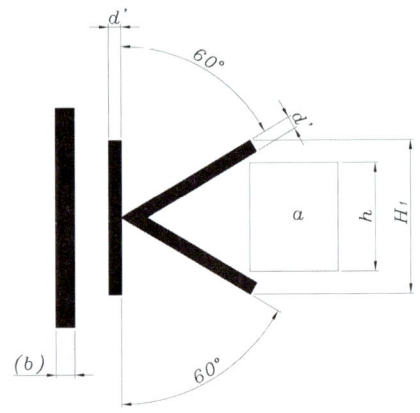

Chapter 20

널링 규격 데이터

20 | 널링 KS B 0901 : 1970 (2012 확인)

1. 적용 범위
이 규격은 일반적으로 사용하는 널링에 대하여 규정한다.

2. 종류
종류는 바른 줄 및 빗줄의 2종류로 한다.

바른 줄

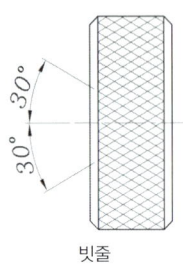
빗줄

3. 모양 및 치수

① 모양 : 널링의 홈 모양은 가공물의 지름이 무한대로 되어 있다고 가정한 경우의 홈 직각 단면에 대하여 아래 그림과 같이 규정한다.

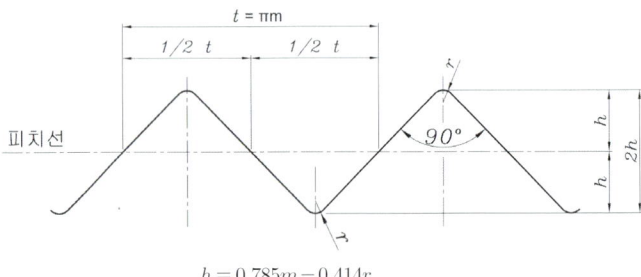

$$h = 0.785m - 0.414r$$

② 치수 : 널링의 치수는 다음 표에 따른다.

■ 널링의 치수표

단위 : mm

모듈 m	피치 t	r	h
0.2	0.628	0.06	0.15
0.3	0.942	0.09	0.22
0.5	1.571	0.16	0.37

4. 호칭 방법

널링의 호칭 방법은 종류 및 모듈에 따른다.

보기 : 바른 줄   m = 0.5
       빗줄   m = 0.3

참고 : 소재의 지름을 구하는 데는 다음 식을 따르는 것이 좋다.

① 바른 줄인 경우

$D = nm$

여기에서 D : 지름, n : 정수, m : 모듈

② 빗줄인 경우

$D = \dfrac{nm}{\cos 30°}$

$\dfrac{m}{\cos 30°}$ 의 값을 다음 표에 표시한다.

모듈 m	0.5	0.3	0.2
m/cos30°	0.577	0.346	0.230

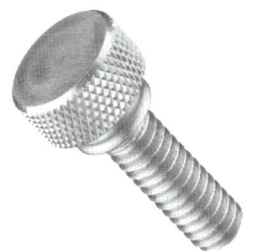

빗줄형 널링 부품

바른줄형 널링 부품

빗줄형 널링 툴

바른줄형 널링 툴

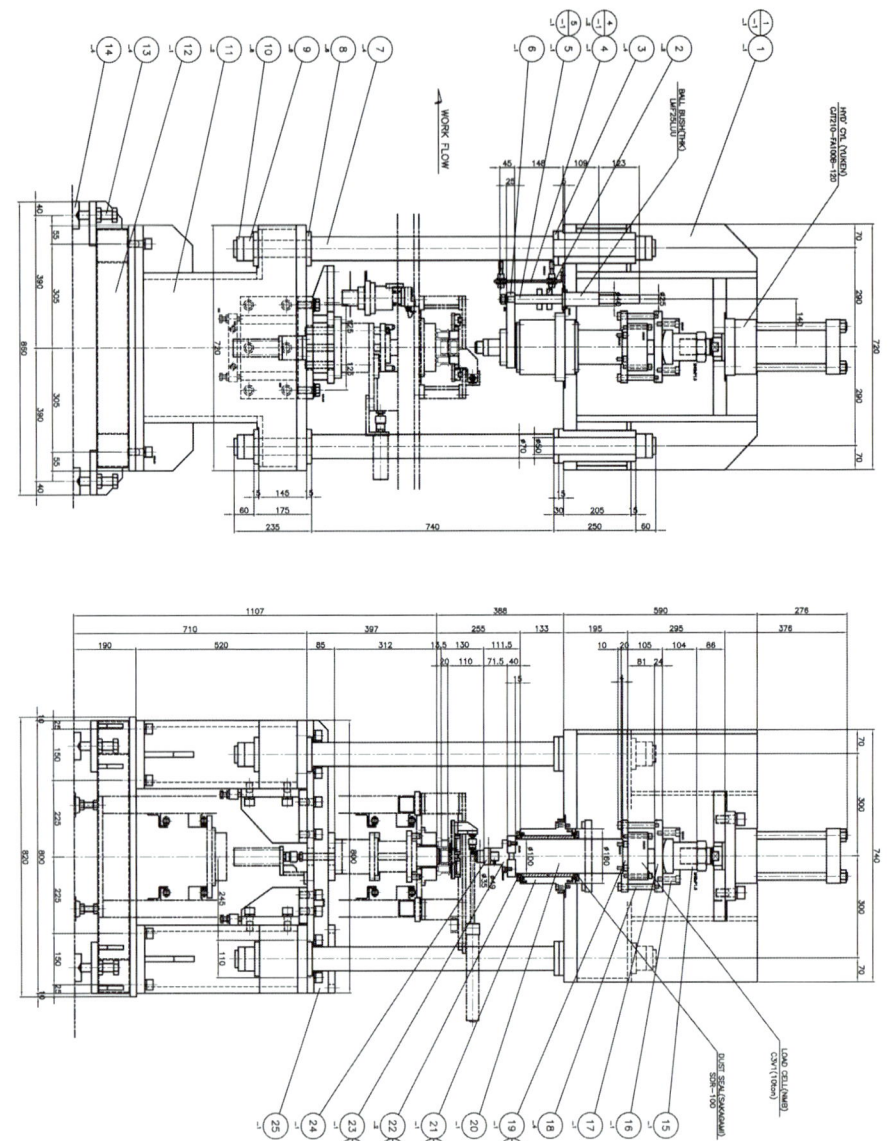

Chapter 21

스프링 제도

21 | 스프링의 제도 KS B 0005 : 1971 (2011 확인)

1. 스프링의 도시 방법

① 코일 스프링, 벌류트 스프링, 스파이럴 스프링 및 접시 스프링은 일반적으로 무부하 상태에서 그리며, 또 겹판 스프링은 일반적으로 스프링 판이 수평인 상태에서 그린다.
② 요목표에 단서가 없는 코일 스프링 및 벌류트 스프링은 모두 오른쪽으로 감은 것을 나타낸다. 또한, 왼쪽으로 감은 경우에는 '감김 방향 왼쪽'이라고 표시한다.
③ 그림에 기입하기 힘든 사항은 요목표에 일괄하여 표시한다.
④ 스프링의 모든 부분을 도시하는 경우에는 KS B 0001에 따른다. 다만, 코일 스프링의 정면도는 나선 모양이 되나 이를 직선으로 나타낸다. 또한, 유효 부분과 시트 부분의 움직이는 부분은 피치 및 각도가 연속적으로 변화하고 있으나, 이를 직선으로 꺾인 선으로 나타낸다.
⑤ 단면 모양의 치수 표시가 필요한 경우 및 외관도에서 나타내기 어려운 경우에는 단면도에서 나타내어도 좋다.
⑥ 조립도, 설명도 등에서 코일 스프링을 도시하는 경우에는 그 단면만을 나타내어도 좋다.

2. 스프링의 간략 도시 방법

① 스프링의 종류 및 모양만을 간략도로 나타내는 경우에는 스프링 재료의 중심선만을 굵은 실선으로 그린다.
② 코일 스프링에서 양 끝을 제외한 동일 모양 부분의 일부를 생략하는 경우에는 생략하는 부분의 선지름의 중심선을 가는 1점 쇄선으로 나타낸다.

3. 스프링의 제도 및 요목표

① 냉간 성형 압축 코일 스프링

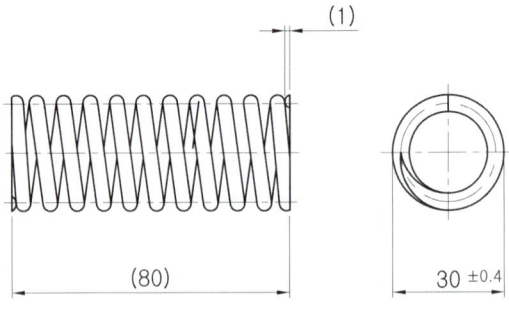

냉간 성형 압축 코일 스프링 요목표			
재료			SWOSC-V
재료의 지름		mm	4
코일 평균 지름		mm	26
코일 바깥 지름		mm	30±0.4
총 감김수			11.5
자리 감김수			각 1
유효 감김수			9.5
감김 방향			오른쪽
자유 길이		mm	(80)
스프링 상수		N/mm	15.3
지정	하중	N	-
	하중시의 길이	mm	-
	길이(^{1})	mm	70
	길이시의 하중	N	153±10%
	응력	N/mm^2	190
최대 압축	하중	N	-
	하중시의 길이	mm	-
	길이(^{1})	mm	55
	길이시의 하중	N	382
	응력	N/mm^2	476
밀착 길이		mm	(44)
코일 바깥쪽 면의 경사		mm	4이하
코일 끝부분의 모양			맞댐끝(연삭)
표면 처리	성형 후의 표면 가공		쇼트 피닝
	방청 처리		방청유 도포

주 ▶ (^{1}) 수치 보기는 길이를 기준으로 하였다.

【비 고】

1. 기타 항목 : 세팅한다.
2. 용도 또는 사용 조건 : 상온, 반복하중
3. 1N/mm^2 = 1MPa

② 열간 성형 압축 코일 스프링

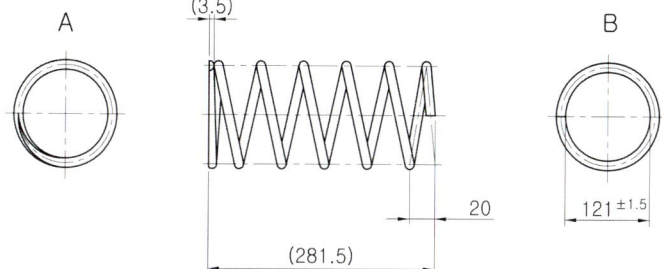

Chapter 21 스프링 제도 | **609**

열간 성형 압축 코일 스프링 요목표			
재 료			SPS6
재료의 지름		mm	14
코일 평균 지름		mm	135
코일 안지름		mm	121±1.5
총	감김수		6.25
자리	감김수		A측 : 1, B측 : 0.75
유효	감김수		4.5
감김	방향		오른쪽
자유 길이		mm	(281.5)
스프링 상수		N/mm	34.0±10%
지정	하중	N	-
	하중시의 길이	mm	-
	길이(^{1})	mm	166
	길이시의 하중	N	3925±10%
	응력	N/mm^2	566
최대 압축	하중	N	-
	하중시의 길이	mm	-
	길이(^{1})	mm	105
	길이시의 하중	N	6000
	응력	N/mm^2	865
밀착 길이		mm	(95.5)
코일 바깥쪽 면의 경사		mm	15.6 이하
경 도		HBW	388~461
코일 끝부분의 모양			A측 :맞댐끝(테이퍼) B측 : 벌림끝(무연삭)
표면 처리	재료의 표면 가공		연삭
	성형 후의 표면 가공		쇼트 피닝
	방청 처리		흑색 에나멜 도장

주 ▶ (^{1}) 수치 보기는 길이를 기준으로 하였다.

【비 고】
1. 기타 항목 : 세팅한다.
2. 용도 또는 사용 조건 : 상온, 반복하중
3. 1N/mm^2 = 1MPa

③ 테이퍼 코일 스프링

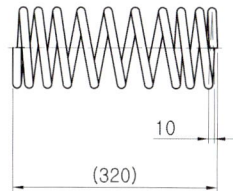

테이퍼 코일 스프링 요목표			
재료			SPS6
재료의 지름		mm	12.5[9.4]
코일 평균 지름		mm	107.5[104.4]
코일 안지름		mm	95±1.5
총 감김수			10
자리 감김수			각 0.75
유효 감김수			8.5
감김 방향			오른쪽
자유 길이		mm	(320)
같은 지름 부분의 피치		mm	43.4
테이퍼 부분의 피치		mm	27.1
제1스프링 상수([2])		N/mm	16.4±10%
제2스프링 상수		N/mm	48.2±10%
지정	하중	N	-
	하중시의 길이	mm	-
	길이([1])	mm	196
	길이시의 하중	N	2500±10%
	응력	N/mm^2	459
최대 압축	하중	N	-
	하중시의 길이	mm	-
	길이([1])	mm	140
	길이시의 하중	N	5170
	응력	N/mm^2	848
밀착 길이		mm	(124)
경 도		HBW	388~461
코일 끝부분의 모양			벌림끝(무연삭)
표면 처리	재료의 표면 가공		연삭
	성형 후의 표면 가공		쇼트 피닝
	방청 처리		흑색 에나멜 도장

주 ▶ ([1]) 수치 보기는 길이를 기준으로 하였다.
([2]) 0~1190N

【비 고】
1. 안지름 기준으로 한다.
2. [ ]안은 작은 지름쪽 치수를 나타낸다.
3. 기타 항목 : 세팅한다.
4. 용도 또는 사용 조건 : 상온, 반복하중
5. 1N/mm^2 = 1MPa

④ 각 스프링

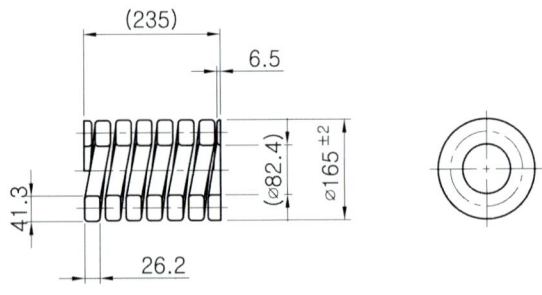

각 스프링 요목표			
재 료			SPS9
재료의 지름		mm	41.3×26.2
코일 평균 지름		mm	123.8
코일 바깥 지름		mm	165±2
총 감김수			7.25±0.25
자리 감김수			각 0.75
유효 감김수			5.75
감김 방향			오른쪽
자유 길이		mm	(235)
스프링 상수		N/mm	1570
지정	하중[3]	N	49000
	하중시의 길이	mm	203±3
	길이[1]	mm	-
	길이시의 하중	N	-
	응력	N/mm²	596
최대 압축	하중	N	73500
	하중시의 길이	mm	188
	길이[1]	mm	-
	길이시의 하중	N	-
	응력	N/mm²	894
밀착 길이		mm	(177)
경 도		HBW	388~461
코일 끝부분의 모양			맞댐끝(테이퍼 후 연삭)
표면 처리	재료의 표면 가공		연삭
	성형 후의 표면 가공		쇼트 피닝
	방청 처리		흑색 에나멜 도장

주 ▶ ([1]) 수치 보기는 길이를 기준으로 하였다.
　　　([3]) 수치 보기는 하중을 기준으로 하였다.

【비 고】
1. 기타 항목 : 세팅한다.
2. 용도 또는 사용 조건 : 상온, 반복하중
3. 1N/mm² = 1MPa

⑤ 이중 코일 스프링

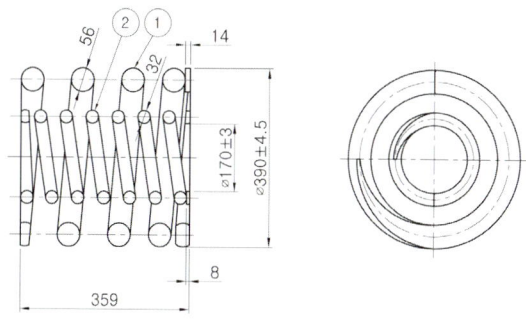

이중 코일 스프링 요목표				
조합 No.			①	②
재료			SPS11A	SPS9A
재료의 지름		mm	56	32
코일 평균 지름		mm	334	202
코일 안지름		mm	278	170±3
코일 바깥 지름		mm	390±4.5	234
총		감김수	4.75	7.75
자리		감김수	각 1	각 1
유효		감김수	2.75	5.75
감김		방향	오른쪽	왼쪽
자유 길이		mm	(359)	(359)
스프링 상수		N/mm	1086	
			883	203
지정	하중(^{3})	N	88260	
			71760	16500
	하중시의 길이	mm	277.5±4.5	
			277.5	277.5
	길이(^{1})	mm	-	-
	길이시의 하중	N	-	-
	응력	N/mm^2	435	321
최대 압축	하중(^{3})	N	131360	
			106800	24560
	하중시의 길이	mm	238	
			238	238
	길이(^{1})	mm	-	-
	길이시의 하중	N	-	-
	응력	N/mm^2	648	478
밀착 길이		mm	(238)	(232)
코일 바깥쪽 면의 경사		mm	6.3	6.3
경 도		HBW	388~461	
코일	끝부분의	모양	맞댐끝(테이퍼 후 연삭)	
표면 처리	재료의 표면 가공		연삭	
	성형 후의 표면 가공		쇼트 피닝	
	방청 처리		흑색 에나멜 도장	

주 ▶ (^{1}) 수치 보기는 길이를 기준으로 하였다.
(^{3}) 수치 보기는 하중을 기준으로 하였다.

【비 고】
1. 기타 항목 : 세팅한다.
2. 용도 또는 사용 조건 : 상온, 반복하중
3. $1N/mm^2 = 1MPa$

⑥ 인장 코일 스프링

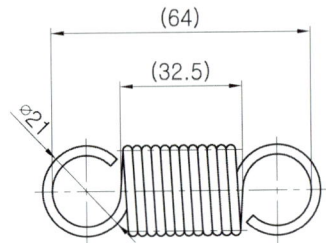 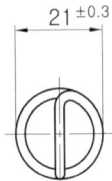

인장 코일 스프링 요목표		
재료		HSW-3
재료의 지름	mm	2.6
코일 평균 지름	mm	18.4
코일 바깥 지름	mm	21±0.3
총 감김수		11.5
감김 방향		오른쪽
자유 길이	mm	(64)
스프링 상수	N/mm	6.28
초 장 력	N	(26.8)
지정	하중	N	-
	하중시의 길이	mm	-
	길이(^{1})	mm	86
	길이시의 하중	N	165±10%
	응력	N/mm^2	532
최대 허용 인장 길이	mm	92
고리의 모양		둥근 고리
표면 처리	성형 후의 표면 가공	-
	방청 처리	방청유 도포

주 ▶ (^{1}) 수치 보기는 길이를 기준으로 하였다.

【비 고】
1. 기타 항목 : 세팅한다.
2. 용도 또는 사용 조건 : 상온, 반복하중
3. $1N/mm^2 = 1MPa$

⑦ 비틀림 코일 스프링

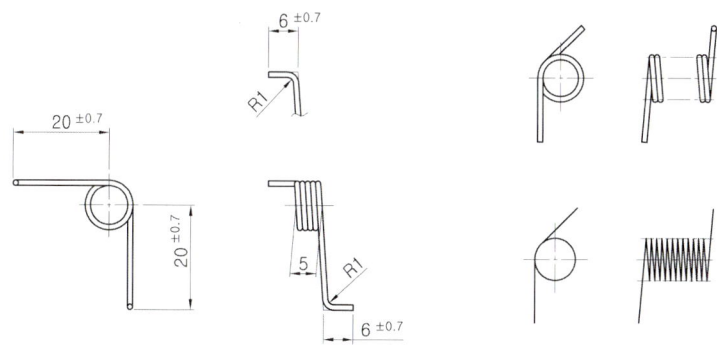

비틀림 코일 스프링 요목표			
재료			STS 304-WPB
재료의 지름		mm	1
코일 평균 지름		mm	9
코일 안지름		mm	8±0.3
총 감김수			4.25
감김 방향			오른쪽
자유 각도(^{4})		도	90±15
지정	나선각	도	-
	나선각시의 토크	N·mm	-
	(참고)계화 나선각	도	-
안내봉의 지름		mm	6.8
사용 최대 토크시의 응력		N/mm^2	-
표면 처리			-

주▶ (^{4}) 수치 보기는 길이를 기준으로 하였다.

【비 고】
1. 기타 항목 : 세팅한다.
2. 용도 또는 사용 조건 : 상온, 반복하중
3. 1N/mm^2 = 1MPa

⑧ 지지, 받침 스프링

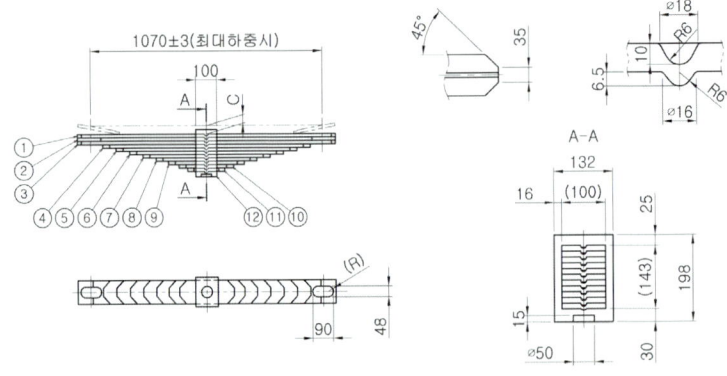

스프링 판					
재료		SPS3			
	번호	길이 mm	판두께 mm	판나비 mm	단면 모양
치수 · 모양	1	1190	13	100	KS D 3701의 A종
	2	1190			
	3	1190			
	4	1050			
	5	950			
	6	830			
	7	710			
	8	590			
	9	470			
	10	350			
	11	250			

부속 부품			
번 호	명 칭	재 료	개 수
12	허리죔 띠	SM 10C	1

하중 특성			
	하중 N	뒤말림 mm	스팬 mm	응력 N/mm^2
무하중시	0	38	-	0
표준 하중시	45990	5	-	343
최대 하중시	52560	0±3	1070±3	392
시험 하중시	91990	-		686

【비 고】
1. 기타 항목 a) 스프링 판의 경도 : 331~401HBW
   b) 첫 번째 스프링 판의 텐션면 및 허리죔 띠에 방청 도장한다.
   c) 완성 도장 : 흑색 도장
   d) 스프링 판 사이에 도포한다.
2. 1N/mm^2 = 1MPa

⑨ 테이퍼 판 스프링

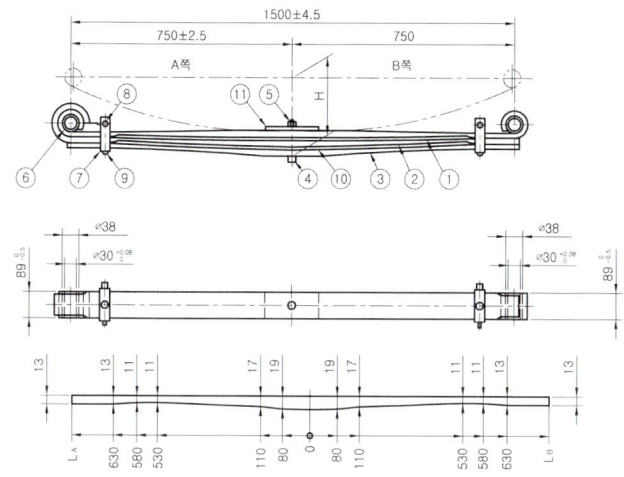

스프링 판				
번 호	전개 길이 mm			판나비 mm	재 료
	LA(A쪽)	LB(B쪽)	계		
1	916	916	1832	90	SPS11A
2	950	765	1715		
3	765	765	1530		

번 호	부품 번호	명 칭	개 수
4		센터 볼트	1
5		너트, 센터 볼트	1
6		부 시	2
7		클 립	2
8		클립 볼트	2
9		리 벳	2
10		인터리프	3
11		스페이서	1

스프링 상수 N/mm		250		
	하 중 N	높 이 mm	스 팬 mm	응 력 N/mm^2
무하중시	0	180	-	0
지정 하중시	22000	92±6	1498	535
시험 하중시	37010	35	-	900

【비 고】
1. 경도 : 388~461HBW
2. 쇼트 피닝 : No1~3리프
3. 완성 도장 : 흑색 도장
4. 1N/mm^2 = 1MPa

⑩ 겹판 스프링

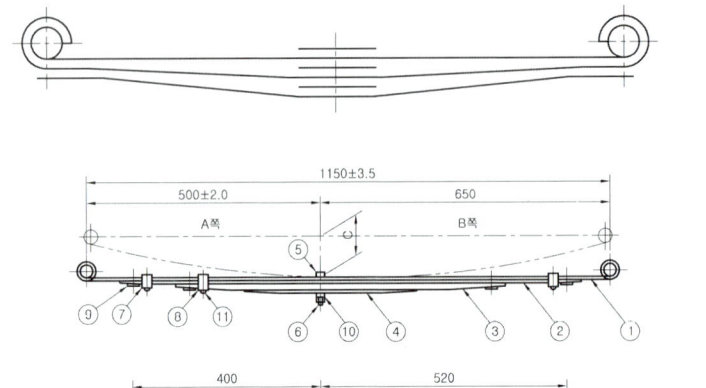

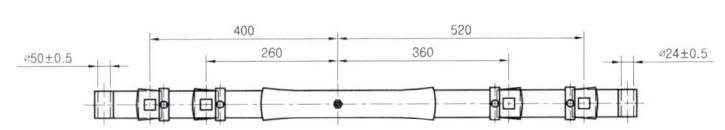

스프링 판(KS D 3701의 B종)						
번 호	전개 길이 mm			판두께 mm	판나비 mm	재 료
	A쪽	B쪽	계			
1	676	748	1424	6	60	SPS6
2	430	550	980			
3	310	390	700			
4	160	205	365			

번 호	부품 번호	명 칭	개 수
5		센터 볼트	1
6		너트, 센터 볼트	1
7		클 립	2
8		클 립	1
9		라이너	4
10		디스턴스 피스	1
11		리 벳	3

스프링 상수 N/mm		21.7		
	하 중 N	뒤말림 mm	스 팬 mm	응 력 N/mm²
무하중시	0	112	-	0
지정 하중시	2300	6±5	1152	451
시험 하중시	5100	-	-	1000

【비 고】
1. 경도 : 388~461HBW
2. 쇼트 피닝 : No1~3리프
3. 완성 도장 : 흑색 도장
4. $1N/mm^2 = 1MPa$

⑪ 토션바

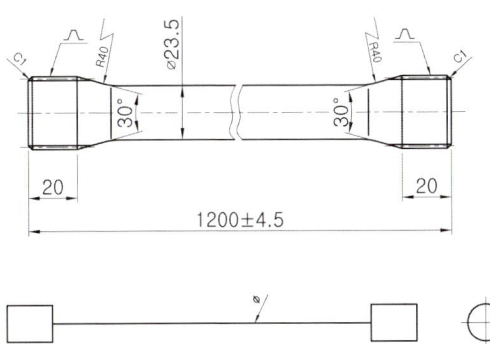

토션바 요목표			
재 료			SPS12
바의 지름		mm	23.5
바의 길이		mm	1200±4.5
손잡이 부분의 길이		mm	20
손잡이 부분의 모양·치수	모 양		인벌류트 세레이션
	모 듈		0.75
	압 력 각	도	45
	잇 수		40
	큰 지름	mm	30.75
스프링 상수		N/m/도	35.8±1.1
표 준	토 크	N·m	1270
	응 력	N/mm^2	500
최 대	토 크	N·m	2190
	응 력	N/mm^2	855
경 도		HBW	415~495
표면 처리	재료의 표면 가공		연 삭
	성형 후의 표면 가공		쇼트 피닝
	방청 처리		흑색 애나멜 도장

【비 고】
1. 기타 항목 : 세팅한다. (세팅 방향을 지정하는 경우에는 방향을 명기한다.)
2. 1N/mm^2 = 1MPa

⑫ 벌류트 스프링

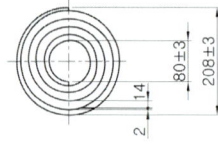 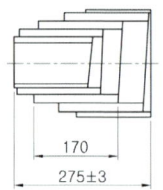 

벌류트 스프링 요목표			
재 료			SPS9 또는 SPS 9A
재료 사이즈(판나비×판두께)		mm	170×14
안 지름		mm	80±3
바깥 지름		mm	208±3
총 감김수			4.5
자리 감김수			각 0.75
유효 감김수			3
감김 방향			오른쪽
자유 길이		mm	275±3
스프링 상수(처음 접착까지)		N/mm	1290
지정	하중	N	-
	하중시의 길이	mm	-
	길이(^{1})	mm	245
	길이시의 하중	N	39230±15%
	응력	N/mm^2	390
최대 압축	하중	N	-
	하중시의 길이	mm	-
	길이(^{1})	mm	194
	길이시의 하중	N	111800
	응력	N/mm^2	980
처음 접합 하중		N	85710
경 도		HBW	341~444
표면 처리	성형 후의 표면 가공		쇼트 피닝
	방청 처리		흑색 에나멜 도장

【비 고】
1. 기타 항목 : 세팅한다.
2. 용도 또는 사용 조건 : 상온, 반복하중
3. 1N/mm^2 = 1MPa

⑬ 스파이럴 스프링

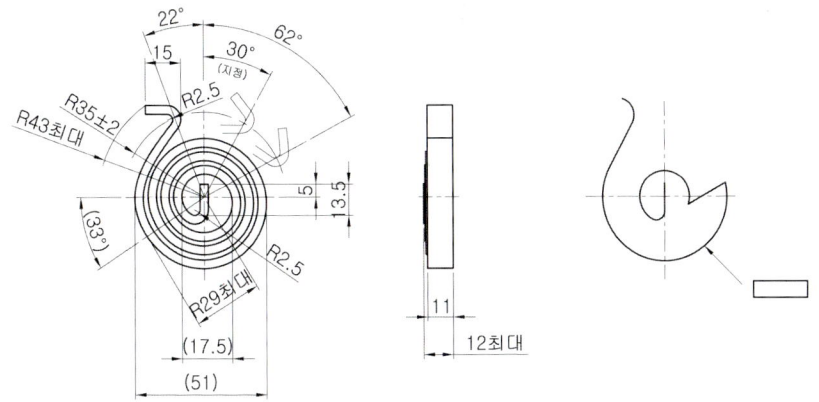

스파이럴 스프링 요목표			
재료			HSWR 62 A
판 두 께		mm	3.4
판 나 비		mm	11
감 김 수			약 3.3
전체 길이		mm	410
축 지 름		mm	ø 14
사용 범위		도	30~62
지 정	토 크	N·m	7.9±4.0
	응 력	N/mm²	764
경 도		HRC	35~43
표면 처리			인산염 피막

【비 고】 1N/mm² = 1MPa

⑭ S자형 스파이럴 스프링

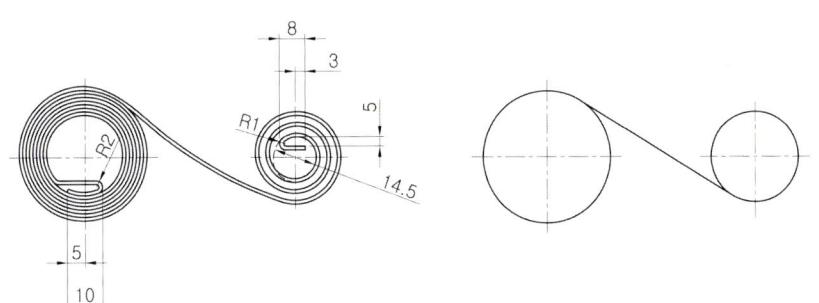

S자형 스파이럴 스프링 요목표		
재료		STS301-CSP
판 두께	mm	0.2
판 나비	mm	7.0
전체 길이	mm	4000
경 도	HV	490 이상
10회전시 되감기 토크	N·m	69.6
10회전시의 응력	N/mm²	1486
감김 축지름	mm	14
스프링 상자의 안지름	mm	50
표면 처리		-

【비 고】 1N/mm² = 1MPa

⑮ 접시 스프링

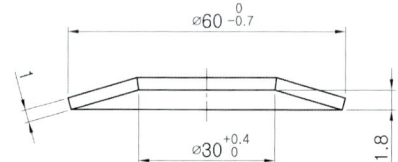 

접시 스프링 요목표			
재료			STC5-CSP
안 지름		mm	$30^{+0.4}_{0}$
바깥 지름		mm	$60^{0}_{-0.7}$
판두께		mm	1
길이		mm	1.8
지정	휨	mm	1.0
	하중	N	766
	응력	N/mm²	1100
최대 압축	휨	mm	1.4
	하중	N	752
	응력	N/mm²	1410
경 도		HV	400~480
표면 처리	성형 후의 표면 가공		쇼트 피닝
	방청 처리		방청유 도포

【비 고】 1N/mm² = 1MPa

Chapter 22

핸드 휠 규격 데이터

22-1 | 핸드 휠 1호 - KS B 1331 : 2007 (2012 확인)

■ 치수 허용차

단위 : mm

핸드휠의 호칭 치수	4각 구멍 맞변거리 S			손잡이 부착부				나사 삽입형
	기준치수	허용차		콘센트형				나사 호칭 d_0
		고정 H8	바깥 H9	구멍지름 d		구멍 깊이 K_1		
				기준 치수	허용차 H7	기준 치수	허용차	
50	5.5	+0.018 0	+0.030 0	-	-	-	-	-
63	7							
80	8							
100	10	+0.022 0	+0.036 0	5	+0.012 0	10	±0.3	M5
112	10			6		13		
125	10			6		13		M6
140	12			6		13		
160	14	+0.027 0	+0.043 0	8	+0.015 0	15		M8
180	14			8		15		
200	17			10		18		
224	19			10		18		M10
250	22	+0.033 0	+0.052 0	10		18		
280	22			10		18		
315	27			12		20		M12
355	30			16		22	±0.4	
400	32			16		22		
450	36			16		24		
500	36	+0.039 0	+0.060 0	16	+0.018 0	24		M16
560	41			16		24		
630	46			16		24		
710	50			16		24		
800	55	+0.046 0	+0.074 0	16		24		

【비 고】
1. 주조한 대로 4각 구멍은 1/10의 테이퍼를 둘 수 있다. 다만, 이 경우에 맞변거리(S)의 기준치수는 4각 구멍의 아래에 둔다.
2. 나사 삽입형에서 구멍 깊이의 기준치수 및 치수 허용차는 콘센트형과 같도록 한다.

핸드 휠 1호

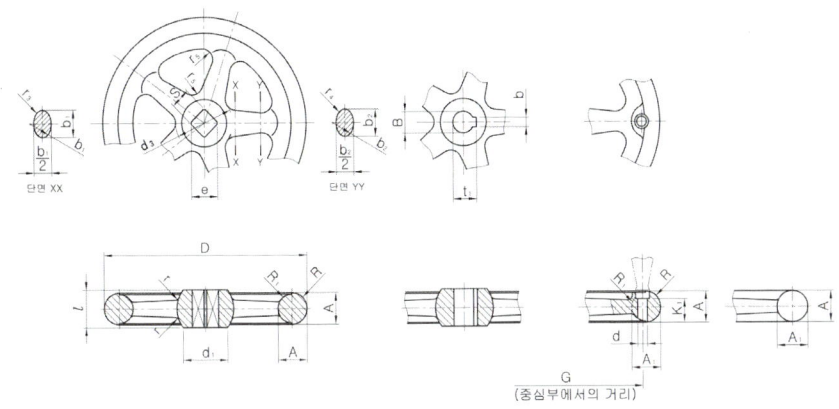

단위 : mm

호칭치수	바깥지름 D	4각 구멍 S(H8)	4각 구멍 e(최소)	둥근 구멍 B	둥근 구멍 b×t1	보스 L	보스 d1	보스 d2	보스 참고 r	보스 참고 r1	스포크 수	스포크 b1	스포크 b2	스포크 참고 r3	스포크 참고 r4	스포크 참고 r5	림 A	림 A1(참고)	림 약 R	림 약 R1	손잡이 d(H7)	손잡이 K1	손잡이 공차	G
63	63	7	9.2	8	-	13	20	24	6	10	3	12	10	2.3	1.9	3	13	13	6.5	5.5	-	-		-
80	80	8	10.8	9	-	14	22	26	6	10	3	14	12	2.6	2.3	3.5	14	14	7	6	-	-		-
100	100	10	13.6	10	4×11.5	15	24	28	7	12	3	17	15	3.2	2.8	3.5	15	15	7.5	6.5	5(M5)	10		40
125	125	10	13.6	12	4×13.5	16	28	32	7	13	3	19	17	3.6	3.2	3.5	16	16	8	7	6(M6)	13	± 0.3	51
140	140	12	16.5	14	5×16	18	30	35	8	14	3	21	18	3.9	3.4	4	17	17	8.5	7	6(M6)	13		58
160	160	14	19.2	16	5×18	20	32	36	8	14	3	23	20	4.3	3.8	4	18	18	9	7.5	8(M8)	15		67
180	180	14	19.2	16	5×18	20	32	38	8	14	3	23	20	4.3	3.8	5	20	20	10	8.5	8(M8)	15		76
200	200	17	23	20	5×22	22	38	45	9	18	3	26	22	4.9	4.4	4.1	5.5	22	11	9.5	10(M10)	18		84
224	224	19	26	24	7×27	26	42	50	9	18	3	26	22	4.5	4.3	5.5	24	24	12	10	10(M10)	18		95
250	250	22	29.5	26	7×29	28	45	54	10	22	3	26	22	4.9	4.1	5	22	22	11	11	10(M10)	18		107
280	280	22	29.5	26	7×29	30	50	60	10	25	3	28	24	5.3	4.5	6	22	22	11	11	10(M10)	18		122
315	345	27	36.5	32	10×35.5	32	55	65	11	25	5	30	25	5.6	4.9	7	28	14	12		12(M12)	20		138
355	355	30	40	36	10×39.5	36	60	72	14	24	5	32	28	6	5.3	7	30	30	15	13	16(M16)	22		157
400	400	32	43	40	12×43.5	38	65	78	14	24	5	34	30	6.4	5.6	8	32	32	16	13	16(M16)	22	± 0.4	176
450	450	36	48	44	12×47.5	42	70	85	15	26	5	36	32	6.8	5.6	8	34	34	17	14	16(M16)	24		200
500	500	36	48	48	12×51.5	45	70	95	14	28	5	36	32	7.1	6	8.5	34	34	17	14	16(M16)	24		225
560	560	41	55	52	15×57	55	94	115	16	32	6	40	34	7.5	6.4	8.5	36	18	15		16(M16)	24		255
630	630	46	61	58	15×63	60	102	125	17	35	6	42	36	7.9	6.8	9	38	38	19	16	16(M16)	24		288
710	710	50	66	63	18×69	65	110	135	18	40	6	46	40	8.7	7.5	11	42	42	21	18	16(M16)	24		325
800	800	55	68	68	18×74	70	120	145	20	38	6	50	44	9.5	8.3	12	46	46	23	20	16(M16)	24		358

주▶ 핸드 휠 재료 - KS D 4303 (흑심가단주철) BMC 28, 회주철 GC200

【비 고】
1. 4각 구멍 또는 둥근 구멍의 치수는 호칭치수 63에서 630에 한하며, 필요에 따라 한 계단 작은 4각 구멍 또는 둥근 구멍을 사용하여도 좋다. 다만, 이 경우에 호칭치수 63의 4각 구멍에 대하여는 S=5.5mm, 둥근 구멍에 대하여는 B=7mm로 한다.
2. 콘센트형의 손잡이를 부착하는 경우, 그 구멍의 아래 부분은 손잡이 끝을 코킹하기 위하여 필요한 모떼기를 하여야 한다. 또한 손잡이를 부착하는 경우는 필요에 따라 평형추를 붙인다.
3. 림은 필요에 따라 미끄럼을 방지하기 위하여 파형, 널링 가공 등을 하여도 좋다.
4. 손잡이는 KS B 1334에 따르며, 그 종류는 인수, 인도 당사자 간의 결정에 따른다.
5. D, B, b× t_1, l 및 G의 치수 허용차는 KS B ISO 2768-1에 규정하는 중간등급(m)으로 한다.
6. d의 칸 중 ( )를 붙인 수치는 나사 삽입형의 나사의 호칭(d_6)을 표시한다.

22-2 | 핸드 휠 2-1호 KS B 1331 : 2007

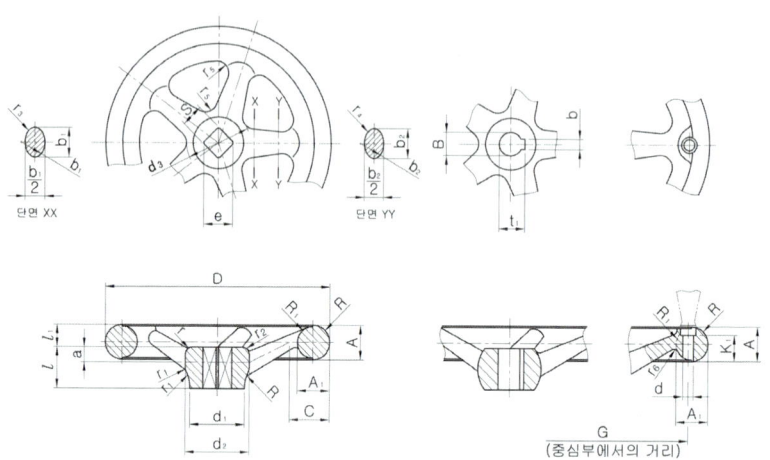

단위 : mm

호칭지름	바깥지름 D	4각 구멍		둥근 구멍		보스(boss)					참고		스포크(spoke)			참고				림(rim)		참고		손잡이 부착 구멍			G
		S (H8)	e (최소)	B	b×t_1	a	l	l_1	d_1	d_2	d_3	r	r_1	수	b_1	b_2	r_2	r_3	r_4	r_5	r_6	A_1	R	R_1	d	K_1 기준치수	허용차	
63	63	7	9.2	8	-	5	13	10	20	22	24	6	10	3	12	10	3	2.3	1.9	3	11	13	6.5	5.5	-	-	-	-
80	80	8	10.8	9	-	6	14	10	23	26	28	6	11	4	12	12	3	2.6	2.3	3.5	12	14	7	6	-	-	-	-
100	100	10	13.6	10	4×11.5	6.5	15	16	24	26	28	7	12	5	17	15	3.5	2.7	2.8	3.5	13	15	7.5	6.5	5(M5)	10		40
125	125	10	13.6	10	4×13.5	7.5	16	18	26	28	32	7	12	5	19	17	3.5	3.6	3.2	3.5	14	16	8	7	6(M6)	13		51
140	140	12	16.5	14	5×16	7.5	18	20	30	32	35	8	14	3	21	19	4	3.9	3.4	4	17	8.5	7	8	8(M8)	15	±0.3	58
160	160	14	19.2	16	5×18	8	20	21	32	34	38	8	16	3	24	20	4	3.6	3.4	4	16	18	9	7.5	8(M8)	15		67
180	180	14	19.2	16	5×18	8	20	21	35	37	40	8	16	3	24	20	4	3.6	3.4	4	19	20	10	8.5	8(M8)	15		76
200	200	17	23	20	5×22	8	25	21	38	41	46	9	18	3	26	22	4.5	4.9	4.1	5.5	22	11	9.5	10(M10)	18		84
224	224	19	26	24	7×27	9	26	22	42	45	50	9	19	3	26	24	4.5	4.5	3.8	5.5	29	2	10(M10)	20		95
250	250	22	29.5	28	7×29	10	28	23	45	48	55	10	23	4	26	24	5	4.5	4.1	6	33	26	13	10(M10)	24		107
280	280	22	29.5	28	7×29	10	30	23	50	54	60	11	20	5	28	26	6	5.3	4.5	6.3	34	26	13	11	10(M10)	18		122
315	315	27	36.5	32	10×35.5	11	30	24	55	58	66	11	20	5	28	26	6	5.6	4.9	7	38	26	14	12	10(M12)	20		138
355	355	30	40	36	10×39.5	11	36	24	60	64	72	12	24	5	32	28	6	5.3	5.3	7	46	30	15	13	10(M16)	22		157
400	400	33	43	40	10×43.5	12	38	25	65	70	78	12	25	5	34	30	6	5.6	5.6	8	50	32	16	16(M16)	22	±0.4	176
450	450	36	48	44	12×47.5	13	42	26	70	74	85	13	26	5	36	30	6.5	6.8	5.6	8	56	34	17	14(M16)	24		200
500	500	36	48	48	12×51.5	14	45	27	78	82	95	14	28	5	38	32	7	7.1	6	8.5	58	34	17	16(M16)	24		225
560	560	41	55	52	15×57	15	27	94	98	115	16	28	5	47	7	7.5	7	65	8.5	62	35	18	16(M16)	24		255
630	630	46	61	58	15×63	16	48	29	102	108	137	17	34	6	54	44	7.9	6.8	9.3	66	38	19	16(M16)	24		288
710	710	50	66	63	18×69	18	50	30	110	116	135	18	36	6	54	44	8	8.7	7.5	11	72	42	19	16(M16)	24		325
800	800	55	72	68	18×74	20	50	30	120	126	145	19	40	6	50	44	9.5	8.3	12	80	46	23	20	16(M16)	24		358

주) d의 칸 중 ( )를 붙인 수치는 나사 삽입형의 나사의 호칭(d_0)을 표시한다.

【비 고】
1. 4각 구멍 또는 둥근 구멍의 치수는 호칭치수 63에서 630에 한하며, 필요에 따라 한 단계 작은 4각 구멍 또는 둥근 구멍을 사용하여도 좋다. 다만, 이 경우에 호칭치수 63의 4각 구멍에 대해서는 S=5.5mm, 둥근 구멍에 대해서는 B=7mm로 한다.
  콘센트형의 손잡이를 부착하는 경우, 그 구멍의 아래 부분은 손잡이 끝을 코킹하기 위하여 필요한 모떼기를 하여야 한다. 또한 손잡이를 부착한 경우는 필요에 따라 평형추를 붙인다.
2. 림은 필요에 따라 미끄럼을 방지하기 위하여 파형, 널링 가공 등을 하여도 좋다.
3. 손잡이는 KS B 1334에 따르기로 하고, 그 종류는 인수 · 인도 당사자 간의 결정에 따른다.
4. D, B, b×t_1, l, l_1 및 G의 치수 허용차는 KS B ISO 2768-1에 규정하는 보통급으로 한다.

22-3 | 핸드 휠 2-2호 KS B 1331 : 2007

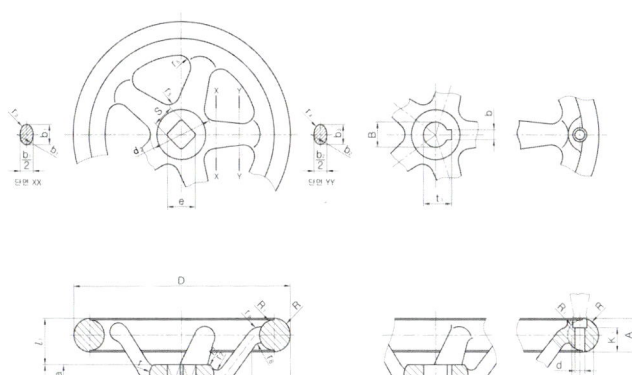

단위 : mm

호칭 지름	바깥 지름 D	4각 구멍			둥근 구멍		보스(boss)						참고	
		맞변 거리 S		허용차 (H8)	e (최소)	B	$b \times t_1$	a	l	l_1	d_1	d_2	d_3	r	r_1
80	80	8	+0,022 0		10,8	9	-	6	14	16	22	24	26	6	10
100	100	10			13,6	10	4×11,5	6,5	15	20	24	26	28	7	12
125	125	10	+0,027 0		13,6	12	4×13,5	7,5	16	25	28	29	32	7	12
140	140	12			16,5	14	5×16	7,5	18	28	30	32	35	8	14
160	160	14			19,2	16	5×18	8	20	32	32	34	38	8	16
180	180	14			19,2	16	5×18	8	20	36	32	34	38	8	16
200	200	17			23	20	5×22	8	22	40	38	41	45	9	16
224	224	19			26	23	7×26	9	25	45	42	45	50	9	18
250	250	22	+0,033 0		29,5	26	7×29	10	28	50	45	50	55	9	18
280	280	22			29,5	30	7×33	10,5| 30	56	50	54	60	10	20
315	315	27			36,5	32	10×35,5	11	32	63	55	58	65	11	22
355	355	30			40	36	10×39,5	11	36	71	60	64	72	12	24

단위 : mm

호칭 지름	바깥 지름 D	스포크(spoke)				참고						림(rim) 참고		약	손잡이 부착 구멍			
		수	b_1	b_2	C	r_2	r_3	r_4	r_5	r_6	r_7	r_8	r_9	A_1	R	R_1	d	K_1 기준치수	허용차	G
80	80	3	14	12	17	3	2,6	2,3	3,5	3	3	10	9	14	7	6	-			-
100	100	3	17	15	17	3,5	3,2	2,8	3,5	4	4	12,5	11,5	15	7,5	6,5	5(M5)	10	±0,3	40
125	125	3	19	17	20	40	3,5	3,6	3,2	3,5	5	14,5	13,5	16	8	7	6(M6)	13		51
140	140	3	21	19	22	48	4	3,9	3,4	4	5	17,5	16	17	8,5	7	6(M6)	18		58
160	160	3	23	20	24	53	4	4,3	3,8	4	5	19,5	18	18	9	7,5	8(M8)	15		67
180	180	3	24	20	27	53	4	4,5	3,8	4	9	21	19	20	10	8,5	8(M8)			76
200	200	3	26	22	30	58	4,5	4,9	4,1	5	10	23	21	22	11	9,5	10(M10)	18	±0,3	84
224	224	5	24	20	33	70	4,5	4,5	3,8	5,5	10,5| 22,5	20,5	24	12	10	10(M10)| 18		95
250	250	5	26	22	36	76	4,5	4,9	4	6	11	24	22	26	13	11	10(M10)	18		107
280	280	5	28	24	39	82	4,5	5,3	4,5	5	11,5	25,5	23,5	27	14,5	11,5	10(M10)	19	±0,4	122
315	315	5	30	26	42	89	5	5,6	4,9	5	12	27	25	28	14	12	12(M12)	20		138
355	355	5	32	28	45	100	6	5,3	5	7	13	29	27	30	15	13	16(M16)	22		157

주 ▶ d의 칸 중 ( )를 붙인 수치는 나사 삽입형의 나사의 호칭(d_0)을 표시한다.

【비 고】
1. 4각 구멍 또는 둥근 구멍의 치수는 호칭치수 80에서 355에 한하며, 필요에 따라 한 단계 작은 4각 구멍 또는 둥근 구멍을 사용하여도 좋다. 다만, 이 경우에 호칭치수 80의 4각 구멍에 대해서는 S=7mm, 둥근 구멍에 대해서는 B=8mm로 한다.
   콘센트형의 손잡이를 부착하는 경우, 그 구멍의 아래 부분은 손잡이 끝을 코킹하기 위하여 필요한 모떼기를 하여야 한다. 또한 손잡이를 부착한 경우는 필요에 따라 평형추를 붙인다.
2. 림은 필요에 따라 미끄럼을 방지하기 위하여 파형, 널링 가공 등을 하여도 좋다.
3. 손잡이는 KS B 1334에 따르기로 하고, 그 종류는 인수·인도 당사자 간의 결정에 따른다.
4. D, B, b×t₁, l, l_1 및 G의 치수 허용차는 KS B ISO 2768-1에 규정하는 보통급으로 한다.

22-4 | 핸드 휠 4호 KS B 1331 : 2007

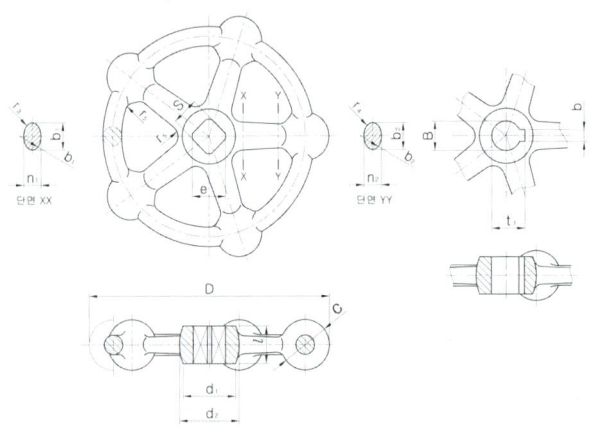

단위 : mm

호칭 치수	바깥 지름 D	4각 구멍		둥근 구멍		보스(boss)			스포크(spoke)					참고			림(rim)	
		S (H8)	e (최소)	B	b × t₁	l	d_1	d_2	수	b_1	b_2	n_1	n_2	r_3	r_4	r_5	A	C
50	50	5.5	7.7	7	-	12	15	17	5	6	5	4	3.5	1.8	1.6	2.5	4	10
63	63	7	9.2	8	-	13	18	20	5	8	6	5.5	4	2.6	1.8	2.5	5	13
80	80	8	10.8	9	-	14	20	23	5	9	7	6	5	2.8	2.4	3.5	6	16
100	100	10	13.6	10	4× 11.5	15	22	25	5	11	9	7.5	6	3.5	2.8	3.5	8	20
112	112	10	13.6	12	4× 13.5	16	24	28	5	12	10	8	7	3.9	3.1	3.5	9	21
125	125	10	13.6	12	4× 13.5	16	24	28	5	13	10	8.5	7	3.9	3.1	3.5	10	22
140	140	12	16.5	14	5× 16	18	29	33	5	15	12	10	8	4.6	3.7	4	11	24
160	160	14	19.2	16	5× 18	20	32	36	5	17	14	11.5	9.5	4.8	3.8	4	13	27
200	200	17	23	20	5× 22	22	38	44	5	20	16	13	11	5.9	5.1	5.5	15	30
224	224	19	26	24	7× 27	26	42	49	5	22	18	14	12	6.5	5.5	5.5	16	32
250	250	22	29.5	26	7× 28	28	45	54	5	24	20	15	13	6.7	5.9	6	18	34
280	280	22	29.5	26	7× 29	30	50	59	5	26	22	16	14	7.0	6.3	6	20	36
315	315	27	36.5	32	10× 35.5	32	53	65	5	28	23	17	15	7.4	6.8	6	22	38

【비 고】
1. 4각 구멍 또는 둥근 구멍 치수는 호칭치수 50을 제외하고, 필요에 따라 한 단계 작은 4각 구멍 또는 둥근 구멍을 사용하여도 좋다.
2. B, b× t₁ 및 l 치수 허용차는 KS B ISO 2768-1에 규정하는 중간급(m)으로 한다.

22-5 | 핸드 휠 5호 KS B 1331 : 2007

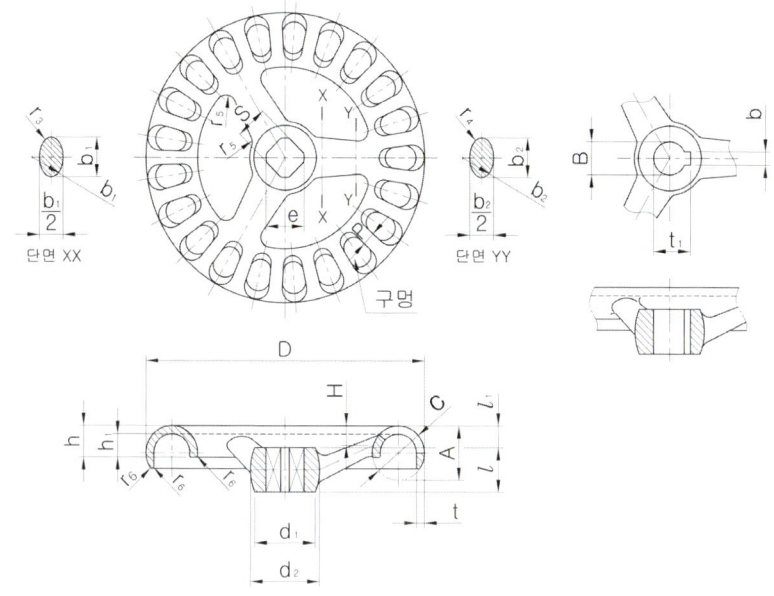

단위 : mm

호칭치수	바깥지름 D	4각 구멍		둥근 구멍		보스 (boss)				스포크 (spoke)			참고			림 (rim)						
		S (H8)	e (최소)	B	b×t_1	l	l_1	d_1	d_2	수	b_1	b_2	r_3	r_4	r_5	H	A	C	h	h_1	t	구멍수	p	r_6 (참고)
50	50	5.5	7.7	7	-	12	5	15	17	3	8	7	1.5	1.3	2.5	4.5	9	10	7	5.5	2.5	15	3	약1
63	63	7	9.2	8	-	13	6	18	20	3	10	8	1.9	1.5	2.5	5.5	11	13	8.5	6.5	2.5	18	4	약1
80	80	8	10.8	9	-	14	6	20	23	3	12	10	2.3	1.9	3.5	6.5	13	16	10	7.5	3	21	4	약1
100	100	10	13.6	10	4×11.5	15	8	22	25	3	13	11	2.4	2.1	3.5	7	15	19	11	8.5	3	24	5	약1

【비 고】
1. 4각 구멍 또는 둥근 구멍 치수는 호칭치수 50을 제외하고, 필요에 따라 한 단계 작은 4각 구멍 또는 둥근 구멍을 사용하여도 좋다.
2. B, b× t_1 및 l_1 치수 허용차는 KS B ISO 2768-1에 규정하는 중간급(m)으로 한다.

22-6 | 핸드 휠 6호 KS B 1331 : 2007

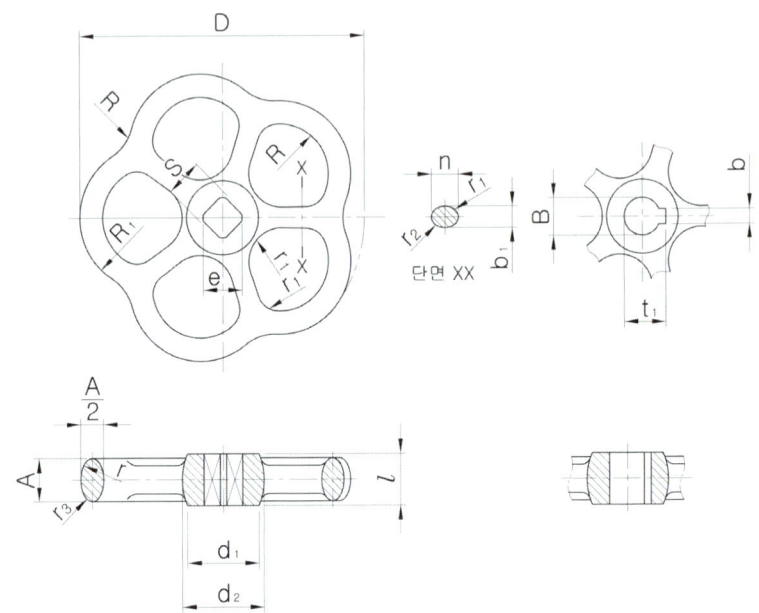

단위 : mm

호칭 치수	외접 원의 D	4각 구멍		둥근 구멍		보스 (boss)			스포크 (spoke)					림 (rim)			
		S (H8)	e (최소)	B	b × t_1	l	d_1	d_2	수	b_1	n	r_2 (참고)	r_1	A	r_3 (참고)	R	R_1
50	50	5.5	7.7	7	-	12	15	17	5	5	6	2.5	3	9	1.9	7.5	12
63	63	7	9.2	8	-	13	18	20	5	6	7	3	5	10	1.9	11	16
80	80	8	10.8	9	-	14	20	23	5	6	10	2.6	7	12	2.3	14	20
100	100	10	13.6	10	4× 11.5	15	22	25	5	7	11	3.1	8	14	2.6	18	25
125	125	10	13.6	12	4× 13.5	16	24	28	5	8	11	3.8	9	16	3	22	30
140	140	12	16.5	14	5× 16	18	29	33	5	9	13	4.3	11	18	3.4	26	35
160	160	14	19.2	16	5× 18	20	32	36	5	10	15	4.6	13	20	3.8	30	40
200	200	17	23	20	5× 22	22	38	44	5	11	17	5	17	22	4.1	39	50
224	224	19	26	24	7× 27	26	42	49	5	12	18	5.5	20	24	4.5	46	58
250	250	22	29.5	26	7× 29	28	45	54	5	13	20	5.9	22	26	4.9	49	62
280	280	22	29.5	26	7× 29	30	50	59	5	14	22	6.3	24	28	5.3	56	70
315	315	27	36.5	32	10× 35.5	32	53	65	5	15	24	6.7	26	30	5.6	65	80

【비 고】
1. 4각 구멍 또는 둥근 구멍 치수는 호칭치수 50을 제외하고, 필요에 따라 한 단계 작은 4각 구멍 또는 둥근 구멍을 사용하여도 좋다.
2. B, b× t_1 및 l 치수 허용차는 KS B ISO 2768-1에 규정하는 중간급(m)으로 한다.

현장실무용 기계설계 핸드북

Chapter 23

핸들과 손잡이 규격 데이터

23-1 | 핸들 1호 KS B 1332 : 2007

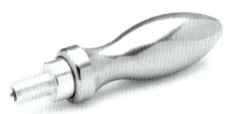

단위 : mm

호칭 치수	암의 온길이 (D)	4각 구멍 S 공차 (H8)	4각 구멍 e (최소)	둥근 구멍 B	둥근 구멍 b × t_1	보스 l	보스 d_1	보스 d_2	암 d_3	암 a	암 h	r (참고)
80	80	8	10.8	9	-	14	18	22	10	40	60	5
100	100	10	13.6	10	4× 11.5	15	20	24	11	50	60	5
125	125	10	13.6	12	4× 13.5	16	21	26	12	63	70	5
140	140	12	16.5	14	5× 16	18	24	30	13	70	75	5
160	160	14	19.2	16	5× 18	20	28	34	14	80	80	8
180	180	14	19.2	16	5× 18	20	28	34	15	90	85	8
200	200	17	23	20	5× 22	22	33	40	16	100	85	8
224	224	19	26	24	7× 27	26	36	44	18	112	90	10
250	250	22	29.5	26	7× 29	28	40	48	20	125	95	10
280	280	22	29.5	26	7× 29	30	43	52	22	140	100	10
315	345	27	36.5	32	10× 35.5	32	48	58	24	158	105	12
355	355	30	40	36	10× 39.5	36	54	64	24	178	110	12
400	400	32	43	40	10× 43.5	38	58	70	26	200	120	12
450	450	36	48	44	12× 47.5	42	63	76	26	225	120	15
500	500	36	48	48	12× 51.5	45	68	82	28	250	130	15

【비 고】 1. 암의 굽음은 양쪽에 둘 수 있다.
2. B, b × t_1 및 l 의 치수 허용차는 KS B ISO 2768-1에 규정하는 중간등급으로 한다.

■ 핸들의 재료 및 치수 허용차

재 료

종류	재 료
1호	SM 20C 또는 SUM 22
2호	SM 20C 또는 SUM 22
3호	SM 20C, GCD 400 또는 GCD 450, GCMB 30-06
4호	SM 20C, GCD 400 또는 GCD 450, GCMB 30-06

■ 4각 구멍의 기준 치수 및 치수 허용차

단위 : mm

4각 구멍 S		
기준 치수	허용차 1호 2호 (H8)	허용차 3호 (H9)
7	+0.022 / 0	+0.036 / 0
8	+0.022 / 0	+0.036 / 0
10	+0.022 / 0	+0.036 / 0
12	+0.027 / 0	+0.043 / 0
14	+0.027 / 0	+0.043 / 0
17	+0.027 / 0	+0.043 / 0
19	+0.033 / 0	+0.052 / 0
22	+0.033 / 0	+0.052 / 0
27	+0.033 / 0	+0.052 / 0
32	+0.039 / 0	+0.062 / 0
36	+0.039 / 0	+0.062 / 0

■ 손잡이 부착부의 기준 치수 및 치수 허용차

단위 : mm

손잡이 부착부			
d		h	
기준 치수	허용차 (H7)	기준 치수	허용차
4	+0.012 / 0	8	±0.3
5		9	
7	+0.015 / 0	12	
8		14	
10		17	±0.4
13	+0.018 / 0	19	

23-2 | 핸들 2호 KS B 1332 : 2007

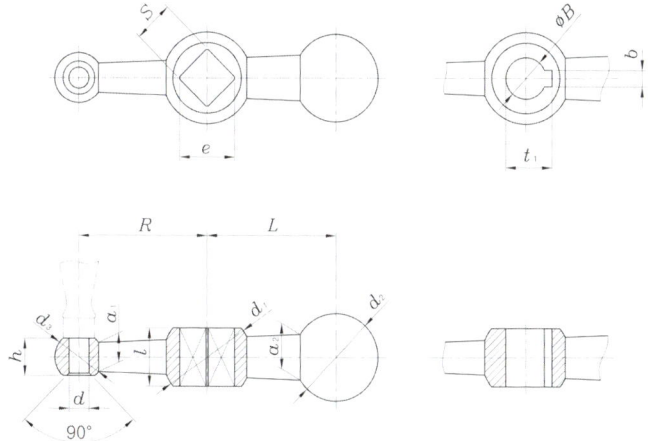

단위 : mm

호칭 치수	회전 반지름 R	4각 구멍		둥근 구멍		보스 (boss)		평형추		손잡이 부착부			
		S (H8)	e (최소)	B	b × t₁	l	d₁	L	d₂	a₂	d₃	h	공차	a₁	d (H7)
20	20	7	9.2	8	-	12	18	20	15	8	10	8	±0.3	6	4
25	25	8	10.8	9	-	13	20	25	18	9	10	8		6	4
32	32	10	13.6	10	4× 11.5	14	22	32	21	11	12	9		7	5
40	40	10	13.6	12	4× 13.5	16	24	40	26	14	16	12		10	6
50	50	12	16.5	14	5× 16	22	32	50	32	16	19	14		11	8
63	63	12	16.5	14	5× 16	22	32	60	32	17	19	14		11	8
80	80	14	19.2	16	5× 18	25	35	75	38	21	23	17	±0.4	13	10
100	100	17	23	20	5× 22	28	42	95	38	21	23	17		13	10

【비 고】
1. S 및 B의 치수는 필요에 따라 증감하여도 좋다. 다만, 이 경우 그 치수는 표 중의 값으로 한다. 또한 이 표의 값을 넘는 S 및 B의 치수를 필요로 할 경우에는 핸들 1호의 값을 취한다.
2. 호칭치수 50까지의 것은 평형추 쪽을 손잡이 쪽과 같은 모양으로 하고, 손잡이를 양쪽에 달 수 있다.
3. 손잡이는 KS B 1334(손잡이)에 따르기로 하고, 그 종류는 인수, 인도 당사자 간의 결정에 따른다.
4. R, B, b× t₁, l, d₁, L, d₂, a₂, b₃ 및 a₁의 치수 허용차는 KS B ISO 2768-1에 규정하는 중간등급으로 한다.

23-3 │ 핸들 3호 KS B 1332 : 2007

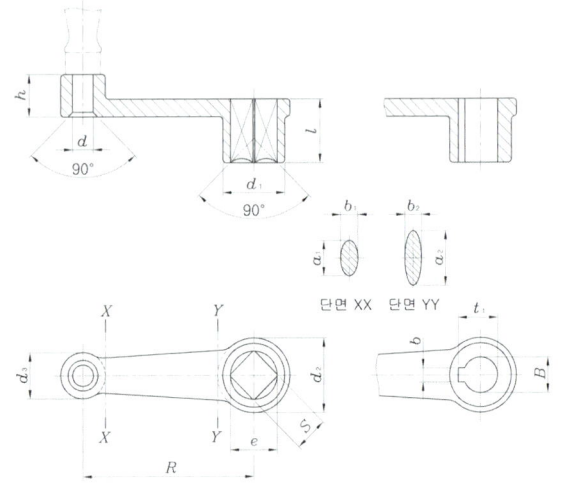

단위 : mm

호칭치수	회전반지름 R	4각 구멍		둥근 구멍		보스 (boss)			암 (arm)				손잡이 부착부			
		S (H8)	e (최소)	B	b× t₁	l	d₁	d₂	a₁	b₁	a₂	b₂	d₃	h	공차	d (H7)
32	32	8	10.8	9	-	16	19	19	10	5	13	5	13	12	± 0.3	6
40	40	10	13.6	10	4× 11.5	18	21	21	10	5	14	5	13	12		6
50	50	10	13.6	10	4× 11.5	18	21	21	10	5	14	5	13	12		6
63	63	10	13.6	12	4× 13.5	20	23	23	11	5	15	5	14	12		6
80	80	12	16.5	14	5× 16	24	28	28	12	6	18	6	15	14		8
100	100	14	19.2	16	5× 18	28	33	33	12	6	22	7	15	14		8
125	125	17	23	20	5× 22	34	39	39	15	7	26	8	18	17		10
160	160	19	26	24	7× 27	38	44	44	16	8	30	9	19	17	± 0.4	10
200	200	22	29.5	26	7× 29	42	48	48	19	9	32	10	23	19		12
250	250	22	29.5	26	7× 29	46	52	52	20	10	36	12	24	19		12

【비 고】
1. S 및 B의 치수는 필요에 따라 증감하여도 좋다. 다만, 이 경우 그 치수는 표 중의 값을 취한다. 또한 이 표의 값을 넘는 S 및 B의 치수를 필요로 할 경우에는 핸들 1호의 값을 취한다.
2. 손잡이는 KS B 1334(손잡이)에 따르기로 하고, 그 종류는 인수 · 인도 당사자 간의 결정에 따른다.
3. R, B, b× t₁ 및 l의 치수 허용차는 KS B ISO 2768-1에 규정하는 중간등급으로 한다.

23-4 | 핸들 4호 KS B 1332 : 2007

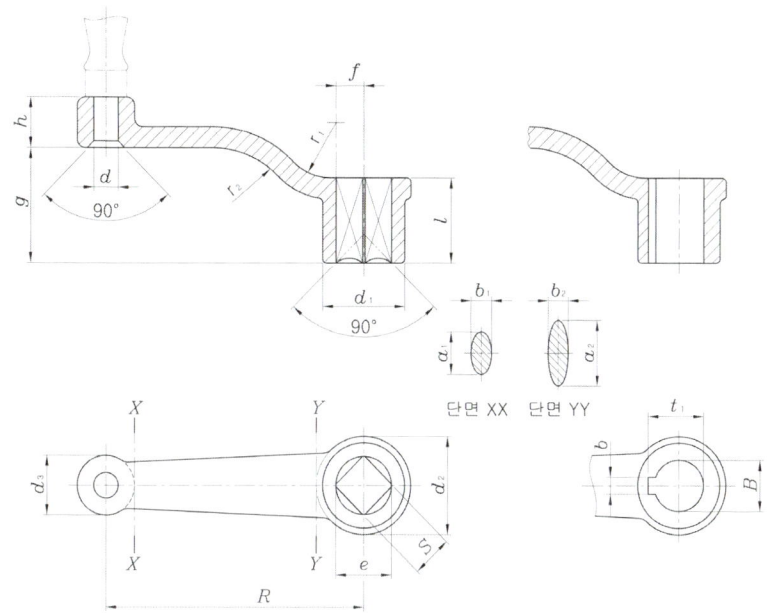

단위 : mm

호칭 치수	회전 반지름 R	4각 구멍		둥근 구멍		보스			암				참고			손잡이 부착부			d (H7)
		S (H8)	e (최소)	B	b × t₁	l	d₁	d₂	a₁	b₁	a₂	b₂	g	f	r₁	r₂	d₃	h	공차	
63	63	10	13.6	12	4 × 13.5	20	20	23	11	5	15	5	27	8	13	22	14	12	± 0.3	6
80	80	12	16.5	14	5 × 16	24	24	28	12	6	18	6	29	9	15	25	15	14		8
100	100	14	19.2	16	5 × 18	28	28	33	12	6	22	7	40	10	18	30	15	14		8
125	125	17	23	20	5 × 22	34	34	39	15	7	26	8	40	13	21	35	18	17		10
160	160	19	26	24	5 × 27	38	38	44	16	8	30	9	52	14	25	42	19	17	± 0.4	10
200	200	22	29.5	26	5 × 29	42	42	48	19	9	32	10	64	18	28	48	23	19		12
250	250	22	29.5	26	5 × 29	46	46	52	20	10	36	12	72	20	32	55	24	19		12

【비 고】
1. S 및 B의 치수는 필요에 따라 증감하여도 좋다. 다만, 이 경우 그 치수는 표 중의 값을 취한다. 또한 이 표의 값을 넘는 S 및 B의 치수를 필요로 할 경우에는 핸들 Q호의 값을 취한다.
2. 손잡이는 KS B 1334(손잡이)에 따르기로 하고, 그 종류는 인수 · 인도 당사자 간의 결정에 따른다.
3. R, B, b × t₁ 및 l의 치수 허용차는 KS B ISO 2768-1에 규정하는 중간등급으로 한다.

23-5 | 손잡이 1호 - KS B 1334 : 1985 (2010 확인)

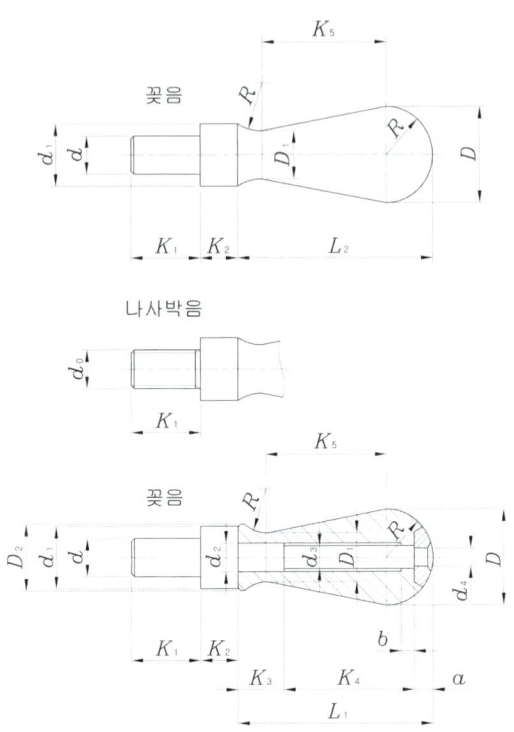

단위 : mm

호칭치수	D	나사의 호칭 d_0	d 기준치수	d 허용차 (k7)	K_1 기준치수	K_1 허용차	K_2	L_1	L_2	d_1	D_1	D_2	K_5(약)	R	K_3	K_4	a	d_2	d_3	d_4	b
13	13	M5	5	+0.013	10		5	-	30	8	7	-	21	6.5	-	-	-	-	-	-	-
16	16	M6	6	+0.001	13	±0.3	7	42	40	10	8	11	28	8	10	28	4	5	4	3	2.5
20	20	M8	8	+0.016	15		8	52	50	13	10	14	35	10	12	35.5	4.5	6	5	4	3
25	25	M10	10	+0.001	18		10	65	60	16	13	18	42	12.5	15	45	5	7	6	4.5	3.5
32	32	M12	12	+0.019	20	±0.4	13	85	80	20	15	22	56	16	18	60	7	9	7	5.5	4
36	36	M14	16	+0.001	22		14	96	90	22	18	25	63	18	20	68	8	11	9	7	4
40	40	M16	16		24		16	107	100	26	20	28	70	20	23	74	10	13	11	8	4.5

【비 고】
1. 나사박음형의 손잡이는 d_1 부분에 스패너를 걸기 위한 홈을 붙여도 좋다.
2. 꽂음형의 손잡이는 d부분의 선단에 크게 접시형 구멍파기를 실시하여도 좋다.
3. D_1, K_2, L_1, L_2 및 d_1의 치수허용차는 KS B 0412 (절삭 가공치수의 보통 허용차)에서 규정하는 보통급으로 한다.
4. 회전형의 구조는 한 보기를 표시한다.

【손잡이의 재료】
1. 고정형은 일반구조용 압연 강재 SS41 또는 황 및 황 복합 쾌삭 강재 SUM 22이다.
2. 회전형의 손잡이 부는 합성수지로도 좋다.

23-6 | 손잡이 2호 - KS B 1334 : 1985 (2010 확인)

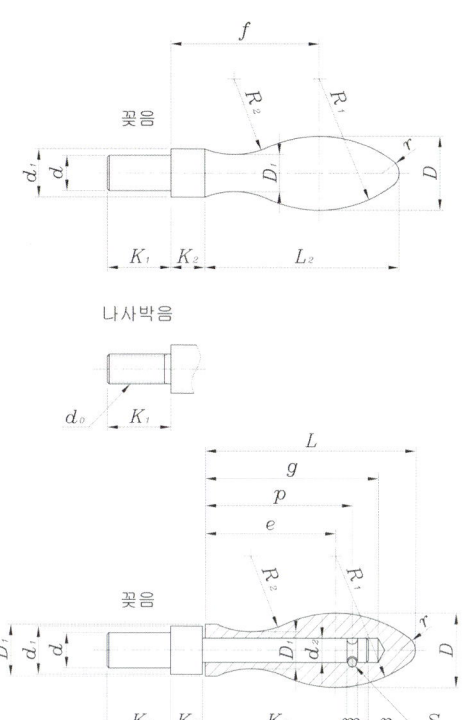

단위 : mm

호칭 치수	D	나사의 호칭 d_0	d 기준 치수	허용차 (k7)	K_1 기준 치수	허용차	K_2	L_1	L_2	d_1	(참고) D_1	D_2	f	e	R_1	R_2	r	p	q	K_3	m	n	d_2	S
10	10	M4	4	+0,013 +0,001	9	± 0,3	4	-	28	7	5	-	20	-	20	9,5	2	-	-	-	-	-	-	-
13	13	M5	5		10		5	-	35	8	6,5	-	25	-	24	14,5	2,5	-	-	-	-	-	-	-
16	16	M6	6		13		7	46	43	10	8	11	32	28	28	19	3	31,8	38	31	2,5	2	5	2
20	20	M8	8	+0,016 +0,001	15		8	58	56	13	10	14	40	34	40,5	21	4	39	47	38	3	3	6	2,3
25	25	M10	10		18		10	75	70	16	13	18	45	50	29	5	50,5	59	49	4	3	7	3,2
32	32	M12	12		20	± 0,4	13	94	87	20	16	22	64	58	55	40,5	6	64	75	62	5	4	9	4
36	36	M16	16	+0,019 +0,001	22		14	106	98	22	18	25	70	64	68	41	7	70,5	85	68	6	6	11	5
40	40	M16	16		24		16	118	109	25	20	28	80	73	71	47	8	82,5	97	80	6	6	13	5

【비 고】
1. 나사박음형의 손잡이는 d_1 부분에 스패너를 걸기 위한 홈을 붙여도 좋다.
2. 꽂음형의 손잡이는 d부분의 선단에 크게 접시형 구멍파기를 실시하여도 좋다.
3. D_1, K_2, L_1, L_2 및 d_1의 치수허용차는 KS B ISO 2768-1에 규정하는 중간등급(m)으로 한다.
4. 회전형의 구조는 한 보기를 표시한다.

【손잡이의 재료】
1. 고정형은 일반구조용 압연 강재 SS41 또는 황 및 황 복합 쾌삭 강재 SUM 22이다.
2. 회전형의 손잡이 부는 합성수지로도 좋다.

23-7 | 손잡이 3호 – KS B 1334 : 1985 (2010 확인)

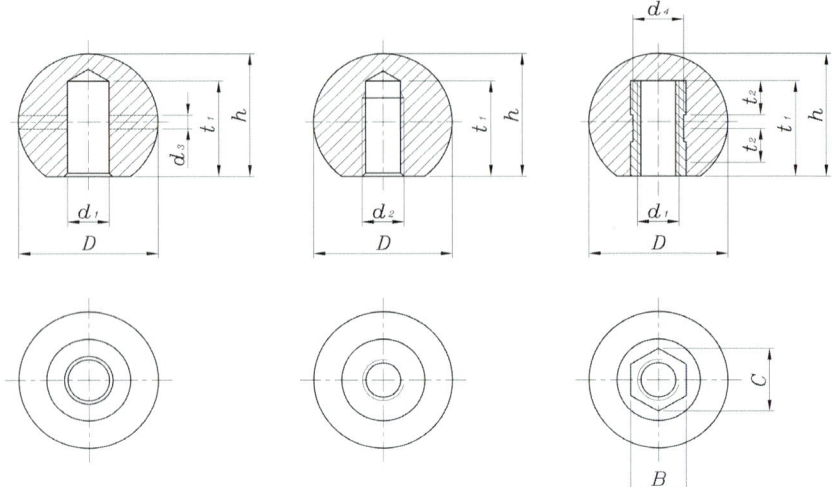

단위 : mm

호칭 치수	D	나사의 호칭 d_2	d_1 기준 치수	d_1 허용차(H8)	h	t_1	참고 d_3	참고 d_4	참고 B	참고 C	참고 t_2
20	20	M6	6	+0.018 0	18	14	2	8	8	9.3	5
25	25	M8	8	+0.022 0	22.5	17	3	10	10	11.5	6
32	32	M10	10	+0.022 0	29	21	4	14	14	16.2	7
40	40	M12	12	+0.027 0	36	25	5	17	17	19.6	8
50	50	M16	16	+0.027 0	45	33	6	21	21	24.2	11

【비 고】
1. h는 필요에 따라 크게 해도 좋다.
2. A형은 심봉을 끼우고, 이와 함께 핀의 구멍을 뚫는다. 또한, 핀을 끼웠을 경우에는 이것이 사용 중에 빠지지 않도록 한다.
3. C형의 심금의 외형은 임의로 한다. 다만, 이것이 헐거워지지 않는 모양으로 하여야 한다.
4. 제작상의 형편에 따라 손잡이 중심부에 사용상 지장이 없는 정도의 턱을 붙여도 좋다.
5. D, h 및 t_1의 치수허용차는 KS B ISO 2768-1에 규정하는 중간등급(m)으로 한다.

【손잡이의 재료】
1. A형 및 B형은 일반구조용 압연 강재 SS400 또는 황 및 황 복합 쾌삭 강재 SUM 22이다.
2. C형은 합성수지. 다만, 심봉은 일반구조용 압연 강재 SS400 또는 황 및 황 복합 쾌삭 강재 SUM 22이다.

23-8 | 손잡이 4호 - KS B 1334 : 1985 (2010 확인)

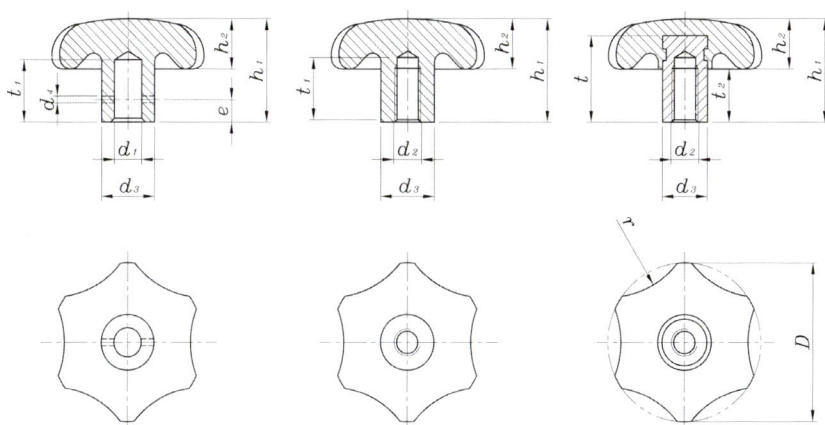

단위 : mm

호칭 치수	D	나사의 호칭 d_2	d_1 기준 치수	d_1 허용차 (H8)	d_3	h_1	h_2	t_1	t_2	e	(참고) d_4	(참고) r	(참고) t
32	32	M 5	5	+0.018 0	12	20	10	14	10	5	2	10	17
40	40	M 6	6	+0.022 0	14	24	12	16	12	6	2	15	21
50	50	M 8	8		16	30	15	19	16	7	3	20	26
63	63	M10	10	+0.027 0	20	38	19	23	20	8	3	25	32
80	80	M12	12		25	50	24	28	24	10	4	30	46

【비 고】
1. A형은 심봉을 끼우고 이와 함께 구멍을 뚫는다. 또한, 핀을 끼웠을 경우에는 이것이 사용 중에 빠지지 않도록 한다.
2. 바깥둘레면은 잘 미끄러지지 않는 적당한 모양으로 한다.
3. C형의 심금외형은 임의로 한다. 단, 이것이 헐거워지지 않는 모양으로 하여야 한다.
4. D, d_3, h_1, h_2, t_1, t_2 및 e의 치수 허용차는 KS B 0412 (절삭 가공치수의 보통 허용차)에서 규정하는 보통급으로 한다.

【손잡이의 재료】
1. A형 및 B형은 일반구조용 압연 강재 SS400 또는 황 및 황 복합 쾌삭 강재 SUM 22 혹은 회주철품 GC 2000이다.
2. C형은 합성수지. 다만, 심봉은 일반구조용 압연 강재 SS400 또는 황 및 황 복합 쾌삭 강재 SUM 22이다.

Chapter 24

유공압 기호

24-1 | 유압 및 공기압 도면 기호 KS B 0054 : 1987 (2012 확인)

1. 기호 요소

번호	명칭	기호	용도	비고
1-1	선			
1-1.1	실선	———————	(1) 주관로 (2) 파일럿 밸브에의 공급관로 (3) 전기 신호선	• 귀환 관로를 포함 • 2-3.1을 부기하여 관로와의 구별을 명확히 한다.
1-1.2	파선	-------	(1) 파일럿 조작관로 (2) 드레인 관로 (3) 필터 (4) 밸브의 과도위치	• 내부 파일럿 • 외부 파일럿
1-1.3	1점 쇄선		포위선	• 2개 이상의 기능을 갖는 유닛을 나타내는 포위선
1-1.4	복선		기계적 결합	• 회전축, 레버, 피스톤 로드 등
1-2	원			
1-2.1	대원		에너지 변환기기	• 펌프, 압축기, 전동기 등
1-2.2	중간원	$\frac{1}{2} \sim \frac{3}{4} l$	(1) 계측기 (2) 회전 이음	
1-2.3	소원	$\frac{1}{4} \sim \frac{1}{3} l$	(1) 체크 밸브 (2) 링크 (3) 롤러	• 롤러 : 중앙에 ⊙점을 찍는다.
1-2.4	점	$\frac{1}{8} \sim \frac{1}{5} l$	(1) 관로의 접속 (2) 롤러의 축	
1-3	반원		회전각도가 제한을 받는 펌프 또는 액추에이터	
1-4	정사각형			
1-4.1		l	(1) 제어기기 (2) 전동기 이외의 원동기	• 접속구가 변과 수직으로 교차한다.

■ 기호 요소 (계속)

번호	명칭	기호	용도	비고
1-4.2		◇	유체 조정기기	• 접속구가 각을 두고 변과 교차한다. • 필터, 드레인 분리기, 주유기, 열 교환기 등
1-4.3		□ ($\frac{1}{2}l$)	(1) 실린더내의 쿠션 (2) 어큐뮬레이터(축압기) 내의 추	
1-5	직사각형			
1-5.1		▭ (m, l)	(1) 실린더 (2) 밸브	• $m > l$
1-5.2		▯ ($\frac{1}{4}l$, l)	피스톤	
1-5.3		▭ (m, $\frac{1}{2}l$)	특정의 조작방법	• $l \leq m \leq 2l$ • 표6 참조
1-6	기타			
1-6.1	요형 (대)	▭ (m, $\frac{1}{2}l$)	• 유압유 탱크 (통기식)	• $m > l$
1-6.2	요형 (소)	▭ ($\frac{1}{4}l$, $\frac{1}{2}l$)	• 유압유 탱크(통기식)의 국소 표시	
1-6.3	캡슐형	▭ ($2l$, l)	(1) 유압유 탱크(밀폐식) (2) 공기압 탱크 (3) 어큐뮬레이터 (4) 보조가스용기	

【비 고】
• 치수 l은 공통의 기준치수로 그 크기는 임의로 정하여도 좋다. 또 필요상 부득이할 경우에는 기준치수를 대상에 따라 변경하여도 좋다.

2. 기능요소

번호	명칭	기호	용도	비고
2-1	정삼각형			• 유체 에너지의 방향 • 유체의 종류 • 에너지원의 표시
2-1.1	흑	▶	유압	
2-1.2	백	▷	• 공기압 또는 기타의 기체압	• 대기 중에의 배출을 포함
2-2	화살표 표시			
2-2.1	직선 또는 사선		(1) 직선 운동 (2) 밸브내의 유체의 경로와 방향 (3) 열류의 방향	
2-2.2	곡 선		회전운동	• 화살표는 축의 자유단에서 본 회전방향을 표시
2-2.3	사 선		가변조작 또는 조정수단	• 적당한 길이로 비스듬히 그린다. • 펌프, 스프링, 가변식전자 액추에이터
2-3	기 타			
2-3.1			전기	
2-3.2			폐로 또는 폐쇄 접속구	폐로 접속구

■ 기능요소 (계속)

번호	명칭	기호	용도	비고
2-3.3			전자 액추에이터	
2-3.4			온도지시 또는 온도 조정	
2-3.5			원동기	
2-3.6			스프링	• 11-3, 11-4 참조 • 산의수는 자유
2-3.7			교축	
2-3.8		90°	체크밸브의 간략기호의 밸브시트	

3. 관로

번호	명칭	기호	비고
3-1.1	접속		
3-1.2	교차		• 접속하고 있지 않음
3-1.3	처짐 관로		• 호스(통상 가동부분에 접속된다)

4. 접속구

번호	명칭	기호	비고
4-1	공기 구멍		
4-1.1			• 연속적으로 공기를 빼는 경우
4-1.2			• 어느 시기에 공기를 빼고 나머지 시간은 닫아놓는 경우
4-1.3			• 필요에 따라 체크 기구를 조작하여 공기를 빼는 경우
4-2	배기구		
4-2.1			
4-2.2			• 공기압 전용 • 접속구가 없는 것 • 접속구가 있는 것
4-3	급속이음		
4-3.1			• 체크밸브 없음
4-3.2		〈접속상태〉 〈떨어진 상태〉	• 체크밸브 붙이(셀프실 이음)
4-4	회전이음		• 스위블 조인트 및 로터리 조인트
4-4.1	1관로		• 1방향 회전
4-4.2	3관로		• 2방향 회전

5. 기계식 구성 부품

번호	명칭	기호	비고
5-1	로드		• 2방향 조작 • 화살표의 기입은 임의
5-2	회전축		• 2방향 조작 • 화살표의 기입은 임의
5-3	멈춤쇠		• 2방향 조작 • 고정용 그루브 위에 그린 세로선은 고정구를 나타낸다.
5-4	래치		• 1방향 조작 • *해제의 방법을 표시하는 기호
5-5	오버센터 기구		• 2방향 조작

6. 조작 방식

번호	명칭	기호	비고
6-1	인력 조작		• 조작방법을 지시하지 않은 경우, 또는 조작 방향의 수를 특별히 지정하지 않은 경우의 일반기호
6-1.1	누름 버튼		• 1방향 조작
6-1.2	당김 버튼		• 1방향 조작
6-1.3	누름-당김버튼		• 2방향 조작
6-1.4	레버		• 2방향 조작(회전운동을 포함)
6-1.5	페달		• 1방향 조작(회전운동을 포함)
6-1.6	2방향 페달		• 2방향 조작(회전운동을 포함)
6-2	기계 조작		

■ 조작 방식 (계속)

번호	명칭	기호	비고
6-2.1	플런저		• 1방향 조작
6-2.2	가변행정제한 기구		• 2방향 조작
6-2.3	스프링		• 1방향 조작
6-2.4	롤러		• 2방향 조작
6-2.5	편측작동롤러		• 화살표는 유효조작 방향을 나타낸다. • 기입을 생략하여도 좋다. • 1방향 조작
6-3	전기 조작		
6-3.1	직선형 전기 액추에이터		• 솔레노이드, 토크모터 등
6-3.1.1	단동 솔레노이드		• 1방향 조작 • 사선은 우측으로 비스듬히 그려도 좋다.
6-3.1.2	복동 솔레노이드		• 2방향 조작 • 사선은 위로 넓어져도 좋다.
6-3.1.3	단동 가변식 전자 액추에이터		• 1방향 조작 • 비례식 솔레노이드, 포스모터 등
6-3.1.4	복동 가변식 전자 액추에이터		• 2방향 조작 • 토크모터
6-3.2	회전형 전기 액추에이터		• 2방향 조작 • 전동기

■ 조작 방식 (계속)

번호	명칭	기호	비고
6-4	파일럿 조작		
6-4.1	직접 파일럿 조작		
6-4.1.1			
6-4.1.2			• 수압면적이 상이한 경우, 필요에 따라, 면적 비를 나타내는 숫자를 직사각형 속에 기입한다.
6-4.1.3	내부 파일럿		• 조작유로는 기기의 내부에 있음
6-4.1.4	외부 파일럿		• 조작유로는 기기의 외부에 있음
6-4.2	간접 파일럿 조작		
6-4.2.1	압력을 가하여 조작하는 방식		
(1)	공기압 파일럿		• 내부 파일럿 • 1차 조작 없음
(2)	유압 파일럿		• 외부 파일럿 • 1차 조작 없음
(3)	유압 2단 파일럿		• 내부 파일럿, 내부 드레인 • 1차 조작 없음
(4)	공기압·유압 파일럿		• 외부 공기압 파일럿, 내부 유압 파일럿, 외부 드레인 • 1차 조작 없음
(5)	전자·공기압 파일럿		• 단동 솔레노이드에 의한 1차 조작 붙이 • 내부 파일럿
(6)	전자·유압 파일럿		• 단동 솔레노이드에 의한 1차 조작 붙이 • 외부 파일럿, 내부 드레인

Chapter 24 유공압 기호 | 649

■ 조작 방식 (계속)

번호	명칭	기호	비고
6-4.2.2	압력을 빼내어 조작하는 방식		
(1)	유압 파일럿		• 내부 파일럿 · 내부 드레인 • 1차 조작 없음 • 내부 파일럿 • 원격조작용 벤트포트 붙이
(2)	전자 · 유압 파일럿		• 단동 솔레노이드에 의한 1차 조작 붙이 • 외부 파일럿, 외부 드레인
(3)	파일럿 작동형 압력제어 밸브		• 압력조정용 스프링 붙이 • 외부 드레인 • 원격조작용 벤트포트 붙이
(4)	파일럿 작동형 비례전자식 압력제어 밸브		• 단동 비례식 액추에이터 • 내부 드레인
6-5	피드백		
6-5.1	전기식 피드백		• 일반 기호 • 전위차계, 차동변압기 등의 위치검출기
6-5.2	기계식 피드백		• 제어대상과 제어요소의 가동부분간의 기계적 접속은 1-1.4 및 8.1.(8)에 표시 (1) 제어 대상 (2) 제어 요소

7. 펌프 및 모터

번호	명칭	기호	비고
7-1	펌프 및 모터	〈유압 펌프〉 〈공기압모터〉	• 일반기호
7-2	유압 펌프		• 1방향 유동 • 정용량형 • 1방향 회전형
7-3	유압 모터		• 1방향 유동 • 가변용량형 • 조작 기구를 특별히 지정하지 않는 경우 • 외부 드레인 • 1방향 회전형 • 양축형
7-4	공기압 모터		• 2방향 유동 • 정용량형 • 2방향 회전형
7-5	정용량형 펌프·모터		• 1방향 유동 • 정용량형 • 1방향 회전형
7-6	가변용량형 펌프·모터 (인력조작)		• 2방향 유동 • 가변용량형 • 외부드레인 • 2방향 회전형
7-7	요동형 액추에이터		• 공기압 • 정각도 • 2방향 요동형 • 축의 회전방향과 유동방향과의 관계를 나타내는 화살표의 기입은 임의 (부속서 참조)

Chapter 24 유공압 기호 | 651

■ 펌프 및 모터 (계속)

번호	명칭	기호	비고
7-8	유압 전도장치		• 1방향 회전형 • 가변용량형 펌프 • 일체형
7-9	가변용량형 펌프 (압력보상제어)		• 1방향 유동 • 압력조정 가능 • 외부 드레인 (부속서 참조)
7-10	가변용량형 펌프·모터 (파일럿조작)		• 2방향 유동 • 2방향 회전형 • 스프링 힘에 의하여 중앙위치 (배제용적 0)로 되돌아오는 방식 • 파일럿 조작 • 외부 드레인 • 신호 m은 M방향으로 변위를 발생시킴 (부속서 참조)

8. 실린더

번호	명칭	기호	비고
8-1	단동 실린더	〈상세 기호〉　〈간략 기호〉	• 공기압 • 압출형 • 편로드형 • 대기중의 배기(유압의 경우는 드레인)
8-2	단동 실린더 (스프링붙이)	① ②	• 유압 • 편로드형 • 드레인축은 유압유 탱크에 개방 ① 스프링 힘으로 로드 압출 ② 스프링 힘으로 로드 흡인
8-3	복동 실린더	① ②	① • 편로드 　• 공기압 ② • 양로드 　• 공기압

■ 실린더 (계속)

번호	명칭	기호	비고
8-4	복동 실린더 (쿠션붙이)		• 유압 • 편로드형 • 양 쿠션, 조정형 • 피스톤 면적비 2:1
8-5	단동 텔레스코프형 실린더		• 공기압
8-6	복동 텔레스코프형 실린더		• 유압

9. 특수 에너지 (변환기기)

번호	명칭	기호	비고
9-1	공기유압 변환기	〈단동형〉 〈연속형〉	
9-2	증압기	〈단동형〉 〈연속형〉	• 압력비 1:2 • 2종 유체용

Chapter 24 유공압 기호 | 653

10. 에너지 (용기)

번호	명칭	기호	비고
10-1	어큐뮬레이터		• 일반기호 • 항상 세로형으로 표시 • 부하의 종류를 지시하지 않는 경우
10-2	어큐뮬레이터	〈기체식〉 〈중량식〉 〈스프링식〉	• 부하의 종류를 지시하는 경우
10-3	보조 가스용기		• 항상 세로형으로 표시 • 어큐뮬레이터와 조합하여 사용하는 보급용 가스용기
10-4	공기 탱크		

11. 동력원

번호	명칭	기호	비고
11-1	유압(동력)원		• 일반기호
11-2	공기압(동력)원		• 일반기호
11-3	전동기	M	
11-4	원동기	M	(전동기를 제외)

12. 전환 밸브

번호	명칭	기호	비고
12-1	2포트 수동 전환밸브		• 2위치 • 폐지밸브
12-2	3포트 전자 전환밸브		• 2위치 • 1과도 위치 • 전자조작 스프링 리턴
12-3	5포트 파일럿 전환밸브		• 2위치 • 2방향 파일럿 조작
12-4	4포트 전자파일럿 전환밸브	〈상세 기호〉 〈간략 기호〉	• 주밸브 - 3위치 - 스프링센터 - 내부 파일럿 • 파일럿 밸브 - 4포트 - 3위치 - 스프링센터 - 전자조작 (단동 솔레노이드) - 수동 오버라이드 조작 붙이 - 외부 드레인
12-5	4포트 전자파일럿 전환밸브	〈상세 기호〉 〈간략 기호〉	• 주밸브 - 3위치 - 프레셔센터 (스프링센터 겸용) - 파일럿압을 제거할 때 작동위치로 전환된다. • 파일럿 밸브 - 4포트 - 3위치 - 스프링센터 - 전자조작 (복동 솔레노이드) - 수동 오버라이드 조작 붙이 - 외부 파일럿 - 내부 드레인
12-6	4포트 교축 전환밸브	〈중앙위치 언더랩〉 〈중앙위치 오버랩〉	• 3위치 • 스프링센터 • 무단계 중간위치
12-7	서보 밸브		• 대표 보기

Chapter 24 유공압 기호

13. 체크밸브, 셔틀밸브, 배기밸브

번호	명칭	기호	비고
13-1	체크 밸브	〈상세기호〉 〈간략기호〉	① 스프링 없음 ② 스프링 붙이
13-2	파일럿 조작 체크밸브	〈상세기호〉 〈간략기호〉	① • 파일럿 조작에 의하여 밸브 폐쇄 • 스프링 없음 ② • 파일럿 조작에 의하여 밸브 열림 • 스프링 붙이
13-3	고압우선형 셔틀밸브	〈상세기호〉 〈간략기호〉	• 고압쪽측의 입구가 출구에 접속되고, 저압쪽측의 입구가 폐쇄된다.
13-4	저압우선형 셔틀밸브	〈상세기호〉 〈간략기호〉	• 저압쪽측의 입구가 저압우선 출구에 접속되고, 고압쪽측의 입구가 폐쇄된다.
13-5	급속 배기밸브	〈상세기호〉 〈간략기호〉	

14. 압력제어 밸브

번호	명칭	기호	비고
14-1	릴리프 밸브		• 직동형 또는 일반기호
14-2	파일럿 작동형 릴리프 밸브	〈상세기호〉 〈간략기호〉	• 원격조작용 벤트포트 붙이
14-3	전자밸브 장착 (파일럿 작동형) 릴리프 밸브		• 전자밸브의 조작에 의하여 벤트포트가 열려 무부하로 된다.
14-4	비례전자식 릴리프 밸브 (파일럿 작동형)		• 대표 보기
14-5	감압 밸브		• 직동형 또는 일반기호
14-6	파일럿 작동형 감압밸브		• 외부 드레인

■ 압력제어 밸브 (계속)

번호	명칭	기호	비고
14-7	릴리프 붙이 감압밸브		• 공기압용
14-8	비례전자식 릴리프 감압밸브 (파일럿 작동형)		• 유압용 • 대표 보기
14-9	일정비율 감압밸브		• 감압비 : $\frac{1}{3}$
14-10	시퀀스 밸브		• 직동형 또는 일반 기호 • 외부 파일럿 • 외부 드레인
14-11	시퀀스 밸브(보조조작 장착)		• 직동형 • 내부 파일럿 또는 외부 파일럿 조작에 의하여 밸브가 작동됨. • 파일럿압의 수압 면적비가 1:8 인 경우 • 외부 드레인
14-12	파일럿 작동형 시퀀스 밸브		• 내부 파일럿 • 외부 드레인

■ 압력제어 밸브 (계속)

번호	명칭	기호	비고
14-13	무부하 밸브		• 직동형 또는 일반기호 • 내부 드레인
14-14	카운터 밸런스 밸브		
14-15	무부하 릴리프 밸브		
14-16	양방향 릴리프 밸브		• 직동형 • 외부 드레인
14-17	브레이크 밸브		• 대표 보기

15. 유량 제어밸브

번호	명칭	기호	비고
15-1	교축 밸브		
15-1.1	가변 교축밸브	〈상세 기호〉　〈간략기호〉	• 간략기호에서는 조작 방법 및 밸브의 상태가 표시되어 있지 않음 • 통상, 완전히 닫쳐진 상태는 없음
15-1.2	스톱 밸브		
15-1.3	감압밸브 (기계조작 가변 교축밸브)		• 롤러에 의한 기계조작 • 스프링 부하
15-1.4	1방향 교축밸브 속도제어 밸브(공기압)		• 가변교축 장착 • 1방향으로 자유유동, 반대방향으로는 제어 유동
15-2	유량조정 밸브		
15-2.1	직렬형 유량조정 밸브	〈상세 기호〉　〈간략기호〉	• 간략기호에서 유로의 화살표는 압력의 보상을 나타낸다.

■ 유량 제어밸브 (계속)

번호	명칭	기호	비고
15-2.2	직렬형 유량조정 밸브 (온도보상 붙이)	〈상세 기호〉　〈간략기호〉	• 온도보상은 2-3.4에 표시한다. • 간략기호에서 유로의 화살표는 압력의 보상을 나타낸다.
15-2.3	바이패스형 유량조정 밸브	〈상세 기호〉　〈간략기호〉	• 간략기호에서 유로의 화살표는 압력의 보상을 나타낸다.
15-2.4	체크밸브 붙이 유량조정 밸브(직렬형)	〈상세 기호〉　〈간략기호〉	• 간략기호에서 유로의 화살표는 압력의 보상을 나타낸다.
15-2.5	분류 밸브		• 화살표는 압력보상을 나타낸다.
15-2.6	집류 밸브		• 화살표는 압력보상을 나타낸다.

16. 기름 탱크

번호	명칭	기호	비고
16-1	기름 탱크(통기식)	①	① 관 끝을 액체 속에 넣지 않는 경우
		②	② • 관 끝을 액체 속에 넣는 경우 • 통기용 필터(17-1)가 있는 경우
		③	③ 관 끝을 밑바닥에 접속하는 경우
		④	④ 국소 표시기호
16-2	기름 탱크(밀폐식)		• 3관로의 경우 • 가압 또는 밀폐된 것 • 각관 끝을 액체 속에 집어넣는다. • 관로는 탱크의 긴 벽에 수직

17. 유체조정 기기

번호	명칭	기호	비고
17-1	필터	①	① 일반기호
		②	② 자석붙이
		③	③ 눈막힘 표시기 붙이
17-2	드레인 배출기	①	① 수동배출
		②	② 자동배출
17-3	드레인 배출기 붙이 필터	①	① 수동배출
		②	② 자동배출
17-4	기름분무 분리기	①	① 수동배출
		②	② 자동배출

■ 유체조정 기기 (계속)

번호	명칭	기호	비고
17-5	에어드라이어		
17-6	루브리케이터		
17-7	공기압 조정유닛	〈상세 기호〉 〈간략기호〉	• 수직 화살표는 배출기를 나타낸다.
17-8	열교환기		
17-8.1	냉각기	① ②	① 냉각액용 관로를 표시하지 않는 경우 ② 냉각액용 관로를 표시하는 경우
17-8.2	가열기		
17-8.3	온도 조절기		• 가열 및 냉각

18. 보조 기기

번호	명칭	기호	비고
18-1	압력 계측기		
18-1.1	압력 표시기		• 계측은 되지 않고 단지 지시만 하는 표시기
18-1.2	압력계		
18-1.3	차압계		
18-2	유면계		• 평행선은 수평으로 표시
18-3	온도계		
18-4	유량 계측기		
18-4.1	검류기		
18-4.2	유량계		
18-4.3	적산 유량계		
18-5	회전 속도계		
18-6	토크계		

19. 기타의 기기

번호	명칭	기호	비고
19-1	압력 스위치		• 오해의 염려가 없는 경우에는, 다음과 같이 표시하여도 좋다.
19-2	리밋 스위치		• 오해의 염려가 없는 경우에는, 다음과 같이 표시하여도 좋다.
19-3	아날로그 변환기		• 공기압
19-4	소음기		• 공기압
19-5	경음기		• 공기압용
19-6	마그넷 세퍼레이터		

20. 부속서(회전용 에너지 변환기기의 회전방향, 유동방향 및 조립내장된 조작요소의 상호관계 그림기호)

번호	명칭	기호	비고
A-1	정용량형 유압모터		① 1방향 회전형 ② 입구 포트가 고정되어 있으므로 유동 방향과의 관계를 나타내는 회전방향 화살표는 필요없음
A-2	정용량형 유압펌프 또는 유압모터 ① 가역회전형 펌프 ② 가역회전형 모터		• 2방향 회전, 양축형 • 입력축이 좌회전할 때 B포트가 송출구로 된다. • B포트가 유입구일 때 출력축은 좌회전이 된다.
A-3	가변용량형 유압 펌프		① 1방향 회전형 ② 유동방향과의 관계를 나타내는 회전방향 화살표는 필요없음 ③ 조작요소의 위치표시는 기능을 명시하기 위한 것으로서, 생략하여도 좋다.
A-4	가변용량형 유압 모터		• 2방향 회전형 • B포트가 유입구일 때 출력축은 좌회전이 된다.
A-5	가변용량형 유압 오버센터 펌프		• 1방향 회전형 • 조작 요소의 위치를 N의 방향으로 조작하였을 때 A포트가 송출구가 된다.

■ 부속서(회전용 에너지 변환기기의 회전방향, 유동방향 및 조립내장된 조작요소의 상호관계 그림기호)(계속)

번호	명칭	기호	비고
A-6	가변용량형 유압 펌프 또는 유압모터 ① 가역회전형 펌프		• 2방향 회전형 • 입력축이 우회전할 때 A포트가 송출구로 되고 이때의 가변 조작은 조작 요소의 위치 M의 방향으로 됩니다.
	② 가역회전형 모터		• A포트가 유입구일 때 출력축은 좌회전이 되고 이때의 가변조작은 조작요소의 위치 N의 방향으로 된다.
A-7	정용량형 유압 펌프 또는 유압모터		• 2방향 회전형 • 펌프로서의 기능을 하는 경우 입력축이 우회전할 때 A포트가 송출구로 된다.
A-8	가변용량형 유압 펌프 또는 유압모터		• 2방향 회전형 • 펌프로서의 기능을 하는 경우 입력축이 우회전할 때 B포트가 송출구로 된다.
A-9	가변용량형 유압 펌프 또는 유압모터		• 1방향 회전형 • 펌프 기능을 하고 있는 경우 입력축이 우회전할 때 A포트가 송출구로 되고 이때의 가변조작은 조작요소의 위치 M의 방향이 된다.

■ 부속서(회전용 에너지 변환기기의 회전방향, 유동방향 및 조립내장된 조작요소의 상호관계 그림기호) (계속)

번호	명칭	기호	비고
A-10	가변용량형 가역회전형 펌프 또는 유압모터		• 2방향 회전형 • 펌프 기능을 하고 있는 경우 입력축이 우회전할 때 A포트가 송출구로 되고 이때의 가변 조작은 조작요소의 위치 N의 방향이 된다.
A-11	정용량형 가변용량 변환식 가역회전형 펌프		• 2방향 회전형 • 입력축이 우회전일 때는 A포트를 송출구로 하는 가변용량 펌프가 되고, 좌회전인 경우에는 최대 배제용적의 적용량 펌프가 된다.

  24-2 │ 진공 장치용 도시 기호 KS B 0082 : 1996 (2011 확인)

1. 진공 펌프

번호	종류	도시 기호	비고
1.0	진공 펌프		1. 펌프를 나타내는 도형은 정사각형으로 한다. 2. 특별히 형식을 지정하지 않는 일반적인 도시
1.1	용적 이송식 진공 펌프		• 특별히 형식을 지정하지 않는 일반적인 도시

■ 진공 펌프 (계속)

번호	종류	도시 기호	비고
1.1.1	피스톤 진공 펌프		
1.1.2	액봉 진공 펌프		• 다단 펌프의 경우는 이중 동그라미 표시를 한다.
1.1.3	기름 회전 (진공) 펌프 1단 펌프 다단 펌프		• 회전 날개형, 캠형 및 요동 피스톤형 기름 회전 펌프에 공통
1.1.4	루트 (진공) 펌프		• 다단 펌프의 경우는 이중 동그라미 표시를 한다.

■ 진공 펌프 (계속)

번호	종류	도시 기호	비고
1.1.5	가스 밸러스트(진공) 펌프		• 다단 펌프의 경우는 이중 동그라미 표시를 한다.
1.2.1	터보 분자 펌프		
1.2.2	이젝터(진공) 펌프		1. x표는 기호의 일부가 아니다. 이 위치에 작동 유체의 명칭 또는 그 기호를 나타내도 된다. 보기 CH:기름, Hg:수은, H_2O:물, A:공기, S:수증기 2. 작동 유체가 외부에서 공급된다는 것을 나타내는 경우는 하단의 도시 기호를 사용해도 된다.
1.2.3	확산 펌프		• X표는 기호의 일부가 아니다. 이 위치에 작동 유체의 명칭 또는 그 기호를 나타내도 된다. • 보기 CH :기름, Hg :수은

■ 진공 펌프 (계속)

번호	종류	도시 기호	비고
1.3	기체 저장식 진공 펌프		• 특별히 형식을 지정하지 않는 일반적인 도시
1.3.1	흡착 펌프		• adsorption pump
1.3.2	서브리메이션 펌프		• X표는 기호의 일부가 아니다. 이 위치에 승화 재료의 명칭을 나타낸다.
1.3.3	스패터 이온 펌프		
1.3.4	크라이오 펌프		• X표는 기호의 일부가 아니다. 이 위치에 냉매의 온도를 나타낸다.

2. 트랩 및 배플

번호	종류	도시 기호	비고
2.1	트랩		1. 특별히 형식을 지정하지 않는 일반적인 도시 2. X표는 기호의 일부가 아니다. 이 위치에 트랩 온도를 나타내도 된다.
2.1.1	냉각 트랩		• 한제 저조식
2.1.2	콘덴서		• 냉매를 흘려보내는 방식
2.2	배플		1. 특별히 형식을 지정하지 않는 일반적인 도시 2. X표는 기호의 일부가 아니다. 이 위치에 배플 온도를 나타내도 된다.
2.2.1	냉각 배플		1. 냉매를 흘려보내는 형식에 사용한다. 2. 필요할 때는 액의 종류 및 온도를 나타내도 된다.

3. 진공계

번호	종류	도시 기호	비고
3.0	진공계(일반)		1. 특별히 형식을 지정하지 않는 일반적인 도시 2. KS B 0054의 압력계의 도시 기호와 같다.
3.1.1	U자관 진공계		• 필요할 때는 사용 액체를 나타내도 된다.
3.1.2	격막 진공계		
3.1.3	부르동관 진공계		
3.1.4	매크라우드 진공계		
3.2.1	열전도 진공계		• X표는 기호의 일부가 아니다. 이 위치에 진공계의 종류를 나타내도 된다. 보기 P : 피라니 Tm : 서미스터 Tc : 열전대
3.3.1	냉음극 전리 진공계		
3.3.2	가이슬러관		

■ 진공계 (계속)

번호	종류	도시 기호	비고
3.3.3	열음극 전리 진공계		
3.3.3.1	베어드-알퍼트 진공계		
3.4	분압 진공계		

4. 관로 및 접속

번호	종류	도시 기호	비고
4.0	배관		• 흐름의 방향을 나타낼 필요가 있을 때는 화살표를 붙인다.
4.1	배관 말단부		• 플랜지에 의한 봉지 • 용접식 캡 또는 일반적인 봉지
4.2.1	관이 접속되어 있지 않을 때		
4.2.2	관이 접속되어 있을 때		• 접속되어 있을 때를 표시하는 검은 동그라미는 도면을 복사 또는 축소했을 때에도 명백하도록 그려야 한다.

5. 밸브

번호	종류	도시 기호	비고
5.0	밸브(일반)		1. 특별히 형식을 지정하지 않는 일반적인 지시 2. 앵글 밸브 • 삼방향 밸브
5.1	칸막이 밸브		• 게이트 밸브, 슬루스 밸브 중 하나를 사용한다.
5.2	가변 유량 밸브		
5.3	수동 밸브		
5.4	원격 조작 밸브		
5.4.1	실린더 밸브		

■ 밸브 (계속)

번호	종류	도시 기호	비고
5.4.2	전자 밸브		
5.4.3	전동 밸브		

6. 기타

번호	종류	도시 기호	비고
6.1	조립 유닛		
6.2	가열 가능 영역		
6.3	진공조		• 필요할 때는 틀 안에 명칭을 나타내도 된다.

> [참고]

- 도시 기호의 사용 보기

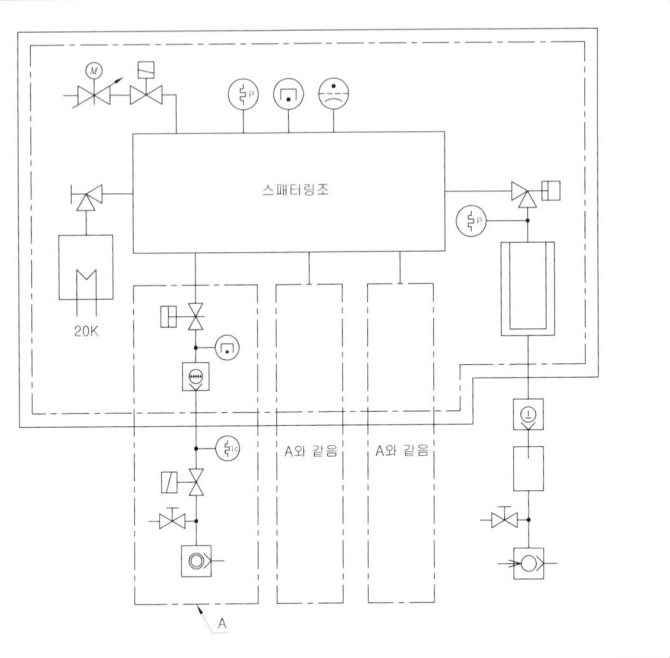

> [비고]

1. 이 그림은 규격 본체에 규정된 도시 기호를 되도록 많이 사용할 의도로 예시한다.
   가열 가능 영역의 지시에 대해서는 엄밀한 범위를 나타낸 것이 아니다. 필요에 따라 주기를 덧붙이는 것이 바람직하다.
2. 복합된 기능을 가진 부품(보기 : 실린더 구동의 칸막이 밸브)은 규격 본체 중의 도시 기호 일부를 조합해서 도시하였다.

Chapter 25

용접 기호

25-1 | 배관계의 식별 표시 KS A 0503 : 2008

1. 식별 표시

■ 물질의 종류와 그 식별색

물질의 종류	식별색
물	파랑
증기	어두운 빨강
공기	흰색
가스	연한 노랑
산 또는 알칼리	회보라
기름	어두운 주황
전기	연한 주황

2. 색의 지정

• 식별 표시에 사용하는 12종류의 색의 지정

색	색도 좌표의 범위								휘도율	색의 참고치
	①		②		③		④			
	x	y	x	y	x	y	x	y		
빨강	0.690	0.310	0.595	0.315	0.569	0.341	0.655	0.345	0.07 이상	7.5 R 4/15
어두운 빨강	0.518	0.326	0.424	0.335	0.436	0.353	0.543	0.354	0.05~0.09	7.5R 3/6
연한 주황	0.436	0.365	0.371	0.348	0.378	0.362	0.443	0.390	0.35~.049	2.5 YR 7/6
주황	0.631	0.369	0.551	0.359	0.516	0.394	0.584	0.416	0.25 이상	2.5 YR 6/14
어두운 주황	0.486	0.408	0.401	0.375	0.403	0.391	0.481	0.434	0.15~0.24	7.5 YR 5/6
연한 노랑	0.429	0.421	0.373	0.379	0.368	0.392	0.419	0.444	0.49~0.67	2.5 Y 8/6
노랑	0.519	0.480	0.468	0.442	0.427	0.483	0.465	0.534	0.45 이상	2.5 Y 8/14
파랑	0.184	0.227	0.230	0.269	0.246	0.258	0.208	0.216	0.15~0.25	2.5 PB 5/8
회보라	0.294	0.251	0.265	0.243	0.285	0.279	0.302	0.283	0.15~0.24	2.5 P 5/5
자주	0.358	0.090	0.330	0.236	0.388	0.263	0.506	0.158	0.07 이상	2.5 RP 4/12
흰색	0.350	0.360	0.300	0.310	0.290	0.320	0.340	0.370	0.75 이상	N 9.5
검정	0.385	0.355	0.300	0.270	0.260	0.310	0.345	0.395	0.03 이상	N1

주▶
1. 색도좌표 x, y 및 휘도율은 KS A 0066(물체색의 측정 방법)에 규정하는 조명 및 수광의 기하학적 조건 a(45° 조명, 수직수광)에서 표준의 광 D₆₅ 및 XYZ 표색계에 의하여 구한 값이다. 다만, 휘도율은 완전 확산 반사면의 값을 1.00으로 한 값으로 표시한다.
2. ①, ②, ③, ④는 색도 좌표 범위의 각을 표시한다.
3. 색의 참고치는 KS A 0062(색의 3속성에 의한 표시방법)에 따른 것으로서 표준의 광 C에 따른 것이다.
4. 색은 KS A 3501에 규정한 것이다.

25-2 | 용접 기호 KS B 0052 : 2007 (IDT ISO 2553 : 1992) (2012 확인)

1. 기본 기호 및 보조 기호

	기본 기호		
번호	명칭	그림	기호
1	돌출된 모서리를 가진 평판 사이의 맞대기 용접. 에지 플랜지형 용접(미국)/돌출된 모서리는 완전 용해		
2	평행(I형) 맞대기 용접		
3	V형 맞대기 용접		
4	일면 개선형 맞대기 용접		
5	넓은 루트면이 있는 V형 맞대기 용접		
6	넓은 루트면이 있는 한 면 개선형 맞대기 용접		
7	U형 맞대기 용접(평행 또는 경사면)		
8	J형 맞대기 용접		

■ 기본 기호 및 보조 기호 (계속)

기본 기호			
번호	명칭	그림	기호
9	이면 용접		
10	필릿 용접		
11	플러그 용접 : 플로그 또는 슬롯 용접(미국)		
12	점 용접		
13	심(seam) 용접		
14	개선 각이 급격한 V형 맞대기 용접		
15	개선 각이 급격한 일면 개선형 맞대기 용접		

■ 기본 기호 및 보조 기호 (계속)

기본 기호			
번호	명칭	그림	기호
16	가장자리(edge) 용접		|||
17	표면 육성		⌒⌒
18	표면(surface) 접합부		=
19	경사 접합부		//
20	겹침 접합부		⊃

양면 용접부 조합 기호(보기)			
번호	명칭	그림	기호
1	양면 V형 맞대기 용접(X용접)		X
2	K형 맞대기 용접		K

■ 기본 기호 및 보조 기호 (계속)

	양면 용접부 조합 기호(보기)		
번호	명칭	그림	기호
3	넓은 루트면이 있는 양면 V형 용접		╳
4	넓은 루트면이 있는 양면 K형 용접		
5	양면 U형 맞대기 용접		

	보조 기호	
번호	용접부 표면 또는 용접부 형상	기호
1	평면(동일한 면으로 마감 처리)	───
2	볼록형	
3	오목형	
4	토우를 매끄럽게 함	
5	영구적인 이면 판재(backing strip) 사용	M
6	제거 가능한 이면 판재 사용	MR

■ 기본 기호 및 보조 기호 (계속)

번호	명칭	그림	기호
1	평면 마감 처리한 V형 맞대기 용접		
2	볼록 양면 V형 용접		
3	오목 필릿 용접		
4	이면 용접이 있으며 표면 모두 평면 마감 처리한 V형 맞대기 용접		
5	넓은 루트면이 있고 이면 용접된 V형 맞대기 용접		
6	평면 마감 처리한 V형 맞대기 용접		a
7	매끄럽게 처리한 필릿 용접		

2. 도면에서 기호의 위치

화살표와 접합부와의 관계

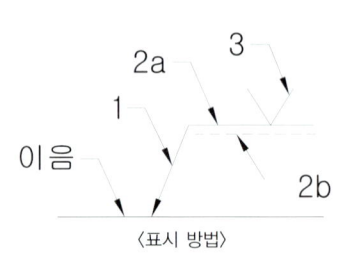

1 = 화살표
2a = 기준선(실선)
2b = 식별선(점선)
3 = 용접기호

〈표시 방법〉

한쪽 면 필릿 용접의 T 접합부

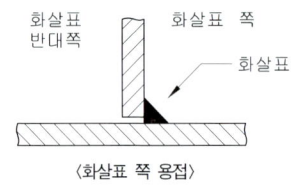

〈화살표 쪽 용접〉

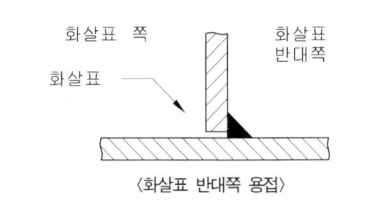

〈화살표 반대쪽 용접〉

양면 필릿 용접의 십자(+)형 접합부

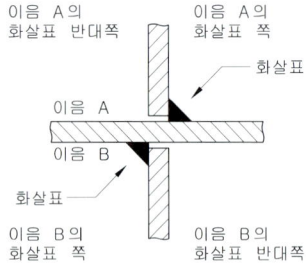

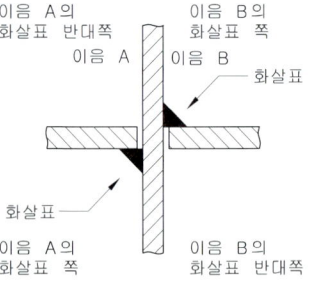

■ 도면에서 기호의 위치 (계속)

화살표의 위치

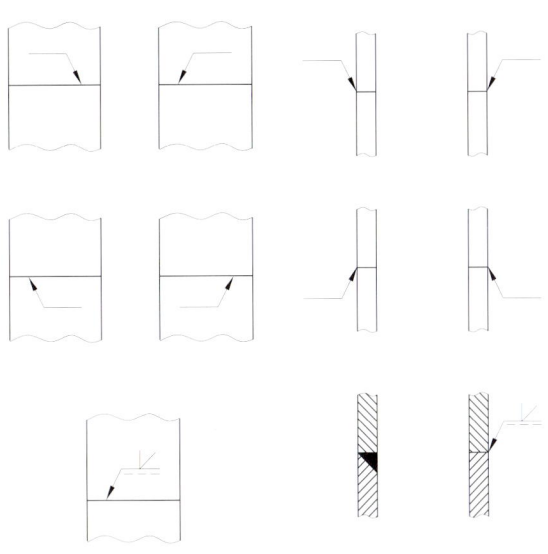

기준선에 따른 기호의 위치

〈양면 대칭 용접〉

〈화살표 쪽의 용접〉 〈화살표 반대쪽의 용접〉

3. 용접부 치수 표시

표시 원칙의 예

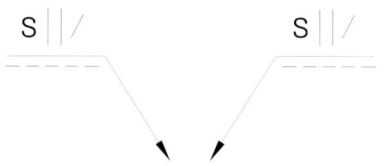

필릿 용접부의 치수 표시 방법

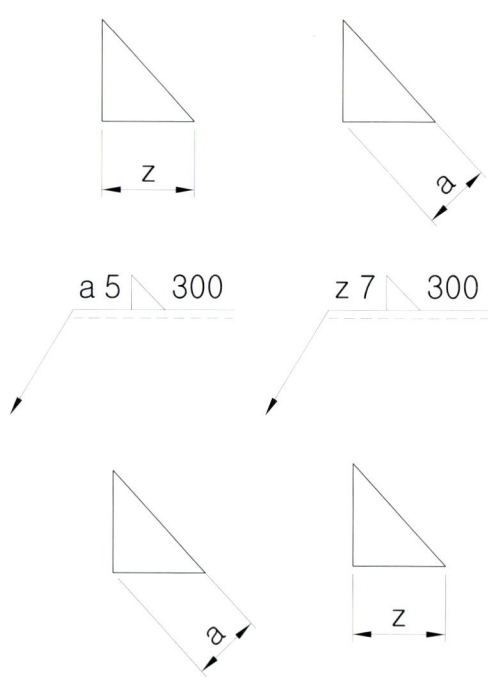

■ 용접부 치수 표시 (계속)

필릿 용접의 용입 깊이의 치수 표시 방법

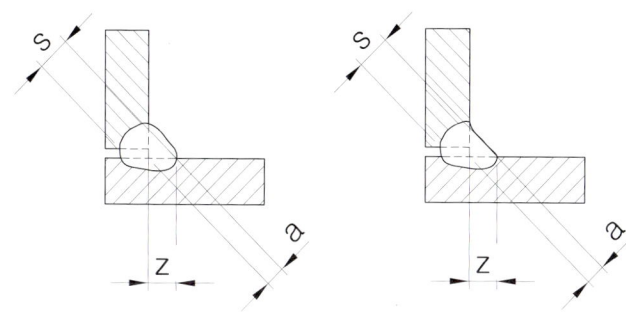

주요 치수					
번호	명칭	그림		용어의 정의	표시
1	맞대기 용접			s : 얇은 부재의 두께보다 커질 수 없는 거리로서 부재의 표면부터 용입의 바닥까지의 최소 거리	
2	플랜지형 맞대기 용접			s : 용접부 외부 표면부터 용입의 바닥까지의 최소 거리	S
3	연속 필릿 용접			a : 단면에서 표시될 수 있는 최대 이등변삼각형의 높이 z : 단면에서 표시될 수 있는 최대 이등변삼각형의 변	a z

Chapter 25 용접 기호 | 689

■ 용접부 치수 표시 (계속)

번호	명칭	그림	용어의 정의	표시
4	단속 필릿 용접		l : 용접길이(크레이터 제외) (e) : 인접한 용접부 간격 n : 용접부 수 a : 3번 참조 z : 3번 참조	a ▷ n ×l (e) z ▷ n ×l (e)
5	지그재그 단속 필릿 용접		l : 4번 참조 (e) : 4번 참조 n : 4번 참조 a : 3번 참조 z : 3번 참조	a ▷ n ×l (e) a ▷ n ×l (e) z ▷ n ×l (e) z ▷ n ×l (e)
6	플러그 또는 슬롯 용접		l : 4번 참조 (e) : 4번 참조 n : 4번 참조 c : 슬롯의 너비	c ⊐ n ×l (e)
7	심 용접		l : 4번 참조 (e) : 4번 참조 n : 4번 참조 c : 용접부 너비	c ⊖ n ×l (e)
8	플러그 용접		n : 4번 참조 (e) : 간격 d : 구멍의 지름	c ⊐ n (e)
9	점 용접		n : 4번 참조 (e) : 간격 d : 점(용접부)의 지름	c ○ n (e)

4. 보조 표시 예

번호	명칭	표시 예
1	일주 용접 (용접이 부재의 전체를 둘러서 이루어질 때 기호)	〈일주 용접의 표시〉
2	현장 용접 (깃발기호)	〈현장 용접의 표시〉
3	용접 방법의 표시 (기준선의 끝에 2개 선 사이에 숫자로 표시)	23 〈용접 방법의 표시〉
4	참고 표시의 끝에 있는 정보의 순서	A1 〈참고 정보〉 111/ISO 5817-D/ ISO 6947-PA/ ISO 2560-E51 2 RR22 111/ISO 5817-D/ ISO 6947-PA/ ISO 2560-E51 2 RR22 〈이면 용접이 있는 V형 맞대기 용접부〉

5. 점 및 심 용접부에 대한 적용의 예

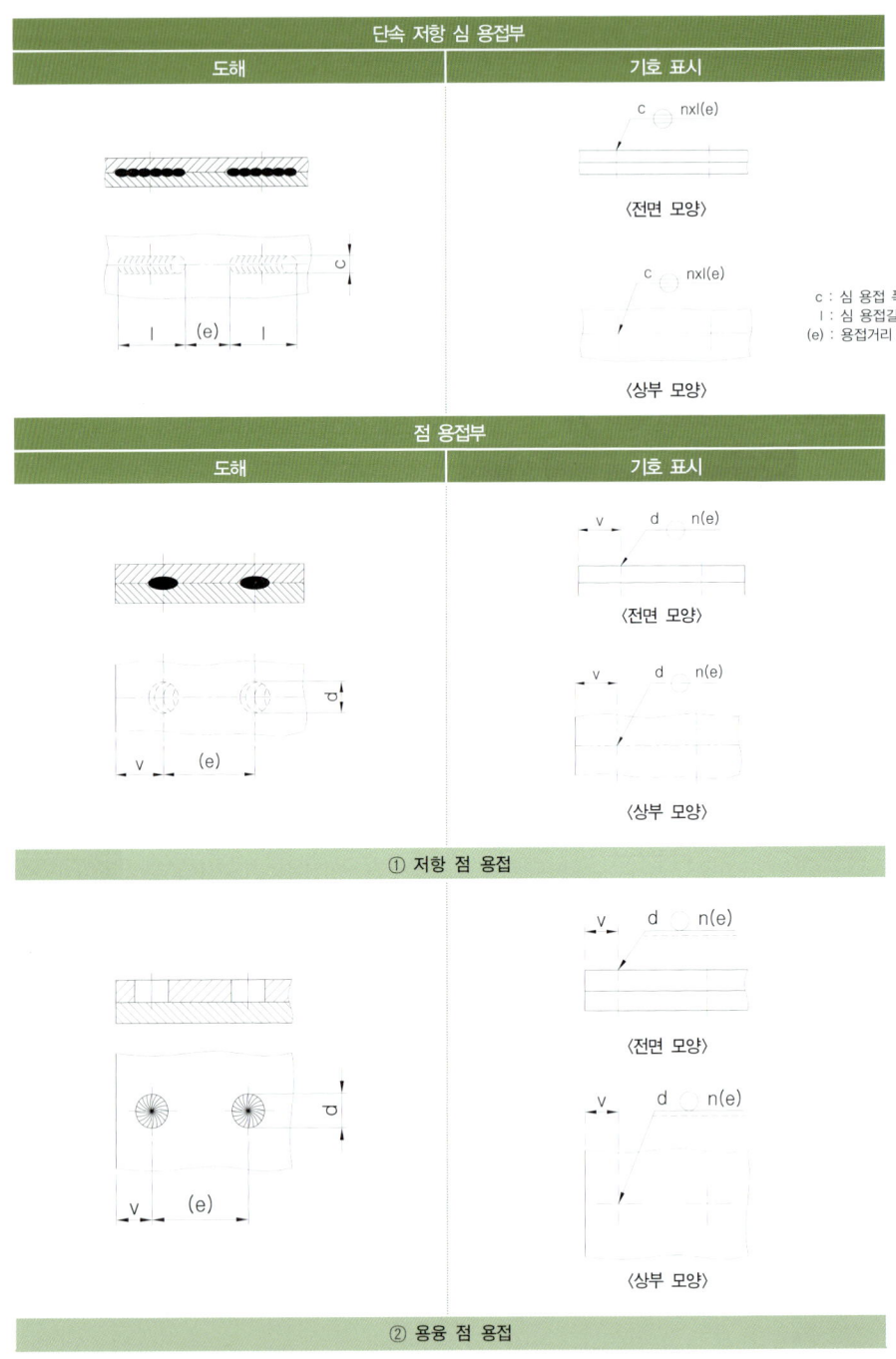

■ 점 및 심 용접부에 대한 적용의 예 (계속)

점 용접부	
도해	기호 표시

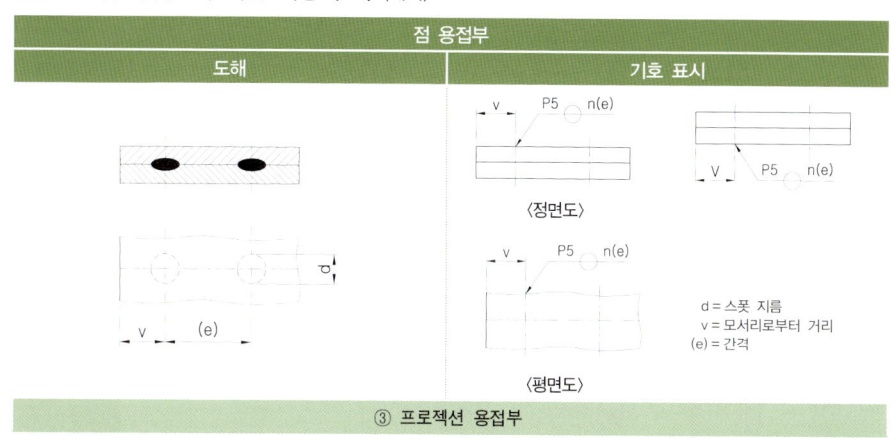

③ 프로젝션 용접부

기본 기호 사용 보기						
번호	명칭, 기호	그림	표시		기호 사용 보기	
					(a)	(b)
1	플랜지형 맞대기 용접					
2						
3	I형 맞대기 용접					
4						

Chapter 25 용접 기호 | 693

■ 점 및 심 용접부에 대한 적용의 예 (계속)

번호	명칭, 기호	그림	표시	기호 사용 보기 (a)	기호 사용 보기 (b)
5	V형 맞대기 용접				
6					
7	일면(한면) 개선형 맞대기 용접				
8					
9					
10					

■ 점 및 심 용접부에 대한 적용의 예 (계속)

번호	명칭, 기호	그림	표시	기호 사용 보기 (a)	(b)
11	넓은 루트면이 있는 V형 맞대기 용접				
12					
13	넓은 루트면이 있는 일면 개선형 맞대기 용접				
14	U형 맞대기 용접				
15					
16	J형 맞대기 용접				

■ 점 및 심 용접부에 대한 적용의 예 (계속)

번호	명칭, 기호	그림	표시			기호 사용 보기	
						(a)	(b)
17	필릿 용접						
18							
19							
20							
21							
22	플러그 용접						
23							

■ 점 및 심 용접부에 대한 적용의 예 (계속)

번호	명칭, 기호	그림	표시	기본 기호 사용 보기 기호 사용 보기 (a)	(b)
24	점 용접	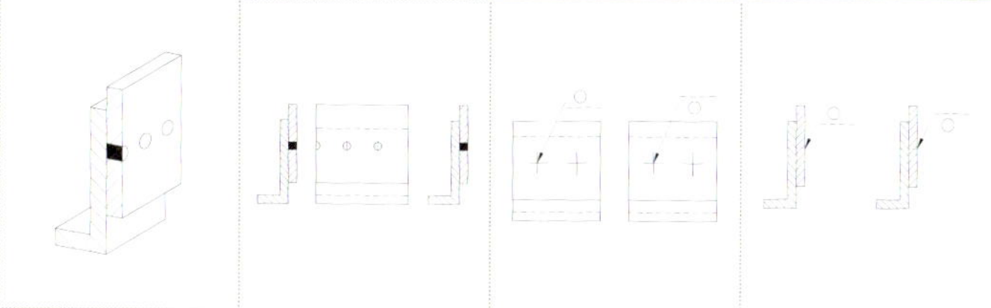			
25		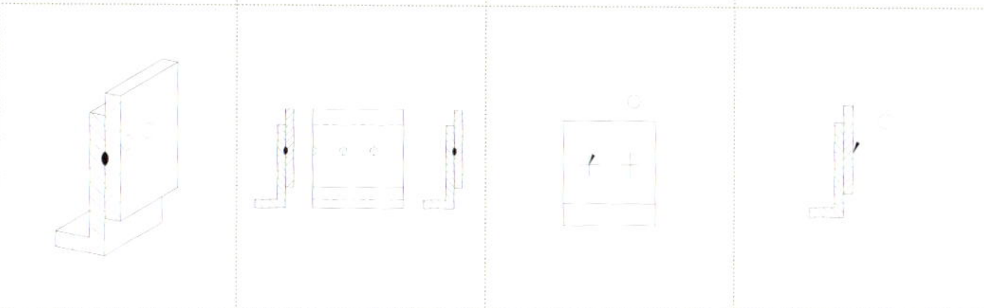			
26	심 용접	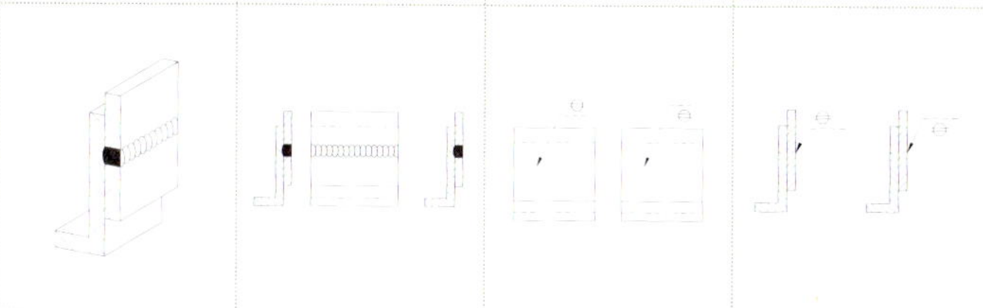			
27		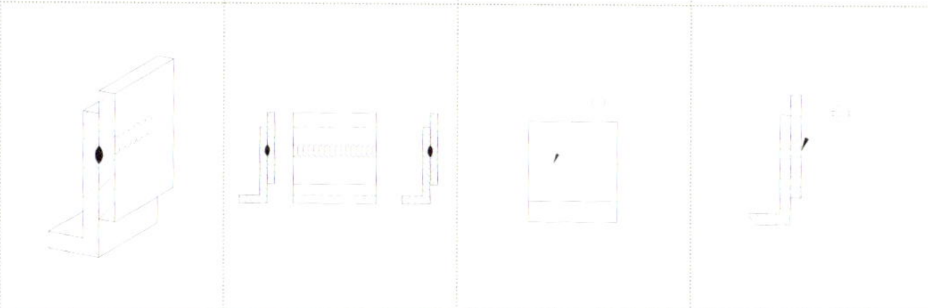			

번호	명칭, 기호	그림	표시	기본 기호 조합 보기 기호 사용 보기 (a)	(b)
1	플랜지형 맞대기 용접 이면 용접	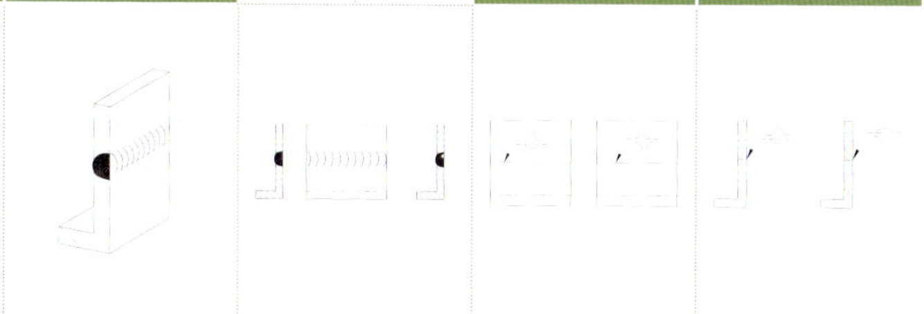			

Chapter 25 용접 기호 | 697

■ 점 및 심 용접부에 대한 적용의 예 (계속)

번호	명칭, 기호	그림	표시		기호 사용 보기	
					(a)	(b)
2	I형 맞대기 용접 양면 용접					
3	V형 용접					
4	이면 용접					
5	양면 V형 맞대기 용접					
6						
7	K형 맞대기 용접					

■ 점 및 심 용접부에 대한 적용의 예 (계속)

번호	명칭, 기호	그림	표시	기호 사용 보기	
				(a)	(b)
8	 넓은 루트면이 있는 양면 V형 맞대기 용접	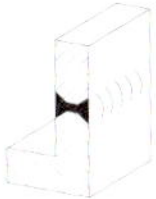			
9	넓은 루트면이 있는 K형 맞대기 용접	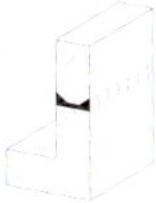			
10	양면 U형 맞대기 용접				
11	양면 J형 맞대기 용접				
12	일면 V형 맞대기 용접 일면 U형 맞대기 용접			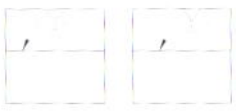	
13	필릿 용접	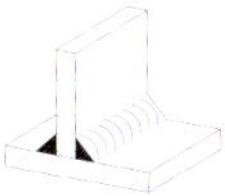			
14	필릿 용접	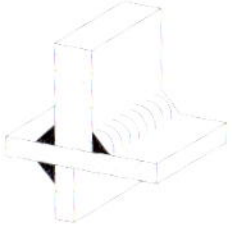		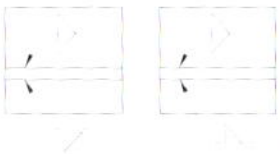	

Chapter 25 용접 기호 | 699

■ 점 및 심 용접부에 대한 적용의 예 (계속)

번호	기호	그림	표시		기호 사용 보기	
					(a)	(b)
1						
2						
3						
4						
5						
6						
7	MR					

■ 점 및 심 용접부에 대한 적용의 예 (계속)

번호	예외 사례 그림	표시	기호 (a)	기호 (b)	잘못된 표시
1			-		
2					
3			-		
4					
5			-		
6			-		
7			권장하지 않음		

Chapter 25 용접 기호 | 701

■ 점 및 심 용접부에 대한 적용의 예 (계속)

번호	예외 사례			기호		
	그림	표시		(a)	(b)	잘못된 표시
8						

부속서 B (참고)

- ISO 2553 : 1974에 따라 작성된 도면을 ISO 2553 : 1992에 따른 새로운 체계로 변환하기 위한 지침
- ISO 2553 : 1974(용접부-도면에 기호 표시)에 의거 작성된 구도면을 변환하기 위한 임시방편으로서, 다음과 같은 허용 가능한 방법이 있다. 그러나 이것은 규격 개정 기간 동안 잠정적인 조치가 된다. 새로운 도면에는 언제나 2중 기준선 ----------------- 을 사용하게 된다.

비 고

- ISO 2553 : 1974의 E 또는 A 방법 중 하나로 작성된 도면을 새로운 체계로 변환할 때는 필릿 용접부에 있어서 각장(z) 또는 목 두께(a) 치수는 기준선의 용접 기호에 연결되어 사용되는데, 그 치수 앞에 문자 a 또는 z를 첨가하는 것이 특별히 중요하다.

Chapter 26

열처리와 기계금속재료

26-1 | 열처리를 한 철 계통의 부품—표시와 지시 KS B ISO 15787:2008

■ 적용범위

이 표준은 기술 도면에서 열처리된 철계 부품의 최종 상태를 표시하고 지시하는 방법을 규정한다.

■ 용어와 정의(ISO 4885에 따름)

기 호	약 어	영 문
CHD	표면(침탄)경화 깊이	Case Hardening Depth
CD	침탄 깊이	Carburization Depth
CLT	복합 층 두께	Compound Layer Thickness
FHD	융해 경도 깊이	Fusion Hardness Depth
NHD	질화 경도 깊이	Nitriding Hardness Depth
SHD	표면 경화 깊이	Surface Hardness Depth
FTS	융해 처리 명세	Fusion Treatment Specification
HTO	열처리 순서	Heat Treatment Order
HTS	열처리 명세	Heat Treatment Specification

■ 도면에서의 지시

① 일반사항

열처리 조건에 관한 도면에서의 지시는 조립체나 열처리 후의 직접적인 상태뿐 아니라 최종 상태에 관련될 수 있다. 이 차이는 열처리 부품이 종종 후에 기계 가공(예를 들면 연삭)되는 것처럼 함축적으로 관찰되어야 한다.

따라서 특히 침탄 경화, 표면 경화, 표면 융해 경화 및 질화 부품에서 경화 깊이가 감소되고 질화 침탄 경화 부품의 복합 층 두께가 감소하는 것과 같다. 그러므로 기계 가공 여유는 열처리 동안 적절하게 고려되어야 한다.

후 가공 전의 상태에 관한 관련 정보를 주어 열처리 후의 상태에 대한 별도의 도면이 준비되지 않으면 관련 도면에 각각의 정보 조건을 알려주는 그림 설명으로 적당한 지시를 사용하여야 한다.

② 재료 데이터(Material data)

열처리 방법에 관계없이 일반적으로 열처리 가공품에 대해 사용되는 재료의 확인을 도면에 넣어야 한다.(재료 명칭, 재료 명세서에 대한 기준 등)

③ 열처리 조건(Heat-treatment condition)

열처리 후의 상태는 예를 들면 "담금질(Quench hardened)", "담금질 및 뜨임" 또는 "질화"와 같은 요구 조건을 지시하는 단어로 규정한다.

한 가지 이상의 열처리가 요구되는 경우 예를 들면 "담금질 및 뜨임"과 같이 그 실행 순서를 단어로 서 확인하여야 한다.

④ 표면 경도(Surface hardness)

표면 경도는 ISO 6507-1에 따른 비커스경도, ISO 6506-1에 따른 브리넬(Brinell) 경도 또는 KS M ISO 6508-1에 따른 로크웰(Rockwell) 경도로 나타내어야 한다.

⑤ 심부 경도(core hardness)

심부 경도는 도면의 필요한 곳과 시험될 부분에 주어진 명세에 지시되어야 한다. 심부 경도는 ISO 6507-1에 따른 비커스 경도, ISO 6506-1에 따른 브리넬 경도, KS M ISO 6508-1에 따른 로크웰 경도(방법 B,C)로 주어져야 한다.

⑥ 경도(hardness value)

모든 경도는 공차를 가지고 있어야 한다. 공차는 기능이 허용하는 한 클수록 바람직하다.

■ 열처리 지시의 실제 적용 예

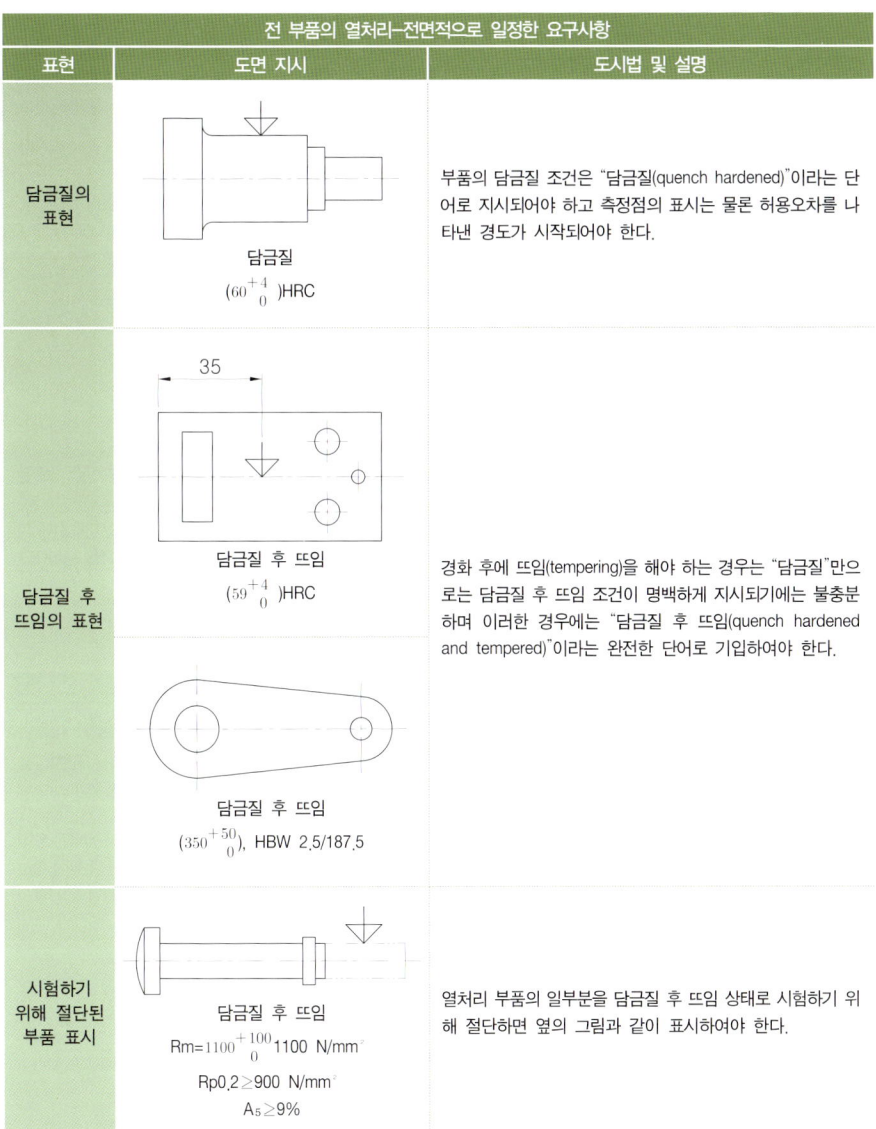

전 부품의 열처리-경도값이 변화하는 구역		
표현	도면 지시	도시법 및 설명
오스템퍼링의 표현	 HTO에 따른 오스템퍼링 $(59^{+2}_{\ 0})$HRC	옆의 그림과 같은 부품이 오스템퍼링될 것이다. 지시는 "오스템퍼링(austempered)"으로 읽어야 한다.
경도값이 변화하는 열처리 표현	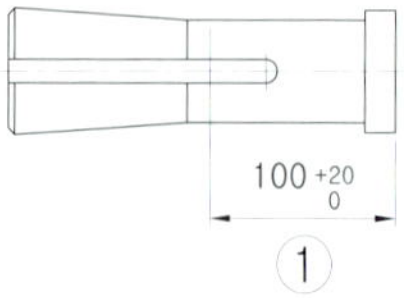 HTO에 따른 담금질 후 뜨임 $(58^{+4}_{\ 0})$HRC ① $(40^{+5}_{\ 0})$HRC	어떤 부품이 각각의 구역에서 경도값이 서로 다르게 되고 열처리가 열처리 순서(HTO : heat-treatment order)에 따라 이루어져야 한다면 서로 다른 경도의 구역은 표시를 하여야 하고, 또 필요하면 치수기입도 하여야 한다. 덧붙여서 기준을 HTO에 따라 만들어야 한다.
국부 열처리의 표시	 부 담금질 후 전 부품 뜨임 $(63^{+3}_{\ 0})$HRC	열처리 구역은 KS A ISO 128-24에 따라서 굵은 일점쇄선으로 하고 치수 데이터를 나타내어야 한다.
요구된 구역보다 더 크게 경화할 때의 표현	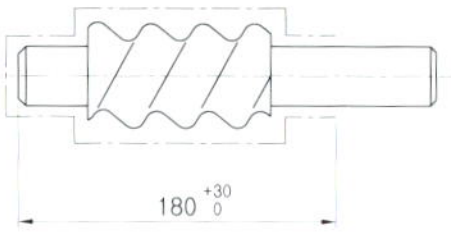 부 담금질 후 전 부품 뜨임 $(61^{+3}_{\ 0})$HRC	가공물을 열처리할 때 공정상 이유로 요구된 구역보다 더 큰 구역을 경화하는 것이 보다 간편할 수도 있다. 이런 경우 부가적으로 더 담금질 구역을 KS A ISO 128-24에 따라서 굵은 일점쇄선으로 하고 열처리 구역 위치를 나타내는 치수 데이터를 함께 표시해야 한다.

실제 적용 예-표면 경화(Surface Hardened)		
표현	도면 지시	도시법 및 설명
표면 경화 적용 예	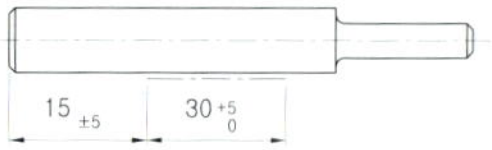 부 표면경화 $(620^{+160}_{\ \ \ 0})$HV30 SHD 500=$0.8^{+0.8}_{\ \ 0}$	가장 간단한 예로 KS A ISO 128-24에 따라서 굵은 일점쇄선으로 표면 경화 구역을 표시하고 "표면경화(surface hardened)"라는 단어로 표시되어야 한다. 표면 경화 구역과 표면 비경화 구역 간의 천이 영역은 원칙적으로 표면 경화 구역 길이에 대한 공칭 치수의 밖에 놓는다. 천이 영역 너비는 경화 깊이, 표면 경화 방법, 가공물의 재료와 모양에 의존한다.
요구된 구역보다 더 넓은 구역을 표면 경화할 때의 표시	 부 표면경화 후 전 부품 뜨임 $(525^{+100}_{\ \ \ 0})$ HV10 SHD 425=$0.4^{+0.4}_{\ \ 0}$	어떤 부품이 표면 경화될 때 공정상 이유로 요구된 구역보다 더 넓은 구역을 경화하는 것이 더 편리할 수도 있다. 이렇게 되면 부가적 경화 구역을 KS A ISO 128-24에 따라서 굵은 일점 쇄선으로 표면 경화 구역의 위치를 표시하고 치수 데이터와 함께 표시해야 한다.

실제 적용 예-표면 경화(Surface Hardened) (계속)

표현	도면 지시	도시법 및 설명
가장자리는 표면 경화하지 않을 때 표시	$3\,{}^{\,0}_{-1}$ $3\,{}^{\,0}_{-1}$ — · — 부 표면경화 $(620{}^{+160}_{\ \ \ 0})$ HV50 SHD 500=$0.8{}^{+0.8}_{\ \ \ 0}$	부품의 표면 경화에 대해 경화 표면층을 가장자리까지 넓힐 필요가 없다면(가장자리에서 스폴링(spalling)의 위험을 감소하는 데 상당한 값을 가지고 있는 가장자리) 적절히 치수 기입을 하는 등의 방법으로 기술하여야 한다.
가장자리까지 표면 경화할 때의 표시	— · — 부 표면경화 후 부품 뜨임 $(61{}^{+4}_{\ \ 0})$ HRC SHD 600=$0.8{}^{+0.8}_{\ \ \ 0}$	표면 경화층을 가장자리까지 넓히는 곳에서 구역의 형상은 KS A ISO 128-24에 따라서 가는 일점쇄선으로 가공물 외곽선 안에 지시하여야 한다. 경화 표면층이 가장자리까지 넓혀지는 곳은 가장자리(경화 구역의 끝단)에 직접적으로 인접한 낮은 SHD값이 허용되며 이것은 또한 가는 일점 쇄선으로 나타내야 한다.(좌측 캠 참조) [비고] 두 경우에 가장자리는 균열의 위험을 감소시키기 위해 모따기를 한다.
기어 이 전체 경화	① ② ③ — · — 부 표면경화 후 전 부품 뜨임 ① $(54{}^{+6}_{\ \ 0})$ HRC ② $(50{}^{+4}_{\ \ 0})$ HRC ③ ≤30 HRC	기어의 주위에서 KS A ISO 128-24에 따라서 굵은 일점쇄선과 가는 일점쇄선으로 기어 이가 경화되는 구역에서 표시되어야 한다. [비고] 공정의 특성에 따라 서로 다른 경도값이 이 높이에 대해 발생할 것이다. 경화깊이를 나타내기 위한 측정점의 지시는 불필요하다.
이의 면 경화	— · — 부 표면경화 후 부품 뜨임 $(55{}^{+6}_{\ \ 0})$ HRC SHD 475=$1{}^{+1}_{\ \ 0}$	KS A ISO 128-24에 따라서 굵은 일점쇄선이 치면 외곽선 밖에 표면 경화 구역을 표시하는 데 사용되어야 한다. KS A ISO 128-24에 따라서 가는 일점쇄선은 경화 위치와 윤곽을 돋보이게 하기 위하여 사용되어야 한다. 경화층의 요구 윤곽 때문에 표면 경화 깊이에 대한 측정점이 정의되어야 한다.
이뿌리면 경화	② — · — 부 표면경화 후 전 부품 뜨임 $(52{}^{+6}_{\ \ 0})$ HRC ① SHD 425 = $1.3{}^{+1.3}_{\ \ \ \ 0}$ ② SHD 425 = $1{}^{+1}_{\ \ 0}$	KS A ISO 128-24에 따라서 굵은 일점쇄선을 표면경화 구역을 표시하기 위해 이면의 가장자리 밖에 사용하여야 하며 가는 일점쇄선을 경화 위치와 윤곽을 표시하기 위해 사용하여야 한다. 경화 표면층의 형상 때문에 경화 깊이에 대한 측정점이 정의되어야 한다.

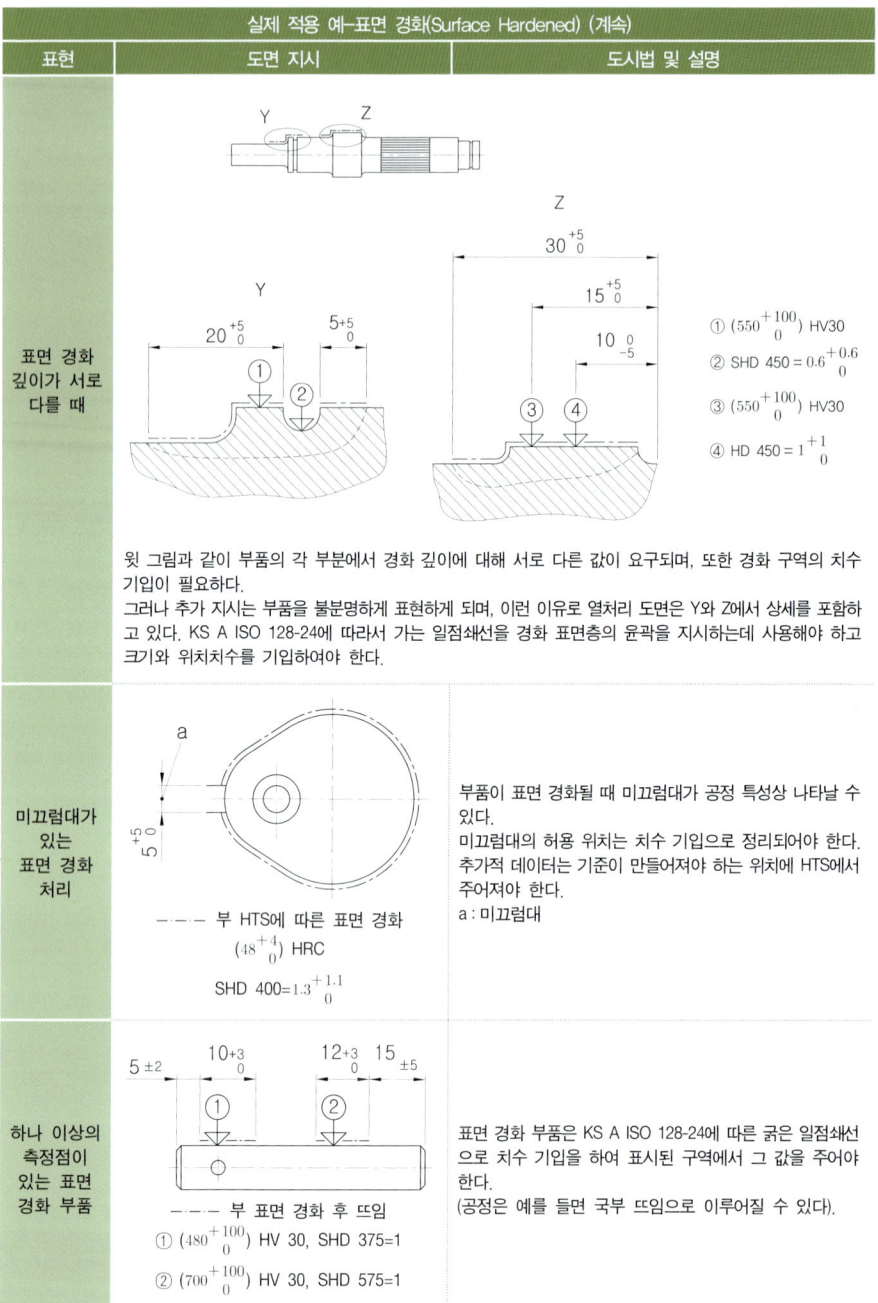

실제 적용 ①예–표면 융해 경화(Surface Fusion Hardened)		
표현	도면 지시	도시법 및 설명
표면 융해경화 표식	20±5 60⁻⁵₀ ─ ─ ─ 부 표면 융해 경화 (620^{+160}_{0}), HV 30 FHD 500=$0.6^{+0.6}_{0}$	가장 간단한 예로 KS A ISO 128-24에 따른 굵은 일점쇄선으로 표면 경화 부분을 표시하고 표면 경화 및 융해 경화 깊이와 함께 "표면 융해 경화"라는 단어를 표시해야 한다.
표면 융해 깊이가 변화할 때	20⁻⁵₀ 45⁻⁵₀ 12⁻⁵₀ ─ ─ ─ 부 표면 융해 경화 (650^{+100}_{0}), HV 10, FHD=$1^{+0.5}_{0}$ (650^{+100}_{0}), HV 10, FHD=$0.8^{+0.4}_{0}$	표면 융해 경화 부분 내에서 융해 깊이 변화와 정의된 측정점의 치수 기입에 대한 예를 보여준다.
미끄럼대가 있는 표면 융해 경화 처리	a 10⁻⁵₀ ─ ─ ─ 부 HTS에 따른 표면 융해 경화 (58^{+3}_{0}) HRC FHD 525=$0.8^{+0.8}_{0}$	공정의 특성 때문에 미끄럼대가 가공물의 표면 융해 처리 시 일어날 수 있다. 미끄럼대의 허용 위치는 치수 기입으로 정의되어야 한다. 추가적 정보는 기준이 정해지는 융해 처리 명세(Fusion Treatment Specification : FTS)에 주어져야 한다.

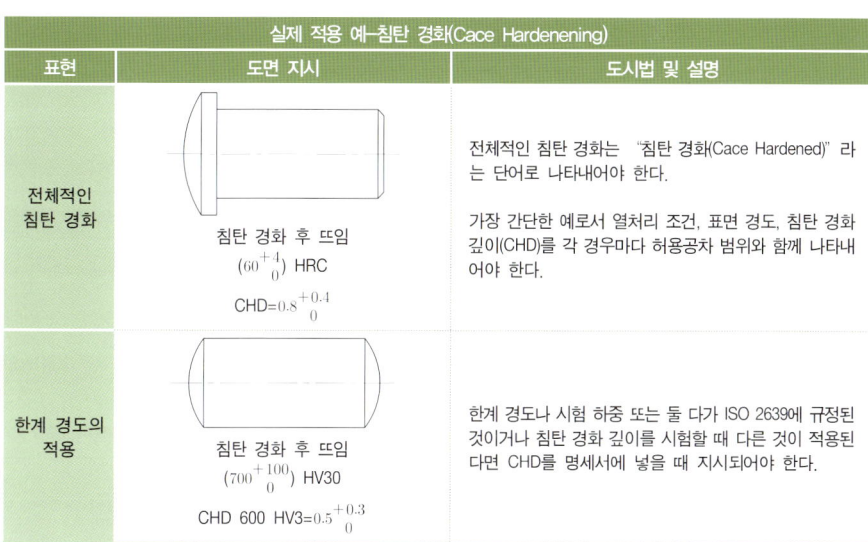

실제 적용 예–침탄 경화(Cace Hardenening)		
표현	도면 지시	도시법 및 설명
전체적인 침탄 경화	침탄 경화 후 뜨임 (60^{+4}_{0}) HRC CHD=$0.8^{+0.4}_{0}$	전체적인 침탄 경화는 "침탄 경화(Cace Hardened)"라는 단어로 나타내어야 한다. 가장 간단한 예로서 열처리 조건, 표면 경도, 침탄 경화 깊이(CHD)를 각 경우마다 허용공차 범위와 함께 나타내어야 한다.
한계 경도의 적용	침탄 경화 후 뜨임 (700^{+100}_{0}) HV30 CHD 600 HV3=$0.5^{+0.3}_{0}$	한계 경도나 시험 하중 또는 둘 다가 ISO 2639에 규정된 것이거나 침탄 경화 깊이를 시험할 때 다른 것이 적용된다면 CHD를 명세서에 넣을 때 지시되어야 한다.

실제 적용 예—침탄 경화(Cace Hardenening) (계속)

표현	도면 지시	도시법 및 설명
열처리 순서(HTO)에 따른 침탄 경화	HTO에 따른 침탄 경화 후 뜨임 $(700^{+100}_{\ \ \ 0})$ HV30 CHD 600 HV3=$0.5^{+0.3}_{\ \ \ 0}$	특정 규정을 열처리 동안 지킨다면(예를 들면 시간/온도 곡선의 데이터에 관해서) 이 조항은 열처리 순서(HTO)나 열처리 명세로부터 얻을 수 있어야 한다. 기준은 도면에서 그 문서에 만들어야 한다.
표면 경도값이 서로 다를 때	표면 경화 후 뜨임 ① CHD=$0.3^{+0.2}_{\ \ \ 0}$ ② $(700^{+100}_{\ \ \ 0})$ HV10 ≤550 HV10	표면 경도값이나 침탄 경화 깊이 또는 둘 다에 대한 값이 부분별로 서로 다른 부분을 가진 전체 침탄 경화 부품은 옆 그림과 같이 표시하여야 한다. 좌측 그림과 같은 부품은 측정점으로 인식된 부분에서 경도값을 주어야 한다. 경도값이 550HV10 이하로 주어진 곳에 대한 구역은 가능하면 뜨임도 하여야 한다.
표면 경화 깊이가 서로 다를 때	표면 경화 후 뜨임 ①+③ $(60^{+4}_{\ \ 0})$ HRC CHD=$0.8^{+0.4}_{\ \ \ 0}$ ② $(700^{+100}_{\ \ \ 0})$ HV10 CHD=$0.5^{+0.3}_{\ \ \ 0}$	그림과 같은 기어는 전체적으로 침탄이 된다. 측정점 부분에서는 표면 경도와 유효 침탄 깊이에 대해 규정된 각각의 값이 존재하여야 한다.

실제 적용 예—국부 침탄 경화(Cace Hardenening)

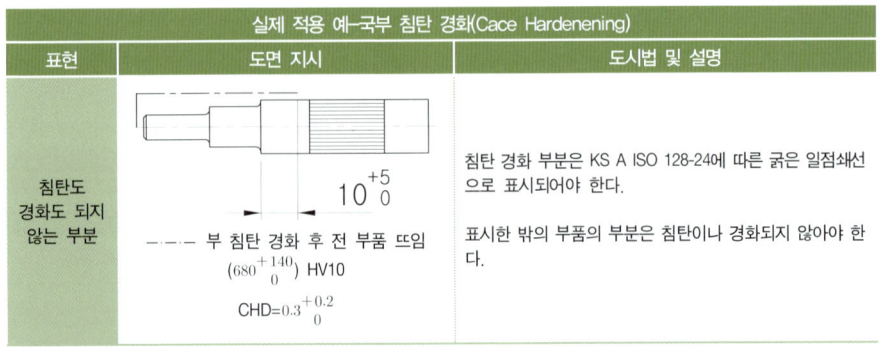

표현	도면 지시	도시법 및 설명
침탄도 경화도 되지 않는 부분	부 침탄 경화 후 전 부품 뜨임 $(680^{+140}_{\ \ \ 0})$ HV10 CHD=$0.3^{+0.2}_{\ \ \ 0}$	침탄 경화 부분은 KS A ISO 128-24에 따른 굵은 일점쇄선으로 표시되어야 한다. 표시한 밖의 부품의 부분은 침탄이나 경화되지 않아야 한다.

실제 적용 예–국부 침탄 경화(Cace Hardenening) (계속)

표현	도면 지시	도시법 및 설명
국부 침탄 경화(완전히 경화되는 부품)	––– 부 침탄 경화 후 뜨임, 전체 부분 침탄 허용 (60^{+4}_{0}) HRC CHD$=0.8^{+0.4}_{0}$	침탄 경화 부분은 KS A ISO 128-24에 따른 굵은 일점쇄선으로 표시되어야 한다. 이 부분의 밖에서는 침탄은 허용되고 "전 부품의 침탄 허용(carburization of entire part permissible)"이라는 단어로 나타내야 한다. [비고] 이런 형태의 국부 침탄 경화는 일점쇄선으로 표시한 부분에서 침탄 후 표면 경화로 이루어진다.
일부분은 경화되지만 침탄은 하지 않는 국부 침탄 경화	부분 침탄 경화 및 전 부품 경화 후 뜨임 ① (25^{+15}_{0}) HRC ② (58^{+4}_{0}) HRC CHD$=1.2^{+0.5}_{0}$	표현이 분명하지 않은 곳에서는 열처리 도면에 침탄경화 조건을 특정짓는 값을 지시하는 것이 적절하다. 침탄 경화 부분은 KS A ISO 128-24에 따라서 굵은 일점쇄선으로 표시되어야 한다. 침탄이 되지 않으나 경화되는 부분은 선 밖에 놓인다. 따라서 요구사항은 "전부품 경화"라는 단어가 추가된다. [비고] 이런 형태의 국부 침탄 경화는 침탄에 대한 일점쇄선으로 표시되지 않는 부분을 적절한 방법으로 보호함으로써 이루어진다.
침탄이 되어도 괜찮은 부분을 가진 국부 침탄 경화	––– 부 침탄 경화 후 전 부품 뜨임 57^{+6}_{0} HRC CHD$=1.2^{+0.5}_{0}$	침탄 경화가 되는 부분은 KS A ISO 128-24에 따른 굵은 일점쇄선으로 표시되어야 한다. 침탄 경화가 허용되는 부분은 파선으로 표시하며 그것은 공정상 이유로 더 편리하다. 부품의 비표시 부분(그림의 구멍)은 침탄되거나 경화되지 않아야 한다.
전체 침탄	침탄 경화 CD$_{0.35}=1.2^{+0.4}_{0}$	전체적인 침탄은 "침탄"이라는 단어로 나타내야 한다. 가장 간단한 경우에 "침탄"이라는 단어로서 허용오차 범위의 침탄을 지시함으로써 침탄 조건의 표시가 이루어져야 한다.
국부 침탄	30^{+10}_{0} ––– 부 침탄 경화 CD$_{0.35}=0.8^{+0.4}_{0}$	침탄 부분과 비침탄 부분 사이의 천이 영역은 원칙적으로 침탄 부분의 길이에 대한 공칭 치수 밖에 놓인다. 천이 너비는 가공물의 침탄 깊이, 침탄법, 재료와 모양 및 국부 침탄이 이루어지는 방법에 의존한다.

표현	도면 지시	도시법 및 설명
전체적인 질화	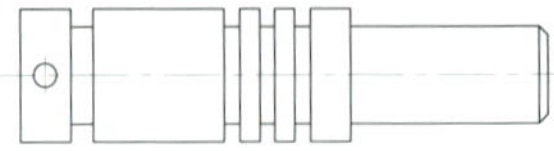 플라스마 질화 ≥950 HV10 NHD=$0.3^{+0.1}_{0}$	가장 간단한 예로서 질화 조건은 "질화(nitrided)"라는 단어로 표시되고 허용 오차 범위를 나타낸 질화 경도를 지시함으로써 나타내야 한다. 질화가 가스나 플라스마로 이루어진다면 그림과 같이 ISO 4885에 따른 보족을 붙인다.
질화 경도 깊이 시험	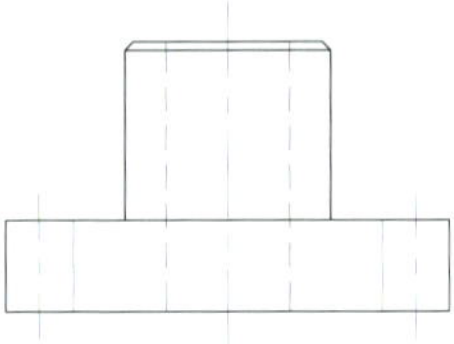 질화 ≥800 HV3 NHD HV 0.3=$0.1^{+0.05}_{0}$	질화 경도 깊이를 시험할 때에는 규정된 규칙과 다른 방법으로 한다. 예를 들면 HV0.5보다 다른 시험 하중이 사용되고 이것은 그림의 예와 같이 NHD를 명세서에 넣을 때 지시되어야 한다.
전체적인 질화침탄	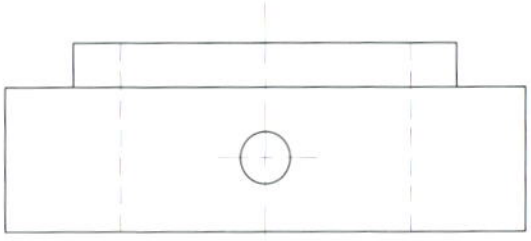 질화 침탄 CLT=(12^{+6}_{0})㎛	간단한 예로서 질화 침탄 조건은 "질화 침탄(nitrocarburized)"이라는 단어와 ㎛로 나타낸 한계 오차 범위를 가진 복합층 두께(CLT)를 지시함으로써 나타낸다.
질화 침탄에 대한 부가적인 정보	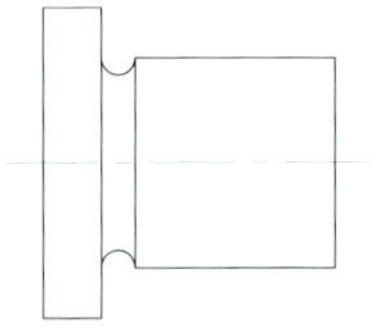 HTO에 따른 염욕 질화 침탄 CLT=(10^{+5}_{0})㎛	질화 침탄이 특정 매체에서 이루어진다면 공정의 지시를 표시하는 단어는 적절히 보족되어야 한다.(ISOP 4885 참조) 필요하면 기준을 부가적 정보로 만든다.
국부 질화	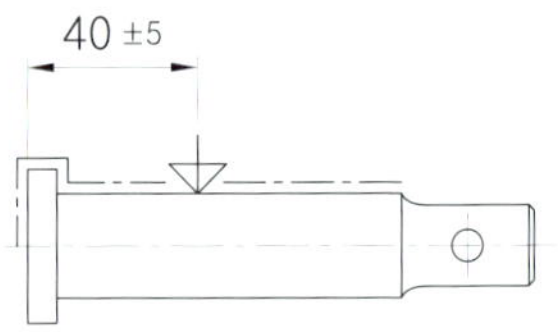 40 ±5 부 질화 ≥900 HV10 NHD=$0.4^{+0.2}_{0}$	질화 부분과 비질화 부분의 사이의 천이 영역은 원칙적으로 질화 부분의 길이에 대한 공칭 치수 밖에 놓는다. 천이 너비는 질화 깊이와 질화법, 가공물의 재료와 형상 및 국부 질화가 이루어지는 방식에 의존한다.
국부 질화 침탄	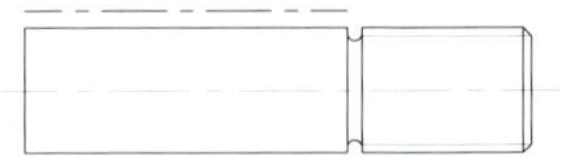 부 질화 침탄 CLT=(15^{+8}_{0})㎛	질화 침탄 부분과 비질화 침탄 부분의 사이의 천이 영역은 원칙적으로 질화 침탄 부분의 길이에 대한 공칭 치수 밖에 놓는다. 천이 너비는 복합층의 두께, 질화 침탄법, 가공물의 재료와 형상 및 국부 질화 침탄이 이루어진 방식에 의존한다.

실제 적용 예-질화와 질화 침탄(Nitriding and nitrocarburizing)

■ 풀림(annealing)

풀림 조건은 "풀림(annealing)"이라는 단어로 지시하고 풀림 방법을 다음과 같이 좀 더 상세히 규정하는 추가적 지시를 한다.
① 응력 제거(stress relieved)
② 부드러운 풀림(soft annealed)
③ 구형화(spheroidized)
④ 재결정화(recristallized)
⑤ 불림(normalized)

덧붙여 경도 데이터나 구조 조건에 대한 더 상세한 데이터는 필요한 대로 주어진다.

■ 최소 경화 깊이 및 최소 표면 경도(HV)에 따른 경도 데이터를 규정하기 위한 시험방법의 선택

최소경화깊이 SHD, CHD, NHD, FHD mm	최소 표면 경도 HV						
	200 이상 300 이하	300 초과 400 이하	400 초과 500 이하	500 초과 600 이하	600 초과 700 이하	700 초과 800 이하	800 초과
0.05	-	-	-	HV0.5	HV0.5	HV0.5	HV0.5
0.07	-	HV0.5	HV0.5	HV0.5	HV0.5	HV1	HV1
0.08	HV0.5	HV0.5	HV0.5	HV0.5	HV1	HV1	HV1
0.09	HV0.5	HV0.5	HV0.5	HV1	HV1	HV1	HV1
0.1	HV0.5	HV1	HV1	HV1	HV1	HV1	HV3
0.15	HV1	HV1	HV3	HV3	HV3	HV3	HV5
0.2	HV1	HV3	HV3	HV5	HV5	HV5	HV5
0.25	HV3	HV5	HV5	HV5	HV10	HV10	HV10
0.3	HV3	HV5	HV10	HV10	HV10	HV10	HV10
0.4	HV5	HV10	HV10	HV10	HV10	HV30	HV30
0.45	HV5	HV10	HV10	HV10	HV30	HV30	HV30
0.5	HV10	HV10	HV10	HV30	HV30	HV30	HV30
0.55	HV10	HV10	HV30	HV30	HV30	HV50	HV50
0.6	HV10	HV10	HV30	HV30	HV50	HV50	HV50
0.65	HV10	HV30	HV30	HV50	HV50	HV50	HV50
0.7	HV10	HV30	HV50	HV50	HV50	HV50	HV50
0.75	HV30	HV30	HV50	HV50	HV50	HV100	HV100
0.8	HV30	HV30	HV50	HV50	HV100	HV100	HV100
0.9	HV30	HV30	HV50	HV100	HV100	HV100	HV100
1	HV30	HV50	HV100	HV100	HV100	HV100	HV100
1.5a	HV30	HV50	HV100	HV100	HV100	HV100	HV100
2a	HV30	HV50	HV100	HV100	HV100	HV100	HV100
2.5a	HV30	HV50	HV100	HV100	HV100	HV100	HV100

a : 융해 경화 처리에 적용

【비 고】 이 표는 다만 각각의 가장 높은 허용 시험 하중을 포함한다. 물론 이 지시 대신에 보다 낮은 시험 하중도 사용될 수 있다. (예를 들면 HV 30 대신 HV 10)고합금강(예를 들면 질화강)으로 만든 가공물의 질화나 질화 침탄에 대하여는 표면층에서 경도 기울기가 높기 때문에 이 표의 값보다 더 낮은 시험 하중을 사용하는 것이 적절하다.

【보 기】 표면 경화 시험편의 요구 표면 경도는 $(650^{+100}_{~~0})$HV이고 경화 깊이는 SHD = $0.6^{+0.6}_{~~0}$이다.
따라서 최소 경화 깊이는 0.6mm이고 최소 표면경도는 650HV이다.
이 값에 대하여 표는 표면경도가 최대 HV50으로 시험되어야 한다는 것을 나타낸다.
도면 지시 예 : $(650^{+100}_{~~0}$, HV50, SHD525 = $0.6^{+0.6}_{~~0})$

■ 최소 경화 깊이와 최소 표면 경도(HR 15N, HR 30N 또는 HR 45N)에 따른 경도 데이터를 규정하기 위한 시험방법의 선택

최소경화 깊이 SHD, CHD mm	최소 표면 경도 HRN									
	82~85 HR15N	85초과 88이하 HR15N	88CHR HK HR15N	60~68 HR30N	68초과 73이하 HR30N	73초과 78이하 HR30N	78초과 HR30N	44~54 HR30N	54초과 61이하 HR45N	61초과 67이하 HR45N	67초과 HR45N
0.1	-	-	HR15N	-	-	-	-	-	-	-	-
0.15	-	HR15N	HR15N	-	-	-	-	-	-	-	-
0.2	HR15N	HR15N	HR15N	-	-	-	HR30N	-	-	-	-
0.25	HR15N	HR15N	HR15N	-	-	HR30N	HR30N	-	-	-	-
0.35	HR15N	HR15N	HR15N	-	HR30N	HR30N	HR30N	-	-	-	HR45N
0.4	HR15N	HR15N	HR15N	HR30N	HR30N	HR30N	HR30N	-	-	HR45N	HR45N
0.5	HR15N	HR15N	HR15N	HR30N	HR30N	HR30N	HR30N	-	HR45N	HR45N	HR45N
≥0.55	HR15N	HR15N	HR15N	HR30N	HR30N	HR30N	HR30N	HR45N	HR45N	HR45N	HR45N

【보 기】 SHD : 표면 경화 가공물의 표면경도는 HR...N(로크웰 경도)으로 재야 한다. 요구 경화 깊이는 SHD=$0.4^{+0.4}_{~~0}$이다. 최소 경화 깊이는 따라서 0.4mm이다. 이 표는 표면 경도를 HR 15N, HR 30N 또는 HR45N으로 시험해도 된다는 것을 나타낸다. HR45N으로 시험된다면 61 HR 45N을 넘는 최소 표면 경도는 명세서에 기입되어도 된다.
도면 지시 : 표면경화 $(62^{+6}_{~0}$) HR45N, SHD500 = $0.4^{+0.4}_{~~0}$

■ 최소 경화 깊이와 HRA 또는 HRC의 최소 표면 경도에 따른 경도 데이터를 규정하기 위한 시험방법의 선택

최소경화 깊이 SHD, CHD mm	최소 표면경도 HRA 또는 HRC							
	70~75 HRA	75초과 78이하 HRA	78초과 81이하 HRA	81초과 HRA	40초과 49이하 HRC	49초과 55이하 HRC	55초과 60이하 HRC	60초과 HRC
0.4	-	-	-	HRA	-	-	-	-
0.45	-	-	HRA	HRA	-	-	-	-
0.5	-	HRA	HRA	HRA	-	-	-	-
0.6	HRA	HRA	HRA	HRA	-	-	-	-
0.8	HRA	HRA	HRA	HRA	-	-	-	HRC
0.9	HRA	HRA	HRA	HRA	-	-	HRC	HRC
1	HRA	HRA	HRA	HRA	-	HRC	HRC	HRC
1.2	HRA	HRA	HRA	HRA	HRC	HRC	HRC	HRC

【보 기】 SHD : 표면 경화 가공물의 요구 표면 경도는 $(55^{+5}_{~0})$HRC이고 경화 깊이는 SHD500=$0.8^{+0.8}_{~~0}$이다. 따라서 최소 경화 깊이는 0.8mm이고 최소 표면경도는 55HRC이다. 이 표는 HRC를 가진 표면 경도의 시험은 허용되지 않음을 보여준다. 이러한 경우에 따른 시험방법, 예를 들면 HRA나 HV가 대체 방법으로 사용된다.
도면 지시 : 표면경화, $(79^{+2}_{~0}$) HRA, SHD500 = $0.8^{+0.8}_{~~0}$

■ 최소 표면 경도 HV, HRC, HRA, HRN과 한계 경도
  (최소 표면경도의 80%에 해당)와의 관계

한계 경도 HV	최소 표면 경도 HV, HRC, HRA, HRN					
	HV	HRC	HRA	HR15N	HR30N	HR45N
200a	240~265	20~25	-	-	-	-
225a	270~295	26~29	-	-	-	-
250	300~330	30~33	65~67	76, 76	51~53	32~35
275	335~355	34~36	68	77, 78	54, 55	36~38
300	360~385	37~39	69, 70	79	56~58	39~41
325	390~420	40~42	71	80, 81	59~62	42~46
350	425~455	43~45	72, 73	82, 83	63, 64	47~49
375	460~480	46, 47	74	84	65, 66	50~52
400	485~515	48~50	75	85	67~68	53, 54
425	520~545	51, 52	76	86	69, 70	55~57
450	550~575	53	77	87	71	58, 59
475	580~605	54, 55	78	88	72, 73	60, 61
500	610~635	56, 57	79	89	74	62, 63
525	640~665	58	80	-	75, 76	64, 65
550	670~705	59, 60	81	90	77	66, 67
575	710~730	61	82	-	78	68
600	735~765	62	-	91	79	69
625	770~795	63	83	-	80	70
650	800~835	64, 65	-	92	81	71, 72
675	840~865	66	84	-	82	73
700a	870~895	66.5	-	-	-	-
725a	900~955	67	-	-	-	-
750a	930~955	68	-	-	-	-
775a	960~985	-	-	-	-	-
800a	990~1,020	-	-	-	-	-
825a	1,025~1,060	-	-	-	-	-

【비 고】 이 표는 경도값의 비교표로서 사용하지 않아야 한다.
  a : 표면 융해 경화 처리에만 적용한다.

SHD값과 한계오차범위

표면 경화 깊이 SHD mm	상한 한계 오차 mm		
	고주파 경화	화염 경화	레이저 및 전자 빔 경화
0.1	0.1	-	0.1
0.2	0.2	-	0.1
0.4	0.4	-	0.2
0.6	0.6	-	0.3
0.8	0.8	-	0.4
1	1	-	0.5
1.3	1.1	-	0.6
1.6	1.3	2	0.8
2	1.6	2	1
2.5	1.8	2	1
3	2	2	1
4	2.5	2.5	-
5	3	3	-

CHD값과 한계오차범위

침탄 경화 깊이 CHD mm	상한 한계 오차값 mm
0.05	0.03
0.07	0.05
0.1	0.1
0.3	0.2
0.5	0.3
0.8	0.4
1.2	0.5
1.6	0.6
2	0.8
2.5	1
3	1.2
-	-
-	-

FHD값과 한계오차범위

융해 경도 깊이 FHD mm	상한 한계 오차 mm	
	레이저 및 전자 빔 표면 융해 경화처리	표면 아크 융해 경화 처리
0.1	0.1	-
0.2	0.1	-
0.4	0.2	0.4
0.6	0.3	0.6
0.8	0.4	0.8
1	0.5	1
1.3	0.6	1.1
1.6	0.8	1.3
2	1	1.6
2.5	1	-
-	-	-

NHD값과 한계오차범위

질화 경도 깊이 NHD mm	상한 한계 오차값 mm
0.05	0.02
0.1	0.05
0.15	0.05
0.2	0.1
0.25	0.1
0.3	0.1
0.35	0.15
0.4	0.2
0.5	0.25
0.6	0.3
0.75	0.3

$CD_{0.35}$ 값과 한계오차범위

침탄 깊이 $CD_{0.35}$ mm	상한 한계 오차값 mm
0.1	0.1
0.3	0.2
0.5	0.3
0.8	0.4
1.2	0.5
1.6	0.6
2	0.8
2.5	1
3	1.2

복합층 두께 CLT값과 한계오차범위

복합층 두께 CLT μm	상한 한계 오차값 μm
5	3
8	4
10	5
12	6
15	8
20	10
24	12
-	-
-	-

26-2 | 금속재료기호

1. 기계 구조용 탄소강 및 합금강

KS 규격	명 칭	분류 및 종별		기 호	인장강도 N/mm²		주요 용도 및 특징
D 3723	특수용도 합금강 볼트용 봉강	1종	1호	SNB 21-1	세부 규격 참조		원자로, 그 밖의 특수 용도에 사용하는 볼트, 스터드 볼트, 와셔, 너트 등을 만드는 압연 또는 단조한 합금강 봉강
			2호	SNB 21-2			
			3호	SNB 21-3			
			4호	SNB 21-4			
			5호	SNB 21-5			
		2종	1호	SNB 22-1			
			2호	SNB 22-2			
			3호	SNB 22-3			
			4호	SNB 22-4			
			5호	SNB 22-5			
		3종	1호	SNB 23-1			
			2호	SNB 23-2			
			3호	SNB 23-3			
			4호	SNB 23-4			
			5호	SNB 23-5			
		4종	1호	SNB 24-1			
			2호	SNB 24-2			
			3호	SNB 24-3			
			4호	SNB 24-4			
			5호	SNB 24-5			
D 3752	기계 구조용 탄소 강재	1종		SM 10C	314 이상	N	열간 압연, 열간 단조 등 열간가공에 의해 제조한 것으로, 보통 다시 단조, 절삭 등의 가공 및 열처리를 하여 사용되는 기계 구조용 탄소 강재 ● 열처리 구분 N : 노멀라이징 H : 퀜칭, 템퍼링 A : 어닐링
		2종		SM 12C	373 이상	N	
		3종		SM 15C			
		4종		SM 17C	402 이상	N	
		5종		SM 20C			
		6종		SM 22C	441 이상	N	
		7종		SM 25C			
		8종		SM 28C	471 이상	N	
		9종		SM 30C	539 이상	H	
		10종		SM 33C	510 이상	N	
		11종		SM 35C	569 이상	H	
		12종		SM 38C	539 이상	N	
		13종		SM 40C	608 이상	H	
		14종		SM 43C	569 이상	N	
		15종		SM 45C	686 이상	H	
		16종		SM 48C	608 이상	N	
		17종		SM 50C	735 이상	H	
		18종		SM 53C	647 이상	N	
		19종		SM 55C			
		20종		SM 58C	785 이상	H	

KS 규격	명칭	분류 및 종별	기호	인장강도 N/mm²		주요 용도 및 특징	
D 3752	기계 구조용 탄소 강재	21종	SM 9CK	392 이상	H	침탄용	
		22종	SM 15CK	490 이상	H		
		23종	SM 20CK	539 이상	H		
D 3754	경화능 보증 구조용 강재 (H강)	망간 강재	SMn 420 H	-		구 기호	SMn 21 H
			SMn 433 H	-			SMn 1 H
			SMn 438 H	-			SMn 2 H
			SMn 443 H	-			SMn 3 H
		망간 크롬 강재	SMnC 420 H	-			SMnC 21 H
			SMnC 433 H	-			SMnC 3 H
		크롬 강재	SCr 415 H	-			SCr 21 H
			SCr 420 H	-			SCr 22 H
			SCr 430 H	-			SCr 2 H
			SCr 435 H	-			SCr 3H
			SCr 440 H	-			SCr 4H
		크롬 몰리브덴 강재	SCM 415 H	-			SCM 21 H
			SCM 418 H	-			-
			SCM 420 H	-			SCM 22 H
			SCM 435 H	-			SCM 3 H
			SCM 440 H	-			SCM 4 H
			SCM 445 H	-			SCM 5 H
			SCM 822 H	-			SCM 24 H
		니켈 크롬 강재	SNC 415 H	-			SNC 21 H
			SNC 631 H	-			SNC 2 H
			SNC 815 H	-			SNC 22 H
		니켈 크롬 몰리브덴 강재	SNCM 220 H	-			SNCM 21 H
			SNCM 420 H	-			SNCM 23 H
D 3755	고온용 합금강 볼트재	1종	SNB 5	690 이상		압력용기, 밸브, 플랜지 및 이음쇠에 사용	
		2종	SNB 7	690 ~ 860 이상			
		3종	SNB 16	690 ~ 860 이상			
D 3756	알루미늄 크롬 몰리브덴 강재	1종	S Al Cr Mo 1	-		표면 질화용, 기계 구조용	
D 3867	기계 구조용 합금강 강재	망가니즈강 D 3724	SMn 420	-		표면 담금질용	
			SMn 433	-		-	
			SMn 438	-		-	
			SMn 443	-		-	
		망가니즈크로뮴강 D 3724	SMnC 420	-		표면 담금질용	
			SMnC 443	-		-	
		크로뮴강	SCr 415	-		표면 담금질용	
			SCr 420	-			
			SCr 430	-			

KS 규격	명 칭	분류 및 종별	기 호	인장강도 N/mm²	주요 용도 및 특징
D 3867	기계 구조용 합금강 강재	D 3707	SCr 435	-	-
			SCr 440	-	-
			SCr 445	-	-
		크로뮴몰리브 데넘강 D 3711	SCM 415	-	표면 담금질용
			SCM 418	-	
			SCM 420	-	
			SCM 421	-	
			SCM 425	-	
			SCM 430	-	
			SCM 432	-	
			SCM 435	-	
			SCM 440	-	
			SCM 445	-	
			SCM 822	-	표면 담금질용
		니켈크로뮴강 D 3708	SNC 236	-	-
			SNC 415	-	표면 담금질용
			SNC 631	-	-
			SNC 815	-	표면 담금질용
			SNC 836	-	-
		니켈크로뮴몰 리브데넘강 D 3709	SNCM 220	-	표면 담금질용
			SNCM 240	-	-
			SNCM 415	-	표면 담금질용
			SNCM 420	-	
			SNCM 431	-	-
			SNCM 439	-	-
			SNCM 447	-	-
			SNCM 616	-	표면 담금질용
			SNCM 625	-	-
			SNCM 630	-	-
			SNCM 815	-	표면 담금질용

2. 특수용도강

■ 공구강. 중공강. 베어링강

KS 규격	명 칭	분류 및 종별	기 호	인장강도 N/mm²	주요 용도 및 특징
D 3522	고속도 공구강 강재	텅스텐계	SKH 2	HRC 63 이상	일반 절삭용 기타 각종 공구
			SKH 3	HRC 64 이상	고속 중절삭용 기타 각종 공구
			SKH 4		난삭재 절삭용 기타 각종 공구
			SKH 10		고난삭재 절삭용 기타 각종 공구
		분말야금 제조 몰리브덴계	SKH 40	HRC 65 이상	경도, 인성, 내마모성을 필요로 하는 일반절삭용, 기타 각종 공구
		몰리브덴계	SKH 50	HRC 63 이상	연성을 필요로 하는 일반 절삭용, 기타 각종 공구
			SKH 51		
			SKH 52		비교적 인성을 필요로 하는 고경도재 절삭용, 기타 각종 공구
			SKH 53		
			SKH 54	HRC 64 이상	고난삭재 절삭용 기타 각종 공구
			SKH 55		비교적 인성을 필요로 하는 고속 중절삭용 기타 각종 공구
			SKH 56		
			SKH 57		고난삭재 절삭용 기타 각종 공구
			SKH 58		인성을 필요로 하는 일반 절삭용, 기타 각종 공구
			SKH 59	HRC 66 이상	비교적 인성을 필요로 하는 고속 중절삭용 기타 각종 공구
D 3523	중공강 강재	3종	SKC 3	HB 229 ~ 302	로드용
		11종	SKC 11	HB 285 ~ 375	로드 또는 인서트 비트 등
		24종	SKC 24	HB 269 ~ 352	
		31종	SKC 31		
D 3751	탄소 공구강 강재	1종	STC 140 (STC 1)	HRC 63 이상	칼줄, 벌줄
		2종	STC 120 (STC 2)	HRC 62 이상	드릴, 철공용 줄, 소형 펀치, 면도날, 태엽, 쇠톱
		3종	STC 105 (STC 3)	HRC 61 이상	나사 가공 다이스, 쇠톱, 프레스 형틀, 게이지, 태엽, 끌, 치공구
		4종	STC 95 (STC 4)	HRC 61 이상	태엽, 목공용 드릴, 도끼, 끌, 셔츠 바늘, 면도칼, 목공용 띠톱, 펜촉, 프레스 형틀, 게이지
		5종	STC 90	HRC 60 이상	프레스 형틀, 태엽, 게이지, 침
		6종	STC 85 (STC 5)	HRC 59 이상	각인, 프레스 형틀, 태엽, 띠톱, 치공구, 원형톱, 펜촉, 등사판 줄, 게이지 등
		7종	STC 80	HRC 58 이상	각인, 프레스 형틀, 태엽
		8종	STC 75 (STC 6)	HRC 57 이상	각인, 스냅, 원형톱, 태엽, 프레스 형틀, 등사판 줄 등
		9종	STC 70	HRC 57 이상	각인, 스냅, 프레스 형틀, 태엽
		10종	STC 65 (STC 7)	HRC 56 이상	각인, 스냅, 프레스 형틀, 나이프 등
		11종	STC 60	HRC 55 이상	각인, 스냅, 프레스 형틀

KS 규격	명칭	분류 및 종별	기호	인장강도 N/mm²	주요 용도 및 특징
D 3753	합금 공구강 강재	1종	STS 11	HRC 62 이상	주로 절삭 공구강용 HRC 경도는 시험편의 퀜칭. 템퍼링 경도
		2종	STS 2	HRC 61 이상	
		3종	STS 21	HRC 61 이상	
		4종	STS 5	HRC 45 이상	
		5종	STS 51	HRC 45 이상	
		6종	STS 7	HRC 62 이상	
		7종	STS 81	HRC 63 이상	
		8종	STS 8	HRC 63 이상	
		1종	STS 4	HRC 56 이상	주로 내충격 공구강용 HRC 경도는 시험편의 퀜칭. 템퍼링 경도
		2종	STS 41	HRC 53 이상	
		3종	STS 43	HRC 63 이상	
		4종	STS 44	HRC 60 이상	
		1종	STS 3	HRC 60 이상	주로 냉간 금형용 HRC 경도는 시험편의 퀜칭. 템퍼링 경도
		2종	STS 31	HRC 61 이상	
		3종	STS 93	HRC 63 이상	
		4종	STS 94	HRC 61 이상	
		5종	STS 95	HRC 59 이상	
		6종	STD 1	HRC 62 이상	
		7종	STD 2	HRC 62 이상	
		8종	STD 10	HRC 61 이상	
		9종	STD 11	HRC 58 이상	
		10종	STD 12	HRC 60 이상	
		1종	STD 4	HRC 42 이상	주로 열간 금형용 HRC 경도는 시험편의 퀜칭. 템퍼링 경도
		2종	STD 5	HRC 48 이상	
		3종	STD 6	HRC 48 이상	
		4종	STD 61	HRC 50 이상	
		5종	STD 62	HRC 48 이상	
		6종	STD 7	HRC 46 이상	
		7종	STD 8	HRC 48 이상	
		8종	STF 3	HRC 42 이상	
		9종	STF 4	HRC 42 이상	
		10종	STF 6	HRC 52 이상	
D 3525	고탄소 크로뮴 베어링 강재	1종	STB 1	-	주로 구름베어링에 사용 (열간 압연 원형강 표준지름은 15~130mm)
		2종	STB 2	-	
		3종	STB 3	-	
		4종	STB 4	-	
		5종	STB 5	-	

■ 스프링강, 쾌삭강, 클래드강

KS 규격	명칭	분류 및 종별	기호	인장강도 N/mm²	주요 용도 및 특징
D 3597	스프링용 냉간 압연 강대	1종	S50C-CSP	경도 HV 180 이하	[조질 구분 및 기호] A : 어닐링을 한 것 R : 냉간압연한 그대로의 것 H : 퀜칭, 템퍼링을 한 것 B : 오스템퍼링을 한 것
		2종	S55C-CSP	경도 HV 180 이하	
		3종	S60C-CSP	경도 HV 190 이하	
		4종	S65C-CSP	경도 HV 190 이하	
		5종	S70C-CSP	경도 HV 190 이하	
		6종	SK85-CSP (SK5-CSP)	경도 HV 190 이하	
		7종	SK95-CSP (SK4-CSP)	경도 HV 200 이하	
		8종	SUP10-CSP	경도 HV 190 이하	
D 3701	스프링 강재	1종	SPS 6	실리콘 망가니즈 강재	주로 겹판 스프링, 코일 스프링 및 비틀림 막대 스프링용에 사용한다
		2종	SPS 7		
		3종	SPS 9	망가니즈 크로뮴 강재	
		4종	SPS 9A		
		5종	SPS 10	크로뮴 바나듐 강재	주로 코일 스프링 및 비틀림 막대 스프링용에 사용한다
		6종	SPS 11A	망가니즈 크로뮴 보론 강재	주로 대형 겹판 스프링, 코일 스프링 및 비틀림 막대 스프링에 사용한다
		7종	SPS 12	실리콘 크로뮴 강재	주로 코일 스프링에 사용한다
		8종	SPS 13	크로뮴 몰리브데넘 강재	주로 대형 겹판 스프링, 코일 스프링에 사용한다
D 3567	황 및 황 복합 쾌삭 강재	1종	SUM 11		특히 피절삭성을 향상시키기 위하여 탄소강에 황을 첨가하여 제조한 쾌삭강 강재 및 인 또는 납을 황에 복합하여 첨가한 강재도 포함
		2종	SUM 12		
		3종	SUM 21		
		4종	SUM 22		
		5종	SUM 22 L		
		6종	SUM 23		
		7종	SUM 23 L		
		8종	SUM 24 L		
		9종	SUM 25		
		10종	SUM 31		
		11종	SUM 31 L		
		12종	SUM 32		
		13종	SUM 41		
		14종	SUM 42		
		15종	SUM 43		
	쾌삭용 스테인리스	1종	STS XM1	오스테나이트계	
		2종	STS 303		
		3종	STS XM5		
		4종	STS 303Se		
		5종	STS XM2		
		6종	STS 416	마르텐사이트계	
		7종	STS XM6		
		8종	STS 416Se		

KS 규격	명 칭	분류 및 종별	기 호	인장강도 N/mm²	주요 용도 및 특징
D 7202	강선 및 선재	9종	STS XM34	페라이트계	
		10종	STS 18235		
		11종	STS 41603		
		12종	STS 430F		
		13종	STS 430F Se		
D 3603	구리 및 구리합금 클래드강	1종	R1	압연 클래드강	압력용기, 저장조 및 수처리 장치 등에 사용하는 구리 및 구리합금을 접합재로 한 클래드강

1종 : 접합재를 포함하여 강도 부재로 설계한 것. 구조물을 제작할 때 가혹한 가공을 하는 경우 등을 대상으로 한 것

2종 : 1종 이외의 클래드강에 대하여 적용하는 것. 보기를 들면 접합재를 부식 여유(corrosion allowance)를 두어 사용한 것. 라이닝 대신으로 사용한 것 |
		2종	R2		
		1종	BR1	폭찹 압연 클래드강	
		2종	BR2		
		1종	DR1	확산 압연 클래드강	
		2종	DR2		
		1종	WR1	덧살붙임 압연 클래드강	
		2종	WR2		
		1종	ER1	주입 압연 클래드강	
		2종	ER2		
		1종	B1	폭착 클래드강	
		2종	B2		
		1종	D1	확산 클래드강	
		2종	D2		
		1종	W1	덧살붙임 클래드강	
		2종	W2		
D 3604	타이타늄 클래드강	1종	R1	압연 클래드강	압력용기, 보일러, 원자로, 저장조 등에 사용하는 접합재를 타이타늄으로 한 클래드강

1종 : 접합재를 포함하여 강도 부재로 설계한 것 및 특별한 용도의 것, 특별한 용도란 구조물을 제작할 때 가혹한 가공을 하는 경우 등을 대상으로 한 것

2종 : 1종 이외의 클래드강에 대하여 적용하는 것. 예를 들면 접합재를 부식 여유(corrosion allowance)로 설계한 것 또는 라이닝 대신에 사용하는 것 등 |
		2종	R2		
		1종	BR1	폭찹 압연 클래드강	
		2종	BR2		
		1종	B1	폭착 클래드강	
		2종	B2		
D 3605	니켈 및 니켈합금 클래드강	1종	R1	압연 클래드강	압력용기, 원자로, 저장조 등에 사용하는 니켈 및 니켈합금을 접합재로 한 클래드강

1종 : 접합재를 포함하여 강도 부재로 설계한 것 및 특별한 용도의 것, 특별한 용도의 보기로는 고온 등에서 사용하는 경우, 구조물을 제작할 때 가혹한 가공을 하는 경우 등을 대상으로 한 것

2종 : 1종 이외의 클래드강에 대하여 적용하는 것. 보기를 들면 접합재를 부식 여유(corrosion allowance)로 하여 사용한 것 또는 라이닝 대신에 사용하는 것 등 |
		2종	R2		
		1종	BR1	폭찹 압연 클래드강	
		2종	BR2		
		1종	DR1	확산 압연 클래드강	
		2종	DR2		
		1종	WR1	덧살붙임 압연 클래드강	
		2종	WR2		
		1종	ER1	주입 압연 클래드강	
		2종	ER2		
		1종	B1	폭착 클래드강	
		2종	B2		

KS 규격	명 칭	분류 및 종별	기 호	인장강도 N/mm²	주요 용도 및 특징
D 3605	니켈 및 니켈합금 클래드강	1종	D1	확산 클래드강	
		2종	D2		
		1종	W1	덧살붙임 클래드강	
		2종	W2		
D 3605	스테인리스 클래드강	1종	R1	압연 클래드강	압력용기, 보일러, 원자로 및 저장탱크 등에 사용하는 접합재를 스테인리스로 만든 전체 두께 8mm 이상의 클래드강 1종 : 접합재를 보강재로서 설계한 것 및 특별한 용도의 것, 특별한 용도로서는 고온 등에서 사용할 경우 또는 구조물을 제작할 때에 엄밀한 가공을 실시하는 경우 등을 대상으로 한 것 2종 : 1종 이외의 클래드강에 대하여 적용하는 것으로 예를 들면 접합재를 부식 여유(corrosion allowance)로서 설계한 것 또는 라이닝 대신에 사용하는 것 등
		2종	R2		
		1종	BR1	폭찹 압연 클래드강	
		2종	BR2		
		1종	DR1	확산 압연 클래드강	
		2종	DR2		
		1종	WR1	덧살붙임 압연 클래드강	
		2종	WR2		
		1종	ER1	주입 압연 클래드강	
		2종	ER2		
		1종	B1	폭착 클래드강	
		2종	B2		
		1종	D1	확산 클래드강	
		2종	D2		
		1종	W1	덧살붙임 클래드강	
		2종	W2		

3. 주단조품

■ 단강품

KS 규격	명 칭	분류 및 종별	기 호	인장강도 N/mm²	주요 용도 및 특징
D 3710	탄소강 단강품	1종	SF 340 A (SF 34)	340 ~ 440	일반용으로 사용하는 탄소강 단강품 [열처리 기호 의미] A : 어닐링, 노멀라이징 또는 노멀라이징 템퍼링 B : 퀜칭 템퍼링
		2종	SF 390 A (SF 40)	390 ~ 490	
		3종	SF 440 A (SF 45)	440 ~ 540	
		4종	SF 490 A (SF 50)	490 ~ 590	
		5종	SF 540 A (SF 55)	540 ~ 640	
		6종	SF 590 A (SF 60)	590 ~ 690	
		7종	SF 540 B (SF 55)	540 ~ 690	
		8종	SF 590 B (SF 60)	590 ~ 740	
		9종	SF 640 B (SF 65)	640 ~ 780	

KS 규격	명 칭	분류 및 종별	기 호	인장강도 N/mm^2	주요 용도 및 특징
D 4114	크롬 몰리브덴 단강품	축상단강품 1종	SFCM 590 S	590 ~ 740	축, 크랭크, 피니언, 기어, 플랜지, 링, 휠, 디스크 등 일반용으로 사용하는 축상, 원통상, 링상 및 디스크상으로 성형한 크롬몰리브덴 단강품 [링상 단강품의 기호 보기] SFCM 590 R [디스크상 단강품의 기호 보기] SFCM 590 D
		2종	SFCM 640 S	640 ~ 780	
		3종	SFCM 690 S	690 ~ 830	
		4종	SFCM 740 S	740 ~ 880	
		5종	SFCM 780 S	780 ~ 930	
		6종	SFCM 830 S	830 ~ 980	
		7종	SFCM 880 S	880 ~ 1030	
		8종	SFCM 930 S	930 ~ 1080	
		9종	SFCM 980 S	980 ~ 1130	
D 4115	압력 용기용 스테인리스 단강품	오스테나이트계	STS F 304	세부 규격 참조	주로 부식용 및 고온용 압력 용기 및 그 부품에 사용되는 스테인리스 단강품, 다만 오스테나이트계 스테인리스 단강품에 대해서는 저온용 압력 용기 및 그 부품에도 적용 가능
			STS F 304 H		
			STS F 304 L		
			STS F 304 N		
			STS F 304 LN		
			STS F 310		
			STS F 316		
			STS F 316 H		
			STS F 316 L		
			STS F 316 N		
			STS F 316 LN		
			STS F 317		
			STS F 317 L		
			STS F 321		
			STS F 321 H		
			STS F 347		
			STS F 347 H		
			STS F 350		
		마르텐사이트계	STS F 410-A	480 이상	
			STS F 410-B	590 이상	
			STS F 410-C	760 이상	
			STS F 410-D	900 이상	
			STS F 6B	760~930	
			STS F 6NM	790 이상	
		석출경화계	STS F 630	세부 규격 참조	
D 4116	탄소강 단강품용 강편	1종	SFB 1	-	탄소강 단강품의 제조에 사용
		2종	SFB 2	-	
		3종	SFB 3	-	
		4종	SFB 4	-	
		5종	SFB 5	-	
		6종	SFB 6	-	
		7종	SFB 7	-	

KS 규격	명 칭	분류 및 종별		기 호	인장강도 N/mm²	주요 용도 및 특징
D 4117	니켈-크롬 몰리브덴강 단강품	축상 단강품	1종	SFNCM 690 S	690 ~ 830	봉, 축, 크랭크, 피니언, 기어, 플랜지, 링, 휠, 디스크 등 일반용으로 사용하는 축상, 환상 및 원판상으로 성형한 니켈 크롬 몰리브덴 단강품 [환상 단강품의 기호 보기] SFNCM 690 R [원판상 단강품의 기호 보기] SFNCM 690 D
			2종	SFNCM 740 S	740 ~ 880	
			3종	SFNCM 780 S	780 ~ 930	
			4종	SFNCM 830 S	830 ~ 980	
			5종	SFNCM 880 S	880 ~ 1030	
			6종	SFNCM 930 S	930 ~ 1080	
			7종	SFNCM 980 S	980 ~ 1130	
			8종	SFNCM 1030 S	1030 ~ 1180	
			9종	SFNCM 1080 S	1080 ~ 1230	
D 4122	압력 용기용 탄소강 단강품		1종	SFVC 1	410 ~ 560	주로 중온 내지 상온에서 사용하는 압력 용기 및 그 부품에 사용하는 용접성을 고려한 탄소강 단강품
			2종	SFVC 2A	490 ~ 640	
			3종	SFVC 2B		
D 4123	압력 용기용 합금강 단강품	고온용		SFVA F1	480 ~ 660	주로 고온에서 사용하는 압력 용기 및 그 부품에 사용하는 용접성을 고려한 조질형 (퀜칭, 템퍼링) 합금강 단강품
				SFVA F2		
				SFVA F12		
				SFVA F11A		
				SFVA F11B	520 ~ 690	
				SFVA F22A	410 ~ 590	
				SFVA F22B	520 ~ 690	
				SFVA F21A	410 ~ 590	
				SFVA F21B	520 ~ 590	
				SFVA F5A	410 ~ 590	
				SFVA F5B	480 ~ 660	
				SFVA F5C	550 ~ 730	
				SFVA F5D	620 ~ 780	
				SFVA F9	590 ~ 760	
		조질형		SFVQ 1A	550 ~ 730	
				SFVQ 1B	620 ~ 790	
				SFVQ 2A	550 ~ 730	
				SFVQ 2B	620 ~ 790	
				SFVQ 3		
D 4125	저온 압력 용기용 단강품		1종	SFL 1	440 ~ 590	주로 저온에서 사용하는 압력 용기 및 그 부품에 사용하는 용접성을 고려한 탄소강 및 합금강 단강품
			2종	SFL 2	490 ~ 640	
			3종	SFL 3		
D 4129	고온 압력 용기용 고강도 크롬몰리브덴 강 단강품		1종	SFVCM F22B	580 ~ 760	주로 고온에서 사용하는 압력 용기용 고강도 크롬몰리브덴강 단강품
			2종	SFVCM F22V	580 ~ 760	
			3종	SFVCM F3V	580 ~ 760	
D 4320	철탑 플랜지용 고장력강 단강품		1종	SFT 590	440 이상	주로 송전 철탑용 플랜지에 쓰이는 고장력강 단강품

■ 주강품

KS 규격	명 칭	분류 및 종별	기 호	인장강도 N/mm^2	주요 용도 및 특징
D 4101	탄소강 주강품	1종	SC 360	360 이상	일반 구조용, 전동기 부품용
		2종	SC 410	410 이상	일반 구조용 [원심력 주강관의 경우 표시 예] SC 410-CF
		3종	SC 450	450 이상	
		4종	SC 480	480 이상	
D 4102	구조용 고장력 탄소강 및 저합금강 주강품	구조용	SCC 3	세부 규격 참조	구조용 고장력 탄소강 및 저합금강 주강품 [원심력 주강관의 경우 표시 예] SCC 3-CF
		구조용, 내마모용	SCC5		
		구조용	SCMn 1		
			SCMn 2		
			SCMn 3		
		구조용, 내마모용	SCMn 5		
		구조용 (주로 앵커 체인용)	SCSiMn 2		
		구조용	SCMnCr 2		
			SCMnCr 3		
		구조용, 내마모용	SCMnCr 4		
			SCMnM 3		
		구조용, 강인재용	SCCrM 1		
			SCCrM 3		
			SCMnCrM 2		
			SCMnCrM 3		
			SCNCrM 2		
	스테인리스강 주강품	CA 15	SSC 1	세부 규격 참조	-
		CA 15	SSC 1X		GX 12 Cr 12
		CA 40	SSC 2		-
		CA 40	SSC 2A		-
		CA 15M	SSC 3		-
		CA 15M	SSC 3X		GX 8 CrNiMo 12 1
		-	SSC 4		
			SSC 5		
		CA 6NM	SSC 6		
		CA 6NM	SSC 6X	대응 ISO	GX 4 CrNi 12 4 (QT1) (QT2)
		-	SSC 10		
		-	SSC 11		
		CF 20	SSC 12		
		-	SSC 13		
		CF 8	SSC 13A		
		-	SSC 13X		GX 5 CrNi 19 9
		-	SSC 14		
		CF 8M	SSC 14A		
		-	SSC 14X		GX 5 CrNiMo 19 11 2
		-	SSC 14Nb		GX 6 CrNiMoNb 19 11 2
		-	SSC 15		

KS 규격	명칭	분류 및 종별	기호	인장강도 N/mm²	주요 용도 및 특징
	스테인리스강 주강품	-	SSC 16		-
		CF 3M	SSC 16A		-
		CF 3M	SSC 16AX		GX 2 CrNiMo 19 11 2
		CF 3MN	SSC 16AXN		GX 2 CrNiMoN 19 11 2
		CH 10, CH 20	SSC 17		-
		CK 20	SSC 18		-
		-	SSC 19		-
		CF 3	SSC 19A		-
		-	SSC 20		-
		CF 8C	SSC 21		-
		CF 8C	SSC 21X		GX 6 CrNiNb 19 10
		-	SSC 22		-
		CN 7M	SSC 23		-
		CB 7 Cu-1	SSC 24		-
		-	SSC 31		GX 4 CrNiMo 16 5 1
		A890M 1B	SSC 32		GX 2 CrNiCuMoN 26 5 3 3
		-	SSC 33		GX 2 CrNiMoN 26 5 3
		CG 8M	SSC 34		GX 5 CrNiMo 19 11 3
		CK-35MN	SSC 35		
		-	SSC 40		
D 4104	고망간강 주강품	1종	SCMnH 1	-	일반용(보통품)
		2종	SCMnH 2	740 이상	일반용(고급품, 비자성품)
		3종	SCMnH 3		주로 레일 크로싱용
		4종	SCMnH 11		고내력, 고마모용(해머, 조 플레이트 등)
		5종	SCMnH 21		주로 무한궤도용
D 4105	내열강 주강품	1종	HRSC 1	490 이상	-
		2종	HRSC 2	340 이상	ASTM HC, ACI HC
		3종	HRSC 3	490 이상	
		4종	HRSC 11	590 이상	ASTM HD, ACI HD
		5종	HRSC 12	490 이상	ASTM HF, ACI HF
		6종	HRSC 13	490 이상	ASTM HH, ACI HH
		7종	HRSC 13 A	490 이상	ASTM HH Type II
		8종	HRSC 15	440 이상	ASTM HT, ACI HT
		9종	HRSC 16	440 이상	유사 강종 [참고] ASTM HT30
		10종	HRSC 17	540 이상	ASTM HE, ACI HE
		11종	HRSC 18	490 이상	ASTM HI, ACI HI
		12종	HRSC 19	390 이상	ASTM HN, ACI HN
		13종	HRSC 20	390 이상	ASTM HU, ACI HU
		14종	HRSC 21	440 이상	ASTM HK30, ACI HK30
		15종	HRSC 22	440 이상	ASTM HK40, ACI HK40
		16종	HRSC 23	450 이상	ASTM HL, ACI HL
		17종	HRSC 24	440 이상	ASTM HP, ACI HP

KS 규격	명 칭	분류 및 종별	기 호	인장강도 N/mm²	주요 용도 및 특징
D 4106	용접 구조용 주강품	1종	SCW 410 (SCW 42)	410 이상	압연강재, 주강품 또는 다른 주강품의 용접 구조에 사용하는 것으로 특히 용접성이 우수한 주강품
		2종	SCW 450	450 이상	
		3종	SCW 480 (SCW 49)	480 이상	
		4종	SCW 550 (SCW 56)	550 이상	
		5종	SCW 620 (SCW 63)	620 이상	
D 4107	고온 고압용 주강품	탄소강	SCPH 1	410 이상	고온에서 사용하는 밸브, 플랜지, 케이싱 및 기타 고압 부품용 주강품
			SCPH 2	480 이상	
		0.5% 몰리브덴강	SCPH 11	450 이상	
		1% 크롬-0.5% 몰리브덴강	SCPH 21	480 이상	
		1% 크롬-1% 몰리브덴강	SCPH 22	550 이상	
		1% 크롬-1% 몰리브덴강-0.2% 바나듐강	SCPH 23		
		2.5% 크롬-1% 몰리브덴강	SCPH 32	480 이상	
		5% 크롬-0.5% 몰리브덴강	SCPH 61	620 이상	
D 4108	용접 구조용 원심력 주강관	1종	SCW 410-CF	410 이상	압연강재, 단강품 또는 다른 주강품과의 용접 구조에 사용하는 특히 용접성이 우수한 관 두께 8mm 이상 150mm 이하의 용접 구조용 원심력 주강관
		2종	SCW 480-CF	480 이상	
		3종	SCW 490-CF	490 이상	
		4종	SCW 520-CF	520 이상	
		5종	SCW 570-CF	570 이상	
D 4111	저온 고압용 주강품	탄소강(보통품)	SCPL 1	450 이상	저온에서 사용되는 밸브, 플랜지, 실린더, 그 밖의 고압 부품용
		0.5% 몰리브덴강	SCPL 11		
		2.5% 니켈강	SCPL 21	480 이상	
		3.5% 니켈강	SCPL 31		
D 4112	고온 고압용 원심력 주강관	탄소강	SCPH 1-CF	410 이상	주로 고온에서 사용하는 원심력 주강관
			SCPH 2-CF	480 이상	
		0.5% 몰리브덴강	SCPH 11-CF	380 이상	
		1% 크롬-0.5% 몰리브덴강	SCPH 21-CF	410 이상	
		2.5% 크롬-1% 몰리브덴강	SCPH 32-CF		
D 4118	도로 교량용 주강품	1종	SCHB 1	491 이상	도로 교량용 부품으로 사용하는 주강품
		2종	SCHB 2	628 이상	
		3종	SCHB 3	834 이상	

KS 규격	명 칭	분류 및 종별	기 호	인장강도 N/mm²	주요 용도 및 특징
D ISO 13521	오스테나이트계 망가니즈 주강품	강 등급	GX120MnMo7-1	-	
			GX110MnMo7-13-1	-	
			GX100Mn13	-	때때로 비자성체에 이용된다
			GX120Mn13	-	때때로 비자성체에 이용된다
			GX129MnCr13-2	-	
			GX129MnNi13-3	-	
			GX120Mn17	-	때때로 비자성체에 이용된다
			GX90MnMo14	-	
			GX120MnCr17-2	-	

■ 주철품

KS 규격	명 칭	분류 및 종별	기 호	인장강도 N/mm²	주요 용도 및 특징
D 4301	회 주철품	1종	GC 100	100 이상	편상 흑연을 함유한 주철품 (주철품의 두께에 따라 인장강도 다름)
		2종	GC 150	150 이상	
		3종	GC 200	200 이상	
		4종	GC 250	250 이상	
		5종	GC 300	300 이상	
		6종	GC 350	350 이상	
D 4302	구상 흑연 주철품	별도주입공시재 1종	GCD 350-22	350 이상	구상(球狀) 흑연 주철품 기호 L : 저온 충격값이 규정된 것
		별도주입공시재 2종	GCD 350-22L		
		별도주입공시재 3종	GCD 400-18	400 이상	
		별도주입공시재 4종	GCD 400-18L		
		별도주입공시재 5종	GCD 400-15		
		별도주입공시재 6종	GCD 450-10	450 이상	
		별도주입공시재 7종	GCD 500-7	500 이상	
		별도주입공시재 8종	GCD 600-3	600 이상	
		별도주입공시재 9종	GCD 700-2	700 이상	
		별도주입공시재 10종	GCD 800-2	800 이상	
		본체부착공시재 1종	GCD 400-18A	세부 규격 참조	
		본체부착공시재 2종	GCD 400-18AL		
		본체부착공시재 3종	GCD 400-15A		
		본체부착공시재 4종	GCD 500-7A		
		본체부착공시재 5종	GCD 600-3A		
D 4318	오스템퍼 구상 흑연 주철품	1종	GCAD 900-4	900 이상	오스템퍼 처리한 구상 흑연 주철품
		2종	GCAD 900-8		
		3종	GCAD 1000-5	1000 이상	
		4종	GCAD 1200-2	1200 이상	
		5종	GCAD 1400-1	1400 이상	

KS 규격	명 칭	분류 및 종별	기 호	인장강도 N/mm²	주요 용도 및 특징
D 4319	오스테나이트 주철품	구상 흑연계	GCDA-NiMn 13 17	390 이상	비자성 주물 보기 : 터빈 발동기용 압력 커버, 차단기 상자, 절연 플랜지, 터미널, 덕트
			GCDA-NiCr 20 2	370 이상	펌프, 밸브, 컴프레서, 부싱, 터보차저 하우징, 이그조스트 매니폴드, 캐빙 머신용 로터리 테이블, 엔진용 터빈 하우징, 밸브용 요크슬리브, 비자성 주물
			GCDA-NiCrNb 20 2		GCDA-NiCr 20 2와 동등
			GCDA-NiCr 20 3	390 이상	펌프, 펌프용 케이싱, 밸브, 컴프레서, 부싱, 터보 차저 하우징, 이그조스트 매니폴드
			GCDA-NiSiCr 20 5 2	370 이상	펌프 부품, 밸브, 높은 기계적 응력을 받는 공업로용 주물
			GCDA-Ni 22		펌프, 밸브, 컴프레서, 부싱, 터보 차저 하우징, 이그조스트 매니폴드, 비자성 주물
			GCDA-NiMn 23 4	440 이상	-196℃까지 사용되는 경우의 냉동기 기류 주물
			GCDA-NiCr 30 1	370 이상	펌프, 보일러 필터 부품, 이그조스트 매니폴드, 밸브, 터보 차저 하우징
			GCDA-NiCr 30 3		펌프, 보일러, 밸브, 필터 부품, 이그조스트 매니폴드, 터보 차저 하우징
			GCDA-NiSiCr 30 5 2	380 이상	펌프 부품, 이그조스트 매니폴드, 터보 차저 하우징, 공업로용 주물
			GCDA-NiSiCr 30 5 5	390 이상	펌프 부품, 밸브, 공업로용 주물 중 높은 기계적 응력을 받는 부품
			GCDA-Ni 35		온도에 따른 치수변화를 기피하는 부품 적용 (예 : 공작기계, 이과학기기, 유리용 금형)
			GCDA-NiCr 35 3	370 이상	가스 터빈 하우징 부품, 유리용 금형, 엔진용 터보 차저 하우징
			GCDA-NiSiCr 35 5 2		가스 터빈 하우징 부품, 이그조스트 매니폴드, 터보 차저 하우징
D 4321	철(합금)계 저열팽창 주조품	주강계	SCLE 1	370 이상	
			SCLE 2		
			SCLE 3		
			SCLE 4		
		회 주철계	GCLE 1	120 이상	50~100℃ 사이의 평균 선팽창계수 7.0×10^{-6}/℃ 이하인 철합금 저열팽창 주조품
			GCLE 2		
			GCLE 3		
			GCLE 4		
		구상 흑연 주철계	GCDLE 1	370 이상	
			GCDLE 2		
			GCDLE 3		
			GCDLE 4		
D 4321	저온용 두꺼운 페라이트 구상 흑연 주철품	1종	GCD 300LT	300 이상	-40℃ 이상의 온도에서 사용되는 주물 두께 550mm 이하의 페라이트 기지의 두꺼운 구상 흑연 주철품
D 4323	하수도용 덕타일 주철관	직관 두께에 따른 구분	1종관	-	가정의 생활폐수 및 산업폐수, 지표수, 우수 등을 운송하는 배수 및 하수 배관용으로 압력 또는 무압력 상태에서 사용하는 덕타일 주철관
			2종관	-	
			3종관	-	

KS 규격	명 칭	분류 및 종별	기 호	인장강도 N/mm²	주요 용도 및 특징
D ISO 5922	가단 주철품	백심가단 주철	GCMW 35-04	세부 규격 참조	가단 주철품 열처리한 철-탄소합금으로서 주조 상태에서 흑연을 함유하지 않은 백선 조직을 가지는 주철품. 즉, 탄소 성분은 전부 시멘타이트(Fe$_3$C)로 결합된 형태로 존재한다. [종류의 기호] GCMW : 백심 가단 주철 GCMB : 흑심 가단 주철 GCMP : 펄라이트 가단 주철
			GCMW 38-12		
			GCMW 40-05		
			GCMW 45-07		
		A	GCMB 30-06	300 이상	
			GCMB 35-10	350 이상	
			GCMB 45-06	450 이상	
			GCMB 55-04	550 이상	
			GCMB 65-02	650 이상	
			GCMB 70-02	700 이상	
		B	GCMB 32-12	320 이상	
			GCMP 50-05	500 이상	
			GCMB 60-03	600 이상	
			GCMB 80-01	800 이상	

■ 신동품

KS 규격	명 칭	분류 및 종별	기호	인장강도 N/mm²	주요 용도 및 특징
D 5101	구리 및 구리합금 봉	무산소동 C1020	C 1020 BE	-	전기 및 열 전도성 우수 용접성, 내식성, 내후성 양호
			C 1020 BD	-	
			C 1020 BF	-	
		타프피치동 C1100	C 1100 BE	-	전기 및 열 전도성 우수 전연성, 내식성, 내후성 양호
			C 1100 BD	-	
			C 1100 BF	-	
		인탈산동 C1201	C 1201 BE	-	전연성, 용접성, 내식성, 내후성 및 열 전도성 양호
			C 1201 BD	-	
		인탈산동 C1220	C 1220 BE	-	
			C 1220 BD	-	
		황동 C2620	C 2600 BE	-	냉간 단조성, 전조성 양호 기계 및 전기 부품
			C 2600 BD	-	
		황동 C2700	C 2700 BE	-	
			C 2700 BD	-	
		황동 C2745	C 2745 BE	-	열간 가공성 양호 기계 및 전기 부품
			C 2745 BD	-	
		황동 C2800	C 2800 BE	-	
			C 2800 BD	-	
		내식 황동 C3533	C 3533 BE	-	수도꼭지, 밸브 등
			C 3533 BD	-	

KS 규격	명칭	분류 및 종별	기호	인장강도 N/mm²	주요 용도 및 특징
D 5101	구리 및 구리합금 봉	쾌삭 황동 C3601	C 3601 BD	-	절삭성 우수, 전연성 양호 볼트, 너트, 작은 나사, 스핀들, 기어, 밸브, 라이터, 시계, 카메라 부품 등
		쾌삭 황동 C3602	C 3602 BE	-	
			C 3602 BD	-	
			C 3602 BF	-	
		쾌삭황동 C3604	C 3604 BE	-	
			C 3604 BD	-	
			C 3604 BF	-	
		쾌삭 황동 C3605	C 3605 BE	-	
			C 3605 BD	-	
		단조 황동 C3712	C 3712 BE	-	열간 단조성 양호, 정밀 단조 적합 기계 부품 등
			C 3712 BD	-	
			C 3712 BF	-	
		단조 황동 C3771	C 3771 BE	-	열간 단조성 및 피절삭성 양호 밸브 및 기계 부품 등
			C 3771 BD	-	
			C 3771 BF	-	
		네이벌 황동 C4622	C 4622 BE	-	내식성 및 내해수성 양호 선박용 부품, 샤프트 등
			C 4622 BD	-	
			C 4622 BF	-	
		네이벌 황동 C4641	C 4641 BE	-	
			C 4641 BD	-	
			C 4641 BF	-	
		내식 황동 C4860	C 4860 BE	-	수도꼭지, 밸브, 선박용 부품 등
			C 4860 BD	-	
		무연 황동 C4926	C 4926 BE	-	내식성 우수, 환경 소재(납 없음) 전기전자, 자동차 부품 및 정밀 가공용
			C 4926 BD	-	
		무연 내식 황동 C4934	C 4934 BE	-	내식성 우수, 환경 소재(납 없음) 수도꼭지, 밸브 등
			C 4934 BD	-	
		알루미늄 청동 C6161	C 6161 BE	-	강도 높고, 내마모성, 내식성 양호 차량 기계용, 화학 공업용, 선박용 피니언 기어, 샤프트, 부시
			C 6161 BD	-	
		알루미늄 청동 C6191	C 6191 BE	-	
			C 6191 BD	-	
		알루미늄 청동 C6241	C 6241 BE	-	
			C 6241 BD	-	
		고강도 황동 C6782	C 6782 BE	-	강도 높고 열간 단조성, 내식성 양호 선박용 프로펠러 축, 펌프 축 등
			C 6782 BD	-	
			C 6782 BF	-	
		고강도 황동 C6783	C 6783 BE	-	
			C 6783 BD	-	

KS 규격	명칭	분류 및 종별		기호	인장강도 N/mm²	주요 용도 및 특징
D 5102	베릴륨 동, 인청동 및 양백의 봉 및 선	베릴륨 동	봉	C 1720 B	-	항공기 엔진 부품, 프로펠러, 볼트, 캠, 기어, 베어링, 점용접용 전극 등
			선	C 1720 W	-	코일 스프링, 스파이럴 스프링, 브러쉬 등
		인청동	봉	C 5111 B		내피로성, 내식성, 내마모성 양호 봉 : 기어, 캠, 이음쇠, 축, 베어링, 작은 나사, 볼트, 너트, 섭동 부품, 커넥터, 트롤리선용 행어 등 선 : 코일 스프링, 스파이럴 스프링, 스냅 버튼, 전기 바인드용 선, 철망, 헤더재, 와셔 등
			선	C 5111 W		
			봉	C 5102 B		
			선	C 5102 W		
			봉	C 5191 B		
			선	C 5191 W		
			봉	C 5212 B		
			선	C 5212 W		
		쾌삭 인청동	봉	C 5341 B		절삭성 양호 작은 나사, 부싱, 베어링, 볼트, 너트, 볼펜 부품 등
			봉	C 5441 B		
		양백	선	C 7451 W		광택 미려, 내피로성, 내식성 양호 봉 : 작은 나사, 볼트, 너트, 전기기기 부품, 악기, 의료기기, 시계부품 등 선 : 특수 스프링 재료 적합
			봉	C 7521 B		
			선	C 7521 W		
			봉	C 7541 B		
			선	C 7541 W		
			봉	C 7701 B		
			선	C 7701 W		
		쾌삭 양백	봉	C 7941 B		절삭성 양호 작은 나사, 베어링, 볼펜 부품, 안경 부품 등
D 5103	구리 및 구리합금 선	무산소동	선	C 1020 W	세부 규격 참조	전기. 열전도성. 전연성 우수 용접성. 내식성. 내환경성 양호
		타프피치 동		C 1100 W		전기. 열전도성 우수 전연성. 내식성. 내환경성 양호 (전기용, 화학공업용, 작은 나사, 못, 철망 등)
		인탈산동		C 1201 W		전연성. 용접성. 내식성. 내환경성 양호
				C 1220 W		
		단동		C 2100 W		색과 광택이 아름답고, 전연성. 내식성 양호 (장식품, 장신구, 패스너, 철망 등)
				C 2200 W		
				C 2300 W		
				C 2400 W		
		황동		C 2600 W		전연성. 냉간 단조성. 전조성 양호 리벳, 작은 나사, 핀, 코바늘, 스프링, 철망 등
				C 2700 W		
				C 2720 W		
				C 2800 W		용접봉, 리벳 등
		니플용 황동		C 3501 W		피삭성, 냉간 단조성 양호 자동차의 니플 등
		쾌삭황동		C 3601 W		피삭성 우수 볼트, 너트, 작은 나사, 전자 부품, 카메라 부품 등
				C 3602 W		
				C 3603 W		
				C 3604 W		

KS 규격	명칭	분류 및 종별		기호	인장강도 N/mm²	주요 용도 및 특징
D 5401	전자 부품용 무산소 동의 판, 띠, 이음매 없는 관, 봉 및 선	판	-	C 1011 P	세부 규격 참조	전신가공한 전자 부품용 무산소 동의 판, 띠, 이음매 없는 관, 봉, 선
		띠	-	C 1011 R		
		관	보통급	C 1011 T		
			특수급	C 1011 TS		
		봉	압출	C 1011 BE		
			인발	C 1011 BD		
		선	-	C 1011 W		
D 5506	인청동 및 양백의 판 및 띠	판	인청동	C 5111 P	세부 규격 참조	전연성. 내피로성. 내식성 양호 전자, 전기 기기용 스프링, 스위치, 리드 프레임, 커넥터, 다이어프램, 베로, 퓨즈 클립, 섭동편, 볼베어링, 부시, 타악기 등
		띠		C 5111 R		
		판		C 5102 P		
		띠		C 5102 R		
		판		C 5191 P		
		띠		C 5191 R		
		판		C 5212 P		
		띠		C 5212 R		
		판	양백	C 7351 P		광택이 아름답고, 전연성. 내피로성. 내식성 양호 수정 발진자 케이스, 트랜지스터캡, 볼륨용 섭동편, 시계 문자판, 장식품, 양식기, 의료기기, 건축용, 관악기 등
		띠		C 7351 R		
		판		C 7451 P		
		띠		C 7451 R		
		판		C 7521 P		
		띠		C 7521 R		
		판		C 7541 P		
		띠		C 7541 R		
D 5530	구리 버스 바	C 1020		C 1020 BB	Cu 99.96% 이상	전기 전도성 우수 각종 도체, 스위치, 바 등
		C 1100		C 1100 BB	Cu 99.90% 이상	
D 5545	구리 및 구리 합금 용접관	용접관	보통급	C 1220 TW	인탈산동	압광성. 굽힘성. 수축성. 용접성. 내식성. 열전도성 양호 열교환기용, 화학 공업용, 급수.급탕용, 가스관용 등
			특수급	C 1220 TWS		
			보통급	C 2600 TW	황동	압광성. 굽힘성. 수축성. 도금성 양호 열교환기, 커튼레일, 위생관, 모든 기기 부품용, 안테나용 등
			특수급	C 2600 TWS		
			보통급	C 2680 TW		
			특수급	C 2680 TWS		
			보통급	C 4430 TW	어드미럴티 황동	내식성 양호 가스관용, 열교환기용 등
			특수급	C 4430 TWS		
			보통급	C 4450 TW	인 첨가 어드미럴티 황동	내식성 양호 가스관용 등
			특수급	C 4450 TWS		
			보통급	C 7060 TW	백동	내식성, 특히 내해수성 양호 비교적 고온 사용 적합 악기용, 건재용, 장식용, 열교환기용 등
			특수급	C 7060 TWS		
			보통급	C 7150 TW		
			특수급	C 7150 TWS		

KS 규격	명칭	분류 및 종별		기호	인장강도 N/mm²	주요 용도 및 특징
D 6706	고순도 알루미늄 박	1N99	O	A1N99H-O	-	전해 커패시터용 리드선용
			H18	A1N99H-H18	-	
		1N90	O	A1N90H-O	-	
			H18	A1N90H-H18	-	
D 7028	알루미늄 및 알루미늄합금 용접봉과 와이어	BY : 봉 WY : 와이어		A1070-BY	54	알루미늄 및 알루미늄 합금의 수동 티그 용접 또는 산소 아세틸렌 가스에 사용하는 용접봉 인장강도는 용접 이음의 인장강도임
				A1070-WY		
				A1100-BY	74	
				A1100-WY		
				A1200-BY		
				A1200-WY		
				A2319-BY	245	
				A2319-WY		
				A4043-BY	167	
				A4043-WY		
				A4047-BY		
				A4047-WY		
				A5554-BY	216	
				A5554-WY		
				A5564-BY	206	
				A5564-WY		
				A5356-BY	265	
				A5356-WY		
				A5556-BY	275	
				A5556-WY		
				A5183-BY		
				A5183-WY		

■ 마그네슘합금 및 납 및 납합금의 전신재

KS 규격	명칭	분류 및 종별	기호	인장강도 N/mm²	주요 용도 및 특징
D 5573	이음매 없는 마그네슘 합금 관	1종B	MT1B	세부 규격 참조	ISO-MgA13Zn1(A)
		1종C	MT1C		ISO-MgA13Zn1(B)
		2종	MT2		ISO-MgA16Zn1
		5종	MT5		ISO-MgZn3Zr
		6종	MT6		ISO-MgZn6Zr
		8종	MT8		ISO-MgMn2
		9종	MT9		ISO-MgZnMn1
D 6710	마그네슘 합금 판, 대 및 코일판	1종B	MP1B	세부 규격 참조	ISO-MgA13Zn1(A)
		1종C	MP1C		ISO-MgA13Zn1(B)
		7종	MP7		-
		9종	MP9		ISO-MgMn2Mn1
D 6723	마그네슘 합금 압출 형재	1종B	MS1B	세부 규격 참조	ISO-MgA13Zn1(A)
		1종C	MS1C		ISO-MgA13Zn1(B)
		2종	MS2		ISO-MgA16Zn1
		3종	MS3		ISO-MgA18Zn
		5종	MS5		ISO-MgZn3Zr
		6종	MS6		ISO-MgZn6Zr
		8종	MS8		ISO-MgMn2
		9종	MS9		ISO-MgMn2Mn1
		10종	MS10		ISO-MgMn7Cu1
		11종	MS11		ISO-MgY5RE4Zr
		12종	MS12		ISO-MgY4RE3Zr
D 6724	마그네슘 합금 봉	1B종	MB1B	세부 규격 참조	ISO-MgA13Zn1(A)
		1C종	MB1C		ISO-MgA13Zn1(B)
		2종	MB2		ISO-MgA16Zn1
		3종	MB3		ISO-MgA18Zn
		5종	MB5		ISO-MgZn3Zr
		6종	MB6		ISO-MgZn6Zr
		8종	MB8		ISO-MgMn2
		9종	MB9		ISO-MgZn2Mn1
		10종	MB10		ISO-MgZn7Cu1
		11종	MB11		ISO-MgY5RE4Zr
		12종	MB12		ISO-MgY4RE3Zr
D 6702	납 및 납합금 판	납판	PbP-1	-	두께 1.0mm 이상 6.0mm 이하의 순납판으로 가공성이 풍부하고 내식성이 우수하며 건축, 화학, 원자력 공업용 등 광범위의 사용에 적합하고, 인장강도 10.5N/mm², 연신율 60% 정도이다.
		얇은 납판	PbP-2	-	두께 0.3mm 이상 1.0mm 미만의 순납판으로 유연성이 우수하고 주로 건축용(지붕, 벽)에 적합하며, 인장강도 10.5N/mm², 연신율 60% 정도이다.
		텔루르 납판	PPbP	-	텔루르를 미량 첨가한 입자분산강화 합금 납판으로 내크리프성이 우수하고 고온(100~150℃)에서의 사용이 가능하고, 화학공업용에 적합하며, 인장강도 20.5N/mm², 연신율 50% 정도이다.

KS 규격	명칭	분류 및 종별	기호	인장강도 N/mm^2	주요 용도 및 특징
D 6702	납 및 납합금 판	경납판 4종	HPbP4	-	안티몬을 4% 첨가한 합금 납판으로 상온에서 120℃의 사용영역에서는 납합금으로서 고강도·고경도를 나타내며, 화학공업용 장치류 및 일반용의 경도를 필요로 하는 분야에 대한 적용이 가능하며, 인장강도 25.5N/mm^2, 연신율 50% 정도이다.
		경납판 6종	HPbP6	-	안티몬을 6% 첨가한 합금 납판으로 상온에서 120℃의 사용영역에서는 납합금으로서 고강도·고경도를 나타내며, 화학공업용 장치류 및 일반용의 경도를 필요로 하는 분야에 대한 적용이 가능하며, 인장강도 28.5N/mm^2, 연신율 50% 정도이다.
	일반 공업용 납 및 납합금 관	공업용 납관 1종	PbT-1	-	납이 99.9%이상인 납관으로 살두께가 두껍고, 화학 공업용에 적합하고 인장 강도 10.5N/mm^2, 연신율 60% 정도이다.
		공업용 납관 2종	PbT-2	-	납이 99.60%이상인 납관으로 내식성이 좋고, 가공성이 우수하고 살두께가 얇고 일반 배수용에 적합하며 인장 강도 11.7N/mm^2, 연신율 55% 정도이다.
		텔루르 납관	TPbT	-	텔루르를 미량 첨가한 입자 분산 강화 합금 납관으로 살두께는 공업용 납관 1종과 같은 납관. 내크리프성이 우수하고 고온(100~150℃)에서의 사용이 가능하고, 화학공업용에 적합하며, 인장강도 20.5N/mm^2, 연신율 50% 정도이다.
		경연관 4종	HPbT4	-	안티몬을 4% 첨가한 합금 납관으로 상온에서 120℃의 사용영역에서는 납합금으로서 고강도·고경도를 나타내며, 화학공업용 장치류 및 일반용의 경도를 필요로 하는 분야로의 적용이 가능하고, 인장강도 25.5N/mm^2, 연신율 50% 정도이다.
		경연관 6종	HPbT6	-	안티몬을 6% 첨가한 합금 납관으로 상온에서 120℃의 사용영역에서는 납합금으로서 고강도·고경도를 나타내며, 화학공업용 장치류 및 일반용의 경도를 필요로 하는 분야로의 적용이 가능하고, 인장강도 28.5N/mm^2, 연신율 50% 정도이다.

■ 니켈 및 니켈합금의 전신재

KS 규격	명칭	분류 및 종별	기호	인장강도 N/mm²	주요 용도 및 특징
D 5539	이음매 없는 니켈 동합금 관		NW4400	NiCu30	세부 규격 참조	내식성, 내산성 양호 강도 높고 고온 사용 적합 급수 가열기, 화학 공업용 등
		NW4402	NiCu30, LC		
D 5546	니켈 및 니켈합금 판 및 조	탄소 니켈 관	NNCP	세부 규격 참조	수산화나트륨 제조 장치, 전기 전자 부품 등
		저탄소 니켈 관	NLCP		
		니켈-동합금 판	NCuP		해수 담수화 장치, 제염 장치, 원유 증류탑 등
		니켈-동합금 조	NCuR		
		니켈-동-알루미늄-티탄합금 판	NCuATP		해수 담수화 장치, 제염 장치, 원유 증류탑 등에서 고강도를 필요로 하는 기기재 등
		니켈-몰리브덴합금 1종 관	NM1P		염산 제조 장치, 요소 제조 장치, 에틸렌글리콜이나 크로로프렌 단량체 제조 장치 등
		니켈-몰리브덴합금 2종 관	NM2P		
		니켈-몰리브덴-크롬합금 판	NMCrP		산 세척 장치, 공해 방지 장치, 석유화학 산업 장치, 합성 섬유 산업 장치 등
		니켈-크롬-철-몰리브덴-동합금 1종 판	NCrFMCu1P		인산 제조 장치, 플루오르산 제조 장치, 공해 방지 장치 등
		니켈-크롬-철-몰리브덴-동합금 2종 판	NCrFMCu2P		
		니켈-크롬-몰리브덴-철합금 판	NCrMFP		공업용로, 가스터빈 등
D 5603	듀멧선	선1종 1	DW1-1	640 이상	전자관, 전구, 방전 램프 등의 관구류
		선1종 2	DW1-2		
		선2종	DW2		다이오드, 서미스터 등의 반도체 장비류
D 6023	니켈 및 니켈합금 주물	니켈 주물	NC	345 이상	수산화나트륨, 탄산나트륨 및 염화암모늄을 취급하는 제조장치의 밸브·펌프 등
		니켈-구리합금 주물	NCuC	450 이상	해수 및 염수, 중성염, 알칼리염 및 플루오르산을 취급하는 화학 제조 장치의 밸브·펌프 등
		니켈-몰리브덴합금 주물	NMC	525 이상	염소, 황산 인산, 아세트산 및 염화수소가스를 취급하는 제조 장치의 밸브·펌프 등
		니켈-몰리브덴-크롬합금 주물	NMCrC	495 이상	산화성산, 플루오르산, 포름산 무수아세트산, 해수 및 염수를 취급하는 제조 장치의 밸브 등
		니켈-크롬-철합금 주물	NCrFC	485 이상	질산, 지방산, 암모늄 및 염화성 약품을 취급하는 화학 및 식품 제조 장치의 밸브 등
D 6719	이음매 없는 니켈 및 니켈합금 관	상탄소 니켈관	NNCT	세부 규격 참조	수산화나트륨 제조 장치, 식품, 약품 제조 장치, 전기, 전자 부품 등
		저탄소 니켈관	NLCT		
		니켈-동합금 관	NCuT		급수 가열기, 해수 담수화 장치, 제염 장치, 원유 증류탑 등
		니켈-몰리브덴-크롬합금 관	NMCrT		산세척 장치, 공해방지 장치, 석유화학, 합성 섬유산업 장치 등
		니켈-크롬-몰리브덴-철합금 관	NCrMFT		공업용 노, 가스 터빈 등

■ 티탄 및 티탄합금 기타의 전신재

KS 규격	명칭	분류 및 종별	기호	인장강도 N/mm²	주요 용도 및 특징
D 3579	스프링용 오일 템퍼선	스프링용 탄소강 오일 템퍼선 A종	SWO-A	세부 규격 참조	주로 정하중을 받는 스프링용
		스프링용 탄소강 오일 템퍼선 B종	SWO-B		
		스프링용 실리콘 크롬강 오일 템퍼선	SWOSC-B		주로 동하중을 받는 스프링용
		스프링용 실리콘 망간강 오일 템퍼선 A종	SWOSM-A		
		스프링용 실리콘 망간강 오일 템퍼선 B종	SWOSM-B		
		스프링용 실리콘 망간강 오일 템퍼선 C종	SWOSM-C		
D 3580	밸브 스프링용 오일 템퍼선	밸브 스프링용 탄소강 오일 템퍼선	SWO-V	세부 규격 참조	내연 기관의 밸브 스프링 또는 이에 준하는 스프링
		밸브 스프링용 크롬바나듐강 오일 템퍼선	SWOCV-V		
		밸브 스프링용 실리콘크롬강 오일 템퍼선	SWOSC-V		
D 3585	스테인리스강 위생관	1종	STS304TBS	520 이상	낙농, 식품 공업 등에 사용
		2종	STS304LTBS	480 이상	
		3종	STS316TBS	520 이상	
		4종	STS316LTBS	480 이상	
D 3591	스프링용 실리콘 망간강 오일 템퍼선	스프링용 실리콘 망간강 오일 템퍼선 A종	SWOSM-A	세부 규격 참조	일반 스프링용
		스프링용 실리콘 망간강 오일 템퍼선 B종	SWOSM-B		일반 스프링용 및 자동차 현가 코일 스프링
		스프링용 실리콘 망간강 오일 템퍼선 C종	SWOSM-C		주로 자동차 현가 코일 스프링
D 3624	냉간 압조용 붕소강-선재	1종	SWRCHB 223	-	냉간 압조용 붕소강선의 제조에 사용
		2종	SWRCHB 237	-	
		3종	SWRCHB 320	-	
		4종	SWRCHB 323	-	
		5종	SWRCHB 331	-	
		6종	SWRCHB 334	-	
		7종	SWRCHB 420	-	
		8종	SWRCHB 526	-	
		9종	SWRCHB 620	-	
		10종	SWRCHB 623	-	
		11종	SWRCHB 726	-	
		12종	SWRCHB 734	-	
D 3624	티탄 팔라듐합금 선	11종	TW 270 Pd	270 ~ 410	내식성, 특히 틈새 내식성 양호 화학장치, 석유정제 장치, 펄프제지 공업장치 등
		12종	TW 340 Pd	340 ~ 510	
		13종	TW 480 Pd	480 ~ 620	

KS 규격	명칭	분류 및 종별		기호	인장강도 N/mm²	주요 용도 및 특징
D 5577	탄탈럼 전신재	판		TaP	세부 규격 참조	탄탈럼으로 된 판, 띠, 박, 봉 및 선
		띠		TaR		
D 5577	탄탈럼 전신재	박		TaH	세부 규격 참조	탄탈럼으로 된 판, 띠, 박, 봉 및 선
		봉		TaB		
		선		TaW		
D 6026	티타늄 및 티타늄합금 주물	2종		TC340	340 이상	내식성, 특히 내해수성 양호 화학 장치, 석유 정제 장치, 펄프 제지 공업 장치 등
		3종		TC480	480 이상	
		12종		TC340Pd	340 이상	내식성, 특히 내틈새 부식성 양호 화학 장치, 석유 정제 장치, 펄프 제지 공업 장치 등
		13종		TC480Pd	480 이상	
		60종		TAC6400	895 이상	고강도로 내식성 양호 화학 공업, 기계 공업, 수송 기기 등의 구조재. 예를 들면 고압 반응조 장치, 고압 수송 장치, 레저용품 등
D 6726	배관용 티탄 팔라듐합금 관	1종	이음매 없는 관	TTP 28 Pd E	275 ~ 412	내식성, 특히 틈새 내식성 양호 화학장치, 석유정제장치, 펄프제지 공업장치 등
				TTP 28 Pd D		
			용접관	TTP 28 Pd W		
				TTP 28 Pd WD		
		2종	이음매 없는 관	TTP 35 Pd E	343 ~ 510	
				TTP 35 Pd D		
			용접관	TTP 35 Pd W		
				TTP 35 Pd WD		
		3종	이음매 없는 관	TTP 49 Pd E	481 ~ 618	
				TTP 49 Pd D		
			용접관	TTP 49 Pd W		
				TTP 49 Pd WD		
D 7203	냉간 압조용 붕소강-선	1종		SWCHB 223	610 이하	볼트, 너트, 리벳, 작은 나사, 태핑 나사 등의 나사류 및 각종 부품(인장도는 DA 공정에 의한 선의 기계적 성질)
		2종		SWCHB 237	670 이하	
		3종		SWCHB 320	600 이하	
		4종		SWCHB 323	610 이하	
		5종		SWCHB 331	630 이하	
		6종		SWCHB 334	650 이하	
		7종		SWCHB 420	600 이하	
		8종		SWCHB 526	650 이하	
		9종		SWCHB 620	630 이하	
		10종		SWCHB 623	640 이하	
		11종		SWCHB 726	650 이하	
		12종		SWCHB 734	680 이하	

■ 주물

KS 규격	명칭	분류 및 종별	기호	인장강도 N/mm²	주요 용도 및 특징
D 6003	화이트 메탈	1종	WM1	세부 규격 참조	각종 베어링 활동부 또는 패킹 등에 사용(주괴)
		2종	WM2		
		2종B	WM2B		
		3종	WM3		
		4종	WM4		
		5종	WM5		
		6종	WM6		
		7종	WM7		
		8종	WM8		
		9종	WM9		
		10종	WM10		
		11종	WM11(L13910)		
		12종	WM2(SnSb8Cu4)		
		13종	WM13(SnSb12CuPb)		
		14종	WM14(PbSb15Sn10)		
D 6005	아연 합금 다이캐스팅	1종	ZDC1	325	자동차 브레이크 피스톤, 시트 밸브 감김쇠, 캔버스 플라이어
		2종	ZDC2	285	자동차 라디에이터 그릴, 몰, 카뷰레터, VTR 드럼 베이스, 테이프 헤드, CP 커넥터
D 6006	다이캐스팅용 알루미늄 합금	1종	ALDC 1	-	내식성, 주조성은 좋다. 항복 강도는 어느 정도 낮다.
		3종	ALDC 3	-	충격값과 항복 강도가 좋고 내식성도 1종과 거의 동등하지만, 주조성은 좋지 않다.
		5종	ALDC 5	-	내식성이 가장 양호하고 연신율, 충격값이 높지만 주조성은 좋지 않다
		6종	ALDC 6	-	내식성은 5종 다음으로 좋고, 주조성은 5종보다 약간 좋다.
		10종	ALDC 10	-	기계적 성질, 피삭성 및 주조성이 좋다.
		10종 Z	ALDC 10 Z	-	10종보다 주조 갈라짐성과 내식성은 약간 좋지 않다.
		12종	ALDC 12	-	기계적 성질, 피삭성, 주조성이 좋다.
		12종 Z	ALDC 12 Z	-	12종보다 주조 갈라짐성 및 내식성이 떨어진다.
		14종	ALDC 14	-	내마모성, 유동성은 우수하고 항복 강도는 높으나, 연신율이 떨어진다.
		Si9종	Al Si9	-	내식성이 좋고, 연신율, 충격치도 어느 정도 좋지만, 항복 강도가 어느 정도 낮고 유동성이 좋지 않다.
		Si12Fe종	Al Si12(Fe)	-	내식성, 주조성이 좋고, 항복 강도가 어느 정도 낮다.
		Si10MgFe종	Al Si10Mg(Fe)	-	충격치와 항복 강도가 높고, 내식성도 1종과 거의 동등하며, 주조성은 1종보다 약간 좋지 않다.
		Si8Cu3종	Al Si8Cu3	-	10종보다 주조 갈라짐 및 내식성이 나쁘다.
		Si9Cu3Fe종	Al Si9Cu3(Fe)	-	
		Si9Cu3FeZn종	Al Si9Cu3(Fe)(Zn)	-	
		Si11Cu2Fe종	Al Si11Cu2(Fe)	-	기계적 성질, 피삭성, 주조성이 좋다.
		Si11Cu3Fe종	Al Si11Cu3(Fe)	-	
		Si11Cu1Fe종	Al Si12Cu1(Fe)	-	12종보다 연신율이 어느 정도 높지만, 항복 강도는 다소 낮다.
		Si117Cu4Mg종	Al Si17Cu4Mg	-	내마모성, 유동성이 좋고, 항복 강도가 높지만, 연신율은 낮다.
		Mg9종	Al Mg9	-	5종과 같이 내식성이 좋지만, 주조성이 나쁘고, 응력부식균열 및 경시변화에 주의가 필요하다.

KS 규격	명칭	분류 및 종별	기호	인장강도 N/mm²	주요 용도 및 특징
D 6008	알루미늄 합금 주물	주물 1종A	AC1A	세부 규격 참조	가선용 부품, 자전거 부품, 항공기용 유압 부품, 전송품 등
		주물 1종B	AC1B		가선용 부품, 중전기 부품, 자전거 부품, 항공기 부품 등
		주물 2종A	AC2A		매니폴드, 디프캐리어, 펌프 보디, 실린더 헤드, 자동차용 하체 부품 등
		주물 2종B	AC2B		실린더 헤드, 밸브 보디, 크랭크 케이스, 클러치 하우징 등
		주물 3종A	AC3A		케이스류, 커버류, 하우징류의 얇은 것, 복잡한 모양의 것, 장막벽 등
		주물 4종A	AC4A		매니폴드, 브레이크 드럼, 미션 케이스, 크랭크 케이스, 기어 박스, 선박용·차량용 엔진 부품 등
		주물 4종B	AC4B		크랭크 케이스, 실린더 매니폴드, 항공기용 전장품 등
		주물 4종C	AC4C		유압 부품, 미션 케이스, 플라이 휠 하우징, 항공기 부품, 소형용 엔진 부품, 전장품 등
		주물 4종CH	AC4CH		자동차용 바퀴, 가선용 쇠붙이, 항공기용 엔진 부품, 전장품 등
		주물 4종D	AC4D		수랭 실린더 헤드, 크랭크 케이스, 실린더 블록, 연료 펌프보디, 블로어 하우징, 항공기용 유압 부품 및 전장품 등
		주물 5종A	AC5A		공랭 실린더 헤드 디젤 기관용 피스톤, 항공기용 엔진 부품 등
		주물 7종A	AC7A		가선용 쇠붙이, 선박용 부품, 조각 소재 건축용 쇠붙이, 사무기기, 의자, 항공기용 전장품 등
		주물 8종A	AC8A		자동차·디젤 기관용 피스톤, 선방용 피스톤, 도르래, 베어링 등
		주물 8종B	AC8B		자동차용 피스톤, 도르래, 베어링 등
		주물 8종C	AC8C		자동차용 피스톤, 도르래, 베어링 등
		주물 9종A	AC9A		피스톤(공랭 2 사이클용)등
		주물 9종B	AC9B		피스톤(디젤 기관용, 수랭 2사이클용), 공랭 실린더 등
D 6016	마그네슘 합금 주물	1종	MgC1	세부 규격 참조	일반용 주물, 3륜차용 하부 휠, 텔레비전 카메라용 부품 등
		2종	MgC2		일반용 주물, 크랭크 케이스, 트랜스미션, 기어박스, 텔레비전 카메라용 부품, 레이더용 부품, 공구용 지그 등
		3종	MgC3		일반용 주물, 엔진용 부품, 인쇄용 섀들 등
		5종	MgC5		일반용 주물, 엔진용 부품 등
		6종	MgC6		고력 주물, 경기용 차륜 산소통 브래킷 등
		7종	MgC7		고력 주물, 인렛 하우징 등
		8종	MgC8		내열용 주물, 엔진용 부품 기어 케이스, 컴프레서 케이스 등
D 6018	경연 주물	8종	HPbC 8	49 이상	주로 화학 공업에 사용
		10종	HPbC 10	50 이상	
D 6024	구리 주물	1종	CAC101 (CuC1)	175 이상	송풍구, 대송풍구, 냉각판, 열풍 밸브, 전극 홀더, 일반 기계 부품 등
		2종	CAC102 (CuC2)	155 이상	송풍구, 전기용 터미널, 분기 슬리브, 콘택트, 도체, 일반 전기 부품 등
		3종	CAC103 (CuC3)	135 이상	전로용 랜스 노즐, 전기용 터미널, 분기 슬리브, 통전 서포트, 도체, 일반전기 부품 등
	황동 주물	1종	CAC201 (YBsC1)	145 이상	플랜지류, 전기 부품, 장식용품 등
		2종	CAC202 (YBsC2)	195 이상	전기 부품, 제기 부품, 일반 기계 부품 등
		3종	CAC203 (YBsC3)	245 이상	급배수 쇠붙이, 전기 부품, 건축용 쇠붙이, 일반기계 부품, 일용품, 잡화품 등
		4종	CAC204 (C85200)	241 이상	일반 기계 부품, 일용품, 잡화품 등

KS 규격	명칭	분류 및 종별	기호	인장강도 N/mm²	주요 용도 및 특징
D 6024	고력 황동 주물	1종	CAC301 (HBsC1)	430 이상	선박용 프로펠러, 프로펠러 보닛, 베어링, 밸브 시트, 밸브봉, 베어링 유지기, 레버 암, 기어, 선박용 의장품 등
		2종	CAC302 (HBsC2)	490 이상	선박용 프로펠러, 베어링, 베어링 유지기, 슬리퍼, 엔드 플레이트, 밸브시트, 밸브봉, 특수 실린더, 일반 기계 부품 등
		3종	CAC303 (HBsC3)	635 이상	저속 고하중의 미끄럼 부품, 대형 밸브, 스템, 부시, 웜 기어, 슬리퍼,캠, 수압 실린더 부품 등
		4종	CAC304 (HBsC4)	735 이상	저속 고하중의 미끄럼 부품, 교량용 지지판, 베어링, 부시, 너트, 웜 기어, 내마모판 등
	청동 주물	1종	CAC401 (BC1)	165 이상	베어링, 명판, 일반 기계 부품 등
		2종	CAC402 (BC2)	245 이상	베어링, 슬리브, 부시, 펌프 몸체, 임펠러, 밸브, 기어, 선박용 둥근 창, 전동 기기 부품 등
		3종	CAC403 (BC3)	245 이상	베어링, 슬리브, 부싱, 펌프, 몸체 임펠러, 밸브, 기어, 성박용 둥근 창, 전동 기기 부품, 일반 기계 부품 등
		6종	CAC406 (BC6)	195 이상	밸브, 펌프 몸체, 임펠러, 급수 밸브, 베어링, 슬리브, 부싱, 일반 기계 부품, 경관 주물, 미술 주물 등
		7종	CAC407 (BC7)	215 이상	베어링, 소형 펌프 부품,밸브, 연료 펌프, 일반 기계 부품 등
		8종 (함연 단동)	CAC408 (C83800)	207 이상	저압 밸브, 파이프 연결구, 일반 기계 부품 등
		9종	CAC409 (C92300)	248 이상	포금용, 베어링 등
	인청동 주물	2종A	CAC502A (PBC2)	195 이상	기어, 웜 기어, 베어링, 부싱, 슬리브, 임펠러, 일반 기계 부품 등
		2종B	CAC502B (PBC2B)	295 이상	
		3종A	CAC503A	195 이상	미끄럼 부품, 유압 실린더, 슬리브, 기어, 제지용 각종 롤러 등
		3종B	CAC503B (PBC3B)	265 이상	미끄럼 부품, 유압 실린더, 슬리브, 기어, 제지용 각종 롤러 등
	납청동 주물	2종	CAC602 (LBC2)	195 이상	중고속 · 고하중용 베어링, 실린더, 밸브 등
		3종	CAC603 (LBC3)	175 이상	중고속 · 고하중용 베어링, 대형 엔진용 베어링
		4종	CAC604 (LBC4)	165 이상	중고속 · 중하중용 베어링, 차량용 베어링, 화이트 메탈의 뒤판
		5종	CAC605 (LBC5)	145 이상	중고속 · 저하중용 베어링, 엔진용 베어링 등
		6종	CAC606 (LBC6)	165 이상	경하중 고속용 부싱, 베어링, 철도용 차량, 파쇄기, 콘베어링 등
		7종	CAC607 (C94300)	207 이상	일반 베어링, 병기용 부싱 및 연결구, 중하중용 정밀 베어링, 조립식 베어링 등
		8종	CAC608 (C93200)	193 이상	경하중 고속용 베어링, 일반 기계 부품 등
	알루미늄 청동	1종	CAC701 (AlBC1)	440 이상	내산 펌프, 베어링, 부싱, 기어, 밸브 시트, 플런저, 제지용 롤러 등
		2종	CAC702 (AlBC2)	490 이상	선박용 소형 프로펠러, 베어링, 기어, 부싱, 밸브시트, 임펠러, 볼트 너트, 안전 공구, 스테인리스강용 베어링 등
		3종	CAC703 (AlBC3)	590 이상	선박용 프로펠러, 임펠러, 밸브, 기어, 펌프 부품, 화학 공업용 기기 부품, 스테인리스강용 베어링, 식품 가공용 기계 부품 등

KS 규격	명칭	분류 및 종별	기호	인장강도 N/mm²	주요 용도 및 특징
D 6024	알루미늄 청동	4종	CAC704 (AlBC4)	590 이상	선박용 프로펠러, 슬리브, 기어, 화학용 기기 부품 등
		5종	CAC705 (C95500)	620 이상	중하중을 받는 총포 슬라이드 및 지지부, 기어, 부싱, 베어링, 프로펠러 날개 및 허브, 라이너 베어링 플레이트용 등
		-	CAC705HT (C95500)	760 이상	
		6종	CAC706 (C95300)	450 이상	중하중을 받는 총포 슬라이드 및 지지부, 기어, 부싱, 베어링, 프로펠러 날개 및 허브, 라이너 베어링 플레이트용 등
		-	CAC706HT (C95300)	550 이상	
	실리콘 청동	1종	CAC801 (SzBC1)	345 이상	선박용 의장품, 베어링, 기어 등
		2종	CAC802 (SzBC2)	440 이상	선박용 의장품, 베어링, 기어, 보트용 프로펠러 등
		3종	CAC803 (SzBS3)	390 이상	선박용 의장품, 베어링, 기어 등
		4종	CAC804 (C87610)	310 이상	선박용 의장품, 베어링, 기어 등
		5종	CAC805	300 이상	급수장치 기구류(수도미터, 밸브류, 이음류, 수전 밸브 등)
	니켈 주석 청동 주물	1종	CAC901 (C94700)	310 이상	팽창부 연결품, 관 이음쇠, 기어볼트, 너트, 펌프 피스톤, 부싱, 베어링 등
		-	CAC901HT (C94700)	517 이상	
		2종	CAC902 (C94800)	276 이상	팽창부 연결품, 관 이음쇠, 기어볼트, 너트, 펌프 피스톤, 부싱, 베어링 등
	베빌륨 동 주물	3종	CAC903 (C82000)	311 이상	스위치 및 스위치 기어, 단로기, 전도 장치 등
		-	CAC903HT (C82000)	621 이상	
		4종	CAC904 (C82500)	518 이상	부싱, 캠, 베어링, 기어, 안전 공구 등
		-	CAC904HT (C82500)	1035 이상	
		5종	CAC905 (C82600)	552 이상	높은 경도와 최대의 강도가 요구되는 부품 등
		-	CAC905HT (C82600)	1139 이상	
		6종	CAC906	1139 이상	높은 인장 강도 및 내력과 함께 최대의 경도가 요구되는 부품 등
		-	CAC906HT (C82800)		

4. 구조용 철강

■ 구조용 봉강, 형강, 강판, 강대

KS 규격	명 칭	분류 및 종별		기 호	인장강도 N/mm²	주요 용도 및 특징
D 3503	일반 구조용 압연 강재	1종		SS 330	330 ~ 430	강판, 강대, 평강 및 봉강
		2종		SS 400	400 ~ 510	강판, 강대, 평강, 형강 및 봉강
		3종		SS 490	490 ~ 610	
		4종		SS 540	540 이상	두께 40mm 이하의 강판, 강대, 형강, 평강 및 지름, 변 또는 맞변거리 40mm 이하의 봉강
		5종		SS 590	590 이상	
D 3504	철근 콘크리트용 봉강 (이형봉강)	1종		SD 300	440 이상	일반용
		2종		SD 350	490 이상	
		3종		SD 400	560 이상	
		4종		SD 500	620 이상	
		5종		SD 600	710 이상	
		6종		SD 700	800 이상	
		7종		SD 400W	560 이상	용접용
		8종		SD 500W	620 이상	
D 3505	PC 강봉	A종	2호	SBPR 785/1 030	1030 이상	원형 봉강
		B종	1호	SBPR 930/1 080	1080 이상	
			2호	SBPR 930/1 180	1180 이상	
		C종	1호	SBPR 1 080/1 230	1230 이상	
		B종	1호	SBPD 930/1 080	1080 이상	이형 봉강
		C종	1호	SBPD 1 080/1 230	1230 이상	
		D종	1호	SBPD 1 275/1 420	1420 이상	
D 3511	재생 강재	평강:F	1종	SRB 330	330~400	재생 강재의 봉강, 평강 및 등변 ㄱ형강
		형강:A	2종	SRB 380	380~520	
		봉강:B	3종	SRB 480	480~620	
D 3515	용접 구조용 압연 강재	1종	A	SM 400A	400 ~ 510	강판, 강대, 형강 및 평강 200mm 이하
		2종	B	SM 400B		
		3종	C	SM 400C		강판, 강대, 형강 및 평강 100mm 이하
		4종	A	SM 490A	490 ~ 610	강판, 강대, 형강 및 평강 200mm 이하
		5종	B	SM 490B		
		6종	C	SM 490C		
		7종	YA	SM 490YA		강판, 강대, 형강 및 평강 100mm 이하
		8종	YB	SM 490YB		
		9종	B	SM 520B	520 ~ 640	
		10종	C	SM 520C		
		11종	-	SM 570	570 ~ 720	
D 3518	법랑용 탈탄 강판 및 강대	-		SPE	-	법랑칠을 하는 탈탄 강판 및 강대
D 3526	마봉강용 일반 강재	A종		SGD A	290 ~ 390	기계적 성질 보증
		B종		SGD B	400 ~ 510	

KS 규격	명 칭	분류 및 종별			기 호	인장강도 N/mm²	주요 용도 및 특징
D 3526	마봉강용 일반 강재	1종			SGD 1	-	화학성분 보증 킬드강 지정시 각 기호의 뒤에 K를 붙임
		2종			SGD 2	-	
		3종			SGD 3	-	
		4종			SGD 4	-	
D 3527	철근 콘크리트용 재생 봉강	1종			SBCR 240	380~590	재생 원형 봉강
		2종			SBCR 300	440~620	
		3종			SDCR 240	380~590	재생 이형 봉강
		4종			SDCR 300	440~620	
		5종			SDCR 350	490~690	
D 3529	용접 구조용 내후성 열간 압연 강재	1종	A	W	SMA 400AW	400~540	내후성을 갖는 강판, 강대, 형강 및 평강 200 이하
				P	SMA 400AP		
			B	W	SMA 400BW		
				P	SMA 400BP		
			C	W	SMA 400CW		내후성을 갖는 강판, 강대, 형강 100 이하
				P	SMA 400CP		
		2종	A	W	SMA 490AW	490~610	내후성이 우수한 강판, 강대, 형강 및 평강 200 이하
				B	SMA 490AP		
			B	W	SMA 490BW		
				P	SMA 490BP		
			C	W	SMA 490CW		내후성이 우수한 강판, 강대, 형강 100 이하
				P	SMA 490CP		
		3종		W	SMA 570W	570~720	
				P	SMA 570P		
D 3530	일반 구조용 경량 형강	경 ㄷ 형강 경 Z 형강 경 ㄱ 형강 리프 ㄷ 형강 리프 Z 형강 모자 형강			SSC 400	400 ~ 540	건축 및 기타 구조물에 사용하는 냉간 성형 경량 형강
D 3542	고 내후성 압연 강재	1종			SPA-H	355 이상	내후성이 우수한 강재(내후성 : 대기 중에서 부식에 견디는 성질)
		2종			SPA-C	315 이상	
D 3546	체인용 원형강	1, 2종 삭제 기호 규정			SBC 300	300 이상	체인에 사용하는 열간압연 원형강
					SBC 490	490 이상	
					SBC 690	690 이상	
D 3557	리벳용 원형강	1종			SV 330	330 ~ 400	리벳의 제조에 사용하는 열간 압연 원형강
		2종			SV 400	400 ~ 490	
D 3558	일반 구조용 용접 경량 H형강	1종			SWH 400	400 ~ 540	종래 단위 SWH 41
		2종			SWH 400 L		종래 단위 SWH 41 L
D 3561	마봉강 (탄소강, 합금강)	SGDA			SGD 290-D	340 ~ 740	원형(연삭, 인발, 절삭), 6각강, 각강, 평형강
		SGDB			SGD 400-D	450 ~ 850	
D 3593	조립용 형강	1종(강)			SSA	370 이상	Steel slotted angle
		2종(알)			ASA		Aluminium slotted angle
D 3611	용접 구조용 고항복점 강판	1종			SHY 685	780 ~ 930 760 ~ 910	적용 두께 6이상 100이하 압력용기, 고압설비, 기타 구조물에 사용하는 강판
		2종			SHY 685 N		
		3종			SHY 685 NS		

KS 규격	명 칭	분류 및 종별		기 호	인장강도 N/mm²	주요 용도 및 특징
D 3688	고성능 철근 콘크리트용 봉강	1종		SD 400S	항복강도의 1.25배 이상	항복강도 : 400~520
		2종		SD 500S		항복강도 : 500~650
D 3781	철탑용 고장력강 강재	1종 강판		SH 590 P	590 ~ 740	적용 두께 : 6mm 이상 25mm 이하
		2종 ㄱ 형강		SH 590 S	590 이상	적용 두께 : 35mm 이하
D 3854	건축 구조용 표면처리 경량 형강	립 ㄷ 형강		ZSS 400	400 이상	건축 및 기타 구조물의 부재
		경 E 형강				
D 3857	건축 구조용 압연 봉강	1종		SNR 400A	400 이상 510 이하	봉강에는 원형강, 각강, 코일 봉강을 포함
		2종		SNR 400B		
		3종		SNR 490B	490 이상 610 이하	
D 3861	건축 구조용 압연 강재	1종		SN 400A	400 이상 510 이하	강판, 강대, 형강, 평강 6mm 이상 100mm 이하
		2종		SN 400B		
		3종		SN 400C		강판, 강대, 형강, 평강 16mm 이상 100mm 이하
		4종		SN 490B	490 이상 610 이하	강판, 강대, 형강, 평강 6mm 이상 100mm 이하
		5종		SN 490C		강판, 강대, 형강, 평강 16mm 이상 100mm 이하
D 3864	내진 건축 구조용 냉간 성형 각형 강관	1종		SPAR 295	-	주로 내진 건축 구조물의 기둥재
		2종		SPAR 360	-	
		3종		SPAP 235	-	
		4종		SPAP 325	-	
D 3865	건축 구조용 내화 강재	1종		FR 400B	400~510	6mm 이상 100mm 이하 강판
		2종		FR 400C		
		3종		FR 490B	490~610	
		4종		FR 490C		
D 5994	건축 구조용 고성능 압연 강재	1종		HSA 800	800~950	100 mm 이하
D ISO 4995	구조용 열간 압연 강판	-	B	HR 235	330 이상	볼트, 리벳, 용접 구조물 등
			D			
		-	B	HR 275	370 이상	
			D			
		-	B	HR 335	450 이상	
			D			
D ISO 4996	구조용 고항복 응력 열간 압연 강재	등급 : HS355		C	최소 430	열간 압연 강판 가열된 철강을 지속형 또는 역전형 광폭 압연기 사이로 압연하여 필요한 강판 두께를 얻은 제품, 열간 압연 작용으로 인해 표면이 산화물이나 스케일로 덮은 제품
				D		
		등급 : HS390		C	최소 460	
				D		
		등급 : HS420		C	최소 490	
				D		
		등급 : HS460		C	최소 530	
				D		
		등급 : HS490		C	최소 570	
				D		

KS 규격	명 칭	분류 및 종별	기 호	인장강도 N/mm²	주요 용도 및 특징
D ISO 4997	구조용 냉간 압연 강판	등급 : B	CR 220	300 이상	냉간 압연 강판 강종(CR220, CR250, CR320) 스케일을 제거한 열간 압연 강판을 요구 두께까지 냉간가공하고 입자 구조를 재결정시키기 위한 어닐링 처리를 하여 얻은 제품
		등급 : D			
		등급 : B	CR 250	330 이상	
		등급 : D			
		등급 : B	CR 320	400 이상	
		등급 : D			
		미적용	미적용	-	
D ISO 4999	일반용, 드로잉용 및 구조용 연속 용융 턴(납합금) 도금 냉간 압연 탄소 강판	등급 : B	TCR 220	300 이상	연속 용융 턴(납합금)도금 공정으로 도금한 일반용 및 드로잉용 냉간압연 탄소 강판에 적용
		등급 : D			
		등급 : B	TCR 250	330 이상	
		등급 : D			
		등급 : B	TCR 320	400 이상	
		등급 : D			
		-	TCH 550	-	
		-			

■ 압력 용기용 강판 및 강대

KS 규격	명 칭	분류 및 종별	기 호	인장강도 N/mm²	주요 용도 및 특징
D 3521	압력 용기용 강판	1종	SPPV 235	400 ~ 510	압력용기 및 고압설비 등 (고온 및 저온 사용 제외) 용접성이 좋은 열간 압연 강판
		2종	SPPV 315	490 ~ 610	
		3종	SPPV 355	520 ~ 640	
		4종	SPPV 410	550 ~ 670	
		5종	SPPV 450	570 ~ 700	
		6종	SPPV 490	610 ~ 740	
D 3533	고압 가스 용기용 강판 및 강대	1종	SG 255	400 이상	LP 가스, 아세틸렌, 프레온 가스 등 고압 가스 충전용 500L 이하의 용접 용기
		2종	SG 295	440 이상	
		3종	SG 325	490 이상	
		4종	SG 365	540 이상	
D 3538	보일러 및 압력용기용 망가니즈 몰리브데넘강 및 망가니즈 몰리브데넘 니켈강 강판	1종	SBV1A	520 ~ 660	보일러 및 압력용기 (저온 사용 제외)
		2종	SBV1B		
		3종	SBV2	550 ~ 690	
		4종	SBV3		
D 3539	압력용기용 조질형 망가니즈 몰리브데넘강 및 망가니즈 몰리브데넘 니켈강 강판	1종	SQV1A	550 ~ 690	원자로 및 기타 압력용기
		2종	SQV1B	620 ~ 790	
		3종	SQV2A	550 ~ 690	
		4종	SQV2B	620 ~ 790	
		5종	SQV3A	550 ~ 690	
		6종	SQV3B	620 ~ 790	
D 3540	중.상온 압력 용기용 탄소 강판	1종	SGV 410	410 ~ 490	종래 기호 : SGV 42
		2종	SGV 450	450 ~ 540	종래 기호 : SGV 46
		3종	SGV 480	480 ~ 590	종래 기호 : SGV 49

KS 규격	명 칭	분류 및 종별	기 호	인장강도 N/mm²	주요 용도 및 특징
D 3541	저온 압력 용기용 탄소강 강판	Al 처리 세립 킬드강	SLAl 235 A	400 ~ 510	종래 기호 : SLAl 24 A
			SLAl 235 B		종래 기호 : SLAl 24 B
			SLAl 325 A	440 ~ 560	종래 기호 : SLAl 33 A
			SLAl 325 B		종래 기호 : SLAl 33 B
			SLAl 360	490 ~ 610	종래 기호 : SLAl 37
D 3543	보일러 및 압력 용기용 크로뮴 몰리브데넘강 강판	1종	SCMV 1	380 ~ 550	보일러 및 압력용기 강도구분 1 : 인장강도가 낮은 것 강도구분 2 : 인장강도가 높은 것
		2종	SCMV 2		
		3종	SCMV 3	410 ~ 590	
		4종	SCMV 4		
		5종	SCMV 5		
		6종	SCMV 6		
D 3560	보일러 및 압력 용기용 탄소강 및 몰리브데넘강 강판	1종	SB 410	410 ~ 550	보일러 및 압력용기 (상온 및 저온 사용 제외)
		2종	SB 450	450 ~ 590	
		3종	SB 480	480 ~ 620	
		4종	SB 450 M	450 ~ 590	
		5종	SB 480 M	480 ~ 620	
D 3586	저온 압력용 니켈 강판	1종	SL2N255	450 ~ 590	저온 사용 압력 용기 및 설비에 사용하는 열간 압연 니켈 강판
		2종	SL3N255		
		3종	SL3N275	480 ~ 620	
		4종	SL3N440	540 ~ 690	
		5종	SL5N590		
		6종	SL9N520	690 ~ 830	
		7종	SL9N590		
D 3610	중. 상온 압력 용기용 고강도 강판	종래기호 SEV 25	SEV 245	370 이상	보일러 및 압력 용기에 사용하는 강판 (인장강도는 강판 두께 50mm 이하)
		종래기호 SEV 30	SEV 295	420 이상	
		종래기호 SEV 35	SEV 345	430 이상	
D 3630	고온 압력 용기용 고강도 크롬-몰리브덴 강판	1종	SCMQ42	580 ~ 760	고온 사용 압력 용기용
		2종	SCMQ4V		
		3종	SCMQ5V		
D 3853	압력 용기용 강판	1종	SPV 315	490 ~ 610	압력 용기 및 고압 설비 (고온 및 저온 사용 제외)
		2종	SPV 355	520 ~ 640	
		3종	SPV 410	550 ~ 670	
		4종	SPV 450	570 ~ 700	
		5종	SPV 490	610 ~ 740	
D ISO 4978	용접 가스 실린더용 압연 강판	-	-	-	여러 국가에서 용접 가스 실린더로 사용되고 있는 비시효강
D ISO 4991	압력 용기용 주조강	강 형태 및 호칭	C23-45A		합금화 처리되지 않은 강
			C23-45AH		
			C23-45B		
			C23-45BH		

KS 규격	명 칭	분류 및 종별	기 호	인장강도 N/mm²	주요 용도 및 특징
D ISO 4991	압력 용기용 주조강	강 형태 및 호칭	C23-45BL		합금화 처리되지 않은 강
			C26-52		
			C26-52H		
			C26-52L		
		강 형태 및 호칭	C28H		페라이트 및 마르텐사이트 합금강
			C31L		
			C32H		
			C33H		
			C34AH		
			C34BH		
			C34BL		
			C35BH		
			C37H		
			C38H		
			C39CH		
			C39CNiH		
			C39NiH		
			C39NiL		
			C40H		
			C43L		
			C43C1L		
			C43E2aL		
			C43E2bL		
		강 형태 및 호칭	C46		오스테나이트 강
			C47		
			C47H		
			C47L		
			C50		
			C60		
			C60H		
			C60Nb		
			C61		
			C61LC		

■ 일반 가공용 강판 및 강대

KS 규격	명칭	분류 및 종별	기호	인장강도 N/mm²	주요 용도 및 특징
D 3501	열간 압연 연강판 및 강대	1종	SPHC	270 이상	일반용 및 드로잉용
		2종	SPHD		
		3종	SPHE		
D 3506	용융 아연 도금 강판 및 강대	열연 원판	SGHC	-	일반용
			SGH 340	340 이상	구조용
			SGH 400	400 이상	
			SGH 440	440 이상	
			SGH 490	490 이상	
			SGH 540	540 이상	
		냉연 원판	SGCC	-	일반용
			SGCH	-	일반 경질용
			SGCD1	270 이상	가공용 1종
			SGCD2		가공용 2종
			SGCD3		가공용 3종
			SGC 340	340 이상	구조용
			SGC 400	400 이상	
			SGC 440	440 이상	
			SGC 490	490 이상	
			SGC 570	540 이상	
D 3512	냉간 압연 강판 및 강대	1종	SPCC	270 이상	일반용
		2종	SPCD		드로잉용
		3종	SPCE		딥드로잉용
		4종	SPCF		비시효성 딥드로잉
		5종	SPCG		비시효성 초(超) 딥드로잉
D 3516	냉간 압연 전기 주석 도금 강판 및 원판	원판	SPB	-	주석 도금 원판 주석 도금 강판 제조를 위한 냉간 압연 저탄소 연강 코일
		강판	ET	-	전기 주석 도금 강판 연속적인 전기 조업으로 주석을 양면에 도금한 저탄소 연강판 또는 코일
D 3519	자동차 구조용 열간 압연 강판 및 강대	1종	SAPH 310	310 이상	자동차 프레임, 바퀴 등에 사용하는 프레스 가공성을 갖는 구조용 열간 압연 강판 및 강대
		2종	SAPH 370	370 이상	
		3종	SAPH 400	400 이상	
		4종	SAPH 440	440 이상	
D 3520	도장 용융 아연 도금 강판 및 강대	판 및 코일의 종류 8종	CGCC	-	일반용
			CGCH	-	일반 경질용
			CGCD	-	조임용
			CGC 340	-	구조용
			CGC 400	-	
			CGC 440	-	
			CGC 490	-	
			CGC 570	-	

KS 규격	명칭	분류 및 종별	기호	인장강도 N/mm²	주요 용도 및 특징	
D 3528	전기 아연 도금 강판 및 강대 (열연 원판을 사용한 경우)	1종	SEHC	270 이상	일반용	SPHC
		2종	SEHD	270 이상	드로잉용	SPHD
		3종	SEHE	270 이상	디프드로잉용	SPHE
		4종	SEFH 490	490 이상	가공용	SPFH 490
		5종	SEFH 540	540 이상		SPFH 540
		6종	SEFH 590	590 이상		SPFH 590
		7종	SEFH 540Y	540 이상	고가공용	SPFH 540Y
		8종	SEFH 590Y	590 이상		SPFH 590Y
		9종	SE330	330~430	일반 구조용	SS 330
		10종	SE400	400~510		SS 400
		11종	SE490	490~610		SS 490
		12종	SE540	540 이상		SS 540
		13종	SEPH 310	310 이상	구조용	SAPH 310
		14종	SEPH 370	370 이상		SAPH 370
		15종	SEPH 400	400 이상		SAPH 400
		16종	SEPH 440	400 이상		SAPH 440
D 3528	전기 아연 도금 강판 및 강대 (냉연 원판을 사용한 경우)	1종	SECC	(270) 이상	일반용	SPCC
		2종	SECD	270 이상	드로잉용	SPCD
		3종	SECE	270 이상	디프드로잉용	SPCE
		4종	SEFC 340	340 이상	드로잉 가공용	SPFC 340
		5종	SEFC 370	370 이상		SPFC 370
		6종	SEFC 390	390 이상	가공용	SPFC 390
		7종	SEFC 440	440 이상		SPFC 440
		8종	SEFC 490	490 이상		SPFC 490
		9종	SEFC 540	540 이상		SPFC 540
		10종	SEFC 590	590 이상		SPFC 590
		11종	SEFC 490Y	490 이상	저항복비형	SPFC 490Y
		12종	SEFC 540Y	540 이상		SPFC 540Y
		13종	SEFC 590Y	590 이상		SPFC 590Y
		14종	SEFC 780Y	780 이상		SPFC 780Y
		15종	SEFC 980	980 이상		SPFC 980Y
		16종	SEFC 340H	340 이상	열처리 경화형	SPFC 340H
D 3544	용융 알루미늄 도금 강판 및 강대	1종	SA1C	-	내열용(일반용)	
		2종	SA1D	-	내열용(드로잉용)	
		3종	SA1E	-	내열용(딥드로잉용)	
		4종	SA2C	-	내후용(일반용)	
D 3551	특수 마대강 (냉연특수강대)	탄소강	S 30 CM	-	리테이너	
			S 35 CM	-	사무기 부품, 프리 쿠션 플레이트	
			S 45 CM	-	클러치, 체인 부품, 리테이너, 와셔	
			S 50 CM	-	카메라 등 구조 부품, 체인 부품, 스프링, 클러치 부품, 와셔, 안전 버클	
			S 55 CM	-	스프링, 안전화, 깡통따개, 톱슨 날, 카메라 등 구조부품	

KS 규격	명칭	분류 및 종별	기호	인장강도 N/mm²	주요 용도 및 특징
D 3551	특수 마대강 (냉연특수강대)	탄소강	S 60 CM	-	체인 부품, 목공용 안내톱, 안전화, 스프링, 사무기 부품, 와셔
			S 65 CM	-	안전화, 클러치 부품, 스프링, 와셔
			S 70 CM	-	와셔, 목공용 안내톱, 사무기 부품, 스프링
			S 75 CM	-	클러치 부품, 와셔, 스프링
		탄소 공구강	SK 2 M	-	면도칼, 칼날, 쇠톱, 셔터, 태엽
			SK 3 M	-	쇠톱, 칼날, 스프링
			SK 4 M	-	펜촉, 태엽, 게이지, 스프링, 칼날, 메리야스용 바늘
			SK 5 M	-	태엽, 스프링, 칼날, 메리야스 바늘, 게이지, 클러치 부품, 목공용 및 제재용 띠톱, 둥근 톱, 사무기 부품
			SK 6 M	-	스프링, 칼날, 클러치 부품, 와셔, 구두밑창, 혼
			SK 7 M	-	스프링, 칼날, 혼, 목공용 안내톱, 와셔, 구두밑창, 클러치 부품
		합금 공구강	SKS 2 M	-	메탈 밴드 톱, 쇠톱, 칼날
			SKS 5 M	-	칼날, 둥근톱, 목공용 및 제재용 띠톱
			SKS 51 M	-	칼날, 목공용 둥근톱, 목공용 및 제재용 띠톱
			SKS 7 M	-	메탈 밴드 톱, 쇠톱, 칼날
			SKS 95 M	-	클러치 부품, 스프링, 칼날
		크롬강	SCr 420 M	-	체인 부품
			SCr 435 M	-	체인 부품, 사무기 부품
			SCr 440 M	-	체인 부품, 사무기 부품
		니켈 크롬강	SNC 415 M	-	사무기 부품
			SNC 631 M	-	사무기 부품
			SNC 836 M	-	사무기 부품
		니켈 크롬 몰리브덴강	SNCM 220 M	-	체인 부품
			SNCM 415 M	-	안전 버클, 체인 부품
		크롬 몰리브덴 강	SCM 415 M	-	체인 부품, 톰슨 날
			SCM 430 M	-	체인 부품, 사무기 부품
			SCM 435 M	-	체인 부품, 사무기 부품
			SCM 440 M	-	체인 부품, 사무기 부품
		스프링강	SUP 6 M	-	스프링
			SUP 9 M	-	스프링
			SUP 10 M	-	스프링
		망간강	SMn 438 M	-	체인 부품
			SMn 443 M	-	체인 부품
D 3555	강관용 열간 압연 탄소 강대	1종	HRS 1	270 이상	용접 강관
		2종	HRS 2	340 이상	
		3종	HRS 3	410 이상	
		4종	HRS 4	490 이상	
D 3616	자동차 가공성 열간 압연 고장력 강판 및 강대	1종	SPFH 490	490 이상	종래단위 : SPFH 50
		2종	SPFH 540	540 이상	종래단위 : SPFH 55
		3종	SPFH 590	590 이상	종래단위 : SPFH 60
		4종	SPFH 540 Y	540 이상	종래단위 : SPFH 55 Y
		5종	SPFH 590 Y	590 이상	종래단위 : SPFH 60 Y

KS 규격	명칭	분류 및 종별	기호	인장강도 N/mm²	주요 용도 및 특징
D 3617	자동차용 냉간 압연 고장력 강판 및 강대	1종	SPFC 340	343 이상	드로잉용
		2종	SPFC 370	373 이상	
		3종	SPFC 390	392 이상	가공용
		4종	SPFC 440	441 이상	
		5종	SPFC 490	490 이상	
		6종	SPFC 540	539 이상	
		7종	SPFC 590	588 이상	
		8종	SPFC 490 Y	490 이상	저항복 비형
		9종	SPFC 540 Y	539 이상	
		10종	SPFC 590 Y	588 이상	
		11종	SPFC 780 Y	785 이상	
		12종	SPFC 980 Y	981 이상	
		13종	SPFC 340 H	343 이상	베이커 경화형
D 3770	용융 55% 알루미늄 아연 합금 도금 강판 및 강대	열연 원판	SGLHC	270 이상	일반용
			SGLH400	400 이상	구조용
			SGLH440	440 이상	
			SGLH490	490 이상	
			SGLH540	540 이상	
		냉연 원판	SGLCC	270 이상	일반용
			SGLCD		조임용
			SGLCDD		심조임용 1종
			SGLC400	400 이상	구조용
			SGLC440	440 이상	
			SGLC490	490 이상	
			SGLC570	570 이상	
D 3771	용융 아연-5% 알루미늄 합금 도금 강판 및 강대	열연 원판	SZAHC	270 이상	일반용
			SZAH340	340 이상	구조용
			SZAH400	400 이상	
			SZAH440	440 이상	
			SZAH490	490 이상	
			SZAH540	540 이상	
		냉연 원판	SZACC	270 이상	일반용
			SZACH	-	일반 경질용
			SZACD1		조임용 1종
			SZACD2	270 이상	조임용 2종
			SZACD3		조임용 3종
			SZAC340	340 이상	구조용
			SZAC400	400 이상	
			SZAC440	440 이상	
			SZAC490	490 이상	
			SZAC570	540 이상	

KS 규격	명칭	분류 및 종별	기호	인장강도 N/mm²	주요 용도 및 특징
D 3772	도장 용융 아연-5% 알루미늄 합금 도금 강판 및 강대	1종	CZACC	-	일반용
		2종	CZACH	-	일반 경질용
		3종	CZACD	-	조임용
		4종	CZAC340	-	구조용
		5종	CZAC400	-	
		6종	CZAC440	-	
		7종	CZAC490	-	
		8종	CZAC570	-	
D 3862	도장 용융 알루미늄-55% 아연 합금 도금 강판 및 강대	1종	CGLCC	-	일반용
		2종	CGLCD	-	가공용
		3종	CGLC400	-	구조용
		4종	CGLC440	-	
		5종	CGLC490	-	
		6종	CGLC570	-	
D ISO 5954	경도에 따른 냉간 가공 탄소 강판	강종	CRH-50	-	로크웰 B 50~70
			CRH-60	-	로크웰 B 60~75
			CRH-70	-	로크웰 B 70~85
			CRH-	-	HRB 90 이하 로크웰 B 범위
D ISO 9364	연속 용융 알루미늄/아연 도금 강판	도금 강종	AZ 090	-	코일 형태나 일정 길이로 절단된 형태로 생산하기 위한 연속 알루미늄/아연 라인에서 용융 도금한 강판 코일에 의해 얻어지는 제품
			AZ 100	-	
			AZ 150	-	
			AZ 165	-	
			AZ 185	-	
			AZ 200	-	

■ 철도용 및 차축

KS 규격	명 칭	분류 및 종별	기 호	인장강도 N/mm²	주요 용도 및 특징		
R 9101	경량 레일	6㎏ 레일	6	569 이상	탄소강의 경량 레일		
		9㎏ 레일	9				
		10㎏ 레일	10				
		12㎏ 레일	12				
		15㎏ 레일	15				
		20㎏ 레일	20				
		22㎏ 레일	22	637 이상			
R 9106	보통 레일	30㎏ 레일	30A	690 이상	선로에 사용하는 보통 레일		
		37㎏ 레일	37A				
		40㎏N 레일	40N	710 이상			
		50㎏ 레일	50PS	800 이상			
		50㎏N 레일	50N				
		60㎏ 레일	60				
		60㎏ 레일	KR60				
R 9110	열처리 레일	40㎏N 열처리 레일	40N-HH340	1080 이상	대응 보통 레일	40㎏N 레일	
		50㎏N 열처리 레일	50-HH340	1080 이상		50㎏ 레일	
			50-HH370	1130 이상			
		60㎏N 열처리 레일	60-HH340	1080 이상		60㎏ 레일	
			60-HH370	1130 이상			
KS R 9220	철도 차량용 차축	-	RSA1	590 이상	동축 및 종축(객화차 롤러 베어링축, 디젤 동차축, 디젤 기관차축 및 전기 동차축)		
		-	RSA2	640 이상			

■ 구조용 강관

KS 규격	명 칭	분류 및 종별		기 호	인장강도 N/mm²	주요 용도 및 특징
D 3517	기계 구조용 탄소 강관	11종	A	STKM 11A	290 이상	기계, 자동차, 자전거, 가구, 기구, 기타 기계 부품에 사용하는 탄소 강관
		12종	A	STKM 12A	340 이상	
			B	STKM 12B	390 이상	
			C	STKM 12C	470 이상	
		13종	A	STKM 13A	370 이상	
			B	STKM 13B	440 이상	
			C	STKM 13C	510 이상	
		14종	A	STKM 14A	410 이상	
			B	STKM 14B	500 이상	
			C	STKM 14C	550 이상	
		15종	A	STKM 15A	470 이상	
			C	STKM 15C	580 이상	
		16종	A	STKM 16A	510 이상	
			C	STKM 16C	620 이상	
		17종	A	STKM 17A	550 이상	
			C	STKM 17C	650 이상	
		18종	A	STKM 18A	440 이상	
			B	STKM 18B	490 이상	
			C	STKM 18C	510 이상	
		19종	A	STKM 19A	490 이상	
			C	STKM 19C	550 이상	
		20종	A	STKM 20A	540 이상	
D 3536	기계 구조용 스테인리스 강관	오스테나이트계		STS 304 TKA	520 이상	기계, 자동차, 자전거, 가구, 기구, 기타 기계 부품 및 구조물에 사용하는 스테인리스 강관
				STS 316 TKA		
				STS 321 TKA		
				STS 347 TKA		
				STS 350 TKA	330 이상	
				STS 304 TKC	520 이상	
				STS 316 TKC		
		페라이트계		STS 430 TKA	410 이상	
				STS 430 TKC		
				STS 439 TKC		
		마텐자이트계		STS 410 TKA		
				STS 420 J1 TKA	470 이상	
				STS 420 J2 TKA	540 이상	
				STS 410 TKC	410 이상	
D 3566	일반 구조용 탄소 강관	1종		STK 290	290 이상	토목, 건축, 철탑, 발판, 지주, 지면 미끄럼 방지 말뚝 및 기타 구조물
		2종		STK 400	400 이상	
		3종		STK 490	490 이상	
		4종		STK 500	500 이상	
		5종		STK 540	540 이상	
		6종		STK 590	590 이상	

KS 규격	명 칭	분류 및 종별		기 호	인장강도 N/mm²	주요 용도 및 특징
D 3568	일반 구조용 각형 강관	1종		SPSR 400	400 이상	토목, 건축 및 기타 구조물
		2종		SPSR 490	490 이상	
		3종		SPSR 540	540 이상	
		4종		SPSR 590	590 이상	
D 3574	기계 구조용 합금강 강관	크로뮴강		SCr 420 TK	-	기계, 자동차, 기타 기계 부품
				SCM 415 TK	-	
				SCM 418 TK	-	
		크로뮴 몰리브덴강		SCM 420 TK	-	
				SCM 430 TK	-	
				SCM 435 TK	-	
				SCM 440 TK	-	
D 3590	파형 강관 및 파형 섹션	원형	1형	SCP 1R	-	섹션의 연결 방식은 축 방향 플랜지 방식, 원둘레 방향 랩 방식
			1S형	SCP 1RS	-	스파이럴형 강관을 커플링 밴드 방식으로 연결
			2형	SCP 2R	-	섹션의 연결 방식은 축 방향, 원둘레 방향 모두 랩 방식
			3S형	SCP 3RS	-	스파이럴형 강관을 커플링 밴드 방식으로 연결
		에롱 게이 션형	2형	SCP 2E	-	섹션의 연결 방식은 축 방향, 원둘레 방향 모두 랩 방식
		강관 아치 형	2형	SCP 2P	-	
		아치 형	2형	SCP 2A	-	
D 3598	자동차 구조용 전기 저항 용접 탄소강 강관	G종		STAM 30 GA	294 이상	자동차 구조용 일반 부품에 적용하는 관
				STAM 30 GB	294 이상	
				STAM 35 G	343 이상	
				STAM 40 G	392 이상	
				STAM 45 G	441 이상	
				STAM 48 G	471 이상	
				STAM 51 G	500 이상	
		H종		STAM 45 H	441 이상	자동차 구조용 가운데 특히 항복 강도를 중시한 부품에 사용하는 관
				STAM 48 H	471 이상	
				STAM 51 H	500 이상	
				STAM 55 H	539 이상	
KS D 3618	실린더 튜브용 탄소 강관	1종		STC 370	370 이상	내면 절삭 또는 호닝 가공을 하여 피스톤형 유압 실린더 및 공기압 실린더의 실린더 튜브 제조
		2종		STC 440	440 이상	
		3종		STC 510 A	510 이상	
		4종		STC 510 B		
		5종		STC 540	540 이상	
		6종		STC 590 A	590 이상	
		7종		STC 590 B		

KS 규격	명 칭	분류 및 종별	기 호	인장강도 N/mm²	주요 용도 및 특징
KS D 3632	건축 구조용 탄소 강관	1종	STKN400W	400 이상 540 이하	주로 건축 구조물에 사용
		2종	STKN400B	400 이상 540 이하	
		3종	STKN490B	490 이상 640 이하	
KS D 3780	철탑용 고장력강 강관	1종	STKT 540	540 이상	종래 기호 : STKT 55
		2종	STKT 590	590 ~ 740	종래 기호 : STKT 60
KS D 3867	기계 구조용 합금강 강재	망간강	SMn 420	-	주로 표면 담금질용
			SMn 433	-	
			SMn 438	-	
			SMn 443	-	
		망간 크롬강	SMnC 420	-	주로 표면 담금질용
			SMnC 443	-	
		크롬강	SCr 415	-	주로 표면 담금질용
			SCr 420	-	
			SCr 430	-	
			SCr 435	-	
			SCr 440	-	
			SCr 445	-	
		크롬 몰리브덴강	SCM 415	-	주로 표면 담금질용
			SCM 418	-	
			SCM 420	-	
			SCM 421	-	
			SCM 425	-	
			SCM 430	-	
			SCM 432	-	
			SCM 435	-	
			SCM 440	-	
			SCM 445	-	
			SCM 822	-	주로 표면 담금질용
		니켈 크롬강	SNC 236	-	
			SNC 415	-	주로 표면 담금질용
			SNC 631	-	
			SNC 815	-	주로 표면 담금질용
			SNC 836	-	
		니켈 크롬 몰리브덴강	SNCM 220	-	주로 표면 담금질용
			SNCM 240	-	
			SNCM 415	-	주로 표면 담금질용
			SNCM 420	-	
			SNCM 431	-	
			SNCM 439	-	
			SNCM 447	-	
			SNCM 616	-	주로 표면 담금질용
			SNCM 625	-	
			SNCM 630	-	
			SNCM 815	-	주로 표면 담금질용

■ 배관용 강관

KS 규격	명 칭	분류 및 종별	기 호	인장강도 N/mm²	주요 용도 및 특징
D 3507	배관용 탄소 강관	흑관	SPP	-	흑관 : 아연 도금을 하지 않은 관 백관 : 흑관에 아연 도금을 한 관
		백관			
D 3562	압력 배관용 탄소 강관	1종	SPPS 380	380 이상	350℃ 이하에서 사용하는 압력 배관용
		2종	SPPS 420	420 이상	
D 3564	고압 배관용 탄소 강관	1종	SPPH 380	380 이상	350℃ 정도 이하에서 사용 압력이 높은 배관용
		2종	SPPH 420	420 이상	
		3종	SPPH 490	490 이상	
D 3565	상수도용 도복장 강관	1종	STWW 290	294 이상	상수도용
		2종	STWW 370	373 이상	
		3종	STWW 400	402 이상	
D 3659	저온 배관용 탄소 강관	1종	SPLT 390	390 이상	빙점 이하의 특히 낮은 온도에서 사용하는 배관용
		2종	SPLT 460	460 이상	
		3종	SPLT 700	700 이상	
D 3570	고온 배관용 탄소 강관	1종	SPHT 380	380 이상	주로 350℃를 초과하는 온도에서 사용하는 배관용
		2종	SPHT 420	420 이상	
		3종	SPHT 490	490 이상	
D 3573	배관용 합금강 강관	몰리브덴강 강관	SPA 12	390 이상	주로 고온도에서 사용하는 배관용
		크롬 몰리브덴강 강관	SPA 20	420 이상	
			SPA 22		
			SPA 23		
			SPA 24		
			SPA 25		
			SPA 26		
D 3576	배관용 스테인리스 강관	오스테나이트계	STS 304 TP	520 이상	
			STS 304 HTP		
			STS 304 LTP	480 이상	
			STS 309 TP	520 이상	
			STS 309 STP		
			STS 310 TP		
			STS 310 STP		
			STS 316 TP		
			STS 316 HTP		
			STS 316 LTP	480 이상	
			STS 316 TiTP	520 이상	
			STS 317 TP		
			STS 317 LTP	480 이상	
			STS 836 LTP	520 이상	
			STS 890 LTP	490 이상	
			STS 321 TP	520 이상	
			STS 321 HTP		
			STS 347 TP		
			STS 347 HTP		
			STS 350 TP	674 이상	

KS 규격	명 칭	분류 및 종별	기 호	인장강도 N/mm²	주요 용도 및 특징
D 3576	배관용 스테인리스 강관	오스테나이트, 페라이트계	STS 329 J1 TP	590 이상	
			STS 329 J3 LTP	620 이상	
			STS 329 J4 LTP		
			STS 329 LDTP		
		페라이트계	STS 405 TP	410 이상	
			STS 409 LTP	360 이상	
			STS 430 TP	390 이상	
			STS 430 LXTP	410 이상	
			STS 430 J1 LTP		
			STS 436 LTP		
			STS 444 TP		
D 3583	배관용 아크 용접 탄소강 강관	-	SPW 400	400 이상	사용 압력이 비교적 낮은 증기, 물, 가스, 공기 등의 배관용
D 3588	배관용 용접 대구경 스테인리스 강관	1종	STS 304 TPY	520 이상	내식용, 저온용, 고온용 등의 배관 오스테나이트계
		2종	STS 304 LTPY	480 이상	
		3종	STS 309 STPY	520 이상	
		4종	STS 310 STPY	520 이상	
		5종	STS 316 TPY	520 이상	
		6종	STS 316 LTPY	480 이상	
		7종	STS 317 TPY	520 이상	
		8종	STS 317 LTPY	480 이상	
		9종	STS 321 TPY	520 이상	
		10종	STS 347 TPY	520 이상	
		11종	STS 350 TPY	674 이상	
		12종	STS 329 J1TPY	590 이상	내식용, 저온용, 고온용 등의 배관 오스테나이트 · 페라이트계
D 3589	압출식 폴리에틸렌 피복 강관	1종	P1H	-	곧은 관
		2종	P1F	-	이형관
		3종	P2S	-	
		4종	3LC	-	곧은 관
D 3595	일반 배관용 스테인리스 강관	1종	STS 304 TPD	520 이상	통상의 급수, 급탕, 배수, 냉온수 등의 배관용 수질, 환경 등에서 STS 304보다 높은 내식성이 요구되는 경우
		2종	STS 316 TPD		
D 3607	분말 용착식 폴리에틸렌 피복 강관	1호	PF₁	-	폴리에틸렌 피복 강관
		2호	PF₂	-	
		1호	PF₃	-	폴리에틸렌 피복관 이음쇠
		2호	PF₄	-	
D 3760	비닐하우스용 도금 강관	일반 농업용	SPVH	270 이상	아연도강관
			SPVH-AZ	400 이상	55% 알루미늄-아연합금 도금 강관
		구조용	SPVHS	275 이상	아연도강관
			SPVHS-AZ	400 이상	55% 알루미늄-아연합금 도금 강관
R 2028	자동차 배관용 금속관	2중권 강관	TDW	30 이상	자동차용 브레이크, 연료 및 윤활 계통에 사용하는 배관용 금속관
		1중권 강관	TSW		
		기계 구조용 탄소강관	STKM11A		
		이음매 없는 구리 및 구리 합금	C1201T	21 이상	

■ 열 전달용 강관

KS 규격	명칭	분류 및 종별	기호	인장강도 N/mm^2	주요 용도 및 특징
KS D 3563	보일러 및 열 교환기용 탄소 강관	1종	STBH 340	340 이상	보일러 수관, 연관, 과열기관, 공기 예열관 등
		2종	STBH 410	410 이상	
		3종	STBH 510	510 이상	
KS D 3571	저온 열교환기용 강관	탄소강 강관	STLT 390	390 이상	열 교환기관, 콘덴서관 등
		니켈 강관	STLT 460	460 이상	
			STLT 700	700 이상	
KS D 3572	보일러, 열 교환기용 합금강 강관	몰리브덴강 강관	STHA 12	390 이상	보일러 수관, 연관, 과열관, 공기 예열관, 열 교환기관, 콘덴서관, 촉매관 등
			STHA 13	420 이상	
		크롬 몰리브덴강 강관	STHA 20	420 이상	
			STHA 22		
			STHA 23		
			STHA 24		
			STHA 25		
			STHA 26		
KS D 3577	보일러, 열 교환기용 스테인리스 강관	오스테나이트계 강관	STS 304 TB	520 이상	열의 교환용으로 사용되는 스테인리스 강관 보일러의 과열기관, 화학, 공업, 석유 공업의 열 교환기관, 콘덴서관, 촉매관 등
			STS 304 HTB		
			STS 304 LTB	481 이상	
			STS 309 TB	520 이상	
			STS 309 STB		
			STS 310 TB		
			STS 310 STB		
			STS 316 TB		
			STS 316 HTB		
			STS 316 LTB	481 이상	
			STS 317 TB	520 이상	
			STS 317 LTB	481 이상	
			STS 321 TB	520 이상	
			STS 321 HTB		
			STS 347 TB		
			STS 347 HTB		
			STS XM 15 J1 TB		
			STS 350 TB	674 이상	
		오스테나이트.페라이트계 강관	STS 329 J1 TB	588 이상	
			STS 329 J2 LTB	618 이상	
			STS 329 LD TB	620 이상	
		페라이트계 강관	STS 405 TB	412 이상	
			STS 409 TB		
			STS 410 TB		
			STS 410 TiTB		
			STS 430 TB		
			STS 444 TB		
			STS XM 8 TB		
			STS XM 27 TB		

KS 규격	명칭	분류 및 종별		기호	인장강도 N/mm²	주요 용도 및 특징
KS D 3587	가열로용 강관	탄소강 강관		STF 410	410 이상	주로 석유정제 공업, 석유화학 공업 등의 가열로에서 프로세스 유체 가열을 위해 사용
		몰리브덴강 강관		STFA 12	380 이상	
		크롬-몰리브덴강 강관		STFA 22	410 이상	
				STFA 23		
				STFA 24		
				STFA 25		
				STFA 26		
		오스테나이트계 스테인리스강 강관		STS 304 TF	520 이상	
				STS 304 HTF		
				STS 309 TF		
				STS 310 TF		
				STS 316 TF		
				STS 316 HTF		
				STS 321 TF		
				STS 321 HTF		
				STS 347 TF		
				STS 347 HTF		
		니켈-크롬-철 합금관		NCF 800 TF	520 이상	
					450 이상	
				NCF 800 HTF	450 이상	
KS D 3759	배관용 및 열 교환기용 티타늄, 팔라듐 합금관	1종	열간 압출	TTP 28 Pd E	280 ~ 420	TTP : 배관용 TTH : 열 교환기용 일반 배관 및 열 교환기에 사용
			냉간 인발	TTP 28 Pd D (TTH 28 Pd D)		
			용접한 대로	TTP 28 Pd W (TTH 28 Pd W)		
			냉간 인발	TTP 28 Pd WD (TTH 28 Pd WD)		
		2종	열간 압출	TTP 35 Pd E	350 ~ 520	
			냉간 인발	TTP 35 Pd D (TTH 35 Pd D)		
			용접한 대로	TTP 35 Pd W (TTH 35 Pd W)		
			냉간 인발	TTP 35 Pd WD (TTH 35 Pd WD)		
		3종	열간 압출	TTP 49 Pd E	490 ~ 620	
			냉간 인발	TTP 49 Pd D (TTH 49 Pd D)		
			용접한 대로	TTP 49 Pd W (TTH 49 Pd W)		
			냉간 인발	TTP 49 Pd WD (TTH 49 Pd WD)		

■ 특수 용도 강관 및 합금관

KS 규격	명 칭	분류 및 종별	기 호	인장강도 N/mm²	주요 용도 및 특징	
C 8401	강제 전선관	후강 전선관	G16	-	안쪽 반지름	관 바깥지름의 4배
			G22	-		
			G28	-		관 바깥지름의 5배
		박강 전선관	C19, C25	-		관 바깥지름의 4배
		나사없는 전선관	E19, E25	-		
KS D 3575	고압 가스 용기용 이음매 없는 강관	망간강 강관	STHG 11	-		
			STHG 12	-		
		크롬몰리브덴 강 강관	STHG 21	-		
			STHG 22	-		
		니켈크롬몰리 브덴강 강관	STHG 31	-		
KS D 3757	열 교환기용 이음매 없는 니켈-크롬-철합 금 관	1종	NCF 600 TB	550 이상	화학 공업, 석유 공업의 열 교환기 관, 콘 덴서 관, 원자력용의 증기 발생기 관 등	
		2종	NCF 625 TB	820 이상 690 이상		
		3종	NCF 690 TB	590 이상		
		4종	NCF 800 TB	520 이상		
		5종	NCF 800 HTB	450 이상		
		6종	NCF 825 TB	580 이상		
KS D 3758	배관용 이음매 없는 니켈-크롬-철합 금 관	1종	NCF 600 TP	549 이상		
		2종	NCF 625 TP	820 이상 690 이상		
		3종	NCF 690 TP	590 이상		
		4종	NCF 800 TP	451 이상 520 이상		
		5종	NCF 800 HTP	451 이상		
		6종	NCF 825 TP	520 이상 579 이상		
KS E 3114	시추용 이음매 없는 강관	1종	STM-C 540	540 이상		
		2종	STM-C 640	640 이상		
		3종	STM-R 590	590 이상		
		4종	STM-R 690	690 이상		
		5종	STM-R 780	780 이상		
		6종	STM-R 830	830 이상		

■ 선재, 선재 2차 제품

KS 규격	명칭	분류 및 종별		기호	인장강도 N/mm²	주요 용도 및 특징
D 3509	피아노 선재	1종		SWRS 62A	-	피아노 선, 오일템퍼선, PC강선, PC강연선, 와이어 로프 등
		2종		SWRS 62B	-	
		3종		SWRS 67A	-	
		4종		SWRS 67B	-	
		5종		SWRS 72A	-	
		6종		SWRS 72B	-	
		7종		SWRS 75A	-	
		8종		SWRS 75B	-	
		9종		SWRS 77A	-	
		10종		SWRS 77B	-	
		11종		SWRS 80A	-	
		12종		SWRS 80B	-	
		13종		SWRS 82A	-	
		14종		SWRS 82B	-	
		15종		SWRS 87A	-	
		16종		SWRS 87B	-	
		17종		SWRS 92A	-	
		18종		SWRS 92B	-	
D 3510	경강선	경강선 A종		SW-A	-	적용 선 지름 : 0.08mm 이상 10.0mm 이하
		경강선 B종		SW-B	-	주로 정하중을 받는 스프링용
		경강선 C종		SW-C	-	적용 선 지름 : 0.08mm 이상 13.0mm 이하
D 3550	피복 아크 용접봉 심선	피복 아크 용접봉 심선 1종		SWW 11	-	주로 연강의 아크 용접에 사용
		피복 아크 용접봉 심선 2종		SWW 21	-	
D 3552	철선	보통 철선	원형	SWM-B	-	일반용, 철망용
				SWM-F	-	후 도금용, 용접용
		못용 철선		SWM-N	-	못용
		어닐링 철선		SWM-A	-	일반용, 철망용
		용접 철망용 철선	이형	SWM-P	-	용접 철망용, 콘크리트 보강용
				SWM-R	-	
				SWM-I	-	
D 3553	일반용 철못	호칭 방법		N 19	머리부 지름 D (참고값)	3.6
				N 22		3.6
				N 25		4.0
				N 32		4.5
				N 38		5.1
				N 45		5.8
				N 50		6.6
				N 60		6.7
				N 65		7.3

KS 규격	명칭	분류 및 종별	기호	인장강도 N/mm²	주요 용도 및 특징	
D 3553	일반용 철못	호칭 방법	N 75	-	머리부 지름 D (참고값)	7.9
			N 80	-		7.9
			N 90	-		8.8
			N 100	-		9.8
			N 115	-		9.8
			N 125	-		10.3
			N 140	-		11.4
			N 150	-		11.5
			N 45S	-		7.3
D 3554	연강 선재	1종	SWRM 6	-	철선, 아연 도금 철선 등	
		2종	SWRM 8	-		
		3종	SWRM 10	-		
		4종	SWRM 12	-		
		5종	SWRM 15	-		
		6종	SWRM 17	-		
		7종	SWRM 20	-		
		8종	SWRM 22	-		
D 3556	피아노 선	1종	PW-1	-	주로 동하중을 받는 스프링용	
		2종	PW-2	-		
		3종	PW-3	-	밸브 스프링 또는 이에 준하는 스프링용	
D 3559	경강 선재	1종	HSWR 27	-	경강선, 오일 템퍼선, PC 경강선, 아연도 강연선, 와이어 로프 등	
		2종	HSWR 32	-		
		3종	HSWR 37	-		
		4종	HSWR 42A	-		
		5종	HSWR 42B	-		
		6종	HSWR 47A	-		
		7종	HSWR 47B	-		
		8종	HSWR 52A	-		
		9종	HSWR 52B	-		
		10종	HSWR 57A	-		
		11종	HSWR 57B	-		
		12종	HSWR 62A	-		
		13종	HSWR 62B	-		
		14종	HSWR 67A	-		
		15종	HSWR 67B	-		
		16종	HSWR 72A	-		
		17종	HSWR 72B	-		
		18종	HSWR 77A	-		
		19종	HSWR 77B	-		
		20종	HSWR 82A	-		
		21종	HSWR 82B	-		
D 3579	스프링용 오일 템퍼선	1종	SWO-A	-	스프링용 탄소강 오일 템퍼선 A종	
		2종	SWO-B	-	스프링용 탄소강 오일 템퍼선 B종	
		3종	SWOSC-B	-	스프링용 실리콘 크롬강 오닐 템퍼선	

KS 규격	명칭	분류 및 종별	기호	인장강도 N/mm²	주요 용도 및 특징
D 3579	스프링용 오일 템퍼선	4종	SWOSM-A	-	스프링용 실리콘 망간강 오일 템퍼선 A종
		5종	SWOSM-B	-	스프링용 실리콘 망간강 오일 템퍼선 B종
		6종	SWOSM-C	-	스프링용 실리콘 망간강 오일 템퍼선 C종
D 3580	밸브 스프링용 오일 템퍼선	1종	SWO-V	-	밸브 스프링용 탄소강 오일 템퍼선
		2종	SWOCV-V	-	밸브 스프링용 크롬바나듐강 오일 템퍼선
		3종	SWOSC-V	-	밸브 스프링용 실리콘크롬강 오일 템퍼선
D 3592	냉간 압조용 탄소강 : 선재	림드강	SWRCH6R	-	냉간 압조용 탄소 강선
			SWRCH8R	-	
			SWRCH10R	-	
			SWRCH12R	-	
			SWRCH15R	-	
			SWRCH17R	-	
		알루미늄킬드강	SWRCH6A	-	
			SWRCH8A	-	
			SWRCH10A	-	
			SWRCH12A	-	
			SWRCH15A	-	
			SWRCH16A	-	
			SWRCH18A	-	
			SWRCH19A	-	
			SWRCH20A	-	
			SWRCH22A	-	
			SWRCH25A	-	
		킬드강	SWRCH10K	-	
			SWRCH12K	-	
			SWRCH15K	-	
			SWRCH16K	-	
			SWRCH17K	-	
			SWRCH18K	-	
			SWRCH20K	-	
			SWRCH22K	-	
			SWRCH24K	-	
			SWRCH25K	-	
			SWRCH27K	-	
			SWRCH30K	-	
			SWRCH33K	-	
			SWRCH35K	-	
			SWRCH38K	-	
			SWRCH40K	-	
			SWRCH41K	-	
			SWRCH43K	-	
			SWRCH45K	-	
			SWRCH48K	-	
			SWRCH50K	-	

KS 규격	명칭	분류 및 종별		기호	인장강도 N/mm²	주요 용도 및 특징	
D 3596	착색 도장 아연 도금 철선(S)	2종		SWMCGS-2	250~590	적용 선지름	1.80 이상 6.00 이하
		3종		SWMCGS-3			
		4종		SWMCGS-4			
		5종		SWMCGS-5			
		6종		SWMCGS-6	290~590		2.60 이상 6.00 이하
		7종		SWMCGS-7			
	착색 도장 아연 도금 철선(H)	2종		SWMCGH-2	선경별 규격 참조	1.80 이상 6.00 이하	
		3종		SWMCGH-3			
		4종		SWMCGH-4			
D 3624	냉간 압조용 붕소강	1종		SWRCHB 223	-	주로 냉간 압조용 붕소강선의 제조에 사용되는 붕소강 선재	
		2종		SWRCHB 237	-		
		3종		SWRCHB 320	-		
		4종		SWRCHB 323	-		
		5종		SWRCHB 331	-		
		6종		SWRCHB 334	-		
		7종		SWRCHB 420	-		
		8종		SWRCHB 526	-		
		9종		SWRCHB 620	-		
		10종		SWRCHB 623	-		
		11종		SWRCHB 726	-		
		12종		SWRCHB 734	-		
D 7001	가시 철선	1종		BWGS-1	290~590	적용 선지름	1.60 이상 2.90 이하
		2종		BWGS-2	290~590		
		3종		BWGS-3	290~590		
		4종		BWGS-4	290~590		
		5종		BWGS-5	290~590		
		6종		BWGS-6	290~590		2.60 이상 2.90 이하
		7종		BWGS-7	290~590		
D 7002	PC 강선	원형선	A종	SWPC1AN SWPC1AL	-	PC 강선 : KS D 3509 및 그와 동등 이상의 선재로부터 패턴팅 후 냉간 가공하고 마지막 공정에서 잔류 변형을 제거하기 위하여 블루잉한 선	
			B종	SWPC1BN SWPC1BL	-		
		이형선		SWPD1N SWPD1L	-		
	PC 강연선	2연선		SWPC2N SWPC2L	-	PC 강연선 : KS D 3509 및 그와 동등 이상의 선재로부터 패턴팅 후 냉간 가공한 강선을 꼬아 합친 후 마지막 공정에서 잔류 변형을 제거하기 위하여 블루잉한 강연선	
		이형 3연선		SWPD3N SWPD3L	-		
		7연선	A종	SWPC7AN SWPC7AL	-		
			B종	SWPC7BN SWPC7BL	-		
			C종	SWPC7CL	-		
			D종	SWPC7DL	-		
		19연선		SWPC19N SWPC19L	-		

KS 규격	명칭	분류 및 종별	기호	인장강도 N/mm²	주요 용도 및 특징
D 7009	PC 경강선	1종	SWCR	-	원형선
		2종	SWCD	-	이형선
D 7011	아연 도금 철선 (S)	1종	SWMGS-1	-	0.10mm 이상 8.00mm 이하
		2종	SWMGS-2	-	
		3종	SWMGS-3	-	0.90mm 이상 8.00mm 이하
		4종	SWMGS-4	-	
		5종	SWMGS-5	-	1.60mm 이상 8.00mm 이하
		6종	SWMGS-6	-	2.60mm 이상 6.00mm 이하
		7종	SWMGS-7	-	
	아연 도금 철선 (H)	1종	SWMGH-1	-	0.10mm 이상 6.00mm 이하
		2종	SWMGH-2	-	
		3종	SWMGH-3	-	0.90mm 이상 8.00mm 이하
		4종	SWMGH-4	-	
D 7015	크림프 철망	1종	CR-GS2	-	아연 도금 철선재 크림프 철망 및 스테인리스 크림프 철망 [보기] CR-S304W1 CR-S316W2
		2종	CR-GS3	-	
		3종	CR-GS4	-	
		4종	CR-GS6	-	
		5종	CR-GS7	-	
		6종	CR-GH2	-	
		7종	CR-GH3	-	
		8종	CR-GH4	-	
		9종	CR-S(종류의 기호)W1	-	
		10종	CR-S(종류의 기호)W2	-	
D 7016	직조 철망	평직 철망	PW-A	-	KS D 3552에 규정하는 어닐링 철선을 사용한 것
			PW-G	-	KS D 3552에 규정하는 아연도금 철선 1종을 사용한 것
			PW-S	-	KS D 37003에 규정하는 스테인리스 강선을 사용한 것
		능직 철망	TW-A	-	KS D 3552에 규정하는 어닐링 철선을 사용한 것
			TW-G	-	KS D 3552에 규정하는 아연도금 철선 1종을 사용한 것
			TW-S	-	KS D 37003에 규정하는 스테인리스 강선을 사용한 것
		첩직 철망	DW-A	-	KS D 3552에 규정하는 어닐링 철선을 사용한 것
			DW-S	-	KS D 37003에 규정하는 스테인리스 강선을 사용한 것
KS D 7063	아연 도금 강선 (F)	1종	SWGF-1	-	적용 선지름 0.80mm 이상 6.00mm 이하
		2종	SWGF-2	-	
		3종	SWGF-3	-	
		4종	SWGF-4	-	
		5종	SWGF-5	-	
		6종	SWGF-6	-	
	아연 도금 강선 (D)	1종	SWGD-1	-	적용 선지름 0.29mm 이상 6.00mm 이하
		2종	SWGD-2	-	
		3종	SWGD-3	-	

26-3 | 비철금속재료

1. 신동품

KS 규격	명칭	분류 및 종별	기 호	인장강도 N/mm²	주요 용도 및 특징
D 5101	구리 및 구리합금 봉	무산소동 C1020	C 1020 BE	-	전기 및 열 전도성 우수 용접성, 내식성, 내후성 양호
			C 1020 BD	-	
			C 1020 BF	-	
		타프피치동 C1100	C 1100 BE	-	전기 및 열 전도성 우수 전연성, 내식성, 내후성 양호
			C 1100 BD	-	
			C 1100 BF	-	
		인탈산동 C1201	C 1201 BE	-	전연성, 용접성, 내식성, 내후성 및 열 전도성 양호
			C 1201 BD	-	
		인탈산동 C1220	C 1220 BE	-	
			C 1220 BD	-	
		황동 C2620	C 2600 BE	-	냉간 단조성, 전조성 양호 기계 및 전기 부품
			C 2600 BD	-	
		황동 C2700	C 2700 BE	-	
			C 2700 BD	-	
		황동 C2745	C 2745 BE	-	열간 가공성 양호 기계 및 전기 부품
			C 2745 BD	-	
		황동 C2800	C 2800 BE	-	
			C 2800 BD	-	
		내식 황동 C3533	C 3533 BE	-	수도꼭지, 밸브 등
			C 3533 BD	-	
		쾌삭 황동 C3601	C 3601 BD	-	절삭성 우수, 전연성 양호 볼트, 너트, 작은 나사, 스핀들, 기어, 밸브, 라이터, 시계, 카메라 부품 등
		쾌삭 황동 C3602	C 3602 BE	-	
			C 3602 BD	-	
			C 3602 BF	-	
		쾌삭황동 C3604	C 3604 BE	-	
			C 3604 BD	-	
			C 3604 BF	-	
		쾌삭 황동 C3605	C 3605 BE	-	
			C 3605 BD	-	
		단조 황동 C3712	C 3712 BE	-	열간 단조성 양호, 정밀 단조 적합 기계 부품 등
			C 3712 BD	-	
			C 3712 BF	-	
		단조 황동 C3771	C 3771 BE	-	열간 단조성 및 피절삭성 양호 밸브 및 기계 부품 등
			C 3771 BD	-	
			C 3771 BF	-	
		네이벌 황동 C4622	C 4622 BE	-	내식성 및 내해수성 양호 선박용 부품, 샤프트 등
			C 4622 BD	-	
			C 4622 BF	-	
		네이벌 황동 C4641	C 4641 BE	-	
			C 4641 BD	-	
			C 4641 BF	-	

KS 규격	명 칭	분류 및 종별		기 호	인장강도 N/mm^2	주요 용도 및 특징
		내식 황동 C4860		C 4860 BE	-	수도꼭지, 밸브, 선박용 부품 등
				C 4860 BD	-	
		무연 황동 C4926		C 4926 BE	-	내식성 우수, 환경 소재(납 없음) 전기전자, 자동차 부품 및 정밀 가공용
				C 4926 BD	-	
		무연 내식 황동 C4934		C 4934 BE	-	내식성 우수, 환경 소재(납 없음) 수도꼭지, 밸브 등
				C 4934 BD	-	
		알루미늄 청동 C6161		C 6161 BE	-	강도 높고, 내마모성, 내식성 양호 차량 기계용, 화학 공업용, 선박용 피니언 기어, 샤프트, 부시 등
				C 6161 BD	-	
		알루미늄 청동 C6191		C 6191 BE	-	
				C 6191 BD	-	
		알루미늄 청동 C6241		C 6241 BE	-	
				C 6241 BD	-	
		고강도 황동 C6782		C 6782 BE	-	강도 높고 열간 단조성, 내식성 양호 선박용 프로펠러 축, 펌프 축 등
				C 6782 BD	-	
				C 6782 BF	-	
		고강도 황동 C6783		C 6783 BE	-	
				C 6783 BD	-	
D 5102	베릴륨 동, 인청동 및 양백의 봉 및 선	베릴륨 동	봉	C 1720 B	-	항공기 엔진 부품, 프로펠러, 볼트, 캠, 기어, 베어링, 점용접용 전극 등
			선	C 1720 W	-	코일 스프링, 스파이럴 스프링, 브러쉬 등
		인청동	봉	C 5111 B	-	내피로성, 내식성, 내마모성 양호 봉 : 기어, 캠, 이음쇠, 축, 베어링, 작은 나사, 볼트, 너트, 섭동 부품, 커넥터, 트롤리선용 행어 등 선: 코일 스프링, 스파이럴 스프링, 스냅 버튼, 전기 바인드용 선, 철망, 헤더재, 와셔 등
			선	C 5111 W	-	
			봉	C 5102 B	-	
			선	C 5102 W	-	
			봉	C 5191 B	-	
			선	C 5191 W	-	
			봉	C 5212 B	-	
			선	C 5212 W	-	
		쾌삭 인청동	봉	C 5341 B	-	절삭성 양호 작은 나사, 부싱, 베어링, 볼트, 너트, 볼펜 부품 등
			선	C 5441 B	-	
		양백	선	C 7451 W	-	광택 미려, 내피로성, 내식성 양호 봉 : 작은 나사, 볼트, 너트, 전기기기 부품, 악기, 의료기기, 시계부품 등 선 : 특수 스프링 재료 적합
			봉	C 7521 B	-	
			선	C 7521 W	-	
			봉	C 7541 B	-	
			선	C 7541 W	-	
			봉	C 7701 B	-	
			선	C 7701 W	-	
		쾌삭 양백	봉	C 7941 B	-	절삭성 양호 작은 나사, 베어링, 볼펜 부품, 안경 부품 등
D 5103	구리 및 구리합금 선	무산소동	선	C 1020 W	세부 규격 참조	전기, 열전도성, 전연성 우수 용접성, 내식성, 내환경성 양호
		타프 피치동		C 1100 W		전기, 열전도성 우수 전연성, 내식성, 내환경성 양호 (전기용, 화학공업용, 작은 나사, 못, 철망 등)

Chapter 26 열처리와 기계금속재료

KS 규격	명 칭	분류 및 종별		기 호	인장강도 N/mm²	주요 용도 및 특징
D 5103	구리 및 구리합금 선	인탈산동		C 1201 W	세부 규격 참조	전연성. 용접성. 내식성. 내환경성 양호
				C 1220 W		
		단동		C 2100 W		색과 광택이 아름답고, 전연성. 내식성 양호(장식품, 장신구, 패스너, 철망 등)
				C 2200 W		
				C 2300 W		
				C 2400 W		
		황동	선	C 2600 W		전연성. 냉간 단조성. 전조성 양호 리벳, 작은 나사, 핀, 코바늘, 스프링, 철망 등
				C 2700 W		
				C 2720 W		
				C 2800 W		용접봉, 리벳 등
		니플용 황동		C 3501 W		피삭성, 냉간 단조성 양호 자동차의 니플 등
		쾌삭황동		C 3601 W		피삭성 우수 볼트, 너트, 작은 나사, 전자 부품, 카메라 부품 등
				C 3602 W		
				C 3603 W		
				C 3604 W		
D 5401	전자 부품용 무산소 동의 판, 띠, 이음매 없는 관, 봉 및 선	판	-	C 1011 P	세부 규격 참조	전신가공한 전자 부품용 무산소 동의 판, 띠, 이음매 없는 관, 봉, 선
		띠	-	C 1011 R		
		관	보통급	C 1011 T		
			특수급	C 1011 TS		
		봉	압출	C 1011 BE		
			인발	C 1011 BD		
		선	-	C 1011 W		
D 5506	인청동 및 양백의 판 및 띠	판	인청동	C 5111 P	세부 규격 참조	전연성. 내피로성. 내식성 양호 전자, 전기 기기용 스프링, 스위치, 리드 프레임, 커넥터, 다이어프램, 베로, 퓨즈 클립, 섭동편, 볼베어링, 부시, 타악기 등
		띠		C 5111 R		
		판		C 5102 P		
		띠		C 5102 R		
		판		C 5191 P		
		띠		C 5191 R		
		판		C 5212 P		
		띠		C 5212 R		
		판	양백	C 7351 P		광택이 아름답고, 전연성. 내피로성. 내식성 양호 수정 발진자 케이스, 트랜지스터캡, 볼륨용 섭동편, 시계 문자판, 장식품, 양식기, 의료기기, 건축용, 관악기 등
		띠		C 7351 R		
		판		C 7451 P		
		띠		C 7451 R		
		판		C 7521 P		
		띠		C 7521 R		
		판		C 7541 P		
		띠		C 7541 R		
D 5530	구리 버스 바	C 1020		C 1020 BB	Cu 99.96% 이상	전기 전도성 우수 각종 도체, 스위치, 바 등
		C 1100		C 1100 BB	Cu 99.90% 이상	

KS 규격	명 칭	분류 및 종별		기 호	인장강도 N/mm²	주요 용도 및 특징
D 5545	구리 및 구리 합금 용접관	용접관	보통급	C 1220 TW	인탈산동	압광성. 굽힘성. 수축성. 용접성. 내식성. 열전도성 양호
			특수급	C 1220 TWS		열교환기용, 화학 공업용, 급수.급탕용, 가스 관용 등
			보통급	C 2600 TW	황동	압광성. 굽힘성. 수축성. 도금성 양호
			특수급	C 2600 TWS		열교환기용, 커튼레일, 위생관, 모든 기기 부품용, 안테나용 등
			보통급	C 2680 TW		
			특수급	C 2680 TWS		
			보통급	C 4430 TW	어드미럴티 황동	내식성 양호 가스관용, 열교환기용 등
			특수급	C 4430 TWS		
			보통급	C 4450 TW	인 첨가 어드미럴티 황동	내식성 양호 가스관용 등
			특수급	C 4450 TWS		
			보통급	C 7060 TW	백동	내식성, 특히 내해수성 양호 비교적 고온 사용 적합 악기용, 건재용, 장식용, 열교환기용 등
			특수급	C 7060 TWS		
			보통급	C 7150 TW		
			특수급	C 7150 TWS		

2. 알루미늄 및 알루미늄합금의 전신재

KS 규격	명 칭	분류 및 종별		기 호	인장강도 N/mm²	주요 용도 및 특징
D 6705	알루미늄 및 알루미늄합금 박	1085	O	A1085H-O	95 이하	전기 통신용, 전해 커패시터용, 냉난방용
			H18	A1085H-H18	120 이상	
		1070	O	A1070H-O	95 이하	
			H18	A1070H-H18	120 이상	
		1050	O	A1050H-O	100 이하	
			H18	A1050H-H18	125 이상	
		1N30	O	A130H-O	100 이하	장식용, 전기 통신용, 건재용, 포장용, 냉난방용
			H18	A130H-H18	135 이상	
		1100	O	A1100H-O	110 이하	
			H18	A1100H-H18	155 이상	
		3003	O	A3003H-O	130 이하	용기용, 냉난방용
			H18	A3003H-H18	185 이상	
		3004	O	A3004H-O	200 이하	
			H18	A3004H-H18	265 이상	
		8021	O	A8021H-O	120 이하	장식용, 전기 통신용, 건재용, 포장용, 냉난방용
			H18	A8021H-H18	150 이상	
		8079	O	A8079H-O	110 이하	
			H18	A8079H-H18	150 이상	
D 6706	고순도 알루미늄 박	1N99	O	A1N99H-O	-	전해 커패시터용 리드선용
			H18	A1N99H-H18	-	
		1N90	O	A1N90H-O	-	
			H18	A1N90H-H18	-	

KS 규격	명 칭	분류 및 종별	기 호	인장강도 N/mm²	주요 용도 및 특징
D 7028	알루미늄 및 알루미늄합금 용접봉과 와이어	BY : 봉 WY : 와이어	A1070-BY	54	알루미늄 및 알루미늄 합금의 수동 티그 용접 또는 산소 아세틸렌 가스에 사용하는 용접봉 인장강도는 용접 이음의 인장강도임
			A1070-WY		
			A1100-BY	74	
			A1100-WY		
			A1200-BY		
			A1200-WY		
			A2319-BY	245	
			A2319-WY		
			A4043-BY	167	
			A4043-WY		
			A4047-BY		
			A4047-WY		
			A5554-BY	216	
			A5554-WY		
			A5564-BY	206	
			A5564-WY		
			A5356-BY	265	
			A5356-WY		
			A5556-BY	275	
			A5556-WY		
			A5183-BY		
			A5183-WY		

3. 마그네슘합금 전신재

KS 규격	명 칭	분류 및 종별	기 호	인장강도 N/mm²	주요 용도 및 특징
D 5573	이음매 없는 마그네슘 합금 관	1종B	MT1B	세부 규격 참조	ISO-MgA13Zn1(A)
		1종C	MT1C		ISO-MgA13Zn1(B)
		2종	MT2		ISO-MgA16Zn1
		5종	MT5		ISO-MgZn3Zr
		6종	MT6		ISO-MgZn6Zr
		8종	MT8		ISO-MgMn2
		9종	MT9		ISO-MgZnMn1
D 6710	마그네슘 합금 판, 대 및 코일판	1종B	MP1B	세부 규격 참조	ISO-MgA13Zn1(A)
		1종C	MP1C		ISO-MgA13Zn1(B)
		7종	MP7		-
		9종	MP9		ISO-MgMn2Mn1
D 6723	마그네슘 합금 압출 형재	1종B	MS1B	세부 규격 참조	ISO-MgA13Zn1(A)
		1종C	MS1C		ISO-MgA13Zn1(B)
		2종	MS2		ISO-MgA16Zn1
		3종	MS3		ISO-MgA18Zn
		5종	MS5		ISO-MgZn3Zr
		6종	MS6		ISO-MgZn6Zr
		8종	MS8		ISO-MgMn2
		9종	MS9		ISO-MgMn2Mn1
		10종	MS10		ISO-MgMn7CuI
		11종	MS11		ISO-MgY5RE4Zr
		12종	MS12		ISO-MgY4RE3Zr
D 6724	마그네슘 합금 봉	1B종	MB1B	세부 규격 참조	ISO-MgA13Zn1(A)
		1C종	MB1C		ISO-MgA13Zn1(B)
		2종	MB2		ISO-MgA16Zn1
		3종	MB3		ISO-MgA18Zn
		5종	MB5		ISO-MgZn3Zr
		6종	MB6		ISO-MgZn6Zr
		8종	MB8		ISO-MgMn2
		9종	MB9		ISO-MgZn2Mn1
		10종	MB10		ISO-MgZn7CuI
		11종	MB11		ISO-MgY5RE4Zr
		12종	MB12		ISO-MgY4RE3Zr

4. 납 및 납합금 전신재

KS 규격	명칭	분류 및 종별	기호	인장강도 N/mm²	주요 용도 및 특징
D 5512	납 및 납합금 판	납판	PbP-1	-	두께 1.0mm 이상 6.0mm 이하의 순납판으로 가공성이 풍부하고 내식성이 우수하며 건축, 화학, 원자력 공업용 등 광범위의 사용에 적합하고, 인장강도 10.5N/mm², 연신율 60% 정도이다.
		얇은 납판	PbP-2	-	두께 0.3mm 이상 1.0mm 미만의 순납판으로 유연성이 우수하고 주로 건축용(지붕, 벽)에 적합하며, 인장강도 10.5N/mm², 연신율 60% 정도이다.
		텔루르 납판	PPbP	-	텔루르를 미량 첨가한 입자분산강화 합금 납판으로 내크리프성이 우수하고 고온(100~150℃)에서의 사용이 가능하고, 화학공업용에 적합하며, 인장강도 20.5N/mm², 연신율 50% 정도이다.
		경납판 4종	HPbP4	-	안티몬을 4% 첨가한 합금 납판으로 상온에서 120℃의 사용영역에서는 납합금으로서 고강도·고경도를 나타내며, 화학공업용 장치류 및 일반용의 경도를 필요로 하는 분야에 대한 적용이 가능하며, 인장강도 25.5N/mm², 연신율 50% 정도이다.
		경납판 6종	HPbP6	-	안티몬을 6% 첨가한 합금 납판으로 상온에서 120℃의 사용영역에서는 납합금으로서 고강도·고경도를 나타내며, 화학공업용 장치류 및 일반용의 경도를 필요로 하는 분야에 대한 적용이 가능하며, 인장강도 28.5N/mm², 연신율 50% 정도이다.
D 6702	일반 공업용 납 및 납합금 관	공업용 납관 1종	PbT-1	-	납이 99.9% 이상인 납관으로 살두께가 두껍고, 화학 공업용에 적합하고 인장 강도 10.5N/mm², 연신율 60% 정도이다.
		공업용 납관 2종	PbT-2	-	납이 99.60%이상인 납관으로 내식성이 좋고, 가공성이 우수하고 살두께가 얇고 일반 배수용에 적합하며 인장강도 11.7N/mm², 연신율 55% 정도이다.
		텔루르 납관	TPbT	-	텔루르를 미량 첨가한 입자 분산 강화 합금 납관으로 살두께는 공업용 납관 1종과 같은 납관. 내크리프성이 우수하고 고온(100~150℃)에서의 사용이 가능하고, 화학공업용에 적합하며, 인장강도 20.5N/mm², 연신율 50% 정도이다.
		경연관 4종	HPbT4	-	안티몬을 4% 첨가한 합금 납관으로 상온에서 120℃의 사용영역에서는 납합금으로서 고강도·고경도를 나타내며, 화학공업용 장치류 및 일반용의 경도를 필요로 하는 분야로의 적용이 가능하며, 인장강도 25.5N/mm², 연신율 50% 정도이다.
		경연관 6종	HPbT6	-	안티몬을 6% 첨가한 합금 납관으로 상온에서 120℃의 사용영역에서는 납합금으로서 고강도·고경도를 나타내며, 화학공업용 장치류 및 일반용의 경도를 필요로 하는 분야로의 적용이 가능하며, 인장강도 28.5N/mm², 연신율 50% 정도이다.

5. 니켈 및 니켈합금의 전신재

KS 규격	명 칭	분류 및 종별	기 호	인장강도 N/mm²	주요 용도 및 특징
D 5539	이음매 없는 니켈 동합금 관		NW4400	NiCu30	세부 규격 참조	내식성, 내산성 양호 강도 높고 고온 사용 적합 급수 가열기, 화학 공업용 등
		NW4402	NiCu30,LC		
D 5546	니켈 및 니켈합금 판 및 조	탄소 니켈 관	NNCP	세부 규격 참조	수산화나트륨 제조 장치, 전기 전자 부품 등
		저탄소 니켈 관	NLCP		
		니켈-동합금 판	NCuP		해수 담수화 장치, 제염 장치, 원유 증류탑 등
		니켈-동합금 조	NCuR		
		니켈-동-알루미늄-티탄합금 판	NCuATP		해수 담수화 장치, 제염 장치, 원유 증류탑 등에서 고강도를 필요로 하는 기기재 등
		니켈-몰리브덴합금 1종 관	NM1P		염산 제조 장치, 요소 제조 장치, 에틸렌글리콜이나 크로로프렌 단량체 제조 장치 등
		니켈-몰리브덴합금 2종 관	NM2P		
		니켈-몰리브덴-크롬합금 판	NMCrP		산 세척 장치, 공해 방지 장치, 석유화학 산업 장치, 합성 섬유 산업 장치 등
		니켈-크롬-철-몰리브덴-동합금 1종 판	NCrFMCu1P		인산 제조 장치, 플루오르산 제조 장치, 공해 방지 장치 등
		니켈-크롬-철-몰리브덴-동합금 2종 판	NCrFMCu2P		
		니켈-크롬-몰리브덴-철합금 판	NCrMFP		공업용로, 가스터빈 등
D 5603	듀멧선	선1종 1	DW1-1	640 이상	전자관, 전구, 방전 램프 등의 관구류
		선1종 2	DW1-2		
		선2종	DW2		다이오드, 서미스터 등의 반도체 장비류
D 6023	니켈 및 니켈합금 주물	니켈 주물	NC	345 이상	수산화나트륨, 탄산나트륨 및 염화암모늄을 취급하는 제조장치의 밸브·펌프 등
		니켈-구리합금 주물	NCuC	450 이상	해수 및 염수, 중성염, 알칼리염 및 플루오르산을 취급하는 화학 제조 장치의 밸브·펌프 등
		니켈-몰리브덴합금 주물	NMC	525 이상	염소, 황산 인산, 아세트산 및 염화수소가스를 취급하는 제조 장치의 밸브·펌프 등
		니켈-몰리브덴-크롬합금 주물	NMCrC	495 이상	산화성산, 플루오르산, 포름산 무수아세트산, 해수 및 염수를 취급하는 제조 장치의 밸브 등
		니켈-크롬-철합금 주물	NCrFC	485 이상	질산, 지방산, 암모늄수 및 염화성 약품을 취급하는 화학 및 식품 제조 장치의 밸브 등
D 6719	이음매 없는 니켈 및 니켈합금 관	상탄소 니켈관	NNCT	세부 규격 참조	수산화나트륨 제조 장치, 식품, 약품 제조 장치, 전기, 전자 부품 등
		저탄소 니켈관	NLCT		
		니켈-동합금 관	NCuT		급수 가열기, 해수 담수화 장치, 제염 장치, 원유 증류탑 등
		니켈-몰리브덴-크롬합금 관	NMCrT		산세척 장치, 공해방지 장치, 석유화학, 합성 섬유 산업 장치 등
		니켈-크롬-몰리브덴-철합금 관	NCrMFT		공업용 노, 가스 터빈 등

6. 타이타늄 및 타이타늄합금 전신재

KS 규격	명칭	분류 및 종별		기호	인장강도 N/mm²	주요 용도 및 특징
D 3851	티탄 팔라듐합금 선	11종		TW 270 Pd	270 ~ 410	내식성, 특히 틈새 내식성 양호 화학장치, 석유정제 장치, 펄프제지 공업장치 등
		12종		TW 340 Pd	340 ~ 510	
		13종		TW 480 Pd	480 ~ 620	
D 6026	티타늄 및 티타늄합금 주물	2종		TC340	340 이상	내식성, 특히 내해수성 양호 화학 장치, 석유 정제 장치, 펄프 제지 공업 장치 등
		3종		TC480	480 이상	
		12종		TC340Pd	340 이상	내식성, 특히 내틈새 부식성 양호 화학 장치, 석유 정제 장치, 펄프 제지 공업 장치 등
		13종		TC480Pd	480 이상	
		60종		TAC6400	895 이상	고강도로 내식성 양호 화학 공업, 기계 공업, 수송 기기 등의 구조재, 예를 들면 고압 반응조 장치, 고압 수송 장치, 레저용품 등
D 6726	배관용 티탄 팔라듐합금 관	1종	이음매 없는 관	TTP 28 Pd E	275 ~ 412	내식성, 특히 틈새 내식성 양호 화학장치, 석유정제장치, 펄프제지 공업장치 등
				TTP 28 Pd D		
			용접관	TTP 28 Pd W		
				TTP 28 Pd WD		
		2종	이음매 없는 관	TTP 35 Pd E	343 ~ 510	
				TTP 35 Pd D		
			용접관	TTP 35 Pd W		
				TTP 35 Pd WD		
		3종	이음매 없는 관	TTP 49 Pd E	481 ~ 618	
				TTP 49 Pd D		
			용접관	TTP 49 Pd W		
				TTP 49 Pd WD		
D 7203	냉간 압조용 붕소강선	1종		SWCHB 223	610 이하	볼트, 너트, 리벳, 작은 나사, 태핑 나사 등의 나사류 및 각종 부품(인장도는 DA 공정에 의한 선의 기계적 성질)
		2종		SWCHB 237	670 이하	
		3종		SWCHB 320	600 이하	
		4종		SWCHB 323	610 이하	
		5종		SWCHB 331	630 이하	
		6종		SWCHB 334	650 이하	
		7종		SWCHB 420	600 이하	
		8종		SWCHB 526	650 이하	
		9종		SWCHB 620	630 이하	
		10종		SWCHB 623	640 이하	
		11종		SWCHB 726	650 이하	
		12종		SWCHB 734	680 이하	

7. 기타 전신재

KS 규격	명 칭	분류 및 종별	기 호	인장강도 N/mm²	주요 용도 및 특징
D 3579	스프링용 오일 템퍼선	스프링용 탄소강 오일 템퍼선 A종	SWO-A	세부 규격 참조	주로 정하중을 받는 스프링용
		스프링용 탄소강 오일 템퍼선 B종	SWO-B		
		스프링용 실리콘 크롬강 오일 템퍼선	SWOSC-B		주로 동하중을 받는 스프링용
		스프링용 실리콘 망간강 오일 템퍼선 A종	SWOSM-A		
		스프링용 실리콘 망간강 오일 템퍼선 B종	SWOSM-B		
		스프링용 실리콘 망간강 오일 템퍼선 C종	SWOSM-C		
D 3580	밸브 스프링용 오일 템퍼선	밸브 스프링용 탄소강 오일 템퍼선	SWO-V	세부 규격 참조	내연 기관의 밸브 스프링 또는 이에 준하는 스프링
		밸브 스프링용 크롬바나듐강 오일 템퍼선	SWOCV-V		
		밸브 스프링용 실리콘크롬강 오일 템퍼선	SWOSC-V		
D 3585	스테인리스강 위생관	1종	STS304TBS	520 이상	낙농, 식품 공업 등에 사용
		2종	STS304LTBS	480 이상	
		3종	STS316TBS	520 이상	
		4종	STS316LTBS	480 이상	
D 3591	스프링용 실리콘 망간강 오일 템퍼선	스프링용 실리콘 망간강 오일 템퍼선 A종	SWOSM-A	세부 규격 참조	일반 스프링용
		스프링용 실리콘 망간강 오일 템퍼선 B종	SWOSM-B		일반 스프링용 및 자동차 현가 코일 스프링
		스프링용 실리콘 망간강 오일 템퍼선 C종	SWOSM-C		주로 자동차 현가 코일 스프링
D 3624	냉간 압조용 붕소강-선재	1종	SWRCHB 223	-	냉간 압조용 붕소강선의 제조에 사용
		2종	SWRCHB 237	-	
		3종	SWRCHB 320	-	
		4종	SWRCHB 323	-	
		5종	SWRCHB 331	-	
		6종	SWRCHB 334	-	
		7종	SWRCHB 420	-	
		8종	SWRCHB 526	-	
		9종	SWRCHB 620	-	
		10종	SWRCHB 623	-	
		11종	SWRCHB 726	-	
		12종	SWRCHB 734	-	
D 3624	티탄 팔라듐합금 선	11종	TW 270 Pd	270 ~ 410	내식성, 특히 틈새 내식성 양호 화학장치, 석유정제 장치, 펄프 제지 공업장치 등
		12종	TW 340 Pd	340 ~ 510	
		13종	TW 480 Pd	480 ~ 620	
D 5577	탄탈럼 전신재	판	TaP	세부 규격 참조	탄탈럼으로 된 판, 띠, 박, 봉 및 선
		띠	TaR		
		박	TaH		
		봉	TaB		
		선	TaW		

KS 규격	명칭	분류 및 종별		기호	인장강도 N/mm²	주요 용도 및 특징
D 6026	티타늄 및 티타늄합금 주물	2종		TC340	340 이상	내식성, 특히 내해수성 양호 화학 장치, 석유 정제 장치, 펄프 제지 공업 장치 등
		3종		TC480	480 이상	
		12종		TC340Pd	340 이상	내식성, 특히 내틈새 부식성 양호 화학 장치, 석유 정제 장치, 펄프 제지 공업 장치 등
		13종		TC480Pd	480 이상	
		60종		TAC6400	895 이상	고강도로 내식성 양호 화학 공업, 기계 공업, 수송 기기 등의 구조재, 예를 들면 고압 반응조 장치, 고압 수송 장치, 레저 용품 등
D 6726	배관용 티탄 팔라듐합금 관	1종	이음매 없는 관	TTP 28 Pd E	275 ~ 412	내식성, 특히 틈새 내식성 양호 화학장치, 석유정제장치, 펄프제지 공업장치 등
				TTP 28 Pd D		
			용접관	TTP 28 Pd W		
				TTP 28 Pd WD		
		2종	이음매 없는 관	TTP 35 Pd E	343 ~ 510	
				TTP 35 Pd D		
			용접관	TTP 35 Pd W		
				TTP 35 Pd WD		
		3종	이음매 없는 관	TTP 49 Pd E	481 ~ 618	
				TTP 49 Pd D		
			용접관	TTP 49 Pd W		
				TTP 49 Pd WD		
D 6728	지르코늄 합금 관	Sn-Fe-Cr-Ni계 지르코늄 합금 관		ZrTN 802 D	413 이상	핵연료 피복관으로 사용하는 이음매 없는 지르코늄 합금 관
		Sn-Fe-Cr계 지르코늄 합금 관		ZrTN 804 D	413 이상	
D 7203	냉간 압조용 봉소강선	1종		SWCHB 223	610 이하	볼트, 너트, 리벳, 작은 나사, 태핑 나사 등의 나사류 및 각종 부품(인장도는 DA 공정에 의한 선의 기계적 성질)
		2종		SWCHB 237	670 이하	
		3종		SWCHB 320	600 이하	
		4종		SWCHB 323	610 이하	
		5종		SWCHB 331	630 이하	
		6종		SWCHB 334	650 이하	
		7종		SWCHB 420	600 이하	
		8종		SWCHB 526	650 이하	
		9종		SWCHB 620	630 이하	
		10종		SWCHB 623	640 이하	
		11종		SWCHB 726	650 이하	
		12종		SWCHB 734	680 이하	

8. 주물

KS 규격	명칭	분류 및 종별	기호	인장강도 N/mm^2	주요 용도 및 특징
D 6003	화이트 메탈	1종	WM 1	세부 규격 참조	각종 베어링 활동부 또는 패킹 등에 사용(주괴)
		2종	WM 2		
		2종B	WM 2B		
		3종	WM 3		
		4종	WM 4		
		5종	WM 5		
		6종	WM 6		
		7종	WM 7		
		8종	WM 8		
		9종	WM 9		
		10종	WM 10		
		11종	WM 11(L13910)		
		12종	WM 2(SnSb8Cu4)		
		13종	WM 13(SnSb12CuPb)		
		14종	WM 14(PbSb15Sn10)		
D 6005	아연 합금 다이캐스팅	1종	ZDC 1	325	자동차 브레이크 피스톤, 시트 벨브 감김쇠, 캔버스 플라이어
		2종	ZDC2	285	자동차 라디에이터 그릴, 몰, 카뷰레터, VTR 드럼 베이스, 테이프 헤드, CP 커넥터
D 6006	다이캐스팅용 알루미늄 합금	1종	ALDC 1	-	내식성, 주조성은 좋다. 항복 강도는 어느 정도 낮다.
		3종	ALDC 3	-	충격값과 항복 강도가 좋고 내식성도 1종과 거의 동등하지만, 주조성은 좋지않다.
		5종	ALDC 5	-	내식성이 가장 양호하고 연신율, 충격값이 높지만 주조성은 좋지 않다
		6종	ALDC 6	-	내식성은 5종 다음으로 좋고, 주조성은 5종보다 약간 좋다.
		10종	ALDC 10	-	기계적 성질, 피삭성 및 주조성이 좋다.
		10종 Z	ALDC 10 Z	-	10종보다 주조 갈라짐성과 내식성은 약간 좋지 않다.
		12종	ALDC 12	-	기계적 성질, 피삭성, 주조성이 좋다.
		12종 Z	ALDC 12 Z	-	12종보다 주조 갈라짐성 및 내식성이 떨어진다.
		14종	ALDC 14	-	내마모성, 유동성은 우수하고 항복 강도는 높으나, 연신율이 떨어진다.
		Si9종	Al Si9	-	내식성이 좋고, 연신율, 충격치도 어느 정도 좋지만, 항복 강도가 어느 정도 낮고 유동성이 좋지 않다.
		Si12Fe종	Al Si12(Fe)	-	내식성, 주조성이 좋고, 항복 강도가 어느 정도 낮다.
		Si10MgFe종	Al Si10Mg(Fe)	-	충격치와 항복 강도가 높고, 내식성도 1종과 거의 동등하며, 주조성은 1종보다 약간 좋지 않다.
		Si8Cu3종	Al Si8Cu3	-	
		Si9Cu3Fe종	Al Si9Cu3(Fe)	-	10종보다 주조 갈라짐 및 내식성이 나쁘다.
		Si9Cu3FeZn종	Al Si9Cu3(Fe)(Zn)	-	
		Si11Cu2Fe종	Al Si11Cu2(Fe)	-	기계적 성질, 피삭성, 주조성이 좋다.
		Si11Cu3Fe종	Al Si11Cu3(Fe)	-	

KS 규격	명칭	분류 및 종별	기호	인장강도 N/mm²	주요 용도 및 특징
D 6006	다이캐스팅용 알루미늄 합금	Si11Cu1Fe종	Al Si12Cu1(Fe)	- -	12종보다 연신율이 어느 정도 높지만, 항복 강도는 다소 낮다.
		Si117Cu4Mg종	Al Si17Cu4Mg	-	내마모성, 유동성이 좋고, 항복 강도가 높지만, 연신율은 낮다.
		Mg9종	Al Mg9	-	5종과 같이 내식성이 좋지만, 주조성이 나쁘고, 응력 부식균열 및 경시변화에 주의가 필요하다.
D 6008	알루미늄 합금 주물	주물 1종A	AC1A	세부 규격 참조	가선용 부품, 자전거 부품, 항공기용 유압 부품, 전송품 등
		주물 1종B	AC1B		가선용 부품, 중전기 부품, 자전거 부품, 항공기 부품 등
		주물 2종A	AC2A		매니폴드, 디프캐리어, 펌프 보디, 실린더 헤드, 자동차용 하체 부품 등
		주물 2종B	AC2B		실린더 헤드, 밸브 보디, 크랭크 케이스, 클러치 하우징 등
		주물 3종A	AC3A		케이스류, 커버류, 하우징류의 얇은 것, 복잡한 모양의 것, 장막벽 등
		주물 4종A	AC4A		매니폴드, 브레이크 드럼, 미션 케이스, 크랭크 케이스, 기어 박스, 선박용·차량용 엔진 부품 등
		주물 4종B	AC4B		크랭크 케이스, 실린더 매니폴드, 항공기용 전장품 등
		주물 4종C	AC4C		유압 부품, 미션 케이스, 플라이 휠 하우징, 항공기 부품, 소형용 엔진 부품, 전장품 등
		주물 4종CH	AC4CH		자동차용 바퀴, 가선용 쇠붙이, 항공기용 엔진 부품, 전장품 등
		주물 4종D	AC4D		수랭 실린더 헤드, 크랭크 케이스, 실린더 블록, 연료 펌프보디, 블로어 하우징, 항공기용 유압 부품 및 전장품 등
		주물 5종A	AC5A		공랭 실린더 헤드 디젤 기관용 피스톤, 항공기용 엔진 부품 등
		주물 7종A	AC7A		가선용 쇠붙이, 선박용 부품, 조각 소재 건축용 쇠붙이, 사무기기, 의자, 항공기용 전장품 등
		주물 8종A	AC8A		자동차·디젤 기관용 피스톤, 선방용 피스톤, 도르래, 베어링 등
		주물 8종B	AC8B		자동차용 피스톤, 도르래, 베어링 등
		주물 8종C	AC8C		자동차용 피스톤, 도르래, 베어링 등
		주물 9종A	AC9A		피스톤(공랭 2 사이클용)등
		주물 9종B	AC9B		피스톤(디젤 기관용, 수랭 2사이클용), 공랭 실린더 등
D 6016	마그네슘합금 주물	1종	MgC1	세부 규격 참조	일반용 주물, 3륜차용 하부 휠, 텔레비전 카메라용 부품 등
		2종	MgC2		일반용 주물, 크랭크 케이스, 트랜스미션, 기어박스, 텔레비전 카메라용 부품, 레이더용 부품, 공구용 지그 등
		3종	MgC3		일반용 주물, 엔진용 부품, 인쇄용 섀들 등
		5종	MgC5		일반용 주물, 엔진용 부품 등
		6종	MgC6		고력 주물, 경기용 차륜 산소통 브래킷 등
		7종	MgC7		고력 주물, 인렛 하우징 등
		8종	MgC8		내열용 주물, 엔진용 부품 기어 케이스, 컴프레서 케이스 등
D 6018	경연 주물	8종	HPbC 8	49 이상	주로 화학 공업에 사용
		10종	HPbC 10	50 이상	

KS 규격	명칭	분류 및 종별	기호	인장강도 N/mm²	주요 용도 및 특징
D 6023	니켈 및 니켈합금 주물	니켈 주물	NC-F	345 이상	수산화나트륨, 탄산나트륨 및 염화암모늄을 취급하는 제조 장치의 밸브, 펌프 등
		니켈-구리합금 주물	NCuC-F	450 이상	해수 및 염수, 중성염, 알칼리염 및 플루오르산을 취급하는 제조 장치의 밸브, 펌프 등
		니켈-몰리브덴합금 주물	NMC-S	525 이상	염소, 황산 인산, 아세트산 및 염화수소 가스를 취급하는 제조 장치의 밸브, 펌프 등
		니켈-몰리브덴-크롬합금 주물	NMCrC-S	495 이상	산화성산, 플루오르산, 포름산 및 무수아세트산, 해수 및 염수를 취급하는 제조 장치의 밸브 등
		니켈-크롬-철합금 주물	NCrFC-F	485 이상	질산, 지방산, 암모늄수 및 염화성 약품을 취급하는 제조 장치의 밸브 등
D 6024	구리 주물	1종	CAC101 (CuC1)	175 이상	송풍구, 대송풍구, 냉각판, 열풍 밸브, 전극 홀더, 일반 기계 부품 등
		2종	CAC102 (CuC2)	155 이상	송풍구, 전기용 터미널,분기 슬리브, 콘택트, 도체, 일반 전기 부품 등
		3종	CAC103 (CuC3)	135 이상	전로용 랜스 노즐, 전기용 터미널, 분기 슬리브,통전 서포트, 도체, 일반전기 부품 등
	황동 주물	1종	CAC201 (YBsC1)	145 이상	플랜지류, 전기 부품, 장식용품 등
		2종	CAC202 (YBsC2)	195 이상	전기 부품, 제기 부품,일반 기계 부품 등
		3종	CAC203 (YBsC3)	245 이상	급배수 쇠붙이, 전기 부품, 건축용 쇠붙이, 일반기계 부품, 일용품, 잡화품 등
		4종	CAC204 (C85200)	241 이상	일반 기계 부품, 일용품, 잡화품 등
	고력 황동 주물	1종	CAC301 (HBsC1)	430 이상	선박용 프로펠러, 프로펠러 보닛, 배어링, 밸브 시트, 밸브봉, 베어링 유지기, 레버 암, 기어, 선박용 의장품 등
		2종	CAC302 (HBsC2)	490 이상	선박용 프로펠러, 베어링, 베어링 유지기, 슬리퍼, 엔드 플레이트, 밸브 시트, 밸브봉, 특수 실린더, 일반 기계 부품 등
		3종	CAC303 (HBsC3)	635 이상	저속 고하중의 미끄럼 부품, 대형 밸브. 스템, 부시, 웜 기어, 슬리퍼,캠, 수압 실린더 부품 등
		4종	CAC304 (HBsC4)	735 이상	저속 고하중의 미끄럼 부품, 교량용 지지판, 베어링, 부시, 너트, 웜 기어, 내마모판 등
	청동 주물	1종	CAC401 (BC1)	165 이상	베어링, 명판, 일반 기계 부품 등
		2종	CAC402 (BC2)	245 이상	베어링, 슬리브, 부시, 펌프 몸체, 임펠러, 밸브, 기어, 선박용 둥근 창, 전동 기기 부품 등
		3종	CAC403 (BC3)	245 이상	베어링, 슬리브, 부싱, 펌프, 몸체 임펠러, 밸브, 기어, 성박용 둥근 창, 전동 기기 부품, 일반 기계 부품 등
		6종	CAC406 (BC6)	195 이상	밸브, 펌프 몸체, 임펠러, 급수 밸브, 베어링, 슬리브, 부싱, 일반 기계 부품, 경관 주물, 미술 주물 등
		7종	CAC407 (BC7)	215 이상	베어링, 소형 펌프 부품,밸브, 연료 펌프, 일반 기계 부품 등
		8종 (함연 단동)	CAC408 (C83800)	207 이상	저압 밸브, 파이프 연결구, 일반 기계 부품 등
		9종	CAC409 (C92300)	248 이상	포금용, 베어링 등

KS 규격	명칭	분류 및 종별	기호	인장강도 N/mm²	주요 용도 및 특징
D 6024	인청동 주물	2종A	CAC502A (PBC2)	195 이상	기어, 웜 기어, 베어링, 부싱, 슬리브, 임펠러, 일반 기계 부품 등
		2종B	CAC502B (PBC2B)	295 이상	
		3종A	CAC503A	195 이상	미끄럼 부품, 유압 실린더, 슬리브, 기어, 제지용 각종 롤러 등
		3종B	CAC503B (PBC3B)	265 이상	
	납청동 주물	2종	CAC602 (LBC2)	195 이상	중고속·고하중용 베어링, 실린더, 밸브 등
		3종	CAC603 (LBC3)	175 이상	중고속·고하중용 베어링, 대형 엔진용 베어링
		4종	CAC604 (LBC4)	165 이상	중고속·중하중용 베어링, 차량용 베어링, 화이트 메탈의 뒤판
		5종	CAC605 (LBC5)	145 이상	중고속·저하중용 베어링, 엔진용 베어링 등
		6종	CAC606 (LBC6)	165 이상	경하중 고속용 부싱, 베어링, 철도용 차량, 파쇄기, 콘베어링 등
		7종	CAC607 (C94300)	207 이상	일반 베어링, 병기용 부싱 및 연결구, 중하중용 정밀 베어링, 조립식 베어링 등
		8종	CAC608 (C93200)	193 이상	경하중 고속용 베어링, 일반 기계 부품 등
	알루미늄 청동	1종	CAC701 (AlBC1)	440 이상	내산 펌프, 베어링, 부싱, 기어, 밸브 시트, 플런저, 제지용 롤러 등
		2종	CAC702 (AlBC2)	490 이상	선박용 소형 프로펠러, 베어링, 기어, 부싱, 밸브시트, 임펠러, 볼트 너트, 안전 공구, 스테인리스강용 베어링 등
		3종	CAC703 (AlBC3)	590 이상	선박용 프로펠러, 임펠러, 밸브, 기어, 펌프 부품, 화학 공업용 기기 부품, 스테인리스강용 베어링, 식품 가공용 기계 부품 등
		4종	CAC704 (AlBC4)	590 이상	선박용 프로펠러, 슬리브, 기어, 화학용 기기 부품 등
		5종	CAC705 (C95500)	620 이상	중하중을 받는 총포 슬라이드 및 지지부, 기어, 부싱, 베어링, 프로펠러 날개 및 허브, 라이너 베어링 플레이트용 등
		-	CAC705HT (C95500)	760 이상	
		6종	CAC706 (C95300)	450 이상	중하중을 받는 총포 슬라이드 및 지지부, 기어, 부싱, 베어링, 프로펠러 날개 및 허브, 라이너 베어링 플레이트용 등
		-	CAC706HT (C95300)	550 이상	
	실리콘 청동	1종	CAC801 (SzBC1)	345 이상	선박용 의장품, 베어링, 기어 등
		2종	CAC802 (SzBC2)	440 이상	선박용 의장품, 베어링, 기어, 보트용 프로펠러 등
		3종	CAC803 (SzBS3)	390 이상	선박용 의장품, 베어링, 기어 등
		4종	CAC804 (C87610)	310 이상	선박용 의장품, 베어링, 기어 등
		5종	CAC805	300 이상	급수장치 기구류(수도미터, 밸브류, 이음류, 수전 밸브 등)

KS 규격	명칭	분류 및 종별	기호	인장강도 N/mm²	주요 용도 및 특징
D 6024	니켈 주석 청동 주물	1종	CAC901 (C94700)	310 이상	팽창부 연결품, 관 이음쇠, 기어볼트, 너트, 펌프 피스톤, 부싱, 베어링 등
		-	CAC901HT (C94700)	517 이상	
		2종	CAC902 (C94800)	276 이상	팽창부 연결품, 관 이음쇠, 기어볼트, 너트, 펌프 피스톤, 부싱, 베어링 등
	베빌륨 동 주물	3종	CAC903 (C82000)	311 이상	스위치 및 스위치 기어, 단로기, 전도 장치 등
		-	CAC903HT (C82000)	621 이상	
	베빌륨 청동 주물	4종	CAC904 (C82500)	518 이상	부싱, 캠, 베어링, 기어, 안전 공구 등
		-	CAC904HT (C82500)	1035 이상	
		5종	CAC905 (C82600)	552 이상	높은 경도와 최대의 강도가 요구되는 부품 등
		-	CAC905HT (C82600)	1139 이상	
		6종	CAC906		높은 인장 강도 및 내력과 함께 최대의 경도가 요구되는 부품 등
		-	CAC906HT (C82800)	1139 이상	
D 6025	구리합금 연속주조 주물	고력황동 연주 주물 1종	CAC301C	470 이상	베어링, 밸브 시트, 밸브 가이드, 베어링 유지기, 레버, 암, 기어, 선박.용 의장품 등
		고력황동 연주 주물 2종	CAC302C	530 이상	베어링, 베어링 유지기, 슬리퍼, 엔드플레이트, 밸브 시트, 밸브 가이드, 특수 실린더, 일반 기계 부품 등
		고력황동 연주 주물 3종	CAC303C	655 이상	저속, 고하중의 미끄럼 부품, 밸브, 스템, 부싱, 웜, 기어, 슬리퍼, 캠, 수압 실린더 부품 등
		고력황동 연주 주물 4종	CAC304C	755 이상	저속, 고하중의 미끄럼 부품, 교량용 베어링, 베어링, 부싱, 너트, 웜, 기어, 내마모관 등
		청동 연주 주물 1종	CAC401C	195 이상	수도꼭지 부품, 베어링, 명판, 일반기계 부품 등
		청동 연주 주물 2종	CAC402C	275 이상	베어링, 슬리브, 부싱, 기어, 선박용 원형창, 전동기기 부품 등
		청동 연주 주물 3종	CAC403C	275 이상	베어링, 슬리브, 부싱, 밸브, 기어, 전동기기 부품, 일반기계 부품 등
		청동 연주 주물 6종	CAC406C	245 이상	베어링, 슬리브, 부싱, 밸브, 시트링, 너트, 캣 너트, 헤더, 수도꼭지 부품, 일반기계 부품 등
		청동 연주 주물 7종	CAC407C	255 이상	베어링, 소형 펌프 부품, 일반기계 부품 등
		청동 연주 주물 8종 (함연단동)	CAC408C	207 이상	저압밸브, 파이프 연결구, 일반기계 부품 등
		청동 연주 주물 9종	CAC409C	276 이상	포금용, 베어링 등

KS 규격	명칭	분류 및 종별	기호	인장강도 N/mm²	주요 용도 및 특징
D 6025	구리합금 연속주조 주물	인청동 연주 주물 2종	CAC502C	295 이상	기어, 웜 기어, 베어링, 부싱, 슬리브, 일반기계 부품 등
		인청동 연주 주물 3종	CAC503C	295 이상	미끄럼 부품, 유압 실린더, 슬리브, 기어, 라이너, 제지용 각종 롤 등
		연청동 연주 주물 3종	CAC603C	225 이상	중고속, 고하중용 베어링, 엔진용 베어링 등
		연청동 연주 주물 4종	CAC604C	220 이상	중고속, 중하중용 베어링, 차량용 베어링, 화이트메탈의 뒤판 등
		연청동 연주 주물 5종	CAC605C	175 이상	중고속, 저하중용 베어링, 엔진용 베어링 등
		연청동 연주 주물 6종	CAC606C	145 이상	경하중 고속용 부싱, 베어링, 철도용 차량, 파쇄기, 콘베어링 등
		연청동 연주 주물 7종	CAC607C	241 이상	일반 베어링, 병기용 부싱 및 연결구, 중하중용 정밀 베어링, 조립식 베어링 등
		연청동 연주 주물 8종	CAC608C	207 이상	경하중 고속용 베어링, 일반기계 부품 등
		알루미늄 청동 연주 주물 1종	CAC701C	490 이상	베어링, 부싱, 기어, 밸브 시트, 플런저, 제지용 롤 등
		알루미늄 청동 연주 주물 2종	CAC702C	540 이상	베어링, 기어, 부싱, 밸브 시트, 날개 바퀴, 볼트, 너트, 안전 공구 등
		알루미늄 청동 연주 주물 3종	CAC703C	610 이상	베어링, 부싱, 펌프 부품, 선박용 볼트, 너트, 화학 공업용 기기 부품 등
		니켈주석 청동 연주 주물 1종	CAC901C	310 이상	팽창부 연결품, 관 이음쇠, 기어 볼트, 너트, 펌프 피스톤, 부싱, 베어링 등
		니켈주석 청동 연주 주물 2종	CAC902C	276 이상	팽창부 연결품, 관 이음쇠, 기어 볼트, 너트, 펌프 피스톤, 부싱, 베어링 등
D 6026	티타늄 및 티타늄합금 주물	2종	TC 340	340 이상	내식성, 특히 내해수성이 좋다.
		3종	TC 480	480 이상	화학 장치, 석유 정제 장치, 펄프 제지 공업 장치 등
		12종	TC 340 Pd	340 이상	내식성, 특히 내틈새 부식성이 좋다.
		13종	TC 480 Pd	480 이상	화학 장치, 석유 정제 장치, 펄프 제지 공업 장치 등
		60종	TAC 6400	895 이상	화학 공업, 기계 공업, 수송 기기 등의 구조재, 예를 들면 고압 반응조 장치, 고압 수송 장치, 레저용품 등

26-4 | 기계 구조용 탄소강 및 합금강

1. 특수 용도 합금강 볼트용 봉강 KS D 3723 : 2008

■ 종류, 기호 및 적용 지름

종류		기호	적용 지름	참고
1종	1호	SNB 21-1	지름 100 mm 이하	ASTM A 540-B 21 크롬 몰리브덴 바나듐강
	2호	SNB 21-2	지름 100 mm 이하	
	3호	SNB 21-3	지름 150 mm 이하	
	4호	SNB 21-4	지름 150 mm 이하	
	5호	SNB 21-5	지름 200 mm 이하	
2종	1호	SNB 22-1	지름 38 mm 이하	AISI 4142 H ASTM A 540-B 22 크롬 몰리브덴강
	2호	SNB 22-2	지름 75 mm 이하	
	3호	SNB 22-3	지름 100 mm 이하	
	4호	SNB 22-4	지름 100 mm 이하	
	5호	SNB 22-5	지름 100 mm 이하	
3종	1호	SNB 23-1	지름 200 mm 이하	AISI E-4340 H ASTM A 540-B 23 니켈 크롬 몰리브덴강
	2호	SNB 23-2	지름 240 mm 이하	
	3호	SNB 23-3	지름 240 mm 이하	
	4호	SNB 23-4	지름 240 mm 이하	
	5호	SNB 23-5	지름 240 mm 이하	
4종	1호	SNB 24-1	지름 200 mm 이하	AISI 4340 ASTM A 540-B 24 니켈 크롬 몰리브덴강
	2호	SNB 24-2	지름 240 mm 이하	
	3호	SNB 24-3	지름 240 mm 이하	
	4호	SNB 24-4	지름 240 mm 이하	
	5호	SNB 24-5	지름 240 mm 이하	

■ 화학성분

종류	기호	화학 성분 %								
		C	Si	Mn	P	S	Ni	Cr	Mo	V
1종 1~5호	SNB21-1~5	0.36~0.44	0.20~0.35	0.45~0.70	0.025 이하	0.025 이하	-	0.80~1.15	0.50~0.65	0.25~0.35
2종 1~5호	SNB22-1~5	0.39~0.46	0.20~0.35	0.65~1.10	0.025 이하	0.025 이하	-	0.75~1.20	0.15~0.25	-
3종 1~5호	SNB23-1~5	0.37~0.44	0.20~0.35	0.60~0.95	0.025 이하	0.025 이하	1.55~2.00	0.65~0.95	0.20~0.30	-
4종 1~5호	SNB24-1~5	0.37~0.44	0.20~0.35	0.70~0.90	0.025 이하	0.025 이하	1.65~2.00	0.70~0.95	0.30~0.40	-

■ 기계적 성질

기호	지름 mm	항복 강도 N/mm²	인장 강도 N/mm²	연신율 %	단면 수축율 %	경도 HB
SNB21-1	100 이하	1030 이상	1140 이상	10 이상	35 이상	321~429
SNB21-2	100 이하	960 이상	1070 이상	11 이상	40 이상	311~401
SNB21-3	75 이하 75 초과 150 이하	890 이상	1000 이상	12 이상	40 이상	293~352 302~375
SNB21-4	75 이하 75 초과 150 이하	825 이상	930 이상	13 이상	45 이상	269~331 277~352
SNB21-5	50 이하 50 초과 150 이하 150 초과 200 이하	715 이상 685 이상 685 이상	820 이상 790 이상 790 이상	15 이상	50 이상	241~285 248~302 255~311
SNB22-1	38 이하	1030 이상	1140 이상	10 이상	35 이상	321~401
SNB22-2	75 이하	960 이상	1070 이상	11 이상	40 이상	311~401
SNB22-3	50 이하 50 초과 100 이하	890 이상	1000 이상	12 이상	40 이상	293~363 302~375
SNB22-4	25 이하 25 초과 100 이하	825 이상	930 이상	13 이상	45 이상	269~341 277~363
SNB22-5	50 이하 50 초과 100 이하	715 이상 685 이상	820 이상 790 이상	15 이상	50 이상	248~293 255~302
SNB23-1	75 이하 75 초과 150 이하 150 초과 200 이하	1030 이상	1140 이상	10 이상	35 이상	321~415 331~429 341~444
SNB23-2	75 이하 75 초과 150 이하 150 초과 240 이하	960 이상	1070 이상	11 이상	40 이상	311~388 311~401 321~415
SNB23-3	75 이하 75 초과 150 이하 150 초과 240 이하	890 이상	1000 이상	12 이상	40 이상	293~363 302~375 311~388
SNB23-4	75 이하 75 초과 150 이하 150 초과 240 이하	825 이상	930 이상	13 이상	45 이상	269~341 277~352 285~363
SNB23-5	150 이하 150 초과 200 이하 200 초과 240 이하	715 이상 685 이상 685 이상	820 이상 790 이상 790 이상	15 이상	50 이상	248~311 255~321 262~321
SNB24-1	150 이하 150 초과 200 이하	1030 이상	1140 이상	10 이상	35 이상	321~415 331~429
SNB24-2	175 이하 175 초과 240 이하	960 이상	1070 이상	11 이상	40 이상	311~401 321~415
SNB24-3	75 이하 75 초과 200 이하 200 초과 240 이하	890 이상	1000 이상	12 이상	40 이상	293~363 302~388 311~388
SNB24-4	75 이하 75 초과 150 이하 150 초과 200 이하 200 초과 240 이하	825 이상	930 이상	13 이상	45 이상	269~341 277~352 285~363 293~363
SNB24-5	150 이하 150 초과 200 이하 200 초과 240 이하	715 이상 685 이상 685 이상	820 이상 790 이상 790 이상	15 이상	50 이상	248~311 255~321 262~321

2. 기계 구조용 탄소 강재 KS D 3752 : 2007

■ 화학성분

단위 : %

기호	화학 성분 (%)				
	C	Si	Mn	P	S
SM 10C	0.08~0.13	0.15~0.35	0.30~0.60	0.030 이하	0.035 이하
SM 12C	0.10~0.15	0.15~0.35	0.30~0.60	0.030 이하	0.035 이하
SM 15C	0.13~0.18	0.15~0.35	0.30~0.60	0.030 이하	0.035 이하
SM 17C	0.15~0.20	0.15~0.35	0.30~0.60	0.030 이하	0.035 이하
SM 20C	0.18~0.23	0.15~0.35	0.30~0.60	0.030 이하	0.035 이하
SM 22C	0.20~0.25	0.15~0.35	0.30~0.60	0.030 이하	0.035 이하
SM 25C	0.22~0.28	0.15~0.35	0.30~0.60	0.030 이하	0.035 이하
SM 28C	0.25~0.31	0.15~0.35	0.60~0.90	0.030 이하	0.035 이하
SM 30C	0.27~0.33	0.15~0.35	0.60~0.90	0.030 이하	0.035 이하
SM 33C	0.30~0.36	0.15~0.35	0.60~0.90	0.030 이하	0.035 이하
SM 35C	0.32~0.38	0.15~0.35	0.60~0.90	0.030 이하	0.035 이하
SM 38C	0.35~0.41	0.15~0.35	0.60~0.90	0.030 이하	0.035 이하
SM 40C	0.37~0.43	0.15~0.35	0.60~0.90	0.030 이하	0.035 이하
SM 43C	0.40~0.46	0.15~0.35	0.60~0.90	0.030 이하	0.035 이하
SM 45C	0.42~0.48	0.15~0.35	0.60~0.90	0.030 이하	0.035 이하
SM 48C	0.45~0.51	0.15~0.35	0.60~0.90	0.030 이하	0.035 이하
SM 50C	0.47~0.53	0.15~0.35	0.60~0.90	0.030 이하	0.035 이하
SM 53C	0.50~0.56	0.15~0.35	0.60~0.90	0.030 이하	0.035 이하
SM 55C	0.52~0.58	0.15~0.35	0.60~0.90	0.030 이하	0.035 이하
SM 58C	0.55~0.61	0.15~0.35	0.60~0.90	0.030 이하	0.035 이하
SM 9CK	0.07~0.12	0.10~0.35	0.30~0.60	0.025 이하	0.025 이하
SM 15CK	0.13~0.18	0.15~0.35	0.30~0.60	0.025 이하	0.025 이하
SM 20CK	0.18~0.23	0.15~0.35	0.30~0.60	0.025 이하	0.025 이하

【비 고】 SM9CK, SM15CK 및 SM20CK의 3종류는 침탄용으로 사용한다.

3. 경화능 보증 구조용 강재(H강) KS D 3754 : 1980 (2005 확인)

■ 종류 및 기호

종류의 기호	참 고	적 요
	구기호	
SMn 420 H	SMn 21 H	망간 강재
SMn 433 H	SMn 1 H	
SMn 438 H	SMn 2 H	
SMn 433 H	SMn 3 H	
SMnC 420 H	SMnC 21 H	망간 크롬 강재
SMnC 433 H	SMnC 3 H	
SCr 415 H	SCr 21 H	크롬 강재
SCr 420 H	SCr 22 H	
SCr 430 H	SCr 2 H	
SCr 435 H	SCr 3 H	
SCr 440 H	SCr 4 H	

종류의 기호	참고 구 기 호	적요
SCM 415 H	SCM 21 H	크롬 몰리브덴 강재
SCM 418 H	-	
SCM 420 H	SCM 22 H	
SCM 435 H	SCM 3 H	
SCM 440 H	SCM 4 H	
SCM 445 H	SCM 5 H	
SCM 822 H	SCM 24 H	
SNC 415 H	SNC 21 H	니켈 크롬 강재
SNC 631 H	SNC 2 H	
SNC 815 H	SNC 22 H	
SNCM 220 H	SNCM 21 H	니켈 크롬 몰리브덴 강재
SNCM 420 H	SNCM 23 H	

■ 화학 성분

종류의 기호	참고 구 기 호	화학 성분 %							
		C	Si	Mn	P	S	Ni	Cr	Mo
SMn 420 H	SMn 21 H	0.16~0.23	0.15~0.35	1.15~1.55	0.030 이하	0.030 이하	-	-	-
SMn 433 H	SMn 1 H	0.29~0.36	0.15~0.35	1.15~1.55	0.030 이하	0.030 이하	-	-	-
SMn 438 H	SMn 2 H	0.34~0.41	0.15~0.35	1.30~1.70	0.030 이하	0.030 이하	-	-	-
SMn 443 H	SMn 3 H	0.39~0.46	0.15~0.35	1.30~1.70	0.030 이하	0.030 이하	-	-	-
SMnC 420 H	SMnC 21 H	0.16~0.23	0.15~0.35	1.15~1.55	0.030 이하	0.030 이하	-	0.35~0.70	-
SMnC 443 H	SMnC 3 H	0.39~0.46	0.15~0.35	1.30~1.70	0.030 이하	0.030 이하	-	0.35~0.70	-
SCr 415 H	SCr 21 H	0.12~0.18	0.15~0.35	0.55~0.90	0.030 이하	0.030 이하	-	0.85~1.25	-
SCr 420 H	SCr 22 H	0.17~0.23	0.15~0.35	0.55~0.90	0.030 이하	0.030 이하	-	0.85~1.25	-
SCr 430 H	SCr 2 H	0.27~0.34	0.15~0.35	0.55~0.90	0.030 이하	0.030 이하	-	0.85~1.25	-
SCr 435 H	SCr 3 H	0.32~0.39	0.15~0.35	0.55~0.90	0.030 이하	0.030 이하	-	0.85~1.25	-
SCr 440 H	SCr 4 H	0.37~0.44	0.15~0.35	0.55~0.90	0.030 이하	0.030 이하	-	0.85~1.25	-
SCM 415 H	SCM 21 H	0.12~0.18	0.15~0.35	0.55~0.90	0.030 이하	0.030 이하	-	0.85~1.25	0.15~0.35
SCM 418 H	-	0.15~0.21	0.15~0.35	0.55~0.90	0.030 이하	0.030 이하	-	0.85~1.25	0.15~0.35
SCM 420 H	SCM 22 H	0.17~0.23	0.15~0.35	0.55~0.90	0.030 이하	0.030 이하	-	0.85~1.25	0.15~0.35
SCM 435 H	SCM 3 H	0.32~0.39	0.15~0.35	0.55~0.90	0.030 이하	0.030 이하	-	0.85~1.25	0.15~0.35
SCM 440 H	SCM 4 H	0.37~0.44	0.15~0.35	0.55~0.90	0.030 이하	0.030 이하	-	0.85~1.25	0.15~0.35
SCM 445 H	SCM 5 H	0.42~0.49	0.15~0.35	0.55~0.90	0.030 이하	0.030 이하	-	0.85~1.25	0.15~0.35
SCM 822 H	SCM 24 H	0.19~0.25	0.15~0.35	0.55~0.90	0.030 이하	0.030 이하	-	0.85~1.25	0.35~0.45
SNC 415 H	SNC 21 H	0.11~018	0.15~0.35	0.30~0.70	0.030 이하	0.030 이하	1.95~2.50	0.20~0.55	-
SNC 631 H	SNC 2 H	0.26~0.35	0.15~0.35	0.30~0.70	0.030 이하	0.030 이하	2.45~3.00	0.55~1.05	-
SNC 815 H	SNC 22 H	0.11~0.18	0.15~0.35	0.30~0.70	0.030 이하	0.030 이하	2.95~3.50	0.65~1.05	-
SNCM 220 H	SNCM 21 H	0.17~0.23	0.15~0.35	0.60~0.95	0.030 이하	0.030 이하	0.35~0.75	0.35~0.65	0.15~0.30
SNCM 420 H	SNCM 23 H	0.17~0.23	0.15~0.35	0.40~0.70	0.030 이하	0.030 이하	1.55~2.00	0.35~0.65	0.15~0.30

4. 고온용 합금강 볼트재 KS D 3755 : 2008

■ 종류와 기호 및 적용 지름

종류	기호	적용 지름	참고
1종	SNB 5	지름 100mm 이하	AISI 501 ASTM A 193-B5 5% 크로뮴 강
2종	SNB 7	지름 120mm 이하	AISI 4140, 4142, 4145 ASTM A 193-B7 크로뮴 몰리브데넘 강
3종	SNB 16	지름 180mm 이하	ASTM A 193-B16 크로뮴몰리브데넘바나듐 강

■ 템퍼링 온도

종류	기호	템퍼링 온도 (℃)
1종	SNB 5	595 이상
2종	SNB 7	595 이상
3종	SNB 16	650 이상

■ 화학성분

단위 : %

종류	기호	C	Si	Mn	P	S	Cr	Mo	V
1종	SNB 5	0.10 이상	1.00 이하	1.00 이하	0.040 이하	0.030 이하	4.00~6.00	0.40~0.65	-
2종	SNB 7	0.38~0.48	0.20~0.35	0.75~1.00	0.040 이하	0.040 이하	0.80~1.10	0.15~0.25	-
3종	SNB 16	0.36~0.44	0.20~0.35	0.45~0.70	0.040 이하	0.040 이하	0.80~1.15	0.50~0.65	0.25~0.35

■ 기계적 성질

종류	기호	지름 mm	항복 강도 N/mm^2	인장 강도 N/mm^2	연신율 %	단면 수축율 %
1종	SNB 5	100 이하	550 이상	690 이상	16 이상	50 이상
2종	SNB 7	63 이하	725 이상	860 이상	16 이상	50 이상
		63 초과 100 이하	655 이상	800 이상	16 이상	50 이상
		100 초과 120 이하	520 이상	690 이상	18 이상	50 이상
3종	SNB 16	63 이하	725 이상	860 이상	18 이상	50 이상
		63 초과 100 이하	655 이상	760 이상	17 이상	50 이상
		100 초과 120 이하	590 이상	690 이상	16 이상	50 이상

5. 알루미늄 크롬 몰리브덴 강재 KS D 3756 : 2005

■ 종류 및 기호

종류의 기호	적 요
S Al Cr Mo 1	표면 질화용에 사용한다

■ 화학 성분

종류의 기호	화학 성분 %							
	C	Si	Mn	P	S	Cr	Mo	Al
S Al Cr Mo 1	0.40~0.50	0.15~0.50	0.60 이하	0.030 이하	0.030 이하	1.30~1.70	0.15~0.30	0.70~1.20

6. 기계구조용 합금강 강재 KS D 3867 : 2007

■ 종류와 기호

종류의 기호	분류	종류의 기호	분류	종류의 기호	분류	종류의 기호	분류
SMn 420	망가니즈강	SCr 445	크로뮴강	SCM 440	크로뮴 몰리브데넘강	SNCM 420	니켈크로뮴 몰리브데넘강
SMn 433				SCM 445		SNCM 431	
SMn 438		SCM 415	크로뮴 몰리브데넘강	SCM 822		SNCM 439	
SMn 443		SCM 418		SNC 236	니켈 크로뮴강	SNCM 447	
SMnC 420	망가니즈 크로뮴강	SCM 420		SNC 415		SNCM 616	
SMnC 443		SCM 421		SNC 631		SNCM 625	
SCr 415	크로뮴강	SCM 425		SNC 815		SNCM 630	
SCr 420		SCM 430		SNC 836		SNCM 815	
SCr 430		SCM 432		SNCM 220	니켈 몰리브데넘강		
SCr 435		SCM 435		SNCM 240			
SCr 440				SNCM 415			

【비 고】 SMn 420, SMnC 420, SCr 415, SCr 420 SCM 415, SCM 418, SCM 420, SCM 421, SCM 822, SNC 415, SNC 815, SNCM 220, SNCM 415, SNCM 420, SNCM 616 및 SNCM 815는 주로 표면 담금질용으로 사용한다.

■ 화학성분

단위 : %

종류의 기호	C	Si	Mn	P	S	Ni	Cr	Mo
SMn 420	0.17~0.23	0.15~0.35	1.20~0.50	0.030 이하	0.030 이하	0.25 이하	0.35 이하	-
SMn 433	0.30~0.36	0.15~0.35	1.20~0.50	0.030 이하	0.030 이하	0.25 이하	0.35 이하	-
SMn 438	0.35~0.41	0.15~0.35	1.35~1.65	0.030 이하	0.030 이하	0.25 이하	0.35 이하	-
SMn 433	0.40~0.46	0.15~0.35	1.35~1.65	0.030 이하	0.030 이하	0.25 이하	0.35 이하	-
SMnC 420	0.17~0.23	0.15~0.35	1.20~1.50	0.030 이하	0.030 이하	0.25 이하	0.35~0.70	-
SMnC 443	0.40~0.46	0.15~0.35	1.35~1.65	0.030 이하	0.030 이하	0.25 이하	0.35~0.70	-
SCr 415	0.13~0.18	0.15~0.35	0.60~0.90	0.030 이하	0.030 이하	0.25 이하	0.90~1.20	-
SCr 420	0.18~0.23	0.15~0.35	0.60~0.90	0.030 이하	0.030 이하	0.25 이하	0.90~1.20	-
SCr 430	0.28~0.33	0.15~0.35	0.60~0.90	0.030 이하	0.030 이하	0.25 이하	0.90~1.20	-
SCr 435	0.33~0.38	0.15~0.35	0.60~0.90	0.030 이하	0.030 이하	0.25 이하	0.90~1.20	-
SCr 440	0.38~0.43	0.15~0.35	0.60~0.90	0.030 이하	0.030 이하	0.25 이하	0.90~1.20	-
SCr 445	0.43~0.48	0.15~0.35	0.60~0.90	0.030 이하	0.030 이하	0.25 이하	0.90~1.20	-
SCM 415	0.13~0.18	0.15~0.35	0.60~0.90	0.030 이하	0.030 이하	0.25 이하	0.90~1.20	0.15~0.25
SCM 418	0.16~0.21	0.15~0.35	0.60~0.90	0.030 이하	0.030 이하	0.25 이하	0.90~1.20	0.15~0.25
SCM 420	0.18~0.23	0.15~0.35	0.60~0.90	0.030 이하	0.030 이하	0.25 이하	0.90~1.20	0.15~0.25
SCM 421	0.17~0.23	0.15~0.35	0.70~1.00	0.030 이하	0.030 이하	0.25 이하	0.90~1.20	0.15~0.25
SCM 425	0.23~0.28	0.15~0.35	0.60~0.90	0.030 이하	0.030 이하	0.25 이하	0.90~1.20	0.15~0.30
SCM 430	0.28~0.33	0.15~0.35	0.60~0.90	0.030 이하	0.030 이하	0.25 이하	0.90~1.20	0.15~0.30
SCM 432	0.27~0.37	0.15~0.35	0.30~0.60	0.030 이하	0.030 이하	0.25 이하	1.00~1.50	0.15~0.30
SCM 435	0.33~0.38	0.15~0.35	0.60~0.90	0.030 이하	0.030 이하	0.25 이하	0.90~1.20	0.15~0.30
SCM 440	0.38~0.43	0.15~0.35	0.60~0.90	0.030 이하	0.030 이하	0.25 이하	0.90~1.20	0.15~0.30
SCM 445	0.43~0.48	0.15~0.35	0.60~0.90	0.030 이하	0.030 이하	0.25 이하	0.90~1.20	0.15~0.30
SCM 822	0.20~0.25	0.15~0.35	0.60~0.90	0.030 이하	0.030 이하	0.25 이하	0.90~1.20	0.35~0.45
SNC 236	0.32~0.40	0.15~0.35	0.50~0.80	0.030 이하	0.030 이하	1.00~1.50	0.50~0.90	-
SNC 415	0.12~0.18	0.15~0.35	0.35~0.65	0.030 이하	0.030 이하	2.00~2.50	0.20~0.50	-
SNC 631	0.27~0.35	0.15~0.35	0.35~0.65	0.030 이하	0.030 이하	2.50~3.00	0.60~1.00	-
SNC 815	0.12~0.18	0.15~0.35	0.35~0.65	0.030 이하	0.030 이하	3.00~3.50	0.60~1.00	-
SNC 836	0.32~0.40	0.15~0.35	0.35~0.65	0.030 이하	0.030 이하	3.00~3.50	0.60~1.00	-
SNCM 220	0.17~0.23	0.15~0.35	0.60~0.90	0.030 이하	0.030 이하	0.40~0.70	0.40~0.60	0.15~0.25
SNCM 240	0.38~0.43	0.15~0.35	0.70~1.00	0.030 이하	0.030 이하	0.40~0.70	0.40~0.60	0.15~0.30
SNCM 415	0.12~0.18	0.15~0.35	0.40~0.70	0.030 이하	0.030 이하	1.60~2.00	0.40~0.60	0.15~0.30
SNCM 420	0.17~0.23	0.15~0.35	0.40~0.70	0.030 이하	0.030 이하	1.60~2.00	0.40~0.60	0.15~0.30
SNCM 431	0.27~0.35	0.15~0.35	0.60~0.90	0.030 이하	0.030 이하	1.60~2.00	0.60~1.00	0.15~0.30
SNCM 439	0.36~0.43	0.15~0.35	0.60~0.90	0.030 이하	0.030 이하	1.60~2.00	0.60~1.00	0.15~0.30
SNCM 447	0.44~0.50	0.15~0.35	0.60~0.90	0.030 이하	0.030 이하	1.60~2.00	0.60~1.00	0.15~0.30
SNCM 616	0.13~0.20	0.15~0.35	0.80~1.20	0.030 이하	0.030 이하	2.80~3.20	1.40~1.80	0.40~0.60
SNCM 625	0.20~0.30	0.15~0.35	0.35~0.60	0.030 이하	0.030 이하	3.00~3.50	1.00~1.50	0.15~0.30
SNCM 630	0.25~0.35	0.15~0.35	0.35~0.60	0.030 이하	0.030 이하	2.50~3.50	2.50~3.50	0.30~0.70
SNCM 815	0.12~0.18	0.15~0.35	0.30~0.60	0.030 이하	0.030 이하	4.00~4.50	0.70~1.00	0.15~0.30

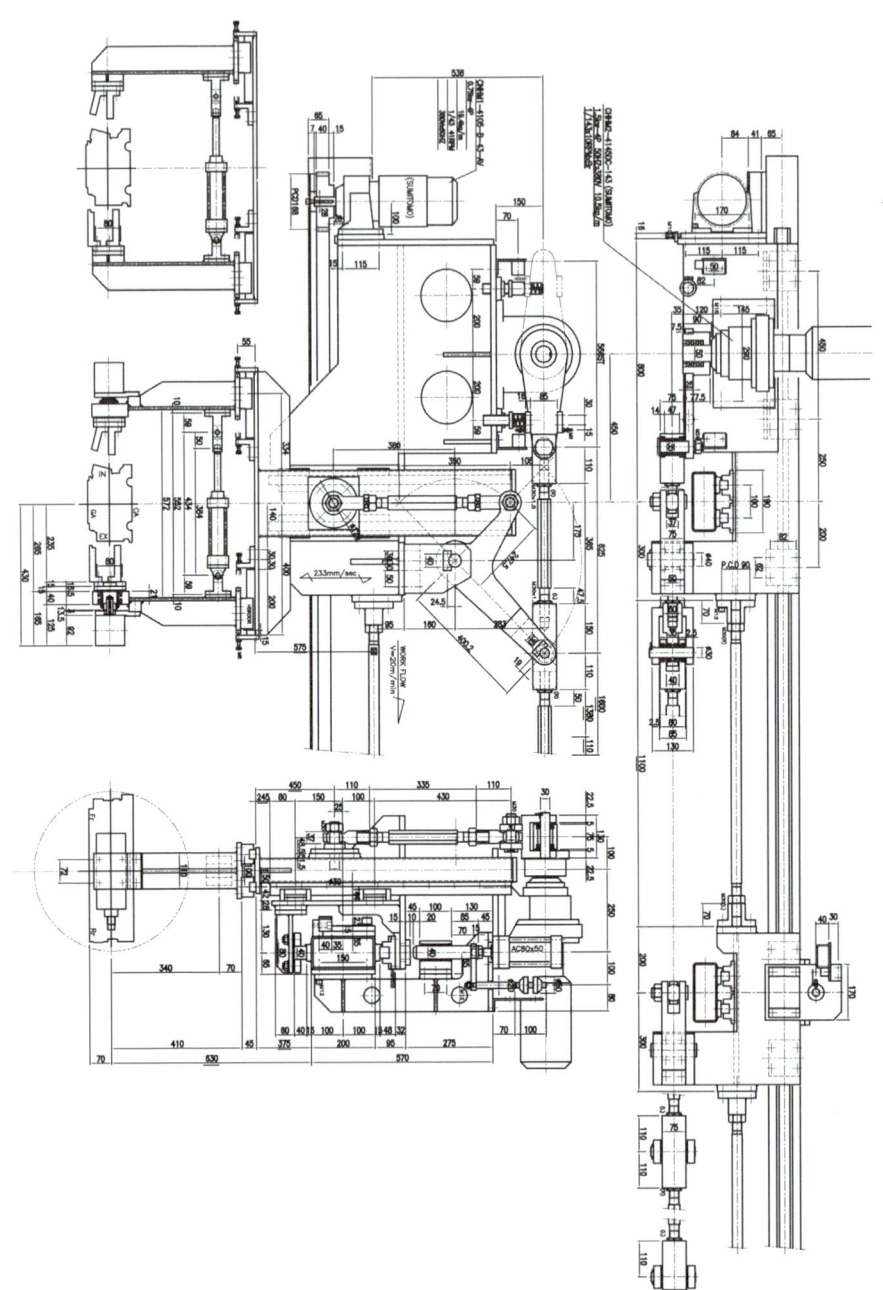

Chapter 27

배관

27-1 | 나사식 가단 주철제 관이음쇠 (KS B 1531 : 2011)

1. 이음쇠의 끝부분

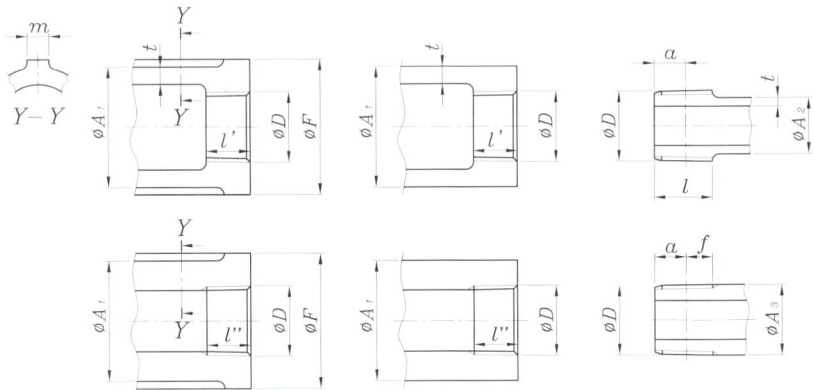

단위 : mm

호칭	나사부				바깥지름(최소)			두께 t		밴드바깥지름 (참고) F	리브(참고)	
	나사의 기준지름 D	나사산 수 (25.4mm 당)	암나사부의 길이 l′ (최소)	수나사부의 길이 l (최소)	암나사쪽 A_1	수나사쪽		기준 치수	최소 치수		나비 m	수 소켓탭
						A_2	A_3					
6	9.728	28	6	8	15	9	11	2	1.5	18	3	2
8	13.157	19	8	11	19	12	14	2.5	2	22	3	2
10	16.662	19	9	12	23	14	17	2.5	2	26	3	2
15	20.955	14	11	15	27	18	22	2.5	2	30	4	2
20	26.441	14	13	17	33	24	27	3	2.3	36	4	2
25	33.249	11	15	19	41	30	34	3	2.3	44	5	2
32	41.910	11	17	22	50	39	43	3.5	2.8	53	5	2
40	47.803	11	18	22	56	44	49	3.5	2.8	60	5	2
50	59.614	11	20	26	69	56	61	4	3.3	73	5	2
65	75.184	11	23	30	86	72	76	4.5	3.5	91	6	2
80	87.884	11	25	34	99	84	89	5	4	105	7	2
100	113.030	11	28	40	127	110	114	6	5	133	8	4
125	138.430	11	30	44	154	136	140	6.5	5.5	161	8	4
150	163.830	11	33	44	182	160	165	7.5	6.5	189	8	4

2. 엘보 · 암수 엘보(스트리트 엘보) · 45° 엘보 · 45° 암수 엘보(45° 스트리트 엘보)

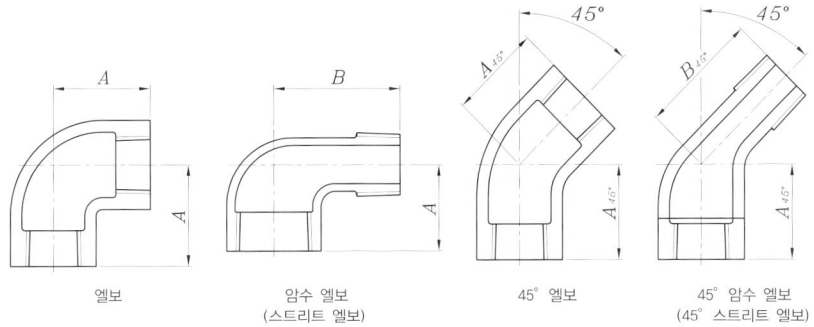

엘보   암수 엘보(스트리트 엘보)   45° 엘보   45° 암수 엘보(45° 스트리트 엘보)

단위 : mm

호칭	중심에서 끝면까지의 거리			
	A	$A_{45°}$	B	$B_{45°}$
6	17	16	26	21
8	19	17	30	23
10	23	19	35	27
15	27	21	40	31
20	32	25	47	36
25	38	29	54	42
32	46	34	62	49
40	48	37	68	51
50	57	42	79	59
65	69	49	92	71
80	78	54	104	79
100	97	65	126	96
125	113	74	148	110
150	132	82	170	127

3. 지름이 다른 엘보 · 지름이 다른 암수 엘보(지름이 다른 스트리트 엘보)

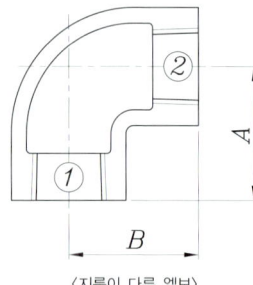

〈지름이 다른 엘보〉

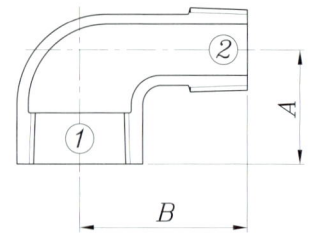

〈지름이 다른 암수 엘보(지름이 다른 스트리트 엘보)〉

단위 : mm

호칭 ①×②	지름이 다른 엘보	
	중심에서 끝면까지의 거리	
	A	B
10×6	19	21
10×8	20	22
15×8	24	24
15×10	26	25
20×10	28	28
20×15	29	30
25×10	30	31
25×15	32	33
25×20	34	35
32×15	34	38
32×20	38	40
32×25	40	42
40×15	35	42
40×20	38	43
40×25	41	45
40×32	45	48
50×15	38	48
50×20	41	49
50×25	44	51
50×32	48	54
50×40	52	55
65×25	48	60
65×32	52	62

■ 지름이 다른 엘보 · 지름이 다른 암수 엘보(지름이 다른 스트리트 엘보) (계속)

단위 : mm

호칭 ①×②	지름이 다른 엘보	
	중심에서 끝면까지의 거리	
	A	B
65×40	55	62
65×50	60	65
80×32	55	70
80×40	58	72
80×50	62	72
80×65	72	75
100×50	69	87
100×65	78	90
100×80	83	91
125×80	87	107
125×100	100	111
150×100	102	125
150×125	116	128

단위 : mm

호칭 ①×②	지름이 다른 엘보	
	중심에서 끝면까지의 거리	
	A	B
20×15	29	44
25×15	32	47
25×20	34	51
32×25	40	61
40×25	41	65
40×32	45	68
50×20	41	65
50×32	48	75
50×40	52	75
65×25	48	79
65×50	60	88
80×50	62	98

4. T · 암수 T(서비스 T)

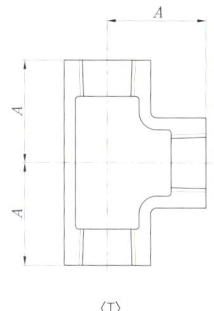

〈T〉

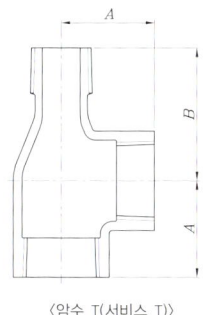

〈암수 T(서비스 T)〉

단위 : mm

호칭	중심에서 끝면까지의 거리	
	A	B
6	17	26
8	19	30
10	23	35
15	27	40
20	32	47
25	38	54
32	46	62
40	48	68
50	57	79
65	69	92
80	78	104
100	97	126
125	113	148
150	132	170

5. 지름이 다른 T(가지 지름만 다른 것)

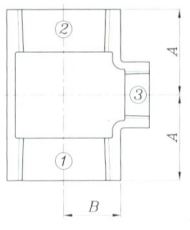

〈가지 지름이 작은 것〉

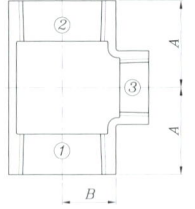

〈가지 지름이 큰 것〉

단위 : mm

호칭 ①×②×③	중심에서 끝면까지의 거리		호칭 ①×②×③	중심에서 끝면까지의 거리	
	A	B		A	B
8×8×10	22	20	50×50×15	38	48
10×10×6	19	21	50×50×20	41	49
10×10×8	20	22	50×50×25	44	51
10×10×15	25	26	50×50×32	48	54
15×15×8	24	24	50×50×40	52	55
15×15×10	26	25	50×50×65	65	60
15×15×20	30	30	50×50×80	72	62
15×15×25	33	32	65×65×15	41	57
20×20×8	25	27	65×65×20	44	58
20×20×10	28	28	65×65×25	48	60
20×20×15	29	30	65×65×32	52	62
20×20×25	35	34	65×65×40	55	62
20×20×32	40	38	65×65×50	60	65
25×25×10	30	31	65×65×80	75	70
25×25×15	32	33	80×80×20	46	66
25×25×20	34	35	80×80×25	50	68
25×25×32	42	40	80×80×32	55	70
25×25×40	45	42	80×80×40	58	72
32×32×10	33	36	80×80×50	62	72
32×32×15	34	38	80×80×65	72	75
32×32×20	38	40	80×80×100	92	85
32×32×25	40	42	100×100×20	54	80
32×32×40	48	45	100×100×25	57	83
32×32×50	52	48	100×100×32	61	86
40×40×10	34	40	100×100×40	63	86
40×40×15	35	42	100×100×50	69	87
40×40×20	38	43	100×100×65	78	90
40×40×25	41	45	100×100×80	83	91
40×40×32	45	48	125×125×20	55	96
40×40×50	54	52	125×125×25	60	97

단위 : mm

호칭 ①×②×③	중심에서 끝면까지의 거리	
	A	B
125×125×32	62	100
125×125×40	66	100
125×125×50	72	103
125×125×65	81	105
125×125×80	87	107
125×125×100	100	111
150×150×20	60	108
150×150×25	64	110
150×150×32	67	113
150×150×40	70	115
150×150×50	75	116
150×150×65	85	118
150×150×80	92	120
150×150×100	102	125
150×150×125	116	128

6. 지름이 다른 T(통로가 다른 것) · 지름이 다른 암수 T(지름이 다른 서비스 T)

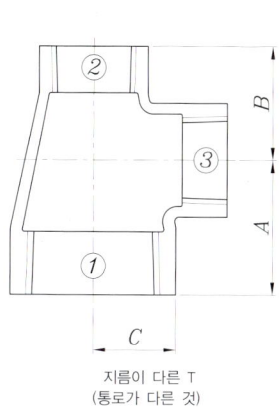

지름이 다른 T
(통로가 다른 것)

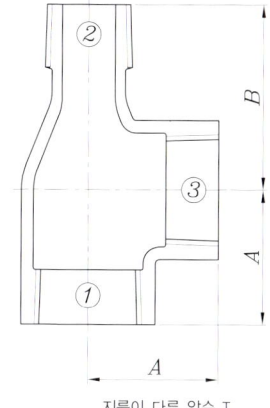

지름이 다른 암수 T
(지름이 다른 서비스 T)

단위 : mm

호칭 ①×②×③	중심에서 끝면까지의 거리		
	A	B	C
20×15×15	30	27	30
20×15×20	32	30	32
25×15×15	32	27	33
25×15×20	34	30	35
25×15×25	38	34	38
25×20×15	32	29	33
25×20×20	34	32	35
32×20×20	37	32	40
32×20×25	40	35	42
32×20×32	46	40	46
32×25×20	37	34	40
32×25×25	40	38	42
40×25×25	41	37	45
40×25×32	45	42	48
40×25×40	48	45	48
40×32×25	41	40	45
40×32×32	45	44	48

단위 : mm

호칭 ①×②×③	중심에서 끝면까지의 거리	
	A	B
20×15×20	32	44
25×15×25	38	47
25×20×25	38	51
32×20×32	46	55
32×25×32	46	61
40×25×40	48	65
40×32×40	48	68
50×20×50	57	65
50×32×50	57	75
50×40×50	57	75
65×25×65	69	79
65×50×65	69	88
80×50×80	78	98

7. 크로스·지름이 다른 크로스

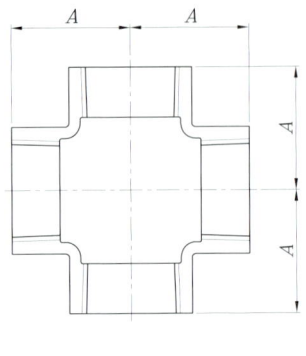

〈크로스〉　　〈지름이 다른 크로스〉

단위 : mm

호칭	중심에서 끝면까지의 거리
	A
6	17
8	19
10	23
15	27
20	32
25	38
32	46
40	48
50	57
65	69
80	78
100	97
125	113
150	132

단위 : mm

호칭 ①×②	중심에서 끝면까지의 거리	
	A	B
20×15	29	30
25×15	32	33
25×20	34	35
32×20	38	40
32×25	40	42
40×20	38	43
40×25	41	45
40×32	45	48
50×20	41	49
50×25	44	51
50×32	48	54
50×40	52	55
65×25	48	60
65×50	60	65
80×25	50	68
80×50	62	72
80×65	72	75

8. 쇼트 벤드·암수 쇼트 벤드

단위 : mm

호칭	중심에서 끝면까지의 거리
	A
15	45
20	50
25	63
32	76
40	85
50	102

⟨쇼트 벤드⟩ ⟨암수 쇼트 벤드⟩

9. 롱 벤드·암수 롱 벤드·수 롱 벤드·45° 롱 벤드·45° 암수 롱 벤드·45° 수 롱 벤드

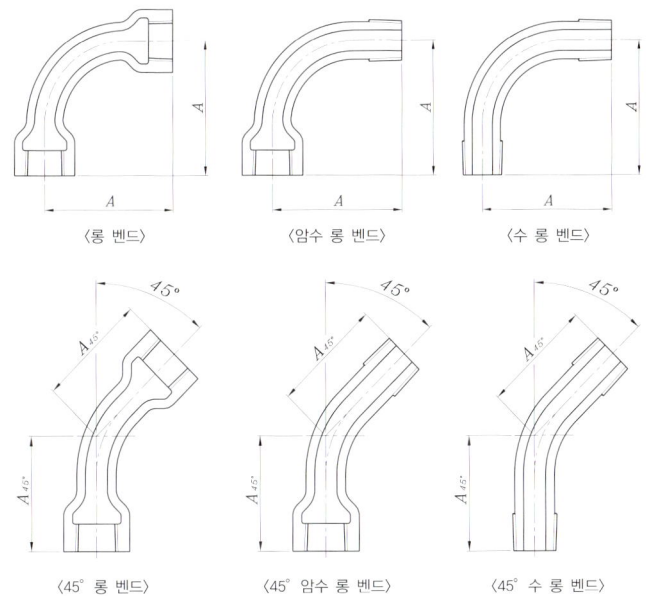

⟨롱 벤드⟩ ⟨암수 롱 벤드⟩ ⟨수 롱 벤드⟩

⟨45° 롱 벤드⟩ ⟨45° 암수 롱 벤드⟩ ⟨45° 수 롱 벤드⟩

단위 : mm

호칭	중심에서 끝면까지의 거리		호칭	중심에서 끝면까지의 거리	
	A	$A_{45°}$		A	$A_{45°}$
6	32	25	40	115	70
8	38	29	50	140	85
10	44	35	65	175	100
15	52	38	80	205	115
20	65	45	100	260	145
25	82	55	125	318	170
32	100	63	150	375	195

10. 45° Y · 90° Y · 되돌림 벤드(리턴 벤드)

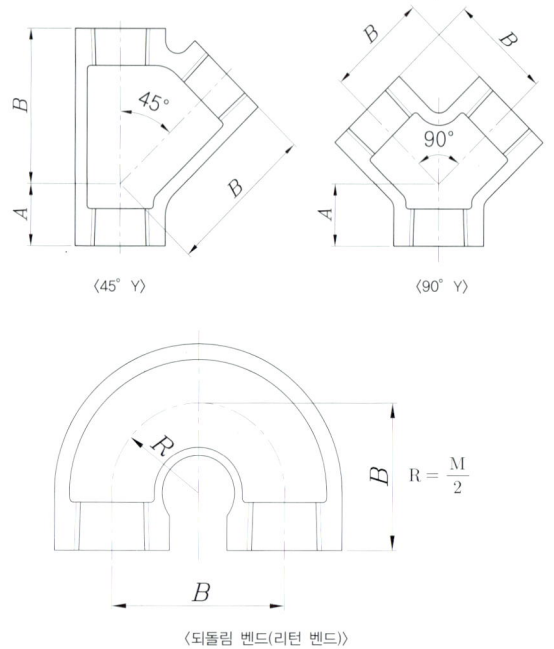

⟨45° Y⟩   ⟨90° Y⟩

$R = \dfrac{M}{2}$

⟨되돌림 벤드(리턴 벤드)⟩

단위 : mm

호 칭	45° Y 중심에서 끝면까지의 거리		90° Y 중심에서 끝면까지의 거리	
	A	B	A	B
6	10	25	10	17
8	13	31	13	19
10	14	35	14	23
15	18	42	18	28
20	20	50	20	32
25	23	62	23	38
32	28	75	28	46
40	30	82	30	48
50	34	99	34	57
65	40	124	40	68
80	45	140	45	78
100	57	178	52	97
125	65	215	60	114
150	74	255	67	132

단위 : mm

호칭	중심 거리 M		B
	기준 치수	허용차	
6	23	±0.8	21
8	28	±0.8	23
10	32	±0.8	28
15	38	±0.8	33
20	50	±0.8	41
25	62	±0.8	50
32	75	±1	60
40	82	±1	62
50	98	±1.2	72
65	115	±1.2	82
80	130	±1.5	93
100	160	±1.8	115

11. 소켓 · 암수 소켓 · 지름이 다른 소켓 · 편심 지름이 다른 소켓

단위 : mm

호칭	소켓 L	암수 소켓 L_1
6	22	25
8	25	28
10	30	32
15	35	40
20	40	48
25	45	55
32	50	60
40	55	65
50	60	70
65	70	80
80	75	90
100	85	100
125	95	110
150	105	125

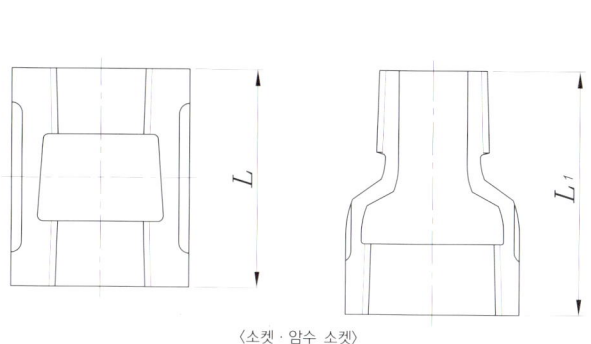

〈소켓 · 암수 소켓〉

■ 소켓 · 암수 소켓 · 지름이 다른 소켓 · 편심 지름이 다른 소켓 (계속)

단위 : mm

호칭 ①×②	L_2	호칭 ①×②	L_2
8×6	25	50×25	58
10×6	28	50×32	58
10×8	28	50×15	58
15×6	34	65×15	65
15×8	34	65×20	65
15×10	34	65×25	65
20×8	38	65×32	65
20×10	38	65×40	65
20×15	38	65×50	65
25×10	42	80×20	72
25×15	42	80×25	72
25×20	42	80×32	72
32×15	48	80×40	72
32×20	48	80×50	72
32×25	48	80×65	72
40×15	52	100×50	85
40×20	52	100×65	85
40×25	52	100×80	85
40×32	52	125×80	95
50×15	58	125×100	95
50×20	58	150×100	105
		150×125	105

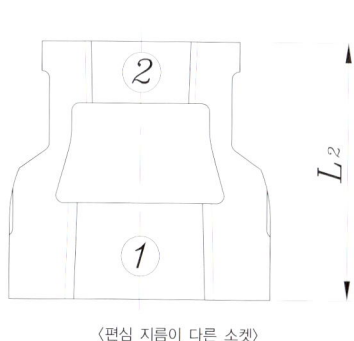

〈편심 지름이 다른 소켓〉

■ 소켓 · 암수 소켓 · 지름이 다른 소켓 · 편심 지름이 다른 소켓 (계속)

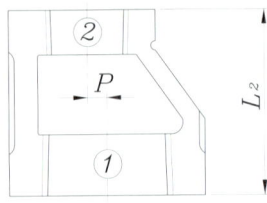

〈편심 지름이 다른 소켓〉

단위 : mm

호칭 ①×②	L_2	P
50×15	58	18.5
50×20	58	16
50×25	58	13
50×32	58	9
50×40	58	6
65×40	65	14
65×50	65	8
80×50	72	14
80×65	72	6.5
100×50	85	26.5
100×65	85	19
100×80	85	12.5
125×80	95	25.5
125×100	95	13
150×100	105	25
150×125	105	12.5

12. 부싱

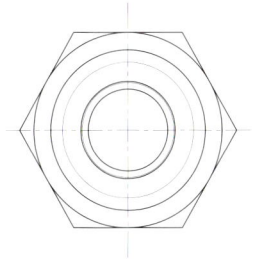
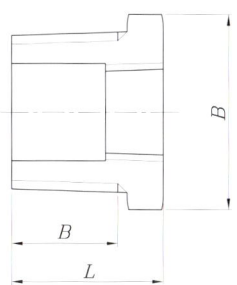

단위 : mm

호칭	L	E	맞변 거리 B	
			6각	8각
8×6	17	12	17	-
10×8	18	13	21	-
15×8	18	13	21	-
15×10	21	16	26	-
20×8	21	16	26	-
20×10	21	16	26	-
20×15	24	18	32	-
25×8	24	18	32	-
25×10	24	18	32	-
25×15	27	20	38	-
25×20	27	20	38	-
32×10	27	20	38	-
32×15	27	20	38	-
32×20	30	22	46	-
32×25	30	22	46	-
40×10	30	22	46	-
40×15	30	22	46	-
40×20	32	23	54	-
40×25	32	23	54	-
40×32	32	23	54	-
50×15	32	23	-	63
50×20	32	23	-	63
50×25	36	25	-	63
50×32	36	25	-	63

단위 : mm

호칭	L	E	맞변 거리 B	
			6각	8각
50×40	36	25	-	63
65×25	39	28	-	80
65×32	39	28	-	80
65×40	39	28	-	80
65×50	39	28	-	80
80×25	44	32	-	95
80×32	44	32	-	95
80×40	44	32	-	95
80×50	44	32	-	95
80×65	44	32	-	95
100×40	51	37	-	120
100×50	51	37	-	120
100×65	51	37	-	120
100×80	51	37	-	120
125×80	57	42	-	145
125×100	57	42	-	145
150×80	64	46	-	170
150×100	64	46	-	170
150×125	64	46	-	170

13. 니플·지름이 다른 니플

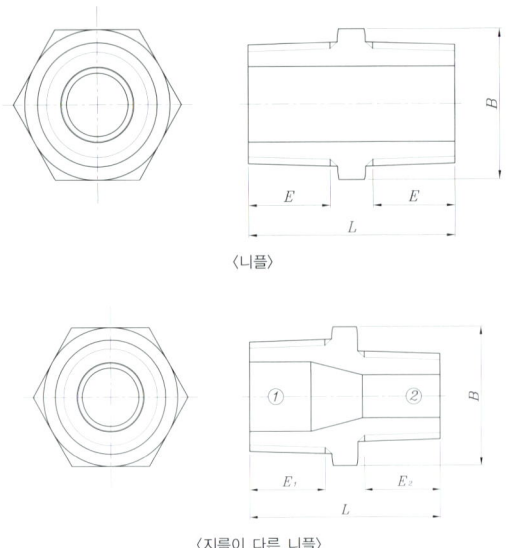

〈니플〉

〈지름이 다른 니플〉

단위 : mm

호칭	L	E	맞변 거리 B	
			6각	8각
6	32	11	14	-
8	34	12	17	-
10	36	13	21	-
15	42	16	26	-
20	47	18	32	-
25	52	20	38	-
32	56	22	46	-
40	60	23	54	-
50	66	25	-	63
65	73	28	-	80
80	81	32	-	95
100	92	37	-	120
125	104	42	-	145
150	116	46	-	170

단위 : mm

호칭 ①×②	L	E_1	E_2	맞변 거리 B	
				6각	8각
10×8	35	13	12	21	-
15×8	38	16	12	26	-
15×10	39	16	13	26	-
20×8	41	18	12	32	-
20×10	42	18	13	32	-
20×15	45	18	16	32	-
25×10	45	20	13	38	-
25×15	48	20	16	38	-
25×20	50	20	18	38	-
32×15	50	22	16	46	-
32×20	52	22	18	46	-
32×25	54	22	20	46	-
40×20	55	23	18	54	-
40×25	57	23	20	54	-
40×32	59	23	22	54	-
50×20	59	25	18	-	63
50×25	61	25	20	-	63
50×32	63	25	22	-	63
50×40	64	25	23	-	63
65×40	68	28	23	-	80
65×50	70	28	25	-	80
80×50	74	32	25	-	95
80×65	77	32	28	-	95
100×50	80	37	25	-	120
100×80	87	37	32	-	120

14. 멈춤 너트(로크 너트)

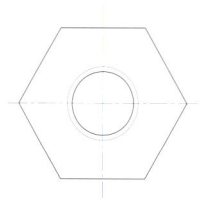
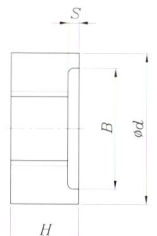

단위 : mm

호칭	높이 H	지름 d	깊이 S	맞변 거리 B	
				6각	8각
8	8	18	1.2	21	-
10	9	22	1.2	26	-
15	9	28	1.2	32	-
20	10	34	1.5	38	-
25	11	40	1.5	46	-
32	12	50	1.5	54	-
40	13	55	2.5	-	63
50	15	68	2.5	-	77
65	17	88	2.5	-	100
80	18	100	2.5	-	115
100	22	125	2.5	-	145
125	25	150	2.5	-	165
150	30	180	2.5	-	200

15. 캡

단위 : mm

호칭	높이 H(최소)	머리부 반지름 R(참고)
6	14	40
8	15	50
10	17	62
15	20	78
20	24	95
25	28	125
32	30	150
40	32	170
50	36	215
65	42	270
80	45	310
100	55	405
125	58	495
150	65	580

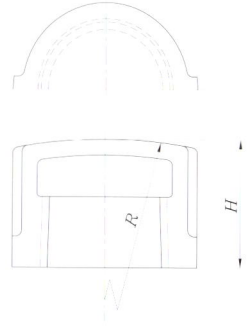

16. 플러그

단위 : mm

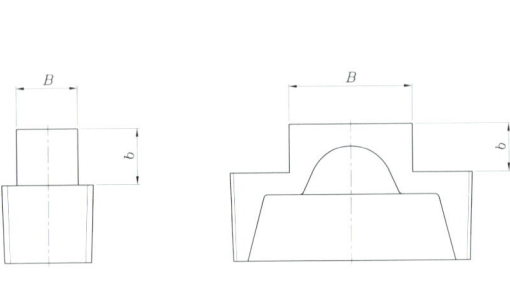

호칭	머리부(4각)	
	맞변거리 B	높이 b
6	7	7
8	9	8
10	12	9
15	14	10
20	17	11
25	19	12
32	23	13
40	26	14
50	32	15
65	41	18
80	46	19
90	54	21
100	58	22
125	67	25
150	77	28

17. 유니언

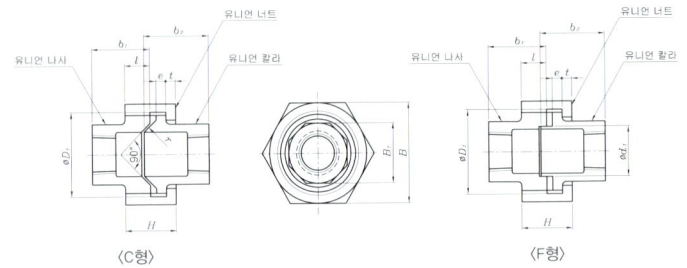

〈C형〉　　　　　　〈F형〉

단위 : mm

호칭	유니언 나사 및 유니언 칼라						유니언 너트				나사부(참고) D_1
	나사의 길이 l	b_1	칼라의 두께 e	b_2	d_1	맞변거리 B_1		높이 H	두께 t	맞변거리 B		나사의 호칭 D_1
						8각	10각			8각	10각	
6	6.5	15	2.5	16.5	12.5	15	-	13	2.5	25	-	M21×1.5
8	7	17	2.5	18	16.5	19	-	13.5	2.5	31	-	M26×1.5
10	8	19	3	20.5	20	23	-	16	3	37	-	M31×2
15	9	21	3	21.5	24	27	-	17	3	42	-	M35×2
20	9.5	24.5	3.5	26	30	33	-	18.5	3.5	49	-	M42×2
25	10	27	4	29	38	41	-	20	4	59	-	M51×2
32	11	30	4.5	32	46	-	50	22	4.5	-	69	M60×2
40	12	33	5	35.5	53	-	56	24.5	5	-	78	M68×2
50	13.5	37	5.5	39.5	65	-	69	27	5.5	-	93	M82×2
65	15	42	6	45.5	81	-	86	29.5	6	-	112	M100×2
80	17	47	6.5	50	95	-	99	32.5	6.5	-	127	M115×2
100	21	58	7.5	60.5	121	-	127	39	7.5	-	158	M145×2
125	24	66	8	66.5	150	-	154	43	8	-	188	M175×3
150	28	73	9	73	177	-	182	49	9	-	219	M205×3

18. 조립 플랜지

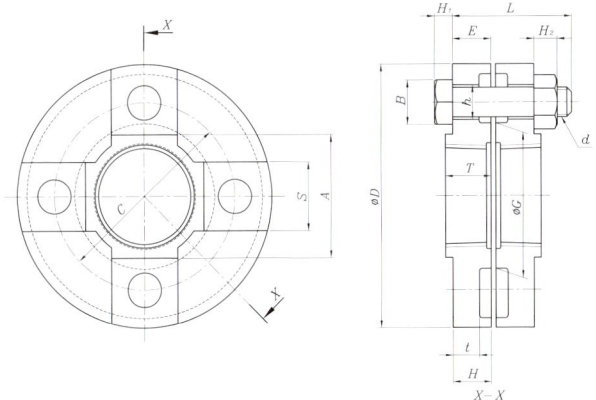

단위 : mm

호칭	플랜지											볼트 구멍수	호칭 d	볼트 및 너트 (참고)			
	D	A	G	S	E	H	T	t	C	h			L	B	H_1	H_2
15	73	27	34	23	10	6	13	3	48	12	3	M10	32	21	7	8
20	79	33	40	23	12	6	15	3.5	54	12	3	M10	36	21	7	8
25	87	41	48	23	14	8	17	3.5	62	12	4	M10	40	21	7	8
32	107	50	59	28	16	9	19	4	76	15	4	M12	50	26	8	10
40	112	56	65	28	17	10	20	4	82	15	4	M12	50	26	8	10
50	126	69	78	28	21	11	24	5	95	15	4	M12	56	26	8	10
65	155	86	96	35	23	12	27	5.5	118	19	4	M16	71	32	10	13
80	168	99	109	35	26	13	30	6	131	19	4	M16	71	32	10	13
100	196	127	136	35	32	16	36	7	159	19	4	M16	90	32	10	13
125	223	154	163	35	36	19	40	8	186	19	6	M16	90	32	10	13
150	265	182	194	41	36	21	40	9	220	24	6	M20	100	38	13	16

27-2 | 나사식 배수관 이음쇠 KS B 1532 : 2002 (2012 확인)

1. 이음쇠의 끝부

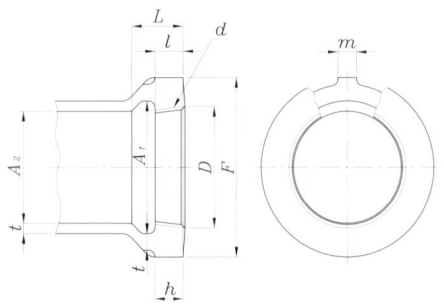

단위 : mm

호칭	나사부						리세스 안지름 A_1 (최소)	안지름 A_2	
	나사의 호칭 d	나사의 기준지름 D	나사산 수 (25.4mm 당)	암나사의 길이 l (최소)	리세스를 포함한 나사부 전체 길이				
					기준 치수	허용차		기준 치수	허용차
1 1/4	PT 1 1/4	41.910	11	10	18	+2.5 -0.5	43	36	±1
1 1/2	PT 1 1/2	47.803	11	11	19	+2.5 -0.5	49	42	±1
2	PT 2	59.614	11	13	22	+2.5 -0.5	61	53	±1
2 1/2	PT 2 1/2	75.184	11	15	25	+3.5 -0.5	77	68	±1
3	PT 3	87.884	11	17	28	+3.5 -0.5	90	81	±1
4	PT 4	113.030	11	21	33	+3.5 -0.5	115	105	±1.5
5	PT 5	138.430	11	23	36	+3.5 -0.5	141	131	±1.5
6	PT 6	163.830	11	24	39	+3.5 -0.5	167	155	±1.5

호칭	두께				밴드				리브
	주철제 t		가단 주철제 t		주철제		가단 주철제		나비수 m
	기준 치수	허용차	기준 치수	허용차	바깥지름 F	나비 h	바깥지름 F	나비 h	
1 1/4	4.5	+ 규정하지 않는다 - 0.7	3.5	+ 규정하지 않는다 - 0.7	57	10	53	8	5 2
1 1/2	4.5		3.5		64	11	60	9	5 2
2	5		4		78	13	73	11	5 2
2 1/2	5.5	+ 규정하지 않는다 - 1.0	4.5	+ 규정하지 않는다 - 1.0	96	15	91	12	6 2
3	6		5		111	17	105	13	7 2
4	7.5		6		139	21	133	16	8 4
5	8.5		6.5		169	23	161	18	8 4
6	9		7.5		199	24	189	20	8 4

27-3 | 유압용 25MPa 물림식 관 이음쇠 KS B 1535 : 2003

1. 평행나사 니플 O형, 평행나사 니플 E형 및 테이퍼 나사 니플의 모양 및 치수

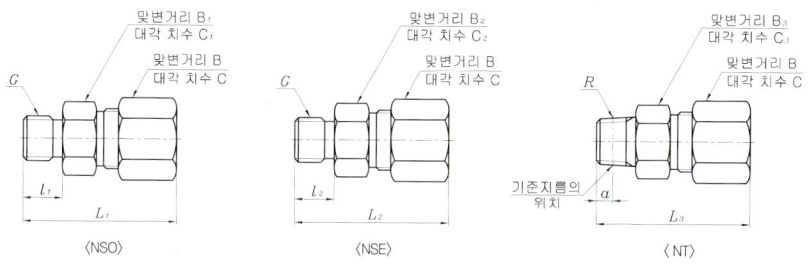

단위 : mm

크기의 호칭	적용관 바깥 지름	이음 쇠의 안지름 (최소)	나사의 호칭 C	나사의 호칭 R	L_1 (최대)	L_2 (최대)	a	L_1 (손으로 조임, 최대)	L_2 (손으로 조임, 최대)	L_3 (손으로 조임, 최대)	맞변거리×대각치수 B×C	맞변거리×대각치수 $B_1×C_1$	맞변거리×대각치수 $B_2×C_2$	맞변거리×대각치수 $B_3×C_3$
4	4	2.5	1/8		10	7.4	3.97	36	33	34	12×13.9	14×16.2	14×16.2	12×13.9
6	6	4	1/8		10	7.4	3.97	41	38	39	14×16.2	14×16.2	14×16.2	14×16.2
8	8	6	1/4		12	11	6.01	45	44	44	17×19.6	19×21.9	19×21.9	17×19.6
10	10	7	1/4		12	11	6.01	46	45	45	19×21.9	19×21.9	19×21.9	19×21.9
12	12	9	3/8		12	11.4	6.35	47	46	47	22×25.4	22×25.4	22×25.4	22×25.4
16	16	12	1/2		16	15	8.16	56	55	55	30×34.6	27×31.2	27×31.2	27×31.2
20	20	16	3/4	-	17	16.3	-	62	61	-	36×41.6	36×41.6	32×37.0	-
25	25	20	1		21	19.1	-	69	67	-	46×53.1	41×47.3	41×47.3	-
30	30	25	1¼		21	21.4	-	73	73	-	50×57.7	50×57.7	50×57.7	-
32	32	26	1¼		21	21.4	-	75	75	-	55×63.5	50×57.7	50×57.7	-
38	38	32	1½	1/2	-	21	21.4	-	77	77	-	60×69.3	55×63.5	55×63.5	-

2. 용접 니플 및 칸막이 용접 유니언의 모양 및 치수

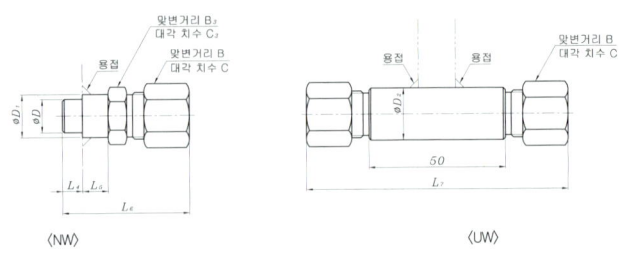

⟨NW⟩　　⟨UW⟩

단위 : mm

크기의 호칭	적용관 바깥지름	이음쇠의 안지름(최소)	D	D_1	D_2	L_4 (최대)	L_5 (최대)	L_6 (손으로 조임)(최대)	L_7 (손으로 조임)(최대)	맞변거리×대각치수 B×C	맞변거리×대각치수 $B_3×C_3$
4	4	2.5	10	12	12	5	10	39	90	12×13.9	12×13.9
6	6	4	10	14	16	5	10	44	100	14×16.2	14×16.2
8	8	6	15	17	16	5	12	47	100	17×19.6	17×19.6
10	10	7	15	19	19	5	12	48	102	19×21.9	19×21.9
12	12	9	18	22	20	7	12	51	102	22×25.4	22×25.4
16	16	12	25 −0.1/−0.3	27	28	7 0/−0.2	15	58	110	30×34.6	27×31.2
20	20	16	28	32	32	7	15	63	116	36×41.6	32×37.0
25	25	20	37	41	38	10	15	70	116	46×53.1	41×47.3
30	30	25	42	46	46	10	15	73	118	50×57.7	46×53.1
32	32	26	42	46	46	10	15	73	118	55×63.5	46×53.1
38	38	32	50	55	55	10	15	73	118	60×69.3	55×63.5

3. 유니언, 유니언 엘보 및 유니언 T의 모양 및 치수

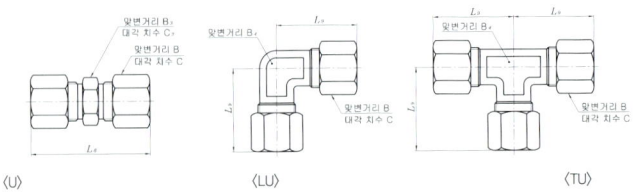

⟨U⟩　　⟨LU⟩　　⟨TU⟩

단위 : mm

크기의 호칭	적용관 바깥지름	이음쇠의 안지름(최소)	L_8 (손으로 조임)(최대)	L_9 (손으로 조임)(최대)	맞변거리×대각치수 B×C	맞변거리×대각치수 $B_3×C_3$	몸체의 맞변거리(최대) B_4
4	4	2.5	44	30	12×13.9	12×13.9	10
6	6	4	54	33	14×16.2	14×16.2	12
8	8	6	55	35	17×19.6	17×19.6	14
10	10	7	57	37	19×21.9	19×21.9	17
12	12	9	58	39	22×25.4	22×25.4	19
16	16	12	66	48	30×34.6	27×31.2	24
20	20	16	74	54	36×41.6	32×37.0	30
25	25	20	78	60	46×53.1	41×47.3	36
30	30	25	80	65	50×57.7	46×53.1	41
32	32	26	83	68	55×63.8	46×53.1	46
38	38	32	86	71	60×69.3	55×63.5	50

4. 평행나사 엘보, 평행나사 중앙 T 및 평행나사 끝 T의 모양 및 치수

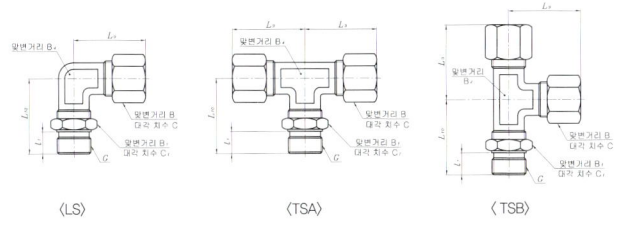

⟨LS⟩　　⟨TSA⟩　　⟨TSB⟩

단위 : mm

크기의 호칭	적용관 바깥 지름	이음쇠의 안지름 (최소)	나사의 호칭 G	l_1 (최대)	L_9 (손으로 조임) (최대)	L_{10} (최대)	맞변거리×대각치수		몸체의 맞변거리 (최대) B_4
							B×C	$B_1×C_1$	
4	4	2.5	1/8	10	30	29	12×13.9	14×16.2	10
6	6	4	1/8	10	33	30	14×16.2	14×16.2	12
8	8	6	1/4	12	35	34	17×19.6	19×21.9	14
10	10	7	1/4	12	37	35	19×21.9	19×21.9	17
12	12	9	3/8	12	39	36	22×25.4	22×25.4	19
16	16	12	1/2	16	48	46	30×34.6	27×31.2	24
20	20	16	3/4	17	54	53	36×41.6	36×41.6	30
25	25	20	1	21	60	65	46×53.1	41×47.3	36
30	30	25	1 1/4	21	65	70	50×57.7	50×57.7	41
32	32	26	1 1/4	21	68	73	55×63.5	50×57.7	46
38	38	32	1 ½	21	71	77	60×69.3	55×63.5	50

5. 평행나사 엘보, 평행나사 중앙 T 및 평행나사 끝 T의 모양 및 치수

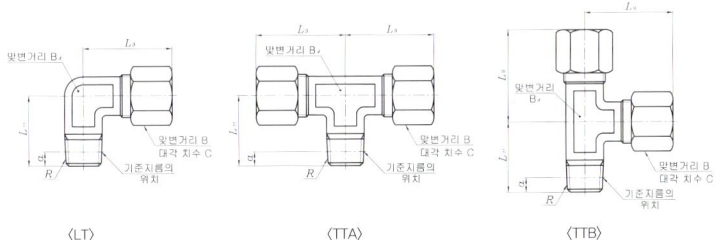

⟨LT⟩　　⟨TTA⟩　　⟨TTB⟩

단위 : mm

크기의 호칭	적용관 바깥지름	이음쇠의 안지름 (최소)	나사의 호칭 R	a	L_9 (손으로 임) (최대)	L_{11} (최대)	맞변거리×대각치수 B×C	몸체의 맞변거리 (최대) B_4
4	4	2.5	1/8	3.97	30	20	12×13.9	10
6	6	4	1/8	3.97	33	20	14×16.2	12
8	8	6	1/4	6.01	35	25	17×19.6	14
10	10	7	1/4	6.01	37	27	19×21.9	17
12	12	9	3/8	6.35	39	30	22×25.4	19
16	16	12	1/2	8.16	48	35	30×34.6	24

6. 칸막이 고정 유니언, 칸막이 고정 유니언 엘보 및 칸막이 고정 유니언 T의 모양 및 치수

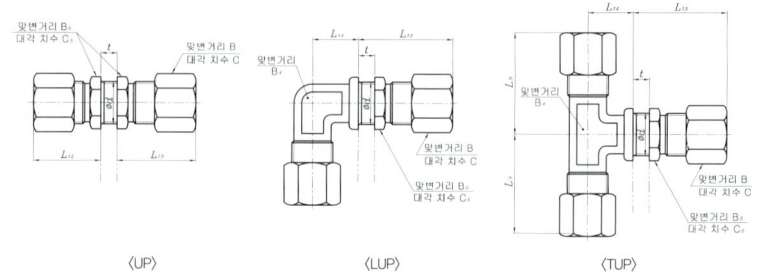

〈UP〉　　〈LUP〉　　〈TUP〉

단위 : mm

크기의 호칭	적용관 바깥지름	이음쇠의 안지름 (최소)	L_9 (손으로 조임) (최대)	L_{12} (손으로 조임) (최대)	L_{13} (손으로 조임) (최대)	L_{14}	맞변거리×대각치수 $B×C$	맞변거리×대각치수 $B_5×C_5$	몸체의 맞변거리 (최대) B_4	참고 d (구멍지름)	참고 t (최대)	참고 t (최대)
4	4	2.5	30	24	38	15	12×13.9	14×16.2	10	11	12	4
6	6	4	33	29	43	18	14×16.2	17×19.6	12	13	12	5
8	8	6	35	30	43	21	17×19.6	19×21.9	14	15	12	5
10	10	7	37	31	44	23	19×21.9	22×25.4	17	17	12	5
12	12	9	39	32	44	26	22×25.4	22×25.4	19	19	12	5
16	16	12	48	36	50	34	30×34.6	27×31.2	24	25	12	6
20	20	16	54	41	53	41	36×41.6	36×41.6	30	31	12	6
25	25	20	60	45	53	51	46×53.1	41×47.3	36	37	12	6
30	30	25	65	48	54	55	50×57.7	50×57.7	41	43	12	6
32	32	26	68	50	55	60	55×63.5	50×57.7	46	46	12	6
38	38	32	71	55	56	66	60×69.3	55×63.5	50	53	12	6

7. 평행나사 형식의 이음쇠 부착 끝부분 및 상대 구멍의 모양 및 치수

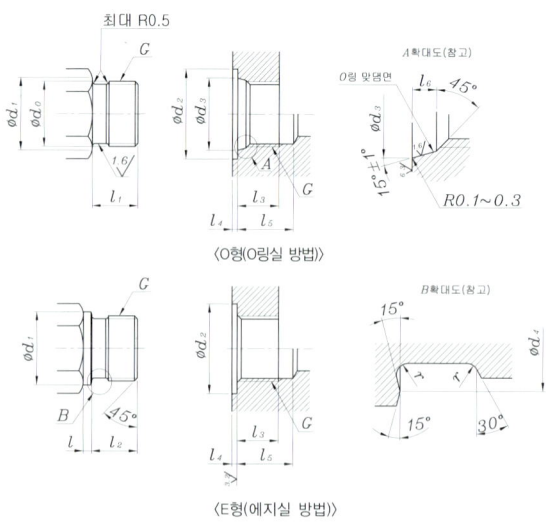

〈O형(O링실 방법)〉

〈E형(에지실 방법)〉

단위 : mm

나사의 호칭 G	d₀±0.1	d1 0 -0.4		d2±0.3		d3+0.1 0	l (최소)	l₃ (최소)	l₄ (최대)	l₅ (최소)	l₆+0.4 0	적용하는 O링의 호칭번호	d₄ (참고)	r (참고)
		O형	E형	O형	E형									
1/8	8	14	14	18	15	11.6	1.5	10	1	15	2	P8	12	1
1/4	11	19	18	24	19	15.6	2	12	1.5	18	2.5	P11	15.5	1.2
3/8	14	22	22	28	23	18.6	2.5	12	2	18	2.5	P14	19.5	1.2
1/2	18	27	26	34	27	22.6	3	16	2.5	24	2.5	P18	23.5	1.6
3/4	23	36	32	45	33	29.8	3	17	2.5	25	3.5	P22.4	29.5	1.6
1	29	41	39	51	40	35.8	3	21	2.5	30	3.5	P29	36	2.5
1¼	38	50	49	62	50	44.8	3	21.4	2.5	30	3.5	P38	45.5	2.5
1½	44	55	55	68	56	50.8	3	21.4	2.5	30	3.5	P44	51.6	2.5

27-4 | 관 플랜지용 스파이럴형 개스킷 KS B 1518 : 2007 (2012 확인)

■ 종류 및 종류의 기호

종류	종류의 기호	구조	비고(단면 모양)
기본형	A	• 테이프 모양의 금속제 파형 박판과 석면지를 겹쳐서 스파이럴 모양으로 감고, 감기 시작하는 부분과 끝나는 부분의 금속제 파형 박판을 여러 곳 점용접한 판 모양의 개스킷 몸체만으로 이루어진 것	금속제 파형 박판 석면지 / 금속제 파형 박판 석면지
내륜붙이	B	• 기본형에 내륜을 붙인 것	내륜 / 내륜
외륜붙이	C	• 기본형에 외륜을 붙인 것	외륜 / 외륜
내·외륜붙이	D	• 기본형에 내륜 및 외륜을 붙인 것	외륜 내륜 / 외륜 내륜

■ 호칭 번호

① 홈형 및 삽입형 플랜지용 개스킷

종류 기호, 적용 플랜지의 개스킷 자리를 표시하는 기호(홈형을 M, 삽입형을 H로 한다) 및 적용 플랜지의 호칭 지름을 하이픈으로 연결한다.

[보기]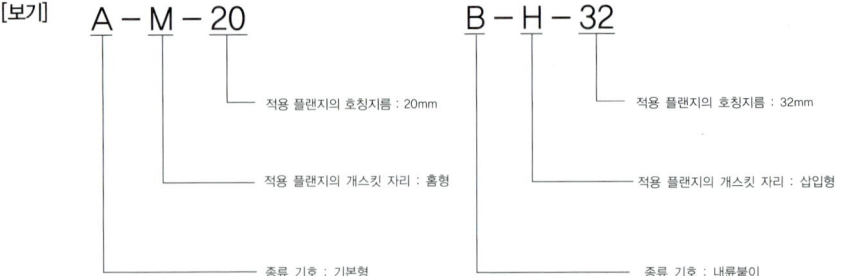

❷ 평면 자리 플랜지용 개스킷

종류 기호, 적용 플랜지의 호칭 압력 및 적용 플랜지의 호칭 지름을 하이픈으로 연결한다. 또한 개스킷이 동일하고 적용 플랜지의 호칭 압력이 다른 경우에는 호칭 압력이 큰 쪽을 취한다.

[보기]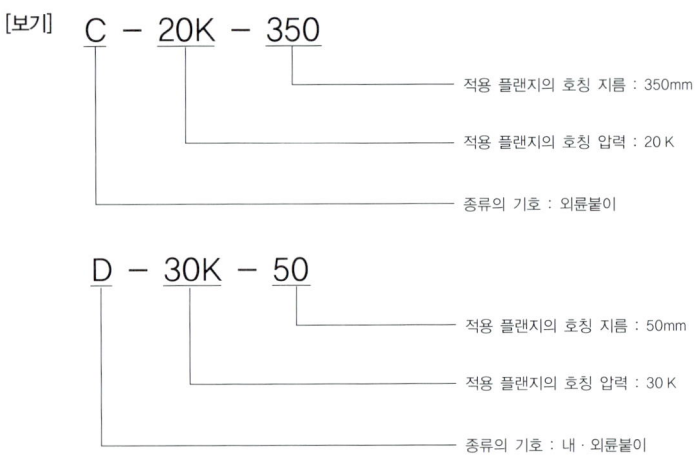

■ 금속 재료

항목	재료
파형 박판	• KS D 3698의 STS 304
내륜	• KS D 3698의 STS 430, STS 403 또는 STS 410
외륜	• KS D 3503 또는 KS D 3512

1. 기본형 개스킷(홈형 플랜지용)

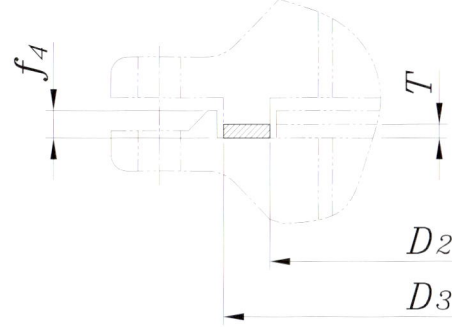

단위 : mm

호칭번호	개스킷 몸체						비고
	안지름 D_2		바깥지름 D_3		두께 T		적용 플랜지의 호칭 지름
	기준 치수	치수 허용차	기준 치수	치수 허용차	기준 치수	치수 허용차	
A-H-10	28	±0.5	38	±0.5	4.5 또는 4.8	±0.2	10
A-H-15	32	±0.5	42	±0.5			15
A-H-20	38	±0.5	50	±0.5			20
A-H-25	45	±0.5	60	±0.5			25
A-H-32	55	±0.5	70	±0.5			32
A-H-40	60	±0.5	75	±0.5			40
A-H-50	70	±0.5	90	±0.5			50
A-H-65	90	±0.5	110	±0.5			65
A-H-80	100	±0.5	120	±0.5			80
A-H-90	110	±0.5	130	±0.5			90
A-H-100	125	±0.5	145	±0.5			100
A-H-125	150	±0.5	175	±0.5			125
A-H-150	190	±0.5	215	±0.5			150
A-H-200	230	±0.5	259	±0.8			200
A-H-250	296	±0.8	324	±0.8			250
A-H-300	341	±0.8	374	±0.8			300
A-H-350	381	±0.8	414	±0.8			350
A-H-400	441	±0.8	474	±0.8			400

【비 고】
- 적용하는 플랜지는 KS B 1511에서 규정하는 호칭 압력 16K, 20K, 30K, 40K 및 63K로 하고, 개스킷 자리는 KS B 1519의 홈형으로 한다. 다만 홈의 깊이 f_4는 5mm 이상으로 한다.

2. 기본형 개스킷(삽입형 플랜지용)

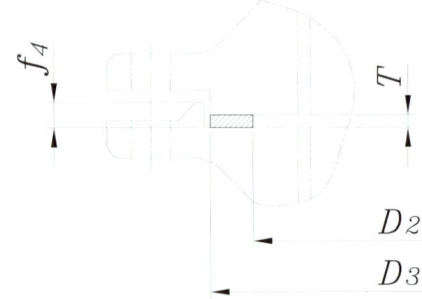

단위 : mm

호칭번호	개스킷 몸체				두께 T		비고 적용 플랜지의 호칭 지름
	안지름 D_2		바깥지름 D_3				
	기준 치수	치수 허용차	기준 치수	치수 허용차	기준 치수	치수 허용차	
A-H-10	25	±0.5	38	±0.5	4.5 또는 4.8	±0.2	10
A-H-15	29	±0.5	42	±0.5			15
A-H-20	37	±0.5	50	±0.5			20
A-H-25	44	±0.5	60	±0.5			25
A-H-32	54	±0.5	70	±0.5			32
A-H-40	59	±0.5	75	±0.5			40
A-H-50	70	±0.5	90	±0.5			50
A-H-65	90	±0.5	110	±0.5			65
A-H-80	100	±0.5	120	±0.5			80
A-H-90	110	±0.5	130	±0.5			90
A-H-100	125	±0.5	145	±0.5			100
A-H-125	150	±0.5	175	±0.5			125
A-H-150	187	±0.5	215	±0.5			150
A-H-200	231	±0.5	259	±0.8			200
A-H-250	288	±0.8	324	±0.8			250
A-H-300	338	±0.8	374	±0.8			300
A-H-350	376	±0.8	414	±0.8			350
A-H-400	434	±0.8	474	±0.8			400

【비 고】
- 적용하는 플랜지는 KS B 1511에서 규정하는 호칭 압력 16K, 20K, 30K, 40K 및 63K로 하고, 개스킷 자리는 KS B 1519의 삽입형으로 한다. 다만 홈의 깊이 f_4는 5mm 이상으로 한다.

3. 내륜붙이 개스킷(삽입형 플랜지용)

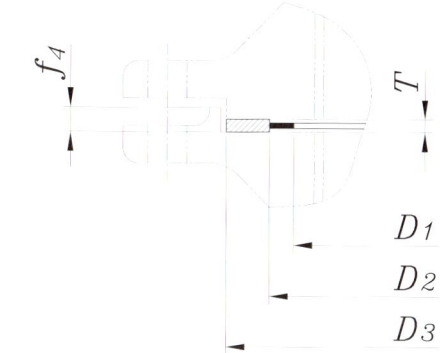

단위 : mm

| 호칭번호 | 개스킷 몸체 ||||||| 비고 |
| | 안지름 D_1 || 안지름 D_2 || 바깥지름 D_3 || 두께 T || 적용 플랜지의 호칭 지름 |
	기준 치수	치수 허용차	기준 치수	치수 허용차	기준 치수	치수 허용차	기준 치수	치수 허용차	
B-H-10	19	±0.3	25		38	±0.5			10
B-H-15	23	±0.3	29		42	±0.5			15
B-H-20	31	±0.3	37		50	±0.5			20
B-H-25	38	±0.3	44		60	±0.5			25
B-H-32	46	±0.3	54		70	±0.5			32
B-H-40	51	±0.3	59		75	±0.5			40
B-H-50	62	±0.3	70		90	±0.5			50
B-H-65	80	±0.3	90		110	±0.5			65
B-H-80	90	±0.3	100		120	±0.5	4.5 또는 4.8	±0.2	80
B-H-90	100	±0.3	110		130	±0.5			90
B-H-100	113	±0.3	125		145	±0.5			100
B-H-125	138	±0.3	150		175	±0.5			125
B-H-150	171	±0.3	187		215	±0.5			150
B-H-200	215	±0.3	231		259	±0.8			200
B-H-250	268	±0.5	288		324	±0.8			250
B-H-300	318	±0.5	338		374	±0.8			300
B-H-350	356	±0.5	376		414	±0.8			350
B-H-400	409	±0.5	434		474	±0.8			400

【비 고】
- 적용하는 플랜지는 KS B 1511에서 규정하는 호칭 압력 16K, 20K, 30K, 40K 및 63K로 하고, 개스킷 자리는 KS B 1519의 삽입형으로 한다. 다만 홈의 깊이 f_4는 5mm 이상으로 한다.

4. 외륜붙이 개스킷(호칭 압력 10K의 대평면 자리 플랜지용)

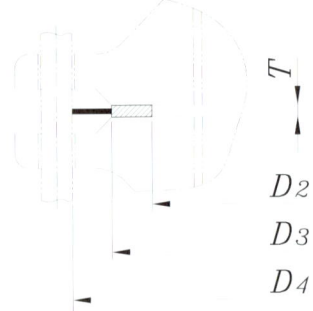

단위 : mm

호칭 번호	개스킷 몸체							비고
	안지름 D_2		안지름 D_3	두께 T		바깥지름 D_4		적용 플랜지의 호칭 지름
	기준 치수	치수 허용차	기준 치수	기준 치수	치수 허용차	기준 치수	치수 허용차	
C-20K-10	24	±0.5	37			52	±0.3	10
C-20K-15	28	±0.5	41			57	±0.3	15
C-20K-20	34	±0.5	47			62	±0.3	20
C-20K-25	40	±0.5	53			74	±0.3	25
C-20K-32	51	±0.5	67			84	±0.3	32
C-20K-40	57	±0.5	73			89	±0.3	40
C-20K-50	69	±0.5	89			104	±0.3	50
C-20K-65	87	±0.5	107			124	±0.3	65
C-10K-80	98	±0.5	118			134	±0.3	80
C-10K-90	110	±0.5	130			144	±0.3	90
C-10K-100	123	±0.5	143	4.5 또는 4.8	±0.2	159	±0.3	100
C-10K-125	148	±0.5	173			190	±0.3	125
C-10K-150	174	±0.5	199			220	±0.3	150
C-10K-175	201	±0.5	226			245	±0.3	175
C-10K-200	227	±0.5	252			270	±0.5	200
C-10K-225	252	±0.8	277			290	±0.5	225
C-10K-250	278	±0.8	310			332	±0.5	250
C-10K-300	329	±0.8	361			377	±0.5	300
C-10K-350	366	±0.8	406			422	±0.5	350
C-10K-400	417	±0.8	457			484	±0.5	400
C-10K-450	468	±0.8	518			539	±0.5	450
C-10K-500	518	±0.8	568			594	±0.8	500
C-10K-550	569	±0.8	619			650	±0.8	550
C-10K-600	620	±0.8	670			700	±0.8	600

【비 고】
- 적용하는 플랜지는 KS B 1511 및 KS B 1503에서 규정하는 호칭 압력 10K인 것으로 한다.

5. 외륜붙이 개스킷(호칭 압력 16K 및 20K의 대평면 자리 플랜지용)

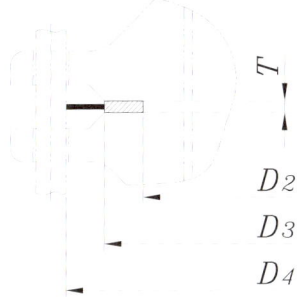

단위 : mm

호칭 번호	개스킷 몸체							비고
	안지름 D_2		안지름 D_3	두께 T		바깥지름 D_4		적용 플랜지의 호칭 지름
	기준 치수	치수 허용차	기준 치수	기준 치수	치수 허용차	기준 치수	치수 허용차	
C-20K-10	24	±0.5	37			52	±0.3	10
C-20K-15	28	±0.5	41			57	±0.3	15
C-20K-20	34	±0.5	47			62	±0.3	20
C-20K-25	40	±0.5	53			74	±0.3	25
C-20K-32	51	±0.5	67			84	±0.3	32
C-20K-40	57	±0.5	73			89	±0.3	40
C-20K-50	69	±0.5	89			104	±0.3	50
C-20K-65	87	±0.5	107			124	±0.3	65
C-20K-80	99	±0.5	119			140	±0.3	80
C-20K-90	114	±0.5	139	4.5 또는 4.8	±0.2	150	±0.3	90
C-20K-100	127	±0.5	152			165	±0.3	100
C-20K-125	152	±0.5	177			202	±0.3	125
C-20K-150	182	±0.5	214			237	±0.3	150
C-20K-200	233	±0.5	265			282	±0.5	200
C-20K-250	288	±0.5	328			354	±0.5	250
C-20K-300	339	±0.8	379			404	±0.5	300
C-20K-350	376	±0.8	416			450	±0.5	350
C-20K-400	432	±0.8	482			508	±0.5	400
C-20K-450	483	±0.8	533			573	±0.5	450
C-20K-500	533	±0.8	583			628	±0.5	500
C-20K-550	584	±0.8	634			684	±0.8	550
C-20K-600	635	±1.3	685			734	±0.8	600

【비 고】
- 적용하는 플랜지는 KS B 1511 및 KS B 1503에서 규정하는 호칭 압력 16K 및 20K인 것으로 한다.

6. 외륜붙이 개스킷(호칭 압력 30K의 평면 자리 플랜지용)

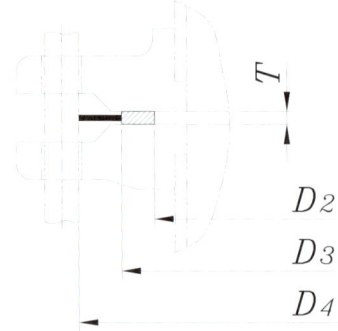

단위 : mm

호칭 번호	개스킷 몸체						비고
	안지름 D_2		안지름 D_3	두께 T		바깥지름 D_4		적용 플랜지의 호칭 지름
	기준 치수	치수 허용차	기준 치수	기준 치수	치수 허용차	기준 치수	치수 허용차	
C-30K-10	24	±0.5	37			59	±0.3	10
C-30K-15	28	±0.5	41			64	±0.3	15
C-30K-20	34	±0.5	47			69	±0.3	20
C-30K-25	40	±0.5	53			79	±0.3	25
C-30K-32	51	±0.5	67			89	±0.3	32
C-30K-40	57	±0.5	73			100	±0.3	40
C-30K-50	69	±0.5	89			114	±0.3	50
C-40K-65	78	±0.5	98	4.5 또는 4.8	±0.2	140	±0.3	65
C-40K-80	90	±0.5	110			150	±0.3	80
C-40K-90	102	±0.5	127			162	±0.3	90
C-30K-100	116	±0.5	141			172	±0.3	100
C-30K-125	140	±0.5	165			207	±0.3	125
C-30K-150	165	±0.5	197			249	±0.3	150
C-30K-200	218	±0.5	250			294	±0.5	200
C-30K-250	271	±0.8	311			360	±0.5	250
C-30K-300	320	±0.8	360			418	±0.5	300
C-30K-350	356	±0.8	396			463	±0.5	350
C-30K-400	403	±0.8	453			524	±0.5	400

【비 고】
1. 호칭 번호 C-30K-50 이하는 대평면 자리에만 적용한다.
2. 호칭 번호 C-40K-65 이상은 대평면 자리, 소평면 자리의 양쪽에 적용하나, 강관 맞대기 용접 플랜지와 강관 삽입 용접 플랜지의 소켓 용접 플랜지에만 적용한다.

7. 외륜붙이 개스킷(호칭 압력 40K의 평면 자리 플랜지용)

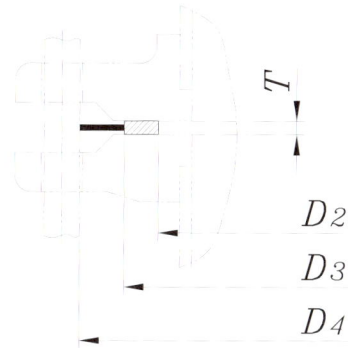

단위 : mm

호칭 번호	개스킷 몸체								비고
	안지름 D_2		안지름 D_3		두께 T		바깥지름 D_4		적용 플랜지의 호칭 지름
	기준 치수	치수 허용차	기준 치수	기준 치수	치수 허용차	기준 치수	치수 허용차	
C-40K-10	21	±0.5	34			59	±0.3	10
C-40K-15	24	±0.5	37			64	±0.3	15
C-40K-20	29	±0.5	42			69	±0.3	20
C-40K-25	35	±0.5	48			79	±0.3	25
C-40K-32	44	±0.5	60			89	±0.3	32
C-40K-40	51	±0.5	67			100	±0.3	40
C-40K-50	63	±0.5	79			114	±0.3	50
C-40K-65	78	±0.5	98	4.5 또는 4.8	±0.2	140	±0.3	65
C-40K-80	90	±0.5	110			150	±0.3	80
C-40K-90	102	±0.5	127			162	±0.3	90
C-40K-100	116	±0.5	141			182	±0.3	100
C-40K-125	140	±0.5	165			224	±0.3	125
C-40K-150	165	±0.5	197			265	±0.5	150
C-40K-200	218	±0.5	250			315	±0.5	200
C-40K-250	271	±0.8	311			378	±0.5	250
C-40K-300	320	±0.8	360			434	±0.5	300
C-40K-350	356	±0.8	396			479	±0.5	350
C-40K-400	403	±0.8	453			531	±0.5	400

【비 고】
- 이 개스킷은 강관 맞대기 용접 플랜지와 강관 삽입 용접 플랜지의 소켓 용접 플랜지에만 적용한다.

8. 외륜붙이 개스킷(호칭 압력 63K의 평면 자리 플랜지용)

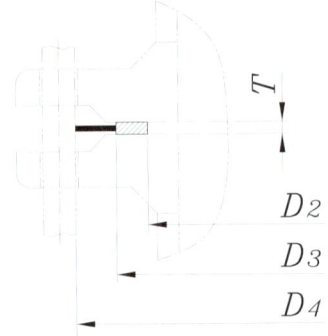

단위 : mm

호칭 번호	개스킷 몸체					바깥지름 D_4		비고
	안지름 D_2		안지름 D_3	두께 T		기준 치수	치수 허용차	적용 플랜지의 호칭 지름
	기준 치수	치수 허용차	기준 치수	기준 치수	치수 허용차			
C-63K-10	21	±0.5	34			64	±0.3	10
C-63K-15	24	±0.5	37			69	±0.3	15
C-63K-20	29	±0.5	42			75	±0.3	20
C-63K-25	35	±0.5	48			80	±0.3	25
C-63K-32	44	±0.5	60			90	±0.3	32
C-63K-40	51	±0.5	67			107	±0.3	40
C-63K-50	63	±0.5	79			125	±0.3	50
C-63K-65	78	±0.5	98	4.5 또는 4.8	±0.2	152	±0.3	65
C-63K-80	90	±0.5	110			162	±0.3	80
C-63K-90	102	±0.5	127			179	±0.3	90
C-63K-100	116	±0.5	141			194	±0.3	100
C-63K-125	140	±0.5	165			235	±0.3	125
C-63K-150	165	±0.5	197			275	±0.5	150
C-63K-200	218	±0.5	250			328	±0.5	200
C-63K-250	271	±0.8	311			394	±0.5	250
C-63K-300	320	±0.8	360			446	±0.5	300
C-63K-350	356	±0.8	396			488	±0.5	350
C-63K-400	403	±0.8	453			545	±0.5	400

【비 고】
- 이 개스킷은 강관 맞대기 용접 플랜지와 강관 삽입 용접 플랜지의 소켓 용접 플랜지에만 적용한다.

9. 내·외륜붙이 개스킷(호칭 압력 16K 및 20K의 대평면 자리 플랜지용)

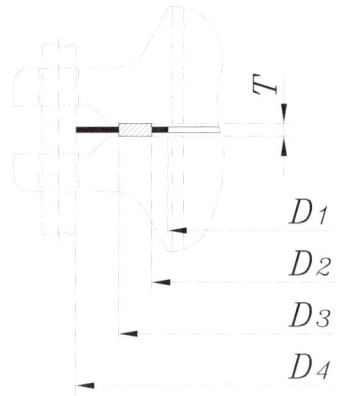

단위 : mm

호칭 번호	내륜		개스킷 몸체					외륜		비고
	안지름 D_1		안지름 D_2	바깥지름 D_3	두께 T			바깥지름 D_4		적용 플랜지의 호칭 지름
	기준 치수	치수 허용차	기준 치수	기준 치수	기준 치수	치수 허용차		기준 치수	치수 허용차	
D-20K-10	18	±0.3	24	37				52	±0.3	10
D-20K-15	22	±0.3	28	41				57	±0.3	15
D-20K-20	28	±0.3	34	47				62	±0.3	20
D-20K-25	34	±0.3	40	53				74	±0.3	25
D-20K-32	43	±0.3	51	67				84	±0.3	32
D-20K-40	49	±0.3	57	73				89	±0.3	40
D-20K-50	61	±0.3	69	89				104	±0.3	50
D-20K-65	77	±0.3	87	107				124	±0.3	65
D-20K-80	89	±0.3	99	119	4.5 또는 4.8	±0.2		140	±0.3	80
D-20K-90	102	±0.3	114	139				150	±0.3	90
D-20K-100	115	±0.3	127	152				165	±0.3	100
D-20K-125	140	±0.3	152	177				202	±0.3	125
D-20K-150	166	±0.3	182	214				237	±0.3	150
D-20K-200	217	±0.3	233	265				282	±0.5	200
D-20K-250	268	±0.5	288	328				354	±0.5	250
D-20K-300	319	±0.5	339	379				404	±0.5	300
D-20K-350	356	±0.5	376	416				450	±0.5	350
D-20K-400	407	±0.5	432	482				508	±0.5	400
D-20K-450	458	±0.5	483	533				573	±0.5	450
D-20K-500	508	±0.5	533	583				628	±0.5	500
D-20K-550	559	±0.5	584	634				684	±0.8	550
D-20K-600	610	±0.5	635	685				734	±0.8	600

【비 고】
• 적용하는 플랜지는 KS B 1511 및 KS B 1503에서 규정하는 호칭 압력 16K 및 20K인 것으로 한다.

10. 내·외륜붙이 개스킷(호칭 압력 30K의 평면 자리 플랜지용)

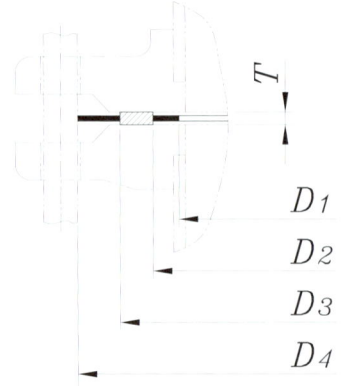

단위 : mm

호칭 번호	내륜		개스킷 몸체					외륜		비고
	안지름 D_1		안지름 D_2	바깥지름 D_3	두께 T		바깥지름 D_4		적용 플랜지의 호칭 지름
	기준 치수	치수 허용차	기준 치수	기준 치수	기준 치수	치수 허용차	기준 치수	치수 허용차	
D-30K-10	18	±0.3	24	37	4.5 또는 4.8	±0.2	59	±0.3	10
D-30K-15	22	±0.3	28	41			64	±0.3	15
D-30K-20	28	±0.3	34	47			69	±0.3	20
D-30K-25	34	±0.3	40	53			79	±0.3	25
D-30K-32	43	±0.3	51	67			89	±0.3	32
D-30K-40	49	±0.3	57	73			100	±0.3	40
D-30K-50	61	±0.3	69	89			114	±0.3	50
D-30K-65	68	±0.3	78	98			140	±0.3	65
D-30K-80	80	±0.3	90	110			150	±0.3	80
D-30K-90	92	±0.3	102	127			162	±0.3	90
D-30K-100	104	±0.3	116	141			172	±0.3	100
D-30K-125	128	±0.3	140	165			207	±0.3	125
D-30K-150	153	±0.3	165	197			249	±0.3	150
D-30K-200	202	±0.3	218	250			294	±0.5	200
D-30K-250	251	±0.5	271	311			360	±0.5	250
D-30K-300	300	±0.5	320	360			418	±0.5	300
D-30K-350	336	±0.5	356	396			463	±0.5	350
D-30K-400	383	±0.5	403	453			524	±0.5	400

【비 고】
1. 호칭 번호 D-30K-50 이하는 대평면 자리에만 적용한다.
2. 호칭 번호 D-40K-65 이상은 대평면 자리, 소평면 자리의 양쪽에 적용하나, 강관 맞대기 용접 플랜지와 강관 삽입 용접 플랜지의 소켓 용접 플랜지에만 적용한다.

11. 내·외륜붙이 개스킷(호칭 압력 40K의 평면 자리 플랜지용)

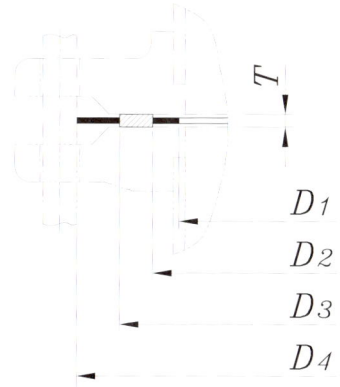

단위 : mm

호칭 번호	내륜 안지름 D_1		개스킷 몸체 안지름 D_2	바깥지름 D_3	두께 T		외륜 바깥지름 D_4		비고 적용 플랜지의 호칭 지름
	기준 치수	치수 허용차	기준 치수	기준 치수	기준 치수	치수 허용차	기준 치수	치수 허용차	
D-40K-10	15	±0.3	21	34	4.5 또는 4.8	±0.2	59	±0.3	10
D-40K-15	18	±0.3	24	37			64	±0.3	15
D-40K-20	23	±0.3	29	42			69	±0.3	20
D-40K-25	29	±0.3	35	48			79	±0.3	25
D-40K-32	38	±0.3	44	60			89	±0.3	32
D-40K-40	43	±0.3	51	67			100	±0.3	40
D-40K-50	55	±0.3	63	79			114	±0.3	50
D-40K-65	68	±0.3	78	98			140	±0.3	65
D-40K-80	80	±0.3	90	110			150	±0.3	80
D-40K-90	92	±0.3	102	127			162	±0.3	90
D-40K-100	104	±0.3	116	141			182	±0.3	100
D-40K-125	128	±0.3	140	165			224	±0.3	125
D-40K-150	153	±0.3	165	197			265	±0.5	150
D-40K-200	202	±0.3	218	250			315	±0.5	200
D-40K-250	251	±0.5	271	311			378	±0.5	250
D-40K-300	300	±0.5	320	360			434	±0.5	300
D-40K-350	336	±0.5	356	396			479	±0.5	350
D-40K-400	383	±0.5	403	453			531	±0.5	400

【비 고】
- 이 개스킷은 강관 맞대기 용접 플랜지와 강관 삽입 용접 플랜지의 소켓 용접 플랜지에만 적용한다.

12. 내·외륜붙이 개스킷(호칭 압력 63K의 평면 자리 플랜지용)

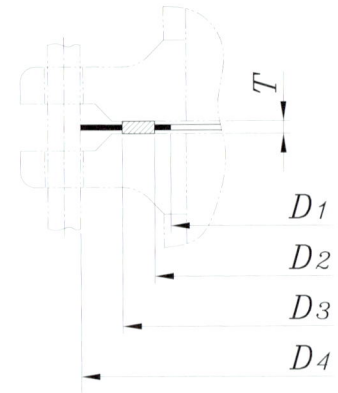

단위 : mm

호칭 번호	내륜 안지름 D_1		개스킷 몸체				외륜 바깥지름 D_4		비고 적용 플랜지의 호칭 지름
	기준 치수	치수 허용차	안지름 D_2 기준 치수	바깥지름 D_3 기준 치수	두께 T 기준 치수	치수 허용차	기준 치수	치수 허용차	
D-63K-10	15	±0.3	21	34	4.5 또는 4.8	±0.2	64	±0.3	10
D-63K-15	18	±0.3	24	37			69	±0.3	15
D-63K-20	23	±0.3	29	42			75	±0.3	20
D-63K-25	29	±0.3	35	48			80	±0.3	25
D-63K-32	38	±0.3	44	60			90	±0.3	32
D-63K-40	43	±0.3	51	67			107	±0.3	40
D-63K-50	55	±0.3	63	79			125	±0.3	50
D-63K-65	68	±0.3	78	98			152	±0.3	65
D-63K-80	80	±0.3	90	110			162	±0.3	80
D-63K-90	92	±0.3	102	127			179	±0.3	90
D-63K-100	104	±0.3	116	141			194	±0.3	100
D-63K-125	128	±0.3	140	165			235	±0.3	125
D-63K-150	153	±0.3	165	197			275	±0.5	150
D-63K-200	202	±0.3	218	250			328	±0.5	200
D-63K-250	251	±0.5	271	311			394	±0.5	250
D-63K-300	300	±0.5	320	360			446	±0.5	300
D-63K-350	336	±0.5	356	396			488	±0.5	350
D-63K-400	383	±0.5	403	453			545	±0.5	400

【비 고】
• 이 개스킷은 강관 맞대기 용접 플랜지와 강관 삽입 용접 플랜지의 소켓 용접 플랜지에만 적용한다.

27-5 | 관 플랜지의 개스킷 자리 치수 KS B 1519 : 2007 (2012 확인)

1. 모양 및 치수 (온면 자리, 대평면 자리, 소평80면 자리)

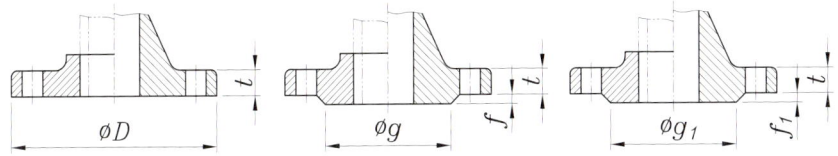

단위 : mm

호칭 지름	대평면 자리															소평면 자리	
	호칭 압력 5K		호칭 압력 10K		호칭 압력 16K		호칭 압력 20K		호칭 압력 30K		호칭 압력 40K 및 63K		g_1	f_1
	g	f	g	f	g	f	g	f	g	f	g	f		
10	39	1	46	1	46	1	46	1	52	1	52	1	35	1
15	44	1	51	1	51	1	51	1	55	1	55	1	42	1
20	49	1	56	1	56	1	56	1	60	1	60	1	50	1
25	59	1	67	1	67	1	67	1	70	1	70	1	60	1
32	70	2	76	2	76	2	76	2	80	2	80	2	68	2
40	75	2	81	2	81	2	81	2	90	2	90	2	75	2
50	85	2	96	2	96	2	96	2	105	2	105	2	90	2
65	110	2	116	2	116	2	116	2	130	2	130	2	105	2
80	121	2	126	2	132	2	132	2	140	2	140	2	120	2
90	131	2	136	2	145	2	145	2	150	2	150	2	130	2
100	141	2	151	2	160	2	160	2	160	2	165	2	145	2
125	176	2	182	2	195	2	195	2	195	2	200	2	170	2
150	206	2	212	2	230	2	230	2	235	2	240	2	205	2
175	232	2	237	2	-	-	-	-	-	-	-	-	-	-
200	252	2	262	2	275	2	275	2	280	2	290	2	260	2
225	277	2	282	2	-	-	-	-	-	-	-	-	-	-
250	317	2	324	2	345	2	345	2	345	2	355	2	315	2
300	360	3	368	3	395	3	395	3	405	3	410	3	375	3
350	403	3	413	3	440	3	440	3	450	3	455	3	415	3
400	463	3	475	3	495	3	495	3	510	3	515	3	465	3
450	523	3	530	3	560	3	560	3	-	-	-	-	-	-
500	573	3	585	3	615	3	615	3	-	-	-	-	-	-
550	630	3	640	3	670	3	670	3	-	-	-	-	-	-
600	680	3	690	3	720	3	720	3	-	-	-	-	-	-
650	735	3	740	3	770	5	790	5	-	-	-	-	-	-
700	785	3	800	3	820	5	840	5	-	-	-	-	-	-
750	840	3	855	3	880	5	900	5	-	-	-	-	-	-
800	890	3	905	3	930	5	960	5	-	-	-	-	-	-

■ 모양 및 치수 (온면 자리, 대평면 자리, 소평면 자리) (계속)

호칭 지름	대평면 자리												소평면 자리	
	호칭 압력 5K		호칭 압력 10K		호칭 압력 16K		호칭 압력 20K		호칭 압력 30K		호칭 압력 40K 및 63K		g_1	f_1
	g	f	g	f	g	f	g	f	g	f	g	f		
850	940	3	955	3	980	5	1020	5	-	-	-	-	-	-
900	990	3	1005	3	1030	5	1070	5	-	-	-	-	-	-
1000	1090	3	1110	3	1140	5	-	-	-	-	-	-	-	-
1100	1200	3	1220	3	1240	5	-	-	-	-	-	-	-	-
1200	1305	3	1325	3	1350	5	-	-	-	-	-	-	-	-
1300	-	-	-	-	1450	5	-	-	-	-	-	-	-	-
1350	1460	3	1480	3	1510	5	-	-	-	-	-	-	-	-
1400	-	-	-	-	1560	5	-	-	-	-	-	-	-	-
1500	1615	3	1635	3	1670	5	-	-	-	-	-	-	-	-

【비 고】
1. 온면 자리의 개스킷 자리 치수는 플랜지의 바깥지름 D로 한다.
2. 플랜지의 두께 t는 KS B 1511 및 KS B 1510의 부표에 따른다.
3. 대평면 자리 치수 g 및 f는 KS B 1511에 일치되어 있다.
4. 개스킷 자리의 치수 허용차는 KS B 1502에 따른다.

【참 고】
• 호칭 압력 16K 및 20K의 플랜지 호칭 지름 650 이상인 것의 대평면 자리의 g 치수 및 f 치수는 KS B ISO 7005-1~3에 따른다.

2. 모양 및 치수 (끼움형, 홈형)

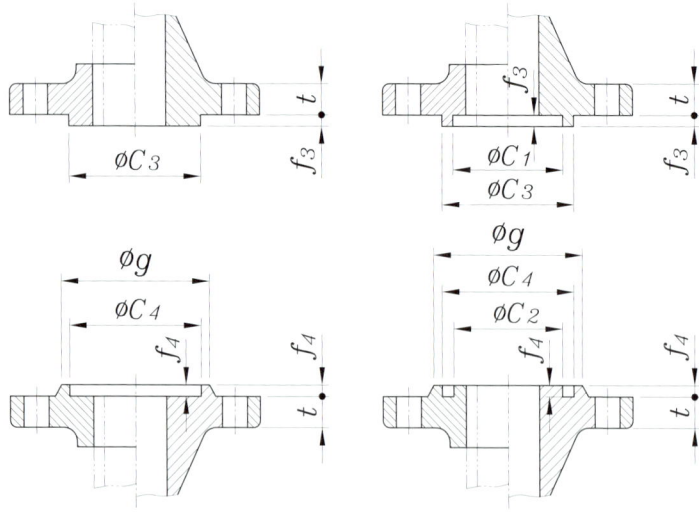

■ 모양 및 치수 (끼움형, 홈형) (계속)

단위 : mm

호칭지름	끼움형				홈형					
	C_3	C_4	f_3	f_4	C_1	C_3	f_3	C_2	C_4	f_4
10	38	39	6	5	28	38	6	27	39	5
15	42	43	6	5	32	42	6	31	43	5
20	50	51	6	5	38	50	6	37	51	5
25	60	61	6	5	45	60	6	44	61	5
32	70	71	6	5	55	70	6	54	71	5
40	75	76	6	5	60	75	6	59	76	5
50	90	91	6	5	70	90	6	69	91	5
65	110	111	6	5	90	110	6	89	111	5
80	120	121	6	5	100	120	6	99	121	5
90	130	131	6	5	110	130	6	109	131	5
100	145	146	6	5	125	145	6	124	146	5
125	175	176	6	5	150	175	6	149	176	5
150	215	216	6	5	190	215	6	189	216	5
200	260	261	6	5	230	260	6	229	261	5
250	325	326	6	5	295	325	6	294	326	5
300	375	376	6	5	340	375	6	339	376	5
350	415	416	6	5	380	415	6	379	416	5
400	475	476	6	5	440	475	6	439	476	5
450	523	524	6	5	483	523	6	482	524	5
500	575	576	6	5	535	575	6	534	576	5
550	625	626	6	5	585	625	6	584	626	5
600	675	676	6	5	635	675	6	634	676	5
650	727	728	6	5	682	727	6	681	728	5
700	777	778	6	5	732	777	6	731	778	5
750	832	833	6	5	787	832	6	786	833	5
800	882	883	6	5	837	882	6	836	883	5
850	934	935	6	5	889	934	6	888	935	5
900	987	988	6	5	937	987	6	936	988	5
1000	1092	1094	6	5	1042	1092	6	1040	1094	5
1100	1192	1194	6	5	1142	1192	6	1140	1194	5
1200	1292	1294	6	5	1237	1292	6	1235	1294	5
1300	1392	1394	6	5	1337	1392	6	1335	1394	5
1350	1442	1444	6	5	1387	1442	6	1385	1444	5
1400	1492	1494	6	5	1437	1492	6	1435	1494	5
1500	1592	1594	6	5	1537	1592	6	1535	1594	5

【비 고】
1. 플랜지의 두께 t는 KS B 1511의 부표에 따른다.
2. t_3, t_4의 치수는 개스킷의 종류에 따라 다소 크게 할 수 있다.
3. 끼움형 및 홈형의 g 치수는 부표 1의 각각 호칭 압력의 대평면 자리의 g 치수에 따른다.
4. 개스킷 자리의 치수 허용차는 KS B 1502에 따른다.

3. 온면형 개스킷

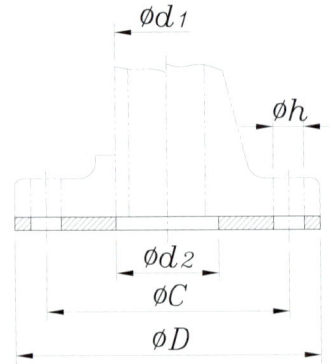

단위 : mm

개스킷의 호칭지름	강관의 바깥지름 d_1	동 및 동합금관의 바깥지름 d_1	개스킷의 안지름 d_2	호칭 압력 2K 플랜지용					호칭 압력 5K 플랜지용			
				개스킷의 바깥지름 D	볼트 구멍의 중심원 지름 C	볼트 구멍의 지름 h	볼트 구멍의 수	개스킷의 바깥지름 D	볼트 구멍의 중심원 지름 C	볼트 구멍의 지름 h	볼트 구멍의 수
10	17.3		18	-	-	-	-	75	55	12	4
15	21.7		22	-	-	-	-	80	60	12	4
20	27.2		28	-	-	-	-	85	65	12	4
25	34.0		35	-	-	-	-	95	75	12	4
32	42.7		43	-	-	-	-	115	90	15	4
40	48.6		49	-	-	-	-	120	95	15	4
50	60.5		61	-	-	-	-	130	105	15	4
65	76.3		77	-	-	-	-	155	130	15	4
80	89.1		90	-	-	-	-	180	145	19	4
90	101.6	비고 2에 따른다.	102	-	-	-	-	190	155	19	4
100	114.3		115	-	-	-	-	200	165	19	8
125	139.8		141	-	-	-	-	235	200	19	8
150	165.2		167	-	-	-	-	265	230	19	8
175	190.7		192	-	-	-	-	300	260	23	8
200	216.3		218	-	-	-	-	320	280	23	8
225	241.8		244	-	-	-	-	345	305	23	12
250	267.4		270	-	-	-	-	385	345	23	12
300	318.5		321	-	-	-	-	430	390	23	12
350	355.6		359	-	-	-	-	480	435	25	12
400	406.4		410	-	-	-	-	540	495	25	16
450	457.2		460	605	555	23	16	605	555	25	16

■ 온면형 개스킷 (계속)

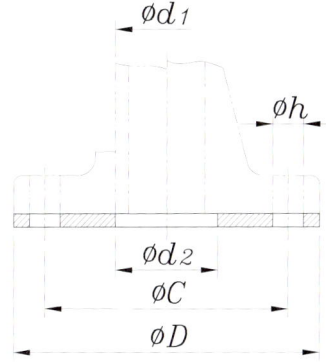

단위 : mm

개스킷의 호칭지름	강관의 바깥지름 d_1	동 및 동합금관의 바깥지름 d_1	개스킷의 안지름 d_2	호칭 압력 10K 플랜지용				호칭 압력 16K 플랜지용			
				개스킷의 바깥지름 D	볼트 구멍의 중심원 지름 C	볼트 구멍의 지름 h	볼트 구멍의 수	개스킷의 바깥지름 D	볼트 구멍의 중심원 지름 C	볼트 구멍의 지름 h	볼트 구멍의 수
10	17.3		18	90	65	15	4	90	65	15	4
15	21.7		22	95	70	15	4	95	70	15	4
20	27.2		28	100	75	15	4	100	75	15	4
25	34.0		35	125	90	19	4	125	90	19	4
32	42.7		43	135	100	19	4	135	100	19	4
40	48.6		49	140	105	19	4	140	105	19	4
50	60.5		61	155	120	19	4	155	120	19	8
65	76.3		77	175	140	19	4	175	140	19	8
80	89.1		90	185	150	19	8	200	160	23	8
90	101.6	비고 2에 따른다.	102	195	160	19	8	210	170	23	8
100	114.3		115	210	175	19	8	225	185	23	8
125	139.8		141	250	210	23	8	270	225	25	8
150	165.2		167	280	240	23	8	305	260	25	12
175	190.7		192	305	265	23	12	-	-	-	-
200	216.3		218	330	290	23	12	350	305	25	12
225	241.8		244	350	310	23	12	-	-	-	-
250	267.4		270	400	355	25	12	430	380	27	12
300	318.5		321	445	400	25	16	480	430	27	16
350	355.6		359	490	445	25	16	540	480	33	16
400	406.4		410	560	510	27	16	605	540	33	16
450	457.2		460	620	565	27	20	675	605	33	20

■ 온면형 개스킷 (계속)

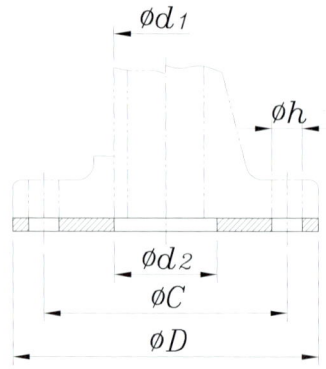

단위 : mm

개스킷의 호칭 지름	강관의 바깥 지름 d_1	동 및 동합금관의 바깥 지름 d_1	개스킷의 안지름 d_2	호칭 압력 10K 플랜지용					호칭 압력 16K 플랜지용			
				개스킷의 바깥 지름 D	볼트 구멍의 중심원 지름 C	볼트 구멍의 지름 h	볼트 구멍의 수	개스킷의 바깥 지름 D	볼트 구멍의 중심원 지름 C	볼트 구멍의 지름 h	볼트 구멍의 수
500	508.0		513	675	620	27	20	730	660	33	20
550	558.8		564	745	680	33	20	795	720	39	20
600	609.6		615	795	730	33	24	845	770	39	24
650	660.4		667	845	780	33	24	-	-	-	-
700	711.2		718	905	840	33	24	-	-	-	-
750	762.0	비고 2에 따른다.	770	970	900	33	24	-	-	-	-
800	812.8		820	1020	950	33	28	-	-	-	-
850	863.6		872	1070	1000	33	28	-	-	-	-
900	914.4		923	1120	1050	33	28	-	-	-	-
1000	1016.0		1025	1235	1160	39	28	-	-	-	-
1100	1117.6		1130	1345	1270	39	28	-	-	-	-
1200	1219.2		1230	1465	1380	39	32	-	-	-	-
1350	1371.6		1385	1630	1540	45	36	-	-	-	-
1500	1524.0		1540	1795	1700	45	40	-	-	-	-

【비 고】
1. 개스킷의 호칭 지름은 플랜지의 호칭 지름과 일치한다.
2. 동 및 동합금관의 바깥지름은 KS B 1510의 부표 1~3 및 부표 1의 비고2를 참조한다.

4. 링 개스킷

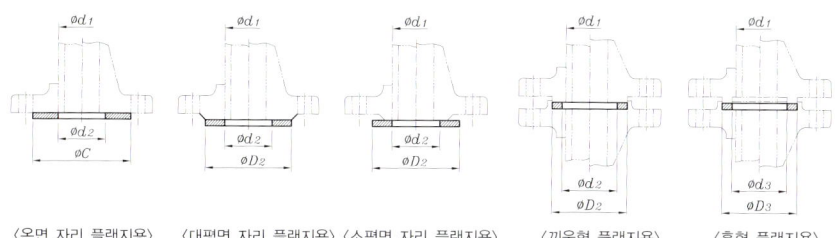

〈온면 자리 플랜지용〉 〈대평면 자리 플랜지용〉 〈소평면 자리 플랜지용〉 〈끼움형 플랜지용〉 〈홈형 플랜지용〉

단위 : mm

개스킷의 호칭 지름	강관의 바깥지름 d_1	개스킷의 안지름 d_2	온면 자리 · 대평면 자리 · 소평면 자리 플랜지용 개스킷 바깥지름 D_2								끼움형 플랜지용 개스킷의 안지름 d_2	홈형 플랜지용	
			호칭 압력 2K	호칭 압력 5K	호칭 압력 10K	홈형 플랜지 호칭 압력 10K	호칭 압력 16K	호칭 압력 20K	호칭 압력 30K	호칭 압력 40K	호칭 압력 63K		개스킷의 바깥지름 D_3	개스킷의 안지름 d_3	개스킷의 바깥지름 D_3
10	17.3	18	-	45	53	55	53	53	59	59	64	18	38	28	38
15	21.7	22	-	50	58	60	58	58	64	64	69	22	42	32	42
20	27.2	28	-	55	63	65	63	63	69	69	75	28	50	38	50
25	34.0	35	-	65	74	78	74	74	79	79	80	35	60	45	60
32	42.7	43	-	78	84	88	84	84	89	89	90	43	70	55	70
40	48.6	49	-	83	89	93	89	89	100	100	108	49	75	60	75
50	60.5	61	-	93	104	108	104	104	114	114	125	61	90	70	90
65	76.3	77	-	118	124	128	124	124	140	140	153	77	110	90	110
80	89.1	90	-	129	134	138	140	140	150	150	163	90	120	100	120
90	101.6	102	-	139	144	148	150	150	163	163	181	102	130	110	130
100	114.3	115	-	149	159	163	165	165	173	183	196	115	145	125	145
125	139.8	141	-	184	190	194	203	203	208	226	235	141	175	150	175
150	165.2	167	-	214	220	224	238	238	251	265	275	167	215	190	215
175	190.7	192	-	240	245	249	-	-	-	-	-	-	-	-	-
200	216.3	218	-	260	270	274	283	283	296	315	330	218	260	230	260

■ 링 개스킷 (계속)

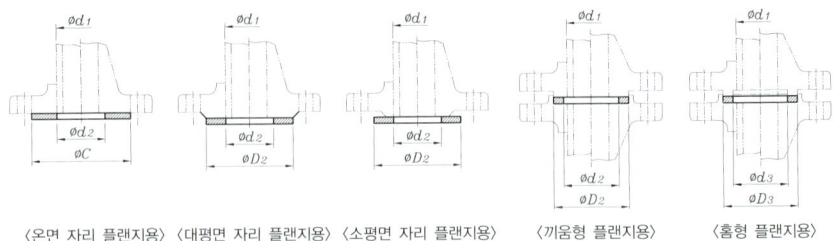

〈온면 자리 플랜지용〉 〈대평면 자리 플랜지용〉 〈소평면 자리 플랜지용〉 〈끼움형 플랜지용〉 〈홈형 플랜지용〉

단위 : mm

개스킷의 호칭 지름	강관의 바깥지름 d_1	개스킷의 안지름 d_2	온면 자리 · 대평면 자리 · 소평면 자리 플랜지용							끼움형 플랜지용		홈형 플랜지용	
			개스킷의 바깥지름 D_2							개스킷의 안지름 d_2	개스킷의 바깥지름 D_3	개스킷의 안지름 d_3	개스킷의 바깥지름 D_3
			호칭압력 2K	호칭압력 5K	호칭압력 10K	홈형 플랜지 호칭압력 10K	호칭압력 16K	호칭압력 20K	호칭압력 30K	호칭압력 40K	호칭압력 63K				
225	241.8	244	-	285	290	294	-	-	-	-	-	-	-	-	-
250	267.4	270	-	325	333	335	356	356	360	380	394	270	325	295	325
300	318.5	321	-	370	378	380	406	406	420	434	449	321	375	340	375
350	355.6	359	-	413	423	425	450	450	465	488	488	359	415	380	415
400	406.4	410	-	473	486	488	510	510	524	548	548	410	475	440	475
450	457.2	460	535	533	541	-	575	575	-	-	-	460	523	483	523
500	508.0	513	585	583	596	-	630	630	-	-	-	513	575	535	575
550	558.8	564	643	641	650	-	684	684	-	-	-	564	625	585	625
600	609.6	615	693	691	700	-	734	734	-	-	-	615	675	635	675
650	660.4	667	748	746	750	-	784	805	-	-	-	667	727	682	727
700	711.2	718	798	796	810	-	836	855	-	-	-	718	777	732	777
750	762.0	770	856	850	870	-	896	918	-	-	-	770	832	787	832
800	812.8	820	906	900	920	-	945	978	-	-	-	820	882	837	882
850	863.6	872	956	950	970	-	995	1038	-	-	-	872	934	889	934
900	914.4	923	1006	1000	1020	-	1045	1088	-	-	-	923	987	937	987
1000	1016.0	1025	1106	1100	1124	-	1158	-	-	-	-	1025	1092	1042	1092
1100	1117.6	1130	1216	1210	1234	-	1258	-	-	-	-	1130	1192	1142	1192
1200	1219.2	1230	1326	1320	1344	-	1368	-	-	-	-	1230	1292	1237	1292
1300	1320.8	1335	-	-	-	-	1474	-	-	-	-	1335	1392	1337	1392
1350	1371.6	1385	1481	1475	1498	-	1534	-	-	-	-	1385	1442	1387	1442
1400	1422.4	1435	-	-	-	-	1584	-	-	-	-	1435	1492	1437	1492
1500	1524.0	1540	1636	1630	1658	-	1694	-	-	-	-	1540	1592	1537	1592

【비 고】
• 개스킷의 호칭 지름은 플랜지의 호칭 지름과 일치한다.

27-6 | 강제 용접식 관 플랜지 KS B 1503 : 2007 (2012 확인)

1. 모양에 따른 종류 및 기호

종류(기호)		삽입 용접식 플랜지(SO)					맞대기 용접식 플랜지 (WN)	블랭크 플랜지 (BL)	
		판 플랜지 SOP	허브쪽 그루브 없음	허브쪽 그루브 있음					
				A형	B형	C형			
모양	접합면	전면 자리 (FF)	전면 자리 (FF)	대평면 자리 (RF)			대평면 자리 (RF)	전면 자리 (FF)	대평면 자리 (RF)
	개략도 (참고)								
호칭 압력(기호)		호칭 지름							
5K		10~1000	450~1000	-	-	-	-	10~750	-
10K	얇은 형	10~350	400	-	-	-	-	-	-
	보통형	10~800	250~1000	-	-	-	-	10~800	-
16K		-	10~600	-	-	-	-	10~600	-
20K		-	-	10~600	10~50	65~600	-	-	10~600
30K		-	-	10~400	10~50	65~400	15~400	-	10~400

2. 아연 도금의 유무에 따른 종류 및 기호

종류(기호)	비고
흑플랜지	아연 도금을 하지 않는 플랜지
백플랜지(ZN)	용융 아연 도금 또는 전기 아연 도금을 한 플랜지

【참 고】
위 표들에 나타내는 기호의 의미는 다음과 같다.

기호	의미	기호	의미
SO	slip-on welding	BL	blank
SOP	slip-on welding plate	FF	flat face
SOH	slip-on welding hubbed	RF	raised face
WN	welding neck	ZN	zinc coated

3. 유체의 상태와 최고 사용 압력과의 관계

단위 : MPa{kgf/cm²}

기호	유체의 상태와 최고 사용 압력과의 관계				
	5K	10K 보통형	16K	20K	30K
I	KS B 1501에 따른다.				
II	0.49{5} 이하	0.98{10} 이하	1.57{16} 이하	1.96{20} 이하	3.82{39} 이하
	300 ℃ 이하				
III	0.49{5} 이하	0.98{10} 이하	1.57{16} 이하	1.96{20} 이하	-
	120℃ 이하				

【비 고】• 기호 II 및 III은 증기, 공기, 가스, 기름 또는 맥동수(압력 변동이 있는 것) 등에 적용한다.

4. 유체의 상태와 최고 사용 압력과의 관계에 대응한 호칭 지름

호칭 압력	플랜지의 종류 (기호)	호칭 지름		
		I	II	III
5K	SOP	10~1000	-	-
	SOH	450~1000	-	-
	BL	10~600	650	700~750
10K 보통형	SOP	10~350	400~650	700~800
	SOH	250~1000	-	-
	BL	10~450	500~550	600~800
16K	SOH	10~600	-	-
	BL	10~200	250~600	-
20K	SOH	10~600	-	-
	BL	10~200	250~450	500~600
30K	SOH	10~400	-	-
	WN	15~400	-	-
	BL	200~250	10~150 300~400	-

5. 재료

호칭 압력 (기호)	재료		
	규격 번호	규격의 명칭	재료 기호
5K 10K	KS D 3503	일반 구조용 압연 강재	SS 400
	KS D 3710	탄소강 단강품	SF 390 A
	KS D 4122	압력 용기용 탄소강 단강품	SFVC 1
	KS D 3752	기계 구조용 탄소 강재	SM 20C
16K 20K	KS D 3710	탄소강 단강품	SF 440 A
	KS D 4122	압력 용기용 탄소강 단강품	SFVC 2A
	KS D 3752	기계 구조용 탄소 강재	SM 25C
30K	KS D 3710	탄소강 단강품	SF 440 A
	KS D 4122	압력 용기용 탄소강 단강품	SFVC 2A
	KS D 3752	기계 구조용 탄소 강재	SM 25C
	KS D 4123	고온 압력 용기용 합금강 단강품	SFVAF 1
	KS D 4123	고온 압력 용기용 합금강 단강품	SFVAF 11A

6. 호칭 압력 5K 삽입 용접식 플랜지 판 플랜지(SOP)

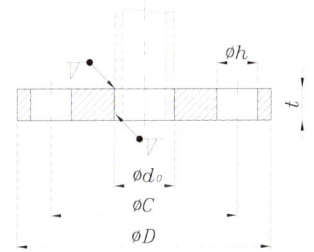

단위 : mm

호칭 지름	적용하는 관의 바깥지름	삽입 구멍의 지름 d_0	플랜지 각 부의 치수			볼트 구멍			볼트 나사의 호칭	근사 계산 질량 (참고) (kg)
			바깥지름 D	t	중심원의 지름 C	수		지름 h		
10	17.3	17.8	75	9	55	4		12	M10	0.26
15	21.7	22.2	80	9	60	4		12	M10	0.30
20	27.2	27.7	85	9	65	4		12	M10	0.36
25	34.0	34.5	95	10	75	4		12	M10	0.45
32	42.7	43.2	115	12	90	4		15	M12	0.77
40	48.6	49.1	120	12	95	4		15	M12	0.82
50	60.5	61.1	130	14	105	4		15	M12	1.06
65	76.3	77.1	155	14	130	4		15	M12	1.48
80	89.1	90.0	180	14	145	4		19	M16	1.97
(90)	101.6	102.6	190	14	155	4		19	M16	2.08
100	114.3	115.4	200	16	165	8		19	M16	2.35
125	139.8	141.2	235	16	200	8		19	M16	3.20
150	165.2	166.6	265	18	230	8		19	M16	4.39
(175)	190.7	192.1	300	18	260	8		23	M20	5.42
200	216.3	218.0	320	20	280	8		23	M20	6.24
(225)	241.8	243.7	345	20	305	12		23	M20	6.57
250	267.4	269.5	385	22	345	12		23	M20	9.39
300	318.5	321.0	430	22	390	12		23	M20	10.2
350	355.6	358.1	480	24	435	12		25	M22	14.0
400	406.4	409	540	24	495	16		25	M22	16.9
450	457.2	460	605	24	555	16		25	M22	21.4
500	508.0	511	655	24	605	20		25	M22	23.0
(550)	558.8	562	720	26	665	20		27	M24	30.1
600	609.6	613	770	26	715	20		27	M24	32.5
(650)	660.4	664	825	26	770	24		27	M24	35.6
700	711.2	715	875	26	820	24		27	M24	38.0
(750)	762.0	766	945	28	880	24		33	M30	48.4
800	812.8	817	995	28	930	24		33	M30	51.2
(850)	863.6	868	1045	28	980	24		33	M30	53.9
900	914.4	919	1095	30	1030	24		33	M30	60.7
1000	1016.0	1021	1195	32	1130	28		33	M30	70.1

【비 고】 · ( )를 붙인 호칭 지름의 것은 되도록 사용하지 않는다.

7. 호칭 압력 5K 삽입 용접식 플랜지 허브 플랜지(SOH)

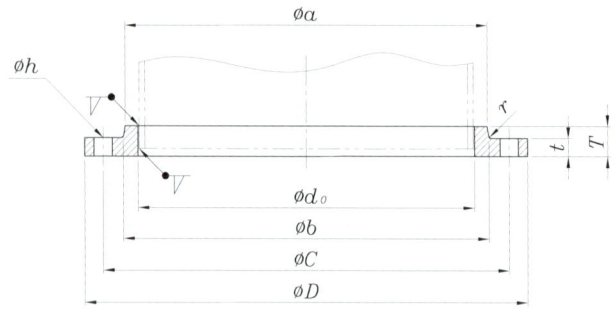

단위 : mm

호칭 지름	적용하는 강관의 바깥지름	삽입 구멍의 지름 d_0	플랜지의 각 부 치수							볼트 구멍			볼트 나사의 호칭	근사 계산 질량 (참고) (kg)
			바깥 지름 D	t	T	허브의 지름		r	중심원의 지름 C	수	지름 h		
						a	b						
450	457.2	460	605	24	40	495	500	5	555	16	25	M22	24.9
500	508.0	511	655	24	40	546	552	5	605	20	25	M22	27.0
(550)	558.8	562	720	26	42	597	603	5	665	20	27	M22	34.5
600	609.6	613	770	26	44	648	654	5	715	20	27	M24	37.8
(650)	660.4	664	825	26	48	702	708	5	770	24	27	M24	43.2
700	711.2	715	875	26	48	751	758	5	820	24	27	M24	45.9
(750)	762.0	766	945	28	52	802	810	5	880	24	33	M30	57.7
800	812.8	817	995	28	52	754	862	5	930	24	33	M30	61.3
(850)	863.6	868	1045	28	54	904	912	5	980	24	33	M30	65.3
900	914.4	919	1095	30	56	956	964	5	1030	24	33	M30	73.1
1000	1016.0	1021	1195	32	60	1058	1066	5	1130	28	33	M30	84.8

【비 고】· ( )를 붙인 호칭 지름의 것은 되도록 사용하지 않는다.

8. 호칭 압력 5K 블랭크 플랜지(BL)

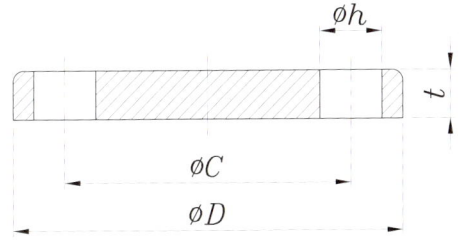

단위 : mm

호칭 지름	플랜지의 각 부 치수			볼트 구멍			볼트 나사의 호칭	근사 계산 질량 (참고) (kg)
	바깥 지름 D	t		중심원의 지름 C	수	지름 h		
10	75	9		55	4	12	M10	0.28
15	80	9		60	4	12	M10	0.32
20	85	10		65	4	12	M10	0.41
25	95	10		75	4	12	M10	0.52
32	115	12		90	4	15	M12	0.91
40	120	12		95	4	15	M12	1.00
50	130	14		105	4	15	M12	1.38
65	155	14		130	4	15	M12	2.00
80	180	14		145	4	19	M16	2.67
(90)	190	14		155	4	19	M16	2.99
100	200	16		165	8	19	M16	3.66
125	235	16		200	8	19	M16	5.16
150	265	18		230	8	19	M16	7.47
(175)	300	18		260	8	23	M20	9.52
200	320	20		280	8	23	M20	12.1
(225)	345	20		305	12	23	M20	13.9
250	385	22		345	12	23	M20	19.2
300	430	22		390	12	23	M20	24.2
350	480	24		435	12	25	M22	33.0
400	540	24		495	16	25	M22	41.7
450	605	24		555	16	25	M22	52.7
500	655	24		605	20	25	M22	61.6
(550)	720	26		665	20	27	M24	80.8
600	770	26		715	20	27	M24	92.7
(650)	825	26		770	24	27	M24	106
700	875	26		820	24	27	M24	120
(750)	945	28		880	24	33	M30	150

【비 고】・( )를 붙인 호칭 지름의 것은 되도록 사용하지 않는다.

9. 호칭 압력 10K 삽입 용접식 플랜지(보통형) 판 플랜지(SOP)

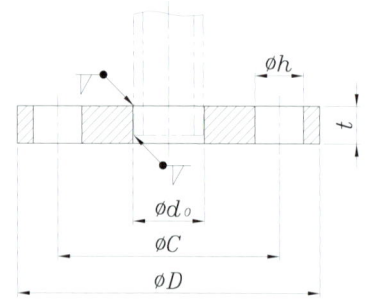

단위 : mm

호칭 지름	적용하는 관의 바깥지름	삽입 구멍의 지름 d_o	플랜지 각 부의 치수		볼트 구멍			볼트 나사의 호칭	근사 계산 질량 (참고) (kg)
			바깥지름 D	t	중심원의 지름 C	수	지름 h		
10	17.3	17.8	90	12	65	4	15	M12	0.51
15	21.7	22.2	95	12	70	4	15	M12	0.56
20	27.2	27.7	100	14	75	4	15	M12	0.72
25	34.0	34.5	125	14	90	4	19	M16	1.12
32	42.7	43.2	135	16	100	4	19	M16	1.47
40	48.6	49.1	140	16	105	4	19	M16	1.55
50	60.5	61.1	155	16	120	4	19	M16	1.86
65	76.3	77.1	175	18	140	4	19	M16	2.58
80	89.1	90.0	185	18	150	8	19	M16	2.58
(90)	101.6	102.6	195	18	160	8	19	M16	2.73
100	114.3	115.4	210	18	175	8	19	M16	3.10
125	139.8	141.2	250	20	210	8	23	M20	4.73
150	165.2	166.6	280	22	240	8	23	M20	6.30
(175)	190.7	192.1	305	22	265	12	23	M20	6.75
200	216.3	218.0	330	22	290	12	23	M20	7.46
(225)	241.8	243.7	350	22	310	12	23	M20	7.70
250	267.4	269.5	400	24	355	12	25	M22	11.8
300	318.5	321.0	445	24	400	16	25	M22	12.6
350	355.6	358.1	490	26	445	16	25	M22	16.3
400	406.4	409	560	28	510	16	27	M24	23.3
450	457.2	460	620	30	565	20	27	M24	29.3
500	508.0	511	675	30	620	20	27	M24	33.3
(550)	558.8	562	745	32	680	20	33	M30	42.9
600	609.6	613	795	32	730	24	33	M30	45.4
(650)	660.4	664	845	34	780	24	33	M30	51.8
700	711.2	715	905	36	840	24	33	M30	62.5
(750)	762.0	766	970	38	900	24	33	M30	76.9
800	812.8	817	1020	40	950	28	33	M30	84.5

【비 고】 • ( )를 붙인 호칭 지름의 것은 되도록 사용하지 않는다.

10. 호칭 압력 10K 삽입 용접식 플랜지(보통형) 허브 플랜지(SOH)

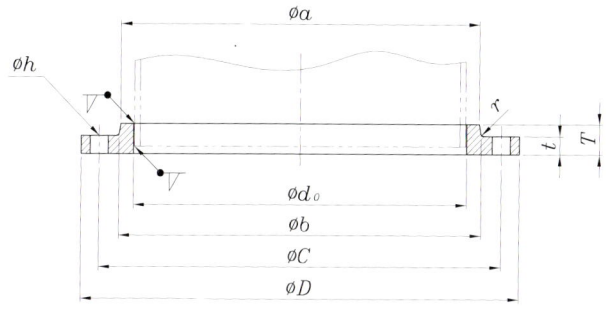

단위 : mm

호칭 지름	적용하는 강관의 바깥지름	삽입 구멍의 지름 d_0	플랜지의 각 부 치수						볼트 구멍			볼트 나사의 호칭	근사 계산 질량 (참고) (kg)
			바깥 지름 D	t	T	허브의 지름		r	중심원의 지름 C	수	지름 h		
						a	b						
250	267.4	269.5	400	24	36	288	292	6	355	12	25	M22	12.7
300	318.5	321.0	445	24	38	340	346	6	400	16	25	M22	13.8
350	355.6	358.1	490	26	42	380	386	6	445	16	25	M22	18.2
400	406.4	409	560	28	44	436	442	6	510	16	27	M24	25.8
450	457.2	460	620	30	48	496	502	6	565	20	27	M24	33.4
500	508.0	511	675	30	48	548	554	6	620	20	27	M24	38.0
(550)	558.8	562	745	32	52	604	610	6	680	20	33	M30	49.4
600	609.6	613	795	32	52	656	662	6	730	24	33	M30	52.6
(650)	660.4	664	845	34	56	706	712	6	780	24	33	M30	60.2
700	711.2	715	905	34	58	762	770	6	840	24	33	M30	70.2
(750)	762.0	766	970	36	62	816	824	6	900	24	33	M30	86.5
800	812.8	817	1020	36	64	868	876	6	950	28	33	M30	92.0
(850)	863.6	868	1070	36	66	920	928	6	1000	28	33	M30	98.7
900	914.4	919	1120	38	70	971	979	6	1050	28	33	M30	110
1000	1016.0	1021	1235	40	74	1073	1081	6	1160	28	33	M30	133

【비 고】• ( )를 붙인 호칭 지름의 것은 되도록 사용하지 않는다.

11. 호칭 압력 10K 블랭크 플랜지 (BL, 보통형)

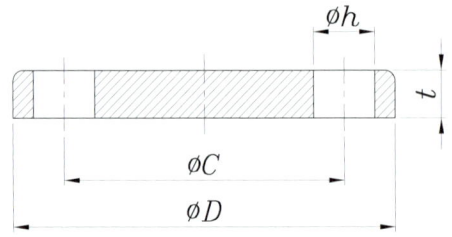

단위 : mm

호칭 지름	플랜지의 각 부 치수			볼트 구멍			볼트 나사의 호칭	근사 계산 질량 (참고) (kg)
	바깥 지름 D	t		중심원의 지름 C	수	지름 h		
10	90	12		65	4	15	M12	0.53
15	95	12		70	4	15	M12	0.60
20	100	14		75	4	15	M12	0.79
25	125	14		90	4	19	M16	1.22
32	135	16		100	4	19	M16	1.66
40	140	16		105	4	19	M16	1.79
50	155	16		120	4	19	M16	2.23
65	175	18		140	4	19	M16	3.24
80	185	18		150	4	19	M16	3.48
(90)	195	18		160	4	19	M16	3.90
100	210	18		175	8	19	M16	4.57
125	250	20		210	8	23	M20	7.18
150	280	22		240	8	23	M20	10.1
(175)	305	22		265	8	23	M20	11.8
200	330	22		290	8	23	M20	13.9
(225)	350	22		310	12	23	M20	15.8
250	400	24		355	12	25	M22	22.6
300	445	24		400	12	25	M22	27.8
350	490	26		445	12	25	M22	36.9
400	560	28		510	16	27	M24	52.1
450	620	30		565	16	27	M24	68.4
500	675	30		620	20	27	M24	81.6
(550)	745	32		680	20	33	M30	105
600	795	32		730	20	33	M30	120
(650)	845	34		780	24	33	M30	144
700	905	36		840	24	33	M30	176
(750)	970	38		900	24	33	M30	214
800	1020	40		950	28	33	M30	249

【비 고】• ( )를 붙인 호칭 지름의 것은 되도록 사용하지 않는다.

12. 호칭 압력 10K 삽입 용접식 플랜지 (얇은 형)

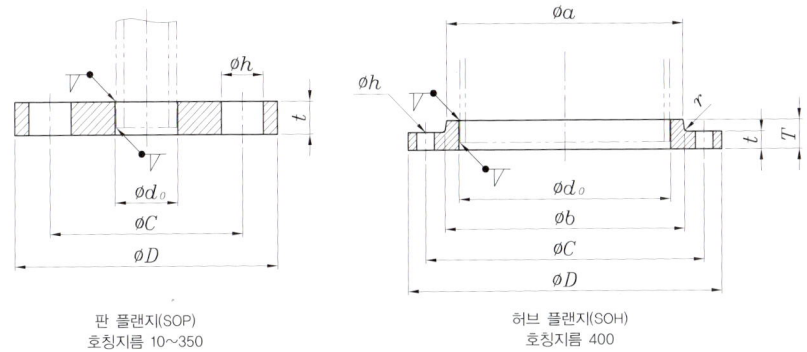

판 플랜지(SOP)
호칭지름 10~350

허브 플랜지(SOH)
호칭지름 400

단위 : mm

호칭 지름	적용하는 강관의 바깥지름	삽입 구멍의 지름 d_0	플랜지 각 부의 치수						볼트 구멍			볼트 나사의 호칭	근사 계산 질량 (참고) (kg)
			바깥 지름 D	t	T	허브의 지름		r	중심원의 지름 C	수	지름 h		
						a	b						
10	17.3	17.8	90	9	-	-	-	-	65	4	12	M10	0.42
15	21.7	22.2	95	9	-	-	-	-	70	4	12	M10	0.45
20	27.2	27.7	100	10	-	-	-	-	75	4	12	M10	0.54
25	34.0	34.5	125	12	-	-	-	-	90	4	15	M12	1.00
32	42.7	43.2	135	12	-	-	-	-	100	4	15	M12	1.14
40	48.6	49.1	140	12	-	-	-	-	105	4	15	M12	1.20
50	60.5	61.1	155	14	-	-	-	-	120	4	15	M12	1.68
65	76.3	77.1	175	14	-	-	-	-	140	4	15	M12	2.05
80	89.1	90.0	185	14	-	-	-	-	150	8	15	M12	2.10
(90)	101.6	102.6	195	14	-	-	-	-	160	8	15	M12	2.21
100	114.3	115.4	210	16	-	-	-	-	175	8	15	M12	2.86
125	139.8	141.2	250	16	-	-	-	-	210	8	19	M16	4.40
150	165.2	166.6	280	18	-	-	-	-	240	8	19	M16	5.30
(175)	190.7	192.1	305	20	-	-	-	-	265	12	19	M16	6.39
200	216.3	218.0	330	20	-	-	-	-	290	12	19	M16	7.04
(225)	241.8	243.7	350	20	-	-	-	-	310	12	19	M16	7.35
250	267.4	269.5	400	22	-	-	-	-	355	12	23	M20	11.1
300	318.5	321.0	445	22	-	-	-	-	400	16	23	M20	12.0
350	355.6	358.1	490	24	-	-	-	-	445	16	23	M20	14.2
400	406.4	409	560	24	36	436	442	5	510	16	25	M22	22.1

【비 고】· ( )를 붙인 호칭 지름의 것은 되도록 사용하지 않는다.

13. 호칭 압력 16K 삽입 용접식 플랜지 (허브 플랜지, SOH)

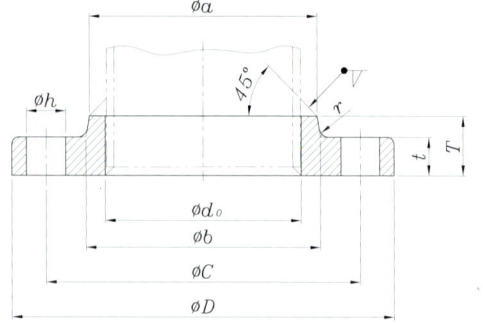

단위 : mm

호칭 지름	적용하는 강관의 바깥지름	삽입 구멍의 지름 d_0	플랜지 각 부의 치수							볼트 구멍			볼트 나사의 호칭	근사 계산 질량 (참고) (kg)
			바깥 지름 D	t	T	허브의 지름		r	중심원의 지름 C	수	지름 h		
						a	b						
10	17.3	17.8	90	12	16	26	28	4	65	4	15	M12	0.52
15	21.7	22.2	95	12	16	30	32	4	70	4	15	M12	0.58
20	27.2	27.7	100	14	20	38	42	4	75	4	15	M12	0.75
25	34.0	34.5	125	14	20	46	50	4	90	4	19	M16	1.16
32	42.7	43.2	135	16	22	56	60	5	100	4	19	M16	1.53
40	48.6	49.1	140	16	24	62	66	5	105	4	19	M16	1.64
50	60.5	61.1	155	16	24	76	80	5	120	8	19	M16	1.83
65	76.3	77.1	175	18	26	94	98	5	140	8	19	M16	2.58
80	89.1	90.0	185	20	28	108	112	6	160	8	23	M20	3.61
(90)	101.6	102.6	195	20	30	120	124	6	170	8	23	M20	3.89
100	114.3	115.4	210	22	34	134	138	6	185	8	23	M20	4.87
125	139.8	141.2	250	22	34	164	170	6	225	8	25	M22	7.09
150	165.2	166.6	280	24	38	196	202	6	260	12	25	M22	9.57
200	216.3	218.0	305	26	40	244	252	6	305	12	25	M22	12.0
250	267.4	269.5	330	28	44	304	312	6	380	12	27	M24	20.1
300	318.5	321.0	480	30	48	354	364	8	430	16	27	M24	24.3
350	355.6	358.1	540	34	52	398	408	8	480	16	33	M30×3	34.4
400	406.4	409	605	38	60	446	456	10	540	16	33	M30×3	47.4
450	457.2	460	675	40	64	504	514	10	605	20	33	M30×3	61.8
500	508.0	511	730	42	68	558	568	10	660	20	33	M30×3	73.7
(550)	558.8	562	795	44	70	612	622	10	720	20	39	M36×3	87.9
600	609.6	613	845	46	74	666	676	10	770	24	39	M36×3	98.4

【비 고】• ( )를 붙인 호칭 지름의 것은 되도록 사용하지 않는다.

14. 호칭 압력 16K 블랭크 플랜지 (BL)

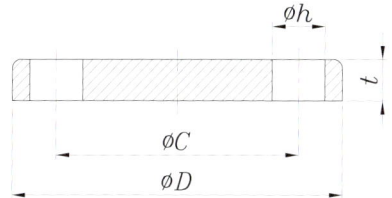

단위 : mm

호칭 지름	플랜지의 각 부 치수		볼트 구멍			볼트 나사의 호칭	근사 계산 질량 (참고) (kg)
	바깥 지름 D	t	중심원의 지름 C	수	지름 h		
10	90	12	65	4	15	M12	0.53
15	95	12	70	4	15	M12	0.60
20	100	14	75	4	15	M12	0.79
25	125	14	90	4	19	M16	1.22
32	135	16	100	4	19	M16	1.66
40	140	16	105	4	19	M16	1.79
50	155	16	120	8	19	M16	2.09
65	175	18	140	8	19	M16	3.08
80	200	20	160	8	19	M20	4.41
(90)	210	20	170	8	23	M20	4.92
100	225	22	185	8	23	M20	6.29
125	270	22	225	8	25	M22	9.21
150	305	24	260	12	25	M22	12.7
200	350	26	305	12	25	M22	18.4
250	430	28	380	12	27	M24	30.4
300	480	30	430	16	27	M24	40.5
350	540	34	480	16	33	M30×3	57.5
400	605	38	540	16	33	M30×3	81.7
450	675	40	605	20	33	M30×3	107
500	730	42	660	20	33	M30×3	132
(550)	795	44	720	20	39	M36×3	163
600	845	46	770	24	39	M36×3	192

【비 고】• ( )를 붙인 호칭 지름의 것은 되도록 사용하지 않는다.

15. 호칭 압력 20K 삽입 용접식 플랜지 (허브 플랜지, SOH)

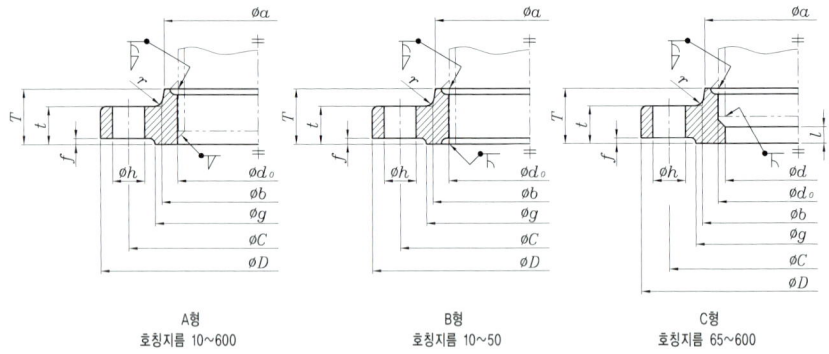

A형
호칭지름 10~600

B형
호칭지름 10~50

C형
호칭지름 65~600

단위 : mm

호칭 지름	적용하는 강관의 바깥지름	삽입 구멍의 지름 d_0	플랜지 각 부의 치수									볼트 구멍			볼트 나사의 호칭	근사 계산 질량 (참고) (kg)	
			바깥 지름 D	t	T	허브의 지름 ||| r	f	g	d (참고)	l	중심원의 지름 C	수	지름 h		A형	B형 C형
						a	b											
10	17.3	17.8	90	14	20	30	32	4	1	46	-	-	65	4	15	M12	0.58	0.58
15	21.7	22.2	95	14	20	34	36	4	1	51	-	-	70	4	15	M12	0.65	0.64
20	27.2	27.7	100	16	22	40	42	4	1	56	-	-	75	4	15	M12	0.81	0.80
25	34.0	34.5	125	16	24	48	50	4	1	67	-	-	90	4	19	M16	1.27	1.26
32	42.7	43.2	135	18	26	56	60	5	2	76	-	-	100	4	19	M16	1.58	1.57
40	48.6	49.1	140	18	26	62	66	5	2	81	-	-	105	4	19	M16	1.68	1.66
50	60.5	61.1	155	18	26	76	80	5	2	96	-	-	120	8	19	M16	1.89	1.86
65	76.3	77.1	175	20	30	100	104	5	2	116	65.9	6	140	8	19	M16	2.73	2.81
80	89.1	90.0	185	22	34	113	117	5	2	132	78.1	6	160	8	23	M20	3.85	3.95
(90)	101.6	102.6	195	24	36	126	130	6	2	145	90.2	6	170	8	23	M20	4.47	4.59
100	114.3	115.4	210	24	36	138	142	6	2	160	102.3	6	185	8	23	M20	5.03	5.18
125	139.8	141.2	250	26	40	166	172	6	2	195	126.6	6	225	8	25	M22	7.94	8.15
150	165.2	166.6	280	28	42	196	202	6	2	230	151.0	6	260	12	25	M22	10.4	10.7
200	216.3	218.0	305	30	46	244	252	6	2	275	199.9	6	305	12	25	M22	13.1	13.6
250	267.4	269.5	330	34	52	304	312	6	2	345	248.8	6	380	12	27	M24	23.1	23.8
300	318.5	321.0	480	36	56	354	364	8	3	395	297.9	6	430	16	27	M24	27.2	28.1
350	355.6	358.1	540	40	62	398	408	8	3	440	333.4	6	480	16	33	M30×3	38.4	39.5
400	406.4	409	605	46	70	446	456	10	3	495	381.0	7	540	16	33	M30×3	53.9	55.6
450	457.2	460	675	48	78	504	514	10	3	560	431.8	7	605	20	33	M30×3	71.0	72.9
500	508.0	511	730	50	84	558	568	10	3	615	482.6	7	660	20	33	M30×3	84.6	86.7
(550)	558.8	562	795	52	90	612	622	10	3	670	533.4	7	720	20	39	M36×3	102	104
600	609.6	613	845	54	96	666	676	10	3	720	584.2	7	770	24	39	M36×3	115	117

【비 고】・( )를 붙인 호칭 지름의 것은 되도록 사용하지 않는다.

16. 호칭 압력 20K 블랭크 플랜지(BL)

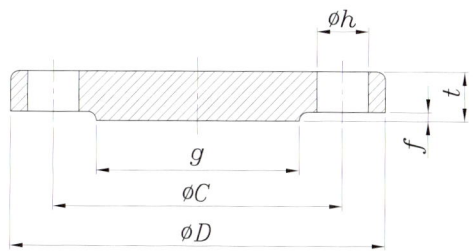

단위 : mm

호칭 지름	플랜지의 각 부 치수				볼트 구멍			볼트 나사의 호칭	근사 계산 질량 (참고) (kg)
	바깥 지름 D	t	f	g	중심원의 지름 C	수	지름 h		
10	90	14	1	46	65	4	15	M12	0.59
15	95	14	1	51	70	4	15	M12	0.67
20	100	16	1	56	75	4	15	M12	0.86
25	125	16	1	67	90	4	19	M16	1.34
32	135	18	2	76	100	4	19	M16	1.73
40	140	18	2	81	105	4	19	M16	1.87
50	155	18	2	96	120	8	19	M16	2.20
65	175	20	2	116	140	8	19	M16	3.24
80	200	22	2	132	160	8	19	M20	4.63
(90)	210	24	2	145	170	8	23	M20	5.67
100	225	24	2	160	185	8	23	M20	6.61
125	270	26	2	195	225	8	25	M22	10.5
150	305	28	2	230	260	12	25	M22	14.4
200	350	30	2	275	305	12	25	M22	20.8
250	430	34	2	345	380	12	27	M24	36.2
300	480	36	3	395	430	16	27	M24	47.4
350	540	40	3	440	480	16	33	M30×3	66.1
400	605	46	3	495	540	16	33	M30×3	97.0
450	675	48	3	560	605	20	33	M30×3	126
500	730	50	3	615	660	20	33	M30×3	155
(550)	795	52	3	670	720	20	39	M36×3	190
600	845	54	3	720	770	24	39	M36×3	223

【비 고】• ( )를 붙인 호칭 지름의 것은 되도록 사용하지 않는다.

17. 호칭 압력 30K 삽입 용접식 플랜지 (허브 플랜지, SOH)

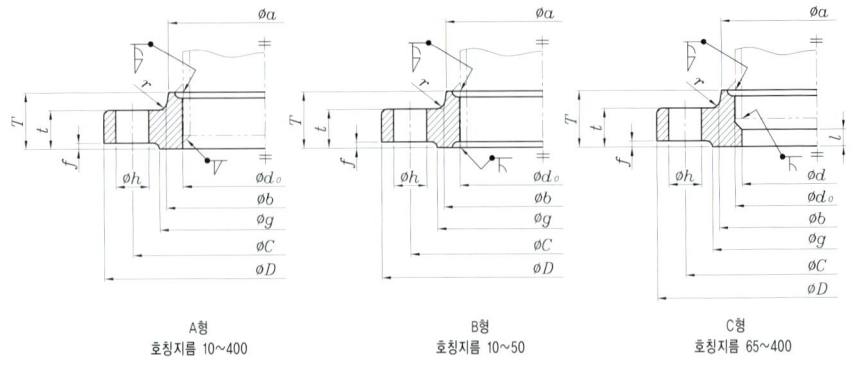

A형 호칭지름 10~400
B형 호칭지름 10~50
C형 호칭지름 65~400

단위 : mm

호칭 지름	적용하는 강관의 바깥지름	삽입 구멍의 지름 d_0	플랜지 각 부의 치수									볼트 구멍			볼트 나사의 호칭	근사 계산 질량(참고) (kg)	
			바깥 지름 D	t	T	허브의 지름		r	f	g	d (참고)	l	중심원의 지름 C	수	지름 h		A형	B형 C형
						a	b											
10	17.3	17.8	110	16	24	30	34	4	1	52	-	-	75	4	19	M16	1.00	1.00
15	21.7	22.2	115	18	26	36	40	5	1	55	-	-	80	4	19	M16	1.24	1.22
20	27.2	27.7	120	18	28	42	46	5	1	60	-	-	85	4	19	M16	1.36	1.34
25	34.0	34.5	130	20	30	50	54	5	1	70	-	-	95	4	19	M16	1.77	1.75
32	42.7	43.2	140	22	32	60	64	6	2	80	-	-	105	4	19	M16	2.17	2.15
40	48.6	49.1	160	22	34	66	70	6	2	90	-	-	120	4	23	M20	2.82	2.79
50	60.5	61.1	165	22	36	82	86	6	2	105	-	-	130	8	19	M16	2.89	2.86
65	76.3	77.1	200	26	40	102	106	8	2	130	65.9	6	160	8	23	M20	4.88	4.96
80	89.1	90.0	210	28	44	115	121	8	2	140	78.1	6	170	8	23	M20	5.70	5.80
(90)	101.6	102.6	230	30	46	128	134	8	2	150	90.2	6	185	8	25	M22	7.13	7.25
100	114.3	115.4	240	32	48	141	147	8	2	160	102.3	6	195	8	25	M22	8.01	8.16
125	139.8	141.2	275	36	54	166	172	8	2	195	126.6	6	230	8	25	M22	11.6	11.9
150	165.2	166.6	325	38	58	196	204	8	2	235	151.0	6	275	12	27	M24	17.0	17.3
200	216.3	218.0	370	42	64	248	256	8	2	280	199.9	6	320	12	27	M24	22.2	22.6
250	267.4	269.5	450	48	72	306	314	10	2	345	248.8	6	390	12	33	M30×3	36.8	37.5
300	318.5	321.0	515	52	78	360	370	10	3	405	297.9	6	450	16	33	M30×3	49.1	50.0
350	355.6	358.1	560	54	84	402	412	12	3	450	333.4	6	495	16	33	M30×3	60.4	61.5
400	406.4	409	630	60	92	456	468	15	3	510	381.0	7	560	16	39	M36×3	82.0	83.7

【비 고】 • ( )를 붙인 호칭 지름의 것은 되도록 사용하지 않는다.

18. 호칭 압력 30K 맞대기 용접식 플랜지

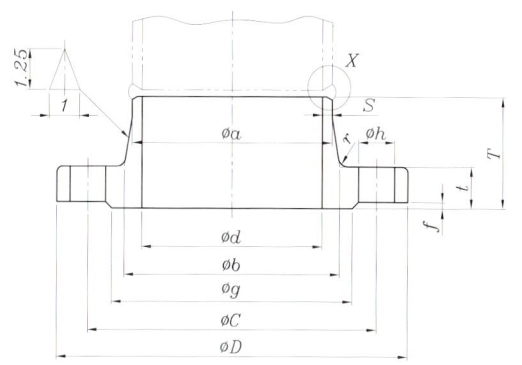

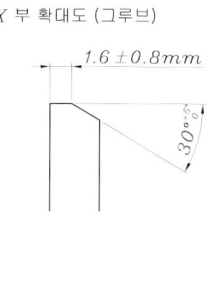

X 부 확대도 (그루브)

단위 : mm

호칭 지름	적용하는 강관의 바깥지름	플랜지 각 부의 치수										볼트 구멍			볼트 나사의 호칭	근사 계산 질량 (참고) (kg)
		바깥 지름 D	t	T	허브의 지름		r	f	g	d (참고)	S (참고)	R	중심원 의 지름 C	수	지름 h		
					a	b											
15	21.7	115	18	45	22.0	40	6	1	55	16.1	2.95	20	80	4	19	M16	1.33
20	27.2	120	18	45	27.5	44	6	1	60	21.4	3.05	20	85	4	19	M16	1.45
25	34.0	130	20	48	34.4	52	6	1	70	27.2	3.6	20	95	4	19	M16	1.92
32	42.7	140	22	52	43.1	62	6	2	80	35.5	3.8	30	105	4	19	M16	2.39
40	48.6	160	22	54	49.1	70	6	2	90	41.2	3.95	30	120	4	23	M20	3.09
50	60.5	165	22	57	61.0	84	8	2	105	52.7	4.15	30	130	8	19	M16	3.24
65	76.3	200	26	69	76.9	104	8	2	130	65.9	5.5	30	160	8	23	M20	5.70
80	89.1	210	28	73	89.7	118	8	2	140	78.1	5.8	30	170	8	23	M20	6.72
(90)	101.6	230	30	74	102.3	130	8	2	150	90.2	6.05	30	185	8	25	M22	8.32
100	114.3	240	32	76	115.1	142	8	2	160	102.3	6.4	30	195	8	25	M22	9.41
125	139.8	275	36	86	140.7	172	10	2	195	126.6	7.05	50	230	8	25	M22	14.0
150	165.2	325	38	95	166.2	202	10	2	235	151.0	7.6	50	275	12	27	M24	20.3
200	216.3	370	42	102	217.5	254	12	2	280	199.9	8.8	50	320	12	27	M24	27.2
250	267.4	450	48	118	268.7	312	12	2	345	248.8	9.95	50	390	12	33	M30×3	45.3
300	318.5	515	52	127	320.0	366	15	3	405	297.9	11.05	50	450	16	33	M30×3	61.0
350	355.6	560	54	134	357.2	406	15	3	450	333.4	11.9	80	495	16	33	M30×3	74.6
400	406.4	630	60	149	408.3	462	20	3	510	381.0	13.65	80	560	16	39	M36×3	103

【비 고】• ( )를 붙인 호칭 지름의 것은 되도록 사용하지 않는다.

19. 호칭 압력 30K 블랭크 플랜지(BL)

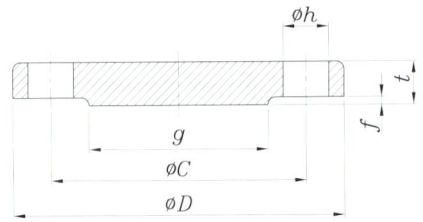

단위 : mm

호칭 지름	플랜지의 각 부 치수					볼트 구멍		볼트 나사의 호칭	근사 계산 질량 (참고) (kg)
	바깥 지름 D	t	f	g	중심원의 지름 C	수	지름 h		
10	110	16	1	52	75	4	19	M16	1.00
15	115	18	1	55	80	4	19	M16	1.25
20	120	18	1	60	85	4	19	M16	1.38
25	130	20	1	70	95	4	19	M16	1.84
32	140	22	2	80	105	4	19	M16	2.32
40	160	22	2	90	120	4	23	M20	3.00
50	165	22	2	105	130	8	19	M16	3.14
65	200	26	2	130	160	8	23	M20	5.50
80	210	28	2	140	170	8	23	M20	6.63
(90)	230	30	2	150	185	8	25	M22	8.55
100	240	32	2	160	195	8	25	M22	10.0
125	275	36	2	195	230	8	25	M22	15.3
150	325	38	2	235	275	12	27	M24	22.2
200	370	42	2	280	320	12	27	M24	32.6
250	450	48	2	345	390	12	33	M30×3	55.2
300	515	52	3	405	450	16	33	M30×3	77.9
350	560	54	3	450	495	16	33	M30×3	96.9
400	630	60	3	510	560	16	39	M36×3	136

【비 고】・( )를 붙인 호칭 지름의 것은 되도록 사용하지 않는다.

20. 플랜지의 표면 다듬질 정도

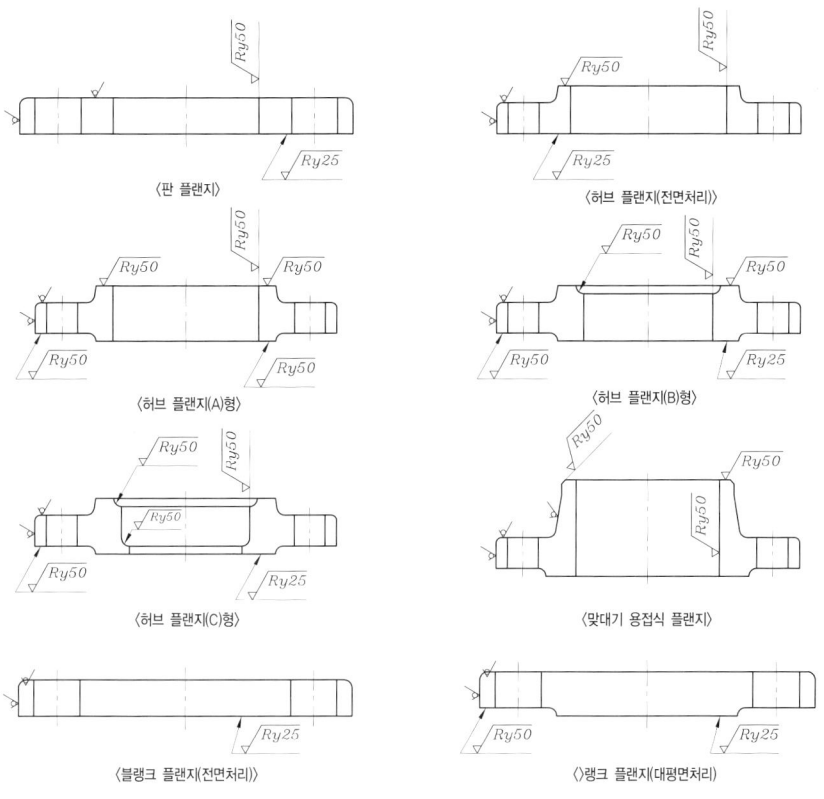

【비 고】
1. 표면의 다듬질 정도(✓)는 강판 및 단조의 흑피 상태(제거 가공을 허락하지 않는 면)를 나타내는데 필요에 따라 제거 가공을 하여도 좋다.
2. 볼트 구멍은 실용상 지장이 없는 정도의 다듬질로 한다.
3. 너트 접촉면은 판 플랜지 및 블랭크 플랜지를 제외하고, 카운터 보어 또는 배면 다듬질을 한다.
4. 카운터 보어를 하는 경우의 카운터 보어 지름은 KS B 1502의 해설에 기술하는 카운터 보어 지름의 추천값에 따르는 것이 좋다.
5. 다듬질면의 표면 거칠기는 KS B 0161에 따른다.

21. 호칭 압력 20K 삽입 용접식 플랜지의 용접부의 치수 허브 플랜지 (SOH)

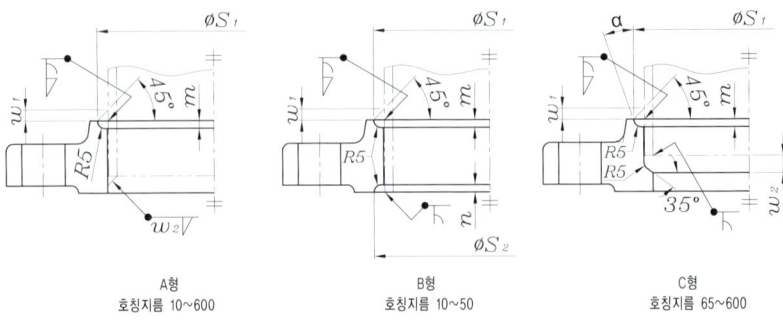

A형
호칭지름 10~600

B형
호칭지름 10~50

C형
호칭지름 65~800

단위 : mm

호칭 지름	S1	m	S2	n	α	용접 다리 길이	
						w_1	w_2
10	27	4	27	4	-	4	3
15	31	4	31	4	-	4	3
20	37	4	37	4	-	5	3.5
25	44	4	44	4.5	-	6	4
32	52	4	53	5	-	6	4
40	58	4	59	5.5	-	6	4
50	70	4	72	5.5	-	6.5	4
65	94	6	-	-	20°	8	6
80	107	6	-	-	20°	8	6
90	120	6	-	-	20°	9	6
100	132	6	-	-	20°	9	7
125	160	7	-	-	30°	10	7
150	186	8	-	-	30°	10	8
200	237	9	-	-	30°	11	9
250	290	10	-	-	30°	12	10
300	345	11	-	-	30°	13	11
350	384	12	-	-	35°	14	12
400	437	13	-	-	35°	15	12
450	490	15	-	-	35°	16	14
500	544	16	-	-	35°	16	14
550	595	16	-	-	35°	18	16
600	646	18	-	-	35°	18	16

22. 호칭 압력 30K 삽입 용접식 플랜지의 용접부의 치수 허브 플랜지 (SOH)

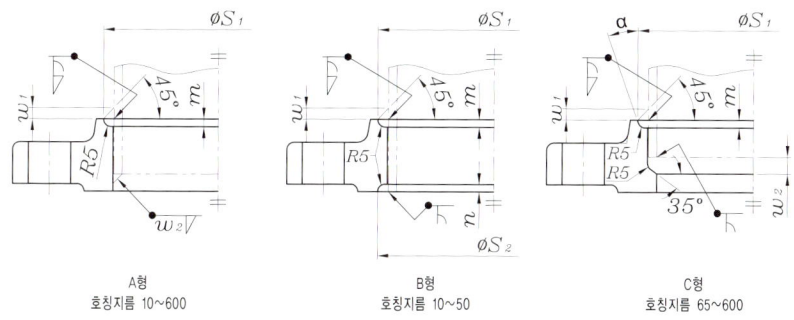

A형
호칭지름 10~600

B형
호칭지름 10~50

C형
호칭지름 65~600

단위 : mm

호칭 지름	S_1	m	S_2	n	α	용접 다리 길이	
						w_1	w_2
10	27	4	27	4	-	4	-
15	31	4	40	5	-	4	-
20	37	5	44	5	-	5	-
25	44	6	52	5	-	6	-
32	52	6	60	5	-	6	-
40	58	6	66	5	-	6	-
50	70	6.5	78	5	-	6.5	-
65	96	9.5	-	-	20°	10	6
80	109	9.5	-	-	20°	10	6
90	122	9.5	-	-	20°	10.5	6
100	135	9.5	-	-	20°	10.5	7
125	160	9.5	-	-	20°	10.5	7
150	186	9.5	-	-	20°	10.5	8
200	237	9.5	-	-	20°	11	9
250	290	10	-	-	20°	12	10
300	345	12	-	-	30°	13	11
350	383	13	-	-	30°	14	12
400	435	14	-	-	30°	15	13

23. 플랜지의 강도 확인

■ 삽입 용접식 판 플랜지 및 블랭크 플랜지의 강도

플랜지의 종류	삽입 용접식 판 플랜지			블랭크 플랜지					
호칭 압력	5K	10K 보통형	5K	10K 보통형	16K	20K	30K		
호칭지름	450~1260	250~800	10~750	10~800	10~600	10~600	10~400		
응력 계산식	KS B 0252의 부속서 A			KS B 6712의 5.2 a)					
개스킷							300℃ 이하	300℃ 초과	
종류	F			R			R	-	
재료	JS			JS			JS	VT	
m	2.00			2.00			2.00	3.00	
y	10.98 {1.12}			10.98 {1.12}			10.98 {1.12}	68.89 {7.03}	
볼트							호칭 지름 10~150	200~400	
재료	SNB 7		SNB 7	SM25C	SNB 7	SM25C	SNB 7	SNB 7	
허용응력	상온	172 {17.5}	172 {17.5}	94 {9.6}	172 {17.5}	94 {9.6}	172 {17.5}	172 {17.5}
	120 ℃	172 {17.5}	172 {17.5}	94 {9.6}	-	94 {9.6}	-	172 {17.5}
	220 ℃	172 {17.5}	172 {17.5}	94 {9.6}	-	94 {9.6}	-	172 {17.5}
	300 ℃	172 {17.5}	172 {17.5}	94 {9.6}	-	94 {9.6}	-	172 {17.5}
	350 ℃	-	172 {17.5}	94 {9.6}	-	94 {9.6}	-	172 {17.5}
	400 ℃	-	162 {16.5}	-	162 {16.5}	-	162 {16.5}	162 {16.5}
	425 ℃	-	146 {14.9}	-	146 {14.9}	-	146 {14.9}	146 {14.9}
	450 ℃	-	-	-	-	-	122 {12.4}	122 {12.4}
	475 ℃	-	-	-	-	-	94 {9.6}	94 {9.6}
	490 ℃	-	-	-	-	-	79 {8.1}	79 {8.1}

플랜지의 종류	삽입 용접식 판 플랜지			블랭크 플랜지					
호칭 압력	5K	10K 보통형	5K	10K 보통형	16K	20K	30K		
호칭지름	450~1260	250~800	10~750	10~800	10~600	10~600	10~400		
응력 계산식	KS B 0252의 부속서 A			KS B 6712의 5.2 a)					
플랜지							호칭 지름 10~400		
재료	SS 400			SF 440 A			SF 440 A	SFVAF 1	SFVAF 11A
허용응력	상온	123 {12.5}			146 {14.9}		146 {14.9}	160 {16.3}	160 {16.3}
	120 ℃	115 {11.7}			132 {13.5}		132 {13.5}	-	-
	220 ℃	101 {10.3}			124 {12.6}		124 {12.6}	-	-
	300 ℃	99 {0.1}			112 {11.4}		112 {11.4}	-	-
	350 ℃	-			107 {10.9}		107 {10.9}	-	-
	400 ℃	-			94 {9.6}		94 {9.6}	120 {12.2}	-
	425 ℃	-			79 {8.1}		79 {8.1}	120 {12.2}	-
	450 ℃	-			-		-	117 {11.9}	-
	475 ℃	-			-		-	100 {10.2}	107 {10.9}
	490 ℃	-			-		-	-	93 {9.5}

■ 호칭 압력 16K 이하에서 링 개스킷을 사용하는 경우의 플랜지의 사용 가능 범위

호칭 압력	플랜지의 종류 (기호)	호칭 지름 I	호칭 지름 II	호칭 지름 III	비고
5K	SOP	10~400	-	-	호칭 지름 450 이상은 사용할 수 없다.
5K	SOH	450~1000	-	-	-
5K	BL	10~450	500~550	600	호칭 지름 650 이상은 사용할 수 없다.
10K 보통형	SOP	10~225	-	-	호칭 지름 250 이상은 사용할 수 없다.
10K 보통형	SOH	250~1000	-	-	-
10K 보통형	BL	10~250	300~400	450	호칭 지름 500 이상은 사용할 수 없다.
16K	SOH	10~600	-	-	-
16K	BL	10~200	250~500	550~600	-

【참 고】
이 경우의 호칭 압력 5K에서 호칭 지름 450 이상의 삽입 용접식 판 플랜지, 호칭 압력 10K 보통형에서 호칭 지름 250 이상의 삽입 용접식 판 플랜지 및 블랭크 플랜지에 대해서는 다음 표에 나타내는 조건에서 강도의 확인을 하였다.

플랜지의 종류			삽입 용접식 판 플랜지		블랭크 플랜지		
호칭 압력			5K	10K 보통형	5K	10K 보통형	16K
호칭지름			450~1000	250~800	10~750	10~800	10~600
응력 계산식			KS B 0252의 부속서 A		KS B 6712의 5.2 a)		
개스킷	종류		R		R		R
개스킷	재료		RS		JS		JS
개스킷	m		1.25		2.00		2.00
개스킷	y		2.75 {0.28}		10.98 {1.12}		10.98 {1.12}
볼트	재료		SS 400	SS 400	SM25C	SM25C	SNB 7
볼트	허용응력	상온 100 ℃	91 {9.3} 91 {9.3}	91 {9.3} -	94 {9.6} -	94 {9.6} -	172 {17.5} -
볼트	허용응력	120 ℃ 220 ℃ 300 ℃	- - -	91 {9.3} 91 {9.3} -	- - 94 {9.6}	94 {9.6} 94 {9.6} 94 {9.6}	- - -
볼트	허용응력	350 ℃ 400 ℃ 425 ℃	- - -	- - -	- - -	94 {9.6} - -	- 162 {16.5} 146 {14.9}
플랜지	재료		SS 400		SS 400		SF 440A
플랜지	허용응력	상온 100 ℃	123 {12.5} 116 {11.8}	-	123 {12.5} -		
플랜지	허용응력	120 ℃ 220 ℃ 300 ℃	- - -		115 {11.7} 101 {10.3} 99 (10.1)		132 {13.5} 124 {12.6} 112 {11.4}
플랜지	허용응력	350 ℃ 400 ℃ 425 ℃	- - -		- - -		107 {10.9} 94 {9.6} 79 {8.1}

【비 고】
1. 개스킷 종류의 기호 R은 링 개스킷을 나타내고, 치수는 KS B 1519의 부속서(관 플랜지의 개스킷 치수)에 따른다.
2. 개스킷 재료의 기호 RS는 면포함 고무 시트, JS는 석면 조인트 시트를 나타낸다.
3. 개스킷의 m 및 y는 각각 KS B 0252의 부표 1의 개스킷 계수 및 최소 설계 조임 압력(N/mm^2 {kgf/mm^2})이다.
4. 볼트 재료의 기호 SS 400, SM 25C 및 SNB 7은 각각 KS D 3503 및 KS D 3752 및 KS D 3755에 규정된 것이다.
5. 볼트 및 플랜지의 허용 응력 (N/mm$_2$ {kgf/mm$_2$})의 값은 KS B 1007 등, 관련 규격의 기준에 따른 것이다.

27-7 | 철강제 관 플랜지의 기본 치수 KS B 1511 : 2007 (2012 확인)

1. 유체의 상태와 최고 사용 압력

유체의 상태	최고 사용 압력 MPa
• 300℃ 이하의 증기·공기 및 가스(주철제 플랜지 이외의 경우)	
• 220℃ 이하의 증기·공기 및 가스(주철제 플랜지의 경우)	0.2
• 120℃ 이하의 맥동수 또는 기름	
• 120℃ 이하의 정류수	0.29

【비 고】
1. 호칭 압력이 5K, 호칭 지름이 10 및 15, 볼트 구멍의 수가 2인 플랜지에서 플랜지의 바깥 지름이 A×B로 표시되는 경우는 위 표에 따른다.
2. 호칭 압력 10K의 얇은 형 플랜지는 최고 사용 압력 0.69MPa, 최고 사용 온도 120℃의 정류수에 사용한다.

2. 재료의 종류 및 기호

호칭 압력 (기호)	재료의 종류	KS 규격	재료 기호
2K	회주철	KS D 4301	GC 200
	탄소강	KS D 3503 KS D 3710 KS D 3752 KS D 4101	SS 400 SF 390A SM 20C SC 410
5K 및 10K	회주철	KS D 4301	GC 200
	가단주철	KS D ISO 5922	B35-10
	구상 흑연 주철	KS D 4302 KS D 6231 부속서 A	GCD 350 및 GCD 400 GCD-S
	탄소강	KS D 3503 KS D 3710 KS D 4122 KS D 3752 KS D 4101 KS D 4107	SS 400 SF 490A SFVC 1 SM 20C SC 410 SCPH 1
16K 및 20K	회주철	KS D 4301	GC 200 (호칭 압력 16K의 경우) GC 250 (호칭 압력 20K의 경우)
	가단주철	KS D ISO 5922	B35-10
	구상 흑연 주철	KS D 4302	GCD 350 및 GCD 400
	탄소강	KS D 3710 KS D 4122 KS D 3752 KS D 4101 KS D 4107	SF 440A SFVC 2A SM 25C SC 480 SCPH 2
30K, 40K 및 63K	탄소강	KS D 3710 KS D 3752 KS D 4122 KS D 4101 KS D 4107	SF 440A SM 25C SFVC 2A SC 480 SCPH 2
	몰리브덴강	KS D 4107 KS D 4123	SCPH 11 SFVA F1
	주단강품	KS D 4107 KS D 4123	SCPH 21 SFVA F11A

3. 호칭 압력 2K 플랜지의 기본 치수

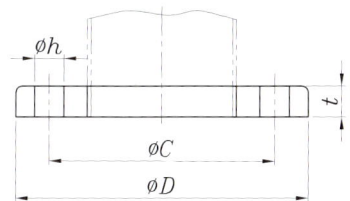 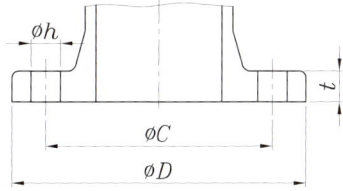

단위 : mm

호칭 지름	적용하는 강관의 바깥지름	플랜지의 바깥지름 D	플랜지의 두께 t		볼트의 구멍			볼트 나사의 호칭
			탄소강	회주철	중심원의 지름 C	수	지름 h	
450	457.2	605	22	28	555	16	23	M20
500	508.0	655	22	28	605	20	23	M20
(550)	558.8	720	24	30	665	20	25	M22
600	609.6	770	24	30	715	20	25	M22
(650)	660.4	825	24	30	770	24	25	M22
700	711.2	875	24	30	820	24	25	M22
(750)	762.0	945	24	32	880	24	27	M24
800	812.8	995	24	32	930	24	27	M24
(850)	863.6	1045	24	32	980	24	27	M24
900	914.4	1095	24	32	1030	24	27	M24
1000	1016.0	1195	26	34	1130	28	27	M24
(1100)	1117.6	1305	26	34	1240	28	27	M24
1200	1219.2	1420	26	36	1350	32	27	M24
1350	1371.6	1575	26	36	1505	32	27	M24
1500	1524.0	1730	28	38	1660	36	27	M24

【비 고】
1. 호칭 지름이 400 이하인 플랜지의 기본 치수는 다음 표 : 호칭 압력 5K 플랜지의 기본 치수를 적용한다.
2. 괄호를 붙인 호칭 지름의 것은 되도록 사용하지 않는다.
3. 플랜지의 개스킷 자리는 KS B 1519의 호칭 압력 5K 플랜지에 따른다.

4. 호칭 압력 5K 플랜지의 기본 치수

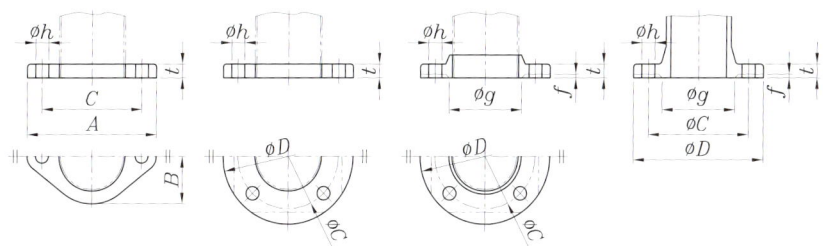

단위 : mm

호칭 지름	적용하는 강관의 바깥지름	플랜지의 바깥지름 D(A×B)	플랜지의 각 부 치수				볼트 구멍			볼트 나사의 호칭
			t		f	지름 g	중심원의 지름 C	수	지름 h	
			회주철 이외	회주철						
10	17.3	75(75×45)	9	12	1	39	55	4(2)	12	M10
15	21.7	80(80×50)	9	12	1	44	60	4(2)	12	M10
20	27.2	85	10	14	1	49	65	4	12	M10
25	34.0	95	10	14	1	59	75	4	12	M10
32	42.7	115	12	16	2	70	90	4	15	M12
40	48.6	120	12	16	2	75	95	4	15	M12
50	60.5	130	14	16	2	85	105	4	15	M12
65	76.3	155	14	18	2	110	130	4	15	M12
80	89.1	180	14	18	2	121	145	4	19	M16
(90)	101.6	190	14	18	2	131	155	4	19	M16
100	114.3	200	16	20	2	141	165	8	19	M16
125	139.8	235	16	20	2	176	200	8	19	M16
150	165.2	265	18	22	2	206	230	8	19	M16
(175)	190.7	300	18	22	2	232	260	8	23	M20
200	216.3	320	20	24	2	252	280	8	23	M20
(225)	241.8	345	20	24	2	277	305	12	23	M20
250	267.4	385	22	26	2	317	345	12	23	M20
300	318.5	430	22	28	3	360	390	12	23	M20
350	355.6	480	24	30	3	403	435	12	25	M22
400	406.4	540	24	30	3	463	495	16	25	M22
450	457.2	605	24	30	3	523	555	16	25	M22
500	508.0	655	24	32	3	573	605	20	25	M22
(550)	558.8	720	26	32	3	630	665	20	27	M24
600	609.6	770	26	32	3	680	715	20	27	M24
(650)	660.4	825	26	34	3	735	770	24	27	M24
700	711.2	875	26	34	3	785	820	24	27	M24
(750)	762.0	945	28	36	3	840	880	24	33	M30
800	812.8	995	28	36	3	890	930	24	33	M30
(850)	863.6	1045	28	38	3	940	980	24	33	M30
900	914.4	1095	30	38	3	990	1030	24	33	M30
1000	1016.0	1195	32	40	3	1090	1130	28	33	M30
(1100)	1117.6	1305	32	42	3	1200	1240	28	33	M30
1200	1219.2	1420	34	46	3	1305	1350	32	33	M30
1350	1371.6	1575	34	48	3	1460	1505	32	33	M30
1500	1524.0	1730	36	52	3	1615	1660	36	33	M30

[비 고]

1. 괄호를 붙인 호칭 지름의 것은 되도록 사용하지 않는다.
2. 플랜지의 개스킷 자리는 KS B 1519에 따른다. 다만 필요할 경우에는 2점 쇄선과 같이 큰 평면 자리로 해도 좋다.
3. 볼트 구멍지름(h)은 볼트 나사의 호칭 M16 이하의 경우에는 KS B 1007의 3급, 볼트 나사의 호칭 M30 이상의 경우에는 KS B 1007의 2급에 따른 것이다.

5. 호칭 압력 10K 보통 플랜지의 기본 치수

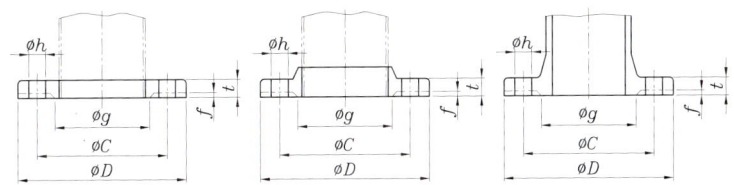

단위 : mm

호칭 지름	적용하는 강관의 바깥지름	플랜지의 바깥지름 D(A×B)	플랜지의 각 부 치수					볼트 구멍			볼트 나사의 호칭
			t			f	지름 g	중심원의 지름 C	수	지름 h	
			회주철 이외	회주철							
10	17.3	90	12	14	1	46	65	4	15	M12
15	21.7	95	12	16	1	51	70	4	15	M12
20	27.2	100	14	18	1	56	75	4	15	M12
25	34.0	125	14	18	1	67	90	4	19	M16
32	42.7	135	16	20	2	76	100	4	19	M16
40	48.6	140	16	20	2	81	105	4	19	M16
50	60.5	155	16	20	2	96	120	4	19	M16
65	76.3	175	18	22	2	116	140	4	19	M16
80	89.1	185	18	22	2	126	150	8	19	M16
(90)	101.6	195	18	22	2	136	160	8	19	M16
100	114.3	210	20	24	2	151	175	8	19	M16
125	139.8	250	20	24	2	182	210	8	23	M20
150	165.2	280	22	26	2	212	240	8	23	M20
(175)	190.7	305	22	26	2	237	265	12	23	M20
200	216.3	330	22	26	2	262	290	12	23	M20
(225)	241.8	350	22	28	2	282	310	12	23	M20
250	267.4	400	24	30	2	324	355	12	25	M22
300	318.5	445	24	32	3	368	400	16	25	M22
350	355.6	490	26	34	3	413	445	16	25	M22
400	406.4	560	28	36	3	475	510	16	27	M24
450	457.2	620	30	38	3	530	565	20	27	M24
500	508.0	675	30	40	3	585	620	20	27	M24
(550)	558.8	745	32	42	3	640	680	20	33	M30
600	609.6	795	32	44	3	690	730	24	33	M30
(650)	660.4	845	34	46	3	740	780	24	33	M30
700	711.2	905	34	48	3	800	840	24	33	M30
(750)	762.0	970	36	50	3	855	900	24	33	M30
800	812.8	1020	36	52	3	905	950	28	33	M30
(850)	863.6	1070	36	52	3	955	1000	28	33	M30
900	914.4	1120	38	54	3	1005	1050	28	33	M30
1000	1016.0	1235	40	58	3	1110	1160	28	39	M36
(1100)	1117.6	1345	42	62	3	1220	1270	28	39	M36
1200	1219.2	1465	44	66	3	1325	1380	32	39	M36
1350	1371.6	1630	48	70	3	1480	1540	36	45	M42
1500	1524.0	1795	50	74	3	1635	1700	40	45	M42

【비 고】
1. 괄호를 붙인 호칭 지름의 것은 되도록 사용하지 않는다.
2. 플랜지의 개스킷 자리는 KS B 1519에 따른다. 다만 필요할 경우에는 2점 쇄선과 같이 큰 평면 자리로 해도 좋다.
3. 볼트 구멍지름(h)은 볼트 나사의 호칭 M16 이하의 경우에는 KS B 1007의 3급, 볼트 나사의 호칭 M30 이상의 경우에는 KS B 1007의 2급에 따른 것이다.

6. 호칭 압력 10K 얇은형 플랜지의 기본 치수

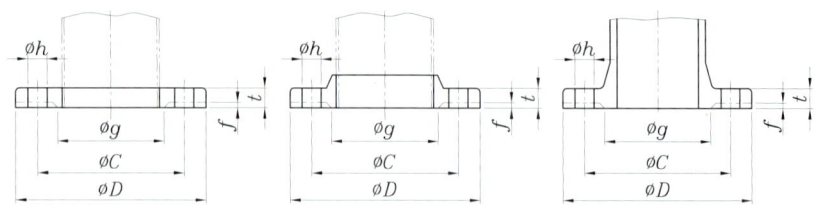

단위 : mm

호칭 지름	적용하는 강관의 바깥지름	플랜지의 바깥지름 D(A×B)	플랜지의 각 부 치수					볼트 구멍				볼트 나사의 호칭
			t		f	지름 g	중심원의 지름 C	수	지름 h	
			회주철 이외	회주철						
10	17.3	90	9	12	1	46	65	4	12	M10
15	21.7	95	9	12	1	51	70	4	12	M10
20	27.2	100	10	14	1	56	75	4	12	M10
25	34.0	125	12	16	1	67	90	4	15	M12
32	42.7	135	12	18	2	76	100	4	15	M12
40	48.6	140	12	18	2	81	105	4	15	M12
50	60.5	155	14	18	2	96	120	4	15	M12
65	76.3	175	14	18	2	116	140	4	15	M12
80	89.1	185	14	18	2	126	150	8	15	M12
(90)	101.6	195	14	18	2	136	160	8	15	M12
100	114.3	210	16	20	2	151	175	8	15	M12
125	139.8	250	18	22	2	182	210	8	19	M16
150	165.2	280	18	22	2	212	240	8	19	M16
(175)	190.7	305	20	24	2	237	265	12	19	M16
200	216.3	330	20	24	2	262	290	12	19	M16
(225)	241.8	350	20	24	2	282	310	12	19	M16
250	267.4	400	22	26	2	324	355	12	23	M20
300	318.5	445	22	28	3	368	400	16	23	M20
350	355.6	490	24	28	3	413	445	16	23	M20
400	406.4	560	24	30	3	475	510	16	25	M22

【비 고】
1. 괄호를 붙인 호칭 지름의 것은 되도록 사용하지 않는다.
2. 플랜지의 개스킷 자리는 KS B 15199에 따른다. 다만 필요할 경우에는 2점 쇄선과 같이 큰 평면 자리로 해도 좋다.
3. 볼트 구멍지름(h)은 볼트 나사의 호칭 M16 이하의 경우에는 KS B 1007의 3급, 볼트 나사의 호칭 M30 이상의 경우에는 KS B 1007의 2급에 따른 것이다.

7. 호칭 압력 16K 플랜지의 기본 치수

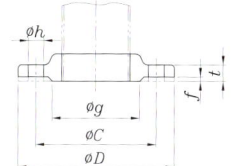 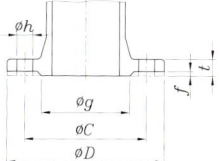

단위 : mm

호칭 지름	적용하는 강관의 바깥지름	플랜지의 바깥지름 D(A×B)	플랜지의 각 부 치수		f	지름 g	중심원의 지름 C	볼트 구멍		볼트 나사의 호칭
			t 회주철 이외	t 회주철				수	지름 h	
10	17.3	90	12	-	1	46	65	4	15	M12
15	21.7	95	12	-	1	51	70	4	15	M12
20	27.2	100	14	-	1	56	75	4	15	M12
25	34.0	125	14	-	1	67	90	4	19	M16
32	42.7	135	16	-	2	76	100	4	19	M16
40	48.6	140	16	-	2	81	105	4	19	M16
50	60.5	155	16	20	2	96	120	8	19	M16
65	76.3	175	18	22	2	116	140	8	19	M16
80	89.1	185	20	24	2	132	160	8	23	M20
(90)	101.6	195	20	24	2	145	170	8	23	M20
100	114.3	210	22	26	2	160	185	8	23	M20
125	139.8	250	22	26	2	195	225	8	25	M22
150	165.2	305	24	28	2	230	260	12	25	M22
200	216.3	350	26	30	2	275	305	12	25	M22
250	267.4	430	28	34	2	345	380	12	27	M24
300	318.5	480	30	36	3	395	430	16	27	M24
350	355.6	540	34	38	3	440	480	16	33	M30×3
400	406.4	605	38	42	3	495	540	16	33	M30×3
450	457.2	675	40	46	3	560	605	20	33	M30×3
500	508.0	730	42	50	3	615	660	20	33	M30×3
(550)	558.8	795	44	54	3	670	720	20	39	M36×3
600	609.6	845	46	58	3	720	770	24	39	M36×3
(650)	660.4	895	48	-	3	770	820	24	39	M36×3
700	711.2	960	50	-	5	820	875	24	42	M39×3
(750)	762.0	1020	52	-	5	880	935	24	42	M39×3
800	812.8	1085	54	-	5	930	990	24	48	M45×3
(850)	863.6	1135	56	-	5	980	1040	24	48	M45×3
900	914.4	1185	58	-	5	1030	1090	28	48	M45×3
1000	1016.0	1320	62	-	5	1140	1210	28	56	M52×3
(1100)	1117.6	1420	66	-	5	1240	1310	32	56	M52×3
1200	1219.2	1530	70	-	5	1350	1420	32	56	M52×3
(1300)	1320.8	1645	74	-	5	1450	1530	32	62	M56×3
1350	1371.6	1700	76	-	5	1510	1590	32	62	M56×3
(1400)	1422.4	1755	78	-	5	1560	1640	36	62	M56×3
1500	1524.0	1865	80	-	5	1670	1750	36	62	M56×3

【비 고】
1. 괄호를 붙인 호칭 지름의 것은 되도록 사용하지 않는다.
2. 플랜지의 개스킷 자리는 KS B 1519에 따른다. 다만 호칭 지름 600 이하에 있어서 필요할 경우에는 2점 쇄선과 같이 전면 자리로 해도 좋다.
3. 볼트 구멍지름(h)은 볼트 나사의 호칭 M16 이하의 경우에는 KS B 1007의 3급, 볼트 나사의 호칭 M30×3 이상의 경우에는 KS B 1007의 2급에 따른다.

8. 호칭 압력 20K 플랜지의 기본 치수

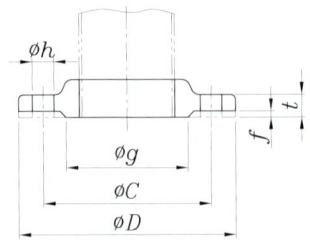 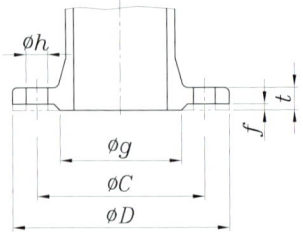

단위 : mm

호칭 지름	적용하는 강관의 바깥지름	플랜지의 바깥지름 D(A×B)	플랜지의 각 부 치수				볼트 구멍			볼트 나사의 호칭
			t		f	지름 g	중심원의 지름 C	수	지름 h	
			회주철 이외	회주철						
10	17.3	90	14	16	1	46	65	4	15	M12
15	21.7	95	14	16	1	51	70	4	15	M12
20	27.2	100	16	18	1	56	75	4	15	M12
25	34.0	125	16	20	1	67	90	4	19	M16
32	42.7	135	18	20	2	76	100	4	19	M16
40	48.6	140	18	22	2	81	105	4	19	M16
50	60.5	155	18	22	2	96	120	8	19	M16
65	76.3	175	20	24	2	116	140	8	19	M16
80	89.1	200	22	26	2	132	160	8	23	M20
(90)	101.6	210	24	28	2	145	170	8	23	M20
100	114.3	225	24	28	2	160	185	8	23	M20
125	139.8	270	26	30	2	195	225	8	25	M22
150	165.2	305	28	32	2	230	260	12	25	M22
200	216.3	350	30	34	2	275	305	12	25	M22
250	267.4	430	34	38	2	345	380	12	27	M24
300	318.5	480	36	40	3	395	430	16	27	M24
350	355.6	540	40	44	3	440	480	16	33	M30×3
400	406.4	605	46	50	3	495	540	16	33	M30×3
450	457.2	675	48	54	3	560	605	20	33	M30×3
500	508.0	730	50	58	3	615	660	20	33	M30×3
(550)	558.8	795	52	62	3	670	720	20	39	M36×3
600	609.6	845	54	66	3	720	770	24	39	M36×3
(650)	660.4	945	60	-	5	790	850	24	48	M45×3
700	711.2	995	64	-	5	840	900	24	42	M45×3
(750)	762.0	1080	68	-	5	930	970	24	56	M52×3
800	812.8	1140	72	-	5	960	1030	24	56	M52×3
(850)	863.6	1200	74	-	5	1020	1090	24	56	M52×3
900	914.4	1250	76	-	-	1070	1140	28	56	M52×3

【비 고】
1. 괄호를 붙인 호칭 지름의 것은 되도록 사용하지 않는다.
2. 플랜지의 개스킷 자리는 KS B 15190에 따른다. 다만 호칭 지름 600 이하에 있어서 필요할 경우에는 2점 쇄선과 같이 전면 자리로 해도 좋다.
3. 볼트 구멍지름(h)은 볼트 나사의 호칭 M16 이하의 경우에는 KS B 1007의 3급, 볼트 나사의 호칭 M30×3 이상의 경우에는 KS B 1007의 2급에 따른다.

9. 호칭 압력 30K 플랜지의 기본 치수

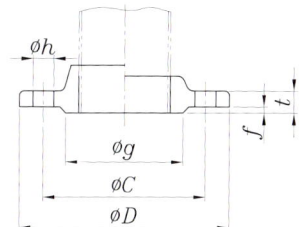 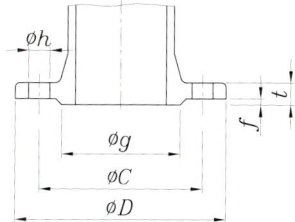

단위 : mm

호칭 지름	적용하는 강관의 바깥지름	플랜지의 바깥지름 D(A×B)	플랜지의 각 부 치수			볼트 구멍			볼트 나사의 호칭
			t	f	지름 g	중심원의 지름 C	수	지름 h	
10	17.3	110	16	1	52	75	4	19	M16
15	21.7	115	18	1	55	80	4	19	M16
20	27.2	120	18	1	60	85	4	19	M16
25	34.0	130	20	1	70	95	4	19	M16
32	42.7	140	22	2	80	105	4	19	M16
40	48.6	160	22	2	90	120	4	23	M20
50	60.5	165	22	2	105	130	8	19	M16
65	76.3	200	26	2	130	160	8	23	M20
80	89.1	210	28	2	140	170	8	23	M20
(90)	101.6	230	30	2	150	185	8	25	M22
100	114.3	240	32	2	160	195	8	25	M22
125	139.8	275	36	2	195	230	8	25	M22
150	165.2	325	38	2	235	175	12	27	M24
200	216.3	370	42	2	280	320	12	27	M24
250	267.4	450	48	2	345	390	12	33	M30×3
300	318.5	515	52	3	405	450	16	33	M30×3
350	355.6	560	54	3	450	495	16	33	M30×3
400	406.4	630	60	3	510	560	16	39	M36×3

【비 고】
1. 괄호를 붙인 호칭 지름의 것은 되도록 사용하지 않는다.
2. 플랜지의 개스킷 자리는 KS B 1519에 따른다. 또한 g는 KS B 1519의 큰 평면 자리의 경우를 나타낸 것이다.
3. 볼트 구멍지름(h)은 볼트 나사의 호칭 M16 이하의 경우에는 KS B 1007의 3급, 볼트 나사의 호칭 M30×3 이상의 경우에는 KS B 1007의 2급에 따른다.

10. 호칭 압력 40K 플랜지의 기본 치수

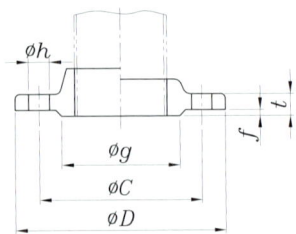 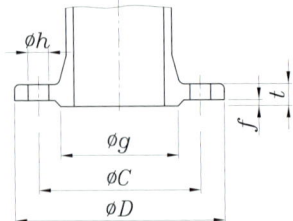

단위 : mm

호칭 지름	적용하는 강관의 바깥지름	플랜지의 바깥지름 D(A×B)	플랜지의 각 부 치수			볼트 구멍			볼트 나사의 호칭
			t	f	지름 g	중심원의 지름 C	수	지름 h	
10	17.3	110	18	1	52	75	4	19	M16
15	21.7	115	20	1	55	80	4	19	M16
20	27.2	120	20	1	60	85	4	19	M16
25	34.0	130	22	1	70	95	4	19	M16
32	42.7	140	24	2	80	105	4	19	M16
40	48.6	160	24	2	90	120	4	23	M20
50	60.5	165	26	2	105	130	8	19	M16
65	76.3	200	30	2	130	160	8	23	M20
80	89.1	210	32	2	140	170	8	23	M20
(90)	101.6	230	34	2	150	185	8	25	M22
100	114.3	250	36	2	160	195	8	25	M22
125	139.8	300	40	2	200	230	8	27	M24
150	165.2	355	44	2	240	275	12	33	M30×3
200	216.3	405	50	2	290	320	12	33	M30×3
250	267.4	475	56	2	355	390	12	33	M30×3
300	318.5	540	60	3	410	450	16	39	M36×3
350	355.6	585	64	3	455	495	16	39	M36×3
400	406.4	645	70	3	515	560	16	39	M36×3

【비 고】
1. 괄호를 붙인 호칭 지름의 것은 되도록 사용하지 않는다.
2. 플랜지의 개스킷 자리는 KS B 1519에 따른다. 또한 g는 KS B 1519의 큰 평면 자리의 경우를 나타낸 것이다.
3. 볼트 구멍지름(h)은 볼트 나사의 호칭 M16 이하의 경우에는 KS B 1007의 3급, 볼트 나사의 호칭 M30×3 이상의 경우에는 KS B 1007의 2급에 따른다.

11. 호칭 압력 63K 플랜지의 기본 치수

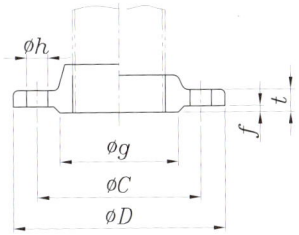 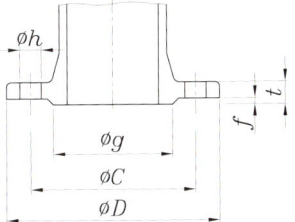

단위 : mm

호칭 지름	적용하는 강관의 바깥지름	플랜지의 바깥지름 D(A×B)	플랜지의 각 부 치수				볼트 구멍			볼트 나사의 호칭
			t	f	지름 g	중심원의 지름 C	수	지름 h		
10	17.3	115	23	1	52	80	4	19		M16
15	21.7	120	23	1	55	85	4	19		M16
20	27.2	135	25	1	60	95	4	23		M20
25	34.0	140	27	1	70	100	4	23		M20
32	42.7	150	30	2	80	110	4	23		M20
40	48.6	175	32	2	90	130	4	25		M20
50	60.5	185	34	2	105	145	8	23		M20
65	76.3	220	38	2	130	175	8	25		M22
80	89.1	230	40	2	140	185	8	25		M22
(90)	101.6	255	42	2	150	205	8	27		M24
100	114.3	270	44	2	165	220	8	27		M24
125	139.8	325	50	2	200	265	8	33		M30×3
150	165.2	365	54	2	240	305	12	33		M30×3
200	216.3	425	60	2	290	360	12	33		M30×3
250	267.4	500	68	2	355	430	12	39		M36×3
300	318.5	560	77	3	410	485	16	39		M36×3
350	355.6	615	81	3	455	530	16	46		M42×3
400	406.4	680	89	3	515	590	16	46		M42×3

【비 고】
1. 괄호를 붙인 호칭 지름의 것은 되도록 사용하지 않는다.
2. 플랜지의 개스킷 자리는 KS B 1519에 따른다. 또한 g는 KS B 1519의 큰 평면 자리의 경우를 나타낸 것이다.
3. 볼트 구멍지름(h)은 볼트 나사의 호칭 M16 이하의 경우에는 KS B 1007의 3급, 볼트 나사의 호칭 M30×3 이상의 경우에는 KS B 1007의 2급에 따른다.

12. 호칭 압력 16K 일체 플랜지의 치수

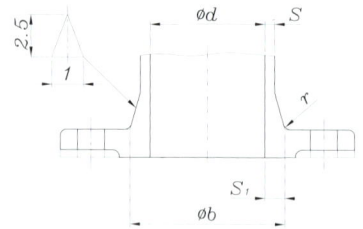

단위 : mm

호칭 지름	안지름 d	재료가 SCPH 2 또는 SC 480의 경우			
		S	S_1	b	r
10	10	6	10	30	5
15	15	7	11	37	5
20	20	7	11	42	5
25	25	7	12	49	5
32	32	7	13	58	5
40	40	8	14	68	5
50	50	8	14	78	6
65	65	8	15	95	6
80	80	9	16	112	6
(90)	90	9	16	122	6
100	100	10	17	134	6
125	125	11	19	163	8
150	150	12	21	192	8
200	200	13	23	246	8
250	250	15	26	302	10
300	300	16	28	356	10
350	335	17	31	397	12
400	380	18	33	446	12
450	430	20	35	500	12
500	480	21	36	552	12
(550)	*530	22	38	606	12
600	580	23	40	660	12
650	*630	24	48	726	15
700	680	25	48	776	15
750	*730	26	51	832	15
800	780	27	52.5	885	18
850	*830	28	53	936	18
900	880	29	53	986	18
1000	980	30	59	1098	20
(1100)	1080	31	60	1200	20
1200	1180	32	61	1302	20
(1300)	*1280	33	66	1412	20
1350	1320	34	71	1462	25
(1400)	*1370	35	72	1514	25
1500	1470	36	77	1624	25

【비 고】
1. 괄호를 붙인 호칭 지름의 것은 되도록 사용하지 않는다.
2. 안지름(d)은 KS B 2305에 따른다. 또한 안지름(d)에 *를 붙인 것은 KS B 2305에 없는 것을 나타낸다.

13. 호칭 압력 20K 일체 플랜지의 치수

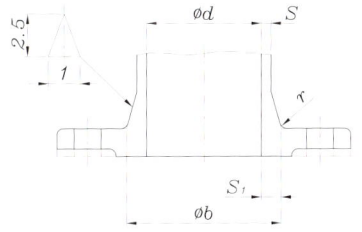

단위 : mm

호칭 지름	안지름 d	재료가 SCPH 2 또는 SC 480의 경우			
		S	S_1	b	r
10	10	6	10	30	5
15	15	7	11	37	5
20	20	7	11	42	5
25	25	7	12	49	5
32	32	7	13	58	5
40	40	8	14	68	5
50	50	8	14	78	6
65	65	8	15	95	6
80	80	9	16	112	6
(90)	90	9	16	122	6
100	100	10	17	134	6
125	125	11	20	165	8
150	150	12	23	196	8
200	200	13	24	248	8
250	250	15	28	306	10
300	300	16	29	358	10
350	335	18	34	403	12
400	380	20	38	456	12
450	430	21	39	508	12
500	480	22	41	562	12
(550)	*530	24	43	616	12
600	580	25	45	670	12
650	*630	26	57	744	15
700	680	27	58	796	15
(750)	*730	28	62	854	15
800	780	30	64	908	18
(850)	*830	31	67	964	18
900	880	32	67	1014	18

【비 고】
1. 괄호를 붙인 호칭 지름의 것은 되도록 사용하지 않는다.
2. 안지름(d)은 KS B 2305에 따른다. 또한 안지름(d)에 *를 붙인 것은 KS B 2305에 없는 것을 나타낸다.

14. 호칭 압력 30K 일체 플랜지의 치수

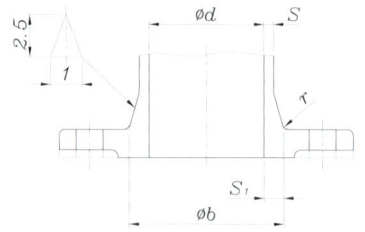

단위 : mm

호칭 지름	안지름 d	재료가 SCPH 2의 경우			
		S	S_1	b	r
15	15	7	14	43	5
20	20	8	15	50	5
25	25	8	15	55	6
32	32	8	15	62	6
40	40	9	16	72	6
50	50	9	18	86	6
65	65	10	21	107	6
80	80	10	21	122	6
(90)	90	11	22	134	6
100	100	11	22	144	8
125	125	12	25	175	8
150	150	13	28	206	10
200	200	16	31	262	10
250	250	18	33	316	12
300	300	20	36	372	12
350	335	22	41	417	15
400	380	24	45	470	15

【비 고】
1. 괄호를 붙인 호칭 지름의 것은 되도록 사용하지 않는다.
2. 안지름(d)은 KS B 2305에 따른다. 또한 안지름(d)에 *를 붙인 것은 KS B 2305에 없는 것을 나타낸다.

15. 호칭 압력 40K 일체 플랜지의 치수

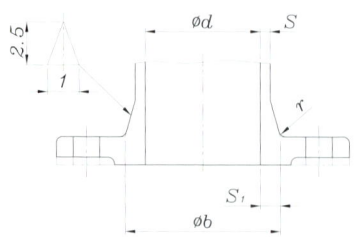

단위 : mm

호칭 지름	안지름 d	재료가 SCPH 2의 경우			
		S	S₁	b	r
15	15	8	14	43	5
20	20	9	15	50	5
25	25	9	16	57	5
32	32	9	17	66	6
40	38	10	18	74	6
50	50	10	20	90	6
65	62	11	23	108	6
80	75	12	24	123	6
(90)	85	12	24	133	6
100	100	13	26	152	6
125	120	14	30	180	8
150	150	16	35	220	8
200	200	18	38	276	10
250	245	21	43	331	10
300	295	23	45	385	12
350	325	25	48	421	12
400	375	28	54	483	12

【비 고】
1. 괄호를 붙인 호칭 지름의 것은 되도록 사용하지 않는다.
2. 안지름(d)은 KS B 2305에 따른다. 또한 안지름(d)에 *를 붙인 것은 KS B 2305에 없는 것을 나타낸다.

16. 호칭 압력 60K 일체 플랜지의 치수

단위 : mm

호칭 지름	안지름 d	재료가 SCPH 2의 경우			
		S	S₁	b	r
15	12	9	16	44	6
20	17	9	16	49	6
25	22	9	16	54	6
32	29	10	17	63	6
40	35	11	20	75	6
50	48	12	23	94	6
65	57	13	26	109	8
80	73	14	27	127	8
(90)	*85	14	29	143	8
100	98	15	31	160	8
125	120	17	35	190	10
150	146	19	39	224	10
200	190	22	44	278	12
250	238	26	52	342	12
300	283	30	56	395	15
350	310	32	60	430	15
400	355	34	64	483	15

【비 고】
1. 괄호를 붙인 호칭 지름의 것은 되도록 사용하지 않는다.
2. 안지름(d)은 KS B 2305에 따른다. 또한 안지름(d)에 *를 붙인 것은 KS B 2305에 없는 것을 나타낸다.

27-8 | 관 플랜지의 개스킷 자리 치수 KS B 1519 : 2007 (2012 확인)

1. 개스킷 자리의 모양 및 치수

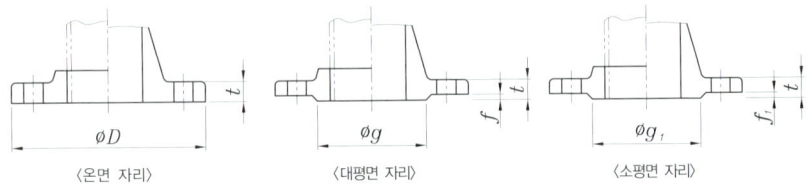

〈온면 자리〉 〈대평면 자리〉 〈소평면 자리〉

단위 : mm

호칭 지름	대평면 자리													소평면 자리	
	호칭 압력 5K		호칭 압력 10K		호칭 압력 16K		호칭 압력 20K		호칭 압력 30K		호칭 압력 40K 및 63K				
	g	f	g	f	g	f	g	f	g	f	g	f	g_1	f_1
10	39	1	46	1	46	1	46	1	52	1	52	1	35	1
15	44	1	51	1	51	1	51	1	55	1	55	1	42	1
20	49	1	56	1	56	1	56	1	60	1	60	1	50	1
25	59	1	67	1	67	1	67	1	70	1	70	1	60	1
32	70	2	76	2	76	2	76	2	80	2	80	2	68	2
40	75	2	81	2	81	2	81	2	90	2	90	2	75	2
50	85	2	96	2	96	2	96	2	105	2	105	2	90	2
65	110	2	116	2	116	2	116	2	130	2	130	2	105	2
80	121	2	126	2	132	2	132	2	140	2	140	2	120	2
90	131	2	136	2	145	2	145	2	150	2	150	2	130	2
100	141	2	151	2	160	2	160	2	160	2	165	2	145	2
125	176	2	182	2	195	2	195	2	195	2	200	2	170	2
150	206	2	212	2	230	2	230	2	235	2	240	2	205	2
175	232	2	237	2	-	-	-	-	-	-	-	-	-	-
200	252	2	262	2	275	2	275	2	280	2	290	2	260	2
225	277	2	282	2	-	-	-	-	-	-	-	-	-	-
250	317	2	324	2	345	2	345	2	345	2	355	2	315	2
300	360	3	368	3	395	3	395	3	405	3	410	3	375	3
350	403	3	413	3	440	3	440	3	450	3	455	3	415	3
400	463	3	475	3	495	3	495	3	510	3	515	3	465	3
450	523	3	530	3	560	3	560	3	-	-	-	-	-	-
500	573	3	585	3	615	3	615	3	-	-	-	-	-	-
550	630	3	640	3	670	3	670	3	-	-	-	-	-	-
600	680	3	690	3	720	3	720	3	-	-	-	-	-	-
650	735	3	740	3	770	5	790	5	-	-	-	-	-	-
700	785	3	800	3	820	5	840	5	-	-	-	-	-	-
750	840	3	855	3	880	5	900	5	-	-	-	-	-	-
800	890	3	905	3	930	5	960	5	-	-	-	-	-	-
850	940	3	955	3	980	5	1020	5	-	-	-	-	-	-
900	990	3	1005	3	1030	5	1070	5	-	-	-	-	-	-
1000	1090	3	1110	3	1140	5	-	-	-	-	-	-	-	-
1100	1200	3	1220	3	1240	5	-	-	-	-	-	-	-	-
1200	1305	3	1325	3	1350	5	-	-	-	-	-	-	-	-
1300	-	-	-	-	1450	5	-	-	-	-	-	-	-	-
1350	1460	3	1480	3	1510	5	-	-	-	-	-	-	-	-
1400	-	-	-	-	1560	5	-	-	-	-	-	-	-	-
1500	1615	3	1635	3	1670	5	-	-	-	-	-	-	-	-

2. 개스킷 자리의 모양 및 치수

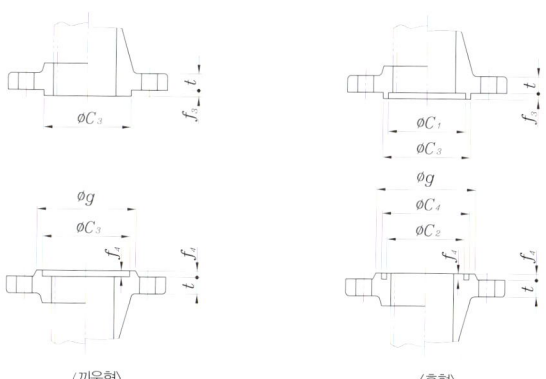

〈끼움형〉　〈홈형〉

단위 : mm

호칭 지름	끼움형				홈형					
	C_3	C_4	f_3	f_4	C_1	C_3	f_3	C_2	C_4	f_4
10	38	39	6	5	28	38	6	27	39	5
15	42	43	6	5	32	42	6	31	43	5
20	50	51	6	5	38	50	6	37	51	5
25	60	61	6	5	45	60	6	44	61	5
32	70	71	6	5	55	70	6	54	71	5
40	75	76	6	5	60	75	6	59	76	5
50	90	91	6	5	70	90	6	69	91	5
65	110	111	6	5	90	110	6	89	111	5
80	120	121	6	5	100	120	6	99	121	5
90	130	131	6	5	110	130	6	109	131	5
100	145	146	6	5	125	145	6	124	146	5
125	175	176	6	5	150	175	6	149	176	5
150	215	216	6	5	190	215	6	189	216	5
200	260	261	6	5	230	260	6	229	261	5
250	325	326	6	5	295	325	6	294	326	5
300	375	376	6	5	340	375	6	339	376	5
350	415	416	6	5	380	415	6	379	416	5
400	475	476	6	5	440	475	6	439	476	5
450	523	524	6	5	483	523	6	482	524	5
500	575	576	6	5	535	575	6	534	576	5
550	625	626	6	5	585	625	6	584	626	5
600	675	676	6	5	635	675	6	634	676	5
650	727	728	6	5	682	727	6	681	728	5
700	777	778	6	5	732	777	6	731	778	5
750	832	833	6	5	787	832	6	786	833	5
800	882	883	6	5	837	882	6	836	883	5
850	934	935	6	5	889	934	6	888	935	5
900	987	988	6	5	937	987	6	936	988	5
1000	1092	1094	6	5	1042	1092	6	1040	1094	5
1100	1192	1194	6	5	1142	1192	6	1140	1194	5
1200	1292	1294	6	5	1237	1292	6	1235	1294	5
1300	1392	1394	6	5	1337	1392	6	1335	1394	5
1350	1442	1444	6	5	1387	1442	6	1385	1444	5
1400	1492	1494	6	5	1437	1492	6	1435	1494	5
1500	1592	1594	6	5	1537	1592	6	1535	1594	5

3. 온면형 개스킷의 모양 및 치수

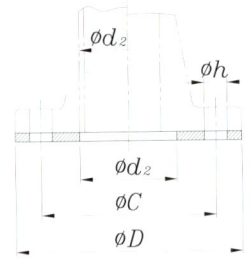

단위 : mm

개스킷의 호칭 지름	강관의 바깥지름 d_1	동 및 동합금관의 바깥지름 d_1	개스킷의 안지름 d_2	호칭 압력 2K 플랜지용					호칭 압력 5K 플랜지용				
				개스킷의 바깥지름 D	볼트 구멍의 중심원 지름 C	볼트 구멍의 지름 h	볼트 구멍의 수	개스킷의 바깥지름 D	볼트 구멍의 중심원 지름 C	볼트 구멍의 지름 h	볼트 구멍의 수
10	17.3		18	-	-	-	-	75	55	12	4
15	21.7		22	-	-	-	-	80	60	12	4
20	27.2		28	-	-	-	-	85	65	12	4
25	34.0		35	-	-	-	-	95	75	12	4
32	42.7		43	-	-	-	-	115	90	15	4
40	48.6		49	-	-	-	-	120	95	15	4
50	60.5		61	-	-	-	-	130	105	15	4
65	76.3		77	-	-	-	-	155	130	15	4
80	89.1		90	-	-	-	-	180	145	19	4
90	101.6		102	-	-	-	-	190	155	19	4
100	114.3		115	-	-	-	-	200	165	19	8
125	139.8		141	-	-	-	-	235	200	19	8
150	165.2		167	-	-	-	-	265	230	19	8
175	190.7		192	-	-	-	-	300	260	23	8
200	216.3		218	-	-	-	-	320	280	23	8
225	241.8		244	-	-	-	-	345	305	23	12
250	267.4		270	-	-	-	-	385	345	23	12
300	318.5	비고 2에 따른다.	321	-	-	-	-	430	390	23	12
350	355.6		359	-	-	-	-	480	435	25	12
400	406.4		410	-	-	-	-	540	495	25	16
450	457.2		460	605	555	23	16	605	555	25	16
500	508.0		513	655	605	23	20	655	605	25	20
550	558.8		564	720	665	25	20	720	665	27	20
600	609.6		615	770	715	25	20	770	715	27	20
650	660.4		667	825	770	25	24	825	770	27	24
700	711.2		718	875	820	25	24	875	820	27	24
750	762.0		770	945	880	27	24	945	880	33	24
800	812.8		820	995	930	27	24	995	930	33	24
850	863.6		872	1045	980	27	24	1045	980	33	24
900	914.2		923	1095	1030	27	24	1095	1030	33	24
1000	1016.0		1025	1195	1130	27	28	1195	1130	33	28
1100	1117.6		1130	1305	1240	27	28	1305	1240	33	28
1200	1219.2		1230	1420	1350	27	32	1420	1350	33	32
1350	1371.6		1385	1575	1505	27	32	1575	1505	33	32
1500	1524.0		1540	1730	1660	27	36	1730	1660	33	36

■ 온면형 개스킷의 모양 및 치수 (계속)

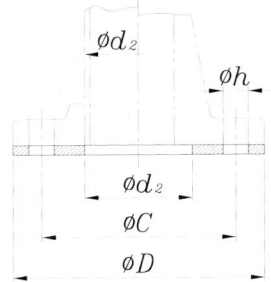

단위 : mm

개스킷의 호칭 지름	강관의 바깥지름 d_1	동 및 동합금관의 바깥지름 d_1	개스킷의 안지름 d_2	호칭 압력 10K 플랜지용				호칭 압력 16K 플랜지용			
				개스킷의 바깥지름 D	볼트 구멍의 중심원 지름 C	볼트 구멍의 지름 h	볼트 구멍의 수	개스킷의 바깥지름 D	볼트 구멍의 중심원 지름 C	볼트 구멍의 지름 h	볼트 구멍의 수
10	17.3		18	90	65	15	4	90	65	15	4
15	21.7		22	95	70	15	4	95	70	15	4
20	27.2		28	100	75	15	4	100	75	15	4
25	34.0		35	125	90	19	4	125	90	19	4
32	42.7		43	135	100	19	4	135	100	19	4
40	48.6		49	140	105	19	4	140	105	19	4
50	60.5		61	155	120	19	4	155	120	19	8
65	76.3		77	175	140	19	4	175	140	19	8
80	89.1		90	185	150	19	8	200	160	23	8
90	101.6		102	195	160	19	8	210	170	23	8
100	114.3		115	210	175	19	8	225	185	23	8
125	139.8		141	250	210	23	8	270	225	25	8
150	165.2		167	280	240	23	8	305	260	25	12
175	190.7		192	305	265	23	12	-	-	-	-
200	216.3		218	330	290	23	12	350	305	25	12
225	241.8		244	350	310	23	12	-	-	-	-
250	267.4	비고 2에 따른다.	270	400	355	25	12	430	380	27	12
300	318.5		321	445	400	25	16	480	430	27	16
350	355.6		359	490	445	25	16	540	480	33	16
400	406.4		410	560	510	27	16	605	540	33	16
450	457.2		460	620	565	27	20	675	605	33	20
500	508.0		513	675	620	27	20	730	660	33	20
550	558.8		564	745	680	33	20	795	720	39	20
600	609.6		615	795	730	33	24	845	770	39	24
650	660.4		667	845	780	33	24	-	-	-	-
700	711.2		718	905	840	33	24	-	-	-	-
750	762.0		770	970	900	33	24	-	-	-	-
800	812.8		820	1020	950	33	28	-	-	-	-
850	863.6		872	1070	1000	33	28	-	-	-	-
900	914.0		923	1120	1050	33	28	-	-	-	-
1000	1016.0		1025	1235	1160	39	28	-	-	-	-
1100	1117.6		1130	1345	1270	39	28	-	-	-	-
1200	1219.2		1230	1465	1380	39	32	-	-	-	-
1350	1371.6		1385	1630	1540	45	36	-	-	-	-
1500	1524.0		1540	1795	1700	45	40	-	-	-	-

4. 링 개스킷의 모양 및 치수

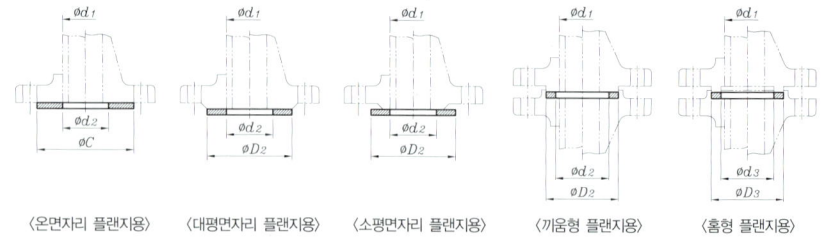

〈온면자리 플랜지용〉 〈대평면자리 플랜지용〉 〈소평면자리 플랜지용〉 〈끼움형 플랜지용〉 〈홈형 플랜지용〉

단위 : mm

개스킷의 호칭 지름	강관의 바깥 지름 d_1	개스킷의 안지름 d_2	온면 자리, 대평면 자리, 소평면 자리 플랜지용 개스킷의 바깥지름 D_2			홈형 플랜지 호칭 압력 10K					
			호칭 압력 2K	호칭 압력 5K	호칭 압력 10K		호칭 압력 16K	호칭 압력 20K	호칭 압력 30K	호칭 압력 40K	호칭 압력 63K
10	17.3	18	-	45	53	55	53	53	59	59	64
15	21.7	22	-	50	58	60	58	58	64	64	69
20	27.2	28	-	55	63	65	63	63	69	69	75
25	34.0	35	-	65	74	78	74	74	79	79	80
32	42.7	43	-	78	84	88	84	84	89	89	90
40	48.6	49	-	83	89	93	89	89	100	100	108
50	60.5	61	-	93	104	108	104	104	114	114	125
65	76.3	77	-	118	124	128	124	124	140	140	153
80	89.1	90	-	129	134	138	140	140	150	150	163
90	101.6	102	-	139	144	148	150	150	163	163	181
100	114.3	115	-	149	159	163	165	165	173	183	196
125	139.8	141	-	184	190	194	203	203	208	226	235
150	165.2	167	-	214	220	224	238	238	251	265	275
175	190.7	192	-	240	245	249	-	-	-	-	-
200	216.3	218	-	260	270	274	283	283	296	315	330
225	241.8	244	-	285	290	294	-	-	-	-	-
250	267.4	270	-	325	333	335	356	356	360	380	394
300	318.5	321	-	370	378	380	406	406	420	434	449
350	355.6	359	-	413	423	425	450	450	465	479	488
400	406.4	410	-	473	486	488	510	510	524	534	548
450	457.2	460	535	533	541	-	575	575	-	-	-
500	508.0	513	585	583	596	-	630	630	-	-	-
550	558.8	564	643	641	650	-	684	684	-	-	-
600	609.6	615	693	691	700	-	734	734	-	-	-
650	660.4	667	748	746	750	-	784	805	-	-	-
700	711.2	718	798	796	810	-	836	855	-	-	-
750	762.0	770	856	850	870	-	896	918	-	-	-
800	812.8	820	906	900	920	-	945	978	-	-	-
850	863.6	872	956	950	970	-	995	1038	-	-	-
900	914.4	923	1006	1000	1020	-	1045	1088	-	-	-
1000	1016.0	1025	1106	1100	1124	-	1158	-	-	-	-
1100	1117.6	1130	1216	1210	1234	-	1258	-	-	-	-
1200	1219.2	1230	1326	1320	1344	-	1368	-	-	-	-
1300	1320.8	1335	-	-	-	-	1474	-	-	-	-
1350	1371.6	1385	1481	1475	1498	-	1534	-	-	-	-
1400	1422.4	1435	-	-	-	-	1584	-	-	-	-
1500	1524.0	1540	1636	1630	1658	-	1694	-	-	-	-

■ 링 개스킷의 모양 및 치수 (계속)

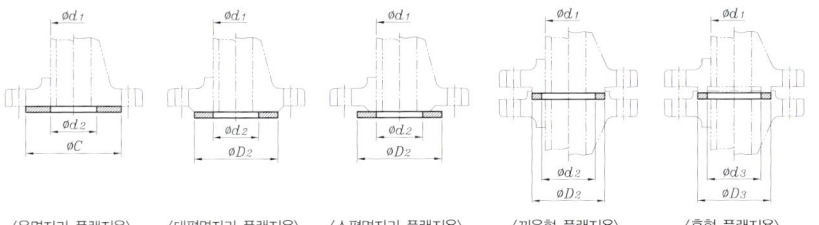

〈온면자리 플랜지용〉　〈대평면자리 플랜지용〉　〈소평면자리 플랜지용〉　〈끼움형 플랜지용〉　〈홈형 플랜지용〉

단위 : mm

개스킷의 호칭 지름	강관의 바깥지름 d_1	개스킷의 안지름 d_2	끼움형 플랜지용		홈형 플랜지용	
			개스킷의 안지름 d_2	개스킷의 바깥지름 D_3	개스킷의 안지름 d_3	개스킷의 바깥지름 D_3
10	17.3	18	18	38	28	38
15	21.7	22	22	42	32	42
20	27.2	28	28	50	38	50
25	34.0	35	35	60	45	60
32	42.7	43	43	70	55	70
40	48.6	49	49	75	60	75
50	60.5	61	61	90	70	90
65	76.3	77	77	110	90	110
80	89.1	90	90	120	100	120
90	101.6	102	102	130	110	130
100	114.3	115	115	145	125	145
125	139.8	141	141	175	150	175
150	165.2	167	167	215	190	215
175	190.7	192	-	-	-	-
200	216.3	218	218	260	230	260
225	241.8	244	-	-	-	-
250	267.4	270	270	325	295	325
300	318.5	321	321	375	340	375
350	355.6	359	359	415	380	415
400	406.4	410	410	475	440	475
450	457.2	460	460	523	483	523
500	508.0	513	513	575	535	575
550	558.8	564	564	625	585	625
600	609.6	615	615	675	635	675
650	660.4	667	667	727	682	727
700	711.2	718	718	777	732	777
750	762.0	770	770	832	787	832
800	812.8	820	820	882	837	882
850	863.6	872	872	934	889	934
900	914.4	923	923	987	937	987
1000	1016.0	1025	1025	1092	1042	1092
1100	1117.6	1130	1130	1192	1142	1192
1200	1219.2	1230	1230	1292	1237	1292
1300	1320.8	1335	1335	1392	1337	1392
1350	1371.6	1385	1385	1442	1387	1442
1400	1422.4	1435	1435	1492	1437	1492
1500	1524.0	1540	1540	1592	1537	1592

27-9 | 유압용 21MPa 관 삽입 용접 플랜지 KS B 1521 : 2002 (2012 확인)

1. 플랜지의 모양 및 치수(SHA 및 SHB)

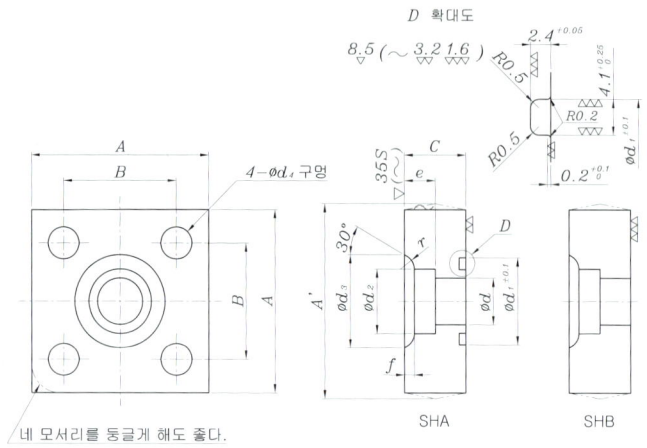

단위 : mm

크기의 호칭	A	A' (최대)	B	C	d	d_1	d_2	e	d_3	d_4	f	r	참고 볼트	참고 O링
15	63	±1	67	40	22	0 -1	16	30	22.2	+0.2 0	11	32	11	3.5	5	M10	G25
20	68		72	45	22		20	35	27.7		12	38	11	4.0	5	M10	G30
25	80	±1.2	85	53	±0.2 28	0 -1.5	25	40	34.5		14	45	13	4.0	5	M12	G35
32	90		95	63	28		31.5	45	43.2	+0.3 0	16	56	13	6.0	5	M12	G40
40	100	±1.5	106	70	36		37.5	55	49.1	±0.1	18	63	18	7.0	5	M16	G50
50	112		118	80	36	0 -2	47.5	65	61.1		20	75	18	7.0	5	M16	G60
65	140	±2	148	100	±0.4 45		60	80	77.1	+0.4 0	22	95	22	9.5	6	M20	G75
80	155		163	112	45		71	90	90.0		25	108	24	11.0	6	M20	G85

■ 플랜지의 종류 및 구분

모양에 따른 구분	볼트의 구분	O링 홈의 유우	종류를 표시하는 기호
유로가 똑바른 것	6각 볼트	있음	SHA
		없음	SHB
	6각 구멍붙이 볼트	있음	SSA
		없음	SSB
유로가 직각으로 구부러져 있는 것	6각 구멍붙이 볼트	있음	LSA

2. 플랜지의 모양 및 치수(SSA)

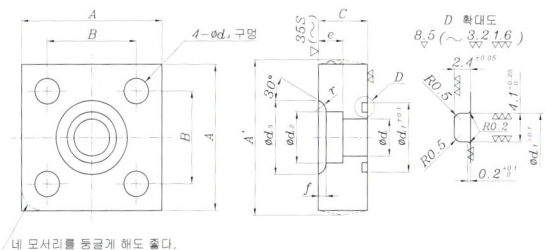

네 모서리를 둥글게 해도 좋다.

단위 : mm

크기의 호칭	A	A' (최대)	B	C	d	d_1	d_2	e	d_3	d_4	f	r	참고 볼트	참고 O링
15	54	±1	58	36	22	0	16	30	22.2	+0.2	11	32	11	3.5	5	M10	G25
20	58		62	40	22	-1	20	35	27.7	0	12	38	11	4.0	5	M10	G30
25	68		73	48	±0.2	28	0	25	40	34.5		14	45	13	4.0	5	M12	G35
32	76	±1.2	81	56		28	-1.5	31.5	45	43.2	+0.3	16	56	13	6.0	5	M12	G40
40	92		98	65		36		37.5	55	49.1	0	18	63	18	7.0	5	M16	G50
50	100	±1.5	106	73	±0.4	36	0	47.5	65	61.1	±0.1	20	75	18	7.0	5	M16	G60
65	128		136	92		45	-2	60	80	77.1	+0.4	22	95	22	9.5	6	M20	G75
80	140	±2	148	103		45		71	90	90.0		25	108	24	11.0	6	M20	G85

3. 플랜지의 모양 및 치수(SSB)

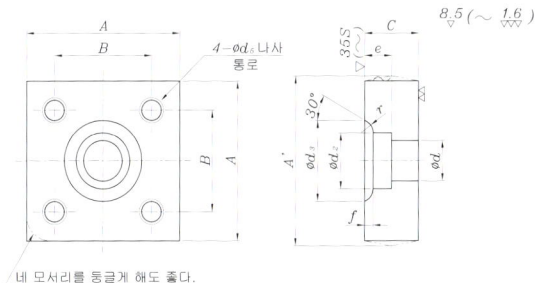

네 모서리를 둥글게 해도 좋다.

단위 : mm

크기의 호칭	A	A' (최대)	B	C	d	d_2	e	d_3	d_5	f	r
15	54	±1	58	36	22	0	16	22.2	+0.2	11	32	M10	3.5	5
20	58		62	40	22	-1	20	27.7	0	12	38	M10	4.0	5
25	68		73	48	±0.2	28	0	25	34.5		14	45	M12	4.0	5
32	76	±1.2	81	56		28	-1.5	31.5	43.2	+0.3	16	56	M12	6.0	5
40	92		98	65		36		37.5	49.1	0	18	63	M16	7.0	5
50	100	±1.5	106	73	±0.4	36	0	47.5	61.1		20	75	M16	7.0	5
65	128		136	92		45	-2	60	77.1	+0.4	22	95	M20	9.5	6
80	140	±2	148	103		45		71	90.0		25	108	M22	11.0	6

4. 플랜지의 모양 및 치수(LSA)

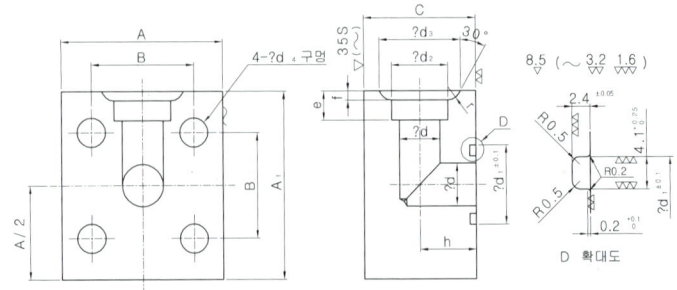

단위 : mm

크기의 호칭	A		A₁		B		C	h	d	d₁	d₂		e	d₃	d₄	f	r	참고	
																		볼트	O링
15	54		63		36		40	20	16	30	22.2	+0.2	11	32	11	3.5	5	M10	G25
20	58	±1	70	±1	40	±0.2	45	22.5	20	35	27.7	0	12	38	11	4.0	5	M10	G30
25	68		82		48		50	25	25	40	34.5		14	45	13	4.0	5	M12	G35
32	76	±1.2	92	±1.2	56		63	0	31.5	31.5	45	43.2	+0.3	16	56	13	6.0	5	M12	G40
40	92		110		65		71	-2	35.5	37.5	55	49.1	0	18	63	18	7.0	5	M16	G50
50	100	±1.5	125		73		85		42.5	47.5	65	61.1		20	75	18	7.0	5	M16	G60
65	128		150	±1.5	92	±0.4	106		53	60	80	77.1	+0.4	22	95	22	9.5	6	M20	G75
80	140	±2	170	±2	103		118		59	71	90	90.0	0	25	108	24	11.0	6	M20	G85

 27-10 | 배관용 강관

1. 배관용 탄소 강관 KS D 3507 : 2008

■ 종류 및 기호

종류의 기호	구분	비고
SPP	흑관	아연 도금을 하지 않은 관
	백관	흑관에 아연 도금을 한 관

【비 고】
• 도면, 대장·전표 등에 기호로 백관을 구분할 필요가 있을 경우에는, 종류의 기호 끝에 −ZN을 부기한다.
• 다만, 제품의 표시에는 적용하지 않는다.

■ 화학성분

종류의 기호	화학 성분 %	
	P	S
SPP	0.040 이하	0.040 이하

■ 기계적 성질

종류의 기호	인장 시험			
	인장 강도 N/mm²	연신율 %		
		11호 시험편 12호 시험편		5호 시험편
		세로방향		가로방향
SPP	294 이상	30 이상		25 이상

■ 치수, 무게 및 치수의 허용차

호칭 지름	바깥지름 mm	바깥지름의 허용차		두께 mm	두께의 허용차	소켓을 포함하지 않은 무게 kg/m
		테이퍼 나사관	기타 관			
6	10.5	±0.5 mm	±0.5 mm	2.0		0.419
8	13.8	±0.5 mm	±0.5 mm	2.35		0.664
10	17.3	±0.5 mm	±0.5 mm	2.35		0.866
15	21.7	±0.5 mm	±0.5 mm	2.65		1.25
20	27.2	±0.5 mm	±0.5 mm	2.65		1.60
25	34.0	±0.5 mm	±0.5 mm	3.25		2.45
32	42.7	±0.5 mm	±0.5 mm	3.25	+ 규정하지 않음 − 12.5%	3.16
40	48.6	±0.5 mm	±0.5 mm	3.25		3.63
50	60.5	±0.5 mm	±1 %	3.65		5.12
65	76.3	±0.7 mm	±1 %	3.65		6.34
80	89.1	±0.8 mm	±1 %	4.05		8.49
90	101.6	±0.8 mm	±1 %	4.05		9.74
100	114.3	±0.8 mm	±1 %	4.5		12.2
125	139.8	±0.8 mm	±1 %	4.85		16.1

[참고] 배관용 탄소강 강관 JIS G 3452 : 2010

호칭 지름	바깥지름 mm	바깥지름의 허용차		두께 mm	두께의 허용차	소켓을 포함하지 않은 무게 kg/m
		테이퍼 나사관	기타 관			
150	165.2	±0.8 mm	±1 %	4.85		19.2
175	190.7	±0.9 mm	±1 %	5.3		24.2
200	216.3	±1.0 mm	±1 %	5.85		30.4
225	241.8	±1.2 mm	±1 %	6.2		36.0
250	267.4	±1.3 mm	±1 %	6.40		41.2
300	318.5	±1.5 mm	±1 %	7.00	+ 규정하지 않음 − 12.5%	53.8
350	355.6	−	±1 %	7.60		65.2
400	406.4	−	±1 %	7.9		77.6
450	457.2	−	±1 %	7.9		87.5
500	508.0	−	±1 %	7.9		97.4
550	558.8	−	±1 %	7.9		107.0
600	609.6	−				117.0

■ 종류의 기호

종류의 기호	제조 방법을 나타내는 기호		제조 방법을 나타내는 기호의 표시	아연 도금 구분
	제조 방법	다듬질 방법		
SGP	전기저항용접 : E 단접 : B	열간가공 : H 냉간가공 : C 전기저항용접한 대로 : G	전기저항용접한 강-E-G 열간가공 전기저항용접강관-E-H 열간가공 전기저항용접강관-E-C 단접강관 : B	흑관 : 아연 도금을 하지 않은 관 백관 : 흑관에 아연 도금을 한 관

■ 치수, 무게 및 치수의 허용차

호칭 지름		바깥지름 mm	바깥지름의 허용차		두께 mm	두께의 허용차	소켓을 포함하지 않은 단위 질량 kg/m
A	B		테이퍼 나사관	기타 관			
6	1/8	10.5	±0.5 mm	±0.5 mm	2.0		0.419
8	1/4	13.8	±0.5 mm	±0.5 mm	2.3		0.652
10	3/8	17.3	±0.5 mm	±0.5 mm	2.3		0.851
15	1/2	21.7	±0.5 mm	±0.5 mm	2.8		1.31
20	3/4	27.2	±0.5 mm	±0.5 mm	2.8		1.68
25	1	34.0	±0.5 mm	±0.5 mm	3.2		2.43
32	1 1/4	42.7	±0.5 mm	±0.5 mm	3.5		3.38
40	1 1/2	48.6	±0.5 mm	±0.5 mm	3.5		3.89
50	2	60.5	±0.5 mm	±1 %	3.8		5.31
65	2 1/2	76.3	±0.7 mm	±1 %	4.2		7.47
80	3	89.1	±0.8 mm	±1 %	4.2	+ 규정하지 않음 - 12.5%	8.79
90	3 1/2	101.6	±0.8 mm	±1 %	4.2		10.1
100	4	114.3	±0.8 mm	±1 %	4.5		12.2
125	5	139.8	±0.8 mm	±1 %	4.5		15.0
150	6	165.2	±0.8 mm	±1.6 mm	5.0		19.8
175	7	190.7	±0.9 mm	±1.6 mm	5.3		24.2
200	8	216.3	±1.0 mm	±0.8 %	5.8		30.1
225	9	241.8	±1.2 mm	±0.8 %	6.2		36.0
250	10	267.4	±1.3 mm	±0.8 %	6.6		42.4
300	12	318.5	±1.5 mm	±0.8 %	6.9		53.0
350	14	355.6	-	±0.8 %	7.9		67.7
400	16	406.4	-	±0.8 %	7.9		77.6
450	18	457.2	-	±0.8 %	7.9		87.5
500	20	508.0	-	±0.8 %	7.9		97.8

2. 압력 배관용 탄소 강관 KS D 3562 : 2009

■ 종류의 기호 및 화학 성분

종류의 기호	화학 성분(%)				
	C	Si	Mn	P	S
SPPS 380	0.25 이하	0.35 이하	0.30~0.90	0.040 이하	0.040 이하
SPPS 420	0.30 이하	0.35 이하	0.30~1.00	0.040 이하	0.040 이하

■ 기계적 성질

종류의 기호	인장강도 N/mm^2	항복점 또는 항복강도 N/mm^2	연신율 %			
			11호 시험편 12호 시험편	5호 시험편	4호 시험편	4호 시험편
			세로 방향	가로 방향	가로 방향	세로 방향
SPPS 380	380 이상	220 이상	30 이상	25 이상	23 이상	28 이상
SPPS 420	420 이상	250 이상	25 이상	20 이상	19 이상	24 이상

■ 관의 바깥지름 및 두께의 허용차

구분	바깥 지름	허용차	두께의 허용차
열간가공 이음매 없는 강관	호칭지름 40 이하	±0.5 mm	4mm 미만 +0.6 mm -0.5 mm 4mm 이상 +15 % -12.5%
	호칭지름 50 이상 호칭지름 125 이하	±1 %	
	호칭지름 150	±1.6 mm	
	호칭지름 200 이상	±0.8 %	
	단, 호칭지름 350 이상은 둘레 길이에 따를 수 있다. 이 경우의 허용차는 ±0.5 %로 한다.		
냉간가공 이음매 없는 강관 및 전기저항 용접 강관	호칭지름 25 이상	±0.3 mm	3mm 미만 ±0.3 mm 3mm 이상 ±10 %
	호칭지름 32 이상	±0.8 %	
	단, 호칭지름 350 이상은 둘레 길이에 따를 수 있다. 이 경우의 허용차는 ±0.5 %로 한다.		

■ 수압 시험 압력

단위 : MPa

스케줄 번호	10	20	30	40	60	80
시험 압력	2.0	3.5	5.0	6.0	9.0	12.0

■ 압력 배관용 탄소강 강관의 치수, 무게

호칭지름		바깥지름 mm	호칭 두께												
			스케줄 10		스케줄 20		스케줄 30		스케줄 40		스케줄 60		스케줄 80	
A	B		두께 mm	단위 질량 kg/m	두께 mm	단위 질량 kg/m	두께 mm	단위 질량 kg/m	두께 mm	단위 질량 kg/m	두께 mm	단위 질량 kg/m	두께 mm	단위 질량 kg/m
6	1/8	10.5	-	-	-	-	-	-	1.7	0.369	2.2	0.450	2.4	0.479
8	1/4	13.8	-	-	-	-	-	-	2.2	0.629	2.4	0.675	3.0	0.799
10	3/8	17.3	-	-	-	-	-	-	2.3	0.851	2.8	1.00	3.2	1.11
15	1/2	21.7	-	-	-	-	-	-	2.8	1.31	3.2	1.46	3.7	1.64
20	3/4	27.2	-	-	-	-	-	-	2.9	1.74	3.4	2.00	3.9	2.24
25	1	34.0	-	-	-	-	-	-	3.4	2.57	3.9	2.89	4.5	3.27
32	1¼	42.7	-	-	-	-	-	-	3.6	3.47	4.5	4.24	4.9	4.57
40	1½	48.6	-	-	-	-	-	-	3.7	4.10	4.5	4.89	5.1	5.47
50	2	60.5	-	-	3.2	4.52	-	-	3.9	5.44	4.9	6.72	5.5	7.46
65	2½	76.3	-	-	4.5	7.97	-	-	5.2	9.12	6.0	10.4	7.0	12.0
80	3	89.1	-	-	4.5	9.39	-	-	5.5	11.3	6.6	13.4	7.6	15.3
90	3½	101.6	-	-	4.5	10.8	-	-	5.7	13.5	7.0	16.3	8.1	18.7
100	4	114.3	-	-	4.9	13.2	-	-	6.0	16.0	7.1	18.8	8.6	22.4
125	5	139.8	-	-	5.1	16.9	-	-	6.6	21.7	8.1	26.3	9.5	30.5
150	6	165.2	-	-	5.5	21.7	-	-	7.1	27.7	9.3	35.8	11.0	41.8
200	8	216.3	-	-	6.4	33.1	7.0	36.1	8.2	42.1	10.3	52.3	12.7	63.8
250	10	267.4	-	-	6.4	41.2	7.8	49.9	9.3	59.2	12.7	79.8	15.1	93.9
300	12	318.5	-	-	6.4	49.3	8.4	64.2	10.3	78.3	14.3	107	17.4	129
350	14	355.6	6.4	55.1	7.9	67.7	9.5	81.1	11.1	94.3	15.1	127	19.0	158
400	16	406.4	6.4	63.1	7.9	77.6	9.5	93.0	12.7	123	16.7	160	21.4	203
450	18	457.2	6.4	71.1	7.9	87.5	11.1	122	14.3	156	19.0	205	23.8	254
500	20	508.0	6.4	79.2	9.5	117	12.7	155	15.1	184	20.6	248	26.2	311
550	22	558.8	6.4	87.2	9.5	129	12.7	171	15.9	213	-	-	-	-
600	24	609.6	6.4	95.2	9.5	141	14.3	228	-	-	-	-	-	-
650	26	660.4	7.9	103	12.7	203	-	-	-	-	-	-	-	-

【비 고】
1. 관의 호칭방법은 호칭지름 및 호칭두께(스케줄 번호)에 따른다.
2. 무게의 수치는 $1cm^3$의 강을 7.85g으로 하여, 다음 식에 따라 계산하고 KS Q 5002에 따라 유효숫자 셋째자리에서 끝맺음한다.
 $W = 0.02466t(D-t)$
 여기에서 W : 관의 무게 (kg/m)
    t : 관의 두께 (mm)
    D : 관의 바깥지름 (mm)
3. 굵은 선 내의 치수는 자주 사용되는 품목을 표시한다.

[참고] 압력 배관용 탄소강 강관 JIS G 3454 : 2007

■ 종류의 기호

종류의 기호	제조 방법을 나타내는 기호			아연 도금 구분
	제조 방법	다듬질 방법	표시	
STPG 370	이음매 없음 : S 전기저항용접 : E	열간가공 : H 냉간가공 : C 전기저항용접한 대로 : G	열간가공 이음매 없는 강관 -S-H 냉간가공 이음매 없는 강관 -S-C 전기 저항 용접한 강관 -E-G 열간가공 전기 저항 용접 강관 -E-H 냉간가공 전기 저항 용접 강관 -E-H	흑관 : 아연도금을 하지 않은 관 백관 : 아연도금을 한 관
STPG 410				

■ 압력 배관용 탄소강 강관의 치수 및 단위 질량

호칭지름		바깥지름 mm	호칭 두께											
			스케줄 10		스케줄 20		스케줄 30		스케줄 40		스케줄 60		스케줄 80	
A	B		두께 mm	단위질량 kg/m	두께 mm	단위질량 kg/m	두께 mm	단위질량 kg/m	두께 mm	단위질량 kg/m	두께 mm	단위질량 kg/m	두께 mm	단위질량 kg/m
6	1/8	10.5	-	-	-	-	-	-	1.7	0.369	2.2	0.450	2.4	0.479
8	1/4	13.8	-	-	-	-	-	-	2.2	0.629	2.4	0.675	3.0	0.799
10	3/8	17.3	-	-	-	-	-	-	2.3	0.851	2.8	1.00	3.2	1.11
15	1/2	21.7	-	-	-	-	-	-	2.8	1.31	3.2	1.46	3.7	1.64
20	3/4	27.2	-	-	-	-	-	-	2.9	1.74	3.4	2.00	3.9	2.24
25	1	34.0	-	-	-	-	-	-	3.4	2.57	3.9	2.89	4.5	3.27
32	1¼	42.7	-	-	-	-	-	-	3.6	3.47	4.5	4.24	4.9	4.57
40	1½	48.6	-	-	-	-	-	-	3.7	4.10	4.5	4.89	5.1	5.47
50	2	60.5	-	-	3.2	4.52	-	-	3.9	5.44	4.9	6.72	5.5	7.46
65	2½	76.3	-	-	4.5	7.97	-	-	5.2	9.12	6.0	10.4	7.0	12.0
80	3	89.1	-	-	4.5	9.39	-	-	5.5	11.3	6.6	13.4	7.6	15.3
90	3½	101.6	-	-	4.5	10.8	-	-	5.7	13.5	7.0	16.3	8.1	18.7
100	4	114.3	-	-	4.9	13.2	-	-	6.0	16.0	7.1	18.8	8.6	22.4
125	5	139.8	-	-	5.1	16.9	-	-	6.6	21.7	8.1	26.3	9.5	30.5
150	6	165.2	-	-	5.5	21.7	-	-	7.1	27.7	9.3	35.8	11.0	41.8
200	8	216.3	-	-	6.4	33.1	7.0	36.1	8.2	42.1	10.3	52.3	12.7	63.8
250	10	267.4	-	-	6.4	41.2	7.8	49.9	9.3	59.2	12.7	79.8	15.1	93.9
300	12	318.5	-	-	6.4	49.3	8.4	64.2	10.3	78.3	14.3	107	17.4	129
350	14	355.6	6.4	55.1	7.9	67.7	9.5	81.1	11.1	94.3	15.1	127	19.0	158
400	16	406.4	6.4	63.1	7.9	77.6	9.5	93.0	12.7	123	16.7	160	21.4	203
450	18	457.2	6.4	71.1	7.9	87.5	11.1	122	14.3	156	19.0	205	23.8	254
500	20	508.0	6.4	79.2	9.5	117	12.7	155	15.1	184	20.6	248	26.2	311
550	22	558.8	6.4	87.2	9.5	129	12.7	171	15.9	213	-	-	-	-
600	24	609.6	6.4	95.2	9.5	141	14.3	228	-	-	-	-	-	-
650	26	660.4	7.9	103	12.7	203	-	-	-	-	-	-	-	-

3. 고압 배관용 탄소 강관 KS D 3564 : 2009

■ 종류의 기호 및 화학 성분

종류의 기호	화학 성분 %				
	C	Si	Mn	P	S
SPPH 380	0.25 이하	0.10~0.35	0.30~1.10	0.035 이하	0.035 이하
SPPH 420	0.30 이하	0.10~0.35	0.30~1.40	0.035 이하	0.035 이하
SPPH 490	0.33 이하	0.10~0.35	0.30~1.50	0.035 이하	0.035 이하

■ 기계적 성질

종류의 기호	인장강도 N/mm^2	항복점 또는 항복강도 N/mm^2	연신율 %					
			11호 시험편 12호 시험편		5호 시험편		4호 시험편	
			세로 방향	가로 방향	세로 방향	가로 방향	세로 방향	가로 방향
SPPH 380	380 이상	220 이상	30 이상	25 이상	28 이상	23 이상		
SPPH 420	420 이상	250 이상	25 이상	20 이상	24 이상	19 이상		
SPPH 490	490 이상	280 이상	25 이상	20 이상	22 이상	17 이상		

■ 바깥지름, 두께 및 두께 편차의 허용차

구 분	바깥지름	허용차	두께	허용차	두께 편차의 허용차
열간가공 이음매없는 강관	50 mm 미만	±0.5 mm	4 mm 미만	±0.5 mm	두께의 20% 이하
	50 mm 이상 160 mm 미만	±1 %	4 mm 이상	±12.5 %	
	160 mm 이상 200 mm 미만	±1.6 mm			
	200 mm 이상	±0.8 %			
	단, 호칭지름 350mm 이상은 둘레 길이에 따를 수 있다. 이 경우의 허용차는 ±0.5 %로 한다.				
냉간가공 이음매없는 강관	40 mm 미만	±0.3 mm	2 mm 미만	±0.2 mm	
	40 mm 이상	±0.8 %	2 mm 이상	±10 %	
	단, 호칭지름 350 mm 이상은 둘레 길이에 따를 수 있다. 이 경우의 허용차는 ±0.5 %로 한다.				

■ 수압 시험 압력

단위 : MPa

스케줄 번호	40	60	80	100	120	140	160
시험 압력	6.0	9.0	12.0	15.0	18.0	20.0	20.0

■ 압력 배관용 탄소강 강관의 치수, 무게

호칭지름 A	바깥지름 mm	스케줄 40 두께 mm	스케줄 40 무게 kg/m	스케줄 60 두께 mm	스케줄 60 무게 kg/m	스케줄 80 두께 mm	스케줄 80 무게 kg/m	스케줄 100 두께 mm	스케줄 100 무게 kg/m	스케줄 120 두께 mm	스케줄 120 무게 kg/m	스케줄 140 두께 mm	스케줄 140 무게 kg/m	스케줄 160 두께 mm	스케줄 160 무게 kg/m
6	10.5	1.7	0.369	-	-	2.4	0.479	-	-	-	-	-	-	-	-
8	13.8	2.2	0.629	-	-	3.0	0.799	-	-	-	-	-	-	-	-
10	17.3	2.3	0.851	-	-	3.2	1.11	-	-	-	-	-	-	-	-
15	21.7	2.8	1.31	-	-	3.7	1.64	-	-	-	-	-	-	4.7	1.97
20	27.2	2.9	1.74	-	-	3.9	2.24	-	-	-	-	-	-	5.5	2.94
25	34.0	3.4	2.57	-	-	4.5	3.27	-	-	-	-	-	-	6.4	4.36
32	42.7	3.6	3.47	-	-	4.9	4.57	-	-	-	-	-	-	6.4	5.73
40	48.6	3.7	4.10	-	-	5.1	5.47	-	-	-	-	-	-	7.1	7.27
50	60.5	3.9	5.44	-	-	5.5	7.46	-	-	-	-	-	-	8.7	11.1
65	76.3	5.2	9.12	-	-	7.0	12.0	-	-	-	-	-	-	9.5	15.6
80	89.1	5.5	11.3	-	-	7.6	15.3	-	-	-	-	-	-	11.1	21.4
90	101.6	5.7	13.5	-	-	8.1	18.7	-	-	-	-	-	-	12.7	27.8
100	114.3	6.0	16.0	-	-	8.6	22.4	-	-	11.1	28.2	-	-	13.5	33.6
125	139.8	6.6	21.7	-	-	9.5	30.5	-	-	12.7	39.8	-	-	15.9	48.6
150	165.2	7.1	27.7	-	-	11.0	41.8	-	-	14.3	53.2	-	-	18.2	66.0
200	216.3	8.2	42.1	10.3	52.3	12.7	63.8	15.1	74.9	18.2	88.9	20.6	99.4	23.0	110
250	267.4	9.3	59.2	12.7	79.8	15.1	93.9	18.2	112	21.4	130	25.4	152	28.6	168
300	318.5	10.3	78.3	14.3	107	17.4	129	21.4	157	25.4	184	28.6	204	33.3	234
350	355.6	11.1	94.3	15.1	127	19.0	158	23.8	195	27.8	225	31.8	254	35.7	282
400	406.4	12.7	123	16.7	160	21.4	203	26.2	246	30.9	286	36.5	333	40.5	365
450	457.2	14.3	156	19.0	205	23.8	254	29.4	310	34.9	363	39.7	409	45.2	459
500	508.0	15.1	184	20.6	248	26.2	311	32.5	381	38.1	441	44.4	508	50.0	565
550	558.8	15.9	213	22.2	294	28.6	374	34.9	451	41.3	527	47.6	600	54.0	672
600	609.6	17.5	256	24.6	355	31.0	442	38.9	547	46.0	639	52.4	720	59.5	807
650	660.4	18.9	299	26.4	413	34.0	525	41.6	635	49.1	740	56.6	843	64.2	944

【비 고】

1. 관의 호칭방법은 호칭지름 및 호칭두께(스케줄 번호)에 따른다.
2. 무게의 수치는 1cm^{3}의 강을 7.85g으로 하여, 다음 식에 따라 계산하고 KS Q 5002에 따라 유효숫자 셋째자리에서 끝맺음한다.
   W=0.024 66t(D−t)
   여기에서 W : 관의 무게 (kg/m)
         t : 관의 두께 (mm)
         D : 관의 바깥지름 (mm)

27-11 | 구조용 강관

1. 기계 구조용 탄소 강관 KS D 3517 : 2008

■ 종류 및 기호

종류		기호
11종	A	STKM 11 A
12종	A	STKM 12 A
	B	STKM 12 B
	C	STKM 12 C
13종	A	STKM 13 A
	B	STKM 13 B
	C	STKM 13 C
14종	A	STKM 14 A
	B	STKM 14 B
	C	STKM 14 C
15종	A	STKM 15 A
	C	STKM 15 C
16종	A	STKM 16 A
	C	STKM 16 C
17종	A	STKM 17 A
	C	STKM 17 C
18종	A	STKM 18 A
	B	STKM 18 B
	C	STKM 18 C
19종	A	STKM 19 A
	C	STKM 19 C
20종	A	STKM 20 A

■ 화학 성분

종류		기호	화학 성분 %					
			C	Si	Mn	P	S	Nb 또는 V
11종	A	STKM 11 A	0.12 이하	0.35 이하	0.60 이하	0.040 이하	0.040 이하	-
12종	A	STKM 12 A	0.20 이하	0.35 이하	0.60 이하	0.040 이하	0.040 이하	-
	B	STKM 12 B						
	C	STKM 12 C						
13종	A	STKM 13 A	0.25 이하	0.35 이하	0.30~0.90	0.040 이하	0.040 이하	-
	B	STKM 13 B						
	C	STKM 13 C						

종류		기호						
14종	A	STKM 14 A	0.30 이하	0.35 이하	0.30~1.00	0.040 이하	0.040 이하	-
	B	STKM 14 B						
	C	STKM 14 C						
15종	A	STKM 15 A	0.25~0.35	0.35 이하	0.30~1.00	0.040 이하	0.040 이하	-
	C	STKM 15 C						
16종	A	STKM 16 A	0.35~0.45	0.40 이하	0.40~1.00	0.040 이하	0.040 이하	-
	C	STKM 16 C						
17종	A	STKM 17 A	0.45~0.55	0.40 이하	0.40~1.00	0.040 이하	0.040 이하	-
	C	STKM 17 C						
18종	A	STKM 18 A	0.18 이하	0.55 이하	1.50 이하	0.040 이하	0.040 이하	-
	B	STKM 18 B						
	C	STKM 18 C						
19종	A	STKM 19 A	0.25 이하	0.55 이하	1.50 이하	0.040 이하	0.040 이하	-
	C	STKM 19 C						
20종	A	STKM 20 A	0.25 이하	0.55 이하	1.60 이하	0.040 이하	0.040 이하	0.15 이하

■ 기계적 성질

종류		기호	인장강도 N/mm^2	항복점 또는 항복 강도 N/mm^2	연신율 %		편평성	굽힘성	
					4호 시험편 11호 시험편 12호 시험편 세로 방향	4호 시험편 5호 시험편 가로 방향	평판 사이의 거리(H) D는 관의 지름	굽힘 각도	안쪽 반지름 (D는 관의 지름)
11종	A	STKM 11 A	290 이상	-	35 이상	30 이상	1/2 D	180°	4 D
12종	A	STKM 12 A	340 이상	175 이상	35 이상	30 이상	2/3 D	90°	6 D
	B	STKM 12 B	390 이상	275 이상	25 이상	20 이상	2/3 D	90°	6 D
	C	STKM 12 C	470 이상	355 이상	20 이상	15 이상	-	-	-
13종	A	STKM 13 A	370 이상	215 이상	30 이상	25 이상	2/3 D	90°	6 D
	B	STKM 13 B	440 이상	305 이상	20 이상	15 이상	3/4 D	90°	6 D
	C	STKM 13 C	510 이상	380 이상	15 이상	10 이상	-	-	-
14종	A	STKM 14 A	410 이상	245 이상	25 이상	20 이상	3/4 D	90°	6 D
	B	STKM 14 B	500 이상	355 이상	15 이상	10 이상	7/8 D	90°	8 D
	C	STKM 14 C	550 이상	410 이상	15 이상	10 이상	-	-	-
15종	A	STKM 15 A	470 이상	275 이상	22 이상	17 이상	3/4 D	90°	6 D
	C	STKM 15 C	580 이상	430 이상	12 이상	7 이상	-	-	-
16종	A	STKM 16 A	510 이상	325 이상	20 이상	15 이상	7/8 D	90°	8 D
	C	STKM 16 C	620 이상	460 이상	12 이상	7 이상	-	-	-
17종	A	STKM 17 A	550 이상	345 이상	20 이상	15 이상	7/8 D	90°	8 D
	C	STKM 17 C	650 이상	480 이상	10 이상	5 이상	-	-	-
18종	A	STKM 18 A	440 이상	275 이상	25 이상	20 이상	7/8 D	90°	6 D
	B	STKM 18 B	490 이상	315 이상	23 이상	18 이상	7/8 D	90°	6 D
	C	STKM 18 C	510 이상	380 이상	15 이상	10 이상	-	-	-
19종	A	STKM 19 A	490 이상	315 이상	23 이상	18 이상	7/8 D	90°	6 D
	C	STKM 19 C	550 이상	410 이상	15 이상	10 이상	-	-	-
20종	A	STKM 20 A	540 이상	390 이상	23 이상	18 이상	7/8 D	90°	6 D

2. 기계 구조용 스테인리스강 강관 KS D 3536 : 2008

■ 종류 및 기호와 열처리

분류	종류의 기호	열처리 ℃	
오스테나이트계	STS 304 TKA	고용화 열처리	1 010 이상, 급랭
	STS 316 TKA		1 010 이상, 급랭
	STS 321 TKA		920 이상, 급랭
	STS 347 TKA		980 이상, 급랭
	STS 350 TKA		1 150 이상, 급랭
	STS 304 TKC	제조한 그대로	
	STS 316 TKC		
페라이트계	STS 430 TKA	어닐링	700 이상, 공랭 또는 서랭
	STS 430 TKC	제조한 그대로	
	STS 439 TKC		
마텐자이트계	STS 410 TKA	어닐링	700 이상, 공랭 또는 서랭
	STS 420 J1 TKA		700 이상, 공랭 또는 서랭
	STS 420 J2 TKA		700 이상, 공랭 또는 서랭
	STS 410 TKC	제조한 그대로	

■ 화학성분

단위 : %

종류의 기호	C	Si	Mn	P	S	Ni	Cr	Mo	Ti	Nb
STS 304 TKA	0.08 이하	1.00 이하	2.00 이하	0.040 이하	0.030 이하	8.00~11.00	18.00~20.00	-	-	-
STS 304 TKC						8.00~11.00	18.00~20.00	-	-	-
STS 316 TKA						10.00~14.00	16.00~18.00	2.00~3.00	-	-
STS 316 TKC						10.00~14.00	16.00~18.00	2.00~3.00	-	-
STS 321 TKA						9.00~13.00	17.00~19.00	-	5×C% 이상	-
STS 347 TKA						9.00~13.00	17.00~19.00	-	-	10×C% 이상
STS 350 TKA	0.03 이하		1.50 이하	0.035 이하	0.02 이하	20.0~23.0	22.0~24.0	6.0~6.8	-	-
STS 430 TKA	0.12 이하	0.75 이하	1.00 이하	0.040 이하	0.030 이하	-	16.00~18.00	-	-	-
STS 430 TKC						-	17.00~20.00	-	-	-
STS 439 TKC	0.025 이하					-	11.50~13.50	-	-	-
STS 410 TKA	0.15 이하	1.00 이하				-	11.50~13.50	-	-	-
STS 410 TKC						-	11.50~13.50	-	-	-
STS 420 J1 TKA	0.16~0.25					-	12.00~14.00	-	-	-
STS 420 J2 TKA	0.26~0.40					-	12.00~14.00	-	-	-

■ 기계적 성질

종류의 기호	인장 강도 M/mm²	항복 강도 M/mm²	연신율 %			편평성 평판 사이 거리 H (D는 관의 바깥지름)
			11호 시험편 12호 시험편	4호 시험편 수직방향	4호 시험편 수평방향	
STS 304 TKA	520 이상	205 이상	35 이상	30 이상	22 이상	1/3D
STS 316 TKA						
STS 321 TKA						
STS 347 TKA						
STS 350 TKA	330 이상	674 이상	40 이상	35 이상	30 이상	
STS 304 TKC	520 이상	205 이상	35 이상	30 이상	22 이상	2/3D
STS 316 TKC						
STS 430 TKA	410 이상	245 이상	20 이상	-	-	2/3D
STS 430 TKC						3/4D
STS 439 TKA	410 이상	205 이상				3/4D
STS 410 TKA	410 이상	205 이상				2/3D
STS 420 J1 TKA	470 이상	215 이상	19 이상			3/4D
STS 420 J2 TKA	540 이상	225 이상	18 이상			
STS 410 TKC	410 이상	205 이상	20 이상			

3. 일반 구조용 탄소 강관 KS D 3566 : 2009

■ 화학성분

단위 : %

종류의 기호	C	Si	Mn	P	S
STK290	-	-	-	0.050 이하	0.050 이하
STK400	0.25이하	-	-	0.040 이하	0.040 이하
STK490	0.18 이하	0.55 이하	1.50 이하	0.040 이하	0.040 이하
STK500	0.24 이하	0.35 이하	0.30~1.30	0.040 이하	0.040 이하
STK540	0.23 이하	0.40 이하	1.50 이하	0.040 이하	0.040 이하
STK590	0.30 이하	0.40 이하	2.00 이하	0.040 이하	0.040 이하

■ 기계적 성질

기계적 성질	인장 강도 M/mm²	항복점 또는 항복 강도 M/mm²	연신율 %		굽힘성		편평성 편판 사이의 거리(H) (D는 관의 바깥지름)	용접부 인장 강도 M/mm²
			11호시험편 12호시험편 세로 방향	5호 시험편 가로 방향	굽힘 각도	안쪽 반지름 (D는 관의 바깥지름)		
제조법 구분			이음매 없음, 단접, 전기저항 용접, 아크 용접		이음매 없음, 단접, 전기저항 용접		이음매 없음, 단접, 전기 저항 용접	아크 용접
바깥지름 구분	전체 바깥지름	전체 바깥지름	40mm를 초과하는 것		50 mm 이하		전체 바깥지름	350mm를 초과하는 것
STK290	290 이상	-	30 이상	25 이상	90°	6D	2/3D	290 이상
STK400	400 이상	235 이상	23 이상	18 이상	90°	6D	2/3D	400 이상
STK490	490 이상	315 이상	23 이상	18 이상	90°	6D	7/8D	490 이상
STK500	500 이상	355 이상	20 이상	16 이상	90°	6D	7/8D	500 이상
STK540	540 이상	390 이상	20 이상	16 이상	90°	6D	7/8D	540 이상
STK590	590 이상	440 이상	20 이상	16 이상	90°	6D	7/8D	590 이상

■ 일반 구조용 탄소 강관의 치수 및 무게

바깥 지름 mm	두께 mm	단위 무게 kg/m	참고			
			단면적 cm²	단면 2차 모멘트 cm⁴	단면 계수 cm³	단면 2차 반지름 cm
21.7	2.0	0.972	1.238	0.607	0.560	0.700
27.2	2.0	1.24	1.583	1.26	0.930	0.890
	2.3	1.41	1.799	1.41	1.03	0.880
34.0	2.3	1.80	2.291	2.89	1.70	1.12
42.7	2.3	2.29	2.919	5.97	2.80	1.43
	2.5	2.48	3.157	6.40	3.00	1.42
48.6	2.3	2.63	3.345	8.99	3.70	1.64
	2.5	2.84	3.621	9.65	3.97	1.63
	2.8	3.16	4.029	10.6	4.36	1.62
	3.2	3.58	4.564	11.8	4.86	1.61
60.5	2.3	3.30	4.205	17.8	5.90	2.06
	3.2	4.52	5.760	23.7	7.84	2.03
	4.0	5.57	7.100	28.5	9.41	2.00
76.3	2.8	5.08	6.465	43.7	11.5	2.60
	3.2	5.77	7.349	49.2	12.9	2.59
	4.0	7.13	9.085	59.5	15.6	2.58
89.1	2.8	5.96	7.591	70.7	15.9	3.05
	3.2	6.78	8.636	79.8	17.9	3.04
101.6	3.2	7.76	9.892	120	23.6	3.48
	4.0	9.63	12.26	146	28.8	3.45
	5.0	11.9	15.17	177	34.9	3.42
114.3	3.2	8.77	11.17	172	30.2	3.93
	3.5	9.58	12.18	187	32.7	3.92
	4.5	12.2	15.52	234	41.0	3.89
139.8	3.6	12.1	15.40	357	51.1	4.82
	4.0	13.4	17.07	394	56.3	4.80
	4.5	15.0	19.13	438	62.7	4.79
	6.0	19.8	25.22	566	80.9	4.74
165.2	4.5	17.8	22.72	734	88.9	5.68
	5.0	19.8	25.16	808	97.8	5.67
	6.0	23.6	30.01	952	115	5.63
	7.1	27.7	35.26	110×10	134	5.60
190.7	4.5	20.7	26.32	114×10	120	6.59
	5.3	24.2	30.87	133×10	139	6.56
	6.0	27.3	34.82	149×10	156	6.53
	7.0	31.7	40.40	171×10	179	6.50
	8.2	36.9	47.01	196×10	206	6.46

■ 일반 구조용 탄소 강관의 치수 및 무게 (계속)

바깥 지름 mm	두께 mm	단위 무게 kg/m	참고			
			단면적 cm^2	단면 2차 모멘트 cm^4	단면 계수 cm^3	단면 2차 반지름 cm
216.3	4.5	23.5	29.94	168×10	155	7.49
	5.8	30.1	38.36	213×10	197	7.45
	6.0	31.1	39.64	219×10	203	7.44
	7.0	36.1	46.03	252×10	233	7.40
	8.0	41.1	52.35	284×10	263	7.37
	8.2	42.1	53.61	291×10	269	7.36
267.4	6.0	38.7	49.27	421×10	315	9.24
	6.6	42.4	54.08	460×10	344	9.22
	7.0	45.0	57.26	486×10	363	9.21
	8.0	51.2	65.19	549×10	411	9.18
	9.0	57.3	73.06	611×10	457	9.14
	9.3	59.2	75.41	629×10	470	9.13
318.5	6.0	46.2	58.91	719×10	452	11.1
	6.9	53.0	67.55	820×10	515	11.0
	8.0	61.3	78.04	941×10	591	11.0
	9.0	68.7	87.51	105×10^2	659	10.9
	10.3	78.3	99.73	119×10^2	744	10.9
355.6	6.4	55.1	70.21	107×10^2	602	12.3
	7.9	67.7	86.29	130×10^2	734	12.3
	9.0	76.9	98.00	147×10^2	828	12.3
	9.5	81.1	103.3	155×10^2	871	12.2
	12.0	102	129.5	191×10^2	108×10	12.2
	12.7	107	136.8	201×10^2	113×10	12.1
406.4	7.9	77.6	98.90	196×10^2	967	14.1
	9.0	88.2	112.4	222×10^2	109×10	14.1
	9.5	93.0	118.5	233×10^2	115×10	14.0
	12.0	117	148.7	289×10^2	142×10	14.0
	12.7	123	157.1	305×10^2	150×10	13.9
	16.0	154	196.2	374×10^2	184×10	13.8
	19.0	182	231.2	435×10^2	214×10	13.7
457.2	9.0	99.5	126.7	318×10^2	140×10	15.8
	9.5	105	133.6	335×10^2	147×10	15.8
	12.0	132	167.8	416×10^2	182×10	15.7
	12.7	139	177.3	438×10^2	192×10	15.7
	16.0	174	221.8	540×10^2	236×10	15.6
	19.0	205	261.6	629×10^2	275×10	15.5
500	9.0	109	138.8	418×10^2	167×10	17.4
	12.0	144	184.0	548×10^2	219×10	17.3
	14.0	168	213.8	632×10^2	253×10	17.2

■ 일반 구조용 탄소 강관의 치수 및 무게 (계속)

바깥 지름 mm	두께 mm	단위 무게 kg/m	참고			
			단면적 cm^2	단면 2차 모멘트 cm^4	단면 계수 cm^3	단면 2차 반지름 cm
508.0	7.9	97.4	124.1	388×102	153×10	17.7
	9.0	111	141.1	439×102	173×10	17.6
	9.5	117	148.8	462×102	182×10	17.6
	12.0	147	187.0	575×102	227×10	17.5
	12.7	155	197.6	606×102	239×10	17.5
	14.0	171	217.3	663×102	261×10	17.5
	16.0	194	247.3	749×102	295×10	17.4
	19.0	229	291.9	874×102	344×10	17.3
	22.0	264	335.9	994×102	391×10	17.2
558.8	9.0	122	155.5	588×102	210×10	19.4
	12.0	162	206.1	771×102	276×10	19.3
	16.0	214	272.8	101×103	360×10	19.2
	19.0	253	322.2	118×103	421×10	19.1
	22.0	291	371.0	134×103	479×10	19.0
600	9.0	131	167.1	730×102	243×10	20.9
	12.0	174	221.7	958×102	320×10	20.8
	14.0	202	257.7	111×103	369×10	20.7
	16.0	230	293.6	125×103	418×10	20.7
609.6	9.0	133	169.8	766×102	251×10	21.2
	9.5	141	179.1	806×102	265×10	21.2
	12.0	177	225.3	101×103	330×10	21.1
	12.7	187	238.2	106×103	348×10	21.1
	14.0	206	262.0	116×103	381×10	21.1
	16.0	234	298.4	132×103	431×10	21.0
	19.0	277	352.5	154×103	505×10	20.9
	22.0	319	406.1	176×103	576×10	20.8
700	9.0	153	195.4	117×103	333×10	24.4
	12.0	204	259.4	154×103	439×10	24.3
	14.0	237	301.7	178×103	507×10	24.3
	16.0	270	343.8	201×103	575×10	24.2
711.2	9.0	156	198.5	122×103	344×10	24.8
	12.0	207	263.6	161×103	453×10	24.7
	14.0	241	306.6	186×103	524×10	24.7
	16.0	274	349.4	211×103	594×10	24.6
	19.0	324	413.2	248×103	696×10	24.5
	22.0	374	476.3	283×103	796×10	24.4
812.8	9.0	178	227.3	184×103	452×10	28.4
	12.0	237	301.9	242×103	596×10	28.3
	14.0	276	351.3	280×103	690×10	28.2
	16.0	314	400.5	318×103	782×10	28.2
	19.0	372	473.8	373×103	919×10	28.1
	22.0	429	546.6	428×103	105×102	28.0

■ 일반 구조용 탄소 강관의 치수 및 무게 (계속)

바깥 지름 mm	두께 mm	단위 무게 kg/m	참고			
			단면적 cm^2	단면 2차 모멘트 cm^4	단면 계수 cm^3	단면 2차 반지름 cm
914.4	12.0	267	340.2	348×10^3	758×10	31.9
	14.0	311	396.0	401×10^3	878×10	31.8
	16.0	354	451.6	456×10^3	997×10	31.8
	19.0	420	534.5	536×10^3	117×10^2	31.7
	22.0	484	616.5	614×10^3	134×10^2	31.5
1016.0	12.0	297	378.5	477×10^3	939×10	35.5
	14.0	346	440.7	553×10^3	109×10^2	35.4
	16.0	395	502.7	628×10^3	124×10^2	35.4
	19.0	467	595.1	740×10^3	146×10^2	35.2
	22.0	539	687.0	849×10^3	167×10^2	35.2

4. 일반 구조용 각형 강관 KS D 3568 : 2009

■ 종류의 기호 및 화학 성분

종류의 기호	화학 성분 %				
	C	Si	Mn	P	S
SPSR 400	0.25 이하	-	-	0.040 이하	0.040 이하
SPSR 490	0.18 이하	0.55 이하	1.50 이하	0.040 이하	0.040 이하
SPSR 540	0.23 이하	0.40 이하	1.50 이하	0.040 이하	0.040 이하
SPSR 590	0.30 이하	0.40 이하	2.00 이하	0.040 이하	0.040 이하

■ 기계적 성질

종류의 기호	인장 시험		
	인장 강도 N/mm^2	항복점 또는 항복 강도 N/mm^2	연신율(5호 시험편) %
SPSR 400	400 이상	245 이상	23 이상
SPSR 490	490 이상	325 이상	23 이상
SPSR 540	540 이상	390 이상	20 이상
SPSR 590	590 이상	440 이상	20 이상

■ 일반 구조용 각형 강관의 치수 및 무게

① 정사각형

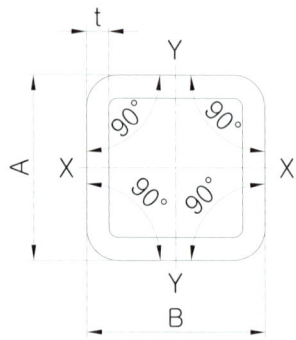

변의 길이 A×B mm	두께 t mm	무게 kg/m	참고			
			단면적 cm^2	단면의 2차 모멘트 I_X, I_Y cm^4	단면 계수 Z_X, Z_Y cm^3	단면의 2차 반지름 i_X, i_Y cm
20×20	1.2	0.697	0.865	0.53	0.52	0.769
20×20	1.6	0.872	1.123	0.67	0.65	0.751
25×25	1.2	0.867	1.105	1.03	0.824	0.965
25×25	1.6	1.12	1.432	1.27	1.02	0.942
30×30	1.2	1.06	1.345	1.83	1.22	1.17
30×30	1.6	1.38	1.752	2.31	1.54	1.15
40×40	1.6	1.88	2.392	5.79	2.90	1.56
40×40	2.3	2.62	3.332	7.73	3.86	1.52
50×50	1.6	2.38	3.032	11.7	4.68	1.96
50×50	2.3	3.34	4.252	15.9	6.34	1.93
50×50	3.2	4.50	5.727	20.4	8.16	1.89
60×60	1.6	2.88	3.672	20.7	6.89	2.37
60×60	2.3	4.06	5.172	28.3	9.44	2.34
60×60	3.2	5.50	7.007	36.9	12.3	2.30
75×75	1.6	3.64	4.632	41.3	11.0	2.99
75×75	2.3	5.14	6.552	57.1	15.2	2.95
75×75	3.2	7.01	8.927	75.5	20.1	2.91
75×75	4.5	9.55	12.17	98.5	26.3	2.85
80×80	2.3	5.50	7.012	69.9	17.5	3.16
80×80	3.2	7.51	9.567	92.7	23.2	3.11
80×80	4.5	10.3	13.07	122	30.4	3.05
90×90	2.3	6.23	7.932	101	22.4	3.56
90×90	3.2	8.51	10.85	135	29.9	3.52
100×100	2.3	6.95	8.852	140	27.9	3.97
100×100	3.2	9.52	12.13	187	37.5	3.93
100×100	4.0	11.7	14.95	226	45.3	3.89
100×100	4.5	13.1	16.67	249	49.9	3.87
100×100	6.0	17.0	21.63	311	62.3	3.79
100×100	9.0	24.1	30.67	408	81.6	3.65
100×100	12.0	30.2	38.53	471	94.3	3.50

① 정사각형 (계속)

변의 길이 A×B mm	두께 t mm	무게 kg/m	참고			
			단면적 cm^2	단면의 2차 모멘트 I_X, I_Y cm^4	단면 계수 Z_X, Z_Y cm^3	단면의 2차 반지름 i_X, i_Y cm
125×125	3.2	12.0	15.33	376	60.1	4.95
125×125	4.5	16.6	21.17	506	80.9	4.89
125×125	5.0	18.3	23.36	553	88.4	4.86
125×125	6.0	21.7	27.63	641	103	4.82
125×125	9.0	31.1	39.67	865	138	4.67
125×125	12.0	39.7	50.53	103×10	165	4.52
150×150	4.5	20.1	25.67	896	120	5.91
150×150	5.0	22.3	28.36	982	131	5.89
150×150	6.0	26.4	33.63	115×10	153	5.84
150×150	9.0	38.2	48.67	158×10	210	5.69
175×175	4.5	23.7	30.17	145×10	166	6.93
175×175	5.0	26.2	33.36	159×10	182	6.91
175×175	6.0	31.1	39.63	186×10	213	6.86
200×200	4.5	27.2	34.67	219×10	219	7.95
200×200	5.0	35.8	45.63	283×10	283	7.88
200×200	6.0	46.9	59.79	362×10	362	7.78
200×200	9.0	52.3	66.67	399×10	399	7.73
200×200	12.0	67.9	86.53	498×10	498	7.59
250×250	5.0	38.0	48.36	481×10	384	9.97
250×250	6.0	45.2	57.63	567×10	454	9.92
250×250	8.0	59.5	75.79	732×10	585	9.82
250×250	9.0	66.5	84.67	809×10	647	9.78
250×250	12.0	86.8	110.5	103×102	820	9.63
300×300	4.5	41.3	52.67	763×10	508	12.0
300×300	6.0	54.7	69.63	996×10	664	12.0
300×300	9.0	80.6	102.7	143×102	956	11.8
300×300	12.0	106	134.5	183×102	122×10	11.7
350×350	9.0	94.7	120.7	232×102	132×10	13.9
350×350	12.5	124	158.5	298×102	170×10	13.7

② 직사각형

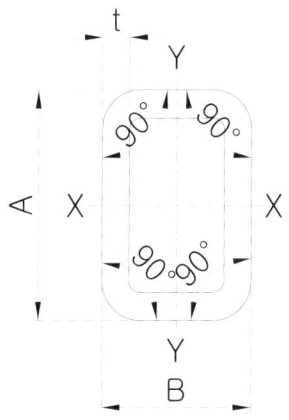

변의 길이 A×B mm	두께 t mm	무게 kg/m	단면적 cm²	참고 단면의 2차 모멘트 Ix, Iy cm⁴		단면 계수 Zx, Zy cm³		단면의 2차 반지름 ix, iy cm	
30×20	1.2	0.868	1.105	1.34	0.711	0.890	0.711	1.10	0.802
30×20	1.6	1.124	1.4317	1.66	0.879	1.11	0.879	1.80	0.784
40×20	1.2	1.053	1.3453	2.73	0.923	1.36	0.923	1.42	0.828
40×20	1.6	1.375	1.7517	3.43	1.15	1.72	1.15	1.40	0.810
50×20	1.6	1.63	2.072	6.08	1.42	2.43	1.42	1.71	0.829
50×20	2.3	2.25	2.872	8.00	1.83	3.20	1.83	1.67	0.798
50×30	1.6	1.88	2.392	7.96	3.60	3.18	2.40	1.82	1.23
50×30	2.3	2.62	3.332	10.6	4.76	4.25	3.17	1.79	1.20
60×30	1.6	2.13	2.712	2.5	4.25	4.16	2.83	2.15	1.25
60×30	2.3	2.98	3.792	16.8	5.65	5.61	3.76	2.11	1.22
60×30	3.2	3.99	5.087	21.4	7.08	7.15	4.72	2.05	1.18
75×20	1.6	2.25	2.872	17.6	2.10	4.69	2.10	2.47	0.855
75×20	2.3	3.16	4.022	23.7	2.73	6.31	2.73	2.43	0.824
75×45	1.6	2.88	3.672	28.4	12.9	7.56	5.75	2.78	1.88
75×45	2.3	4.06	5.172	38.9	17.6	10.4	7.82	2.74	1.84
75×45	3.2	5.50	7.007	50.8	22.8	13.5	10.1	2.69	1.80
80×40	1.6	2.88	3.672	30.7	10.5	7.68	5.26	2.89	1.69
80×40	2.3	4.06	5.172	42.1	14.3	10.5	7.14	2.85	1.66
80×40	3.2	5.50	7.007	54.9	18.4	13.7	9.21	2.80	1.62
90×45	2.3	4.60	5.862	61.0	20.8	13.6	9.22	3.23	1.88
90×45	3.2	6.25	7.967	80.2	27.0	17.8	12.0	3.17	1.84
100×20	1.6	2.88	3.672	38.1	2.78	7.61	2.78	3.22	0.870
100×20	2.3	4.06	5.172	51.9	3.64	10.4	3.64	3.17	0.839
100×40	1.6	3.38	4.312	53.5	12.9	10.7	6.44	3.52	1.73
100×40	2.3	4.78	6.092	73.9	17.5	14.8	8.77	3.48	1.70
100×40	4.2	8.32	10.60	120	27.6	24.0	10.6	3.36	1.61
100×50	1.6	3.64	4.632	61.3	21.1	12.3	8.43	3.64	2.13
100×50	2.3	5.14	6.552	84.8	29.0	17.0	11.6	3.60	2.10
100×50	3.2	7.01	8.927	112	38.0	22.5	15.2	3.55	2.06
100×50	4.5	9.55	12.17	147	48.9	29.3	19.5	3.47	2.00
125×40	1.6	4.01	5.112	94.4	15.8	15.1	7.91	4.30	1.76
125×40	2.3	5.69	7.242	131	21.6	20.9	10.8	4.25	1.73
125×75	2.3	6.95	8.852	192	87.5	30.6	23.3	4.65	3.14
125×75	3.2	9.52	12.13	257	117	41.1	31.1	4.60	3.10
125×75	4.0	11.7	14.95	311	141	49.7	37.5	4.56	3.07
125×75	4.5	13.1	16.67	342	155	54.8	41.2	4.53	3.04
125×75	6.0	17.0	21.63	428	192	68.5	51.1	4.45	2.98
150×75	3.2	10.8	13.73	402	137	53.6	36.6	5.41	3.16
150×80	4.5	15.2	19.37	563	211	75.0	52.9	5.39	3.30
150×80	5.0	16.8	21.36	614	230	81.9	57.5	5.36	3.28
150×80	6.0	19.8	25.23	710	264	94.7	66.1	5.31	3.24
150×100	3.2	12.0	15.33	488	262	65.1	52.5	5.64	4.14
150×100	4.5	16.6	21.17	658	352	87.7	70.4	5.58	4.08
150×100	6.0	21.7	27.63	835	444		88.8	5.50	4.01
150×100	9.0	31.1	39.67	113×10	595		119	5.33	3.87
200×100	4.5	20.1	25.67	133×10	455	133	90.9	7.20	4.21
200×100	6.0	26.4	33.63	170×10	577	170	115	7.12	4.14
200×100	9.0	38.2	48.67	235×10	782	235	156	6.94	4.01
200×150	4.5	23.7	30.17	176×10	113×10	176	151	7.64	6.13
200×150	6.0	31.1	39.63	227×10	146×10	227	194	7.56	6.06
200×150	9.0	45.3	57.67	317×10	202×10	317	270	7.41	5.93

② 직사각형 (계속)

변의 길이 A×B mm	두께 t mm	무게 kg/m	참고					
			단면적 cm²	단면의 2차 모멘트 I_x, I_y cm⁴		단면 계수 Z_x, Z_y cm³		단면의 2차 반지름 i_x, i_y cm	
250×150	6.0	35.8	45.63	389×10	177×10	311	236	9.23	6.23
250×150	9.0	52.3	66.67	548×10	247×10	438	330	9.06	6.09
250×150	12.0	67.9	86.53	685×10	307×10	548	409	8.90	5.95
300×200	6.0	45.2	57.63	737×10	396×10	491	396	11.3	8.29
300×200	9.0	66.5	84.67	105×10²	563×10	702	563	11.2	8.16
300×200	12.0	86.8	110.5	134×10²	711×10	890	711	11.0	8.02
350×150	6.0	45.2	57.63	891×10	239×10	509	319	12.4	6.44
350×150	9.0	66.5	84.67	127×10²	337×10	726	449	12.3	6.31
350×150	12.0	86.8	110.5	161×10²	421×10	921	562	12.1	6.17
400×200	6.0	54.7	69.63	148×10²	509×10	739	509	14.6	8.55
400×200	9.0	80.6	102.7	213×10²	727×10	107×10	727	14.4	8.42
400×200	12.0	106	134.5	273×10²	923×10	136×10	923	14.2	8.23

5. 기계 구조용 합금강 강관 KS D 3574 : 2008

■ 종류의 기호

종류의 기호	참고	분류
	구 기호	
SCr 420 TK	-	크로뮴강
SCM 415 TK	-	크로뮴몰리브데넘강
SCM 418 TK	-	
SCM 420 TK	-	
SCM 430 TK	STKS 1 유사	
SCM 435 TK	STKS 3 유사	
SCM 440 TK	-	

■ 화학 성분

종류의 기호	구 기호 (참고)	화학 성분 %						
		C	Si	Mn	P	S	Cr	Mo
SCr 420 TK	-	0.18~0.23	0.15~0.35	0.60~0.85	0.030 이하	0.030 이하	0.90~1.20	-
SCM 415 TK	-	0.13~0.18	0.15~0.35	0.60~0.85	0.030 이하	0.030 이하	0.90~1.20	0.15~0.30
SCM 418 TK	-	0.16~0.21	0.15~0.35	0.60~0.85	0.030 이하	0.030 이하	0.90~1.20	0.15~0.30
SCM 420 TK	-	0.18~0.23	0.15~0.35	0.60~0.85	0.030 이하	0.030 이하	0.90~1.20	0.15~0.30
SCM 430 TK	STKS 1 유사	0.28~0.33	0.15~0.35	0.60~0.85	0.030 이하	0.030 이하	0.90~1.20	0.15~0.30
SCM 435 TK	STKS 3 유사	0.33~0.38	0.15~0.35	0.60~0.85	0.030 이하	0.030 이하	0.90~1.20	0.15~0.30
SCM 440 TK	-	0.38~0.43	0.15~0.35	0.60~0.85	0.030 이하	0.030 이하	0.90~1.20	0.15~0.30

■ 바깥지름의 허용차

구분	바깥지름	허용차
1호	50 mm 미만 50 mm 이상	±0.5 mm ±1 %
2호	50 mm 미만 50 mm 이상	±0.25 mm ±0.5 %
3호	25 mm 미만 25 mm 이상 40 mm 미만 40 mm 이상 50 mm 미만 50 mm 이상 60 mm 미만 60 mm 이상 70 mm 미만 70 mm 이상 80 mm 미만 80 mm 이상 90 mm 미만 90 mm 이상 100 mm 미만 100 mm 이상	±0.12 mm ±0.15 mm ±0.18 mm ±0.20 mm ±0.23 mm ±0.25 mm ±0.30 mm ±0.40 mm ±0.50 %
4호	13 mm 미만 13 mm 이상 25 mm 미만 25 mm 이상 40 mm 미만 40 mm 이상 65 mm 미만 65 mm 이상 90 mm 미만 90 mm 이상 140 mm 미만 140 mm 이상	±0.25 mm ±0.40 mm ±0.60 mm ±0.80 mm ±1.00 mm ±1.20 mm

■ 두께의 허용차

구분	바깥지름	허용차
1호	4 mm 미만	+0.6 mm -0.5 mm
	4 mm 이상	+15 % -12.5 %
2호	3 mm 미만	±0.3 mm
	3 mm 이상	±10 %
3호	2 mm 미만	±0.15 mm
	2 mm 이상	±8 %

Chapter 28

축설계데이터

28-1 | 축의 지름 KS B 0406 : 1980 (2010 확인)

1. 적용 범위

이 규격은 일반적으로 사용되는 원통 축의 끼워맞춤 부분의 지름에 있어서 4mm 이상 630mm 이하의 것(이하 축지름이라 한다)에 대하여 규정한다.

2. 축지름

단위 : mm

축지름	(참고) 축지름 수치의 근거					축지름	(참고) 축지름 수치의 근거					축지름	(참고) 축지름 수치의 근거					축지름	(참고) 축지름 수치의 근거					축지름	(참고) 축지름 수치의 근거				
	표준수(1)			(2)원통축끝	(3)구름베어링		표준수(1)			(2)원통축끝	(3)구름베어링		표준수(1)			(2)원통축끝	(3)구름베어링		표준수(1)			(2)원통축끝	(3)구름베어링		표준수(1)			(2)원통축끝	(3)구름베어링
	R5	R10	R20				R5	R10	R20				R5	R10	R20				R5	R10	R20				R5	R10	R20		
4	○	○	○		○	10	○	○	○	○	○	40	○	○	○		○	100	○	○	○		○	400	○	○	○		○
																		105					○						
						11				○		42			○			110			○			420			○		
						11.2			○									112					○	440					
4.5			○									45			○		○							450			○		
						12		○		○								120			○		○	460			○		
						12.5			○			48			○			125			○			480					
5		○	○		○							50		○	○		○							500		○	○		○
																		130			○			530			○		
												55					○												
5.6			○			14	○	○	○	○	○	56			○			140			○		○	560			○		
						15				○								150					○						
6	○	○	○		○	16		○	○	○	○	60			○		○	160	○	○	○		○	600	○	○	○		○
						17				○								170					○						
6.3			○			18			○	○		63			○			180			○		○	630			○		○
						19				○								190					○						
						20	○	○	○	○	○							200			○		○						
7		○				22			○	○		65			○		○	220			○								
7.1			○			22.4			○			70		○			○	224					○						
												71					○												
8	○	○	○		○	24				○		75			○		○	240			○		○						
						25		○	○	○	○	80	○	○	○		○	250	○	○	○		○						
9			○									85					○	260			○		○						
						28			○	○		90			○		○	280			○		○						
						30				○		95					○	300					○						
						31.5	○		○									315			○								
						32		○		○	○							320		○			○						
																		340					○						
						35			○	○																			
						35.5			○									355			○								
																		360					○						
						38				○								380			○								

【주】
(1) KS A 0401 (표준수)에 따른다.
(2) KS B 0701(원통축 끝)의 축 끝의 지름에 따른다.
(3) KS B 2013(구름 베어링의 주요 치수)이 베어링 안지름에 따른다.

【참 고】 표에서 ○표는 축지름 수치의 근거를 emT하며, 보기를 들어 축의 지름 4.5는 표준수 R20에 따른 것임을 나타낸다.

28-2 | 원동 및 종동 기계-축 높이 KS B ISO 496 : 2003 (2008 확인)

1. 적용 범위
이 규격은 원동 및 종동 기계의 밀리미터 단위의 4개의 시리즈와 인치 단위의 5개의 축 높이에 대하여 규정한다.

2. 축 높이
출하 준비된 기계에서 측정된 축의 중심선과 기계 자체의 바닥면 사이의 거리
여기에 조립품을 위한 라이너는 포함되지 않지만 기계에 단열 쐐기가 보강되는 경우 쐐기의 두께는 축 높이에 포함된다.

3. 호칭치수 h

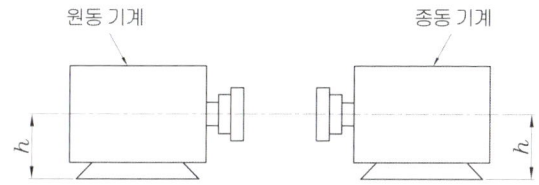

■ 축 높이, 밀리미터(mm)[1] 및 인치(inch) 단위

축 높이									축 높이								
밀리미터(mm) 시 리 즈				인 치(inch) 시 리 즈					밀리미터(mm) 시 리 즈				인 치(inch) 시 리 즈				
I	II	III	IV	I	II	III	IV	V	I	II	III	IV	I	II	III	IV	V
25	25	25	25	0.984	0.984	0.984	0.984		250	250	250	250	9.84	9.84	9.84	9.84	
			26				1.024					265				10.43	10
		28	28			1.102	1.102				280	280			11.02	11.02	11
			30				1.181					300				11.81	
	32	32	32		1.260	1.260	1.260			315	315	315		12.40	12.40	12.40	
			34				1.339					335				13.19	12.5
		36	36			1.417	1.417				355	355			13.98	13.98	
			38				1.496					375				14.76	
40	40	40	40	1.575	1.575	1.575	1.575		400	400	400	400	15.75	15.75	15.75	15.75	
			42				1.654					425				16.73	
		45	45			1.772	1.772				450	450			17.72	17.72	
			48				1.890					475				18.70	
	50	50	50		1.969	1.969	1.969			500	500	500		19.69	19.69	19.69	
			53				2.09					530				20.87	
		56	56			2.20	2.20				560	560			22.05	22.05	
			60				2.36					600				23.62	

I	II	III	IV	I (in)	II (in)	III (in)	IV (in)		I	II	III	IV	I (in)	II (in)	III (in)	IV (in)
63	63	63	63	2.48	2.48	2.48	2.48	2.625	630	630	630	630	24.80	24.80	24.80	24.80
			67				2.64					670				26.38
		71	71			2.80	2.80				710	710			27.95	27.95
			75				2.95	3				750				29.53
	80	80	80		3.15	3.15	3.15			800	800	800		31.50	31.50	31.50
			85				3.35	3.5				850				33.46
		90	90			3.54	3.54				900	900			35.43	35.43
			95				3.74					950				37.40
100	100	100	100	3.94	3.94	3.94	3.94	4.125	1000	1000	1000	1000	39.37	39.37	39.37	39.37
			106				4.17					1060				41.73
		112	112			4.41	4.41	4.5			1120	1120			44.09	44.09
			118				4.65					1180				46.46
	125	125	125		4.92	4.92	4.92			1250	1250	1250		49.21	49.21	49.21
			132				5.20	5.25				1320				51.97
		140	140			5.51	5.51				1400	1400			55.12	55.12
			150				5.91					1500				59.06
160	160	160	160	6.30	6.30	6.30	6.30	6.25	1600	1600	1600	1600	62.99	62.99	62.99	62.99
			170				6.69	7								
		180	180			7.09	7.09									
			190				7.48									
	200	200	200		7.87	7.87	7.87	8				⟩1600(3)				⟩62.99(3)
			212				8.35									
		225(2)	225(2)			8.86	8.86									
			236				9.29	9								

【주】
(^{1}) 시리즈 Ⅰ~Ⅳ의 밀리미터값은 각각 R5, R10, R20, R40(KS A ISO 3 표준수-표준수 수열 참조)에 해당한다.
(^{2}) 224를 포함하는 해당 시리즈로부터 편차
(^{3}) 1600밀리미터 또는 62.99인치보다 큰 값

첫 번째 시리즈의 값이 바람직한 선택이다. 만약 이 값이 충족되지 않는다면 두 번째 시리즈의 첫 번째 값을 사용하고, 그 다음에 세 번째 시리즈의 첫 번째 값을 사용하고, 특별한 경우에 네 번째 시리즈의 값을 사용한다. 인치(inch) 단위에서 다섯 번째 시리즈의 값은 IEC 60072(전기 모터의 치수와 출력 등급을 위한 권고)에 따르는 축 높이가 56~315mm(2.20~12.40 인치)로서 바닥에 유도 모터를 설치한 경우에 대한 유동적인 값이다.

4. 허용차

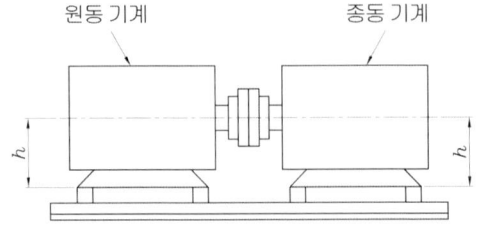

5. 응용 분야

① 축 높이 또는 평행 오차에 관련된 아래의 허용차는 공통의 베이스에 직접 연결되거나 조립된 기계에 관한 것이다. 이는 축의 끝을 따라 모든 점에서 고려되어야 한다.
② 아래와 같은 특별한 경우에 대해서는 허용차에 관한 예외가 적용될 수 있다.
- 조립하는 동안 축의 휨을 고려하여 정렬에서 허용차가 필요한 경우
- 열팽창으로 인해 쐐기의 두께와 관련된 문제가 발생할 경우
- 다른 이유 때문에 지정된 값에서 벗어날 필요가 있을 경우

■ 조립을 위한 지침

① 허용차 내의 높이 편차는 조립시 쐐기로 조절한다.
② 여러 개의 기계가 연결될 때 축 높이 허용차가 각각에 대해 음의 값이라면 쐐기로 호칭 치수까지 높이를 조절한다.
③ 다른 모든 경우에서 축 높이가 큰 것부터 조절하고, 축 높이 편차가 양의 값인 것부터 조절한다.

■ 평행 오차

평행 오차는 축의 두 지점의 바닥면으로 부터의 높이 차를 의미한다. 이 두 지점은 보통 축의 끝 두 점이지만 이것이 불가능할 경우 사용하기 좋은 두 지점을 선택하고, 여기에서 측정된 값을 두 지점으로 부터의 거리에 대한 축 길이의 비만큼 증가시킨다. 평행 오차를 더 낮은 값으로 제한할 필요가 있다면 이에 대한 특별 조항을 만든다.

■ 제한 편차

축 높이(h) (mm)(1)		축에 대한 제한 편차			
		전기 기계, 피동 기계, 감속기 선박 프로펠러를 위한 구동 기구		전기 모터 이외의 구동 기계 및 선박 프로펠러를 위한 구동 기구	
부터	까지	mm	in	mm	in
25	50	0 -0.4	0 -0.016	+0.4 0	+0.016 0
>50	250	0 -0.5	0 -0.02	+0.5 0	+0.02 0
>250	630	0 -1.0	0 -0.04	+1.0 0	+0.04 0
>630	1000	0 -1.5	0 -0.06	+1.5 0	+0.06 0
>1000		0 -2.0	0 -0.08	+2.0 0	+0.08 0

【주】
(^{1}) 각 단계는 기계의 바닥에 다리가 있는 기계에 적용한다. 기계의 다리가 가장 낮은 지점에 있지 않을 경우, 예를 들어 중심선 부근에 있을 경우 테이블에서 선택될 허용차는 구조물의 중심 높이를 고려한, 즉 다리를 가장 낮은 지점으로 한 값이다.

■ 최대 평형 오차

축 높이(h) (mm)(1)		축의 양끝을 측정 지점으로 할 때 길이에 따른 두 측정 지점 사이의 최대 허용 평행 오차					
		$2.5h > l$		$2.5h \leq l \leq 4h$		$l > 4h$	
부터	까지	mm	in	mm	in	mm	in
25	50	0.2	0.008	0.3	0.012	0.4	0.016
〉150	250	0.25	0.01	0.4	0.015	0.5	0.02
〉250	630	0.5	0.02	0.75	0.03	1.0	0.04
〉630	1000	0.75	0.03	1.0	0.04	1.5	0.06
〉1000		1.0	0.04	1.5	0.06	2.0	0.08

【주】
(¹) 각 단계는 기계의 바닥에 다리가 있는 기계에 적용한다. 기계의 다리가 가장 낮은 지점에 있지 않을 경우, 예를 들어 중심선 부근에 있을 경우 테이블에서 선택될 허용차는 구조물의 중심 높이를 고려한, 즉 다리를 가장 낮은 지점으로 한 값이다.

28-3 | 원통 축끝 - KS B 0701 : 2007 (2012 확인)

1. 적용 범위

이 규격은 일반적으로 사용되는 회전축의 전동용 축끝(이하 축끝이라 한다)중 끼워맞춤부가 원통형이고, 그 지름이 6mm에서 630mm까지인 것의 주요 치수에 대하여 규정한다.

2. 종류

축 끝은 단축끝 및 장축끝의 2종류로 한다.

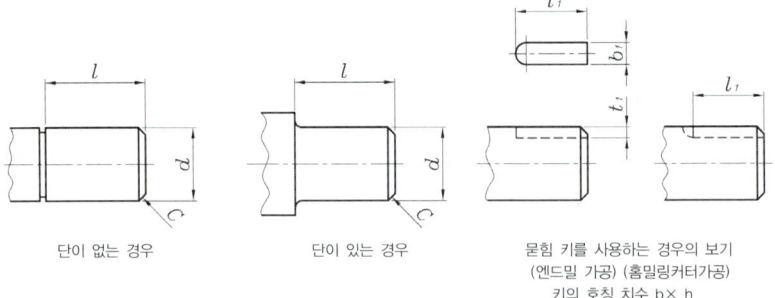

단이 없는 경우　　　단이 있는 경우　　　묻힘 키를 사용하는 경우의 보기
　　　　　　　　　　　　　　　　　　(엔드밀 가공) (홈밀링커터가공)
　　　　　　　　　　　　　　　　　　키의 호칭 치수 b× h

3. 치수

축끝의 치수는 아래 표에 따른다.

■ 축끝의 치수표

단위 : mm

축끝의 지름 d	축끝의 길이 l		지름 d의 허용차		(참고) 끝부분의 모떼기 c	묻힘 키를 사용하는 경우				키의 호칭치수 b x h
						키 홈				
	단축끝	장축끝				b1	t1	l_1		
								단축끝용	장축끝용	
6	-	16	+0.006 -0.002 +0.007 -0.002 +0.007 -0.002	(j6)	0.5	-	-	-	-	-
7	-	16			0.5	-	-	-	-	-
8	-	20			0.5	-	-	-	-	-
9	-	20	+0.007 -0.002 +0.007 -0.002 +0.008 -0.003	(j6)	0.5	-	-	-	-	-
10	20	23			0.5	3	1.8	-	20	3x3
11	20	23			0.5	4	2.5	-	20	4x4
12	25	30	+0.008 -0.003 +0.008 -0.003 +0.008 -0.003	(j6)	0.5	4	2.5	-	20	4x4
14	25	30			0.5	5	3.0	-	25	5x5
16	28	40			0.5	5	3.0	25	36	5x5
18	28	40	+0.008 -0.003 +0.009 -0.004 +0.009 -0.004	(j6)	0.5	6	3.5	25	36	6x6
19	28	40			0.5	6	3.5	25	36	6x6
20	36	50			0.5	6	3.5	32	45	6x6
22	36	50	+0.009 -0.004 +0.009 -0.004 +0.009 -0.004	(j6)	0.5	6	3.5	32	45	6x6
24	36	50			0.5	8	4.0	32	45	8x7
25	42	60			0.5	8	4.0	36	50	8x7
28	42	60	+0.009 -0.004 +0.009 -0.004	(j6)	1	8	4.0	36	50	8x7
30	58	80			1	8	4.0	50	70	8x7
32	58	80			1	10	5.0	50	70	10x8
			+0.018 +0.002	(k6)						
35	58	80	+0.018 +0.002 +0.018 +0.002 +0.018 +0.002	(k6)	1	10	5.0	50	70	10x8
38	58	80			1	10	5.0	50	70	10x8
40	82	110			1	12	5.0	70	90	12x8

■ 축끝의 치수표(계속)

단위 : mm

축끝의 지름 d	축끝의 길이 l		지름 d의 허용차	(참고) 끝부분의 모떼기 c	묻힘 키를 사용하는 경우				키의 호칭치수 b x h
					키 홈				
	단축끝	장축끝			b_1	t_1	l_1		
							단축끝용	장축끝용	
42	82	110	+0.018 +0.002 +0.018 +0.002 +0.018 +0.002	(k6)	1	12	5.0	70	90	12x8
45	82	110			1	14	5.5	70	90	14x9
48	82	110			1	14	5.5	70	90	14x9
50	82	110	+0.018 +0.002	(k6)	1	14	5.5	70	90	14x9
55	82	110	+0.030 +0.011 +0.030 +0.011	(m6)	1	16	6.0	70	90	16x10
56	82	110			1	16	6.0	70	90	16x10
60	105	140	+0.030 +0.011 +0.030 +0.011 +0.030 +0.011	(m6)	1	18	7.0	90	110	18x11
63	105	140			1	18	7.0	90	110	18x11
65	105	140			1	18	7.0	90	110	18x11
70	105	140	+0.030 +0.011 +0.030 +0.011 +0.030 +0.011	(m6)	1	20	7.5	90	110	20x12
71	105	140			1	20	7.5	90	110	20x12
75	105	140			1	20	7.5	90	110	20x12
80	130	170	+0.030 +0.011 +0.035 +0.013 +0.035 +0.013	(m6)	1	22	9.0	110	140	22x14
85	130	170			1	22	9.0	110	140	22x14
90	130	170			1	25	9.0	110	140	25x14
95	130	170	+0.035 +0.013 +0.035 +0.013 +0.035 +0.013	(m6)	1	25	9.0	110	140	25x14
100	165	210			1	28	10.0	140	180	28x16
110	165	210			2	28	10.0	140	180	28x16
120	165	210	+0.035 +0.013 +0.040 +0.015 +0.040 +0.015	(m6)	2	32	11.0	140	180	32x18
125	165	210			2	32	11.0	140	180	32x18
130	200	250			2	32	11.0	180	220	32x18
140	200	250	+0.040 +0.015 +0.040 +0.015 +0.040 +0.015	(m6)	2	36	12.0	180	220	36x20
150	200	250			2	36	12.0	180	220	36x20
160	240	300			2	40	13.0	220	250	40x22

■ 축끝의 치수표(계속)

단위 : mm

축끝의 지름 d	축끝의 길이 l		지름 d의 허용차	(참고) 끝부분의 모떼기 c	묻힘 키를 사용하는 경우				키의 호칭치수
					키 홈				
	단축끝	장축끝			b_1	t_1	l_1		b x h
							단축끝용	장축끝용	
170 180 190	240 240 280	300 300 350	+0.040 +0.015 +0.040 +0.015 +0.046 +0.017	(m6)	2 2 2	40 45 45	13.0 15.0 15.0	220 220 250	250 250 280	40x22 45x25 45x25
200 220 240	280 280 330	350 350 410	+0.046 +0.017 +0.046 +0.017 +0.046 +0.017	(m6)	2 2 2	45 50 56	15.0 17.0 20.0	250 250 280	280 280 360	45x25 50x28 56x32
250 260 280	330 330 380	410 410 470	+0.046 +0.017 +0.052 +0.020 +0.052 +0.020	(m6)	2 3 3	56 56 63	20.0 20.0 20.0	280 280 320	360 360 400	56x32 56x32 63x32
300 320 340	380 380 450	470 470 550	+0.052 +0.020 +0.057 +0.021 +0.057 +0.021	(m6)	3 3 3	70 70 80	22.0 22.0 25.0	320 320 400	400 400 -	70x36 70x36 80x40
360 380 400	450 450 540	550 550 650	+0.057 +0.021 +0.057 +0.021 +0.057 +0.021	(m6)	3 3 3	80 80 90	25.0 25.0 28.0	400 400 -	- - -	80x40 80x40 90x45
420 440 450	540 540 540	650 650 650	+0.063 +0.023 +0.063 +0.023 +0.063 +0.023	(m6)	3 3 3	90 90 100	28.0 28.0 31.0	- - -	- - -	90x45 90x45 100x50
460 480 500	540 540 540	650 650 650	+0.063 +0.023 +0.063 +0.023 +0.063 +0.023	(m6)	3 3 3	100 100 100	31.0 31.0 31.0	- - -	- - -	100x50 100x50 100x50
530 560 600	680 680 680	800 800 800	+0.070 +0.026 +0.070 +0.026 +0.070 +0.026	(m6)	3 3 3	- - -	- - -	- - -	- - -	- - -
630	680	800	+0.070 +0.026	(m6)	3	-	-	-	-	-

【비 고】

1. 단이 있는 경우에는 필릿의 둥글기 값은 r = (0.3~0.5)h 사이의 것이 좋으며 그 값은 KS B 0403(절삭 가공품 둥글기 및 모떼기)에 따라 정한다.

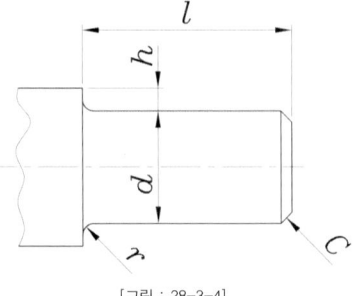

[그림 : 28-3-4]

2. 단이 있는 경우에 퀜칭하는 축에 대해서도 r의 값은 [비고] 1의 값을 적용하는 것이 좋다. 다만, 연삭을 하기 위하여 파진 부분을 두는 경우에는 다음에 따른다.

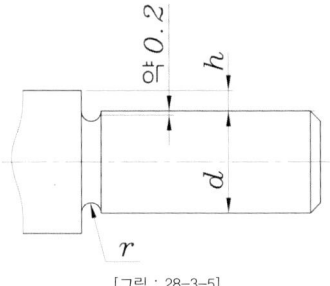

[그림 : 28-3-5]

3. 축끝의 길이 l의 치수 허용차는 KS B ISO 2768-1의 보통급으로 한다.
4. b_1, t_1, b, h의 치수 허용차는 KS B 1311(키 및 키 홈)에 따른다. 또, 참고에 표시한 l_1의 치수 허용차는 KS B ISO 2768-1의 보통급으로 한다.

28-4 | 1/10 원추축 끝 KS B 0408 : 1995 (2010 확인)

1. 적용 범위

이 규격은 일반적으로 사용되는 회전축의 전동용 축 끝 중 끼워맞춤부가 테이퍼비 1/10의 원추 모양이고, 축 끝의 기본 지름이 6mm 이상 630mm 이하인 것(이하 축 끝이라 한다)에 대하여 주요 치수를 규정한다.

2. 종류

축 끝은 단축 및 장축 끝의 2종류로 하고, 그 길이의 관계를 아래에 나타낸다.

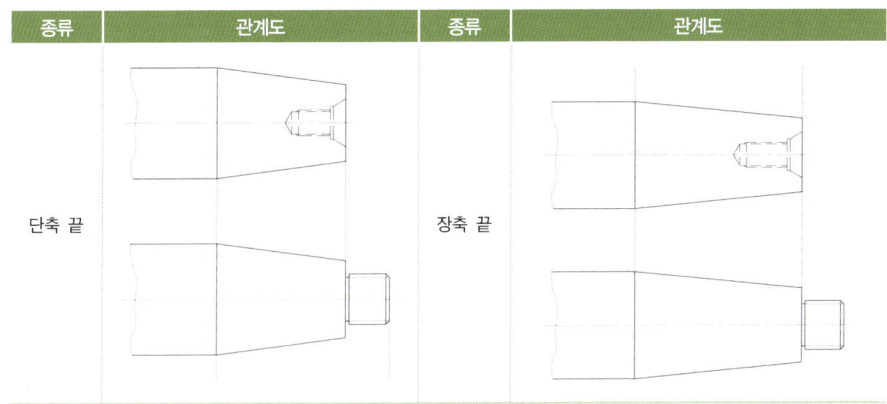

3. 축 끝의 치수

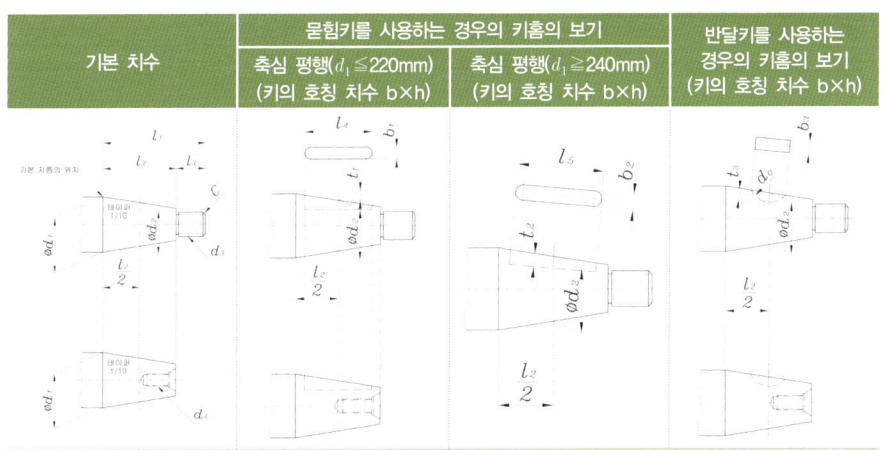

【비 고】 키홈의 모양은 엔드밀 가공인 경우를 표시한다.

단위 : mm

축 끝의 기본지름 d_1	단축 끝			장축 끝			나사				키 및 키홈								축 끝의 기본지름 d_1
							수나사		암나사		묻힘 키						(참고)반달 키(2)		
	l_1	l_2	l_3	l_1	l_2	l_3	나사의 호칭 d_3	(참고)모떼기 c	나사의 호칭 d_4		키 홈	키의 호칭치수	단축 끝		장축 끝		키홈		키의 호칭치수	
											b_1 또는 b_2	t_1 또는 t_2	$b \times h$	d_2	(참고) l_4또는 $l_5(1)$	d_2	(참고) l_4또는 $l_5(1)$	b_3	t_3	$b' \times a$	
6	-	-	-	16	10	6	M 4×0,7	0,8	-	-	-	-	-	5,5	-	-	-	-	-	6
7	-	-	-	16	10	6	M 4×0,7	0,8	-	-	-	-	-	6,5	-	-	-	-	-	7
8	-	-	-	20	12	8	M 6	1	-	-	-	-	-	7,4	-	2,5	2,5	2,5×10		8
9	-	-	-	20	12	8	M 6	1	-	-	-	-	-	8,4	-	2,5	2,5	2,5×10		9
10	-	-	-	23	15	10	M 6	1	-	-	-	-	-	9,25	-	2,5	2,5	2,5×10		10
11	-	-	-	23	15	8	M 6	1	-	-	2	1,2	2×2	-	10,25	12	2,5	2,5	2,5×10	11
12	-	-	-	30	18	12	M 8×1	1	M 4×0,7	2	1,2	2×2	-	11,1	16	3	2,5	3×10		12
14	-	-	-	30	18	12	M 8×1	1	M 4×0,7	3	1,8	3×3	-	13,1	16	4	3,5	4×13		14
16	28	16	12	40	28	16	M 10×1,25	1,2	M 4×0,7	3	1,8	3×3	15,2	14	14,6	25	4	3,5	4×13	16
18	28	16	12	40	28	16	M 10×1,25	1,2	M 5×0,8	4	2,5	4×4	17,2	14	16,6	25	5	4,5	5×16	18
19	28	16	12	40	28	16	M 10×1,25	1,2	M 5×0,8	4	2,5	4×4	18,2	14	17,6	25	5	4,5	5×16	19
20	36	22	14	50	36	14	M 12×1,25	1,2	M 6	4	2,5	4×4	18,9	20	18,2	32	5	4,5	5×16	20
22	36	22	14	50	36	14	M 12×1,25	1,2	M 6	4	2,5	4×4	20,9	20	20,2	32	5	7	5×22	22
24	36	22	14	50	36	14	M 12×1,25	1,2	M 6	5	3	5×5	22,9	20	22,2	32	5	7	5×22	24
25	42	24	18	60	42	18	M 16×1,5	1,5	M 8	5	3	5×5	23,8	22	22,9	36	5	7	5×22	25
28	42	24	18	60	42	18	M 16×,15	1,5	M 8	5	3	5×5	26,8	22	25,9	36	6	8,6	6×28	28
30	58	36	22	80	58	22	M 20×1,5	1,5	M10	5	3	5×5	28,2	32	27,1	50	6	8,6	6×28	30
32	58	36	22	80	58	22	M 20×1,5	1,5	M10	6	3,5	6×6	30,2	32	29,1	50	6	8,6	6×28	32
35	58	36	22	80	58	22	M 20×1,5	1,5	M10	6	3,5	6×6	33,2	32	32,1	50	8	10,2	8×32	35
38	58	36	22	80	58	22	M 24×2	2	M12	6	3,5	6×6	36,2	32	35,1	50	8	10,2	8×32	38
40	82	54	28	110	82	28	M 24×2	2	M12	10	5	10×8	37,3	50	35,9	70	8	10,2	8×32	40
42	82	54	28	110	82	28	M 24×2	2	M12	10	5	10×8	39,3	50	37,9	70	8	12,2	8×38	42
45	82	54	28	110	82	28	M 30×2	2	M16	12	5	12×8	42,3	50	40,9	70	8	12,2	8×38	45
48	82	54	28	110	82	28	M 30×2	2	M16	12	5	12×8	45,3	50	43,9	70	10	12,8	10×45	48
50	82	54	28	110	82	28	M 36×3	3	M16	12	5	12×8	47,3	50	45,9	70	10	12,8	10×45	50
55	82	54	28	110	82	28	M 36×3	3	M20	14	5,5	14×9	52,3	50	50,9	70	10	12,8	10×45	55
56	82	54	28	110	82	28	M 36×3	3	M20	14	5,5	14×9	53,3	50	51,9	70	10	12,8	10×45	56
60	105	70	35	140	105	35	M 42×3	3	M20	16	6	16×10	56,5	63	54,75	100	10	12,8	10×45	60
63	105	70	35	140	105	35	M 42×3	3	M20	16	6	16×10	59,5	63	57,75	100	12	15,2	12×65	63
65	105	70	35	140	105	35	M 42×3	3	M20	16	6	16×10	61,5	63	59,75	100	12	15,2	12×65	65
70	105	70	35	140	105	35	M 48×3	3	M24	18	7	18×11	66,5	63	64,75	100	12	15,2	12×65	70
71	105	70	35	140	105	35	M 48×3	3	M24	18	7	18×11	67,5	63	65,75	100	12	15,2	12×65	71
75	105	70	35	140	105	35	M 48×3	3	M24	18	7	18×11	71,5	63	69,75	100	10	20,2	12×80	75
80	130	90	40	170	130	40	M 56×4	4	M30	20	7,5	20×12	75,5	80	73,5	110	10	20,2	12×80	80
85	130	90	40	170	130	40	M 56×4	4	M30	20	7,5	20×12	80,5	80	78,5	110	12	20,2	12×80	85
90	130	90	40	170	130	40	M 64×4	4	M30	22	9	22×14	85,5	80	83,5	110	-	-	-	90
95	130	90	45	170	130	40	M 64×4	4	M36	22	9	22×14	90,5	80	88,5	110	-	-	-	95
100	165	120	45	210	165	45	M 72×4	4	M36	25	9	25×14	84	110	91,75	140	-	-	-	100
110	165	120	45	210	165	45	M 80×4	4	M42	25	9	25×14	104	110	101,75	140	-	-	-	110

단위 : mm

축 끝의 기본지름 d_1	단 축 끝			장 축 끝			나 사				키 및 키홈								축 끝의 기본지름 d_1
							수 나 사		암 나 사		묻 힘 키						(참고)반달 키(2)		
											키 홈		키의 호칭치수	단 축 끝		장 축 끝		키홈	키의 호칭치수	
	l_1	l_2	l_3	l_1	l_2	l_3	나사의 호칭 d_3	(참고) 모떼기 c	나사의 호칭 d_4		b_1 또는 b_2	t_1 또는 t_2	$b \times h$	d_2	(참고) l_4 또는 $l_5^{(1)}$	d_2	(참고) l_4 또는 $l_5^{(1)}$	b_3	t_3	$b' \times a$
120	165	120	45	210	165	45	M 90×4	4	M42		28	10	28×16	114	110	111,75	140	-	-	-	120
125	165	120	50	210	165	45	M 90×4	4	M48		28	10	28×16	119	110	116,75	140	-	-	-	125
130	200	150	50	250	200	50	M100×4	4	-		28	10	28×16	122,5	125	120	180	-	-	-	130
140	200	150	50	250	200	50	M100×4	4	-		32	11	32×18	132,5	125	130	180	-	-	-	140
150	200	150	50	250	200	50	M110×4	4	-		32	11	32×18	142,5	125	140	180	-	-	-	150
160	240	180	60	300	240	60	M125×4	4	-		36	12	36×20	151	160	148	220	-	-	-	160
170	240	180	60	300	240	60	M125×4	4	-		36	12	36×20	161	160	158	220	-	-	-	170
180	240	180	60	300	240	60	M140×6	6	-		40	13	40×22	171	160	168	220	-	-	-	180
190	280	210	70	350	280	70	M140×6	6	-		40	13	40×22	179,5	180	176	250	-	-	-	190
200	280	210	70	350	280	70	M160×6	6	-		40	13	40×22	189,5	180	186	250	-	-	-	200
220	280	210	70	350	280	70	M160×6	6	-		45	15	45×25	209,5	180	206	250	-	-	-	220
240	-	-	-	410	330	80	M180×6	6	-		50	17	50×28	-	-	223,5	280	-	-	-	240
250	-	-	-	410	330	80	M180×6	6	-		50	17	50×28	-	-	233,5	280	-	-	-	250
260	-	-	-	410	330	80	M200×6	6	-		50	17	50×28	-	-	243,5	280	-	-	-	260
280	-	-	-	470	380	90	M220×6	6	-		56	20	56×32	-	-	261	320	-	-	-	280
300	-	-	-	470	380	90	M220×6	6	-		63	20	63×32	-	-	281	320	-	-	-	300
320	-	-	-	470	380	90	M250×6	6	-		63	20	63×32	-	-	301	320	-	-	-	320
340	-	-	-	550	450	100	M280×6	6	-		70	22	70×36	-	-	317,5	400	-	-	-	340
360	-	-	-	550	450	100	M280×6	6	-		70	22	70×36	-	-	337,5	400	-	-	-	360
380	-	-	-	550	450	100	M300×6	6	-		70	22	70×36	-	-	357,5	400	-	-	-	380
400	-	-	-	650	540	110	M320×6	6	-		80	25	80×40	-	-	373	-	-	-	-	400
420	-	-	-	650	540	110	M320×6	6	-		80	25	80×40	-	-	393	-	-	-	-	420
440	-	-	-	650	540	110	M350×6	6	-		80	25	80×40	-	-	413	-	-	-	-	440
450	-	-	-	650	540	110	M350×6	6	-		90	28	90×45	-	-	423	-	-	-	-	450
460	-	-	-	650	540	110	M380×6	6	-		90	28	90×45	-	-	433	-	-	-	-	460
480	-	-	-	650	540	110	M380×6	6	-		90	28	90×45	-	-	453	-	-	-	-	480
500	-	-	-	650	540	110	M420×6	6	-		90	28	90×45	-	-	473	-	-	-	-	500
530	-	-	-	800	680	120	M420×6	6	-		100	31	100×50	-	-	496	-	-	-	-	530
560	-	-	-	800	680	120	M450×6	6	-		100	31	100×50	-	-	526	-	-	-	-	560
600	-	-	-	800	680	120	M500×6	6	-		100	31	100×50	-	-	566	-	-	-	-	600
630	-	-	-	800	680	120	M550×6	6	-		100	31	100×50	-	-	596	-	-	-	-	630

주 ▶ (^{1}) 묻힘 키의 l_4 및 l_5는 ISO R 775에 규정이 없다.
(^{2}) 반달 키는 ISO R 775에 규정이 없다.

【비 고】
1. 나사의 호칭 M4×0,7 및 M6은 KS B 0201에 따르고, M8×1 이상 M300×6 이하는 KS B 0204에 따른다. M320×6 이상에 대하여는 KS B 0204의 기준 산모양 및 공식에 따른다. 나사의 허용 한계 치수 및 공차는 KS B 0211 및 KS B 0214의 6g, 6H 또는 2급에 따른다. 다만, M320×6 이상에 대하여는 KS B 0235의 6g 또는 6H에 따른다.
2. 묻힘 키를 사용하는 경우에는 KS B 1311에 따른다.
3. 반달 키를 사용하는 경우에는 KS B 1312에 따른다.
4. 반달 키는 단축 끝과 장축 끝에 대하여 공통으로 한다.

■ 기본 지름(d_1) 위치의 정밀도 참고 표

기본 지름(d_1) 위치의 정밀도는 테이퍼의 작은 끝으로부터 기본지름까지의 길이 l_2의 허용차로서 표시하는 것으로 하고, 그 수치는 아래 표에 따르는 것이 좋다.

단위 : mm

d_1의 치수 구분	l_2의 허용차	d_1의 치수 구분	l_2의 허용차
60이상 100이하	0 −0.22	1250이상 1800이하	0 −0.63
110이상 180이하	0 −0.27	1900이상 2500이하	0 −0.72
190이상 300이하	0 −0.33	2600이상 3000이하	0 −0.81
320이상 500이하	0 −0.39	3200이상 4000이하	0 −0.89
550이상 800이하	0 −0.46	4200이상 5000이하	0 −0.97
850이상 1200이하	0 −0.54	5300이상 6300이하	0 −1.10

■ 나사부 길이(l_3)의 정밀도

나사부 길이 (l_3)의 정밀도는 KS B 0412의 보통급에 따르는 것이 좋다.

■ 키홈 깊이 (t_4) 의 값 참고 표

$d_1 \leqq 220mm$인 축 끝에 대하여 축 중심선에 평행한 키홈을 채택하여 키홈 깊이 t_1은 원추 부분의 중앙이 되는 곳에서 규정한다. 그러나 t_1의 검사 등에서 기본 지름으로부터 키홈 깊이를 측정하면 편리할 때가 있으므로 이러한 경우에는 기본 지름을 기준으로 한 키홈 깊이 t_4의 값을 다음 표에 나타낸다.

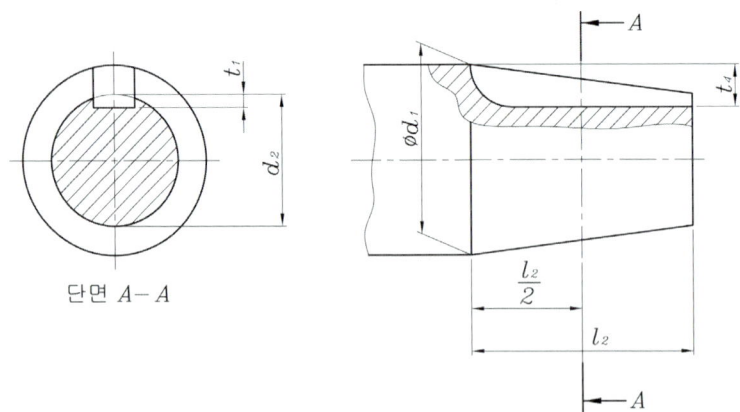

$$t_4 = \frac{d_1 - d_2}{2} + t_1$$

단위 : mm

축 끝의 기본 지름 d_1	키홈 깊이 t_4		축 끝의 기본 지름 d_1	키홈 깊이 t_4	
	단 축 끝	장 축 끝		단 축 끝	장 축 끝
9	-	-	60	7.8	8.6
10	-	-	63	7.8	8.6
11	-	1.6	65	7.8	8.6
12	-	1.7	70	8.8	9.6
14	-	2.3	71	8.8	9.6
16	2.2	2.5	75	8.8	9.6
18	2.9	3.2	80	9.8	10.8
19	2.9	3.2	85	9.8	10.8
20	3.1	3.4	90	11.3	12.3
22	3.1	3.4	95	11.3	12.3
24	3.6	3.9	100	12.0	13.1
25	3.6	4.1	110	12.0	13.1
28	3.6	4.1	120	13.0	14.1
30	3.9	4.5	125	13.0	14.1
32	4.4	5.0	130	13.8	15.0
35	4.4	5.0	140	14.8	16.0
38	4.4	5.0	150	14.8	16.0
40	6.4	7.1	160	16.5	18.0
42	6.4	7.1	170	16.5	18.0
45	6.4	7.1	180	17.5	19.0
48	6.4	7.1	190	18.3	20.0
50	6.4	7.1	200	18.3	20.0
55	6.9	7.6	220	20.3	22.0
56	6.9	7.6	240	-	-

28-5 | 원뿔 테이퍼 KS B 0419 : 2000 (2010 확인)

1. 적용 범위

이 표준은 기계에 일반적으로 쓰이는 120° 부터 1° 이하의 범위를 가지거나 1 : 0.289부터 1 : 500의 비율을 가지는 원뿔이나 원뿔 테이퍼에 관하여 규정한다.
이 표준은 단지 평평한 원뿔면에만 적용되며 각기둥의 부품, 테이퍼 나사, 베벨 기어 등에는 적용하지 않는다. 도면상에 치수 기입과 공차를 기입하는 방법은 KS B 0001에 따른다.

2. 테이퍼 각 α

축 선을 포함한 단면 내에 있어서 원뿔 한 쌍의 모선이 이루는 각도

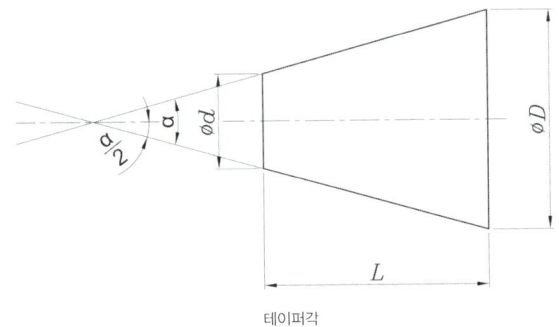

테이퍼각

3. 테이퍼 비 C

두 단면 사이의 거리(길이)와 두 지름 차이의 비

$$C = \frac{D-d}{L} = 2\tan\frac{\alpha}{2} = \frac{1}{\frac{1}{2}\cot\frac{\alpha}{2}}$$

【비 고】
1. 테이퍼 비는 무차원 양
2. C=1:20은 지름 D의 단면과 지름 d의 단면과의 간격이 20mm인 경우에 지름의 차 D−d=1mm의 비, 따라서 $\frac{1}{2}\cot\frac{\alpha}{2} = 20$

■ 일반 용도의 테이퍼 각 및 테이퍼 비의 기준값

기 준 값		계 산 값				테이퍼 비 C
		테이퍼 각, α				
1계열	2계열				rad	
120°		—		—	2.094 395 10	1 : 0.288 675 1
90°		—		—	1.570 796 33	1 : 0.500 000 0
	75°	—		—	1.308 996 94	1 : 0.651 612 7
60°		—		—	1.047 197 55	1 : 0.866 025 4
45°		—		—	0.785 398 16	1 : 1.207 106 8
30°		—		—	0.523 598 78	1 : 1.866 025 4
1 : 3		18°	55′	28.7199″	18.924 644 42°	0.330 297 35	—
	1 : 4	14°	15′	0.1177″	14.250 032 70°	0.248 709 99	—
1 : 5		11°	25′	16.2706″	11.421 186 27°	0.199 337 30	—
	1 : 6	9°	31′	38.2202″	9.527 283 38°	0.166 282 46	—
	1 : 7	8°	10′	16.4408″	8.171 233 56°	0.142 614 93	—
	1 : 8	7°	9′	9.6075″	7.152 668 75°	0.124 837 62	—
1 : 10		5°	43′	29.3176″	5.724 810 45°	0.099 916 79	—
	1 : 12	4°	46′	18.7970″	4.771 888 06°	0.083 285 16	—
	1 : 15	3°	49′	5.8975″	3.818 304 87°	0.066 641 99	—
1 : 20		2°	51′	51.0925″	2.864 192 37°	0.049 989 59	—
	1 : 30	1°	54′	34.8570″	1.909 682 51°	0.033 330 25	—
1 : 50		1°	8′	45.1586″	1.145 877 40°	0.019 999 33	—
1 : 100			34′	22.6309″	0.572 953 02°	0.009 999 92	—
1 : 200			17′	11.3219″	0.286 478 30°	0.004 999 99	—
1 : 500			6′	52.5295″	0.114 591 52°	0.002 000 00	—

【비 고】
1. 위 표에 나타낸 1계열과 2계열 중 1계열을 우선으로 쓰며, 원뿔 부품을 생산할 때 공구나 게이지 및 측정 기구들의 사용을 줄이는데 있다.
2. 1계열의 120°부터 1:3까지는 대략 선택된 번호의 R 10/2에 따르고, 1:5부터 1:500까지는 R 10/3 계열에 따른다.(ISO 3 참조)

■ 특수 용도의 테이퍼 각 및 테이퍼 비

기 준 값	계 산 값			테이퍼 비, C	국제규격 번호	적 용
	테이퍼 각, α		rad			
11° 54'	—	—	0.207 694 18	1 : 4.797 451 1	5237 8489-1	직물 공업에 쓰이는 원뿔이나 관
8° 40'	—	—	0.151 261 87	1 : 6.598 441 5	8489-3 8489-4 324,575	
7°	—	—	0.122 173 05	1 : 8.174 927 7	8489-2	
1 : 38	1°	30' 27.7080"	1.507 696 67°	0.026 314 27	—	368
1 : 64	0°	53' 42.8220"	0.895 228 34°	0.015 624 68	—	368
7 : 24	16°	35' 39.4443"	16.594 290 08°	0.289 625 00	1 : 3.428 571 4	297	기계공구 스핀들 기계맞춤
1 : 12.262	4°	40' 12.1514"	4.670 042 05°	0.081 507 61	—	239	제이콥스 테이퍼 No. 2
1 : 12.972	4°	24' 52.9039"	4.414 695 52°	0.077 050 97	—	239	제이콥스 테이퍼 No. 1
1 : 15.748	3°	38' 13.4429"	3.637 067 47°	0.063 478 80	—	239	제이콥스 테이퍼 No. 33
6 : 100	3°	26' 12.1776"	3.436 716 00°	0.059 982 01	1 : 16.666 666 7	594-1 595-1 595-2	의료 장비
1 : 18.779	3°	3' 1.2070"	3.050 335 27°	0.053 238 39	—	239	제이콥스 테이퍼 No. 3
1 : 19.002	3°	0' 52.3956"	3.014 554 34°	0.052 613 90	—	296	모스 테이퍼 No. 5
1 : 19.180	2°	59' 11.7258"	2.986 590 50°	0.052 125 84	—	296	모스 테이퍼 No. 6
1 : 19.212	2°	58' 53.8255"	2.981 618 20°	0.052 039 05	—	296	모스 테이퍼 No. 0
1 : 19.254	2°	58' 30.4217"	2.975 117 13°	0.051 925 59	—	296	모스 테이퍼 No. 4
1 : 19.264	2°	58' 24.8644"	2.973 573 43°	0.051 898 65	—	239	제이콥스 테이퍼 No. 6
1 : 19.922	2°	52' 31.4463"	2.875 401 76°	0.050 185 23	—	296	모스 테이퍼 No. 3
1 : 20.020	2°	51' 40.7960"	2.861 332 23°	0.049 939 67	—	296	모스 테이퍼 No. 2
1 : 20.047	2°	51' 26.9283"	2.857 480 08°	0.049 872 44	—	296	모스 테이퍼 No. 1
1 : 20.288	2°	49' 24.7802"	2.823 550 06°	0.049 280 25	—	239	제이콥스 테이퍼 No. 0
1 : 23.904	2°	23' 47.6244"	2.396 562 32°	0.041 827 90	—	296	Brown & Sharpe 테이퍼 No.1~3
1 : 28	2°	2' 45.8174"	2.046 060 38°	0.035 710 49	—	8382	인공 호흡기
1 : 36	1°	35' 29.2096"	1.591 447 11°	0.027 775 99	—	5356-1	마취기 장비
1 : 40	1°	25' 56.3516"	1.432 319 89°	0.024 998 70	—		

【비 고】
1. 이 표의 값들은 오른쪽 란에 언급된 특수한 경우에만 사용된다. 이러한 표들은 테이퍼 값이나 테이퍼 비의 계산된 값을 나타내었으며, 원뿔 모양 부품의 설계 또는 생산 및 제어를 쉽게 한다.

■ 일반 용도의 테이퍼 각도 및 테이퍼 비의 기준값

기 준 값			기 준 값		
1 란(1)	2 란(1)	3 란(2)	1 란(1)	2 란(1)	3 란(2)
120°	-	-	$\frac{1}{10}$	-	-
90°	-	-	-	$\frac{1}{12}$	-
-	75°	-	-	$\frac{1}{15}$	-
60°	-	-	-	-	$\frac{1}{16}$
45°	-	-	$\frac{1}{20}$	-	-
30°	-	$\frac{1}{2.5}$	-	-	$\frac{1}{25}$
$\frac{1}{3}$	-	-	-	$\frac{1}{30}$	-
-	$\frac{1}{4}$	-	-	-	$\frac{1}{40}$
$\frac{1}{5}$	-	-	$\frac{1}{50}$	-	-
-	$\frac{1}{6}$	-	-	-	$\frac{1}{63}$
-	-	$\frac{1}{6.3}$	$\frac{1}{100}$	-	-
-	$\frac{1}{7}$	-	$\frac{1}{200}$	-	-
-	$\frac{1}{8}$	-	$\frac{1}{500}$	-	-

주 ▶
(^{1}) 1란 및 2란은 각각 ISO 1119에 제1계열 및 제2계열로 정해져 있는 것이다.
(^{2}) 3란은 표준수 R5에 따른 것이다.

■ 일반 용도의 테이퍼 각 및 테이퍼 비에 관한 여러 값들

기준 값	환산 값			비 고		
	테이퍼 각 α			테이퍼 비 C	설정각도(3) α/2	설정높이(4)h mm
	rad	도·분·초	도			
120°	2.094 395 10	—	—	$\frac{1}{0.288675}$	60° (5)	86.603(5)
90°	1.570 796 33	—	—	$\frac{1}{0.500000}$	45°	70.711
75°	1.308 996 94	—	—	$\frac{1}{0.651613}$	37° 30'	60.876
60°	1.047 197 55	—	—	$\frac{1}{0.866025}$	30°	50.000
45°	0.785 398 16	—	—	$\frac{1}{1.207107}$	22° 30'	38.268
30°	0.523 598 78	—	—	$\frac{1}{1.866025}$	15°	25.882
$\frac{1}{2.5}$	0.394 791 12	22° 37' 11.5"	22.619 865°	—	11° 18' 36"	19.612
$\frac{1}{3}$	0.330 297 35	18° 55' 28.7"	18.924 644°	—	9° 27' 44"	16.440
$\frac{1}{4}$	0.248 709 99	14° 15' 0.1"	14.250 033°	—	7° 7' 30"	12.403
$\frac{1}{5}$	0.199 337 30	11° 25' 16.3"	11.421 186°	—	5° 42' 38"	9.950
$\frac{1}{6}$	0.166 282 46	9° 31' 38.2"	9.527 283°	—	4° 45' 49"	8.305
$\frac{1}{6.3}$	0.158 398 14	9° 4' 32.0"	9.075 545°	—	4° 32' 16"	7.912
$\frac{1}{7}$	0.142 614 93	8° 10' 16.4"	8.171 234°	—	4° 5' 8"	7.125
$\frac{1}{8}$	0.124 837 62	7° 9' 9.6"	7.152 669°	—	3° 34' 35"	6.238
$\frac{1}{10}$	0.099 916 79	5° 43' 29.3"	5.724 810°	—	2° 51' 45"	4.994
$\frac{1}{12}$	0.083 285 16	4° 46' 18.8"	4.771 888°	—	2° 23' 9"	4.163
$\frac{1}{15}$	0.066 641 99	3° 49' 5.9"	3.818 305°	—	1° 54' 33"	3.331
$\frac{1}{16}$	0.062 479 67	3° 34' 47.4"	3.579 821°	—	1° 47' 24"	3.123
$\frac{1}{20}$	0.049 989 59	2° 51' 51.1"	2.864 192°	—	1° 25' 56"	2.499
$\frac{1}{25}$	0.039 994 67	2° 17' 29.5"	2.291 526°	—	1° 8' 45"	2.000
$\frac{1}{30}$	0.033 330 25	1° 54' 34.9"	1.909 682°	—	57' 17"	1.666
$\frac{1}{40}$	0.024 998 70	1° 25' 56.4"	1.432 320°	—	42' 58"	1.250
$\frac{1}{50}$	0.019 999 33	1° 8' 45.2"	1.145 877°	—	34' 23"	1.000
$\frac{1}{63}$	0.015 872 68	54' 34.0"	0.909 438°	—	27' 17"	0.794
$\frac{1}{100}$	0.009 999 92	34' 22.6"	0.572 953°	—	17' 11"	0.500
$\frac{1}{200}$	0.004 999 99	17' 11.3"	0.286 478°	—	8' 36"	0.250
$\frac{1}{500}$	0.002 000 00	6' 52.5"	0.114 592°	—	3' 26"	0.100

(^{3}) 설정 각도 $\frac{\alpha}{2}$ 는 테이퍼 각도의 $\frac{1}{2}$ 로서 가공 및 검사의 경우에 공작물, 공구 또는 검사기를 설정하는데 사용된다. 표 중의 수치는 초 단위로 끝맺음한다.

(^{4}) 설정 높이 h는 아래 그림에 나타내는 바와 같이 호칭 치수 100mm의 사인바로 설정 각도 $\frac{\alpha}{2}$ 를 만들기 위한 블록 게이지의 치수로서 다음 식으로 구한다.

$$h = 100 \sin \frac{\alpha}{2} \text{ (mm)}$$

표 중의 수치는 소수점 이하 3자리로 끝맺음한다.

주▶

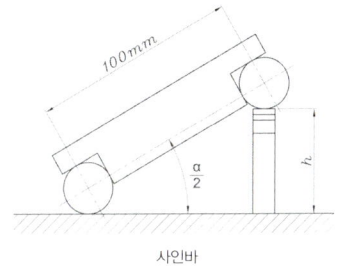

사인바

(^{5}) 설정 각도가 45°를 초과하면 사인바의 설정이 곤란하게 되고 또 설정 각도의 오차가 커진다.

■ 특정 용도의 테이퍼 각 및 테이퍼 비

기준값	환 산 값				비 고		KS	적용
	테이퍼 각 α			테이퍼 비 C	설정각도(3) α/2	설정높이(4) h mm		
	rad	도·분·초	도					
150°	2.617 993 9	—	—	$\frac{1}{0.133975}$	75° (5)	96.593(5)	R 4023	자동차용 브레이크, 라이닝 및 클러치 페이싱의 접시 튜브 리벳
80°	1.396 263 4	—	—	$\frac{1}{0.595\,877}$	40°	64.279	B 1024	흠붙이 태핑나사의 머리부
							R 4016	자동차 디스크휠 부착부
47°	0.820 3.4 7	—	—	$\frac{1}{1.149921}$	23° 30'	39.875	B 7056	재봉틀 이송대의 센터 구멍
$\frac{1}{1.5}$	0.643 501 1	36° 52' 11.6"	36.869 898°	—	18° 26' 06"	31.623	V 7344 V 7450 ~7453	선박용 청동 호스 밸브, 동·강관의 유니언 등
27°	0.471 238 9	—	—	$\frac{1}{2.082\,650}$	13° 30'	23.345	B 7057	재봉틀의 크랭크로드
$\frac{7}{24}$	0.289 625 0	16° 35' 39.4"	16.594 290°	$\frac{1}{3.428\,571}$	8° 17' 50"	14.431	B 4014	밀링머신 주축 끝 등
$\frac{1}{9}$	0.110 997 0	6° 21' 34.8"	6.359 660°	—	3° 10' 47"	5.547	C 8504	축전지의 단자
$\frac{1}{11}$	0.090 846 6	5° 12' 18.4"	5.205 124°	—	2° 36' 9"	4.541	—	레일본드 임피던스 본드도선
$\frac{1}{12.262}$	0.081 507 6	4° 40' 12.2"	4.670 042°	—	2° 20' 6"	4.074	B 3997	제이콥스 테이퍼2번
$\frac{1}{12.972}$	0.077 051 0	4° 24' 52.9"	4.414 696°	—	2° 12' 26"	3.852		제이콥스 테이퍼1번

기준값	계산값							비고
$\frac{1}{18.779}$	0.053 238 4	3°	3'	1.2"	3.050 335°	—	1° 31' 31" 2.662	제이콥스 테이퍼3번
$\frac{1}{19.002}$	0.052 613 9	3°	0'	52.4"	3.014 554°	—	1° 30' 26" 2.630	모스 테이퍼5번 B 3240
$\frac{1}{19.180}$	0.052 125 8	2°	59'	11.7"	2.986 590°	—	1° 29' 36" 2.606	모스 테이퍼6번
$\frac{1}{19.185}$	0.052 112 3	2°	59'	8.9"	2.985 812°	—	1° 29' 34" 2.605	B 3990 F형 테이퍼
$\frac{1}{19.212}$	0.052 039 1	2°	58'	53.8"	2.981 618°	—	1° 29' 27" 2.602	모스 테이퍼0번 B 3240
$\frac{1}{19.254}$	0.051 925 6	2°	58'	30.4"	2.975 117°	—	1° 29' 15" 2.596	모스 테이퍼4번
$\frac{1}{19.264}$	0.051 898 6	2°	58'	24.9"	2.973 573°	—	1° 29' 12" 2.595	B 3997 제이콥스 테이퍼6번
$\frac{1}{19.922}$	0.050 185 2	2°	52'	31.4"	2.875 402°	—	1° 26' 16" 2.509	모스 테이퍼3번
$\frac{1}{20.020}$	0.049 939 7	2°	51'	40.8"	2.861 332°	—	1° 25' 50" 2.497	B 3240 모스 테이퍼2번
$\frac{1}{20.047}$	0.049 872 4	2°	51'	26.9"	2.857 480°	—	1° 25' 43" 2.493	모스 테이퍼1번

■ 일반용도의 테이퍼 각 및 테이퍼 비의 기준값

기준값		계산 값			테이퍼 비 C
1 계열	2 계열	테이퍼 각, α		rad	
120°		—		—	2.094 395 10	1 : 0.288 675 1
90°		—		—	1.570 796 33	1 : 0.500 000 0
	75°	—		—	1.308 996 94	1 : 0.651 612 7
60°		—		—	1.047 197 55	1 : 0.866 025 4
45°		—		—	0.785 398 16	1 : 1.207 106 8
30°		—		—	0.523 598 78	1 : 1.866 025 4
1 : 3		18° 55' 28.7199"		18.924 644 42°	0.330 297 35	—
	1 : 4	14° 15' 0.1177"		14.250 032 70°	0.248 709 99	—
1 : 5		11° 25' 16.2706"		11.421 186 27°	0.199 337 30	—
	1 : 6	9° 31' 38.2202"		9.527 283 38°	0.166 282 46	—
	1 : 7	8° 10' 16.4408"		8.171 233 56°	0.142 614 93	—
	1 : 8	7° 9' 9.6075"		7.152 668 75°	0.124 837 62	—
1 : 10		5° 43' 29.3176"		5.724 810 45°	0.099 916 79	—
	1 : 12	4° 46' 18.7970"		4.771 888 06°	0.083 285 16	—
	1 : 15	3° 49' 5.8975"		3.818 304 87°	0.066 641 99	—
1 : 20		2° 51' 51.0925"		2.864 192 37°	0.049 989 59	—
	1 : 30	1° 54' 34.8570"		1.909 682 51°	0.033 330 25	—
1 : 50		1° 8' 45.1586"		1.145 877 40°	0.019 999 33	—
1 : 100		34' 22.6309"		0.572 953 02°	0.009 999 92	—
1 : 200		17' 11.3219"		0.286 478 30°	0.004 999 99	—
1 : 500		6' 52.5295"		0.114 591 52°	0.002 000 00	—

【비 고】 1계열의 120°부터 1:3까지는 대략 선택된 번호의 R 10/2 계열에 따르고 1:5부터 1:500까지는 R 10/3에 따른다(ISO 3 참조).

특수 용도의 테이퍼 각 및 테이퍼 비

기준값	계 산 값			테이퍼 비, C	국제 규격 번호	적 용
	테이퍼 각, α		rad			
11° 54'	—	—	0.207 694 18	1 : 4.797 451 1	5237 8489-1	직물 공업에 쓰이는 원뿔이나 관
8° 40'	—	—	0.151 261 87	1 : 6.598 441 5	8489-3 8489-4 324,575	
7°	—	—	0.122 173 05	1 : 8.174 927 7	8489-2	
1 : 38	1°	30' 27.7080"	1.507 696 67°	0.026 314 27	—	368	
1 : 64	0°	53' 42.8220"	0.895 228 34°	0.015 624 68	—	368	
7 : 24	16°	35' 39.4443"	16.594 290 08°	0.289 625 00	1 : 3.428 571 4	297	기계공구 스핀들 기계맞춤
1 : 12.262	4°	40' 12.1514"	4.670 042 05°	0.081 507 61	—	239	제이콥스 테이퍼 No. 2
1 : 12.972	4°	24' 52.9039"	4.414 695 52°	0.077 050 97	—	239	제이콥스 테이퍼 No. 1
1 : 15.748	3°	38' 13.4429"	3.637 067 47°	0.063 478 80	—	239	제이콥스 테이퍼 No. 33
6 : 100	3°	26' 12.1776"	3.436 716 00°	0.059 982 01	1 : 16.666 666 7	594-1 595-1 595-2	의료 장비
1 : 18.779	3°	3' 1.2070"	3.050 335 27°	0.053 238 39	—	239	제이콥스 테이퍼 No. 3
1 : 19.002	3°	0' 52.3956"	3.014 554 34°	0.052 613 90	—	296	모스 테이퍼 No. 5
1 : 19.180	2°	59' 11.7258"	2.986 590 50°	0.052 125 84	—	296	모스 테이퍼 No. 6
1 : 19.212	2°	58' 53.8255"	2.981 618 20°	0.052 039 05	—	296	모스 테이퍼 No. 0
1 : 19.254	2°	58' 30.4217"	2.975 117 13°	0.051 925 59	—	296	모스 테이퍼 No. 4
1 : 19.264	2°	58' 24.8644"	2.973 573 43°	0.051 898 65	—	239	제이콥스 테이퍼 No. 6
1 : 19.922	2°	52' 31.4463"	2.875 401 76°	0.050 185 23	—	296	모스 테이퍼 No. 3
1 : 20.020	2°	51' 40.7960"	2.861 332 23°	0.049 939 67	—	296	모스 테이퍼 No. 2
1 : 20.047	2°	51' 26.9283"	2.857 480 08°	0.049 872 44	—	296	모스 테이퍼 No. 1
1 : 20.288	2°	49' 24.7802"	2.823 550 06°	0.049 280 25	—	239	제이콥스 테이퍼 No. 0
1 : 23.904	2°	23' 47.6244"	2.396 562 32°	0.041 827 90	—	296	Brown & Sharpe 테이퍼 No.1~3
1 : 28	2°	2' 45.8174"	2.046 060 38°	0.035 710 49	—	8782	인공 호흡기
1 : 36	1°	35' 29.2096"	1.591 447 11°	0.027 775 99	—	5356-1	마취기 장비
1 : 40	1°	25' 56.3516"	1.432 319 89°	0.024 998 70	—		

【비 고】 이 표의 값들은 오른쪽 란에 언급된 특수한 경우에만 사용된다.

28-6 | 모스 테이퍼 생크 및 소켓 KS B 3240 : 2012 (MOD ISO 296 : 1991)

1. 테넌(tenon)붙이 생크의 모양 및 치수

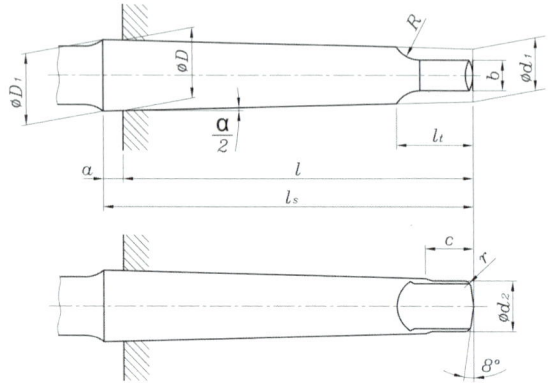

단위 : mm

모스 테이퍼 번호	테이퍼비	테이퍼 반각도 (α/2)	테이퍼부					테넌부				
			기준지름 D	a	D_1 (약)	d_1 (약)	기준길이 l (최대)	생크길이 l_s (최대)	d_2 (최대)	테넌의 나비 b || C (최대)	테넌의 길이 l_t (최대)	R	r
										기준치수	허용차 h13				
0	1/19.212	0.05205	1° 29' 27"	9.045	3	9.2	6.1	56.5	59.5	6	3.9	0 -0.18	6.5	10.5	4	1
1	1/20.047	0.04988	1° 25' 43"	12.065	3.5	12.2	9	62	65.5	8.7	5.2		8.5	13.5	5	1.2
2	1/20.02	0.04995	1° 25' 50"	17.780	5	18.0	14	75	80	13.5	6.3	0 -0.22	10	16	6	1.8
3	1/19.922	0.0502	1° 26' 16"	23.825		24.1	19.1	94	99	18.5	7.9		13	20	7	2
4	1/19.254	0.05194	1° 29' 15"	31.267	6.5	31.6	25.2	117.5	124	24.5	11.9	0 -0.27	16	24	8	2.5
5	1/19.002	0.05263	1° 30' 26"	44.399		44.7	36.5	149.5	156	35.7	15.9		19	29	10	3
6	1/19.18	0.05214	1° 29' 36"	63.348	8	63.8	52.4	210	218	51	19	0 -0.33	27	40	13	4
7	1/19.231	0.052	1° 29' 22"	83.05	10	83.6	68.2	286	296	66.8	28.6		35	54	19	5

주 ▶
1. 테이퍼비는 분수값을 기준으로 한다.
2. D_1 및 d_1은 D, 테이퍼비, α 및 l에서 계산하여 그것을 소수점 이하 1자리로 끝맺음한다.
3. C 의 최대는 l_t를 넘어서는 안 된다.

【비 고】
1. 테이퍼부는 KS B 5230의 링 게이지로 검사하며, 접촉은 75% 이상으로 한다.
2. b의 허용차 h13은 KS B 0401에 따른다.

2. 나사 붙이 섕크의 모양 및 치수

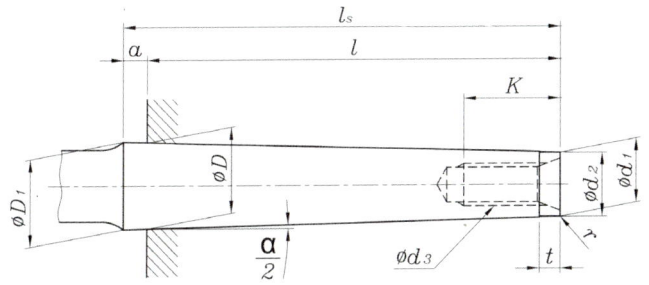

단위 : mm

모스테이퍼번호	테이퍼비(1)	테이퍼반각도 ($\alpha/2$)	기준지름 D	a	$D_1(2)$ (약)	$d_1(2)$ (약)	기준길이 l(최대)	섕크길이 l_s(최대)	d_2 (최대)	나사의 호칭 d_3	나사부 길이 K (최소)	t (최대)	r
0	$\frac{1}{19.212}$	0.05205	1° 29′ 27″	9.045	3	9.2	6.1	50	53	6	-	-	4	
1	$\frac{1}{20.047}$	0.04988	1° 25′ 43″	12.065	3.5	12.2	9.4	53.5	57	9	M6	16	5	0.2
2	$\frac{1}{20.02}$	0.04995	1° 25′ 50″	17.780	5	18.0	14.6	64	69	14	M10	24		
3	$\frac{1}{19.922}$	0.0502	1° 26′ 16″	23.825		24.1	19.8	81	86	19	M12	28	7	0.6
4	$\frac{1}{19.254}$	0.05194	1° 29′ 15″	31.267	6.5	31.6	25.9	102.5	109	25	M16	32	9	1
5	$\frac{1}{19.002}$	0.05263	1° 30′ 26″	44.399		44.7	37.6	129.5	136	35.7	M20	40	10	2.5
6	$\frac{1}{19.18}$	0.05214	1° 29′ 36″	63.348	8	63.8	53.9	182	190	51	M24	50	16	4
7	$\frac{1}{19.231}$	0.052	1° 29′ 22″	83.058	10	83.6	70	250	260	65	M33	80	18.8	5

주 ▶ (¹) 테이퍼비는 분수값을 기준으로 한다.
(²) D_1 및 d_1은 D, 테이퍼비, α 및 l로 계산하여 그것을 소수점 이하 1자리로 끝맺음 한다.

【비 고】
1. 테이퍼부는 KS B 5230의 링 게이지로 검사하며, 접촉은 75% 이상으로 한다.
2. 나사는 KS B 0201에 따르며, 정밀도는 KS B 0211의 7H에 따른다.

3. 테넌(혀)붙이 소켓의 모양 및 치수

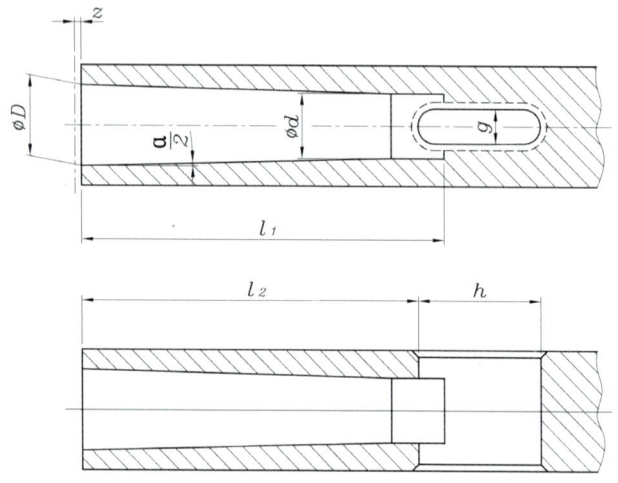

단위 : mm

모스 테이퍼 번호	테이퍼비(1)	테이퍼 반각도 (α /2)	기준 지름 D	d 기준 치수	d 허용차 (H11)	l_1 (최소)	l_2 (약)	코터 구멍 나비(g) 기준 치수	코터 구멍 나비(g) 허용차 (A13)	코터 구멍 길이 h	Z(2)
0	$\frac{1}{19.212}$	0.05205	1° 29′ 27″	9.045	6.7	+0.090	52	49	3.9	+0.45 +0.27	15	1
1	$\frac{1}{20.047}$	0.04988	1° 25′ 43″	12.065	9.7		56	52	5.2		19	1
2	$\frac{1}{20.02}$	0.04995	1° 25′ 50″	17.780	14.9	+0.110	67	62	6.3	+0.50 +0.28	22	1.5
3	$\frac{1}{19.922}$	0.0502	1° 26′ 16″	23.825	20.2	+0.130	84	78	7.9		27	1.5
4	$\frac{1}{19.254}$	0.05194	1° 29′ 15″	31.267	26.5		107	98	11.9	+0.56 +0.29	32	1.5
5	$\frac{1}{19.002}$	0.05263	1° 30′ 26″	44.399	38.2	+0.160	135	125	15.9		38	2
6	$\frac{1}{19.18}$	0.05214	1° 29′ 36″	63.348	54.6	+0.190	188	177	19	+0.63 +0.30	47	2
7	$\frac{1}{19.231}$	0.052	1° 29′ 22″	83.058	71.4		258	241	28.6		69	2

주
(^{1}) 테이퍼비는 분수값을 기준으로 한다.
(^{2}) 기준 지름 D는 기본이 되는 치수로 Z의 범위 내에 있어야 한다.

【비 고】
1. 테이퍼부는 KS B 5230의 링 게이지로 검사하며, 접촉은 75% 이상으로 한다.
2. d의 허용차 H11 및 g의 허용차 A13은 KS B 0401에 따른다.

28-7 | 공구의 섕크 4각부 - KS B 3245 : 2002 (2012 확인)

■ 적용 범위
이 표준은 주로 손으로 돌리는 절삭 공구의 섕크 4각부에 대하여 규정한다.

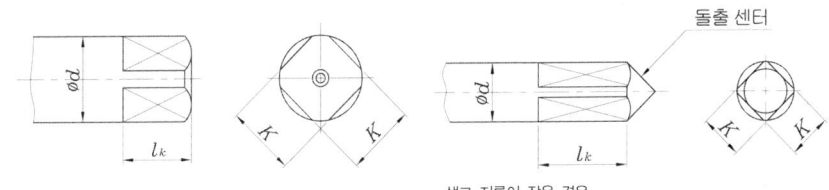

섕크 지름이 작은 경우
돌출 센터 부착도 상관없다.

■ 섕크 4각부의 모양 및 치수

단위 : mm

생크지름 d(h9)			4각부의 나비 K		4각부의 길이 Lk	생크지름 d(h9)			4각부의 나비 K		4각부의 길이 Lk
장려치수	초과	이하	기준치수	허용차 h12	기준치수	장려치수	초과	이하	기준치수	허용차 h12	기준치수
1.12	1.06	1.18	0.9			11.2	10.6	11.8	9	0 -0.15	12
1.25	1.18	1.32	1			12.5	11.8	13.2	10		13
1.4	1.32	1.5	1.2			14	13.2	15	11.2		14
1.6	1.5	1.7	1.25		4	16	15	17	12.5	0 -0.18	16
1.8	1.7	1.9	1.4	0 -0.10		18	17	19	14		18
2.	1.9	2.12	1.6			20	19	21.2	16		20
2.24	2.12	2.36	1.8			22.4	21.2	23.6	18		22
2.5	2.36	2.65	2			25	23.6	26.5	20		24
2.8	2.65	3	2.24			28	26.5	30	22.4	0 -0.21	26
3.15	3	3.35	2.5		5	31.5	30	33.5	25		28
3.55	3.35	3.75	2.8			35.5	33.5	37.5	28		31
4	3.75	4.25	3.15		6	40	37.5	42.5	31.5		34
4.5	4.25	4.75	3.55			45	42.5	47.5	35.5		38
5	4.75	5.3	4	0 -0.12	7	50	47.5	53	40	0 -0.25	42
5.6	5.3	6	4.5			56	53	60	45		46
6.3	6	6.7	5		8	63	60	67	50		51
7.1	6.7	7.5	5.6			71	67	75	56		56
8	7.5	8.5	6.3		9	80	75	85	63	0 -0.30	62
9	8.5	9.5	7.1	0 -0.15	10	90	85	95	71		68
10	9.5	10.6	8		11	100	95	106	80		75

【비 고】
1. K의 허용차는 KS B 0401에 따른다. 다만 K의 허용차에는 모양 및 위치(중심이동)의 편차를 포함한다.
2. 장려 섕크 지름의 경우에는 K와 d의 비는 0.80mm이고, 모두 지름 구분에서도 K/d=0.75~0.85mm이다.
3. d의 허용차는 고정밀도의 공구에서는 KS B 0401의 h9, 그 밖의 공구에서는 h11에 따른다.
4. 원형의 축을 가공하여 평면으로 나타나는 부분은 가는 실선을 사용하여 대각선으로 교차 표시한다.

■ 부속서(규정) 공구의 종래형 섕크 4각부 - KS B 3245 : 2002

■ 적용 범위

이 부속서(규정)는 주로 손으로 돌리는 절삭 공구의 종래형 섕크 4각부에 대하여 규정한다.

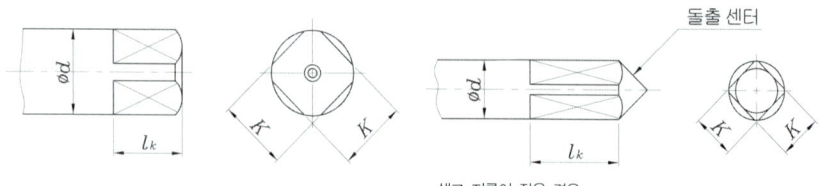

섕크 지름이 작은 경우
돌출 센터 부착도 상관없다.

■ 종래형 섕크 4각부의 모양 및 치수

단위 : mm

섕크 지름 d		4각부의 나비 K		4각부의 길이 Lk	섕크 지름 d		4각부의 나비 K		4각부의 길이 Lk
초과	이하	기준 치수	허용차	기준치수	초과	이하	기준 치수	허용차	기준치수
2	2.15	1.6			17.2	18.7	14		17
2.15	2.4	1.8			18.7	20.2	15	0 -0.15	18
2.4	2.7	2		5	20.2	23	17		20
2.7	2.95	2.2			23	25.5	19		22
2.95	3.35	2.5			25.5	28	21		24
3.35	3.78	2.8			28	31	23		26
3.78	4.3	3.2		6	31	35	26		30
4.3	4.7	3.5			35	39	29		32
4.7	5.4	4	0 -0.10	7	39	43	32		35
5.4	6	4.5			43	47	35		38
6	6.7	5		8	47	51	38		42
6.7	7.3	5.5			51	55	41	0 -0.20	44
7.3	8	6		9	55	61	46		50
8	8.6	6.5			61	67	50		52
8.6	9.5	7		10	67	72	54		58
9.5	10.7	8		11	72	77	58		62
10.7	12	9		12	77	84	63		66
12	13.5	10		13	84	89	67		70
13.5	14.7	11	0 -0.15	14	89	95	71		75
14.7	16	12		15	95	100	77		80
16	17.2	13		16	-	-	-		-

【적용 예】
1. K축의 지름(D)이 ∅15인 경우 4각부의 나비 K값이 12이며, 4각부의 길이 Lk값은 15이다(이동하는 경우).
2. 원형의 축을 가공하여 평면으로 나타나는 부분은 가는 실선을 사용하여 대각선으로 교차 표시한다.

Chapter 29

기계요소 제도법 및 계산식

29-1 | 문자 및 눈금 각인법

문자, 눈금 각인

1. 각 인
눈금이나 글자를 새기는 것을 말한다.
음각 ∐ - 오목하게 파는 것
양각 ∏ - 볼록하게 만드는 것

2. 도 장
일종의 페인트 칠을 하는 것으로
문자나 눈금에 색을 입히는 것을 말한다.

전개도

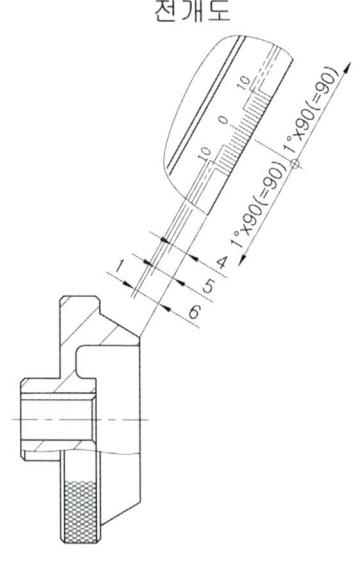

문자, 눈금 각인		
품번	N	
구분 \ 종류	눈금	문자
문자높이	-	3
각인	음각	
선 폭	0.3	
선 깊이	0.2	
글자체	-	고딕
도장	흑색, 0은 적색	
공정	표면처리 후	

눈금은 1 마다 각인하고
숫자는 10 마다 각인한다
　　　or
눈금은 1° 마다 각인하고
숫자는 10° 마다 각인한다.

원통 부위 각인 도시 예

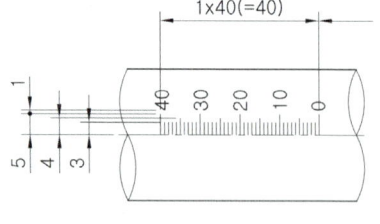

상하 이동 축 각인 도시 예

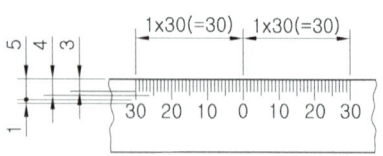

면 부위 각인 도시 예

29-2 | 구름베어링 와셔 설치홈 규격

베어링 용 와셔 홈

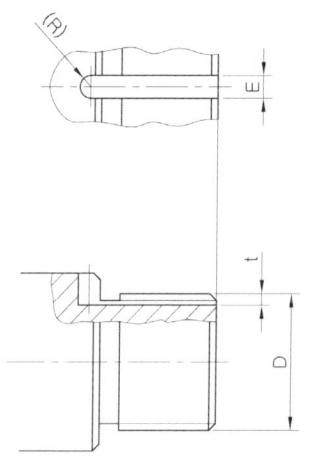
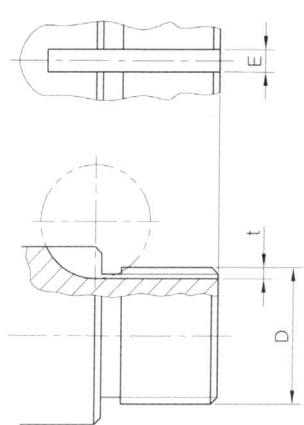

호칭 (D)	E	t	
M15 x 1	4	1.5	+0.1 / 0
M17 x 1			
M20 x 1			
M25 x 1.5	5	2	
M30 x 1.5			
M35 x 1.5	6	2.5	+0.2 / 0
M40 x 1.5			
M45 x 1.5			
M50 x 1.5			
M55 x 2	8		
M60 x 2			
M65 x 2			

(E 공차: +0.2 / +0.1)

29-3 | 베벨기어 계산 및 요목표

베벨 기어 (BEVEL GEAR)

계산식

1. 피치원 지름 (P.C.D)
   P.C.D = M x Z

2. 이 뿌리 높이 (H1)
   H1 = M x 1.25

3. 원추 거리 (R)
   R = P.C.D / 2 sin δ

4. 치 폭 (B)
   B = R / 3

5. 이 끝각 (θ)
   θ = $\tan^{-1}$ (M / R)

6. 이 뿌리각 (θ1)
   θ1 = $\tan^{-1}$ (H1 / R)

7. 피치원 추각 (δ)
   δ = $\sin^{-1}$ (P.C.D / 2 / R)

베벨 기 어	
구 분	품 번 N
기어치형	글리슨 식
모듈	M
압력각	20°
잇수	Z
피치원 지름	P.C.D
피치원 추각	S
축각	90°
다듬질 방법	절삭
정밀도	KS B 1412, 3급

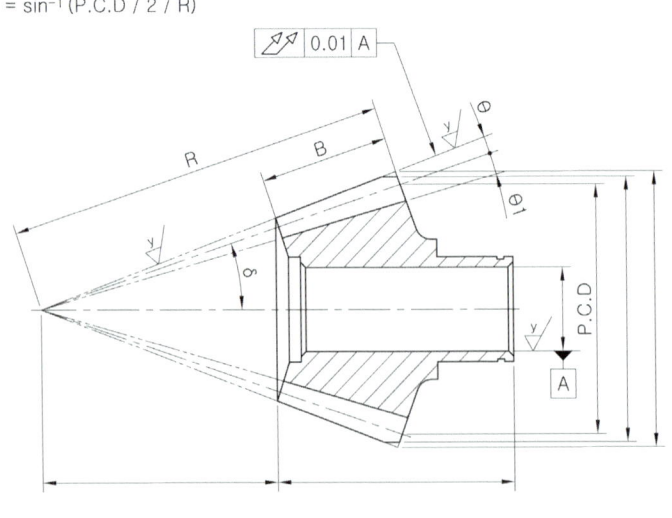

29-4 | 더브테일 홈 계산 및 규격 데이터

더브테일 (DOVE TAIL)

계산식

1. 'D1' 과 'H', 'a°' 를 측정한다.

2. 오목 부 – 1) D2 = D1 + 2H cot a°
   2) M = D2−d(1 + cot a°/2)

3. 볼록 부 – 1) D2 = D1 − 2H cot a°
   2) M = D2+d(1 + cot a°/2)

오목 부

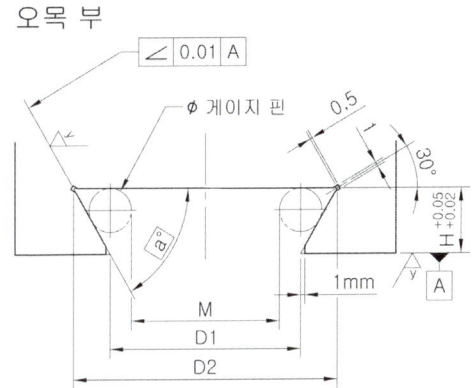

볼록 부

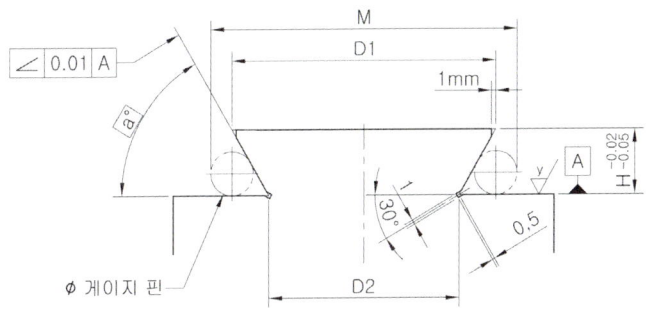

오버 핀 측정 값

	25°	30°	35°	40°	45°	50°	55°	60°	65°	70°	75°	80°
4	11.021	9.464	8.343	7.495	5.826	6.289	5.842	5.464	5.140	4.856	4.607	4.384
5	13.776	11.830	10.428	9.368	8.536	7.861	7.302	6.830	6.425	6.070	5.785	5.479
6	16.532	14.196	12.515	11.242	10.248	9.494	8.763	8.196	7.710	7.285	6.910	6.579
8		18.928	16.689	14.990	13.657	12.578	11.685	10.928	10.279	9.713	9.213	9.213
10		23.660	20.857	18.737	17.071	15.772	14.605	13.660	12.849	12.140	11.516	11.516

29-5 | 롤러 체인 스프로킷 계산 및 요목표

스프로킷 (SPROCKET)

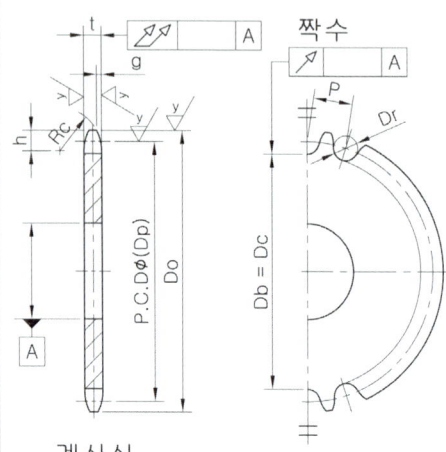

짝수

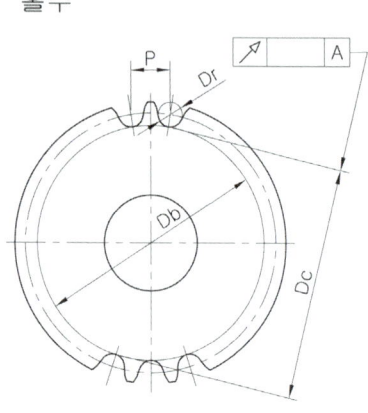

홀수

계산식

1. 피치원 지름 (Dp)
   $Dp = P / (180°/Z)\sin$
2. 잇골 원 지름 (Db)
   $Db = Dp - Dr$
3. 잇골 거리 (Dc)
   $Dc = (P/\sin(180°/Z)) \times (1/2\sin(180°/2Z)) - Dr$

이뿌리원지름	이뿌리	두께
100 이하	0.15	0.25
100 - 150	0.20	0.25
150 - 250	0.25	0.25
250 - 650	0.001(Db)	0.001(Db)
650 - 1000	0.65	0.001(Db)
1000 이상	0.65	1.00

체인 과 스프로킷		품번	N
종류	구 분		
체 인	호칭		
	원주피치		P
	롤러외경		Dr
스프로킷	치형		S
	잇수		Z
	피치원 지름		Dp

호 칭	P	Dr	g(약)	h(약)	Rc	rf	t 단열	t 2,3열	t 4열이상	C
25	6.35	3.30	0.8	3.2	6.8	0.3	2.8	2.7	2.4	6.4
35	9.525	5.08	1.2	4.8	10.1	0.4	4.3	4.1	3.8	10.1
41	12.70	7.77	1.6	6.4	13.5	0.5	5.8	–	–	–
40	12.70	7.95	1.6	6.4	13.5	0.5	7.2	7.0	6.5	14.1
50	15.875	10.16	2.0	7.9	16.9	0.6	8.7	8.4	7.9	18.1
60	19.05	11.91	2.4	9.5	20.3	0.8	11.7	11.3	10.6	22.8
80	25.40	15.88	3.2	12.7	27.0	1.0	14.6	14.1	13.3	29.3
100	31.75	19.05	4.0	15.9	33.8	1.3	17.6	17.0	16.1	35.8

29-6 | 밀링머신 스핀들 규격표

밀링 머신 스핀들 끝 부분 규격

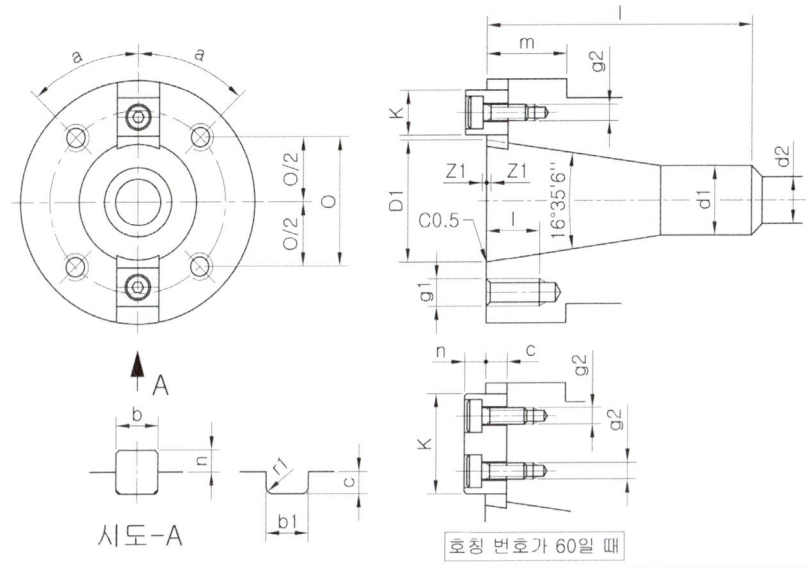

호칭번호	D1	D2		d1		d2	L	m	b		테이퍼의 편차(최대)
		치수	허용차	치수	허용차	최소	최소	최소	치수	최소	
30	31.750	69.832	0 −0.013	17.4	+0.18 0	13	73	12.5	15.9	12.5	0.03
40	44.450	88.882	0 −0.015	25.3	+0.21 0	17	100	16		16	
50	69.850	128.570	0 −0.018	39.6	+0.25 0	21	140	19	25.4	19	0.04
60	107.950	221.440	0 −0.02	60.2	+0.3 0	35	220	38		38	

호칭번호	b1		C	r1	n	O/2	F		g1	l	g2	K	Z1	a	
	치수	허용차	최소		최대	최소	치수	허용차					최대	각도	각도차
30	15.9	−0.004 −0.015	8	1.6	8	16.5	54	±0.15	M10	UNC3/8	26	M6	17	0.1	45°	±10'
40						23	66.7		M12	UNC1/2	32		20			±8'
50	25.4	−0.004 −0.017	12.5	2.0	12.5	36	101.6	±0.175	M16	UNC5/8	40	M10	26			±6'
60						61	177.8	±0.2	M20	UNC3/4	48		46			±4'

1. 호칭번호는 National Taper 번호임.
2. D1 은 기준치이며 Z1 범위내 이다.
3. 나사는 미터 보통 나사 2급으로 하며 특히 지정된 경우에는 유니파이 보통나사 (United comon Threas)로 한다.

29-7 | 웜과 웜휠 계산 및 요목표

웜 기어 (WORM GEAR)

계산식

1. 피치원 지름 (P.C.D)
   P.C.D = M x Z

2. 원주 피치 (P)
   P = π x M

3. 리드 (L)
   L = P x 줄 수

4. 비틀림 각 (δ)
   δ = tan (L / π x P.C.D2)

5. 전체 이 높이
   2.25 x M (압력각 20°)
   2.157 x M (압력각 14.5°)

6. 최대 지름
   B = D + (P.C.D2 / 2M) + (1-cos a/2)

웜과 웜기어		
구분 품번	휠	축
치형기준단면	축직각	
모듈	M	
압력각	20°	
비틀림 각	δ	
줄수 및 방향	줄, (좌, 우)	
리드	-	L
원주 피치	P	-
잇수	Z	-
피치원 지름	P.C.D	P.C.D2
다듬질 방법	호브절삭	연삭
30	40	

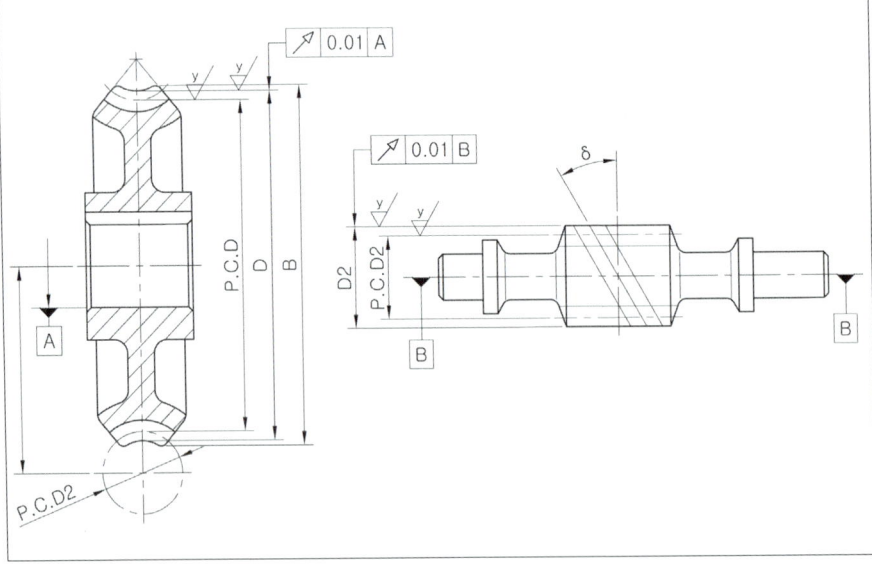

29-8 | 스퍼기어 계산 및 요목표

스퍼기어 (SPUR GEAR)

계산식
1. 이 끝원 지름
   D = P.C.D + 2M
   D2 = P.C.D - 2M

2. 피치원 지름 (P.C.D)
   P.C.D = Z x M

3. 전체 이 높이
   2.25 x M

스퍼기어		
구분	품번	N
기어치형		표준
공구	치형	보통이
	모듈	M
	압력각	20°
잇수		Z
피치원 지름		P.C.D
전체 이 높이		
다듬질 방법		호브절삭
정밀도		KS B ISO 1328-1,4급

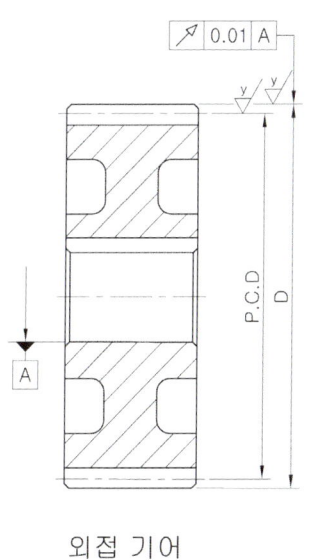

외접 기어

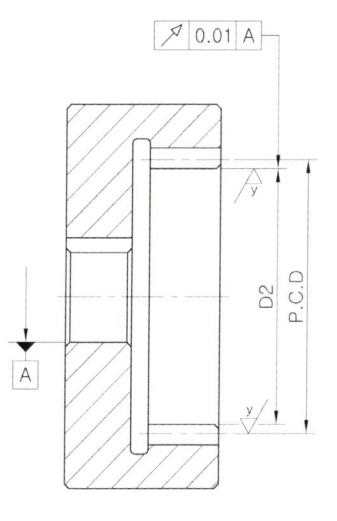

내접 기어

29-9 | 랙과 피니언 계산 및 요목표

래크 (RACK)

계산식

1. 원주 피치 (P)
   $P = \pi \times M$

2. 유효 이 길이 (L)
   $L = P \times Z$

이 도시 방법

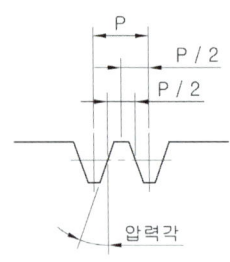

래크 와 피니언		
구분 \ 품번	피니언	래크
기어치형	표준	
공구 / 치형	보통이	
공구 / 모듈	M	
공구 / 압력각	20°	
잇수	Z	Z
피치원 지름	P.C.D	-
전체 이 높이		
다듬질 방법	호브절삭	
정밀도	KS B ISO 1328-1, 4급	

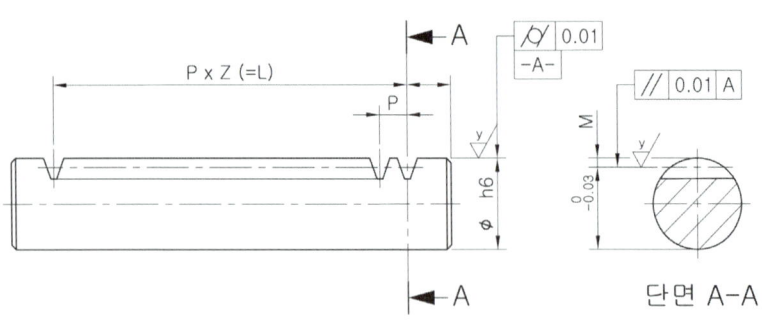

단면 A-A

29-10 | 섹터기어 제도 및 계산식

섹터 기어 (SECTOR GEAR)

계산식

1. 이 사이 각 (A)
   A = 360°÷Z

2. 전체 이의 각 (A2)
   A2 = Z x A

이 도시 방법

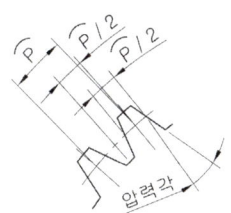

짝수 이

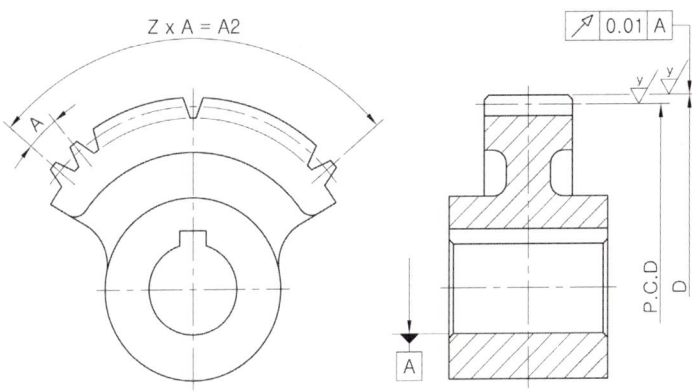

홀수 이

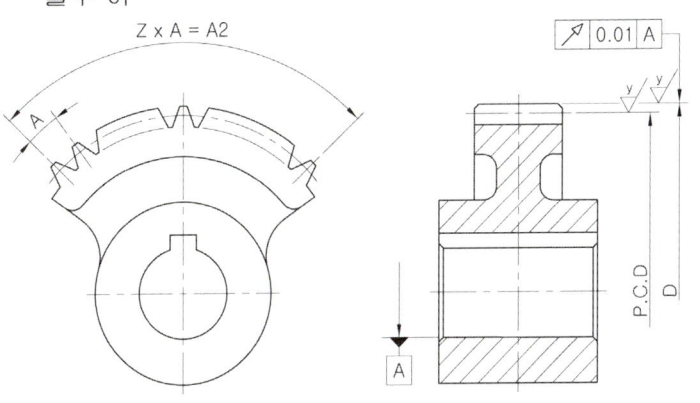

29-11 | 헬리컬 기어 계산 및 요목표

헬리컬 기어 (HELICAL GEAR)

계산식

1. 모듈 (M)
   M1 (치직각 모듈) = M2 x cos B
   M2 (축직각 모듈) = M1 x cos B

2. 잇 수 (Z)
   Z = P.C.D / M2
     = P.C.D x cos B / M1

3. 비틀림 각 (δ)
   B = $\tan^{-1}$ π x P.C.D / L

4. 리드 (L)
   L = π x P.C.D / tan B

5. 피치원 지름 (P.C.D)
   P.C.D = Z x M2
         = Z x M1 / cos B

6. 전체 이 높이 (H)
   H = 2.25 x M1
     = 2.25 x M2 x cos B

헬리컬기어		
구분	품번	N
기어치형		표준
치형기준단면		치직각
공구	치형	보통이
	모듈	M1
	압력각	20°
비틀림 각		δ
비틀림 방향		좌, 우
리드		L
잇수		Z
피치원 지름		P.C.D
전체 이 높이		H
다듬질 방법		호브절삭
정밀도		KS B ISO 1328-1,3급

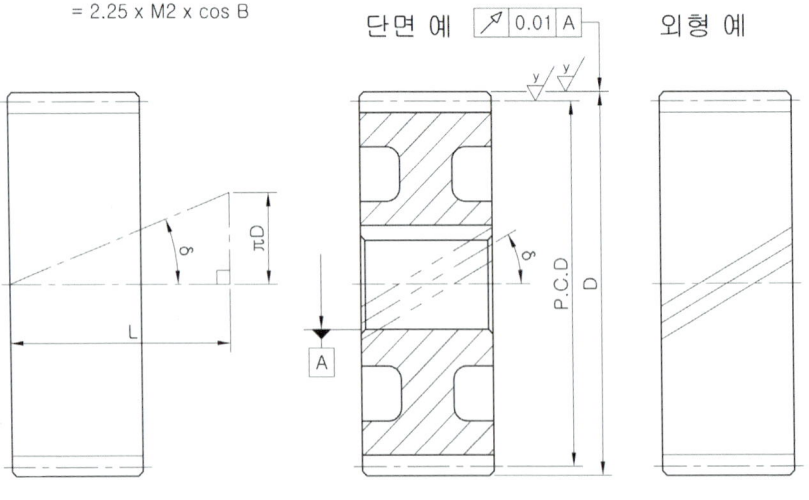

29-12 헬리컬 래크와 피니언 계산 및 요목표

헬리컬 래크 (HELICAL RACK)

계산식

1. 원주 피치 (P)
   $P = \pi \times M$

2. 유효 이 길이 (L)
   $L = P \times Z$

피니언

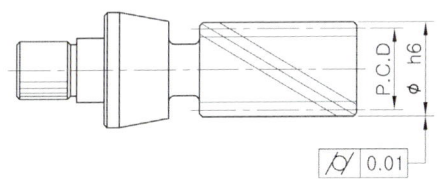

래크

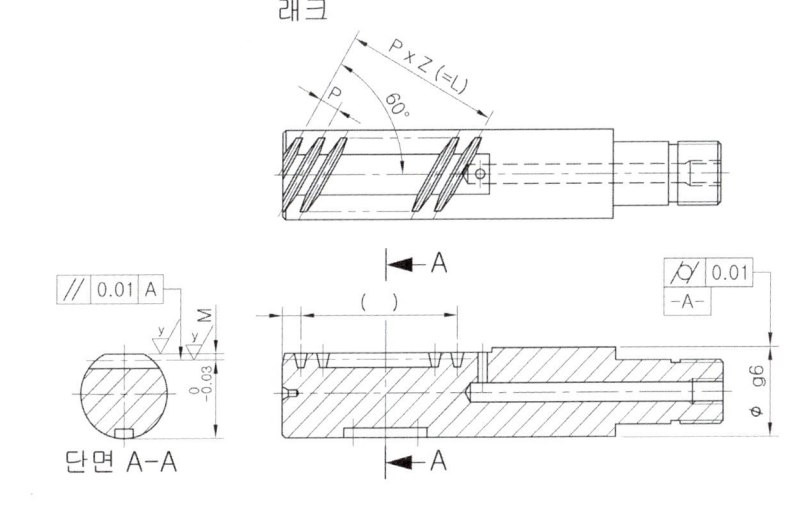

헬리컬 래크와 피니언		
구분 　　품번	피니언	래크
기어치형	표준	
치형기준단면	치직각	
공구	치형	보통이	
	모듈	M1	
	압력각	20°	
비틀림 각	δ	
비틀림 방향	좌, 우	좌, 우
리드	L	
잇수	Z	Z
피치원 지름	P.C.D	-
전체 이 높이	H	
다듬질 방법	호브절삭	
정밀도	KS B ISO 1328-1,3급	

29-13 | 주서(주기)

주 서 (NOTES)

주 서
1. 일반공차 : 가) 가공부 KS B ISO 2768-m
   나) 주조부 KS B 0250-CT11
   다) 주강부 KS B 0250 부속서 2 중급
   라) 단조부 KS B 0426 보통급 (해머 및 프레스 가공)
   마) 단조부 KS B 0427 보통급 (업셋 가공)
   마) 알루미늄 합금 주물부 KS B 0250 부속서 3 보통급
   바) 알루미늄 합금 다이케스팅 부 KS B 0250 부속서 4 중급

2. 도시되고 지시없는 모떼기 C1, 필렛 및 라운드 R3

3. 일반 모떼기 C0.2, 필렛 및 라운드 R0.2

4. ▽ 부위 외면 명회색 도장 (품번 N)
   　　　내면 광명단 도장 (품번 N)

5. 알루마이트 처리 (품번 N)

6. 파커라이징 처리 (품번 N)

7. 열처리 HRC 50±2 (품번 N)

8. ─── 부위 열처리 HRC 50±2 (품번 N)

9. 크롬 도금 처리 두께 0.2 ±0.05

10. ─── 부위 크롬 도금 처리 두께 0.2 ±0.05

11. 빼기 구배 1°

12. 표면 거칠기

    ▽ = $\overset{50}{\triangledown}$, Ry200 , Rz200 , N12

    $\overset{w}{\triangledown}$ = $\overset{12.5}{\triangledown}$, Ry50 , Rz50 , N10

    $\overset{x}{\triangledown}$ = $\overset{3.2}{\triangledown}$, Ry12.5 , Rz12.5 , N8

    $\overset{y}{\triangledown}$ = $\overset{0.8}{\triangledown}$, Ry3.2 , Rz3.2 , N6

    $\overset{z}{\triangledown}$ = $\overset{0.2}{\triangledown}$, Ry0.8 , Rz0.8 , N4